MAYA 2012 从入门到精通

张俊　刘雯芳　高盈 / 编著

中国青年出版社
CHINA YOUTH PRESS
中青雄狮

图书在版编目（CIP）数据

Maya 2012 从入门到精通 / 张俊，刘雯芳，高盈编著．— 北京：中国青年出版社，2011.12
ISBN 978-7-5153-0449-6
I. ①M… II. ①张… ②刘… ③高… III. ①三维动画软件，Maya 2012 IV. ①TP391.41
中国版本图书馆 CIP 数据核字（2011）第 255426 号

Maya 2012 从入门到精通

张俊 刘雯芳 高盈 编著

出版发行：中国青年出版社
地　　址：北京市东四十二条 21 号
邮政编码：100708
电　　话：（010）59521188 / 59521189
传　　真：（010）59521111
企　　划：北京中青雄狮数码传媒科技有限公司

策划编辑：付 聪
责任编辑：郭 光 张 军 付 聪
封面设计：张宇海

印　　刷：中煤（北京）印务有限公司
开　　本：787×1092 1/16
印　　张：25
版　　次：2012 年 1 月北京第 1 版
印　　次：2017 年 8 月第 3 次印刷
书　　号：ISBN 978-7-5153-0449-6
定　　价：89.00 元（附赠 1DVD，含视频教学）

本书如有印装质量等问题，请与本社联系 电话：（010）59521188 / 59521189
读者来信：reader@cypmedia.com
如有其他问题请访问我们的网站：www.lion-media.com.cn

“北大方正公司电子有限公司”授权本书使用如下方正字体。
封面用字包括：方正兰亭黑系列。

前言

Maya 2012是目前世界上最优秀的三维制作软件之一，它功能强大，用户界面友好并且制作效率很高，在动画、影视、游戏等许多相关行业中被广泛应用。

本书结构清晰，脉络流畅，章节排序非常适合读者循序渐进地进行阅读与学习，书中没有大段叙述性的文字，而是以图对每一个知识点进行介绍及解说，简明易懂，实践性强。

全书共分16个章节，由浅入深、从易到难，全面并细致地讲解了Maya 2012的各个知识模块。将Maya 2012的基础操作、建模、材质、贴图、灯光、UV技术、基础动画、变形约束、角色动画、路径动画、动力学、粒子系统、新动力学、毛发效果以及MEL语言等模块进行了深入的分析。本书的三位作者都有长期使用Maya的经验，现均在高校任教，担任Maya及相关课程的教学工作，并实际参与过大量商业或实验性项目，拥有丰富的行业工作经验。作者在书中将自身的实践经验融合于实例中，每个实例都是经过作者反复制作验证并将其中的重点案例录制了详细的教学视频，在特别需要读者注意的地方都特别加入了“提示”环节，而这些提示都是作者长期使用Maya工作所积累的经验。

本书包含1张DVD光盘，其中包括书中案例的工程文件、30段视频教学文件以及所有实例需要的贴图和纹理图片等素材文件。

在本书的创作过程中，许多朋友为我们提供了帮助，并得到编辑的大力支持，在此表示衷心的感谢。由于时间仓促，书中难免有疏漏之处，希望读者见谅并多多指正。

笔　者

2011年12月

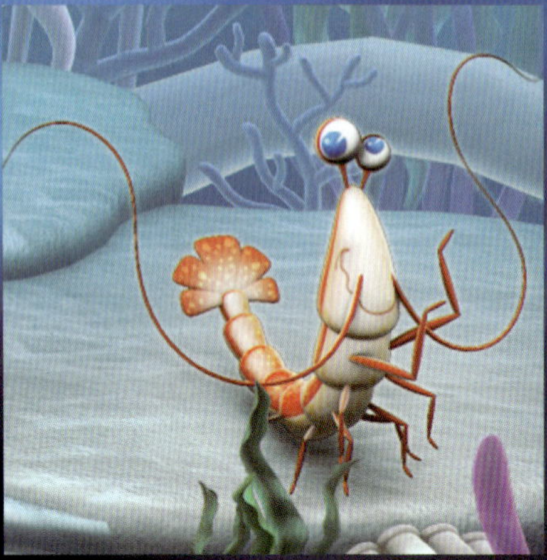

Демин С.В.
БЮДЖЕТ
САНКТ-ПЕТЕРБУРГА:
МИФЫ
И
РЕАЛЬНОСТЬ
Санкт-Петербург
2007

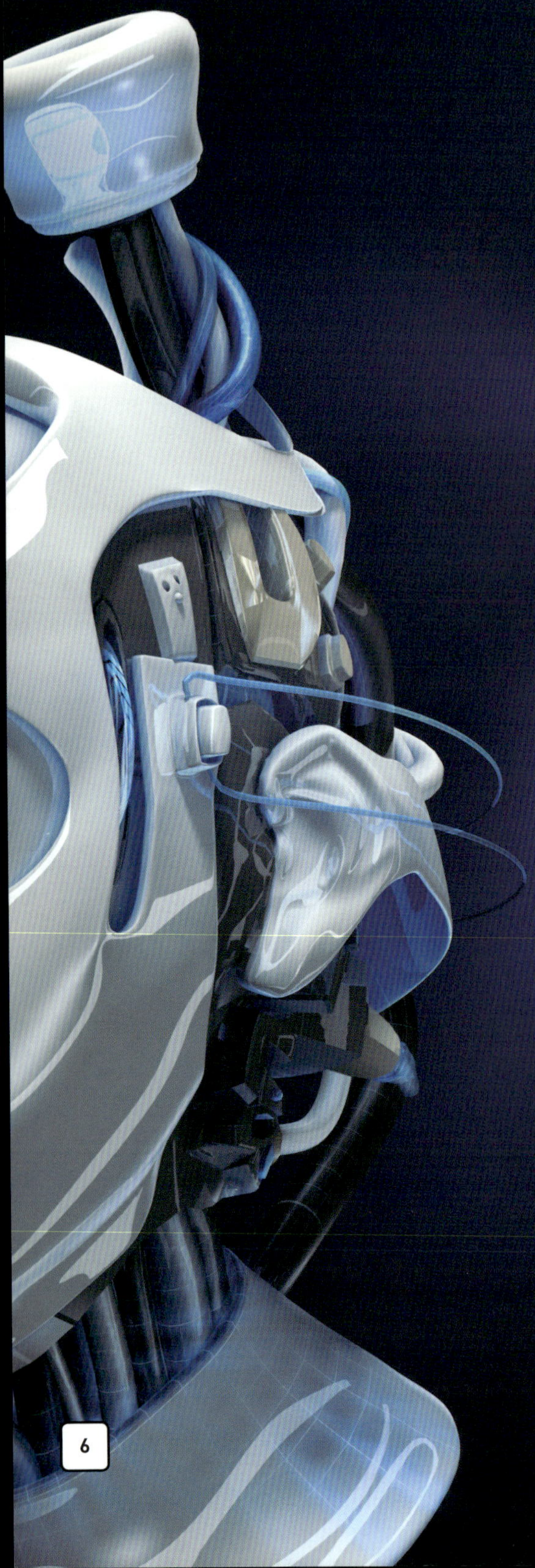

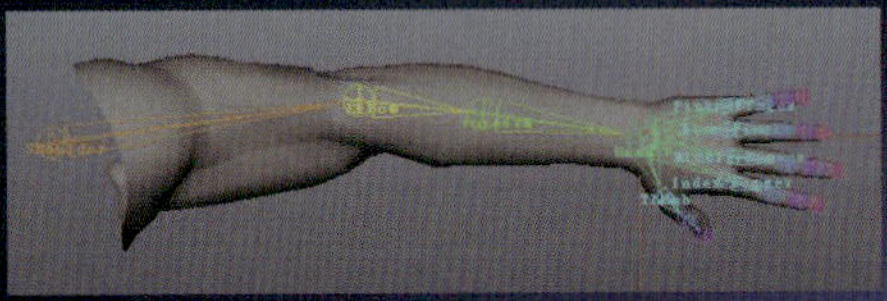

Chapter 9 骨骼蒙皮系统 219

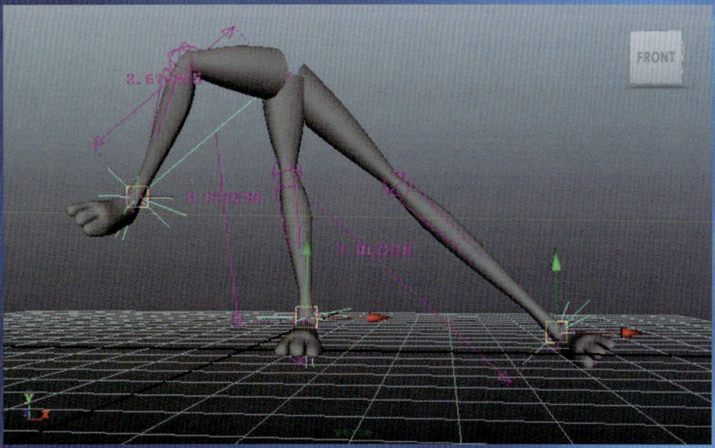

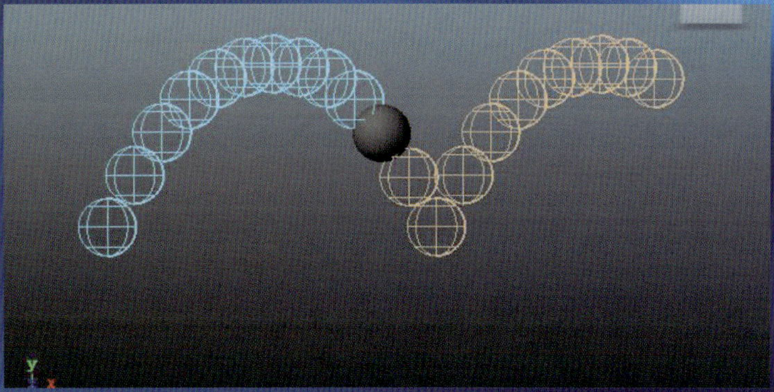

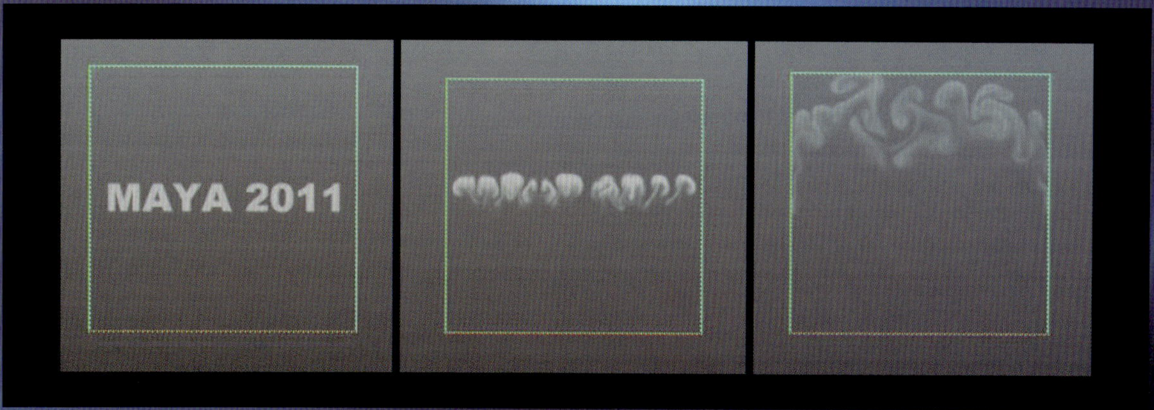
MAYA 2011

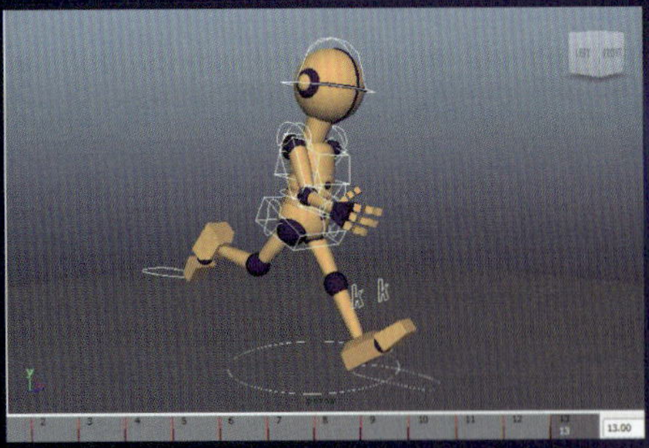

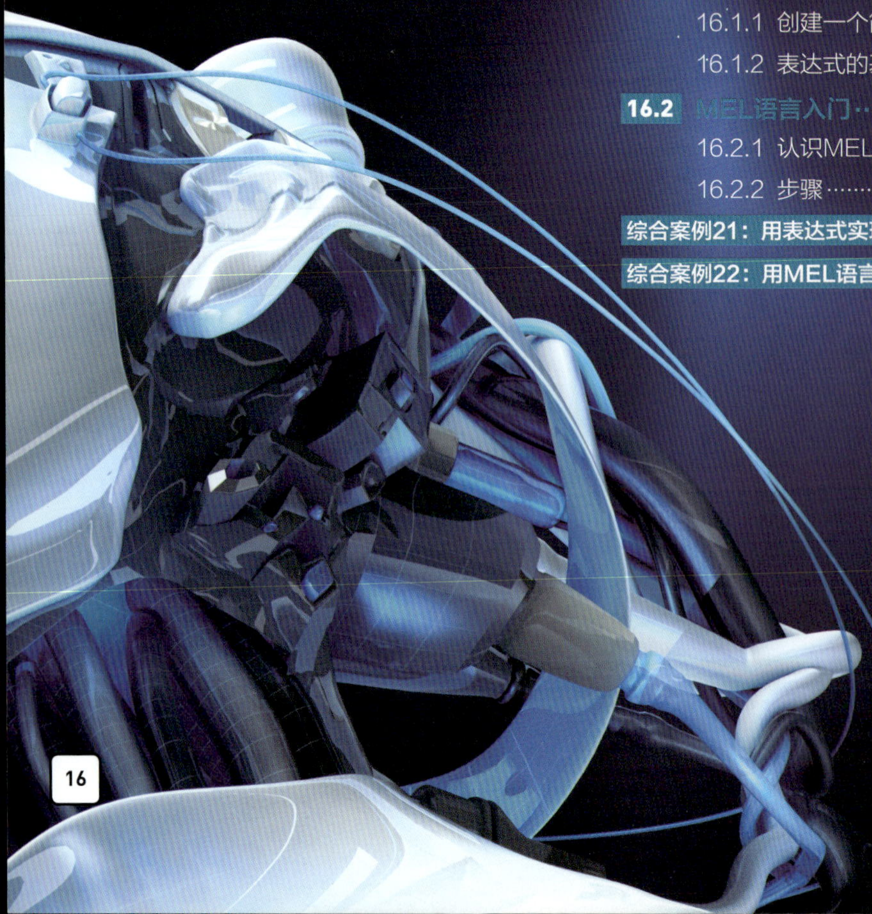

Chapter 01

初识 Maya

Maya 是美国 Autodesk 公司出品的一款著名的三维建模和动画软件，应用对象主要是专业的影视广告、角色动画、电影特技等工作人员。Maya 功能完善，操作方法灵活，制作效率极高且渲染效果真实感极强，是电影级别的高端制作软件。很多我们看过的影视作品中都有 Maya 的功劳。

本章节我们将从 Maya 的历史开始讲解，将这款三维软件介绍给大家。

1.1 Maya 软件概述

Maya 不仅包括一般三维和视觉效果制作的功能，而且还与最先进的建模、数字化布料模拟、毛发渲染、运动匹配技术相结合，可以满足多种影视动画的特效制作需要，并且提高制作效率和品质，调节出逼真的角色动画，渲染出电影一般的真实效果。

1998 年，Maya 1.0 在 Alias 公司诞生，启动界面如下图所示。

1999 年，第一部由 Maya 制作的影片《精灵鼠小弟》，将一只活灵活现的小白鼠展现给观众，如下图所示。

2001 年 2 月推出的 Maya 3.0 版本是第一个 Linux 版本。随后，更多利用 Maya 制作动画与特效的知名影视作品问世了，如：《玩具总动员》《金刚》《汽车总动员》《加勒比海盗》等等，如下图所示。

> **提示** Maya 优异的三维制作功能而广受欢迎，在 2005 年 10 月 4 日，Autodesk 公司花费 1.82 亿美元以现金方式收购了 Alias 公司。

Maya 目前最新的版本是 Maya 2012，该版本拥有 Autodesk Maya Unlimited 2011 和 Autodesk Maya Complete 2010 的全部功能，包括先进的模拟工具：Nucleus Unified Simulation Framework、nCloth、nParticles、Fluid Effects、Hair、Fur；另外还拥有丰富的建模、纹理和动画工具，基于画刷的三维技术，完整的立体工作流程，卡通渲染（Toon Shading），一个广泛的 Maya 应用程序界面/软件开发工具包以及 Python 和 MEL 脚本功能。

最新发布的 Maya 2012 版本可以大大提高在电影、电视、游戏等领域开发、设计、创作的工作流效率；改善了多边形建模，通过新的运算法则提高了性能；多线程支持功能可以充分利用多核心处理器的优势；新的 HLSL 着色工具和硬件着色 API 则可以大大增强新一代主机游戏的外观；另外，在角色建立和动画制作方面也更具弹性，其中最引人注目的就是在动画和动力学特效上的改进。最新的软件启动界面如下图所示。

1.2 认识 Maya 2012 软件

运行 Maya 2012 软件，我们可以看到它延续了 Maya 2011 的黑色整体界面风格，如下图所示。

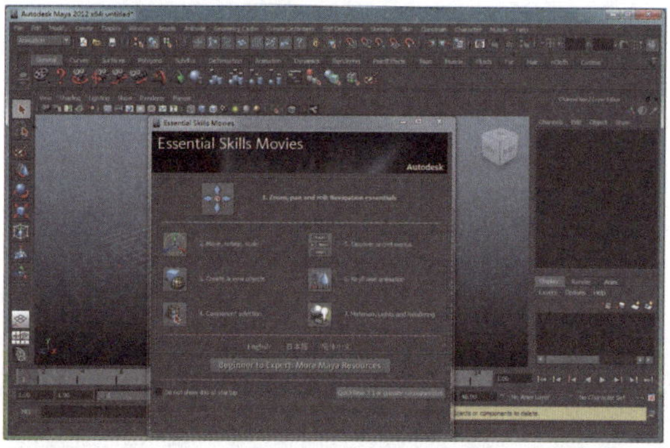

> **提示** 界面的变化或许会让一部分用户觉得不习惯，本书中为了使截图更清晰，将 Maya 2012 的界面改为灰白色界面。

进阶练习：自定义软件操作界面风格

01 软件安装完毕后，右键单击 Maya 2012 程序的快捷方式图标，选择属性选项，如下图所示。

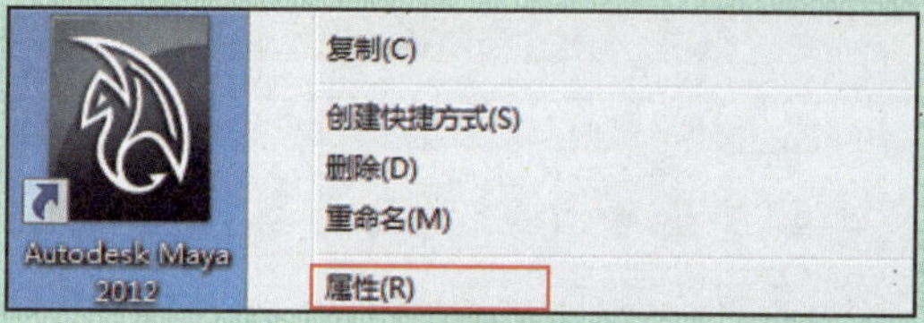

02 在属性面板中，切换到"快捷方式"选项卡，在"目标"栏中输入"Space（空格）+-style cleanlooks"，如下图所示。确定后再次运行 Maya 2012。

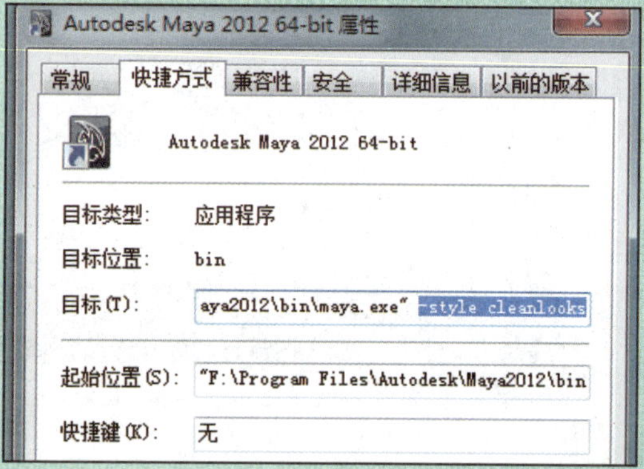

03 运行 Maya 2012 之后，我们可以看到软件界面的颜色发生了变化，如下图所示。

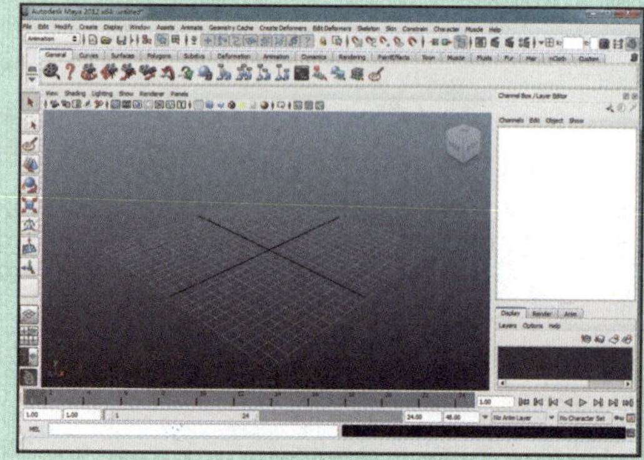

提示： 输入不同的命令，可以改成不同配色的界面。大家可以自由尝试。

Maya 2012 既对上一版本进行了完善，同时也将更多新功能集合于一身。下面将正式开始为读者介绍 Maya 2012。

1.2.1 初识 Maya 2012 操作界面

首先，我们来了解一下 Maya 2012 的操作界面，如下图所示。

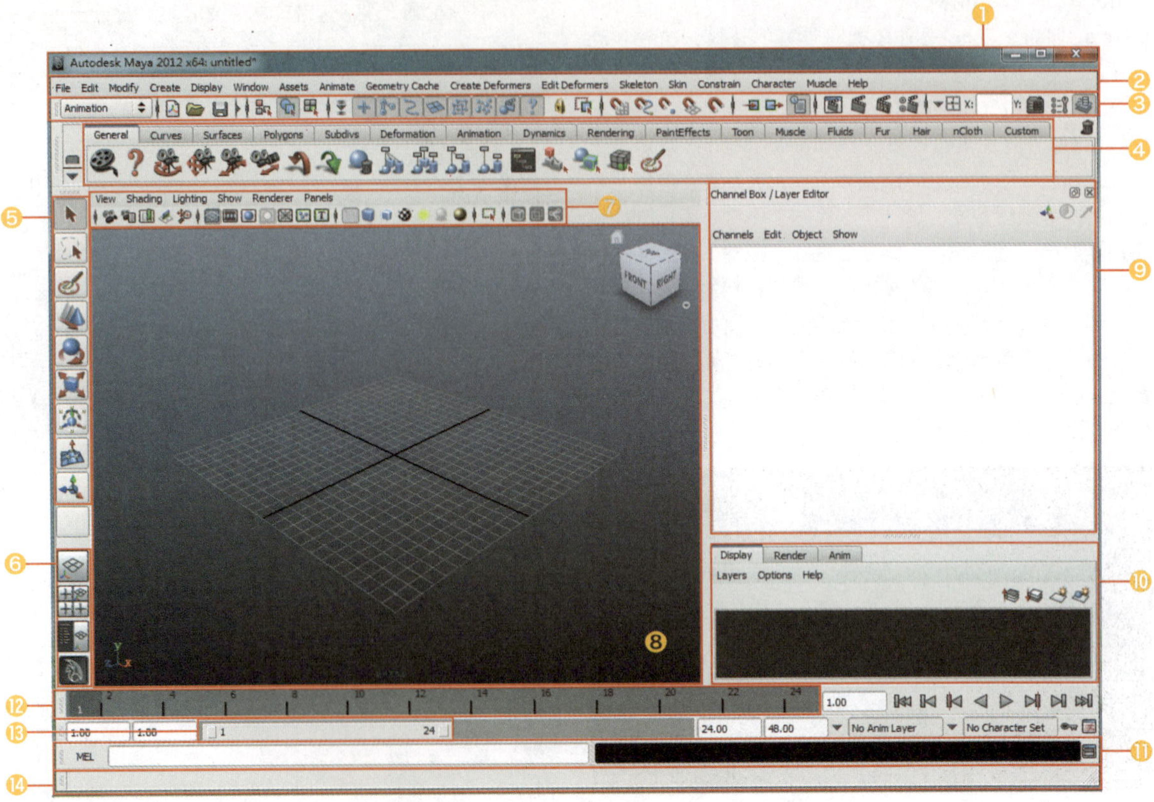

❶ Title Bar（标题栏） ❷ Main Menu （主菜单） ❸ Status Line（状态栏）
❹ Shelves（工具架） ❺ Tool Box（工具箱） ❻ Quick Layout Buttons（视图切换快捷图标按钮）
❼ View Menus（视图面板菜单） ❽ Workspace（工作区） ❾ Channel Box（通道栏）
❿ Layer Editor（图层编辑区） ⓫ Command Line（命令栏） ⓬ Time Slider（时间轴）
⓭ Range Slider（滑块范围） ⓮ Help Line（帮助栏）

1.2.2 详解 Maya 2012 界面菜单和功能

初识 Maya 2012 的操作界面之后，下面我们对软件的几个比较主要的区域进行详解。

1. Title Bar（标题栏）

这是 Windows 操作系统中软件界面的标志。可以显示当前的场景名称、当前工程目录名称、存储路径和当前选择对象的名称，如下图所示。

2. Main Menu（主菜单）

Maya 的主菜单集成了 Maya 的所有操作命令，大致可以分为两类。一类是始终不变的菜单，我们将之称为“公共菜单”；另一类菜单会随着模块的切换发生变化，我们将之称为“模块菜单”。

下面，我们分别讲述一下“公共菜单”的内容。

1）File （文件管理）：管理工程文件。

2）Edit （编辑）：对象的选择与编辑。

3）Modify（修改）：对象的修改功能，如变换形式、修改轴心等。

4）Create （创建）：创建常见物体，如模型、灯光、摄影机等。

5）Display（显示）：与显示相关的操作命令。

6）Window （窗口）：打开各种类型的窗口与编辑器，对视图布局进行控制。

7）Assets （参考）：将复杂的数据有效地组织在一起并进行分享、参考以及呈现。

8）Help （帮助）：Maya 软件自带的帮助文件，可用于查找需要的参考文件或软件使用过程中遇到的问题。

除了以上的“公共菜单”外，Maya 主菜单中的其他具体操作命令会根据模块的不同而有所不同，具体内容将会在后面的各个相应章节中进行详解。

3. Status Line（状态栏）

状态栏的位置在主菜单的下方，通过 Maya 的状态栏，我们可以控制所有模块的切换，并且很多常用状态功能都在其中，如下图所示。

提示 状态栏上每隔几个图标就有一个分隔符，当我们双击分隔符时，相应区域内的几个命令图标就会被隐藏起来，而再次双击这个分隔符时，则隐藏的图标会再度显现。

（1）Maya 模块的切换

状态栏左端第一个下拉菜单，是 Maya 的功能模块区。鼠标左键单击下拉菜单旁的箭头便可以看到下拉菜单中 7 种不同的模块。用鼠标直接选择选项即可实现模块之间的切换，如下图所示。

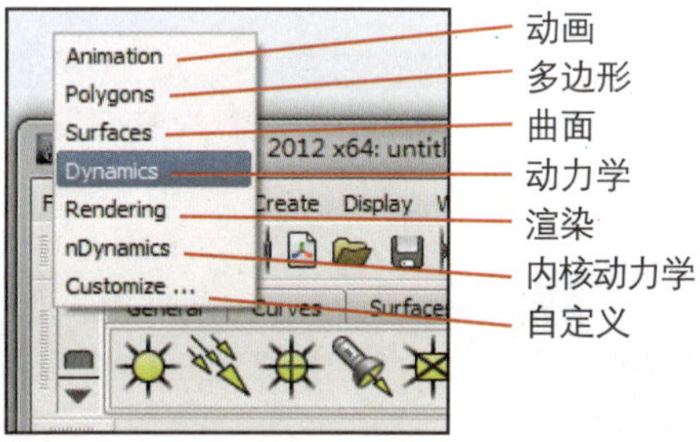

提示 Customize（自定义）选项主要用来让用户自定义菜单栏，具体功能我们将在后文中详细介绍。

（2）文件的新建、打开和保存操作

文件的新建、打开和保存，这三个操作按钮分别与主菜单中的 File 菜单中的 New Scene（ 新建场景）、Open Scene（打开场景）、Save Scene（保存场景）三个命令相对应，它们的快捷键分别为“Ctrl+N” “Ctrl+O”和 “ Ctrl+S” ，如下图所示。

（3）选择过滤器

这三个按钮均为选择物体的相关命令。第一个按钮可以按照物体的等级或组合方式选择物体；第二个按钮可以根据物体类型选择物体；第三个按钮可以根据物体的组成元素进行选择（比如只选择曲线，或者设置面不可选等），如下图所示。

（4）对象吸附对齐方式

这组命令的作用是规定选中对象的对齐方式，如下图所示。

❶ Snap to grids（吸附到网格）：将物体吸附到指定网格。
❷ Snap to curves（吸附到曲线）：将物体吸附到指定曲线。
❸ Snap to points（吸附到点）：将物体吸附到指定点。
❹ Snap to view planes（吸附到平面）：将物体吸附到指定平面。
❺ Make the Selected object Live（激活选择物体）：可将新创建的物体吸附在激活的物体上面，比如制作头发时，可以将头发曲线吸附在角色头部模型上。

提示 在建模中我们经常需要将某个物体精确地对齐到某个特定位置，这 5 种特殊的吸附对齐方式能为我们提供很大的帮助。

（5）历史记录开关

单击图标，便开启了历史记录功能。开启了历史记录功能之后，Maya 便会对用户的每一个命令操作加以记录。

提示 只要历史记录中有记载，Maya 就允许用户回退到记录中的任何一个步骤重做修改。此命令非常重要并且实用，但是它同样存在缺点，即记录大量的历史操作后会导致 Maya 运行变得非常缓慢。

（6）渲染设置

这组命令是 Maya 的渲染命令，如下图所示。

❶ Open Render View（打开渲染视图）
❷ Render the Current frame（Maya Software）（渲染当前帧）
❸ IPR render the Current frame （Maya Software）（即时渲染当前帧）
❹ Display Render Settings window（Maya Software）（显示渲染设置窗口）

（7）快速操作

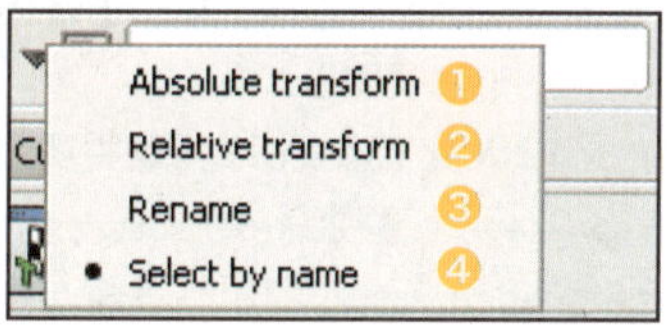

单击如图所示的下三角按钮，打开下拉菜单，可以选择不同的选择方式。

❶ Absolute transform（绝对坐标变换）
❷ Relative transform（相对坐标变换）
❸ Rename（重命名）
❹ Select by name（按名称选择）

提示 快速操作命令在复杂场景中快速选择物体或隐藏的操作节点非常有用。

4. Shelves（工具架）

它是 Maya 界面中非常醒目的一行，带有许多小图标和标签，其中包括各个模块中的主要命令和功能，我们称之为工具架。

Maya 工具架中集合了大量快捷命令，这些快捷命令都是 Maya 各个模块下最常用的命令，每一个命令图标都非常形象。只需要单击图标，就相当于执行了菜单栏中下拉菜单里的命令，免去了重新在菜单中选择命令的过程，其效用是相同的。

工具架分上下两部分，上面一行是标签栏，排列有很多卡片一样的标签；下面一行是工具箱，对应每个标签放置了很多图标。标签栏上的每一个标签都有文字，分别对应着 Maya 中的一个功能模块。如：Polygons、Surfaces 这两个标签下的图标均与 Polygon（多边形）建模或者 NURBS 曲面建模的相关命令相对应，如下图所示。每个图标按钮将在后面的章节中详述。

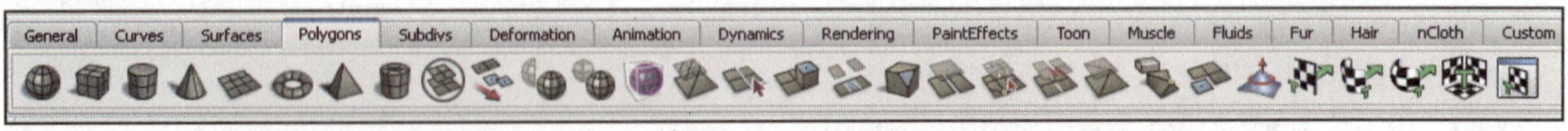

5. Tool Box（工具箱）

工具箱在 Maya 界面的最左侧，这里包括了许多常规操作最常用的工具命令：选择、移动、旋转、缩放等，如下图所示。相关命令的详细讲解和操作，将在后面的基础操作中进行讲解。

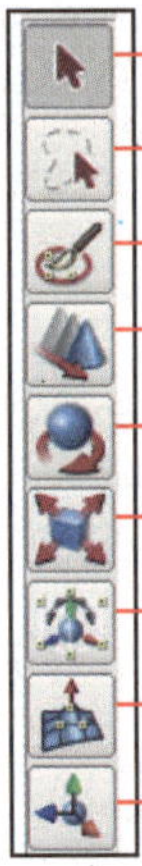

Seclet Tool（选择工具）
Lasso Tool（套索工具）
Paint Selection Tool（笔刷选择工具）
Move Tool（移动工具）
Rotate Tool（旋转工具）
Scale Tool（缩放工具）
Universal Manipulator（通用操纵器）
Soft Modification Tool（软修改工具）
Show Mawipular Tool（显示操纵器工具）

6. Quick Layout Buttons（视图切换快捷图标按钮）

在工具箱下方，是一组控制视图显示样式的快捷图标，如下图所示。

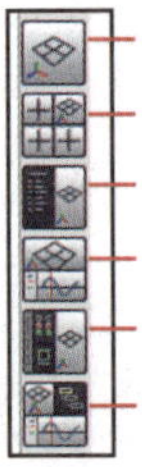

Single Perspective View（单个透视图）
Four View（四视图）
Persp/Outliner（透视图 / 大纲视图）
Persp/Graph（透视图 / 动画曲线）
Hypershade/Persp（材质编辑器 / 透视图）
Persp/Graph/Hypershade（透视图 / 动画曲线 / 材质编辑器）

这是 Maya 中常用的视图布局快捷图标，单击这些图标，可以对 Maya 的视图组合进行快速切换。

提示 比如第一个图标可以将视图快速切换到透视图，第二个图标则可以将视图快速切换到标准的四视图。剩下的几个图标包括了 Maya 在不同模块工作环境下的视图组合，适合材质编辑、动画编辑等不同工作需要。

7. View Menus（视图面板菜单）

视图面板菜单位于视图区上方，每一个视图区都有独立的视图面板菜单，如下图所示。

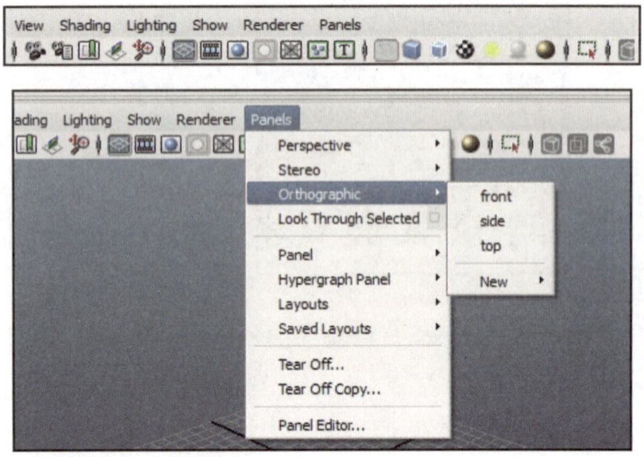

8. Workspace（工作区）

Maya 中占据最大面积的部分就是工作区，是我们进行主要操作和观看效果的区域，如下图所示。

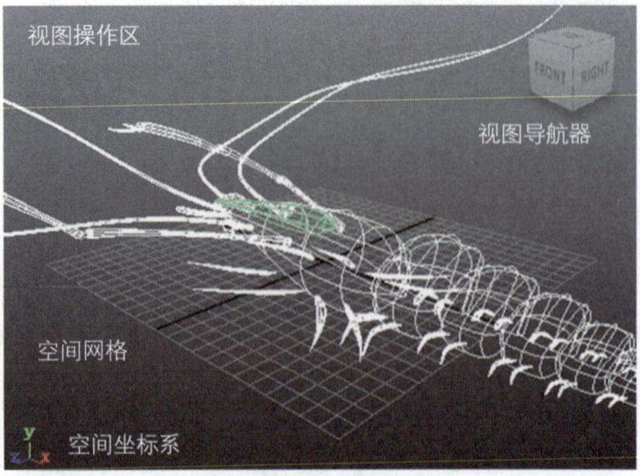

提示 Maya 中所有的操作都需要在工作区进行，不论是建模、贴图、调动画还是制作特效等等。工作区相当于有一架虚拟摄像机，将用户在 Maya 中的一切操作如实地反映出来。这个摄像机在透视视图中默认从空间斜上 45° 来观察 Maya 的所有操作，另三个默认视图分别是前视图、侧视图和顶视图。

（1）Grids（空间网格）

以 Maya 的透视图为例，视图中央有一个带透视效果的灰色网格，这就是 Maya 的三维空间坐标网格。这个网格每一个小方格均为正方形，被两条正交轴划分为 4 个区域。网格的主要功能是作为建模时的坐标参考，前面内容简介对齐方式时的 Snap to grids（网格对齐）指的就是向空间网格对齐，如下图所示。

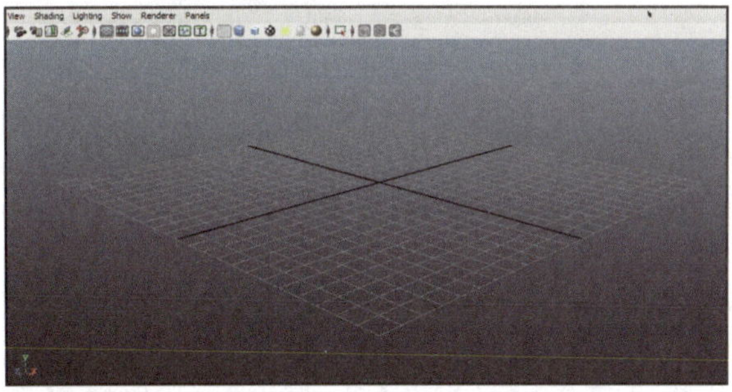

提示 在二维坐标中，我们经常见到平面坐标系，如 XY 或 UV 坐标。

（2）空间坐标系

Maya 视图区左下角的图标 ■ 就是三个空间坐标轴，它标示的是 Maya 的三个空间坐标方向。在 Maya 中的三维空间的坐标由 X、Y、Z 三个轴构成。空间网格就处于 X、Z 两轴组成的平面中，网格的中心点即为空间坐标的原点。

在 Maya 中，所有的工具操作方向都基于此基本坐标系，如旋转、平移、缩放，如下图所示。

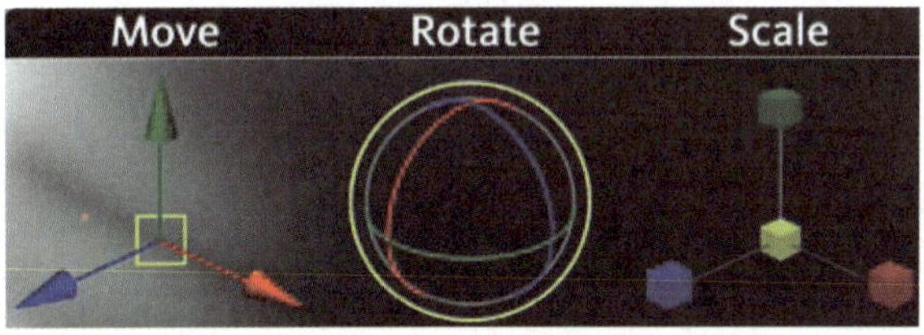

提示 Maya 用红色代表 X 轴，绿色代表 Y 轴，蓝色代表 Z 轴，其中箭头所指的方向为均正值。

（3）ViewCube（视图导航器）

在 Maya 透视图的右上角我们可以看到一个方盒子图标，这就是视图导航器，我们可以通过它方便地切换各个视角，如右图所示。

从 Maya 2009 开始，视图导航器非常形象地使用了一个方盒子“ViewCube”，通过这个方盒子我们可以快速切换视图窗口。该导航器可以实时显示出当前摄像机视图所处的角度，如：透视图、顶视图、底视图、左视图、右视图、前视图、后视图等。启动 Maya 软件，方盒子默认以 45° 透视图面向使用者，6 个面分别代表 6 个视图，盒子的每个角和每条边分别代表该特殊角度的视图。当我们需要快速切换当前视图时，只需要用鼠标左键单击盒子上相应的边、角、面即可。需要回到原透视图时，只需再次单击立方体旁边的小房子图标即可，如右图所示。

下面是导航器的不同选择方式与不同视图角度的对应举例，如下图所示。

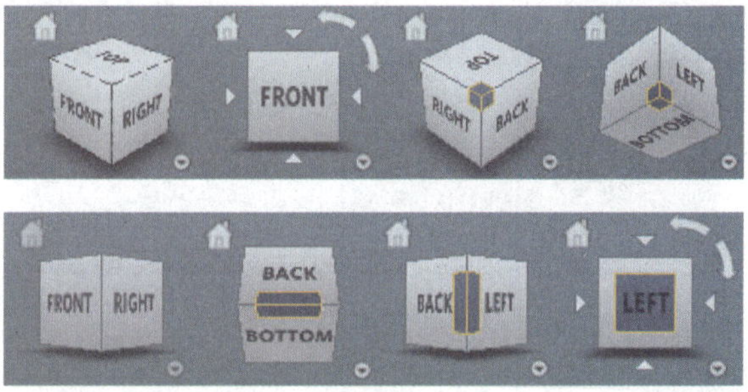

进阶练习：切换视图

原始文件： Chapter 1\1.2\VeiwCube.mb

01 打开文件，默认为右上角 45° 的透视图，如下图所示。

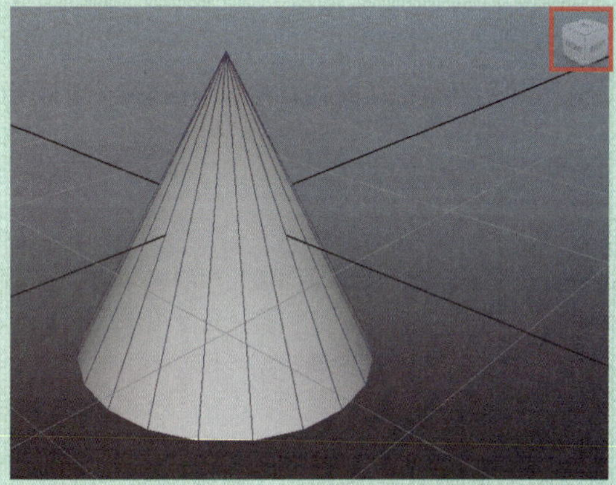

02 鼠标单击 ViewCube（视图导航器）的右前边缘，转化视角，如下图所示。

03 鼠标单击 ViewCube（视图导航器）的 Top（顶面）转化视角，如下图所示。

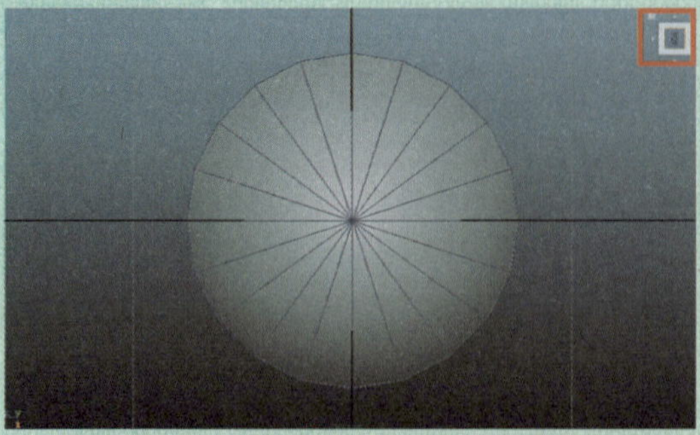

04 鼠标单击 ViewCube（视图导航器）的右底边，转化视角，如下图所示。

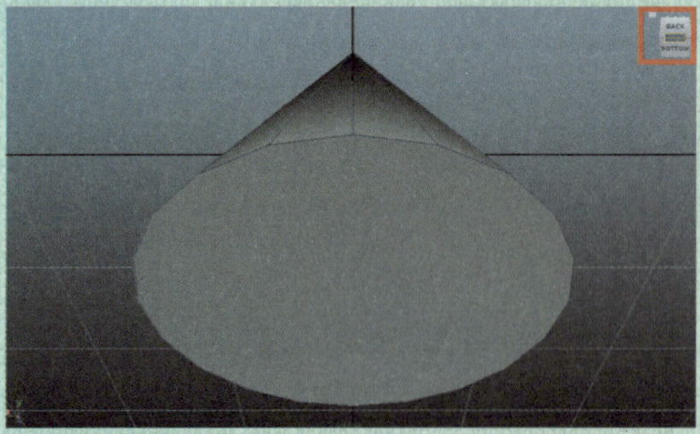

9. Channel Box（通道栏）

通道栏在 Maya 界面的右侧，与属性编辑窗口按标签排列在一起，用来集中显示物体最常用的各种属性，比如物体的长宽高、空间坐标、空间旋转角度等等，不同类型的物体还有各自的一些其他属性，如下图所示。

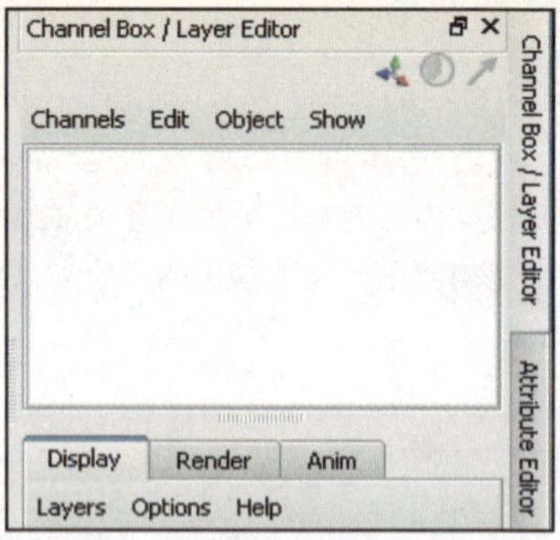

提示 Maya 2012 的通道栏右侧有两个标签，前面我们已经介绍过，这两个标签可以对属性编辑器与通道栏 / 图层编辑器进行切换。

10. Layer Editor（图层编辑区）

与通道栏同时并列显示着的还有图层编辑区，Maya 的图层区位于通道栏下方，有 Display（显示）、Render（渲染）、Anim（动画）三个选项卡，如下图所示。

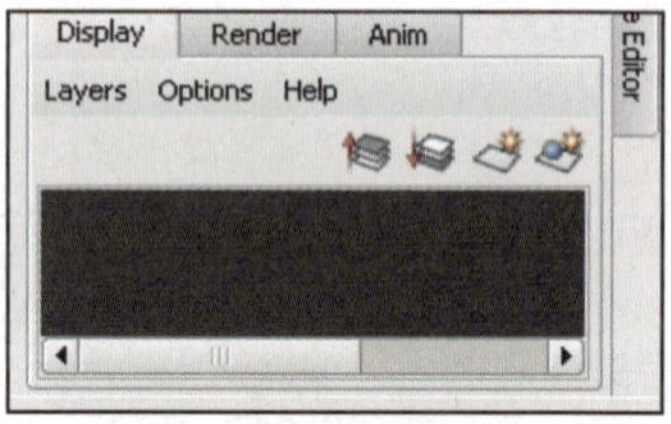

提示 Maya 图层编辑区的主要功能是对场景中的物体进行分组管理。当复杂场景中有大量物体的时候，我们可以自定义将一些物体设置到某一特定图层，然后通过对图层的控制来决定这组物体是否被显示或者能够被选择，是非常方便的操作方式。

11. Command Line（命令栏）

命令栏排放在 Maya 默认界面的下方倒数第二行。左边是 MEL 命令输入框，使用的语法为 Maya 的 MEL 标准语言。右边为命令执行结果，当我们执行命令时，Maya 会在这里给出执行结果和错误提示，如下图所示。

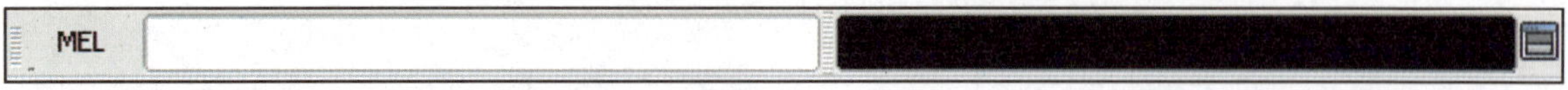

12. Time Slider（时间轴）

Time Slider（时间轴）和 Range Slider（滑块范围）两部分，共同组成动画控制区，主要用于控制动画，紧挨在视图区下方。动画控制区分为上下两层，上层是时间轴，其右侧是播放、停止、逐帧播放等与动画播放相关的按钮。具体操作将在动画章节中详细叙述，如下图所示。

13. Range Slider（滑块范围）

动画控制区下层为滑块范围，其中包括动画开始播放的时间、结束时间以及滑块开始和结束的时间参数等，如下图所示。

14. Help Line（帮助栏）

帮助栏紧挨在命令栏下面。当我们在操作区域选定一个命令后，在该栏就会出现这种命令的使用方法和提示，如下图所示。

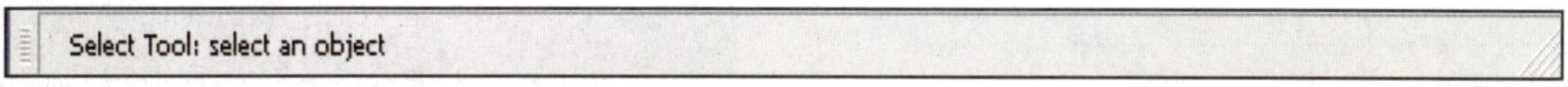

1.3 Maya 2012 的基础操作

了解了 Maya 的基本界面后，下面我们来学习 Maya 的基本操作。

1.3.1 快速创建工程目录及对象

首先，我们来学习如何创建工程目录及对象。

1. 创建工程目录

一般来说，一个完整的动画项目会涉及到各种各样的模块及文件，比如多边形建模、曲面建模、贴图、灯光设置、渲染、粒子特效等种类繁多的工序，每道工序都需要用到很多文件，而文件的存储路径也各不相同，比如模型的贴图，渲染时的序列帧，动画生成的预览文件等等。并且，很多大型的项目需要很多人一起合作，在如此繁多的文件及程序下，如果缺乏一个统一、有效的项目文件管理结构，那么各种文件难免会杂乱不堪，也会令合作者之间无法很好合作，所以，为了更加方便地进行文件存储与调阅，在创建一个项目之前，我们首先要学习的就是如何创建及编辑工程目录。

安装好 Maya 软件后，Maya 会自动在 Windows“我的文档”文件夹中新建一个 Maya 目录。该目录下有一个 Projects 文件夹，它是 Maya 默认的工程目录文件夹。在 Project 文件夹的子文件夹 Default 文件夹内，包含很多分类细致的文件夹，如下图所示。

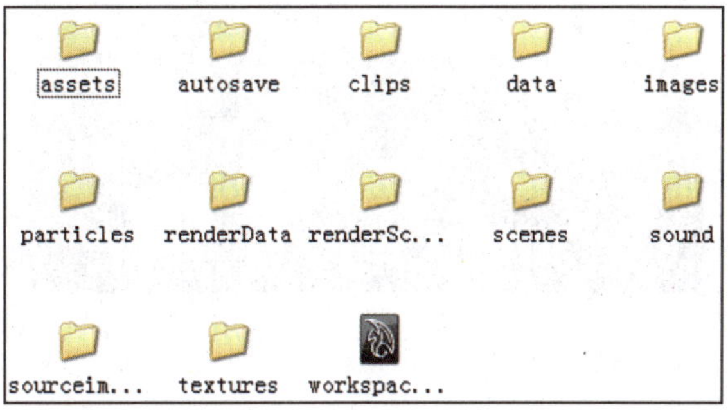

这些文件夹分别用来放置不同的工程项目文件。比如：我们创建的 Maya 场景文件（*.mb 文件），就默认保存在名为“scenes”的文件夹中。而场景文件中存放贴图资源的文件夹，也会默认指向“textures”文件夹，而渲染图会默认存放在“images”文件夹中。

> **提示** Maya 这样设置默认存储路径的好处在于，当我们要将一个庞大且复杂的动画项目从一台电脑拷贝到另外一台或多台电脑上时，如果没有设置过工程目录，那么场景文件的各种链接资源在拷贝时很难保证链接始终正确，需要人为再次重新确认链接，过程非常复杂并且容易出错。但是如果我们设置了工程目录，则只需要将整个 Project（项目）文件夹拷贝过去即可，因为文件夹之间的相对路径是不变的。

Maya 的工程目录会自动创建在“我的文档”中，但是这样往往不符合（项目）实际工作中的需要，我们往往需要自己指定一个固定的文件夹来保存工程文件，这就需要自定义创建工程目录。

执行 File（文件）>Project Window（项目窗口）命令，弹出窗口，如下图所示。

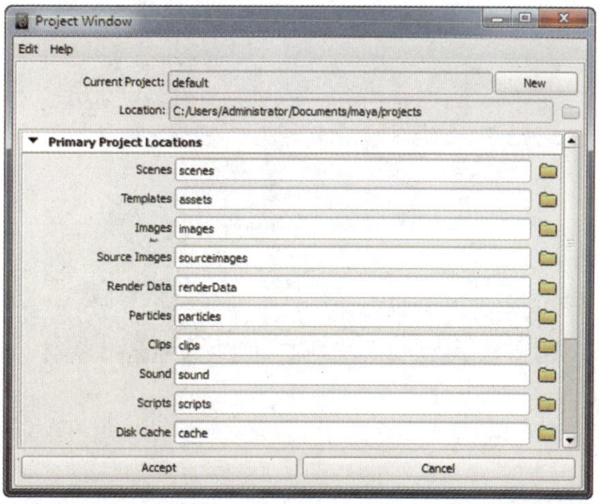

在窗口中，单击 New（新建）按钮，可以重新设置工程文件夹所在目录。而在下面的子选项中，可以为存放各个分类资源的文件夹自定义名称。之后，单击 Accept（接受）按钮进行创建，这样就可以创建出相应的工程目录了。

2. 创建对象

创建工程目录后，我们开始学习如何创建基本物体对象。下面以多边形立方体为例进行讲解。

进阶练习：创建对象

01 切换到工具架上的 Polygons（多边形）选项卡，显示出相应的多边形建模工具图标。鼠标左键单击左数第二个立方体图标，如下图所示。这样我们就执行了创建立方体命令。

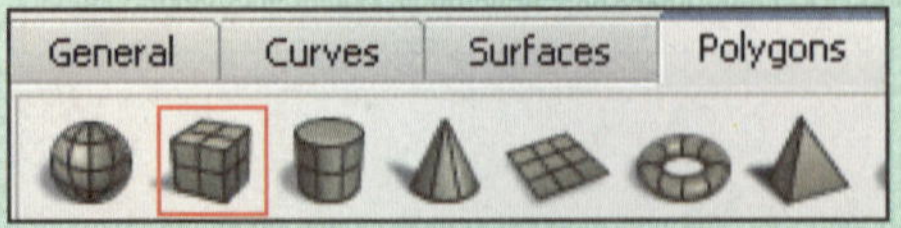

提示：这个命令同样可以通过选择菜单栏 Create（创建）> Polygon Primitives（多边形基本物体）>Cube（多边形立方体）命令来执行。

02 将光标移动到工作区，这时我们可以发现光标的形状发生了改变，同时光标下方出现了一行英文注释“Drag the base on the grid, then pull up for height（在基础网格上拖曳指针，再向上拉出高度）”，如下图所示。

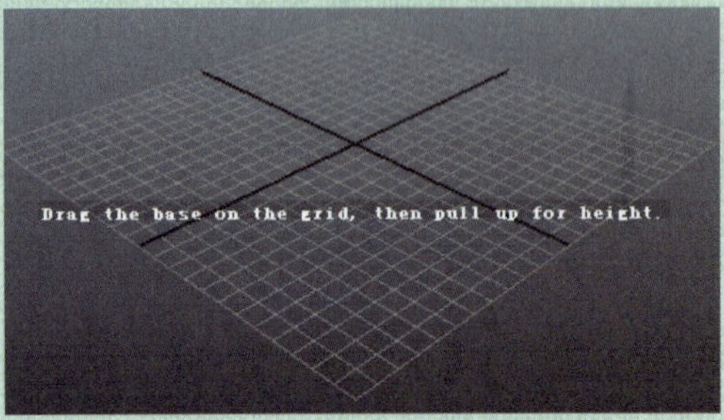

03 按住鼠标左键不放，在场景中沿水平方格随意拖动，可以看到在场景中绘制出一个长方形平面，如下图所示。

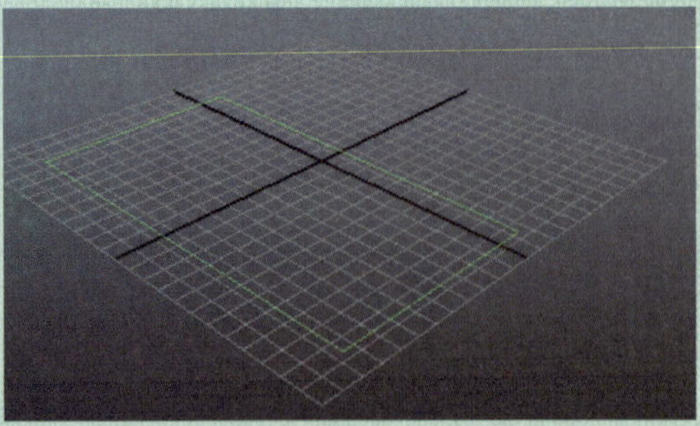

04 松开鼠标左键，我们可以看到场景中的鼠标图标又发生了变化，同时再次出现英文提示“Drag up to set height（向上拖动设置高度）”，如下图所示。

05 再次按住鼠标左键，向上移动鼠标，可以看到随着鼠标的拖动，长方形变成了立方体。松开鼠标左键，场景中立方体创建完成，如下图所示。

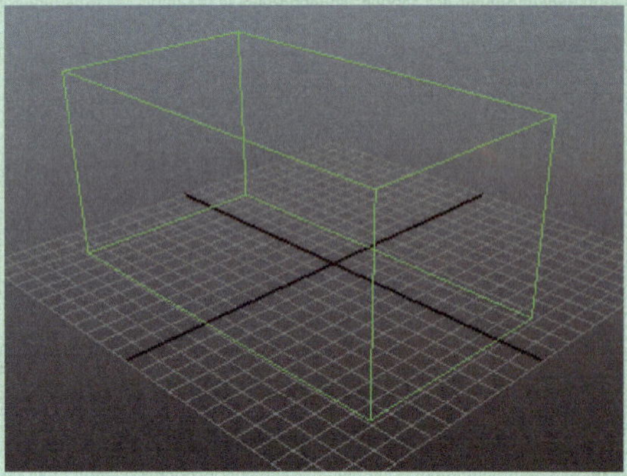

通过以上操作，我们在 Maya 中创建了一个立方体。这种交互式拖动式的建模方法是 Maya 8.0 之后的新特性。在更早的 Maya 版本中，执行物体创建命令后会直接在场景中原点处创建出一个单位长度的立方体。

提示：如果希望取消交互式建模方式，改为直接生成默认物体，只需要取消勾选 Create（创建）> Polygon Primitives（基本多边形模型）>Interactive Creation（交互式创建）命令即可。

Maya 内置了很多种不同的几何形体对象，我们可以自己尝试创建，如下图所示。

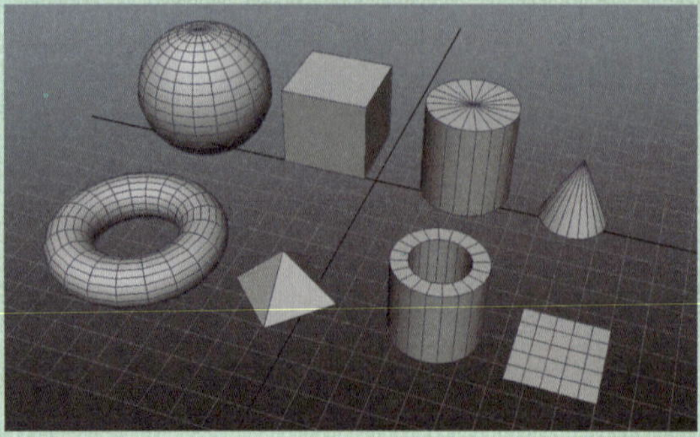

1.3.2 视图操作

对于场景中的物体，我们需要从不同角度进行观察。如何转换视角？如何推进镜头观察细节？通过学习 Maya 的视图操作方法，我们就会掌握如何在 Maya 中进行基本的视图操作。

1. 视图操作键

Maya 的视图操作可分为平移、旋转、推拉这三种方式，主要通过键盘上的 Alt 键来配合鼠标上的三个键完成，具体操作如下表所示。

Dolly（远近拉伸视图）	Alt+ 
Track（平移视图）	Alt+ 
Tumble（旋转视图）	Alt+ 

进阶练习：在场景中操作物体

原始文件：Chapter 1\1.3\Control.mb

01 打开文件，可以看到一个边长为 1 的立方体，位于坐标轴原点处，如下图所示。

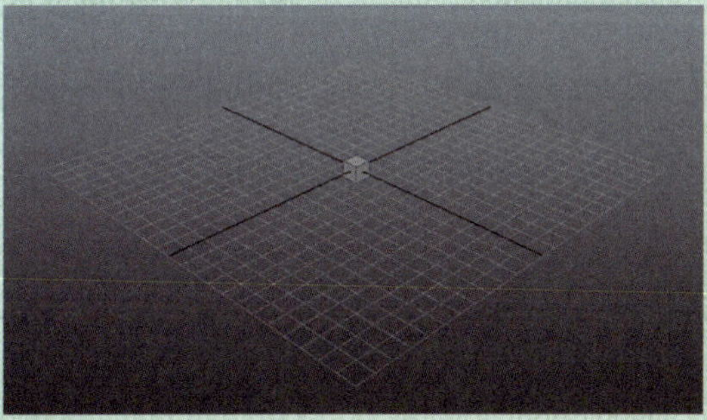

02 同时按住键盘上的 Alt 键 + 鼠标右键，尝试远近拉伸视图操作，如下图所示。

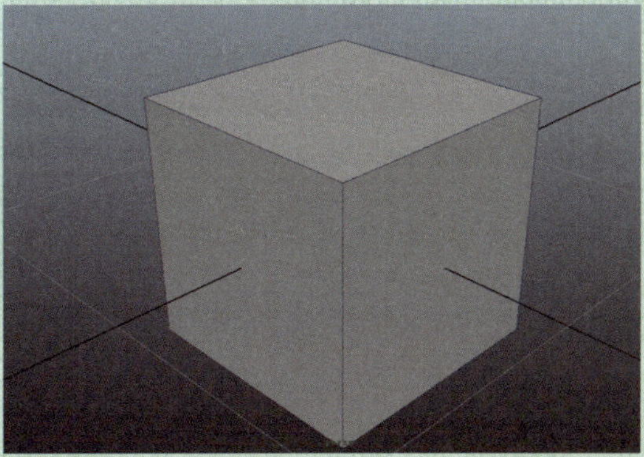

03 按住键盘上的 Alt 键 + 鼠标中键，尝试平移视图操作，如下图所示。

04 按住键盘上的 Alt 键 + 鼠标左键，尝试旋转视图操作，如下图所示。

2. 显示模式切换

刚才我们在场景中创建出来的立方体为绿色线框显示，这是因为当前 Maya 的实时显示模式被设定为线框模式。打开视图菜单中的 Shading（阴影）菜单栏，可以看到 Wireframe on Shaded（线框显示）选项被勾选，如下图所示。

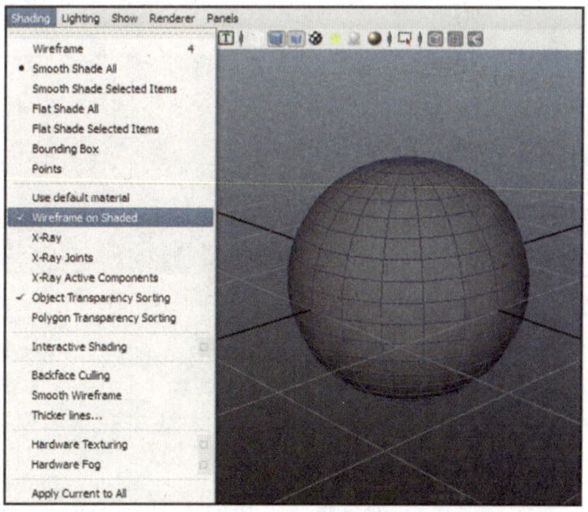

实时显示模式共分为 7 种，这 7 种模式所对应的快捷键依次为键盘上的数字键 1~7。分别为：

1）低质量显示

2）中等质量显示

3）平滑显示

4）线框模式显示

5）实体模型显示

6）材质贴图显示

7）灯光阴影显示

3. 四视图工作区

这种工作方式可以使物体的结构显示更加清晰，方便操作。我们可以通过键盘上的空格键来快速切换单视图工作区与四视图工作区，如右图所示。

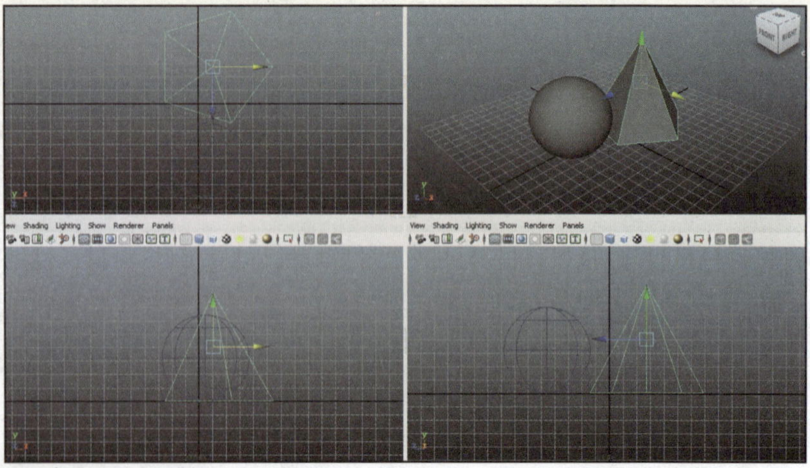

提示 在工业设计中经常会有机械制图，需要多视图来观察空间立体物体，比如：某一个零件，或者整辆车等等。

进阶练习：切换视图窗口

01 新建文件。我们看到默认的视图为透视图，如右图所示。

02 按下空格键后，读者可以看到透视图已经切换为四视图的排列布局。左上为top（顶视图），右上为persp（透视图），左下为front（正视图），右下为side（侧视图），如右图所示。

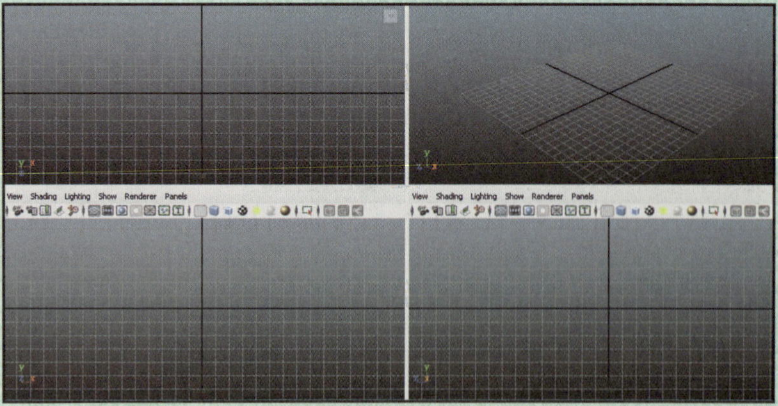

提示： 我们可以把这四种视图理解为有四架不同角度摄像机，前面讲解透视图时介绍的操作方法在这里也同样适用。但是需要注意的是，在透视图之外的其他视图中旋转视图功能被锁定，只能以固定的垂直角度显示，其他的平移、缩放视图操作则不受影响。

4. 自定义视图布局

Maya 默认显示的四视图是相等大小均匀排列，但是有时我们需要自定义某一视图大小。把光标放在四视图窗口的正中交界处，光标会变成双向图标（分纵向与横向两种），然后按住鼠标左键进行拖动，到适当位置后再释放鼠标左键。我们可以发现四视图窗口布局发生了变化，如右图所示。

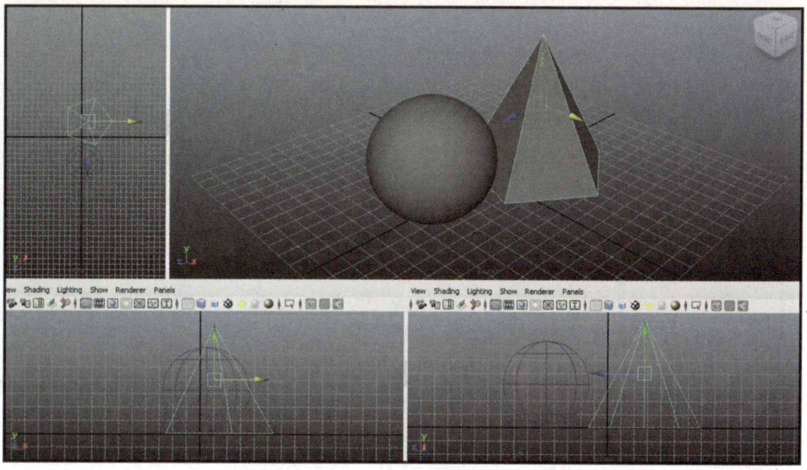

1.3.3 图层管理及应用

在通道栏下方，即为图层区，如下图所示。

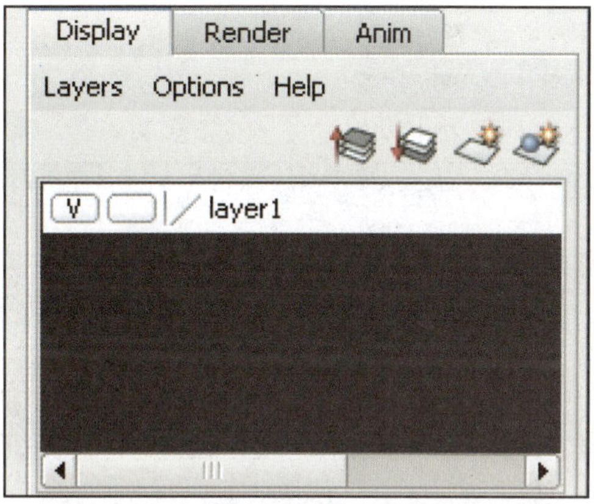

在 Maya 中，图层其实就是对场景中的物体进行分组管理。当复杂场景中有大量物体的时候，我们可以自定义将一些物体设置到某一图层。然后通过对图层的控制来决定这组物体是否被显示或者能够被选择。

下面，我们来更深入理解图层。

在图层区顶端有 Display（显示）和 Render（渲染）两个标签，它们用来控制切换图层和渲染图层的显示。默认情况下 Display（显示）选项卡为激活状态，表示当前图层区显示的是图层属性，而如果单击 Render（渲染）标签，则图层区切换显示为渲染图层区。

提示 对图层进行操作并不会对场景中的物体有任何实质上的操作和编辑，它只是为了更方便、更直观地管理物体。

进阶练习：创建图层

01 单击图层区右上的按钮。可以看到图层区已经被快速创建了一个名为“Layer1”的图层，如下图所示。

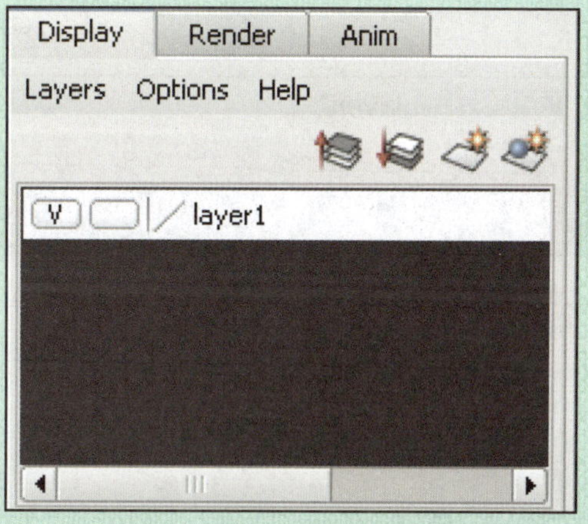

提示： 在图层区中，因为没有创建图层，所以栏中是空的。故而首先需要创建图层。

02 下面为图层添加物体。回到工作区选中立方体，右键单击图层区的“layer1”一栏，执行 Add Selected Objects（添加所选物体）命令，将立方体添加到该层。

用同样的方法再创建一个图层，并将曲面球体选中添加到该层。此时图层区如下图所示。

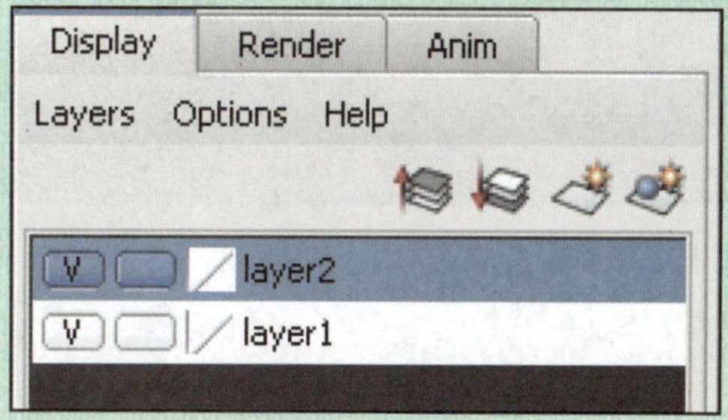

03 接着，我们选中“layer1”使之蓝色高亮显示，然后双击图层“layer1”，弹出 Edit Layer（图层编辑器）窗口，如下图所示。

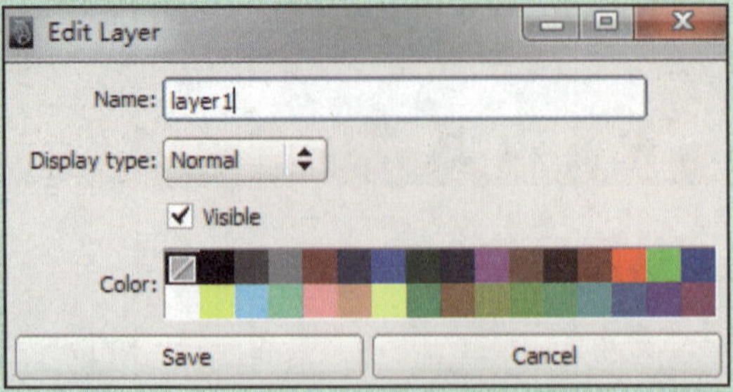

04 在 Name（命名）一栏输入文字“polygon”；在 Color（色彩）一栏选中“黄色”，然后单击 Save（保存）按钮，图层区发生了变化，如下图所示。

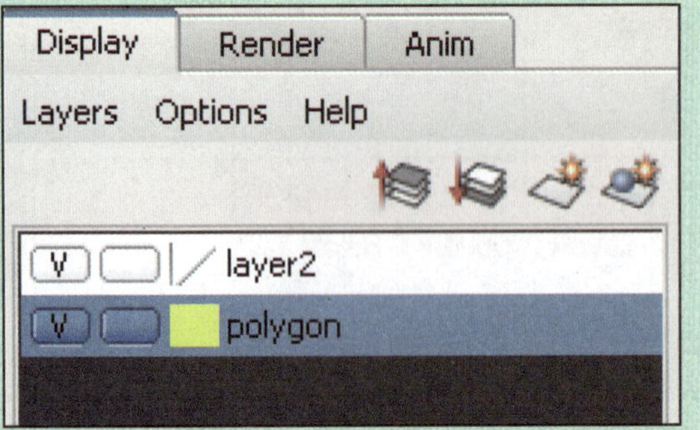

这样就完成了图层命名操作，用同样的方法，我们可以将放置曲面小球的“layer2”图层更改为 Surface，用户也可以将颜色自定义为红色。

05 在“V”字后面，我们还可以看到第二个空白方格。分别单击一下这两个图层的第二个空白方格，两图层内的空白栏内均出现大写字母“T”，如下图所示。

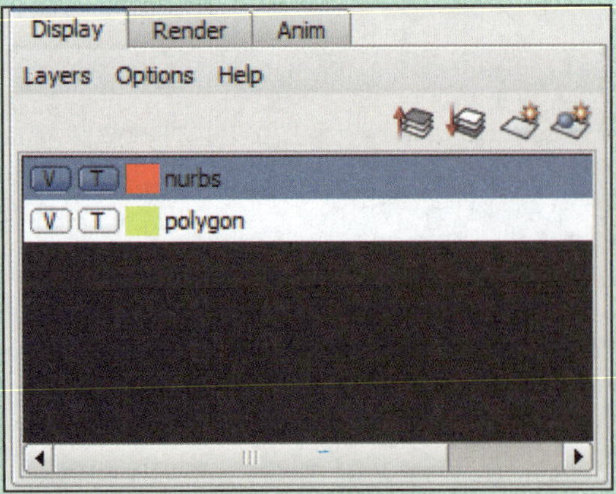

提示： 注意，分别只需要单击一下。

此时场景中的立方体和曲面球体显示效果如下图所示。

可以看到，立方体和球体都被以线框模式显示，颜色均为灰色，且两个物体均不可被选中。此时两个图层均被设定为了 Template（样板）模式，只能显示灰色线框，而无法被选取编辑。

06 在两个图层的“T”标示符上再次分别单击一次，字符变成“R”，如下图所示。

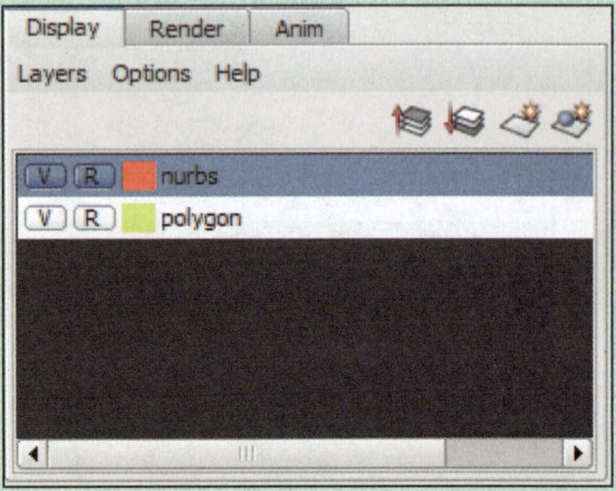

同时观察场景中的物体，如下图所示。

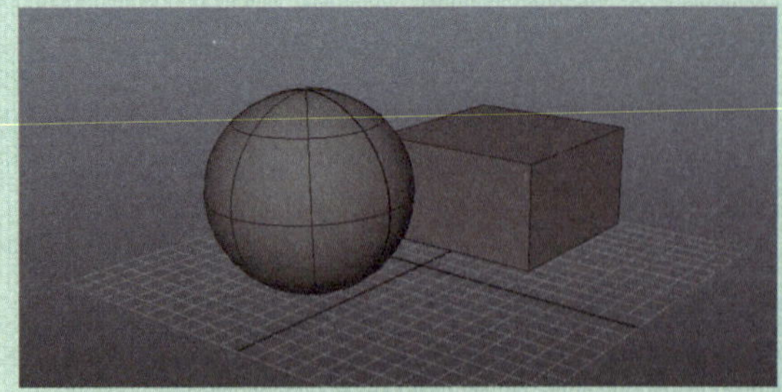

此时的立方体和球体均为实体模式显示，但是同样无法被选择编辑。这是因为当前的两个图层被锁定在了 Reference（参考）模式下，只能被完整显示而无法被选择编辑。

07 再次分别单击这两个图层的第二个方框选项，此时不显示出任何字母。此时图层状态恢复到最初模式，场景中的物体既可被显示也能被选择。

1.3.4 快捷菜单及热键

除了前面介绍的各种快捷键操作外，Maya 还提供了一套非常便捷的快捷菜单操作模式 即“Marking Menu”。这套菜单的功能和我们之前讲过的 Maya 主菜单设置完全一样，但是需要空格键激活显示。

在场景中按下空格键后不松开，此时光标周围会出现很多菜单，Maya 所有模块的菜单都被显示出来，方便我们快捷执行任何命令，如右图所示。

快捷菜单以鼠标为中心点显示，保证鼠标到每个子菜单目录的距离最短。

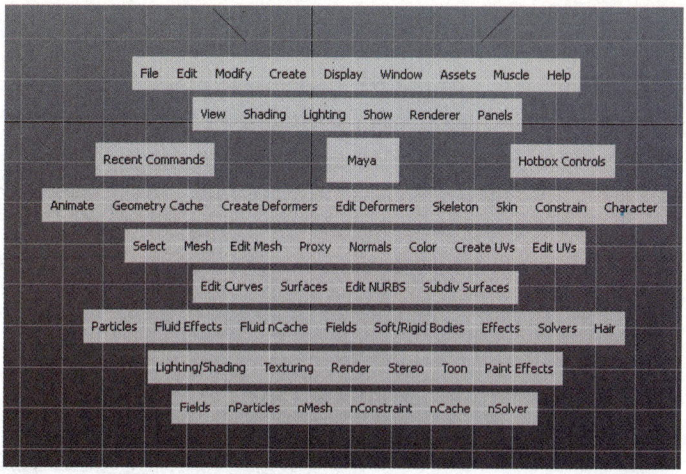

在菜单正中间位置有一个 Maya 图标。鼠标单击该图标，在图标周围弹出子菜单，如右图所示。

可以看到在中心图标周围弹出了 5 个选项，分别为 Perspective View（透视图）、Top View（顶视图）、Side View（侧视图）、Front View（前视图）、Hotbox Style（热盒风格）。

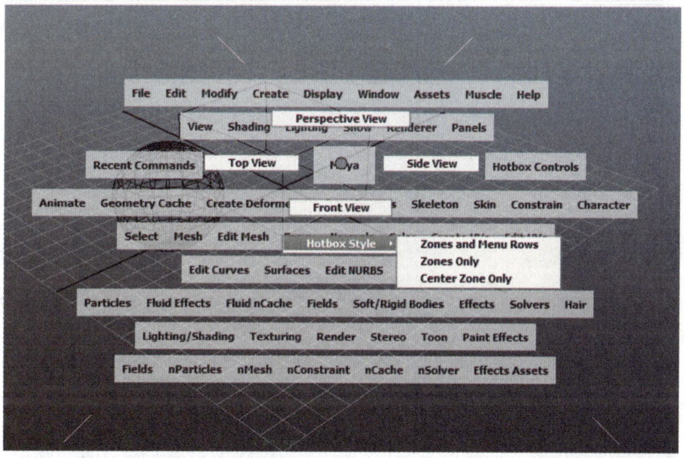

> **提示** 配合我们前面所讲的四视图切换快捷键，这里又多了一种切换视图的方式，读者可以根据自己的操作习惯选择合适的方式。

1.4 Maya 2012 的新功能

相比之前的版本，Maya 2012 新增了很多功能，下面我们来逐一了解一下。

1.4.1 视图区

Maya 2012 新的 Viewport 2.0（视图区）新增了很多功能，它能够更好地显示出材质的特性，提升直接预览的品质，并且具有更强的互动性。它最大限度地利用显卡技术加速显示，支持更高数量级的多边形及更高质量的曲面显示，展示出更精致的细节。即使在播放复杂动画的同时，阴影的显示效果也很好，如右图所示。

而 Viewport 2.0 的最强大之处在于对 Motion Blur（运动模糊）的显示和抗锯齿显示，并且 Depth-of-Field（景深通道）和 Occlusion（环境影响）效果也能够直接在视窗中显示。这些新功能让我们可以直接通过 Viewport（视图区）的预览对动画、材质、灯光和粒子特效等进行预览，方便调节。

1.4.2 建模方式

Maya2012 的多边形建模功能在原有基础上增加了两项非常实用的功能：Project Curve on mesh（投射曲线至网格）和 Interactive Split Tool（交互式切分工具）。

其中 Project Curve on mesh（投射曲线至网格）是将 NURBS 曲线模块下的 Project Curve on surface（投射曲线至曲面）功能应用到了 Polygon（多边形）模块，该命令可将曲线的投影投射在多边形物体表面上，如下图所示。

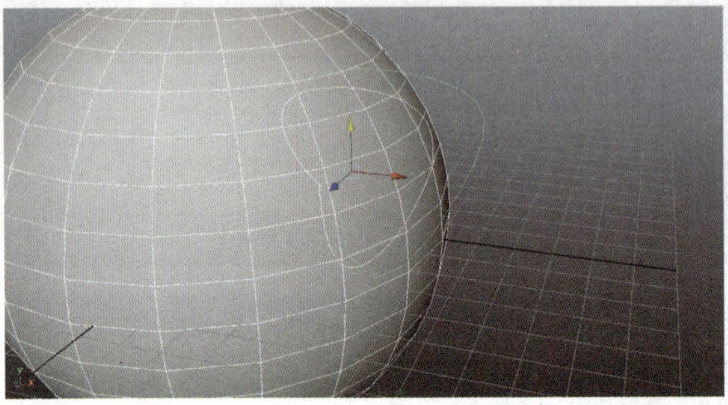

Interactive Split Tool（交互式切分工具）是原有的 Split Tool（切分工具）的增强版，可以更加直观地显示出切分点之间的线条连接。默认的切分点为两个顶点的中点，用户可以根据具体的建模需要来更改工具属性中的吸附容差，如下图所示。

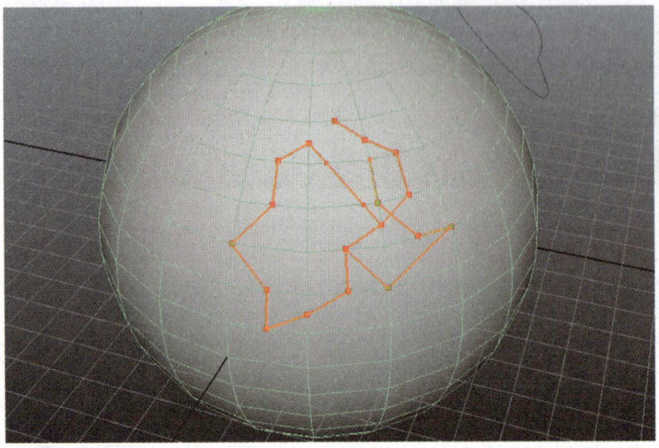

Maya 2012 在 Extrude（挤压）功能中增加了三个常用参数调节手柄，无须打开参数设置面板即可修改参数，如下图所示。

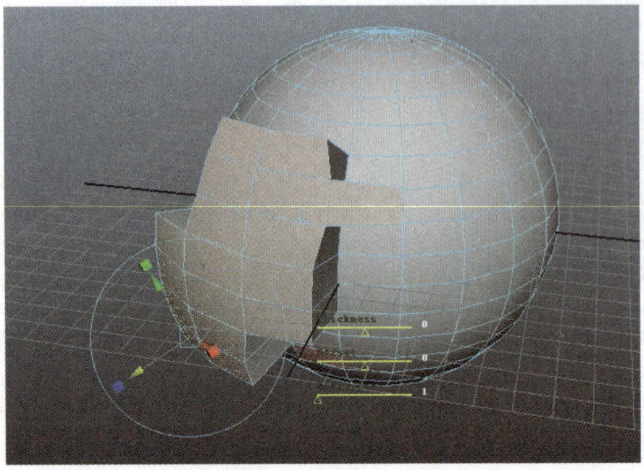

1.4.3 程序贴图

Maya 2012 对 80 个程序纹理进行了优化，可以显示出非常真实的纹理效果。在 Substance（材料）节点下加载 Maya 安装时生成的纹理库文件，可以得到丰富的预设纹理，如下图所示。

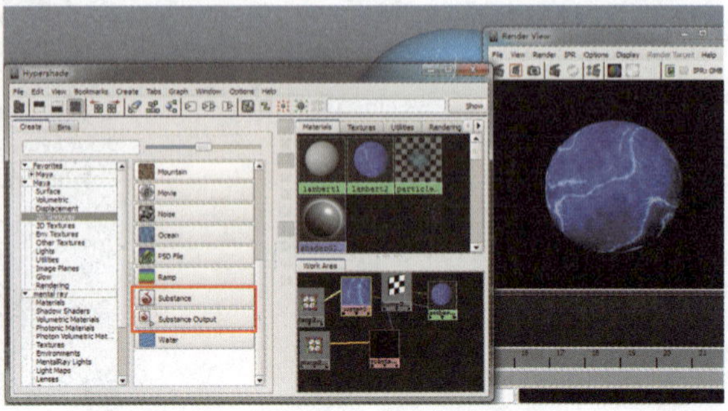

程序贴图的优点在于它们是动态的，并且无论将模型放大到何种程度，其纹理依然清晰。

1.4.4 渲染优化

Maya 2012 提供了 node-based representations of render passes（基于节点的申述的渲染），大大方便了用户后期合成以及调整，并在 mental ray 渲染器中直接进行合成渲染。

用户可以直接通过 Hypershade（材质编辑器）中新增的 Render Pass（渲染通道）节点，配合 Render Target（渲染目标）节点实现渲染通道效果的直接预览，如下图所示。

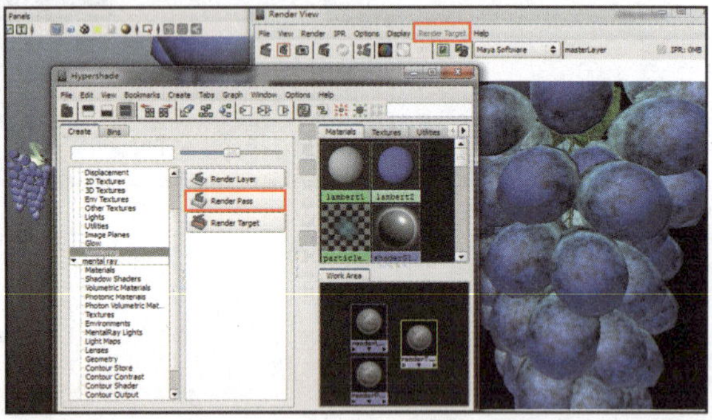

1.4.5 动画曲线可视化编辑

用旧版本的 Maya 在对动画轨迹进行调整时，用户只能针对物体的运动曲线进行调整，而无法在场景中对物体的运动轨迹进行直接的操作。Maya 2012 支持在场景中直接编辑动画，而不需要切换到 Graph Editor（图形编辑器）面板。

选择运动物体，执行 Animate（动画）>Create Editable Motion Trail（创建可编辑运动轨迹），用户可以在每个关键帧处通过操作手柄对物体运动轨迹点直接进行编辑，如下图所示。

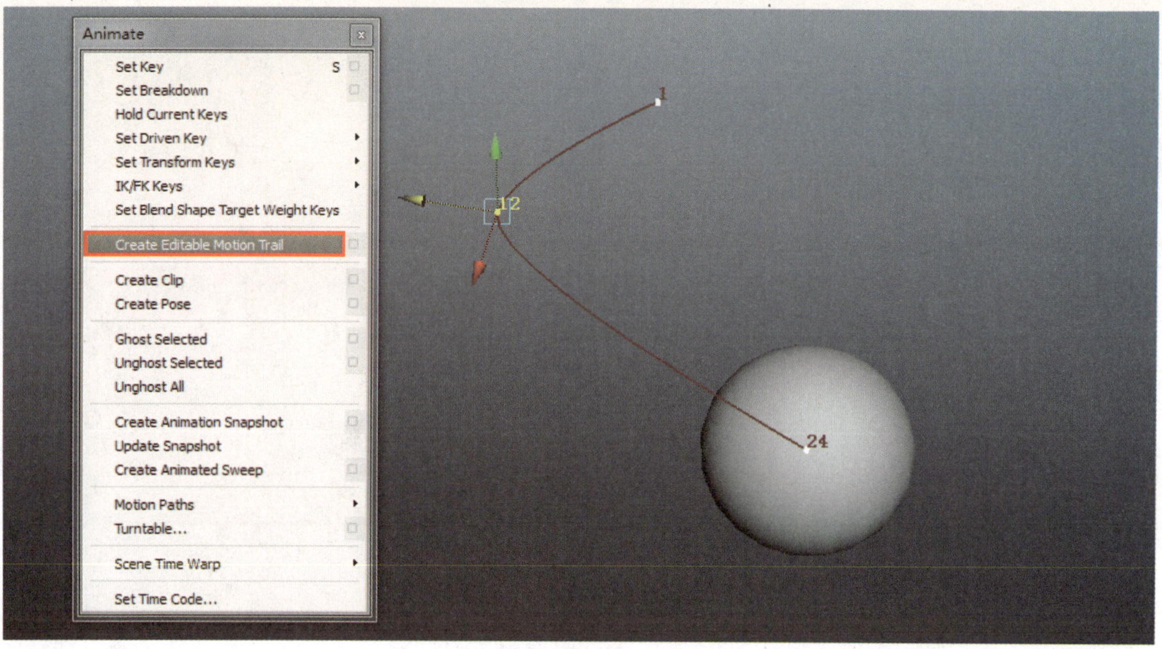

1.4.6 动力学模拟功能

Maya 2012 可以在非常较短的时间内进行动力学解算，并且动态视觉效果精美了很多。Maya 2012 的动力学模块内置了强大的刚体破碎插件 DMM 和 PhysX 物理引擎，能够交互解算流体烟雾与液体特效，并且加入了基于 PhysX 的布料解算系统，可以对布料和骨骼进行权重设置，如下图所示。

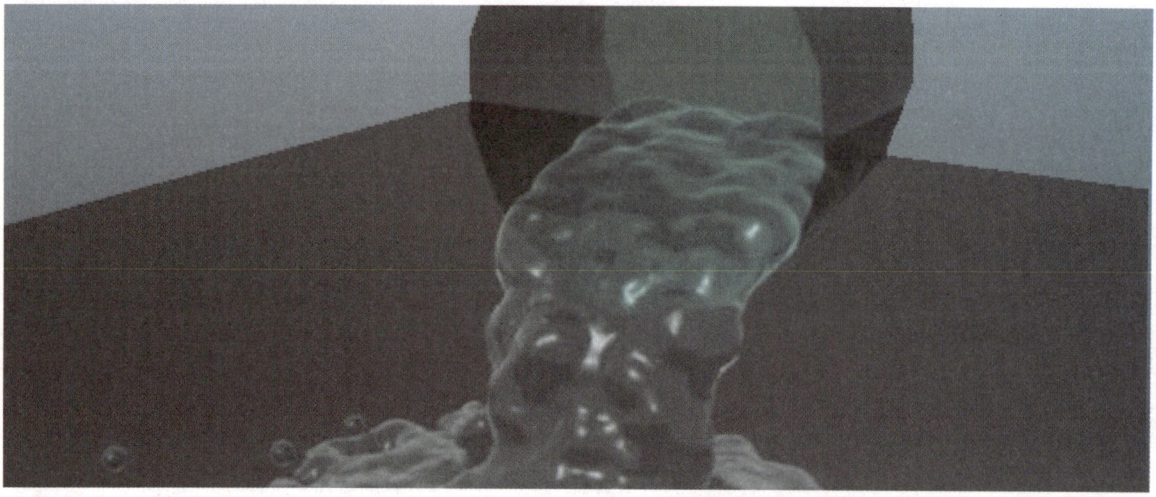

1.4.7 摄像机序列管理

Maya 2012 中的摄像机序列功能可以提供一个序列播放列表，用户可以通过一个可配置的摄像机列表管理功能，对多个摄像机序列进行任意地重新的剪辑、编辑和输出操作。同时支持多个摄像机序列与多个轨音频兼容，最后作为一个序列输出多个镜头，如右图所示。

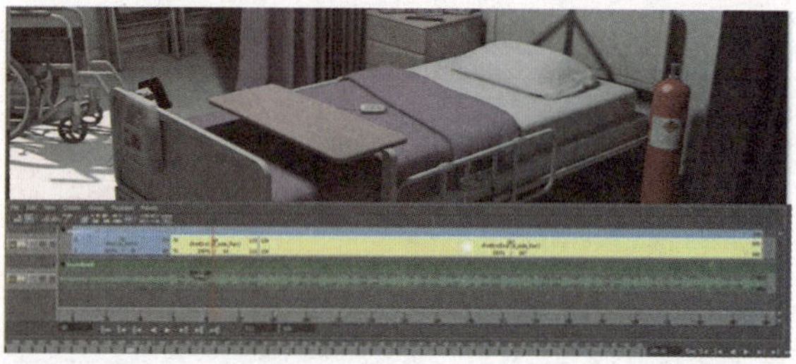

Chapter 02

Polygon（多边形）建模

Polygon（多边形）是一种非常典型的建模类型，用Polygon（多边形）方式创建的物体表面由直线构成。运用Polygon（多边形）可以创建出各种三维模型，它使用方便且用途广泛，尤其在建筑方面应用非常普遍，例如室内设计、环艺设计等。Polygon（多边形）建模方式在游戏制作行业中也被广泛应用。

2.1 Polygon（多边形）建模概述

建模是动画制作的基础，也是学习三维制作软件中一个至关重要的环节。本章开始我们来认识并学习 Maya 2012 中的建模部分。在 Maya 中有 Polygon（多边形）建模、NURBS 曲面建模和 Subdivi Surfase（细分曲面）建模三种建模方式。下面我们首先来了解一下适用于各种三维软件的建模方式：Polygon（多边形）建模方式。

2.1.1 Polygon（多边形）建模方式简介

多边形建模是一种非常直观的建模方式，通过控制三维空间中物体的点、线和面来塑造物体的外形，作为一种最为传统的建模方式，其优势十分明显，如下图所示。

提示 对于有机生物，Polygon（多边形）建模方式有着压倒性的优势，在塑造物体的过程中，用户可以直观地对物体进行修改，建立面与面之间的连接。但若要创造出光滑的效果，利用此方式要付出很多劳动，需要增加多边形的面数，如此一来会加重系统的运算负担。

Polygon（多边形）顾名思义就是由多条边组成的封闭图形，两个点形成一条线，三条线形成一个面，通过“点——线——面”的组合，经过不断地叠加，由多个面可以形成物体的基本外形，进而通过特定的工具形成光滑的表面。多边形的边决定了面的结构，既可以由三条边组成一个面，也可以由多条边组成一个面，如下图所示。

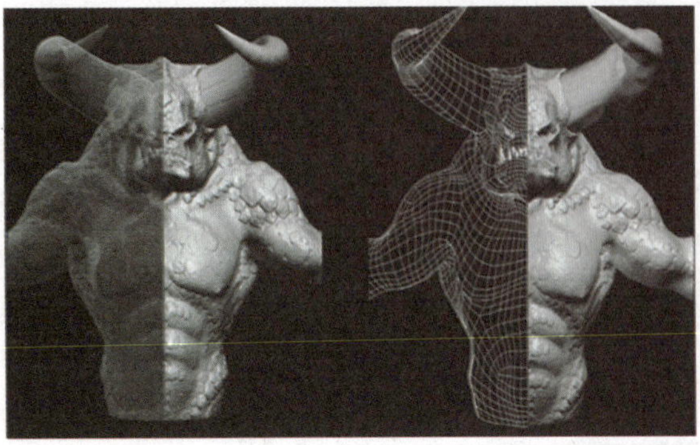

提示 多边形建模方式下，物体均由多个面组成，面与面之间的连接限制不像 NURBS 物体那样严格，仅需遵循简单的规律即可。

多边形建模方式有着不可替代的优势。作为一种最为常用的模型数据，Polygon（多边形）模型可以在多种平台和几乎所有三维软件之间共享，但在共享过程中需要注意不同软件多边形的成型工具原理，在做数据交换时需要对由特殊工具做出的多边形做转换处理，这样才能保证其他软件在接收数据时不会出现错误，如下图所示。

由于上述这些便捷的特性，多边形建模方式广泛地应用于各个领域，特别是游戏领域。通过在较少的面片上绘制出复杂的图形，可以有效地加快游戏的运行速度，而不会影响游戏的视觉效果，如下图所示。

用户可以结合不同的建模工具，灵活地建立模型，取得优秀的模型效果，如下图所示。

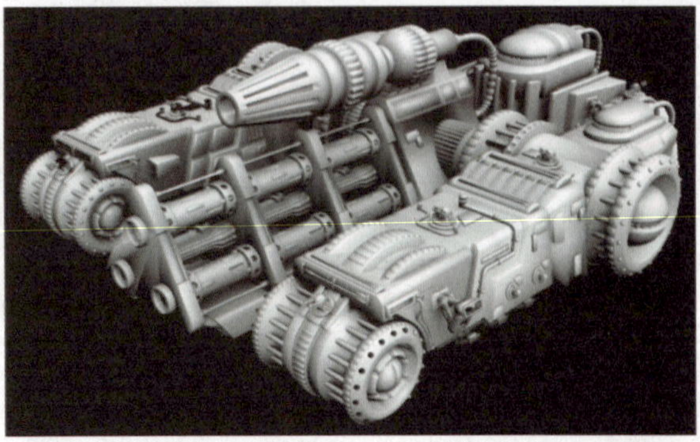

2.1.2 Polygon（多边形）建模原则

在创建多边形物体时，应尽量使用四条边组成多边形的面，如果不能使用四边形也可以利用三条边组成面。为降低渲染过程中的模型扭曲现象，建模时应避免使用超过四条边的面，如下图所示。

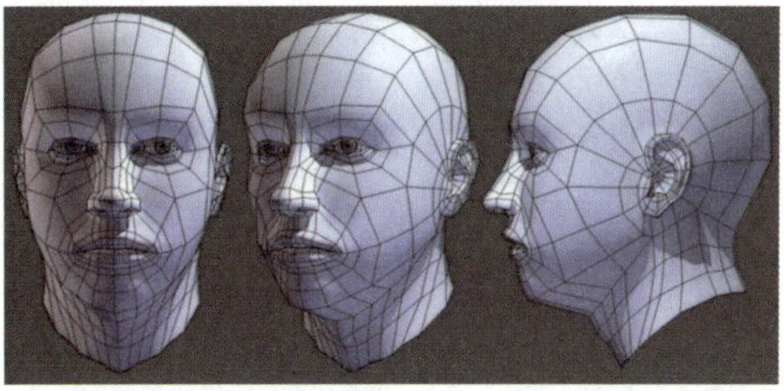

在后面讲解的 Polygon（多边形）建模实例中，我们会具体学习一些多边形建模原则。

提示 为了优化后面的工作流程，在使用多边形工具建模时，用户应遵循一定的建模规律。如果多边形模型中含有较多的错误，会给后续的贴图和动画部分的工作带来许多不便。

2.2 Polygon（多边形）的基本概念

下面，我们通过多边形的点、边、面、壳、边界线、法线等方面来全面理解多边形的概念。

2.2.1 Vertex（顶点）

Vertex（顶点）是构成多边形对象最基本的元素，是处于三维空间中的一系列点。

多边形的每一个顶点都有一个编号，称为“顶点 ID”号，同一个多边形对象中的每个顶点 ID 号都是惟一的，并且连续排列。

提示 多边形的每一个顶点在三维空间中的位置坐标都显示为其附近的三个数字。

进阶练习：查看多边形物体

01 执行 Create（创建）>Polygon Primitives（基本多边形模型）>Sphere（球体）命令在场景中创建一个球体，如下图所示。

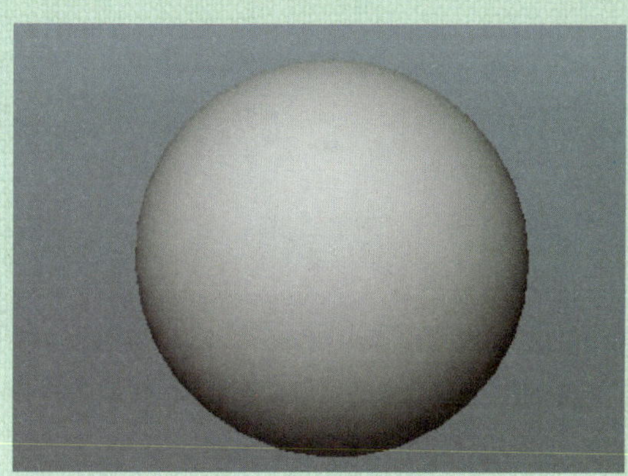

02 在场景中选中球体，如下图所示。

03 执行 Display（显示）>Polygons（多边形）>Custom Polygon Display（多边形自定义显示）命令，打开对话框找到 Show Item Numbers（显示物体数量）选项组，分别勾选其中的顶点、边、面和多边形表面 UV 选项，单击 Apply and Close（应用并关闭）按钮，效果如下图所示。

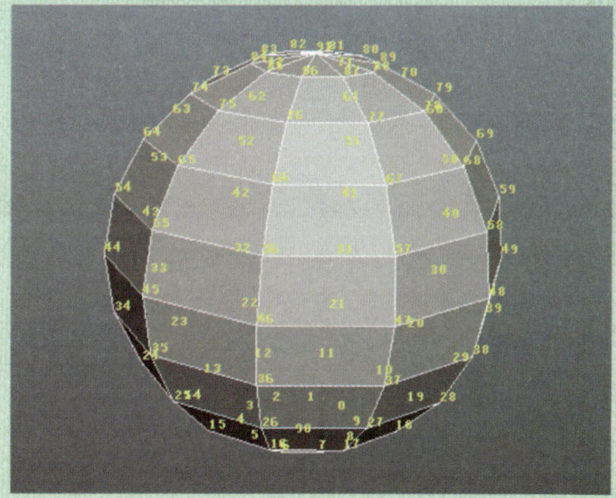

2.2.2 Edge（边）

Vertex（顶点）之间相互连接形成的直线线段就是多边形的 Edge（边）。因为多边形都是直线段，所以多边形的外轮廓线是折线，而不像 NURBS 曲面模型那样光滑，如下图所示。

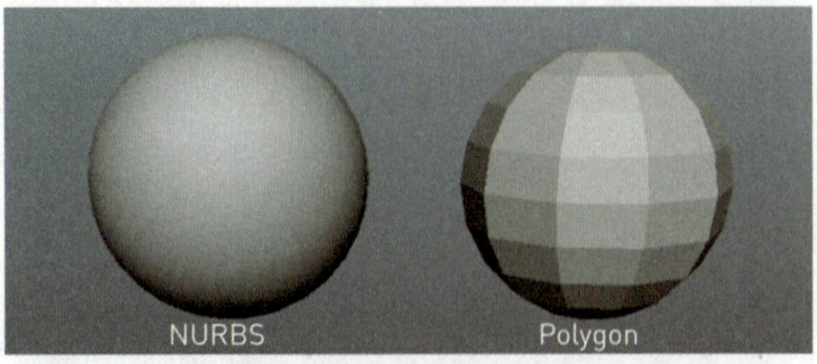

Polygon（多边形）的每条边与顶点一样都有惟一的序号，称为“边的 ID”号，除了边自身的 ID 号以外，还包括这条边两端顶点的编号（ID 号），如下图所示。

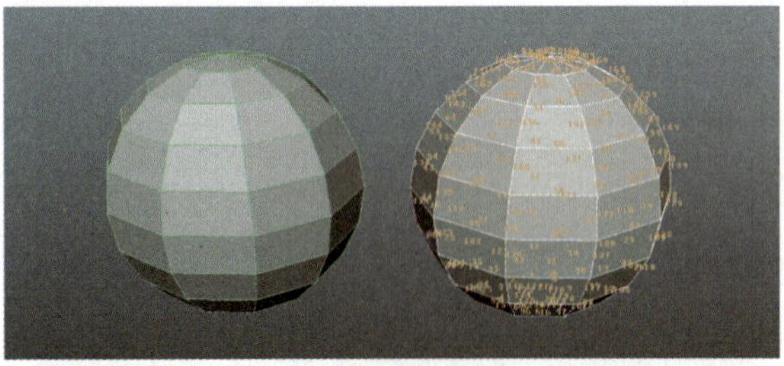

2.2.3 Face（面）

在 Polygon（多边形）模型中，将三个或者三个以上的点由直线连接而成的封闭图形就是 Face（面）。其中，由三条边组成的面称为 Triangle（三边面），由四条边组成的面称为 Quadrilateral（四边面）。

Polygon（多边形）的每个面都有惟一的序号，叫做“面的 ID”号，如下图所示。

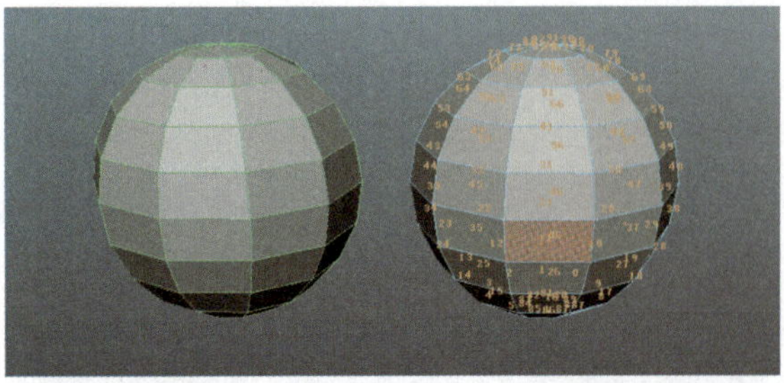

Polygon（多边形）顶点 ID 号、边的 ID 号和面的 ID 号是一个完整的编号体系，是软件识别 Polygon（多边形）结构的重要依据。

提示 这在 Maya 中使用 Mel 语言编写脚本来处理 Polygon（多边形）对象或者用于游戏时，是必不可少的。

2.2.4 Shell（壳）

一个 Polygon（多边形）物体可以由几个相互独立的 Polygon（多边形）网格组成，被称为 Shell（壳），如下图所示。

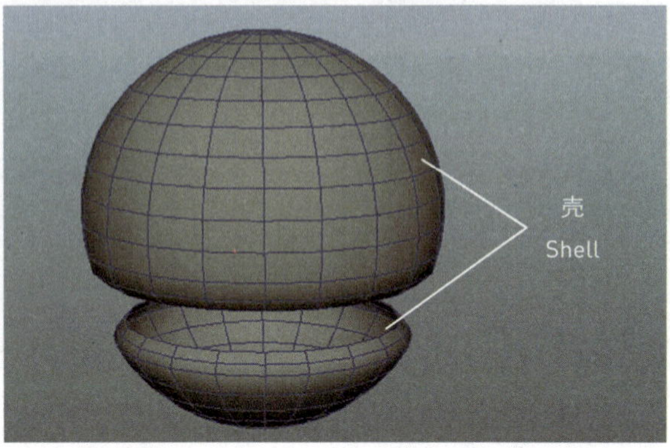

2.2.5 Border Edge（边界线）

Polygon（多边形）网格或壳边缘叫做 Border Edge（边界线），如下图所示。

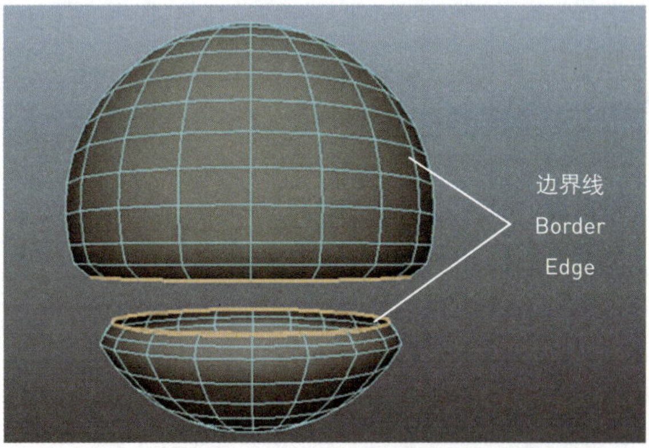

2.2.6 Normal（法线）

Maya 中的法线是一条虚拟存在的线，是为了描述多边形表面假定存在的理论线。法线与多边形表面呈垂直状态。

法线在 Maya 中可以定义多边形面的方向，或者令顶点法线来定义两个多边形面之间的共享边，以此来改变在阴影模式下如何显示两个面的转折效果，如下图所示。

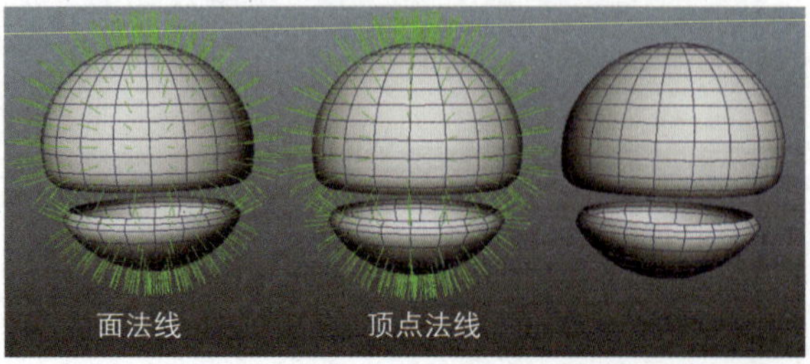

1. 面法线

从一个 Polygon（多边形）面的中心画一条垂直于该表面的直线，以此来描述此多边形面的正面，这条直线被称为多边形的面法线。作为一条虚拟存在的理论线，每一条面法线均垂直于多边形的每一个表面。

每块多边形表面都有正反两面，围绕每一块多边形面的几个顶点之间的排列顺序决定了该表面的法线方向，确切地说，是决定了哪一边才是多边形该表面的“正面”，哪一边才是“背面”，如下图所示。

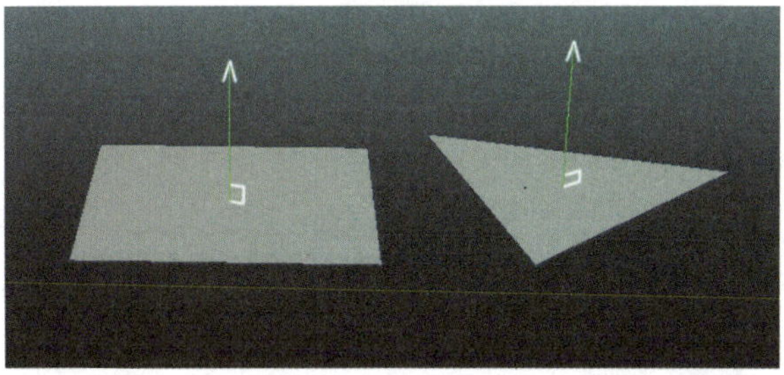

提示 虽然 Maya 中所有的 Polygon（多边形）都设置为双面显示（从正反两面都可以看到该多边形），但是理论上讲只有从正面观看才能够看到该多边形。这种特性体现在渲染模型时，Polygon（多边形）表面的法线方向决定了对象表面如何反射光线，以及表面的明暗变化关系。

进阶练习：显示面法线

01 在场景中，执行 Create（创建）>Polygon Primitives（基本多边形模型）>Plane（面）命令，创建一个平面，如下图所示。

02 执行 Display（显示）>Polygons（多边形）>Face Normals（面法线）命令，我们可以看到这个面的法线就显示出来了，如下图所示。

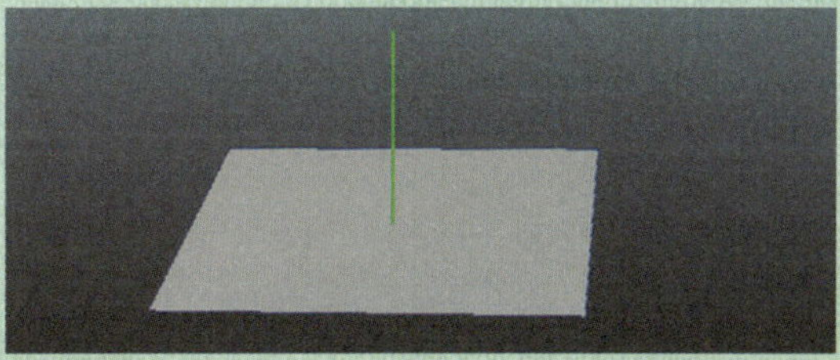

提示： 如果我们想关掉法线显示，同样，再执行 Display（显示）>Polygons（多边形）>Face Normals（面法线）命令，法线将不再显示。

2. 顶点法线

顶点法线决定了两个多边形面之间的视觉光滑程度。与面法线不同的是，顶点法线不是多边形固有的特性，但是在渲染多边形明暗变化的过程中，顶点法线更适合描述反射。

顶点法线的显示是从顶点发射出的一组线，线的数量与使用该顶点的 Polygon（多边形）面数相符，即每一个使用该顶点的面都有一条线，如右下图所示。

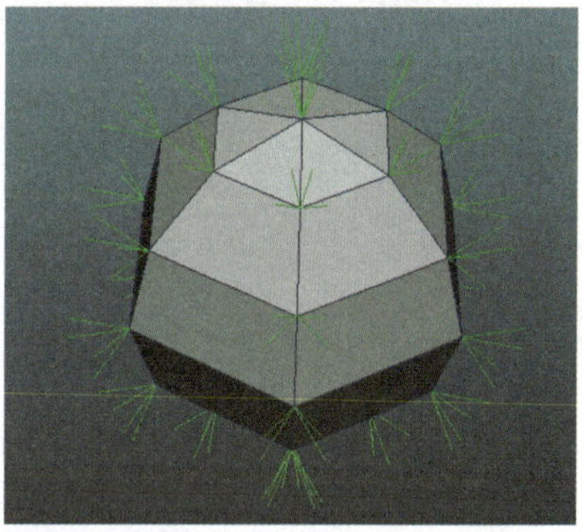

在光滑实体模式下，如果一个顶点上的所有顶点法线均指向同一个方向时，那么多边形的各个面之间是柔和过渡的。

而当一个顶点上的顶点法线与相应的多边形面的法线指向不同方向时，多边形显示为边界非常明显的面片外观。

进阶练习：显示顶点法线

01 在场景中执行 Create（创建）>Polygon Primitives（基本多边形模型）>Sphere（球体）命令，创建一个球体，如下图所示。

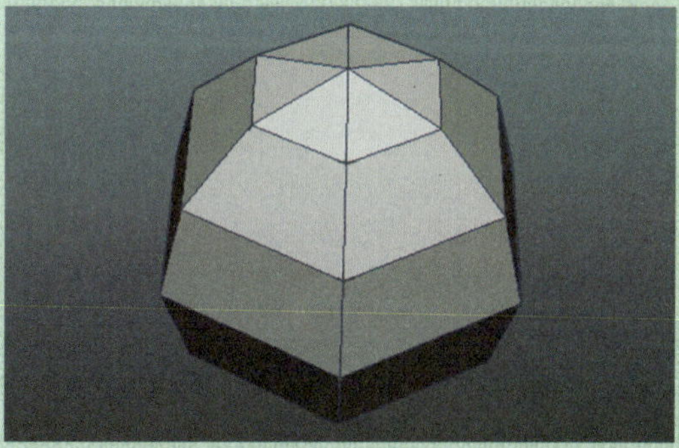

02 选中球体，执行 Normals（法线）>Soften Edge（软化边缘）命令，观察球体，球体边缘变得柔和且没有明显棱角。这时我们执行 Display（显示）>Polygons（多边形）>Vertex Normals（顶点法线）命令，看到球体顶点法线效果如下图所示。

03 选中球体，执行 Normals（法线）>Harden Edge（硬化边缘）v 命令，观察球体，法线球体边缘变得有棱有角且非常硬。这时我们执行 Display（显示）>Polygons（多边形）>Vertex Normals（顶点法线）命令，看到球体顶点法线效果如下图所示。

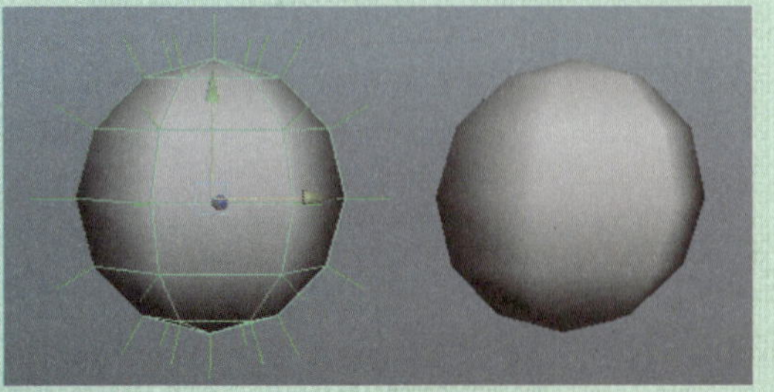

3.UV 坐标

UV 的存在相当于一个中间媒介，它是为了把平面二维的纹理图案映射到立体的三维模型表面而存在的。简单来说，就是为了建立一个关联，从而把三维模型的空间形状与二维平面图之间联系起来。这一部分我们将在第五章进行详细讲解。

2.3 Polygon（多边形）显示操作

下面对 Polygon（多边形）的显示操作进行详细介绍。

2.3.1 Polygon（多边形）数量显示

用户在进行多边形建模的过程中经常需要了解模型各种构成数据，因此需要一个显示多边形数量的方法。为此，Maya 提供了一个非常直观的多边形数量显示模板，多边形数量显示模板的开启方法如下。

提示 显示如模型的点、边和面数，特别是在模型精度比较高时，可选择显示多边形对象构成元素所希望了解的具体数目。

执行 Display（显示）>Heads Up Display（屏风玻璃映像显示）>Poly Count（多边形计数）命令，在视图左上角会显示出多边形元素数量动态列表，如下图所示。

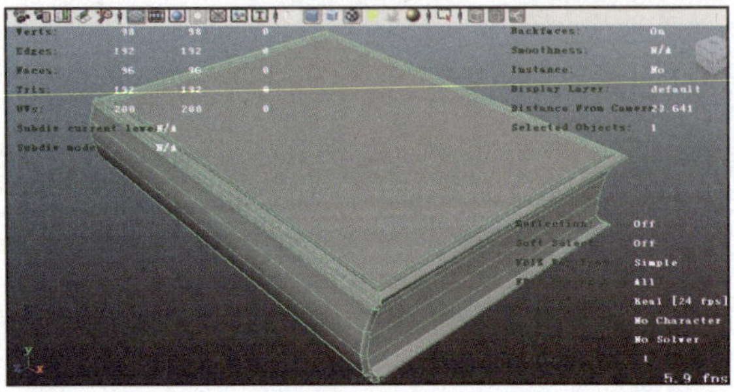

显示数据分为五类：

1）Verts（点数量）

2）Edges（边数量）

3）Faces（面数量）

4）Tris（三边面预测数量）

5）UVs（UV 点数量）

每个数据类的右侧有三组数据，从左至右分别为：

1）当前视图中所有多边形在该类下的总数量

2）用户选择物体在该类下的总数量

3）用户实际选择该类具体数据量

当用户不选择任何物体时，上述三类数据中只有第一组有数据，其他组都显示为 0。例如，上图中的书本模型，共有 96 个面，Faces（面）的第一组显示为 96，在不选择任何物体时，其他组显示为 0。

进阶练习：多边形物体的数量显示

原始文件： Chapter 2\2.3\books.mb

01 打开文件，如下图所示。

02 选中其中一本书籍。执行 Display（显示）> Head Up Display（屏风玻璃映像显示）> Poly Count（多边形计数）命令，观察数值，如下图所示。

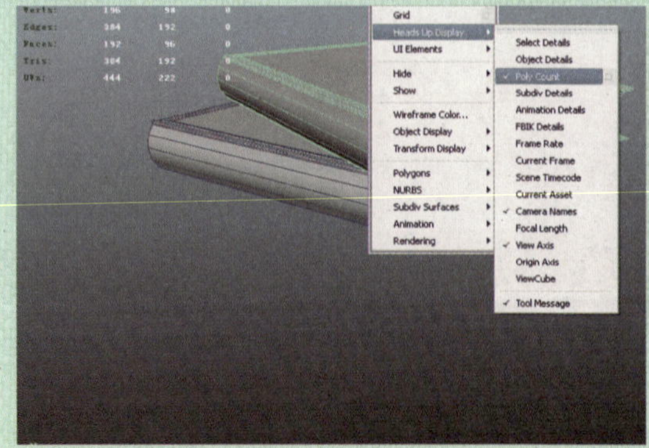

03 取消选择物体，观察数值变化，如下图所示。

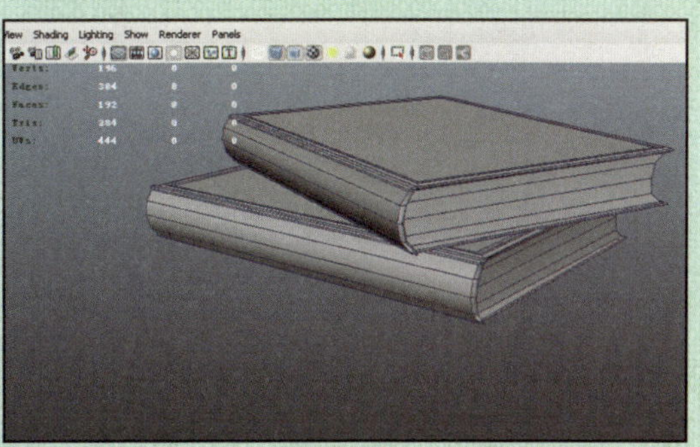

2.3.2 详解 Polygons（多边形）菜单

执行 Display（显示）>Polygons（多边形）命令，出现的下拉菜单中的命令可以帮助用户控制多边形的显示，如下图所示。

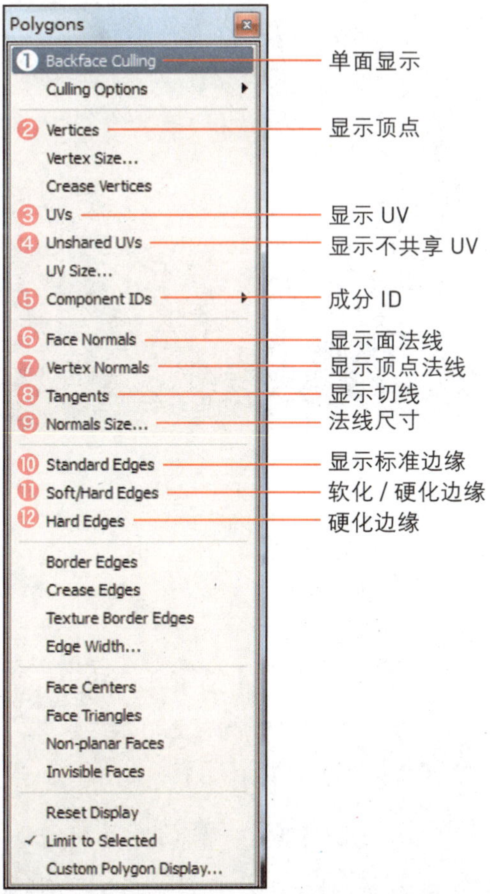

① Backface Culling（背面剔除）：由于设置是否显示多边形的背面。隐藏背面的线框可以节省系统资源，当需要在一个精度很高的模型上快速选取多个点时，屏蔽背面的点，可以避免错选。

② Vertices（顶点）：永远显示物体顶点位置，再执行一次该命令，可恢复默认状态。

③ UVs（UV）：永远显示物体 UV 的位置，再执行一次该命令，可恢复默认状态。

④ Unshared UVs（不共享 UV）：永远显示物体不共享 UV 的位置，再执行一次该命令，可恢复默认状态。

提示 执行 Unshared UV（不共享 UV）命令的点必须是 UV 被显示后，才能显示出来。

⑤ Component IDs（组件 ID）：显示每个元素的 ID 地址。分别为 Vertices（顶点）、Edges（边）、Faces（面）和 UV，如下图所示。

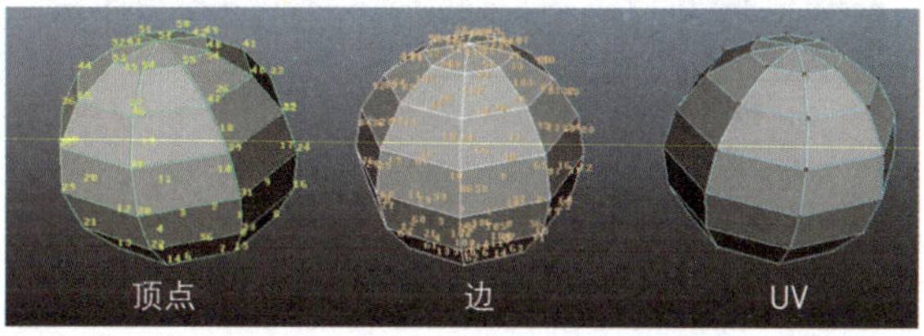

⑥ Face Normals（面法线）：显示物体面的法线，再执行一次该命令可恢复默认状态。

⑦ Vertex Normals（顶点法线）：显示物体上点的法线，再执行一次该命令可恢复默认状态。

⑧ Tangents（切线）：显示物体上每个点的切线，再执行一次该命令可恢复默认状态。

⑨ Normals Size（法线尺寸）：调整法线显示的尺寸。

⑩ Standard Edges（标准边缘）：按标准模式显示物体边。

⑪ Soft/Hard Edges（软化 / 硬化边缘）：按软边 / 硬边模式显示物体边。

⑫ Hard Edges（硬化边缘）：按硬边模式显示物体边。

进阶练习：显示多边形物体

01 在场景中执行 Create（创建）>Polygon Primitives（基本多边形模型）>Sphere（球体）命令，创建球体，如下图所示。

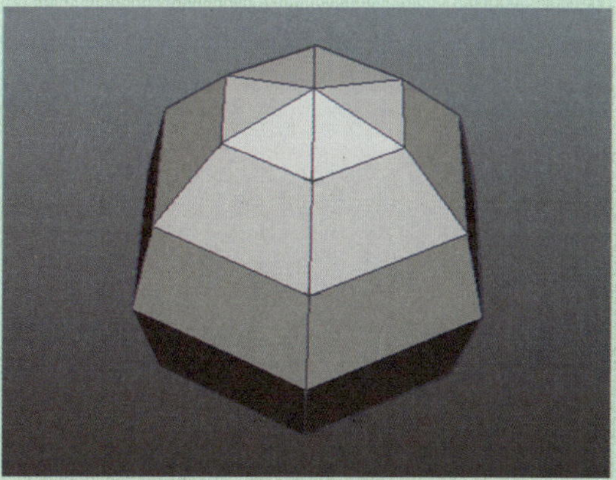

02 选中物体，执行 Display（显示）>Polygons（多边形）>Face Normals（面法线）命令，观察面法线，如下图所示。

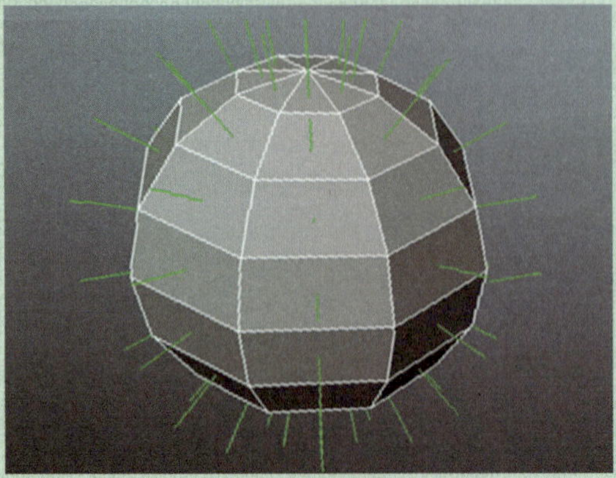

03 执行 Display（显示）>Polygons（多边形）>Vertex Normals（顶点法线）命令，观察顶点法线，如下图所示。

04 执行 Display（显示）>Polygons（多边形）>Tangents（切线）命令，观察切线，如下图所示。

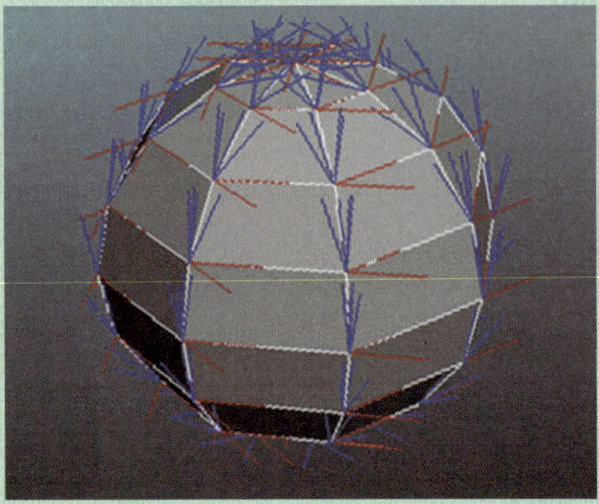

05 在场景中执行 Create（创建）>Polygon Primitives（基本多边形模型）>Sphere（球体）命令，创建球体，并观察标准边缘，如下图所示。

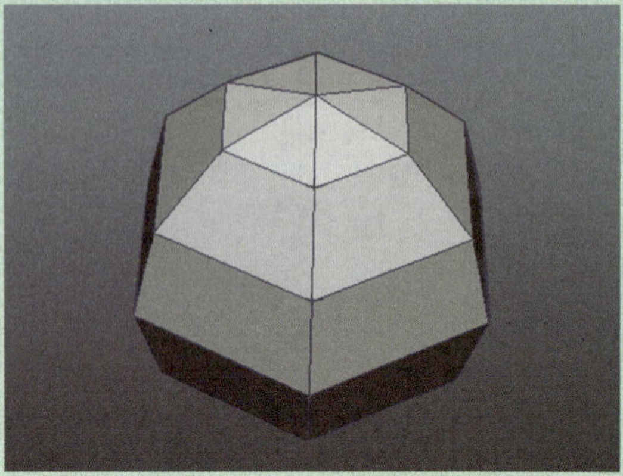

06 选中物体，执行 Display（显示）>Polygons（多边形）> Soft/Hard Edges（软化 / 硬化边缘）命令，观察软化后平滑的物体边缘，如下图所示。

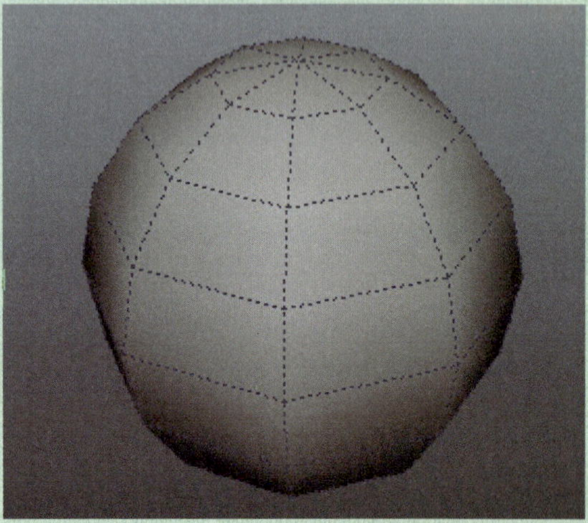

07 选中物体，执行 Display（显示）>Polygons（多边形）> Hard Edges（硬化边缘）命令，观察重新硬化后的物体边缘，如下图所示。

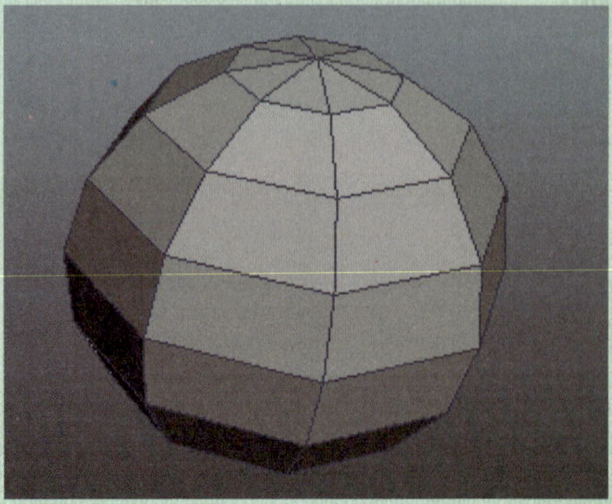

2.4 详解 Select（选择）菜单

Polygon（多边形）物体主要由点、边和面等组成。快速准确地选择所需要的元素决定了优质的模型的制作效率。Polygon（多边形）中的 Select（选择）命令组将帮助用户完成该部分的工作，如下图所示。

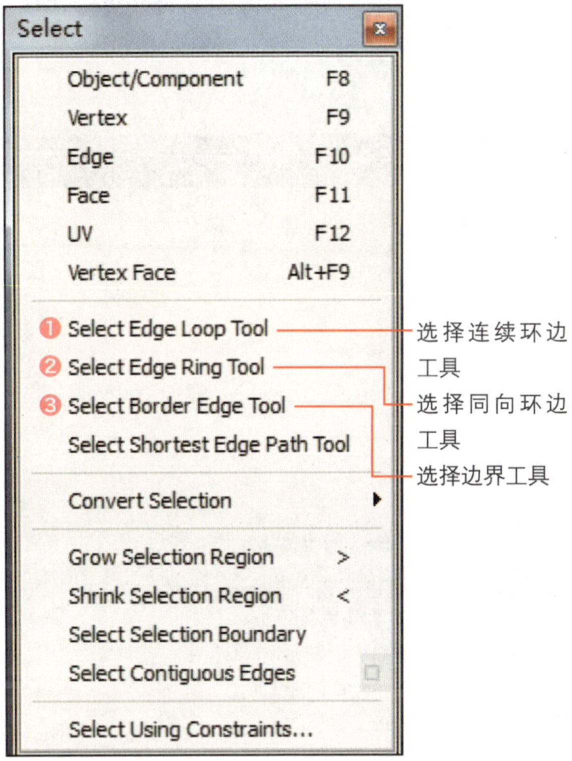

❶ Select Edge Loop Tool（选择循环边工具）：选择连续相接的循环边。

❷ Select Edge Ring Tool（选择环形边工具）：选择连续的环状循环边。

❸ Select Border Edge Tool（选择边界工具）：选择边界边，如下图所示。

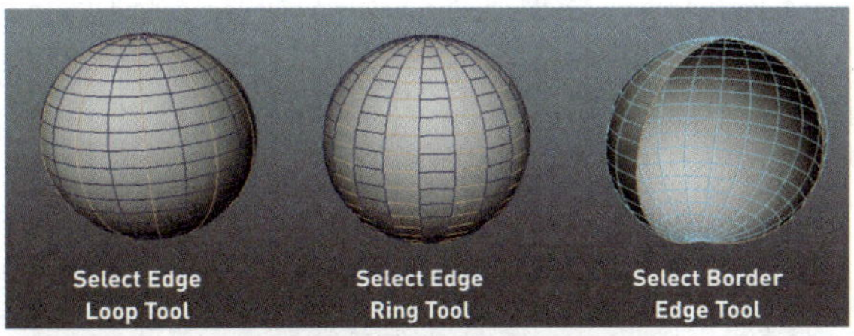

进阶练习：选择多边形物体

原始文件： Chapter 2\2.4\select balls.mb

01 打开文件，可以看到有三个球体，其中一个缺少其中一部分面，如下图所示。

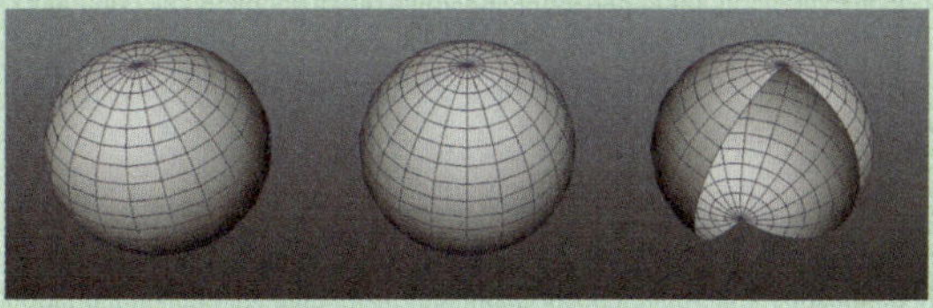

02 选中第一个球体，执行 Select（选择）> Select Edge Loop Tool（选择循环边工具）命令，这时我们观察到球体由边线绿色高亮的选中模式进入到了边线蓝色高亮的 Edge（边）组元选择模式，光标变成了长且尖的形状，如下图所示。

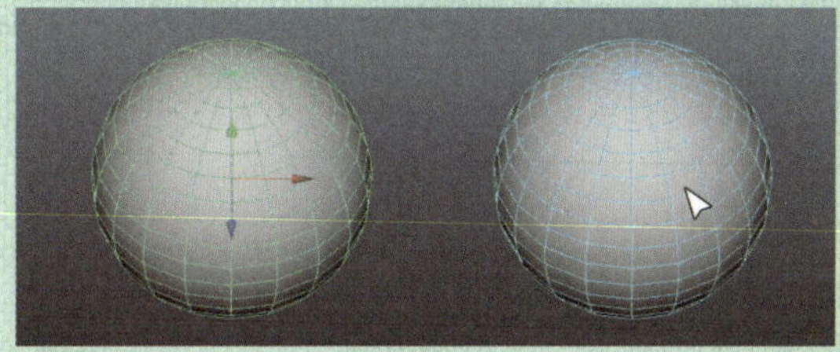

03 将光标移至横向的一条边上，双击，这时我们看到一整圈边均被选中，如下图所示。

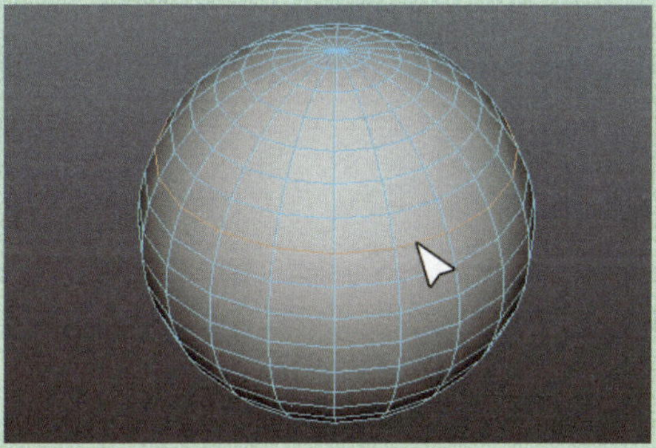

04 同样，选中第二个球体，执行 Select（选择）> Select Edge Ring Tool(选择环形边工具)命令，球体由边线绿色高亮的选中模式进入到了边线蓝色高亮的 Edge（边）组元选择模式，光标变成了长且尖的形状。将光标移至横向的一条边上，双击，这时我们看到纵向的一整圈横边均被选中，如下图所示。

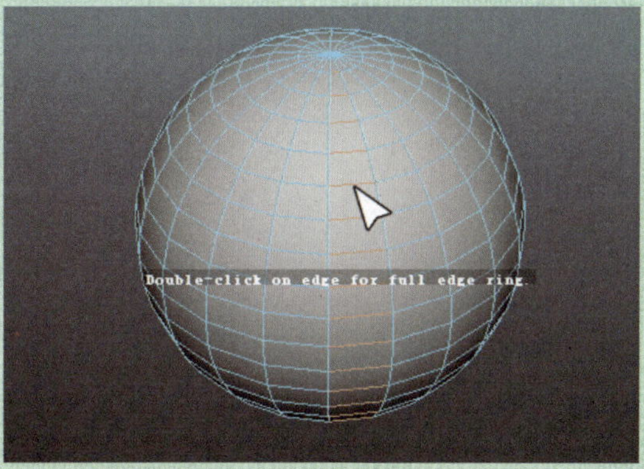

05 选中第三个球体，执行 Select（选择）> Select Border Edge Tool（选择边界工具）命令，球体由边线绿色高亮的选中模式进入到了边线蓝色高亮的 Edge（边）组元选择模式，光标变成了长且尖的形状。将光标移至球体缺口的边缘边线上，双击，这时我们看到缺口处的一整圈边线均被选中，如右图所示。

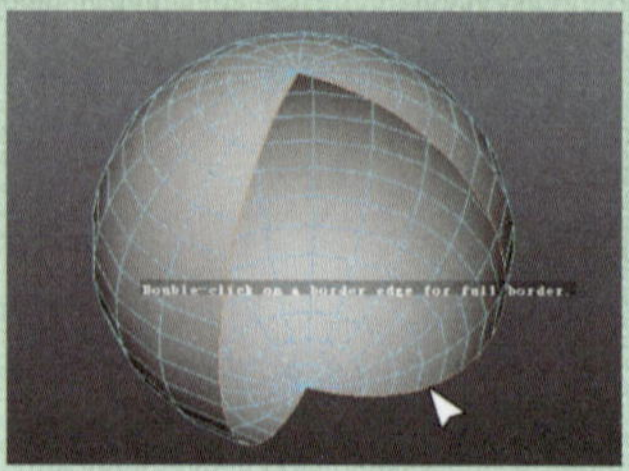

提示： 此命令只能在物体不封闭（有边界）的情况下使用。如一个完整的球体是没有边界的，故而不能使用。

2.5 Polygon（多边形）的创建与编辑操作

下面学习如何创建Polygon（多边形）物体并对其进行基本的编辑操作。

2.5.1 Polygon（多边形）模型的创建及参数设置

Maya 2012 自带了 12 种基本的 Polygon（多边形）模型。可执行 Create（创建）>Polygon Primitives（基本多边形模型）命令下 12 种模型对应的命令来创建这 12 种基本物体模型。

这 12 种基本物体模型如下图所示，分别是：

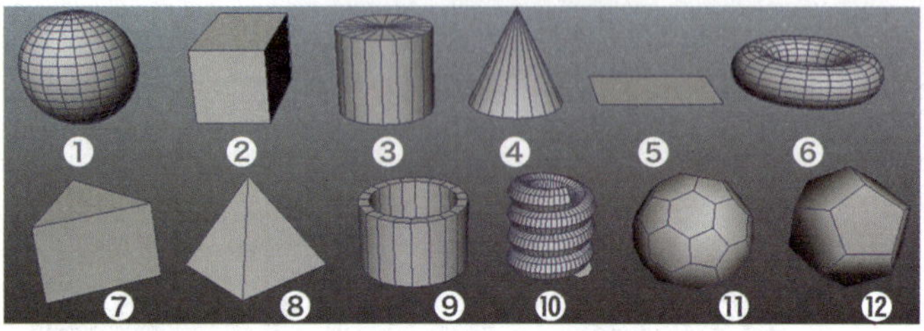

❶ Sphere（球体）
❷ Cube（立方体）
❸ Cylinder（圆柱体）
❹ Cone（圆锥体）
❺ Plane（平面）
❻ Torus（圆环体）
❼ Prism（棱柱体）
❽ Pyramid（棱椎体）
❾ Pipe（管状体）
❿ Helix（螺旋体）
⓫ Soccer Ball（足球形体）
⓬ Platonic Solids（理想形体）

通过设置物体属性，可以修改物体的半径、长、宽、高，分段数等物体的基本属性，下面通过创建几个常用物体来说明属性的修改对物体的影响。

进阶练习：编辑多边形物体

01 在场景中执行 Create（创建）>Polygon Primitives（基本多边形模型）>Sphere（球体）命令，创建球体，如下图所示。

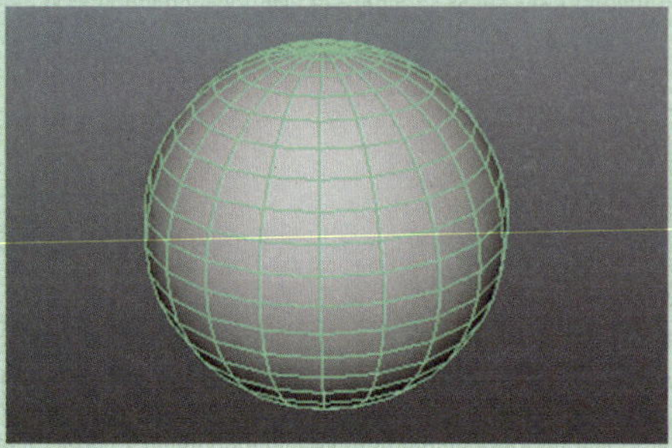

02 在 Channel Box（通道栏）中，可以看到球体的相关属性，如下图所示。

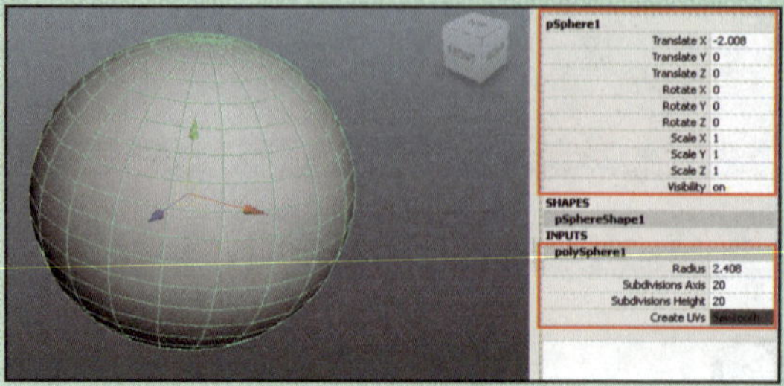

提示： 此时要注意打开历史记录按钮，否则将无法显示“INPUTS”属性。

03 修改球体创建属性可以改变球体的 Radius（半径），Axis（轴方向），Subdivisions Axis（轴向分段数）和 Subdivisions Height（高度分段数）等，如右图所示。

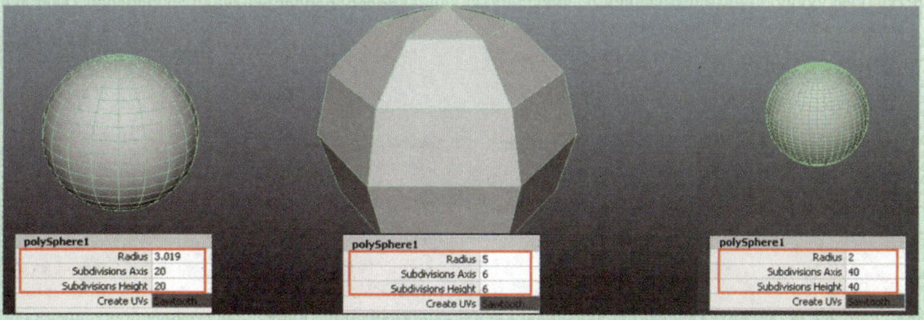

04 接下来再创建不同的 Cube（立方体）。立方体的属性有 Width（宽度）、Height（高度）、Depth（长度）、Subdivisions Width（宽度分段数），Subdivisions Height（高度分段数）和 Subdivisions Depth（长度分段数）等，如右图所示。

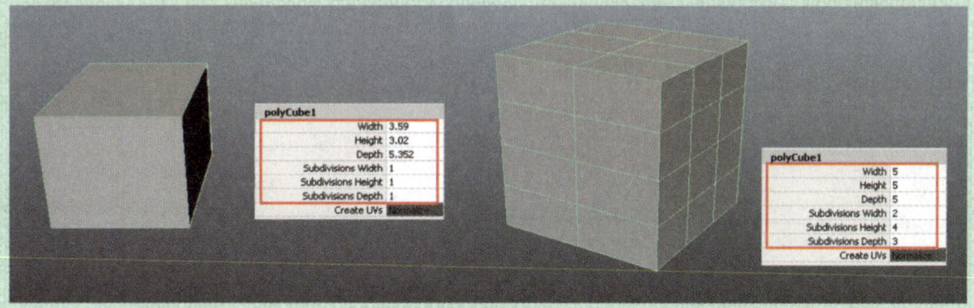

2.5.2 Polygon（多边形）模型的组元选择

在创建好基本物体后，可以通过改变 Polygon（多边形）物体的基本构成元素的位置和数量来逐步构建新的物体，这也就是 Polygon（多边形）建模的基本方法。可以通过右键单击物体，从弹出菜单中选择 4 种基本组元名称，如下图所示。

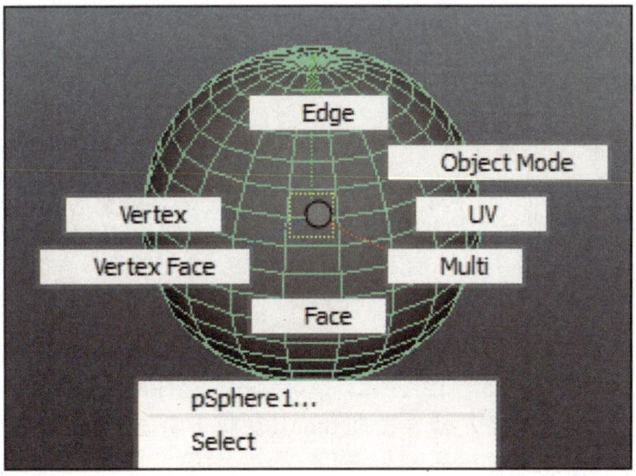

提示 被选中的组元将被高亮显示，可以通过移动、旋转、拉伸等操作来编辑被选中的基本组元。

Polygon（多边形）4 种基本组元中的 Vertex（点），Edge（边）和 Face（面）可以在三维空间中直接修改，UV 只能在特定的 UV Texture Editor（UV 纹理编辑器）中才能移动。

进阶练习：切换多边形选择组元

01 在场景中执行 Create（创建）>Polygon Primitives（基本多边形模型）>Cube（立方体）命令，创建立方体，如下图所示。

02 选中立方体，单击鼠标右键，弹出组元选择菜单，如下图所示。

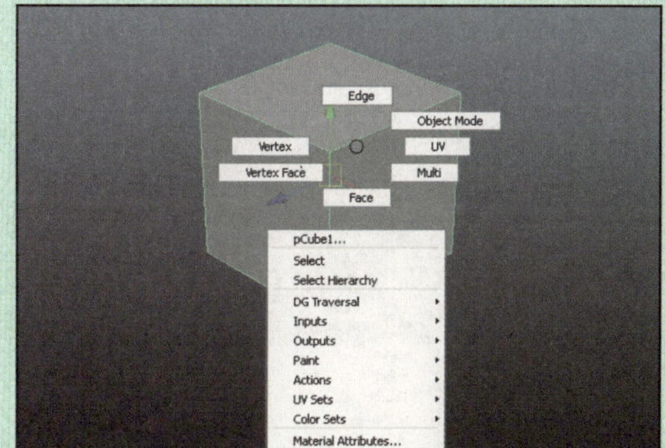

03 按住鼠标右键向下拖曳光标，选择 Face（面）组元，如下图所示，松开鼠标后，框选立方体面，查看效果。

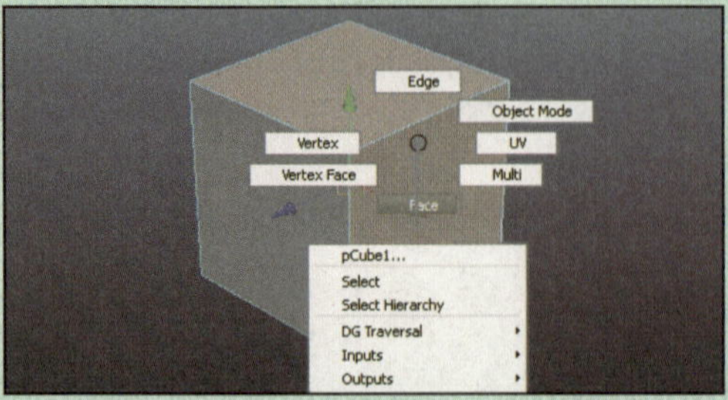

04 按住鼠标右键向上拖曳光标，选择 Edge（边）组元，如下图所示，松开鼠标后，选择立方体边，查看效果。

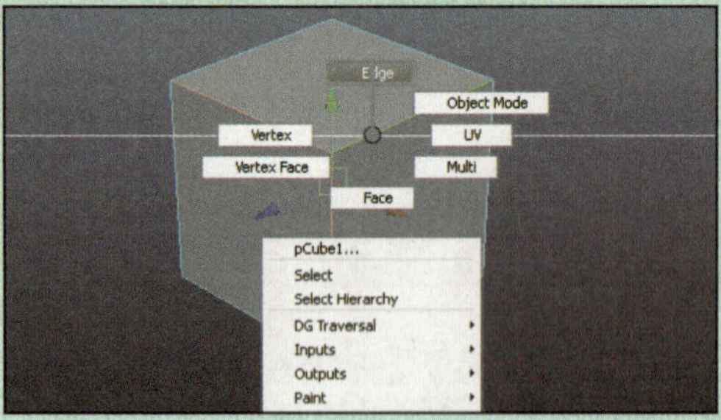

05 按住鼠标右键向左拖曳光标，选择 Vertex（点）组元，如下图所示，松开鼠标后，框选立方体顶点，查看效果。

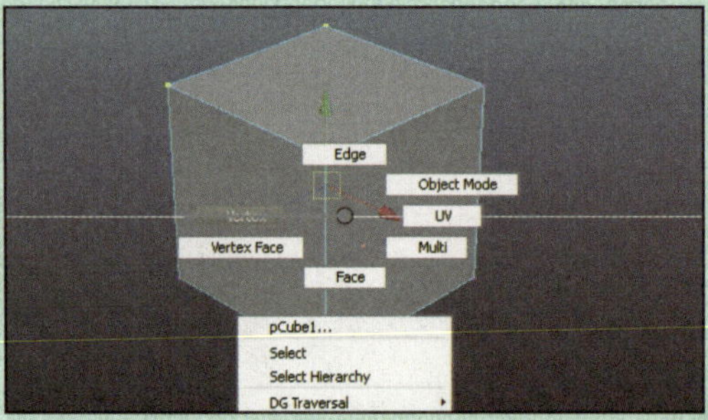

06 按住鼠标右键向下拖曳光标，选择 Object Mode（物体模式）组元，如下图所示，恢复选择立方体物体。

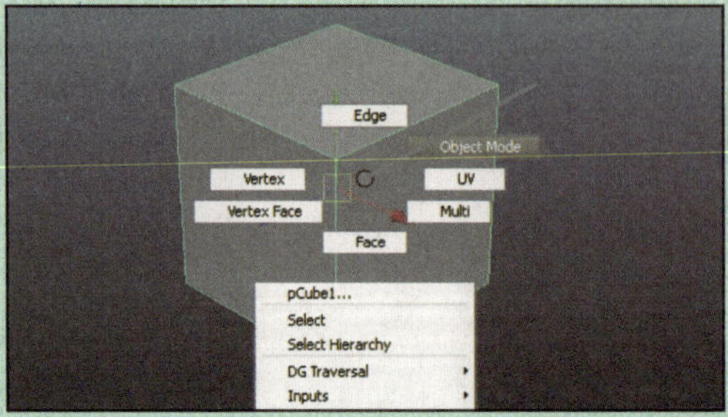

2.6 详解 Mesh（网格）菜单

Mesh（网格）菜单中的工具主要是对 Polygon（多边形）物体作整体上的修改，例如合并、分离、细化等，如下图所示。

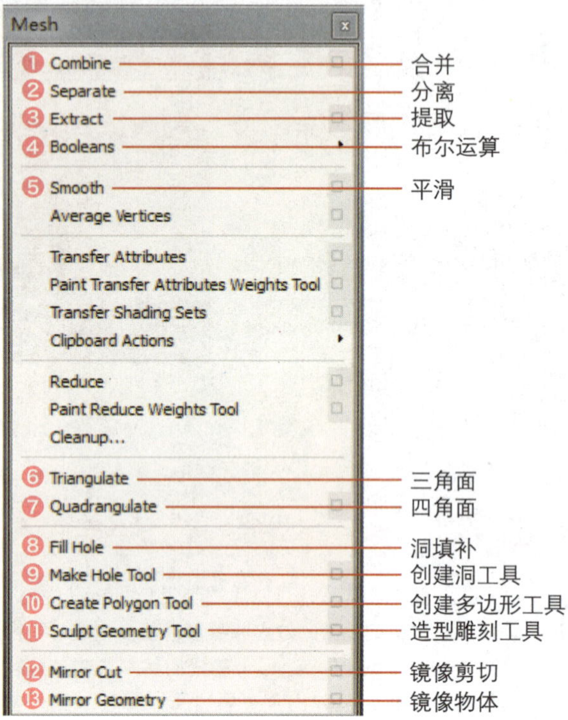

2.6.1 Combine（合并）

通过此命令可将不同的两个或多个 Polygon（多边形）物体合并成一个 Polygon（多边形）物体。使用 Combine（合并）命令进行合并的物体与将多个物体合并在一个组不同，执行合并命令后的多个物体只拥有惟一的中心点，在 Outline（大纲）中显示为一个物体名，如右图所示。

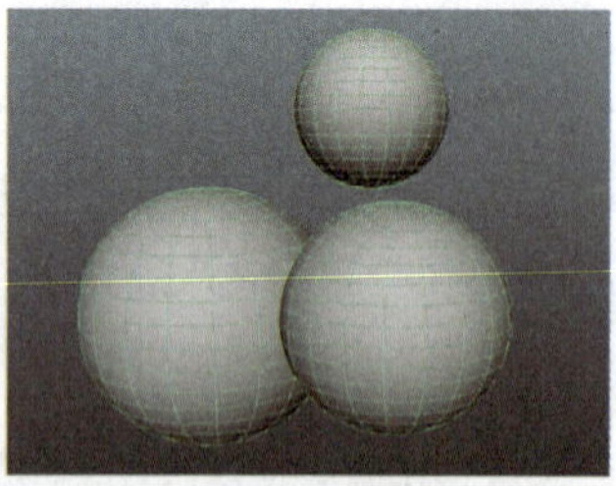

提示 Combine（合并）后的多个物体虽然看上去是一个完整的 Polygon（多边形）物体，只拥有惟一的中心点，但还不能认为这个物体是一个单一物体。比如将左右对称的物体中间对齐，执行 Combine（合并）命令后，虽然看上去变成了一个整体，但中间对称轴上的点还是彼此独立，属于原物体，此时要执行 Merge 命令将彼此对称的点融合成一个点后，才能得到独立单一的物体。

进阶练习：合并多边形模型

01 在场景中执行Create（创建）>Polygon Primitives（基本多边形模型）>Cube（立方体）命令，创建一个立方体。再执行Create（创建）>Polygon Primitives（基本多边形模型）>Sphere（球体）命令，创建一个球体，如下图所示。

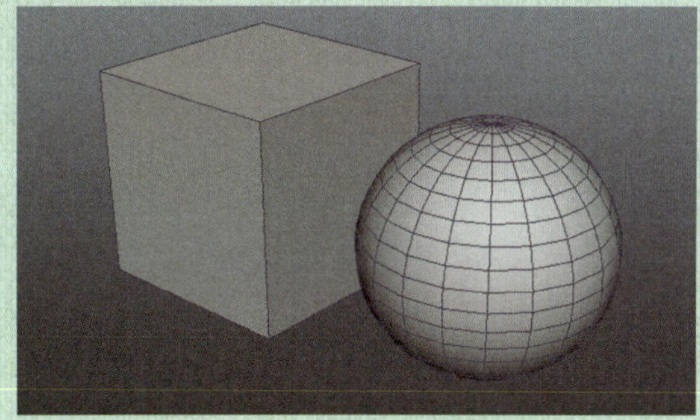

02 按住键盘上Shift键，同时选中立方体和球体，执行Mesh（网格）>Combine（合并）命令，将两个物体合并，如下图所示。

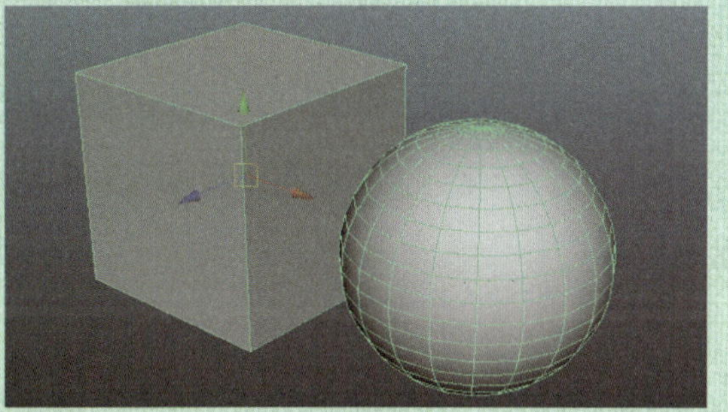

提示： 合并之后，我们尝试点选物体，会发现无论单击哪里都会同时选中立方体和球体，说明两个物体现在已经被合并成为一个物体。

2.6.2 Separate（分离）

此命令用于将包含多个具有独立物体的单一Polygon（多边形）物体分成多个物体。

一个完整的Polygon（多边形）物体是否能分成多个独立部分，取决于构成该物体的各个部分之间是否有联系。比如，一个Polygon（多边形）物体由两个单一的立方体构成，彼此没有联系，就可以利用此命令将物体分离开。如果两个立方体之间有联系，有共同点、边或面，则不能分离。

提示 Separate（分离）命令可以看作Combine（合并）命令的反向操作，将执行Combine（合并）命令后的物体再分离开。

进阶练习：分离多边形模型

01 我们继续使用刚才Combine（合并）命令合并之后的立方体与球体。选中这个合并之后的物体，如下图所示。

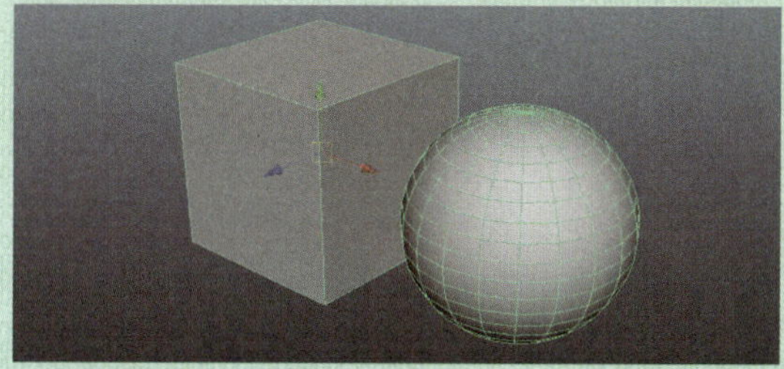

02 执行Mesh（网格）>Separate（分开）命令，将两个物体分开，如下图所示。

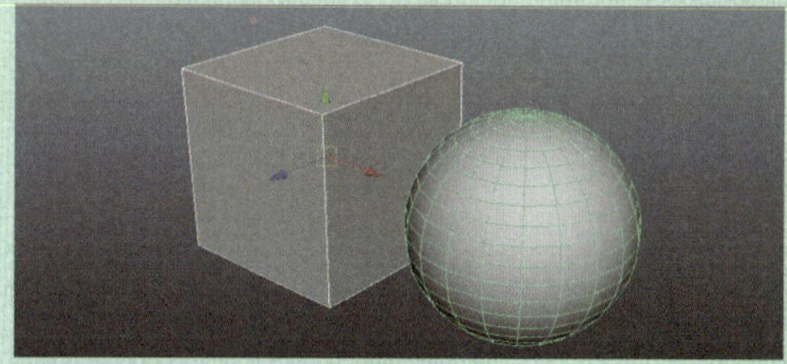

提示： 分开之后，我们尝试点选物体，会发现如果我们只单击立方体或球体之间的某一个，另一个并不能被选中，说明两个物体现在已经重新被拆分成为两个物体。

2.6.3 Extract（提取）

此命令用于从物体上提取一个或多个面，可以选择物体上的任意一个或多个面来提取。如果被提取的多个面彼此相邻，有共同的边，则提取出的面依旧彼此相连；如果被提取的多个面彼此不相邻，没有共同的边，提取后则彼此独立。参数设置面板如下图所示。

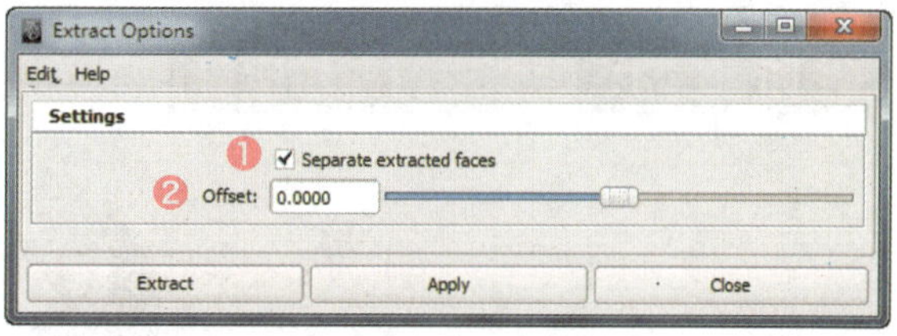

❶ Separate extracted faces（分离提取面）：用于设置是否将提取出的面与原物体分离开。默认状态是勾选该选项，此状态下被提取的面独立于原物体。如果不勾选，被提取的面依旧是原物体一个部分，但拥有独立的点，用户可以使用Separate（分离）命令来选择需要分离的面。

❷ Offset（偏移）：设置提取面与原物体之间偏移的数值，默认值是0，提取后，面保持在原位置。

进阶练习：提取多边型模型的面

01 在场景中执行Create（创建）>Polygon Primitives（基本多边形模型）>Sphere（球体）命令，创建一个球体，如右图所示。

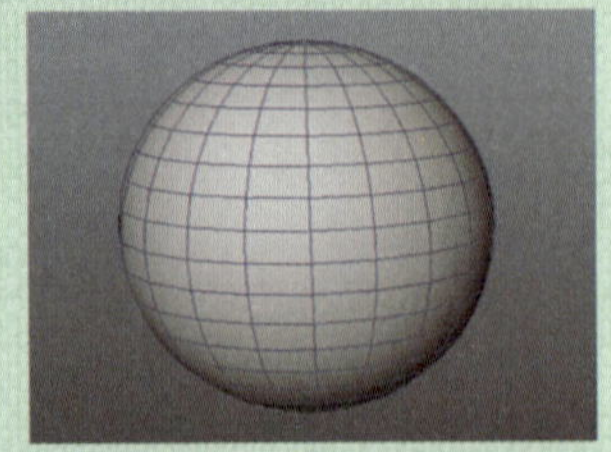

02 单击鼠标右键，进入组元选择模式，选择Face（面）组元，选中其中一部分面，如右图所示。

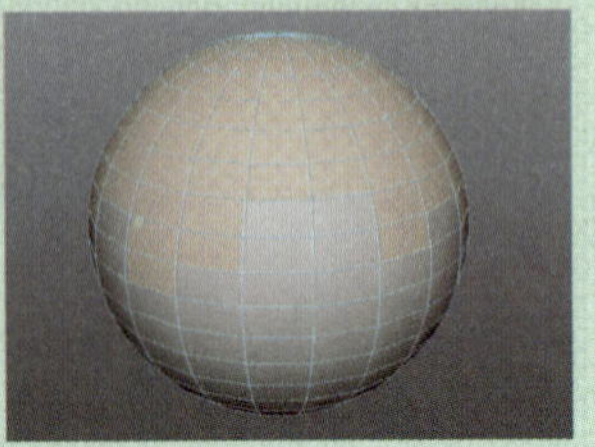

03 执行Mesh（网格）>Extract（提取）命令，将这部分面提取出来，如右图所示。

2.6.4 Booleans（布尔运算）

此命令用于两个表面相交物体，共有三种布尔运算方法，包括Union（并集）、Difference（差集）、Intersection（交集）。进行布尔运算的两个物体有主次物体之分，这取决于选择物体的先后顺序，首先选择的物体为主物体，随后选择的物体为次物体。布尔运算可以为用户快速准确地完成一些如果用常规工具将会非常耗时耗力的工作需要。

进阶练习：模型进行布尔运算

01 在场景中执行Create（创建）>Polygon Primitives（基本多边形模型）>Sphere（球体）命令，创建一个球体，再执行Create（创建）>Polygon Primitives（基本多边形模型）>Cube（立方体）命令，创建一个立方体，并使这两个物体相交在一起，如右图所示。

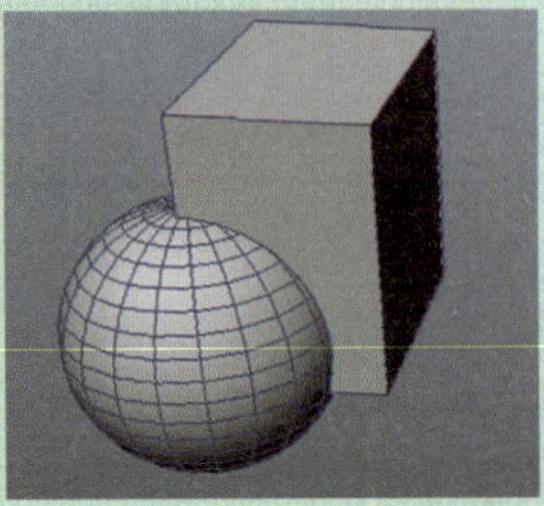

02 选中两个物体，执行Mesh（网格）>Booleans（布尔运算）>Union（并集）命令，再次单击这个物体，会发现这两个物体已经结合在了一起，如右图所示。

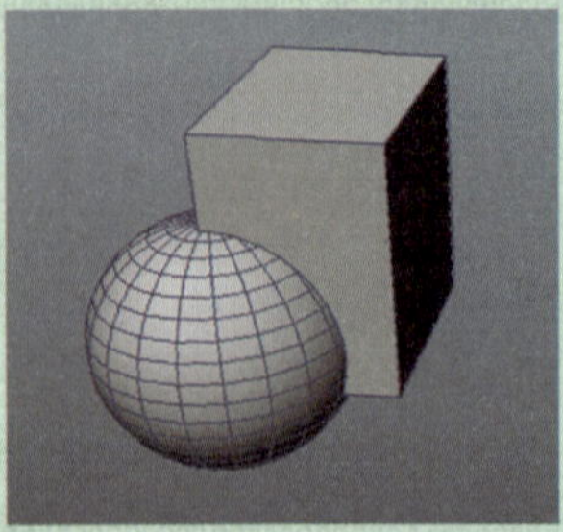

提示： 和Combine（合并）命令不同，执行Booleans（布尔运算）>Union（并集）命令使两个物体仅仅保留了外壳，内部相交叉的部分被减去了。

03 如果先选中立方体，按住键盘上的Shift键，再选中球体，执行Mesh（网格）>Booleans（布尔运算）>Difference（差集）命令，我们可以看到两个物体之间是“相减”的关系，如右图所示。

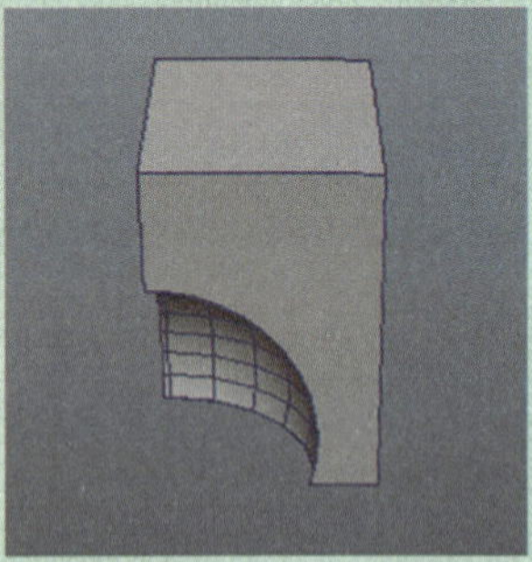

提示： 减法分为“减数”与“被减数”，我们需要注意的是，先选中的物体被认为是“被减数”，而后选中的物体被认为是“减数”。因此，如果先选球体，后选立方体，执行Difference（差值）命令之后的结果是不一样的。

04 如果选中两个物体，执行Mesh（网格）>Booleans（布尔运算）>Intersection（交集）命令，我们发现这两个物体已经只剩下中间相交的一部分，如下图所示。

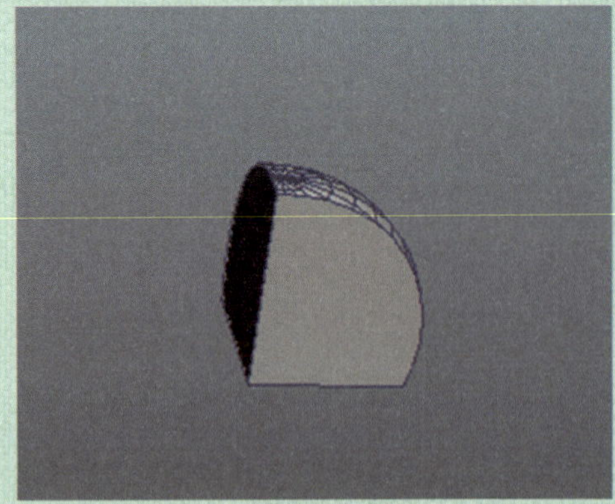

提示： Booleans（布尔运算）对两个物体相交部分的表面拓扑结构要求比较严格，仅当物体相交部分为闭合的面时才能进行计算。当出现计算错误、运算结果无法显示的情况时，需要检查物体的表面结构，必要时甚至需要重新编辑物体。如由NURBS曲面转为Polygon（多边形）的物体，执行Booleans（布尔运算）命令可能无法得出正确结果。如果发生运算结果错误，物体消失不见，可以按键盘上Z键，取消上一步操作，再检查物体的表面结构是否完整。

2.6.5 Smooth（平滑）

此命令用于对物体进行光滑运算，使物体表面看起来更柔和。执行 Smooth（平滑）命令可以使基本布线完成后的模型表面过渡柔和，更接近生物的特质，一般用于生物建模的最后操作，其属性窗口如下图所示。

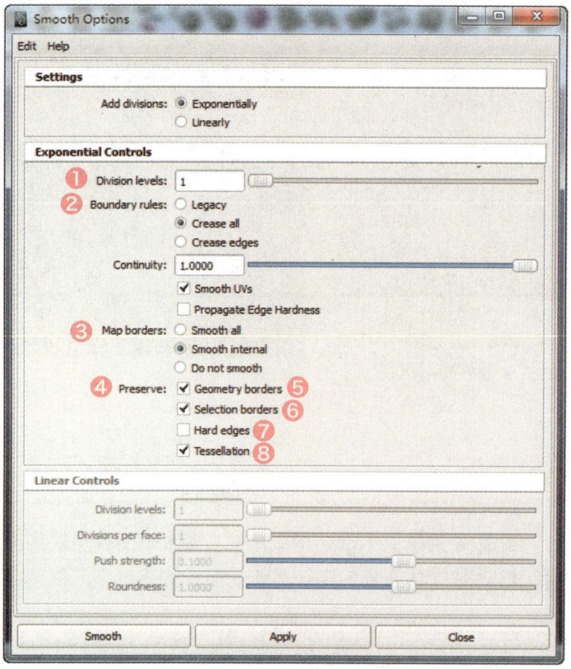

Smooth（平滑）命令方式分为 Exponentially（指数模式）和 Linearly（线性模式）两种。Exponentially（指数模式）是常用的模式，也是默认选项。

Exponentially（指数模式）参数如下：

❶ Division levels（细分级数）：设置细分次数，数值越高，物体表面越光滑。

❷ Continuity（连贯性）：设置表面的光滑程度，数值为0时，只对表面做细分处理，不改变外形。默认状态是勾选 Smooth UVs（平滑 UV）选项，这样 UV 展开后的边和物体边一样也是柔化过的。

❸ Map borders（贴图边界）：是否对 UV 边也做光滑处理。

❹ Preserve（保护）：对物体光滑部分边的保护。

❺ Geometry borders（几何边界）：保持物体边的属性不变，保持原形状。

❻ Selection borders（选择边界）：物体光滑处理部分和非处理部分的相接的边界的属性不变。

❼ Hard edges（硬边显示）：调整边的显示方式，勾选该选项为硬边显示。

❽ Tessellation（离散）：允许光滑操作后在通道盒中对生成顶点重新定位。

进阶练习：对多边形模型执行平滑操作

01 创建一个长、宽、高均为 10 的立方体，立方体细分均为 2，如右图所示。

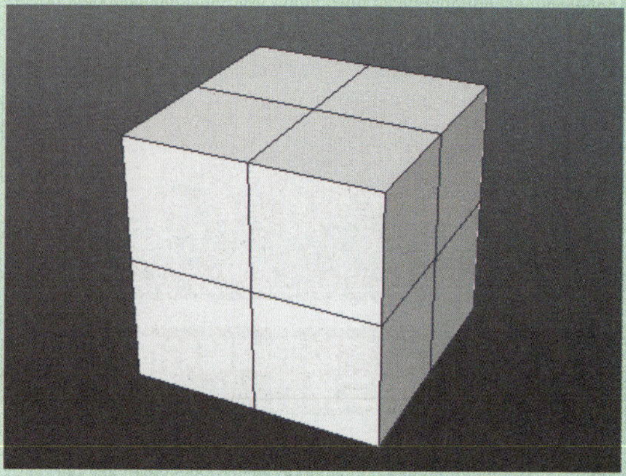

02 选中物体，执行 Mesh（网格）>Smooth（平滑）命令，在属性窗口中设置 Division Levels（细分级数）为 2，Continuity（光滑程度）为 1，勾选 Geometry borders（几何边界）和 Selection borders（选择边界）复选框，最终效果如下图所示。

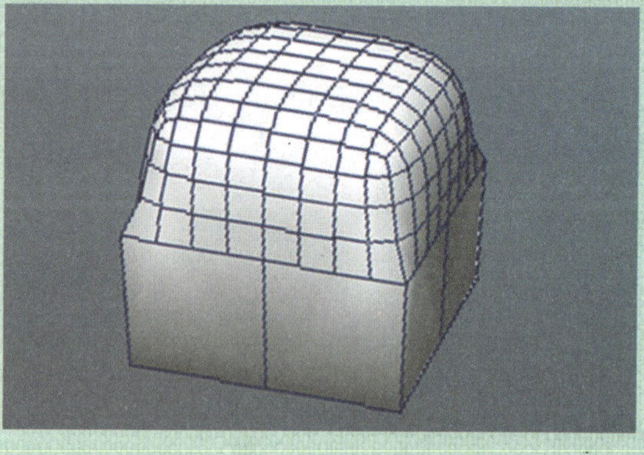

03 选中物体，执行 Mesh（网格）>Smooth（平滑）命令，在属性窗口中设置 Division Levels（细分级数）为 2，Continuity（光滑程度）为 0，取消勾选 Geometry borders（几何边界）和 Selection borders（选择边界）复选框，最终效果如下图所示。

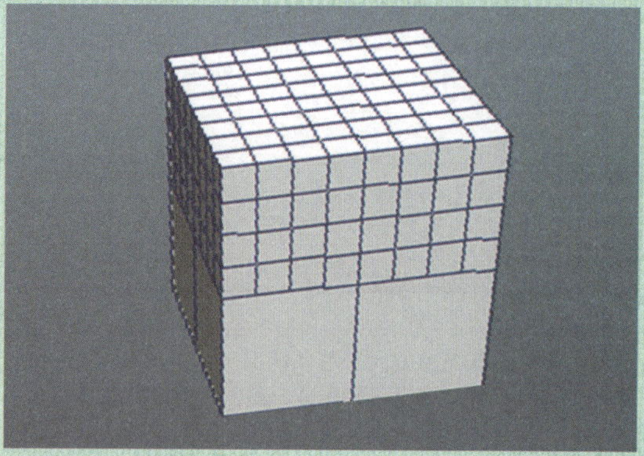

2.6.6 Triangulate（三角面）

此命令用于将非三角面构成的 Polygon（多边形）物体的面转换为三角面，多用于游戏行业或在对模型进行保护的情况下，如下图所示。

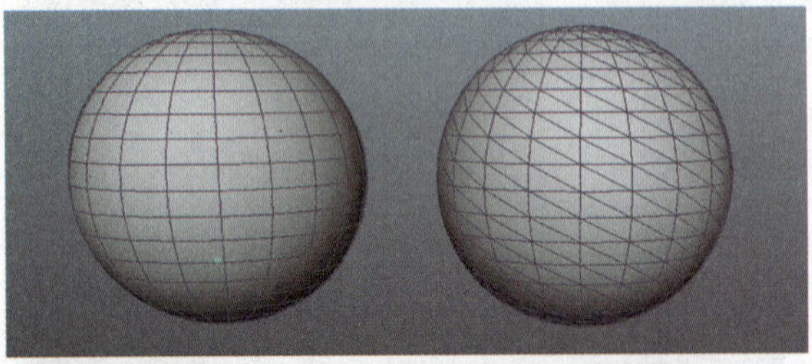

进阶练习：将多边形模型的面转为三角面

01 在场景中执行 Create（创建）> Polygon Primitives（基本多边形模型）> Sphere（球体）命令，创建一个球体。这时我们注意到 Maya 默认的球体为四边面球体，如右图所示。

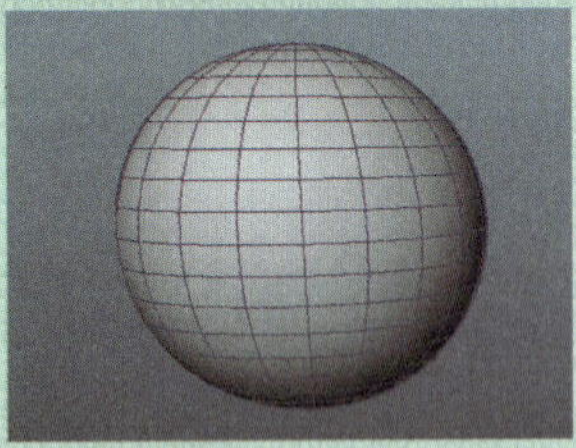

02 选中球体，执行 Mesh（网格）>Triangulate（三角面）命令。我们看到球体的面已经被分成了三角面，如右图所示。

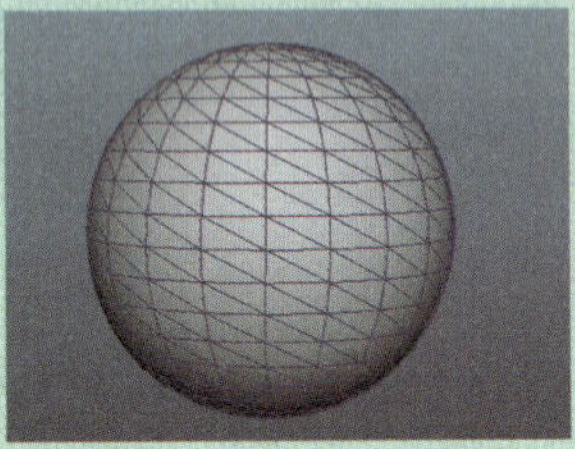

2.6.7 Quadrangulate（四角面）

该命令用于将三角面物体转换为四角面，其参数设置如下图所示。

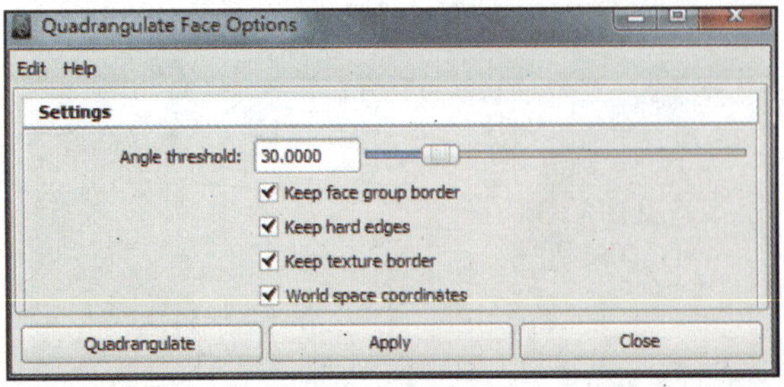

提示 5 角面或大于 5 角的面不能直接转换为四角面，需要先转换成三角面，再转换成四角面。

进阶练习：将三角面多边形模型转为四角面多边形模型

01 我们使用刚才执行三角面命令后的球体，可以看到球体的面由三角面组成，如右图所示。

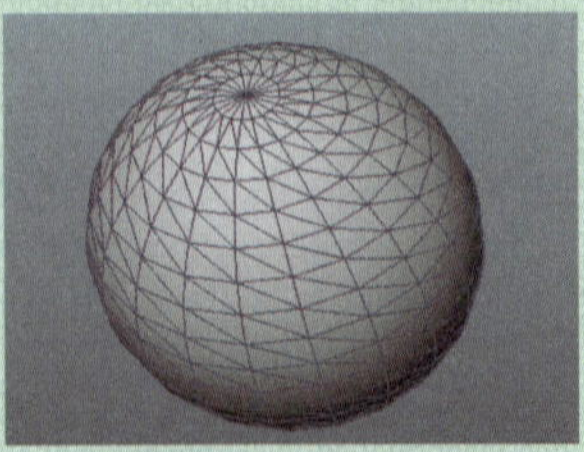

02 选中球体，执行 Mesh（网格）>Quadrangulate（四角面）命令。我们看到三角面又变回了四角面，如右图所示。

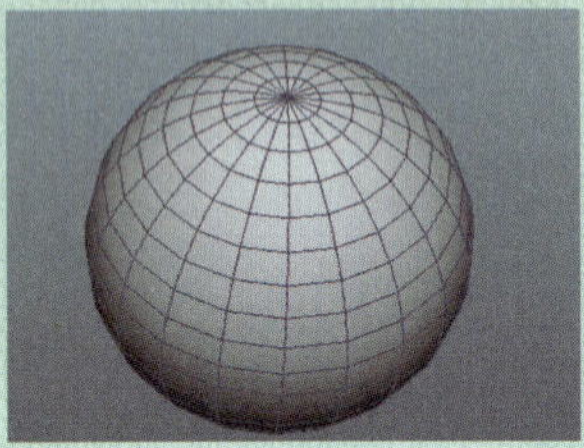

2.6.8 Fill Hole（洞填补）

此命令用于 Polygon（多边形）物体表面有空缺的面时，自动对空缺部分创建一个新的面，如下图所示。

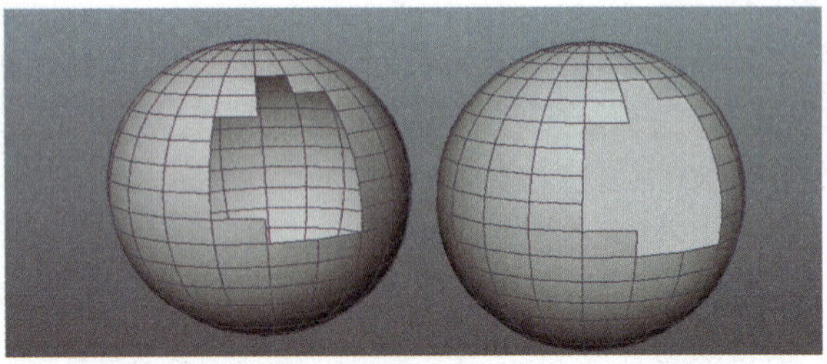

进阶练习：填补多边形模型的空缺

01 在场景中执行 Create（创建）> Polygon Primitives（基本多边形模型）> Sphere（球体）命令，创建一个球体，如右图所示。

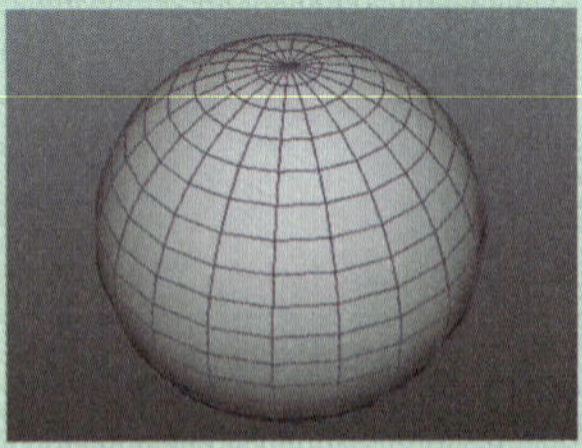

02 单击右键进入 Face（面）组元选择模式，选中一部分面后按 Delete 键将之删掉，如右图所示。

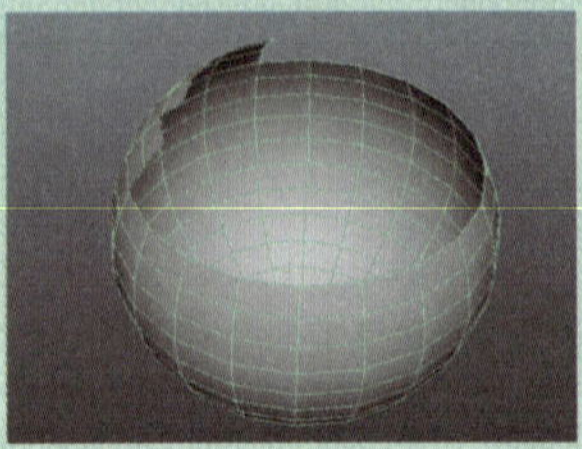

03 选中球体，执行 Mesh（网格）>Fill Holl（洞填补）命令，我们看到删除掉的面被一个大面填补上了，如下图所示。

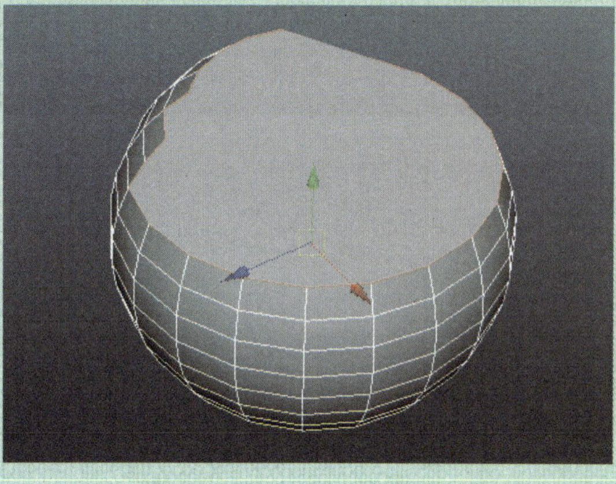

2.6.9 Make Hole Tool（创建洞工具）

此命令用于在 Polygon（多边形）物体表面创建一个洞。

使用 Make Hole Tool（创建洞工具）必须有一个作为映射的面，而不能直接在物体上面创建一个洞，这个面的形状也就是洞的形状。可以直接以要创建洞的面复制出一个面，用这个面作为映射物体，或者用 Create Polygon Tool（创建多边形工具）创建出任意形状的物体，但新创建的物体必须和需要创建洞的物体通过 Combine（合并）命令合并成一个物体。Make Hole Tool（创建洞工具）的使用方法是，首先选择需要创建洞的面，再选择作为映射的面，按 Enter 键。

提示 在一个面上建立一个洞不会改变这个面所属物体的其他属性，不会增加新的面数，创建洞的面依旧还是一个面。

Make Hole Tool（创建洞工具）命令一共有 7 种创建洞模式，如下图所示。

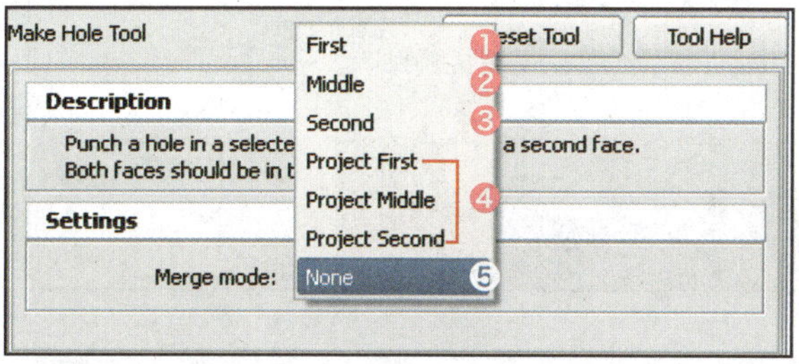

❶ First（最初的）：以主物体为基准，在创建洞的面的中心位置创建一个洞。

❷ Middle（中间）：将创建洞的面拉伸到距离映射面一半的位置，再在面的中心位置创建洞。

❸ Second（辅助的）：将创建洞的面拉伸到距离映射面所在的位置，再在面的中心位置创建洞。

❹ Project First / Middle / Second：按照映射物体的位置和角度来计算面上洞的位置。

❺ None（无）：在创建洞的面和映射面之间创建一个连接。

进阶练习：为多边形模型创建一个洞

原始文件： Chapter2\2.7\make hole tool.mb

01 打开文件，如下图所示。

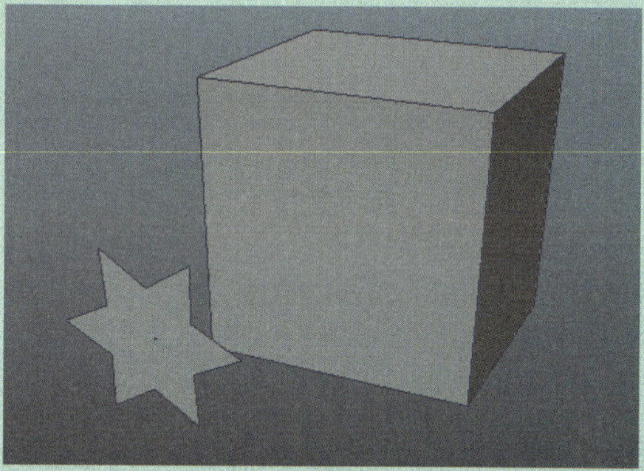

02 选中这两个物体，执行 Mesh（网格）>Make Hole Tool（创建洞工具）命令。分别选择 First、Middle、None 模式，可以得到三种不同的结果，如下图所示。

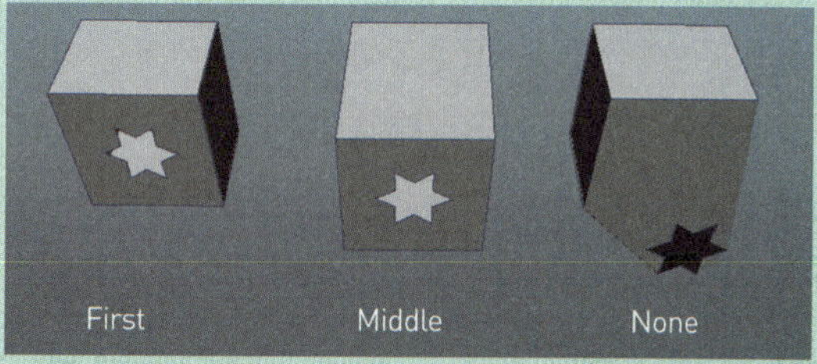

提示： 要想能够执行此命令，必须先对被减物体与减去物体执行 Combine（合并）命令合并成为一个物体。

2.6.10 Create Polygon Tool（创建多边形工具）

此命令用于手动逐个创建物体上的点位置来创建任意 Polygon（多边形）物体。Create Polygon Tool（创建多边形工具）一般和一些快捷键配合使用。

提示 按住键盘上的 X 键可以吸附到 Grid（栅格）上的点；C 键可以吸附到物体的边上；V 键吸附到物体或曲线的点上。

进阶练习：创建任意多边形物体

01 打开新场景，执行 Mesh（网格）>Create Polygon Tool（创建多边形工具）命令。这时我们注意到光标变成了十字状，如右图所示。

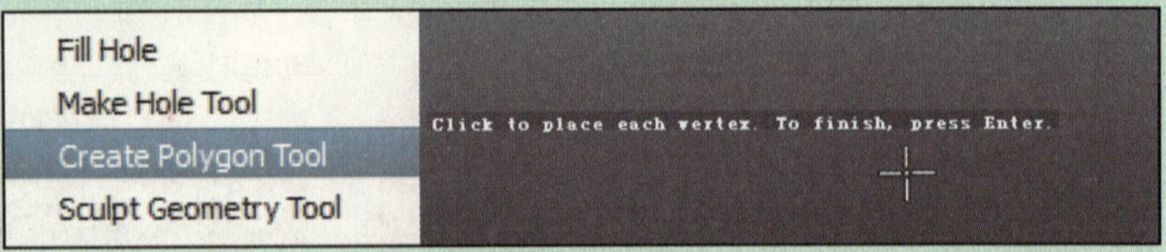

02 在场景中单击鼠标，移动一段距离后，再次单击，可以看到单击的地方生成了多边形顶点，顶点之间连成了一个平面。需要结束继续创建顶点时，按键盘 Enter 键，即结束创建，生成了一块平面，如右图所示。

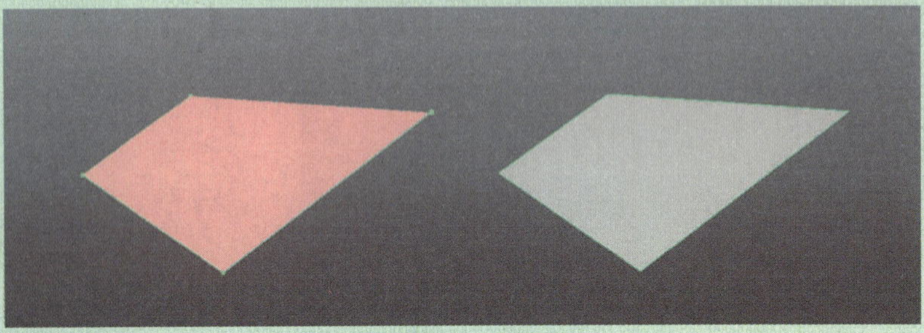

2.6.11 Sculpt Geometry Tool（造型雕刻工具）

此命令用于修改 Polygon（多边形）物体表面的点分布情况，而不改变点的数量。主要分为 4 种操作方式：Pull 的（拉）、Push（推）、Smooth（平滑）和 Erase（擦除）。

Sculpt Geometry Tool（造型雕刻工具）可对物体表面做细致柔和的修改，比如用常规工具无法塑造生物模型肌肉凹凸感，只有用 Sculpt Geometry Tool（造型雕刻工具）进行修改，其参数面板如右图所示。

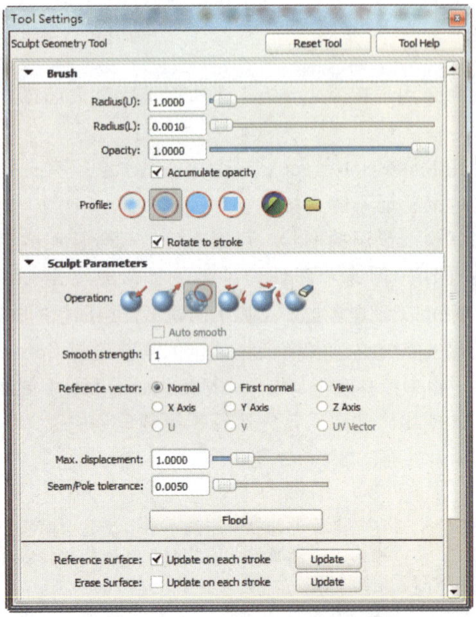

提示 按住键盘上 B 键的同时，长按鼠标左键并左右拖曳，可以改变该工具的大小。

进阶练习：对多边形模型进行造型雕刻

01 在场景中执行 Create（创建）>Polygon Primitives（基本多边形模型）> Plane（面）命令，创建一个平面，并在通道栏中将平面的 Subdivisions Height（高度分段数）和 Subdivisions Width（宽度分段数）数值改为 40，如右图所示。

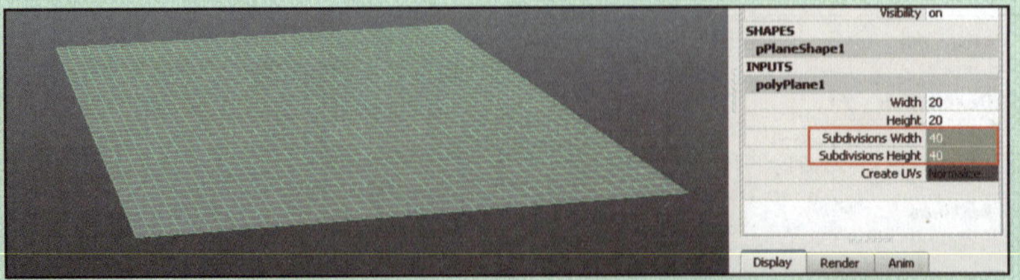

提示：由于 Sculpt Geometry Tool（造型雕刻工具）的原理是移动多边形物体的顶点，所以如果需要雕刻比较细腻柔和的效果，物体上的点一定要比较多。

02 选中这个平面，执行 Mesh（网格）>Sculpt Geometry Tool（造型雕刻工具）命令，可以看到光标变成了一只毛笔的形状。按住键盘上B键左右拖动光标可改变画笔区域的大小，如右图所示。

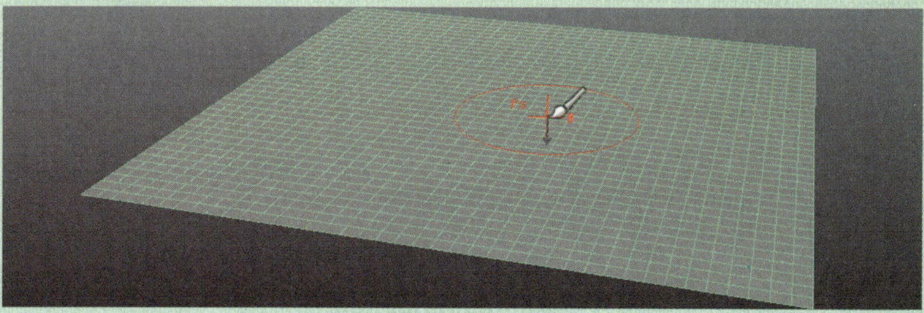

03 单击Push（推）图标，设置Opacity（透明度）值为1，在平面上进行绘制，如下图所示。

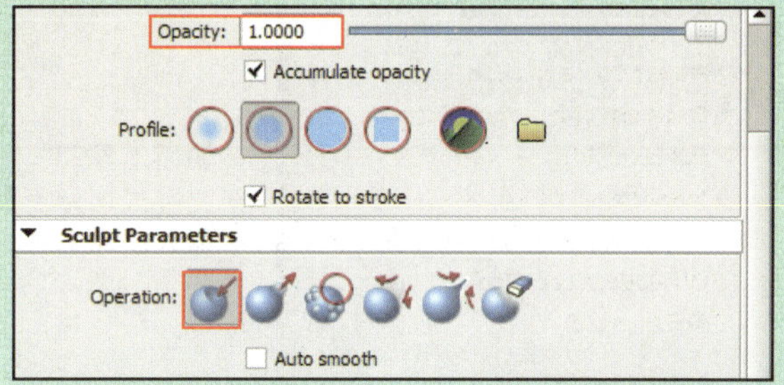

04 可以看到经过绘制的部分被推下去了1个单位，如下图所示。

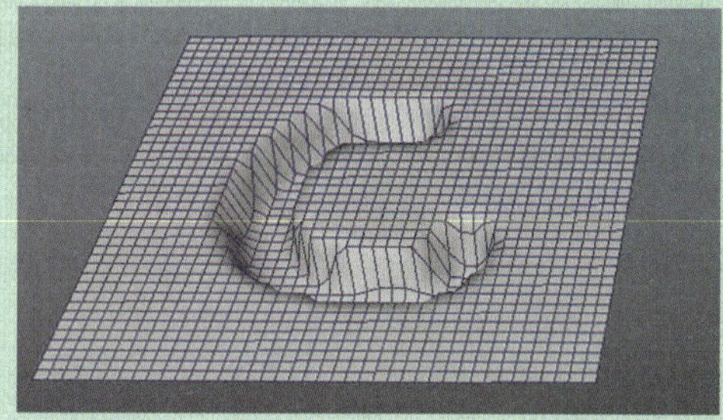

05 再次分别单击Pull（拉）和Relax（松弛）图标，对平面进行绘制，可以看到效果如右图所示。

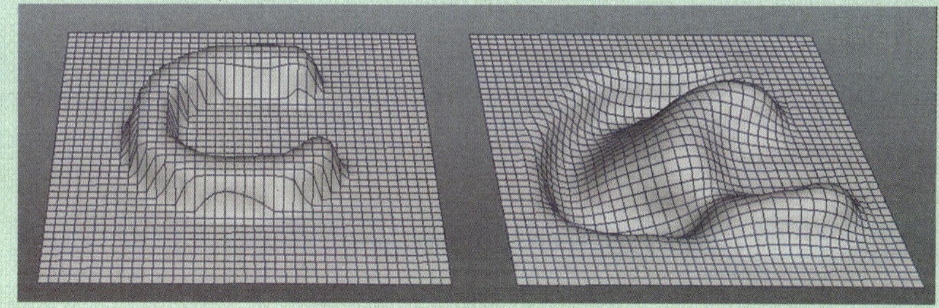

2.6.12 Mirror Cut（镜像剪切）

此命令用于对镜像物体和原物体之间进行剪切。对原物体进行镜像，执行Mirror Cut（镜像剪切）命令，当镜像物体与原物体重合，则剪切重合部分；如果镜像物体和原物体彼此独立，不重合，则两个物体共同构成一个新物体，属性面板如下图所示。

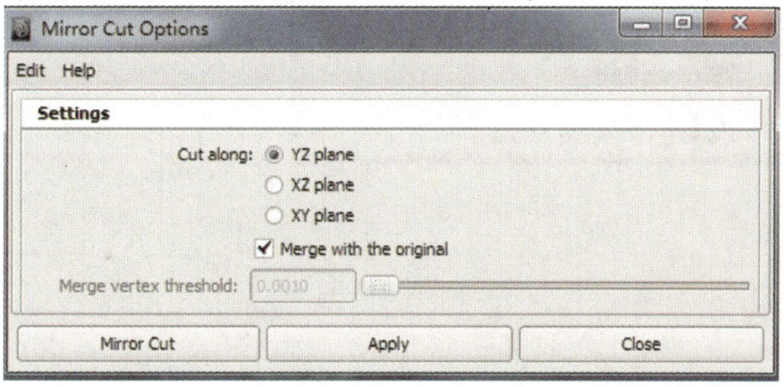

进阶练习：将多边形物体进行镜像剪切

01 在场景中执行Create（创建）>Polygon Primitives（基本多边形模型）>Sphere（球体）命令，创建一个球体，如右图所示。

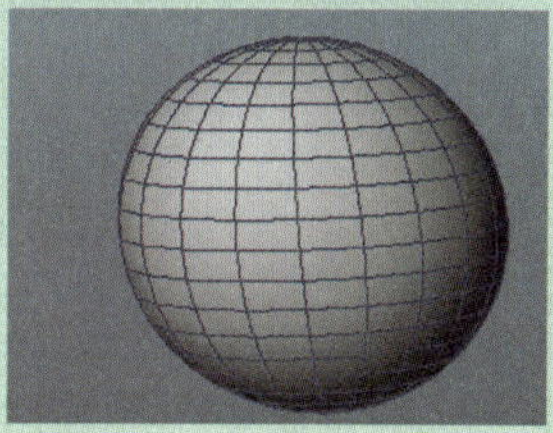

02 执行Mesh（网格）>Mirror Cut（镜像剪切）命令，分别单击YZ Plane、XZ Plane、XY Plane单选按钮，有不同的效果，如下图所示。

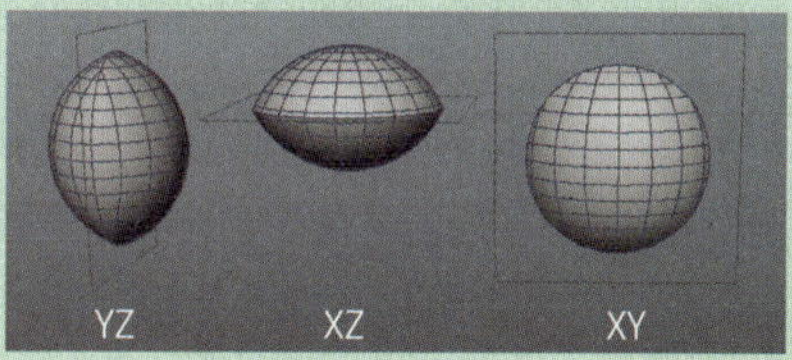

2.6.13 Mirror Geometry（镜像物体）

此命令用于将物体以特定的轴进行复制或反转，并可以将镜像物体与原物体合并为一体，其属性面板如下图所示。

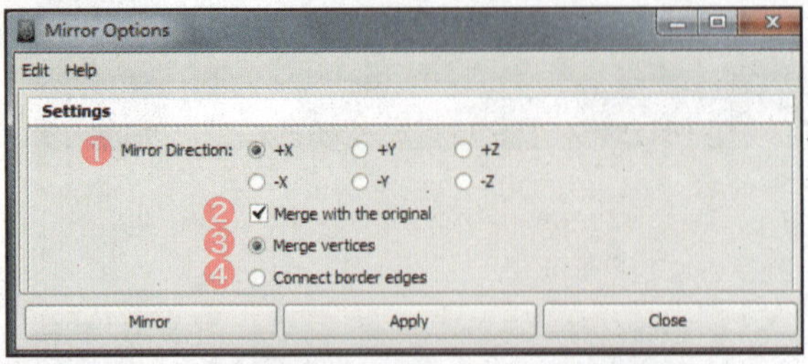

❶ Mirror Direction（镜像方向）：物体镜像轴的方向。

❷ Merge with the original（与原物体合并）：将镜像部分与原物体合并。

❸ Merge vertices（合并点）：将镜像部分与原物体的临近点合并，建立成独立物体。

❹ Connect border edges（连接相近边）：将原物体与镜像物体接近的边连接，并填补面建立一个闭合的物体。

进阶练习：镜像多边形物体

01 在场景中执行 Create（创建）>Polygon Primitives（基本多边形模型）>Sphere（球体）命令，创建一个球体，如下图所示。

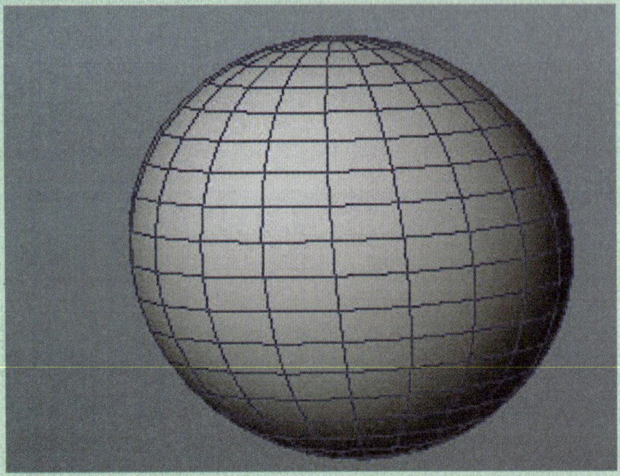

02 执行 Mesh（网格）> Mirror Geometry（镜像物体）命令，选择不同的镜像轴进行镜像将会有有不同的效果。我们分别尝试点选 +X、-Y、+Z 轴向进行镜像，效果如下图所示。

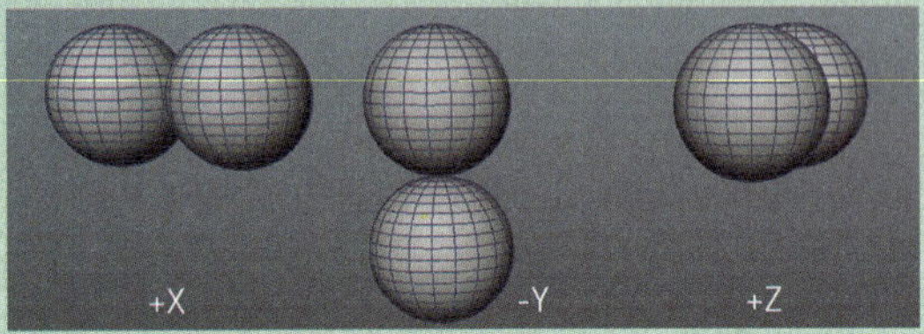

2.7 详解 Edit Mesh（编辑网格）菜单

Maya 2012 的 Edit Mesh（编辑网格）工具组在继承以前版本的工具基础上又增加了更快捷方便的新工具，使得建模功能变得更加强大，菜单如下图所示。

2.7.1 Keep Faces Together（保持面在一起）

此命令可控制 Extrude（挤压）命令的执行结果。勾选该选项，挤压相临的面或边，则相临面或边之间是连接着的；不勾选该选项，挤压相临的面或边，则相临面或边之间是彼此独立的，如下图所示。

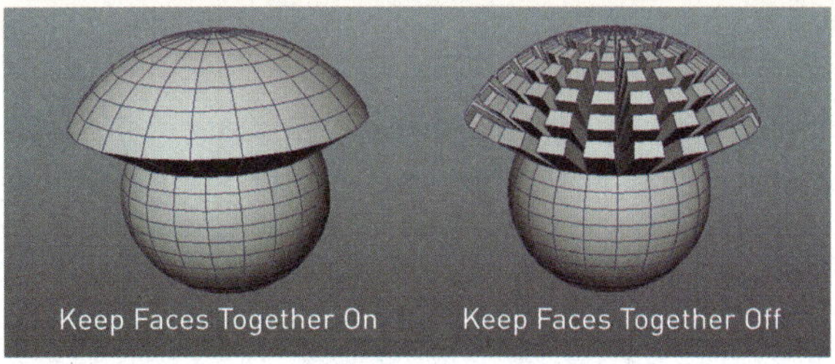

具体效果我们将在接下来的小节进行讲解。

2.7.2 Extrude（挤压）

此命令用于对点、边和面进行拉伸变形，效果如下图所示。

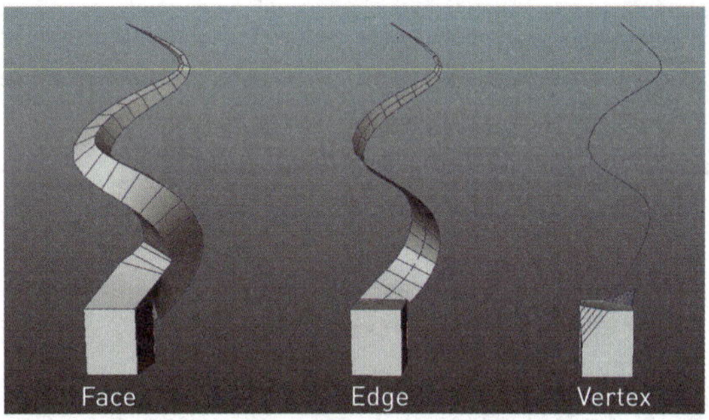

提示 Extrude（挤压）是 Polygon（多边形）建模中最常用到的工具，该命令可以在通道栏中修改物体参数，改变拉伸效果。

当切换到不同的组元时，Extrude（挤压）工具属性也会变换到相应的元素设置，面组元的参数设置窗口如下图所示。

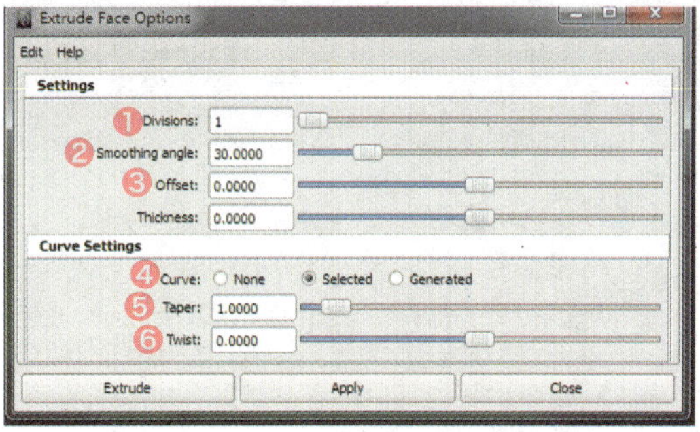

❶ Divisions（分段数）：拉伸部分的分段数，默认值为 1。

❷ Smoothing angle（平滑角度）：设置拉伸部分与原物体的平滑角度。

❸ Offset（偏移）：设置拉伸面顶点与中心点位置的偏移值。

❹ Curve（曲线）：是否使用曲线作为拉伸参考路径。单击 Selected（选择）单选按钮后，先选择曲线，再选择挤压面，执行 Extrude（挤压）命令，挤压面直接匹配到路径末端，然后通过调整 Divisions（分段数）数值来调整挤压端的过渡效果。

提示 使用曲线作为拉伸路径，可以任意构造形体，同时挤压后还能通过改变曲线来控制拉伸物体形状。如果要断开曲线和挤压部分的联系，只需要删除物体历史记录就可以了。

❺ Taper（递减）：改变挤压段末端大小，生成锥体效果。

❻ Twist（扭转）：扭转挤压段，产生扭曲效果。

点组元的参数设置窗口如下图所示。

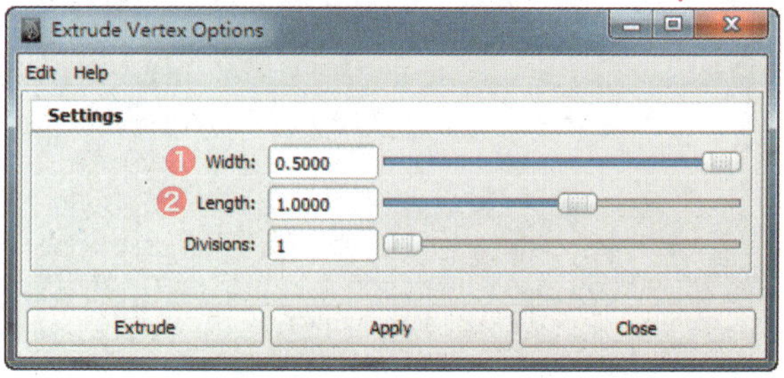

❶ Width（宽）：点挤压属性，控制拉伸部分与物体连接处点的分布，数值越大分布越开。

❷ Length（长）：点挤压属性，控制拉伸点与原物体之间的距离。

进阶练习：对多边形物体进行挤压

原始文件： Chapter2\2.7\Extrude.mb

01 打开文件，首先选择立方体，单击右键进入 Face（面）组元模式，选中上表面，按住键盘 Shift 键，加选曲线，如下图所示。

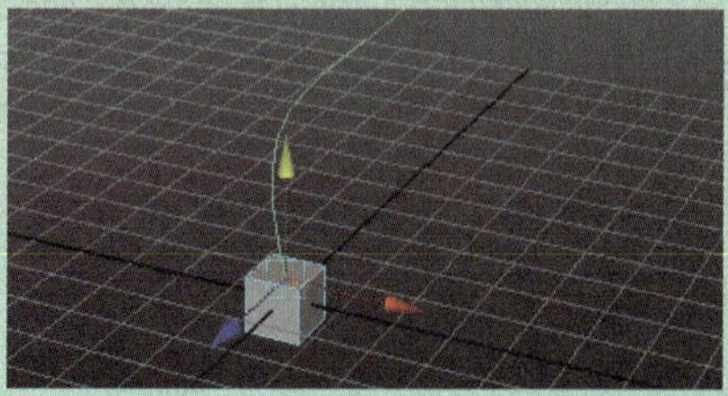

02 执行 Edit Mesh（编辑网格）>Extrude（挤压）命令，我们可以看到在方块的基础上延长了一段物体，如右图所示。

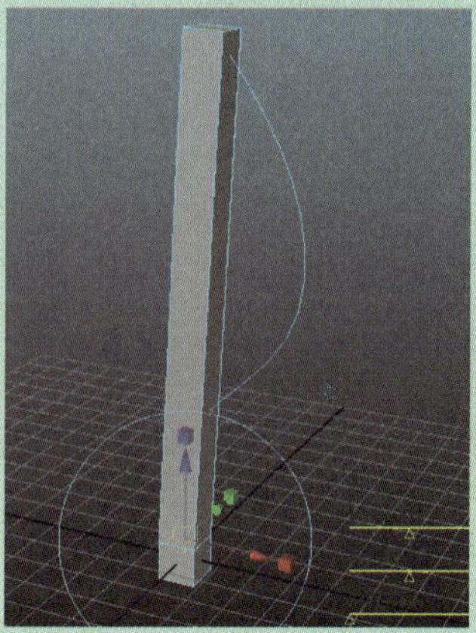

03 我们重新选择立方体的面和曲线，单击Extrude（挤压）命令后的小方块按钮，打开参数设置窗口，将Division（分段数）值改为20，单击Apply（应用）按钮，如下图所示。

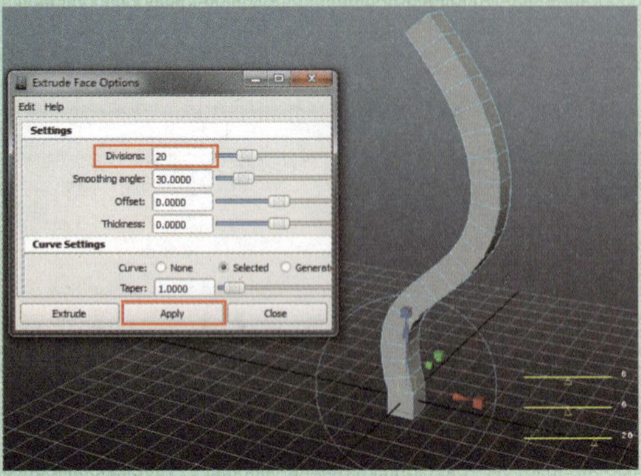

04 重新选择立方体的面和曲线，修改参数，将Smoothing angle（平滑角度）改为180，点击Apply（应用）按钮，如下图所示。

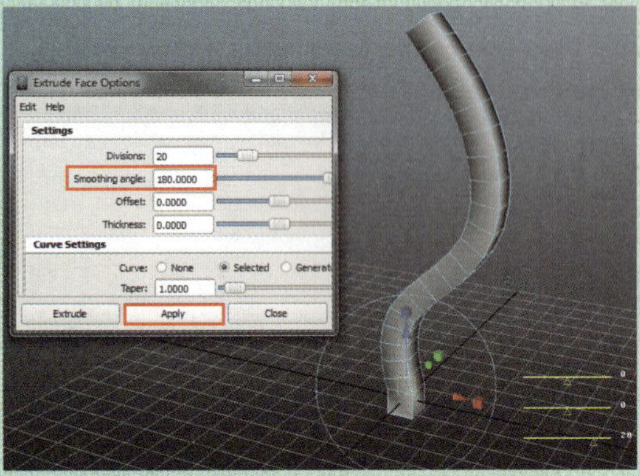

05 重新选择立方体的面和曲线，修改参数，将Taper（递减）值改为0，Twist（扭转）值改为180，单击Apply（应用）按钮，如下图所示。

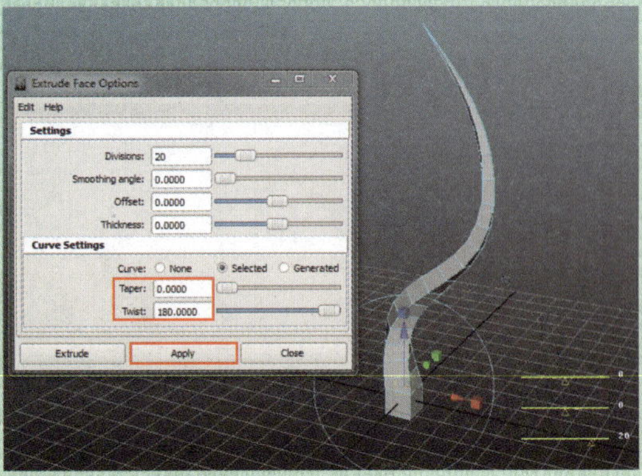

2.7.3 Cut Faces Tool（切面工具）

此命令用于在物体上添加切面边或将物体分割成两个部分，分割开的部分依旧是一个整体。该工具在不删除或不分离切割部分的时候，常用来给物体添加循环边，参数面板如下图所示。

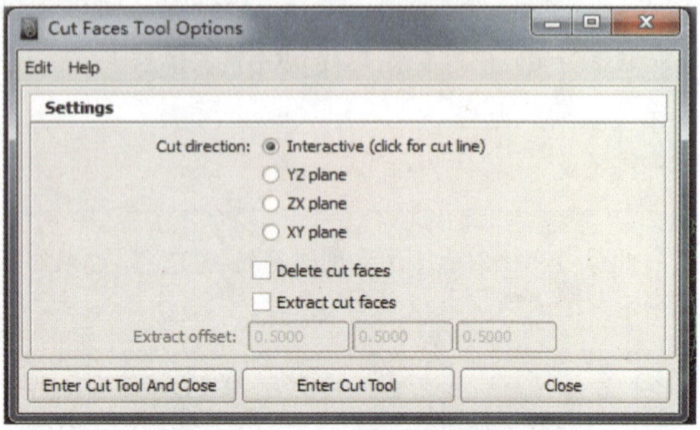

进阶练习：分割多边形模型

01 在场景中执行Create（创建）>Polygon Primitives（基本多边形模型）>Cylinder（圆柱体）命令，创建一个圆柱体，如下图所示。

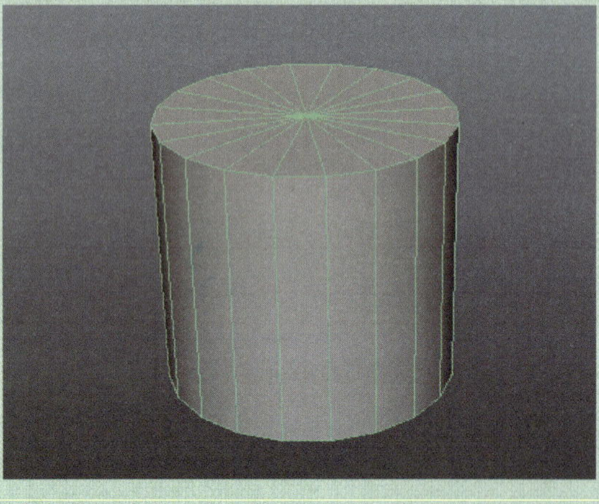

02 执行Edit Mesh（编辑网格）>Cut Faces Tool（切面工具）命令，单击Interactive（交互）单选按钮或勾选Delete cut faces（删除切面）或Extract cut faces（分离切面）复选框，移动鼠标进行切割，可以看到三种不同的切割结果，如下图所示。

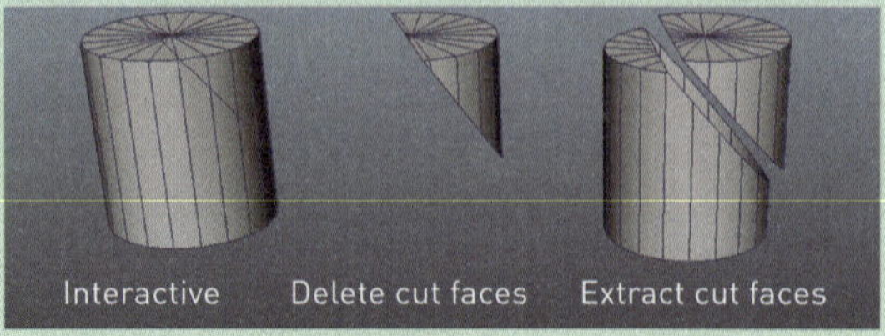

2.7.4 Interactive Split Tool （交互式切分工具）

此命令用于在 Polygon（多边形）物体表面创建点或边。它是 Polygon（多边形）建模中常用的工具，多用于创建新边或新循环边，如下图所示。

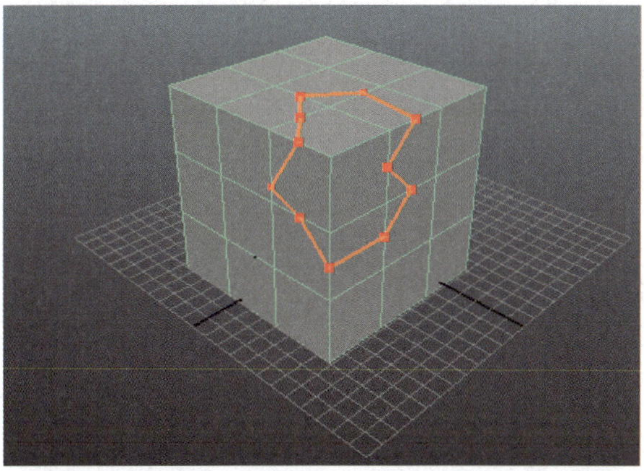

进阶练习：在多边形物体表面创建边

01 在场景中执行 Create（创建）>Polygon Primitives（基本多边形模型）>Cube（立方体）命令，创建一个立方体，如下图所示。

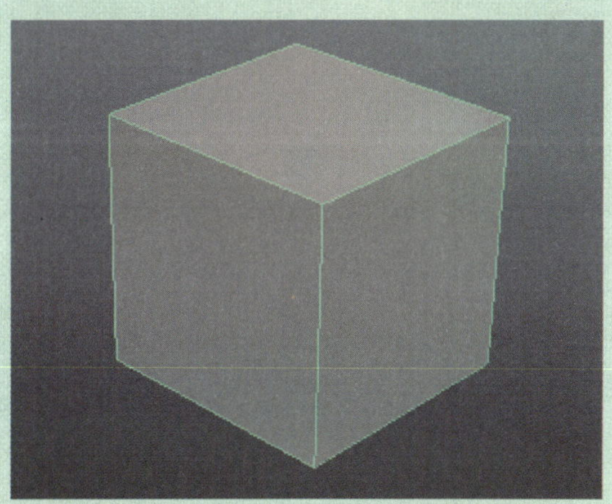

02 执行 Edit Mesh（编辑网格）> Interactive Split Tool（交互式切分工具）命令，此时光标变成了三角形状。单击立方体的 Edge（边），上面会出现一个 Vertex（点），如下图所示。

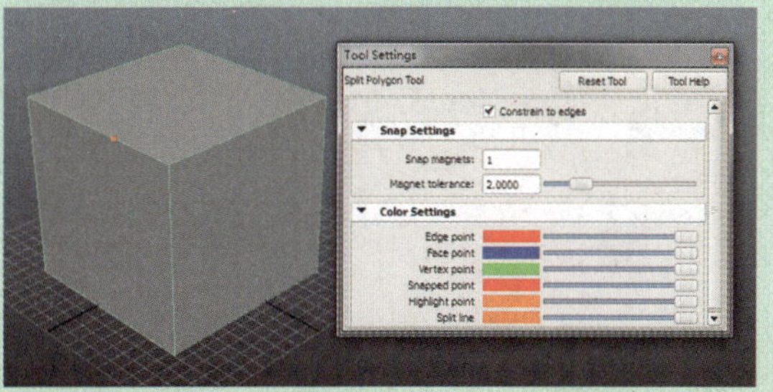

03 连续在不同的 Edge（边）上单击，可以看到新加入的顶点连成了几条折线，如下图所示。

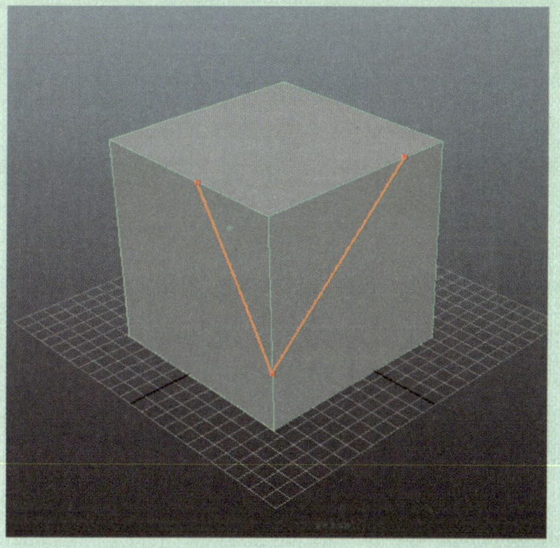

提示： 移动光标，可以拖拽新加入的顶点在同一条边上自由移动。

04 需要添加的点完成后，按 Enter 键结束命令。此时可 以看到，加入的点和边已经完成，如下图所示。

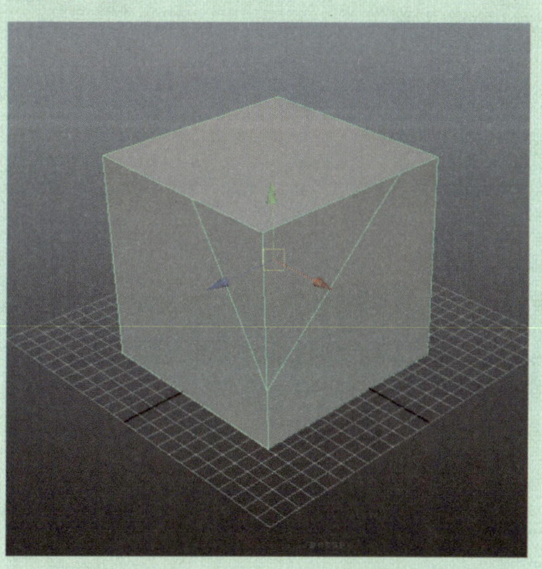

提示： 此命令不能一次加入过多的点，若加入点过多，会在按 Enter 键之后出现错误。如果需要加入较多的点，则需要多操作几次。

2.7.5 Insert Edge Loop Tool （插入循环边工具）

此命令用于为物体上的边添加新循环边。它能准确高效地一次为多条边添加一条或多条循环线。

进阶练习：在多边形物体上添加循环边

01 在场景中创建一个立方体，执行 Edit Mesh（编辑网格）>Insert Edge Loop Tool（插入循环边工具）命令，立方体进入边组元选择模式，鼠标指针变成三角形，如下图所示。

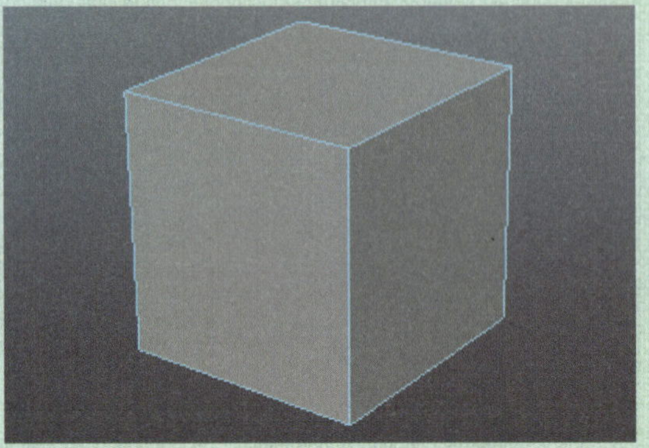

02 在任意一条纵向的边上单击鼠标左键，观察到鼠标单击处加入了一整圈横向边线，如下图所示。

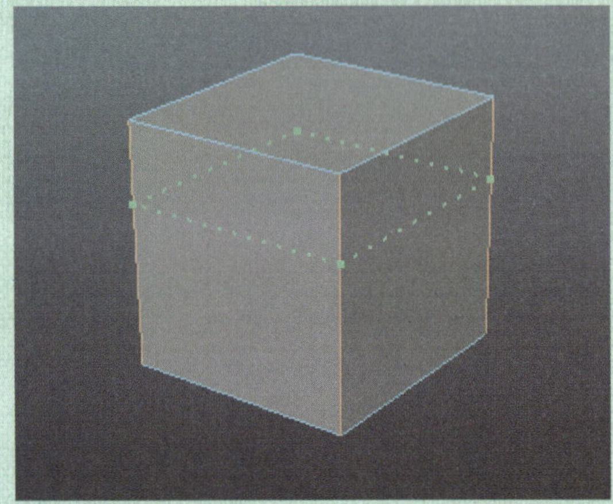

03 在任意一条横向的边上单击鼠标左键，观察到鼠标单击处加入了一整圈纵向边线，如下图所示。

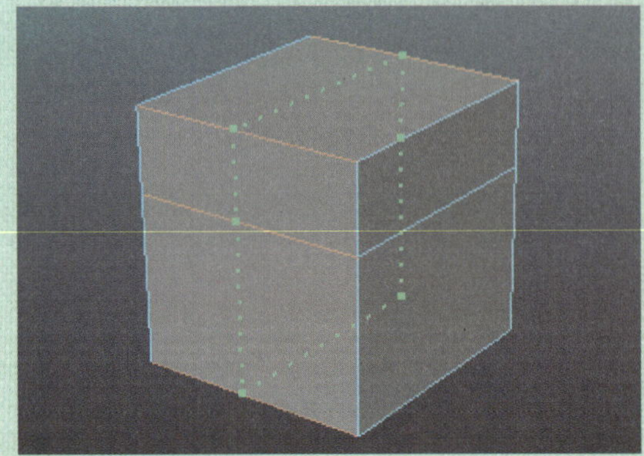

2.7.6 Merge（合并）

此命令用于合并物体上的点和边。合并的点和边必须是同一个整体上，彼此独立的物体上的点和边不能合并，其参数面板如下图所示。

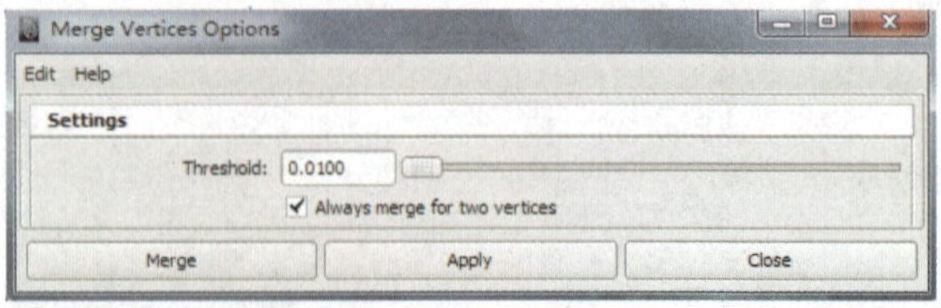

•Threshold（阈值）：设置合并元素之间距离的极限值，在这个值内的元素将被合并。

提示 例如制作完一个模型的一半，复制出另外一半后，希望两个部分合并到一起时，必须先使用 Combine 命令将两个物体合并成一个整体，再使用 Merge 命令。如两个物体的法线方向不一致，则用户合并两个物体时会出现合并后一个物体消失的现象，必须将法线方向改为一致，再执行 Merge 命令。只有边界边才能被合并，如果希望合并物体上其他边，可以通过合并对应点来达到效果。

进阶练习：合并多边形模型

原始文件： Chapter2\2.7\Merge.mb

01 打开文件，如下图所示。

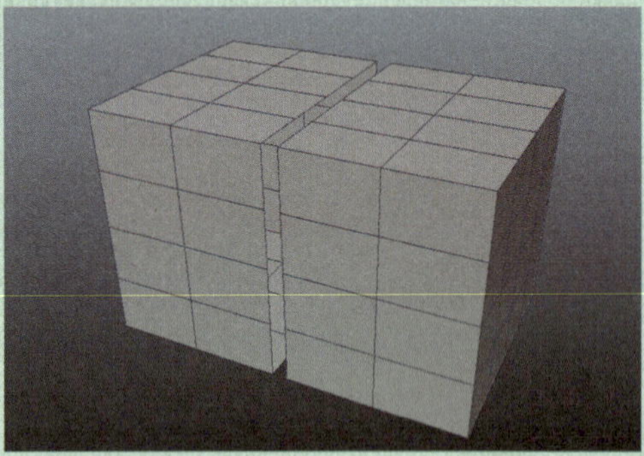

02 进入 Vertex（顶点）组元选择模式，选中中间缝隙处两个相邻的顶点，如下图所示。

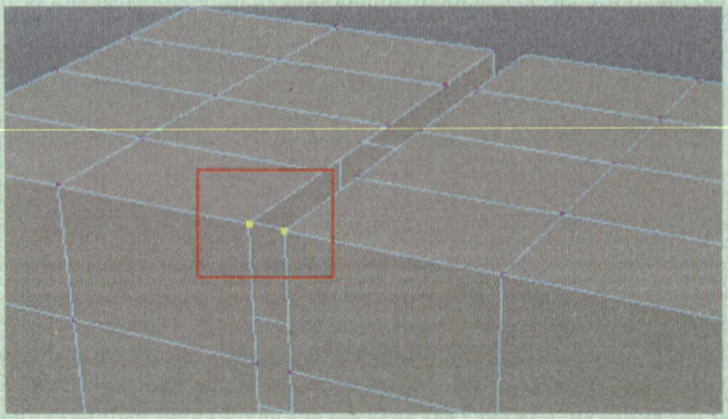

03 执行 Edit Mesh（编辑网格）>Merge（合并）命令，将两个点焊接在一起，如下图所示。

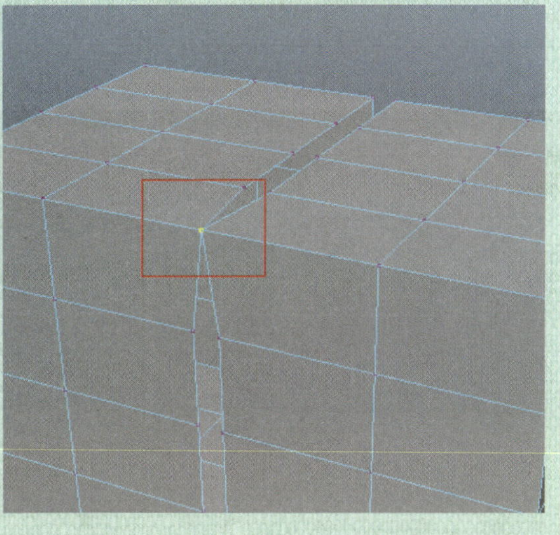

2.7.7 Bevel（倒角）

此命令用于给物体的边添加倒角效果，常用于工业物体建模，其参数面板如下图所示。

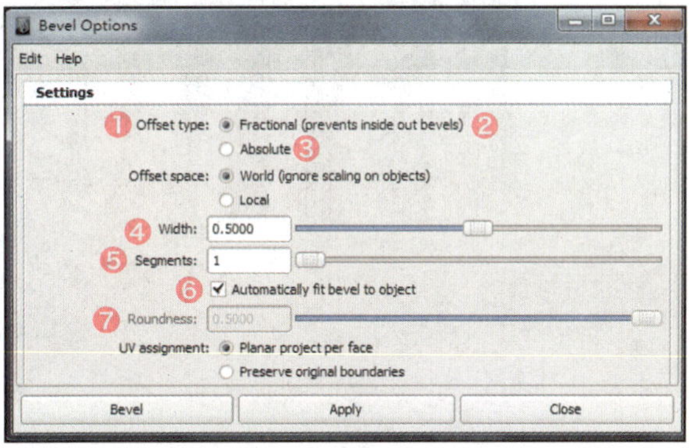

❶ Offset type（偏移类型）：设置倒角偏移的方式。

❷ Fractional（分数值）：分数值偏移模式，限制倒角顶点偏移范围大于物体上顶点范围。

❸ Absolute（绝对值）：绝对值偏移模式，当倒角顶点偏移范围大于物体上顶点范围时，反转内部面。

❹ Width（宽）：设置倒角偏移数值。

❺ Segments（分段数）：设置倒角分段数，数值越高，倒角越光滑，如下图所示。

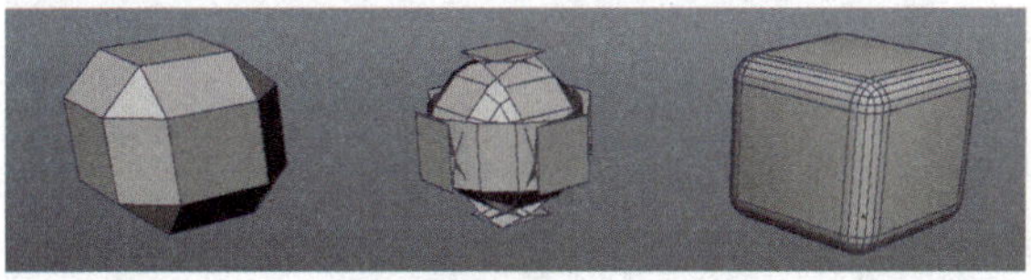

Width=0.5 Segments=1 | Width=0.5 Segments=3 | Width=0.8 Segments=8

❻ Automatically fit bevel to object（自动计算将倒角匹配给对象）：自动计算倒角的圆滑度。其默认状态为勾选，不勾选时，将手动输入 Roundness（圆滑度）值来设置圆滑度。

❼ Roundness（圆滑度）：设置圆滑度。

进阶练习：将多边形模型进行倒角

01 在场景中执行 Create（创建）>Polygon Primitives（基本多边形模型）>Cube（立方体）命令，创建一个立方体，如下图所示。

02 执行 Edit Mesh（编辑网格）>Bevel（倒角）命令，看到立方体每一条边均被倒角，设置参数 Width（宽）值为 0.5，Segments（分段数）值为 1。如下图所示。

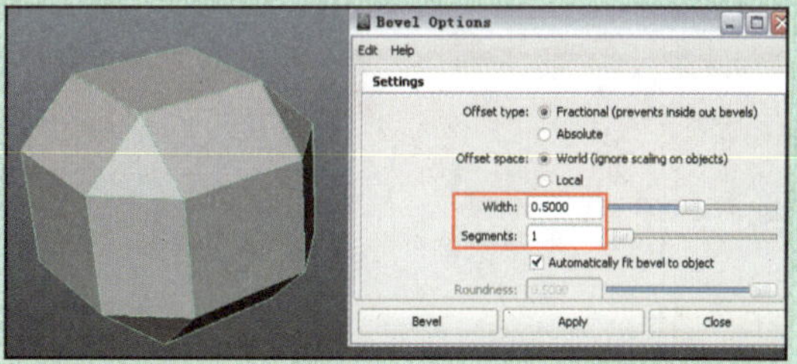

03 选择立方体，重新执行 Edit Mesh（编辑网格）> Bevel（倒角）命令，在参数设置窗口将参数 Width（宽）值改为 0.2，Segments（分段数）值改为 3，如下图所示。

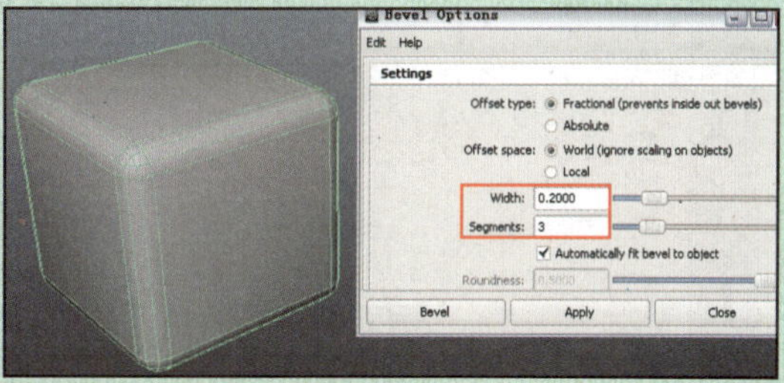

综合案例 1　制作希腊古典式神殿模型

下面我们通过一个实例讲解 Polygon（多边形）建模的综合应用方法。

最终效果　Chapter2\Final\temple.mb

案例概述　通过多边形建模方式创建希腊神殿。

技术难点　1. 熟练掌握多边形基础建模技术。
2. 明确分组及复制命令的概念。

效果预览

范例照片

提示　在学习这个例子的过程中，希望用户能够熟悉 Maya 多边形的基本操作流程，为今后的模型制作打好基础。

Step 01. 运行 Maya2012 软件。首先，我们先创建石柱模型。执行 Creat（创建）>Polygon Primitives（基本多边形模型）>Cylinder（圆柱体）命令，如下图所示。

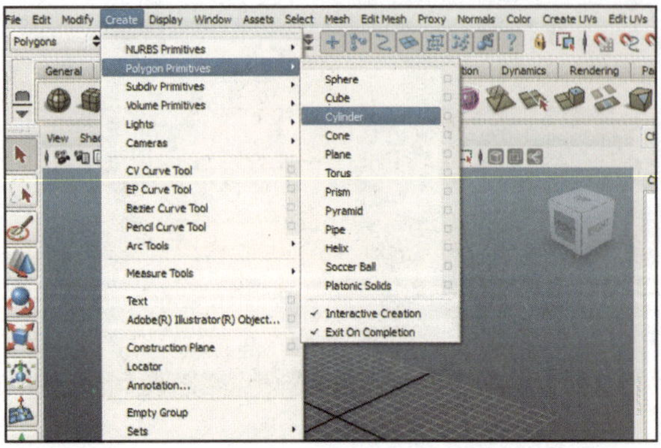

Step 02. 在场景中创建一个圆柱体，如下图所示。

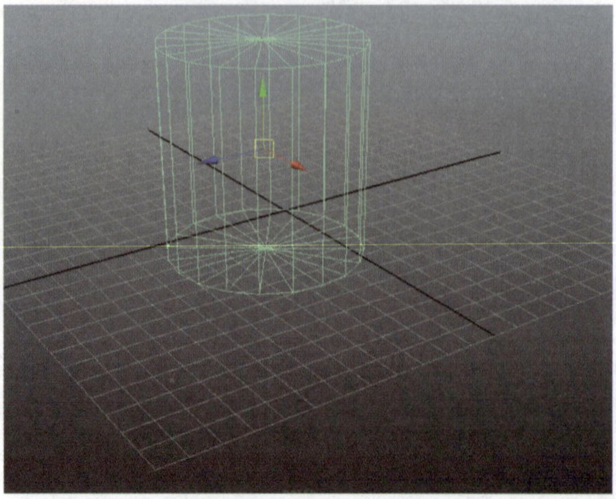

Step 03. 修改圆柱体属性，将圆柱体的轴向分段数值改为80，如右图所示。

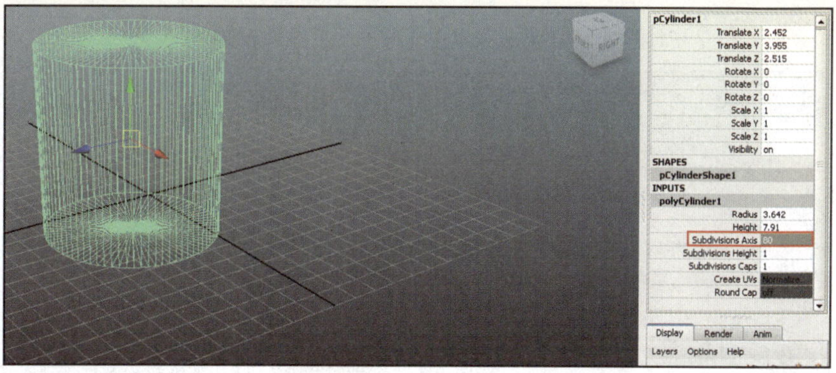

Step 04. 用快捷菜单将操作视图切换到顶视图，如下图所示。

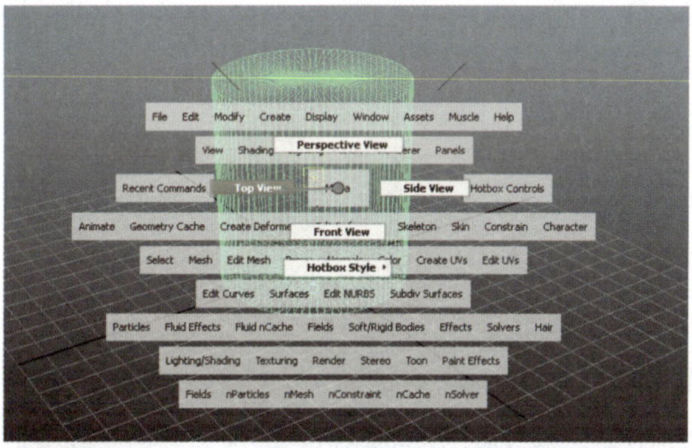

Step 05. 按住X键，移动圆柱体，使之吸附到网格原点，如下图所示。

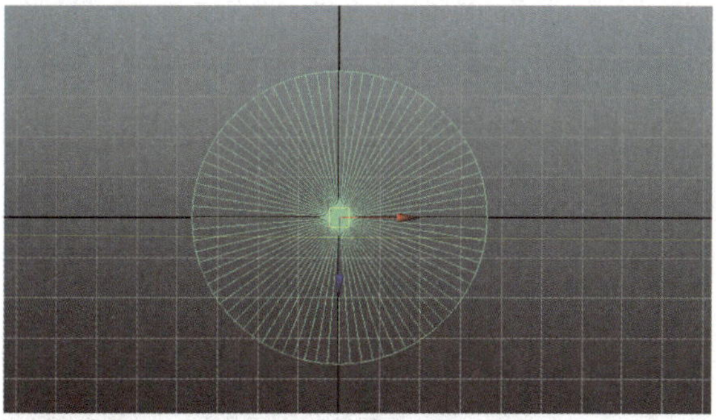

Step 06. 进入顶点组元编辑模式，选择连续的两个顶点，然后空两个顶点，再继续选择两个连续顶点，以此类推，每隔两个顶点就选中两个顶点，如此对所有顶点进行操作，如下图所示。

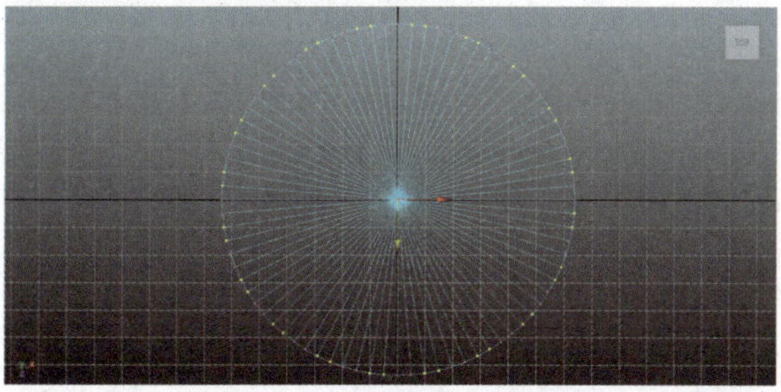

Step 07. 用Scale Tool（缩放工具）对选中的顶点进行缩进，如下图所示。

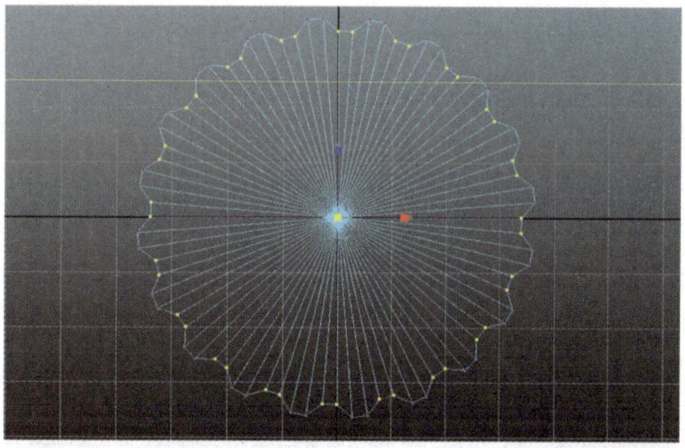

Step 08. 将操作视图切换回透视图，如下图所示。

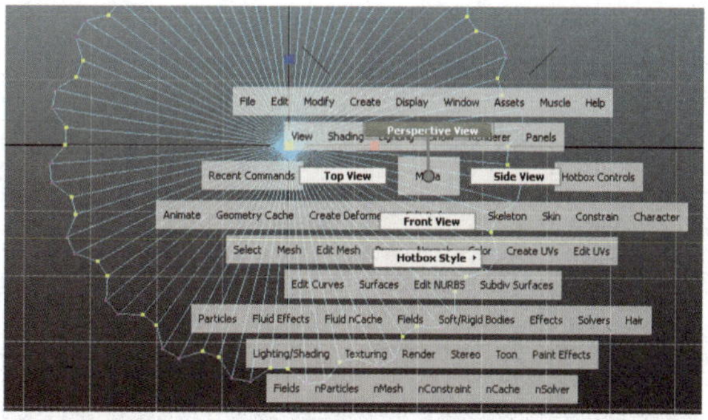

Step 09. 在透视图中可以看，到我们在X、Z轴方向收缩顶点的同时，顶点在Y轴方向也收缩了，如下图所示。

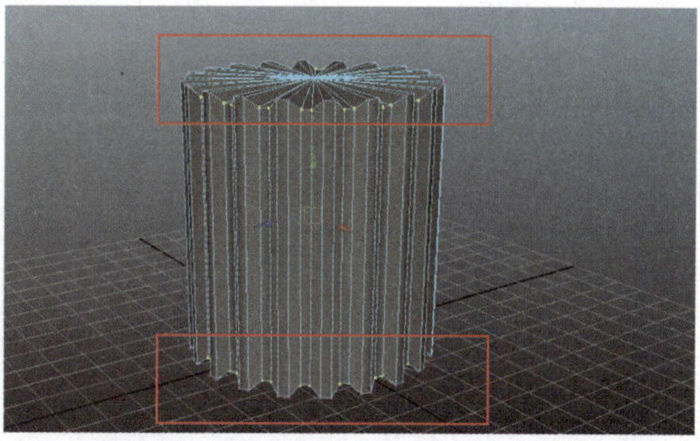

Step 10. 切换视图到正交侧视图，如下图所示。

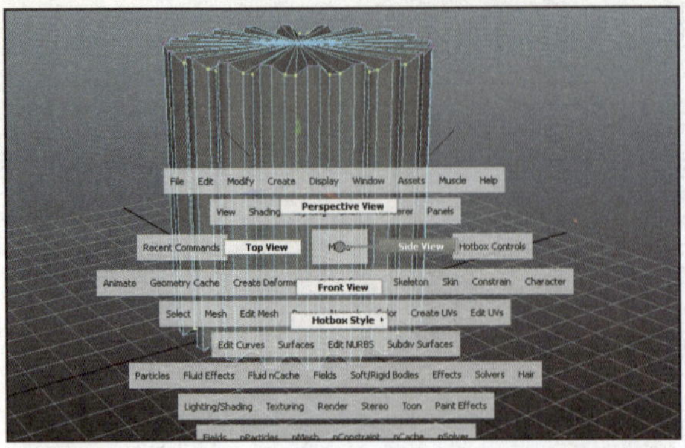

Step 11. 框选圆柱体上部所有的顶点，如下图所示。

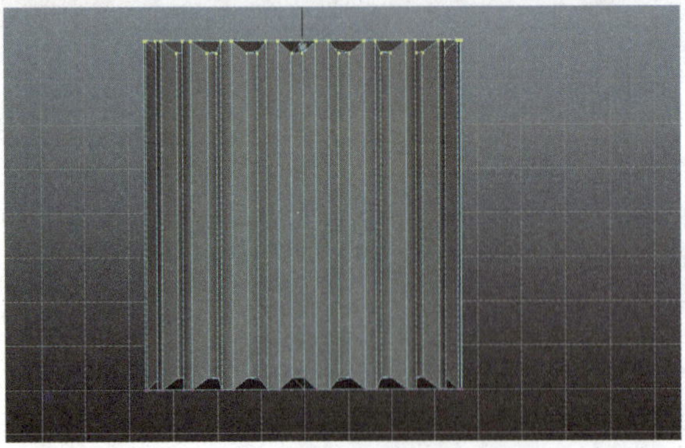

Step 12. 执行缩放命令，在 Y 轴方向上将上部顶点收缩至一条水平线上，如下图所示。

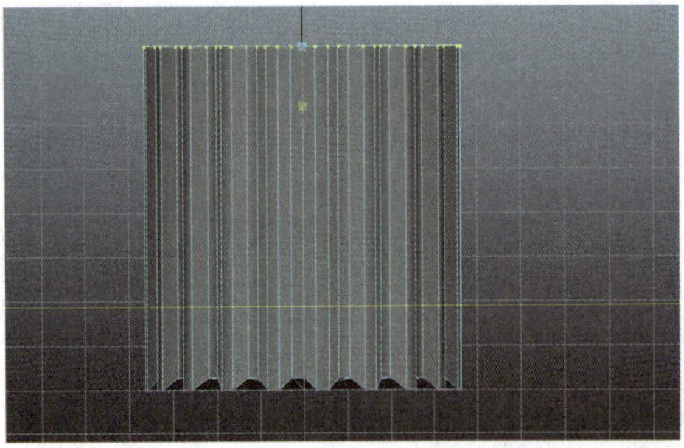

Step 13. 按照同样的方法，将下部顶点也收缩至一条水平线上，如下图所示。

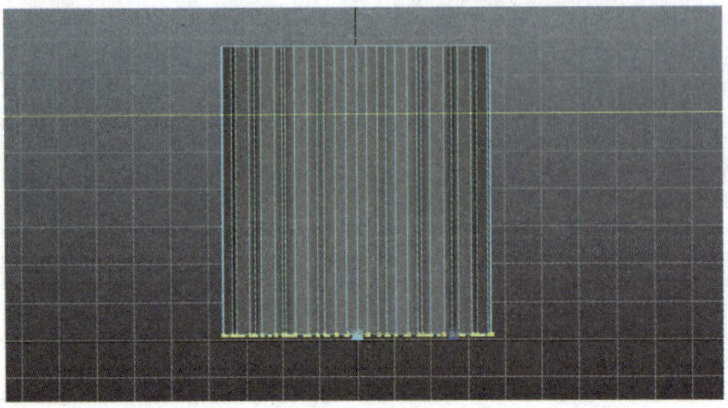

Step 14. 执行 Normal（法线）>Harden Edge（硬化边缘）命令，将柱子的边缘硬化，如下图所示。

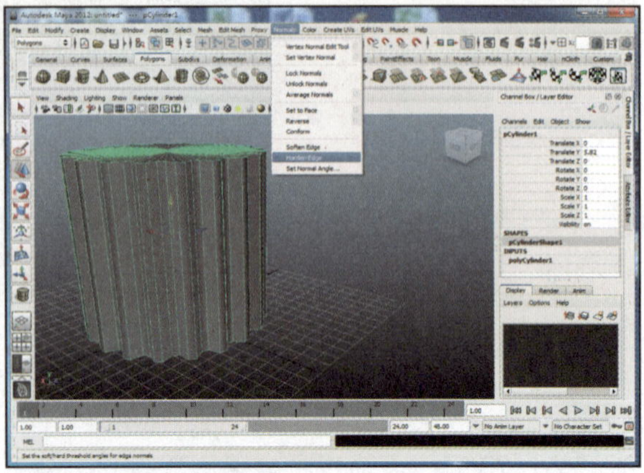

效果对比如下图所示。

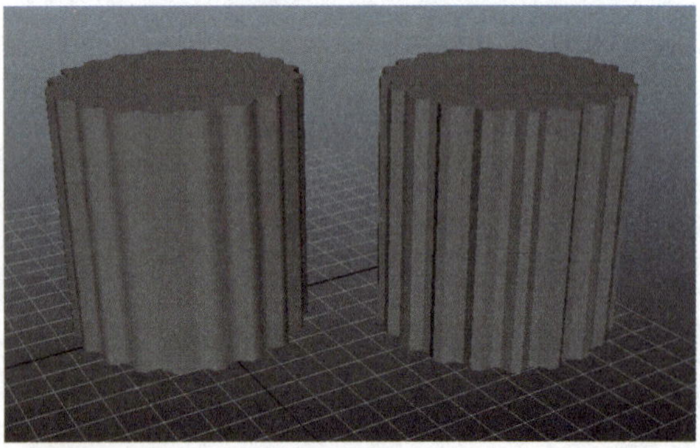

Step 15. 执行 Shading（阴影）>Wireframe on Shaded（在模型上显示线框）命令，显示模型上的线框，如下图所示。

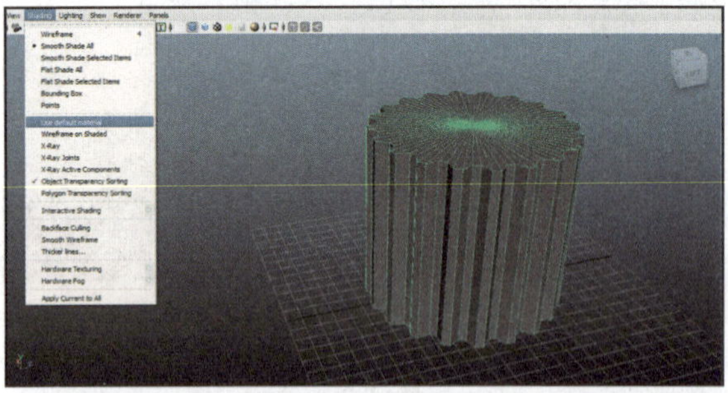

模型效果如下图所示。

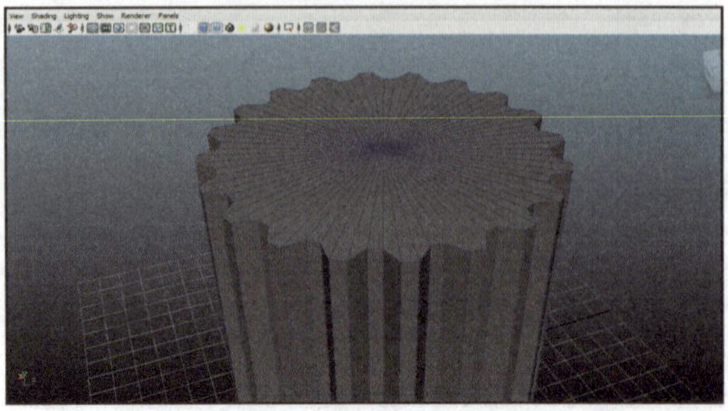

Step 16. 仔细观察参考图片如下图所示。

提示 从图片中可以看出，柱子并不是从上到下是一体的，而是由许多相似的石块堆砌而成，这些石块中间有较明显的接缝。所以需要把这些接缝也同样表现出来。不过这个案例不需要把柱子分为那么多小石块，只做5块即可。

Step 17. 切换到侧视图或者前视图，把石块上面的边沿缩小一点。选择上边沿的一圈点，缩小，如下图所示。

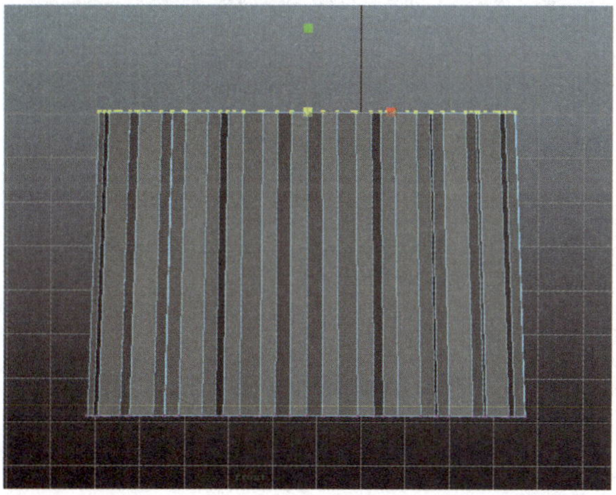

Step 18. 石块的上下两端不应是切口齐平的，而应有一点倒角。选择圆柱体，执行 Edit Mesh（编辑网格）> Insert Edge Loop Tool（插入循环边工具）命令，如下图所示。

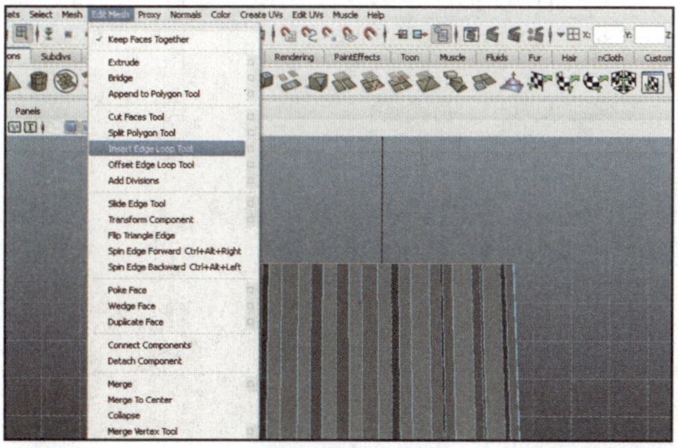

Step 19. 移动鼠标，使新加入边与顶面的距离如下图所示。

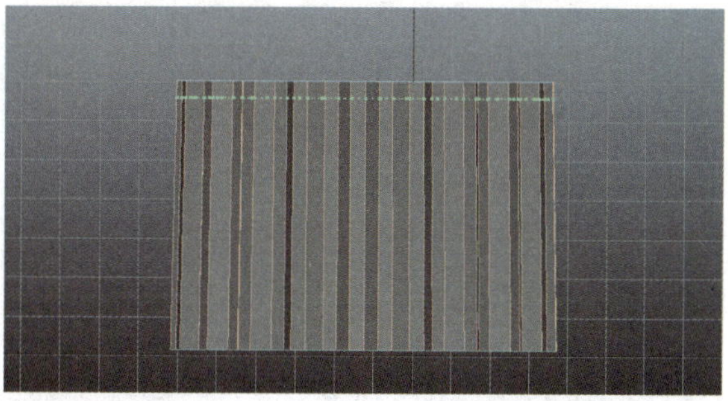

Step 20. 把这圈边使用 Scale（缩放）命令放大少许，做出倒角的感觉，如下图所示。

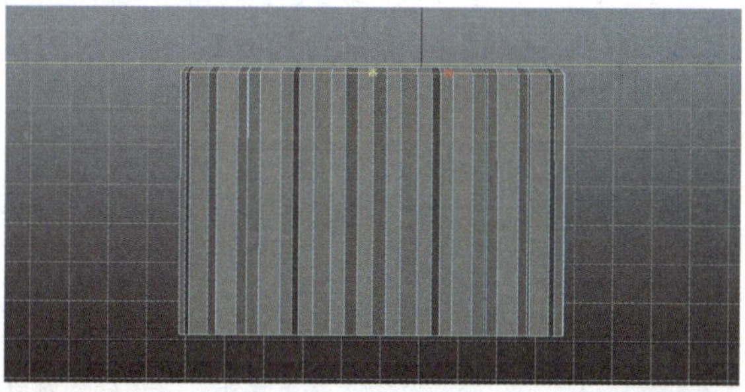

Step 21. 下切口处用同样方法加入一条边，并且放大，如下图所示。

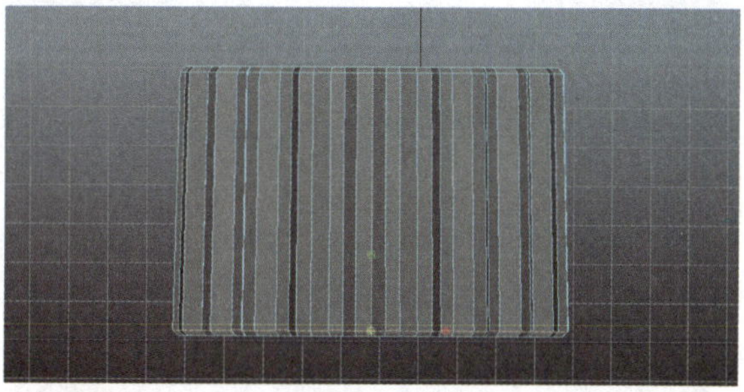

Step 22. 使用快捷键 Ctrl+D 命令把该物体复制 4 个，由上到下排列好，如下图所示。

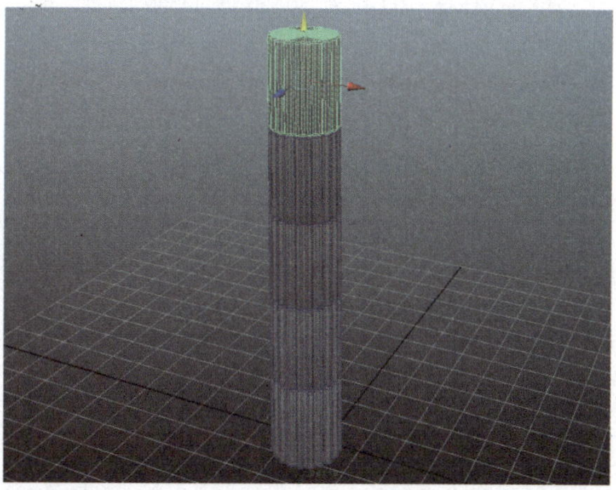

这时可以看到，柱子由上至下排列应当是逐渐放大的，如下图所示。

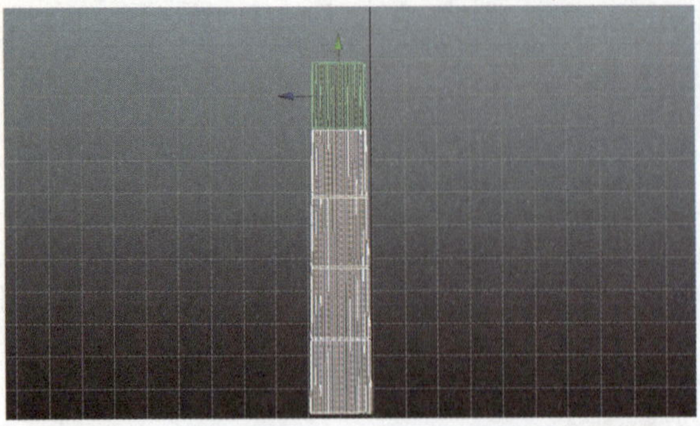

Step 23. 为了使效果更加逼真，接下来我们在石头上增加一些破损效果。选择一块石头，执行 Edit Mesh（编辑网格）>Interactive Split Tool（交互式切分工具）命令，在需要切口的地方画出分界，如下图所示。

提示 这里所有的点都必须存在于现有的 Edge（边）上。Interactive Split Tool（交互式切分工具）命令可以分几次执行，不需要一根曲线不间断地连接下来，只要在上一次命令终结的地方起始便可以。

如果同样的命令不断重复使用，不需要再去菜单栏单击命令，键盘上的 G 键就是“重复上次命令”的快捷键，在这里使用很方便。

Step 24. 按住 Ctrl 键连续选择需要破损的面，如下图所示。

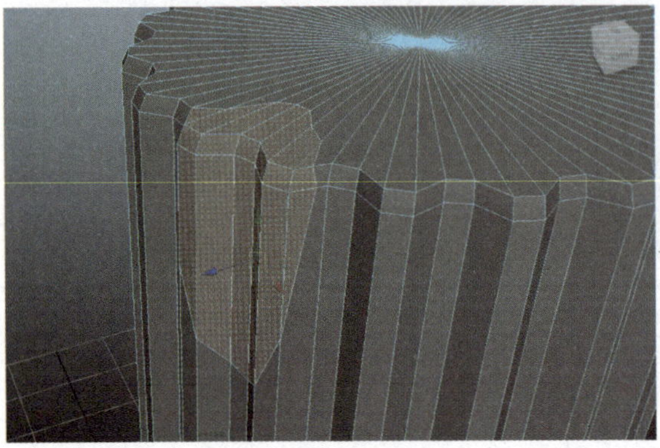

Step 25. 执行 Edit Mesh（编辑网格）>Extrude（挤压）命令，将选中面向内推移并缩小，如下图所示。

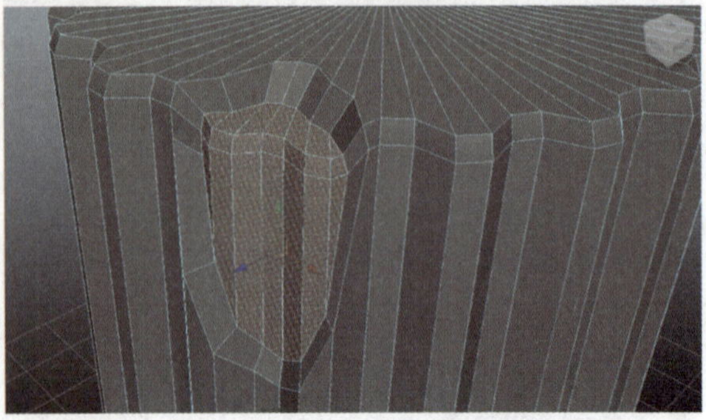

Step 26. 下面对内部布线稍作整理，如果需要将其展开并进行平整，可执行 Mesh（网格）>Sculpt Geometry Tool（造型雕刻工具）命令进行平整，如下图所示。

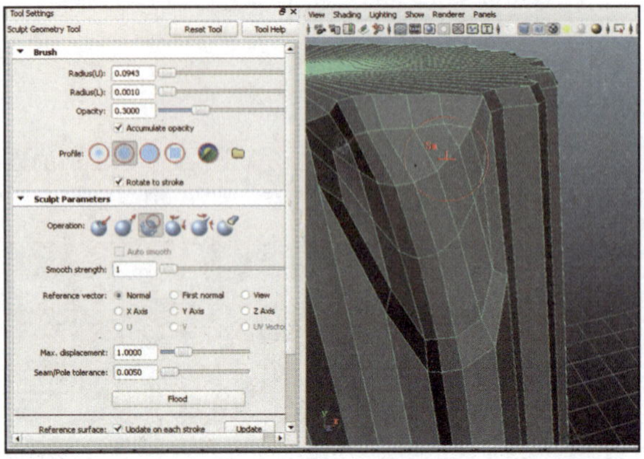

提示 选择 Smooth（平滑）模式，将 Opacity（透明度）设置为 0.3，在破损处进行平滑。

Step 27. 下面，我们用另外一种方法，为石头添加其他破损效果。首先创建一个作为破损形状的物体，使用 Cube（立方体）创建一个立方体，并将立方体变形，如下图所示。

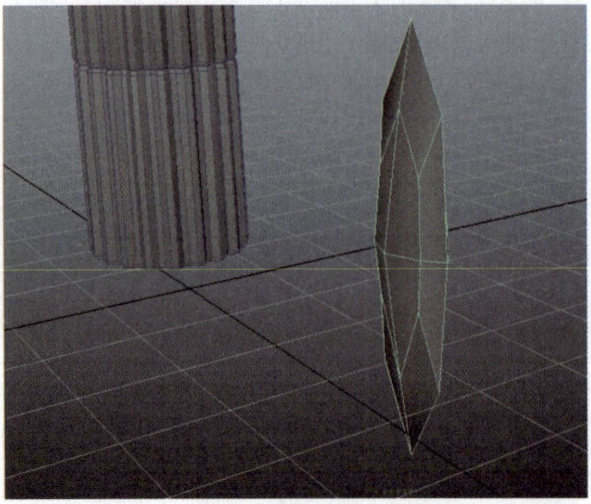

Step 28. 将这个作为破损形状的物体移至柱子边缘，使之与柱子呈相交状态，如下图所示。

Step 29. 先选择被减物体——石柱，再选择破损物体，然后执行 Mesh（网格）>Booleans（布尔运算）>Difference（差集）命令，石柱得到破损边缘，如下图所示。

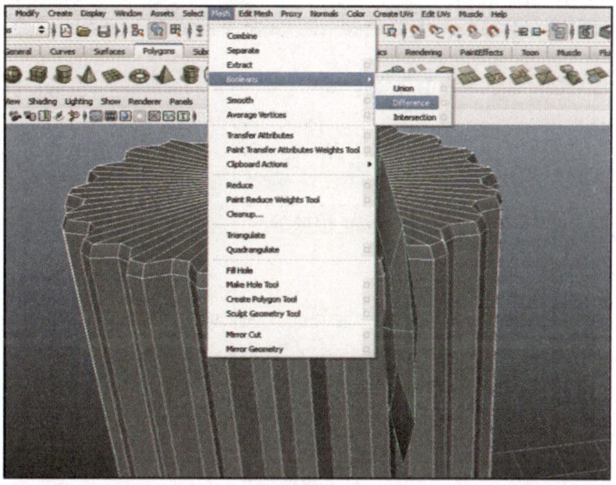

● 提示 注意选择物体的顺序决定了被减物体（先选）与减物体（后选）。

Step 30. 执行命令之后的效果如下图所示。

Step 31. 运用上述两种方式，我们可以给柱子多做几处不同的破损，让模型的变化更加丰富，如下图所示。

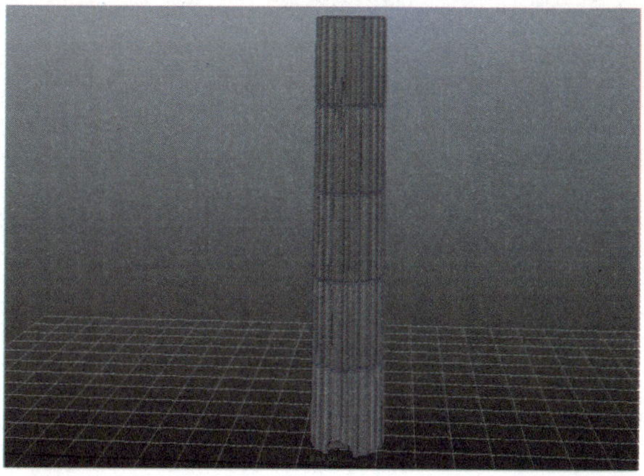

Step 32. 现在柱子的主体完成了，下面开始制作柱头和基石。我们将制作一个圆台，作为柱子的底座。首先创建圆柱体，将圆柱体的高划分为 4 段，如下图所示。

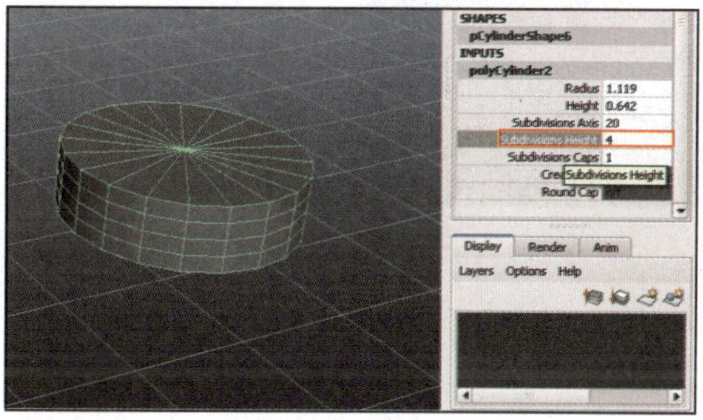

Step 33. 从前视图或侧视图进行操作。选择圆柱上的点，将圆柱体拉扯成圆台形状，如下图所示。

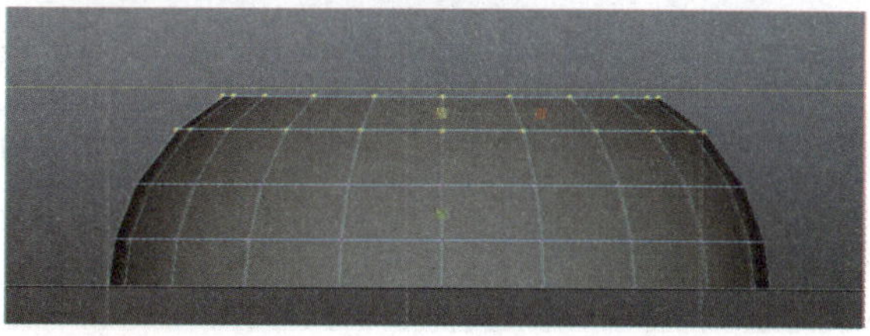

Step 34. 执行 Edit Mesh（编辑网格）>Insert Edge Loop Tool（插入循环边工具）命令在圆台上下各加入一圈边，制作小的倒角，如下图所示。

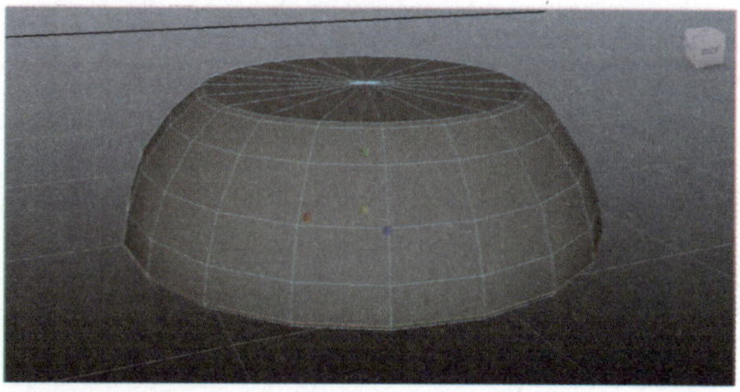

Step 35. 圆台制作完成，下面来做柱子的基石。基石以立方体为基本形状。首先创建一个立方体，将形状压成扁一些的正方体，如下图所示。

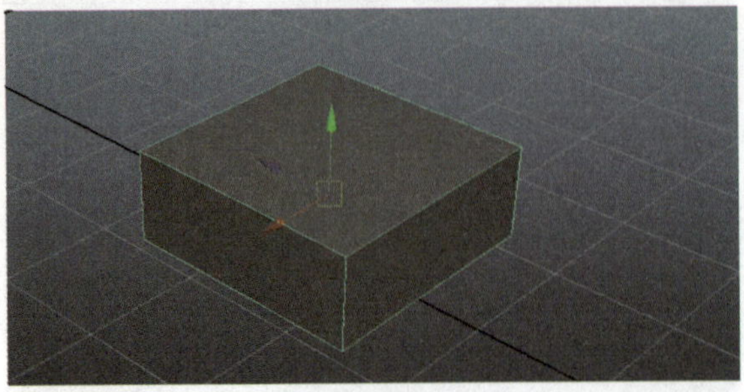

Step 36. 为立方体进行倒角命令，执行 Edit Mesh（编辑网格）>Bevel（倒角）命令，设置参数 Width（宽）值为 0.2，Segments（分段数）值为 2，将边缘柔化一些，如下图所示。

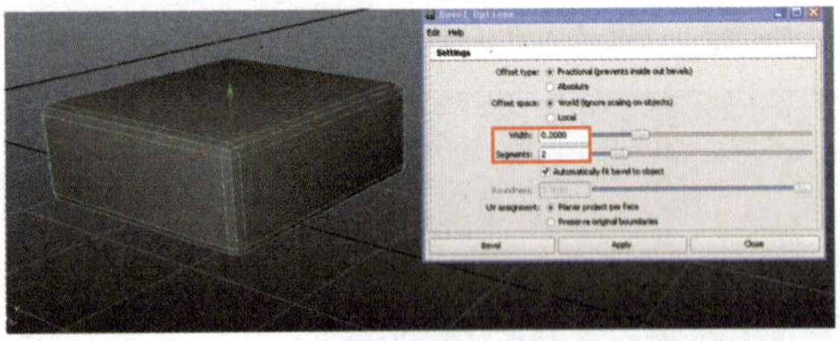

Step 37. 将视图切换到顶视图，将柱子的圆台底座、方形基石与柱体进行对位。按住 X 键，把柱圆台底座、方形基石和柱体的中心点均在中心原点处对齐，这样可以保证底座、柱体和基石的中心是一致的，如下图所示。

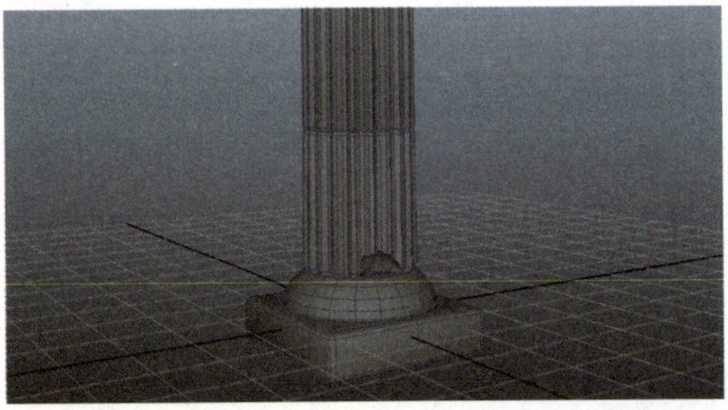

Step 38. 柱顶制作方法与柱底一样，可以直接把柱底的基石和底座复制到柱顶上，变换方向即可，如下图所示。

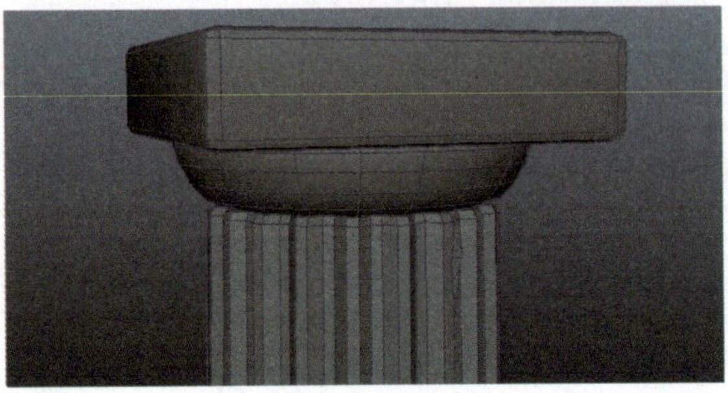

提示 可以直接将 ScaleY（Y 轴缩放）数值设置成 -1，即将物体沿着 Y 轴方向反转。

Step 39. 至此，一根柱子的建模就完成了。为了方便后面的复制操作，可以把这根柱子的所有物体放入一个 Group（组）里。选中这根柱子的所有组成物体，按 Ctrl+G 组合键，或执行 Edit（编辑）>Group（成组）命令，将物体放入 Group1 中，如下图所示。

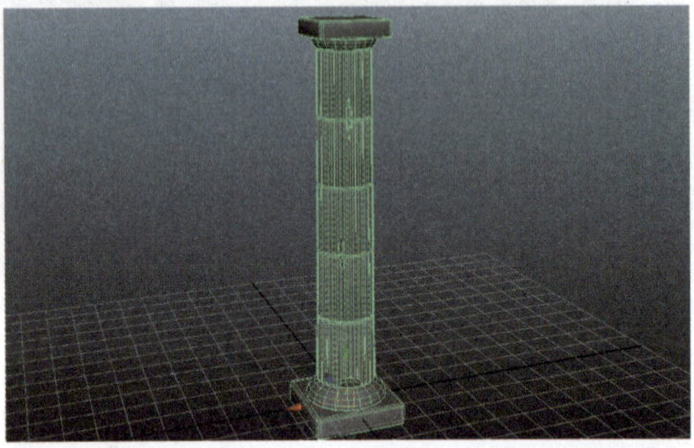

Step 40. 在 Channel Box（通道栏）中将 Group1 重命名为“Group pillar”，便于记忆和后续操作过程中的查找，如下图所示。

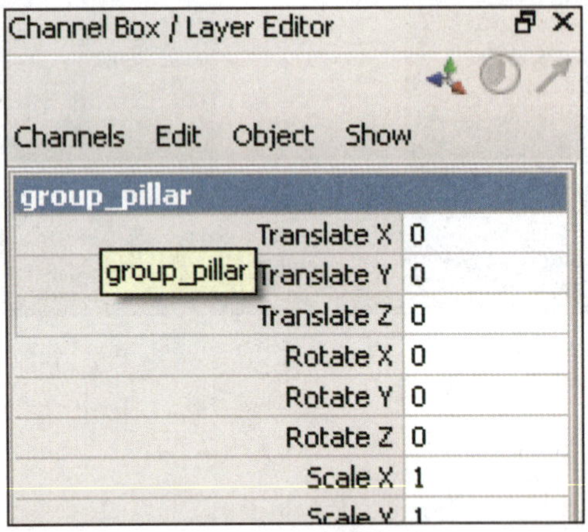

Step 41. 选择“Group_pillar”，单击 Edit（编辑）> Duplicate Special（特殊复制）命令后的小方框按钮，打开参数设置面板设置参数，单击 Apply（应用）按钮，如下图所示。

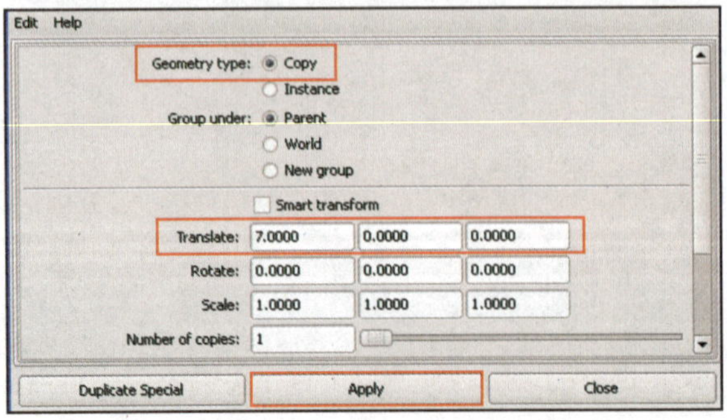

Step 42. 沿 X 轴正方向为 7 的地方复制一个“Group_pillar”，用同样方法重复操作 4 次，让 X 方向有 6 根相同的柱子，每根柱子相隔的距离都是 7，如下图所示。

Step 43. 同样地，在 Z 轴方向进行类似的操作。设置参数面板如下图所示，单击 Apply（应用）按钮，则在 Z 方向上相隔 7 生成另一个相同的组。

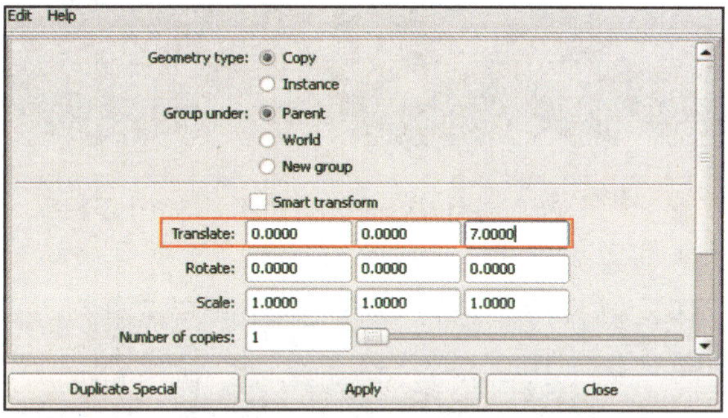

Step 44. 将此操作重复 2 次，生成 4 根相同的柱子，如下图所示。

提示 这里需要注意的是，因为之前对柱子做了一些破损处模型的处理，复制出来的都是完全相同的柱子，如果每根柱子的破损处都在同一位置同一方向，会显得很僵硬死板。这时，可以对每一根柱子进行加工，对破损处进行修改，或者转向，或者加入一些新的破损，使得每根柱子看起来不太一样。同样，也可以对柱子的底座和基石进行破损的细节处理。

Step 45. 用同样的方法把另外两边的柱子也排列好，如下图所示。这一步完成后，柱子部分的模型便完成了。接下来进行神殿台阶的制作。

Step 46. 创建一个 Cube（立方体），改变其形状为又长又扁的立方体，如下图所示。

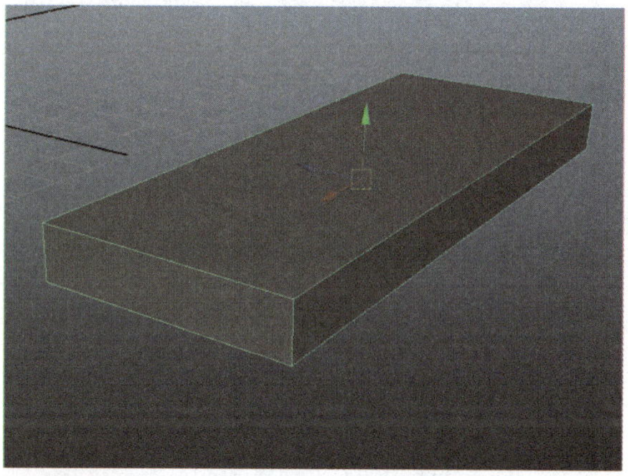

Step 47. 对其进行倒角，执行 Edit Mesh（编辑网格）> Bevel（倒角）命令，设置参数，如下图所示。

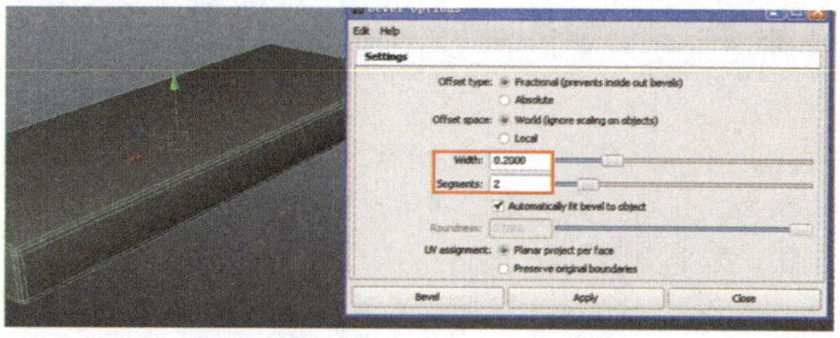

Step 48. 将长方体作为石板，垫于柱子下面，如下图所示。

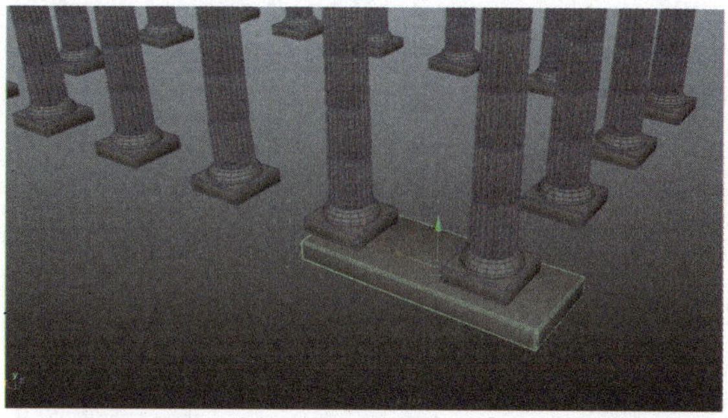

Step 49. 复制石板，沿柱子分布方向进行排列，排在柱子下面，如下图所示。

Step 50. 不仅是 X 轴方向，Z 轴方向也用同样方法将其布满，如下图所示。

Step 51. 用同样方法将神殿中心处的地板也铺满，不要有遗漏，如下图所示。

Step 52. 制作三层台阶，每一层需要比上面一层更加宽大、突出。我们采取将第一层台阶复制，再放大的方法，如下图所示。

提示 这里需要注意的是不要将上下台阶之间的接缝对齐，尽量将上下接缝错开一段距离。

Step 53. 接下来完成神殿顶部。先观察神殿顶部的具体结构，如右图所示。可以看到，顶部主要人为方形和三角形两个部分，主要分三层——一层与主体连接，一层是有雕刻花纹的中间层，另一层是屋檐底座。

Step 54. 首先把方形部分建好。先创建 Cube（立方体）进行搭建。首先将第一层架在柱头上方。注意，这一层边缘要略小于柱头的顶端，如下图所示。

Step 55. 将这一层依次码放好，边缘处均略小于柱头，如下图所示。

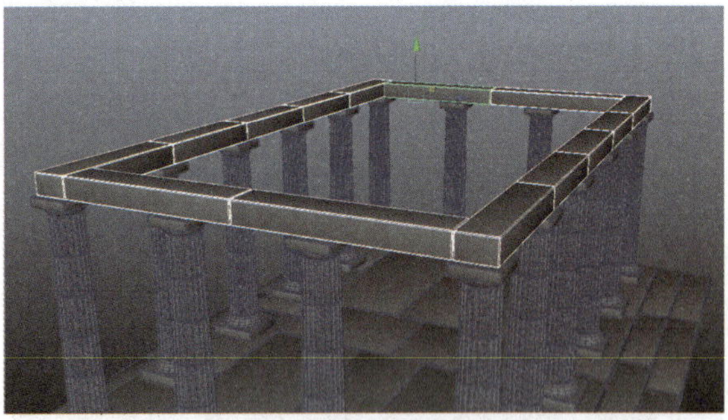

Step 56. 接下来是中间一层，也就是带有浮雕的一层。这层的大小与第一层相同，并且会有少许结构性的装饰。应先把这一层砖块的位置码放好，如下图所示。

Step 57. 创建三个立方体，拉成竖长形，在顶部加入横向的两个立方体，作为局部装饰，如下图所示。

Step 58. 将这 5 个立方体放入一个 Group（组）中，并将 Group（组）重命名为“Group_decoration”。

这里需要注意的是，所有新建群组的中心点都默认在原点处，如果新建群组中的物体不在原点处，则物体会和中心点相距一定的距离，这样会导致后面的操作操作不便。先选中群组，执行 Modify（修改）>Center Pivot（置中枢轴）命令，则中心点自动对齐到物体正中心，如下图所示。

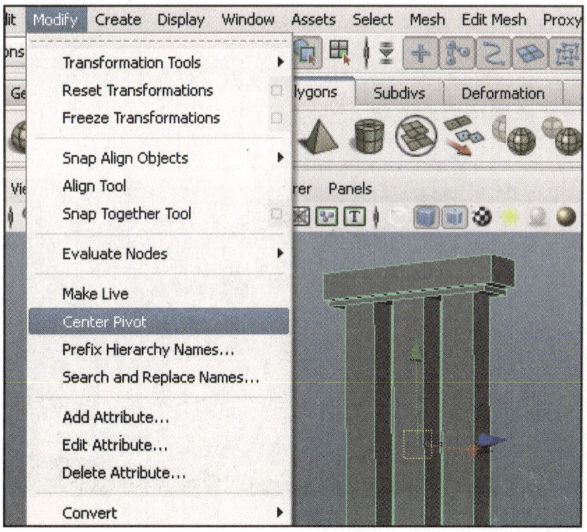

Step 59. 调整 Group_decoration 组物体的大小，并按住键盘 C 键移动到顶层砖块处。将摆放好的装饰物 Group_decoration 一起放入新组中，命名为“Group_2”。“Group_2”中包含有若干个“Group_decoration”，如下图所示。

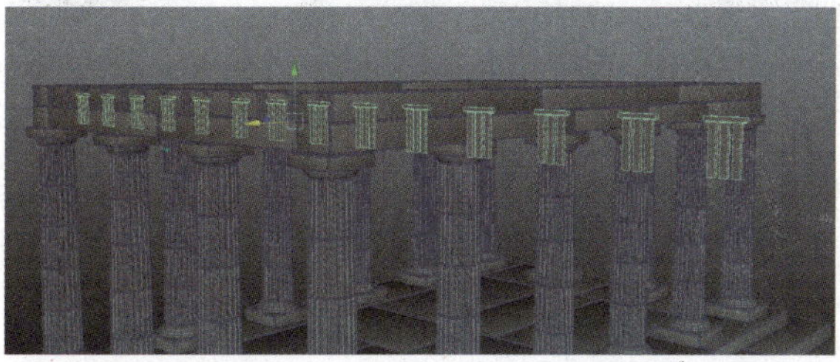

Step 60. 执行 Window（窗口）>Hypergraph：Hierarchy（结构超图）命令，可以清楚地看到群组之间的层级关系。“Group_2”中嵌套着若干个“Group_decoration”，如下图所示。

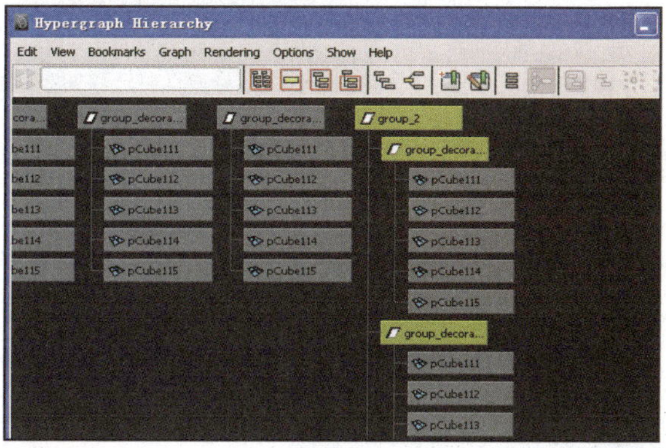

Step 61. 执行 Center Pivot（置中枢轴点）命令，将“Group_2”的中心点移动到中间，并将“Group_2”以 Y 轴为中心轴旋转 90°，摆放于另一侧的屋顶外侧作为装饰，如下图所示。

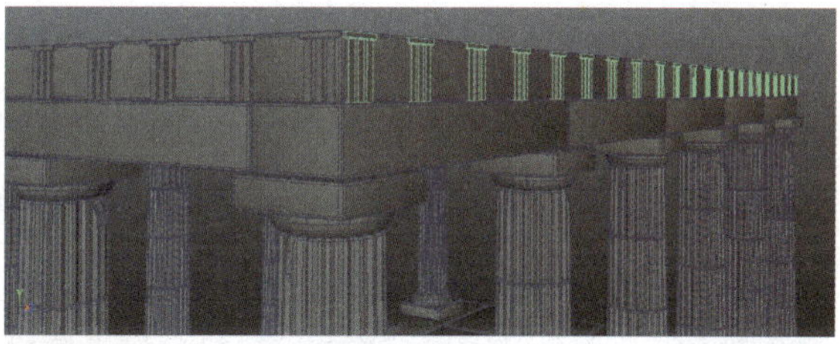

Step 62. 现在将屋顶的底座加上。为了对位方便，可以直接复制中间层屋顶，修改宽度及厚度，如下图所示。

Step 63. 将四面铺满，如下图所示。

Step 64. 最后，制作三角形屋顶。制作三角形的方式有很多，这里可以使用圆柱体来制作。创建一个圆柱体，如右图所示。

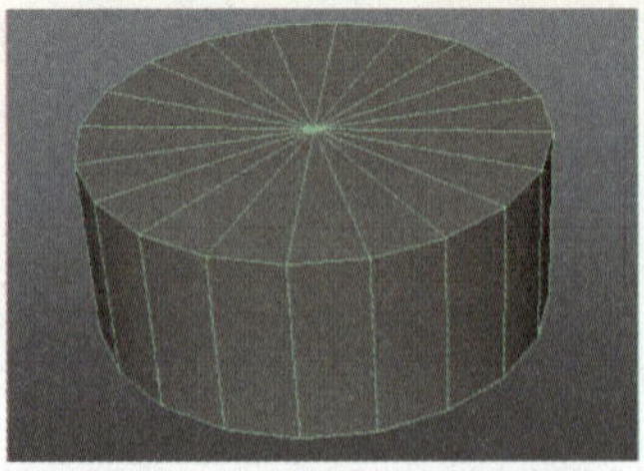

Step 65. 将圆柱体的宽度分段数由 20 改为 3，此时，圆柱体变为三棱柱，如下图所示。

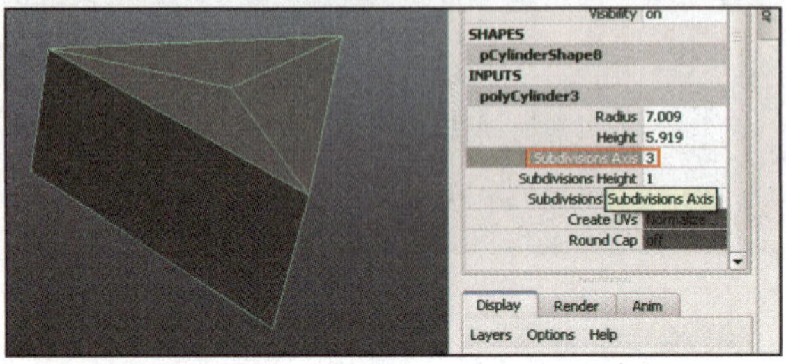

Step 66. 将三棱柱沿 Z 轴方向旋转 90°，将其摆放于屋顶处，如下图所示。

Step 67. 选择棱柱一端的三个面，执行 Edit Mesh（编辑网格）>Extrude（挤压）命令，挤压出一圈凸起的边，如下图所示。

Step 68. 连续执行两次 Extrude（挤压）命令，第一次缩小，第二次向内推挤，效果如下图所示。

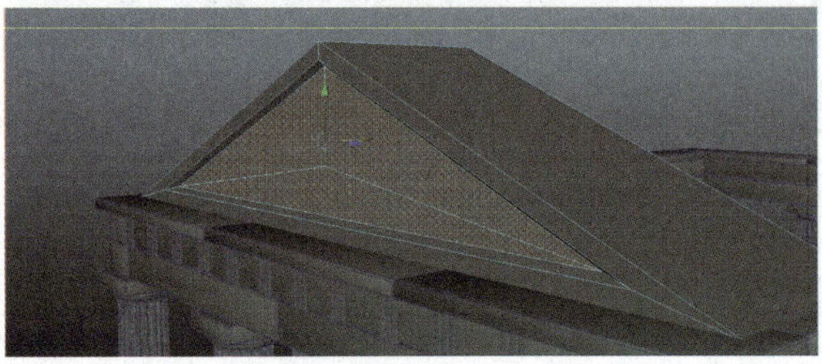

Step 69. 棱柱反面也进行相同操作，如下图所示。

Step 70. 将做好的三角形屋顶复制，摆放在神殿建筑上方，如下图所示。

提示 如果希望得到更细致的效果，可以对每块石头都细致地进行破损处的雕琢，也可以加入简单的浮雕，但是浮雕部分建议使用贴图来体现，这部分内容将在贴图一章进行讲解。

Step 71. 到这里，神殿的建筑就完成了。为了使神殿的整体模型看起来更加完整，可以加一个地面，如下图所示。

Step 72. 加上简单的灯光并渲染（具体如何设置灯光以及渲染将在后面的章节进行详解），得到效果如下图所示。

Chapter 03

NURBS曲面建模

NURBS建模方法使用数学函数来定义曲线和曲面，其最大优势是表面精度的可调性——在不改变模型外形的前提下，由使用者自由控制曲面的精细程度。这种特点使得NURBS建模方式经常被用于工业模型造型和有机生物体模型的创建。

但是Maya并不适合直接作为工业造型生产用的软件，它更加适合非标准模型的创建。

3.1 NURBS曲面建模概述

NURBS曲面模型的建模基础是曲线，本小节将学习如何从建立曲线到建立曲面，并对曲线与曲面进行编辑。

首先，用户要了解NURBS曲面建模的基本原理和方法，理解基本组元Curves（曲线）、Point（点）、Surface（曲面）等的概念。

3.1.1 了解Curve（曲线）

一个NUBRS曲面模型通常都是由一条曲线开始的，在Maya中建立曲线的工具有两种：CV和EP Curve Tool。

在Maya中可以用CV（控制点）和Edit Point（编辑点）两种方式建立或编辑曲线，也可以使用Pencil Curve Tool（铅笔曲线工具）直接画出曲线。

NUBRS物体是由曲线组成的，而曲线是由控制点、编辑点等元素控制的，如右上图所示。

> **提示** 曲线在使用EP曲线工具创建曲线时，可以经过EP编辑点直观地控制曲线段数。

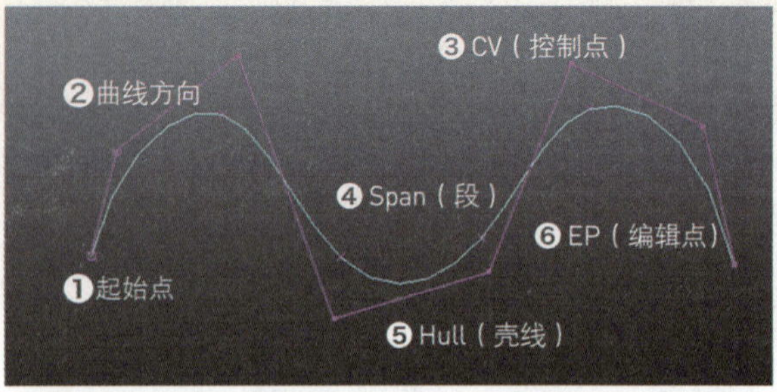

❶ 曲线起始点：曲线的第一个CV（控制点），以小方框为表示。

❷ 曲线方向：创建曲线的第二个点，用以决定曲线的方向，以及将来形成曲面的方向，以字母“U”为表示。

❸ CV（控制点）：用来调节曲线形态的点，使曲线保持良好的连贯性，移动一个可以影响到周边多个编辑点。

❹ Span（段）：两个编辑点之间的曲线称为段，段的改变可以改变编辑点的数量，从而改变曲线的质量。

❺ Hull（壳线）：壳线是CV之间的连线，在曲线编辑中可以通过选择壳线迅速选择U向的一组控制点，反映出CV的位置。

❻ Edit Point（编辑点）：简称EP点，是曲线上的结构点，可以改变曲线的基本形态，以十字叉标示。

进阶练习：绘制NURBS曲线

01 新建场景，将模块切换到Surface（曲面）模块。可以看到菜单栏和工具架上的命令按键均发生了变化，如右图所示。

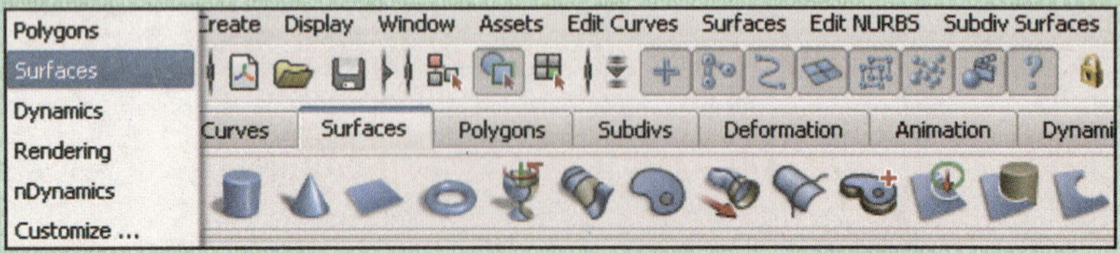

02 单击按钮，或执行Create（创建）>CV Curve Tool（控制点曲线工具）命令，在场景中创建曲线，如右图所示。

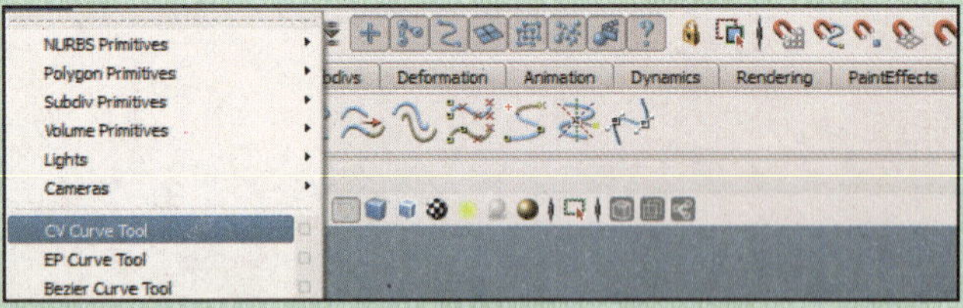

03 单击鼠标，在场景中绘制曲线，如下图所示。

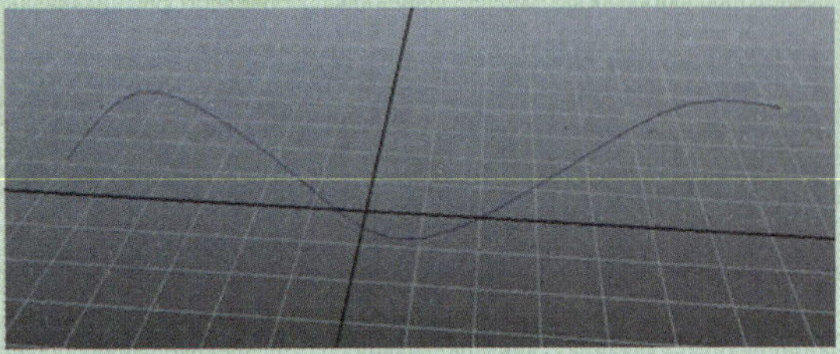

04 按Enter键，结束曲线的绘制，如下图所示。

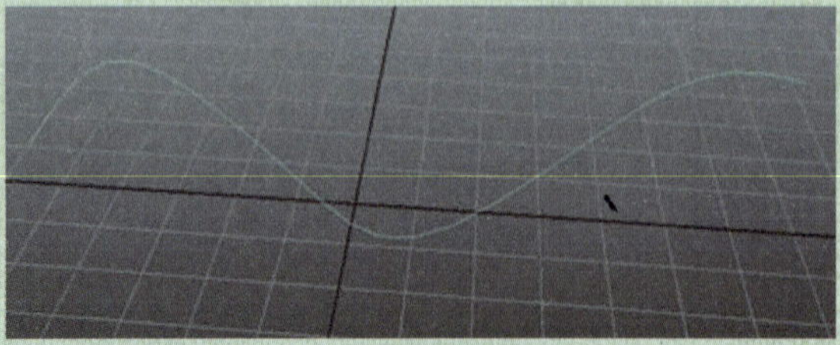

单击Create（创建）>CV Curve Tool（控制点曲线工具）命令后的小方块按钮，弹出CV Curve Setting（控制点曲线设置）属性面板，可通过修改级数来提高曲线的精度，如下图所示。

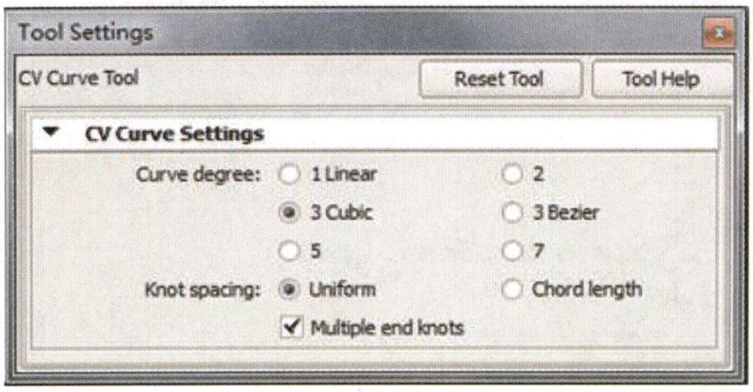

• Curve Degree（曲线级数）：级数可以影响曲线的形状，共分为5级，分别是1、2、3、5、7级，最常用的级数是3级。曲线级数越高，曲线越“光滑”；曲线级数越低，曲线越“僵硬”，当级数为1时，曲线将变为直线。

提示 曲线的级数要在创建曲线之前设置，创建后的曲线无法在Curve Degree中修改级数。如果要用重建曲线进行修改，即执行Edit Curves（编辑曲线）> Rebuild Curve（重建曲线）命令。

3.1.2 了解 NURBS曲面

曲面是由多条曲线所组成的物体，NURBS曲面是通过参数定义的。先由曲线创建曲面，然后编辑NURBS曲面，最终形成复杂的NURBS模型。

在Maya中，用户可以直接创建原始曲面物体，也可以通过曲面编辑命令将曲线生成曲面。

曲面由CV点、曲面面片、曲面点、Hull（壳线）、Isoparm（等参线）等元素组成。通过对这些元素进行编辑，用户可以控制NURBS曲面模型，如果删除其中一些点或线，模型的形态会随之改变，但并不会破裂，如下图所示。

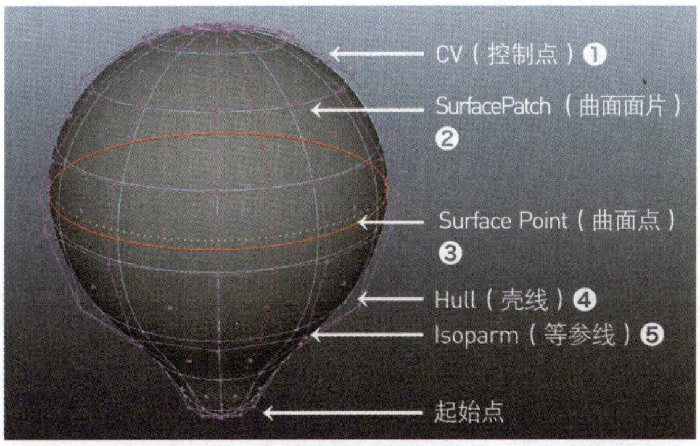

❶ CV（控制点）：最为常用的控制方式，控制点对曲面的影响有一定范围，通过编辑曲面表面上的点来控制曲面的形态。按住Shift键，也可以选择多个点同时编辑。

❷ Surface Patch（曲面面片）：位于曲面上的矩形面片，由等参线分割而成，通过中心的标志点进行选择，不能进行变换操作。

❸ Surface Point（曲面点）：位于曲面上的等参线交叉点，不可以进行变换操作。

❹ Hull（壳线）：在NURBS物体的U和V方向上控制曲面，壳线用来显示控制的UV方向，本身并没有任何意义。

❺ Isoparm（等参线）：U向或V向的网格线，可以直接控制曲面上的曲线，决定曲面的精度和段数，用于NURBS曲面物体的创建。按住鼠标进行拖动，可以拖出等参线在U向或V向创建一根新的依附于曲面的曲线，也可以直接使用曲面上拖出的等参线。

选中一个NURBS曲面物体，分别按下主键盘的1、2、3数字键，可以在不同的显示级别下切换优化显示NURBS曲面物体，此功能在编辑NURBS物体的过程中，特别是复杂的物体时非常重要，如下图所示。

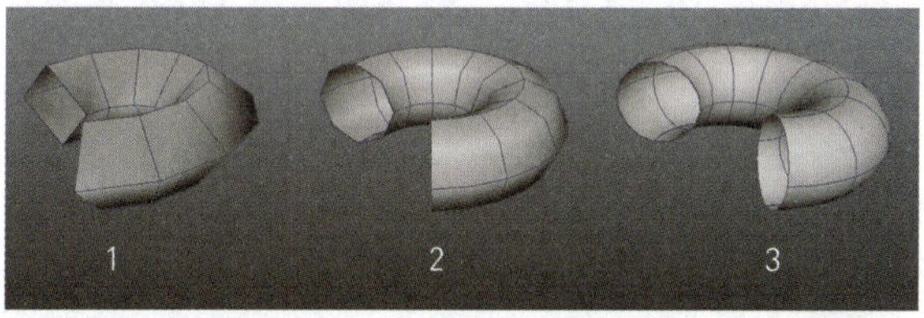

进阶练习：修改NURBS曲面模型显示精度

01 新建场景，将模块切换到Surface（曲面）模块。执行Create（创建）>NURBS Primitives（基本NURBS模型）>Sphere（球体）命令，创建球体，如下图所示。

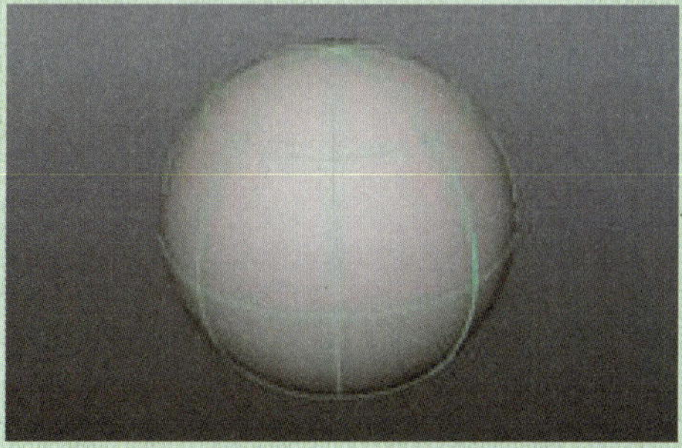

02 选中球体，按键盘上1键，观察球体。此时球体变成有棱角的多面体状，如下图所示。

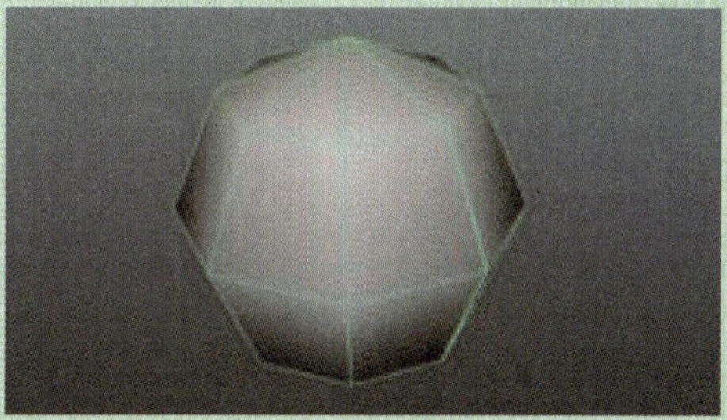

03 按键盘上2键，观察球体。此时球体变成较平滑的多面体状，如右图所示。

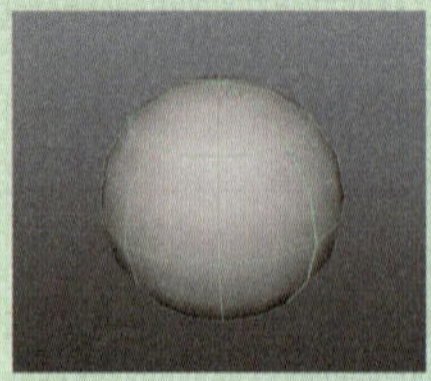

04 按键盘上3键，观察球体。此时球体恢复显示成光滑的球体，如右图所示。

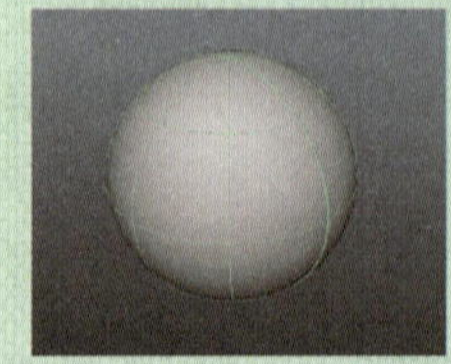

3.2 创建Curves（曲线）

在Maya中有以下几个常用的创建曲线工具，用户可以在工具架的Curves（曲线）选项卡中或者Create（创建）菜单中找到这些命令。

1）CV Curve Tool（控制点曲线工具）：创建控制点来绘制曲线。

2）EP Curve Tool（编辑点曲线工具）：创建编辑点来绘制曲线。

3）Pencil Curve Tool（铅笔曲线工具）：以鼠标作为画笔自由绘制曲线。

4）Arc Tool（弧线工具）：通过两个固定或三个固定点来创建曲线。

进阶练习：修改曲面精度

01 单击Create（创建）>Text（文本）命令后的小方块按钮，打开参数设置窗口，如下图所示。

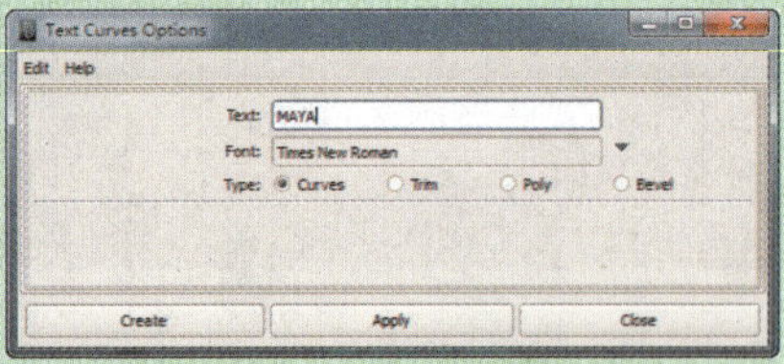

02 在Text（文本）输入栏中输入文字内容，中英文皆可。这里输入MAYA 2012作为例子，如下图所示。

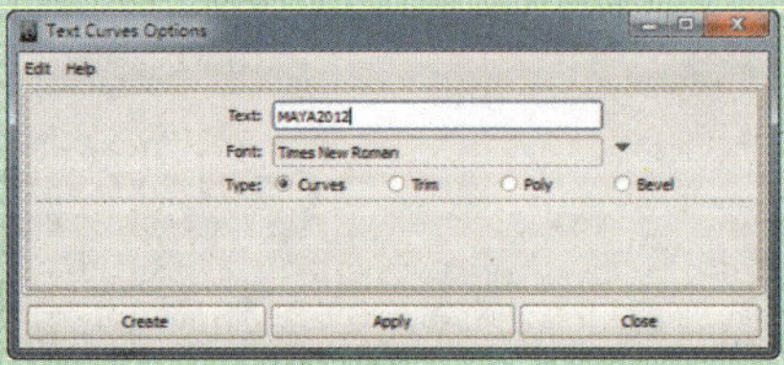

03 单击Font（字体）右侧的下箭头按钮，在弹出的窗口中选择字体、字形、字号，全部设置好，单击OK按钮，如下图所示。

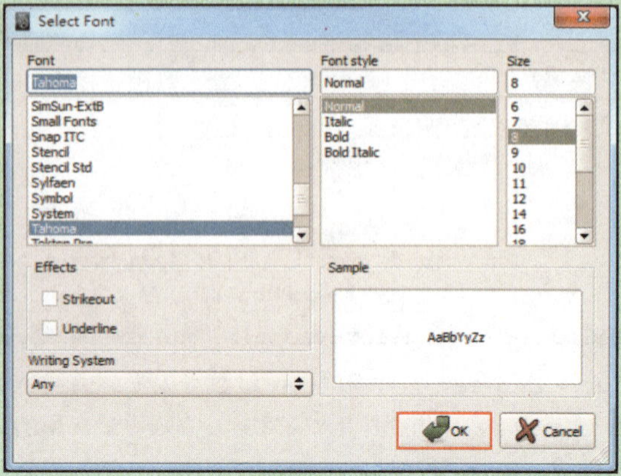

04 选择文本类型之后单击Apply（应用）按钮，这时在场景中就创造了MAYA 2012的曲线，如下图所示。

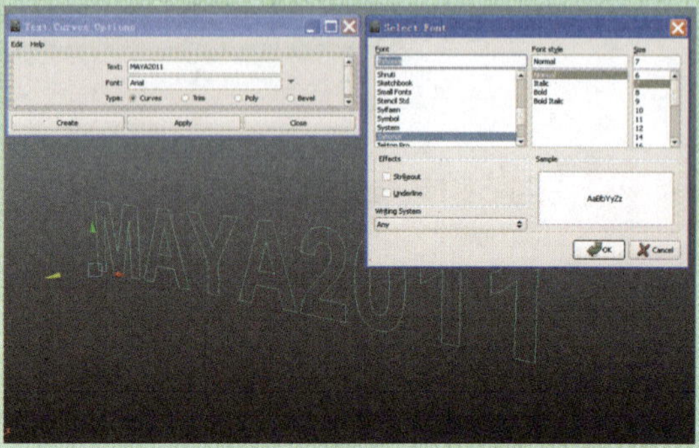

提示： 因为创建的是曲线，所以文本一旦被创建后，无法对内容和字体进行修改，只能修改曲线局部形状或者执行移动、放大和缩小操作。

文本类型有4种，分别是Curves（曲线）、Trim（修剪）、Poly（多边形）和Bevel（倒角），如下图所示。

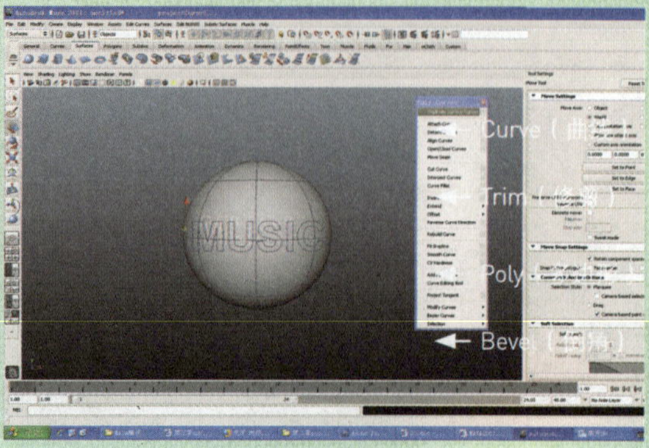

提示： Bevel（倒角）命令中还有各种效果的倒角选项，该部分将在后面的NURBS曲面命令中详细叙述。

3.3 详解Edit Curves（编辑曲线）菜单

前面提到曲面是由曲线所构成的，曲线的形状可以控制曲面的造型，通过编辑和操作曲线上的点来调整曲线的形态，从而控制曲面的结构，因此曲线的后期编辑是修改曲面模型的重要方法。

首先，切换为Surfaces（曲面）模块，打开Edit Curves（编辑曲线）菜单，这里有所有编辑曲线的命令，如下图所示。

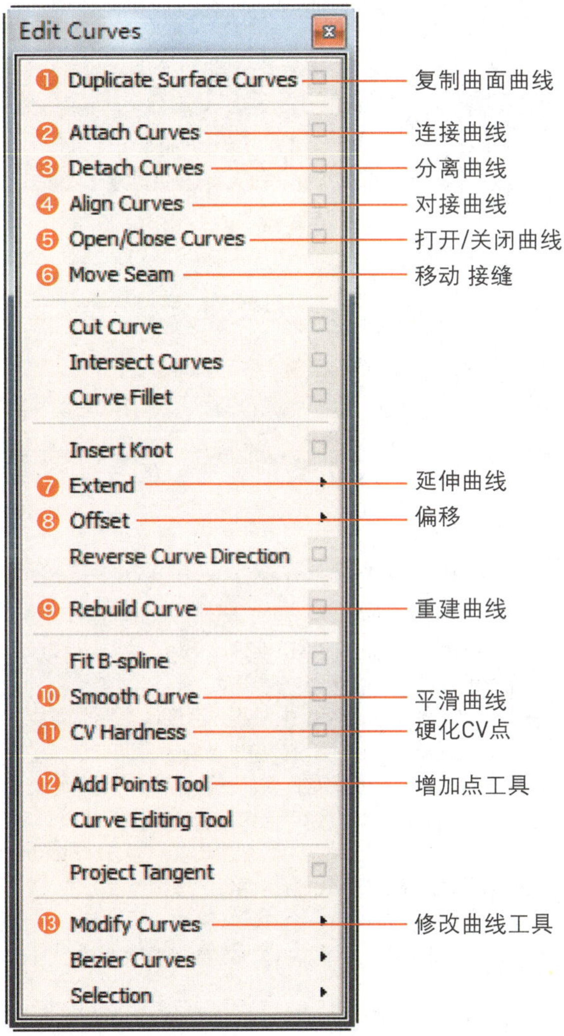

3.3.1 Duplicate Surface Curves（复制曲面曲线）

该命令可复制提取NURBS物体表面上的曲线。可复制并提取的曲线包括等参线、曲面曲线、编辑剪切线等。

提示 需要注意的是复制出来的曲线仍然受到原有曲线的影响，和原有曲面是相互关联的。

如果要将复制的曲线完全独立出来，切断与原曲线的联系，需要删除复制曲线的历史记录，独立后效果如下图所示。

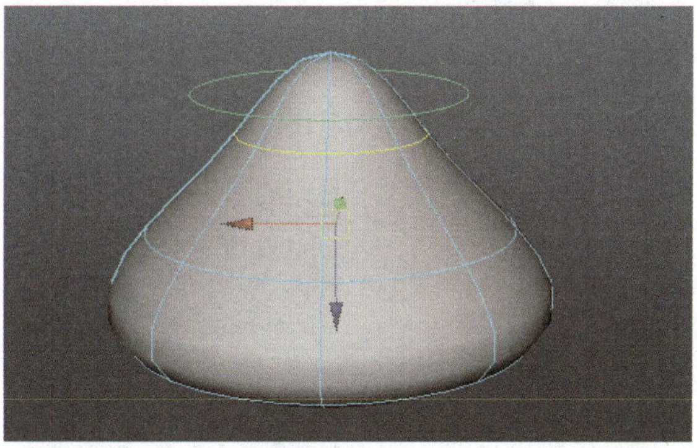

这里有两个选项需要注意，如下图所示。

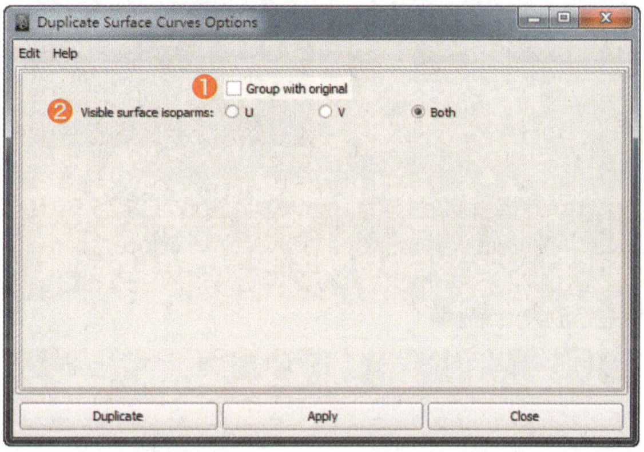

❶ Group with original（与原始物体成组）：保持复制出的曲线与原物体成组。

❷ Visible surface isoparms（可见曲面等参线）：将NURBS物体表面上的结构线沿U方向或V方向进行切换，默认情况下选择Both（两者都有）选项。

这项功能可以将附着在曲面上的特定曲线提取出来，是一个非常有用的功能。下面举一个将曲面上的文字曲线提取出来的例子。

进 阶 练 习：提取曲面上的文字曲线

01 新建一个场景，创建一个NURBS曲面球体，如右图所示。

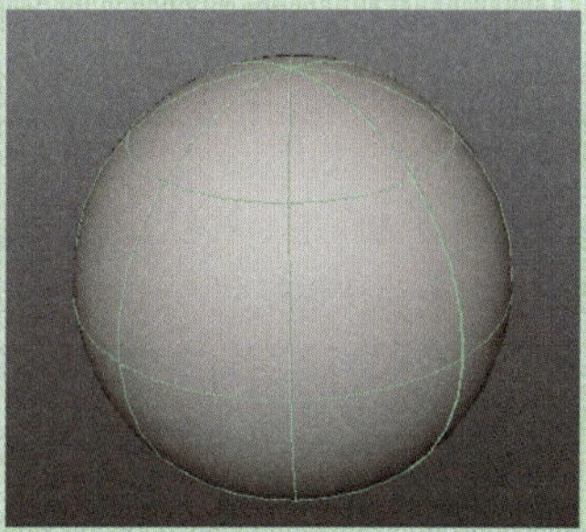

02 再创建一个文本文字曲线，以MUSIC为例，让它稍微小于球体直径，如右图所示。

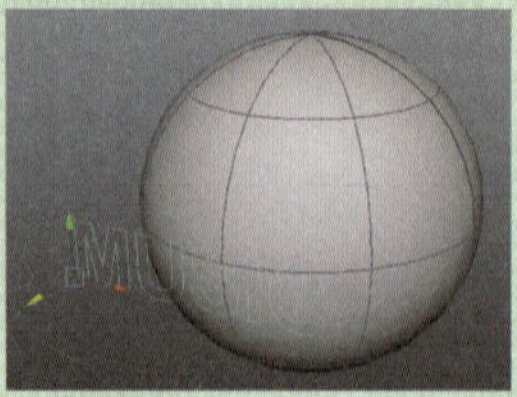

03 执行Edit NURBS（编辑NURBS）>Project Curve on Surface（投射曲线到曲面）命令，将文字曲线以当前视角投射到球面上，如右图所示。

04 如果不需要改变文字形状，可以删除初始创建的文本曲线，则映射曲线会固定在球面上，并且用户可以注意到正反两面都有映射，如右图所示。

05 选择投射到球面上的文字曲线并执行Edit Curves（编辑曲线）>Duplicate Surface Curves（复制曲面曲线）命令，将其复制并提取出来，可以进行放大或缩小操作。

提示： 如果确定形状，可以删去初始创建的球体，则曲面文字MUSIC被完整地提取出来，如下图所示。

3.3.2 Attach Curves（连接曲线）

该命令将两条曲线的端点连接，产生出一条新的曲线。Maya自动认定在曲线连接时，最靠近的两个端点会进行合并，如果要控制其他端点的连接，则需要人为地进行选择。

进阶练习：连接曲线

01 在场景中执行Create（创建）>CV Curve Tool（控制点曲线工具）命令，创建两条曲线，如下所示。

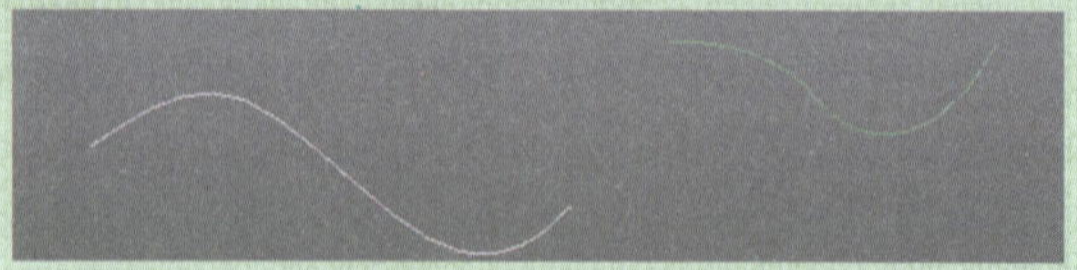

02 选择两条曲线，执行Edit Curves（编辑曲线）>Attach Curves（连接曲线）命令，圆滑地连接曲线端点，如下图所示。

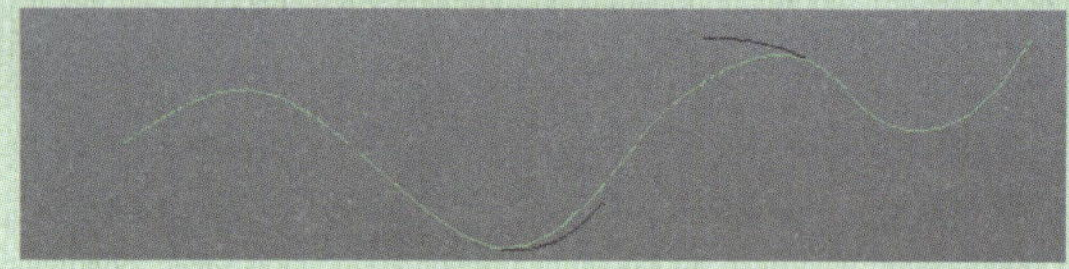

03 打开参数面板如下图所示。

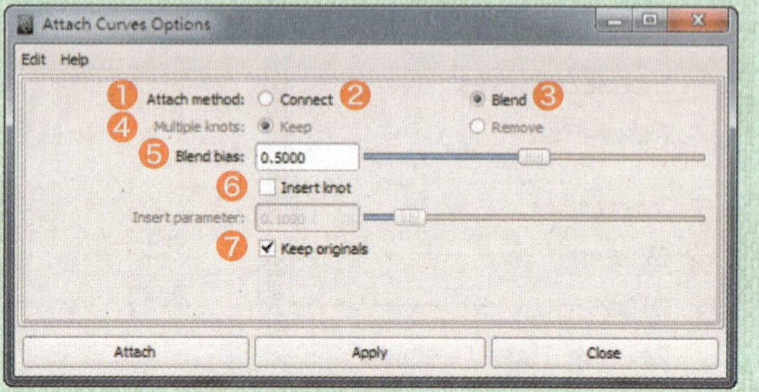

❶ Attach method（连接模式）：曲线相互连接的方式。

❷ Connect（连接）：直接连接，不考虑新生曲线在结合处的过渡方式，可能产生硬角。

❸ Blend（融合）：使新生曲线光滑连续，变形效果可以通过Blend bias（融合偏差）参数进行调节。

❹ Multiple knots（多重节点）：当选择Connect（连接）选项时，可以控制是否保留结合处的多重节点。

❺ Blend bias（融合偏差）：融合参数，当选择Blend（融合）选项时，可以控制新曲线的连续性。

❻ Insert knot（插入节点）：是否在结合处插入节点。

❼ Keep originals（保留初始）：是否保留原有曲线。

04 再次在场景中执行Create（创建）>CV Curve Tool（控制点曲线工具）命令，创建两条曲线，如下图所示。

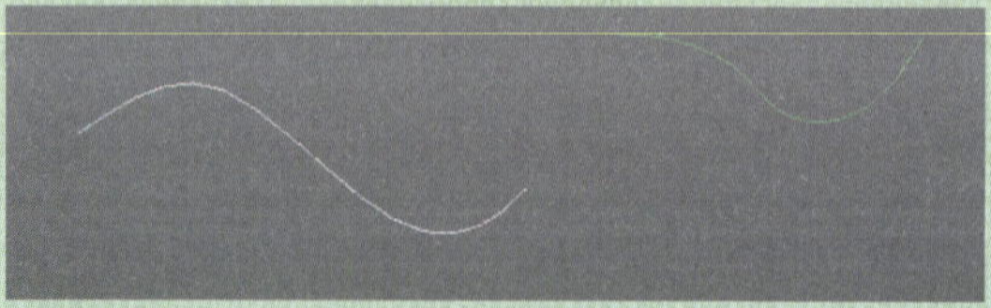

05 单击Edit Curves（编辑曲线）>Attach Curves（连接曲线）命令后的小方块按钮，打开参数设置窗口，分别单击Blend（融合）和Connect（连接单选按钮），对比两种效果，如下图所示。

3.3.3 Detach Curves（分离曲线）

该命令与Attach Curves（连接曲线）命令相反，是将一条或多条曲线从中间某一处打断，形成两条或多条曲线。

进阶练习：分离曲线

01 在场景中执行Create（创建）>CV Curve Tool（控制点曲线工具）命令，创建一条曲线，如下图所示。

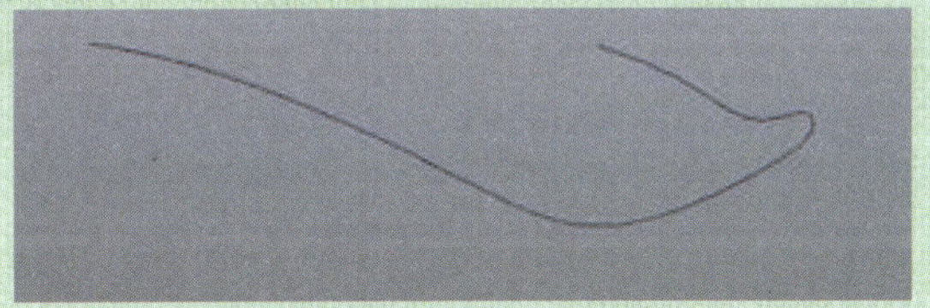

02 选中要进行分离的曲线。在曲线上单击鼠标右键，进入曲线组元编辑模式，在弹出的菜单中选择Curve Point（曲线点）选项，在曲线上任意选择一处Curve Point（曲线点）定义分离的位置，如下图所示。

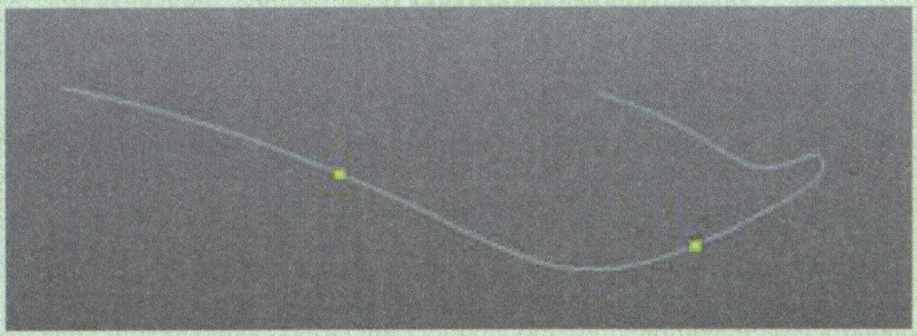

03 执行Edit Curves（编辑曲线）>Detach Curves（分离曲线）命令，将曲线分离，如下图所示。

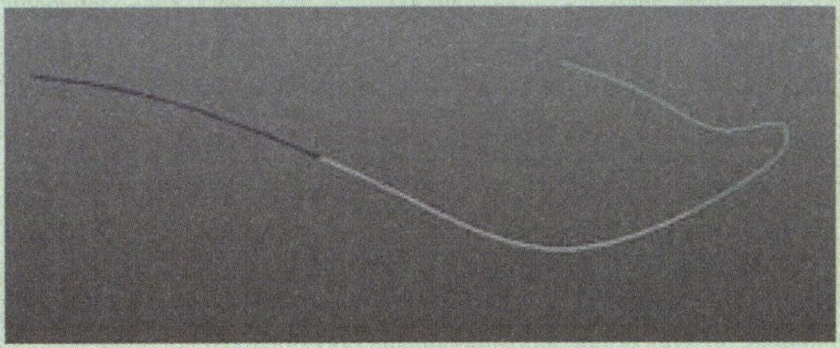

3.3.4 Align Curves（对接曲线）

该命令将两条曲线对接，再结合两条曲线形成新的曲线，实现对接的不只局限于两条曲线之间的端点，也包括曲线上任何点（包括曲线上的其他点）的对接。

进阶练习：对接曲线

01 在场景中执行Create（创建）>CV Curve Tool（控制点曲线工具）命令，创建两条曲线，如下图所示。

02 选择两条曲线，执行Edit Curves（编辑曲线）>Align Curves（对接曲线）命令，将两条曲线距离最近的两个端点对接在一起，如下图所示。

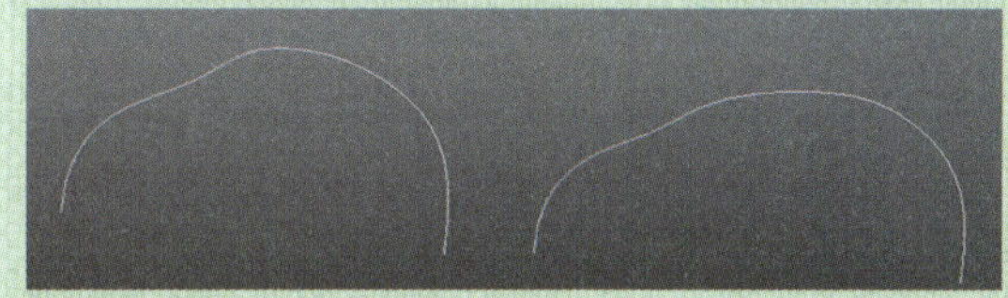

提示：或者在执行Align Curve（对接曲线）命令之前，先进入Curve Point（曲线点）组元模式，定义对接位置后再执行Align Curves（对接曲线）命令，曲线将在定义位置进行对接。

3.3.5 Open / Close Curves（打开 / 关闭曲线）

该命令可将开放的曲线封闭，或将封闭的曲线变为开放，参数面板如下图所示。

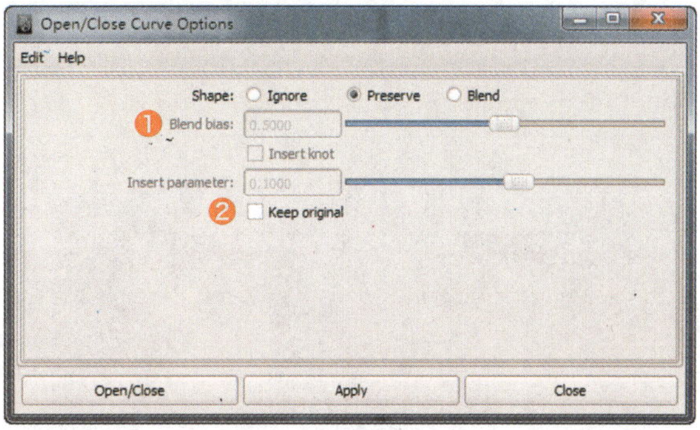

❶ Blend bias（融合偏差）：当激活Blend（融合）模式时，可以控制打开 / 关闭曲线的连续性。

❷ Keep original（保留初始）：用于设置是否保留原有曲线。

闭合曲线的方式有三种：Ignore（忽略）、Preserve（保存）和Blend（融合），选项不同则效果不同，如下图所示。

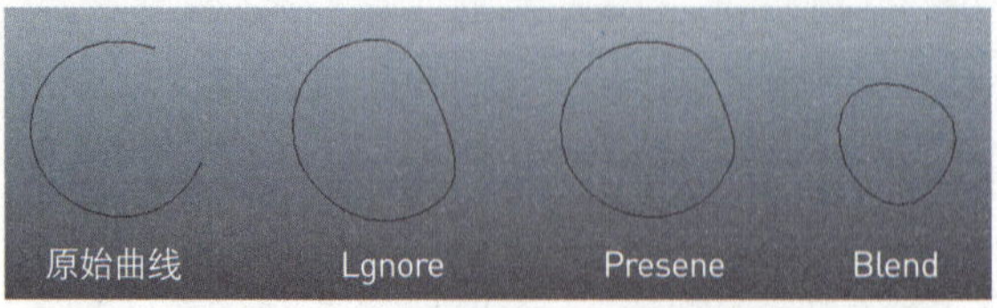

3.3.6 Move Seam（转移接缝）

该命令将一条闭合曲线上的起始点移动到指定位置，曲线的起始点直接关系到曲面的形成。

进阶练习：转移接缝

01 在场景中执行Create（创建）>CV Curve Tool（控制点曲线工具）命令，创建若干个封闭的曲线作为截面，如右图所示。

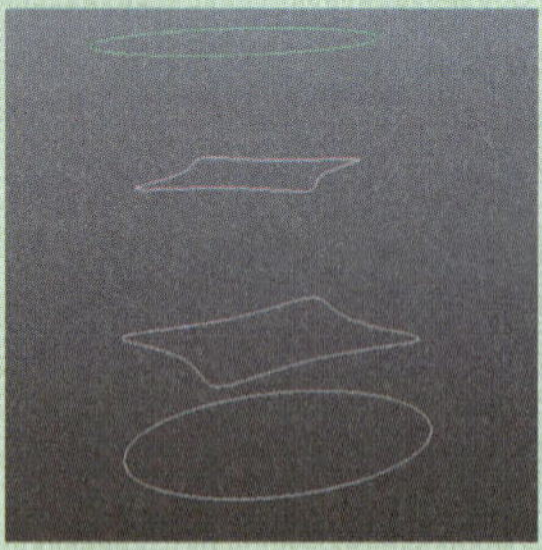

02 执行Surfaces（曲面）>Loft（放样）命令，将这些截面曲线连接。如果这些截面曲线的起始点不在一个方向，那么创建出来的曲面就是扭曲的，如右图所示。

03 如果需要调整曲线的起始点，在曲线上拖动鼠标选择任意一个曲线点，定义转移接缝的位置。然后执行Edit Curves（编辑曲线）>Move Seam（转移接缝）命令，转移曲线的接缝位置，如下图所示。

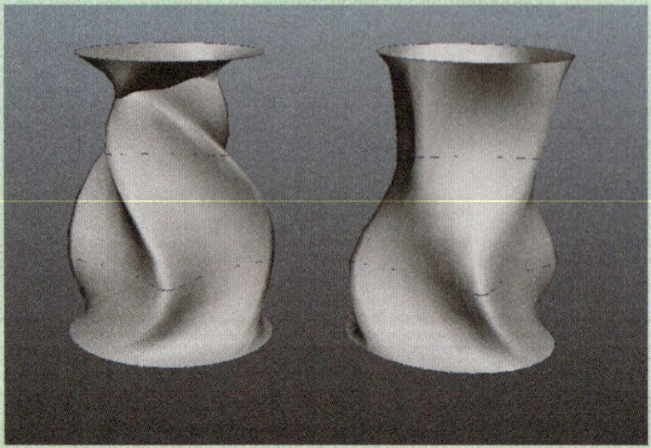

3.3.7 Extend（延伸）

该命令将曲线的两端进行延长与拉伸。

这个命令根据曲线的类型不同而分为两个子选项：Extend Curve（延伸曲线）和Extend Curve On Surface（延伸曲面曲线）。其中Extend Curve（延伸曲线）命令用于对标准曲线进行拉伸；Extend Curve On Surface（延伸曲面曲线）命令则是对处于曲面上的曲线进行拉伸。这里重点讲解Extend Curve（延伸曲线）命令。

Extend Curve（延伸曲线）：对曲线任意一端进行拉伸。曲线拉伸部分可以是曲线也可以是直线，长度可以任意调节，也可以通过定位一个坐标点来精确延伸曲线，如下图所示。

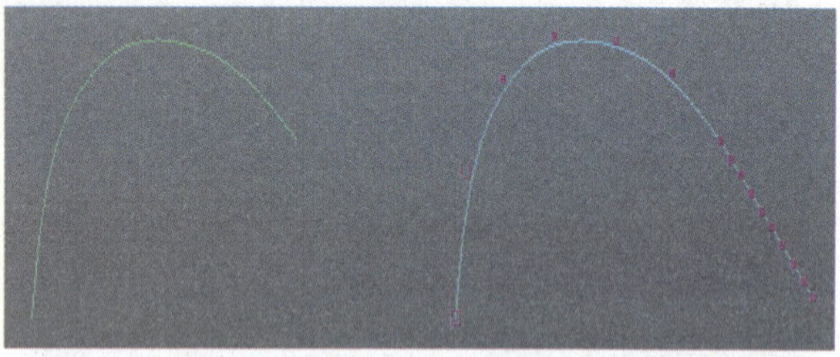

Extend Curve（延伸曲线）命令的参数设置面板如下图所示。

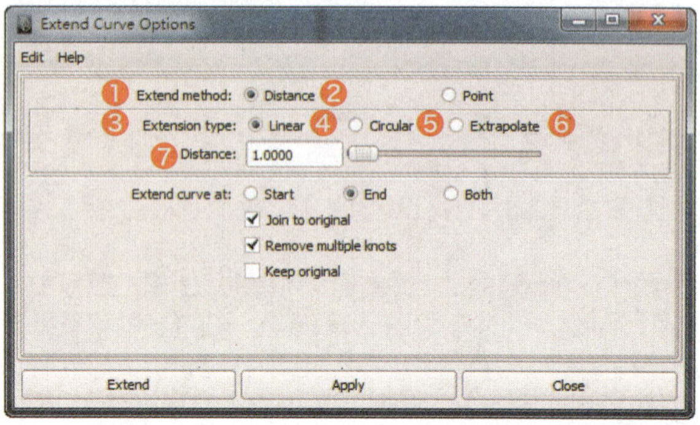

❶ Extend method（拉伸方式）：设置拉伸方式，分为Distance（距离）和Point（点）两种。

❷ Distance（距离）：根据拉伸长度来拉伸曲线。

❸ Extension type（拉伸类型）：设置拉伸类型，共有三种。

❹ Linear（线性）：拉伸曲线为直线。

❺ Circular（环形）：拉伸曲线为弧线。

❻ Extrapolate（外推）：拉伸曲线为近似弧线，三种拉伸效果如下图所示。

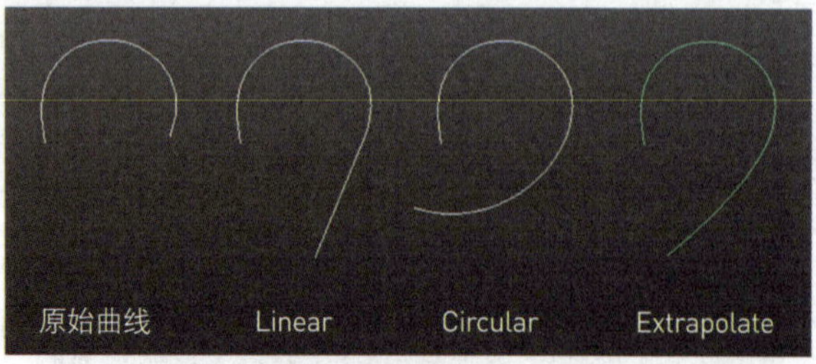

❼ Distance：控制拉伸曲线的长度。

3.3.8 Offset（偏移）

该命令可创建一条偏移于原有曲线一定距离的新曲线，或创建一条偏移于一个NURBS曲面上的曲线的新曲线。对于封闭曲线而言，相当于创造了一个平行的轮廓线，如下图所示。

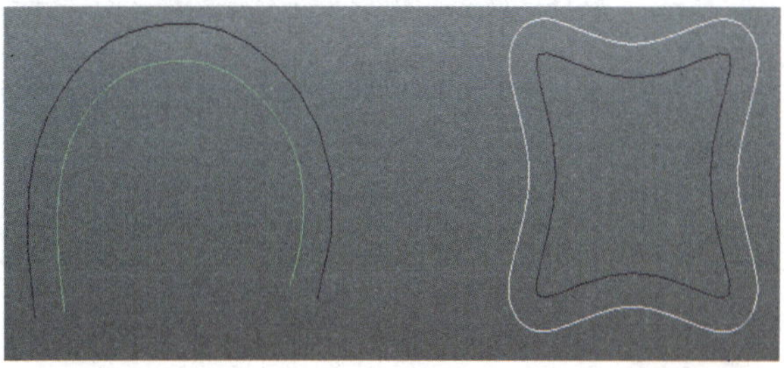

由于曲线类型不同，Offset（偏移）命令分为两个不同命令：一个是 Offset Curve（偏移曲线工具）针对标准的NURBS曲线；另一个是 Offset Curve On Surface（偏移曲面上曲线工具）针对曲面上的曲线。

Offset Curve（偏移曲线工具）选项参数面板，如下图所示。

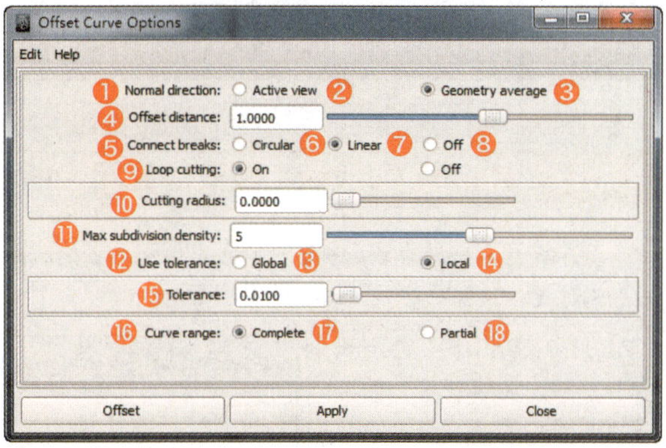

❶ Normal direction（法线方向）：设置偏移曲线偏移的法线方向。

❷ Active view（活动视图）：以当前的正交视图作为偏移的方向，一般用于处于同一平面的二维曲线。

❸ Geometry average（几何平均值）：按照几何平均值计算偏移方向，一般用于处于三维空间的曲线上。

❹ Offset distance（偏移距离）：设置与原曲线的偏移程度和方向，正数是向外扩展，负数是向里收缩。

❺ Connect breaks（连接断裂）：当偏移曲线点的张力过大，造成计算出曲线有断裂时，系统会按照参数设置过渡断裂处。

❻ Circular（环形）：以圆弧方式连接。

❼ Linear（线性）：以线形方式连接。

❽ Off（关闭）：不对断裂处作处理。

❾ Loop cutting（环形切割）：避免同一平面曲线向内偏移时，出现曲线相交现象，自动对多出的曲线做剪切。效果如下图所示。

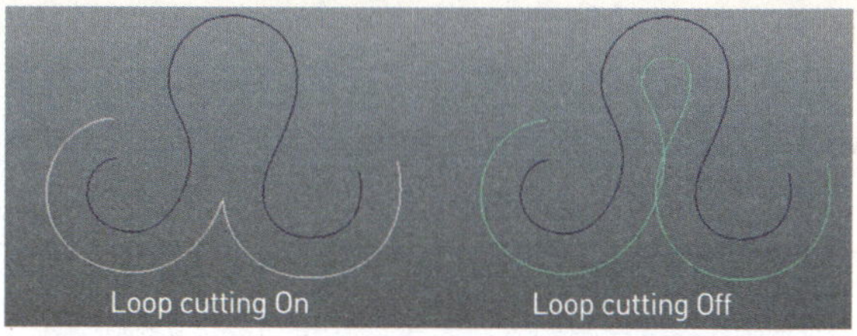

❿ Cutting radius（环切半径）：设置环切半径，使环切处圆滑，如下图所示。

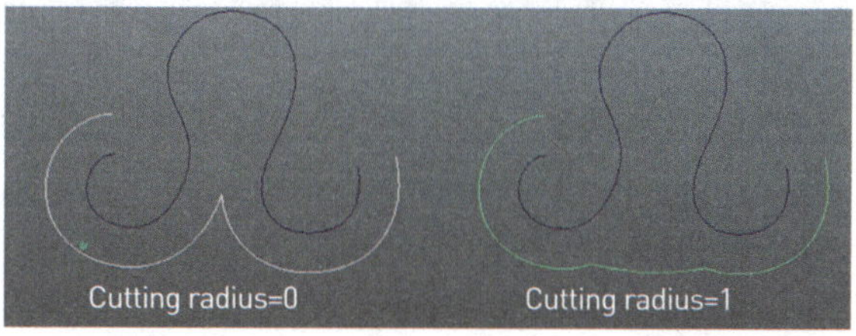

⓫ Max subdivisions density（最大细分度）：设置偏移最大细分程度。

⓬ Use tolerance（使用公差坐标系）：设置公差坐标等。

⓭ Global（全局坐标系）：设置为全局坐标系。

⓮ Local（自身坐标系）：设置为自身坐标系。

⓯ Tolerance（公差）：设置公差值。

⓰ Curve range（曲线范围）：设置曲线范围。

⓱ Complete（完全）：创建出相对原曲线完整的偏移曲线。

⓲ Partial（部分）：针对偏移曲线在通道栏设置Min Value（最小值）和Max Value（最大值）数值，调节偏移部分，如下图所示。

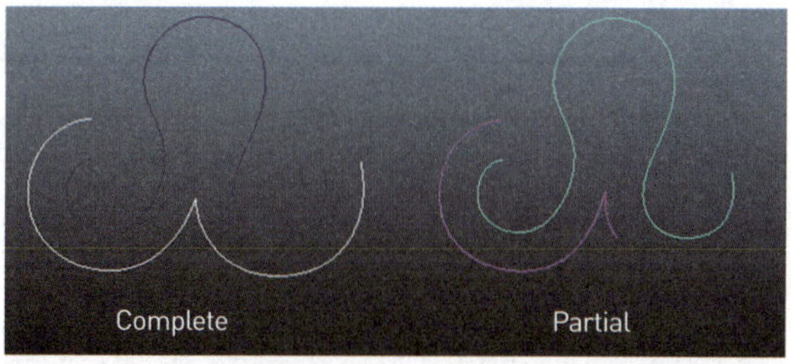

3.3.9 Rebuild Curve（重建曲线）

该命令可对已经创建完成的曲线上的点进行重新修改，其参数面板如下图所示。

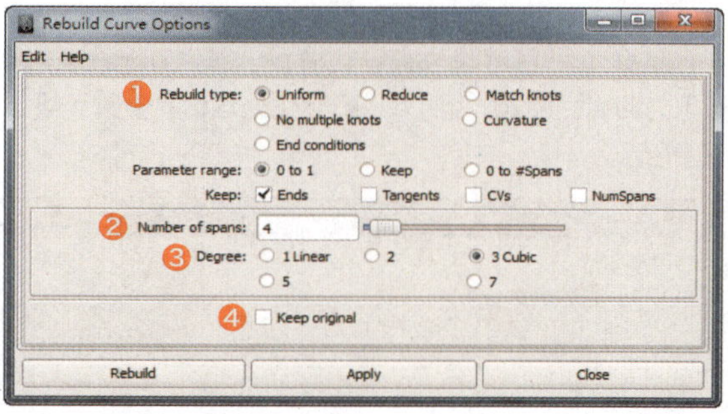

❶ Rebuild type（重建类型）：设置重建类型。

❷ Number of spans（段数）：通过设置段数，我们可以自定义新的曲线上被CV点分为多少段，这可以决定新曲线的精度和平滑程度，如下图所示。

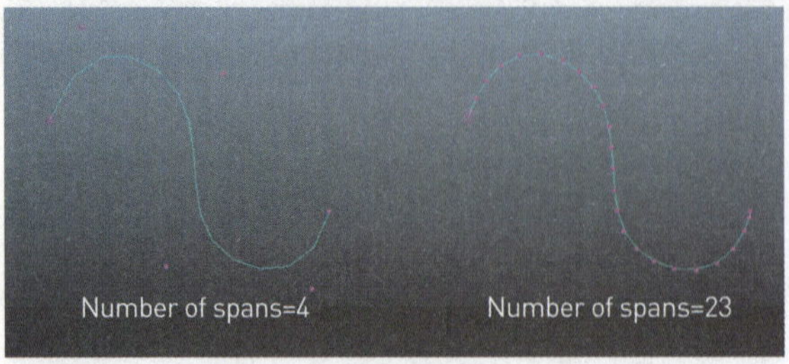

❸ Degree（级数）：设置曲线阶数。

❹ Keep original（保留初始）：设置是否在重建新曲线的基础上仍然保留原曲线。

3.3.10 Smooth Curve（平滑曲线）

该命令可将抖动并强烈弯曲的曲线变得光滑，尤其是对手动绘制（用Pencil Tool中工具）的曲线。Smooth Curve（平滑曲线）命令不改变点的数量，只是优化曲线上点的位置使曲线看起来光滑，对封闭曲线和曲面上的曲线和Isoparm（等参线）不起作用，其参数面板如下图所示。

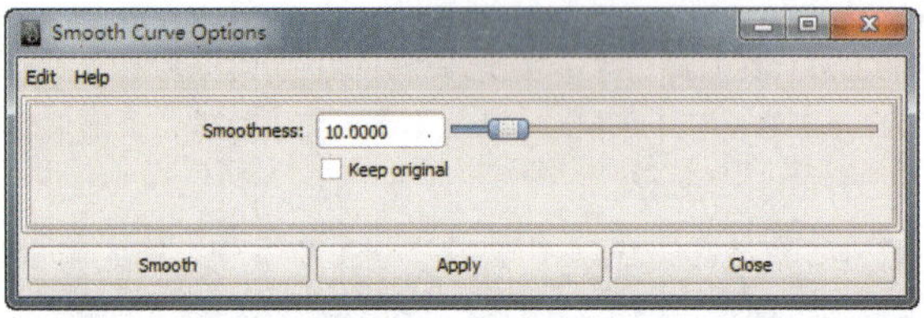

• Smoothness（光滑程度）：设置光滑程度，数值越高光滑越明显；数值为0时不光滑，如下图所示。

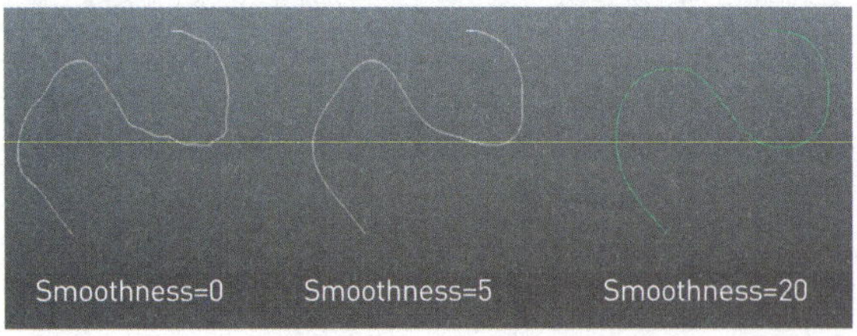

3.3.11 CV Hardness（硬化CV点）

该命令可创建较为尖锐的曲线，可对Degree（级数）为3的曲线的CV控制点进行硬化处理，其参数面板如下图所示。

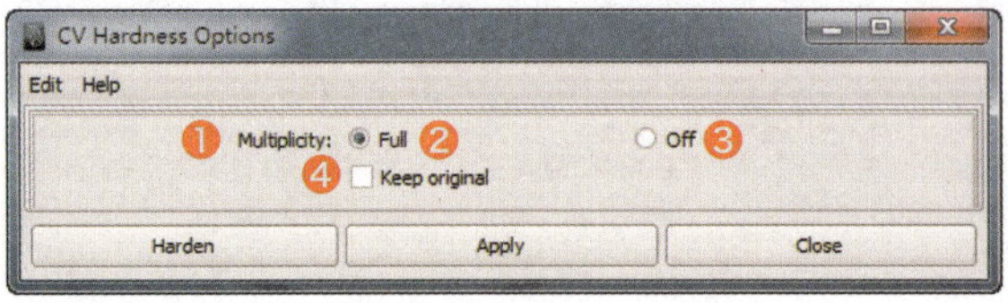

❶ Multiplicity（多样性）：设置多样性开关。

❷ Full（全部）：将内部的控制点由1改为3。

❸ Off（关闭）：将内部的控制点由3改为1。

❹ Keep Original（保留初始）：保留原始曲线。

命令效果如下图所示。

3.3.12 Add Points Tool（增加点工具）

该命令为创建好的曲线继续增加延长点，增加的点作为曲线延长部分而不是在曲线上，如下图所示。

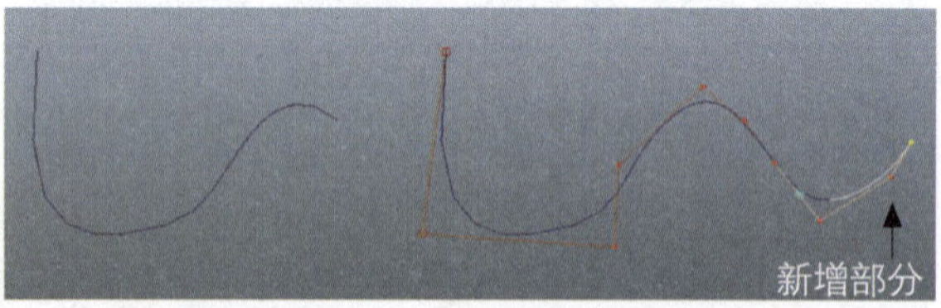

3.3.13 Modify Curves（修改曲线）

该命令可对曲线点或形状进行修正，但不改变构成曲线点的数量，共包括7个子命令，如右下图所示。

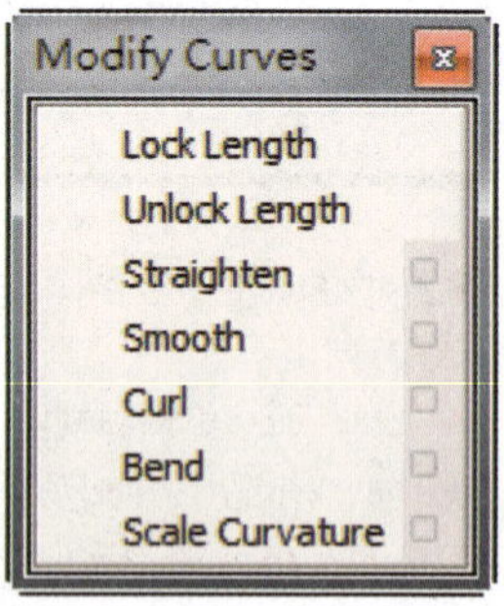

1）Lock Length（锁定长度）：锁定曲线长度，曲线上的点影响的曲线段也被锁定，点只能在一个固定的范围内移动。

2）Unlock Length（解锁长度）：解除锁定状态。

3）Straighten（拉直）：将弯曲的曲线拉直。拉直曲线方向是曲线起点的切线方向，可以只作用于一端曲线，其参数面板如下图所示。

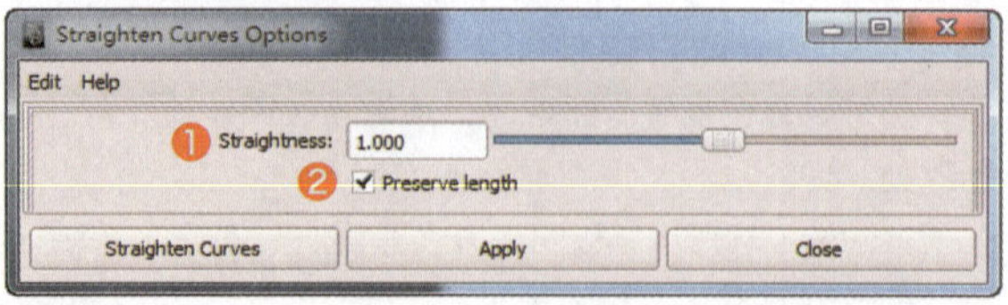

❶ Straightness（拉伸率）：设置拉伸率，数值小于1，会接近直线；数值为1时是直线；数值大于1会拉伸过度。

❷ Preserve Length（保存长度）：保证曲线在过度拉伸变形情况下总长度不变，如下图所示。

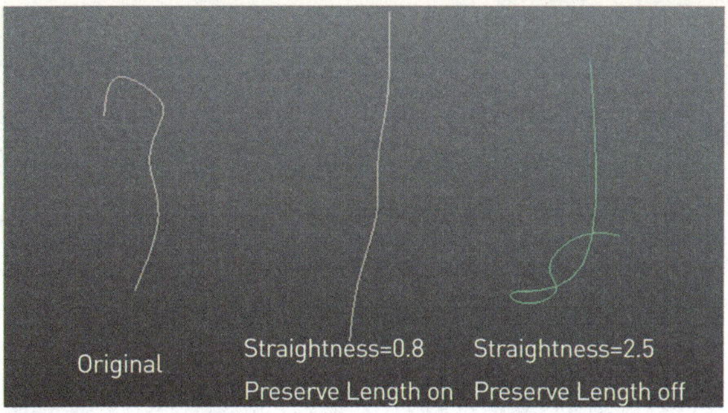

4）Smooth（平滑）：使曲线弯曲程度趋向平缓，多次执行该命令后将趋向拉直效果，可用于曲线任意一段，其参数Smooth factor（平滑因数）的数值越大，曲线越平滑，如下图所示。

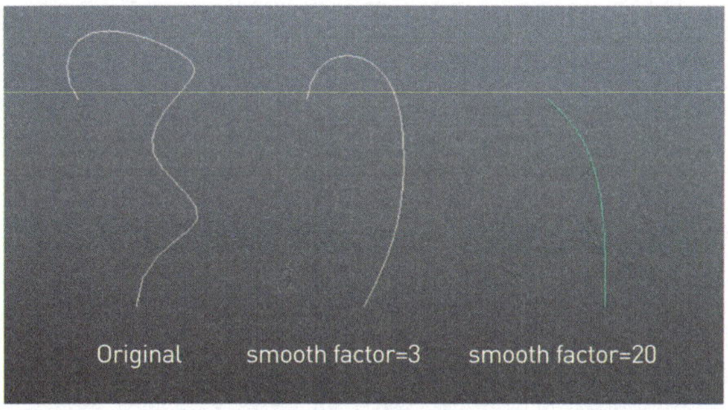

5）Curl（卷曲）：作用于曲线中段使整条曲线卷曲，曲线起始点固定不动。其参数面板如下图所示。

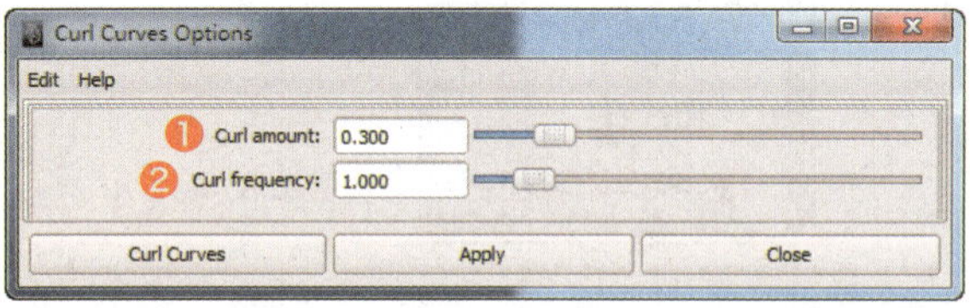

❶ Curl amount（卷曲强度）：设置曲线的卷曲强度。

❷ Curl frequency（卷曲频率）：设置曲线的卷曲频率，如下图所示。

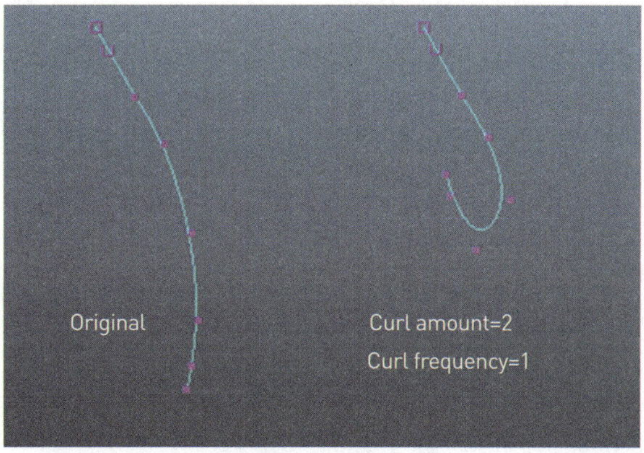

6）Bend（弯曲）：固定曲线起始点，拉动曲线末端点来弯曲曲线，使曲线更圆滑。其参数Bend amount（弯曲强度）：可设置曲线的弯曲强度，Twist（扭转）可扭曲曲线，如下图所示。

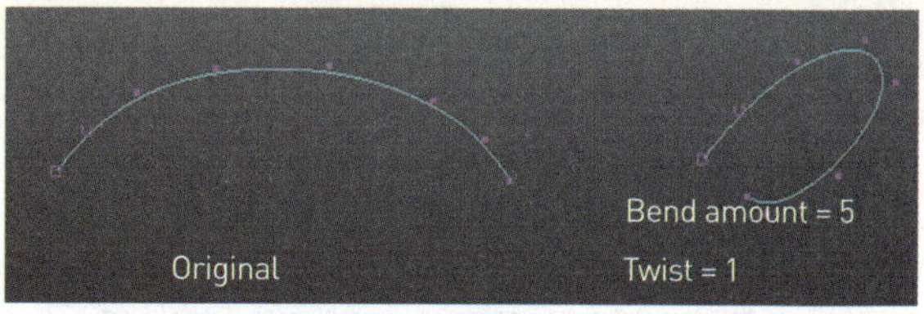

7）Scale Curvature（缩放曲率）：改变曲线的曲率，对直线无效。包括Scale factor（缩放因子）和Max curvature（最大曲率）两个参数，如下图所示。

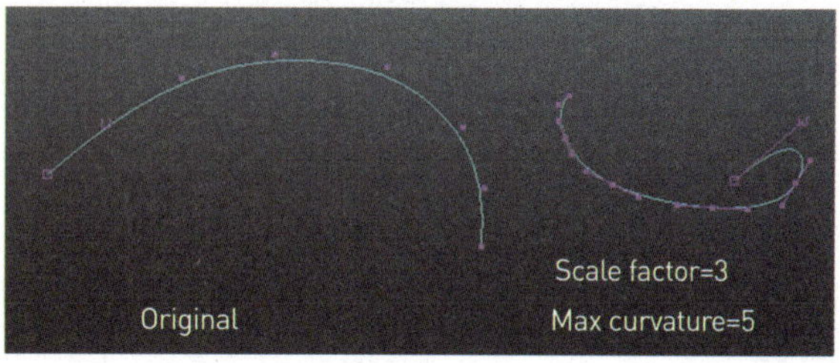

3.4 创建基本NURBS模型

Maya中有许多NURBS的原始模型可供选择，在菜单Create（创建）>NURBS Primitives（基本NURBS模型）命令下，一共有8种原始物体，其中6种为曲面物体，两种为曲线物体，分别是：Sphere（球体）、Cube（立方体）、Cylinder（圆柱体）、Cone（圆锥）、Plane（平面）、Torus（圆环）、Circle（圆环线）、Square（矩形线），如下图所示。

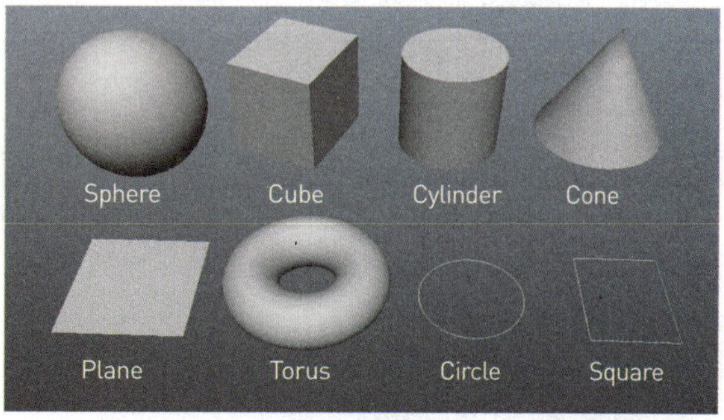

提示 NURBS原始物体带有一定的属性，通过修改这些属性可以创建出不同的物体曲面，以Torus（圆环）原始物体为例，下面来介绍NURBS原始物体的属性。

单击菜单Create（创建）>NURBS Primitives（基本NURBS模型）>Torus（圆环）命令后的小方块按钮，弹出NURBS Torus Options（NURBS圆环选项）对话框，在这里用户可以设定Torus（圆环）物体的属性。这些参数会固化在物体的历史中，打开Channel Box（通道栏）的INPUTS参数，可以在此编辑和修改这些参数。其参数面板如下图所示。

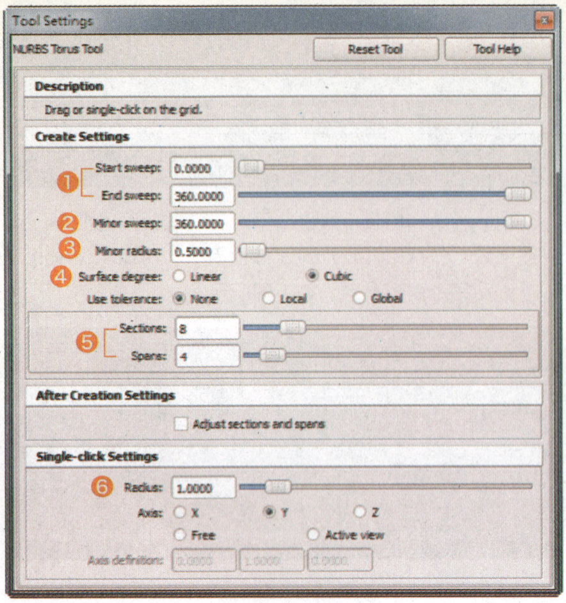

❶ Star / End sweep（起始/结束扫描）：定义扫描的起始位置和结束的位置，如下图所示。

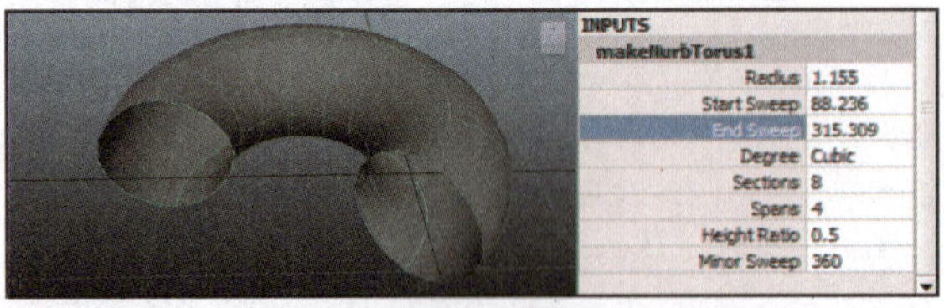

❷ Minor sweep（次级扫描）：定义圆环截面的扫描角度，如下图所示。

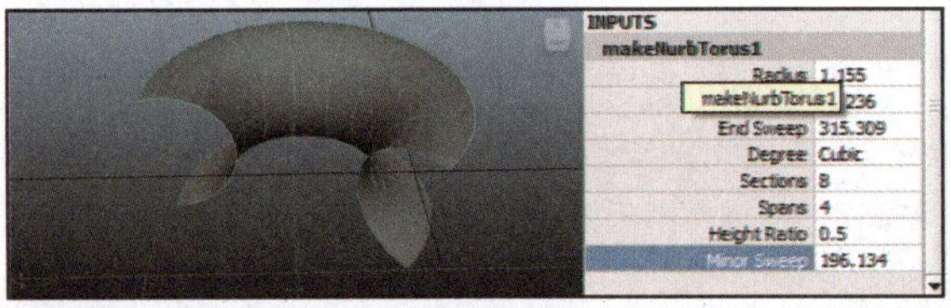

❸ Minor radius （次级半径）：圆环的截面半径，如下图所示。

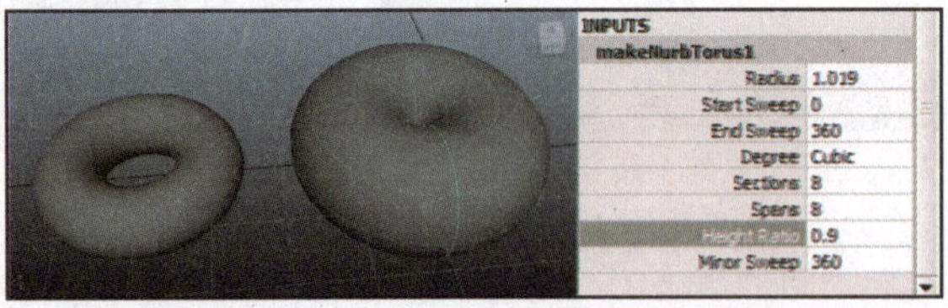

❹ Surface Degree（曲面级数）：定义圆环的表面曲度，如下图所示。

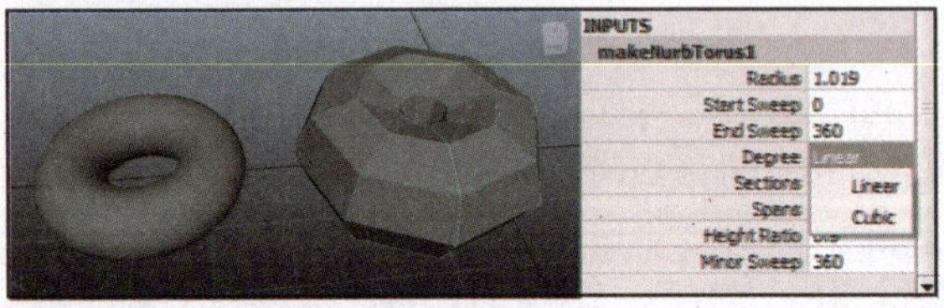

❺ Sections/Spans （分段数）：定义圆环表面的水平和垂直的分段数，如下图所示。

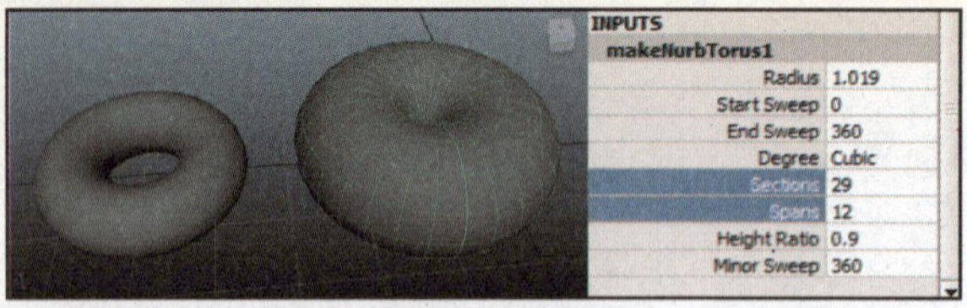

❻ Radius（半径）：物体的半径。

3.5 详解Surfaces（曲面）菜单

把菜单模式切换到Surface（曲面）模块，Surface（曲面）菜单主要包括一些用创建好的曲线生成曲面的命令，会出现NURBS相关的编辑命令。下面来学习一下这些命令的应用，如下图所示。

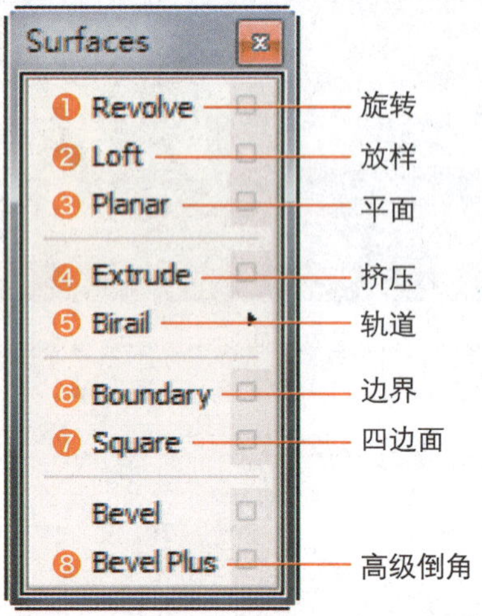

3.5.1 Revolve（旋转）

通过创建物体的平面切线，使曲线沿着某一个轴旋转，形成新的曲面。只需选中曲线执行该命令就行，具体参数可以打开选项参数面板设置，如下图所示可以使用这个命令创建杯子、坛子和机械零件等器物。

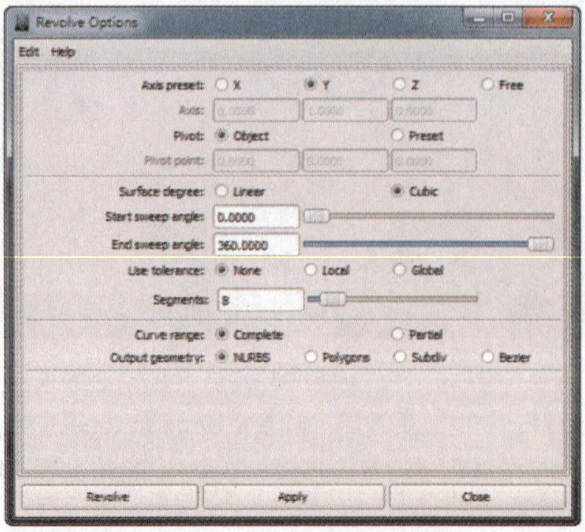

• Axis preset（轴向参考）：定义创建物体极点的轴向。选择不同的轴向旋转有不同的效果，如下图所示。

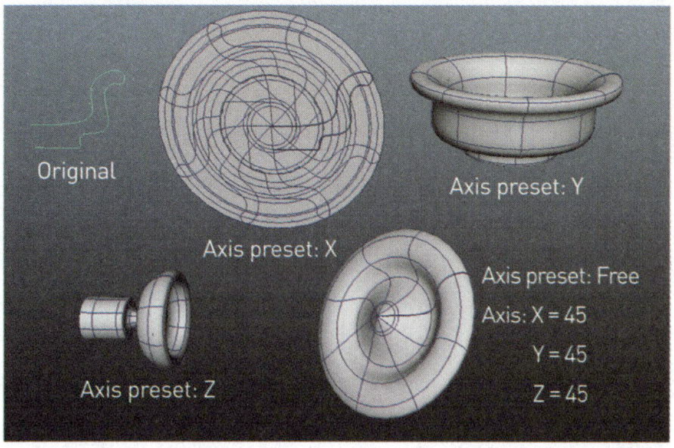

曲面在创建完成后还可以使用操纵器交互调节旋转的方向和角度。选中模型，在Channel Box（通道栏）中修改INPUTS下的参数，打开显示操纵器，也可以通过修改原始曲线影响曲面的生成效果。这种调整方式也可以应用在其他Surface（曲面）工具中，如下图所示。

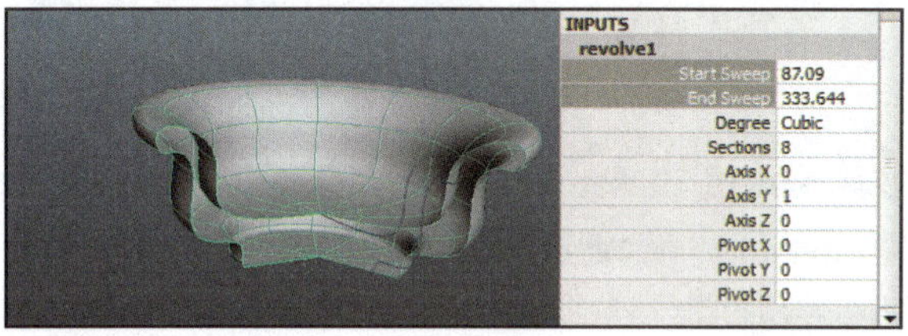

3.5.2 Loft（放样）

该命令是 Surface（曲面）成面工具中最为常用的命令之一，通过创建一组连续的曲线，生成新的曲面。曲线本身定义了曲面的形态，如下图所示。

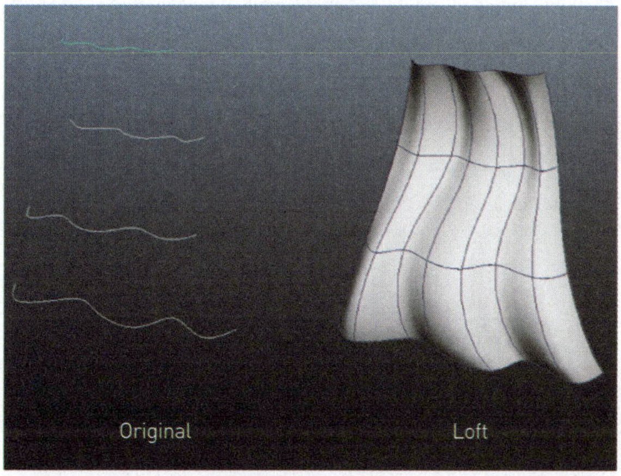

先创建物体的轮廓线，按次序选中，执行命令就可以生成新的曲面。需要注意的是，曲面的形成状态由曲线的选择顺序所决定，其参数面板如下图所示。

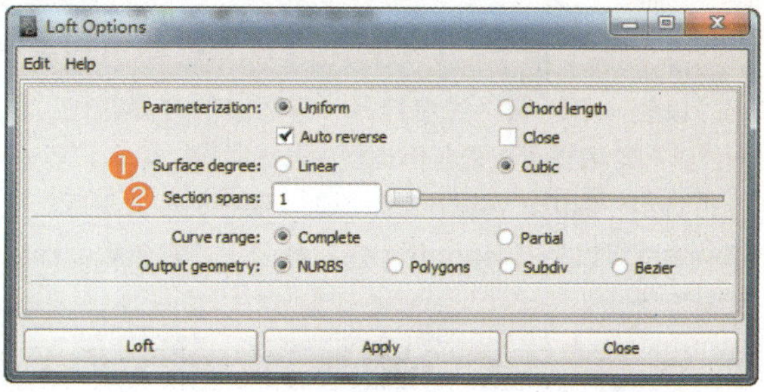

❶ Surface degree（曲面级数）：定义表面曲度。

❷ Section spans（分段数）：两条曲线间生成曲面的轮廓线的段数。数值越大生成曲面的精度越大，但同时也会增加系统负担，如下图所示。

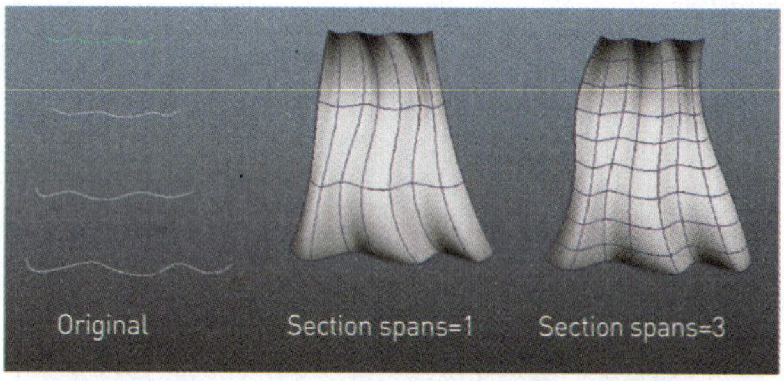

3.5.3 Planar（平面）

该命令可使曲线形成一个平面，但要求曲线必须是闭合的、共平面的或一组相交的闭合曲线。该命令有很大的局限性，在实际的制作中一般只将其应用于Isoparm（等参线）的平面形成，如下图所示。

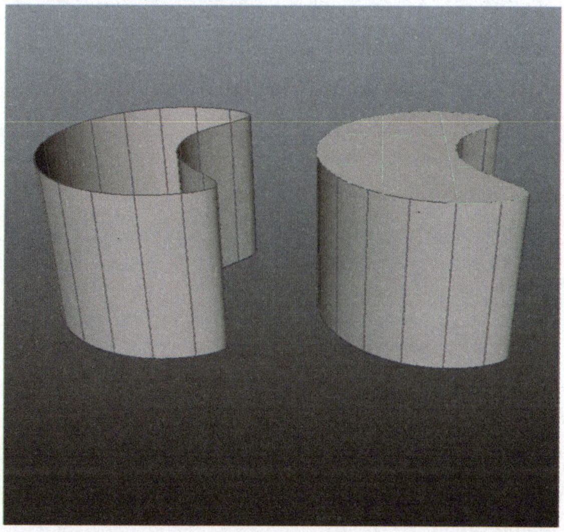

3.5.4 Extrude（挤压）

Extrude（挤压）命令可以创建出一些惊人的效果，它可以使一条轮廓曲线沿着另一条曲线的方向创建出曲面，这条轮廓线可以是任何类型的曲线。

选中轮廓线，再配合Shift键选中路径曲线，然后执行该命令就可以执行Extrude（挤压命令），其参数面板如下图所示。

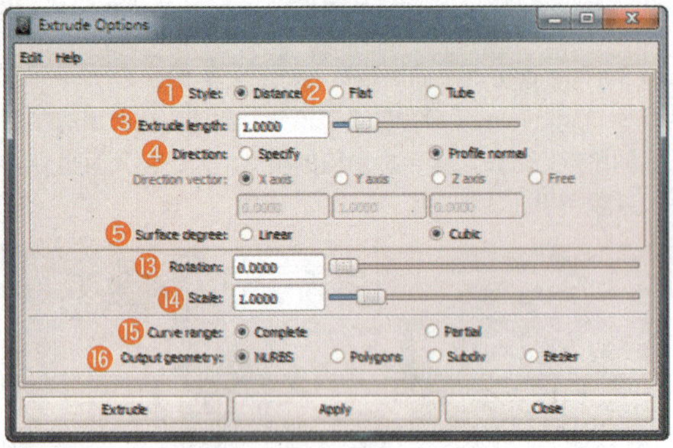

❶ Style（类型）：Extrude（挤压）命令的执行方式，一共有三种：Distance（距离）、Flat（平面）和Tube（管状），选择不同类型的挤压方式，选项面板会随之变化，选项不同，效果不同，如下图所示。

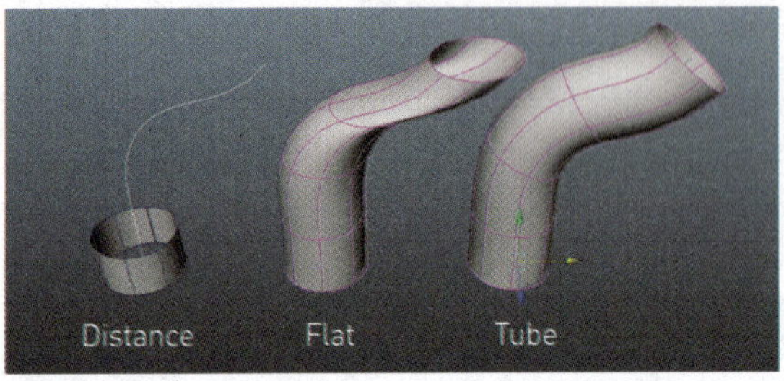

❷ Distance（距离）：直接将轮廓曲线沿指定方向挤出，不需要路径曲线的引导。

❸ Extrude length（挤压长度）：定义挤出的长度。

❹ Direction（方向）：挤出的方向。

❺ Surface degree（曲面级数）：定义表面曲度。

Flat（平面）选项面板如下图所示。

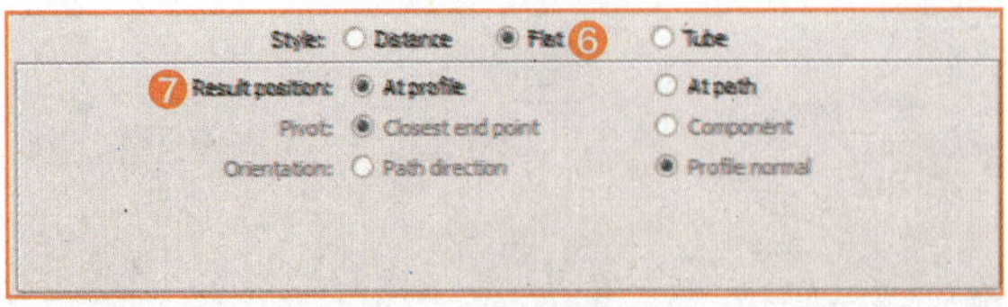

❻ Flat（平面）：轮廓线将在路径曲线上以平行的方式挤出曲面。

❼ Result position（结果位置）：定义结果位置，也就是指创建的曲面是定位在Profile（轮廓）曲线处还是在Path（路径）曲线处。

Tube（管状）选项面板如下图所示。

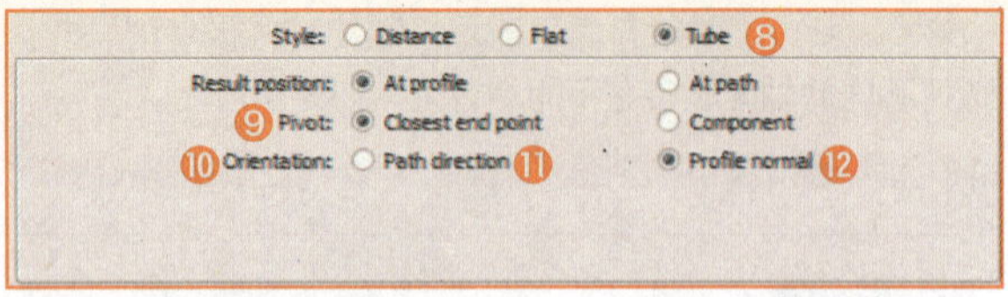

❽ Tube（管状）：不同于Flat（平面），轮廓线将以与路径曲线相切的方式挤出曲面，这也是默认的创建方式。

❾ Pivot（轴心）：使用轴心点定义轮廓线在挤出时的位置。

❿ Orientation（方向）：挤出的方向。

⓫ Path direction（路径方向）：沿路径曲线方向。

⓬ Profile normal（轮廓法线）：沿轮廓线法线方向。

⓭ Rotation（旋转）：设置在挤出的同时轮廓线自身的旋转。

⓮ Scale（缩放）：设置在挤出的同时轮廓线自身的缩放，如下图所示。

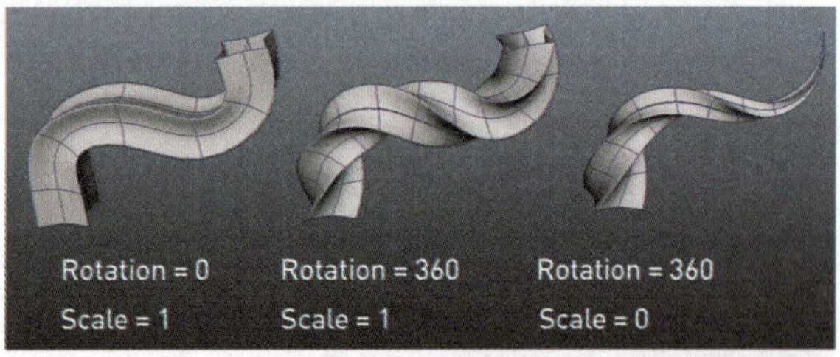

⓯ Curve range（曲线范围）：设置轮廓线和路径曲线的有效作用范围。

⓰ Output geometry（输出几何体）：生成物体的几何体类型。

3.5.5 Birail（轨道）

Birail（轨道）命令包括三个子命令，是三种不同的轨道曲面的生成方法；分别是Birail 1 Tool、Birail 2 Tool和Birail 3＋ Tool。

不同于Loft（放样）命令，Birail（轨道）命令在执行时需要轨道线来辅助才能生成曲面。下面分别讲解这三个命令的操作方法。

1）Birail 1 Tool：一条轮廓线和两条轨道线。先选中轮廓线，再配合Shift键选中轨道线，然后执行命令，如下图所示。

2）Birail 2 Tool：两条轮廓线和两条轨道线。先选中轮廓线，再配合Shift键选中轨道线，然后执行命令，如下图所示。

3）Birail 3+ Tool：三条或以上轮廓线和两条轨道线。不同于前两种命令的使用方法，要先单击命令，然后依次选择所有轮廓线，按下Enter键，再选中两条轨道线，最后按下Enter键即可，如下图所示。

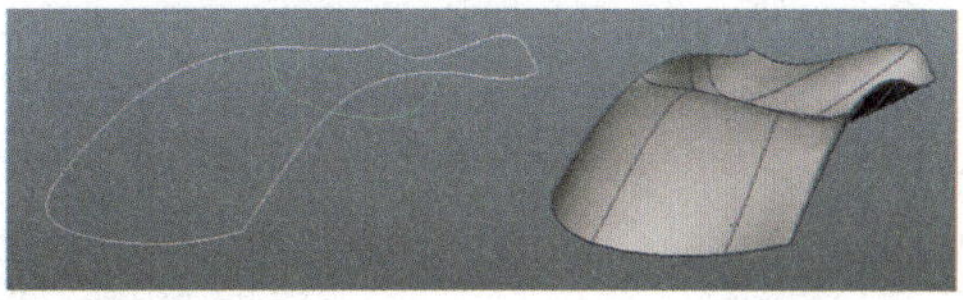

3.5.6 Boundary（边界）

该命令可依据三条或4条边界线围出曲面的外形，边界线不用相交。选择的顺序对于曲面的最终效果有直接影响，按住Shift键，先依次选中边界曲线，最后执行命令即可，如下图所示。

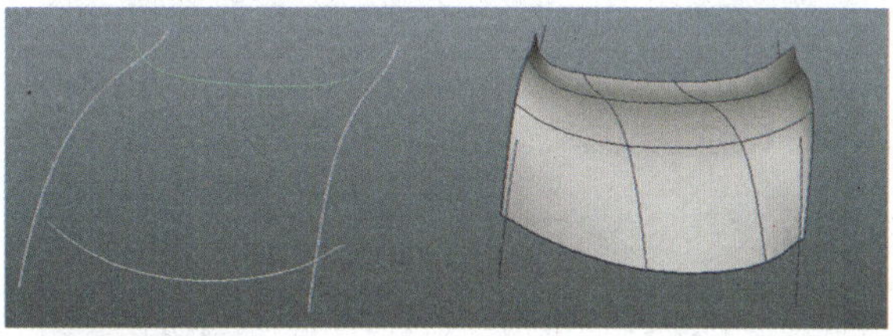

3.5.7 Square（四边面）

该命令可依据三条或4条相交的边界线创建出曲面，常用于将物体的相交曲线创建出封盖效果。选择曲线时不能跳跃选择，必须以顺时针或逆时针的方向依次选择，如下图所示。

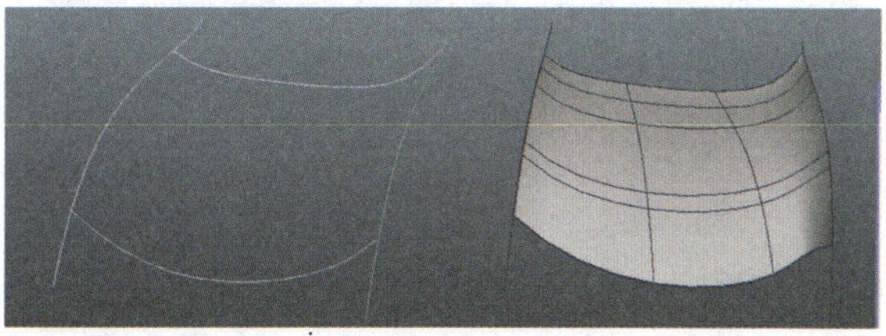

3.5.8 Bevel Plus（高级倒角）

使用曲线挤压出带有倒角边的曲面，曲线的类型并没有太多的限制。在实际制作中常常用来制作标志和文字的立体模型。Bevel Plus（高级倒角）命令可以制作出更为复杂的效果，如右图所示。

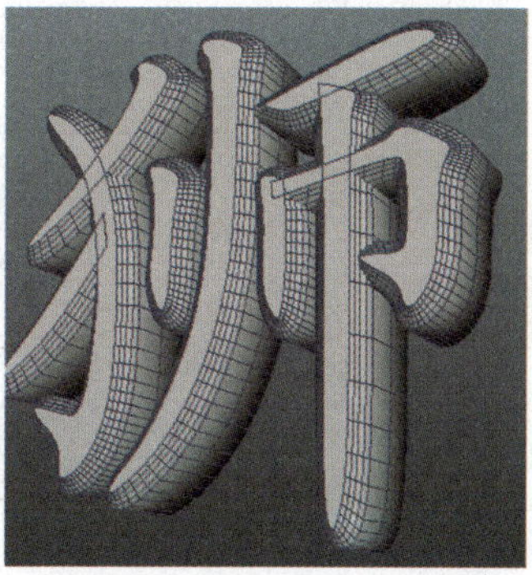

其参数面板如下图所示。

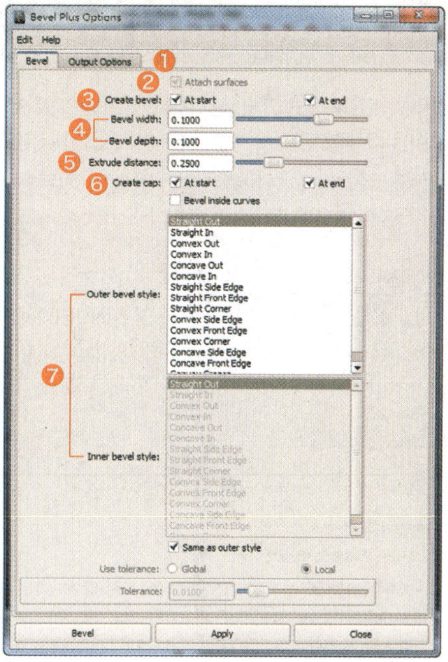

❶ Output Options（输出选项）：用于设置生成物体的几何体类型。

❷ Attach surfaces（连接曲面）：用于设置形成的曲面是否结合在一起，当选择NURBS类型模型时才被激活。

❸ Create bevel（创建倒角）：用于设置创建倒角的位置。

❹ Bevel width / depth（倒角宽度/深度）：创建倒角的宽度和深度。

❺ Extrude distance（挤压距离）：挤出的长度。

❻ Create Cap（创建顶盖）：设定倒角的曲面是否封盖。

❼ Outer / Inner bevel style（外部/内部倒角类型）：有许多倒角造型的预置效果，用户可以随意调用。

在使用倒角命令制作镂空倒角曲面时，应先选中外围的曲线，再选中内部的曲线，然后执行命令，如下图所示。

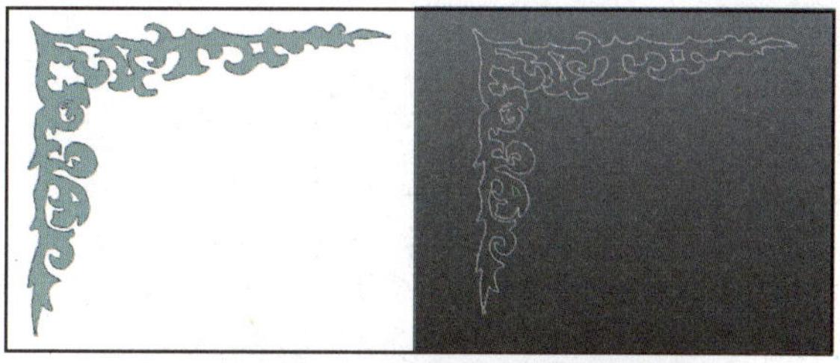

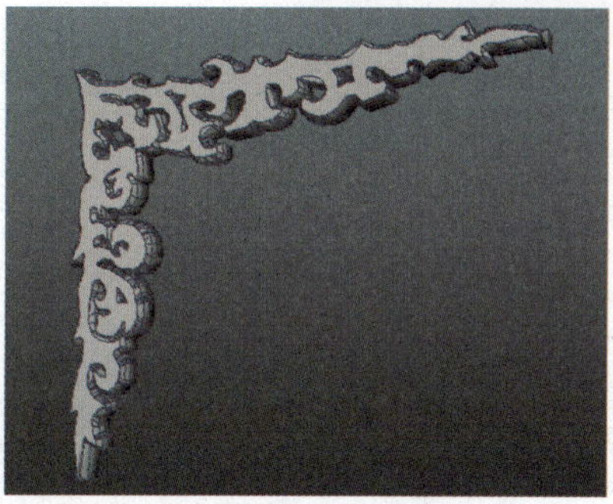

3.6 详解Edit NURBS（编辑NURBS）菜单

当用户把菜单模式切换到Surface（曲面）模块，会出现NURBS相关的编辑命令，Edit NURBS（编辑NURBS）菜单主要包括一些用来修改和编辑NURBS曲面的命令。下面来学习一下这些命令的应用，菜单如下图所示。

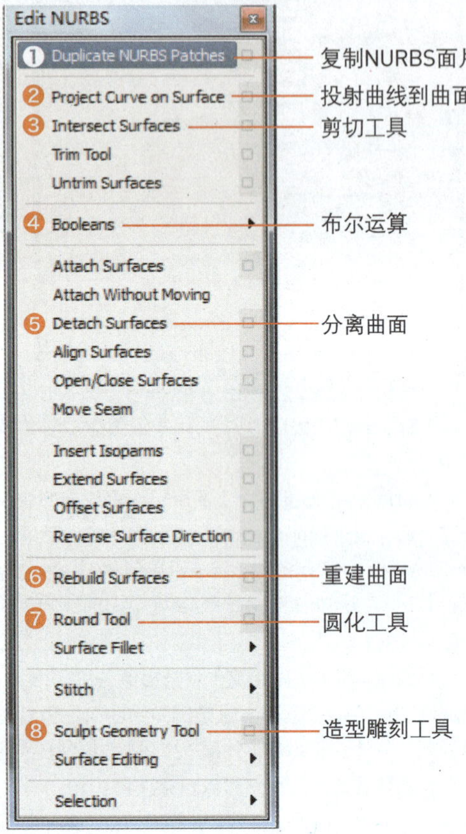

3.6.1 Duplicate NURBS Patches（复制NURBS面片）

当需要NURBS曲面上的面片时，可以先选中曲面，单击右键，将选择模式切换到Surface Patch（曲面面片）组元，选中需要复制的面片后，执行该命令，将面片提取出来，如下图所示。

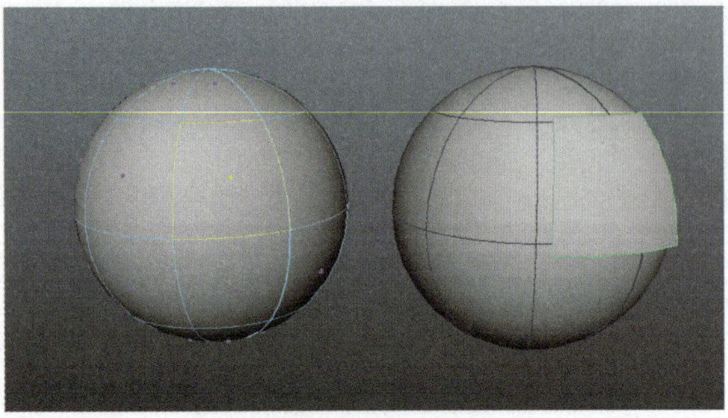

进阶练习：复制NURBS面片

01 在场景中执行Create（创建）>NURBS Primitives（基本NURBS模型）> Sphere（球体）命令，创建一个球体，如下图所示。

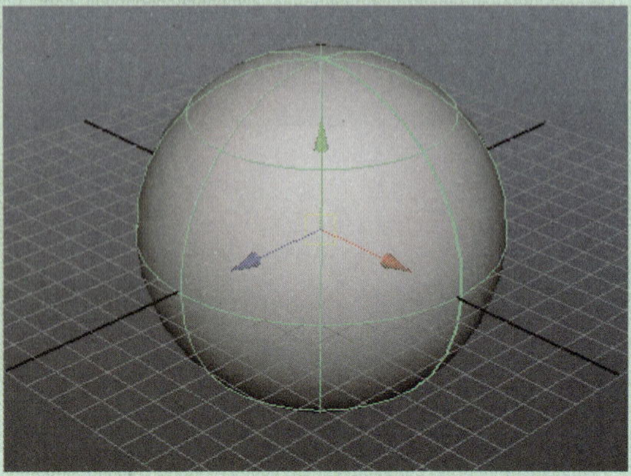

02 进入Surface Patch（曲面面片）组元模式，选中需要复制的面片，如下图所示。

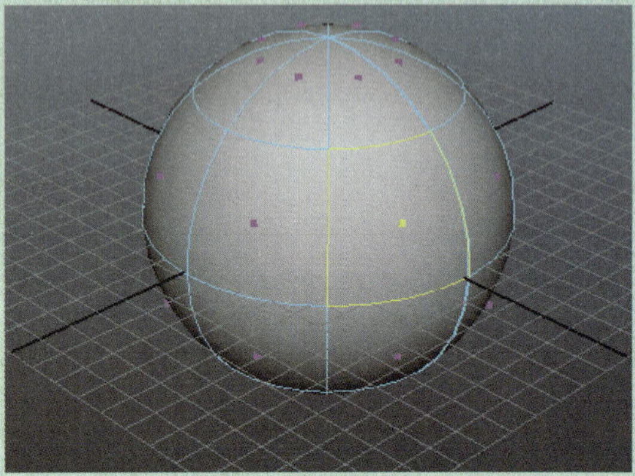

03 执行Edit NURBS（编辑NURBS）> Duplicate NURBS Patches（复制NURBS面片）命令，将该面片提取出来，如下图所示。

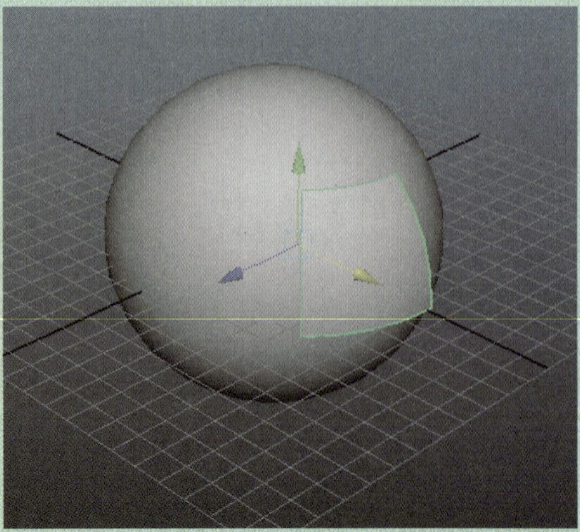

3.6.2 Project Curve on Surface（投射曲线到曲面）

将曲线投射到曲面上形成新的曲线，形成的新曲线会依附于曲面，可以使用工具对曲面进行剪切。如果对投射后曲线的投射角度不满意还可以调整，曲线会依附于曲面移动。如果想得到该曲线，可以执行Duplicate Surface Curves（复制曲面曲线）命令将曲线提取出来，其参数面板如下图所示。

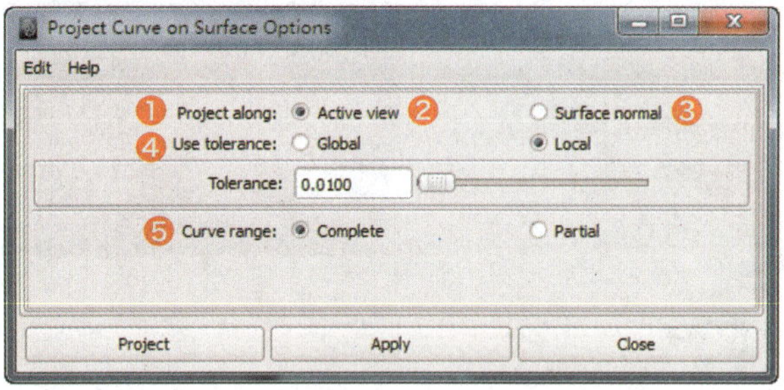

❶ Project along（投射方向）：曲线投射的方向。
❷ Active view（活动视图）：曲线会以视角方向作为投射方向。
❸ Surface normal（曲面法线）：以曲面的法线方向作为投射方向。
❹ Use tolerance（设置容差）：设置原始曲线的容差值。
❺ Curve range（曲线范围）：控制投射曲线的有效范围，参数设置效果如下图所示。

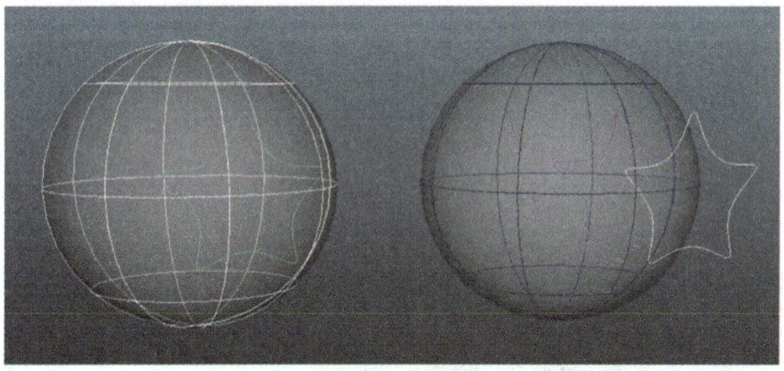

3.6.3 Trim Tool（剪切工具）

这是一个经常使用的命令，配合其他命令，如Project Curve on Surface（投射曲线到曲面）等，可以对曲面进行剪切。使用该命令时要注意，先选中要剪切的曲面，然后执行命令，这时整个曲面会变成白色的虚线，选中要留下的面，选中后虚线会变成实线，按下Enter键，曲面会被剪切下来，效果如下图所示。

进阶练习：剪切曲面

01 在场景中执行Create（创建）>NURBS Primitives（基本NURBS模型）>Sphere（球体）命令，创建一个球体，如右图所示。

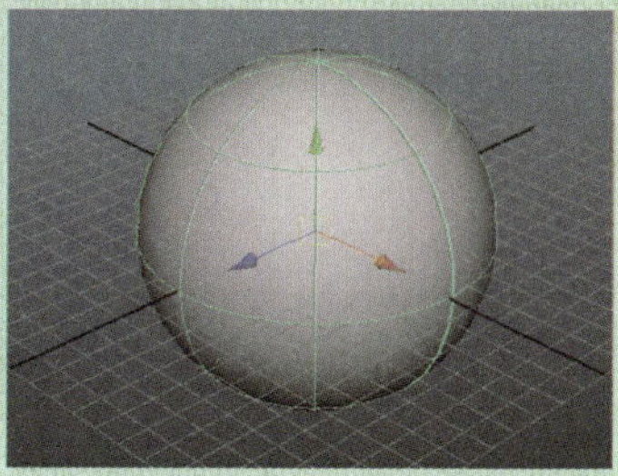

02 再执行Create（创建）>NURBS Primitives（基本NURBS模型）>Circle（圆环）命令，创建一个圆环，将这个圆环移动到球体旁边，如右图所示。

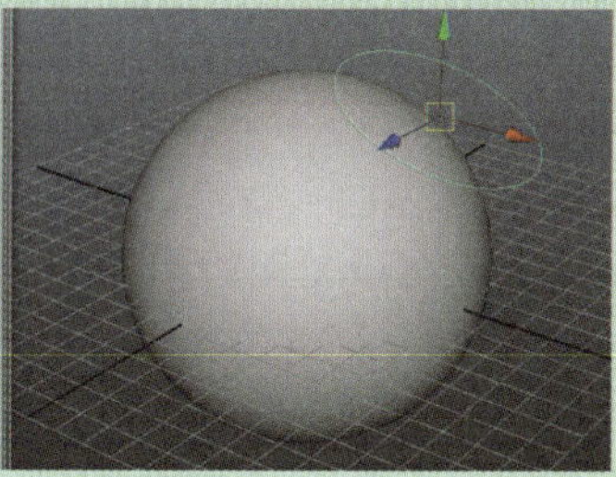

03 选中曲线，再选中球体，执行Edit NURBS（编辑NURBS）>Project Curve on Surface（投射曲线到曲面）命令，如右图所示。

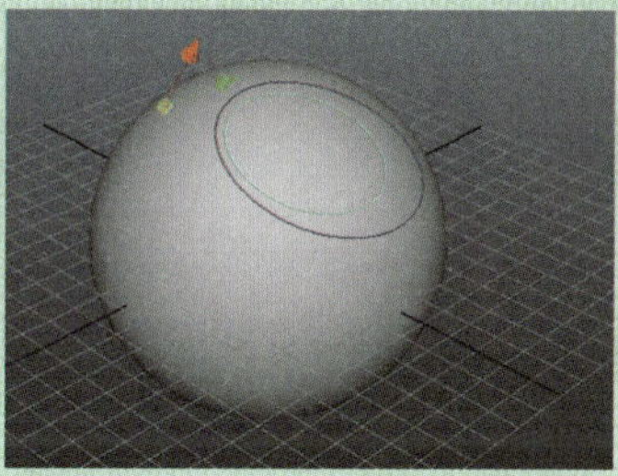

提示：投射之后我们可以看到一个手柄，拖动手柄可以移动映射在球体上的曲线。

04 选择球体，执行Edit NURBS（编辑NURBS）>Trim Tool（剪切工具）命令，此时球体变为白色线框结构，如右图所示。

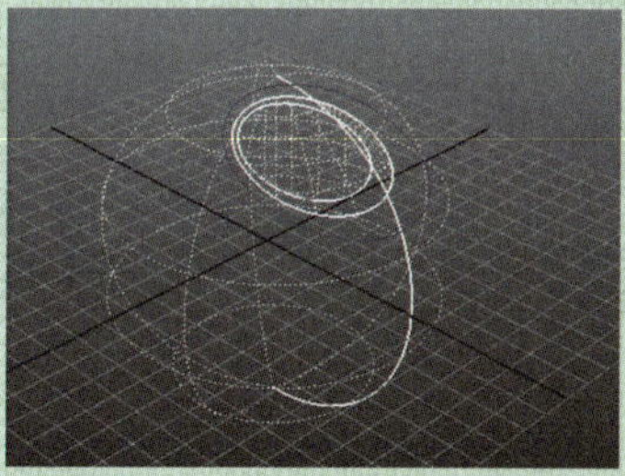

05 单击预留区域，有黄色标记表示选中该区域，效果如右图所示。

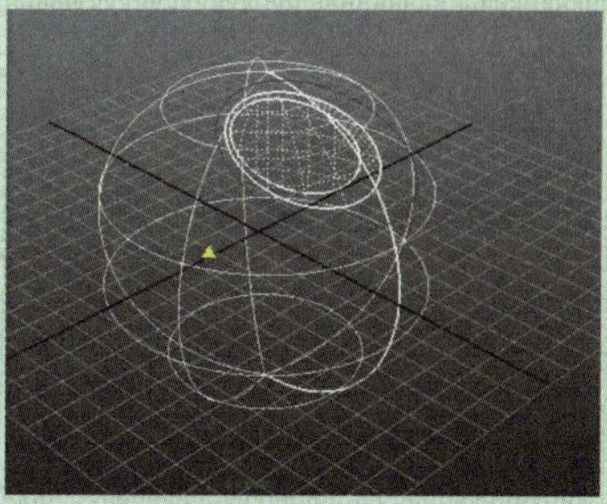

提示：如果分割后的曲面有若干个分割区域，可以同时选择若干块区域留下。

06 按下Enter键。我们看到剪切的部分消失，只留下选中的预留区域，如右图所示。

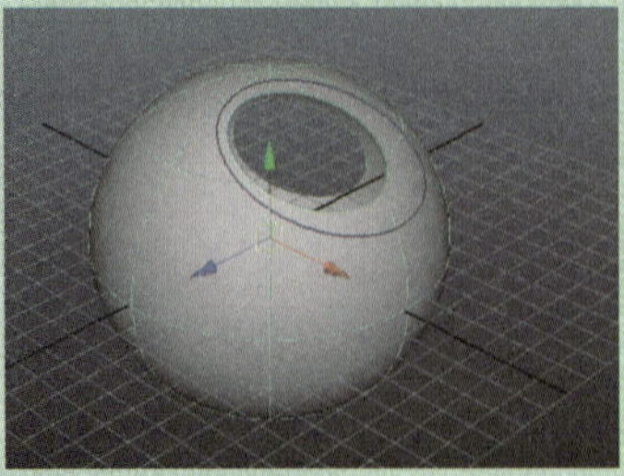

3.6.4 Booleans（布尔运算）

Booleans命令下一共有三个子命令，分别为：Union Tool（并集工具）、Difference Tool（差集工具）和Intersection Tool（交集工具），分别用来执行布尔命令中的并集运算、差集运算和交集运算，如下图所示。

该命令不同于其他工具，使用时先执行命令，选中第一部分曲面，然后按下Enter键，再选中第二部分曲面，再次按下Enter键，Booleans（布尔运算）命令将被执行。执行不同子命令后的效果如下图所示。

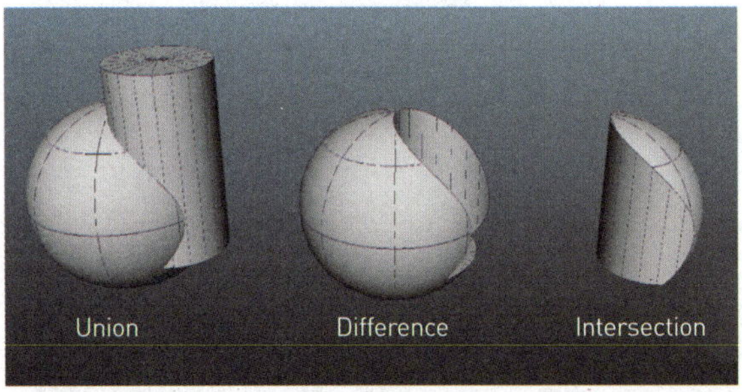

3.6.5 Detach Surfaces（分离曲面）

该命令主要用于将一个完整的曲面分割开来，在使用时，先选中曲面，单击右键，进入Isoparm（等参线）组元模式，选中ISO参数线，即分割线，最后执行命令，如下图所示。

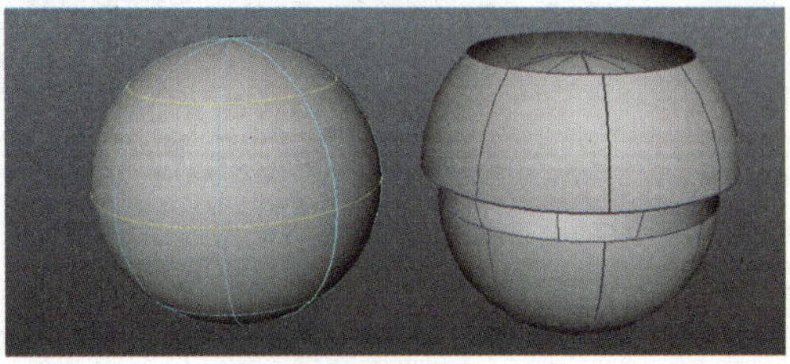

进阶练习：分离典面

01 在场景中执行Create（创建）>NURBS Primitives（基本NURBS模型）>Sphere（球体）命令，创建一个球体，如右图所示。

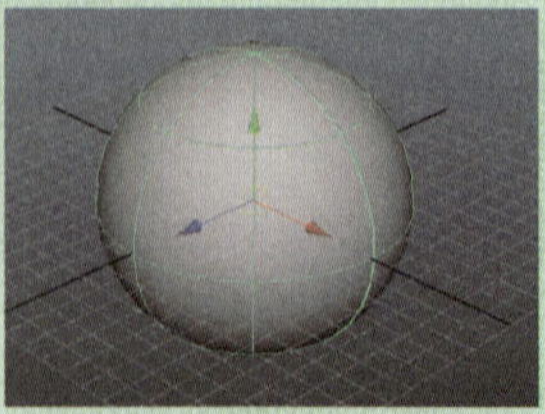

02 单击右键，进入Isoparm（等参线）组元模式，选择需要作为分离边界的等参线，如右图所示。

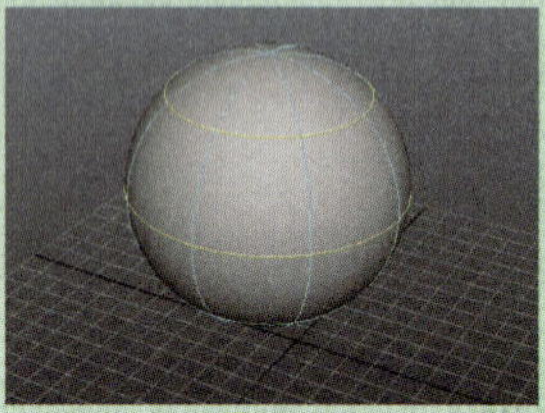

03 执行Edit NURBS（编辑NURBS）>Detach Surfaces（分离曲面）命令，分离效果如右图所示。

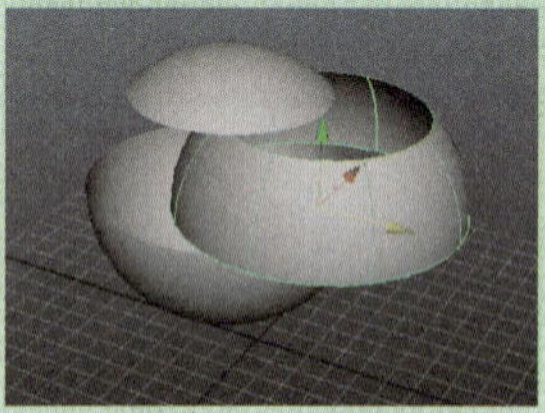

3.6.6 Rebuild Surfaces（重建曲面）

这是一个经常使用的命令，用户在创建曲面时，利用Loft（放样）等工具由曲线生成曲面时，容易造成曲面上的曲线分布不平均，影响曲面的进一步编辑。使用该命令可以使曲面上的UV方向的曲线分布更为合理，其参数面板如下图所示。

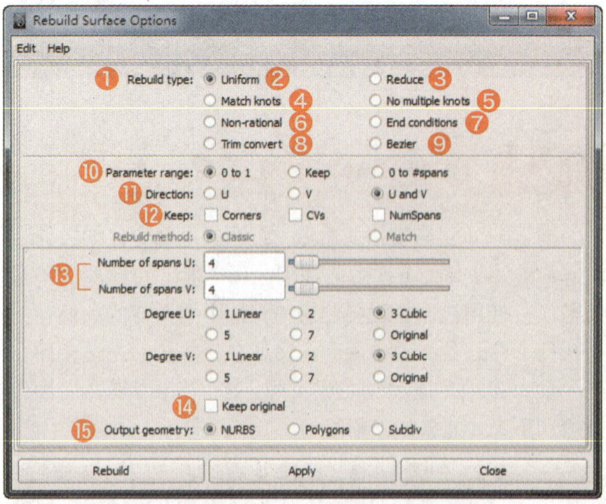

❶ Rebuild type（重建类型）：重建曲面的类型，一共分为8种。

❷ Uniform（规律）：按照自定义的UV节点数平均重建曲面。

❸ Reduce（减少）：在保证曲面的形态不作变化的基础上，重建曲面时尽量减少曲线的数量。

❹ Match knots（匹配节点）：匹配两个曲面的节点，使其节点数、片段数等数据相同。

❺ No multiple knots（取消多余节点）：取出全部多重节点，使原始曲面和目标曲面具有同样的精度。

❻ Non-rational（有理）：在曲率较高的部分插入编辑点，重建为非有理曲面。

❼ End conditions（末端调节）：可以控制曲面边界边是否与重建曲面的边界相一致。

❽ Trim convert（修剪转换）：将一个剪切曲面转化为非剪切曲面。

❾ Bezier（贝塞尔曲线）：重建为贝塞尔曲面。

❿ Parameter rang（参数范围）：设定重建后的曲面UV的参数。

⓫ Direction（方向）：设定在哪个方向上修改节点。

⓬ Keep（保持）：设置重建曲面时的依据。

⓭ Number of spans U/V（段数）：设置重建曲面的UV方向上的段数，如下图所示。

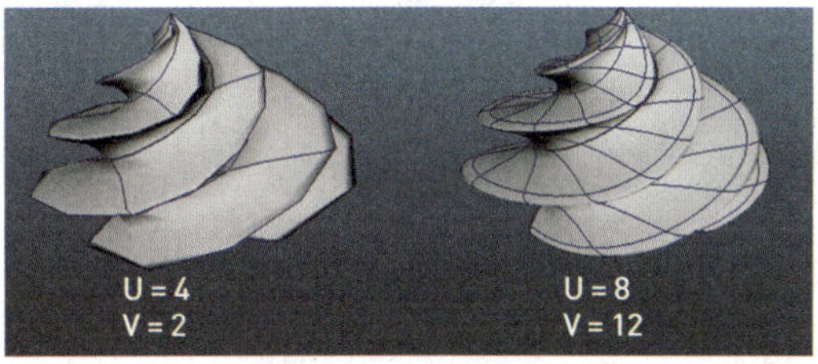

⓮ Keep original（保留初始）：是否保留原始曲面。

⓯ Output geometry（输出几何体）：重建曲面的几何体类型。

进阶练习：重建曲面

原始文件： Chapter3\3.6\rebuild.mb

01 打开文件，看到模型如右图所示。

02 选中模型，单击Edit NURBS（编辑NURBS）Rebuild Surfaces（重建曲面）命令后的小方块按钮，打开参数面板，设置参数U为4，V为4，单击Apply（确认）按钮，观察模型如右图所示。

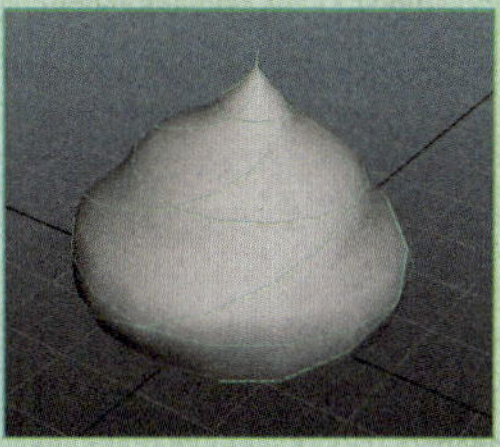

03 执行Ctrl+Z组合键，回退一步，重新设置参数，设置U为32，V为32，单击Apply（确认）按钮，观察模型，如右图所示。

3.6.7 Round Tool（圆化工具）

该命令用于将相交的NURBS边界产生圆滑的过渡。先执行命令，在视窗中选中需要圆化的曲面边缘，在两个曲面间出现一个黄色的半径调节器，调整好圆化半径，按下Enter键，在两个曲面间形成一条平滑的曲面。

执行Round Tool（圆化工具）命令需要注意，在选择曲面边沿的时候，曲面间的夹角不要低于15°也不要大于165°，并不十分容易选中，效果如下图所示。

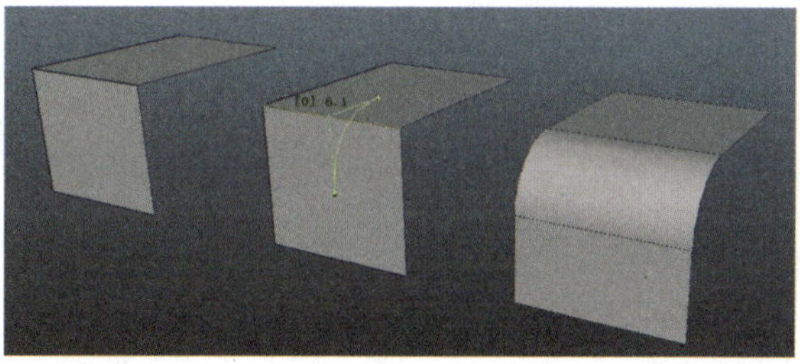

3.6.8 Sculpt Geometry Tool（造型雕刻工具）

使用雕刻笔工具对NURBS曲面进行修改和编辑时，需要注意NURBS曲面的段数一定要加大，才能将雕刻过的曲面变得平滑。该命令与多边形的雕刻工具中笔刷的使用方法是一样的，在此不再赘述，其参数面板如下图所示。

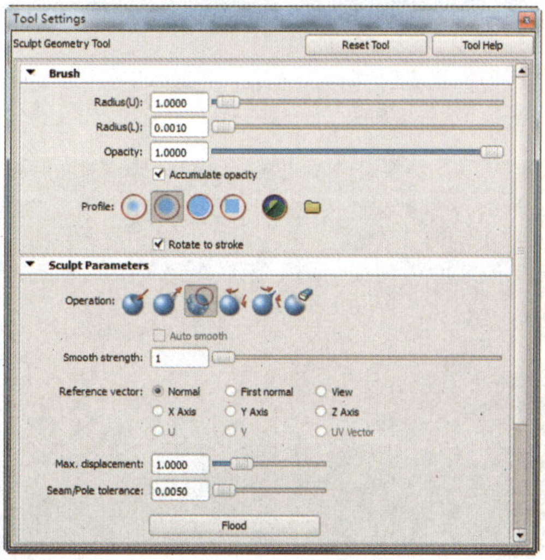

综合案例 2 用NURBS曲面建模方式制作一只卡通虾

下面我们通过一个实例讲解NURBS建模的综合应用。

最终效果 Chaper3\Fiual\shrimp.mb

案例概述 用简单的NURBS曲面模型制作一只卡通虾。

技术难点
1. 曲面球体的灵活运用。
2. 熟练使用最基本的曲面物体。
3. 修改曲面模型。

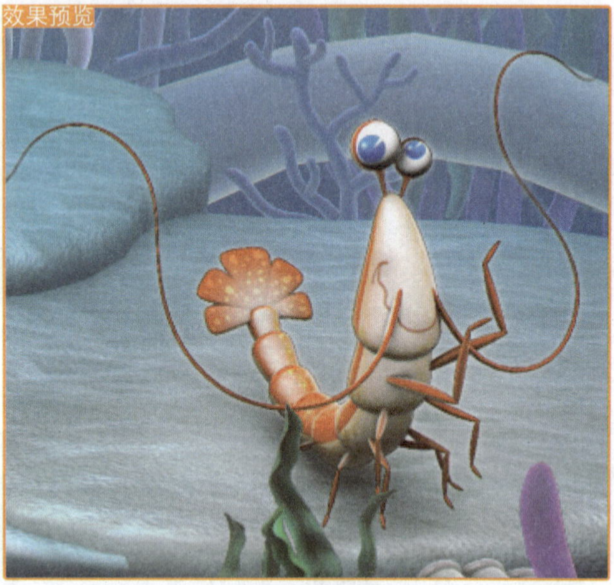

Step 01. 在透视图中创建NURBS球体，切换到侧视图，进入NURBS球体的CV控制点组元，如下图所示。

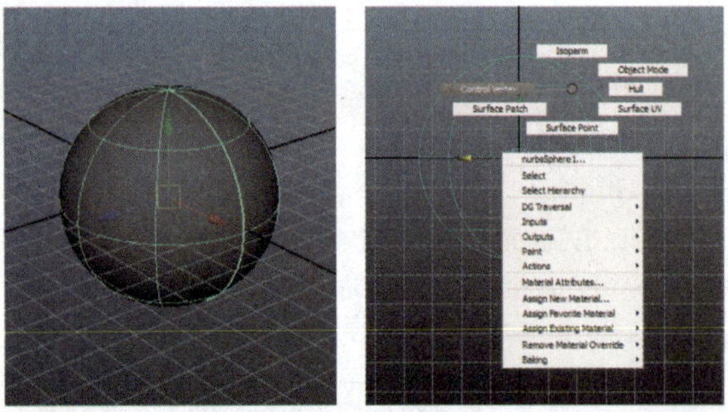

Step 02. 选择U方向的一圈点，将球体底部排列成一圈的点放大，如下图所示。

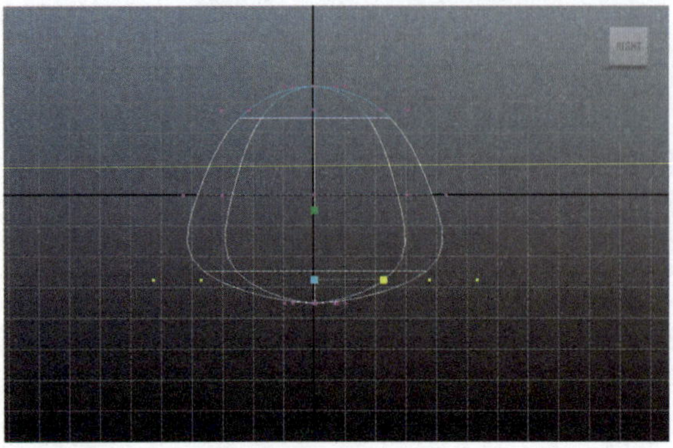

Step 03. 而将排列在上部的两圈点整体缩小，并向上拖拽，如下图所示。

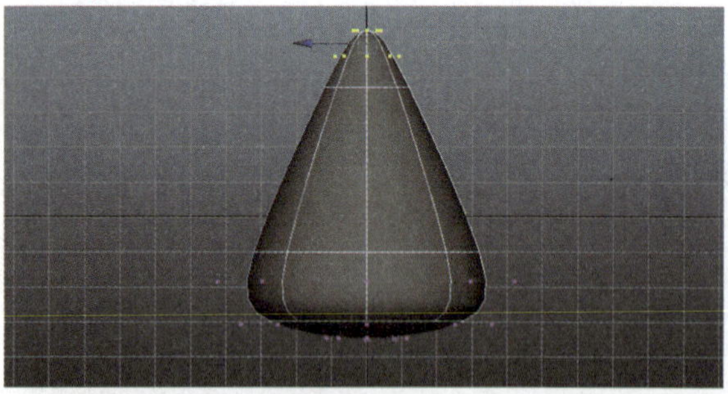

Step 04. 对每一圈点进行微调，执行包括：放大缩小、旋转、移动的操作，将球体调整为如下图的形状，作为虾头。

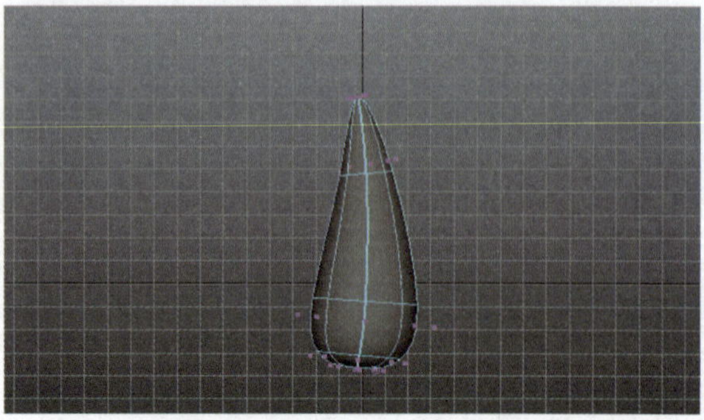

Step 05. 下面开始创建虾的身体。将虾头部分的球体复制，并且将细而尖的一段向下压，将其形状变得短一些，如下图所示。

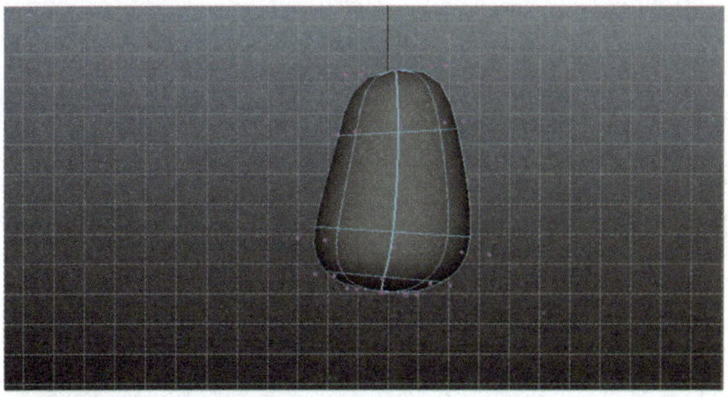

Step 06. 因为虾的身体有许多节，所以可以对制作好的虾身体进行复制，复制个数没有一定的要求，一般复制5~7节即可，并将这5~7节身体部分依次缩小一些，如下图所示。

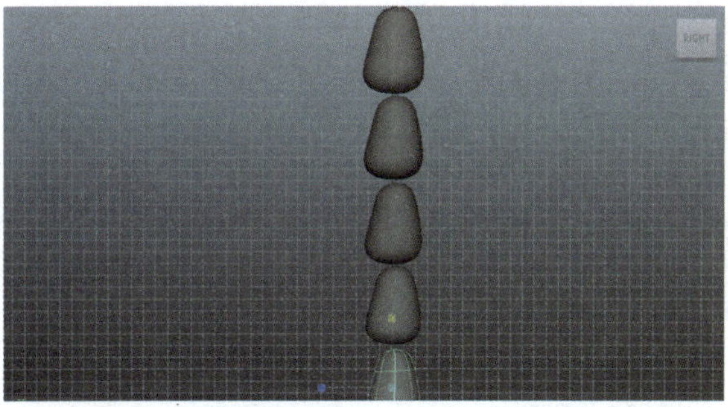

Step 07. 仍然在侧视图中，将虾头与虾的身体依次排列好，排列成一个弯曲的虾的形象，如下图所示。

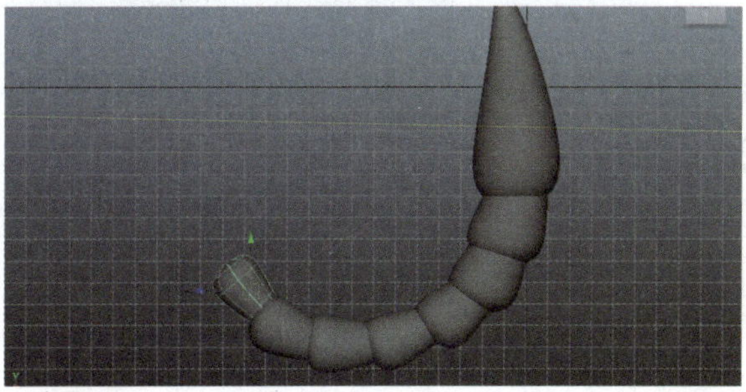

Step 08. 接着来制作虾的眼睛。在透视图中创建一个NURBS球体作为眼珠，如下图所示。

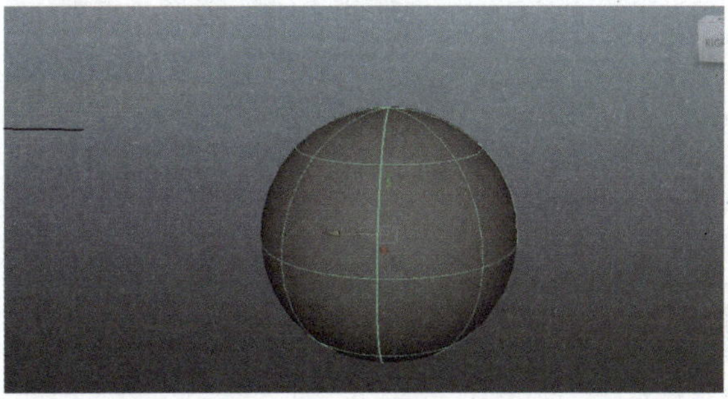

这里需要说明的是，生物的眼珠通常都用NURBS球体来制作，因为NURBS球体的UV正好符合眼珠中瞳孔的方向，与眼珠的贴图绘制十分吻合，如下图所示。

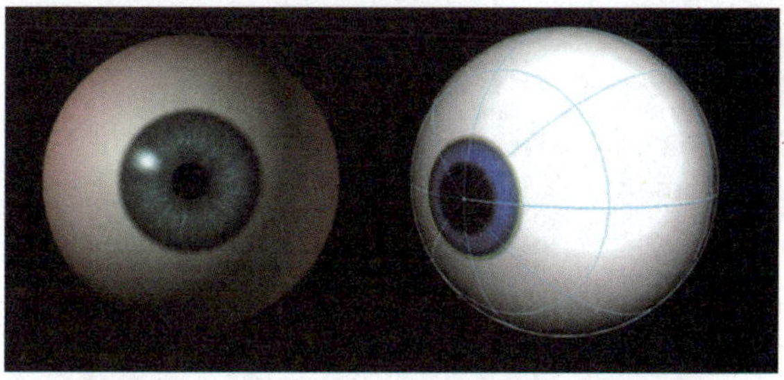

Step 09. 需要将眼球的方向转过90°，使球体的UV线与瞳孔和眼球的方向吻合，如下图所示。

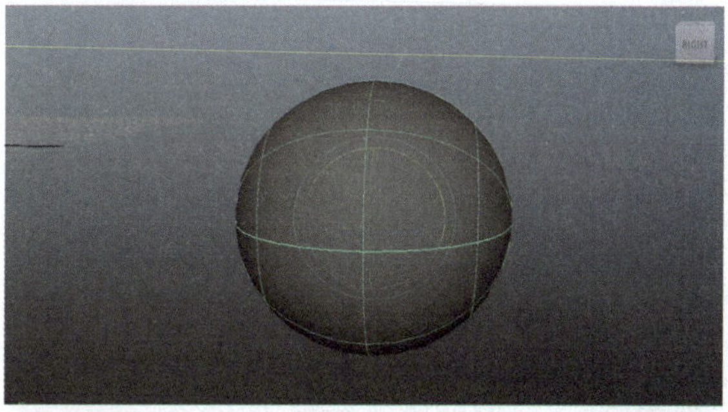

Step 10. 接下来开始制作眼眶。为了方便制作，可以直接复制这个眼珠球体，并把它向放大一些，并向后方拖去，如下图所示。

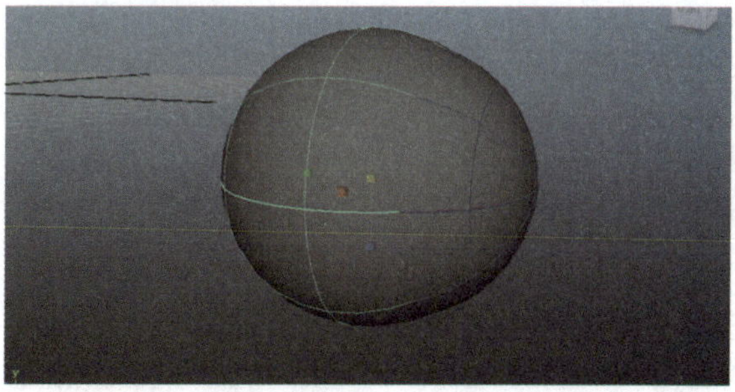

Step 11. 重新切换到侧视图，按键盘上的4键，切换为模型线框显示，这样方便在重叠的物体上修改形状，如下图所示。

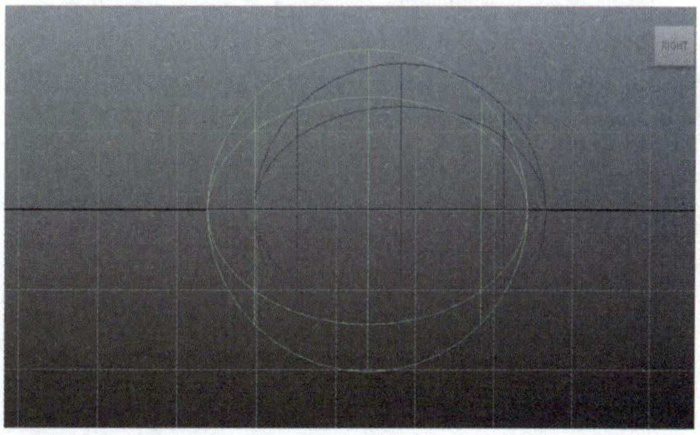

Step 12. 选择大一些的球体，单击右键进入CV控制点组元操作，选择右边两圈CV点，如下图所示。

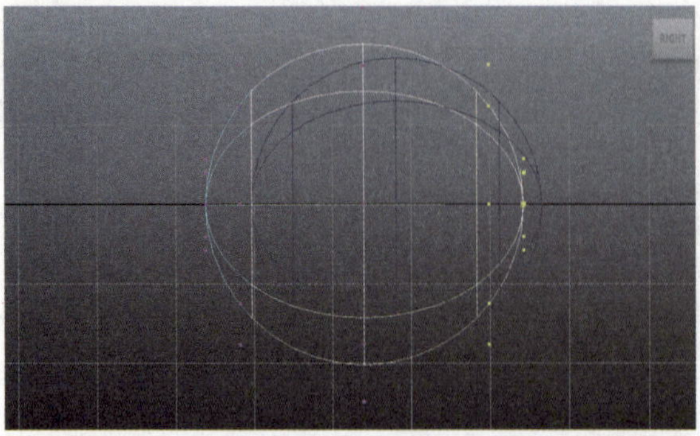

Step 13. 将其向左推移，使球体形状发生改变，使右端向左侧压过去，如下图所示。

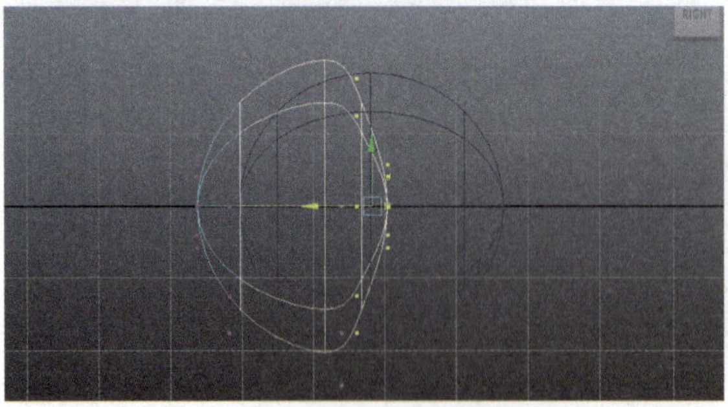

Step 14. 然后选择最右边一圈的CV点，再将其向左侧推移，使形状继续凹陷，如下图所示。

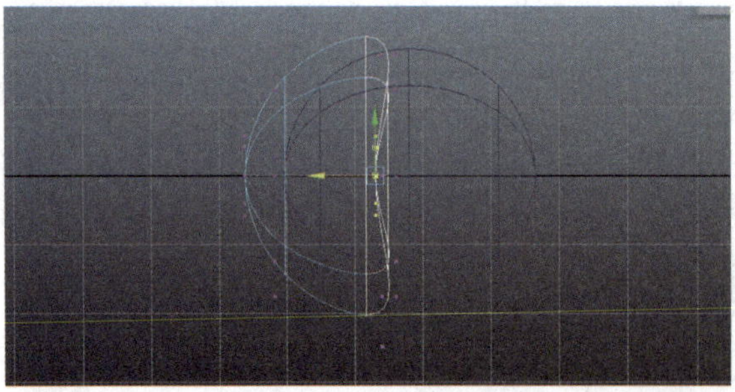

Step 15. 把眼眶部分向右侧移动一些，让两个物体贴得更近，就像眼眶包裹着眼球那样，如下图所示。

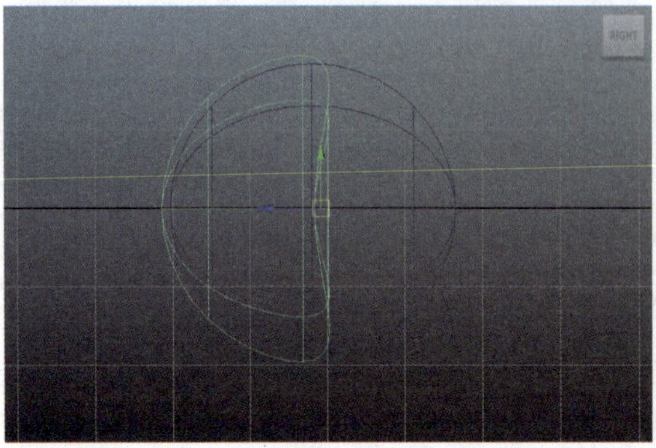

Step 16. 现在将两个物体全部选中，按Ctrl+G组合键将它们放入一个群组中，并执行Modify（修改）>Center Pivot（置中枢轴点）命令，将中心点找回正中，将Group命名为“group_eye”，如下图所示。

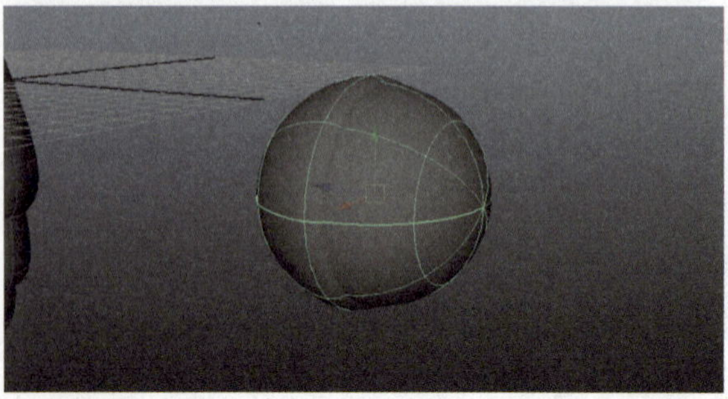

Step 17. 将“group_eye”移至虾头部上方，并调整其大小和位置，复制一个同样的组命名为“group_eye2”，放在另一边，如下图所示。

Step 18. 再建立一个NURBS球体，将其拉伸成一个长形椭球体，两端粗，中间细，如下图所示。

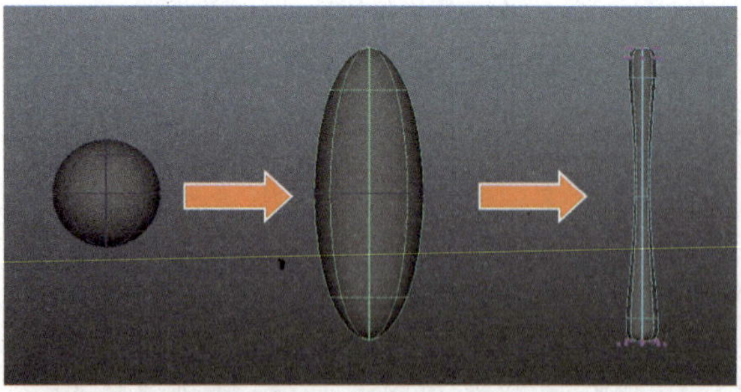

Step 19. 将这个形状插入眼球与头部之间作为连接，如下图所示。

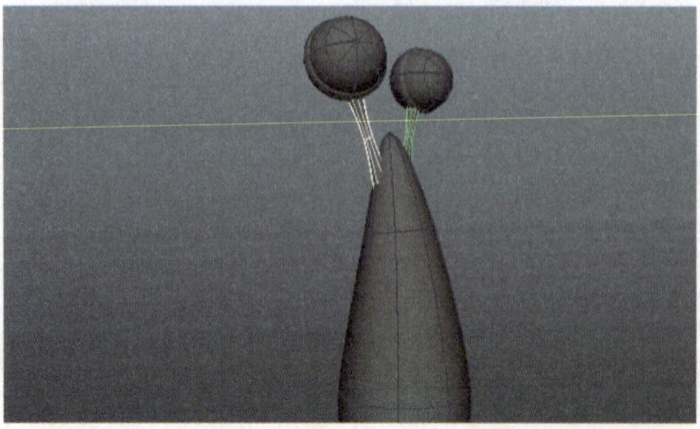

Step 20. 下面用同样的方法，把虾的脚做出来。创建一个球体，将之拉长，制作成一节虾脚，如下图所示。

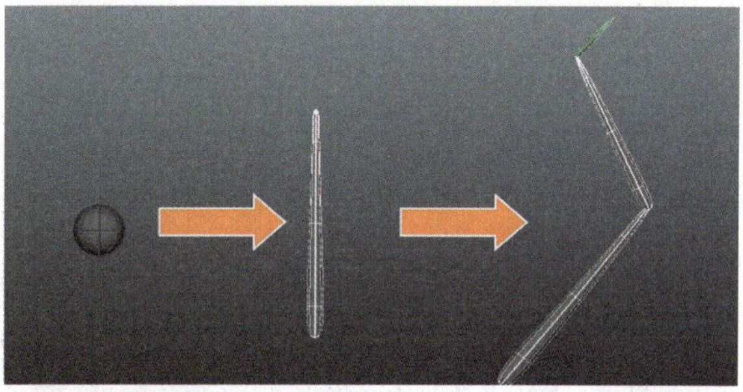

Step 21. 将三截虾脚放入一个群组，命名为“group_feet”，并执行Modify（修改）>Center Pivot（置中枢轴点）命令，将中心点找回正中，如下图所示。

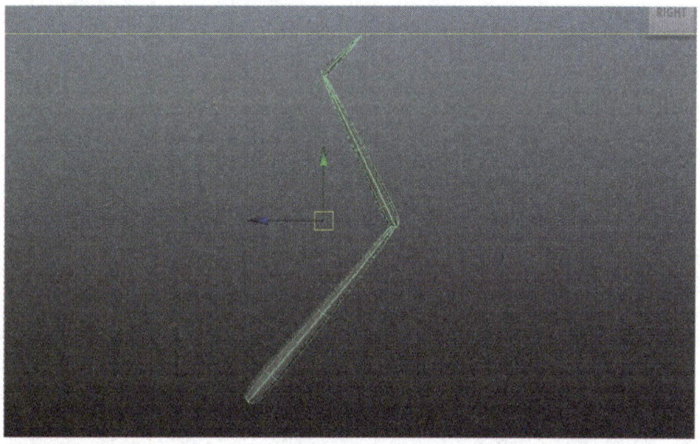

Step 22. 将“group_feet”复制，并摆放在虾的身体两侧合适的位置，姿势可以自由设计，没有固定要求，如下图所示。

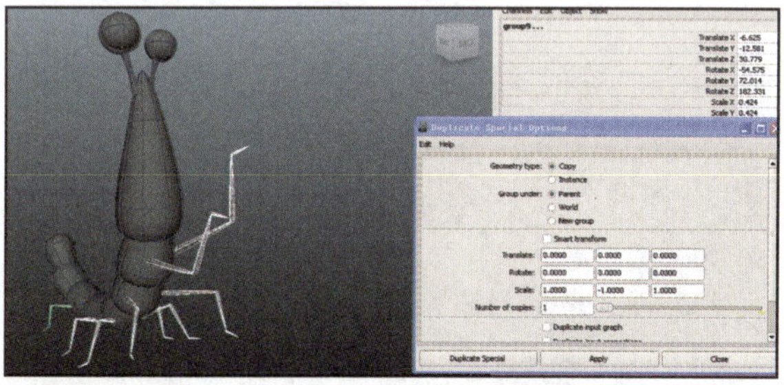

Step 23. 接下来制作虾的尾巴部分。虾的尾巴很好制作，可以直接归纳为小扁片。为了对位方便，直接选中虾最后一节身体，进行复制，拖至虾尾处，如下图所示。

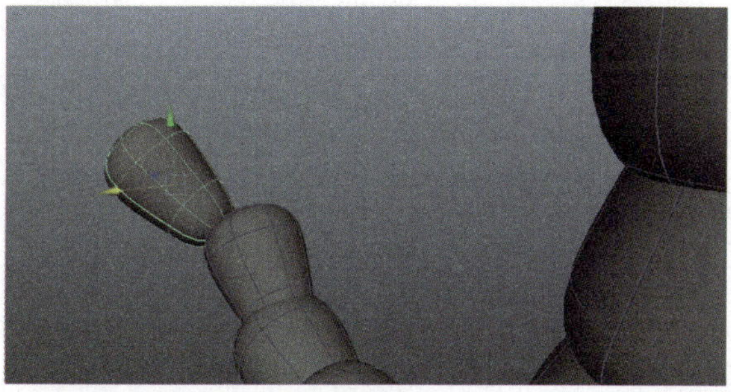

Step 24. 再将其压扁，把尾梢放大，根部缩小，稍微弯曲，如下图所示。

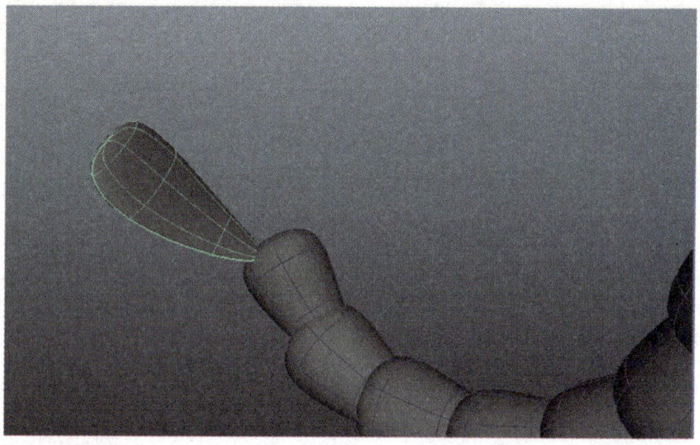

Step 25. 复制4个相同的尾部，在身体后呈扇形展开，排列好，如下图所示。

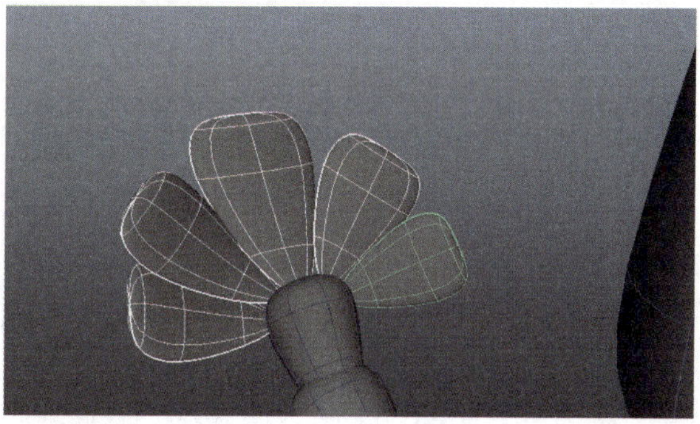

Step 26. 现在虾的身体已经完成，下面再把胡须加上。在前视图中创建一条曲线，如下图所示。

Step 27. 创建一个Circle（圆环），按住C键移动，将其吸附到曲线一端，与曲线方向垂直，如下图所示。

Step 28. 执行Surfaces（曲面）>Extrude（挤压）命令，设置参数如下图所示。

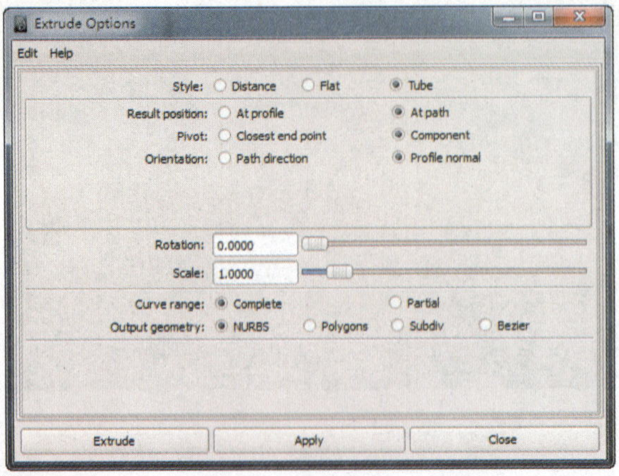

Step 29. 此时得到一根尾端收拢的Tube（管）状物，如下图所示。

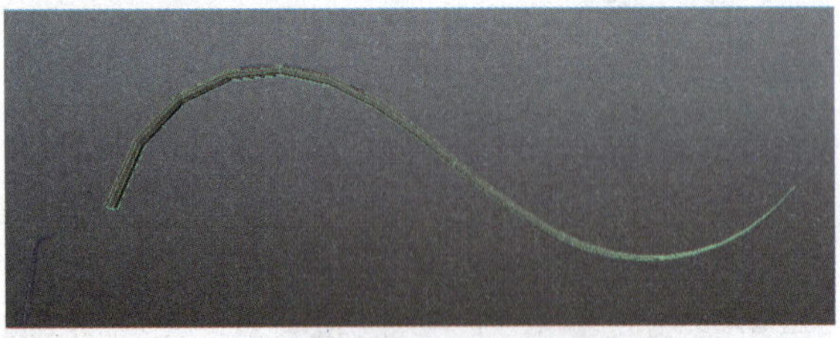

Step 30. 如果希望胡须更细，在删除历史资料之前，可以缩小顶端的Circle（圆环），整条胡须将会变得更细，如下图所示。

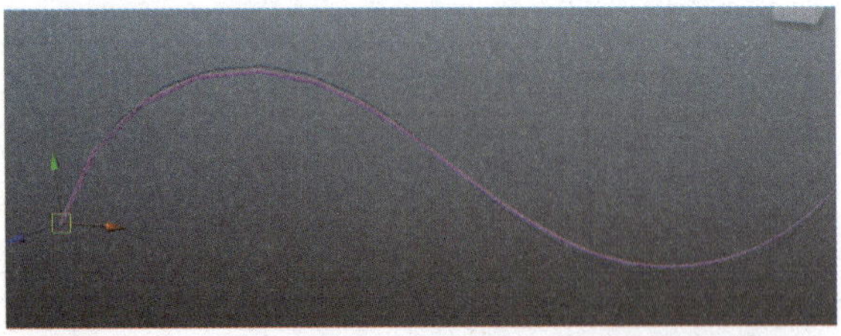

Step 31. 将胡须移至虾头部位，如下图所示。

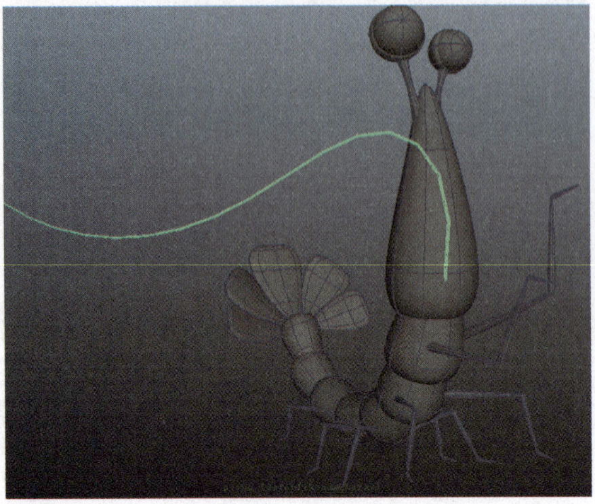

Step 32. 复制一条胡须，将两边的胡须排列好，完成虾的模型，如下图所示。

Step 33. 此时主体模型已经完成，接下来可以制作一些背景中的物体。首先是地面。创建一个NURBS平面，并将其中一些CV（控制点）拉起或压低，造成些微起伏，如下图所示。

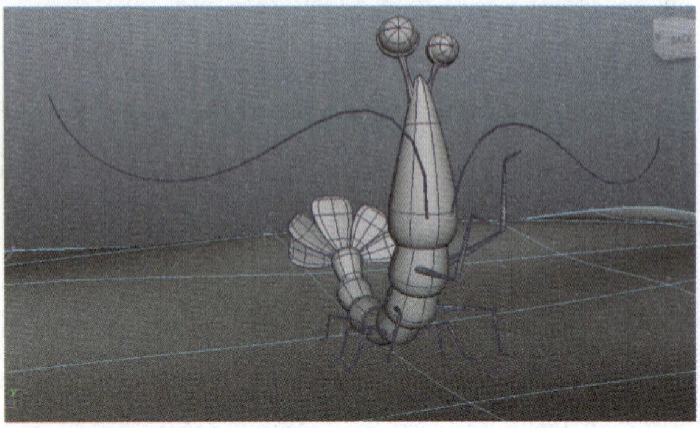

Step 34. 接着可以制作一些水草。创建一个NURBS平面，将U向和V向的段数增加，如下图所示。

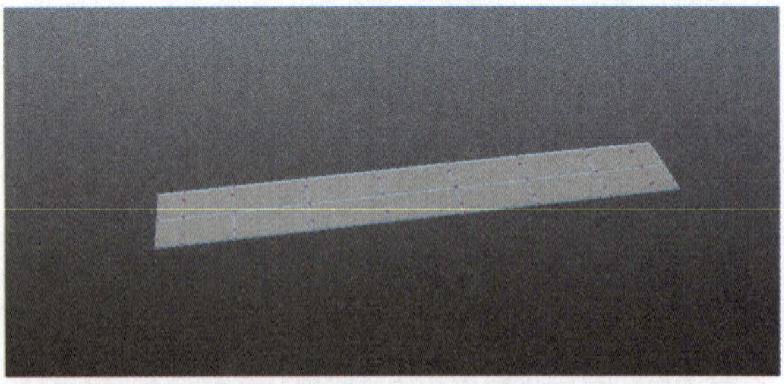

Step 35. 隔行选择平面上的点，并将其在Y方向上的位移交错开，制作出弯卷的感觉，如下图所示。

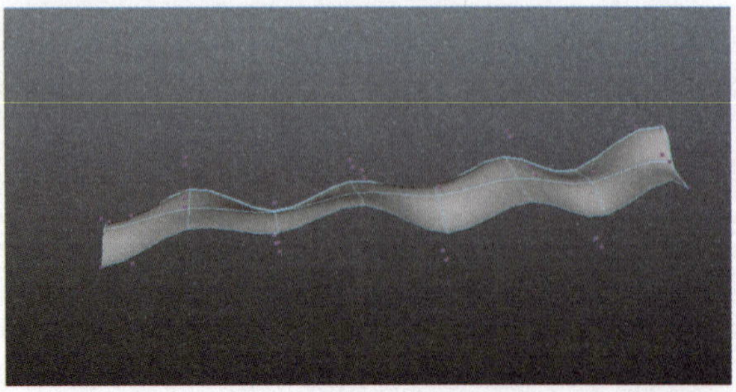

Step 36. 将曲面两端的点收紧，如下图所示。

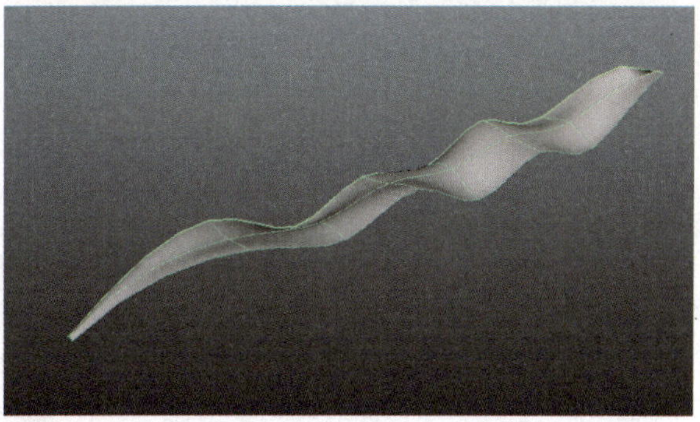

Step 37. 整体调整曲面的弯曲方向及程度，使之看起来更加自然，如下图所示。

Step 38. 将海草摆放在虾的背景处，尽量摆放得较自然，如下图所示。

Step 39. 给虾加上简单的贴图及灯光（贴图、灯光等内容将在后面章节中进行详细讲解），进行渲染，得到效果，如下图所示。

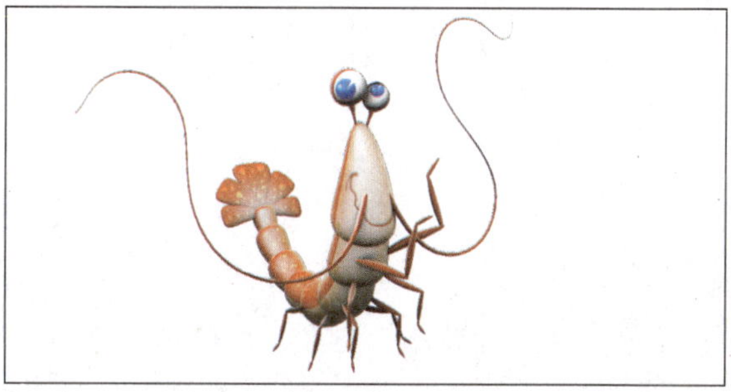

Step 40. 可以再继续加入简单的背景，渲染效果如下图所示。

Chapter 04

Subdiv Surfaces（细分曲面）建模

Subdiv Surfaces（细分曲面）建模是 Maya 中一种较新的建模方式，它既与 Polygon（多边形）建模有着一定相似之处，又与 NURBS 曲面建模类似。Subdiv Surface(细分曲面)建模不仅像 Polygons(多边形)建模方式便于控制，而且像 NURBS 曲面模型一样非常平滑且轻易解决了 NURBS 曲面建模时经常出现的接缝问题，它兼具了 Polygon（多边形）建模与 NURBS 曲面建模各自的优点，使用起来非常方便。

4.1 Subdiv Surfaces（细分曲面）建模概述

Subdiv Surfaces（细分曲面）模型与 NURBS 曲面模型具有相似的光滑表面，并且 Subdiv Surfaces（细分曲面）模型的控制点不一定在物体表面上，它可以像 NURBS 曲面模型上的 CV 点一样很“柔软”地调整模型形状，这一点和 Polygon（多边形）模型的调整方式是不同的，如下图所示。

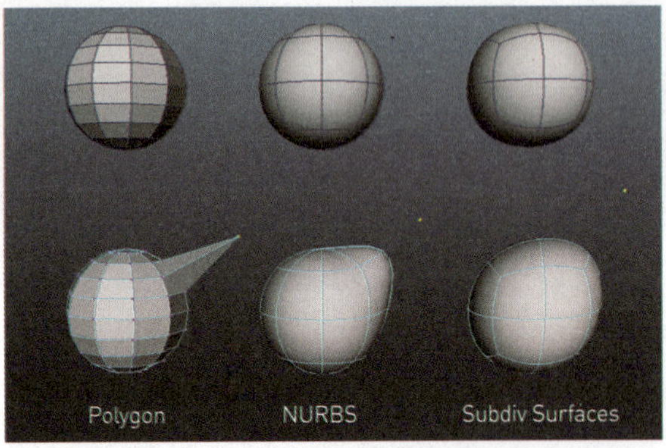

Subdiv Surfaces（细分曲面）模型看起来平滑，但控制点比较少，它的拓扑结构与 Polygon（多边形）模型一样，是一个整体，而不像 NURBS 曲面模型的表面由许多四方形面片构成，所以在使用细分曲面建模时不需要考虑面与面的缝合问题。大多数 Polygon（多边形）建模工具都可以应用在细分曲面模型上，如下图所示。

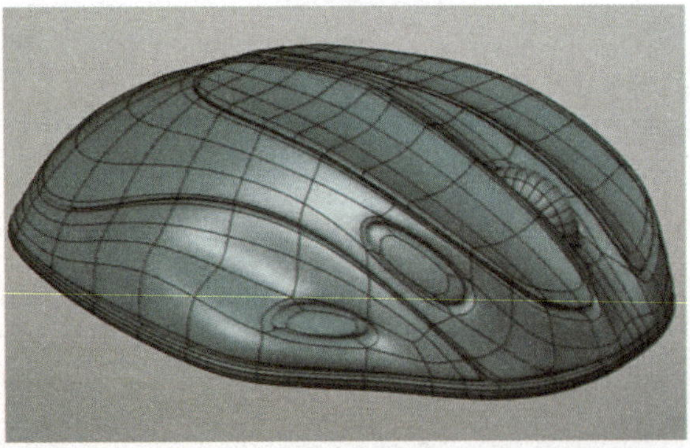

Subdiv Surfaces（细分曲面）建模方式最大的优点在于它的细分性——可以不断地提高模型局部的细节层次，使得我们在不增加整体模型细节的基础上，不断增加局部的细节，并可在高低两种细节层次显示级别间切换。

> **提示** 但是这个特点也容易导致一些问题。在创建和制作模型时，要尽量保证模型表面为四边面，而五边面是要尽量避免的，因为会导致模型的计算出现错误，尤其是在之后的绑定、动画及渲染环节，如果模型出现错误，后果将是十分严重的。

4.2 创建 Subdiv Surfaces（细分曲面）模型

下面向大家详细介绍 Subdiv Surfaces（细分曲面）建模的创建命令。

4.2.1 Subdiv Surfaces（细分曲面）模型显示方式

Subdiv Surfaces（细分曲面）模型和 NURBS 曲面模型非常相似，在选中当前模型后，可以使用键盘上的 1、2、3 数字键来控制模型的显示精度，如下图所示。

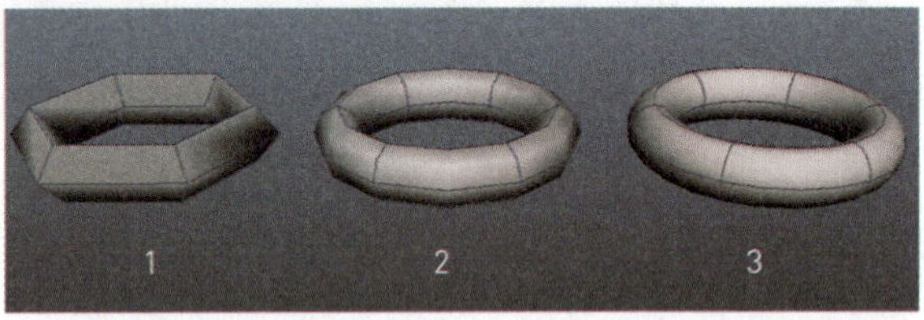

还可以通过执行 Display（显示）>Subdiv Surfaces（细分曲面）命令菜单下面的 Hull（壳）、Rough（粗）、Medium（中）和 Fine（优）命令，来分别设置细分对象的显示精度，如下图所示。

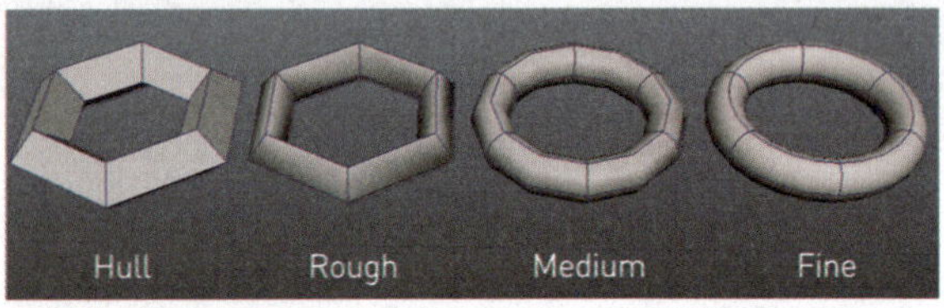

4.2.2 Subdiv Surfaces（细分曲面）模型的创建方式

在 Maya 中创建 Subdiv Surfaces（细分曲面）物体的方式以下有两种。

1）通过工具栏上的快捷按钮创建细分曲面模型原始物体，如下图所示。

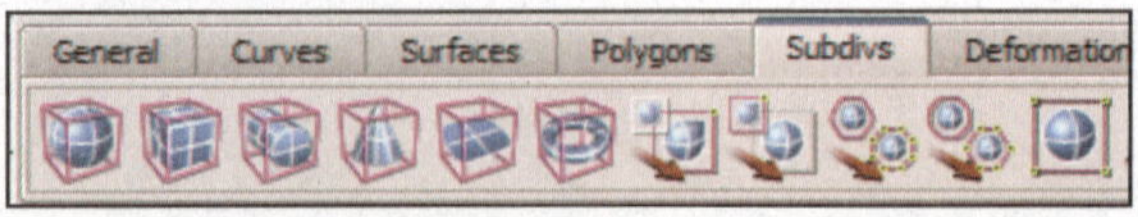

六种原始物体分别是 Subdiv Sphere（细分球体）、Subdiv Cube（细分立方体）、Subdiv Cylinder（细分圆柱体）、Subdiv Cone（细分圆锥体）、Subdiv Plane（细分平面）和 Subdiv Torus（细分圆环），6 种原始物体模型如下图所示。

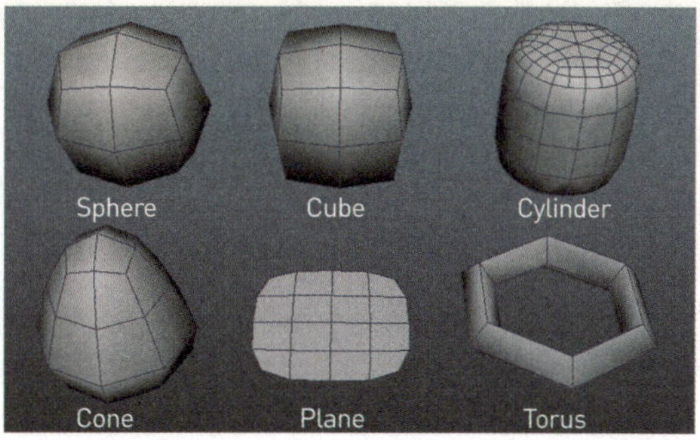

提示 不使用工具栏的话，可执行 Create（创建）> Subdiv Primitives（细分曲面模型）菜单下的命令，直接创建 Subdiv Surfaces（细分曲面）模型的原始物体。

2）将 NURBS 曲面或 Polygon（多边型）模型转换为细分曲面模型，如下图所示。

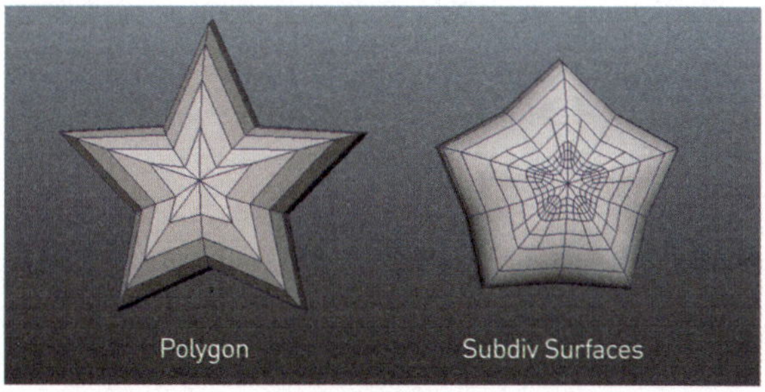

提示 这里需要注意的是转换 Polygon（多边形）模型时要在粗模时就进行转换，否则模型因细节过多往往会导致转换时计算出错，最终导致模型无法转换；而 NURBS 曲面模型由于是由一个一个面片构成的，在转换时也会分为一个一个面片进行转换，面片之间的衔接处需要多加注意。

将 Polygon（多边形）和 NURBS 曲面这两种类型的模型转换为 Subdiv Surfaces（细分曲面）模型时，可执行菜单 Modify（修改）>Convert（转换）>Polygons to Subdiv（多边形转换为细分曲面）命令或 Modify（修改）> Convert（转换）>NURBS to Subdiv（NURBS 转换为细分曲面）命令。

单击命令后的小方块按钮，可弹出 Convert NURBS/Polygons to Subdiv Options（转换 NURBS/ 多边形为细分曲面选项）面板，如下图所示。

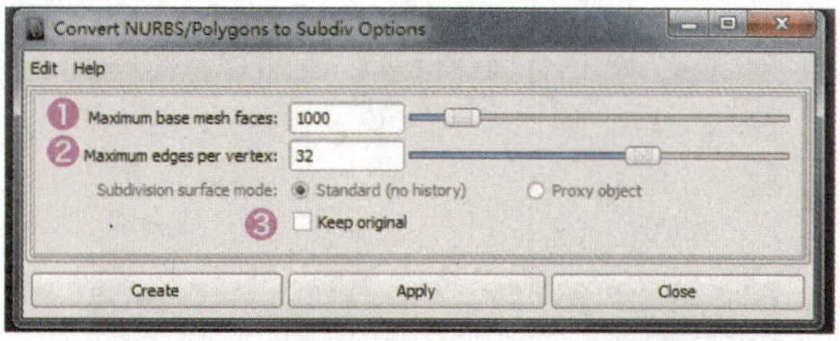

❶ Maximum base mesh faces（基于网格的最大面数）：设置原始物体面数的最大值。如果面数小于这个最大值将不能被转换。

❷ Maximum edges per vertex（每个点转化为边的最大值）：设置每个点转换后对应的边的最大数量。

❸ Keep original（保留初始）：转换完成后是否保留原始物体。

进阶练习：转换多边形模型为细分曲面模型

原始文件： Chapter 4 \ 4.2 \ convert.mb

01 打开原始文件，观察场景中的物体。这时可以看到五角星的布线是均匀分布的，如下图所示。

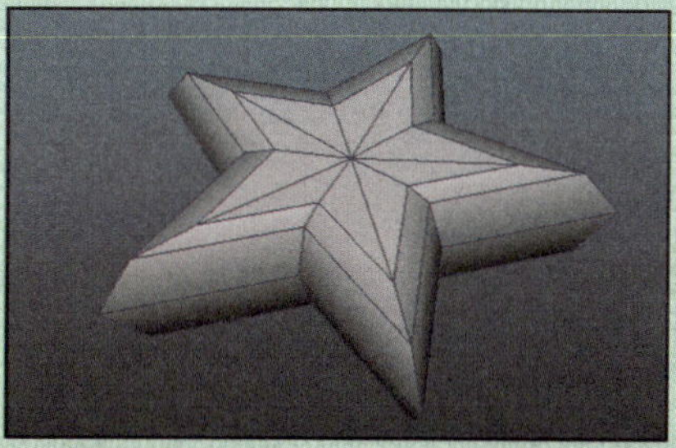

02 选中物体，执行 Modify（修改）>Convert（转换）>Polygons to Subdiv（多边形转换为细分曲面）命令，观察转换成细分模型的五角星的布线和形状都发生了较大的变化，如下图所示。

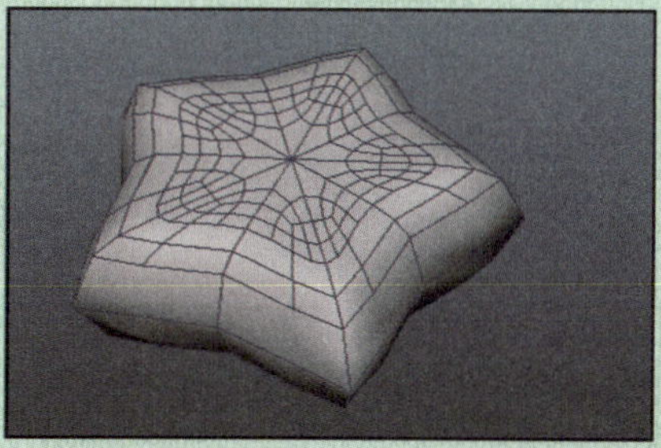

4.3 编辑 Subdiv Surfaces（细分曲面）模型的方法

下面介绍 Subdivi Surfaces（细分曲面）模型的编辑方法。

首先我们来看 Subdiv Surfaces（细分曲面）模型可以进行哪些操作。

选中一个细分表面模型，单击鼠标右键，弹出快捷菜单，如下图所示。

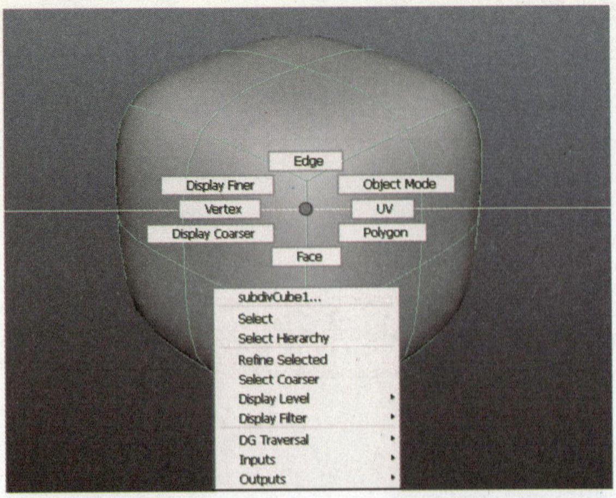

在弹出的快捷菜单中，可以看到 Vertex（点）、Edge（边）、Face（面）、UV、Display Finer（显示更佳级别）、Display Coarser（显示更差级别）和 Polygon（多边形代理）等几个选项。

进入编辑点、线、面及 UV 组元模式下的不同显示效果，如下图所示。

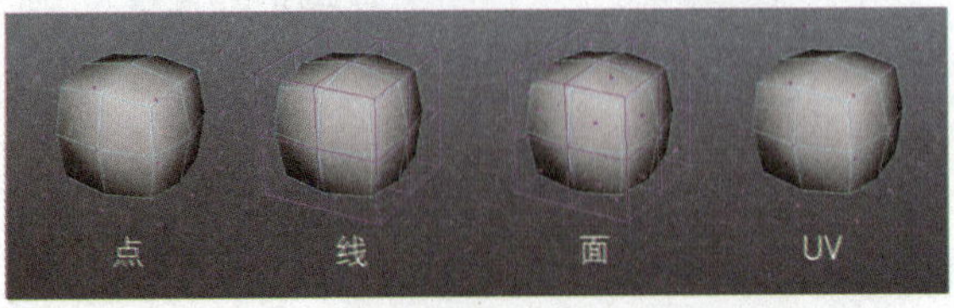

提示 我们可以发现 Subdiv Surfaces（细分曲面）模型的编辑方法类似于 Polygons（多边形）模型，不同的是细分物体根据表面的细节程度分为不同的若干等级，我们可以在这些不同细节等级间进行切换。

Subdiv Surfaces（细分曲面）模型可大致分为两种编辑模式，一种是 Polygon（多边形代理）模式，另一种是 Standard（标准）模式。

右键点击模型，选择浮动菜单中的 Polygon（多边形代理）选项，则模型进入多边形代理编辑模式；相反，在多边形代理编辑模式下，单击 Standard（标准）则模型回到标准细分编辑模式下，如下图所示。

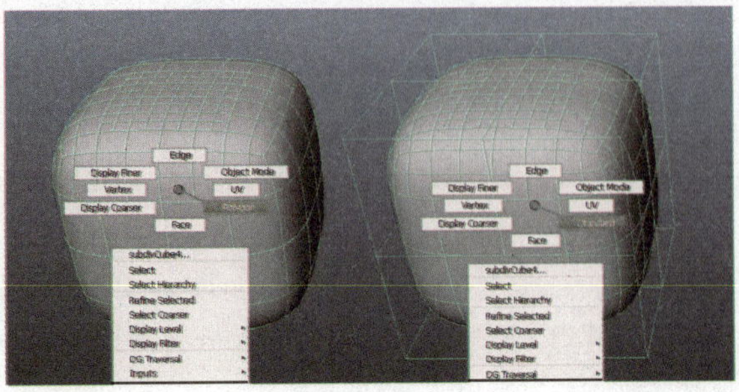

在 Polygon（多边形代理）编辑模式下，细分曲面模型会在四周自动生成代理网格，可以通过编辑代理网格来改变模型的形状，如下图所示。

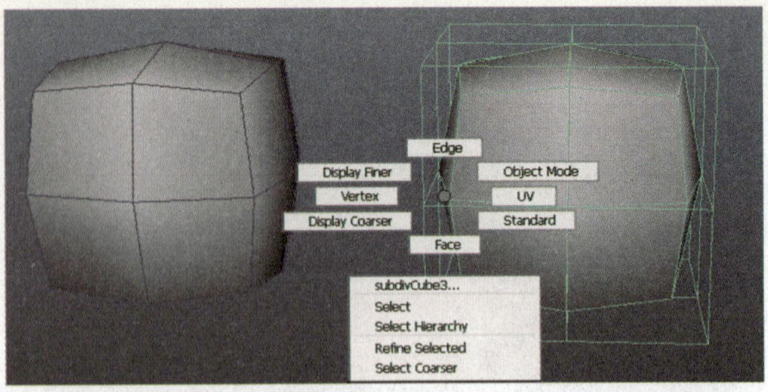

这种对 Subdiv Surfaces（细分曲面）模型进行编辑的方式类似于对 Polygon（多边形）模型的编辑模式，大部分能应用在 Polygon（多边形）模型的编辑工具都可以应用在 Subdiv Surfaces（细分曲面）模型上。

提示 对 Subdiv Surfaces（细分曲面）模型进行移动、旋转和缩放等操作方法同 Polygon（多边形）模型一样。

在 Standard（标准）编辑模式下可以对模型控制点进行细分，进入更细节的编辑。可以选择局部的点、线、面进行局部细分。在 Channel Box（通道栏）中，Display Level（显示级数）参数最初的数值为 0，共有 0~13 个选项可选，每一级参数都使对模型的编辑更加细致，如下图所示。

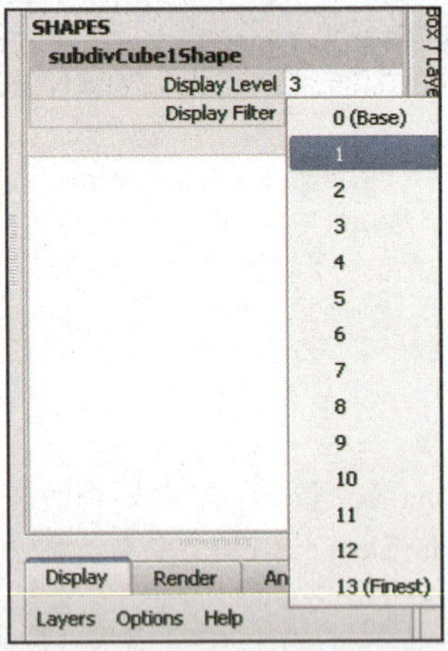

进阶练习：对细分曲面模型进行组元操作

01 在场景中执行 Create（创建）>Subdiv Primitives（基本细分模型）>Cube（立方体）命令，创建一个细分立方体，如下图所示。

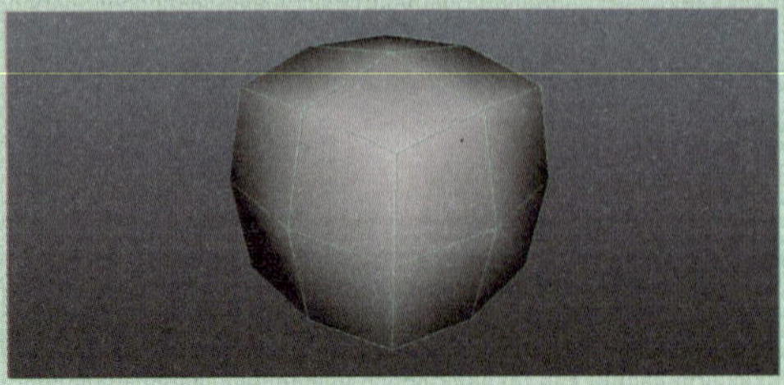

02 选中该细分模型，单击鼠标右键，在快捷菜单中选择 Vertex（点）编辑模式。选中一个或若干个 Vertex（点），如下图所示。

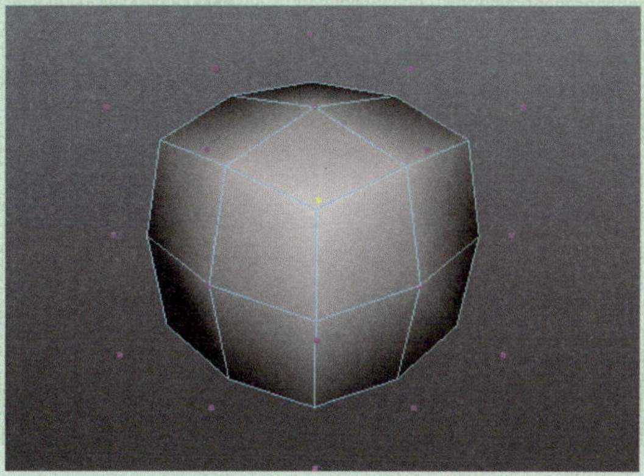

03 单击鼠标右键，在弹出快捷菜单中执行 Refine Selected（将选择细分）命令，将选中区域进行细分，如下图所示。

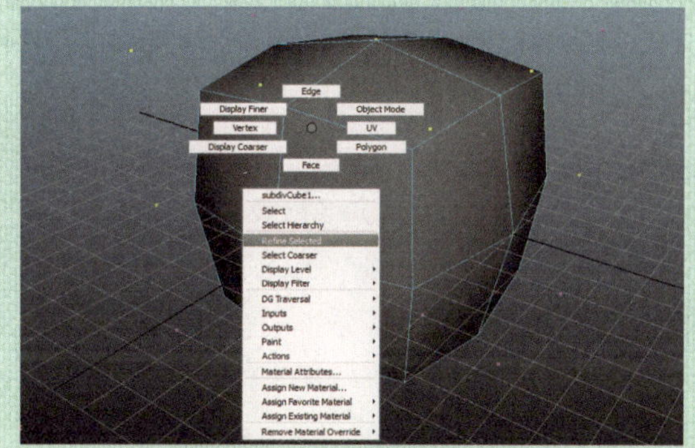

提示：这时，模型的细分级别已经被切换到 1 级细分状态。

04 再次执行 Refine Selected（将选择细分）命令在可以对模型继续进行细分，进入到 2 级细分状态。继续执行命令，可以进一步进行细分，如下图所示。

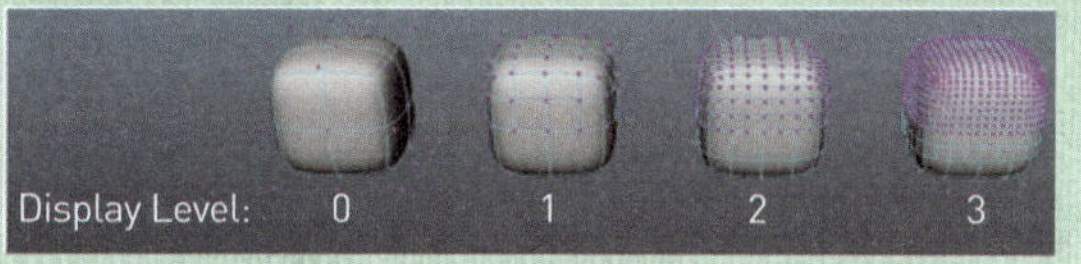

接下来我们通过实际操作了解一种更加直观的显示模式——Nurbers（数字显示）模式。

进阶练习：将细分曲面模型进行数字显示

01 在场景中执行 Create（创建）>Subdiv Primitives（基本细分模型）>Cube（立方体）命令，创建一个细分立方体，如下图所示。

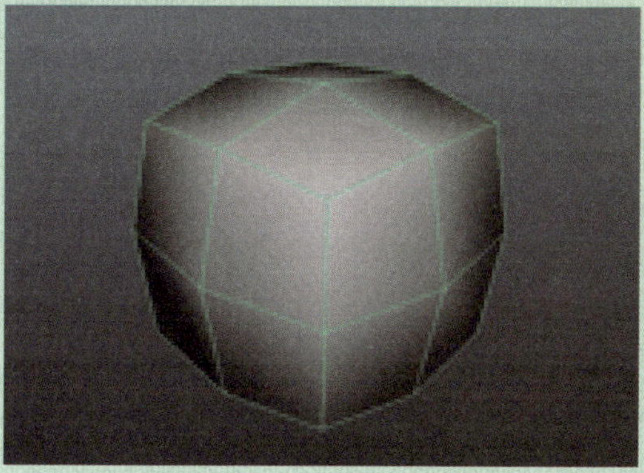

02 单击右键，在快捷菜单中选择（点）编辑模式。这时我们看到每一个点都显示为一个紫色的小点，如下图所示。

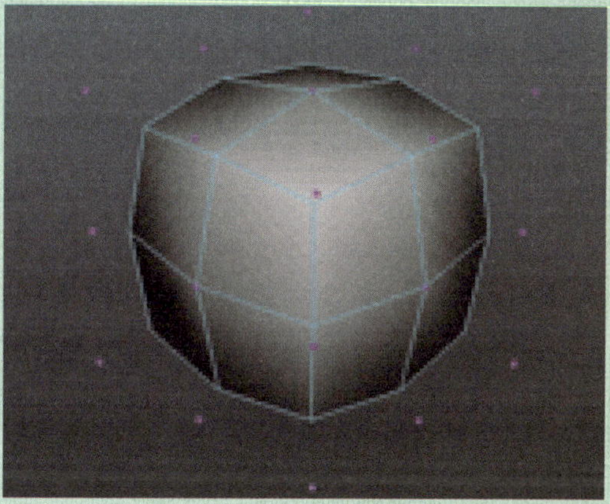

03 执行 Window（窗口）>Settings/Preferences（设置 / 参数选择）>Preferences（参数选择）命令，在弹出的窗口，将 Display（显示）>Subdiv（细分）选项切换为 Number（数字）显示模式，如下图所示。

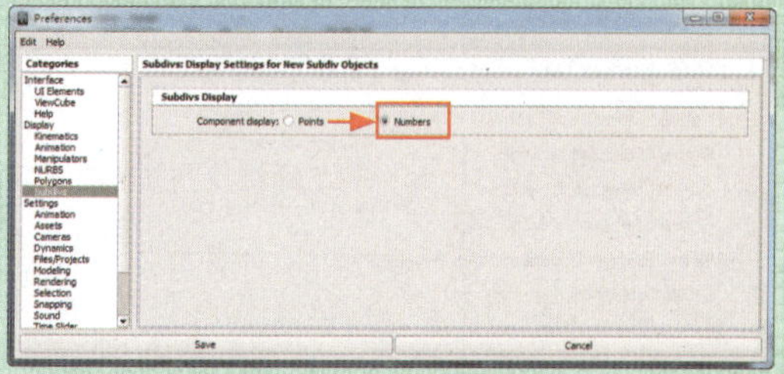

04 这时我们可以看到之前等分的小点变为了数字，该数字正是模型细分的级数，如下图所示。

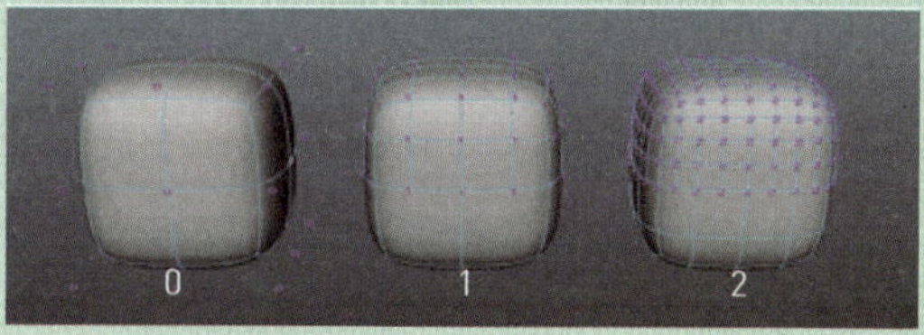

05 单击鼠标右键，执行快捷菜单中的 Display Finer（显示更佳级别）或 Display Coarser（显示更差级别）命令，可以在不同的显示级别间进行切换，如下图所示。

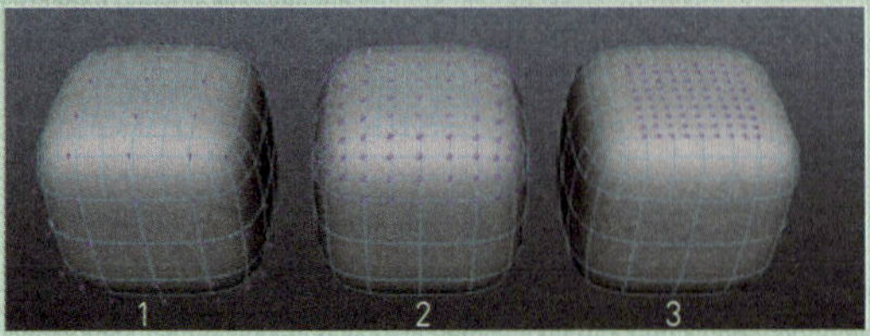

提示：不同的显示级别在物体上以不同的数字显示，也可以执行右键快捷菜单中的 Display Level（层级显示）命令直接选择细分显示级别。

4.4 详解 Subdiv Surfaces（细分曲面）菜单

Subdiv Surfaces（细分曲面）菜单在 Surface（曲面）模块下。我们将菜单切换到 Surfaces（曲面）模块下，在菜单栏中可以看到 Subdiv Surfaces（细分曲面）菜单，里面包括了针对细分模型的所有命令，如下图所示。

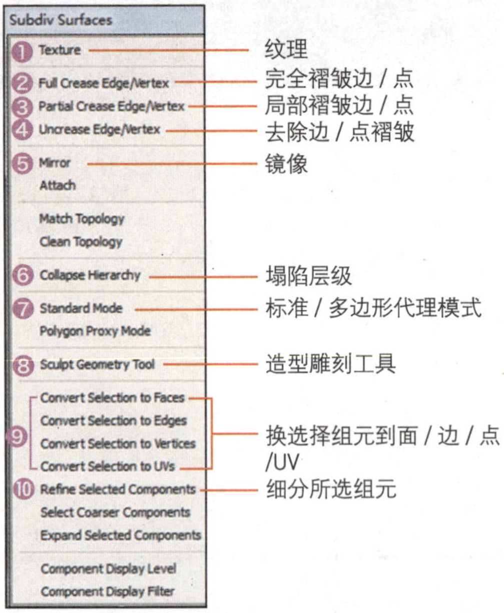

下面，对单个命令进行详细讲解。

4.4.1 Texture（纹理）

Subdiv Surfaces（细分曲面）模型的 UV 编辑很灵活，这一点与 Polygon（多边形）模型的 UV 较类似，而不是像 NURBS 曲面物体那样 UV 是固定的。Subdiv Surfaces（细分曲面）模型的 UV 可以像 Polygons（多边形）物体一样编辑，在贴图时甚至可以将细分曲面模型先转换为多边形模型，直接使用多边形模型展 UV 的命令进行 UV 编辑，然后再将多边形模型转换成细分曲面模型。

提示 Subdiv Surfaces（细分曲面）模型也有自己的纹理坐标，也可以划分为不同的细节等级进行编辑，如下图所示。

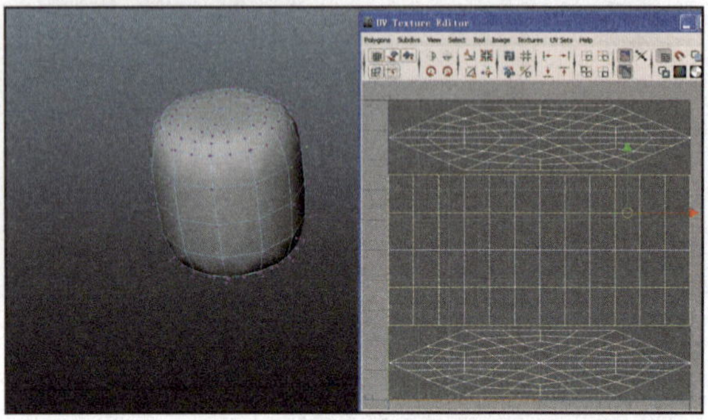

Subdiv Surface（细分曲面）模型的贴图坐标分为 Planar Mapping（平面贴图）、Automatic Mapping（自动贴图）和 Layout UVs（排布 UV）三种。

提示 贴图相关内容我们会在第五章详细进行详解。

4.4.2 Full Crease Edge/Vertex（完全褶皱边 / 点）

使用 Full Crease Edge/Vertex（完全褶皱边 / 点）时，可以令 Subdiv Surface（细分曲面）模型生成锐利的边。

进阶练习：使细分曲面模型产生硬边

01 在场景中执行 Create（创建）>Subdiv Primitives（基本细分模型）>Cylinder（圆柱体）命令，创建一个细分圆柱体，如下图所示。

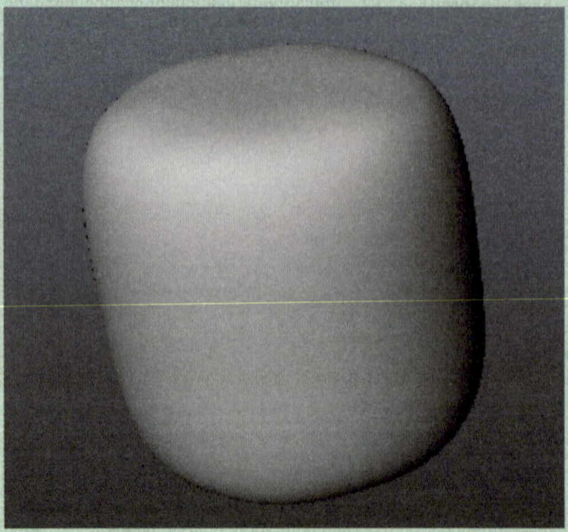

02 进入边组元模式，选中模型上面的一圈边线，执行 Subdiv Surfaces（细分曲面）> Full Crease Edge/Vertex（完全褶皱边/点）命令，如右图所示。

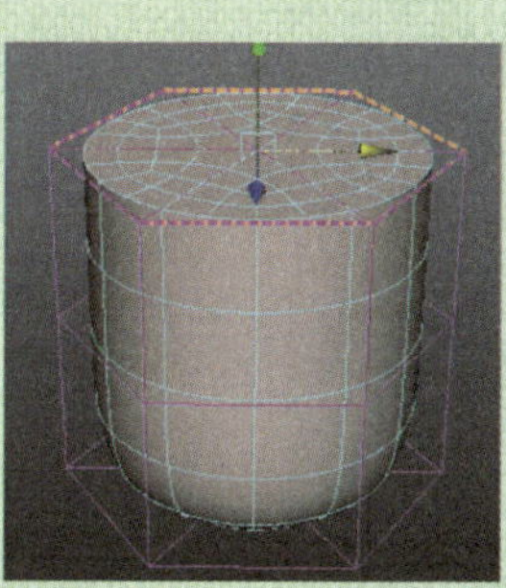

03 观察执行命令后的圆柱体，可以看到只有上面的边是硬边，边缘处有明显的棱角，如右图所示。

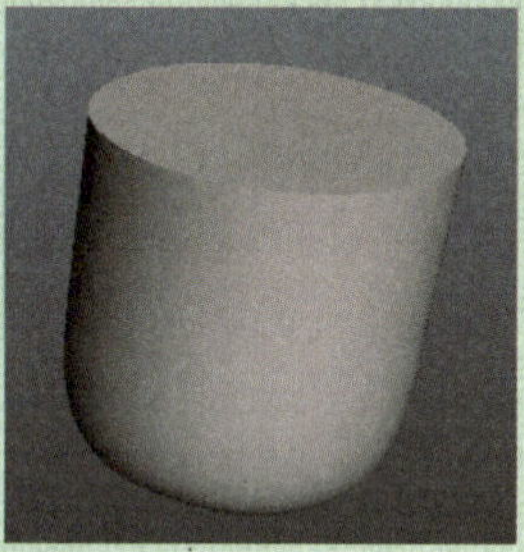

02 进入边组元选择模式，选中模型上面的一圈边线，执行 Subdiv Surfaces（细分曲面）> Partial Crease Edge/Vertex（局部褶皱边/点）命令。观察执行命令后的圆柱体，上面的边变成了一条较细的软边，虽然仍然是有倒角的软边，但是却可以看得到相对明显的棱，如下图所示。

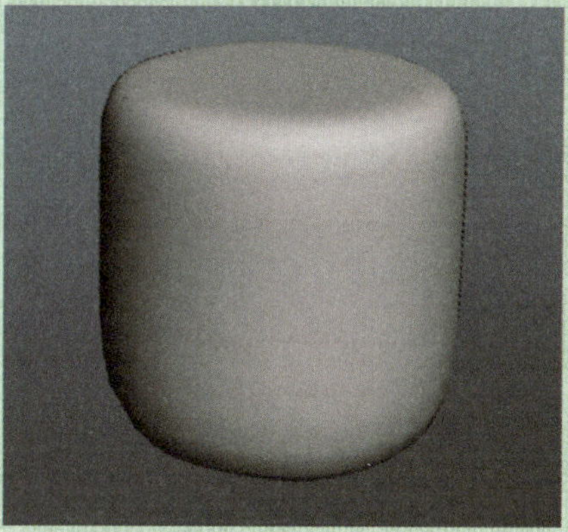

4.4.3 Partial Crease Edge/Vertex（局部褶皱边/点）

使用 Partial Crease Edge/Vertex（局部褶皱边/点）命令时，同 Full Crease Edge/Vertex（安全褶皱边/点）命令一样，可以令细分曲面物体产生一条边，但产生的是柔和倒角，边缘并不锐利，如下图所示。

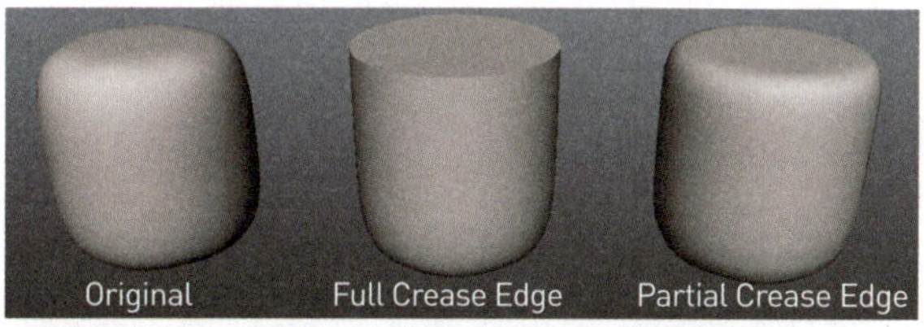

进阶练习：使细分曲面模型产生柔和倒角效果

01 在场景中执行 Create（创建）>Subdiv Primitives（基本细分模型）>Cylinder（圆柱体）命令，创建一个细分圆柱体，效果如右图所示。

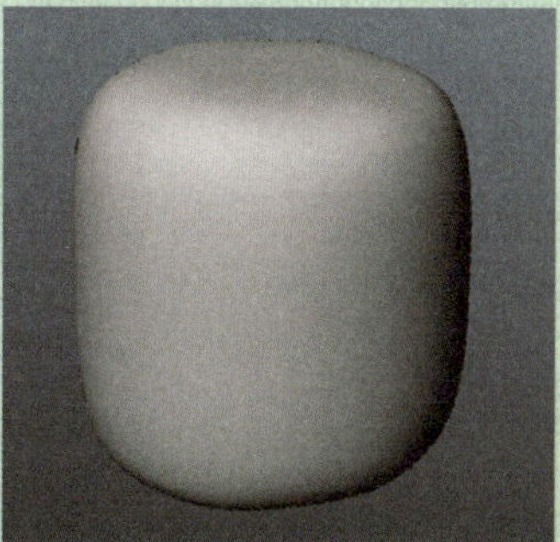

4.4.4 Uncrease Edge/Vertex（去除边/点褶皱）

Uncrease Edge/Vertex（去除边/点褶皱）命令可以消除 Subdiv Surface（细分曲面）物体被褶皱过的边或点。操作方法与前两条命令基本一致，在此不再举例。

4.4.5 Mirror（镜像）

Mirror（镜像）命令可以将细分模型镜像复制。

选择 Subdiv Surfaces（细分曲面）模型，执行 Mirror（镜像）命令，在弹出面板中设置 Mirrior 的方向轴，如下图所示。

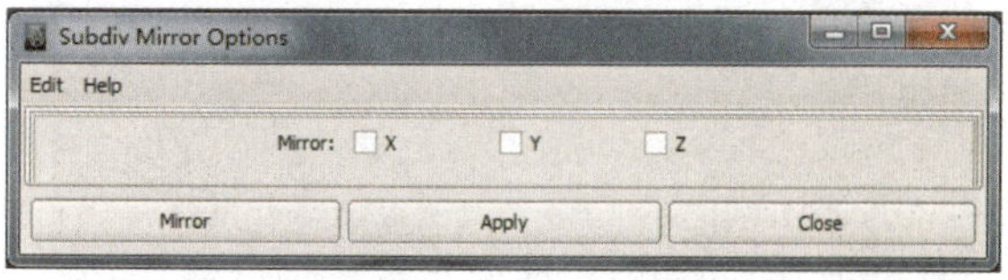

镜像效果如下图所示。

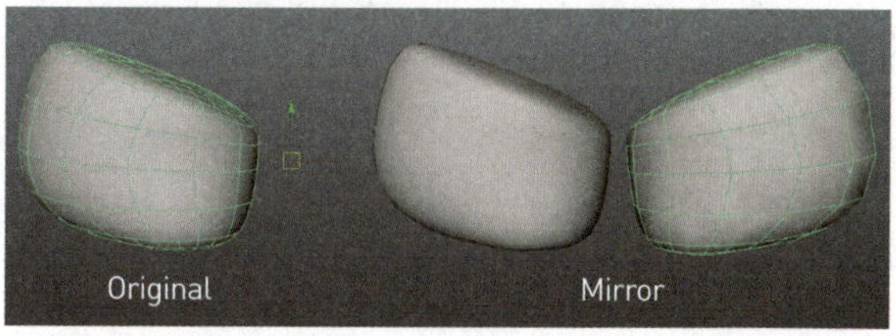

提示 要注意的是，勾选多个方向轴复选框后，细分物体有可能无法镜像。

4.4.6 Collapse Hierarchy（塌陷层级）

Collapse Hierarchy（塌陷层级）命令可以改变细分模型的细分级数。在弹出的参数面板中可以设置要塌陷的层级数。

进阶练习：改变细分模型的细分级数

原始文件： Chapter 4 \ 4.3 \ Collapse.mb

01 打开原始文件，如下图所示。

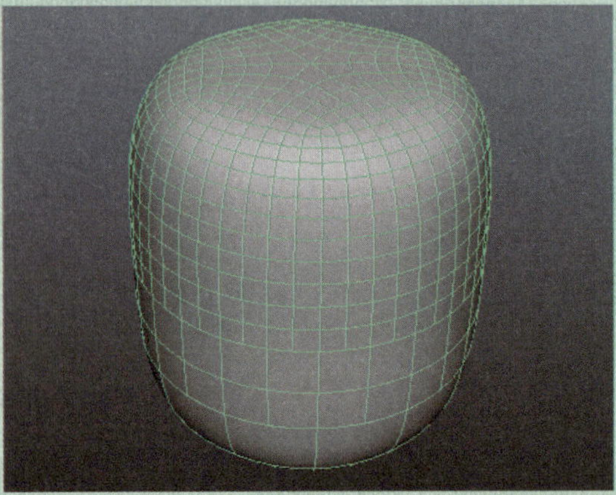

02 进入点组元选择模式，选中点，并将显示模式调为数字显示方式。此时我们看到这个圆柱体的最高细分级数为 2 级，如下图所示。

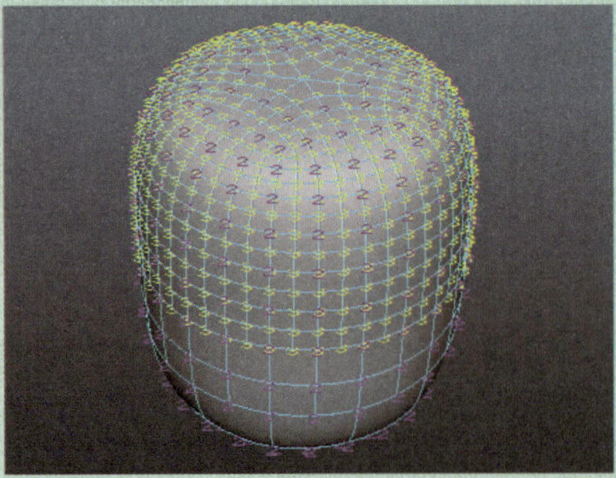

03 单击 Subdiv Surfaces（细分曲面）>Collapse Hierarchy（塌陷层级）命令后的小方块按钮，打开参数面板，将细分级数改为 3，如下图所示。

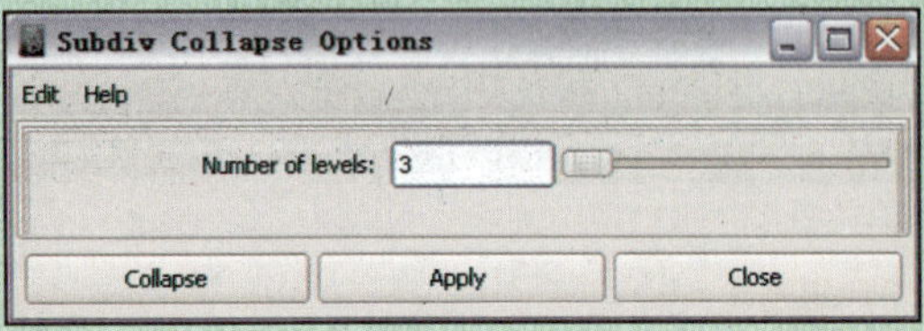

04 最终效果如下图所示。

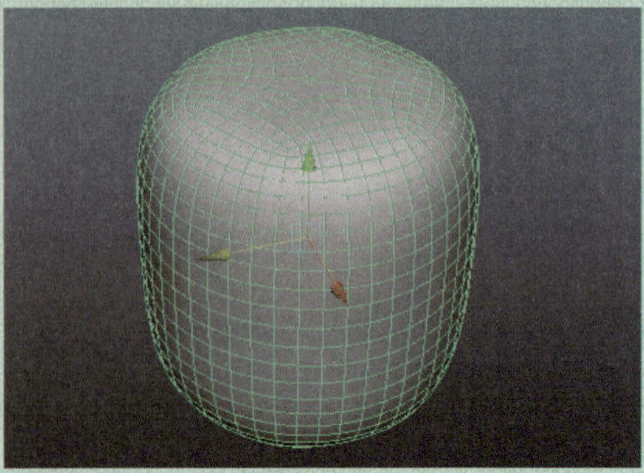

4.4.7 Standard/Polygon Proxy Mode（标准 / 多边形代理模式）

该命令可使细分模型在标准模式和多边形代理编辑模式之间进行切换。

4.4.8 Sculpt Geometry Tool（造型雕刻工具）

此命令操作方法及效果与 Polygon（多边形）模块中 Mesh（网格）菜单下的 Sculpt Geometry Tool 工具相同。

4.4.9 Convert Selection to Faces/Edges/Vertices/UVs（换选择组元到面 / 边 / 点 / UV）

该命令可以将被选择的元素转换到指定组元模式下。

4.4.10 Refine Selected Component（细分所选组元）

该命令可以对当前选择的 Subdiv Surftaces（细分曲面）物体的面 / 边 / 点 / UV 细分更多的层级，使该组元进一步细分，增加更多可编辑的元素，如下图所示。

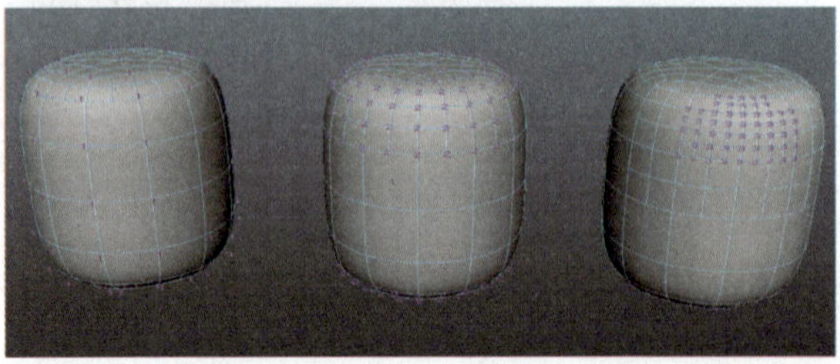

综合案例3 用Subdiv Surfaces（细分曲面）建模方式创建手机模型

下面我们通过一个实例讲解细分曲面建模的综合应用方法。

最终效果 Chapter 4\Final\ mobile.mb

效果预览

案例概述 用细分曲面创建一个手机模型。

技术难点 1. 制作前要考虑好模型的分块。
2. 将模型的布线提前规划好。

提示 手机模型制作的思路：首先使用Polygonv建模创建手机的基本形状，再为模型加入一些环形边，对机体进行分割，大致分为屏幕区和按键区两个部分，最后再分别细化。

Step 01. 先创建一个Polygon（多边形）Cube（立方体），如下图所示。

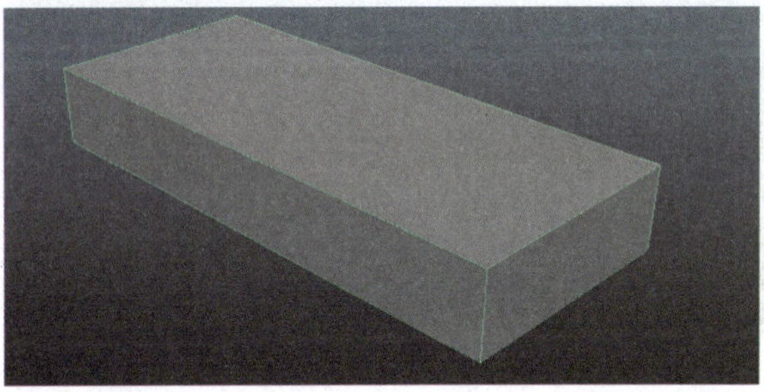

提示 建模时要尽量让模型贴近最终的实物，这会让我们在后面的建模过程中省去很多精力和时间。

Step 02. 使用变换工具调整立方体的大小和位置。单击鼠标右键，进入多边形点编辑模式，选择并移动顶点，调整出手机机体的基本形状，如下图所示。

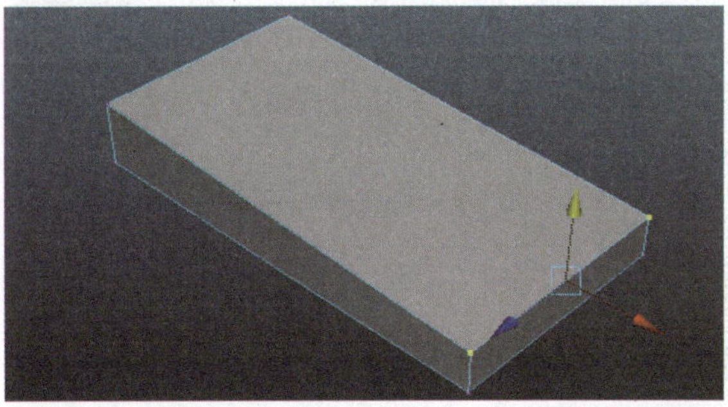

Step 03. 选择立方体模型，执行Edit Mesh（编辑网格）>Insert Edge Loop Tool（插入环形边工具）命令，为模型加上环形边，如下图所示。

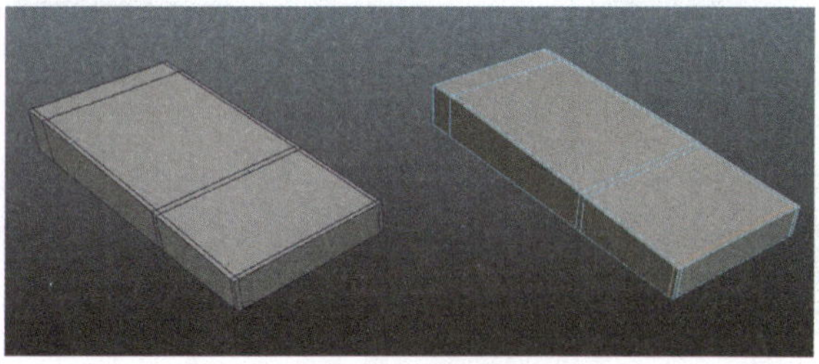

提示 这一步很重要，目的是将手机划分为显示屏和按键两个区域。

Step 04. 选择模型，单击鼠标右键，进入面组元模式，选择如图所示的面，执行Edit Mesh（编辑网格）>Extrude（挤压）命令，将所选择的面缩小少许，制作出一个缝，如下图所示。

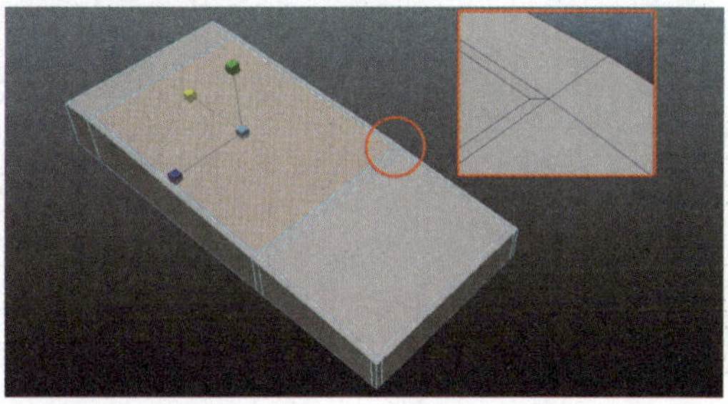

Step 05. 选中刚挤出的缝的一圈面，继续执行 Edit Mesh（编辑网格）>Extrude（挤压）命令，将缝向下挤压，如下图所示。

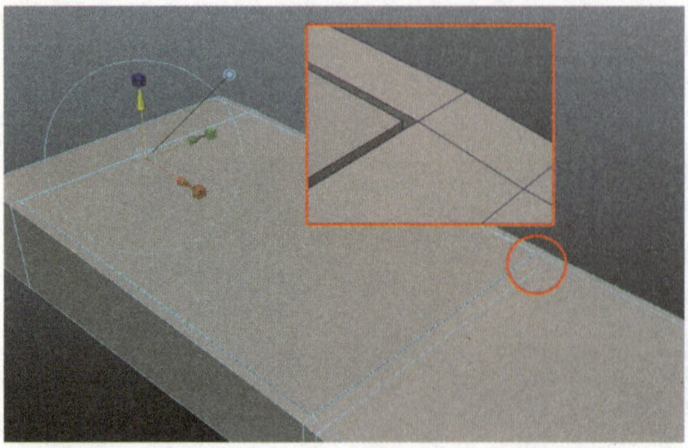

提示 这个缝可以稍深一点，但是不要太宽。这样在之后细分后模型可以显得比较精致美观。

Step 06. 执行 Edit Mesh（编辑网格）>Insert Edge Loop Tool（插入环形边工具）命令为模型插入环形边，分割出屏幕与大按键区域，如下图所示。

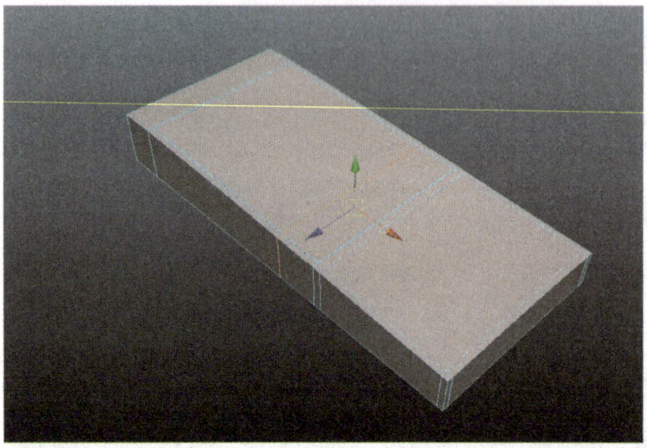

Step 07. 选择屏幕部分的面，执行 Edit Mesh（编辑网格）>Extrude（挤压）命令，将面缩小，并再次向下挤压，制作屏幕部分，如下图所示。

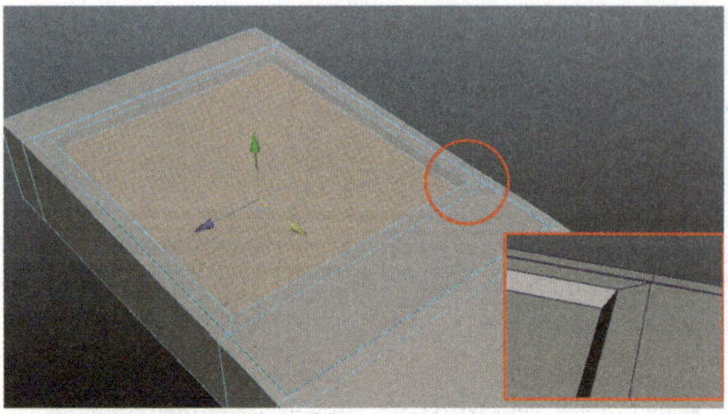

Step 08. 接下来进行按键的分割。执行 Edit Mesh（编辑网格）>Insert Edge Loop Tool（插入环形边工具）命令，为模型插入环形边，分割出按键区域，如下图所示。

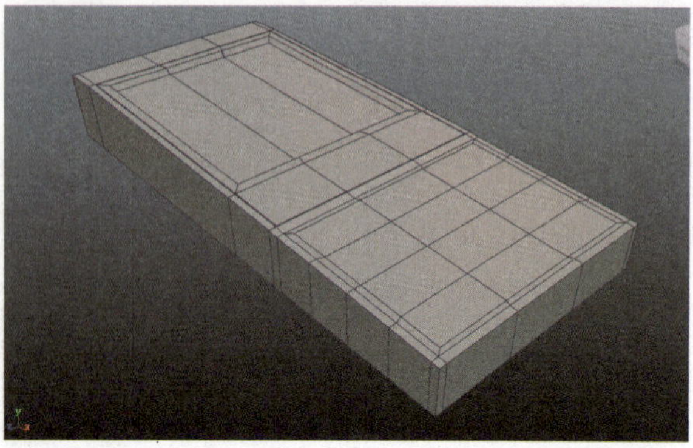

提示 模型分割到这个程度，手机的基本形态已经确定了。如果还有需要进行调整的区域部分，务必在此步骤完成。

Step 09. 选中模型，单击鼠标右键，进入面组元编辑模式，按住键盘上 Shift 键，全部选中数字按键区域的面，如下图所示。

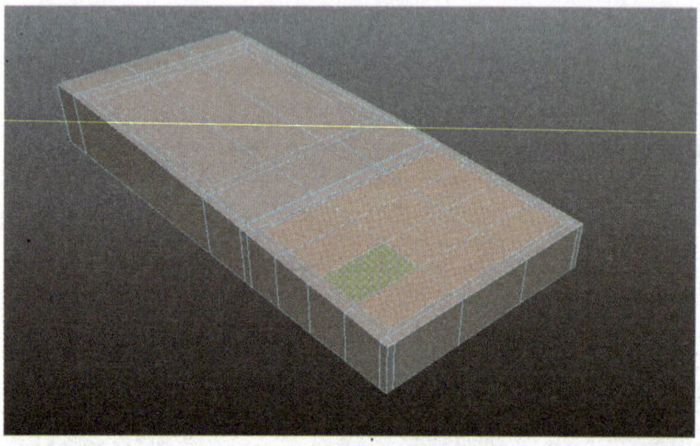

提示 这一步需要取消勾选 Edit Mesh（编辑网格）>Keep Faces Together（保持面在一起）选项，接下来，才可以将每一个数字按键独立挤出来。

Step 10. 执行 Edit Mesh（编辑网格）>Extrude（挤压）命令，挤出需要的按键大小，如下图所示。

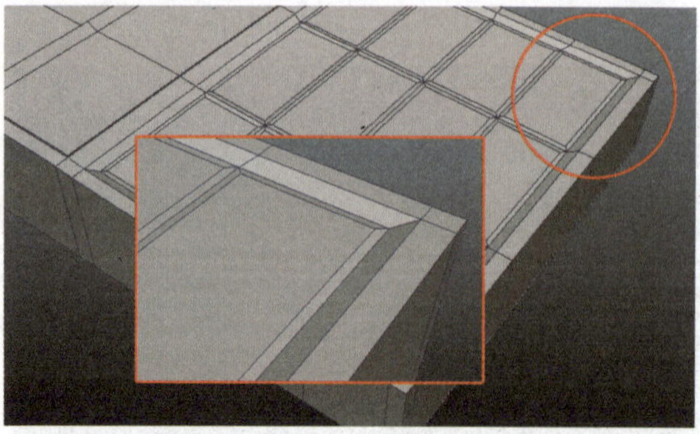

Step 11. 再次执行Edit Mesh（编辑网格）>Extrud（挤压）命令，挤出按键的高度，同时挤出小斜角，如下图所示。

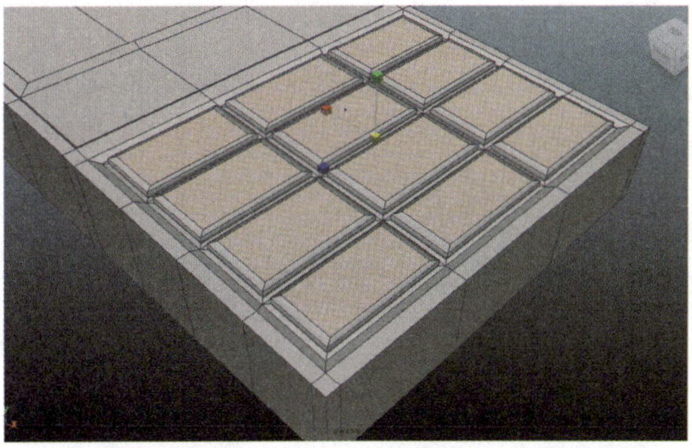

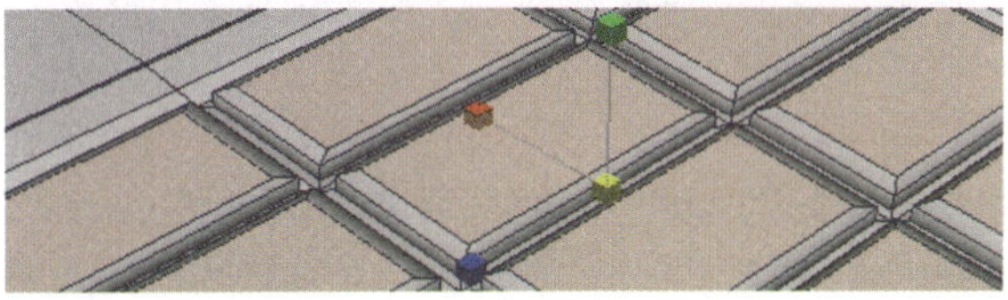

Step 12. 接着制作手机中间的三个大键。选择中间的一个面，执行Edit Mesh（编辑网格）>Extrude（挤压）命令，制作出一个环形按键的样子，如下图所示。

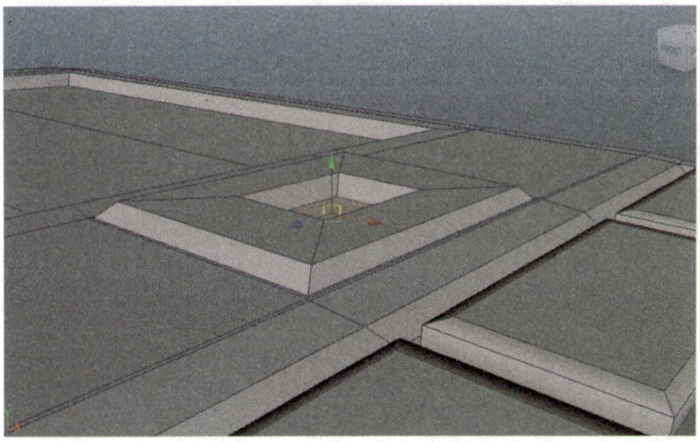

Step 13. 按照同样的方法，制作出旁边的两个大按键，如下图所示。

Step 14. 接下来，我们要在手机屏幕上方加一个凹槽。执行Edit Mesh（编辑网格）>Extrude（挤压）命令，制作出一个长形凹槽，如下图所示。

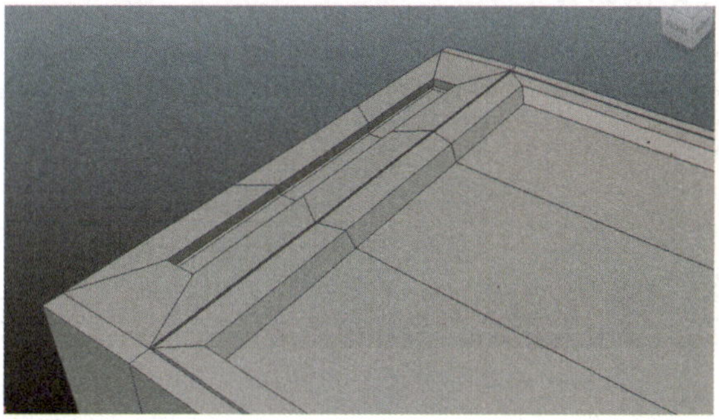

Step 15. 选择制作好的Polygon（多边形）手机模型，执行Modify（修改）>Convert（转换）>Polygons to Subdiv（多边形转换为细分曲面）命令，将多边形模型转换为细分曲面模型，如下图所示。

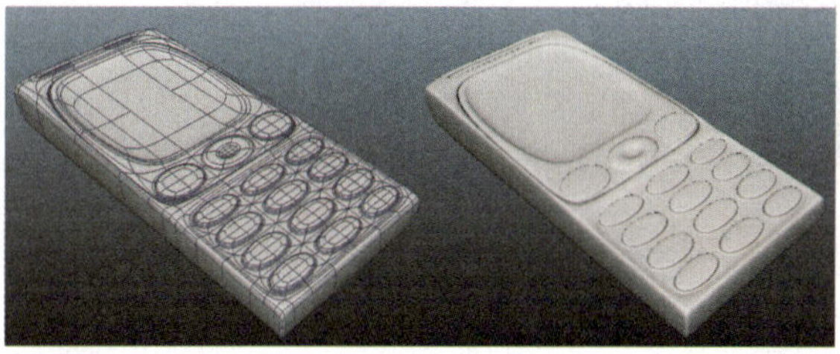

提示 我们看到此时模型的所有边缘都产生了倒角，变得非常平滑。但是很多细微的边缘处棱角不够分明。

Step 16. 切换到Surface（曲面）模块。选中模型，单击鼠标右键，在弹出的浮动菜单中选择Edge(边)选项，进入Edge（边）组元编辑模式。选择屏幕边线，执行Subdiv Surfaces（细分曲面）>Full Crease Edge/Vertex（完全褶皱边/点）命令，为选择的模型边创建皱褶，使模型产生硬边的效果，如下图所示。

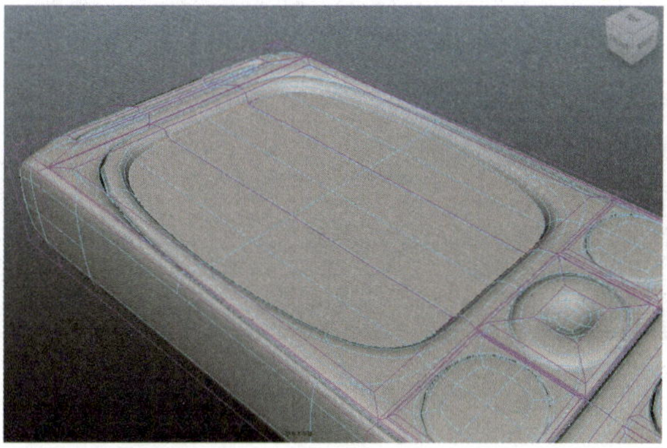

Step 17. 将所有需要硬化的边缘都选中，包括屏幕上方的边沿和上方长形凹槽的边缘。执行 Subdiv Surfaces（细分曲面）>Full Crease Edge/Vertex（完全褶皱边 / 点）命令，效果如下图所示。

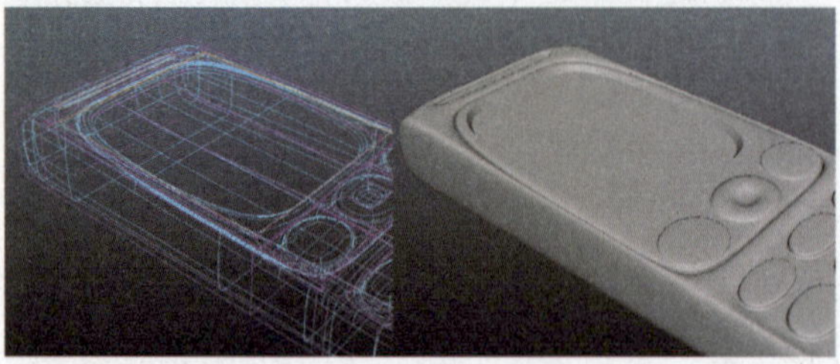

Step 18. 选择屏幕上方的边沿，执行 Subdiv Surfaces（细分曲面）>Partial Crease Edge/Vertex（局部褶皱边 / 点）命令，效果如下图所示。

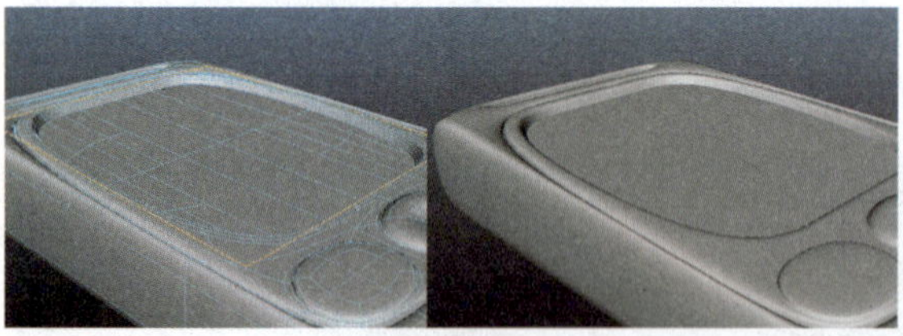

Step 19. 接下来，将所有按键的底部的边沿选中，执行 Subdiv Surfaces（细分曲面）>Full Crease Edge/Vertex（完全褶皱边 / 点）命令，让所有按键的底部转折变得硬朗、清晰，效果如下图所示。

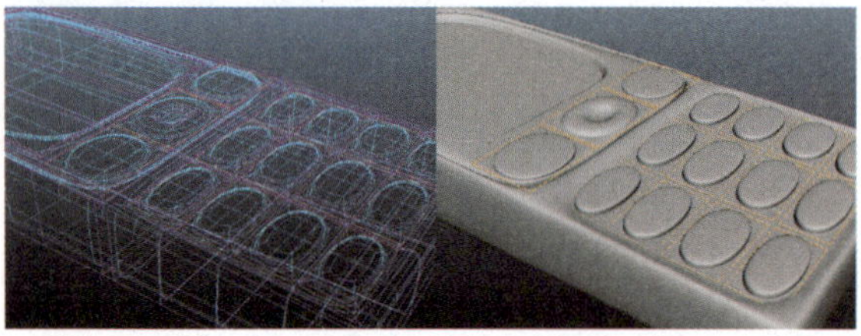

Step 20. 选中所有按键的上边缘，执行 Subdiv Surfaces（细分曲面）>Partial Crease Edge/Vertex（局部褶皱边 / 点）命令，使上边缘的棱角稍微硬朗清晰，但又不至于像下边缘一样尖锐，效果如下图所示。

Step 21. 将手机外边缘部分需要加硬的边一起选中，执行 Subdiv Surfaces（细分曲面）>Partial Crease Edge/Vertex（局部褶皱边 / 点）命令，效果如下图所示。

提示 模型的细腻程度并不等于它的光滑程度，更不是让模型变得越来越“圆”；而是让每一个微小的细节都能够适当地得到体现。

Step 22. 选中模型，单击鼠标右键，在弹出的浮动菜单中选择 Polygon（多边形）选项，进入 Polygon（多边形代理）编辑模式。

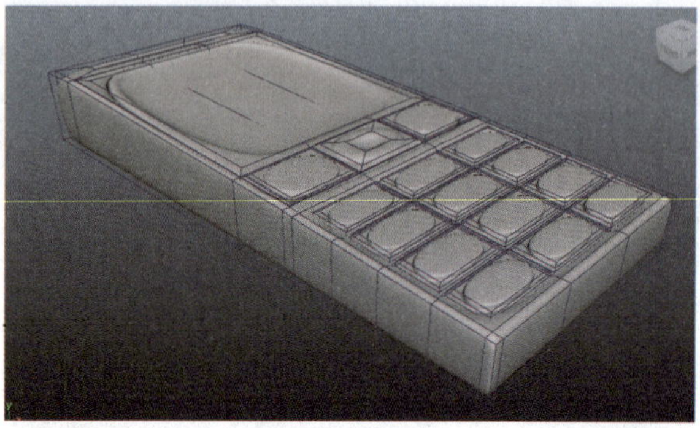

Step 23. 此时，模型显示看起来非常复杂，在多边形代理模式下，不利于观察和编辑。可以取消勾选窗口菜单 Show（显示）>Subdiv Surfaces（细分曲面）选项，在场景中只显示多边形代理网格，如下图所示。

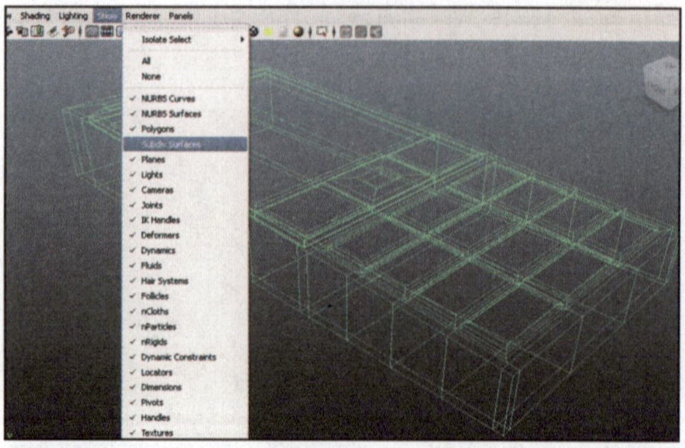

提示 这样做会让模型显示清晰很多，更方便编辑，加快 Maya 的运算速度。

Step 24. 也可以在多边形代理模式下，执行Display（显示）>Polygons（多边形）>Backface Culling（背面剔除）命令，将多边形代理网格进行单面显示，只显示正面，背面不再显示，如下图所示。

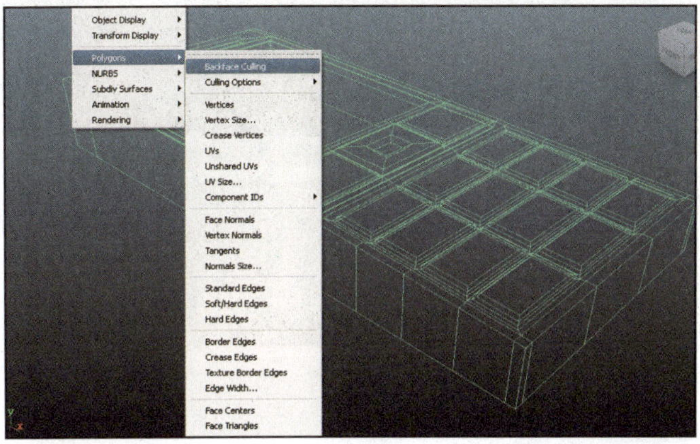

提示 在Maya建模中，无论是NURBS、Polygon还是Subdiv Surfaces模型，控制点、控制边排布越密集，其倒角就越锐利；控制点或控制边排布越稀疏，倒角则越圆滑。所以为了使屏幕边缘及凹槽的倒角更加方正硬朗，需要多加入一些控制点。

Step 25. 手机的屏幕边缘处由于转化为细分曲面而变得倒角过大，失去了原有的形状，需要加入更多的边线才能够让它恢复原有的方形边角。在多边形代理模式下，执行Edit Mesh（编辑网格）>Insert Edge Loop Tool（插入环形边工具）命令，在手机头部凹槽处加上一圈边线，如右图所示。

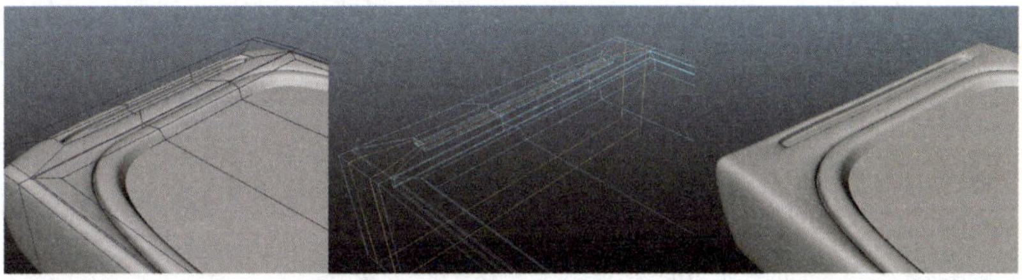

提示 这时可以看到凹槽变得方正了。

Step 26. 同理，执行Edit Mesh（编辑网格）>Insert Edge Loop Tool（插入环形边工具）命令，在屏幕边缘处加入两圈边线，使手机屏幕的边角变得方一些，如下图所示。

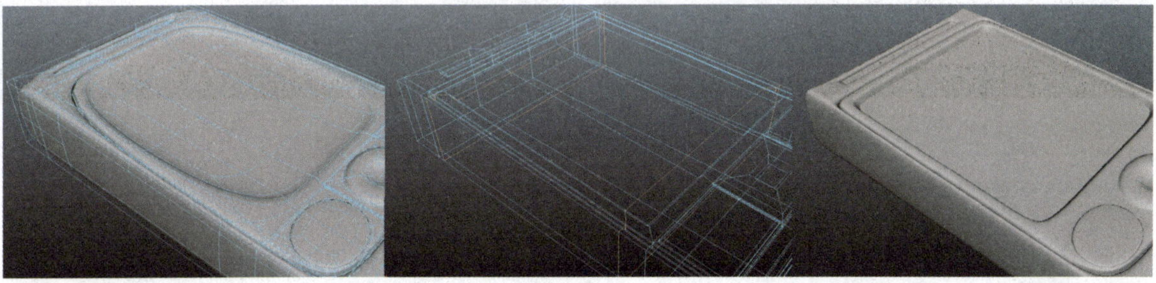

Step 27. 执行Edit Mesh（编辑网格）>Insent Edge Loop Tool（插入环形边工具）命令，在手机模型侧面边缘处加两圈边线，使手机转角处变得更加硬朗，如下图所示。

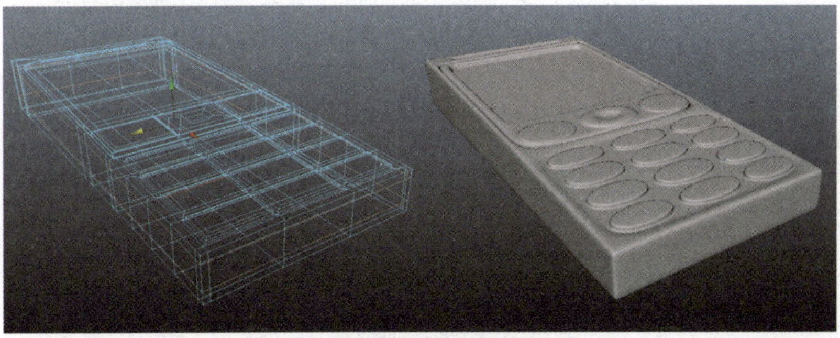

提示 观察手机的侧面及顶端，可以注意到边缘也因为转化为细分曲面模型后产生了弯曲，需要用同样的方法进行处理。

Step 28. 下面在手机模型的侧面加两个小按键。执行 Edit Mesh（编辑网格）>Insert Edge Loop Tool（插入环形边工具）命令，将手机的侧面加线。选择两个侧面，取消勾选 Edit Mesh（编辑多边形）>Keep Faces Together（保持面在一起）选项，再执行 Edit Mesh（编辑网格）> Extrude（挤压）命令，同时挤压出两个小按键，如右图所示。

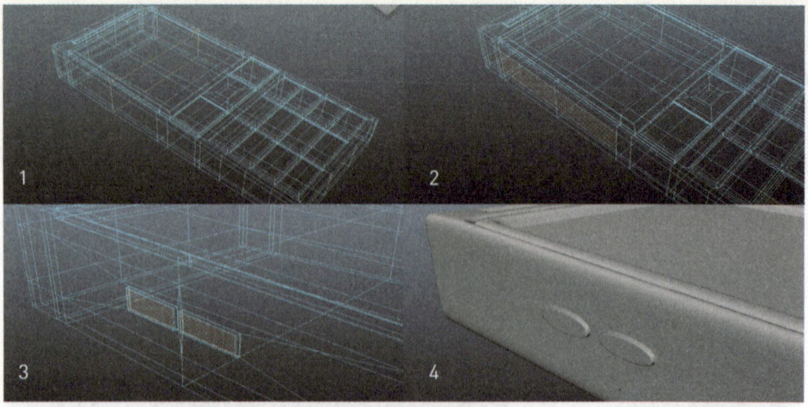

Step 29. 移动按键中间的两组编辑点，使按键的形状发生变化，令两个按键中间斜向交错，效果如右图所示。

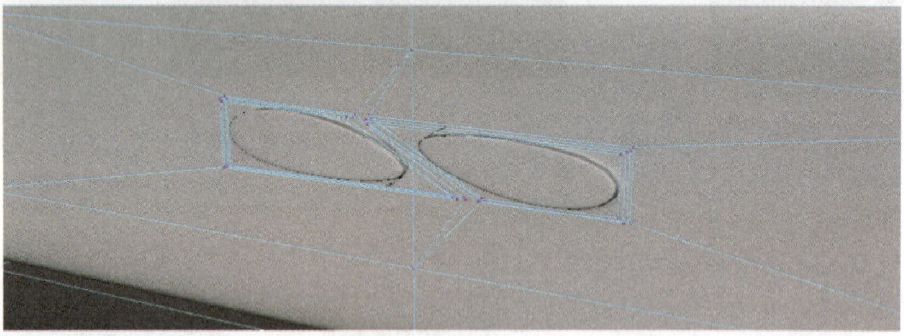

Step 30. 在按键周围加入线圈，使按键的形状发生改变，变得更加棱角分明，如下图所示。

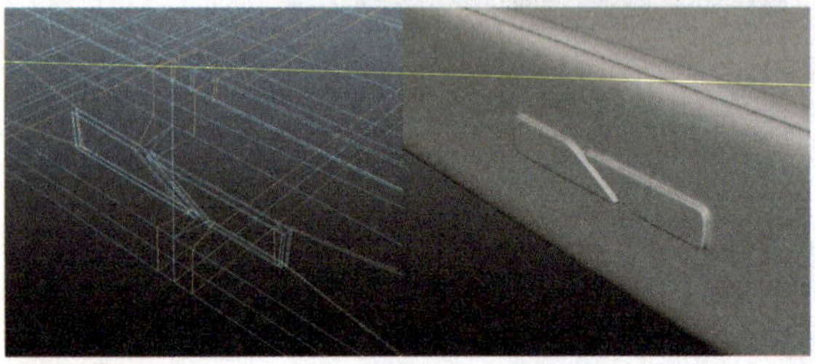

Step 31. 最后，对模型再进行检查，看哪些需要硬化，哪些部分需要再进行细分，对模型进行局部调整，如下图所示。

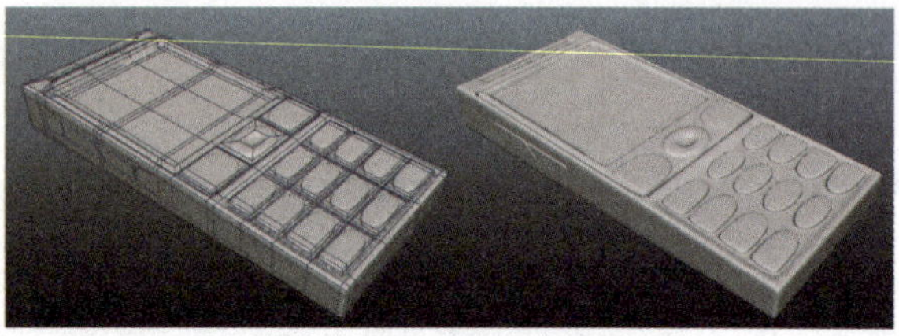

Step 32. 最后，加上简单的材质进行渲染，得到最终渲染图如下。

Chapter 05

材质与贴图

Maya材质是Maya整体制作流程中非常重要的一环。一个模型如果没有材质，那将会缺少很多美妙的细节。当一个模型被建好以后，我们为其添加材质用于表现出物体的质感，再对其实施渲染，将这种质感呈现在画面中。Maya自带了很多默认的基础材质，以这些基础的材质为基本形态，我们可以对其进行各种参数的调节与修改，以表现出不同的材质效果。我们还可以为物体添加贴图纹理，令画面效果看起来更加真实。

5.1 材质概述

Maya中的纹理可以分为4大类，包括：2D Textures（二维纹理）、3D Textures（三维纹理）、Environment Textures（环境纹理）和Layered Textures（层纹理）。其中，二维纹理和三维纹理主要作用于模型本身。

> **提示** Maya 2012自带了一些二维和三维的默认纹理，方便用户随意使用，如果这些默认纹理效果不足够表现作品需求，我们还可以自行绘制贴图，与材质搭配赋予模型，使作品达到我们所需要的效果。多数时候，由于所建模型千变万化，用户的需求各不相同，贴图绘制这一环节仍然需要依靠我们自己来创造出适合不同要求的贴图，这就需要使用到Photoshop等二维绘画编辑软件。

贴图绘制的质量如何，直接决定了作品呈现的效果。如果有的用户曾经使用过其他三维软件，便会发觉许多三维软件中的纹理贴图的制作流程大同小异，不同软件中的相同材质属性也极为相似，贴图的绘制过程更是几乎相同，所谓触类旁通，正是如此。模型贴图的效果如下图所示。

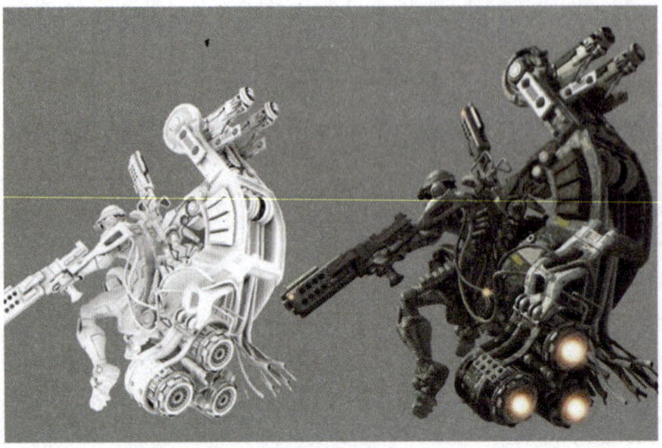

当建好模型后，第一件事便是为其选择合适的材质。我们要根据模型的真实材质与预期达到的画面效果来为其选择合适的材质类型。

> **提示** 选材质时需要考虑到的方面很多，例如：材质是否光滑，是否透明，高光是否柔和，材质本身是否对周围环境有反射，有没有折射效果？根据这些因素来综合考虑所选择的材质是否适合表现该模型的质感。

模型被赋予材质后，下一步才是根据其细节特点绘制纹理贴图，再利用Maya材质中的各种节点工具来表现出材质特有的细节效果，增强画面的表现力。不同属性纹理贴图也各不相同，要根据模型的情况进行具体分析，再根据其特点逐一进行绘制，最终将它们组合在一起，以达到预想的效果。人物面部贴图文件效果如下图所示。

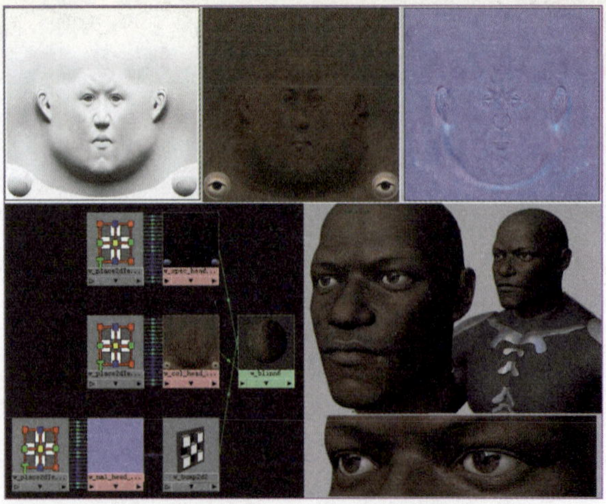

Maya中的材质主要运用了节点的概念。在Maya中材质是对物体质感的模拟，如物体的颜色、凹凸、高光、反射、折射等属性。而控制这些属性的方法就是使用Maya的节点，将这些相互之间存在关联的节点清晰地展示出来，这个提供可直观操作的窗口叫做Hypershade（材质编辑器）。

5.2 详解Hypershade（材质编辑器）

Maya 2012有两种材质编辑器，一个是Multilister（多重列表），另一个是Hypershade（材质编辑器）。这里我们主要介绍Hypershade（材质编辑器）。

> **提示** Multilister（多重列表）是Maya早期版本中的编辑器，现在所用不多；Hypershade（材质编辑器）是以节点网络方式显示材质编辑。

5.2.1 初识材质编辑器窗口

下面，我们先来认识一下材质编辑器窗口，如下图所示。

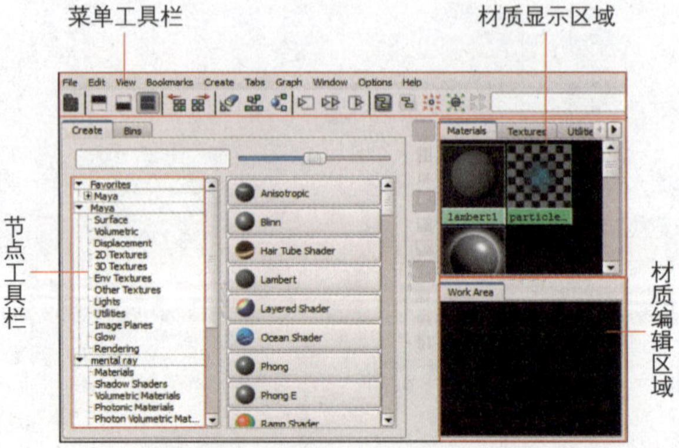

5.2.2 详解材质编辑器窗口

1.菜单

菜单中是一些材质编辑的常用命令，如下图所示。

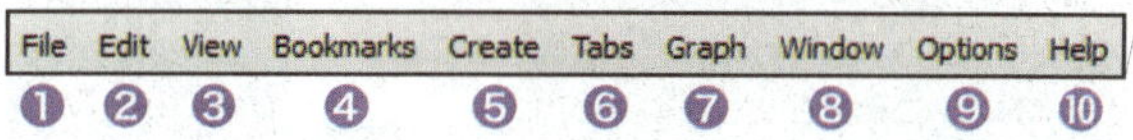

❶ File（文件）：主要用于将材质导入或导出，可以将其他文件中的材质或从网上下载的Maya材质通过这个命令导入文件，还可以将自己制作的材质单独保存起来，方便以后使用。

❷ Edit（编辑）：对材质进行复制、删除、转换等编辑命令。

❸ View（显示）：控制工作区域的显示状态，如材质球的显示大小等。

❹ Bookmarks（书签）：材质书签的创建和编辑，方便随时调用。

❺ Create（创建）：用于创建材质、纹理、常用工具、灯光和摄像机等。

❻ Tabs（标签）：用于控制编辑器中的标签的布局。

❼ Graph（图表）：控制材质节点在工作区中的显示方式。

❽ Window （窗口）：便于直接访问Attribute Editor（属性编辑器）、Attribute Spread Sheet（属性扩展表）和Connection Editor（节点编辑器）等编辑器 。

❾ Options （选项）：用于控制编辑器界面的显示状态。

❿ Help（帮助）：打开Maya帮助文件。

2.工具栏

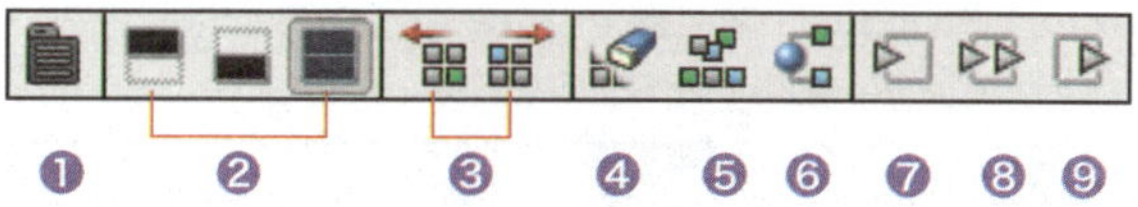

❶ Toggle the create bar on/off（打开/关闭渲染节点面板）：控制渲染节点工作区面板的开关状态。

❷ Show top/bottom/ top and bottom tabs（显示顶部/底部/顶部和底部工作区域）：控制材质显示区与材质编辑区。

❸ Show previous/next graph（显示上一个/下一个材质编辑器的图表）：显示材质节点的上下连接节点。

❹ Clear graph（清除图表）：可以把工作区的节点清除掉。

❺ Rearrange graph（消除当前布局）：将材质编辑区域中散乱的节点和网络进行重新排列，使之变得整齐，方便观察与编辑。

❻ Graph materialson selected object（所选对象的图表材质）：显示当前被选物体的全部材质节点。

❼ Input connections（输入连接）：在材质编辑区域中显示当前被选节点的输入节点，如下图所示。

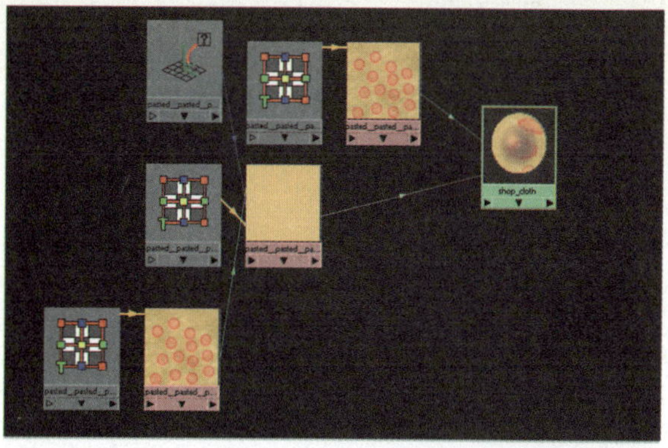

❽ Input and output connections（输入和输出连接）：显示被选择节点的输出和输入连接网络，如下图所示。

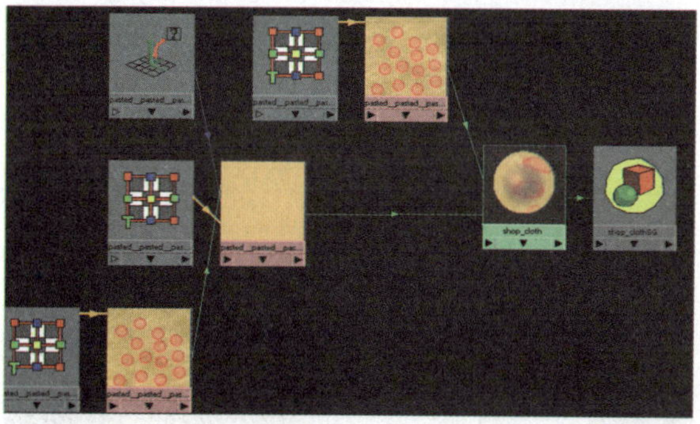

❾ Output connections（输出连接）：显示被选择节点的输出连接网络，如下图所示。

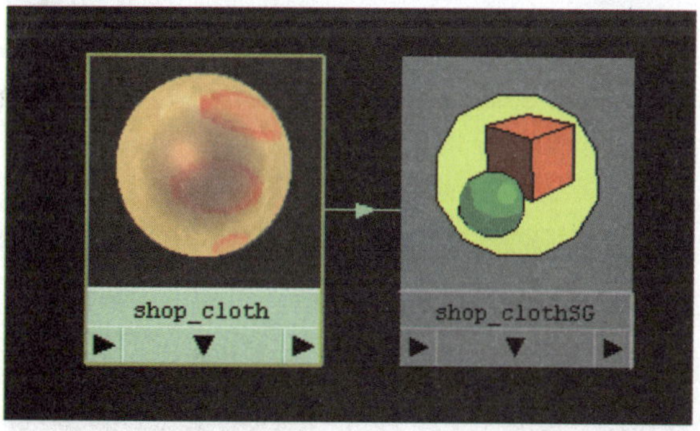

3.节点工具条

从列表中我们可以看出，由上至下分别排列的是最常用的材质、Maya材质和mental ray材质。在之前版本的Maya中，mental ray材质总是排布在很下方，现在由于列表的归纳，可以很轻松地找到用户需要的材质节点，如右图所示。

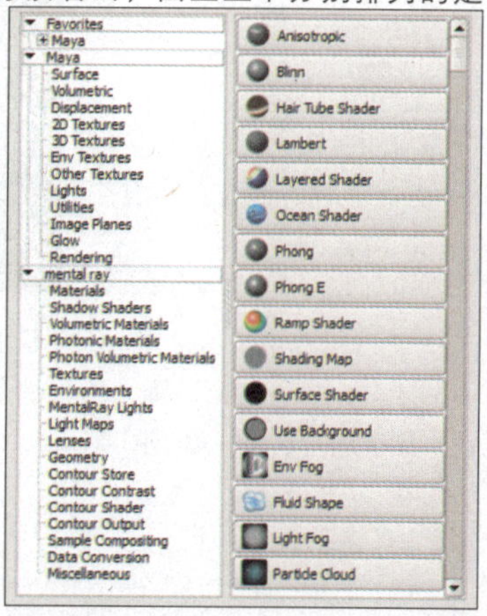

Maya 2012的材质节点工具条中还加入了搜索栏。只要逐个输入需要查找的材质的单词字母，右侧的材质节点显示中就会自动筛选出符合条件的材质。拖动显示滑轨可以控制材质节点的显示大小，向左移动变小，向右移动变大，如下图所示。

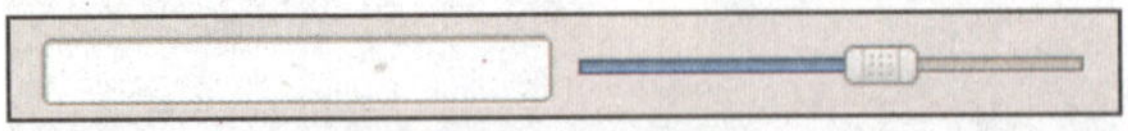

4.材质显示区域与材质编辑区域

材质显示区域可以显示出场景中用到的所有节点，下面讲解一下在Hypershade（材质编辑器）里创建材质连接的几种方法。

（1）利用材质编辑哭创建连接

在Hypershade（材质编辑器）的材质库区域内单击Maya> Surface>Blinn按钮，创建一个Blinn材质。此时Blinn材质就会出现在右侧的编辑工作区域内，如下图所示。

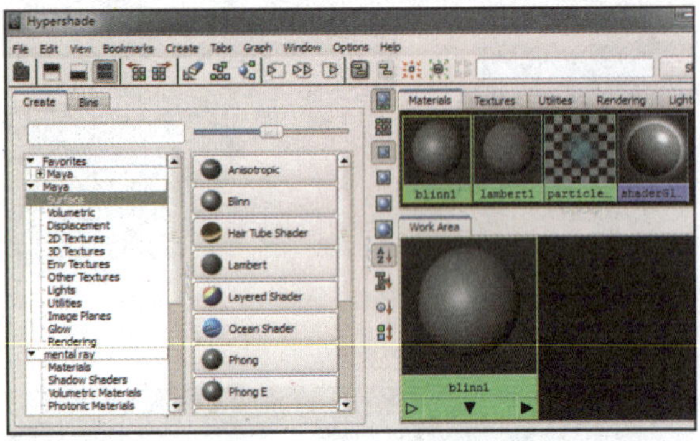

在Hypershade（材质编辑器）的材质库区域内单击2D Textures（二维贴图）> Ramp（渐变）节点，创建一个Ramp（渐变）材质节点，如下图所示。

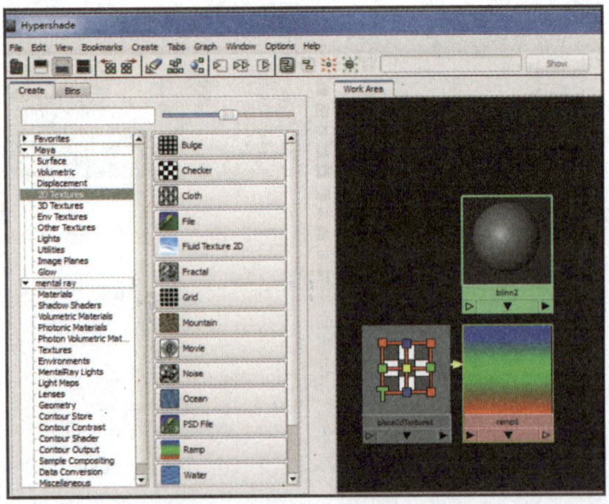

使用鼠标中键拖动Ramp（渐变）节点到Blinn节点上，松开鼠标，在自动弹出的快捷菜单中选择Color（颜色）选项进行连接，如下图所示。

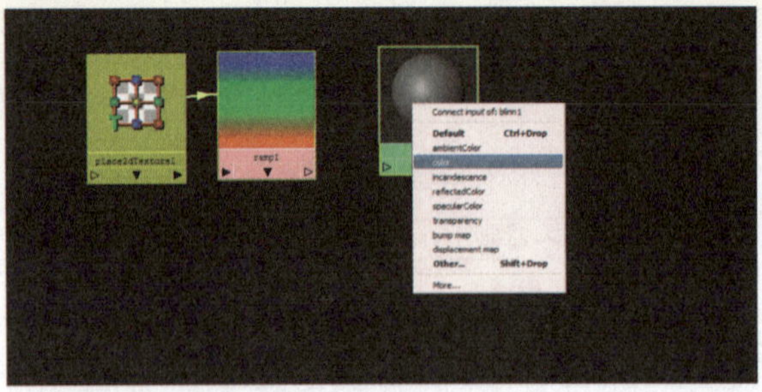

（2）利用属性编辑面板创建连接

选择Blinn材质，打开材质的Attribute Editor（属性编辑器）面板，使用鼠标中键拖动Ramp（渐变）节点到Attribute Editor（属性编辑）面板中的Color（颜色）属性上，当拖动到Blinn节点的可用属性上时，属性外框会有轮廓线出现，释放鼠标即可创建连接，如下图所示。

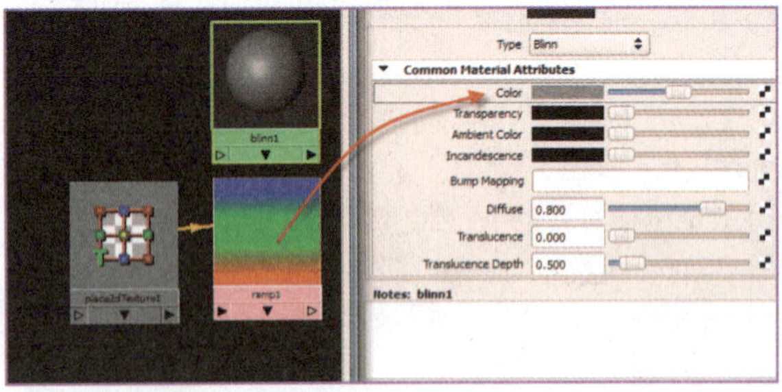

（3）利用连接编辑器创建连接

在键盘上按住Shift键的同时用鼠标中键拖动Ramp（渐变）节点到Blinn节点，释放鼠标后即可打开Connect Editor（连接编辑器），在打开的Connect Editor（连接编辑器）里左边选择outcolor（输出颜色），右边选择Color（颜色），创建材质连接，如下图所示。

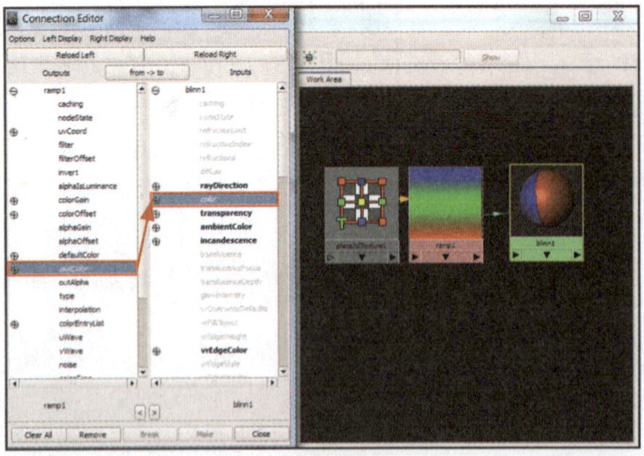

（4）直接拖动创建连接

在键盘上按住Ctrl键的同时用鼠标中键拖动Ramp（渐变）节点到Blinn节点，然后释放鼠标即可创建一个默认连接，但当这两个节点的默认连接属性不是相对的时，Maya会自动打开Connect Editor（连接编辑器）。

5.3 Maya中的材质

Maya材质是Maya默认渲染器支持的材质类型，下面我们来详细介绍一下。

5.3.1 Surface（表面）材质

该类型默认的材质有很多，我们根据在实际使用中的使用频率来依次说明。

1. 最常用的表面材质

Maya中最常用的表面材质有Blinn、Lambert、Phong、PhongE、Anisotropic 5种，如下图所示。

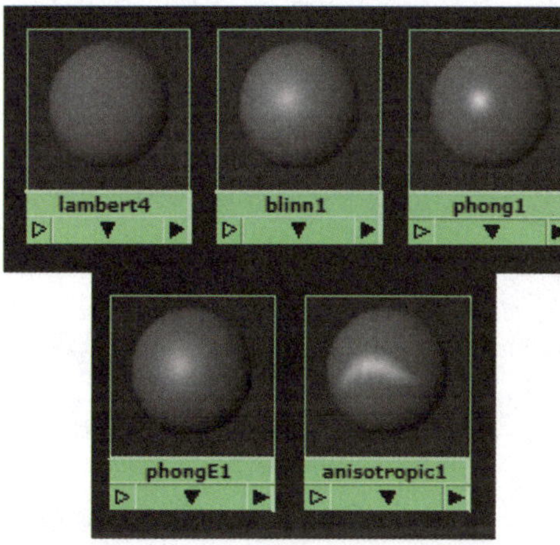

（1）Blinn

Blinn是个基础材质，包含多个材质的基本常见通用属性。它有着很柔和的高光部分，非常适合模拟我们常见的有着柔和高光的金属物体，比如铝、铜的表面。

1）Common Material Attributes（常规材质属性）卷展栏，如下图所示。

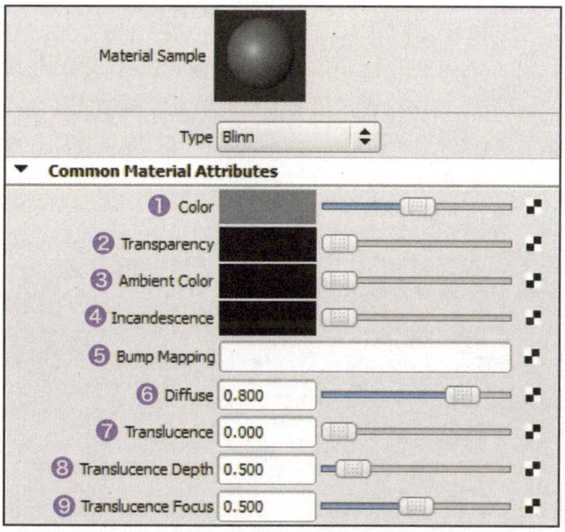

❶ Color（颜色）：材质的颜色属性。

❷ Transparency（透明度）：材质的透明度属性。

❸ Ambient Color（环境色）：材质的环境色属性。该属性用颜色值来模拟光能传递的效果。下左图中环境色设置为红色，下右图中环境色设置为黑色，当环境色为红色时，我们发现小球的暗部被红色的环境光明显照亮了。

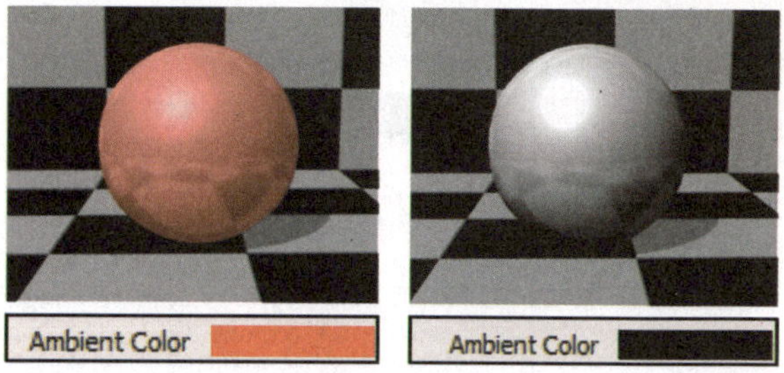

❹ Incandescence（白炽热）：材质的自发光属性。

❺ Bump Mapping（凹凸贴图）：材质的凹凸属性设置。下左图的Bump（凹凸）效果是将三维纹理Leather（皮革）节点连接到Blinn材质的Bump（凹凸）属性上，参数保留默认值。下右图为小球没有凹凸贴图时的效果。

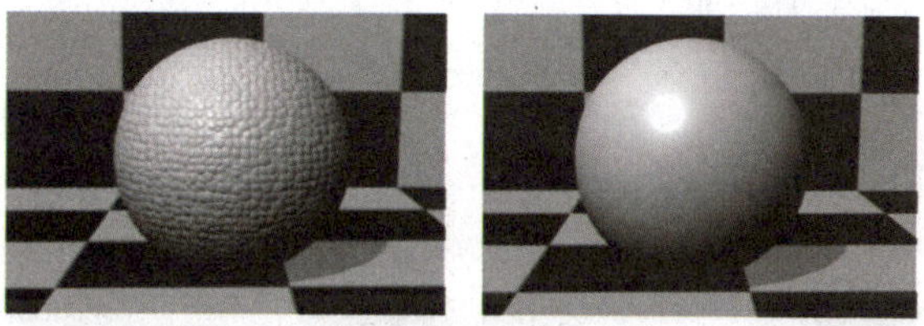

❻ Diffuse（散射）：材质的漫反射属性。不同的漫反射强度表现不同物体的质感。通常我们通过降低Diffuse（漫反射）而提高反射、折射的数值来表现金属或者玻璃等材质，下左图所示就是将Diffuse（散射）值降为0后，通过调节材质的反射、折射以及高光等属性所得到的玻璃球效果。提高漫反射值又可以用来表现带有木漆面的家具物体等材质，下右图所示就是将Diffuse（散射）值提高为1后，通过调节材质的反射、高光属性所得到的木漆效果。

❼ Translucence（半透明）：材质的半透明属性。指的是灯光穿透过曲面的数量，多用于渲染背光物体，就像光穿过花瓣所形成的半透明质感；值越高穿透的光线就越多，数值为1时光线完全穿透，数值为0时则没有半透明效果。

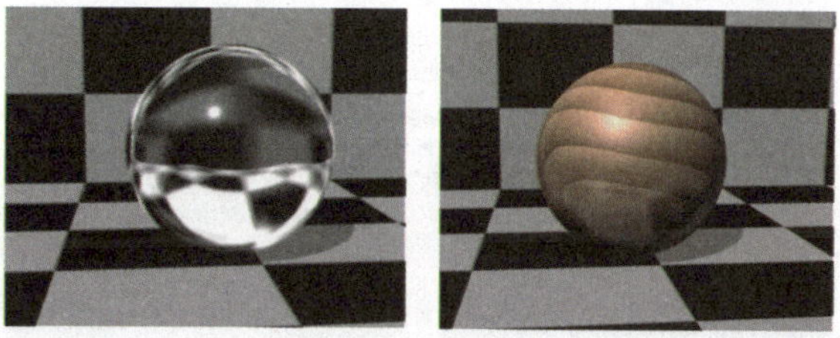

❽ Translucence Depth（半透明深度）：材质的半透明深度属性，是指光线穿透曲面的有效距离。

❾ Translucence Focus（半透明焦点）：材质的半透明焦距设置。光线穿透的散射，数值为1时光线聚焦在一个点上；数值为0时则完全分散开。

2）Specular Shading（高光阴影）卷展栏如下图所示。

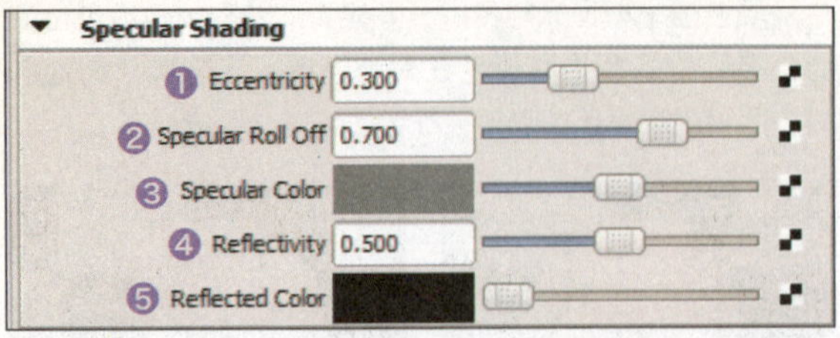

❶ Eccentricity（离心率）：材质高光镜面反射范围的大小。

❷ Specular Roll Off（镜面反射强度）：设置材质高光镜面反射的扩散和聚集。

❸ Specular Color（高光颜色）：材质高光的颜色。

❹ Reflectivity（反射强度）：材质的反射率大小。

❺ Reflected Color（反射颜色）：材质的反射颜色。下面左图小球的Reflectivity（反射强度）值设置为0.9，Reflected Color（反射颜色）保持默认值。下右图小球的Reflectivity（反射强度）值设置为0，Reflected Color（反射颜色）保持默认值。通过上述对比可以明显看出Blinn材质的反射效果，如下图所示。

Reflectivity=0.9

Reflectivity=0

3）Special Effects（特效）卷展栏如下图所示。

❶ Hide Source（隐藏物体）：隐藏发散辉光的物体。

❷ Glow Intensity（光辉强度）：材质的辉光强度。

4）Matte Opacity（遮罩不透明度）卷展栏如下图所示。

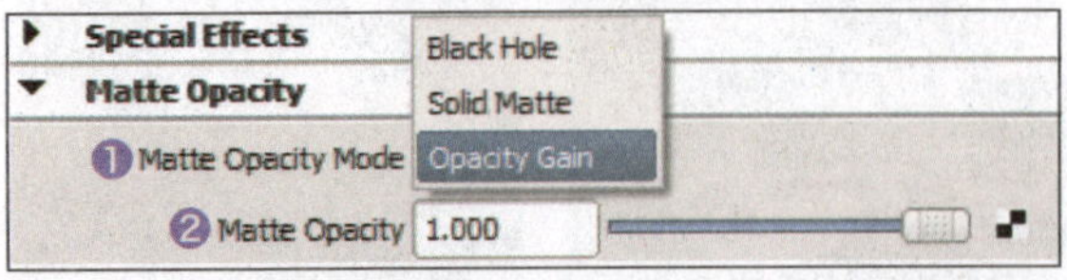

❶ Matte Opacity Mode（遮罩不透明模式）：遮罩物体有三种方式。Black Hole（黑洞）模式，设定遮罩为一个黑洞模式；Solid Matte（固态遮罩）模式，使所有被这些曲面覆盖的遮罩通道恒定不变；Opacity Gain（不透明度增益）模式，可以控制遮罩对于该材质的影响程度。

❷ Matte Opacity（遮罩不透明度）：控制遮罩的透明度属性。

5）Raytrace Options（光线追踪选项）卷展栏如下图所示。

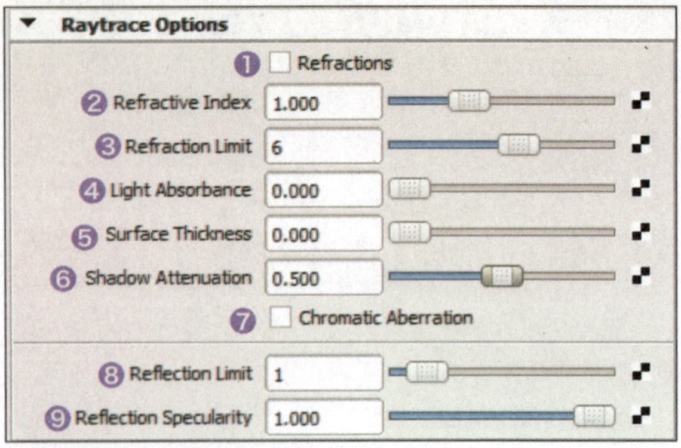

❶ Refractions（折射）：勾选此选项，材质便开始使用光线追踪计算材质的折射信息。

❷ Refractive Index（折射率）：光线透过透明物体时光线的弯曲程度。不同材料的折射率不同，右表是一些透明材质的折射率参考值。

玻璃	1.6
空气	1
水	1.333
水晶	2
钻石	2.417
冰	1.3
烟雾	1.02

❸ Refraction Limit（折射次数限制）：光线产生折射的最大次数，默认为6次。

❹ Light Absorbance（光的吸收率）：光线穿过透明物体被吸收的程度，此值越大，反射和折射就越小。

❺ Surface Thickness（表面厚度）：设定物体表面的厚度，折射会受其影响。

❻ Shadow Attenuation（阴影的衰减）：控制阴影的衰减程度。

❼ Chromatic Aberration（色像差）：通过对该选项的设置可以生成多彩的效果。

❽ Reflection Limit（反射次数限制）：光线产生反射的最大次数。

❾ Reflection Specularity（镜面反射强度）：控制镜面反射的强度。

（2）Lambert

Lambert是一个没有高光也没有反射的材质，该材质的视觉效果也可以通过把其他材质的高光属性关掉而实现。它适合模拟无高光且表面比较粗糙的物体，比如：石头、纸、水泥等。

（3）Phong

Phone材质的镜面反射高光非常的硬朗，适用于表面光泽，比较尖锐的物体，例如玻璃、陶瓷等。

（4）PhongE

该材质是Phong材质的简化版，高光区域比Phong更柔和，渲染速度也要比Phong快一些。

（5）Anisotropic

该材质比较特别，有一些自己独特的属性，高光不是常见的圆形，而是长条的，但它的反射不会伸长，非常适合模拟有倒角的物体，比如CD、金属凹槽、汽车的轮毂等。

2. 次常用表面材质

次常用的表面材质包括Layered shader、Surface Shader、Use Background、Ramp Shader。

5.3.2 Volumetric（体积）材质

接下来讲解Maya的Volumetric（体积）材质。该类材质共包括以下6种，如右图所示。

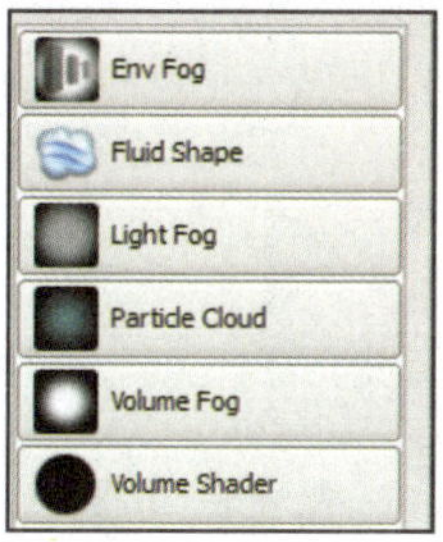

（1）Env Fog（环境雾）

Env Fog（环境雾）材质可以在场景中添加大气雾的效果，使远处的物体变得模糊不清，近处的物体清晰可见。

> **提示** Env Fog（环境雾）材质分为两种类型：一种是Simple Fog（简单雾），顾名思义简单雾比较容易创建，调节参数少，但效果一般；另一种是Physical Fog（物理雾），当勾选Physical Fog（物理雾）选项时即被激活，它又分为Fog（雾）、Air（空气）、Water（水）和Sun（太阳）4种类型。

（2）Fluid Shape（流体形状）

Fluid Shape（流体形状）是针对流体部分的一个材质，可设置流体的密度、速度、温度、纹理、着色等参数。

（3）Light Fog（灯光雾）

用于制作灯光雾特效，呈现灯光穿透大气雾的效果。

（4）Particle Cloud（粒子云）

当粒子的形态为Cloud（云）时，赋予Particle Cloud（粒子云）节点进一步调节粒子的形态，可模拟云、烟等气体。

（5）Volume Fog（体积雾）

只有在执行Create（创建）>Volume Primitives（体积模型）> Sphere\Cube\ Cone（球体\立方体\圆锥体）命令创建体积物体时，Maya才会自动创建Volume Fog（体积雾）节点，一般的模型不能生成Volume Fog（体积雾）节点。

（6）Volume Shader（体积着色器）

用于输入其他的体积材质，在保留输入节点特征的基础上还可以通过调节它的Out Color（输出颜色）和Out Transparency（输出透明度）属性对雾的颜色和透明度进行调节。

5.3.3 Displacement（置换）节点

在制作高清影片时，Displacement（置换）节点是非常有用的，它利用纹理贴图的灰度信息，根据模型的法线方向对模型上的点进行位移，从而实现物体模型表面的扭曲变形，进一步增加物体表面的细节。贴图的纹理越亮，模型变形越大。通常我们多用贴图文件来控制置换效果，贴图的分辨率大小决定了置换的细节表现力。下图所示的山体是用Maya的2D Textures（二维纹理）中的Noise（噪波）纹理节点调节的Displacement（置换）效果。

Displacement（置换）节点与Bump（凹凸）节点的效果类似，但又有本质的区别；添加了 Bump（凹凸）节点的模型边缘是没有凹凸变形的，而添加Displacement（置换）节点后模型边缘也会产生变形。这是因为Bump（凹凸）只是改变了模型的表面法线，并没有改变模型点的位移，因此Displacement（置换）效果更加真实可信。

如果使用Displacement（置换）节点，要先创建一个Noise（噪波）纹理材质，用鼠标中键直接拖曳到Surface材质上，再在弹出的菜单里选择displacement map（置换贴图）选项，如下图所示，Maya会自动创建一个Displacement（置换）节点。

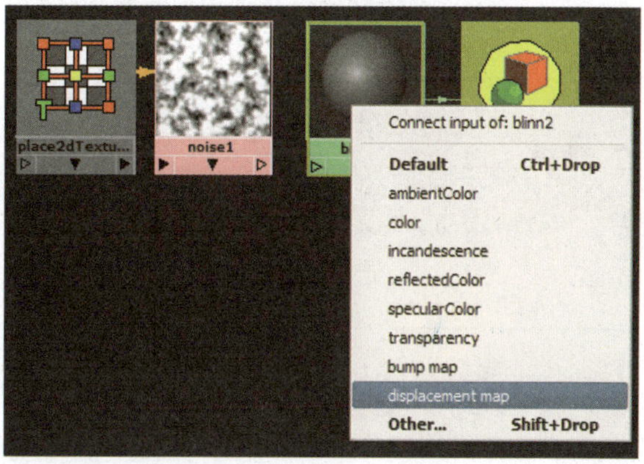

5.3.4 2D Textures（二维纹理）节点

二维纹理是最常用的贴图方式，它都带有一个2d Placement（二维纹理投影器）工具（后面有这个节点属性的详细介绍），通过这个工具可以Repeat UV（重复UV），即在U和V方向上重复纹理图案，这个工具经常被用到。

下面详解2D Textures（二维纹理）中常用的节点。

（1）Checker（棋盘格）纹理节点

Checker（棋盘格）是一个模拟黑白棋盘格纹理重复图案的节点，多用于展UV时，对UV贴图位置是否有拉伸的检查。

首先来简单测试一下Checker（棋盘格）纹理的效果。先在场景中创建一个球，创建一个Checker（棋盘格）纹理，将其连接到Lambert材质的color属性上，并将Lambert材质赋予小球，观察效果，我们需要注意，在展UV时，如果方格不是正方形或形状大小不一，都说明UV被拉伸，如下图所示。

Checker（棋盘格）纹理的参数面板如下图所示（前面讲过的二维纹理的通用属性这里不再重复介绍）。

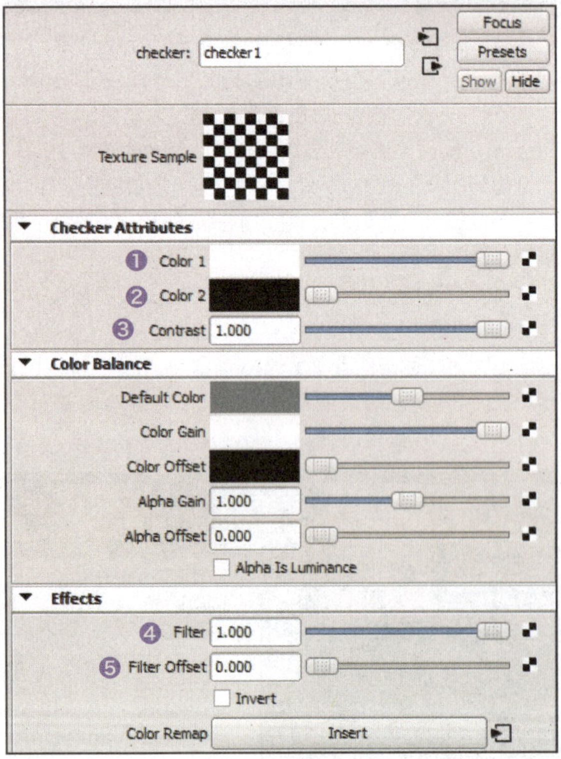

❶ Color 1（颜色1）：棋盘格图案中的一个颜色。
❷ Color 2（颜色2）：棋盘格图案中的另一个颜色。
❸ Contrast（对比度）：控制棋盘格中两种颜色的对比度。数值为1时对两种颜色没有影响；为0时两种颜色为混合后的单一颜色；大于1时纹理会变模糊；小于1时纹理会变得很锐利。
❹ Filter（过滤）：控制对纹理过滤处理的程度。数值大于1时纹理会变得模糊，小于1时纹理会变得锐利。
❺ Filter Offset（过滤偏移）：过滤偏移能统一地增加过滤值，默认值为0，即锁定系统过滤值。

（2）File（文件）节点

与前面几个纹理节点不同，File（文件）节点是一个输入二维图片的常用节点，可使用图片文件做贴图使用。

下面来简单介绍File（文件）节点的用法。先在场景中创建一个球，创建一个File（文件）节点，在Image Name属性上输入一张图片，将其连接到Lambert材质的color属性上，并将Lambert材质赋予小球，这是最基本的给物体赋贴图的做法，如下图图片上的卡通人物被赋在小球上面。

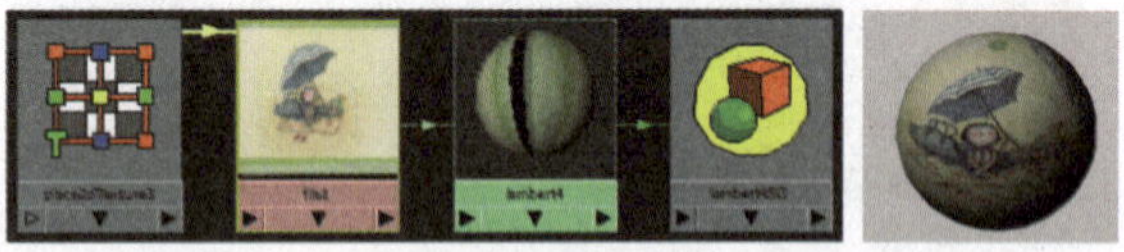

File（文件）节点的参数面板如下图所示。

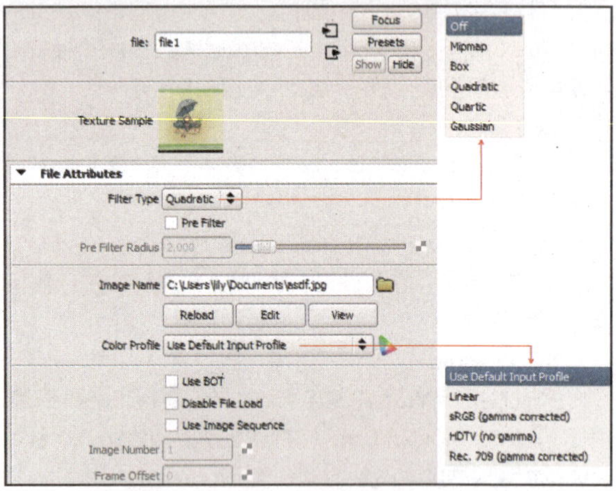

（3）Fluid Texture 2D（二维流体纹理）节点

二维流体纹理节点是模拟2D流体的纹理，可以设定二维流体的密度、速度、温度、纹理、着色等属性，在后面章节会详细介绍。

（4）其余二维纹理贴图

其余二维纹理贴图还包括Movie（影片）节点、Noise（噪波）纹理节点、Ocean（海洋）材质节点、PSD File（PSD文件）节点、Water（水纹）纹理节点等。

5.3.5 3D Textures（三维纹理）节点

2D Textures（二维纹理）节点与模型UV相关，而3D Textures（三维纹理）节点与模型的表面位置紧密相关。

> **提示** 当我们在创建一个3D Textures（三维纹理）节点时，3D Placement（三维纹理投影器）会自动被创建并连接到纹理上。3D Placement（三维纹理投影器）的位移、旋转、缩放会控制纹理在模型上的分布方式，默认情况下，3D Placement（三维纹理投影器）位于世界坐标系的中心位置，如果将它与纹理断开或删除，纹理将设定为默认大小。

下面讲解常用的三维纹理节点。

（1）Brownian（布朗）纹理节点

Brownian（布朗）纹理可随机生成碎片，与前面的Noise（噪波）纹理类似，都是黑白相间不规则的随机纹理，但随机的方式不太一样，可模拟沙漠、岩石等一些表面粗糙的事物，也可以用来做凹凸纹理。

下图是将Brownian（布朗）纹理的颜色应用到小球上的效果。

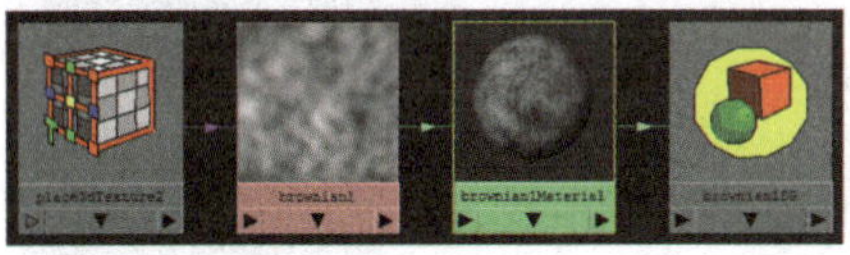

Brownian（布朗）纹理的参数面板如下图所示。

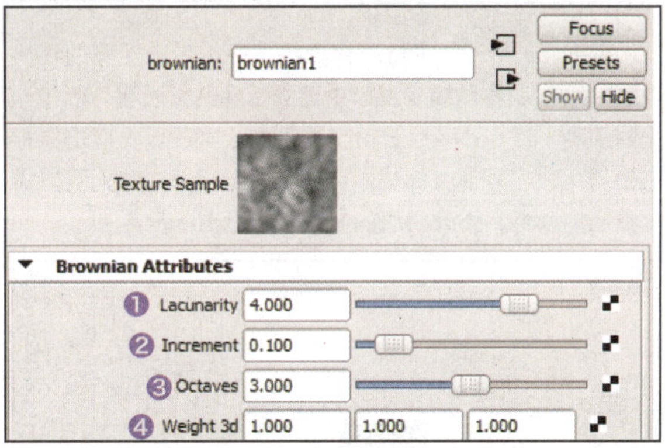

❶ Lacunarity（缺项）：控制纹理的大小和分布，值越高细节越多；值越小越平滑。

❷ Increment（增量）：控制颜色的混合程度。

❸ Octaves（倍频）：重复计算纹理的次数，调节纹理的细节程度。

❹ Weight 3d（三维权重）：在X、Y、Z方向上控制纹理使其产生模糊效果。

（2）Cloud（云）纹理节点

Cloud（云）纹理用来模拟烟、云雾、天空等效果，其噪点比较柔和、细腻，可用做凹凸纹理。

Cloud（云）纹理的参数面板如下图所示。

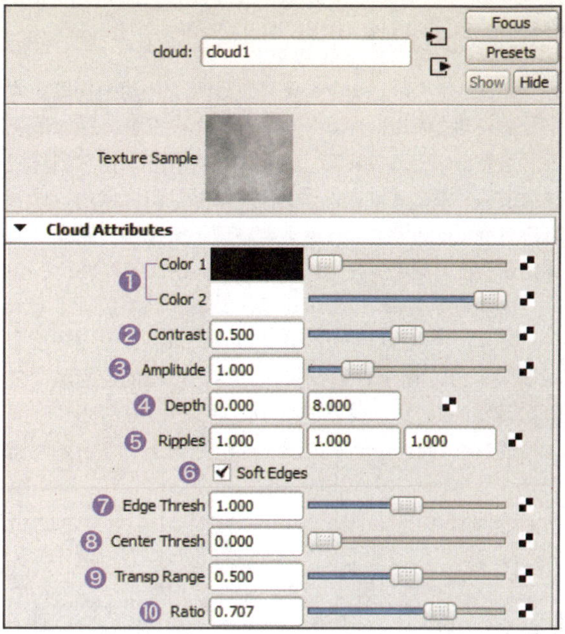

❶ Color 1（颜色1）/ Color 2（颜色2）：控制纹理的两种颜色。

❷ Contrast（对比度）：控制Color 1和Color 2两种颜色的对比度。

❸ Amplitude（振幅）：控制碎片纹理的强度，值越大黑白对比越明显。

❹ Depth（深度）：设置纹理计算的最大次数，值越大细节越多，第一个框为最小值设置，第二个框为最大值设置。

❺ Ripples（波纹）：控制纹理在X、Y、Z三个方向上的频率，值越高纹理拉伸得越明显。

❻ Soft Edges（柔边）：控制Color 1和Color 2中间过渡的柔化程度。

❼ Edge Thresh（边缘反复）：控制纹理的密度，值越低，则Color 2密度越高。

❽ Center Thresh（中心反复）：控制纹理的密度，值越高，则Color 1密度越低。

❾ Transp Range（透明度范围）：控制颜色之间转换不透明的范围，值越低边缘越硬。

❿ Ratio（比率）：控制黑白碎片纹理的混合模糊效果。

（3）其余三维纹理节点

其余三维纹理节点还有Crater（弹坑）纹理节点、Fluid Texture 3D（三维流体纹理）节点、Granite（花岗岩）纹理节点、Leather（皮革）纹理节点、Marble（大理石）纹理节点、Rock（岩石）纹理节点、Snow（雪）纹理节点，等。

5.3.6 Environment Textures节点

Environment Textures（环境纹理）是用来模拟物体所处的环境的贴图，常用于整个场景的照明、反射情况下。可将Environment Textures（环境纹理）指定到环境球材质的白炽热属性上，作为整个场景的灯光使用，或者将Environment Textures（环境纹理）直接指定到单个物体材质的反射颜色属性上，模拟该物体的反射效果。

我们在创建Environment Textures（环境纹理）节点时，Maya会自动创建一个3D Placement（三维纹理投影器）来定义环境的体积，通过设定X、Y、Z的空间距离来确定环境的颜色。5种不同类型的纹理分别带有5个不同体积的3D Placement（三维纹理投影器）节点，如下图所示。

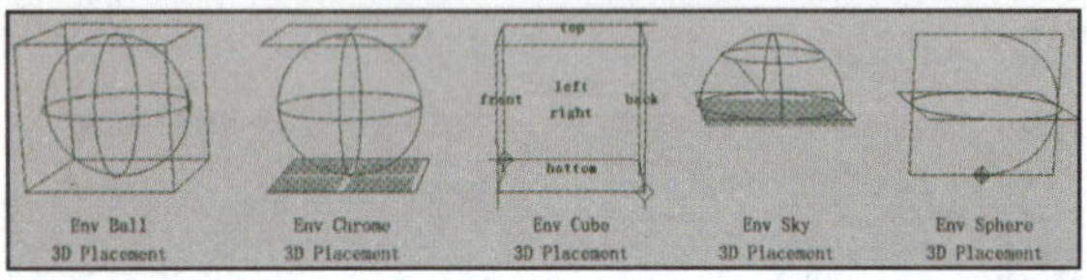

Environment Textures（环境纹理）节点包含5种不同类型的纹理节点，下面以Env Ball（环境球）纹理节点为例进行讲解。

Env Ball（环境球）纹理用来模拟球形环境的节点，简单的用法就是先将模拟环境的一张贴图指定到Image（图像）属性上，再将Env Ball（环境球）纹理指定到表面材质的Reflect Color（反射颜色）属性上，这样物体就具有了模拟的反射环境贴图的效果，如下图所示。

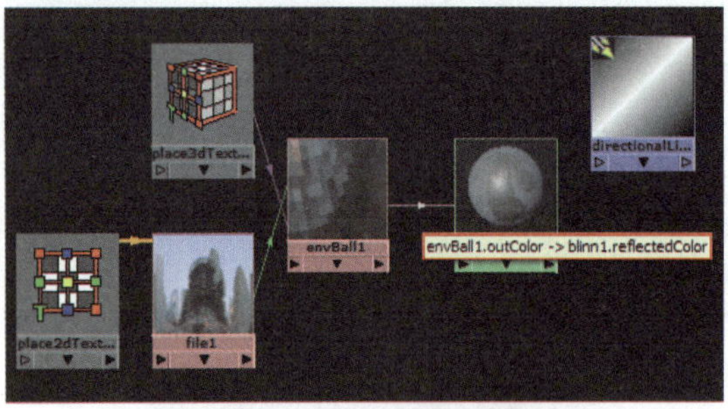

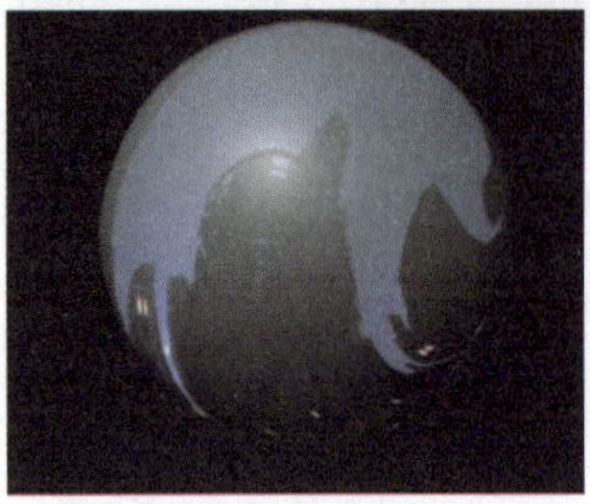

Env Ball（环境球）主要是针对使用HDR（高清动态图像）贴图模拟反射时使用的。

提示 除了Env Ball之外，环境贴图纹理节点还有Env Chrome（环境铝合金）、Env Cube（环境立方体）、Env Sky（环境天空）和Env Sphere（环境球体）。

5.4 Maya中的贴图

介绍完几种材质的基础知识后，下面我们着重来介绍Maya贴图部分。

5.4.1 调节材质并观察渲染效果

执行Window（窗口）>Rendering Editors（渲染编辑器）>Hypershade（材质编辑器）命令，打开材质编辑器，如下图所示。

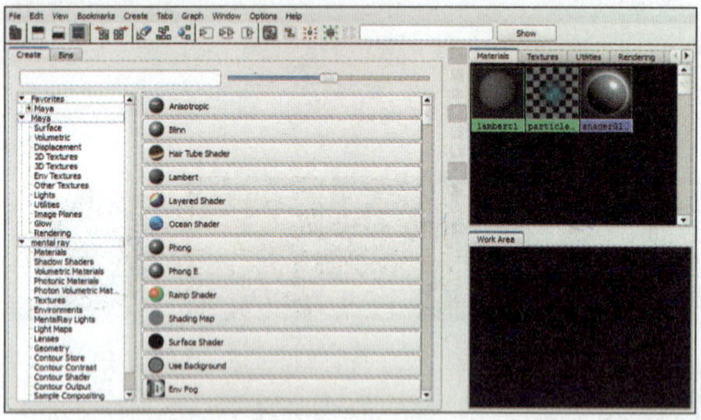

在Hypershade（材质编辑器）中，单击左侧的材质类型，可以在右侧编辑窗口中建立基本的材质球。选中一个材质球，按Ctrl+A组合键，或者在该材质球上双击鼠标左键，可以打开属性编辑器，在属性编辑器中我们可以调整材质的属性，修改材质的参数，如下图所示。

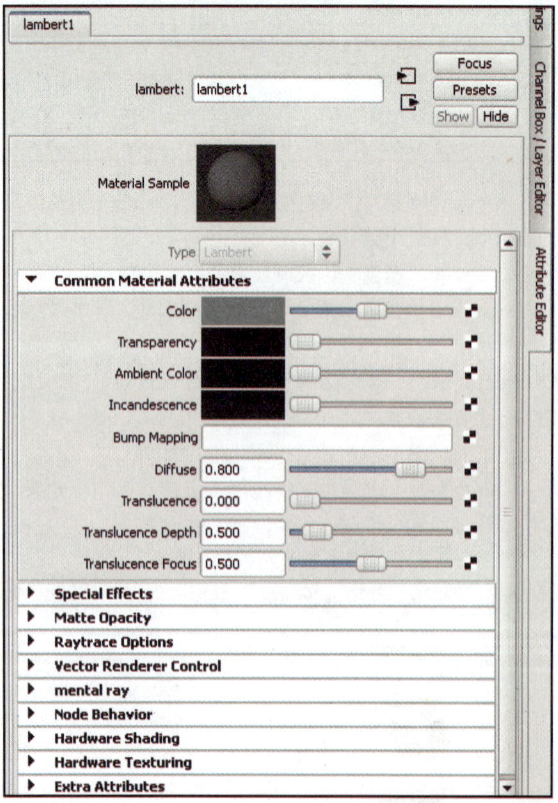

在编辑材质的过程中，为了观察材质及贴图的效果，就要使用到渲染功能。切换到Rendering（渲染）模块，执行Render（渲染）>Render Current Frame（渲染当前帧）命令，或者单击工具栏中的按钮，Maya会渲染当前编辑窗口中的场景，如下图所示。

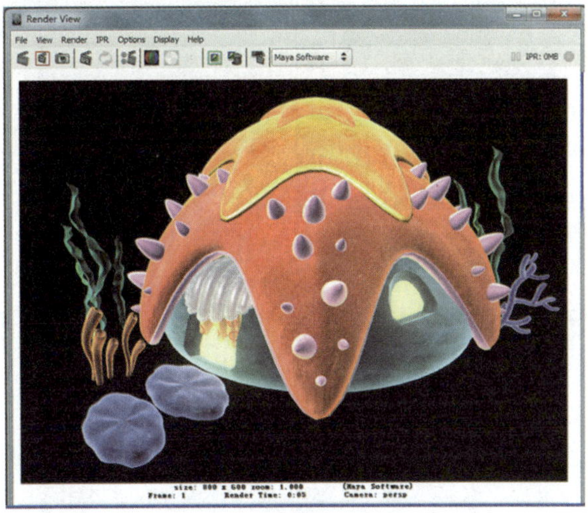

提示 为了在修改材质时能够更好并且更及时地渲染场景，不必一次又一次地单击Render Current Frame（渲染当前帧）按钮，可以单击 IPR（交互式渲染）按钮，或执行Render（渲染）>IPR Render the Current Frame（交互式渲染当前帧）命令。运用 IPR渲染可以及时地对场景中的材质或灯光的改变进行渲染，在编辑材质、纹理、灯光和阴影的同时，立刻得到渲染效果。

所有的参数调整好之后，执行Render（渲染）>Render Current Frame（渲染当前帧）命令，直接渲染单帧场景，然后在Render View（渲染预览）窗口中执行File（文件）>Save Image...（储存图像）命令，可以把渲染结果保存，保存时可以选择各种文件类型，如下图所示。

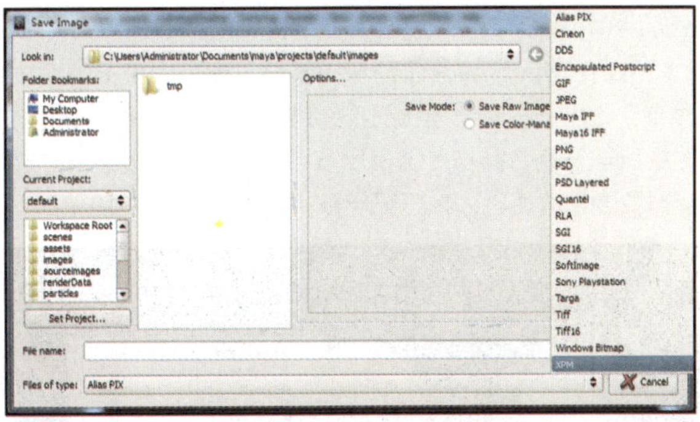

了解了从调节材质参数到观察渲染效果的流程，接下来我们着重了解材质的纹理贴图部分。

5.4.2 贴图纹理的原理

前面我们曾提到过贴图纹理的4种类型，下面我们来逐一认识一下。

1. 二维纹理

二维纹理的显示效果取决于模型的UV坐标贴图以及图片的叠加方式，贴图的UV坐标会影响图片在模型上的显示位置、纹理密集程度与拉伸程度。它作用于物体的表面，形象地说，二维纹理就像盒子外面的包装纸，不论里面的盒子什么形状，包上这层纸就会变得很漂亮，当这层纸被撕掉，里面的物体则还原成了初始的灰色样貌，如下图所示。

2. 三维纹理

三维纹理则不受模型外形与UV坐标的限制，它是一个整体。三维纹理可以将纹理的图案作用于物体内部。无论物体如何改变外观，所显示的效果也不会因为模型的改变而产生变化，如下图所示。

将二维纹理与三维纹理相互进行嵌套组合，可以得到更加丰富的表现效果，让模型的材质效果表现得更加淋漓尽致，如下图所示。

3. 环境纹理

Environment Texture（环境纹理）也称作HDRI贴图，它与二维纹理和三维纹理最大的差异就是——它并不直接作用于物体，而是作用在模型的外围，用以模拟模型周围的环境，以此来影响模型材质的高光、折射和反射效果，如下图所示。

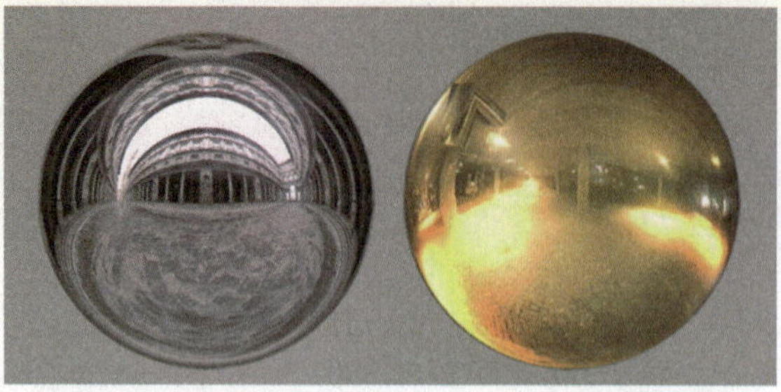

环境纹理在Maya材质编辑器中的位置如下图所示。

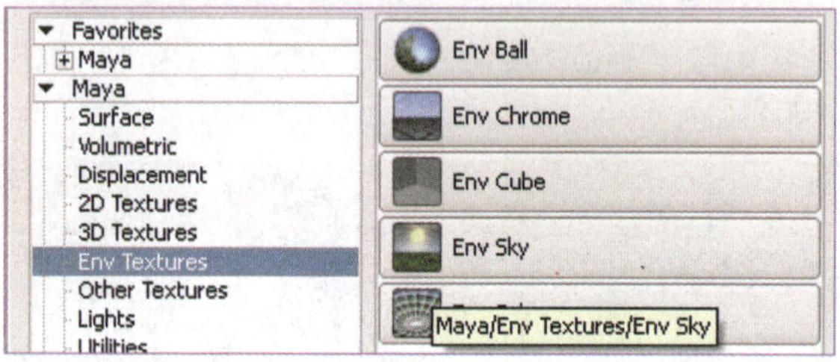

4. 层纹理

Layered Texture（层纹理）可以为同一个材质叠加许多层效果，最后显示出来的是最后一层叠加之后的效果，如下图所示。

层纹理在Maya材质编辑器中的位置如下图所示。

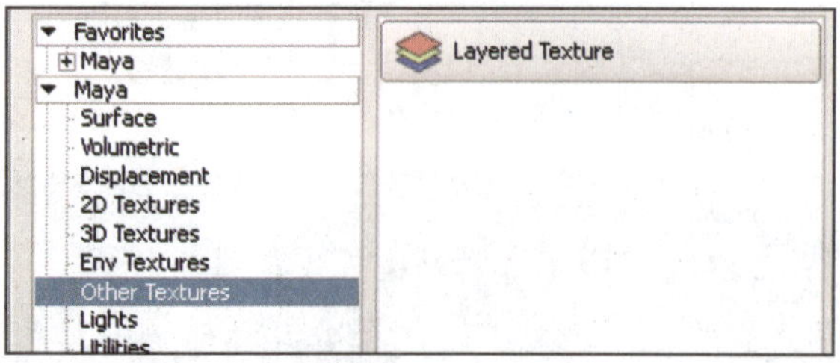

5.4.3 创建纹理贴图的方法

创建纹理贴图的方法介绍如下。

1）双击材质球，或者按Ctrl+A组合键，打开材质属性编辑器，单击材质属性右侧的添加贴图按钮（如果属性右侧该按钮存在，此属性就可以被赋予贴图），弹出Create Render Node（创建渲染节点）窗口，如下图所示。

单击File按钮，切换到File Attributes（文件属性）卷展栏，如下图所示。

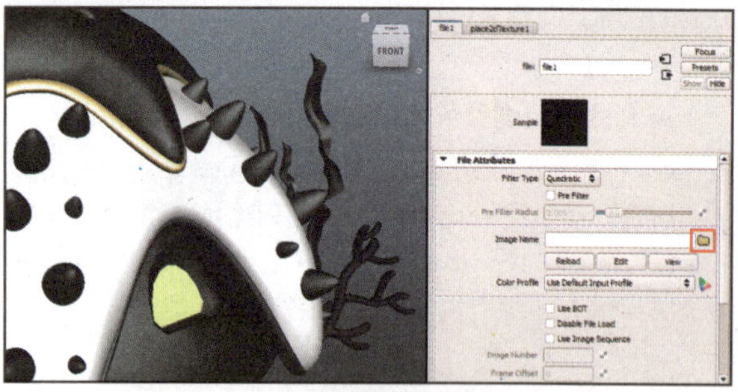

单击按钮可以添加需要的纹理贴图。

2）可以在Hypershade（材质编辑器）窗口中直接创建纹理节点，用鼠标左键单击材质纹理节点，或者用鼠标中键选中纹理节点将其拖曳至材质节点之上，在弹出菜单中选择需要连接的属性，如下图所示。

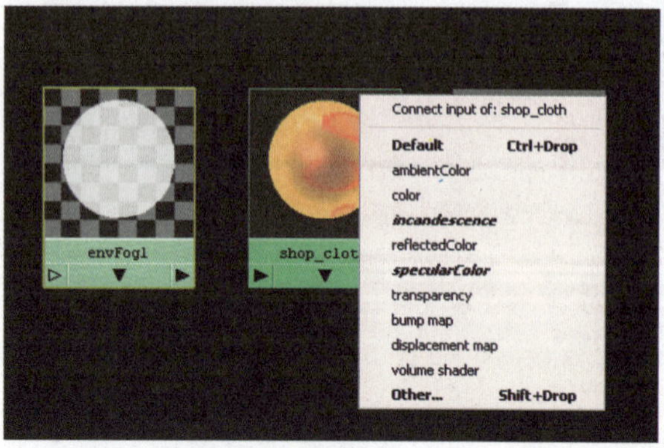

5.4.4 二维纹理贴图

二维纹理主要分为两种类型，一种是文件纹理，另一种是程序纹理，这两种纹理类型的区别在于纹理形成的来源。

文件纹理主要由用户自己制作。这包括用户在二维软件中绘制或编辑，以及使用相机拍摄或直接扫描物体材质得到的位图文件。这一类纹理可以直接利用现实世界中的物体为例作为模型纹理，因此非常真实，在仿真作品的视觉上有很好的表现，如下图所示。

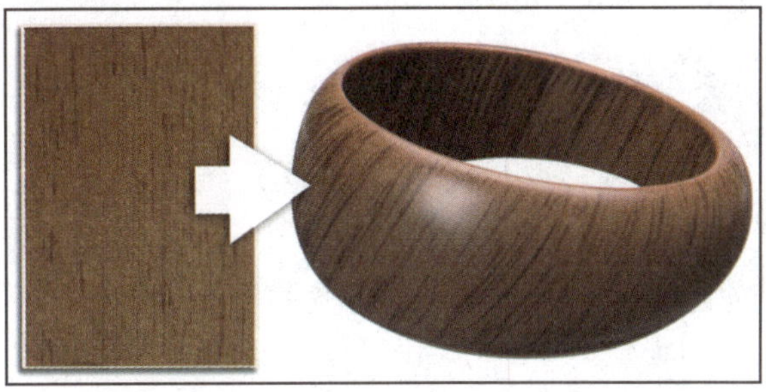

提示 如果是制作一些奇幻的物体，即现实中并不存在的模型，纹理便不能够满足于在现实世界中收集的纹理素材，这时我们可以使用二维绘图软件，如Photoshop、Illustrator、Painter等，自行绘制纹理贴图，以符合用户的制作需求。

但是，即使是自由绘制，在绘图时我们也往往会使用一些取材于相类似物体的纹理作为参考，以加强纹理贴图的真实感，如下图所示。

程序纹理是经过数学函数计算而产生的，通过对程序纹理的各项属性进行调节，可以达到我们需要的效果。程序纹理最大的优势在于它可以在模型上不间断地重复使用而不会出现接缝。相对来说，文件纹理中的贴图尺寸大小是固定的，如果要在同个模型上重复使用，便会面临着两张图片的接缝处有明显不连贯的问题；程序纹理由于没有图片连接，也不受图片大小影响，因此程序纹理的渲染时间和文件纹理相比要短上很多。

那么，二维的图片是如何映射在三维模型上的呢？这中间就需要一个媒介进行二维坐标与三维坐标的转换，这个媒介便是模型的UV坐标。小时候，我们都做过折纸手工，原本是在一个平面上的纸片，经过裁剪、弯折、粘贴，便成为了一个三维立体的模型，如下图所示。这就是贴图的原理——由一个平面的图案开始，经过对位、扭曲、缩放等步骤，附着在一个三维的立体模型上。

那么贴图的纹理在物体表面上的位置是如何确定的呢？Maya通过place2dTexture节点来控制二维纹理的布置。place2dTexture节点就是根据物体表面的UV坐标的相对位置来控制的。UV是用来将二维纹理与三维模型进行对应而产生的坐标系统，UV点直接与模型上的顶点一一对应。选中一个物体，单击鼠标右键，在浮动菜单中选择UV，这时模型上的每个顶点呈现棕色，选中点则呈绿色，如下图所示。

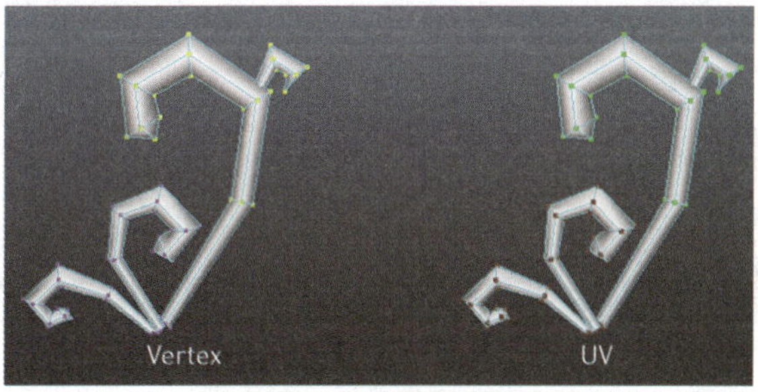

模型上的每个UV点依附于模型的每个顶点。多边形模型和NURBS模型都有UV坐标，但是两者的UV纹理坐标存在方式并不相同。多边形模型的UV点是一个可编辑的元素，可以根据贴图的需要而移动UV点的位置，而NURBS模型的UV点是根据模型曲面的坐标走向而默认设置的，不可重新编辑，如下图所示。

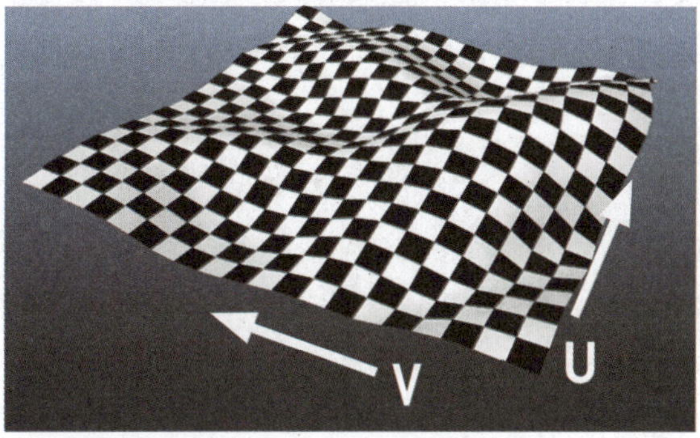

当我们为一个物体指定了二维纹理后，在纹理节点后就会出现一个纹理坐标节点，用来控制纹理在物体上的UV坐标，可以控制纹理的范围、重叠、旋转等操作。在Hypershade（材质编辑器）窗口中双击place2dTexture节点，打开属性编辑器，便可以看到place2dTexture节点编辑纹理的属性，如右图所示。

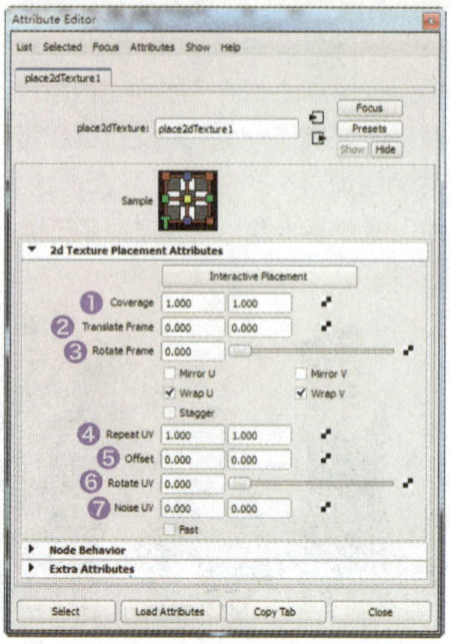

❶ Coverage（覆盖范围）：控制贴图纹理在模型表面的覆盖面积，如下图所示。

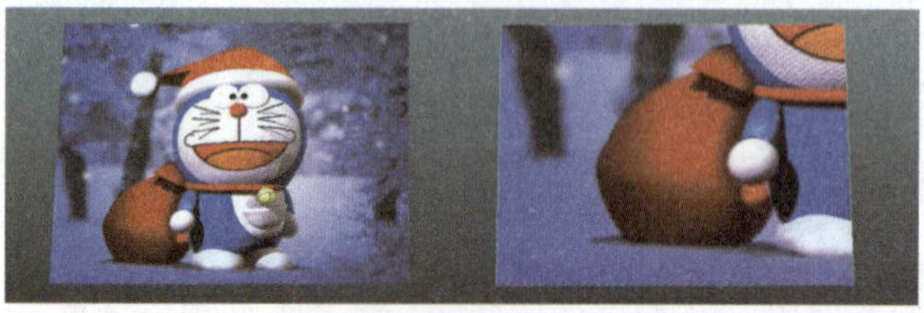

❷ Translate Frame（转化帧）：控制物体的UV坐标原点相关帧的位置，如下图所示。

❸ Rotate Frame（旋转帧）：控制纹理的旋转角度，如下图所示。

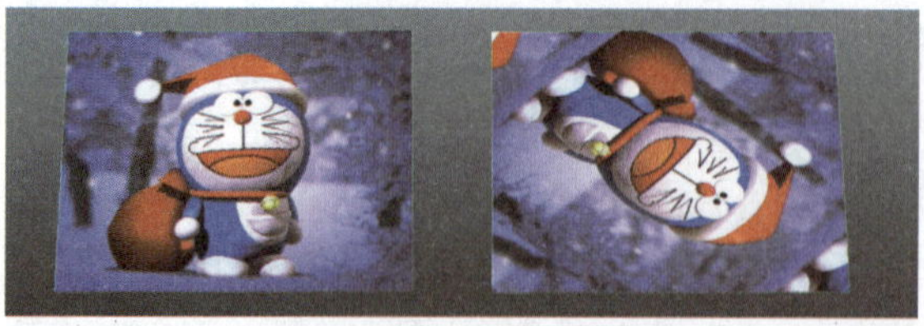

❹ Repeat UV（重复UV）：控制纹理在UV方向上的重复次数，如下图所示。

❺ Offset（偏移）：控制纹理的相对位置的偏移量，如下图所示。

❻ Rotate UV（旋转UV）：不同于Rotate Frame（旋转帧）属性，Rotate UV（旋转UV）属性主要用于控制纹理的UV方向旋转，如下图所示。

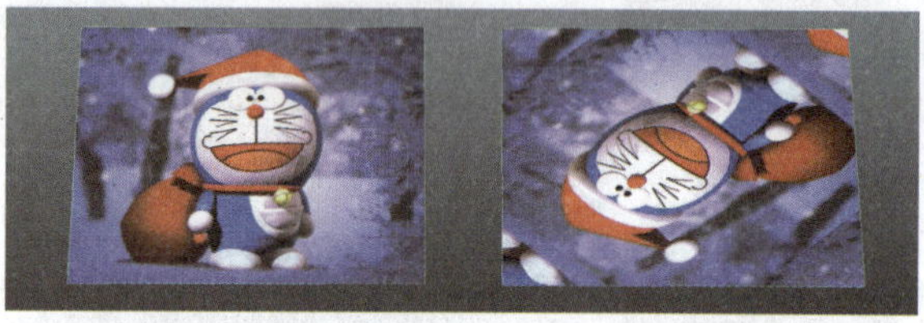

❼ Noise UV（UV噪波）：用于控制纹理在UV方向上的噪波。这一项效果要在渲染时才能查看，如下图所示。

二维纹理贴图方式分为三类，在创建这些纹理时可以选择不同的贴图方式。

进阶练习：将贴图赋予模型

素材文件：Chapter 5\5.4\example18.jpg

01 在Maya中创建一个多边形平面，设定其Height（高）为60、Width（宽）为80，如下图所示。

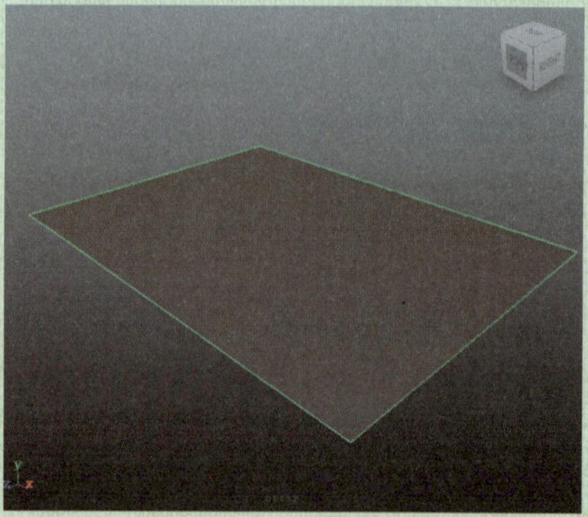

02 执行Window（窗口）>Rendering Editor（渲染编辑器）>Hypershade（材质编辑器）命令，打开材质编辑器窗口，单击Lambert材质，创建一个lambert2材质球。这时我们看到在材质显示区域和材质编辑区域都出现了lambert2这个材质球，如下图所示。

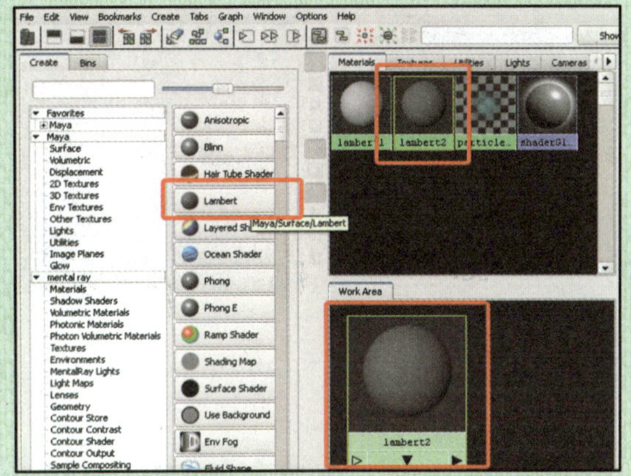

接下来我们将一张贴图赋予这个材质球，贴图尺寸为800×600像素，如下图所示。

03 双击新创建的材质球lambert2，打开材质球属性面板，如下图所示。

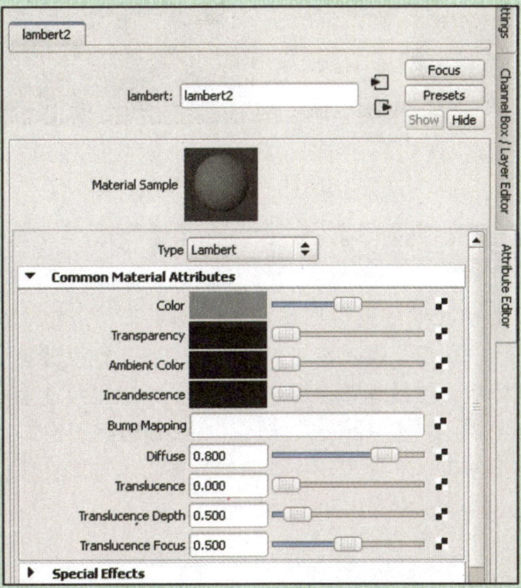

04 为了方便选取及编辑，我们将材质重命名为“try”，如下图所示。单击材质名称就可以对材质进行重命名。

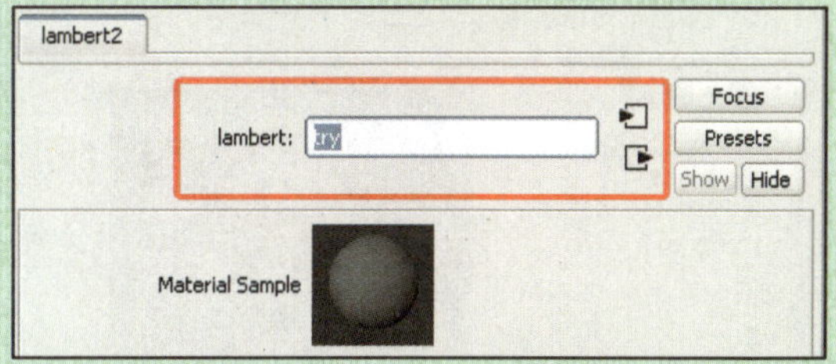

05 接下来我们赋予这个材质球一张贴图。在材质下方的众多Common Material Attributes（普通材质属性）中，单击Color（颜色）属性后方的 ■ 图标，如下图所示。

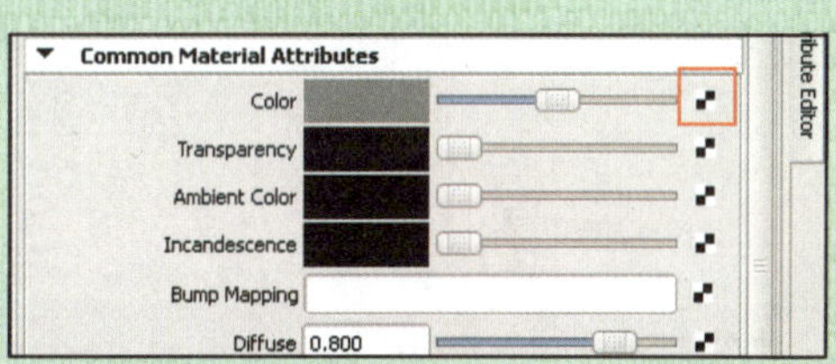

06 打开Create Render Node（创建渲染节点）对话框，单击File 按钮，如下图所示。

07 切换到属性面板file1（文件）选项卡，单击文件夹按钮 如下图所示。

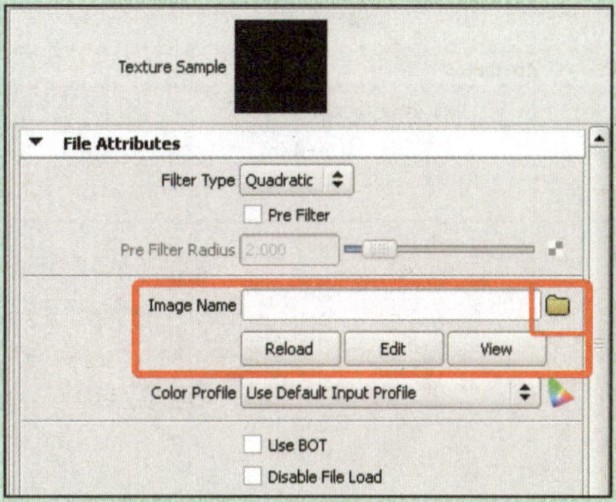

08 在弹出窗口中找到刚才的那张贴图，双击选中，或单击Open（打开）按钮，如下图所示。

09 这时我们看到贴图显示框中有了图片的预览，并且Image Name（图像名称）文本框中显示的是该图片的路径，如下图所示。

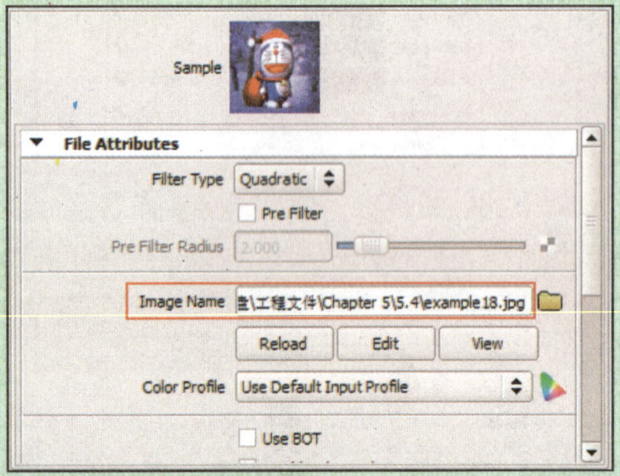

我们发现在file文本框右侧有两个箭头，单击上面的一个箭头，属性界面切换到place2dTexture节点，而单击下面一个箭头，则切换回材质球，如下图所示。

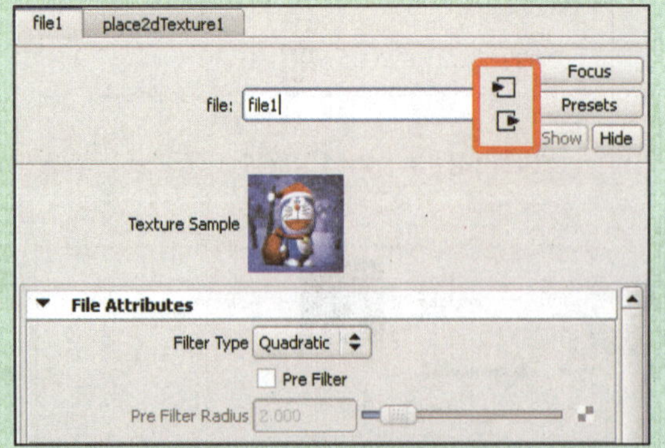

单击下面的 按钮，回到材质球界面，我们看到这时的材质球已经不再是灰色的，而是有了贴图的颜色，并且Color（颜色）属性后面也不再是 ，而变成了 。只要单击 按钮，界面又会切换到贴图界面。

10 下面我们将给模型赋予材质。赋予模型材质的方式有三种。第一种方法是，我们在Hypershade（材质编辑器）窗口中，用鼠标单击材质显示区域的“try”材质球，按住鼠标中建并将其直接拖动到刚才建好的Polygon平面上，则平面直接被赋予“try”材质，如下图所示。

11 第二种方法是选中平面模型，用鼠标中键单击材质球，这时出现浮动菜单，执行color（颜色）命令，如下图所示。

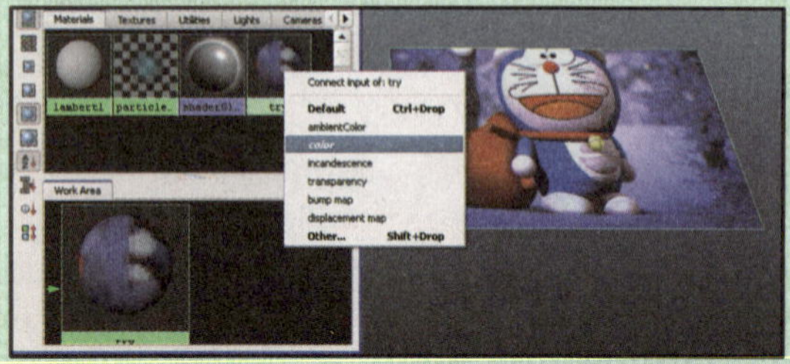

12 第三种方法是首先选中平面模型，用鼠标右键单击材质球，这时出现浮动菜单，执行Assign Material to Selection（将材质赋予选中物体）命令，则同样将“try”材质赋予平面模型，如下图所示。

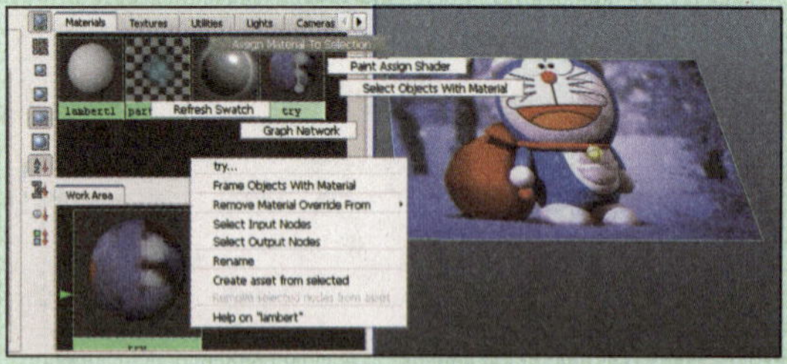

5.4.5 三维纹理贴图

之前我们提到过三维纹理是作用于整个物体的纹理，而非仅仅是覆盖在表面。当我们将三维纹理赋予一个物体后，在纹理节点后就会出现一个三维纹理坐标控制器节点。打开Hypershade（材质编辑器）窗口，创建一个三维材质纹理，在材质编辑窗口中可以直接看到place3dTexture节点，如下图所示。

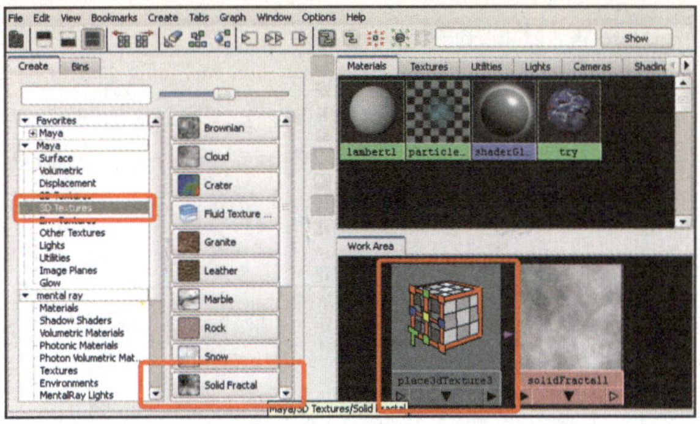

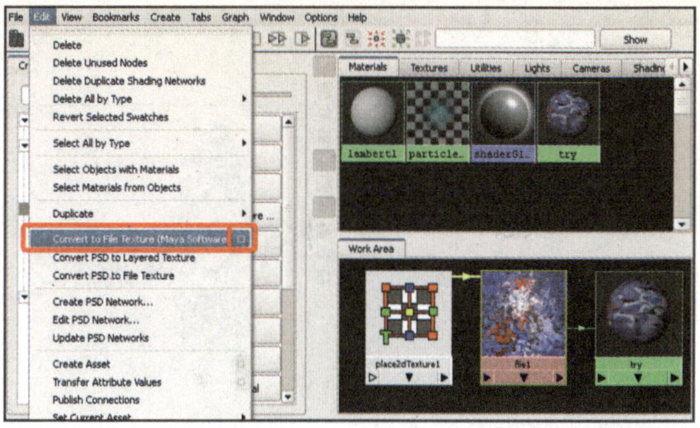

双击place3dTexture节点，打开属性编辑面板，就可以看到三维纹理的属性，如下图所示。

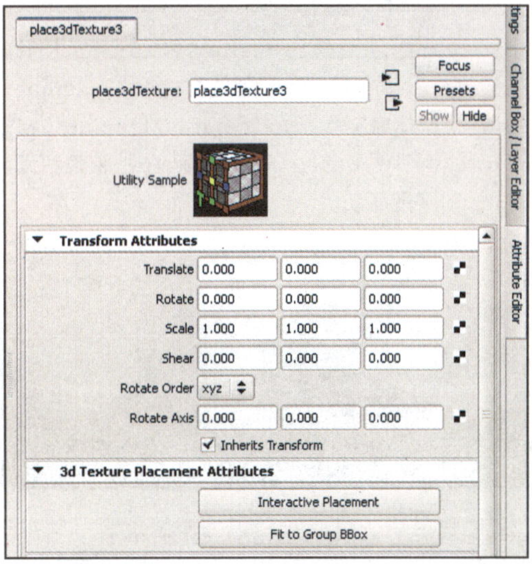

三维纹理可以在杂乱的UV坐标上直接赋予物体平整的纹理，这样就可以节省下映射UV所消耗的大量时间。但这种三维程序纹理一般被应用在模型没有太多种类的情况下，这样就可以使用这些程序纹理来制作出特殊的纹理效果，如右图所示。

5.4.6 转换纹理

当模型被赋予贴图后，也可以反过来将现有纹理转换为一张贴图文件。这项功能经常用于将程序纹理导出成可编辑的图片。

选择需要转换纹理的物体，打开Hypershade（材质编辑器）窗口，选中需要转换的材质节点，单击Hypershade（材质编辑器）窗口中Edit（编辑）>Convert to File Texture（Maya Software）[转换成贴图文件] 命令后的小方块按钮，如下图所示。

打开Convert to File Texture Options（转换为贴图文件选项）对话框，如下图所示。

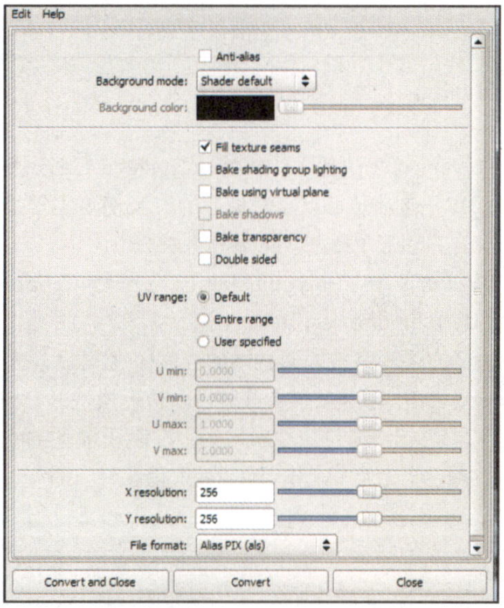

在该对话框中可以进行各种参数的设置，包括转换后图片的尺寸和存储格式。设置完成后，单击Convert（转换）按钮，之后会发现在Hypershade窗口中产生了一个新的材质节点。如果这时再次尝试调整控制器，会发现无法控制纹理贴图的位置。

5.5 UV的编辑

之前我们已经说过如何将一张贴图赋予场景中的模型，现在讲解如何使用模型的UV坐标来调整贴图的相对位置。

5.5.1 什么是 UV

一个物体在初始创建时，UV坐标是按照Maya中UV的默认方式展开的。随着模型的不断修改和完善，UV的分布被破坏，许多点的UV都交叉重叠在一起，很难分开。所以当建模结束以后，我们需要将这些重叠在一起的杂乱UV重新展开，按照适合绘制贴图的方式将所有的UV点重新进行排布。这里需要注意的是，物体表面UV的调整并不影响物体的外观，如下图所示。

提示 NURBS模型的UV排布是沿着曲面的两个方向（U向和V向）均匀排列的，直接由模型上的Isoparm（等参线）进行控制，只能通过Rebuild（重建）Isoparm（等参线）的分布来控制UV坐标位置。基本上我们认为NURBS模型的UV排布是不可变化的。

Polygon（多边形）和Subdiv Surface（细分曲面）模型的UV分布都是可以随意调节的。我们这里着重介绍Polygon（多边形）模型的UV展开方法。

UV编辑菜单在Polygon模块下，分别为Create UVs（创建UV）和Edit UVs（编辑UV）。

为了方便观察多边形物体的表面UV展开状况，在进行UV编辑之前，我们经常会先赋予多边形模型一张棋盘格贴图。这是Maya自带的程序贴图，在赋予模型的材质的Color（颜色）节点后单击Checker（棋盘格）即可，如下图所示。

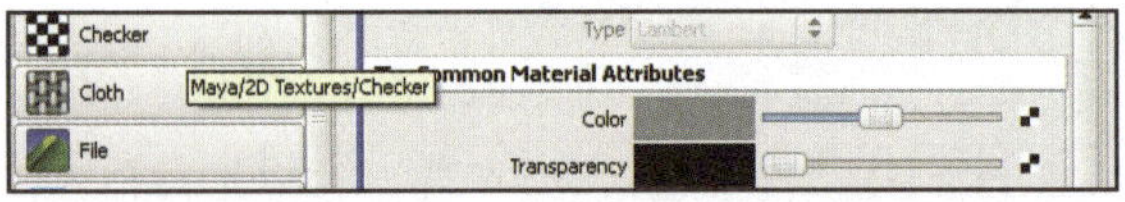

被赋予棋盘格贴图的模型则会显示出黑白方块，我们可以根据黑白方块的形状及疏密来判断模型的UV展开情况，如下图所示。

由于棋盘格每一格大小都一样，不易分辨始末位置，我们可以在棋盘格上面覆盖颜色，自制一张新的彩色棋盘贴图，以方便观察和操作，如下图所示。

5.5.2 UV的映射

每个物体创建初始，就由Maya默认的方式映射UV。

Maya中一共有5种展开UV的方式，在Polygon模块下，打开的Create UVs（创建UV）菜单，我们可以看到这5种方法，如下图所示。

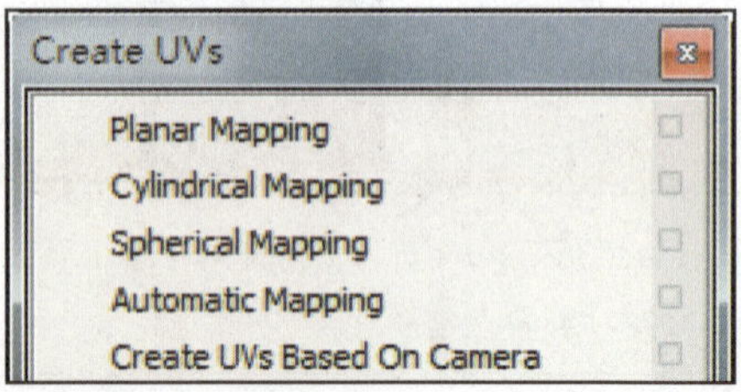

这5种方法分别是：Planar Mapping（平面映射）、Cylindrical Mapping（圆柱体映射）、Spherical Mapping（球体映射）、Automatic Mapping（自动映射）和Create UVs Based on Camera（按摄像机角度创建UV），如下图所示。

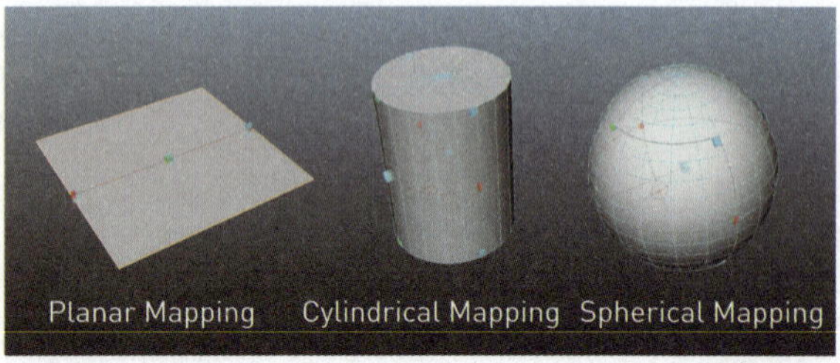

创建映射后，可以看到模型周围出现了映射控制器，其中的小方块可以拖动，这可以用来控制映射的相对位置。我们以Spherical Mapping（球体映射）、Automatic Mapping（自动映射）和Create UVs Based on Camera（按摄像机角度创建UV）为例，对控制器的用法进行讲解。

1. Spherical Mapping（球体映射）

在场景中创建一个球体，并将刚才做好的彩色棋盘格赋予这个球体。选中球体，执行Create UVs（创建UV）> Spherical Mapping（球体映射）命令，为物体指定球体映射，如下图所示。

球体的外围生成了一个圆弧形控制器，每个边角都有一个小方块。其中，红色的方块用于控制水平方向上的UV伸展，绿色的方块用于控制垂直方向上的UV伸展，在顶点的蓝色方块可以整体控制贴图的UV坐标，如下图所示。

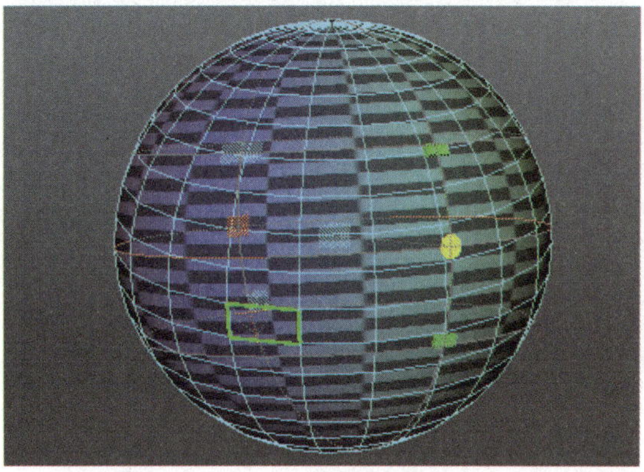

2. Automatic Mapping（自动映射）

在Polygon（多边形）模块下执行菜单栏中的Create（创建）>Polygon Primitives（基本多边形模型）>Soccer Ball（足球）命令，建立一个足球，将彩色棋盘格赋予这个模型。选中模型，执行Create UVs（创建UV）>Automatic Mapping（自动映射）命令，为物体指定自动映射，如下图所示。

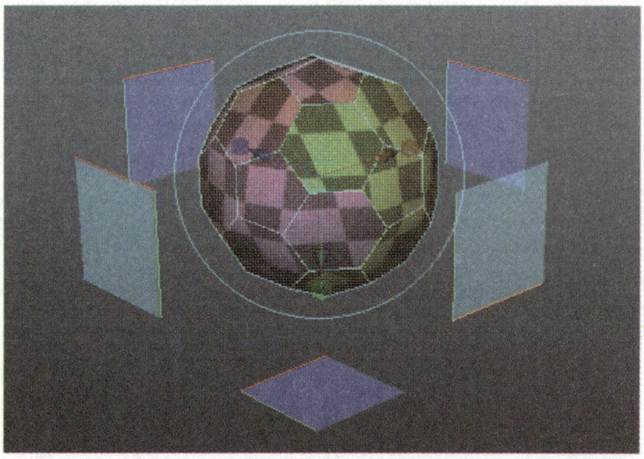

Automatic Mapping（自动映射）不同于其他三种映射方式，单击命令后的小方块按钮，打开参数面板，其中的Planes（面数）选项用于指定从多少个角度为物体创建映射，分别可以选择以3、4、5、6、8、12个面进行映射。使用越多的面映射，UV变形的几率就越小，但同时物体的UV被分得越零散，这会大大增加后期缝合UV的工作量，如下图所示。

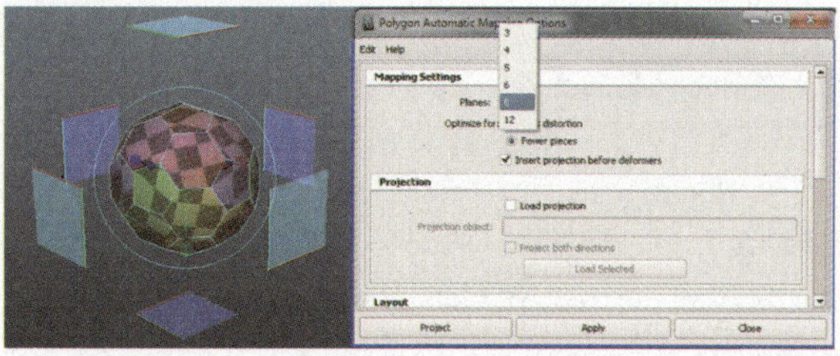

3. Create UVs Based on Camera（按摄像机角度创建UV）

Create UVs Based on Camera（按摄像机角度创建UV）是一个很特殊的命令，它会从当前摄像机角度把模型的UV直接进行映射。

进阶练习：创建UV

原始文件： Chapter 5\5.5\flower.mb
素材文件： Chapter 5\5.5\color.jpg

01 打开原始文件，可以看到一个没有贴图的模型，如下图所示。

02 在Hypershade（材质编辑器）窗口中创建一个新的Lambert材质，如下图所示。

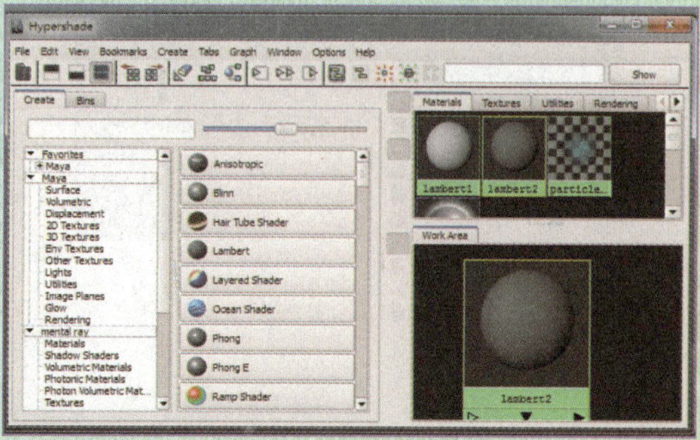

03 将贴图“color.jpg”赋予“lambert2”材质球，如下图所示。

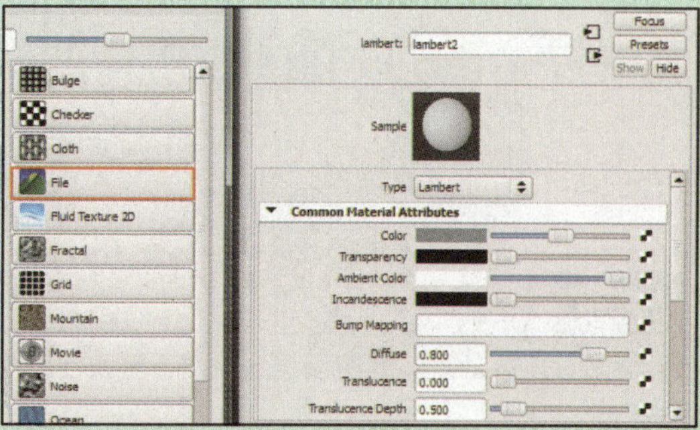

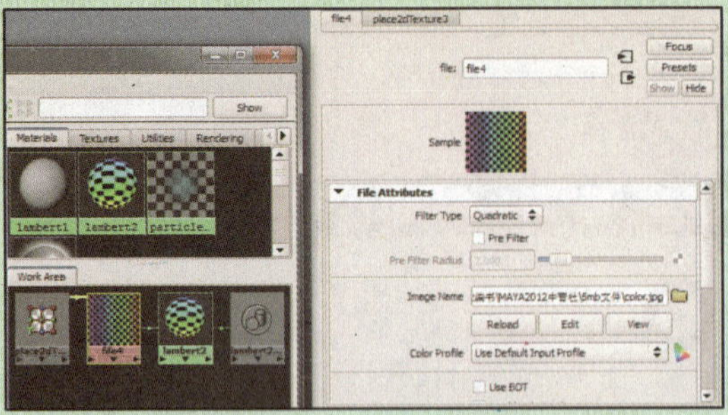

04 将材质球赋予花朵模型，观察模型上贴图的位置，如下图所示。

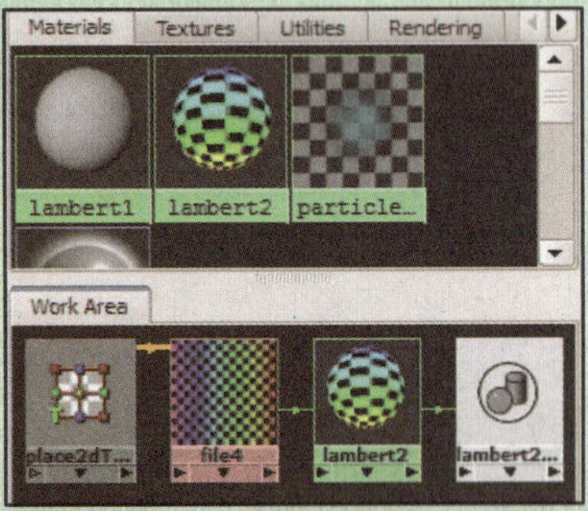

提示：如果看不到贴图，很可能是因为没有转换到贴图显示模式，可以按下键盘上的“6”键。

05 执行Create UVs（创建UV）>Create UVs Based On Camera（按摄像机角度创建UV）命令，然后执行Window（窗口）>UV Texture Editor（UV纹理编辑器）命令打开UV Texture Editor窗口，观察效果，如下图所示。

提示：我们发现，朝向摄像机的这一面，纹理完完整整地覆盖在贴图上面，完全没有间断。但是，这仅限于这一面，一旦转动模型，就会发现其他方向的UV完全是拉扯扭曲的，如下图所示。

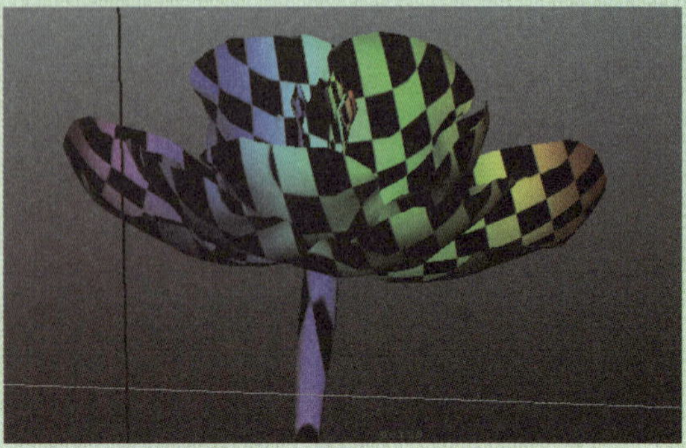

5.5.3 UV Texture Editor（UV纹理编辑器）

在UV Texture Editor（UV纹理编辑器）中可编辑模型的UV坐标，所有与UV相关的编辑命令都可以在这个编辑器中找到。执行Window（窗口）>UV Texture Editor（UV纹理编辑器）命令，即可打开UV Texture Editor（UV纹理编辑器）窗口，如下图所示。

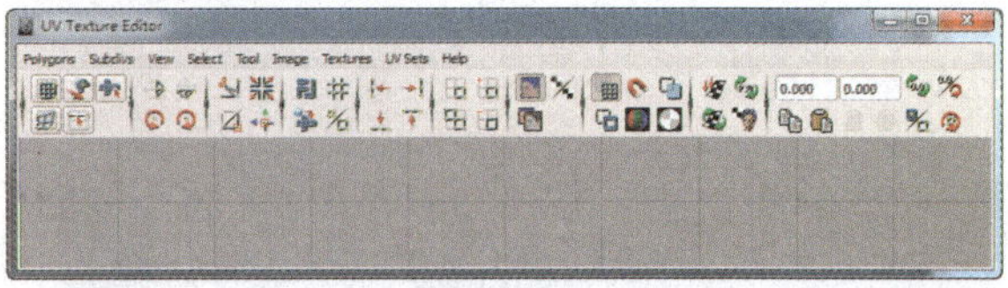

在Maya的操作窗口中，选中模型并单击鼠标右键，选择UV命令，我们就可以看到UV点显示出来，但是只能选中，却不能进行任何操作，所有的UV操作都必须在UV Texture Editor中进行，包括移动、旋转、缩放、翻转等，通过这些操作就可以控制物体UV点的分布。在UV Texture Editor（UV纹理编辑器）中单击鼠标右键，选择UV命令，从Vertex点组元操作模式切换到UV组元操作模式，这样我们就可以直接在UV Texture Editor中对UV点实施操作。UV Texture Editor（UV纹理编辑器）中基本的操作方法与在视图中的操作很相似，依然是键盘Alt键配合鼠标进行移动、放大、缩小等基础操作。

1）Move UV Shell Tool（整体移动UV工具）：可以整体移动UV。

2）Rotate Selected UVs counterclockwise（逆时针方向旋转选择的UV）：按逆时针方向旋转所选择的UV。

3）Rotate Selected UVs clockwise（顺时针方向旋转选择的UV）：按顺时针方向旋转所选择的UV。

4）Separate the UVs Along the selected edges（沿着所

选择的边分离UV）：沿着所选择的边分离UV。

5）Separate the selected UVs into one for each connected edge（分开选定的UV进入到每一个连接的边）：将所选择的边分离开。

6）Sew the selected edges or UVs together（缝合所选择边的UV）：将所选择的UV缝合。

7）Display image on/off（显示或关闭纹理贴图）：是否显示纹理贴图。

8）Dim image on/off（打开或关闭图片去色）：减弱纹理贴图的显示对比度。

9）Toggle filtered image on/off（打开或关闭纹理贴图模糊过滤）：设置纹理贴图是否进行模糊过滤。

10）Display RGB channels（显示RGB通道）：显示纹理贴图的RGB通道。

11）Display Alpha channels（显示Alpha通道）:显示纹理贴图的Alpha通道。

综合案例4 制作一本三维立体书

每一个人编辑UV的方法不同，但我们在编辑多边形的UV时，需要遵循一定的原则，这样才可以保证我们的纹理贴图在物体上的完美展现。

首先我们了解一下UV编辑和贴图绘制的基本原则。

1）尽量避免UV的相互重叠，重叠的UV会造成纹理贴图显示的重叠和不正常显示。

2）UV的伸展要尽量保持比例，避免纹理贴图的拉伸，我们可以使用带有方格图的贴图作为检测纹理，观察贴图拉伸的情况。

3）减少UV的片面，即尽量少地切分UV，因为在绘制纹理时接缝处的颜色和图案很难拼贴在一起。这些接缝处 要尽量安排在模型不容易被观察到的地方。

4）保持UV在0~1的纹理空间中，有效地利用0~1的空间，超出0~1范围的纹理会出现纹理的不正常显示。

原始文件 Chapter5 \Final\Scenes\book.mb
素材文件 Chapter5 \Final\sourceimages

案例概述 为现有书籍模型展开UV并绘制贴图。

技术难点 选择正确的展UV方法，使后续工作更方便有效地进行。

效果预览

Step 01. 打开原始文件book.mb，观察其中的模型，如右图所示。

Step 02. 执行Window（窗口）>UV Texture Editor（UV纹理编辑器）命令，打开UV Texture Editor（UV纹理编辑器）窗口。可以看到UV仍然是按照Cube（立方体）的方式排布的，无法看出各个面的明显划分，更加不知道贴图该如何设置，如下图所示。

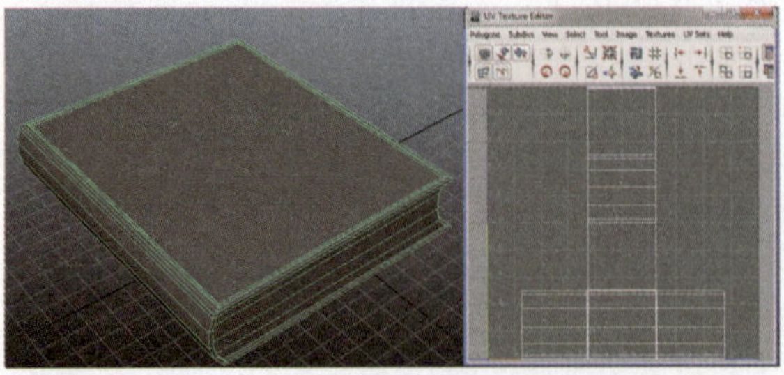

Step 03. 理论上来说，几种映射方式中，只有Automatic Mapping（自动映射）是从物体的六个表面方向来进行映射的。我们可以尝试一下效果，执行Create UVs（创建UV）>Automatic Mapping（自动映射）命令，效果如下图所示。

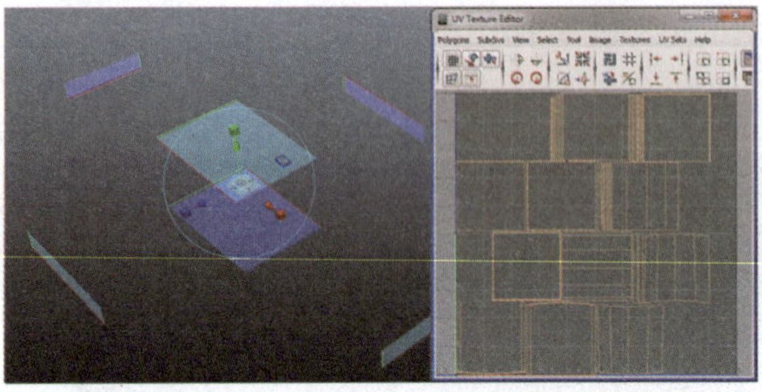

这里我们可以观察到，虽然每个面都很平整地展开了，但是排列凌乱，并且边角的细节处非常零散，很难找到每个面分别对应UV的哪一点，说明这种方式并不是最合适的。

Step 04. 下面我们选用Create UVs Based on Camera（按摄像机视角创建UV）方式，这就需要仔细地选中每一个部分的面，并且将摄像机角度转换到正对该面的角度才能展开。首先，将封面部分进行分离。选中模型，单击鼠标右键，进入Face（面）组元编辑模式，选择封面部分的所有面，如下图所示。

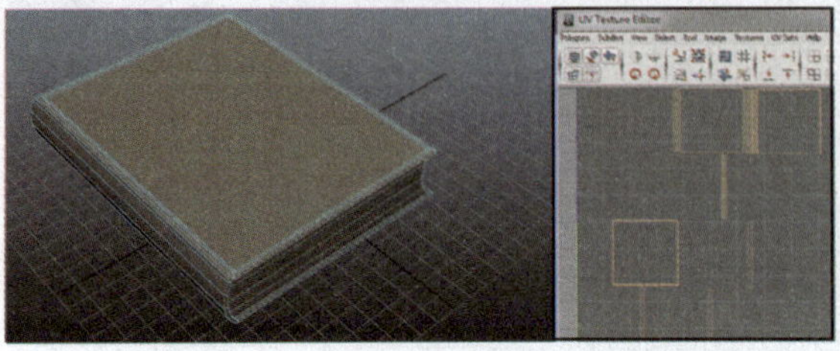

这里需要注意，因为书的封面做了凸起的棱边，一个一个选面并不方便，应当切换到侧视图进行框选。

Step 05. 将视图切换到顶视图，执行Create UVs（创建UV）>Create UVs Based on Camera（按摄像机视角创建UV）命令。观察UV纹理编辑器，如下图所示。

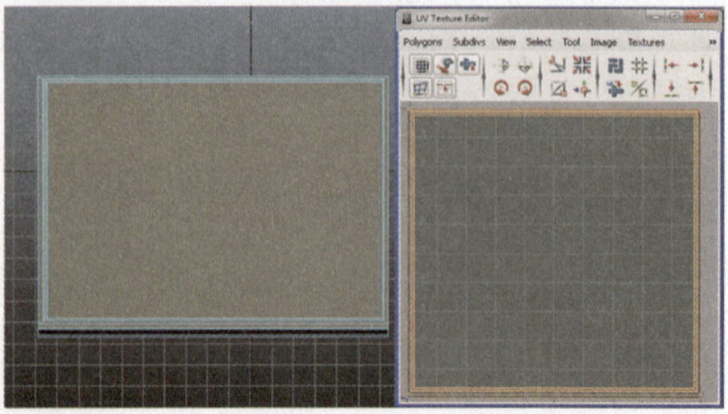

Step 06. 只有书的封面部分被单独提取出来进行了展开，并且充满了整个UV材质编辑器的第一象限。单击鼠标右键，进入UV编辑组元，选中封面上所有的UV点，进行Scale（拉伸与压缩），将其形状修改至与封面一致，并且单击顺时针方向旋转90° 按钮，将封面立起。最后将封面部分的UV移出UV材质编辑器的第一象限，放在一边备用，如下图所示。

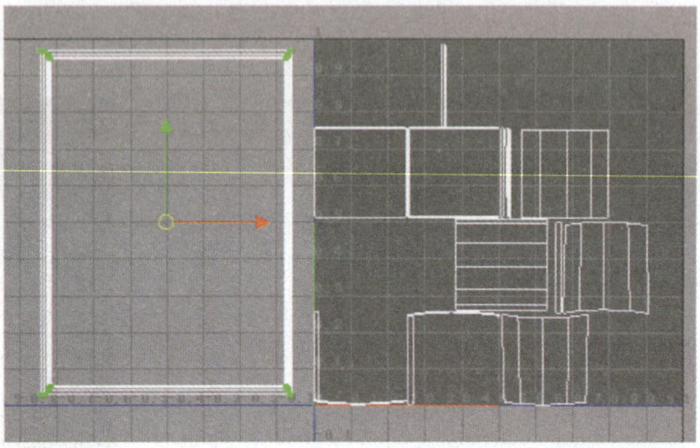

Step 07. 下面用同样的方式，展开封底的UV。首先在侧视图中选中封底的所有面，如下图所示。

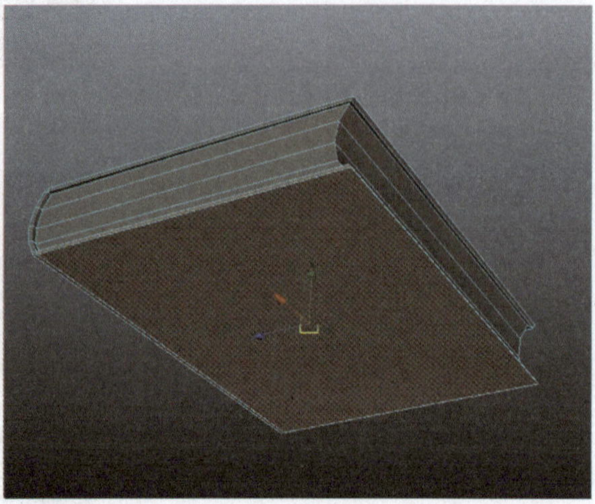

Step 08. 将视图切换到顶视图，执行Create UVs（创建UV）>Create UVs Based on Camera（按摄像机视角创建UV）命令，展开UV。在UV材质编辑器中，可以观察到封底的UV和封面一样被展开了，如下图所示。

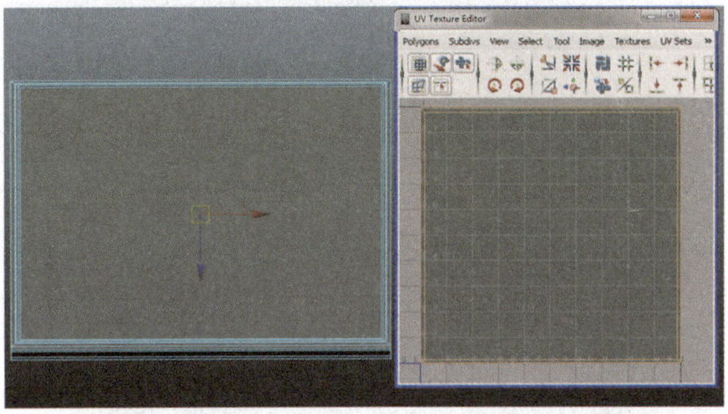

Step 09. 同样将封底的UV进行拉伸压缩与旋转，放正，并挪出第一象限进行备用，如下图所示。

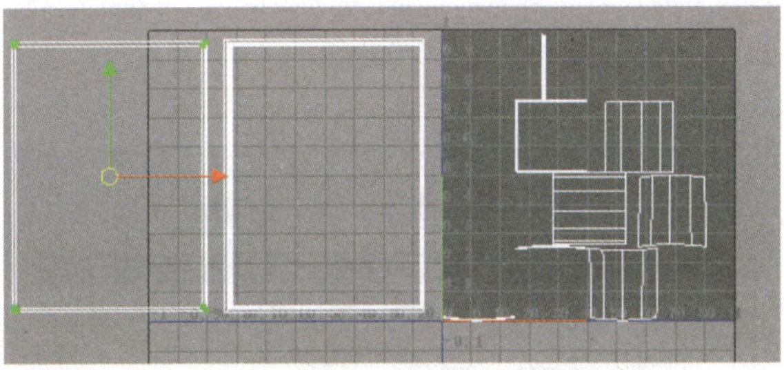

Step 10. 封面和封底分离后，接下来是书脊部分。将场景切换到侧视图，框选所有书脊部分的面，如下图所示。

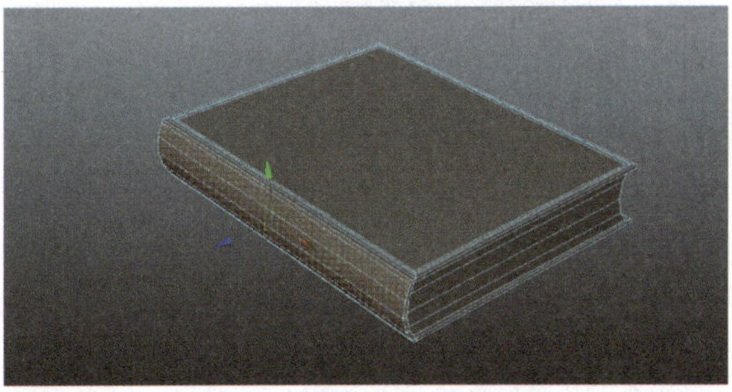

Step 11. 将视图切换到前视图，执行Create UVs（创建UV）>Create UVs Based on Camera（按摄像机视角创建UV）命令，展开UV，如下图所示。

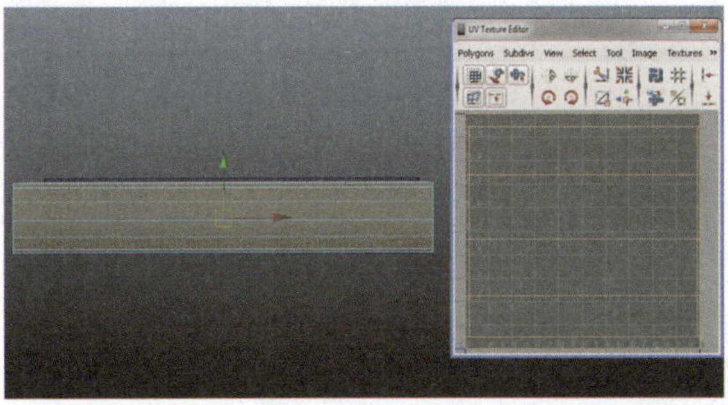

Step 12. 将这部分UV点选中，挤压成书脊形状，挪出第一象限待用，如下图所示。

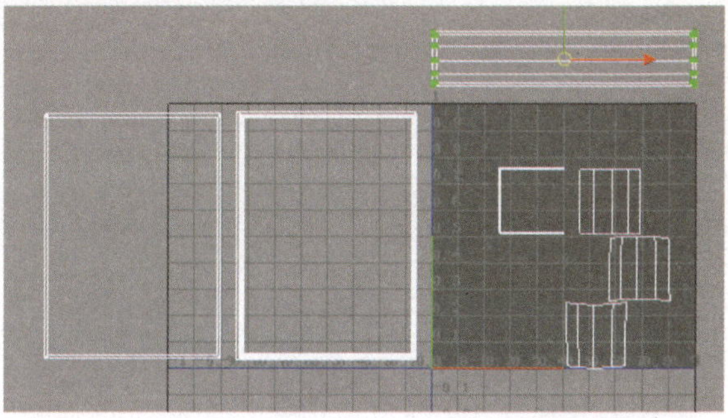

Step 13. 剩下的是三面书页的部分。我们先将正右侧的书页分离出来。选中右侧的面，如下图所示。

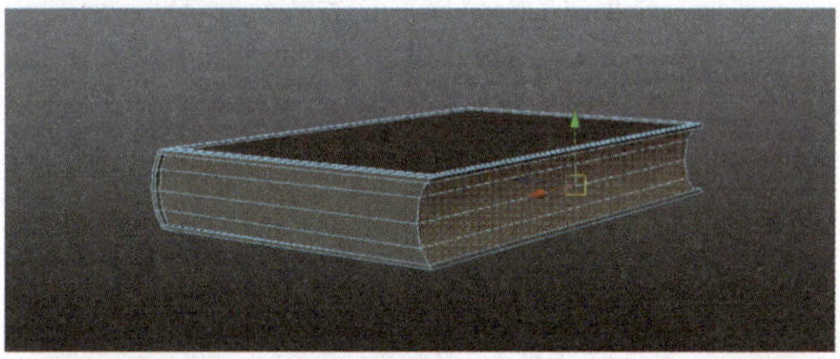

Step 14. 将视图切换到前视图，执行Create UVs（创建UV）>Create UVs Based on Camera（按摄像机视角创建UV）命令，展开UV。再将这部分挪出备用，如下图所示。

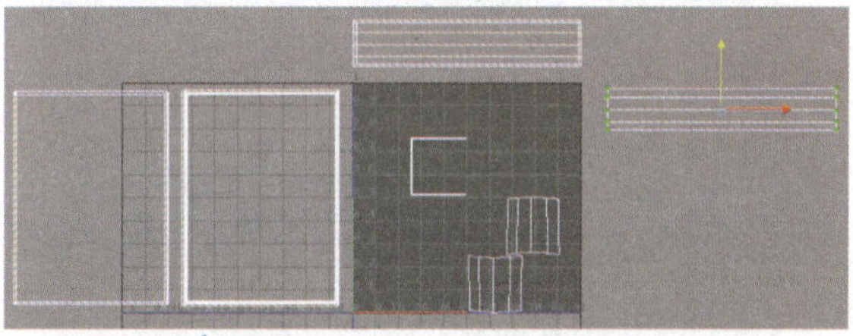

Step 15. 在侧视图中选中前后两侧的书页部分，直接执行Create UVs（创建UV）>Create UVs Based on Camera（按摄像机视角创建UV）命令，根据摄像机视角展开UV，并将其尺寸调整到与书本身一致，如下图所示。

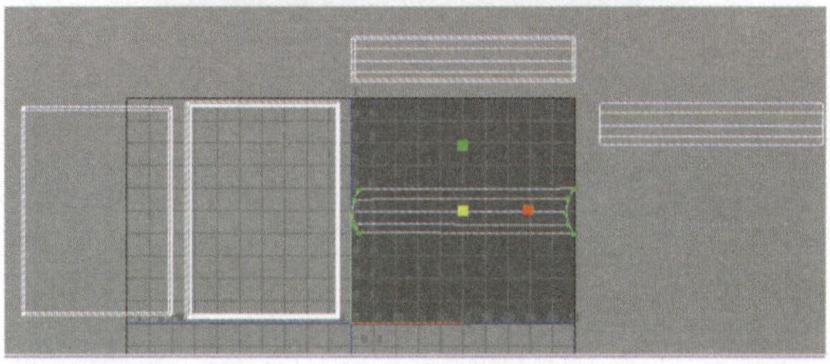

Step 16. 下面是整理UV，将所有展好的UV重新码放进UV纹理编辑器的第一象限。

> **提示** 码放UV时要遵循以下三个基本原则。
> 1. 尽可能充分地利用第一象限的面积。
> 2. 重要的部分占用尽可能多的面积，而次要部分占用相对少一些的面积。
> 3. 如果有可以重复利用的部分，则将其UV进行叠加，共用同一块贴图。
>
> 以上三点就是码放UV时的注意事项。这三条注意事项都是为了能够利用尽可能小的图片来达到最好的贴图效果。曾经下载过游戏模型的用户就会知道，游戏模型的贴图可以说是将第一象限的面积利用到了最大，为的就是能够使用尽可能少的资源来达到最优的效果，并且不影响计算机运行的速度。

Step 17. 我们按照UV码放的原则来排列这本书的UV。首先，最重要的部分是书的封面，我们把封面部分放置在中间，并占有较大位置；封底没有封面露出的部分多，并且变化更少，排在封面旁边，但是小一些；书脊横放在封面及封底下面，尽可能撑满整条X轴；最后我们将三面的书页部分叠加在一起，放置在最左侧，撑满整条Y轴，如下图所示。

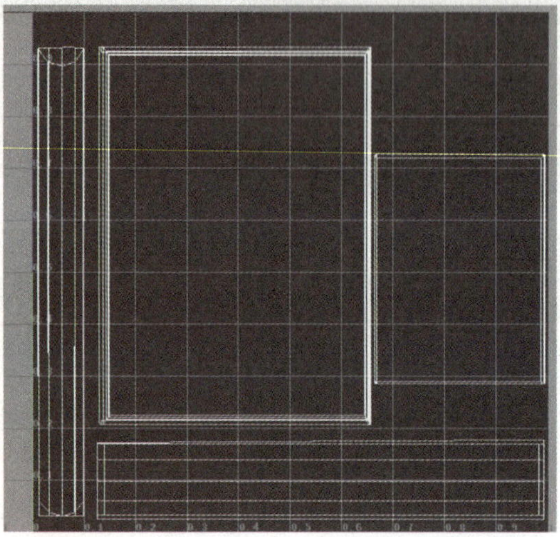

Step 18. 确保书本在Object（物体）选中状态，执行Polygon>UV Snapshot命令，将UV线作为图片导出，导出图片格式为PNG，尺寸为1024×1024，color选择白色，将图片命名为“book_close.png”，如下图所示。

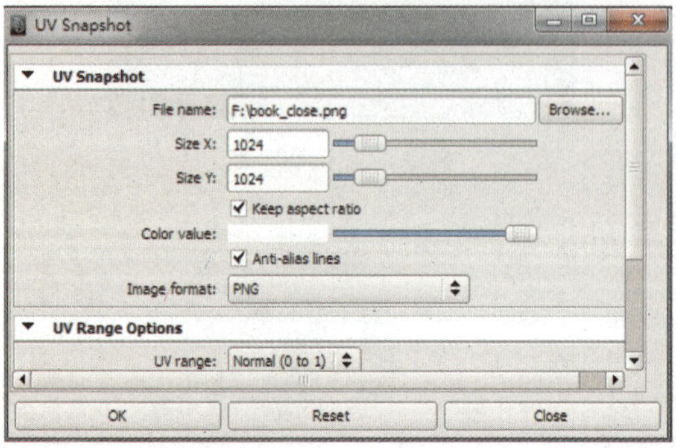

Step 19. 现在我们来看一看下载的贴图素材。我们将使用这张图片作为封面素材，如下图所示。

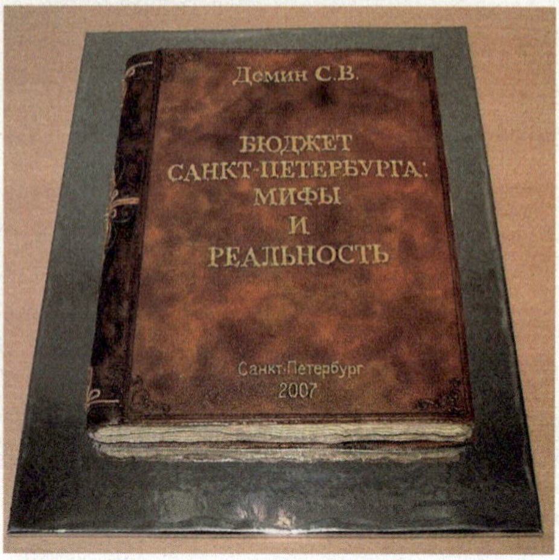

Step 20. 打开Photoshop，导入“book_close.png”与上面的封面素材图片，将封面素材图片拖入“book_close.png”中，放置于底层，将除封面之外的多余部分删去，并调整其形状，按住Ctrl键配合鼠标左键，分别调整每一个点，使之与封面部分UV轮廓相重合。

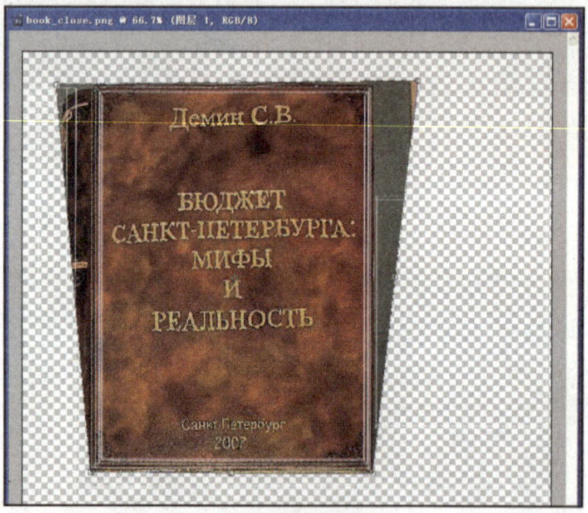

Step 21. 这里需要注意的是，为了让UV网格线清晰可见，我们要保持网格线在所有编辑图层的第一层，所有图像图层均放置在网格线下层。

保险起见，我们的图片都要比UV本身轮廓稍大一圈，以免将贴图赋予模型时，模型的边缘部分会没有贴图。这时我们发现封面中间文字部分有些歪斜，将书中间文字部分选中，羽化选区，复制，将文字部分进行形状变化，让文字变得平整，如下图所示。

Step 22. 书的封底可以直接使用封面进行修改，只是需要把有字的部分去掉，可以使用图章工具，或者直接截取无字的部分，将边缘羽化，进行覆盖，如下图所示。

Step 23. 书的封面与封底完成后，我们继续选取素材来做书脊部分。我们选用右图所示的这张图，因为这张图片的书脊部分比较完整，并且分辨率较高。

Step 24. 我们将书脊部分截下来，垫入导出的UV网格线下，将四角的位置对好，将多余部分删去，如下图所示。

Step 25. 此时有一个问题，就是书脊的颜色。这本书的书脊是蓝绿色，而我们的封面是棕红色，所以需要运用Photoshop进行调色。首先对色相进行调节，而书脊部分的字母颜色不需要进行调整，应当在给书脊调色之前就先选出，分层放置，如下图所示。

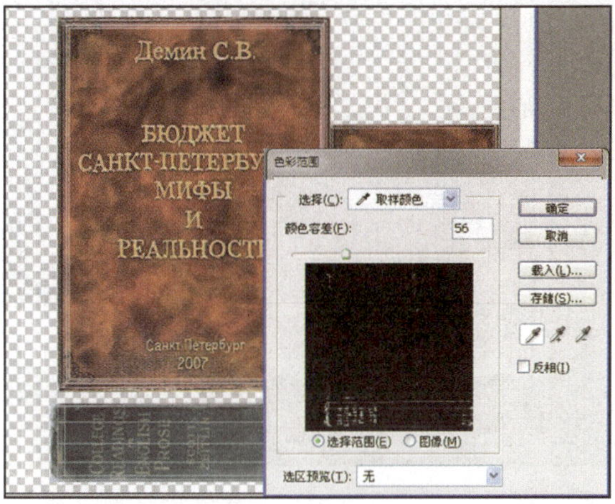

Step 26. 对书脊颜色进行调整，将其调整至与书籍封面、封底的色彩相同，如下图所示。

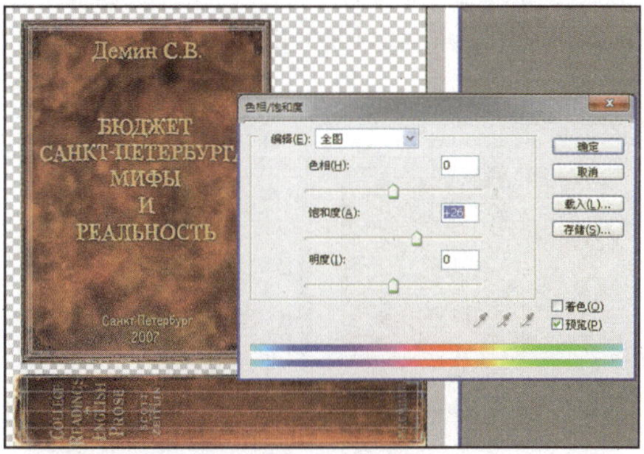

Step 27. 书页部分我们采用右图所示的这张素材，其中有正面拍摄的书页。

Step 28. 将书页部分框选，拖入UV网格线下，将图像部分进行拉伸，与网格线进行匹配，如下图所示。

Step 29. 此时，书籍贴图部分已经完成。最后，我们在最底层加入一层，吸取书籍中运用最多的棕红色，用油漆桶工具填充最下面一层。这样做的原因是为了防止UV展开的边缘部分没有覆盖到贴图上，而下面衬一层相近的底色便可以有效地防止漏掉边缘的情况，如下图所示。

这里需要注意的是，在完成贴图的绘制以后，我们不要忘了先将最上层的UV网格线隐藏后再进行图片的保存。否则保存的图片上依然带有白色的UV网格线，贴回到模型上也继续存在，影响最终效果。

Step 30. Maya可以直接使用PSD格式的图片文件进行贴图赋予，在最终定稿之前，我们可以使用PSD文件进行贴图测试，直到完全确定贴图文件没有任何问题，再将其转存为不含图层的文件，如JPEG、PNG等格式。我们将这张图片存储为“book_close.psd”。

在Maya中创建一个新的Lambert材质球，然后双击材质球打开材质属性面板，将其名字修改为“book_close”，单击Color属性，为其赋予“book_close.psd”图片作为贴图，如下图所示。

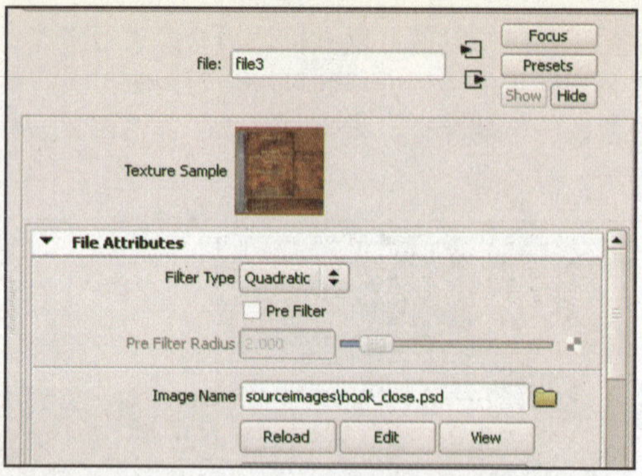

Step 31. 将该材质球用鼠标中键拖动到模型上，赋予书本该材质，如下图所示。

提示 如果发现书本赋予材质后没有显示出贴图，很可能是因为没有按下键盘上的6键（显示贴图），只要按下键盘的6键，便可以看到贴图在模型上显示。

对模型及贴图进行检查，确定贴图没有出现问题，便可以把贴图文件转存为JPEG件，重新赋予模型，效果不会有任何变化。

Step 32. 接下来我们为这本书添加凹凸贴图。我们直接以刚才制作的“book_close.jpg”图片文件作为基础来进行凹凸贴图的绘制。我们先将“book_close.jpg”图片的饱和度降到最低，变成一张灰度图片，如下图所示。

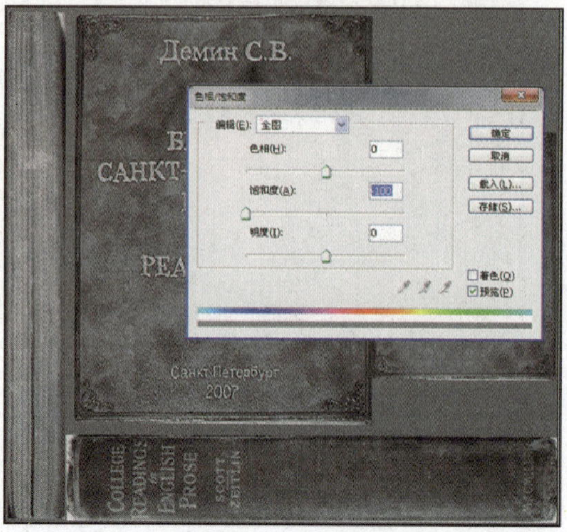

提示 凹凸贴图可以将书表面的细微凹凸质感表现得更加淋漓尽致。凹凸贴图的原理与之前讲述的运用一张黑白图片来控制模型上的点有些类似，依然是以一张灰度图来控制模型表明的凹凸。白色为1，凸起最大；黑色为0，凹陷最大。

Step 33. 书页部分我们保留原样，在封面、封底与书脊做修改。将这三部分进行框选，用油漆桶工具填满灰色，再在其中添加噪点，如下图所示。

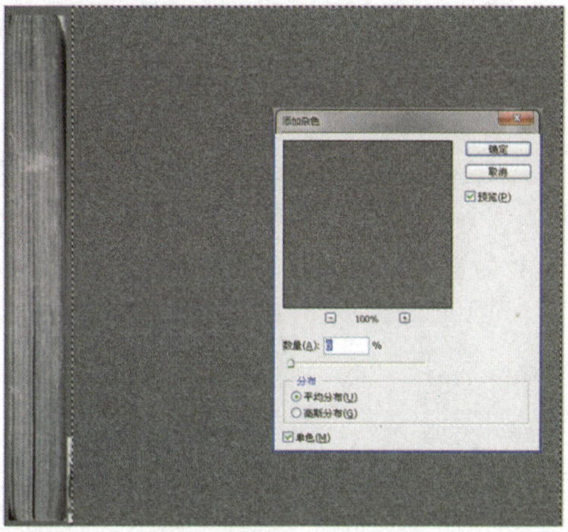

Step 34. 将这张灰度图片存储为“book_close_bump.jpg”，将它赋予“book_close”材质球的Bump Mapping属性节点。双击材质球，单击Bump Mapping属性后面的按钮，用同样的方式选择“book_close_bump.jpg”，将图片赋予材质，如下图所示。

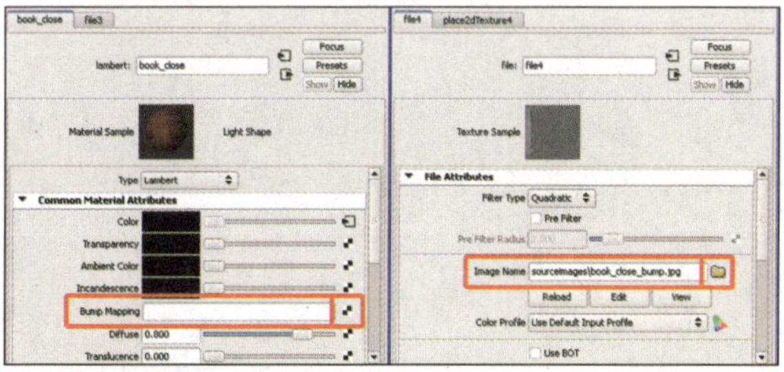

Step 35. 我们先渲染一张观察效果，如下图所示。

Step 36. 我们发现凹凸效果有些夸张，书表面很粗糙，因此必须调节凹凸程度。双击材质球，打开材质属性面板，进入凹凸贴图属性，单击按钮，进入bump2d1节点，将Bump Depth数值由默认的1修改为0.3，如下图所示。

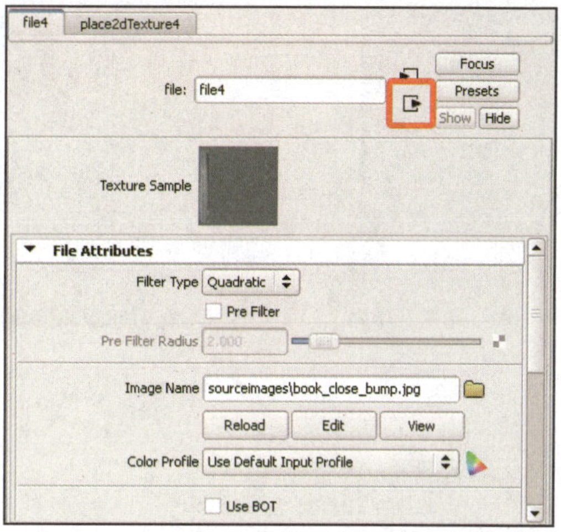

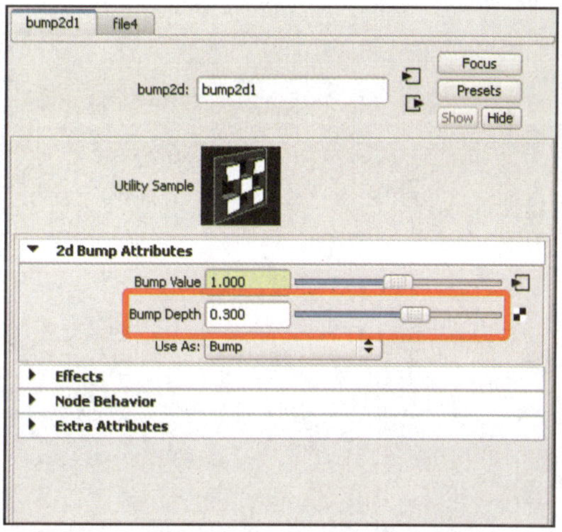

Step 37. 重新渲染，观察效果，效果符合需求，如下图所示。

Chapter 06

灯光与渲染

渲染是我们用三维软件制作的最后一步，我们通过渲染得到最终的图像。想要渲染出优质的图像，需要灯光、材质和渲染器三者综合使用。Maya 经过诸多版本的改进，现在为我们提供了多种渲染器，包括硬件渲染器、软件渲染器、矢量渲染器、mental ray 渲染器等，在本章中我们都会一一为读者介绍。

6.1 灯光概述

因为有光，我们才能够看到这个世界。我们使用Maya 中的灯光模拟现实世界的光线，Maya 为我们提供了很多种光源，我们根据一些光学原理基于美学进行再创作，完全可以模拟出真实可信的灯光效果。

6.1.1 光的特性

现实生活中，物体通过对光线的反射使我们可以看到它们。根据物体表面的材质我们大致可以把物体对光的影响分为吸收、反射和折射这三种情况。

1. 吸收

灯光到达物体表面，全被物体吸收，如右图所示。相关效果例如：石头、墙面。

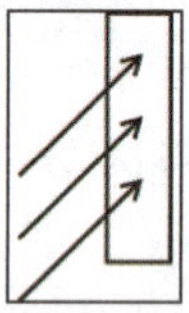

2. 反射

灯光到达物体表面，部分或全部被物体反射，如右图所示。相关效果例如：玻璃，汽车表面。

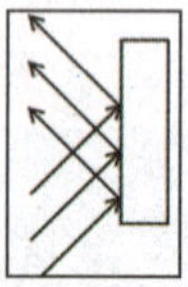

3. 折射

灯光到达物体表面，部分或全部被物体折射，如右图所示。相关效果例如：水面、毛玻璃。

> **提示** 事实上很多物体对光的反应都是这三种情况并存的，不同的物质对光的反应又有它的特殊性，了解这种特质我们就能成功地模拟出真实的世界，因此我们在制作中应特别注意物体对光反应的效果。

6.1.2 三维空间中的布光技巧

布光即布置灯光，是在一个特定的拍摄场景中，通过各种各样的灯具、反光板、阻光工具所产生的光线照明可形成一种意境、美观的艺术效果，增强视觉感受。

布光技巧从追求的效果来分，大致可分为最常用的三点式布光、模拟现实中的光线布光、平布光、特殊要求的装饰性布光等等，而最终布光技巧都将为艺术审美的价值服务。

1. 三点式布光

三点式布光是场景中最经典也是最常用的布光方法，它由主光、补光及背光三个光源组成，如下图所示。

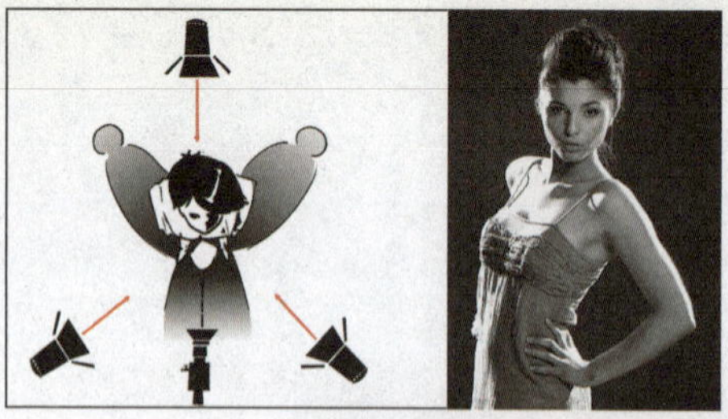

1）主光：灯具架在摄影机正后方到约30° 或 45° 的位置，向主体正面打光。主光是强调主体事物的主要照明光源，是决定光源方向的主要光线，如右图所示。

> **提示** 因此主光通常会用较强的光线来照射主体。同时必须注意造成的阴影，光线愈强愈锐利，造成的阴影愈明显，亮度对比及反差就愈大。

2）补光：相对于主光位置的另一方，与摄影机约呈 30° 或 45° ，在主体正面略侧面打光，主要是对主光在另一侧面造成的暗部及阴影部分加以修饰，增强这部分的亮度和细节的表现，使画面看起来更生动，更有层次和立体，如右图所示。

> **提示** 大部分补光会比主光要柔和，某些刻意制造阴影效果，补光会故意打得弱一些，甚至就不使用。

3）背光：或称之为“逆光”“轮廓光”，灯光打在主体后侧，并且可以避开摄影机拍到的地方，主体周围边缘形成一条明亮的线条，用来勾勒主体的轮廓，或打在主体顶端的上方或下方，使物体与物体、物体与背景之间分开，画面更加立体，空间感更强烈，如右图所示。

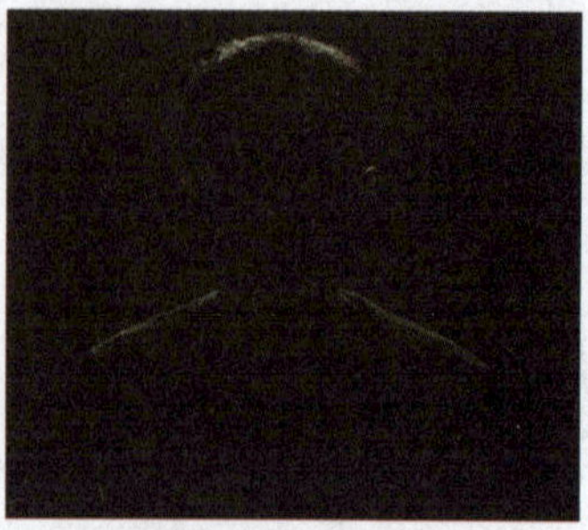

4） 三点光同时使用的参考效果，如下图所示。

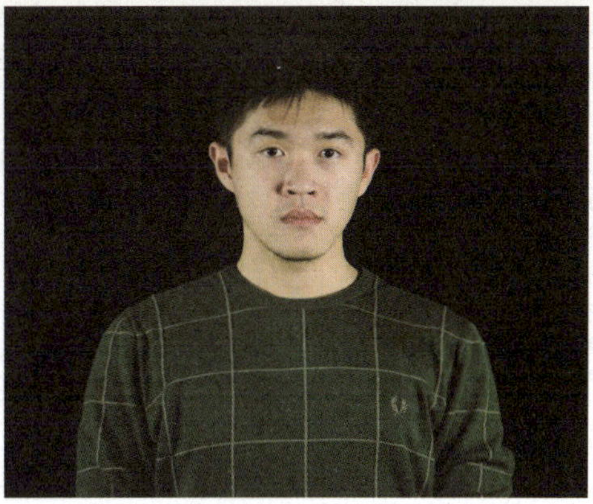

2. 自然光

自然光是比较复杂的情况，在现实生活中，光线会在物体上无限地反射直到衰竭，我们看到的影像都是经过很多次光能传递的结果。因此在现实中，我们看到的暗面并不是黑色的，而是会受周围物体光线反射后而呈现出某一种颜色倾向。阴影部分也不是非常实的死黑，除非是在强烈的日光照射下，一般的天光都会得到一个较为柔和的阴影部分，参考效果如右图所示。

在 Maya 中我们可以通过两种方式来模拟这样的天光效果。

1）在默认的 Maya 软件渲染器中我们可以使用很多灯光来模拟。例如：Maya 的 JOE GI 插件，它就是通过建立很多灯光来影响物体，从而得到柔和的阴影。

提示 但是这种方法只是一种模拟，而不是真实世界中的效果，在物体的色彩互相影响方面没有很好的表现。

2）我们可以使用 Mental ray 渲染器中的 Final gather（最终聚焦）功能，真实地模拟现实中的光能传递，实现物体间颜色的互相影响，得到非常柔和的暗部与阴影部分，从而实现非常逼真的效果。

6.2 Maya 中的灯光

Maya 为我们提供了很多种灯光类型，包括：Ambient Light（环境光）、Directional Light（平行光）、Point Light（点光源）、Spot Light（聚光灯）、Area Light（区域光）、Volume Light（体积光）。每种灯光都有一些自己的特殊用处，下面我们来详细了解一下。

6.2.1 Ambient Light（环境光）

Ambient Light（环境光）照向场景中的四面八方所有方向，通常不会单独被使用，可以与平行光一起模拟太阳光。

进阶练习：在场景中创建环境光

01 我们在场景中创建三个立方体，渲染得到效果，如下图所示。

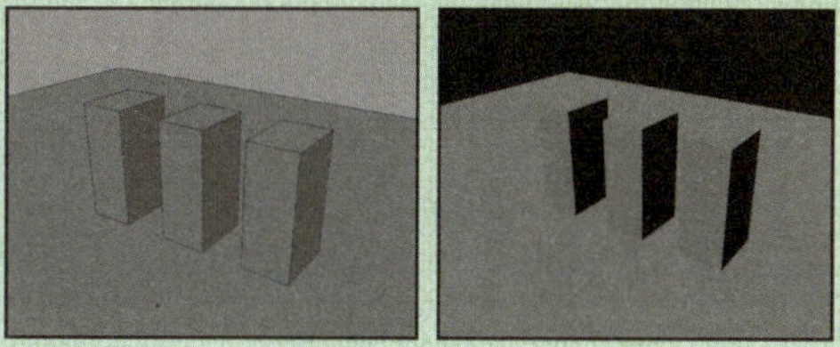

02 在 Maya 场景中创建一盏 Ambient Light（环境光），执行菜单 Create（创建）>Lights（灯光）>Ambient Light（环境光）命令，如下图所示。

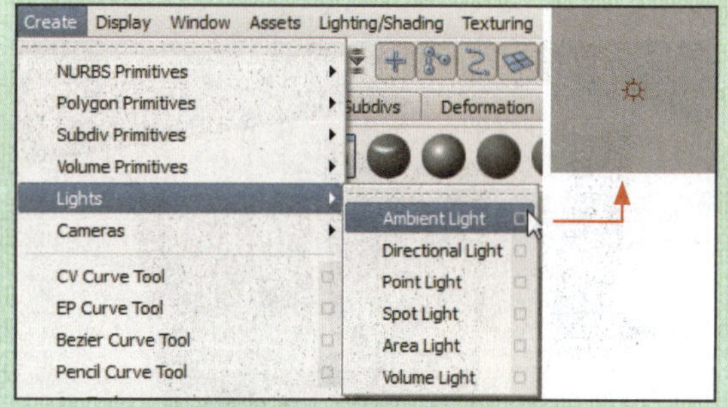

03 选择所创建的环境光后，我们在视图右边可以看到它的自身属性，如右图所示。

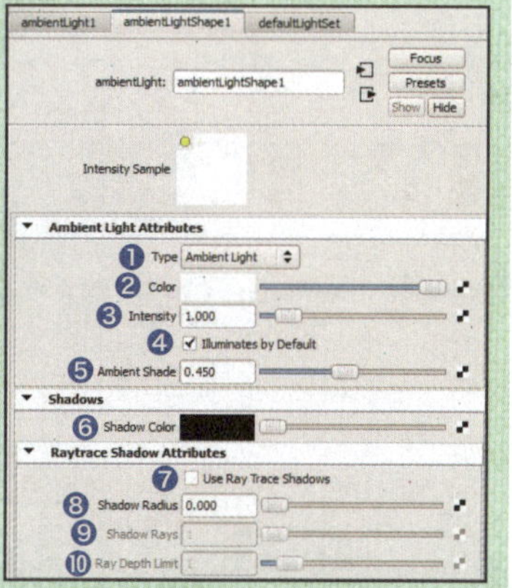

❶ Type（类别）：可以通过右侧的下拉菜单选择你想要灯光类别。

❷ Color（颜色）：更改灯光所发出光线的颜色。

❸ Intensity（强度）：灯光的强度。

❹ Illuminates by Default（默认照明）：默认为勾选，即应用灯光。

❺ Ambient Shade（环境着色）：控制灯光的发散度。

❻ Shadow Color（阴影颜色）：阴影的颜色设置，默认为黑色。

04 设置好环境光之后渲染，得到效果，如下图所示。

提示： Ambient Light（环境光）只支持 Ray trace shadows（光线追踪阴影），没有 Depth Map shadows（深度贴图阴影）选项。

05 打开阴影效果渲染，得到渲染效果如下图所示。

❼ Use Ray Trace Shadows（应用光线追踪阴影）：打开光线追踪阴影的开关，默认是关闭的。

❽ Shadow Radius（阴影半径）：控制阴影边缘的光滑度，会产生颗粒。

❾ Shadow Rays（阴影射线）：控制发散灯光阴影射线的数量，消除阴影颗粒。

❿ Ray Depth Limit（射线深度限制）：控制发散灯光射线数量的最大值。

6.2.2 Directional Light（平行光）

Directional Light（平行光）是一种直线发射的光源，方向固定，范围无限制。执行 Create（创建）>Lights（灯光）>Directional Light（平行光）命令，可以在场景中创建一盏平行光，如下图所示。平行光多用于户外的自然光线或跟物体有很长距离的光，照明没有衰减效果，灯光的照明效果与灯光的方向有关，与位置和缩放无关。

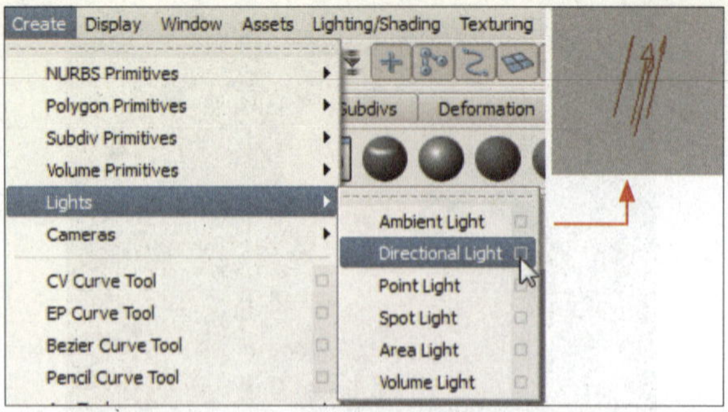

提示 多用于户外的自然光线，如日光等。

6.2.3 Point Light（点光源）

Point Light（点光源）是一种向四周发射的光源，执行 Create（创建）>Lights（灯光）>Point Light（点光源）命令可以创建一个点光源，如下图所示。点光源可以模拟固定在一定位置上的光源，光线从一个点向各个方向发散，并具有衰减属性。

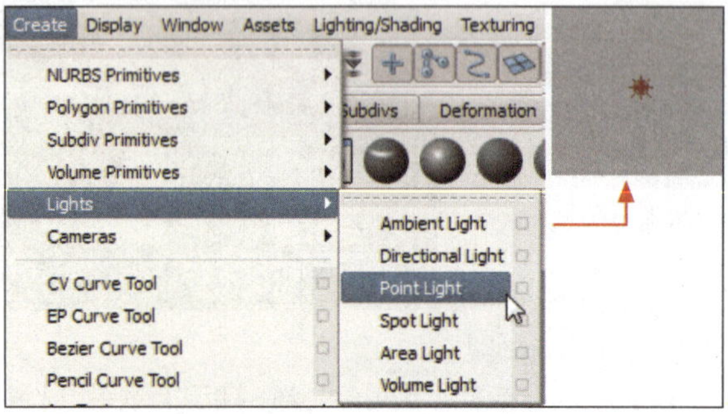

提示 经常用来模拟像台灯等球形的灯光。

6.2.4 Spot Light（聚光灯）

执行 Create（创建）>Lights（灯光）>Spot Light（聚光灯）命令可以创建一个聚光灯，如下图所示。聚光灯发散的光线从一个点向圆锥方向发散，有很好的衰减效果，灯光图标的大小不会影响光线效果。

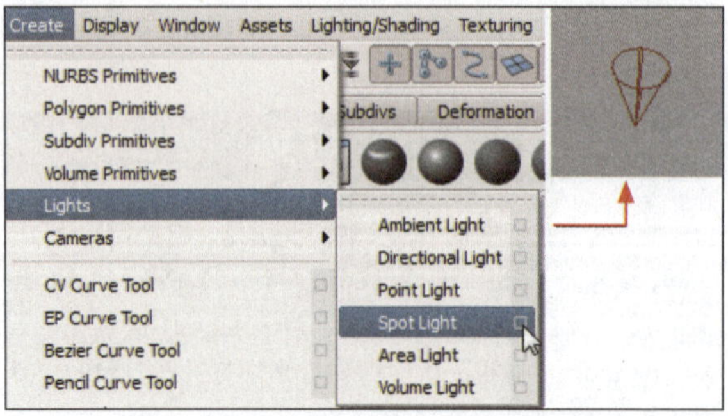

6.2.5 Area Light（区域光）

Area Light（区域光）是一种面光源，主要是从一个平面区域上发散光源，执行 Create（创建）>Lights（灯光）>Area Light（区域光）命令可以创建一盏区域光，如下图所示。区域光的范围可以通过调整平面的大小完成，区域光的光线分散比较柔和，主要取决于区域光与物体之间的距离。

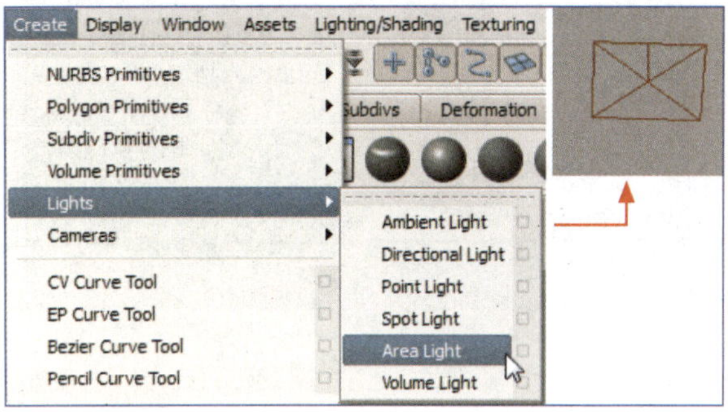

提示　一般我们用它来模拟平面发射出来的光。

6.2.6 Volume Light（体积光）

Volume Light（体积光）是在一个有体积的范围内产生光线，执行 Create（创建）>Lights（灯光）>Volume Light（体积光）命令创建体积光，如下图所示。

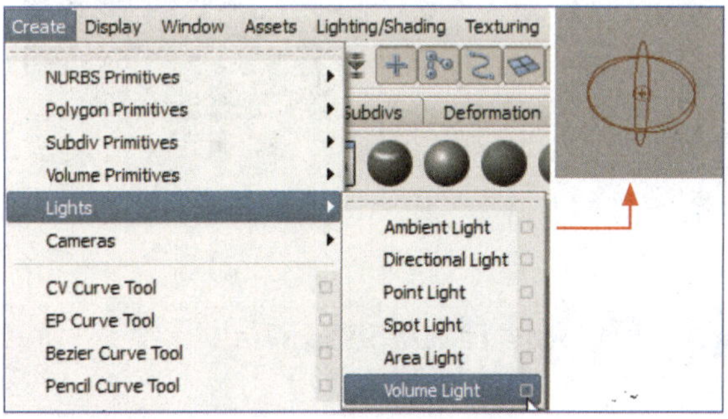

提示　我们可以通过改变体积光的大小调节光线的分布情况，可以用来模拟类似蜡烛的光线。

6.3 Shadows（阴影）

Maya 中 Shadows（阴影）与真实世界中的光与影同样是密不可分的，有光源照射必然就会有阴影产生。阴影是三维创作中画面表现的重要手段之一，它可以帮助光源很好地塑造物体的结构，场景的环境、气氛，甚至是抽象的画面。

Maya 中提供两种阴影的生成方式，一种是 Depth Map Shadows（深度贴图阴影），另一种是 Ray Trace Shadow（光线追踪阴影），下面将对它们分别进行详解。

6.3.1 Depth Map Shadow（深度贴图阴影）

Depth Map Shadows（深度贴图阴影）是使用贴图来模拟物体的影子。

提示　不管场景中有多少物体，所有物体产生的影子都会在一张贴图上。

我们先来了解一下控制贴图阴影的参数面板，当我们在场景中增加了灯光后，我们就可以对该灯光设置使用 Depth Map Shadow（深度贴图阴影），随后 Depth Map Shadow Attributes(深度贴图阴影属性）就被激活，参数面板如右图所示。

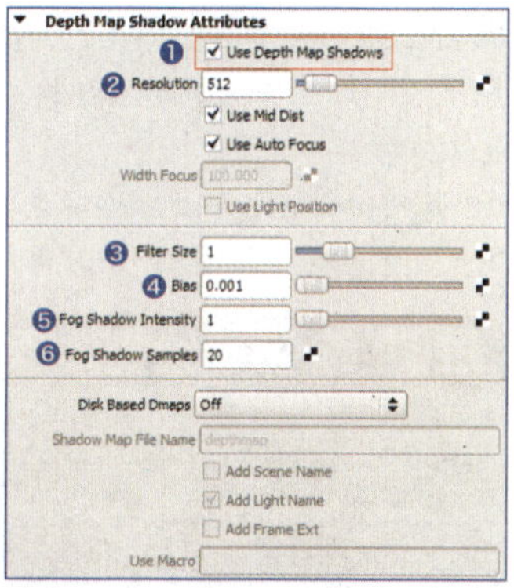

❶ Use Depth Map Shadows（使用深度贴图阴影）：勾选此选项可产生深度贴图阴影，下边的深度贴图阴影的属性参数被激活。

❷ Resolution（分辨率）：控制深度贴图文件的分辨率大小。例如：512 像素（默认值）就会生成一个 512×512 像素的深度贴图文件。该值越大，生成的阴影就越清晰，但是计算量就会越大，渲染的速度也会越慢。

提示　由于所有的影子都是放在一张贴图上，默认的 Resolution（分辨率）值是 512，如果产生的阴影锯齿较大，那么我们就可以适当地增加 Resolution（分辨率）的值，如下图所示。

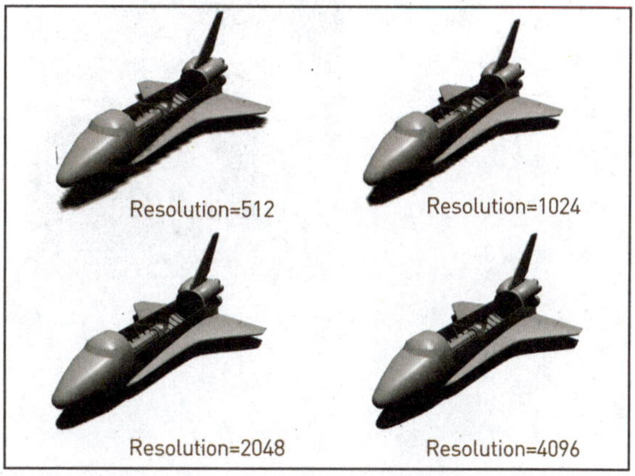

③ Filter Size（滤镜大小）：用于控制深度贴图阴影边缘的模糊程度。值越大，则阴影边缘的模糊程度越高。如果我们觉得影子边缘过于尖锐，那么也可以调整 Filter Size（柔滑尺寸）的值来柔化边缘，参考效果如下图所示。

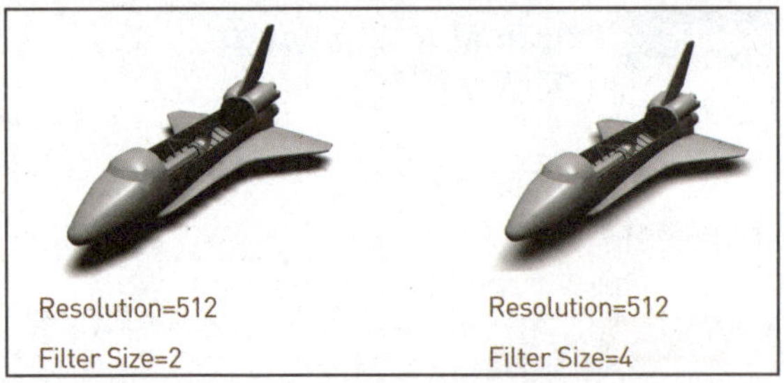

④ Bias（离心率）：控制阴影与模型之间的距离。

⑤ Fog Shadow Intensity（灯光雾阴影强度）：该参数是用来控制灯光雾的阴影强度的，该值越大，灯光雾的阴影效果就越强。

⑥ Fog Shadow Samples（灯光雾阴影采样）：控制灯光雾效果的阴影采样值，用来改善灯光雾阴影的颗粒现象。

进阶练习：给物体添加深度贴图阴影

01 执行 Create（创建）>Polygon Primitives（基本多边形模型）>Cube（立方体）和Sphere（球体）命令，在场景中创建一个方块和一个球体，如右图所示。

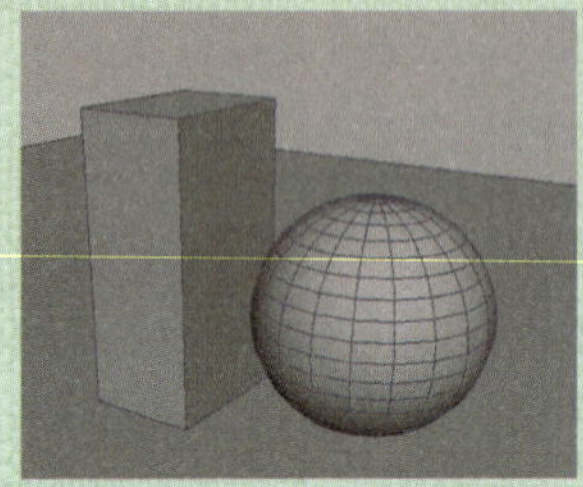

02 在场景中创建一盏聚光灯，摆放好位置，渲染，如右图所示。

03 打开 Depth Map Shadows（深度贴图阴影），观察渲染效果，如右图所示。

提示： 此时的 Resolution（分辨率）值为 512，Filter Size（滤镜大小）值为 0。

04 修改阴影的参数值，将 Resolution（分辨率）设置为 2048，将 Filter Size（滤镜大小）值设置为 0。渲染后得到效果如下图所示。

05 修改阴影的参数值，将 Resolution（分辨率）设置为 2048，将 Filter Size（滤镜大小）设置为 3。渲染后得到效果如下图所示。

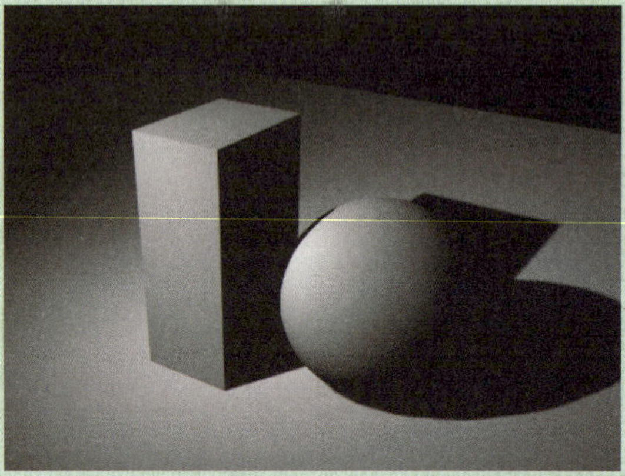

6.3.2 Ray Trace Shadows（光线追踪阴影）

光线追踪阴影生成方式比深度贴图的生成方式更精确，生成的阴影比 Depth Map Shadows（深度贴图阴影）更真实、更清晰，阴影的边缘较硬，能更好地表现物体的反射和折射效果，但阴影生成所需的计算时间比较长。

提示 当使用了 Ray Trace Shadows（光线追踪阴影）方式时，还需要执行 Windows（窗口）>Rendering Editors（渲染编辑器）>Render Settings（渲染设置）命令，在弹出的面板中找到 Raytracing Quality（光线跟踪质量）选项，勾选 Raytracing（光线跟踪）选项，启动渲染的光线追踪计算功能，否则是无法渲染出 Ray Trace shadows（光线追踪阴影）效果的。另外，IPR 渲染是无法用 Ray Trace Shadow（光线追踪阴影）方式渲染出效果的。

综合案例 5 使用三点布光的方法给场景打光

原始文件　Chapter6\Final 1\three_light.mb
最终效果　Chapter6\Final 1\three_light finish.mb

案例概述　使用三点布光的方法给场景打光。

技术难点　1. 布光位置。
2. 光的色彩调节。

Step 01. 首先创建主光源，在Renderingt（渲染）标签页中单击Spot Light（聚光灯）按钮，创建一盏聚光灯，如右图所示。

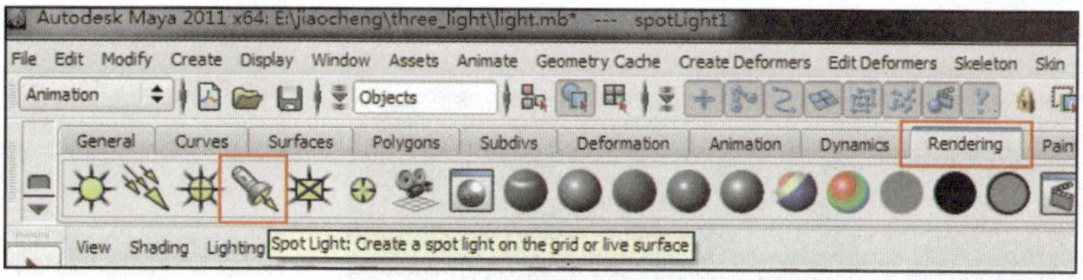

Step 02. 选中刚创建的主光源，执行Panels（面板）>Look Through Selected Camera（以选择摄像机视角观察）命令，这样我们就可以从选中的摄像机视角观察场景，方便调节灯光的位置，如右图所示。

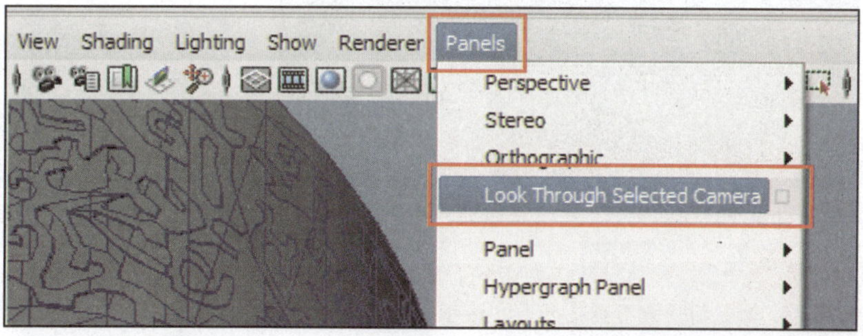

Step 03. 主光源基本上处于摄像机视角延长线的15° 至45° 位置，具体位置由不同场景的不同要求决定，如右图所示。

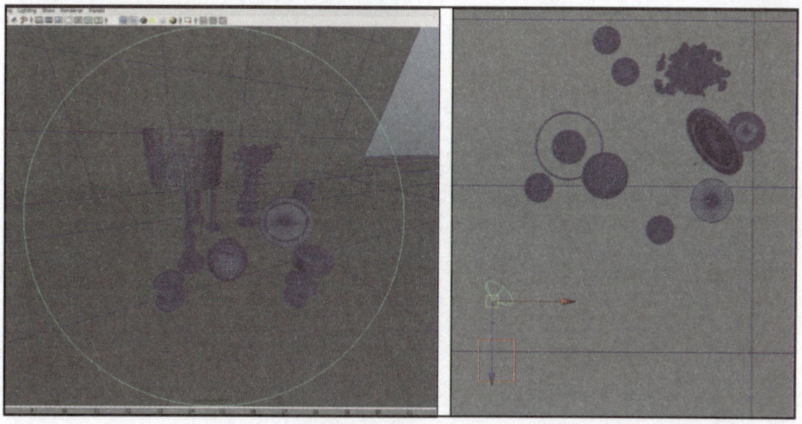

Step 04. 主光的参数设置如下图所示。

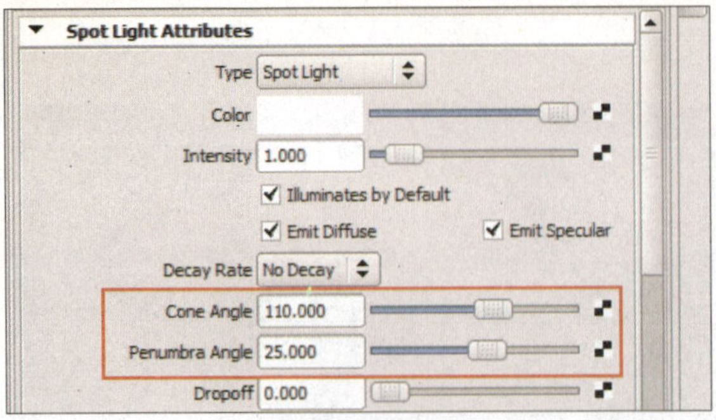

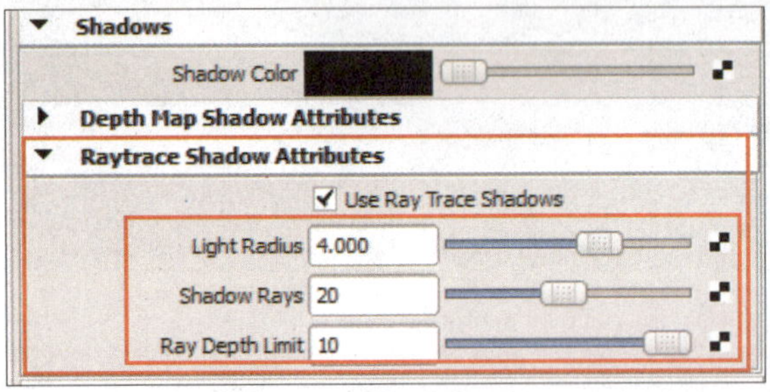

渲染观察效果，如下图所示。

Step 05. 此时我们发现作为主光源来说，灯光的亮度不够，调整灯光强度参数如下图所示。

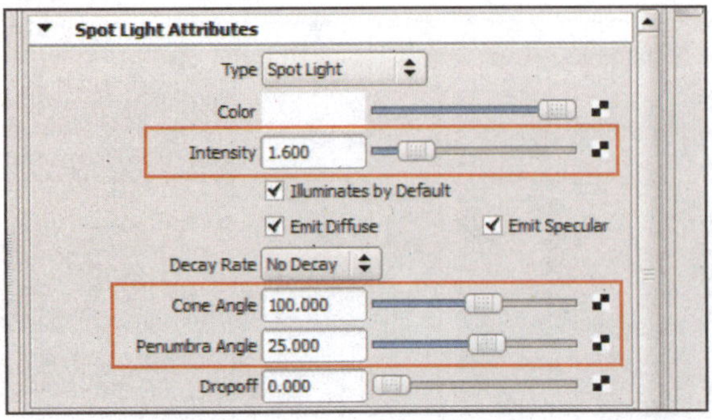

渲染后发现场景亮了很多，但是阴影部分仍然看起来太黑了，如下图所示。

Step 06. 参考上面的步骤添加一盏 Spot Light（聚光灯）作为补光，调整它的位置，如下图所示。

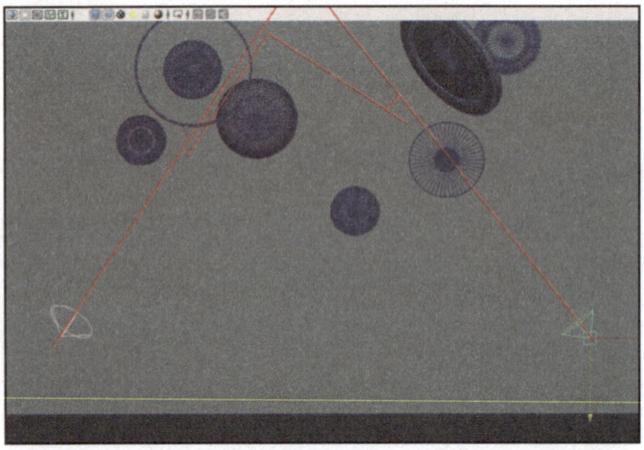

Step 07. 设置补光的参数设置如下图所示。

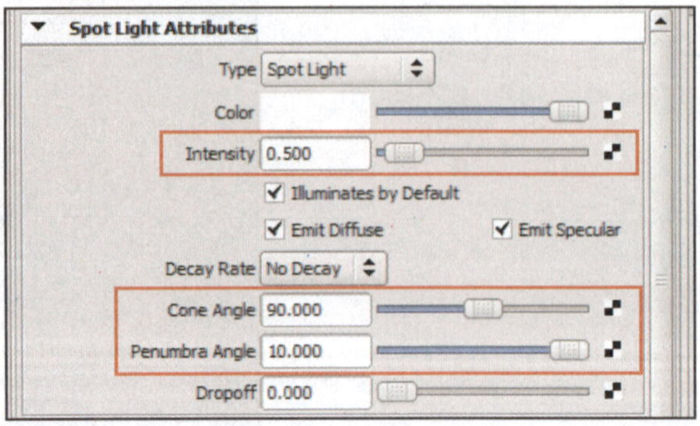

渲染效果如下图所示。

提示 现在阴影部分已经不是那么黑了，不过物体的立体感还不是很强，此时我们可以模拟一盏轮廓光，勾勒一下物体阴影部分的轮廓。

Step 08. 在这个场景中我们使用平行光作为轮廓光，执行 Create（创建）>Lights（灯光）>Directional Light（平行光）命令，创建平行光，把它放在静物的后侧方，如下图所示。

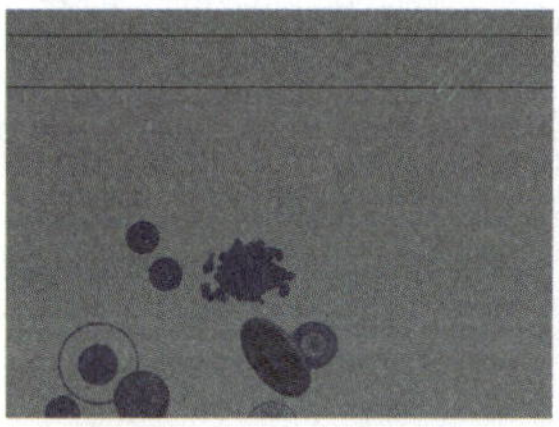

Step 09. 此时，三点布光的明暗调整基本结束了，接下来我们要用光的冷暖对比让图片更加真实。首先我们将主光源的色调调整得偏暖一些，参数设置如下图所示。

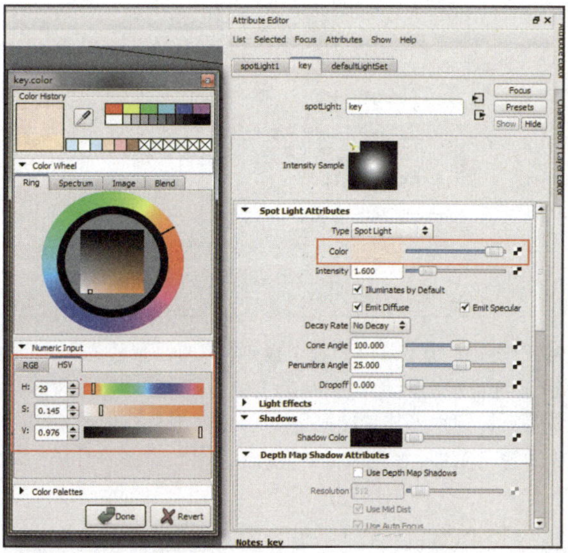

Step 10. 然后，将补光颜色调整置偏冷，参数设置如下图所示。

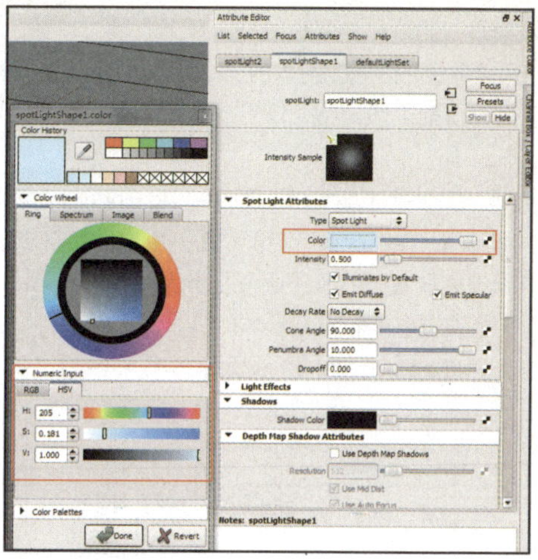

Step 11. 最后调整轮廓光的颜色，参数设置如下图所示。

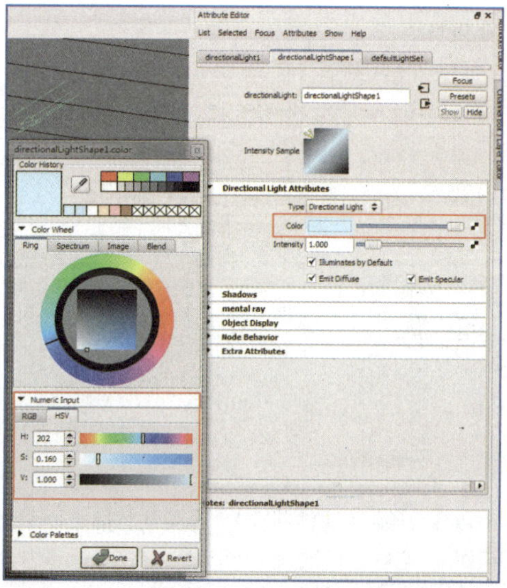

Step 12. 渲染后观察效果，如下图所示。

6.4 设置渲染参数

渲染是三维制作中最后的一个环节，通过渲染出图得到我们最终需要的图像。正确的渲染可以节省大量的时间，减少繁重的模型工作，帮助修正模型的不足，提高后期的工作效率。

执行 Window（窗口）>Rendering Editors（渲染编辑器）>Render Settings（渲染设置）命令，打开 Render Settings(渲染设置)窗口，下面我们分别讲解 Common（一般属性）选项卡中的卷展栏参数。

1）Color Management（颜色管理）卷展栏，主要管理渲染的色彩模式，如下图所示。

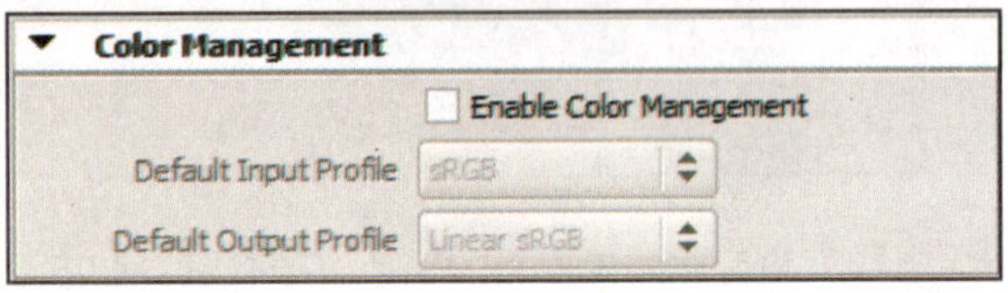

2）File Output（文件输出）卷展栏，如下图所示。

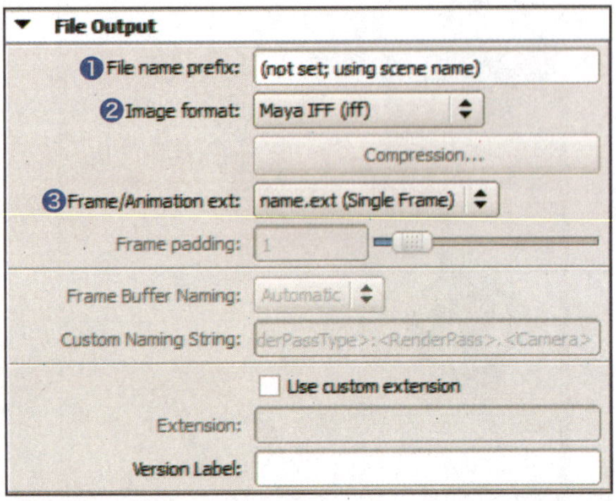

❶ File name prefix（文件前缀）：为文件名指定一个前缀。如果不设置，它将使用默认的场景名，可在栏中单击右键，菜单中有各种命名方式供用户自主选择。

❷ Image format（图像格式）：图像数据存储的方式，Maya 可以输出 23 种不同的图像存储模式，其中 Maya IFF、Tiff、Targa 最常用。

❸ Frame padding（帧位数）：渲染帧名称的序列号位数。

3）Frame Range（工程帧范围）卷展栏，如下图所示。

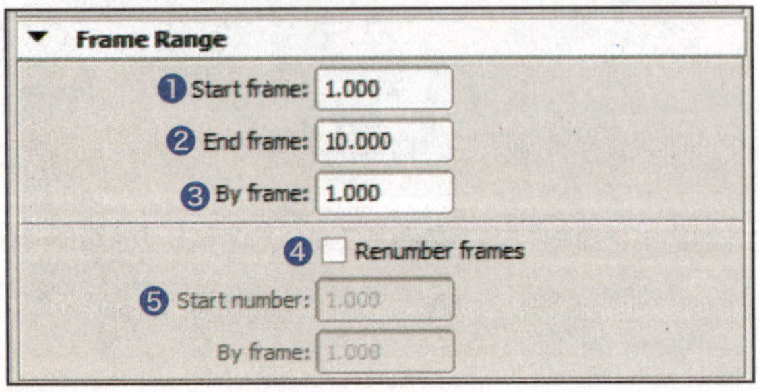

❶ Start frame（开始帧）：设置序列起始帧。

❷ End frame（结束帧）：设置序列结束帧。

❸ By frame（按帧间隔）：设置渲染帧的帧数间隔。

❹ Renumber frames（重新开始帧）：重新设定使用帧数。

❺ Start number（起始数）：设置起始编号。

4）Renderable Cameras（可渲染摄像机）卷展栏，如下图所示。

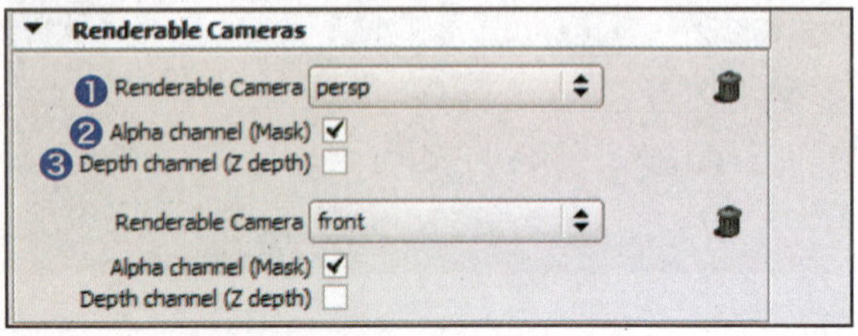

❶ Renderable Camera（可渲染摄像机）：设置可渲染摄像机。

> **提示** 如果有多个摄像机需要渲染，则可以打开 Add Renderable Camera，会多出一个摄像机的渲染选项，单击按钮则可以删去该渲染摄像机。

❷ Alpha channel(Mask)：打开 Alpha 通道(遮罩)渲染。

❸ Depth channel（Z depth）：打开深度通道（Z）渲染。

> **提示** 在 Maya 中用 Render View（渲染预览）是无法观察深度通道（Z）的，需要在 Maya 后台批渲染出图像后再观察，执行 Render（渲染）>Batch Render（批渲染）命令进行批渲染。

5）Image Size（图像尺寸）卷展栏，如下图所示。

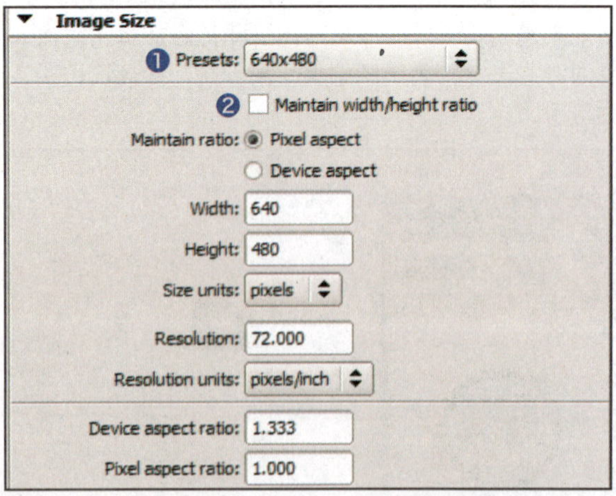

❶ Presets（预设）：直接选择一种尺寸预置模式。

❷ Maintain width/height ratio（锁定高 / 宽比），勾选该选项后，用户调整高度或宽度，Maya 会自动地调整另一个参数，使两个数值保持一定的比例。

> **提示** 大部分显示设备都是方形像素，像素比为 1，只有个别的设备像素不是方形的，如电视像素的高宽比是 11/10，也就是每个像素都略长。

6.5 Maya中渲染器的种类

Maya 自带 4 种渲染器：Maya Software render（Maya 软件渲染器）、mental ray for Maya render（Maya mental ray 渲染器）、Maya Hardware render（Maya 硬件渲染器）和 Maya Vector render（Maya 矢量渲染器）用来输出不同画面效果的图像。

1）Maya Software render（Maya 软件渲染器）：Maya 默认的渲染方式，支持 Maya 中所带的几乎所有特效渲染，如 Hair、Fur、Particle、Paint Effect 等。

2）mental ray for Maya render（Maya mental ray 渲染器）：照片级的高级渲染器，它可以渲染光能传递的图像，使用它可以渲染出高品质的画面。结合 mental ray 的自带材质渲染效果更加出色。

3）Maya Hardware render（Maya 硬件渲染器）：主要用于粒子效果的硬件渲染。

4）Maya Vector render（Maya 矢量渲染器）：可以输出类似于 Flash 风格的矢量动画。

6.5.1 Maya Software render（Maya 软件渲染器）

Maya Software render（Maya 软件渲染器）是 Maya 的默认渲染器，它使用扫描线方式渲染，适合大部分渲染要求，这里详细介绍一下 Anti-aliasing Quality（抗锯齿质量）选项卡内的参数，如下图所示。

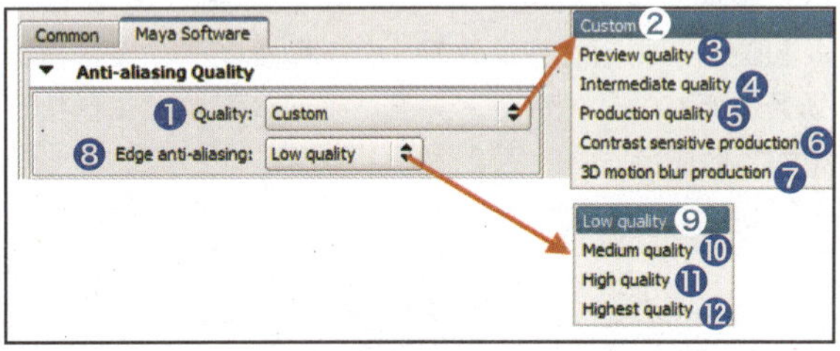

❶ Quality（质量）：单击下拉菜单按钮可以看到 Maya 为我们提供了 6 种不同的渲染质量。

❷ Custom（自定义）：用户自定义设置渲染画面质量。

❸ Preview quality（预览质量）：测试渲染时速度是最快的。

❹ Intermediate quality（中等质量）：设置渲染画面中等质量。

❺ Production quality（产品级质量）：设置渲染画面为产品级质量。

❻ Contrast sensitive production（高对比度产品级质量）：测试渲染高对比度的产品级质量的场景，如运用光线追踪的的场景或有凹凸效果的场景。

❼ 3D motion blur production（三维运动模糊产品级质量）：渲染带有三维运动模糊的产品级质量的场景。

❽ Edge anti-aliasing Quality（边缘抗锯齿质量），有 4 种不同渲染质量可选。

❾ Low quality（低质量）：物体边缘会有锯齿出现，采样过程中，在两个像素中取一个像素点显示物体，适合比较简单的抗锯齿效果，渲染时间快。

❿ Medium quality（中等质量）：中等质量的边缘抗锯齿效果，采样过程中在渲染时间比 Low quality（低质量）长一些，适合比较复杂的场景、物体边缘等情况。

⓫ High quality（高质量）：高质量的边缘抗锯齿效果，画面效果比较精美。

⓬ Highest Quality（最高质量）：最高质量的边缘抗锯齿效果，画面效果非常精美。

6.5.2 mental ray for Maya render（Maya mental ray 渲染器）

1. 加载 mental ray 渲染器

在开始制作项目之前我们需要先把 mental ray 渲染器加载到 Maya 里。执行 Window（窗口）>Settings/Preference（设置/选项）>Plug-in Manager（插件管理器）命令，如右图所示。

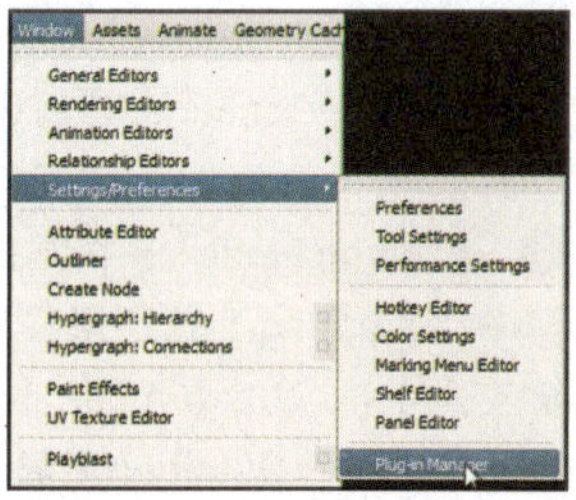

找到 Mayatomr.mll 选项，勾选 Loaded（载入）选项，如右图所示。

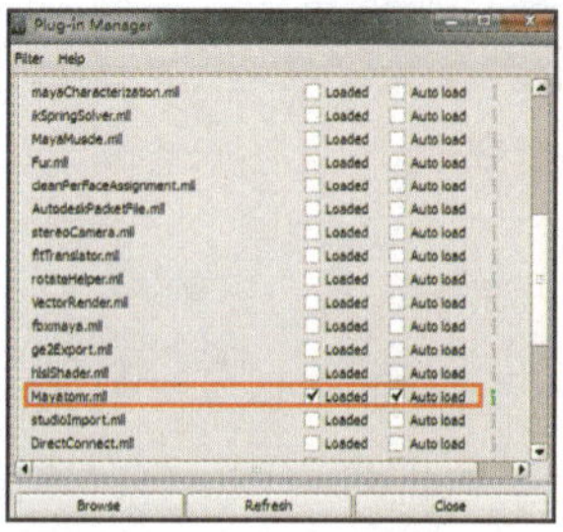

2.mental ray 渲染器的常规设置

下面介绍 mental ray 的主要参数，参数设置面板如下图所示。

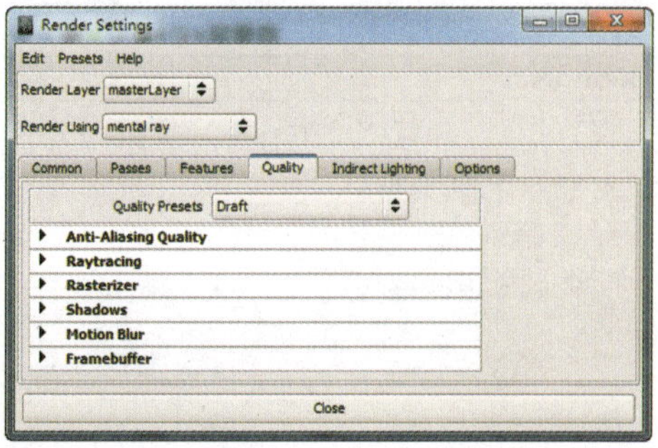

• Quality Presets（质量预设）：Maya 为我们提供了 16 种不同的质量预设，项目一般渲染用 Production（产品级）选项就可以了。

1）Anti-Aliasing Quality（抗锯齿质量）卷展栏：该卷展栏中的选项可控制渲染效果，如下图所示。

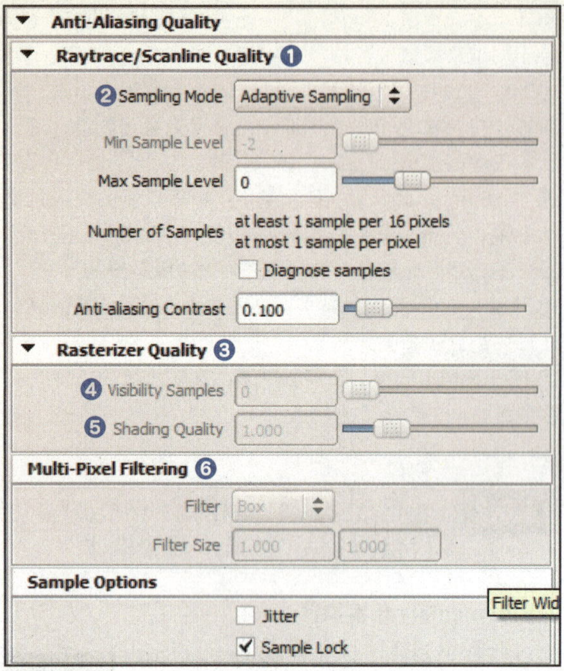

❶ Raytrace/Scanline Quality（光线追踪 / 扫描线质量）卷展栏

❷ Sampling Mode（采样方式）：Maya 提供了三种方式：Fixed Sampling（固定采样）、Adaptive Sampling（最适应采样）、Custom Sampling（自定义采样）。

❸ Rasterizer Quality（光栅化质量）

❹ Visibility Samples（可见性采样）

❺ Shading Quality（材质阴影质量）：设置材质阴影的质量。

提示 只有当选择 Rasterizer（Rapid Motion）光栅化（快速运动），渲染器时，该选项才会开启。

❻ Multi-Pixel Filtering（多像素过滤器）卷展栏：将渲染时生成的噪波、杂点效果通过模糊处理来提高渲染的质量。

2）Raytracing（光线追踪）卷展栏，如下图所示。

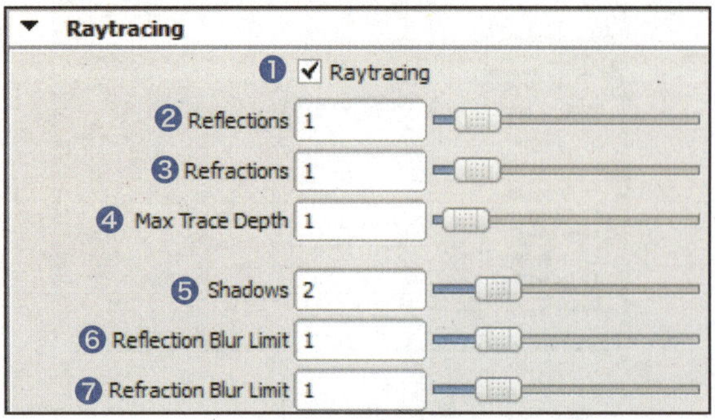

❶ Raytracing（光线追踪）：此选项可控制光线追踪质量，勾选时画面中生成漂亮的反射、折射及其阴影效果。

❷ Reflections（反射）：设置光线的反射次数。

❸ Refraction（折射）：设置光线的折射次数。

❹ Max Trace Depth（最大追踪深度）：设置光线最大追踪深度。

❺ Shadows（阴影）：光线在反射和折射过程中产生阴影的次数。

❻ Reflection Blur Limit（反射模糊限制）：光线计算反射模糊的追踪限制次数。

❼ Refraction Blur Limit （折射模糊限制）：光线计算折射模糊的追踪限制次数。

3. 全局照明

在现实世界中，光能从一个曲面反射到另一个曲面，Maya 中的全局照明使用间接照明方式模仿真实世界的光线，在这个过程中，虚拟光子被场景中曲面吸收、反射或透射，并可以混合周围物体的颜色，产生极其真实的效果，产生的光线和阴影都非常柔和，减少灯光使用数量，节省了渲染时间。

Maya 中的全局照明使用光子照明，光子是光线中携带能量的粒子。光子的产生数量取决于每盏灯光里的 Caustic and Global Illumination（散焦和全局照明）属性值，而光子追踪所产生的散焦效果是 mental ray 渲染器的特色之一，其参数面板如下图所示。

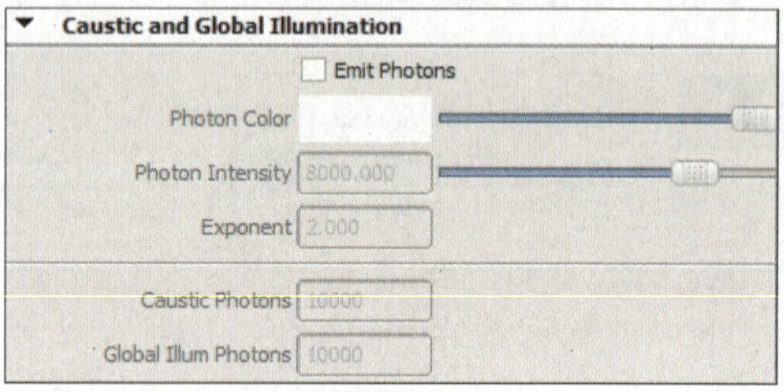

4.Final Gathering（最终聚焦）

很多时候 Final Gathering（最终聚焦）与全局照明一起使用会得到更好的效果，它不需要光子，而是根据场景中所有物体的颜色、亮度产生间接照明，其参数面板如下图所示。

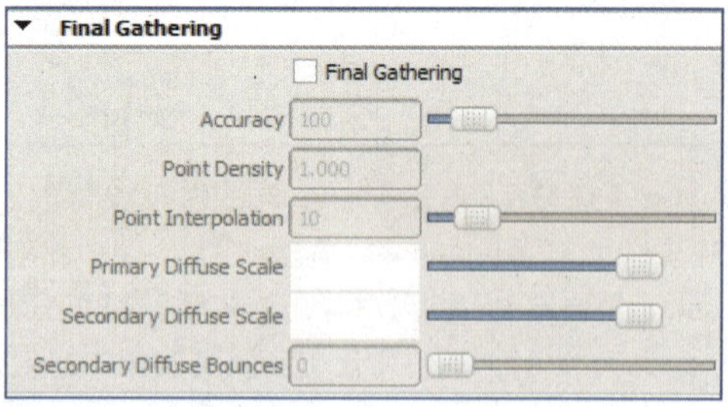

6.5.3 其他渲染器

1. Maya Hardware renderer（Maya 硬件渲染器）

该渲染器可以做渲染测试使用，渲染速度比其他渲染速度要快，适合对渲染质量要求不高的项目使用，它可以轻松地渲染粒子以及光照效果的场景。

2. Maya Vector render（Maya 矢量渲染器）

该渲染器主要用来渲染线框和卡通效果。

综合案例 6　渲染一辆概念车

下面，我们用前面所学的知识，模拟真实场景渲染一辆概念车。

原始文件　Chapter6\Final 2\car\New-Project\scenes\car.mb

最终效果　Chapter6\Final 2\car\New-Project\scenes\carfinish.mb

效果预览

案例概述　完成车体材质与渲染。

技术难点　1. 搭建渲染场景。
2. 制作车漆材质。
3. 分层渲染。

1. 封闭环境搭建

想要渲染一辆效果理想的汽车模型，除了车本身的材质效果以外，对周围的环境也有要求。下两图是在摄影棚里拍摄的场景。

提示　从照片中我们发现，场景的背景和地面基本上是无缝连接，车体放在场景的中间。

Step 01. 下面我们在 Maya 中搭建类似场景。我们要把场景搭建成圆环形，这样能够在四周得到均匀的布光环境。如下图所示。

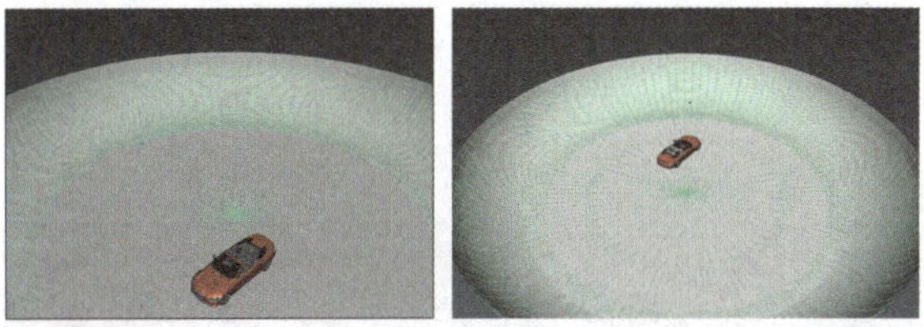

Step 02. 现在我们已经有了一个无缝的环境，为了达到摄影棚中的纯白环境，在不增加灯光的条件下，我们可以调整要进行渲染的摄像机的环境色，调整摄像机的 Environment（环境）中的 Background Color（背景色）为灰色，如下图所示。

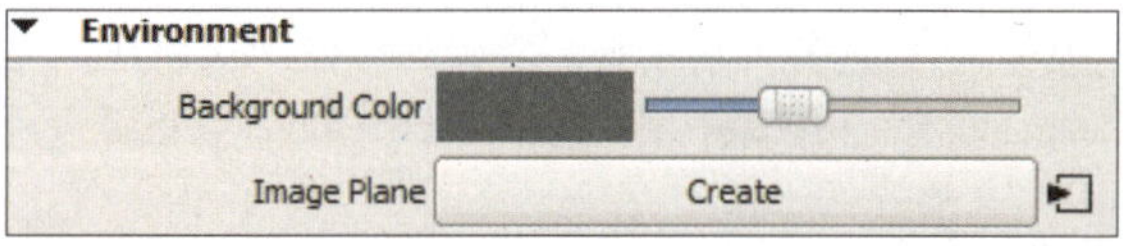

Step 03. 打开 Render Settings（渲染设置）窗口，Render Using（渲染器）选择 mental ray 渲染方式，在 Indirect Lighting（间接灯光）的 Final Gathering（最终聚焦）中勾选 Final Gathering（最终聚焦）复选框，如下图所示。

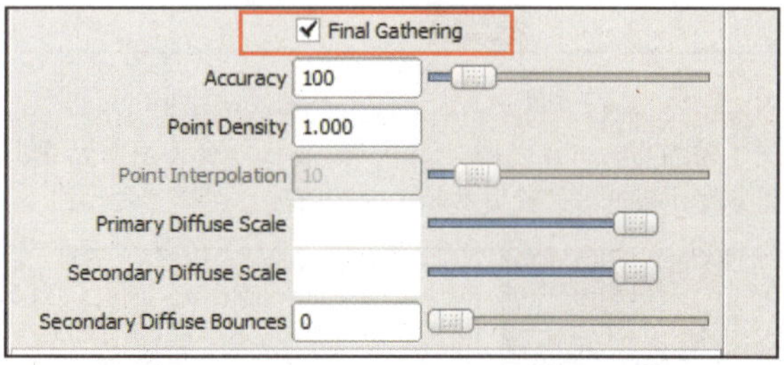

Step 04. 切换到 Common（常规）选项卡，在 Render Options（渲染选项）卷展栏里取消勾选 Enable Default Light（打开默认灯）复选框，以关掉默认光源，如下图所示。这样就可以使用摄像机的背景色做光源。

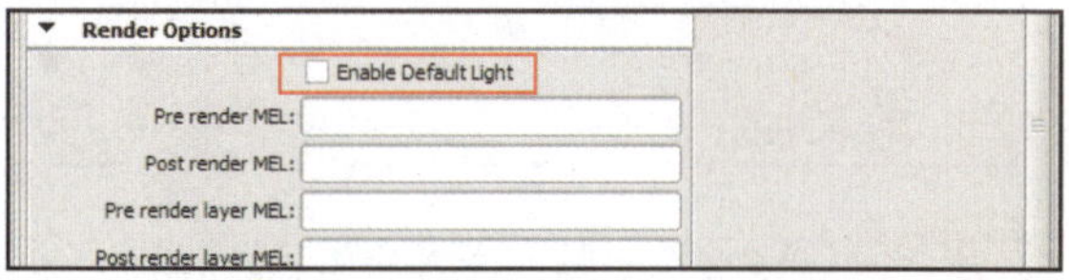

先在三维场景中模拟出此类环境，为了做到半封闭的状态，我们可以做一个圆环形场景。

2. 创建车漆材质

Step 01. 首先在 Hypershade（材质编辑器）中选择 mental ray 材质中的“mi_car_paint_phen_x”材质，如下图所示。

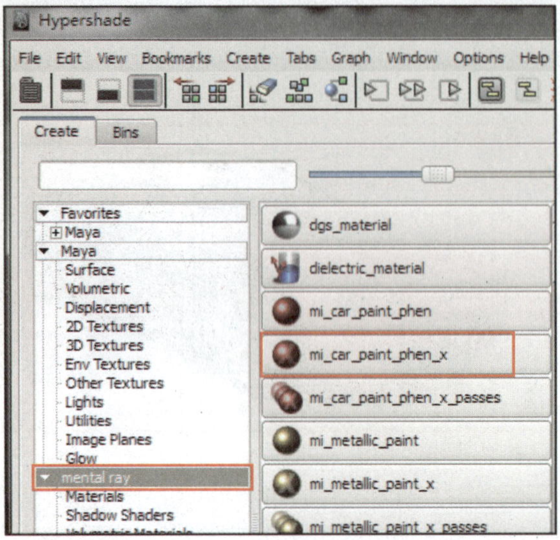

Step 02. 选择车辆模型的主体部分赋予该材质，在 carpaint 节点中更改材质球名称为“carPaint”，以便于后面操作，如下图所示。

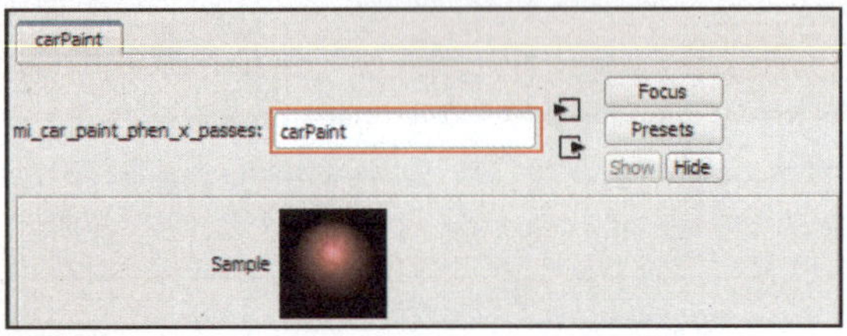

Step 03. 在场景中添加一盏平行光，设置 Intensity（亮度）值为 0.6，勾选 Use Ray Trace Shadows（使用光线跟踪阴影）复选项，设置参数如下图所示。

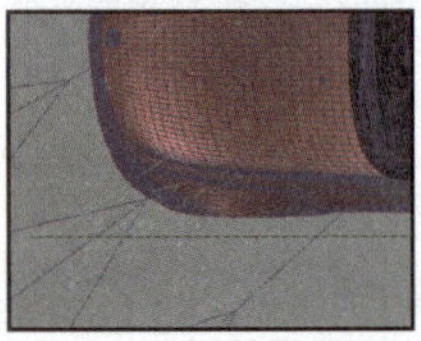

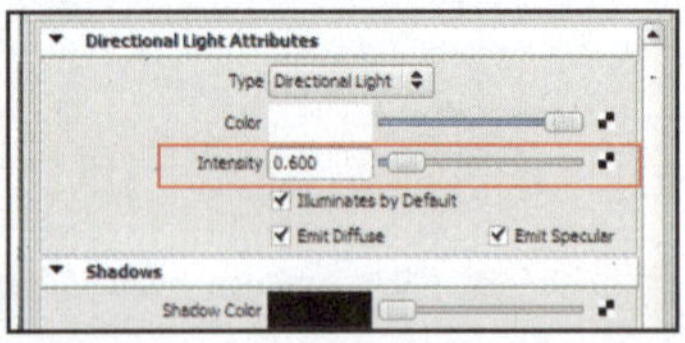

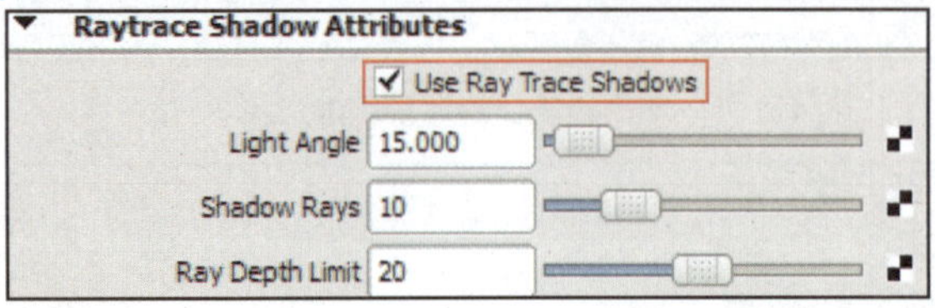

Step 04. 简单渲染一下，查看效果如下图所示。

提示 我们注意到迎向平行光的部分面有很大的雪花颗粒，最开始可能会认为是渲染的采样精度不够大，但是经过仔细观察发现，光照强度并不强又同处车身前部的引擎盖并没有出现这种情况，说明这是“mi_car_paint_phen_x”材质中的一个参数设置问题，此参数实际上是模拟的现代车漆中金属漆的颗粒质感，如下图所示。

Step 05. 当受光面与入射光线成 90° 或接近 90° 时（即高光部分），会出现金属漆中的细微闪光颗粒，这种效果很细腻，并不明显，所以我们要调整参数 Flake Scale（斑鳞）值为 0.002，如下图所示。

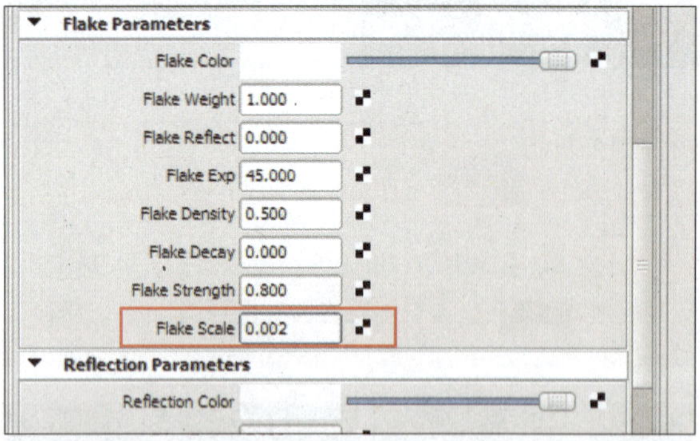

此时大片的雪花已经消失了，并且出现了金属颗粒感，颗粒强度会随着光照强度的增强而明显增加，如下图所示。

Step 06. 再来调整一下参数设置，如下图所示。

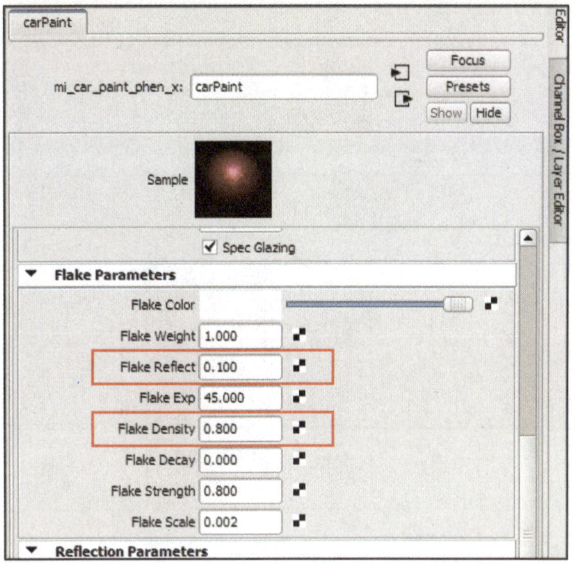

Step 07. 查看渲染效果，如下图所示。

提示 看上去效果好象还可以，只是车漆颜色变化略显不足，下面要做的就是在 Base Color（基本色）中做出细微的渐变，令车漆颜色更有层次。

Step 08. 选择车漆材质，单击 Base Color（基本色）选项后的按钮，在弹出的 Create Render Node（创建渲染节点）窗口中执行 Create（创建）>2D Textures（二维纹理）>2D Projection（二维投影方式）命令，然后执行 Create（创建）>2D Textures（二维纹理）> Ramp(渐变）命令，创建贴图节点，如右图和下图所示。

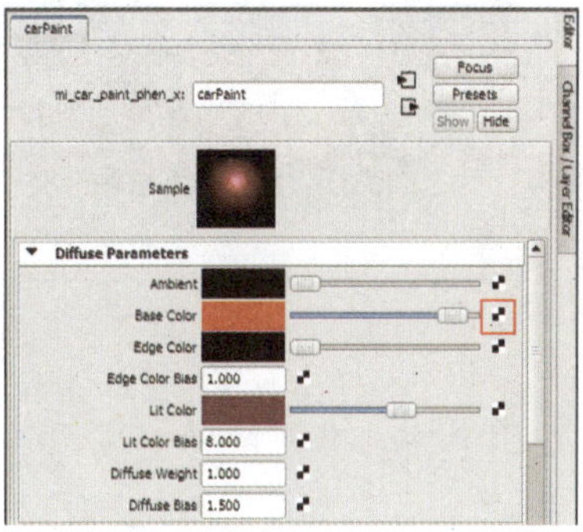

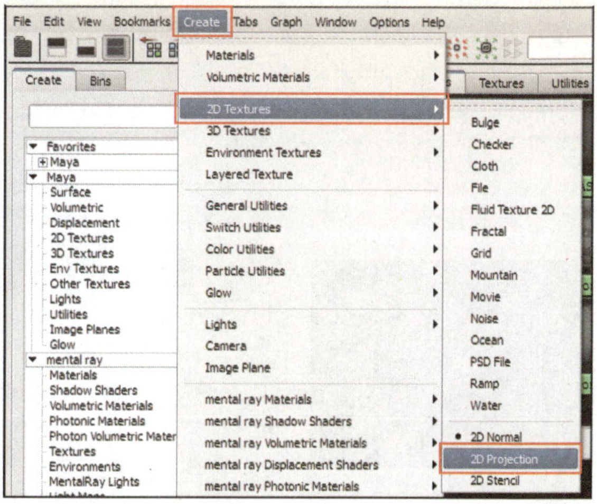

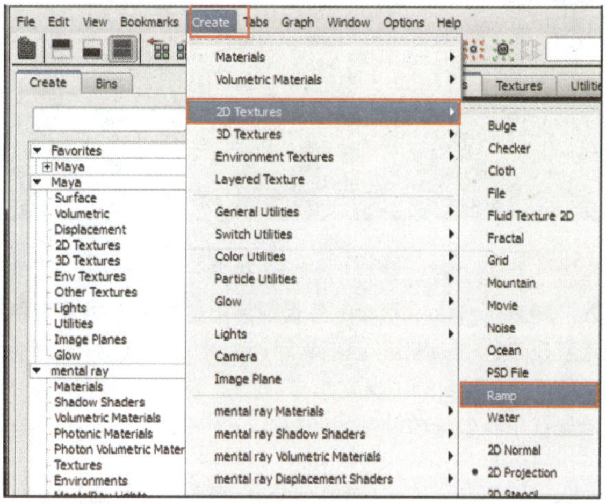

Step 09. 按住鼠标中键将 projection 节点拖曳至 carPaint 节点上，在弹出菜单中选择 base_color 选项，如下图所示。

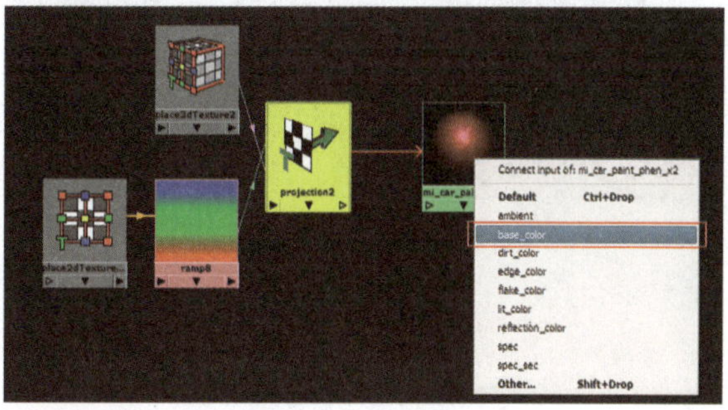

Step 10. 选择该材质，把 Hardware Texturing（硬件纹理）选项里的 Texture channel（纹理通道）参数选择为 Base Color（基础颜色）选项，如下图所示。这样我们可以在视窗中看到 Ramp（渐变）的贴图效果了。

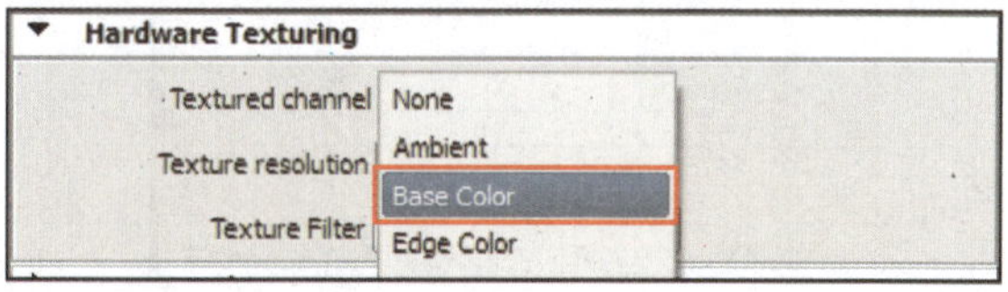

Step 11. 这时视图中会出现一个绿色的投影坐标，选择它，然后在 place3dTexture（三维坐标）节点中单击 Fit to Group BBox （适应立方体）按钮，使得 place3dTexture（三维坐标）自适应到物体的边界大小，如下图所示。

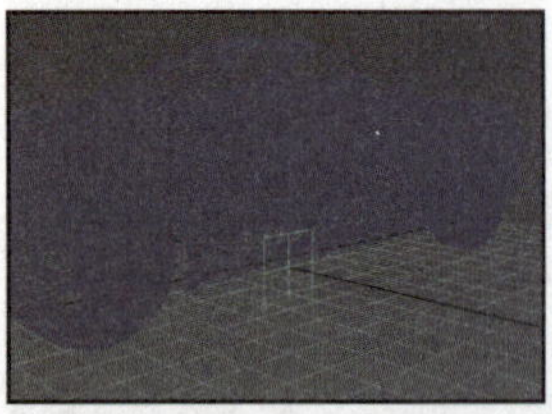

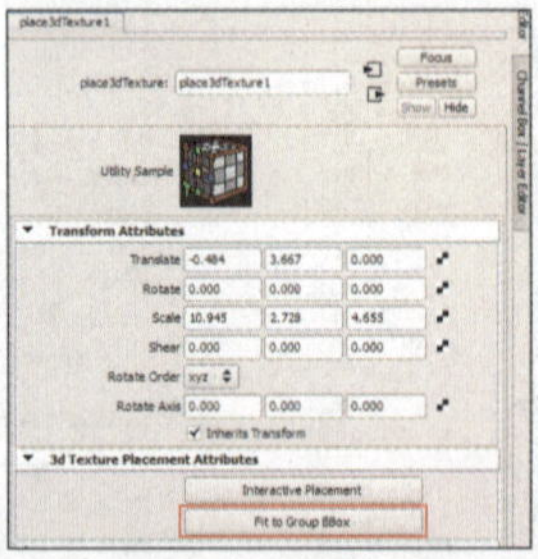

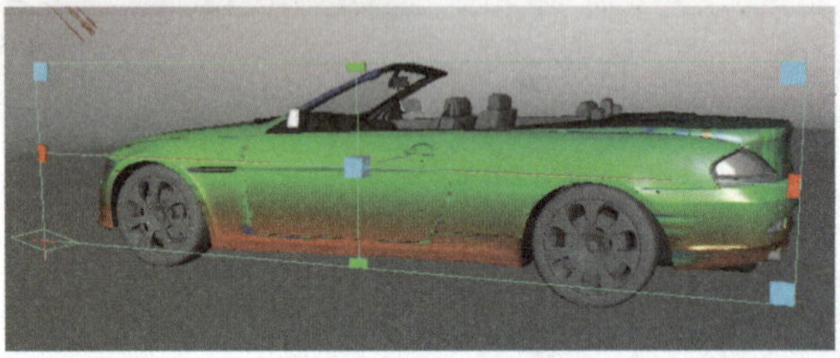

Step 12. 这个时候我们可以先渲染一下看 Ramp（过渡）参数对 Base Color（基础颜色）的控制效果及各颜色所分布的控制范围。我们看到，Base Color（基础颜色）已经完全被 Ramp（渐变）参数所控制，而且还比较好地保留了我们之前设置的 Lit Color（高光色）效果（红框范围内），如下图所示。

提示 如果我们给车加了动画就会发现 place3dTexture（三维坐标）并不会跟随车的动画而动，Texture（纹理）就会像是一张动态贴图在物体表面蹿动。简单的解决办法就是将 place3dTexture（三维坐标）用鼠标中键拖入车的组中，如下图所示。

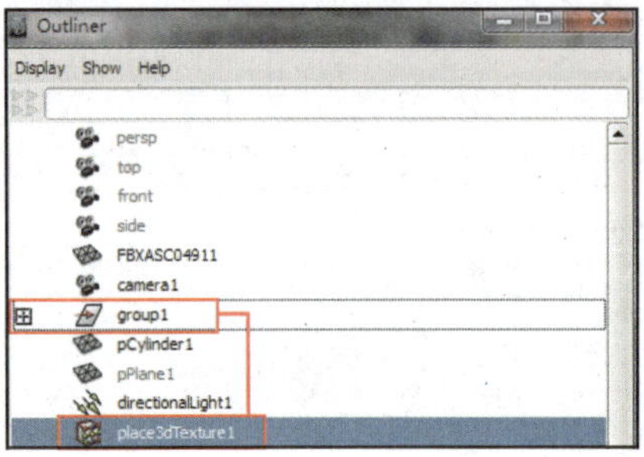

Step 13. 下面我们将车漆颜色调整得更有层次，保持在同一色相中有细微的变化，如下图所示。

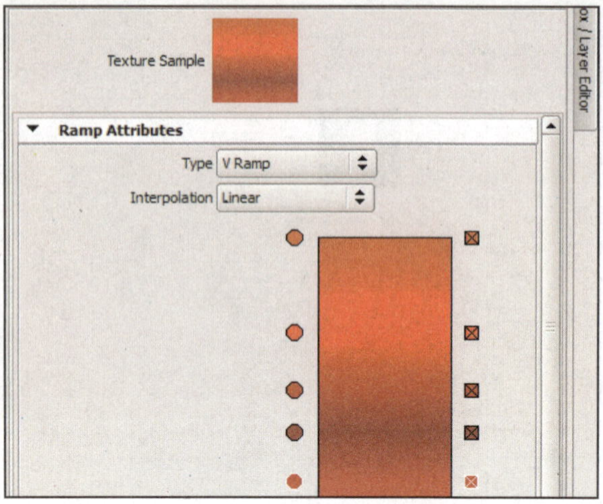

Step 14. 调整 Lit Color（高光色），让高光部分更亮，更接近我们调整后的色相，如下图所示。

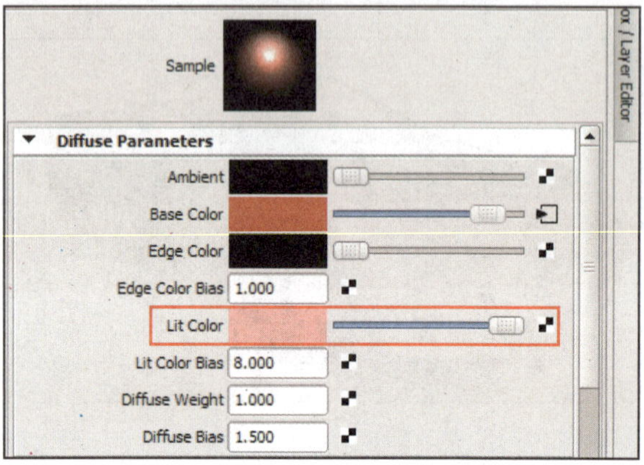

Step 15. 渲染后得到效果，如下图所示。

Step 16. 我们看到上图红框部分内的红色明度偏低，略微调整 Ramp（过渡）节点中的这个位置颜色的 R 值，在“RGB，0 to 1.0”坐标系中默认最大值是 1，我们可以把 R 值调整超过 1.0，在这个案例中只需要调整至 1.3，如下图所示。

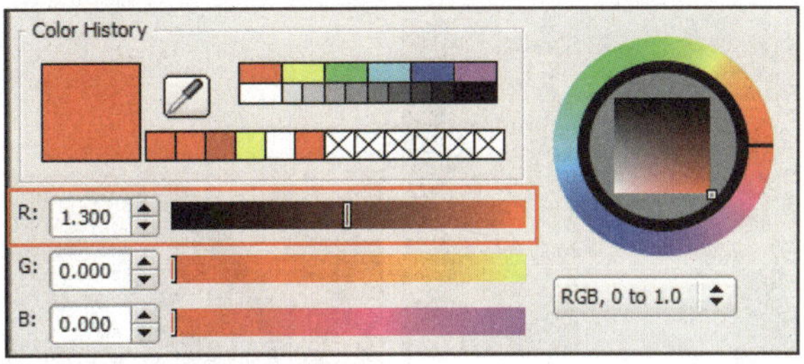

再次渲染观察调整后效果，如下图所示。车漆材质基本结束了。

提示 我们可以发现车体似乎还是有些发灰，这是因为我们使用的是摄像机的环境色作为光源，下面我们就要在场景中设置一些反光板，把车体提亮。

3. 添加反光板

下图是摄影棚中添加了一些白色日光灯后在车体上反射出高亮的白色高光的效果。为了在 Maya 中模拟这样的高光部分，我们通常需要在场景中添加一些纯白的反光板，将光线反射到车体上。

Step 01. 在车的上方，添加三个大小相当的 Polygon（多边形）平面，位置设置如下图所示。

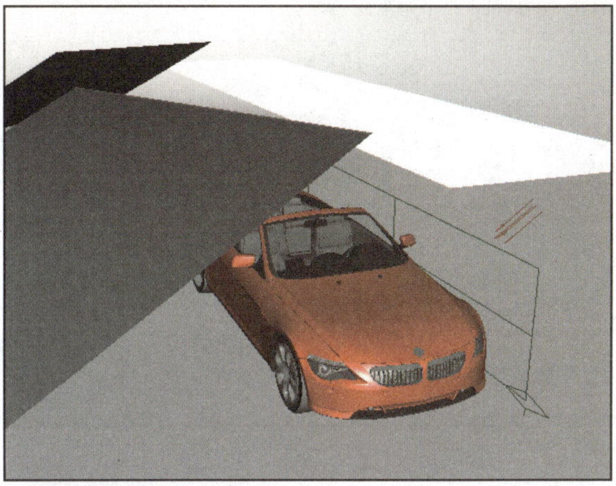

Step 02. 鼠标左键单击这些面，在下拉菜单中选择 Lambert 选项，为它们赋予一个 Lambert 材质， 如下图所示。

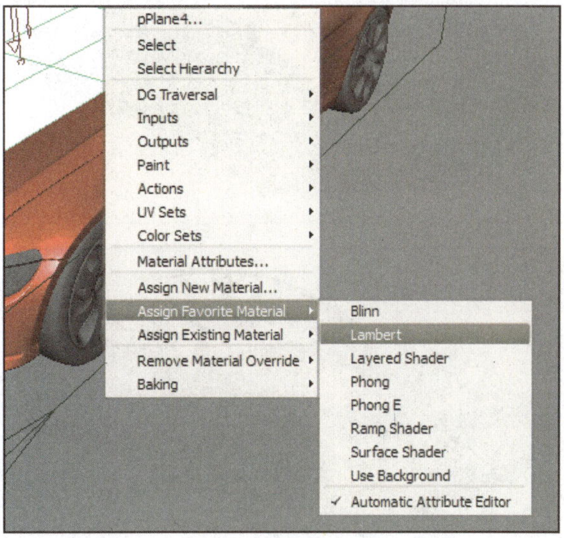

Step 03. 对这个 Lambert 材质设置参数，把 Ambient Color（环境色）和 Incandescence（白炽热）两个参数的颜色调得灰白些，如下图所示。

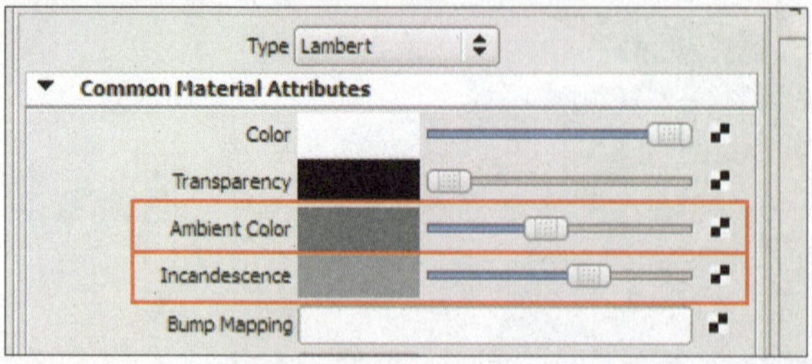

Step 04. 分别选择这三块反光板，在它们的 shape 节点里的 Render Stats（渲染参数）卷展栏中取消勾选 Casts Shadows（物体本身投影）、Receive Shadows（被其他物体投影）、Motion Blur（动态模糊）、Primary Visibility（主体可见）这几个复选项，如下图所示。这样可以保证这些反光板不被渲染出来，且它们也不会出现投影等效果。

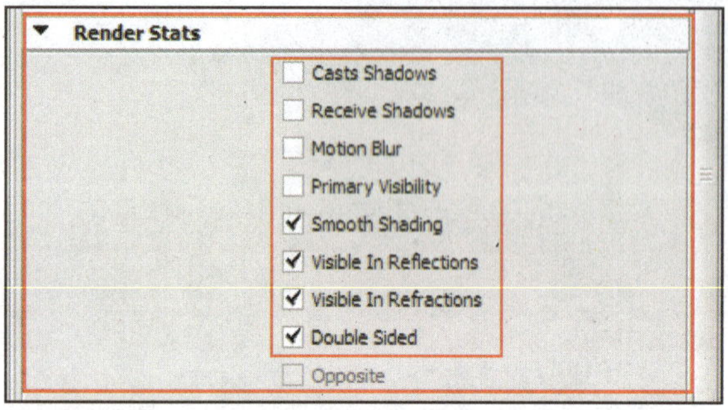

Step 05. 反光板设置完毕后，渲染观察效果，我们已经可以看到反光在车体上的效果，如下图所示。

无反光板

有反光板

4. 制作车轮材质

下面进行车轮材质的制作，首先是轮毂的材质。

Step 01. 选择轮毂，单击鼠标右键，在下拉菜单中选择 Phong 选项，为它赋予 Phong 材质，下图是操作步骤及渲染效果。

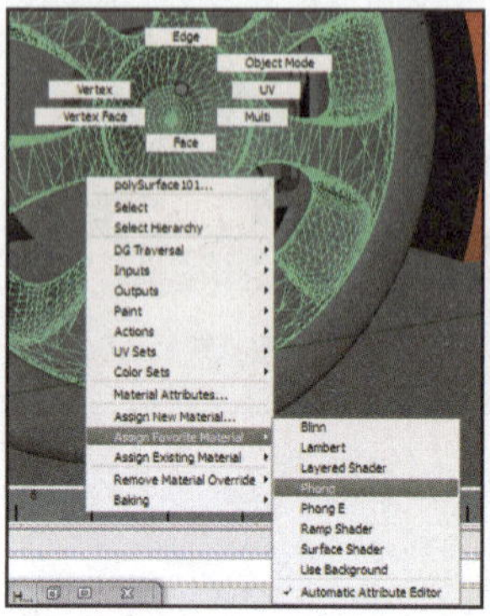

Step 02. 可以看出轮毂的颜色偏暗，反射不够强烈，调整相应参数，将 Color（颜色）略微调高，Diffuse（漫反射）强度调高，缩小 Cosine Power（高光范围）值，使材质更接近于金属，将 Specular Color（高光颜色）调成白色，下图是操作步骤及渲染效果。

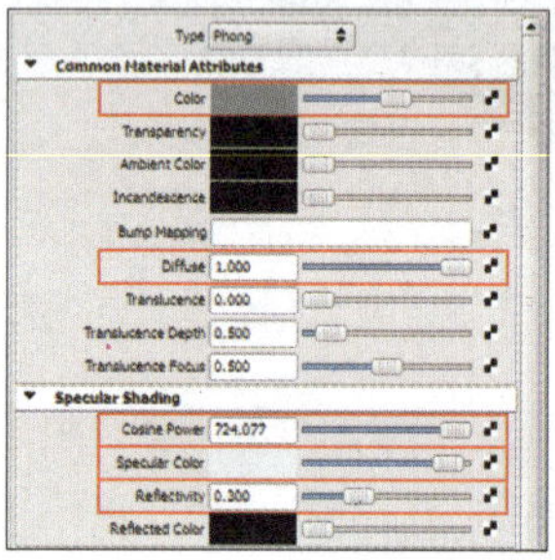

Step 03. 现在效果要比刚才好得多，但是我们注意上图红框内的反射目前就是一整块颜色，缺少细节，我们可以为它添加一个环境反射。单击下图红框内按钮，为反射参数导入一张贴图，如下图所示。

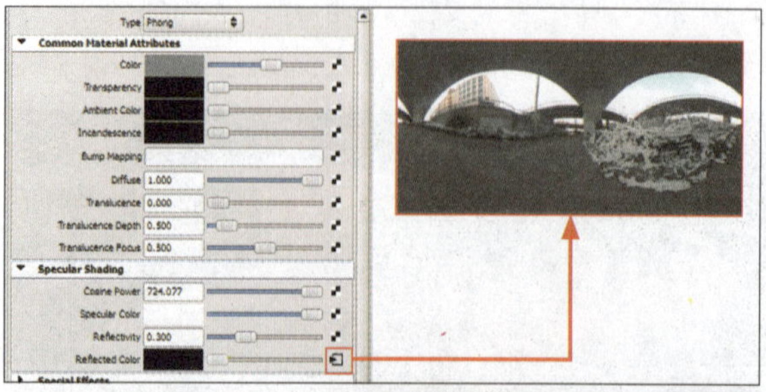

渲染查看效果，如右图所示。现在轮毂基本就差不多了。

5. 制作车灯材质

下面为车灯添加细节。在为车灯添加细节的时候我们要注意一个从后向前的顺序，因为灯罩有时候经常会遮住后方的灯瓦影响我们调整，因此在做车灯的调整时可以建一个层，将最外面的灯罩层隐藏，这样操作起来比较方便。

Step 01. 首先选择灯瓦，为其添加一个 Phong 材质，设置参数及效果，如下图所示。

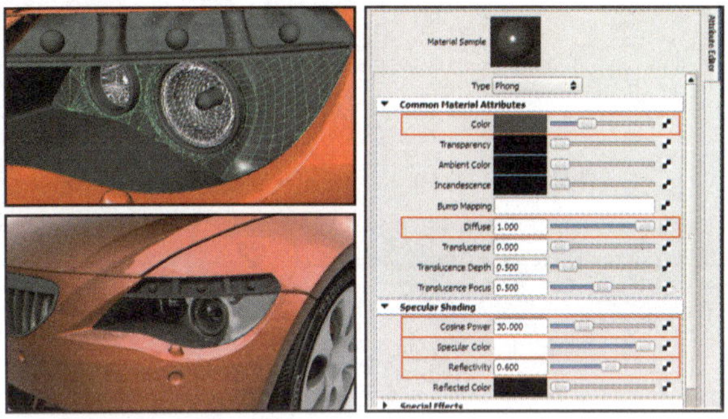

Step 02. 选择前方灯罩并赋予 Phong 材质，材质要稍亮，参数设置及效果，如下图所示。

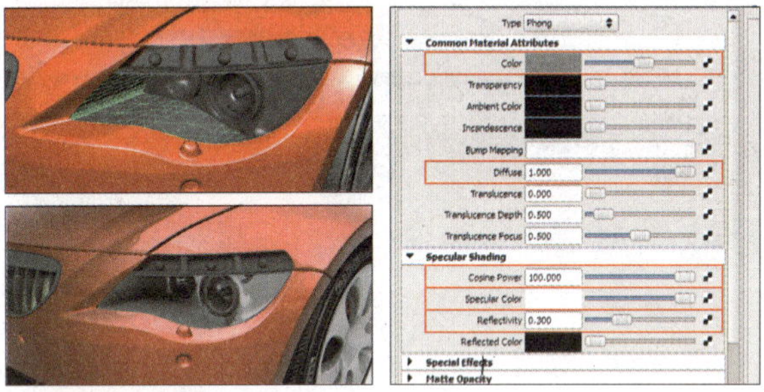

Step 03. 为上方灯瓦及灯添加 Phong 材质，参数设置及效果如下图所示。

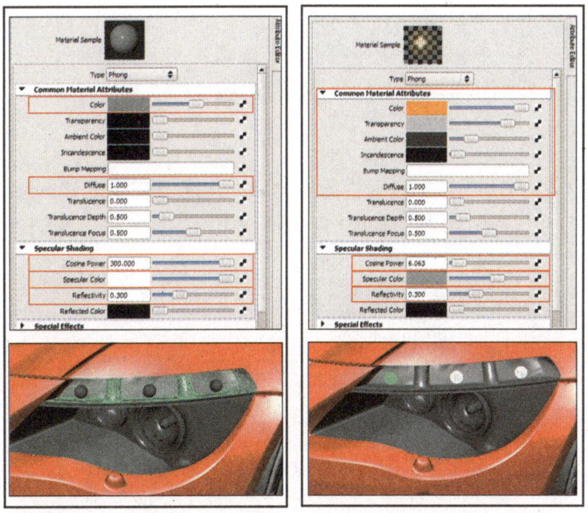

渲染查看效果，如下图所示。

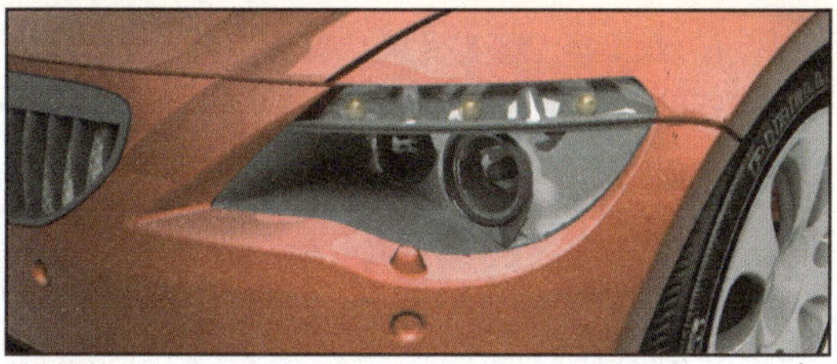

Step 04. 调整灯泡以及扩灯环的材质，参数设置及效果如下图所示。

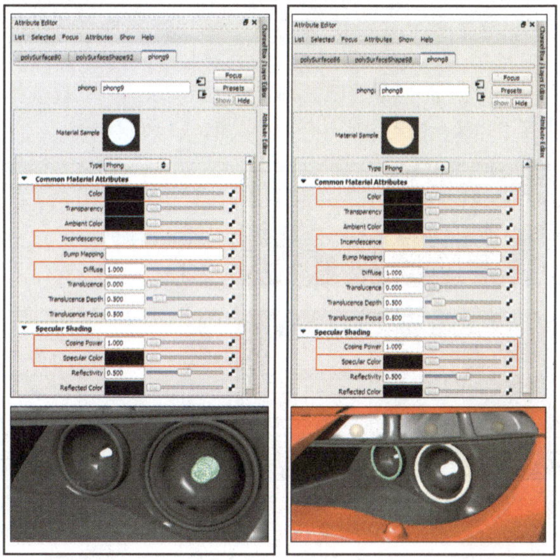

渲染查看效果，如下图所示。

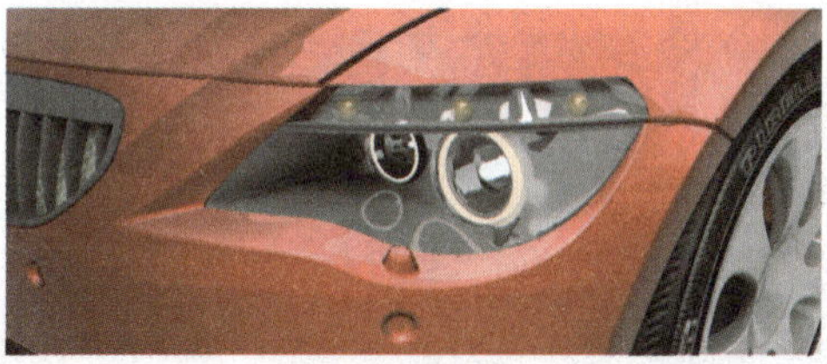

Step 05. 调整小灯罩的材质，为其赋予 Phong 材质，设置参数及效果，如下图所示。

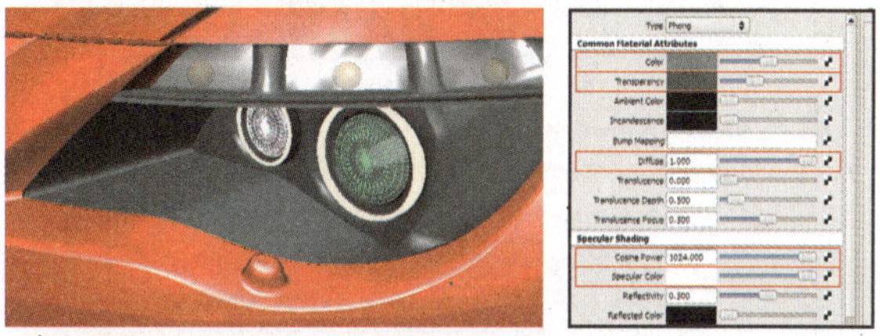

Step 06. 做到这一步我们可以对比一下照片，如下图所示。

Step 07. 在这里我们使用凹凸贴图（light_front_1）w来模拟棱线的分布。首先观察灯罩的UV，如下图所示。

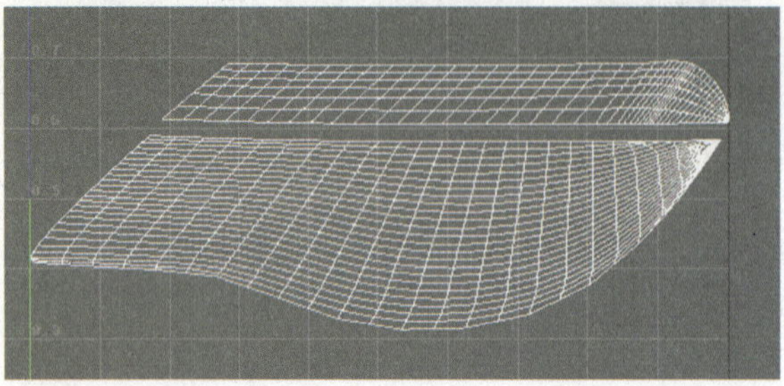

Step 08. 将灯罩的凹凸贴图“light_front.jpg”直接拖曳至工作区，自动生成一个file节点，如下图所示。

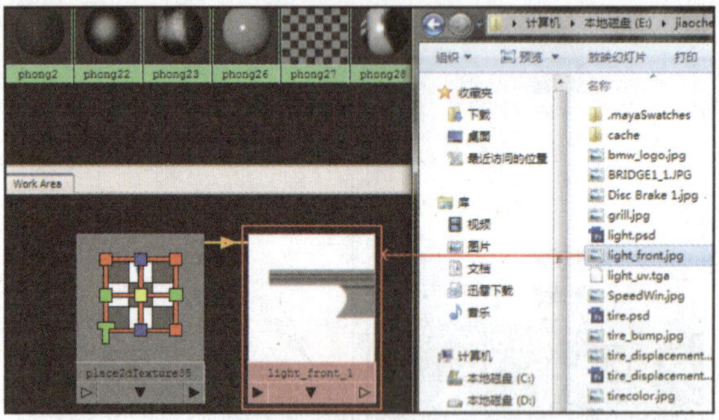

Step 09. 用中键拖曳单击刚生成的节点至灯罩的Phong材质上，在弹出菜单中选择bump map（凹凸贴图）选项，如下图所示。

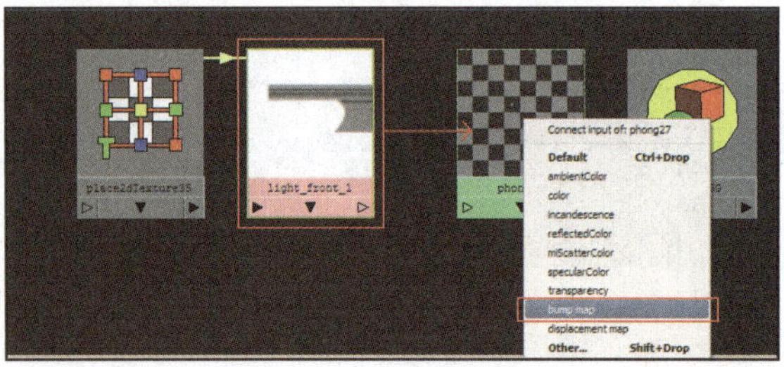

Step 10. 对灯罩材质进行调整，参数设置如下图所示。

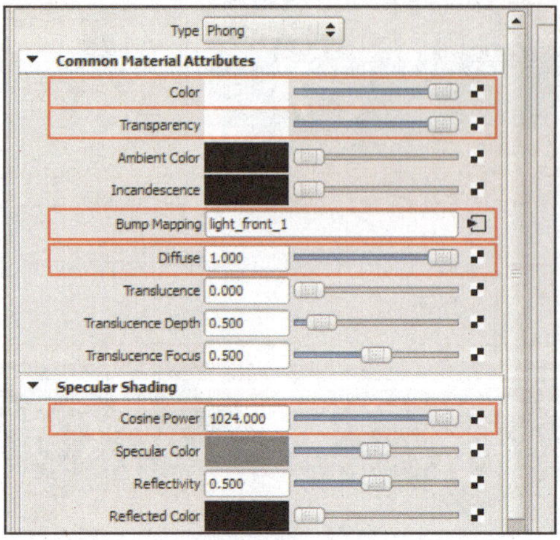

Step 11. 对外灯罩材质进行调整，参数设置及效果如下图所示。

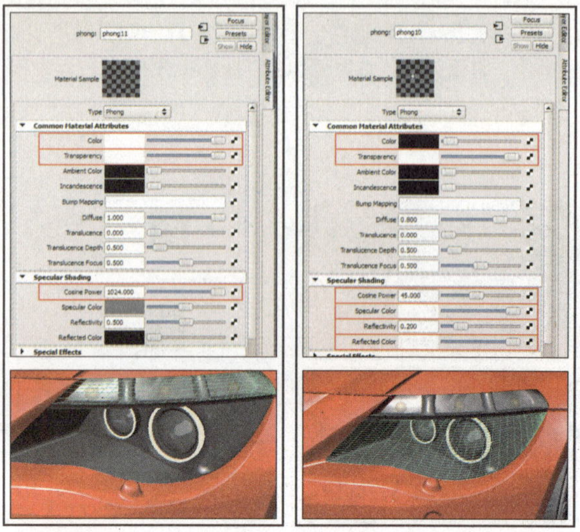

Step 12. 渲染后得到效果如下图所示。

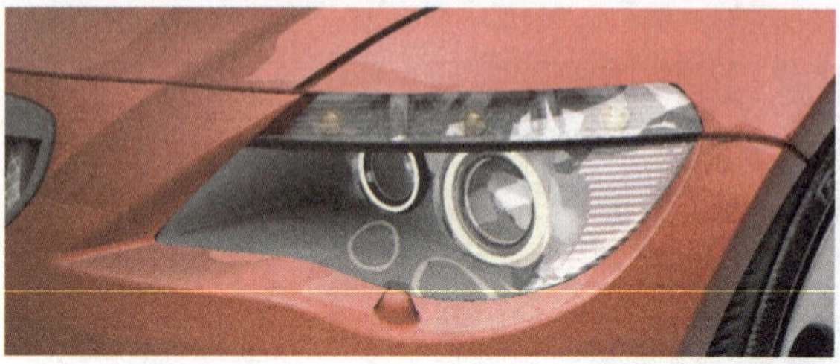

6. 分层渲染

在本例中还有一些细节部分的材质设置，如进气格栅、Logo、座椅等等，但并不具有代表性，用户通过对前面例子的学习应该很容易表现出它们的细节。接下来我们要介绍如何分层渲染并且使用After Effects进行分层渲染后期合成。

为了在后期中更方便地调节图像效果，我们需要在三维软件中分层渲染图像，分别输出图像的固有色、反光、高光、阴影等图像。

Step 01. 选中场景中所有物体，将层组切换至Render（渲染）选项卡，创建新层并将选中物体加入层，我们将这层命名为“color”。依次类推，我们要选中所有物体分别加入不同的层，命名为“reflective（反射）”与“specular（高光）”，如下图所示。

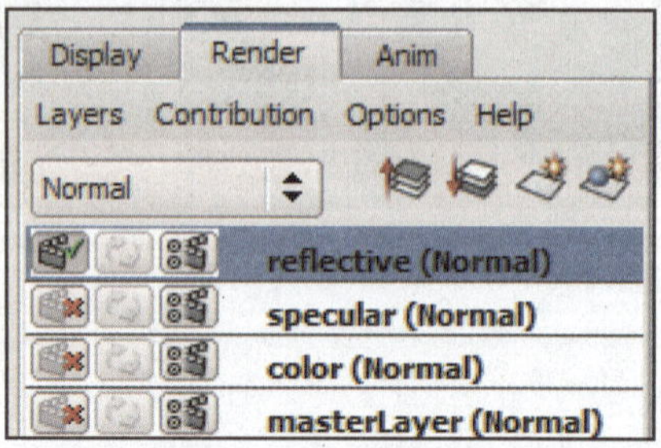

Step 02. 选中之前调整好的车漆材质，直接使用快捷键 Ctrl+D 复制出一个，如下图所示。

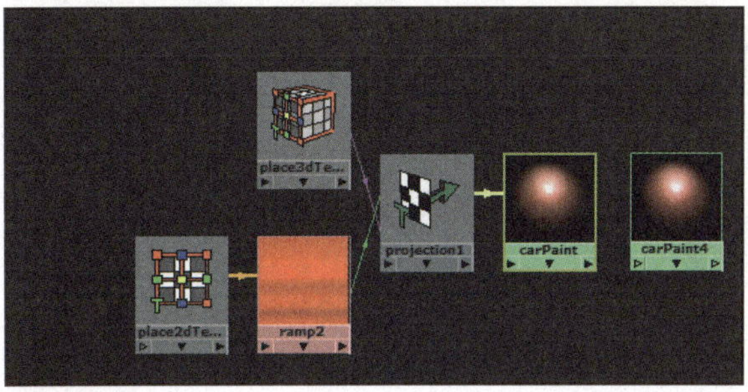

Step 03. 我们只需要留出高光效果，所以我们把 Base Color（基础色）调成黑色，将 Lit Color（高光色）调成白色，将 Reflection Color（反射色）调成黑色，如下图所示。

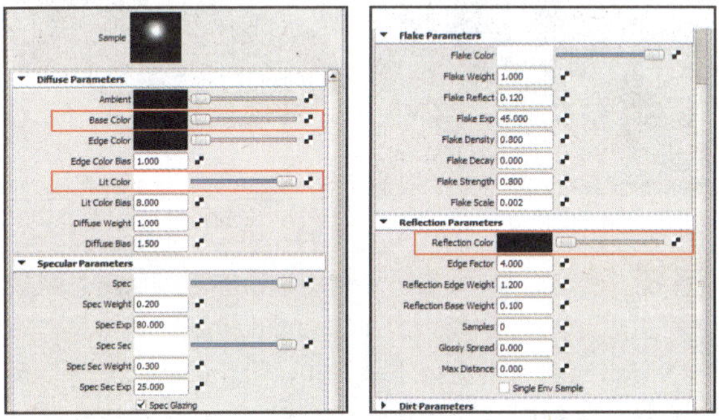

Step 04. 完成相应调整后，我们要把设置好的材质赋予到相对应的模型，选中 specular 层，如下图所示。

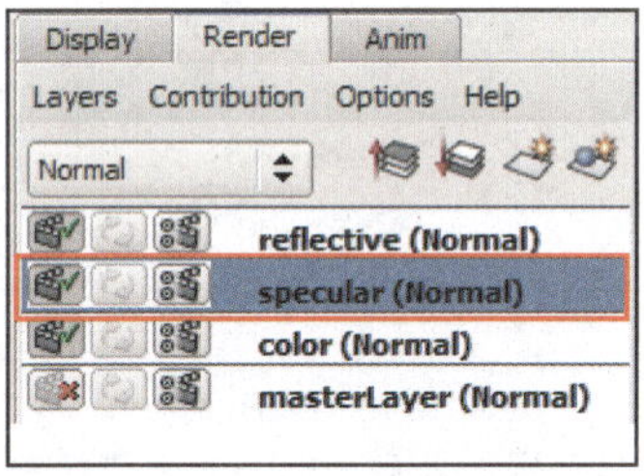

Step 05. 将刚才调整好的车漆高光材质赋予车体模型图像，如下图所示。

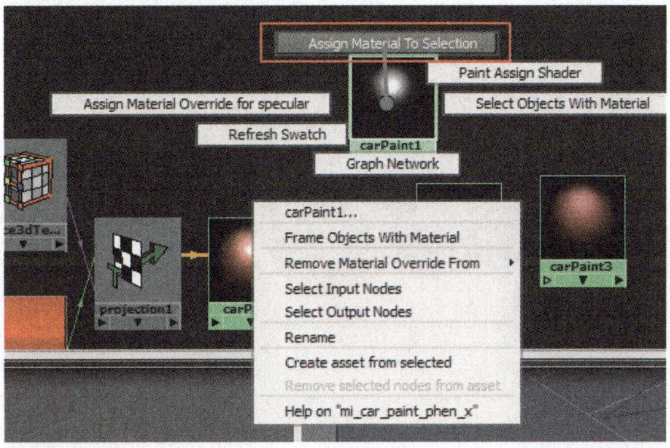

Step 06. 渲染 specular 层，得到如下图所示的黑白效果图像，这就是车体的高光层。

Step 07. 接下来我们需要调出反射层的材质。重复 Step2，复制出一个新的车漆材质，我们把 Base Color（基础色）调成黑色，Lit Color（高光色）调成黑色，Spec（反射色）调成黑色，如下图所示。

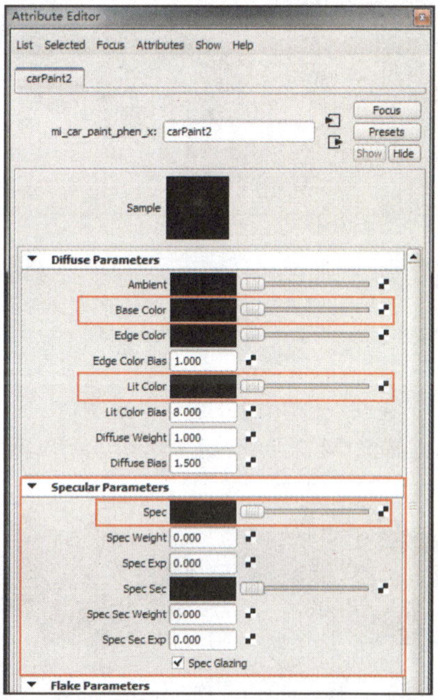

Step 08. 渲染 reflective 层，得到如下图所示的黑白效果图像，这就是车体的反射层。

Step 09. 按照前面的方法，再创建一个颜色材质，参数设置如下图所示。

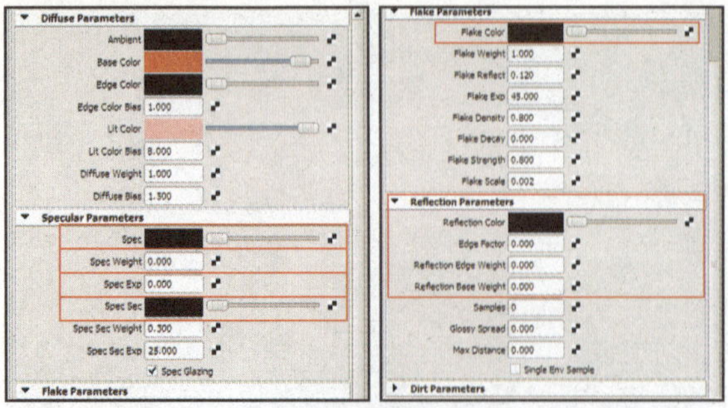

Step 10. 渲染观察效果，这是 color 层，如下图所示。

提示 现在我们得到了车漆的三层图像，我们在每一层的所有材质都要进行与上面类似的操作（除了反光板等材质），这里就不再一一赘述了。

此时，通过分层渲染我们应该得到以下三张图，分别是颜色层、高光层和反射层的图像，如下图所示。

颜色层

高光层

反射层

但是光有这三张图还是不够的，我们还需要阴影层和 Ambient Occlution 层。

Step 11. 我们首先制作阴影层，选中场景中的所有物体，统一赋予一个 Surface 材质，创建一个 Use Background 材质，如下图所示。

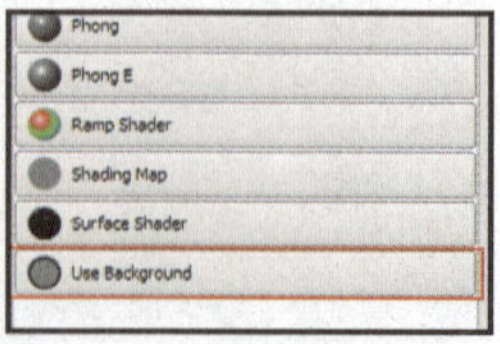

Step 12. 选中要产生阴影的物体，赋予刚创建的 Use Background 材质，渲染观察效果，在 RGB 通道中我们只能看到一片漆黑，换成 Alpha 通道观察，如下图所示。

RGB 通道

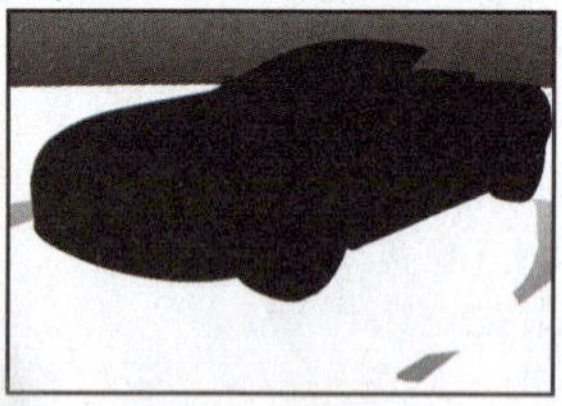

Alpha 通道

Step 13. 我们发现地面有一个白色的车体反射，我们不需要这个反射效果。双击 Use Background 材质，把它的 Reflectivity（反射）调成 0，Reflection Limit（反射限制）调成 0，如下图所示。

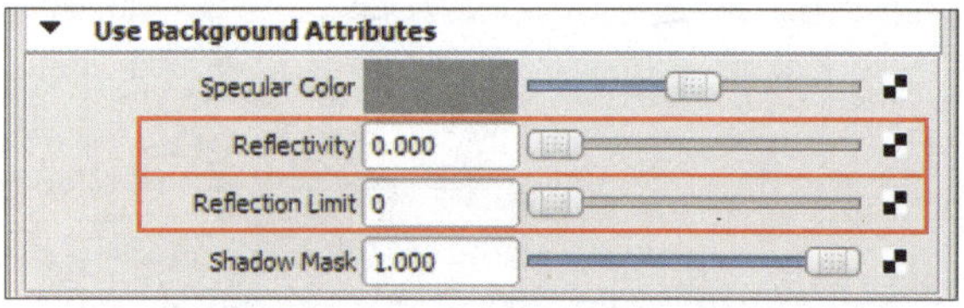

再次渲染观察 Alpha 通道，我们可以发现地面反射没有了，只有车体下方有白色的影子范围，这就是我们需要的阴影层，如下图所示。

Step 14. 接下来是 Ambint Occlution 层，首先选中所有物体，赋予一个新的 Lambert 材质，然后在 mental ray 材质库中创建一个 Textures（纹理）中的“mib_amb_occlution”材质，如下图所示。

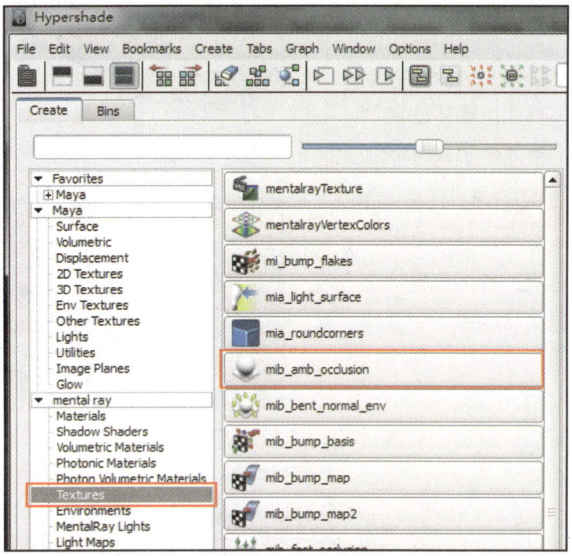

Step 15. 将“mib_amb_occlusion”节点用中键拖曳至刚刚创建的 Lambert 材质上，在弹出的菜单中选择 Default（默认）选项，如下图所示。

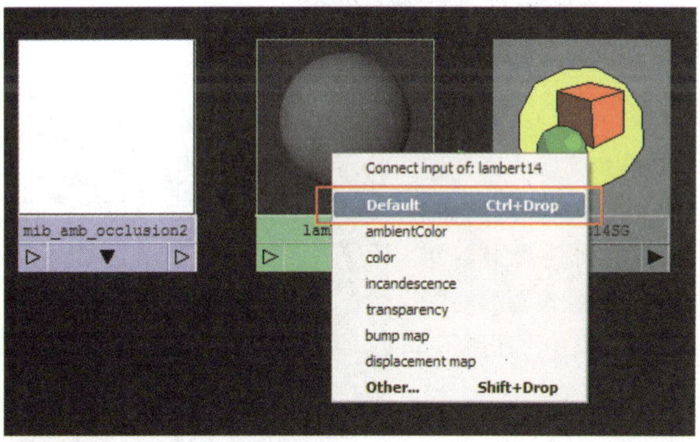

Step 16. 渲染观察效果，发现整体偏暗，如下图所示。

Step 17. 我们打开刚才创建的 Lambert 材质，把 Ambient Color（环境色）调亮以提高整体亮度，将 Samples（样本）值调高以增加画面细腻程度（默认值为 16，基本以 2 的奇数量增长），因为不希望画面对比度过强，因此略为调亮暗部的颜色，参数设置如下图所示。

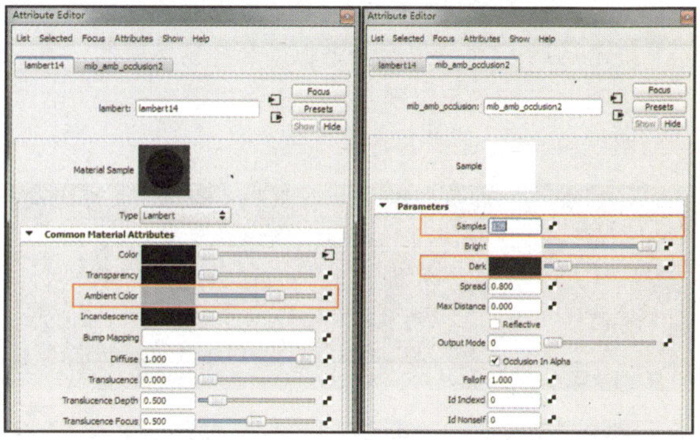

Step 18. 调整参数后渲染，现在我们得到了一个纯黑白的素模效果，如下图所示。

7. 后期合成

下面我们将介绍如何合成这几张图像以达最佳效果，我们使用软件 After Effects CS4。下图可以帮助我们更好地了解后期合成的工作原理。

提示 我们在后期合成过程中的主要工作就是要将各类表现不同效果的图像合在一起，这最终的一层有可能是一张图片（就像这个车的例子），也有可能是一个镜头或一部片子，之所以要这样做是因为在 Maya 中一个场景文件不可能做出所有效果，并且即使是在一个场景文件中也不是所有效果都能达到令人满意的程度，这样就需要单独调整某一种效果，就需要用到层，而且在制作影片时有的素材来自实拍采集，有的来自软件的制作，后期就是要将这些零散的素材整合到一起。

Step 01. 将所有素材导入 AE 软件中，颜色层（color）是各种颜色效果的基础，因此放在最下层；高光层（specular）是物质表面自身产生的效果，因此要紧贴颜色层；反射层（reflective）是来自外界的效果，所以我们将它放在上一层；occlution 层放在最上面是因为它可以起到不使用滤镜就能增强画面对比度的效果；阴影层（shadow）因为是最后考虑也是最容易处理的，所以放在上面或下面均可，现在我们要通过调整叠加方式来达到更好的效果，叠加顺序如下图所示。

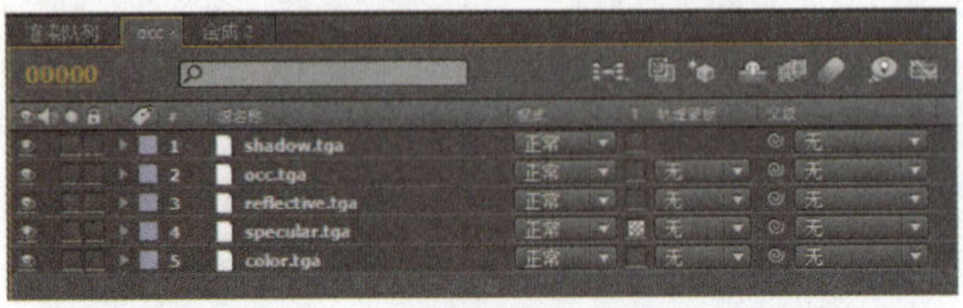

Step 02. 下面，调整各层的叠加方式，叠加方式如下。

• 高光层：因为画面中的亮部要起到提亮颜色层的作用，因此我们选用“变亮”作为它的叠加方式。

• 反射层：因为我们制作的是静帧，可能不太好理解，想象一下当车辆在移动时反射是会随着角度变化而在物体表面上游移的，所以我们选用“添加”的叠加方式。

• occlution 层：要起到一定的强化对比的作用，所以我们选用“叠加”作为它的叠加方式。

• 阴影层：因为图像在导入时已经默认使用了 Alpha 通道，所以不会对车体轮廓产生任何影响，我们可以使用“柔光”方式，这样效果柔和。

叠加效果如下图所示。

Step 03. 现在的效果明显曝光过度，我们可以通过调整每层的不透明度来控制每个图层的强度。我们将阴影层的不透明度调整至40%，将 occlution 层的不透明度调整为 70%，将反射层的不透明度调整至 90%，将高光层的不透明度调整至 60%，观察效果如右图所示。

Step 04. 我们为颜色层和反射层添加一个亮度与对比度的调整效果，将对比度加至 10，参数设置和效果如右图和下图所示。

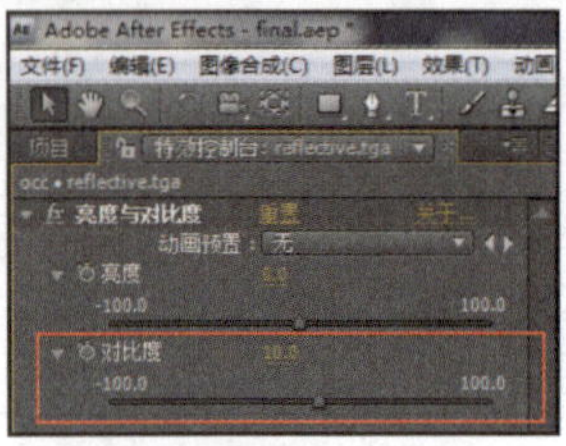

Step 05. 我们最后为颜色层添加一个色相饱和度的特效，这辆车的制作到此基本就算完成了，参数设置如右图所示，效果如下图所示。

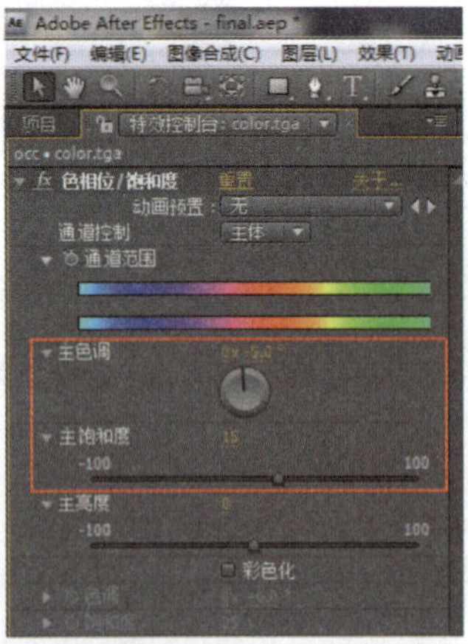

Chapter 07

关键帧动画

关键帧动画是Maya中一切动画的基础，是最简单也是应用最广泛的动画技术。Maya中各个节点的大多数属性，包括位移、颜色、光照等等多个种类、多个范畴的属性参数，都可以设置关键帧动画，并且其他类型的复杂动画，例如角色动画、粒子、流体等，也是基于关键帧动画的原理。因此，深刻认识和理解关键帧动画的原理，掌握控制关键帧动画的操作及各个参数面板，是十分必要的。

7.1 创建关键帧动画

在创建关键帧之前，我们有必要先了解一下 Maya 中制作动画的主要界面——时间轴、时间范围滑块和动画播放控制。

7.1.1 动画控制界面

在主要操作视窗下面，有一行分布有许多数字的区域，这就是时间轴。这些数字代表播放动画时每一帧的序号，在这条时间轴上，是以帧为单位来播放动画的，如下图所示。

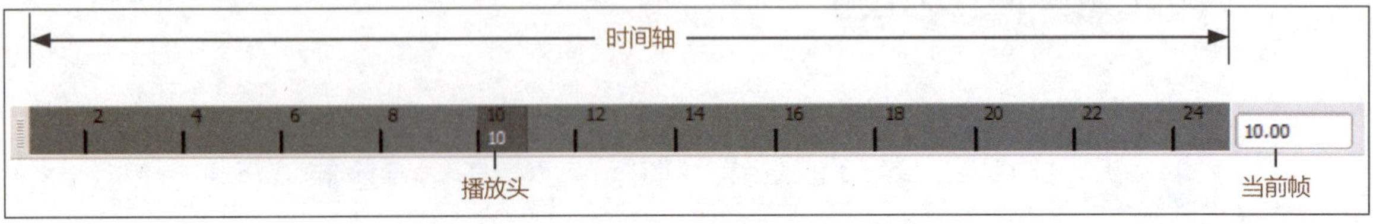

仔细观察这一区域，会发现有个深色的滑块，通常把它称为播放头。如果想要选中某一帧，可以使用鼠标左键左右移动播放头到想要的那一帧。当播放头停留在某一帧时，视图中就会显示当前帧的场景画面，时间轴右侧的文本框中的数字也会变化成当前选中的帧；也可以在这个文本框中直接输入数值，跳转到某一帧。

在时间轴的下方，是时间范围滑块，是用来调节时间轴的显示范围的。它由一个灰色滑块和 4 个文本框组成。中间的灰色滑块可以左右滑动显示时间轴上的不同区域。Maya 默认状态下显示的是 1 到 24 帧，在这个滑块的两端可以看到 1 和 24 两个数字，分别代表当前显示的时间轴的开始帧数和结束帧数。在滑块左右两边的文本框中两个文本框分别显示的是当前显示的时间轴的开始帧数和结束帧数，同时也控制着动画播放的起始帧和结束帧，可以通过修改这两个文本框中的数值修改时间轴的显示长度，即动画播放的时间长度，如下图所示。

最左侧和最右侧的两个文本框分别代表时间轴的起始帧数和结束帧数。Maya 的默认时间轴长度为从第 1 帧到第 48 帧。

通常情况下，时间轴只有一部分被显示出现，通过鼠标左键按下滑块两端凸起的小按钮来拖动快速地改变、缩放时间轴的显示范围，双击时间滑块可以看到完整的时间轴。改变时间轴的显示范围后，时间轴上的数值和时间范围滑块的长度都会产生变化，并且在时间滑块左侧的动画播放结束时间的数值也会产生变化，如下图所示。

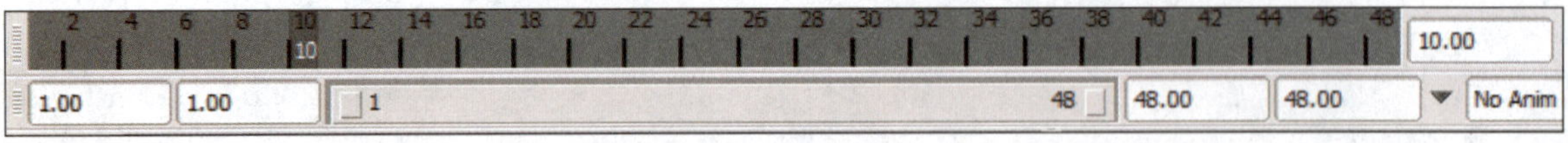

提示 时间轴的显示范围无法超过动画制作的时间范围。

在时间轴的右侧有动画播放控制面板，如右图所示。

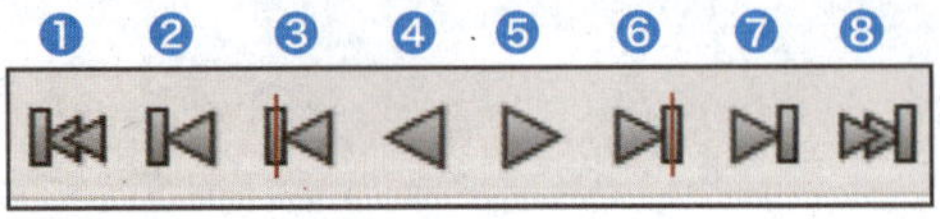

❶ 回到动画播放起始帧

❷ 回到上一帧，快捷键为“alt+‘，’”

❸ 跳转到上一关键帧，快捷键为“，”

❹ 倒序播放动画

❺ 顺序播放动画

❻ 跳转到下一关键帧，快捷键为“。”

❼ 进入下一帧，快捷键为“alt+‘。’”

❽ 跳转到动画播放结束帧

在动画播放控制面板下方，还有两个按钮，分别是 和 。

❶ 自动记录关键帧动画开关，通常情况下请保持关闭状态。

❷ Maya 首选项按钮。

7.1.2 添加关键帧

本节将以一个向前弹跳一次的小球动画为例来讲解添加关键帧的方式。小球的运动轨迹如下图所示。

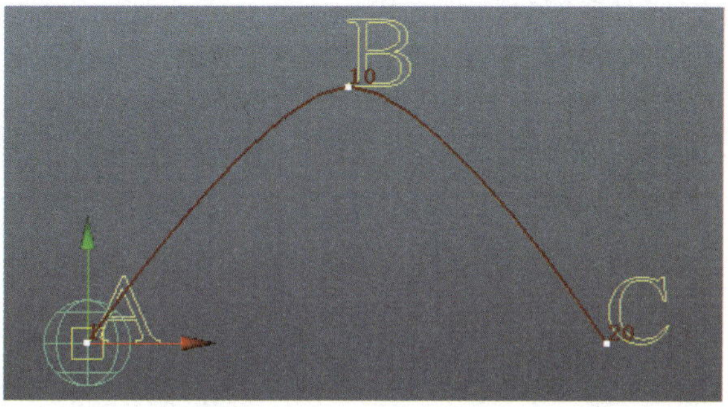

图中可以看出，小球从 A 位置运动到 C 位置，并且在 Y 轴上进行了向上再向下的运动，从 A 位置到 B 位置，然后到 C 位置。

在后续内容中将讲解几种不同的添加关键帧方法来完成上述例子。

1. 手动设置关键帧

手动设置关键帧就是通过手动指定的方式，确定需要设置关键帧的属性、数值及时间点。调节时间头到需要的时间点，选中需要设置关键帧的物体，在物体的通道栏中找到对应的属性，输入相应的数值后，单击鼠标右键，执行 Key Selected（为选定项设置关键帧）命令即可。

关键帧创建后，看到对应属性位置背景变为红色，时间轴上也出现了一个红色线条标记，如下图所示。

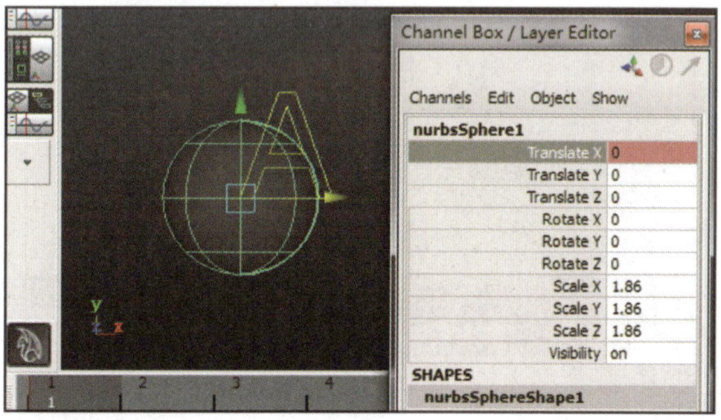

提示 时间轴上显示的关键帧标记是对应当前选中物体的，如果没有选中任何物体，则时间轴上不会出现任何标记。

设置了两个以上的关键帧后，单击顺序播放 ▶ 动画按钮，就可以查看动画效果。这个运动变化是连续的，因为在手动设置的关键帧之间由 Maya 自动生成了中间帧，使动画效果更连续、流畅。这样就替代了原本需要通过手绘中间画的操作。

值得一提的是，关键帧动画必须要设置两个或两个以上关键帧之后，Maya 才能够对两个关键帧中数据进行插值计算，生成中间的动画。

进阶练习：手动设置关键帧

原始文件： Chapter 7\7.1\set key frame[original].mb
最终文件： Chapter 7\7.1\set key frame[final].mb

01 打开本书配套光盘中的原始文件，场景中用文字标明的 A、B、C 三个位置，有一个小球停留在 A 位置，如下图所示。

提示： 先制作 X 轴向的向前平移动画，即制作 A 位置和 C 位置两个关键帧。

02 选中小球，确认时间轴上的播放头停留在第 1 帧，在通道栏中找到 TranslateX（平移 X）属性，单击鼠标右键，在弹出菜单中执行选择 key Selected（为选择项设置关键帧）选项，如下图所示。这样就在 A 位置设置了关键帧。

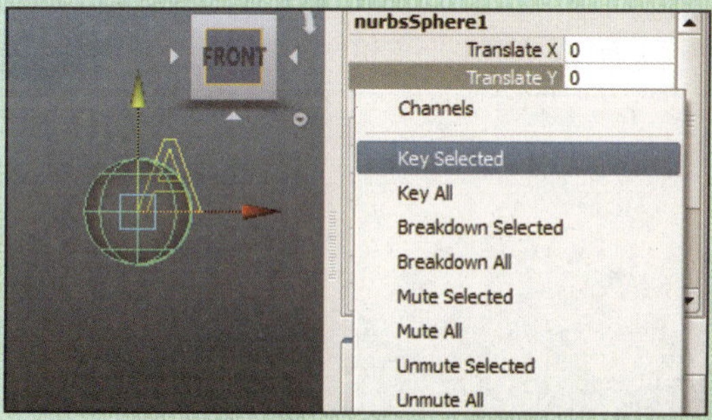

提示： 从 A 位置到 C 位置是水平运动，即在 X 轴上的平移，因此是对 TranslateX（平移 X）属性设置关键帧。

03 预计小球的动画时长为 20 帧，拖动播放头到第 20 帧位置。移动小球到 C 位置，再次对 TranslateX（平移 X）属性，执行 Key Selected（为选择项设置关键帧）命令。这样时间轴上第 20 帧位置也出现了一个关键帧标记，如下图所示。

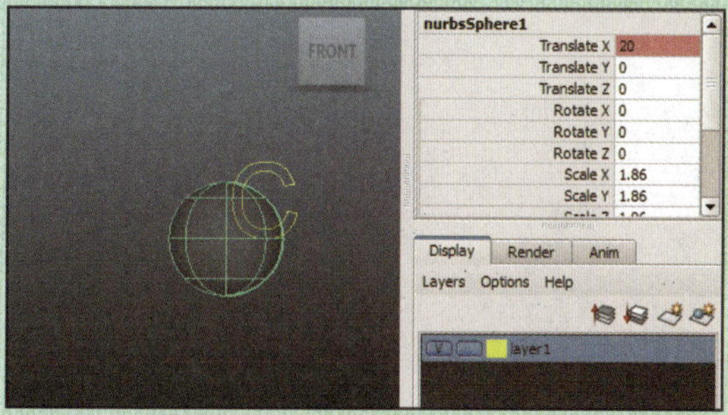

04 完成了两个关键帧的制作后，单击顺序播放动画按钮 ▶，可以看到小球从 A 点移动至 C 点的动画效果，演示运动轨迹如下图所示。这个运动变化是连续的。

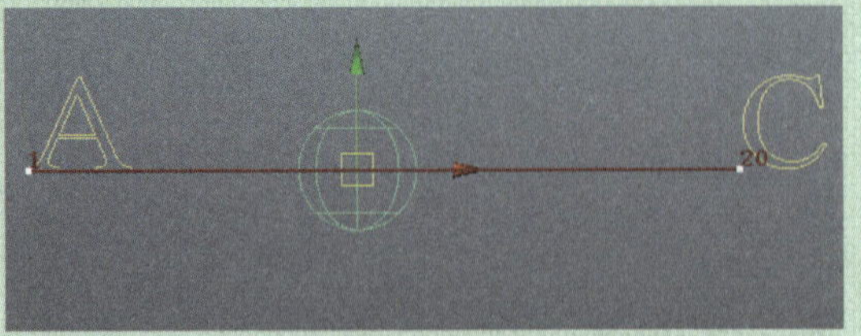

提示： 接下来制作在 Y 轴方向的上下往返动画，即在 A 位置和 C 位置之间增加一个 B 位置的关键帧。

05 预计小球运动到 B 位置时为第 10 帧，拖动播放头到 10 帧位置。移动小球到 B 位置，这次是在 Y 轴上进行的平移，要对 TranslateY（平移 Y）属性设置关键帧。播放一次动画，会发现小球的运动与预想的效果不同，小球并没有发生先向上再向下的运动变化，而是整体都向上移动了，并在较高的位置进行从 A 点至 C 点的运动。这是因为只对 B 位置的 TranslateY（平移 Y）属性设置了关键帧，而没有对 A、C 位置设置 TranslateY（平移 Y）属性的关键帧，因此小球在运动时，就不会产生 Y 轴上的平移变化。接下来为 A 和 C 位置设置 TranslateY（平移 Y）属性的关键帧。将播放头移动到第 1 帧，将小球移动到 A 位置，选中 TranslateY（平移 Y）属性，单击鼠标右键，在弹出菜单中执行 Key Selected（为选择项设置关键帧）命令，如下图所示。

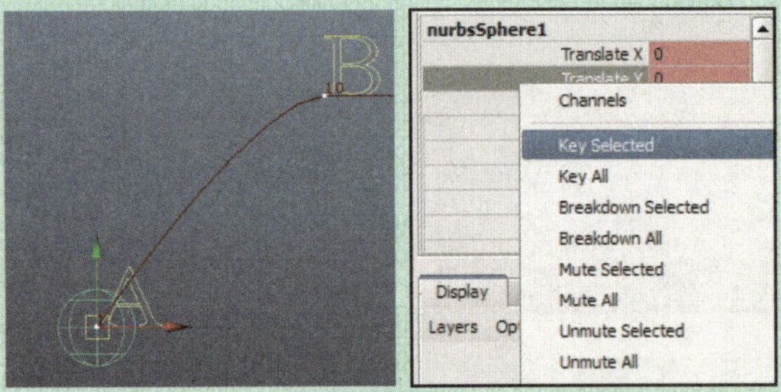

06 将播放头移动到第 20 帧，将小球移动到 C 位置，选中 TranslateY（平移 Y）属性，单击鼠标右键，在弹出菜单中执行 Key Selected（为选择项设置关键帧）命令，再次播放动画查看效果，小球已经产生了预想的动画效果，如下图所示。

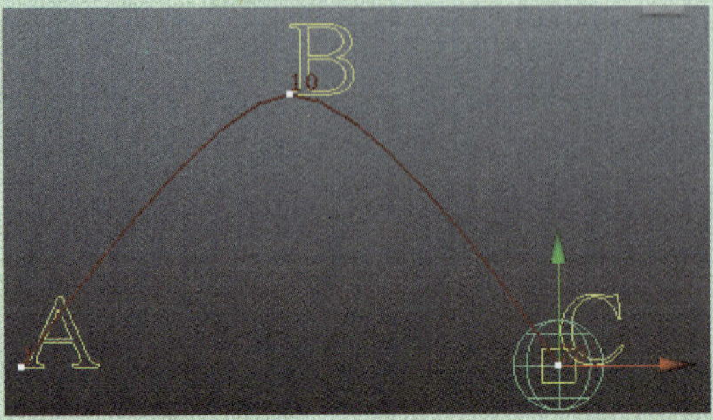

2. 自动记录关键帧

Maya 在物体参数发生变化时，能够将属性的变化记录成关键帧，要实现这种功能，需要打开自动记录关键帧按钮，单击后按钮变为红色，说明现在 Maya 会自动将物体的变化记录成关键帧。

进阶练习：自动记录关键帧

原始文件： Chapter 7\7.1\set key frame(original).mb
最终文件： Chapter 7\7.1\set key frame(final).mb

01 打开本书配套光盘中的原始文件，确认时间轴上的播放头停留在第 1 帧，选中 TranslateX（平移 X）、TranslateY（平移 Y）两个属性，在右键菜单中执行 Key Selected（为选择项设置关键帧）命令，如下图所示。

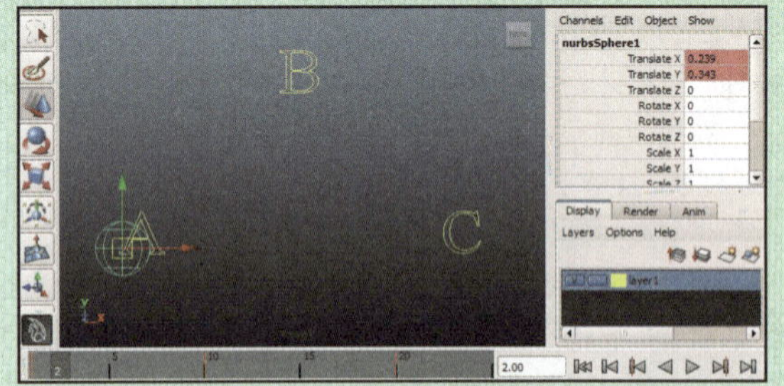

02 将播放头移动到第 10 帧，将小球移动到 B 位置。完成操作后观察，时间轴已经自动产生了一个关键帧，而且播放动画可以看到小球从 A 位置运动到 B 位置，如下图所示。

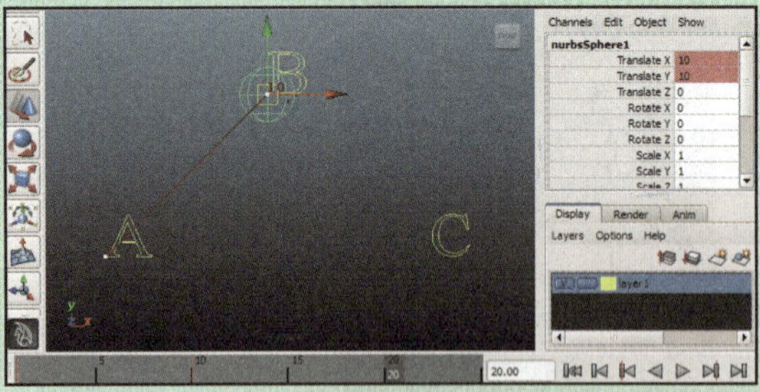

03 将播放头移动到第 20 帧，将小球移动到 C 位置。完成操作后，观察时间轴又自动产生了一个关键帧，而且播放动画可以看到小球从 A 位置运动到 B 位置然后再移动到 C 位置，如下图所示。

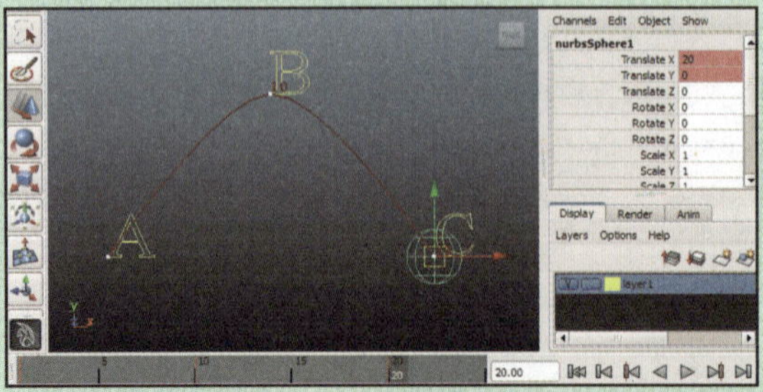

04 现在已经快速地实现了预想的动画效果。接着需要马上关闭自动记录关键帧按钮，避免出现不必要的误操作。这种方法省去了很多次设置关键帧的操作。因为在物体的平移产生变化时，Maya自动将这些变化记录成了关键帧属性，而不需要手动设置关键帧。

提示： Maya只会记录发生变化的属性，没有发生变化的属性，如本侧中心旋转、放缩等属性是不会被记录的。

读者可以尝试将上述Step02和Step03执行的顺序颠倒，先执行Step03的操作然后执行Step02的操作。操作结束后会发现，小球在运动到B位置后，会水平向前运动而不会向前、向下移动到C位置去。这是因为先执行Step03将小球移动到C位置过程中只有TranslateX（平移X）属性发生了变化并被记录，再执行Step02将小球移动到B位置过程中只有TranslateY（平移Y）属性发生了变化并被记录下来，C位置的TranslateY（平移Y）属性就不会被记录，因此产生的动画效果就与预计的不同。

3. 使用快捷键记录关键帧

如果想要避免上述自动记录关键帧会产生的遗漏问题，可以关闭自动记录关键帧按钮，而在每一次需要设置关键帧时按下S键，也就是执行Animate（动画）>Set Key（设置关键帧）命令。这个命令在默认状态下会为选中的物体的每个属性都设置上关键帧。这时观察通道栏中所有的属性都变成了红色，说明都被设置了关键帧，相应的时间轴上也出现了关键帧标记，如下图所示。

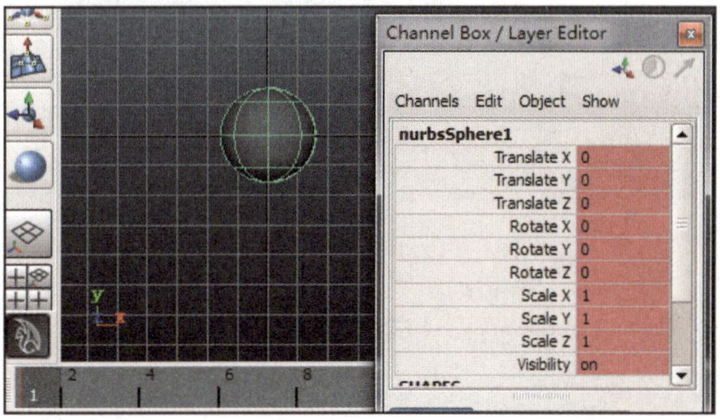

在本例中，可以在对应时间点上将小球移动在某个位置后，直接按下S键，为小球的每个属性都设置关键帧，来确保每个关键帧都会被记录下来。这样无论使用哪种顺序进行关键帧的记录，动画都能达到预想的结果。

这种方法虽然便利又有效，但同时也有些弊端。有些属性在动画的整个过程中数值都不会发生变化，如果也记录了关键帧，那么Maya依然会对这个属性进行插值计算，浪费了计算机资源，不利于复杂的大段的动画制作。

在制作动画时，应该保持简洁、清晰的方式。那么可以将快捷键S替换为其他快捷键来避免这个问题。

1）快捷键“Shift+W”，设定为TranslateX、Y、Z（平移X、Y、Z）三个平移属性设置关键帧。

2）快捷键“Shift+E”，设定为RotateX、Y、Z（旋转X、Y、Z）三个旋转属性设置关键帧。

3）快捷键“Shift+R”，设定为ScaleX、Y、Z（缩放X、Y、Z）三个放缩属性设置关键帧。

4. 禁止设置关键帧

虽然上面介绍了只对某些属性设置关键帧的快捷键，但仍然不如使用快捷键S键那么方便快捷。而之前使用快捷键S键的弊端依旧存在，那么就可以使用另一种优化方法，就是强行将与动画无关的参数锁定为不可以设置关键帧的情况。

在上述的小球例子中，旋转、放缩等属性是不需要设置动画的。那么在通道栏中可以通过按住鼠标左键划过的方式或者按住ctrl加选的方式，同时选中这些属性，然后单击鼠标右键，在弹出的菜单中选中Make Selected Nonkeyable（使选择项不可设置关键帧）命令，如下图所示。

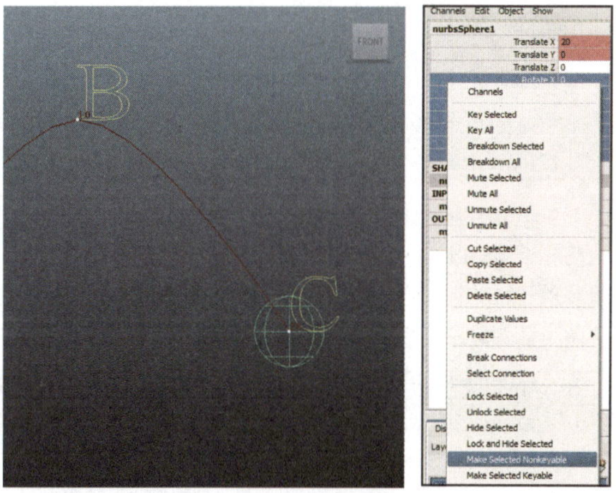

操作完成后，这些属性会以深灰色的方式显示，并且使用上述的所有方法都不能使这些属性产生关键帧。但这些属性依然可以在视图中通过操作进行改变，也可以在通道栏中手动输入数值，如下图所示。

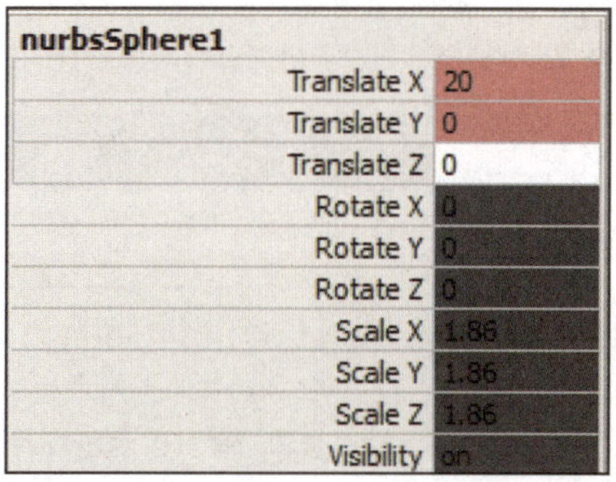

要还原这些属性恢复可以设置关键帧，可以在右键菜单中执行Make Selected Keyable（使选择项可设置关键帧）命令。

7.1.3 快速编辑关键帧

在进行动画制作的时候，不可避免的会遇到要对已设置的关键帧进行修改的情况。Maya 提供了直接在时间轴上快速编辑关键帧的功能，用户可以在时间轴上直接对关键帧进行删除、平移、放缩、剪切、复制、粘贴的操作。本节将演示如何在时间轴上快速编辑关键帧。

1. 删除关键帧

想要将设置了多余的关键帧删除，可以拖动播放头到该帧的位置，单击鼠标右键，在右键菜单中执行 Delete（删除）命令即可。

如果有很多关键帧需要删除，那么可以使用 Shift 键批量选中要删除的关键帧后再执行 Delete（删除）命令。具体的操作方法是：按住 Shift 键，左键单击时间轴上需要删除的第一个关键帧，这时时间轴上会出现红色方块标记，按住鼠标左键拖动到需要删除的最后一个关键帧，这样所有红色区域中的关键帧都会变成黄色线条标记，说明这些关键帧都被选中。如下图所示。接着就可以释放 Shift 键，单击鼠标右键，在右键菜单中执行 Delete（删除）命令，按照删除单个关键帧的方法进行删除。

2. 平移关键帧

想要改变关键帧在时间轴上对应的数值，可以使用在时间轴上平移关键帧的方法。以平移一个关键帧为例，首先按住 Shift 键，再单击要进行平移的那一个关键帧，这时时间轴上出现了红色方块标记，接着释放 Shift 键，就可以用鼠标左右拖动这一帧来进行平移，如下图所示。

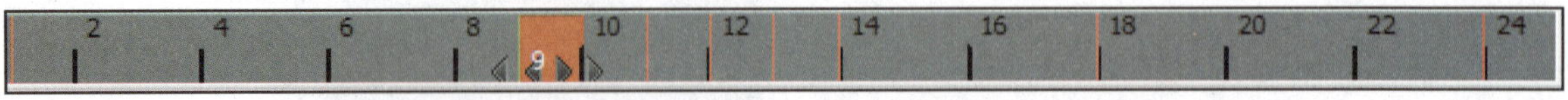

同样这种操作也可以用于平移多个关键帧。首先选中要平移的关键帧，按住 Shift 键，左键单击时间轴上需要平移的第一个关键帧，按住鼠标左键，拖动到需要平移的最后一个关键帧，将需要选中的关键帧都置于红色区域内后，就可以释放 Shift 键和鼠标左键了。仔细观察红色区域，会看到 4 个深灰色小箭头，分别位于红色区域的中间和两端。中间的两个箭头是左右平移的控制器，两端的箭头是控制关键帧缩放的控制器，如下图所示。

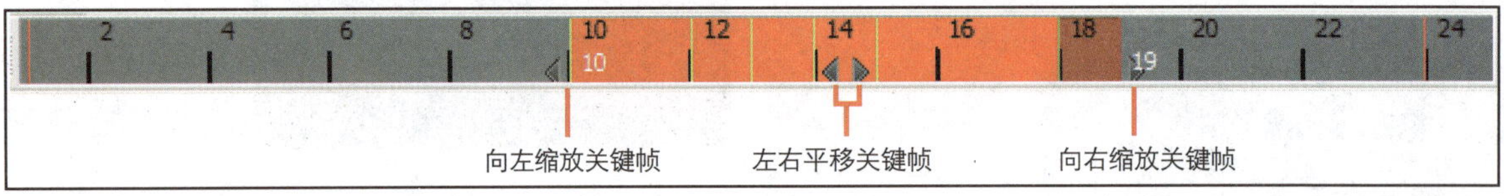

鼠标左键单击中间位置的两个箭头后（平移控制器左右大约 2 格内有效）保持按下状态，左右移动鼠标就可以平移选中的多个关键帧。

3. 放缩关键帧

所谓放缩关键帧，实际是对多个关键帧之间的时间间隔进行缩放，即让一段动画变快或者变慢的操作。

按住 Shift 键框选选中多个关键帧，单击右端的小箭头，如图所示，按住鼠标左键向左拖动进行缩小的操作。

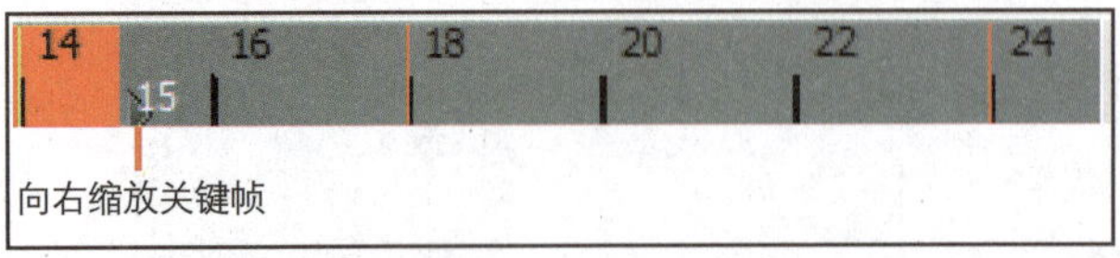

> **提示** 放缩控制器左右大约 1 格内可以有效控制。

可以看到红色区域缩小，并且原本处于第 24 帧的关键帧在跟随鼠标向左移动；原本处于第 12 帧的关键帧也在向左移动，但幅度要比鼠标的移动距离小；原本处于第 1 帧的关键帧依然停留在第 1 帧没有发生变化。说明关键帧之间的时间间隔被缩短了，播放查看动画可以明显看到动画速度加快。

对关键帧之间时间拉长的操作与缩短操作相似，向左缩放和向右缩放用户可以根据具体情况来选择，结合平移关键帧的操作，能快速修改动画效果。

4. 剪切、复制、粘贴关键帧

剪切、复制、粘贴关键帧的概念与平时进行文本编辑的概念是完全相同的。在选中需要进行操作的关键帧后，单击鼠标右键，在弹出的右键菜单中有 Cut（剪切）、Copy（复制）命令。使用剪切和复制命令都可以将选中的关键帧信息复制到剪贴板中，不同的是剪切命令会使之前选中的关键帧消失，而复制命令不会。

接着，可以将播放头移动到要粘贴这些关键帧的位置，单击鼠标右键，在弹出的右键菜单执行 Paste（粘贴）> Paste（粘贴）命令，如下图所示。

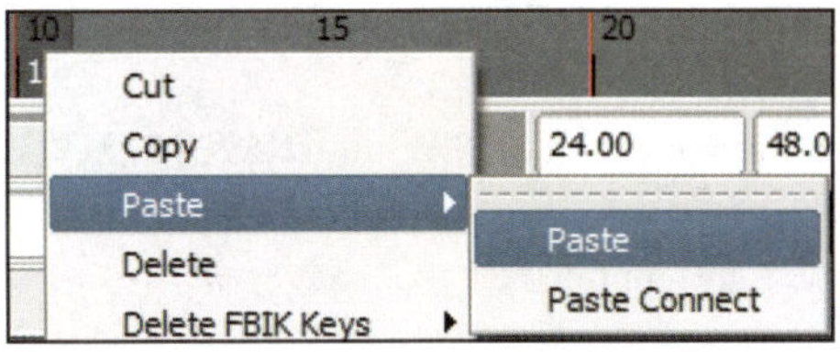

提示　在已有关键帧信息的帧上粘贴关键帧会把原有的关键帧信息覆盖。若复制的关键帧之间有空白帧，则不会覆盖粘贴位置原有的关键帧。具体粘贴覆盖的方式会在后面内容详细讲解。

7.1.4 设置 Preferences（首选项）

1. 帧率

在制作动画时，要根据调节动画的特点对一些参数进行设置。这个操作是制作动画前十分重要的步骤，一般在动画制作一开始就要进行这方面的设置，包括动画的帧率、预览、关键帧的设置等多方面的内容，其中最重要的是动画的帧率设置。

动画的帧率是指一秒内帧的数量，在第一节介绍过电影的帧率为 24 帧 / 秒，而在电视平台上帧率会根据电视制式的不同而有差别，如果是在实时三维游戏中，则需要设置帧率为 60 帧 / 秒以上。因此，在动画制作之初，就应当根据动画的使用平台设置好相应的帧率，避免后期再进行不必要的修改。

在 Maya 软件中进行帧率的设置，首先要打开首选项窗口。可以执行 Windows（窗口）>Setting/Preferences（设置 / 首选项）>Preferences（首选项）命令，也可以使用动画播放控制面板下方的按钮。

在首选项窗口中，左侧 Categories（类别）栏中可以选择需要设置的项目，右侧是对应项目中具体的参数和属性。在左侧选择 Settings（设置），右侧就出现了可以进行帧率设置的属性 Time（帧率），如下图所示。

提示　Maya 是一个应用动画、广告、影视、游戏制作等多方面的动画制作软件，因此软件内置了多套标准动画制作速率，单击下拉菜单就可以进行快速选择。默认选择的是电影适用的帧率 24 帧 / 秒。

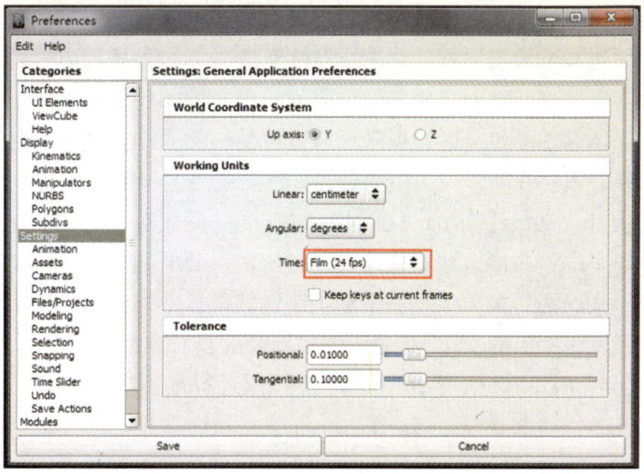

需要说明的是，上面设置的帧率是指动画的制作速率，而不是播放速率。要设置动画的播放预览帧率，即使用▶按钮顺序播放动画时的速率，需要在 Categories（类别）栏目列表中，选择 Time Slider（时间滑块）选项，这样在右侧出现 Playback speed（播放速度）属性中，可以修改播放预览的帧率，如下图所示。

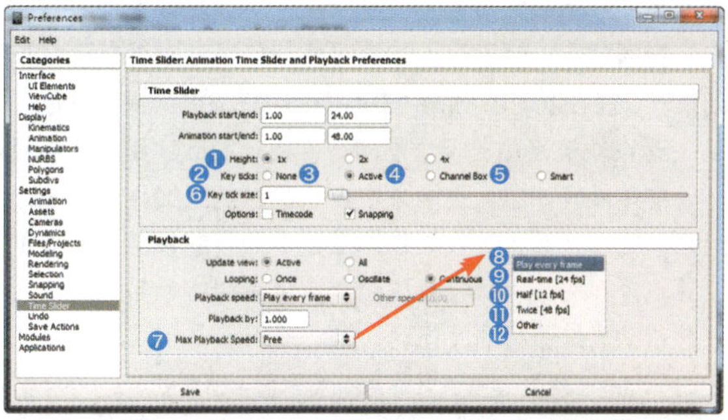

❶ Height（高度）：设置时间轴高度可以选择默认的 1 倍、2 倍、4 倍高度。如下图所示。

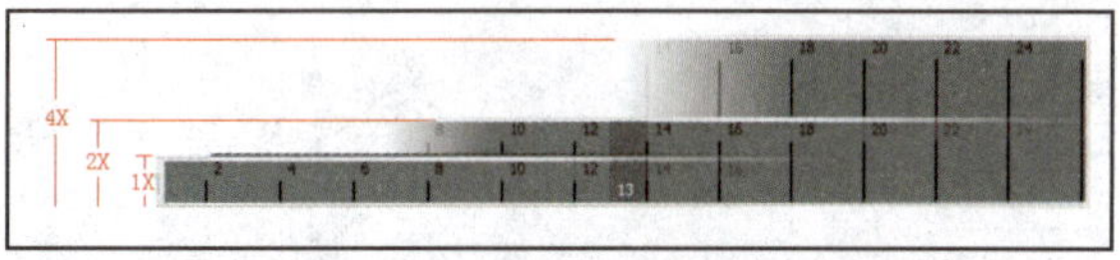

❷ Key ticks（帧标记）：设置关键帧标记的类型。

❸ None（无）：不显示关键帧标记。

❹ Active（活动）：指所选物体的任一属性被记录的关键帧都会在时间轴上显示出来。

❺ Channel Box（通道栏）：需要在物体的通道栏中选中某个属性，这时时间轴上会显示出这个属性的关键帧标记。这个选项能方便用户单独对某个属性的关键帧进行单独调整。

❻ Key tick size（帧标记大小）：设置关键帧标记的粗细，1 为最细，数值越大则越粗。

提示　在关键帧比较密集时，较粗的关键帧标记会影响用户对关键帧的操作。

❼ Max Playback speed（最大播放速度）：可以选择如下几种帧率。

❽ Play every frame（播放动画每一帧）：这种播放速率

完全由计算机硬件对场景动画的运算速度决定，不同的硬件对同一场景播放的速度可能会有差别。这种播放方式通常在制作与动力学相关的动画时使用，例如粒子、柔体、流体等动画效果时，用来播放查看每一帧的动力学计算结果。因此在制作关键帧动画时，不能使用这种播放方式。

⑨ Real-time[24 fps]（实时 [24 帧]）：即以选择动画制作速率的作为播放预览的速度。当前使用动画制作帧率的是 24 帧 / 秒，如果使用其他动画制作帧率，括号中的数值也会发生相应的变化。这是制作关键帧动画时最常用的选项。

⑩ Half[12 fps]（半速 [12 帧]）：以选择动画制作速率的一半作为播放预览的速度。

⑪ Twice[48 fps]（两倍 [48 帧]）：以选择动画制作速率的两倍作为播放预览的速度。

⑫ Other（其他）：选择这一选项时，右侧的 Other speed（其他速率）属性会被激活，用户可自行输入帧率数值。

2. 查看运动轨迹和重影

在了解了动画的预设参数之后，还要介绍两个用于观察动画的工具。因为在设置好关键帧动画之后，虽然可以通过播放动画来查看动画效果，即使可以减慢播放速度，但毕竟播放会一瞬而过，如果需要更仔细地查看动画的运动情况，就可以使用 Maya 提供的运动轨迹或者重影功能。

运动轨迹是由若干个小的十字标记和数字组成，会把运动物体从开始位置到结束位置所经过的路线用曲线显示出来，每个十字标记代表物体在数字表示的帧数上所处的位置，并在曲线上标记物体位于该位置时的帧数，方便用户检查动画是否标准、正确，如下图所示。

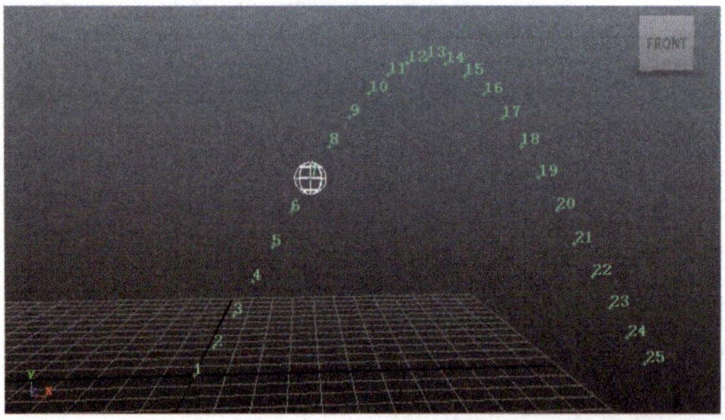

打开 Motion Trail Options（运动轨迹选项）参数设置面板，如下图所示。

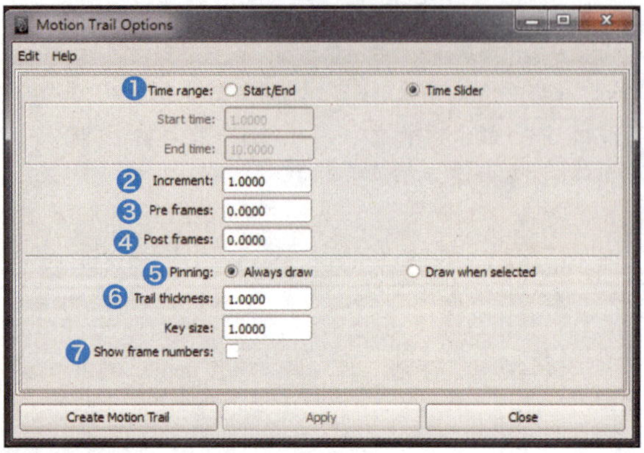

① Time range（时间范围）：可以让用户选择显示运动轨迹的方式，有 Strat/End（开始 / 结束）和 Time Slider（时间滑块）两种。

② Increment（增量）：用于控制运动轨迹的采样密度。数值越大运动轨迹的显示速度越快。

③ Pre frames（渲染前帧）：指定要绘制运动轨迹的当前时间前的帧数。

④ Post frames（渲染后帧）：指定要绘制运动轨迹的当前时间后的帧数。

⑤ Pinning（固定）：包括运动轨迹的两种显示方式，Always draw（始终绘制）和 Draw when selected（选择时绘制）。

⑥ Trail thickness（轨迹厚度）：指场景中动画轨迹的粗细程度。

⑦ Show frame numbers（显示帧数数字）：用于控制运动轨迹上是否显示关键帧的帧数。

> **提示** 在 Maya 2012 中，大大增强了动画轨迹的功能。动画轨迹不再仅仅用于观察动画，还允许用户通过拖动动画轨迹上关键帧点的位置来改变关键帧记录的数值，还可以配合右键菜单更改关键帧的切线手柄等。

如果觉得运动轨迹的显示方式仍不够直观，还可以使用重影工具。重影工具可以将动画物体复制若干，按照生成类似二维动画中的中间画的方式显示在场景中。其中绿色的球体代表原始的物体，在绿色球体附近一串蓝色、橙色球体就是生成的重影，离原始物体时间越长，显示的颜色越浅，如下图所示。

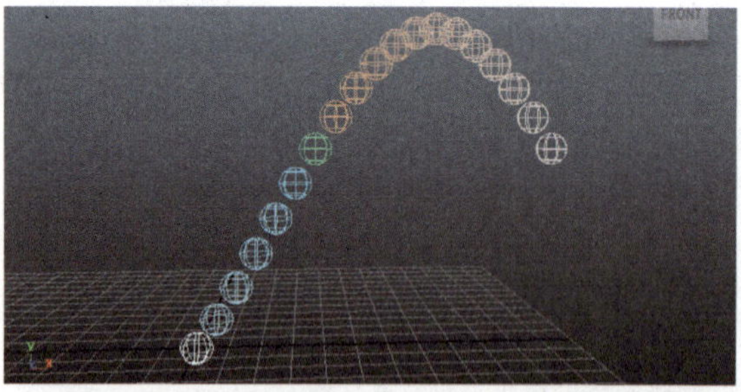

单击 Animate（动画）>Ghost Selected（为选定对象生成重影）命令后面的小方块按钮，打开 Ghost Options（重影选项）窗口，如下图所示。

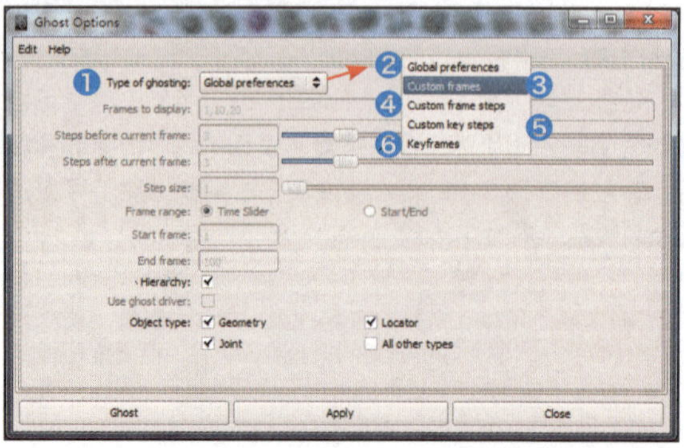

❶ Type of ghosting（重影类型）：可以选择重影方式。包含 5 种效果，都是针对关键帧而言的。

❷ Global preferences（全局首选项）：该选项会使用当前环境中默认的效果。

❸ Custom frames（自定义帧）：该选项会激活 Frames to display（要显示的帧）文本框，用户输入想要显示重影的帧数即可。

❹ Key frames（关键帧）：该选项会将这个物体所有的关键帧显示出来。

❺ Custom frame steps（自定义帧步数）：该选项会激活 Steps before current frame（当前帧前的步数）、Steps after current frame（当前帧后的步数）、Step size（步长）三个文本框，用户可以根据需要设置它们的数值。

❻ Custom key steps（自定义关键帧步数）：该选项与上面介绍的基本相同，不同的是这个选项中都是对关键帧进行设置。

进阶练习：查看运动轨迹和重影

原始文件：
Chapter 7\7.1\motion trail and ghost(original).mb
最终文件：
Chapter 7\7.1\motion trail and ghost(final).mb

01 打开本书配套光盘中的原始文件，场景中有一个已经设置好动画的小球。选中小球，执行 Animation（动画）>Create Motion Trail（创建运动轨迹）命令，就按照这个命令的默认参数创建得到一条运动轨迹，如下图所示。

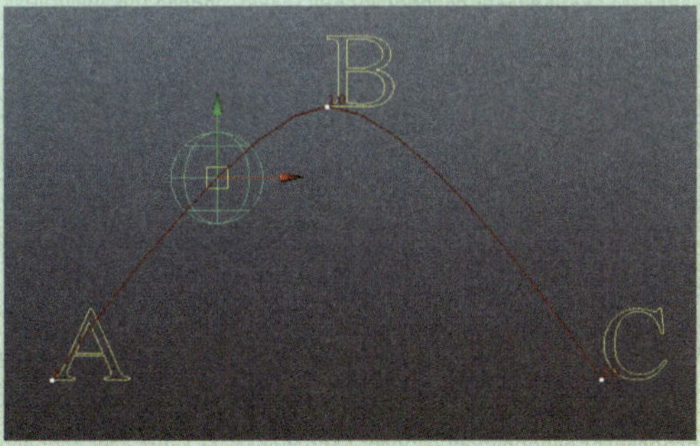

02 再次选中小球，执行 Animation（动画）> Ghost Selected（为选择对象生成重影）命令，就可以按默认效果显示重影效果，如下图所示。

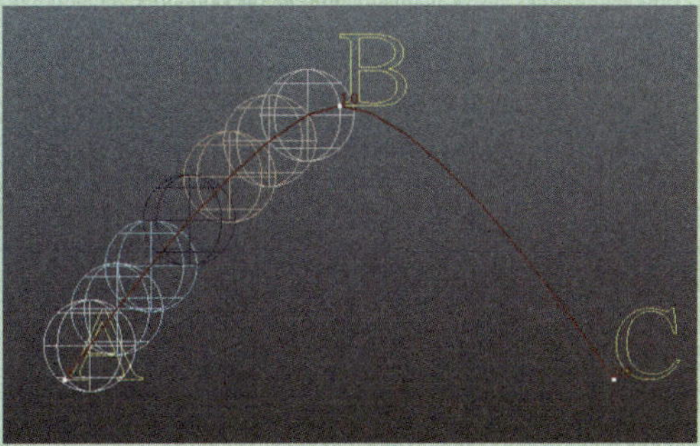

7.2 编辑关键帧动画

在上一小节中，我们通过简单的小球动画学习了基本的创建关键帧和快速编辑关键帧的方法，在时间轴上对关键帧的操作可以改变动画的快慢、顺序等。但对两个关键帧之间的差值动画却是无法编辑的，而且对不同通道的关键帧的操作也不是很方便和直观。因此 Maya 提供了很多可以更方便、快速、清晰调节关键帧的工具。

7.2.1 Dope Sheet（摄影表）

Dope Sheet（摄影表）工具是一个简易、直观，用于调节关键帧时序的工具。它与传统动画中的时间表有些相似，可以将场景中物体在每个参数通道上的关键帧与时间轴的对应关系十分精确地反映出来。

执行 Window（窗口）>Animation Editors（动画编辑器）>Dope Sheet（摄影表）命令，可以快速打开 Dope Sheet（摄影表）窗口。如下图所示。窗口分为菜单栏、工具栏、对象列表、视图区几个大的区域。

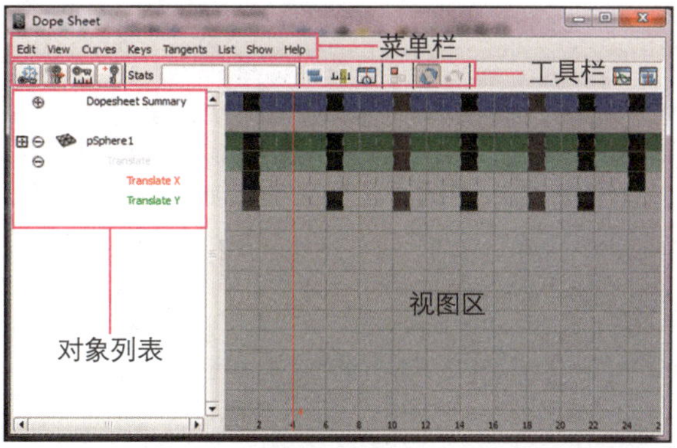

在 Dope Sheet（摄影表）面板中，左侧的摄影表摘要中显示的是当前被选中的物体列表，单击物体前方的“+”可以展开该物体所有的关键属性列表。对应在右侧的视图区中会出现该物体及其关键属性的关键帧序列。在视图区中，横轴代表时间轴，并且在底部可以看到时间轴的刻度信息。视图区中分布着许多黑色方块，每一个黑色方块代表一个关键帧，这些关键帧都可以单独操作。其中最顶一层代表所有选中物体的关键帧集合，下面每一层分别对应左侧物体列表中的物体或属性。这样就很直观表明了，什么属性在什么时间有关键帧，而且很方便用户针对某个物体的某个关键属性上的关键帧进行调节。

要对视图区中的关键帧进行编辑，就需要使用到上部工具栏中的工具。下面对这些工具进行逐一讲解。

1）选择关键帧工具：选择这个工具可以用鼠标框选多个关键帧，选中的关键帧会以黄色高亮的方式显示。

2）移动最近拾取的关键帧工具：选择这个工具后，可以按下鼠标中键后左右拖动鼠标，左右平移选中的一个或多个关键帧。

3）插入关键帧工具：选择这个工具后，使用鼠标中键单击两个关键帧之间的间隔位置，会在该位置生成一个新的关键帧。关键帧的属性参数与添加关键帧之前该帧位置计算得到的插值数值相同。

4）添加关键帧工具：选择这个工具也可以在没有关键帧的位置创建新的关键帧。不同的是，添加关键帧的操作如果是对某个物体进行，那么该物体所有可以被设置关键帧的属性通道上都会产生关键帧，而使用插入关键帧工具时，只对原本具有关键信息的通道上生成新的关键帧。

5）Stats 统计信息：选中某个关键帧时，前一个文本框中显示该关键帧所在的帧数，后一个文本框中显示该关键属性的数值。文本框中的数值可以手动输入修改。

6）框显所有显示的关键帧：将视图区缩放到刚好显示全部帧序列的状态。

7）框显播放范围：将试图缩放到刚好显示时间轴播放范围内的全部帧序列的状态。

8）使视图围绕当前时间居中：单击按钮可以使当前时间在视图区居中显示。

9）以下层次 / 无：激活该按钮，可以在父物体行显示子物体的关键帧信息。

10）自动加载关键帧开 / 关：激活该按钮，Dope Sheet（摄影表）会自动载入关键帧的信息及改变情况。

11）从当前选择加载摄影表：当自动载入关键帧信息时，该按钮可以用于对选中的关键帧进行信息的载入和更新。

12）切换至 Graph Editor：切换至曲线图编辑器。

13）切换至 Trax Editor：切换至 Trax 编辑器。

工具栏上的工具在菜单栏中基本可以找到与之对应的命令，但菜单栏中还有些常用的命令没有在工具栏上出现。例如：缩放关键帧、对齐关键帧等命令。

执行 Dope Sheet（摄影表）窗口中的 Edit（编辑）> Scale（缩放）命令，可以对选中的关键帧进行缩放。使用键盘上的“R”键，也可以达到相同的目的。选中关键帧后，关键帧会以黄色高亮的形式显示，在这些关键帧外围会出现白色方框，对方框边线进行移动就可以缩放关键帧。如下图所示。

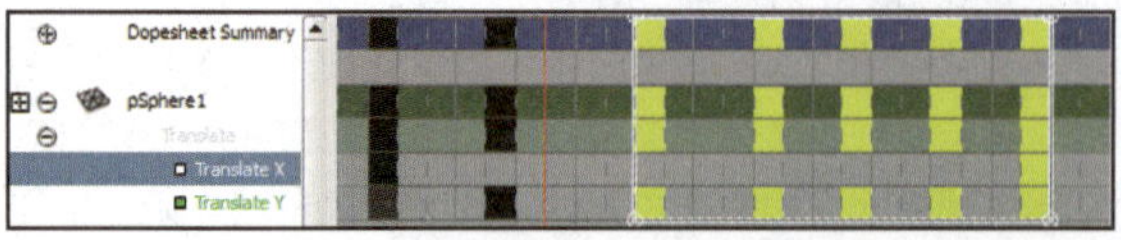

执行 Dope Sheet（摄影表）窗口中的 Edit（编辑）> Snap（对齐）命令，可以对选中的关键帧进行对齐操作。因为对关键帧进行缩放之后，关键帧所处的帧数很可能因为放缩而被修改为一个小数，但在平时操作中，帧数通常以整数的方式存在才方便进行动画调节。因此 Maya 提供了对齐工具，可以将选中的关键帧的帧数由小数更改为整数。

7.2.2 Graph Editor（曲线图编辑器）

Graph Editor（曲线图编辑器）同样是用于调节动画效果的。因为它将动画状态以动画曲线的方式表现出来，因此也被称为曲线编辑器。执行 Window（窗口）>Animation Editors（动画编辑器）>Graph Editor（曲线图编辑器）命令可以快速打开它，如下图所示。

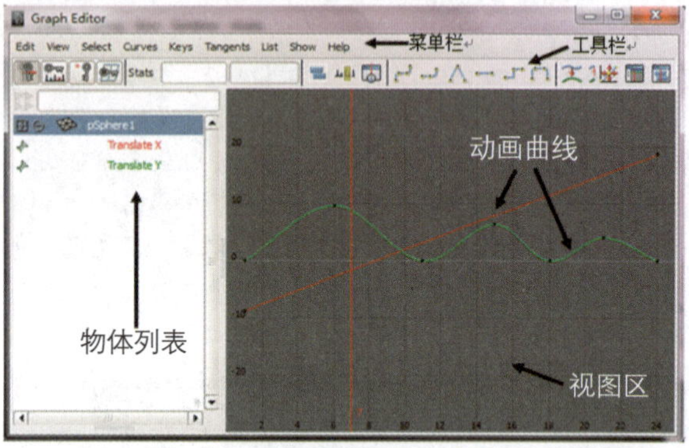

在 Graph Editor（曲线图编辑器）面板中，左侧的对象列表中显示的是当前被选中的物体列表，单击物体前方的“+”可以展开该物体所有的关键属性列表。对应在右侧的视图区中会出现关键属性的动画曲线，Maya 会根据属性的不同而显示不同颜色的动画曲线，方便用户识别。在视图区中，横轴代表时间轴，并且在底部可以看到时间轴的刻度信息，纵轴代表关键属性的数值。根据两个轴向的对应情况，生动的动画曲线明晰地反映了属性变化与时间的对应关系。

7.2.3 制作弹跳球动画

前面已经简单地制作了一个小球向前跳出的关键帧动画。播放这个动画，看上去小球并没有弹跳的感觉。那么到底什么样才是弹跳的感觉呢?

这是一张传统动画中绘制完成的小球弹跳效果，如下图所示。

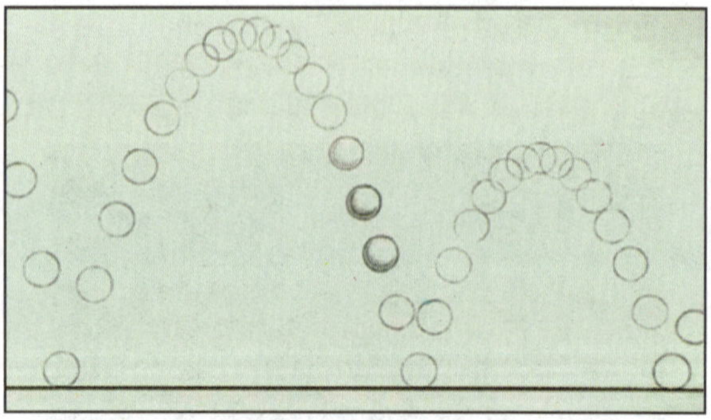

将图片与之前调节的动画重影进行对比，就可以很清楚地看到两者的区别，动画重影如下图所示。

在传统动画图中，小球弹跳至最高点时分布比较密集，而在下落过程中分布比较稀疏。而在之前制作的动画重影中可以看到小球的分布是均匀的。

分析传统动画图中产生分布不均的原因：小球在弹跳至最高点时，上升速度变慢，而照相机拍摄速率是不变的，所以在这一段时间每两帧之间小球间距很近；而当小球在下落过程中，受到重力加速度的影响下降速度越来越快，因此在这一段时间每两帧之间小球的间距很远。那么可以总结得到一个规律：当帧率不变时，物体的运动幅度越大，就代表实际运动速度越快；反之物体的运动幅度越小，实际运动速度越慢。同时也可以这样理解，在两个关键位置不变的情况下，两个关键帧之间的帧数越少，运动速度越快，反之运动速度越慢。

想要调节带有弹跳感觉的小球动画，就应当遵循刚才分析得到的规律。当小球弹跳至最高点时，应该增加帧数让小球在空中停留的时间长一些；当小球在下落过程中，应该减少帧数让小球快速下落。这样就能体现小球在弹跳过程中的速度变化，让动画更具真实感。

02 在第 7 帧和第 19 帧，分别添加一个关键帧，并适当向上移动小球到约为最高距离的 2/3 位置。在添加了两个关键帧后，小球的重影分布已经发生了一些变化，如下图所示。

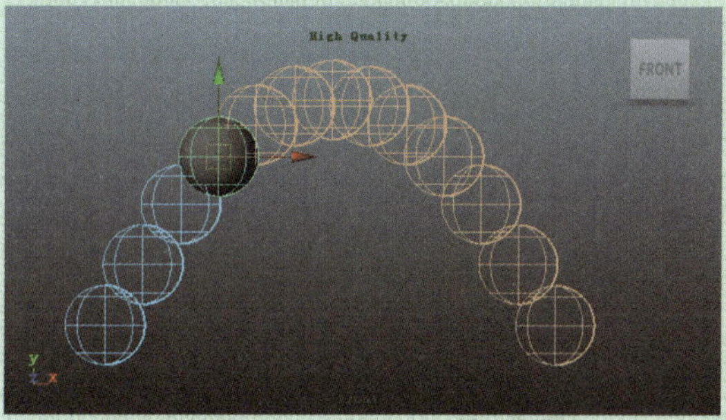

03 想要这种效果更明显，可以继续使用上述的方法，再将时间对半分开，然后为小球添加关键帧并改变小球的位置。调节得到的最后结果与传统跳球动画图片基本相似。播放动画可以看到小球的运动产生了弹跳的效果，如下图所示。

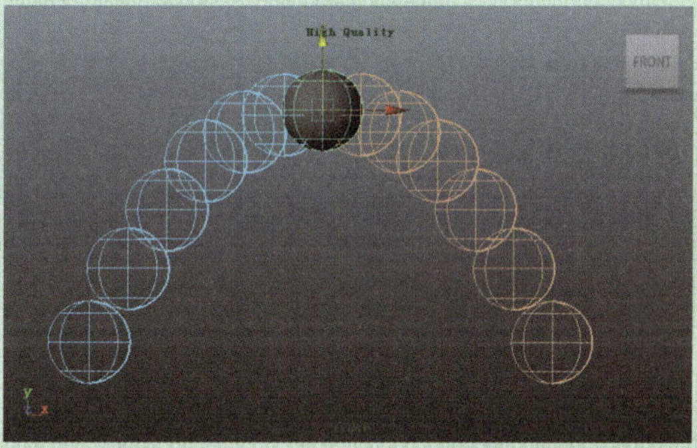

进阶练习：制作有弹跳效果的小球动画 1

原始文件：
Chapter 7\7.2\bouncing ball_change position(original).mb
最终文件：
Chapter 7\7.2\bouncing ball_change position(final).mb

01 打开本书配套光盘中的原始文件，场景中是已经制作好的小球动画，由三个关键帧组成。播放动画，可以看到小球只是产生了类似弹跳的动作，但不具有弹跳的效果，如下图所示。

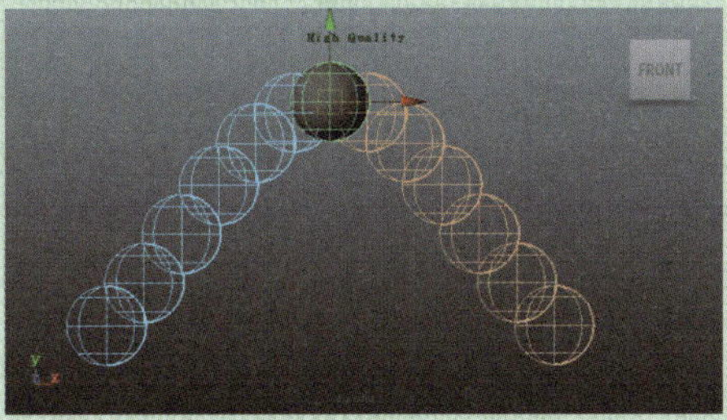

进阶练习：制作有弹跳效果的小球动画 2

原始文件：
Chapter 7\7.2\bouncing ball_change timing(original).mb
最终文件：
Chapter 7\7.2\bouncing ball_change timing(final).mb

01 打开本书配套光盘中的原始文件，执行 Window（窗口）>Animation Editors（动画编辑器）> Dope Sheet（摄影表）命令，打开 Dope Sheet（摄影表）面板，如下图所示。

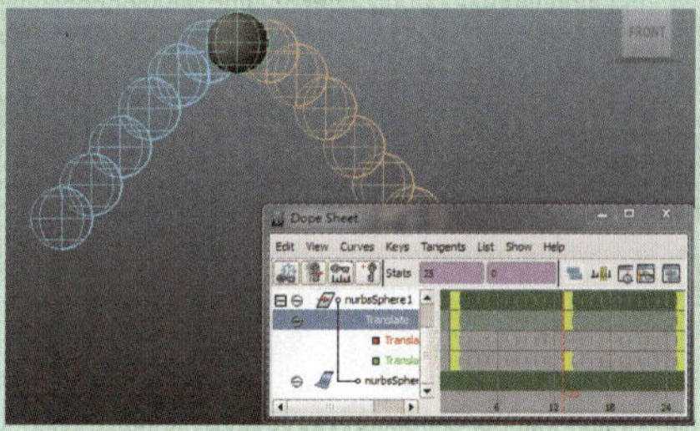

02 找到小球的 TranslateY（平移 Y）属性，单击按钮激活插入关键帧工具，将播放头移动到第 7 帧，单击鼠标中键插入关键帧，同样在第 19 帧也插入关键帧，如下图所示。

03 单击按钮激活移动关键帧工具，将小球第 7 帧关键帧向前移动到第 5 帧，拉长小球从中点运动到最高点的时间。同样的方法将第 19 帧关键帧向后移动到第 21 帧，如下图所示。

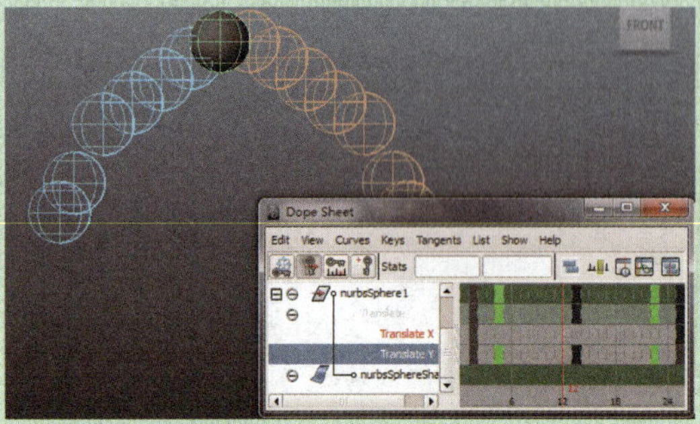

04 同样的可以使用这种方法，再次添加关键帧并移动关键帧的时间点，直到运动轨迹与传统跳球动画图片基本相符为止，如下图所示。播放动画查看调整完成的弹跳球动画，相比修改之前的效果有了明显的变化，小球看上去确实在弹跳了。

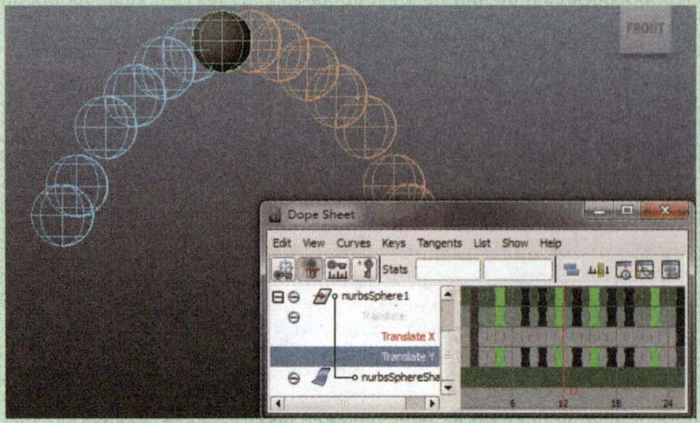

7.2.4 Playblast（播放预览）

播放预览与直接使用播放按钮的不同之处在于：播放按钮需要通过硬件对场景中的动画进行实时计算，然后显示出来；而播放预览则是将每一帧实时计算得到结果保存为一个视频文件，再通过视频播放软件播放查看。所以播放预览不会受到硬件的影响，反映的是真实的动画效果。

需要注意的是，播放预览生成的影片与渲染得到影片不同。播放预览记录的是硬件对场景实时运算的画面，也就是平时在 Maya 软件中看到的画面效果，而渲染是通过渲染器对场景中物体的材质、灯光等大量信息进行综合运算之后得到的画面，需要很长的时间，画面质量也较高。因此两者在画面质量上有非常明显的区别，播放预览相对于渲染来说速度非常快，用作检查动画效果时还是十分有效的。

使用播放预览需要在时间轴位置单击鼠标右键，在右键菜单中执行 Playblast（播放预览）命令。下面，先打开 playblast（播放预览）命令的选项设置面板，了解相关属性设置，如下图所示。

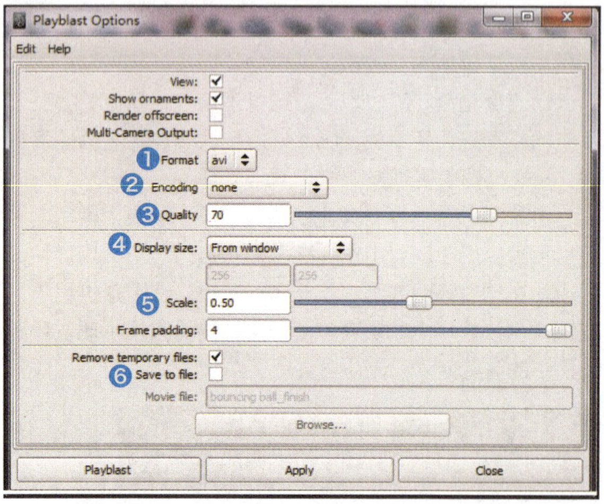

❶ Format（格式）：可以设置播放预览影片的文件格式。

❷ Encoding（编码）：是指视频文件的压缩方式。

❸ Quality（质量）：指影片的质量，数值越高，质量越好。

❹ Display size（显示大小）：用于确定显示大小。可使用 From window（来自窗口）选项设置当前激活的视图大小；或者使用 From render setting（来自渲染设置）选项设置渲染显示中的大小；也可以选择 Custom（自定义）选项进行自定义。

❺ Scale（缩放）：是指渲染视频对显示大小的缩放。

❻ Save to file（保存到文件）：可以把渲染得到的视频作为文本保存下来。Maya 默认这个选项不勾选，那么渲染得到的影片会储存于系统的临时文件夹中，并且很快就会被系统清除。若勾选该选项，就可以在 Movie file（影片文件）文本框中输入文件名，在单击 Browse（浏览）按钮弹出的对话框中设置文件的储存位置。

进阶练习：生成播放预览

原始文件： Chapter 7\7.2\playblast(original).mb
最终文件： Chapter 7\7.2\playblast(final).mb

01 打开本书配套光盘中的原始文件，场景中是已经制作好的小球弹跳动画。在时间轴的任意位置单击鼠标右键，在右键菜单中执行 Playblast（播放预览）命令，如下图所示。

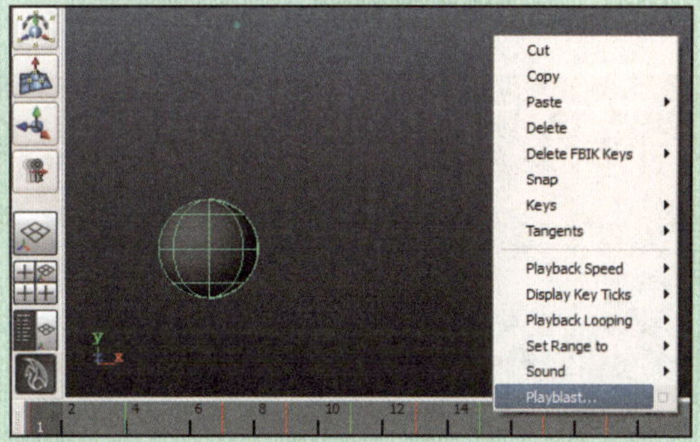

02 这时播放头会开始自动播放，视图区被缩小至原来的一半大小在左下角显示，一直到播放结束。在播放结束后，Maya 会自动打开系统中默认的视频播放软件，对生成的影片进行播放，如下图所示。

03 打开当前项目文件设置的文件夹，可以看到生成的与当前场景同名的渲染文件，如下图所示。

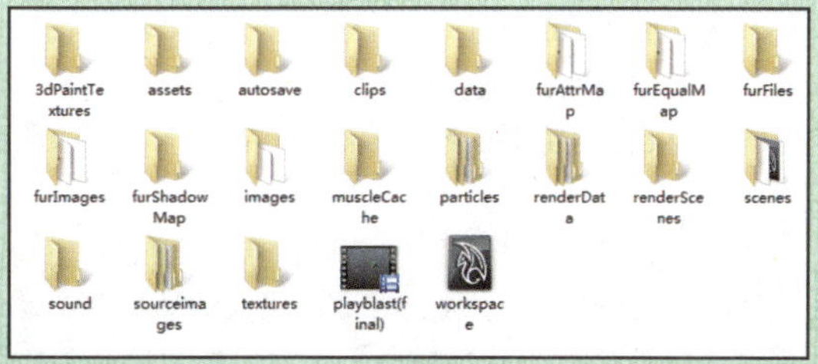

提示： 当前项目文件设置的文件夹可以执行 File（文件）Project（项目）>Edit Cu rrent（编辑当前）命令进行查看和指定存放路径。

就目前制作的动画复杂程度而言，可能还不需要使用播放预览工具。但如果计算机硬件运算速度较慢，场景动画又比较复杂，可以明显看出播放预览要比在 Maya 软件中播放得快和流畅很多，并且播放预览在播放时不会受到硬件的影响，能够反映最真实的动画效果。因此播放预览工具在实际制作角色动画的过程中非常常用，可以大大提高角色动画的制作效率。

7.3 动画数据高级操作

高级操作包括编辑动画曲线、烘培动画关键帧等操作，下面将分别进行详解。

7.3.1 编辑动画曲线

想要使用 Graph Editor（曲线图编辑器）对动画进行调整、优化，最首要的就是要理解动画曲线的含义。动画曲线是由若干个黑点平滑连接而成的。这其中每一个黑点就代表一个关键帧，而曲线上的其他位置，则可以理解为由 Maya 自动插值而生成的若干帧的点连接而成的曲线，如下图所示。

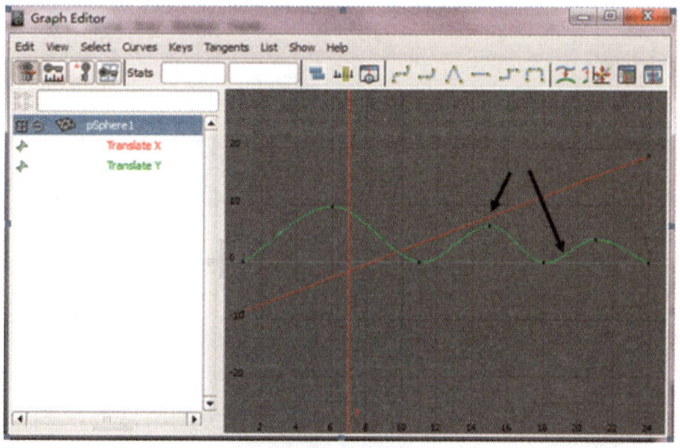

以上图中的两条动画曲线来说，红色的曲线表明 TranslateX（平移 X）属性在随着时间而增大，这种增大的效果是线性的、持续的；绿色的曲线表明 TranslateY(平移 X）属性在这段时间中产生的三次波动变化，并且曲线清楚地显示了起伏的大小和时间间隔的长短，并且这种波动之间的过渡是平滑的，并不是突变的，这种平滑的效果同样会在动画中反映出来，使动画看上去也是平滑、流畅的。

提示 动画曲线是某个关键属性与时间的对应关系，而不是某两个关键属性之间的对应关系，这是初学者很容易犯的一个错误。

1. 调整 Graph Editor（曲线图编辑器）视图

在理解了动画曲线之后，为了更好地查看、编辑动画曲线，我们需要掌握对视图的调整方法。在工具栏中有三个按钮是用于控制视图的，分别是：框显全部、框显播放范围、使视图围绕当前时间居中。这三个按钮在 Dope Sheet（摄影表）小节中已经介绍过，在 Graph Editor（曲线图编辑器）中，它们的功能也没有什么变化。除了这些操作外，还可以使用一些快捷键，方便读者对视图进行操作。Graph Editor（曲线图编辑器）中控制视图的快捷键与 Maya 视图中的功能一致。“A”键用于显示全部动画曲线；“F”键用于显示当前选中的关键帧，并将试图缩放至刚好只显示选中的部分；“Alt+ 鼠标中”键，用于平移视图；“Alt+ 鼠标右”键，用于缩放视图；在平移或缩放视图时，同时按下 Shift 键，可以锁定只沿着水平方向，或者垂直方向进行平移、缩放操作。这些快捷键在 Graph Editor（曲线图编辑器）中十分常用，希望读者能够熟练运用它们。

2. 关键帧操作

动画曲线是由关键帧而成的，因此编辑关键帧就可以达到部分编辑动画曲线的目的。在 Graph Editor（曲线图编辑器）中，提供了平移、缩放、插入、添加、晶格等工具用于关键帧的编辑。

1）移动最近拾取的关键帧工具：这个工具除了可以通过鼠标中键拖动关键帧之外，还可以对关键帧的切线手柄进行调节。在 Graph Editor（曲线图编辑器）中，移动关键帧时不仅可以改变横轴上关键帧所处的帧数，也可以改变纵轴上关键属性的数值，因此是十分灵活和常用的工具。

> **提示** 直接使用移动关键帧工具，带有很大的随意性，不够准确。可以在移动的同时按下 Shift 键，锁定只对横轴或纵轴产生平移，以保证鼠标操作的准确性，或者使用 Stats（统计信息）文本框 Stats 手动输入数值。

2）插入关键帧工具：使用这个工具可以在动画曲线上插入一个关键帧。但使用之前注意需要先选中需要插入关键帧的那一段动画曲线，使它以白色高亮的方式显示，然后再单击鼠标中键添加关键帧。

3）添加关键帧工具：使用这个工具可以在动画曲线上添加一个关键帧。可以按照与插入关键帧工具相同方式在关键帧之间插入关键帧，也可以在最后一个关键帧后面直接添加关键帧。它与插入关键帧工具功能上不同的是，插入关键帧只是在原有曲线上增加了一个关键帧，而对曲线并不产生任何的修改变化；而添加关键帧在使用时，可以通过鼠标拖动选择需要添加关键帧的位置，并对曲线产生相应的变化效果。

4）区域工具：使用这个工具可以启用区域选择模式，在图表视图区域中拖动以选择一个区域，然后就可以移动该区域内的关键帧，或者拖动区域四周的操作点，在时间轴上缩放该区域内关键帧。水平方向拖动鼠标是对关键帧的时间间隔进行缩放；垂直方向拖动鼠标是对关键帧数值的缩放。也可以执行 Edit（编辑）>Scale（缩放）命令激活缩放工具。如果觉得鼠标操作缩放结果不够精确，还可以打开 Edit（编辑）>Scale（缩放）命令的选项设置窗口，手动输入缩放的数值。

5）晶格变形关键帧：这个工具在调整多个关键帧时比较常用。在激活晶格工具后，框选多个关键帧，在关键帧周围出现控制范围的晶格，晶格的每个顶点都是操纵点，每个操作点都可以被随意拖动，也可以对某个矩形的 4 个顶点进行统一拖动。这是通过更改操作点位置，对关键帧进行统一的平移、缩放等操作，能有效简化对每个顶点进行的逐一操作，如下图所示。

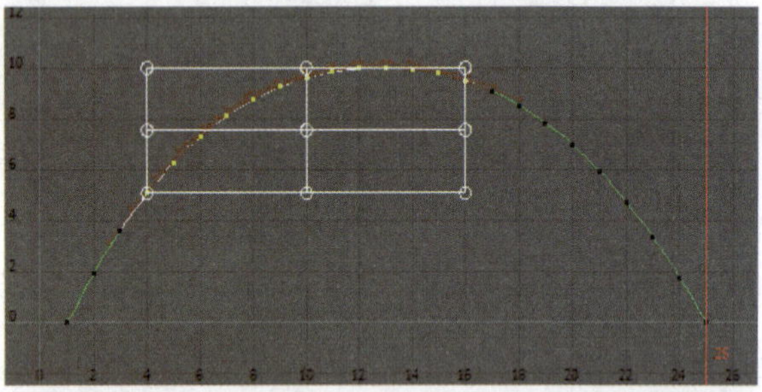

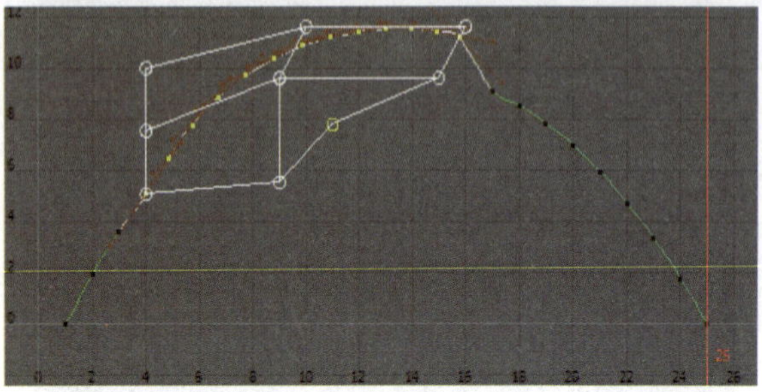

在默认情况下，晶格上有 9 个控制点，如果需要更多控制点，可以双击该按钮打开 Tool Setting（工具设定）面板进行设置。如下图所示。

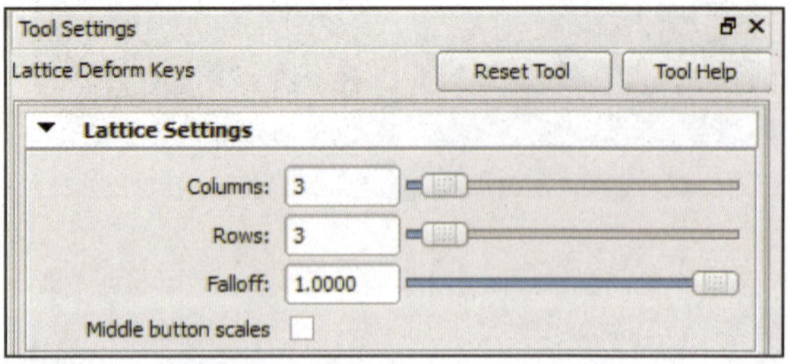

3. 调节动画曲线曲率

除了可以对关键帧进行操作外，曲线也是可以被编辑修改的，想要得到完美的动画曲线，就需要对曲线的曲率进行调节。

在 Graph Editor（曲线图编辑器）中，曲率是通过关键帧两边的切线手柄进行控制的。当关键帧被选中时，这两个手柄就会以暗红色被显示出来。选中某一侧的手柄，就可以激活移动关键帧工具，或按下快捷键 W，使用鼠标中间对手柄进行移动，从而改变曲线的曲率，如下图所示。

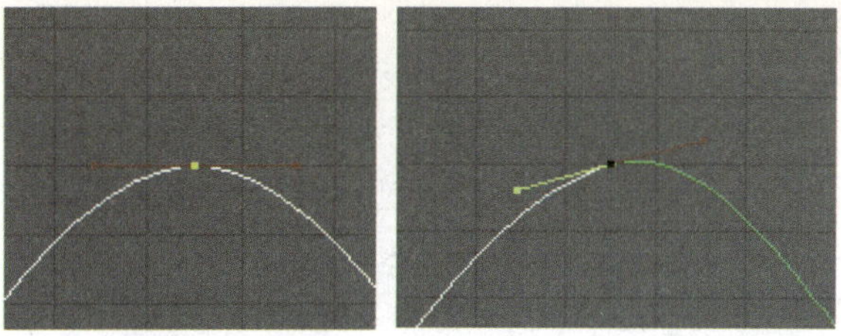

在对手柄进行操作时，会发现任意一段曲线都是受到它两端关键帧上的切线控制手柄的影响。因此对某一段曲线的调整，可能需要对这段曲线两端的两个关键帧切线手柄配合调节，才能达到想要的效果。

除了可以手动调节切线控制手柄，Graph Editor（曲线图编辑器）中还提供了很丰富的命令用于调节切线控制手柄。这些命令集中于菜单栏的 Tangents（切线手柄）菜单组和 Keys（关键帧）菜单组中，同时也将常用的命令设置在了工具栏上。

1） Auto tangents（自动切线）：会根据相邻关键帧值将帧之间的曲线值钳制为最大点或最小点。自动切线是新关键帧的默认类型。

2） Spline tangents（样条线切线）：将曲线调节为平滑、光滑的状态。

3） Clamped tangents（钳制切线）：将两个相邻的，数值相近的关键帧间的曲线更改为平直效果，如下图所示。

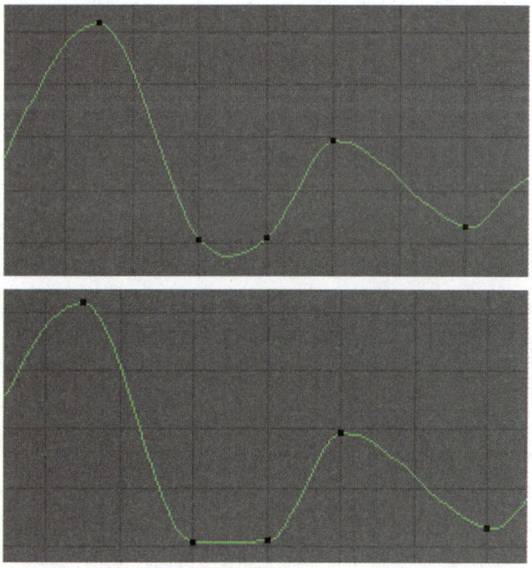

4） Linear tangents（线性切线）：去除动画曲线的圆滑效果，更改为折线状态，如下图所示。

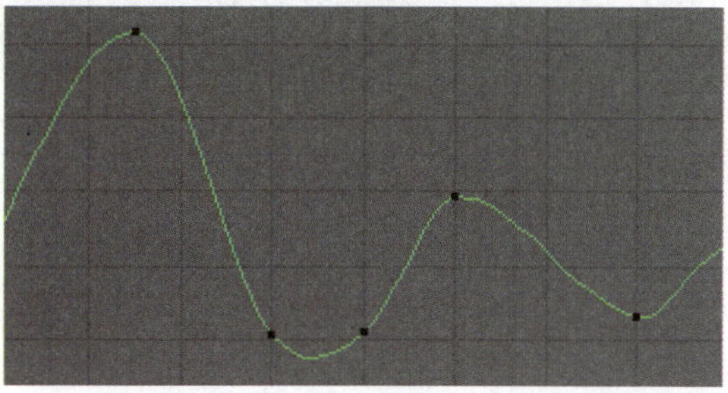

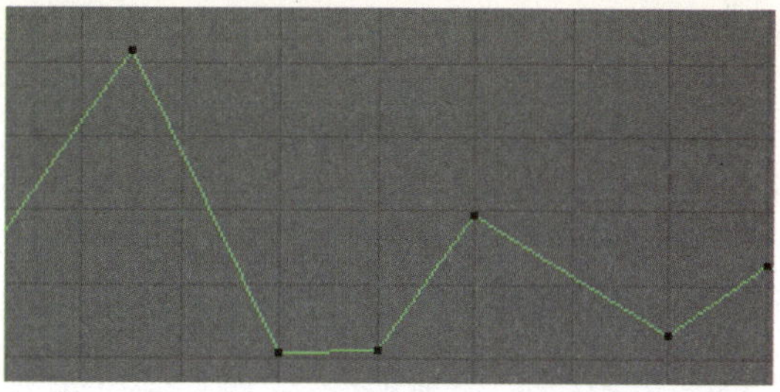

5） Flat tangents（平坦切线）：将关键帧切线控制手柄更改为水平状态，如下图所示。

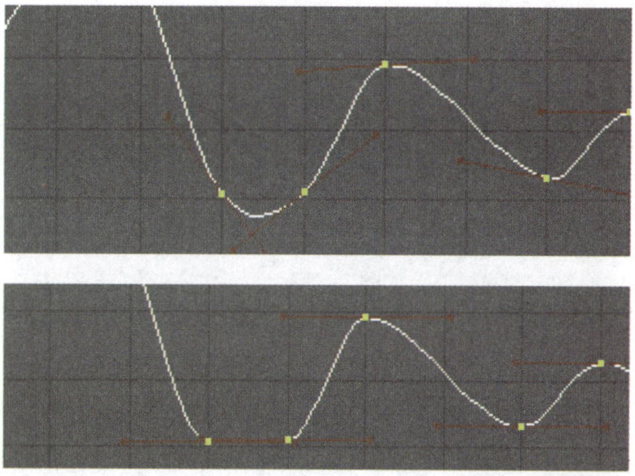

6） Step tangents （阶跃切线）：将动画曲线更改为阶梯形状，去除关键帧与关键帧之间的过渡，形成切换、突变的效果，如下图所示。

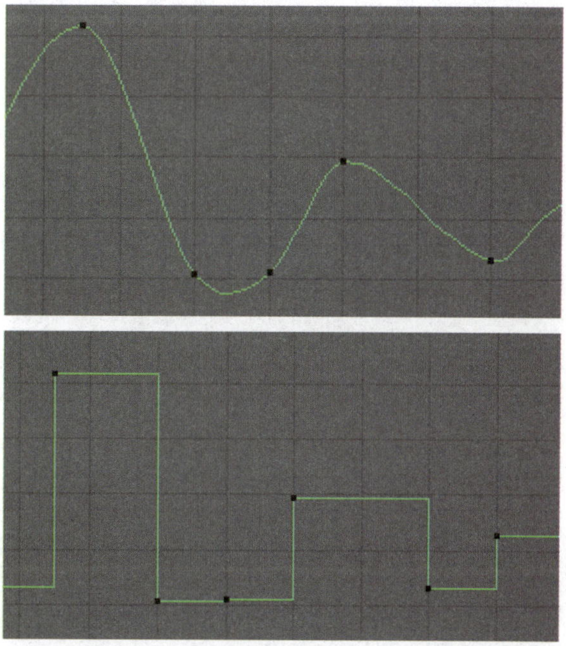

7）Stepped Next（反向阶跃切线）：功能与 Stepped 功能相似，将阶梯的方向反向。

8） Plateau tangents（高原切线）：控制曲线波动变化，使最大值（波峰）、最小值（波谷）不会被延伸。

以上工具和命令，都可以在 Tangents（切线手柄）菜单组中找到，它们是同时对关键帧两侧的两个手柄同时产生作用的。如果只想对一侧的手柄使用这些命令，可以在 Tangents（切线手柄）菜单组中找到 In Tangent（入切线）、Out Tangent（出切线）两组菜单。In Tangent（入切线）菜单组中含有以上所有命令，但这些命令只对关键帧左侧的手柄，即入切手柄产生作用；Out Tangent（出切线）菜单组中的命令只对关键帧右侧的手柄，即出切手柄产生作用。

9）Break Tangents（断开切线）：将关键帧两侧的手柄关联打断，使动画曲线不再平滑关联。一般用在运动变化十分剧烈的情况下。在切线手柄被打断后，一侧以蓝灰色显示，然后就可以对每一侧的手柄进行单独的控制，如下图所示。

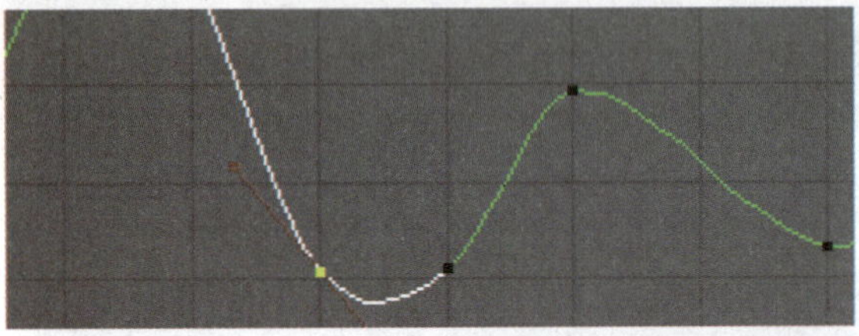

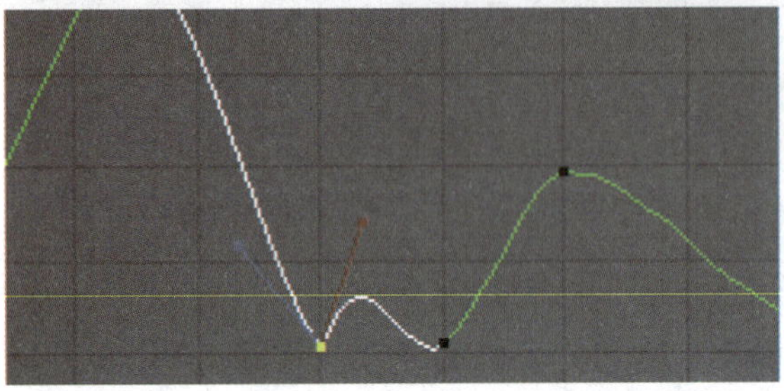

10）Unify Tangents（统一切线）：将被打断的切线手柄重新关联。若关联时两个手柄呈夹角状态，则在之后调节时仍会保持此夹角不变。

11）Free Tangents Weight（释放切线权重）：释放切线手柄的权重，使切线手柄的长度可以自由延伸或缩短，更自由地调整动画曲线，如下图所示。

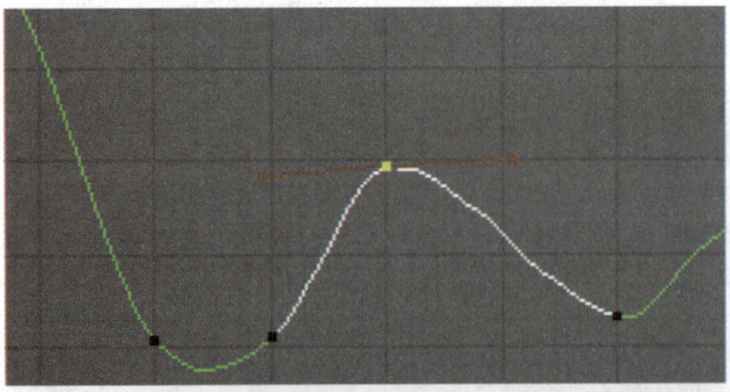

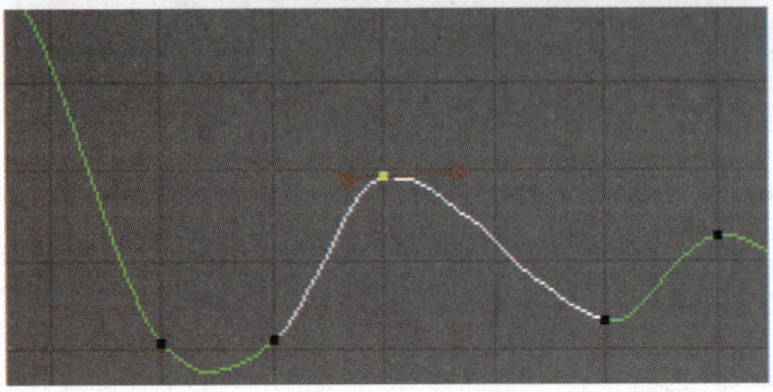

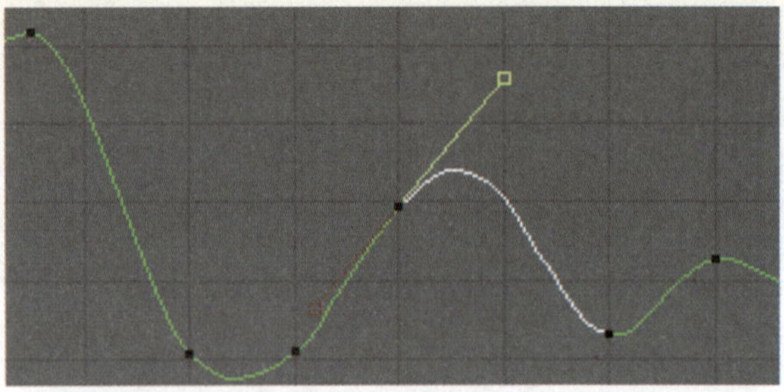

在默认情况下，切线手柄是不具有权重的。要释放切线手柄的曲线，首先需要执行 Graph Editor（曲线图编辑器）面板中 Curve（曲线）>Weighted Tangents（为切线添加权重）命令，为切线手柄添加权重。添加权重后的手柄长度会发生变化，手柄尾端的圆点也会增大显示。然后使用释放切线命令，手柄尾端的圆点变为空心矩形的方式显示，并且长度可以自由控制。这样手柄能够更加随心所欲地控制曲线形状。

12）Lock Tangents Weight（锁定切线权重）：锁定切线手柄的权重，使切线手柄的长度不可改变。

> **提示** 以上 4 个命令是对切线手柄本身进行设置，包含在 Keys（关键帧）菜单组下。

4. 缓冲曲线

在对动画曲线进行调节时，可能出现需要对比两种曲线效果的情况。Graph Editor（曲线图编辑器）为这种情况预备了缓冲曲线来解决这种问题。首先执行 View（视图）>Show Buffer Curve（显示缓冲曲线）命令，将缓冲曲线显示出来。这时还看不到缓冲曲线，因为缓冲曲线默认是与当前的动画曲线重合的。如果改变当前的动画曲线形状，就会看到一条深灰色曲线停留在原始曲线的位置，如下图所示。

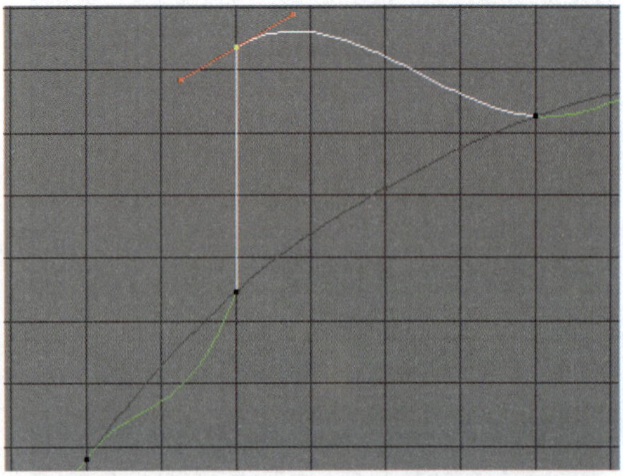

> **提示** 由于 Maya 2012 版本的颜色关系，这条曲线的颜色与 Graph Editor（曲线图编辑器）视图区的背景色比较相近，用户在使用时需要仔细观察。这里对 Graph Editor（曲线图编辑器）的颜色进行了调整，方便读者学习。

缓冲曲线可以作为新动画曲线的参考，也可以用于两种动画效果的对比。使用交换缓冲曲线工具对运动曲线和缓冲曲线进行互换。想要更改缓冲曲线，需要使用缓冲曲线快照工具将缓冲曲线更改为与当前动画曲线重合。

5. 曲线循环设置

现在小球可以向前弹跳一次，如何使小球多弹跳几次呢？当然可以再次调节关键帧，但这样的操作未免过于复杂，Graph Editor（曲线图编辑器）提供了自动循环动画来制作这种类型的动画。

自动循环动画完全不需要手动添加任何一个关键帧，对原来的动画也不会有任何的改变，它只是自动将原始动画作为模板，按照一定的规则进行重复得到新的动画。在Graph Editor（曲线图编辑器）的Curve（曲线）菜单组中，有Pre Infinity（前方无限）和Post Infinity（后方无限）两个菜单组。仔细查看这两个菜单组中各有5个命令，并且命令是完全相同的。这些命令的不同在于循环方向，Pre Infinity（前方无限）是是向时间轴的左侧无限循环；Post Infinity（后方无限）是向时间轴的右侧无限循环。

接着来认识这5个命令所代表的不同的循环方式。

1）Cycle（循环）：在时间轴上不断重复选中的动画曲线，运动曲线的首尾不会自动连接。效果类似工具栏上的图标：向前循环、向后循环。这种循环方式是最普通、最标准的循环，用于重复没有变化的动作效果，如右图所示。

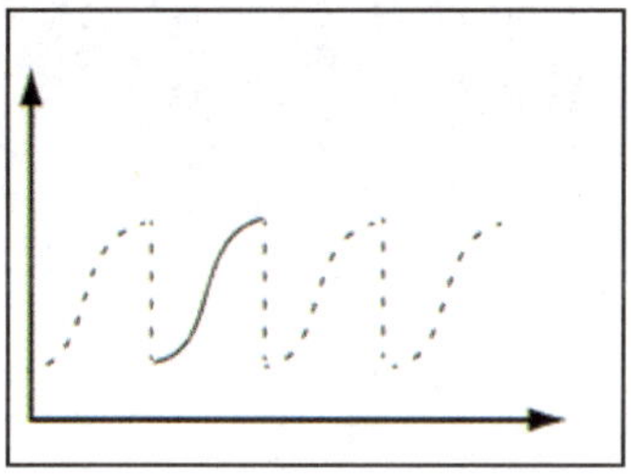

2）Cycle with offset（带偏移的循环）：在曲线进行循环时，默认对选中的动画曲线进行偏移，形成首尾连接的效果，如右图所示。这种偏移会随着时间的增加而逐渐累积。适用于既需要循环，又在某个属性上不断变化的动画，例如行走、爬升等。在工具栏上有：向前偏移循环和向后偏移循环两个工具按钮。

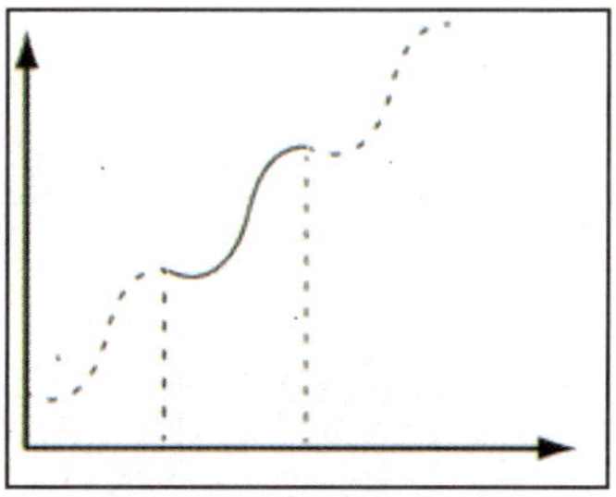

3）Oscillate（往返）：在进行曲线循环时，曲线每重复延伸一次，就镜像翻转一次，形成反复循环的动画效果。这种循环效果常用在运动周期对称的动画中，例如钟摆的来回摆动、手臂的来回摆动等，如右图所示。

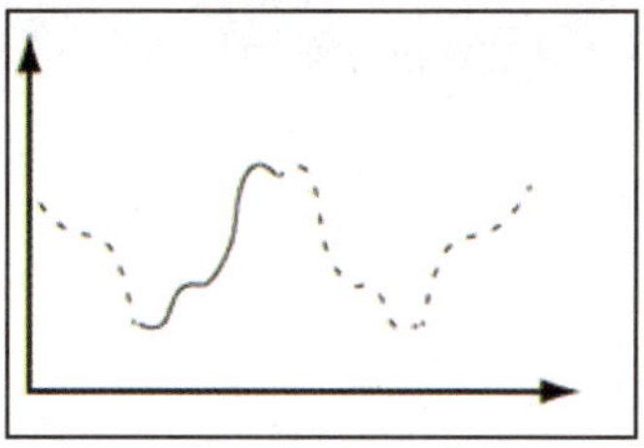

4）Linear（线性）：运动曲线不会被循环，而是沿着两端顶点的切线方向生成直线延伸，如右图所示。

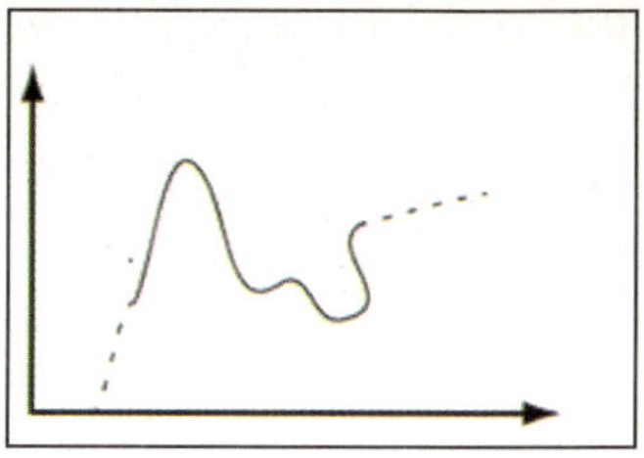

5）Constant（恒定）：以运动曲线两端端点水平延伸运动曲线。这是Maya默认的效果，实际就是不循环，在运动曲线之外的时间物体属性保持不变。可以用作取消循环的命令，如右图所示。

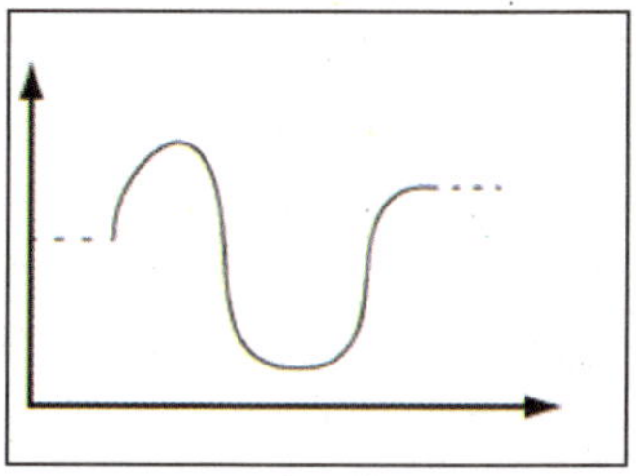

7.3.2 动画关键帧的烘焙

在动画曲线的调节中，有时会遇到这种情况：想要循环的动画在循环一段时间后停下，衔接别的动画。例如：人物在行走了一段时间后，突然停下系鞋带。那么使用之前的循环动画的方式就不是很适合了。因为在使用了循环动画后，循环产生的动画曲线以虚线方式显示，是不可以编辑的。在下一章中，会学习到关于路径动画的内容。同样的路径动画在生成后，也是不能手动进行关键帧编辑的。那么怎样才能解决这种不能编辑关键帧的问题呢？Maya提供了关键帧烘焙工具。

先来认识关键帧烘焙工具，这个工具能将不可编辑的动画曲线烘焙成为可以编辑的关键帧序列。在Graph Editor（曲线图编辑器）菜单中，打开Curve（曲线）> Bake Channel（烘焙通道）命令的选项设置面板，如下图所示。

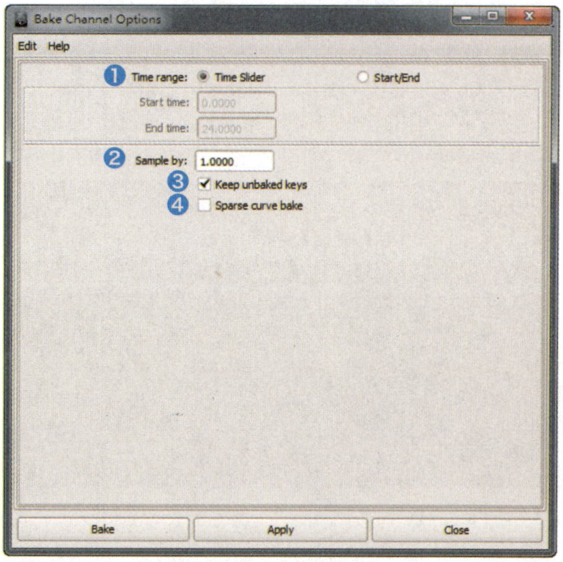

❶ Time range（时间范围）：用于设置动画曲线烘焙的时间范围，其中 Time Slider（时间滑块）是指动画回放范围，Start/End（开始 / 结束）选项可以通过文本框输入起始帧和结束帧设置范围。

❷ Sample by（取样频率）：是指烘焙产生关键帧的间距，当数值为 1 时每帧都会烘焙产生关键帧，数值越大，产生的关键帧间隔越大，数量也越少。但需要注意当间隔过大时，会导致某些动画细节的丢失，或与原动画相比失真的情况。

❸ Keep unbaked keys（保持未烘焙关键帧）：指保留烘焙范围以外的关键帧，系统默认勾选该选项。

❹ Sparse curve bake（稀疏烘焙曲线）：指稀化曲线烘焙。勾选该选项，会使烘焙产生的关键帧数量较少，并且与原始动画相似度较高。

进阶练习：烘焙动画关键帧

原始文件：
Chapter 7\7.3\bake key frames(original).mb
最终文件：
Chapter 7\7.3\bake key frames(final).mb

01 打开本书配套光盘中的原始文件，设置动画回放范围为 1 ~ 97 帧，如下图所示。

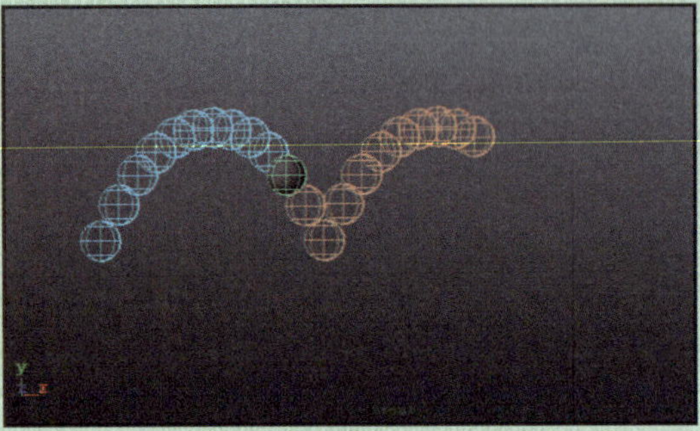

提示： 1 ~ 97 帧之间，小球刚好完成 4 个周期的弹跳。

02 打开 Graph Editor（曲线图编辑器），执行 Curve（曲线）>Bake Channel（烘焙通道）命令，1 ~ 97 帧之间的动画曲线变为实线显示，并出现了密集的关键帧，如下图所示。

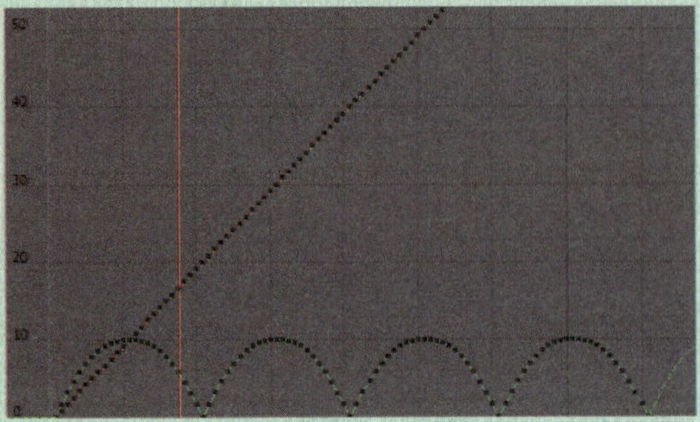

提示： 默认情况下，Sample by（取样频率）参数为 1，因此烘焙会产生非常密集的关键帧效果。这样密集的关键帧是不利于后续编辑操作的。

03 可以撤销这次操作，或再次打开本书配套光盘中的原始文件，在 Graph Editor（曲线图编辑器）中打开 Curve（曲线）>Bake Channel（烘焙通道）命令的选项设置面板，勾选 Sparse curve bake（稀疏烘焙曲线）复选框，如下图所示。

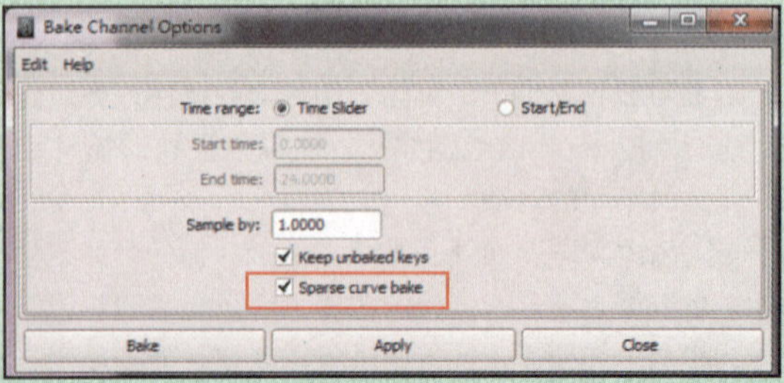

04 单击 Bake（烘焙）按钮进行烘焙。得到的运动曲线上关键帧比较少，并且很好地保持了原有运动曲线的形态，如下图所示。

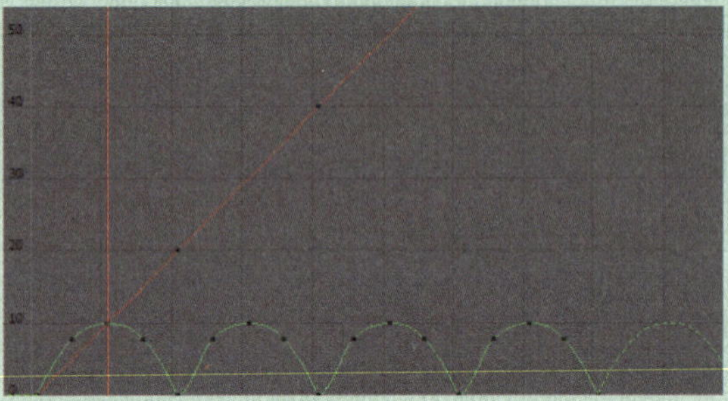

提示： 如果勾选 Sparse curve bake（稀疏烘焙曲线）复选框，得到的运动曲线失真程度较大，可以仍然选用逐帧烘焙的方式，然后执行 Curve（曲线）>Simplify Curve（简化曲线）命令，对曲线进行简化，使用默认参数就可以得到较好的效果。

05 打开选中所有关键帧，执行 Curves（曲线）>Post Infinity（后方无限）>Constant（静止）命令，取消动画曲线循环。播放动画可以看到，小球在弹跳完成 4 个周期后停下了。那么在这之后就可以任意编辑新的动画，如下图所示。

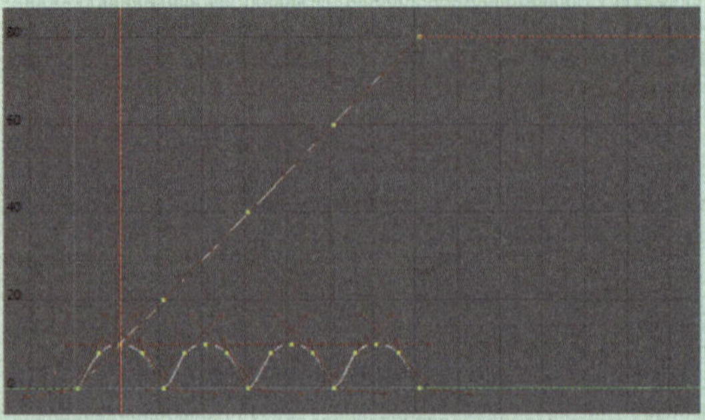

7.3.3 动画曲线的复制与粘贴

前面介绍了快速编辑关键帧的方法。在 Graph Editor（曲线图编辑器）中，可以进行更精确、完善的动画曲线的编辑操作。这些操作会对动画曲线产生多种不同的变化，因此需要详细了解各个操作的选项及含义。

1. 复制动画曲线

对动画曲线进行复制要先选中需要复制的动画曲线，然后在 Graph Editor（曲线图编辑器）中执行 Edit（编辑）>Copy（复制）命令，或者在视图区单击鼠标右键弹出的右键菜单中执行 Edit（编辑）>Copy（复制）命令。这是使用了默认参数进行的复制操作，读者在使用这个操作之前，需要了解复制命令的参数是如何工作的。打开 Edit（编辑）>Copy（复制）命令的选项设置面板，如下图所示。

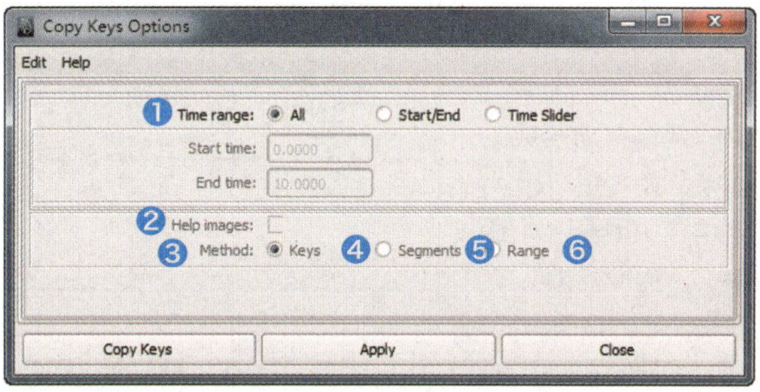

❶ Time range（时间范围）：要复制的时间范围。All（全部）选项指所有动画曲线；Strat/End（开始 / 结束）选项可以输入数值设置起始帧和结束帧；Time Slider（时间滑块）选项指动画回放范围。

❷ Help images（帮助图像）：勾选该选项会以图例显示复制曲线的效果，推荐初学者勾选该选项。

❸ Method（方法）：复制的方式，包括三个选项。

❹ Keys（关键帧）：仅复制选定范围内的关键帧之间的动画曲线，如右图所示。

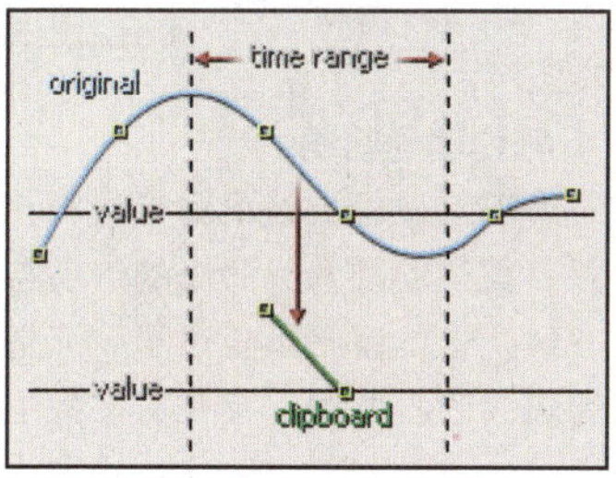

❺ Segments（分段）：复制选定范围内的动画曲线，并在选定范围的两端自动生成关键帧。这种复制方式很好地保留了动画曲线的原有形态，而且也不必考虑该曲线两端是否有关键帧。由于在曲线两端自动生成了关键帧，在粘贴后也不会发生形状变化，是最自由地复制方式，如右图所示。

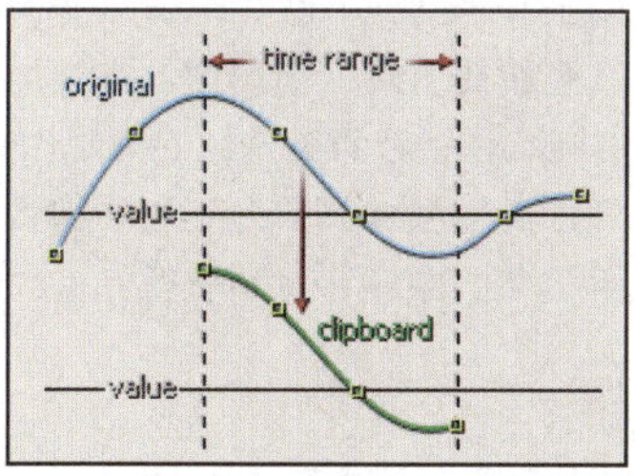

❻ Range（范围）：复制选定范围内的动画曲线，不在选定范围两端生成关键帧。那么在粘贴时会原有曲线与复制的曲线产生混合变形，如右图所示。

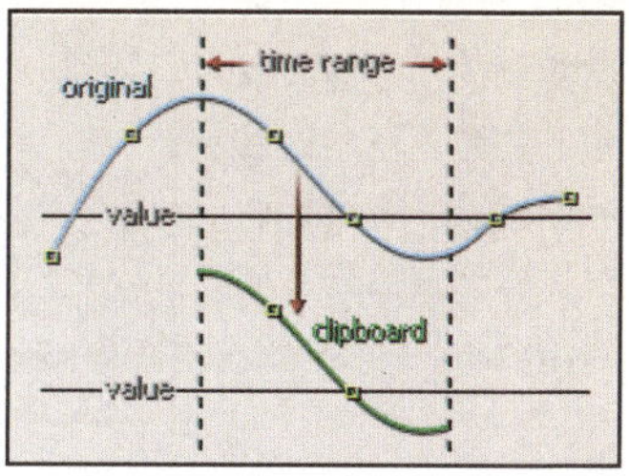

2. 粘贴动画曲线

粘贴动画曲线的命令与复制动画曲线的命令同样都在 Edit 菜单中。下面详细介绍粘贴动画曲线的选项设置。打开 Edit（编辑）>Paste（粘贴）命令的选项设置面板，如下图所示。

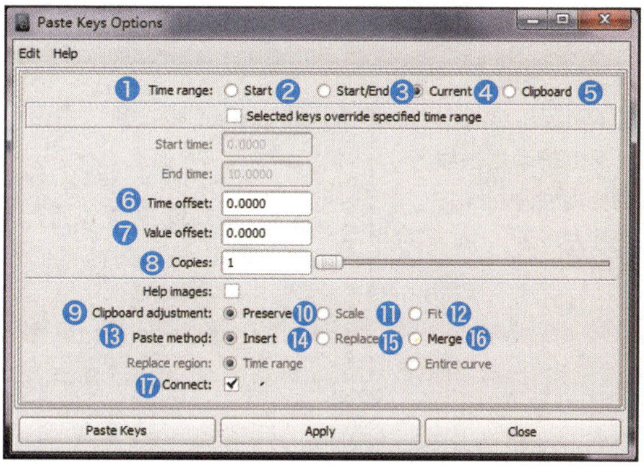

❶ Time range（时间范围）：要粘贴的时间范围。

❷ Start（开始）：仅定义粘贴开始的位置，不设粘贴结束的范围。

❸ Strat/End（开始 / 结束）：通过输入数值设置粘贴范围。

❹ Current（当前时间）：以播放头所在位置作为开始位置。

❺ Clipboard（剪贴板）：以复制时的时间范围作为粘贴的时间范围。

❻ Time Offset（时间偏移）：设置粘贴动画曲线的时间偏移，默认值为 0。当复制多次时，偏移值不累加。

❼ Value Offset（值偏移）：设置粘贴动画曲线的数值偏移，默认值为 0。

❽ Copies（副本）：复制的次数。

❾ Clipboard adjustment（剪贴板调整）：保存在剪贴板上的动画进行粘贴时的参数设置。

❿ Preserve（保留）：保持原有复制动画曲线不变。

⓫ Scale（缩放）：当 Time range（时间范围）属性选择 Strat/End（开始 / 结束）选项时，将剪贴板中的动画曲线缩放至粘贴范围后进行粘贴。

⓬ Fit（适配）：当 Time range（时间范围）属性选择 Strat/End（开始 / 结束）选项时，将剪贴板中的动画曲线的关键帧之间的曲线粘贴至粘贴范围。

⓭ Paste Method（粘贴方法）：粘贴的方式，包括三个选项。

⑭ Insert（插入）：将复制的动画曲线以插入的方式粘贴到目标曲线上。将目标曲线原有部分后延，如右图所示。

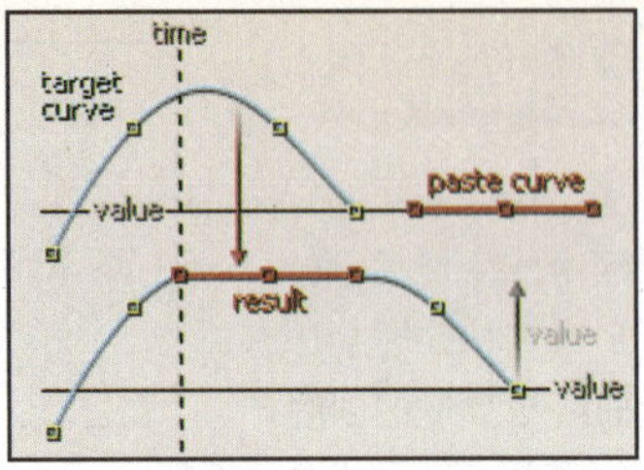

⑮ Replace（替换）：当 Time range（时间范围）属性选择 Strat/End（开始 / 结束）选项时，用复制的动画曲线覆盖粘贴到目标曲线上，原有曲线位置的关键帧被覆盖，如右图所示。

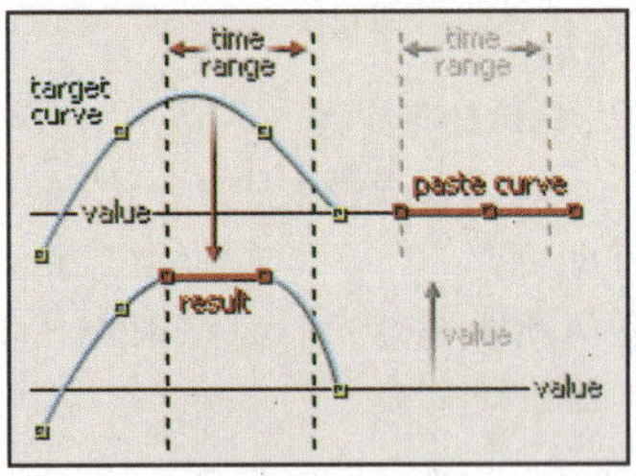

⑯ Merge（合并）：将复制的动画曲线与目标曲线进行合并。如右图所示。

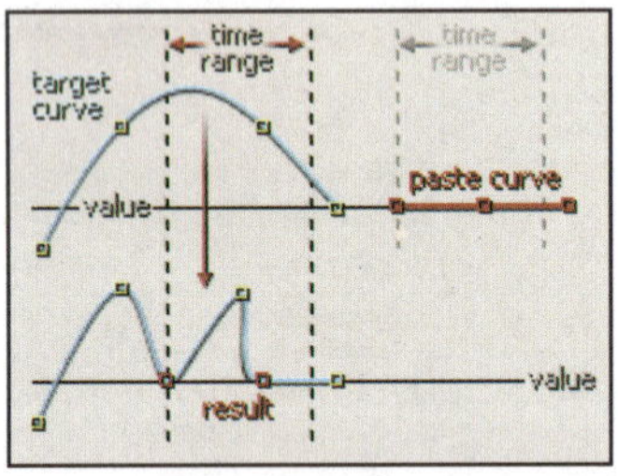

⑰ Connect（连接）：此选项默认为勾选状态，调整复制的动画曲线上关键帧数值，以保持和目标曲线的数值连续一致。取消勾选该选项，会保持复制动画曲线的关键帧数值。粘贴结果如右图所示。

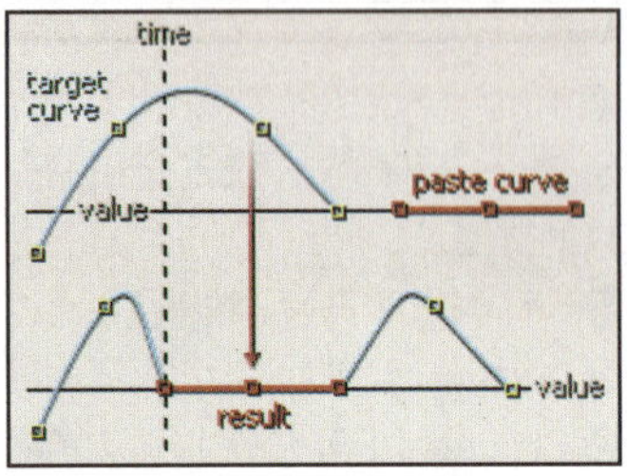

3. 删除动画曲线

删除动画曲线的命令也在 Edit（编辑）菜单中。下面详细介绍删除动画曲线的选项设置。打开 Edit（编辑）> Delete（删除）命令的选项设置面板，如下图所示。

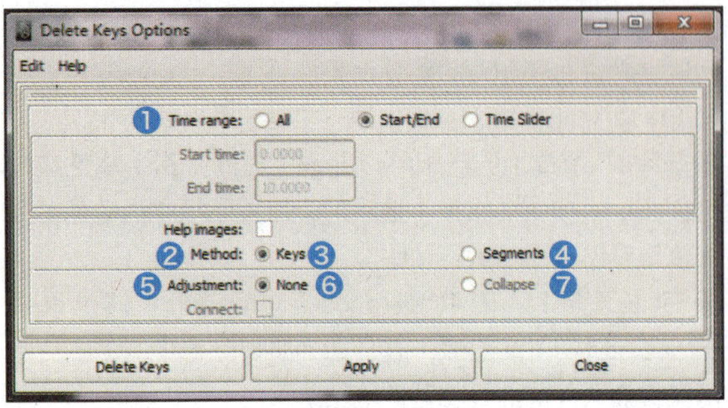

① Time range（时间范围）：要删除的时间范围。All 选项指所有动画曲线；Strat/End（开始 / 结束）选项可以输入数值设置起始帧和结束帧；Time Slider（时间滑块）选项指动画回放范围。

② Method（方法）：删除的方式。包含两个选项，Keys（关键帧）、Segments（分段）。

③ Keys（关键帧）：删除关键帧，如右图所示。

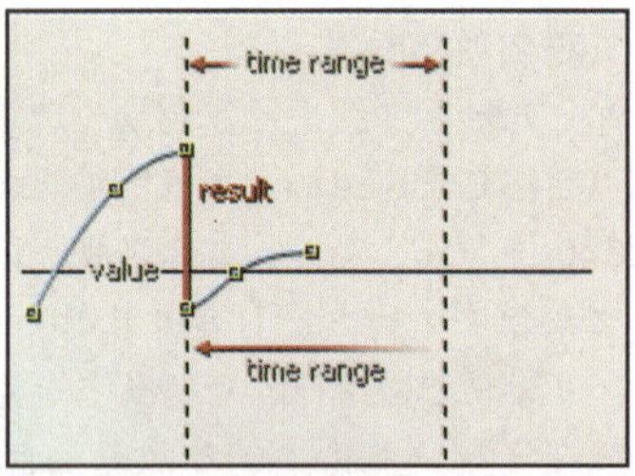

④ Segments（分段）：删除选定范围内的动画曲线，并在选定范围的两端自动生成关键帧，如右图所示。

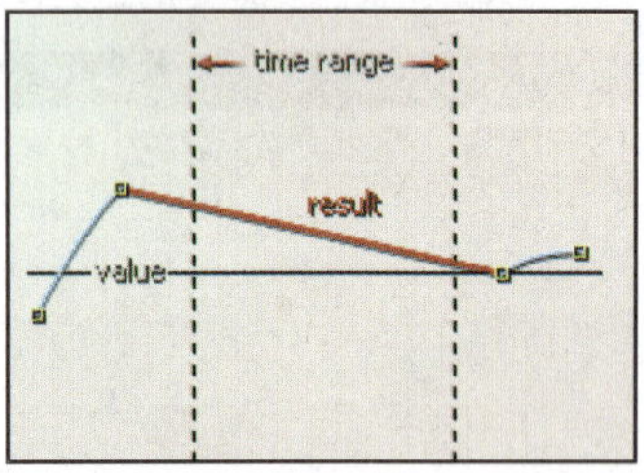

⑤ Adjustment（调整）：删除后对原有动画曲线的调整方式。

⑥ None（无）：不进行任何调整。这个是默认的选项，去掉删除的部分后，不改变剩余动画曲线及关键帧。

⑦ Collapse（收拢）：将剩余部分动画曲线移动到删除动画曲线的起点。该选项当 Method（方法）属性选择 Keys（关键帧）选项时无效，如右图所示。

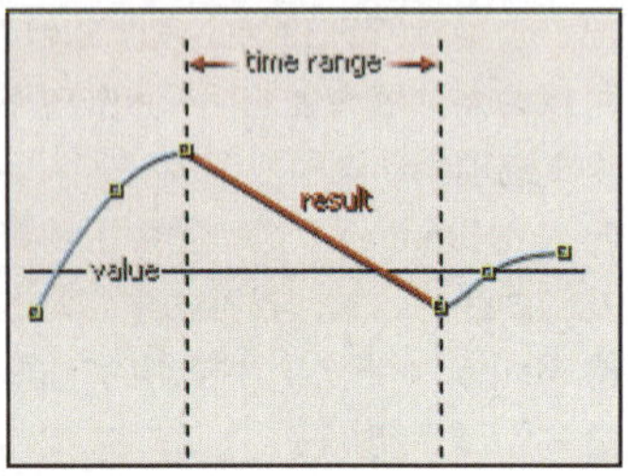

4. 剪切动画曲线

剪切动画曲线的命令同样在 Edit（编辑）菜单中，并且剪切动画曲线命令的选项与删除动画曲线命令基本一致，这里就不再复述了。只是剪切动画曲线命令会将剪切的动画曲线保存在剪贴板中，而删除动画曲线命令不会。

至此，关键帧动画的相关内容已经基本介绍完毕。本章通过小球弹跳的实例，贯穿了关键帧动画相关的理论知识，并且详细介绍了 Dope Sheet（摄影表）和 Graph Editor（曲线图编辑器）两个功能强大的关键帧动画编辑工具，为简便、高效地制作关键帧动画打下了基础。在之后的关键帧动画制作中，应当遵循：分析——添加关键帧并调节时序——编辑动画曲线——播放检查再调节的顺序，直到获得完美的动画效果为止。

综合案例 7 使用动画曲线制作循环的弹跳球动画

在掌握了动画曲线的编辑方法之后，要制作弹跳球的动画效果就要比之前简便很多。因为现在已经不需要多次添加关键帧来改变动画曲线的效果，可以直接更改动画曲线。

原始文件 Chapter 7\Final\bouncing ball_edit curve(original).mb
最终效果 Chapter 7\Final\bouncing ball_edit curve(Final).mb

案例概述 调整动画曲线制作弹跳球动画。

技术难点 1. 理解小球弹跳的运动规律。
2. 动画曲线的调节和动画的循环设置。

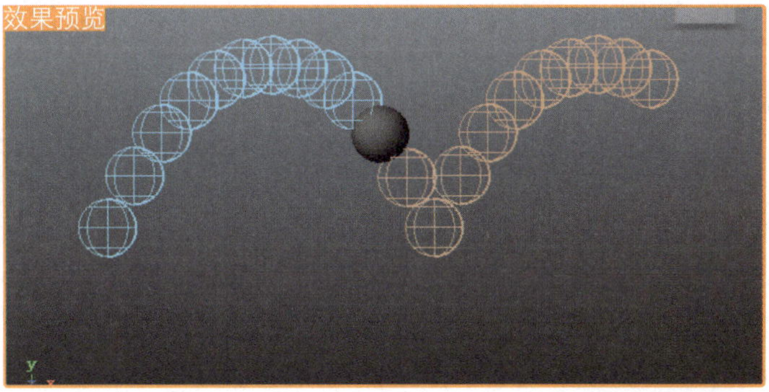

Step 01. 打开本书配套光盘中的原始文件，执行Window（窗口）>Animation Editors（动画编辑器）>Graph Editor（曲线图编辑器）命令，查看已经调节好的弹跳球动画的动画曲线。图中显示的是小球的TranslateX（平移X）属性和TranslateY（平移Y）属性的动画曲线。TranslateY（平移Y）属性的动画曲线看上去是一条抛物线，上面有若干个关键帧，如下图所示。

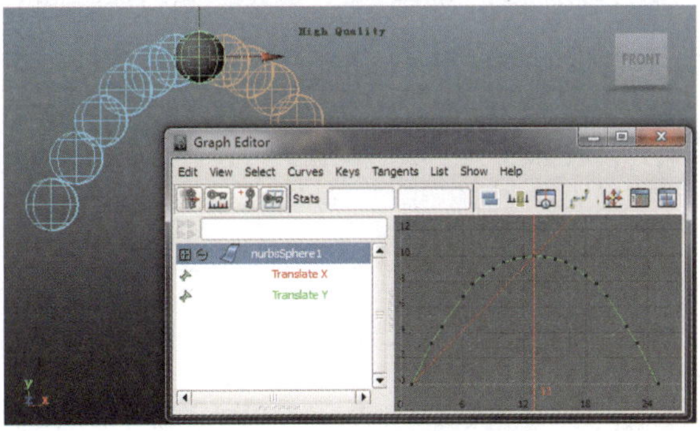

提示 这条抛物线并不是小球的运动轨迹，而是TranslateY（平移Y）属性和时间之间对应产生的动画曲线，切忌将两者混淆。

Step 02. 接下来的调节将以目前的动画曲线作为参考，可以执行View（视图）>Show Buffer Curve（显示缓冲曲线）命令打开缓冲曲线的显示，如下图所示。

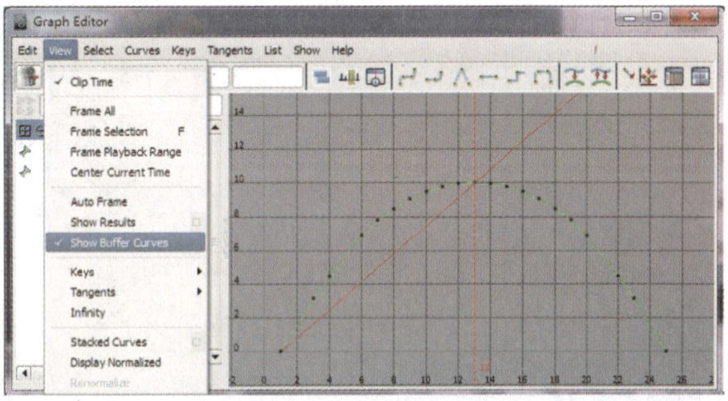

提示 后续为了显示缓冲曲线，已将Graph Editor（曲线图编辑器）的颜色进行调整。

Step 03. 为了便于曲线调整，我们在此删去除了第1、7、13、19、25以外的关键帧，即保留起始点、结束点、中部的最高点和上升、下落过程的中间点，如下图所示。

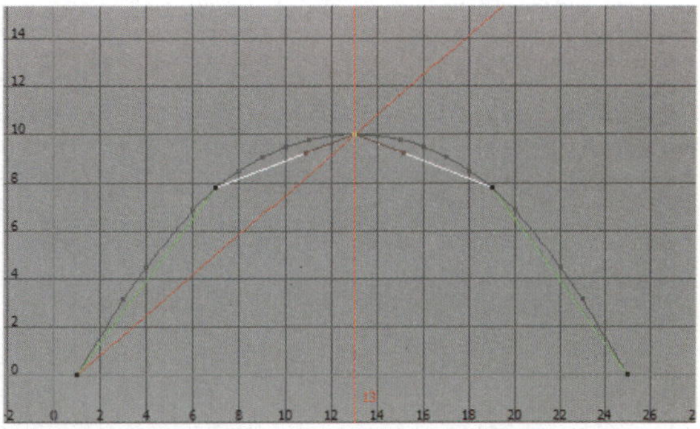

提示 将 Graph Editor（曲线图编辑器）视图放大，观察之前的动画曲线，会发现这条动画曲线并不是特别平滑。如果熟悉矢量路径的绘制，会了解点越多的曲线，越容易出现轻微的波动，就越不容易平滑。因此在调节动画曲线时，也应当注意这个问题，用尽量少的点实现想要的曲线形状。

Step 04. 选中中部最高点位置的第 13 帧关键帧，单击使用水平化工具按钮，如下图所示。

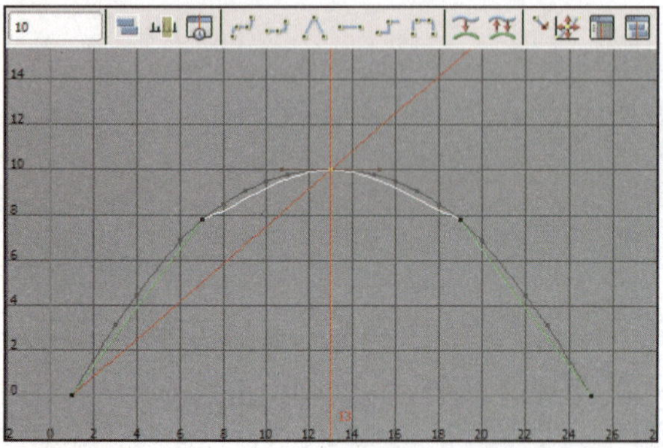

Step 05. 选中第 7 帧、第 19 帧的关键帧，单击，使用样条曲线化工具按钮，使曲线中部位置更加圆滑。结果如下图所示。

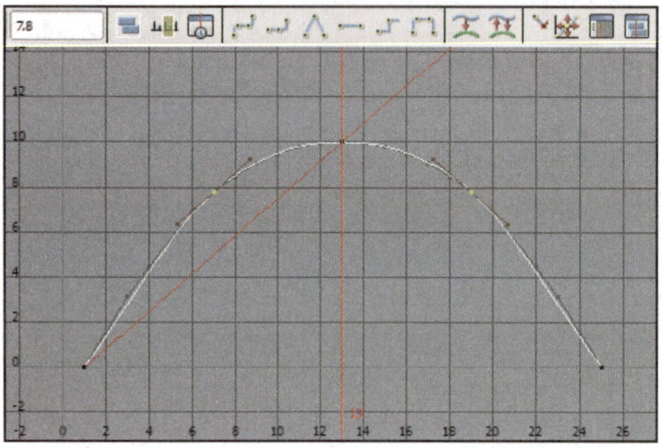

Step 06. 选中第 1 帧和第 25 帧的关键帧，单击使用线性化工具按钮，选中一侧的切线手柄，然后使用鼠标中键调节曲线手柄，使曲线与参考曲线逼近，如下图所示。

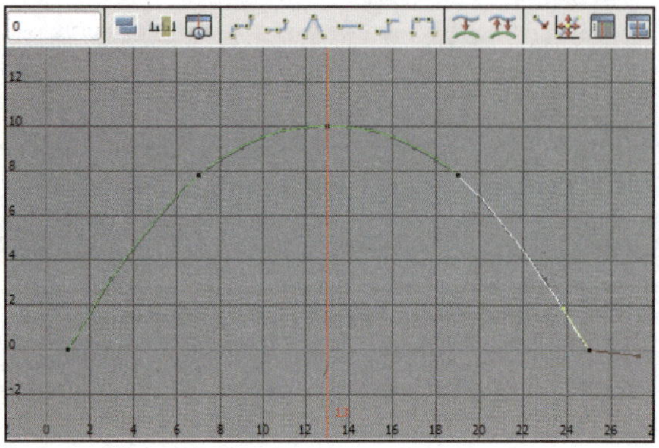

Step 07. 在 Graph Editor（曲线图编辑器）中执行 View（视图）>Infinity（无限）命令，打开循环效果的显示，可以看到运动曲线以虚线的方式被延续，如下图所示。

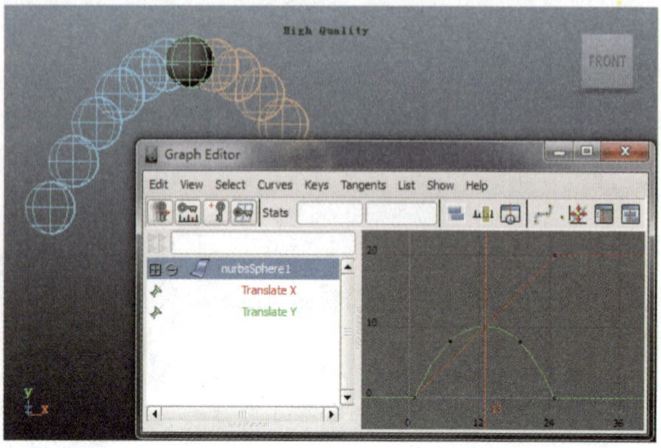

提示 如果要取消循环显示，同样执行 View（视图）> Infinity（无限）命令，取消勾选 Infinity（无限）选项即可。

Step 08. 对小球的 TranslateX（平移 X）和 TranslateY（平移 Y）属性执行 Post Infinity Cycle with Offest（后方无限循环加偏移）命令，查看运动曲线的循环结果，如下图所示。

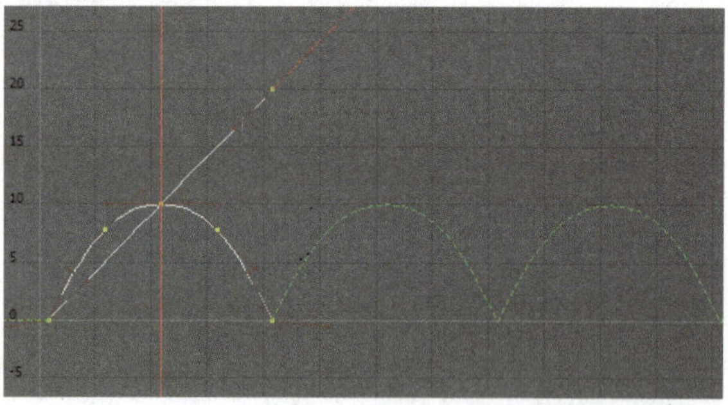

提示 在弹跳球动画实例中，由于小球是向前弹跳的，向前的动作需要持续增加，因此应当选择偏移循环的方式。

Step 09. 延长动画回放时间后，播放动画可以看到小球持续向前跳动，如下图所示。

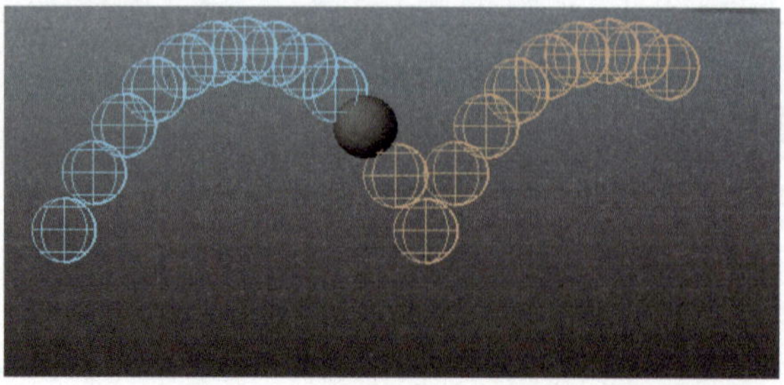

Chapter 08

变形器、路径及动画约束

在动画制作中，我们可能会遇到这样的情况：想要制作一个富于弹性形变的小球，或者想要制作一个柔软的面粉袋，那么这类表面质地柔软、外形不固定的物体在运动起来以后，就需要改变它的形状，尤其是在制作角色面部表情动画时，丰富的表情变化都需要通过变形来实现。

还可能会遇到一些用关键帧方式制作并不是很精确、完美，且非常复杂的动画效果，例如：让月球以椭圆形轨道围绕地球旋转；飞龙围绕石柱飞舞；颠簸的车辆上突然有包裹掉落；眼睛跟随飞舞的昆虫转动等等……这类相对复杂，又有一定规律可循的动画效果，Maya 提供了要比关键帧动画更简易、更有效的方法，那就是使用路径及动画约束。

8.1 变形器概述

在掌握了关于模型制作部分的工具后，我们已经了解到更改物体形状最直接的方法就是使用移动工具拖拉物体表面的点，但当模型是一个由成千上万个点组成的复杂拓扑网格时，这种方法就显得十分的笨拙且低效。Maya 为此提供了丰富的变形工具，刚好可以帮助我们快捷地实现物体的形状变化。

这一类用来改变物体形状的工具，统称为 Deformer（变形器）。变形器的操作原理与直接手动移动点是基本一致的，不同的是，变形器是通过某种运算方式，由一个变形器控制某一个区域内所有的点，并且让这些点按照某种规律产生位移变化。

这样将大量的顶点操作转变为少数基本变形器的操作，就大大减少了控制模型变形的工作量，而且这种变形是不改变模型的基本拓扑结构的，也就是说不改变物体表面的点、线、面的数目、结构和关联关系的。因此也就便于计算机进行动画中间帧的插值运算。

8.2 详解创建变形器和编辑变形器菜单

变形器被广泛应用于各类变形动画中，例如角色面部表情动画等。除了动画中的应用，变形器同样也适用于建模阶段，通过变形工具可以快速使模型更改为我们想要的模型结构。灵活应用变形器能够大大提高建模的质量和效率。

1. Create Deformers（创建变形器）菜单

变形器根据其变形效果的不同，可以简单的分为几类，创建它们的命令集中在 Animation 模块的 Create Deformers（创建变形器）菜单中，如右图所示。

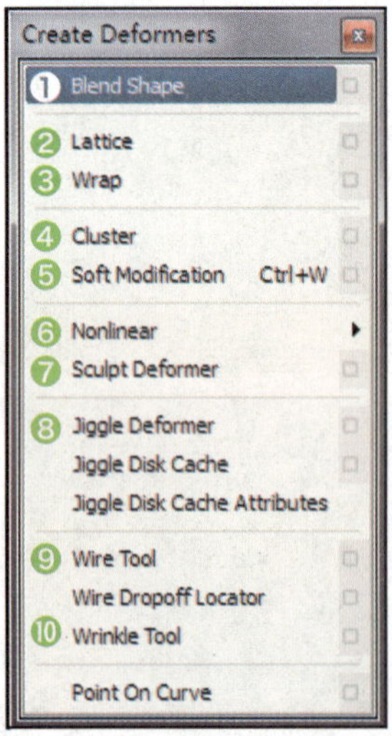

❶ Blend Shape（混合变形）：将多个拓扑结构相同、形状不同的物体连接起来，使之产生从一个形状过渡到另一个形状的变形效果。这种变形器多用于表情动画。

❷ Lattice（晶格）：产生一个立方体包裹要变形的模型，通过调节立方体上点的位置，对原模型对应区域内所有的点产生位移形变，这种变形器可以用于建模动画中。

❸ Wrap（包裹）：与晶格相似，不同的是可以使用任意物体替代晶格变形中立方体的作用，使变形更加灵活、具有可控性。

❹ Cluster（簇）：通过一个簇控制器统一控制多个顶点的位移、旋转、放缩的操作，是表情动画制作中十分常用的变形器。

❺ Soft Modification（软修改）：以选中的点为中心，向外逐步递减移动等操作带来的形变效果。此命令可以实现柔软的形变效果。

❻ Nonlinear（非线性）：包含 6 种快捷的变形效果：Bend（弯曲）、Flare（扩张）、Sine（正弦）、Squash（挤压）、Twist（扭曲）、Wave（波浪）。该命令在建模和动画制作中都非常实用。

❼ Sculpt Deformer（雕刻变形器）产生一个球形控制器，对模型表面产生球形挤压效果。

❽ Jiggle Deformer（抖动变形器）：使被影响的点在运动过程中产生抖动效果。

❾ Wire Tool（线形工具）：通过线条及线条上的点控制模型表面对应区域的点。该工具是制作表情动画的利器。

❿ Wrinkle Tool（褶皱工具）：是簇变形和一个或多个线变形的组合，多用于为人物面部增加皱纹时使用。

2. Edit Deformers（编辑变形器）菜单

在 Edit Deformers（编辑变形器）菜单组中的包含若干命令可以对上述变形器进行修改，如下图所示。

❶ Edit Membership Tool（编辑成员身份工具）：添加成员到变形器的影响物体中。

❷ Prune Membership（删减成员身份）：将受变形器影响的成员去除变形器的影响。

❸ Blend Shape（混合变形）：混合变形的相关编辑命令。

❹ Lattice（晶格）：晶格变形的相关编辑命令。

❺ Warp（包裹）：包裹变形的相关编辑命令。

❻ Wire（线）：线变形的相关编辑命令。

❼ Display Intermediate Objects（显示中间对象）：显示受变形器影响前的物体形态。

⑧ Hide Intermediate Objects（隐藏中间对象）：隐藏受变形器影响前的物体形态。

⑨ Paint Blend Shape Weights Tool（绘制混合变形权重工具）：用于调节混合变形的影响范围及强度。

⑩ Paint Cluster Weights Tool（绘制簇权重工具）：用于调节混合变形的影响范围及强度。

⑪ Paint Jiggle Weights Tool（绘制抖动权重工具）：用于调节抖动变形的影响范围及强度。

⑫ Paint Wire Weights Tool（绘制线权重工具）：用于调节线变形的影响范围及强度。

⑬ Paint Set Membership Tool（绘制设置成员身份工具）：使用笔刷设置成员是否收到变形器的影响。

⑭ Export Deformer Weights（导出变形器权重）：将指定物体的变形器权重信息保存为权重贴图文件。

⑮ Import Deformer Weights（导入变形器权重）：将权重贴图文件中保存的变形器权重信息导入到指定物体上。

⑯ Mirror Deformer Weights（镜像变形器权重）：镜像变形器对物体影响的范围及强度。

下面将按照变形器的常用频率逐一进行讲解。

8.2.1 Cluster（簇）

簇是变形动画中常用的工具，它是将模型上部分的点作为一个整体来控制，产生变形效果。

进阶练习：创建簇

原始文件： Chapter 8\8.2\create cluster(original).mb
最终文件： Chapter 8\8.2\create cluster(final).mb

01 打开本书配套光盘中的原始文件，选中场景中的模型。按快捷键 F9 进入点选择模式，选择变形物体或变形对象的一组顶点，如下图所示。

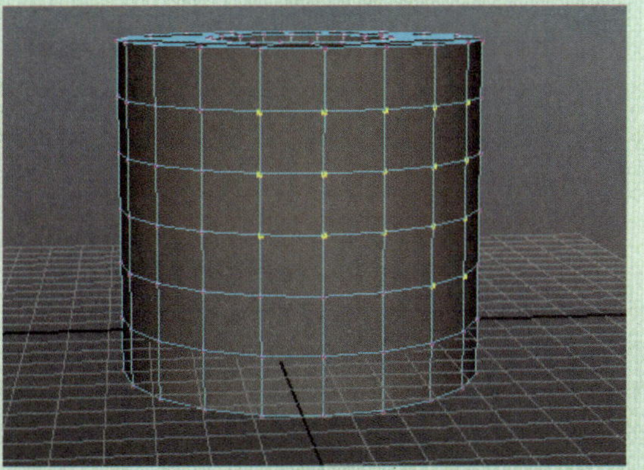

提示： 对于 NURBS 物体可以选中 CV 点进行操作。

02 执行 Create Deformers（创建变形器）> Cluster（簇）命令，此时可以看到簇的操作手柄在视图中以“C”为标志，如下图所示。

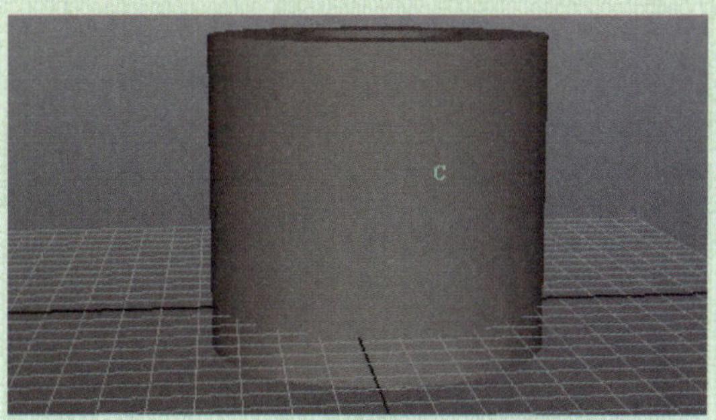

03 选中“C”可以对簇所控制的点进行操作，如右图所示。

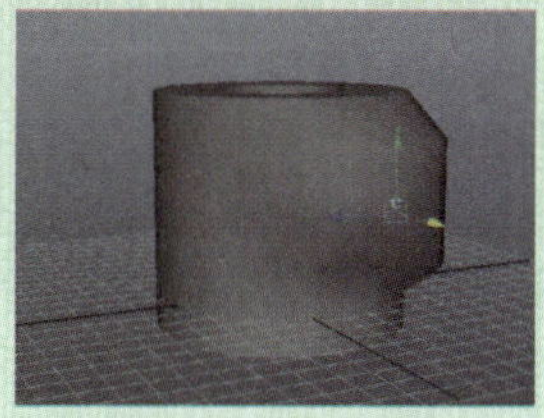

Cluster（簇）变形器是将一组点当作一个整体进行处理。在创建好簇后，有时会希望改变簇影响点的范围，此时可以给每个成员点设置的一个百分值，来控制变形器对于成员点的影响力大小，这个百分值就是权重。

使用 Paint Cluster Weights Tool（绘制簇权重工具）可以通过笔刷绘制的方法来修改每个点的权重值。激活绘制簇权重工具后，簇权重值会以黑、白、灰三色显示。

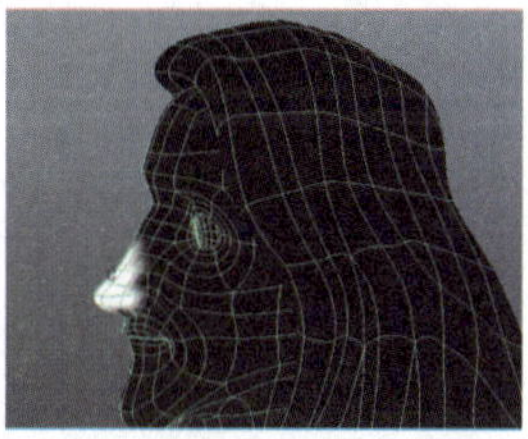

黑色部分权重值为 0，白色部分权重值为 1。权重值为 1 时，簇变形器对于对于成员点的影响最大；权重值为 0 时，簇变形器对于成员点没有影响；中间灰色部分为过渡区域，可以保证簇变形器对于成员点影响的平滑过渡，如右图所示。

Paint Cluster Weights Tool（绘制簇权重工具）的参数设置面板如下图所示。

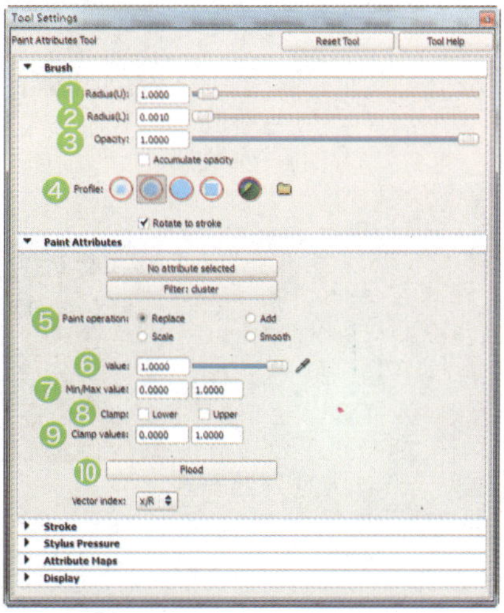

❶ Radius（U）（笔刷半径（外围））：调节笔刷外围半径。
❷ Radius（L）（笔刷半径（内围））：调节笔刷内围半径。
❸ Opacity（不透明度）：设置笔刷的不透明度。
❹ Profile（笔刷类型）：设置笔刷的类型和效果。
❺ Paint operation（笔刷操作）：包含 4 种笔刷绘制方式，包括 Replace（替换）、Add（添加）、Scale（缩放）、Smooth（光滑）。
❻ Value（值）：指笔刷权重的数值，最大值为 1，最小值为 0。
❼ Min/Max value（最小/最大值）：用于设定笔刷的最小、最大值。
❽ Clamp（固定）：包含 Lower（下限）和 Upper（上限）两个选项，用于设置笔刷权重绘制的上限和下限。
❾ Clamp values（固定值）：设定上限和下限的权重数值。
❿ Flood（填充）：将模型上所有点的权重设置为当前 value（值）的数值。

提示 用户还可以通过 Component Editor（组员编辑器）直接修改单个点的权重值。

进阶练习：绘制簇权重

原始文件：
Chapter 8\8.2\paint cluster weights(original).mb
最终文件：
Chapter 8\8.2\paint cluster weights(final).mb

01 打开本书配套光盘中的原始文件，选中变形对象，执行 Edit Deformers（编辑变形器）>Paint Cluster Weights Tool（绘制簇权重工具）命令，查看簇的权重，如右图所示。

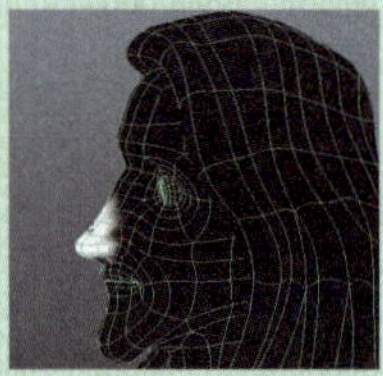

提示： 激活簇权重绘制工具可以查看簇的权重。

02 移动簇手柄查看簇的变形效果，如右图所示。

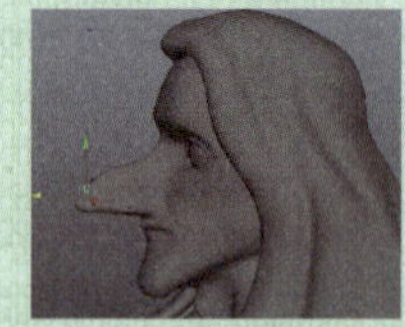

提示： 移动簇手柄查看簇变形效果后，需要撤销移动操作回到原始状态。

03 选中变形对象模型，执行 Edit Deformers（编辑变形器）>Paint Cluster Weights Tool（绘制簇权重工具）命令，绘制权重的灰色过渡部分，如右图所示。

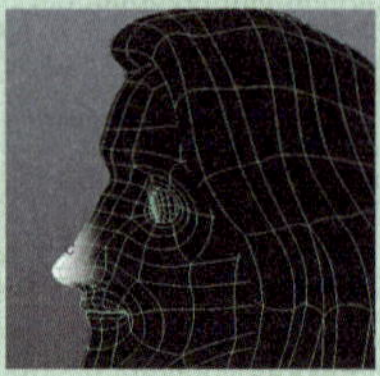

提示： 使用 Smooth（光滑）的笔刷模式可以快速实现权重的过渡效果。

04 再次查看簇变形的效果，变形产生自然过渡效果，如右图所示。

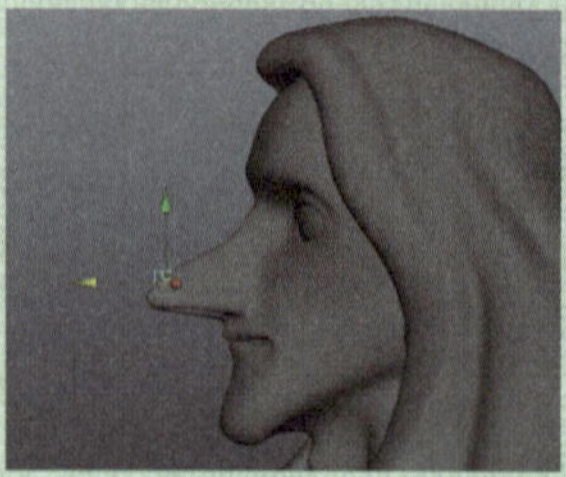

提示： 当 Cluster（簇）变形器操作对象为晶格时，簇权重将不能使用 Paint Cluster Weights Tool（簇权重绘制工具）进行修改。

8.2.2 Lattice（晶格）

Lattice（晶格）是一个方形阵列框架结构变形器，可以通过调整晶格点来实现对变形物体形状的改变，是一个非常实用的变形器，如右图所示。

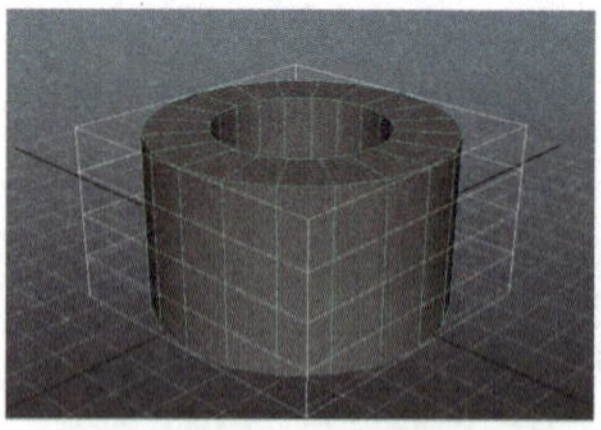

下图是 Lattice（晶格）命令的参数设置面板。

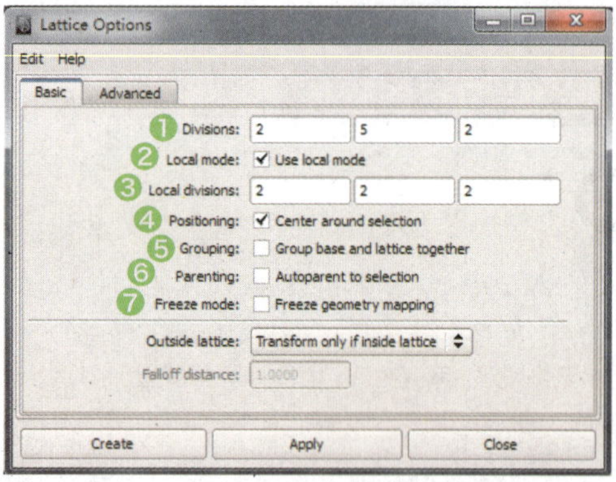

❶ Divisions（分段数）：晶格变形器为长方体阵列结构，使用的是一种特殊的 STU 坐标系，Lattice（晶格）点位于 S、T、U 三个方向分割线的交汇处。提高分段数，晶格变形的效果会更加精细。系统默认晶格变形器在 S、T、U 方向上的分段数分别为 2、5、2，共有 20 个晶格点。
❷ Use Local mode（使用局部模式）：取消勾选此选项，每个晶格点将会对所有可变形晶格产生影响；勾选此选项，每个晶格点将只影响周围近距离的晶格点。
❸ Local divisions（局部分段数）：勾选 Use Local mode（使用局部模式）选项，可开启 Local divisions（局部分段数）选项。此选项可设置每个晶格点在空间中的影响范围。例如系统默认晶格在 T 方向上有 5 个分段，而局部分段数选项中，默认晶格在 T 方向上只影响到周围 2 个分段上的点。
❹ Positioning（定位）：可以设置晶格显示的位置。勾选 Positioning（定位）选项时，晶格出现在对象周围，如下

左图所示；不勾选 Positioning（定位）选项，晶格出现在坐标原点位置，如下右图所示。

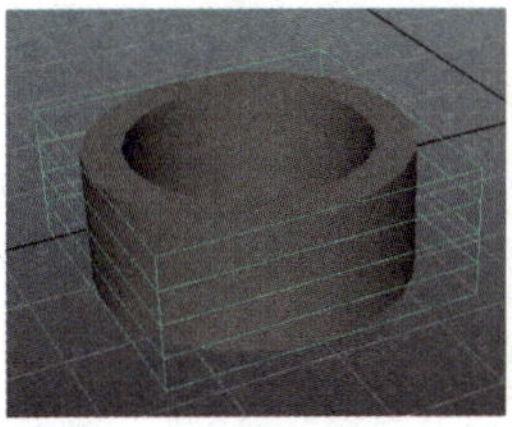
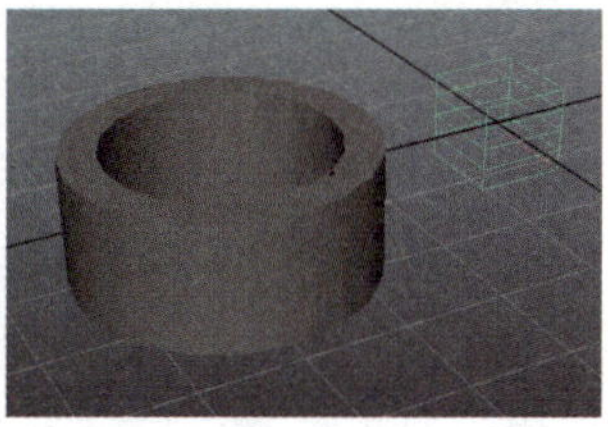

❺ Grouping（成组）：设置是否将基础晶格和变形晶格放在同一组中。勾选此选项，可以实现对两个晶格同步移动，旋转，缩放操作。

❻ Parenting（设置父物体）：设置是否将晶格设置为变形物体的子物体。勾选此选项，可以实现对晶格和变形物体的同步移动，旋转，缩放操作。

❼ Freeze mode（冻结模式）：设置是否要冻结变形晶格。若勾选此选项，那么变形物体将只受变形晶格影响，对物体采用的移动，旋转，缩放操作将不起作用，如下图所示。

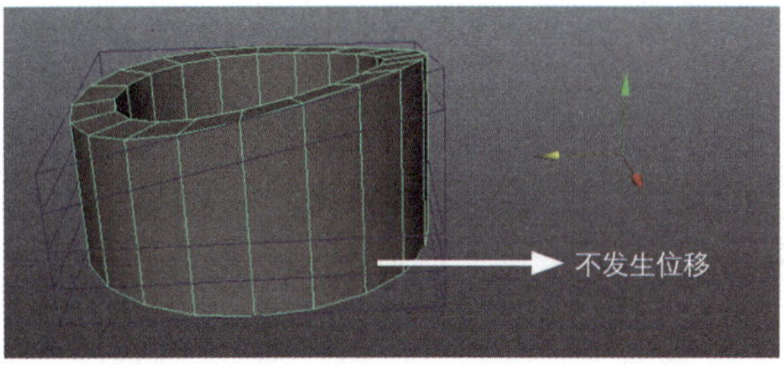

不勾选 Freeze mode（冻结模式）选项，对变形物体进行位移操作，变形物体将发生位移，如下图所示。

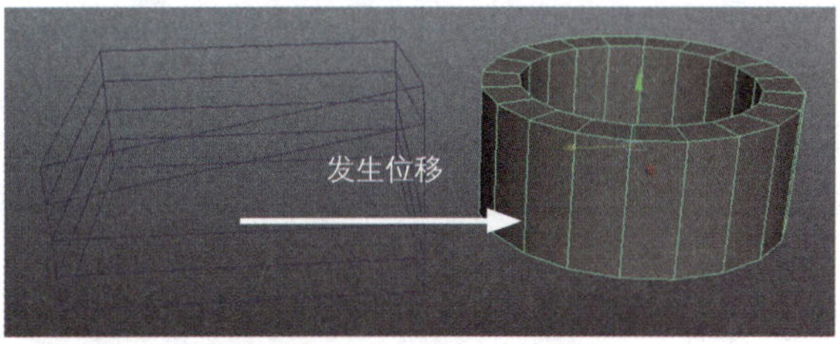

进阶练习：创建晶格变形器

原始文件： Chapter 8\8.2\create lattice(original).mb
最终文件： Chapter 8\8.2\create lattice(final).mb

01 打开本书配套光盘中的原始文件，如下图所示。

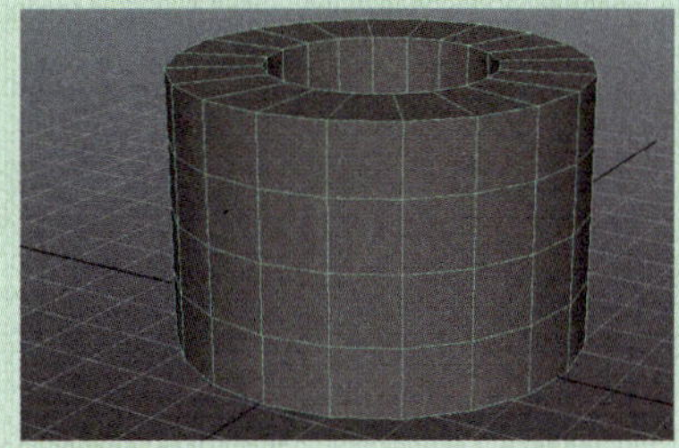

02 选中场景中的模型，执行 Create Deformers（创建变形器）> Lattice（晶格）命令，如下图所示。

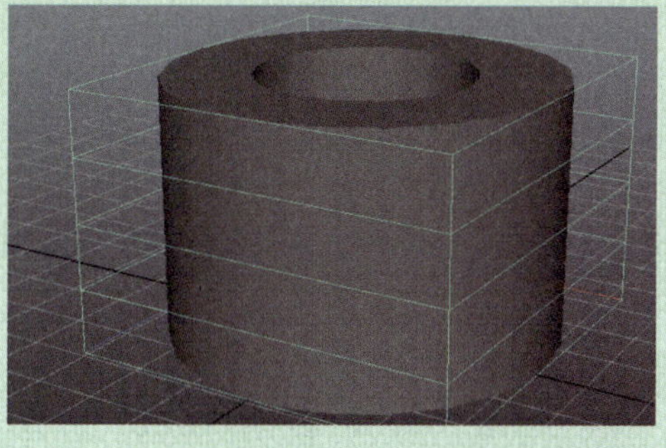

提示： 创建晶格变形后，物体并不会马上产生形变，只是在物体外面增加一个立方体阵列框架结构变形器。

03 旋转晶格变形器，物体随着晶格变形器的旋转而旋转，说明物体正在受到晶格变形器的影响，如下图所示。

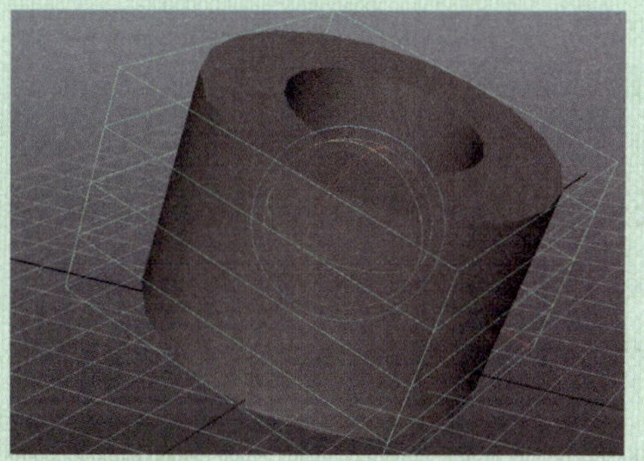

提示： 在没有勾选冻结晶格选项的情况下，移动、旋转或缩放晶格，物体都会随着晶格运动。

进阶练习：编辑晶格变形器

原始文件： Chapter 8\8.2\edit lattice(original).mb
最终文件： Chapter 8\8.2\edit lattice(final).mb

01 打开本书配套光盘中的原始文件，选中场景中的模型，执行 Create Deformers（创建变形器）> Lattice（晶格）命令，如下图所示。

02 在通道栏设置晶格的 S/T/U Divisions（分段数）分别为 4、4、4，如下图所示。

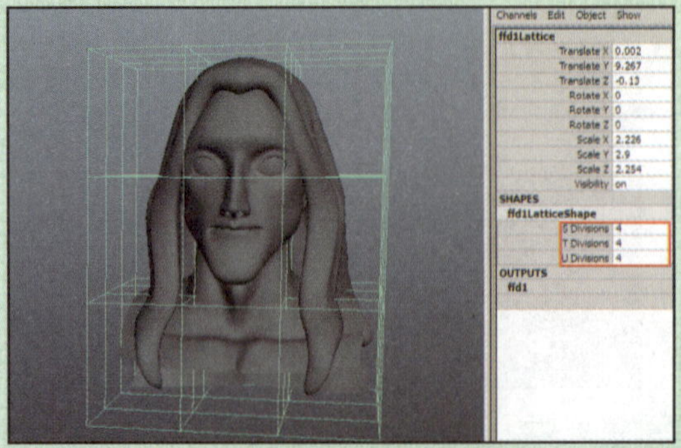

提示：默认的晶格分段数为 2、5、2。当晶格分段数不能满足变形要求时，可以对晶格分段数进行修改。设置的分段数越多，变形的效果越趋近于晶格的形态。

03 在晶格上单击鼠标右键，在弹出菜单中选择 Lattice Point（晶格点）选项，如下图所示。

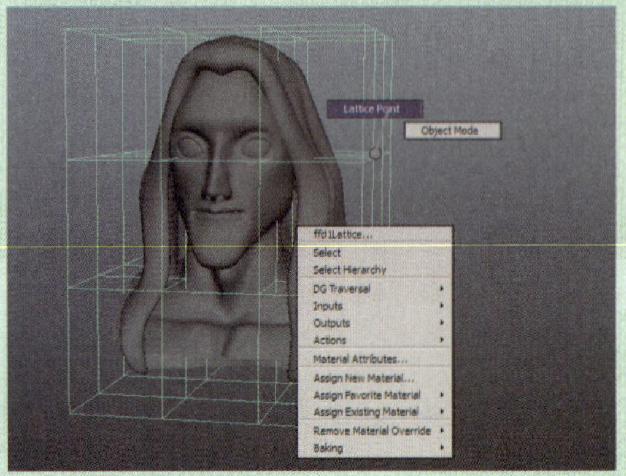

04 选中一部分晶格点，进行移动操作，变形物体对应位置也发生了相应的变化，如下图所示。

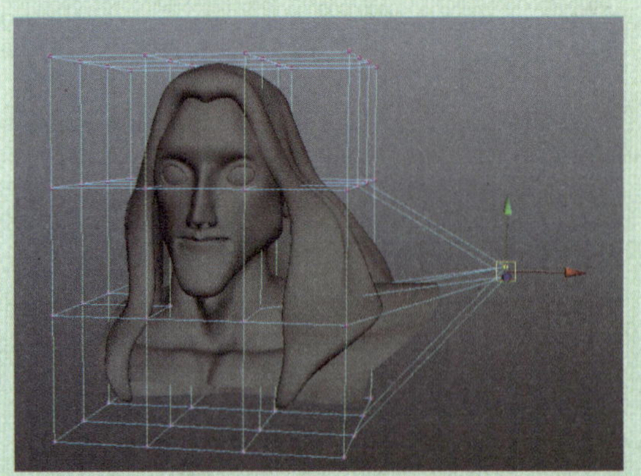

提示：当晶格分段数较高时，单个晶格点的影响范围较小，可以用于细节位置的变形。

8.2.3 Blend Shape（混合变形）

混合变形在制作表情动画时十分常用，通常使用通过多个带有表情的模型作为目标体来影响原始的模型产生变形效果的方法，如下图所示。

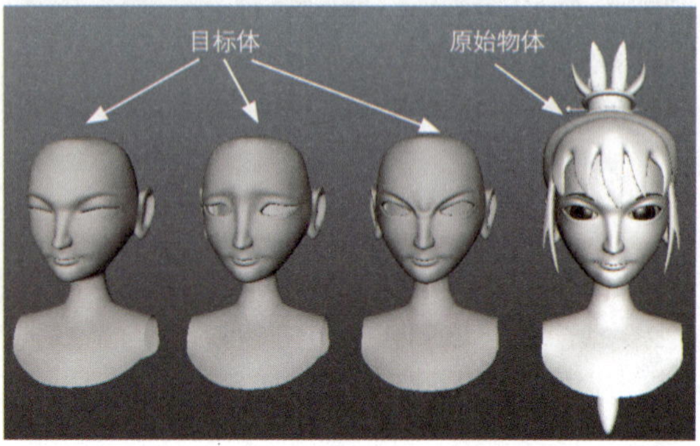

Blend Shape（混合变形）命令的参数设置面板如下图所示。

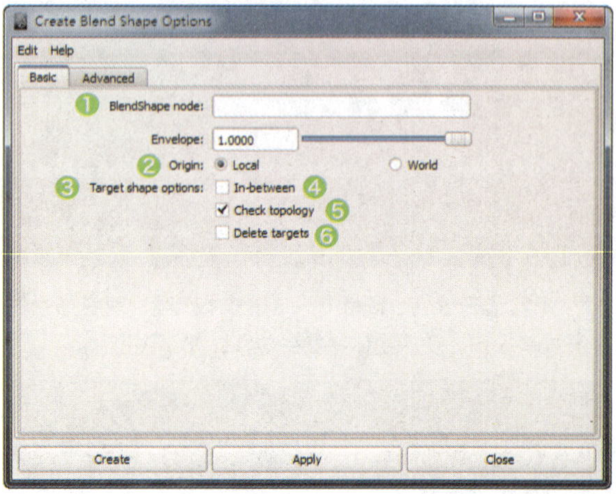

❶ BlendShape node（混合变形节点）：设置混合变形节点的名称。

❷ Origin（原点）：设置混合变形中是否考虑目标体和变形体模型的空间位置差异。

❸ Target shape options（目标形状选项）：设置变形相关选项。

❹ In-between（内插）：勾选此选项，多个目标体将以插入方式混合，BlendShape 节点将只有一个变形属性，此属性值在 0~1 区间变化时，变形体形状的改变将按照目标体的选择顺序，从第一目标体开始依次出现；若不勾选此选项，混合效果将平行出现。在 BlendShape 节点上每一个目标体有唯一一个对应的变形属性，所有形状按照不同比例混合同时出现。

❺ Check topology（检查拓扑结构）：检查所有变形体和目标体的拓扑结构是否相同。

❻ Delete targets（删除目标体）：删除不需要的目标体。

进阶练习：创建混合变形器

原始文件：
Chapter 8\8.2\Create Blendshape(original).mb
最终文件：
Chapter 8\8.2\Create Blendshape(final).mb

01 打开本书配套光盘中的原始文件，选中名称为“e_angry”头部模型和用于制作变形效果的头部模型。执行 Create Deformers（创建变形器）>BlendShape（混合变形）命令，创建混合变形器，如下图所示。

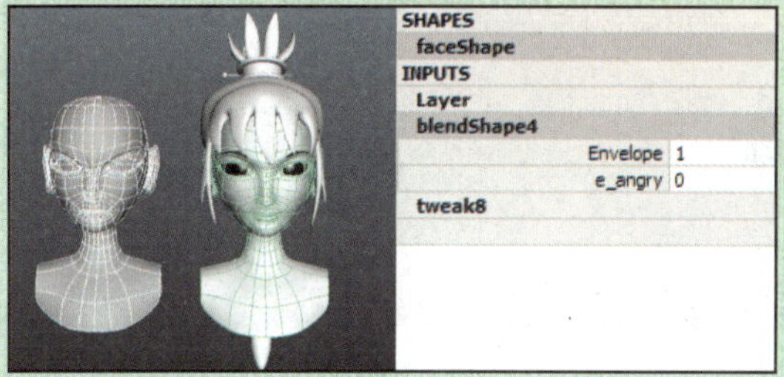

提示：在完成混合变形创建后，通道栏中出现 blendShape 节点，并出现对应变形模型名称的变形属性。

02 执行 Window（窗口）>Animation Editors（动画编辑器）>Blend Shape（混合变形）命令，打开 Blend Shape（混合变形）窗口。调节滑块到最高位置，可以看到原始模型出现目标体的表情效果，如下图所示。

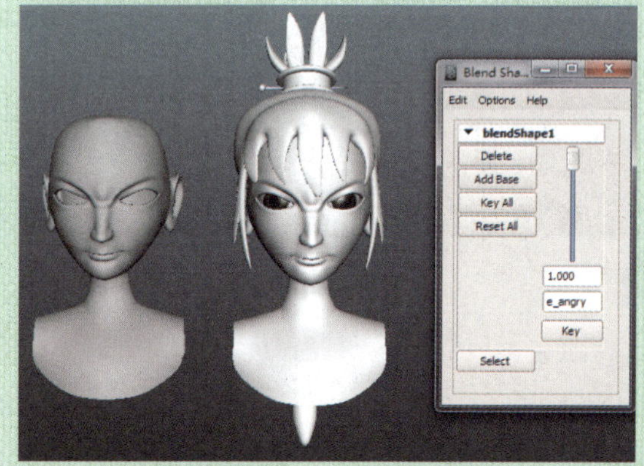

提示：在 Blend Shape（混合变形）窗口中显示了场景中所有的 blendShape node（混合变形节点）。每个节点下设有滑杆，每个滑杆对应着相应的变形属性，变形属性名称就是目标体模型的名称。

在为变形体添加了 BlendShape（混合变形）后，还可以添加或删除目标体。

进阶练习：添加混合变形目标体

原始文件： Chapter 8\8.2\Add Blendshape(original).mb
最终文件： Chapter 8\8.2\Add Blendshape(final).mb

01 打开本书配套光盘中的原始文件，选中名称为“e_sad”的头部模型和用于制作变形效果的头部模型。执行 Edit Deformers（编辑变形器）>Blend Shape（混合变形）>Add（添加）命令，为所选变形体添加目标体，如下图所示。

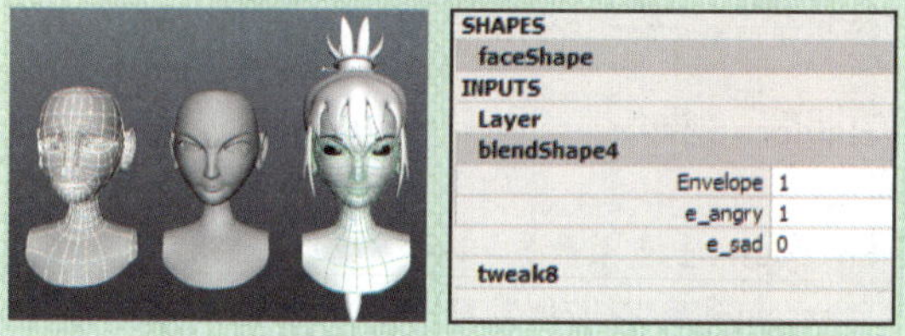

提示：在完成混合变形创建后，blendshape 节点下出现新的变形属性。

02 执行 Window（窗口）>Animation Editors（动画编辑器）>Blend Shape（混合变形）命令，打开 Blend Shape（混合变形）窗口，分别调节两个滑块，可以看到变形物体出现不同的表情效果，如下图所示。

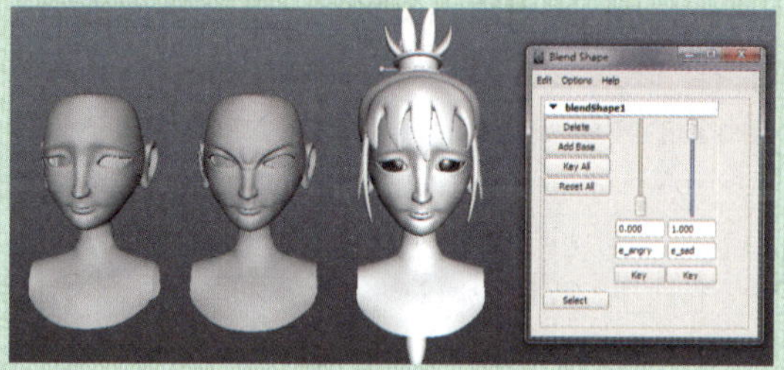

8.2.4 Wire Tool（线形工具）

Wire Tool（线形工具）变形器是一种通过曲线来控制物体变形的变形器，经常被用作创作表情动画。例如可以用线形变形器控制嘴角的抖动，如下图所示。

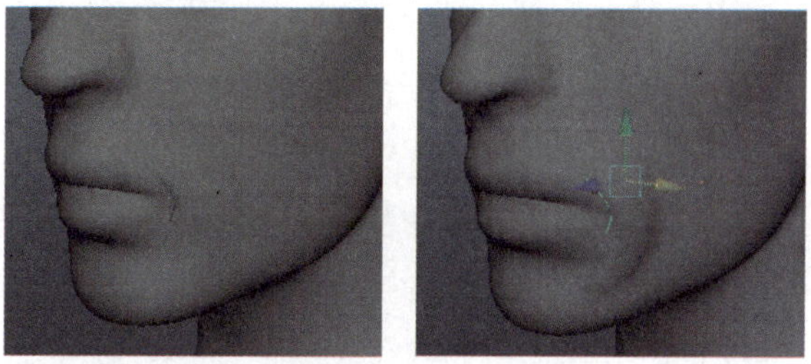

下图是 Wire Tool（线形工具）变形命令的参数设置面板。

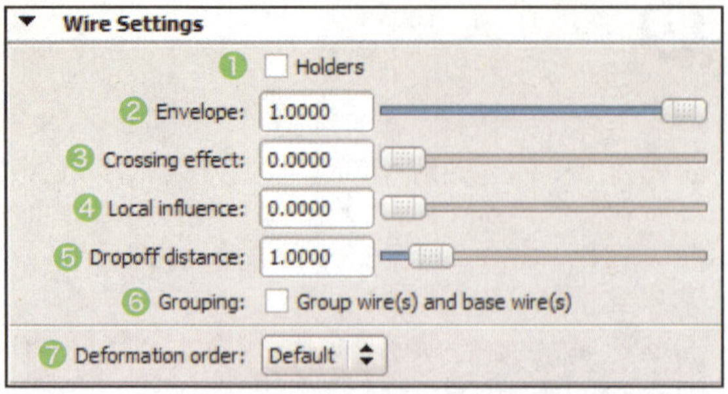

❶ Holders（保持）：勾选此选项，可创建带限制线的线变形。

❷ Envelope（封套系数）：设置变形比例系数。

❸ Crossing effect（交叉效果）：设置两条线变形器的交叉处是否进行叠加变形。当 Crossing effect 值为 0 时，没有交叉效果，如下左图所示。当 Crossing effect 值为 1 时，交叉位置出现重叠影响的效果，如下右图所示。

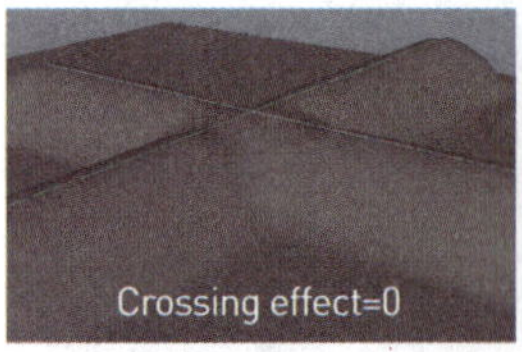
Crossing effect=0

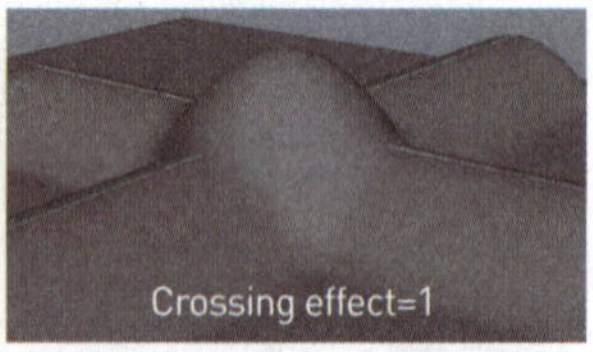
Crossing effect=1

❹ Local influence（局部影响）：设置两个以上影响线变形器作用的位置。

❺ Dropoff distance（衰减距离）：设置每条影响线的影响范围。当 Dropoff distance 值为 0.4 时，影响范围较小，如下左图所示；当 Dropoff distance 值为 2.2 时，影响范围明显变大，如下右图所示。

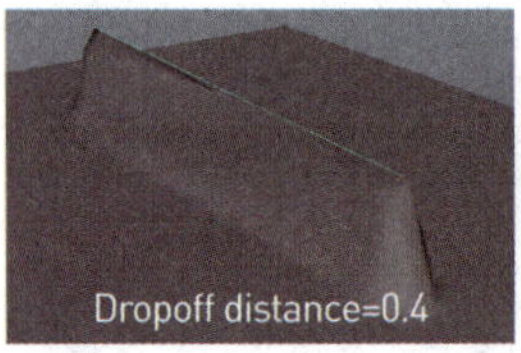
Dropoff distance=0.4

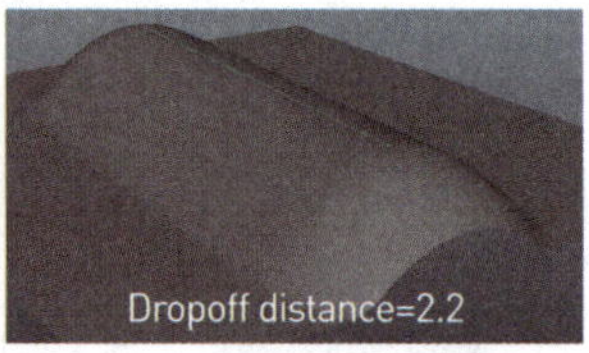
Dropoff distance=2.2

❻ Grouping（成组）：勾选此选项，可将影响线和基础线成组。

❼ Deformation order（变形顺序）：设置变形顺序，可选择 Before（前）、After（后）、Split（中分）、Parallel（平行）几个选项。

1. 简单线变形

线变形器有两种形式，分别是：简单线变形器和加限制线的线变形器。简单线变形，是仅通过曲线作为变形器，改变变形对象的形状，如右图所示。

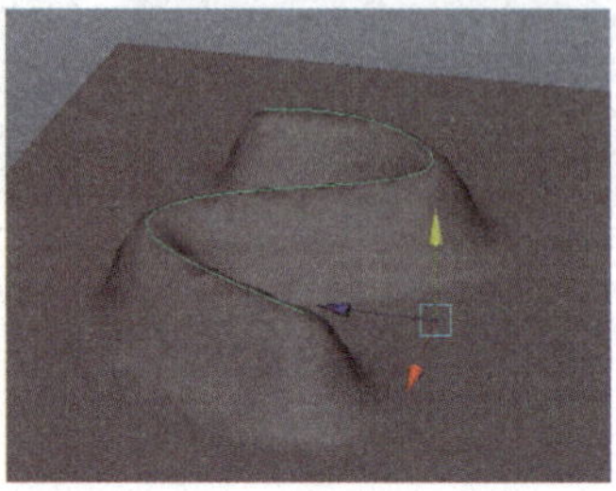

进阶练习：创建简单线变形器

原始文件： Chapter 8\8.2\Create Simple wire(original).mb

最终文件： Chapter 8\8.2\Create Simple wire(final).mb

01 打开本书配套光盘中的原始文件，场景中有一个 Polygon（多边形）平面和一条 CV 曲线，如下图所示。

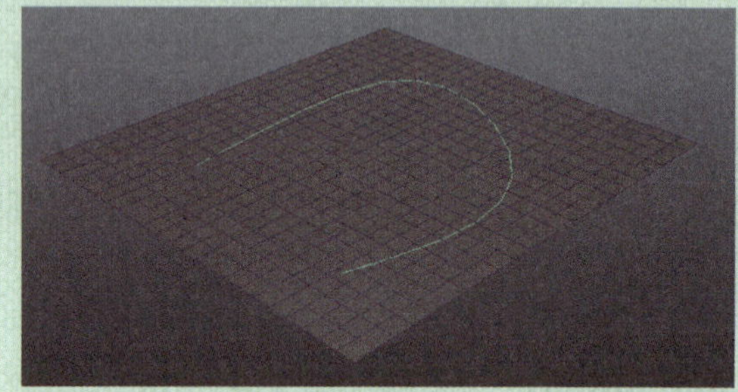

02 执行 Create Deformers（创建变形器）>Wire Tool（线形工具）命令，此时光标会变为“+”字形。选中平面，按 Enter 键，再选中曲线，按 Enter 键，简单线变形器创建完成，效果如下图所示。

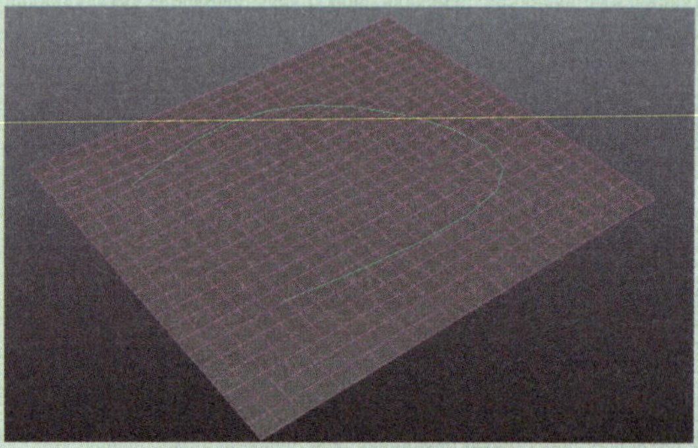

提示： 用线变形器变形对象，对象需要有较高的分段数才能有较好的变形效果。

03 向上移动曲线，变形对象形状也会发生相应变化，如下图所示。

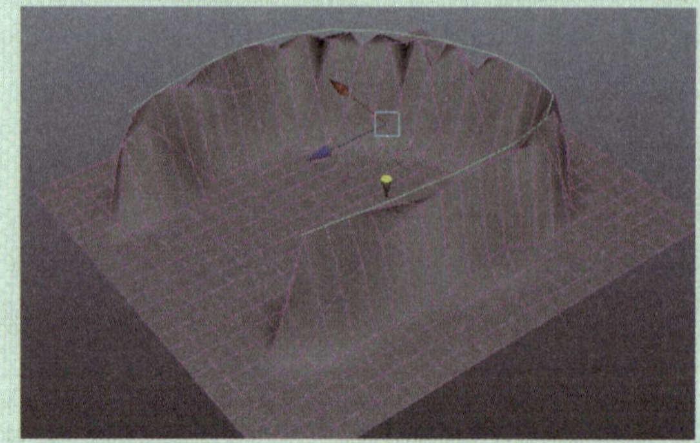

提示： 当线变形器需要使用到多条曲线时，可按下 Shift 键选择多条曲线。

2. 加限制线的线变形器

加限制线的线变形器，是在简单线变形器的基础上添加限制线，以限制变形区域，如右图所示。

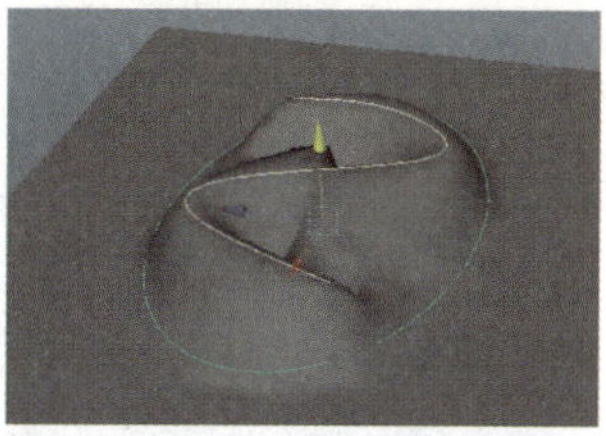

进阶练习：创建加限制线的线变形器

原始文件：

Chapter 8\8.2\Create holders wire(original).mb

最终文件：

Chapter 8\8.2\Create holders wire(final).mb

01 打开本书配套光盘中的原始文件，场景中有一个 Polygon 平面和两条 CV 曲线，其中 S 型的曲线是变形线，椭圆形曲线是限制线，如下图所示。

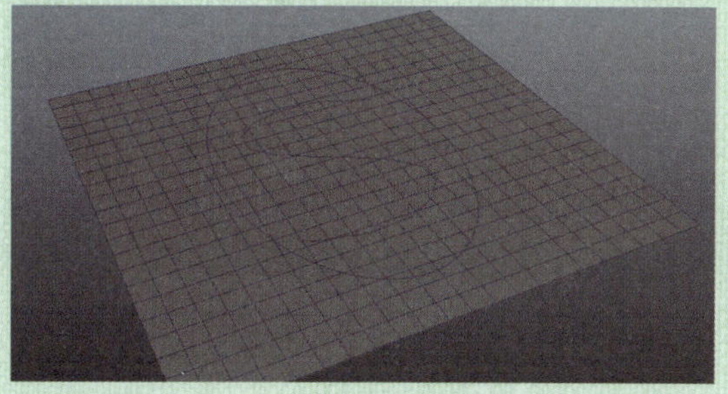

02 打开 Create Deformers（创建变形器）>Wire Tool（线形工具）命令的设置选项面板，勾选 Holders（保持）复选框，如下图所示。

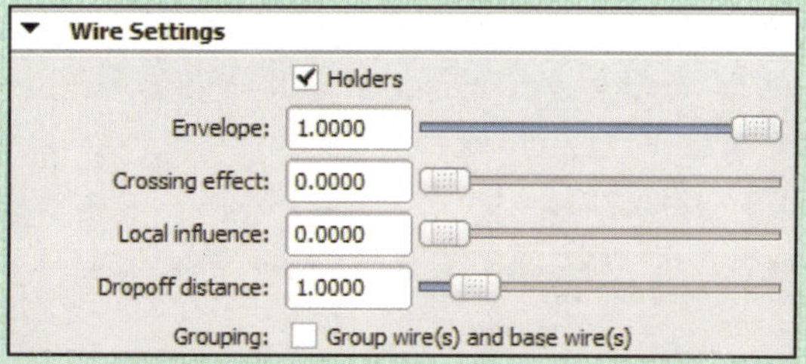

03 鼠标变为"+"字形后，先选择变形对象，按键盘 Enter 键，再选择影响线，按 Enter 键，然后选择限制线，按 Enter 键，最后鼠标空选工作空间任意一处，按 Enter 键，效果如下图所示。

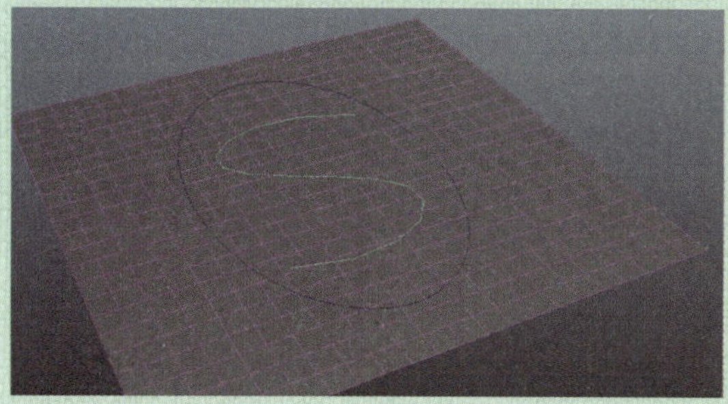

提示： 建立带限制线的线变形器时，可以建立多条带限制线的影响线，一条影响线带一条限制线。操作中，只需重复选择影响线，按 Enter 键，再选择限制线，按 Enter 键步骤即可。注意每次操作中只可以选择一条影响线。

04 移动影响线，即可对变形对象发生有限制的形状改变，如下图所示。

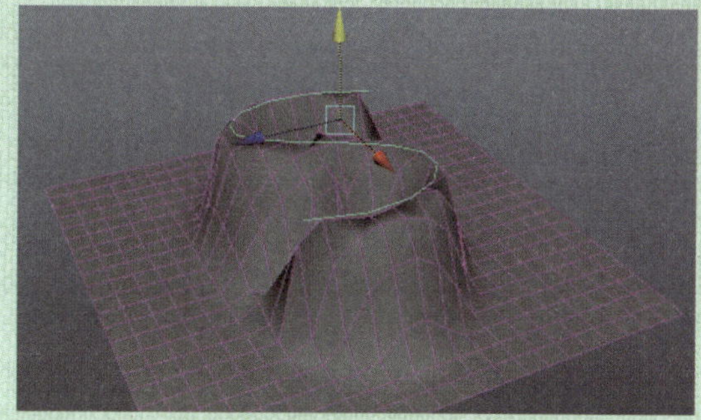

提示： 线变形也可使用笔刷绘制权重属性。执行 Edit Deformers（编辑变形器）>Paint Wire Weights Tool（绘制线变形权重工具）命令，该工具使用方法如同 Maya 其他笔刷绘制工具，也可参照簇变形章节相关内容学习。

8.2.5 Wrap（包裹）

Wrap（包裹）变形的操作对象是 NURBS 物体、多边形曲面或 Lattice（晶格）变形器，利用它们作为变形工具来改变变形对象的形状。这些变形工具通常都是包裹在变形对象的外面，让里面的变形对象跟随外面的变形器的形状改变而改变，所以称为包裹变形，是一种很奇妙的变形器。

Wrap（包裹）命令的参数设置面板，如下图所示。

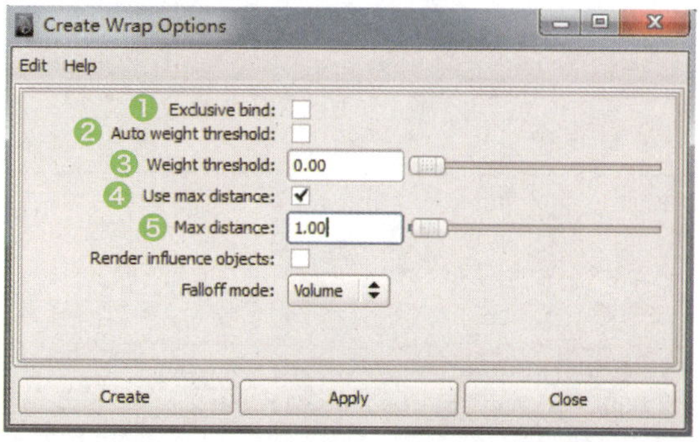

❶ Exclusive bind（完全绑定）：勾选此项，将不能调节权重值。

❷ Auto weight threshold（自动权重阈）：勾选此项，权重值与最大距离属性均不能调节。

❸ Weight threshold（权重阈）：设置包裹影响物体形状的影响系数，改变此值可以改变整个变形物体的平滑效果。当 Weight threshold（权重阈）值为 0.2 时，物体

变形很不平滑，如下左图所示；当 Weight threshold（权重阈）值为 0 时，物体变形效果变得平滑很多，如下右图所示。

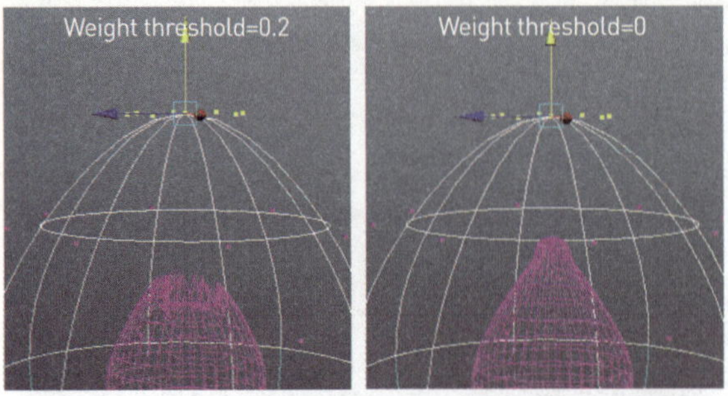

④ Use max distance（运用最大距离）：设置是否使用最大距离。

⑤ Max distance（最大距离）：设置包裹影响物体点的最大影响距离。当 Max distance（最大距离）值为 7 时，物体不受包裹物体的影响，如下左图所示；当 Max distance（最大距离）值为 2 时，物体受到包裹物体的影响产生变形，如下右图所示。

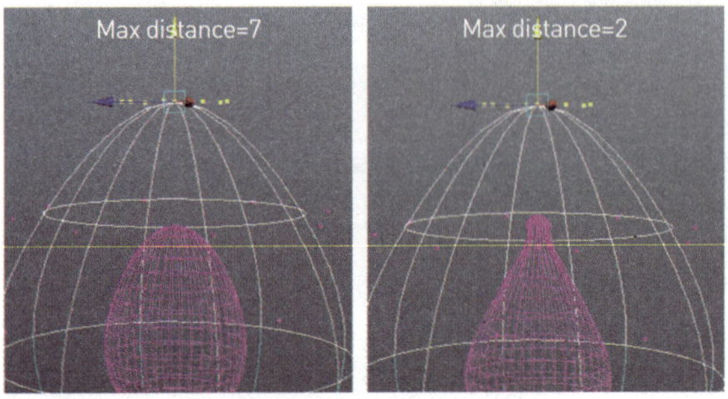

进阶练习：创建包裹变形器

最终文件： Chapter 8\8.2\Create Simple wire(final).mb

01 创建一个 NURBS 球体，在 Channel Box（通道栏）中修改 makeNurbSphere 1 节点属性，设置参数将球体细分，如下图所示。

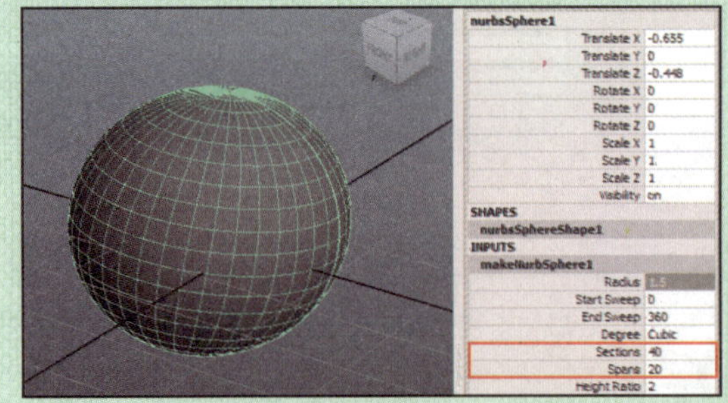

02 再次创建 NURBS 球体，在 Channel Box（通道栏）中修改 makeNurbSphere 2 节点属性，设置 Radius（半径）值为 3。调整位置，使其包裹之前建立的 NURBS 球体，如下图所示。

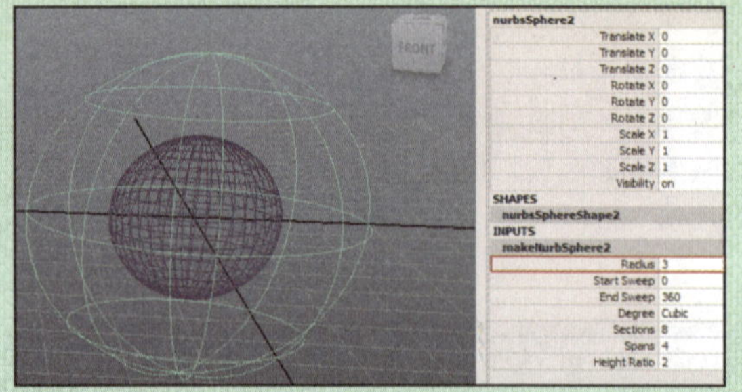

03 选中高细分球体，按住 Shift 键加选低细分球体，如下图所示。

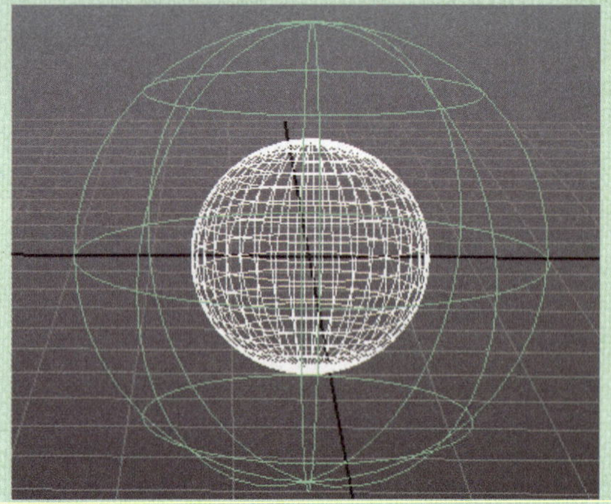

04 打开 Create Deformers（创建变形器）> Wrap（包裹）命令的选项设置面板，将 Max distance（最大距离）值设为 2.5，单击 Create（创建）按钮进行创建，如下图所示。

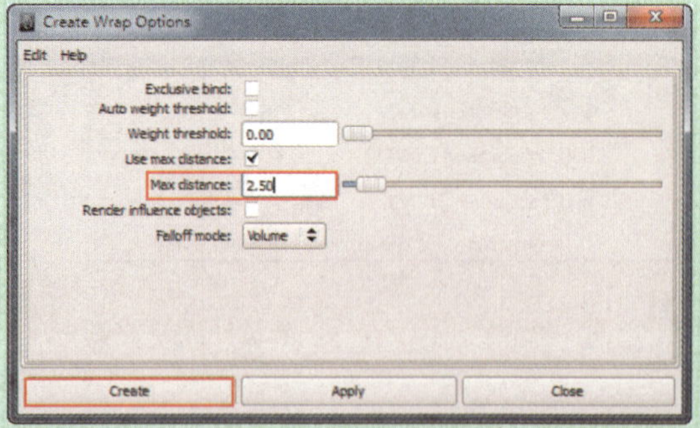

05 选中外部低细分大球，按快捷键 F9 进入点偏辑模式，修改外部低细分大球的形状，结果如右图所示，内部高细分球也产生了形状变化。

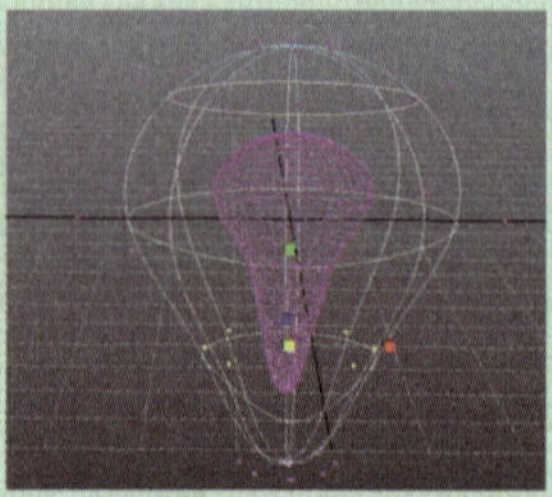

提示： 现在低细分球体是高细分球体的变形器，移动或修改低细分球体形状，高细分球也会做相应改变。

进阶练习：使用组进行包裹变形

最终文件： Chapter 8\8.2\Create group wrap(final).mb

01 创建一个 NURBS 平面作为变形对象，再创建 5 个锥体，如下图所示。

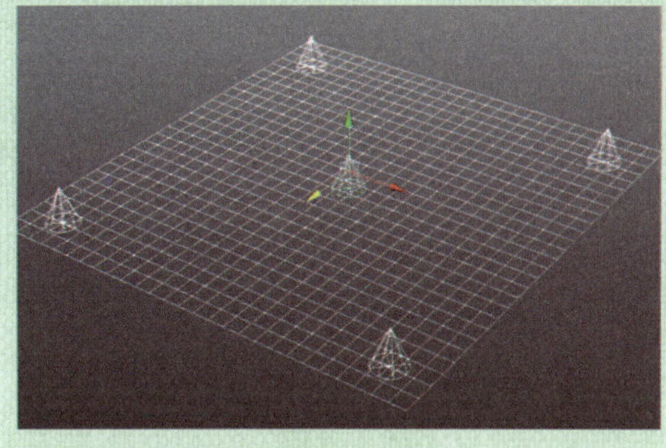

02 选中 5 个锥体，按快捷键 Ctrl+G 键，使锥体成组，如下图所示。

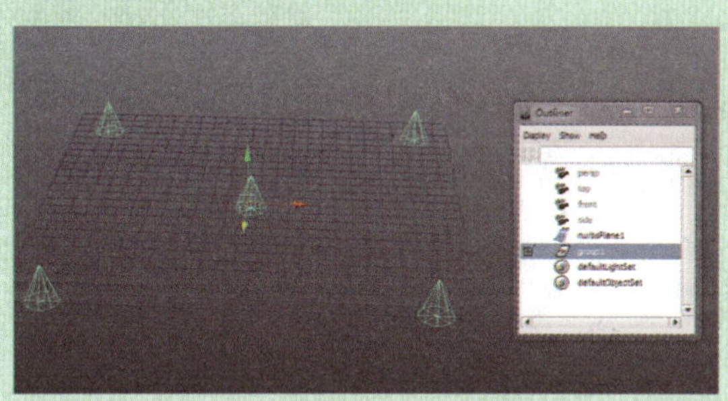

提示： 5 个椎体形成的组虽然没有包裹平面物体，但 Maya 认为组是包裹在物体之外的，从而产生对应的包裹变形。

03 选中平面，按 Shift 键加选锥体组。执行 Create Deformers（创建变形器）>Wrap（包裹）命令，创建包裹变形，如下图所示。

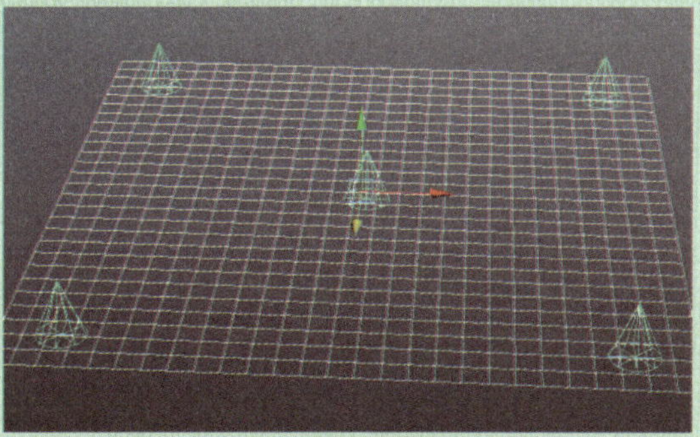

提示： 如果之前修改过 Wrap（包裹）命令的相关参数，可以重置后再进行创建。

04 完成包裹变形后，移动、旋转或缩放锥体，即可改变平面形状，如下图所示。

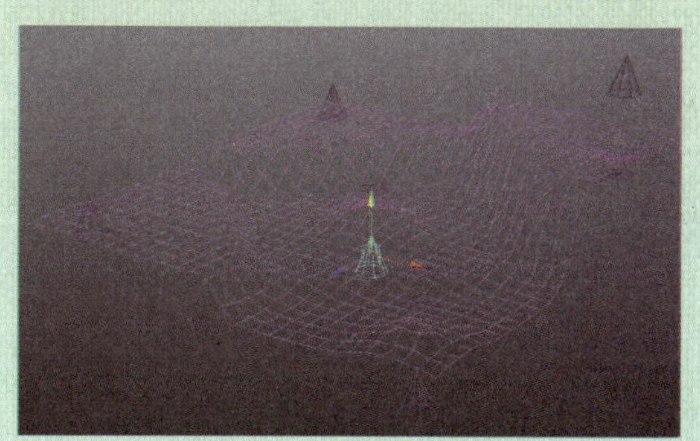

提示： 在包裹变形创建结束后，还可以对影响变形对像的物体进行添加或移除的操作。选中被变形物体，按键盘 Shift 键加选要添加或移除为包裹影响物体的物体，执行 Edit Deformers（编辑变形器）>Wrap（包裹）>Add Influence（添加影响）命令，或执行 Edit Deformers（编辑变形器）>Wrap（包裹）>Remove Influence（移除影响）命令，即可在创建包裹变形后，添加或移除包裹影响物体。

当使用 NURBS 物体作为包裹变形器的影响物体时，Channel Box（通道栏）中会添加两个新的属性：Dropoff（衰减）和 Wrap Samples（包裹采样），如下图所示。

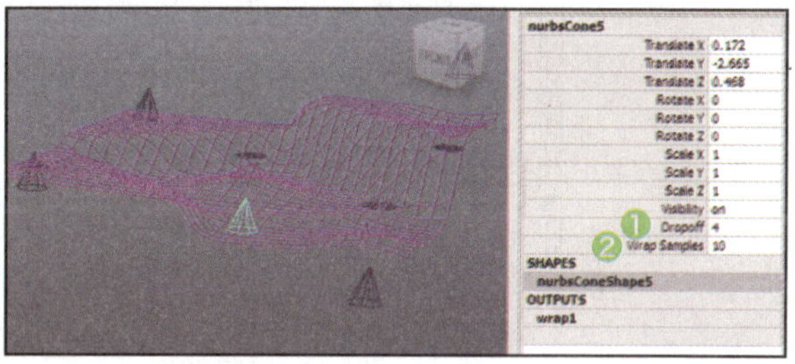

❶ Dropoff（衰减）：此参数可控制包裹变形影响力的衰减速度。该参数值越大，包裹变形器的影响力下降速度越快；参数值越小，包裹变形器的影响力下降速度越慢。当 Dropoff（衰减）值为 4 时，顶端的变形效果持续了一段后出现衰减，如下左图所示；Dropoff（衰减）值为 20 时，顶端的变形效果很快衰减，如下右图所示。

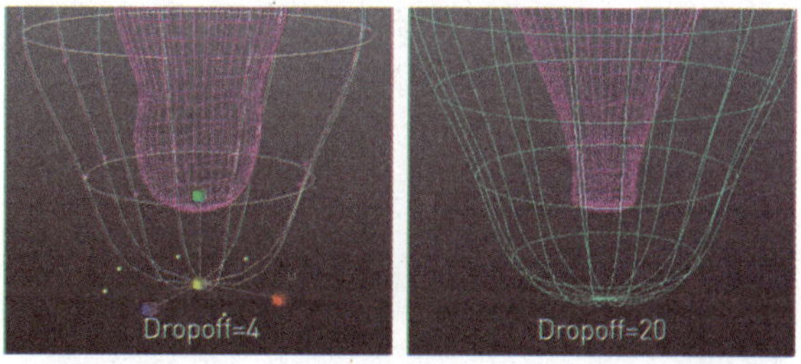

❷ Wrap Samples（包裹采样）：设置包裹变形器影响物体形状的采样数，此值越大，越能反应包裹变形器影响变形物体的变形效果。当 Wrap Samples（包裹采样）值为 10 时，变形器与包裹物体匹配程度较低，如下左图所示；当 Wrap Samples（包裹采样）值为 60 时，变形器与包裹物体匹配程度较高，如下右图所示。

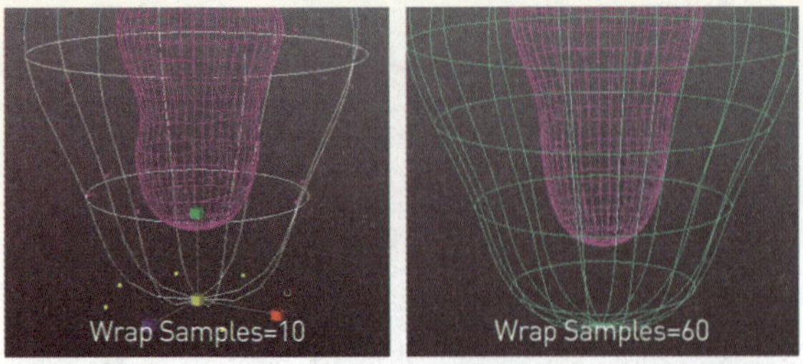

8.2.6 Nonlinear（非线性）

在所有变形器中，Nonlinear（非线性）变形器是最简单、最常用的变形工具之一。对于基础几何体变形效果极佳且方便快捷。

在 Create Deformers（创建变形器）>Nonlinear（非线性）菜单组中，包含 6 种非线性变形工具：Bend（弯曲）、Flare（扩张）、Sine（正弦）、Squash（压缩）、Twist（扭转）、Wave（波浪），如下图所示。

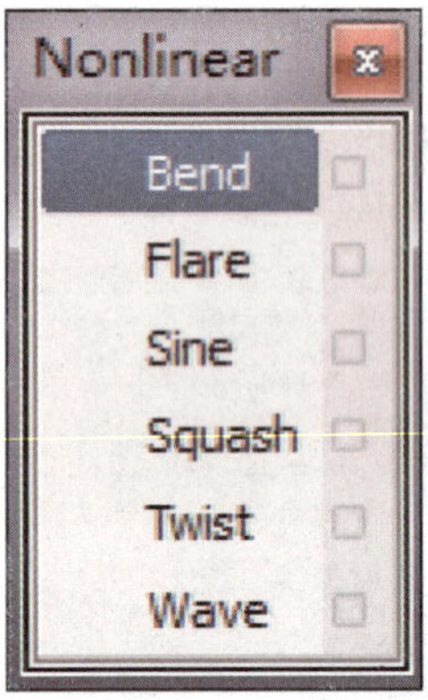

1. Bend（弯曲）变形器

弯曲变形器可以将物体沿某个特定方向进行弯曲，并且可以调节弯曲的程度、范围等属性。

在添加了弯曲变形器后，物体的 Channel Box（通道栏）中出现 bend1 节点，如下图所示。

bend1	
❶ Envelope	1
❷ Curvature	0
❸ Low Bound	-1
❹ High Bound	1

❶ Envelope（封套）：物体受到变形效果的程度。数值为 1 时，物体完全受到变形影响；当数值为 0 时，物体不受变形影响。

❷ Curvature（曲率）：用于控制弯曲的程度，数值越大，弯曲幅度越大。

❸ Low Bound（低限制）：设置变形范围的下限。

❹ High Bound（高限制）：设置变形范围的上限。

进阶练习：创建弯曲变形器

最终文件： Chapter 8\8.2\Bend Pipe(final).mb

01 新建 Polygon 圆管物体，在 Channel Box（通道栏）中设置 Subdivisions Height（高度细分数）属性值为 10，如下图所示。

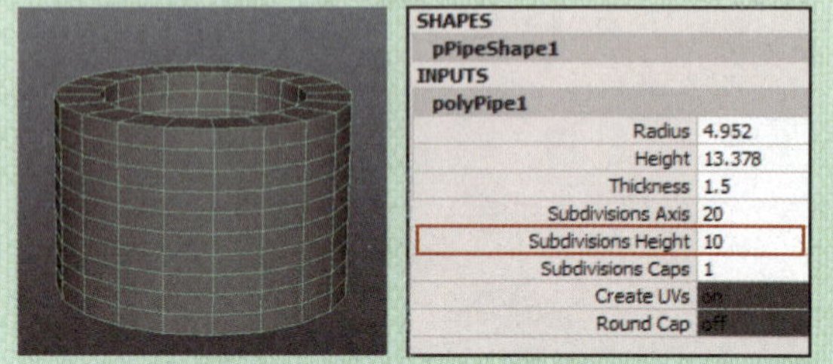

提示： 需要进行弯曲的物体，在长度上应当有足够的段数才能够产生弯曲效果，具体段数不限，用户可自行设置。

02 选中变形对象，执行 Create Deformers（创建变形器）>Nonlinear（非线性）>Bend（弯曲）命令，创建弯曲变形器，在变形对象上会出现控制器，如右图所示。

03 移动控制器手柄上的控制点，变形对象会发生弯曲效果，等于增大了 Curvature（曲率）的数值，如下图所示。

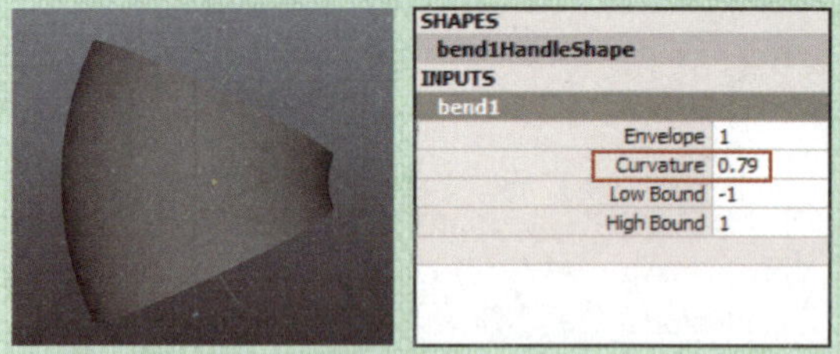

04 移动控制器手柄上的辅助点，变形对象弯曲效果会发生改变，等于减少了 Hight Bound（高限制）的数值，如下图所示。

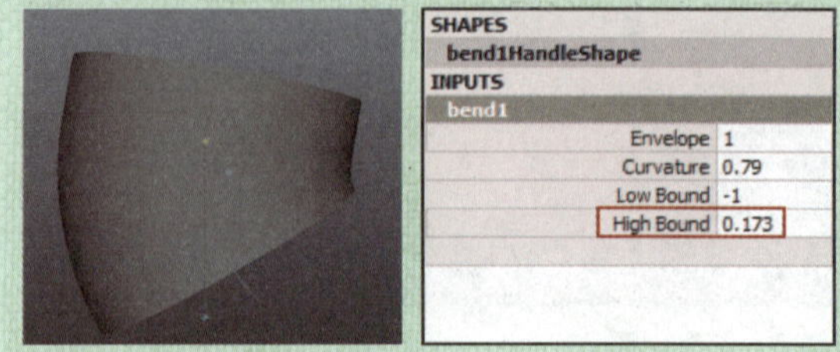

提示： 也可以通过移动控制器手柄下端的辅助点，改变 Low Bound（低限制）的数值。

2. Flare（扩张）变形器

扩张变形器可以分别设置物体两端的扩张效果。

在添加了扩张变形器后，物体的 Channel Box（通道栏）中出现 flare1 节点，如下图所示。

flare1	
❶ Envelope	1
❷ Start Flare X	1
❸ Start Flare Z	1
❹ End Flare X	1
❺ End Flare Z	1
❻ Curve	0
❼ Low Bound	-1
❽ High Bound	1

❶ Envelope（封套）：物体受到变形效果的程度。数值为 1 时，物体完全受到变形器影响；当数值为 0 时，物体不受变形器影响。

❷ Start FlareX（起点 X 轴扩张）：用于控制物体顶端 X 轴的扩张比例。

❸ Start FlareZ（起点 Z 轴扩张）：用于控制物体顶端 Z 轴的扩张比例。

❹ End FlareX（终点 X 轴扩张）：用于控制物体底端 X 轴的扩张比例。

❺ End FlareZ（终点 Z 轴扩张）：用于控制物体底端 Z 轴的扩张比例。

❻ Curve（曲线）：用于控制扩张的弧线的弧度。当数值为正数时，模型沿弧线向外扩张；当数值为负数时，模型沿弧线向内收缩。

❼ Low Bound（低限制）：设置变形范围的下限。

❽ High Bound（高限制）：设置变形范围的上限。

进阶练习：创建扩张变形器

最终文件： Chapter 8\8.2\Flare Pipe(final).mb

01 新建 Polygon（多边形）圆管物体，执行 Create Defor-mers（创建变形器）>Nonlinear（非线性）> Flare（扩张）命令，创建扩张变形器，在变形对象上会出现控制器，如右图所示。

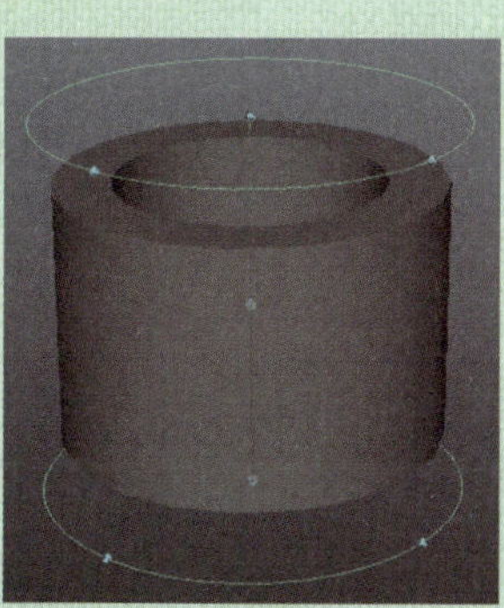

02 移动控制器手柄中圆环上的控制点，变形对象会发生扩张效果，等于增大了 Start FlareZ（起点 Z 轴扩张）的数值，如下图所示。

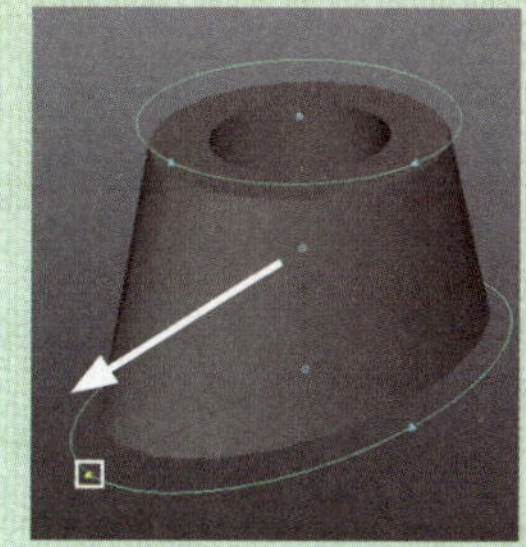

SHAPES	
flare1HandleShape	
INPUTS	
flare1	
Envelope	1
Start Flare X	1
Start Flare Z	1.842
End Flare X	1
End Flare Z	1
Curve	0
Low Bound	-1
High Bound	1

03 移动控制器手柄直线上的辅助点，变形对象扩张的范围会发生改变，等于减少了 Low Bound（低限制）的数值，如下图所示。

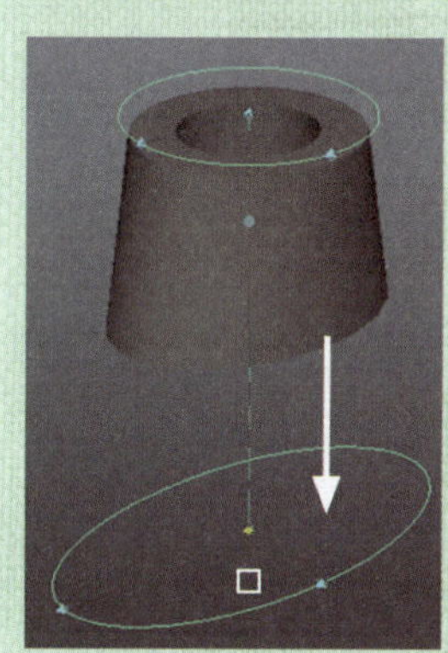

SHAPES	
flare1HandleShape	
INPUTS	
flare1	
Envelope	1
Start Flare X	1
Start Flare Z	1.842
End Flare X	1
End Flare Z	1
Curve	0
Low Bound	-2.407
High Bound	1

04 移动控制器手柄直线上中间位置的辅助点，变形对象扩张效果会发生改变，等于增大了 Curve（曲线）的数值，如下图所示。

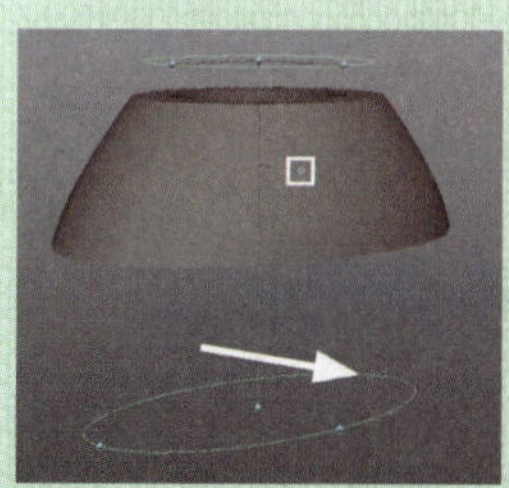

SHAPES	
flare1HandleShape	
INPUTS	
flare1	
Envelope	1
Start Flare X	1
Start Flare Z	1.842
End Flare X	1
End Flare Z	1
Curve	0.574
Low Bound	-2.407
High Bound	1

3. Sine（正弦）变形器

正弦变形器可以制作出沿正弦曲线弯曲，产生类似波形的起伏变形效果。

在添加了正弦变形器后，物体的 Channel Box（通道栏）中出现 sine1 节点，如下图所示。

sine1	
❶ Envelope	1
❷ Amplitude	0
❸ Wavelength	2
❹ Offset	0
❺ Dropoff	0
❻ Low Bound	-1
❼ High Bound	1

❶ Envelope（封套）：物体受到变形效果的程度。数值为1时，物体完全受到变形影响；当数值为0时，物体不受变形影响。

❷ Amplitude（振幅）：设置正弦曲线的振幅，振幅越大，效果越明显。

❸ Wavelength（波长）：设置正弦曲线的波长。

❹ Offset（偏移）：设置正弦曲线沿着轴线的偏移量。

❺ Dropoff（衰减）：设置振幅的衰减效果。当数值为正数时，从中心向两端衰减；当数值为负数时，从两端向中心衰减。

❻ Low Bound（低限制）：设置变形范围的下限。

❼ High Bound（高限制）：设置变形范围的上限。

进阶练习：创建正弦变形器

最终文件： Chapter 8\8.2\Sine Pipe(final).mb

01 新建 Polygon（多边形）圆管物体，在 Channel Box（通道栏）中设置 Subdivisions Height（高度细分数）属性值为17，如下图所示。

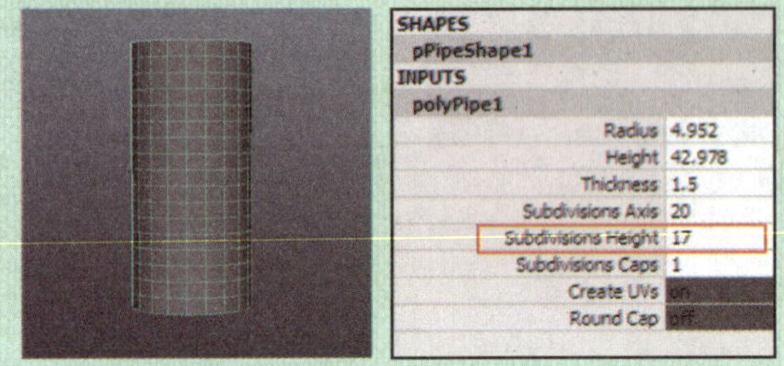

提示： 与弯曲变形相似，物体在长度上应当有足够的段数才能够产生变形效果，具体段数不限，以细长状态为好。

02 选中圆管物体，执行 Create Deformers（创建变形器）>Nonlinear（非线性）>Sine（正弦）命令，创建正弦变形器，如下图所示。

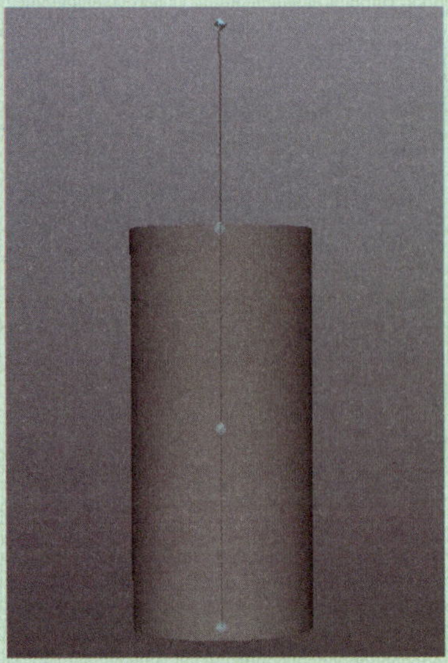

03 移动控制器手柄上的辅助点，变形对象产生了波浪状的变形。这种变化，来源于正弦曲线形态发生的变化，等于增大了 Amplitude（振幅）的数值，如下图所示。

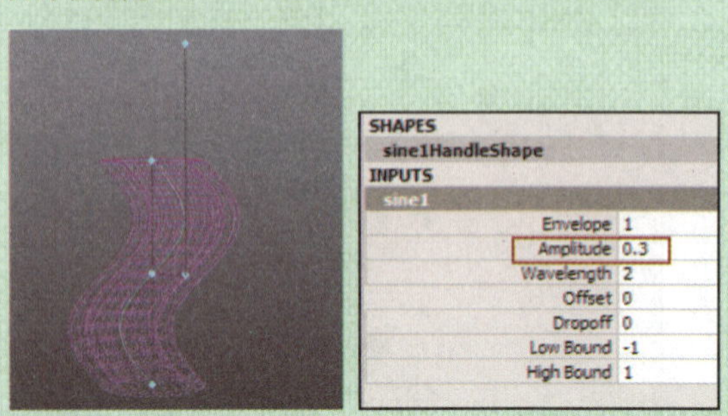

提示： 为了看到正弦变形中的辅助线，可以按键盘数字4键，切换至线框显示模式。

04 移动控制器手柄上的辅助点，变形对象的波浪变形变得更加密集，等于减少了 Wavelength（波长）的数值，如下图所示。

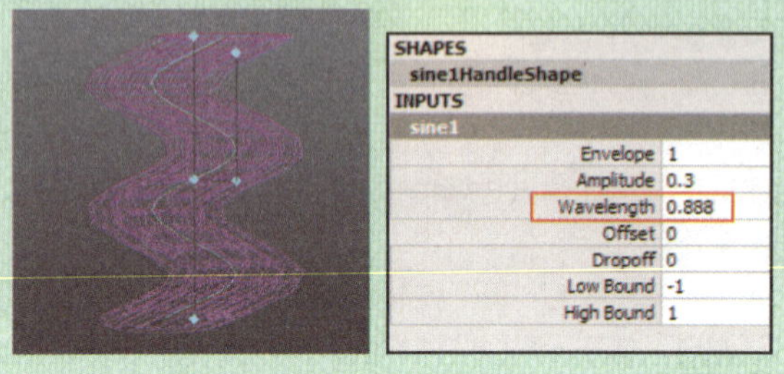

4. Squash（压缩）变形器

压缩变形器可以制作出类似压扁、拉长的变形效果。在添加了压缩变形器后，物体的 Channel Box（通道栏）中出现 squash1 节点，如下图所示。

❶ Envelope	1
❷ Factor	0
❸ Expand	1
❹ Max Expand Pos	0.5
❺ Start Smoothness	0
❻ End Smoothness	0
❼ Low Bound	-1
❽ High Bound	1

❶ Envelope（封套）：物体受到变形效果的程度。数值为1时，物体完全受到变形影响；当数值为0时，物体不受变形影响。

❷ Factor（因子）：设置压缩的幅度，当数值为正数时，变形物体被拉长；当数值为负数时，变形物体被压扁。

❸ Expand（扩张）：设置扩张的幅度，默认值为1。

❹ Max Expand Pos（最大扩张位置）：设置扩张的位置，即压缩效果最明显的位置。

❺ Start Smoothness（起点平滑度）：设置变形起点的平滑程度。

⑥ End Smoothness（终点平滑度）：设置变形终点的平滑程度。

⑦ Low Bound（低限制）：设置变形范围的下限。

⑧ High Bound（高限制）：设置变形范围的上限。

进阶练习：创建压缩变形器

最终文件：Chapter 8\8.2\squash ball(final).mb

01 新建 Polygon（多边形）球体，执行 Create Deformers（创建变形器）> Nonlinear（非线性）> Squash（压缩）命令，创建压缩变形器，在变形对象上会出现控制器，如下图所示。

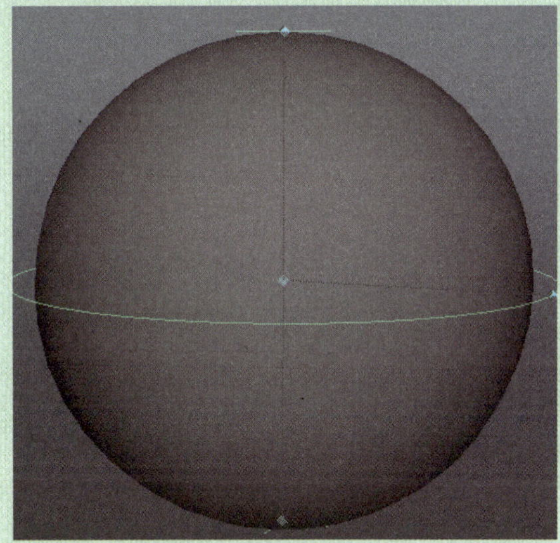

02 移动控制器手柄上的控制点，变形对象会发生压扁的效果，等于减少了 Factor（因子）的数值。如下图所示。

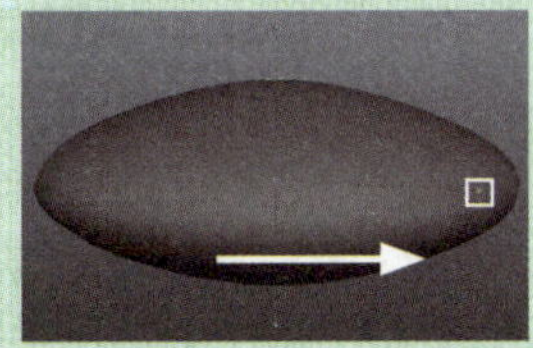

squash1	
Envelope	1
Factor	-0.501
Expand	1
Max Expand Pos	0.5
Start Smoothness	0
End Smoothness	0
Low Bound	-1
High Bound	1

03 移动控制器手柄上的辅助点，变形对象压缩变形效果会发生改变，等于减少了 Max Expand Pos（最大扩张位置）的数值，如下图所示。

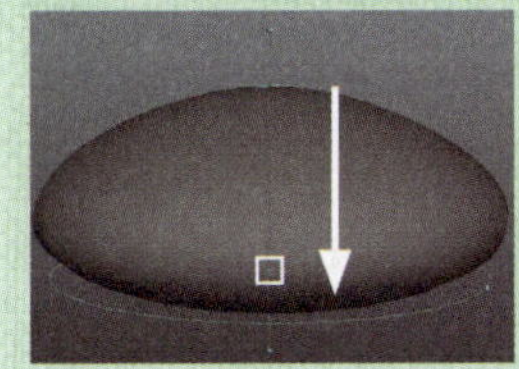

squash1	
Envelope	1
Factor	-0.501
Expand	1
Max Expand Pos	0.131
Start Smoothness	0
End Smoothness	0
Low Bound	-1
High Bound	1

5. Twist（扭曲）变形器

扭曲变形器可以制作类似拧毛巾一样的扭曲变形效果。在添加了扭曲变形器后，物体的 Channel Box（通道栏）中出现 twist1 节点，如下图所示。

twist1	
① Envelope	1
② Start Angle	0
③ End Angle	0
④ Low Bound	-1
⑤ High Bound	1

① Envelope（封套）：物体受到变形效果的程度。数值为 1 时，物体完全受到变形影响；当数值为 0 时，物体不受变形影响。

② Start Angle（起始角度）：设置扭曲起始端的旋转角度。

③ End Angle（结束角度）：设置扭曲结束端的旋转角度。

④ Low Bound（低限制）：设置变形范围的下限。

⑤ High Bound（高限制）：设置变形范围的上限。

进阶练习：创建扭曲变形器

最终文件：Chapter 8\8.2\twist box(final).mb

01 新建 Polygon（多边形）盒子物体，在 Channel Box（通道栏）中设置 Subdivisions Height（高度细分数）属性值为 18，如下图所示。

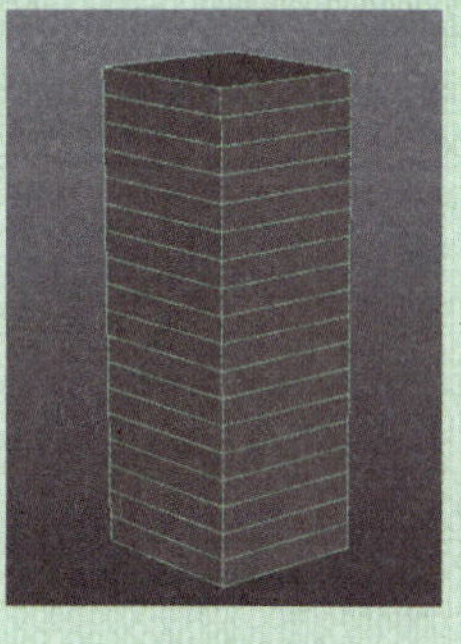

polyCube1	
Width	4.143
Height	11.365
Depth	3.855
Subdivisions Width	1
Subdivisions Height	18
Subdivisions Depth	1
Create UVs	Normalize ...

提示：与弯曲变形相似，物体在长度上应当有足够的段数才能够产生变形效果，具体段数不限。

02 选中长方体，执行 Create Deformers（创建变形器）> Nonlinear（非线性）>Twist（扭曲）命令，创建扭曲变形器，在变形对象上会出现控制器，如右图所示。

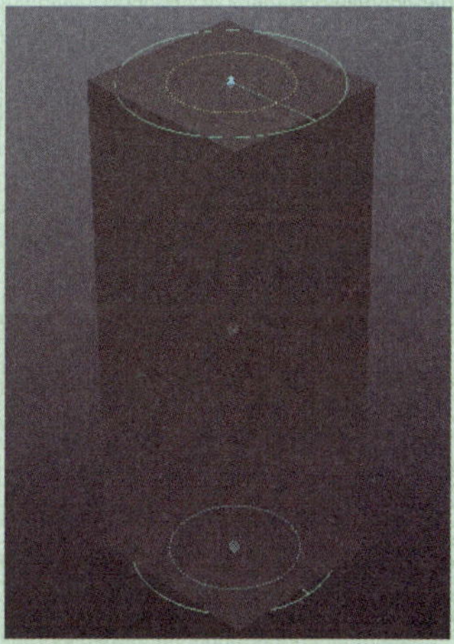

03 旋转控制器手柄上的环形控制线，变形对象会发生扭曲效果，等于增大了 End Angle（结束角度）的数值，如下图所示。`

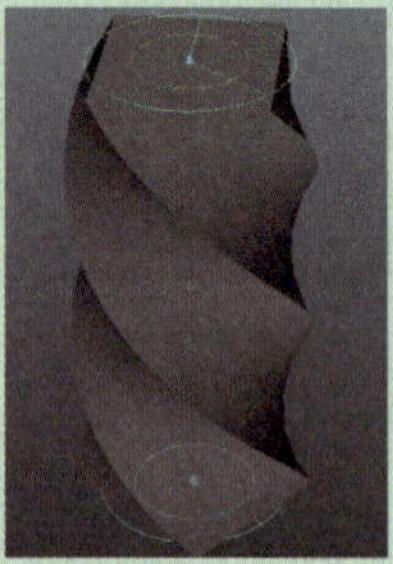

SHAPES	
twist1HandleShape	
INPUTS	
twist1	
Envelope	1
Start Angle	0
End Angle	231.424
Low Bound	-1
High Bound	1

6. Wave（波浪）变形器

波浪变形器可以产生水波纹、涟漪一样的变形效果，在平面上表现尤其明显。

在添加了波浪变形器后，物体的 Channel Box（通道栏）中出现 wave1 节点，如下图所示。

wave1	
❶ Envelope	1
❷ Amplitude	0
❸ Wavelength	1
❹ Offset	0
❺ Dropoff	0
❻ Dropoff Position	0
❼ Min Radius	0
❽ Max Radius	1

❶ Envelope（封套）：物体受到变形效果的程度。数值为 1 时，物体完全受到变形影响；当数值为 0 时，物体不受变形影响。

❷ Amplitude（振幅）：设置波浪的振幅，振幅越大，效果越明显。

❸ Wavelength（波长）：设置波浪的波长。

❹ Offset（偏移）：设置波浪的偏移量。

❺ Dropoff（衰减）：设置振幅的衰减效果。当数值为正数时，从中心向两端衰减；当数值为负数时，从两端向中心衰减。

❻ Dropoff Position（衰减位置）：设置衰减开始的位置。

❼ Min Radius（最小半径）：设置变形范围的最小半径，即在此半径内不产生变形。

❽ Max Radius（最大半径）：设置变形范围的最大半径，即在此半径外不产生变形。

进阶练习：创建波浪变形器

最终文件： Chapter 8\8.2\wave plane[final].mb

01 新建 Polygon（多边形）平面，在 Channel Box（通道栏）中设置 Subdivisions Weight（宽度细分数）和 Subdivisions Height（高度细分数）值为 38，如下图所示。

SHAPES	
pPlaneShape1	
INPUTS	
polyPlane1	
Width	13.253
Height	12.399
Subdivisions Width	38
Subdivisions Height	38
Create UVs	Normalize

提示： 足够多的段数才能够表现出波浪变形的效果。

02 选中变形对象，执行 Create Deformers（创建变形器）>Nonlinear（非线性）>Wave（波浪）命令，创建波浪变形器，在变形对象上会出现相应控制器，如下图所示。

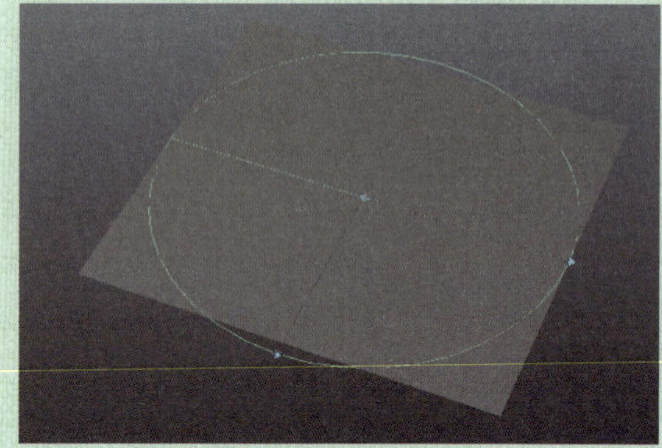

提示： 外面的绿色圆圈代表 Max Radius（最大半径）内的范围，即波浪变形的范围。

03 移动控制器手柄上的控制点，变形对象会发生波形变形效果，等于增大了 Amplitude（振幅）的数值，如下图所示。

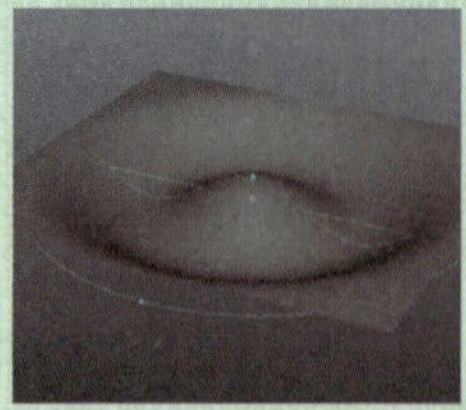

wave1	
Envelope	1
Amplitude	0.106
Wavelength	1
Offset	0
Dropoff	0
Dropoff Position	0
Min Radius	0
Max Radius	1

04 移动控制器手柄上的控制点，变形对象的波形变形效果发生改变，等于减小了 Wavelength（波长）的数值，如下图所示。

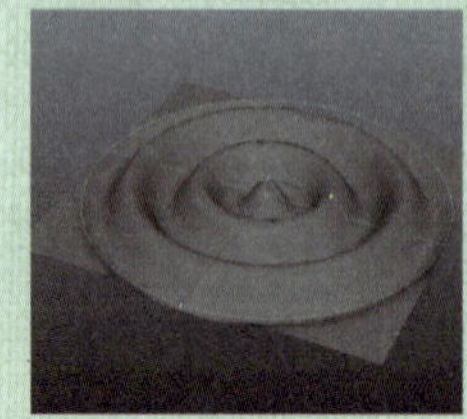

wave1	
Envelope	1
Amplitude	0.106
Wavelength	0.369
Offset	0
Dropoff	0
Dropoff Position	0
Min Radius	0
Max Radius	1

8.2.7 Jiggle Deformer（抖动变形器）

Jiggle Deformer（抖动变形器）是制作三维动画中经常用到的变形器，在模拟生物体肌肉抖动时效果极佳。抖动变形器可以作用于整个物体，也可作用于指定 CV 点、晶格点或者多边形物体的顶点。

下图是 Jiggle Deformer（抖动变形器）命令的参数设置面板。

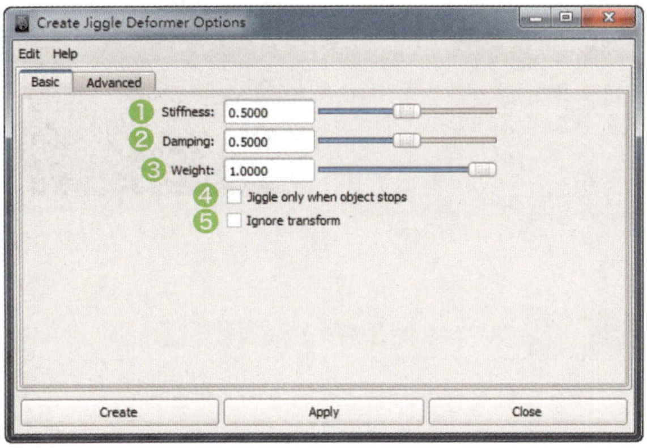

❶ Stiffness（硬度）：设置抖动的硬度。值越高，弹性越小，抖动速度越快；值越小，弹性越大，抖动显得越松弛。

❷ Damping（阻尼）：较高的值，抖动弱化，弹性降低；较小的值，弹性增加，与 Stiffness（硬度）属性协调作用。

❸ Weight（权重）：控制整体抖动程度。

❹ Jiggle only when object stops（仅物体停止时抖动）：抖动效果只在物体静止时发生，物体移动过程中没有抖动。

❺ Ignore transform（忽略变换）：勾选此选项，抖动变形器将仅响应组元点的动画，而不响应物体变换节点的动画。

进阶练习：创建抖动变形器

原始文件： Chapter 8\8.2\Create Jiggle(original).mb
最终文件： Chapter 8\8.2\Create Jiggle(final).mb

01 打开本书配套光盘中的原始文件，播放动画可以看到已经为场景中的模型设置了简单的动画，如右图所示。

提示： 抖动变形是基于物体每一帧的运动或者形变幅度进行计算得到的变形效果，所以必须先为模型创建动画。

02 选择要添加抖动变形器的物体或组元点，在本例中选中一侧鬓角上的点，如右图所示。执行 Create Deformers（创建变形器）>Jiggle Deformer（抖动变形器）命令，即可创建抖动变形器。

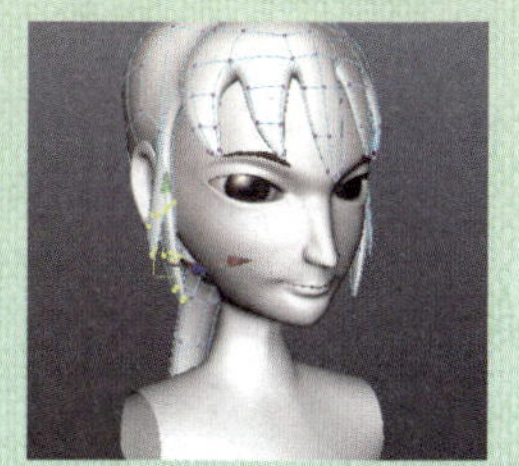

提示： 在完成这一步骤后，播放动画可以看到头发抖动的效果，但抖动频率过快，效果不理想。

03 在通道栏中设置 Stiffness（硬度）值为 0.1，Damping（阻尼）值为 0.1，Jiggle Weight（抖动权重）值为 0.9，如下图所示。

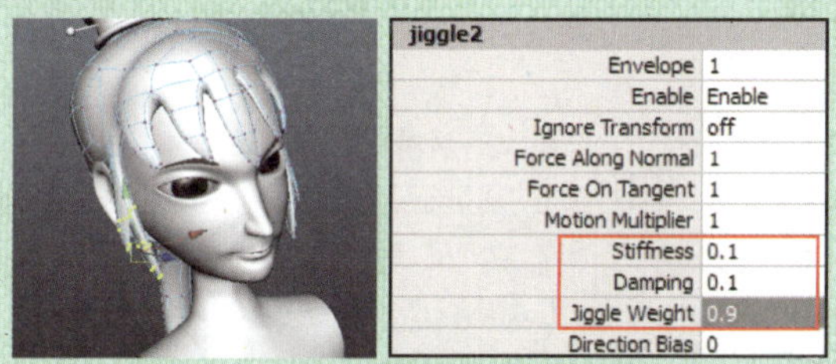

提示： 由于头发较柔软，抖动频率低，所以需要调节默认参数。调整后头发的抖动变得自然。

8.2.8 Sculpt Deformer（雕刻变形器）

雕刻变形器适合创建圆形变形效果，在制作角色表情动画时，常用于控制人物的下巴，脸颊等部位。

雕刻变形器是使用内置造型球或 NURBS 物体来作为变形工具。内置造型球是一个球形的框架，用户通过操纵造型球来改变变形对象形状。

Sculpt Deformer（雕刻变形器）的参数设置面板如下图所示。

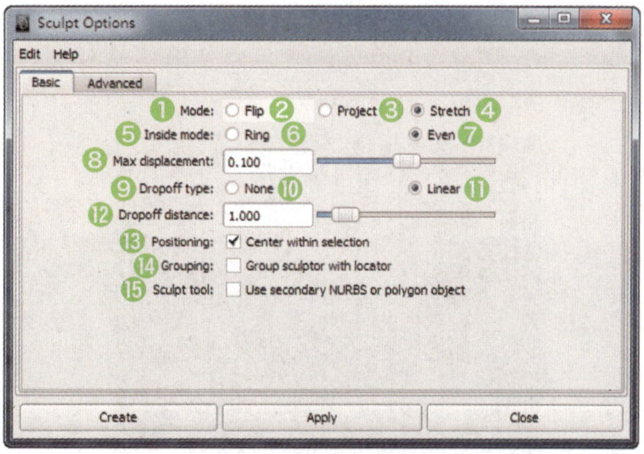

❶ Mode（模式）：设置雕刻变形的模式，分为 Flip（翻转）、Project（投影）、Stretch（拉伸）三种。

❷ Flip（翻转）：在翻转模式下，在造型工具接近几何体时产生形变。当变形工具的中心通过变形表面时，变形区

将翻转到造型工具的另一侧。

❸ Project（投影）：在投影模式下，雕刻变形将几何体投影到变形工具的表面，投影的范围取决于雕刻变形器的Dropoff distance（衰减距离）的值。

❹ Stretch（拉伸）：在拉伸模式下，造型球远离几何体表面，几何体的影响区域会凸起与造型球保持匹配。

❺ Inside Mode（内部模式）：设置位于变形工具内部的影响变形对象的变形方式。

❻ Ring（环形）：将内部的点推到造型球的外部，环绕球体创建环状效果。

❼ Even（平整）：环绕球体均匀地伸展内部点，创建光滑的效果。

❽ Max displacement（最大偏移）：设置变形工具可推动变形对象点的距离。

❾ Dropoff type（衰减类型）：设置变形工具影响范围的衰减方式。

❿ None（无）：设置没有衰减的效果。

⓫ Linear（线性）：设置逐渐衰减，产生线性减弱的效果。

⓬ Dropoff distance（衰减距离）：设置衰减的范围。

⓭ Positioning（定位）：勾选此选项，变形工具定位于可变形物体的中心；取消勾选此选项，变形工具位于工作空间原点。若Mode（模式）选择Strecth（拉伸）变形选项，拉伸locator（基准）将和造型工具放置在一起。

⓮ Grouping（成组）：若Mode（模式）选择Strecth（拉伸）变形选项，再勾选此选项，可将拉伸基准locator和变形工具放入一个组中。

⓯ Sculpt tool（雕塑工具）：用指定的NURBS物体作为造型工具。

进阶练习：创建雕刻变形器

原始文件： Chapter 8\8.2\Create Sculpt(original).mb
最终文件： Chapter 8\8.2\Create Sculpt(final).mb

01 打开本书配套光盘中的原始文件，选中变形对象，执行Create Deformers（创建变形器）>Sculpt Deformers（雕刻变形器）命令，效果如下图所示。

提示：按键盘4键可以显示出在模型内部的造型球。

02 移动造型球，模型发生形变，如右图所示。

03 移动模型内部的定位器，可以改变雕刻形变的参考坐标，如右图所示。

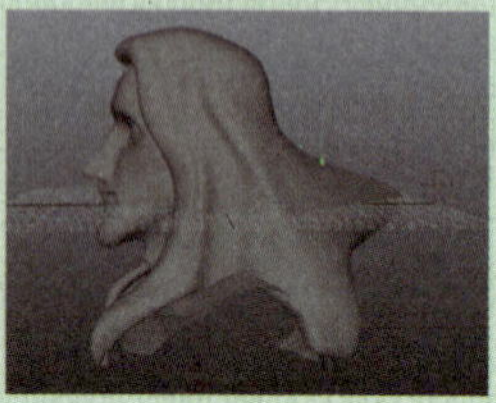

8.2.9 Wrinkle Tool（褶皱工具）

褶皱变形是簇变形和一个或多个线变形的组合，多用于为人物面部增加皱纹时使用。

Wrinkle Tool（褶皱工具）命令的参数设置面板如下图所示。

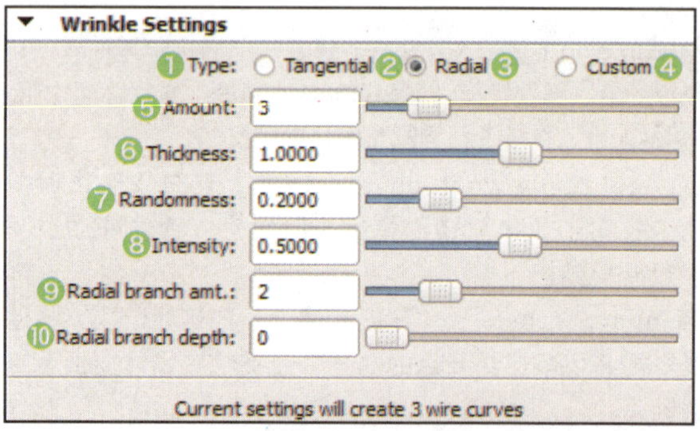

❶ Type（类型）：设置褶皱变形的类型，分别为Tangential（平行）、Radial（辐射）和Custom（自定义）类型。

❷ Tangential（平行）：平行褶皱变形的变形线呈平行分布。仅能用于单一NURBS物体的变形，效果如下图所示。

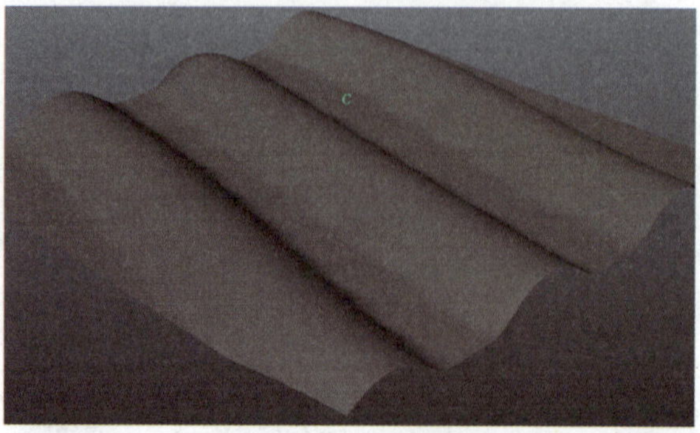

❸ Radial（辐射）：辐射褶皱变形的变形线从一点开始，向四周辐射。仅能用于单一NURBS物体的变形，效果如下图所示。

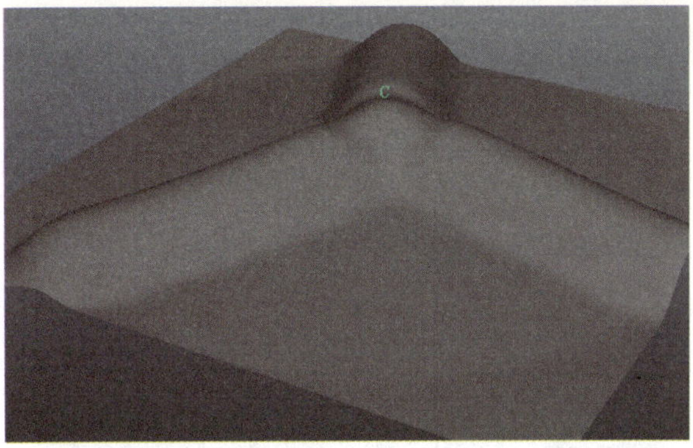

④ Custom（自定义）：自定义褶皱变形可以让用户自行创建变形线，相比前两种变形方式，它更加灵活，并且自定义褶皱变形可以对任意的可变性物体进行变形操作，比如多边形表面，晶格点等，效果如右图所示。

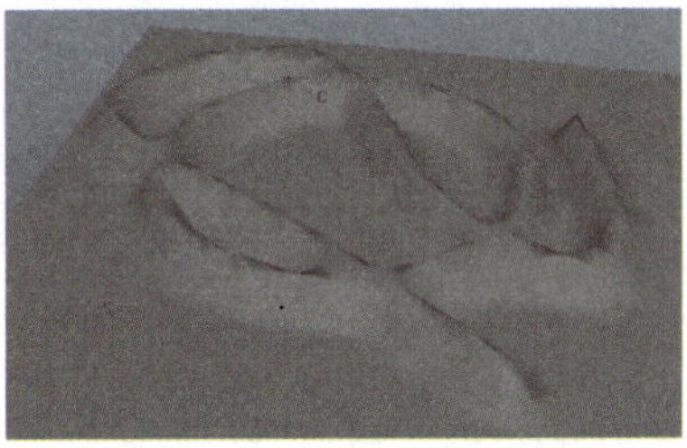

⑤ Amount（数量）：设置褶皱变形的主体褶皱数量。

⑥ Thickness（厚度）：设置表面衰减即每条影响线影响的区域。

⑦ Randomness（随机性）：设置褶皱变形关于 Amount（数量）、Thickness（厚度）、Radial branch amt（辐射分支数量）、Radial branch depth（辐射分支深度）的随机性变化情况，避免褶皱产生单一机械的形态。

⑧ Intensity（强度）：设置影响线创建折痕时的锐化程度，值越大，折痕越尖锐。

⑨ Radial branch amt（辐射分支数量）：设置子影响线的数量，即每条主皱纹的分支数量。

⑩ Radial branch depth（辐射分支深度）：设置影响线分支的层级，即从起始影响线到末端要经过几次分支。该参数仅在辐射褶皱变形类型时可用。

进阶练习：创建褶皱变形器

最终文件： Chapter 8\8.2\NURBS Wrinkle(final).mb

01 新建 NURBS 平面物体，在 Channel Box（通道栏）中设置 Patches U（U 方向段数）、Patches V（V 方向段数）数值为 23，如下图所示。

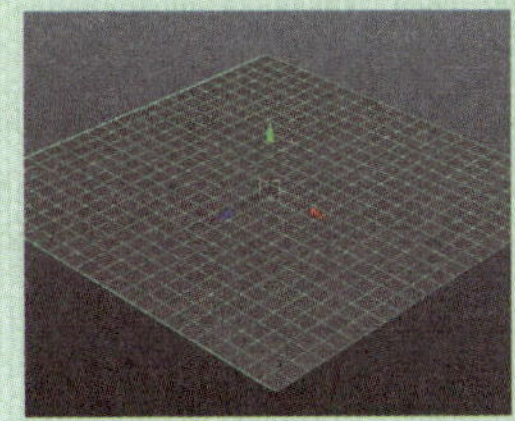

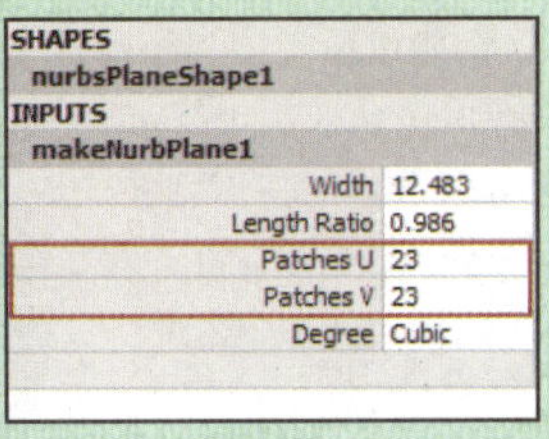

02 选中 NURBS 平面，执行 Create Deformers（创建变形器）>Wrinkle Tool（褶皱变形工具）命令，将出现褶皱变形范围视图，如下图所示。

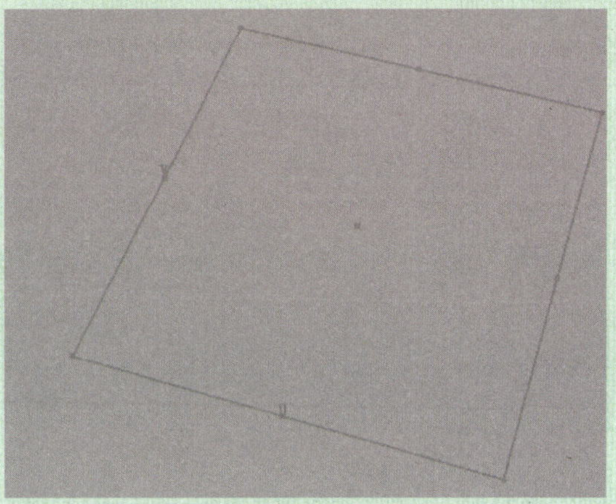

提示： 对非 NURBS 物体进行这种操作不会出现范围视图，也不能产生变形效果。

03 按住鼠标中键拖曳边缘的 UV 字样，可以调整褶皱变形边缘范围；拖曳两边交点，可以缩放整个平面；拖曳平面中点，可以整体移动平面。调整结束后，按 Enter 键，回到普通视图，平面中心出现 Cluster（簇）变形器的手柄标记"C"，如下图所示。

04 移动 Cluster（簇）变形器的手柄标记"C"，物体产生褶皱变形效果，如下图所示。

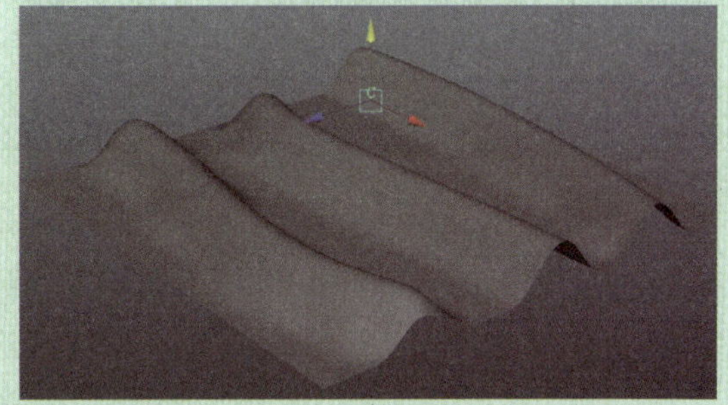

提示： 使用这种方法也可以制作出辐射褶皱变形效果。

进阶练习：自定义褶皱变形器

最终文件： Chapter 8\8.2\Custom Wrinkle(final).mb

01 创建两条 Curves（曲线），再新建 Polygon（多边形）平面物体，在 Channel Box（通道栏）中增大 Subdivisions Weight（宽度细分数）和 Subdivisions Height（高度细分数）属性值，如下图所示。

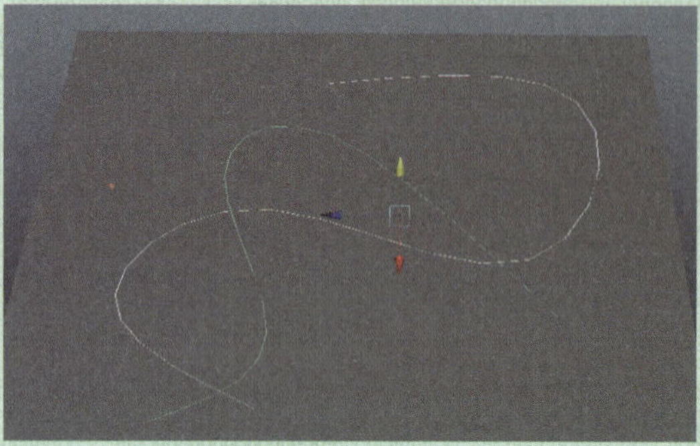

提示： 当变形对象是非 NURBS 物体时，系统将不能自动创建变形线，建立变形前，要预先创建变形线。

02 打开 Create Deformers（创建变形器）>Wrinkle Tool（褶皱工具）命令的选项设置窗口，将 Type（类型）选为 Custom（自定义）选项，如下图所示。

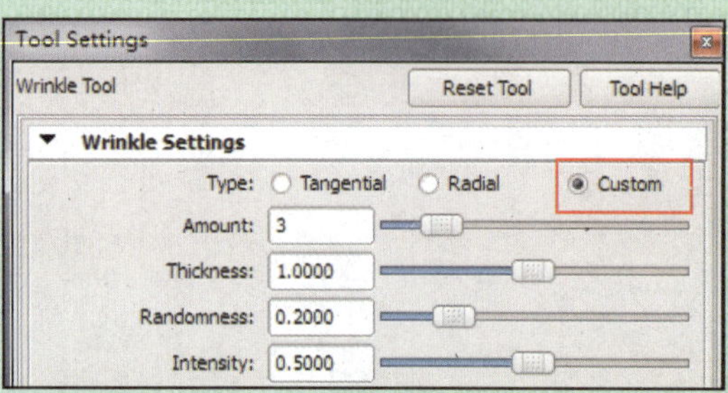

03 选择 Polygon（多边形）平面，按 Enter 键，选择两条 Curves(曲线)，再次按下 Enter 键。变形对象中心位置将出现一个 Cluster（簇）变形器操作手柄的标记“C”，如下图所示。

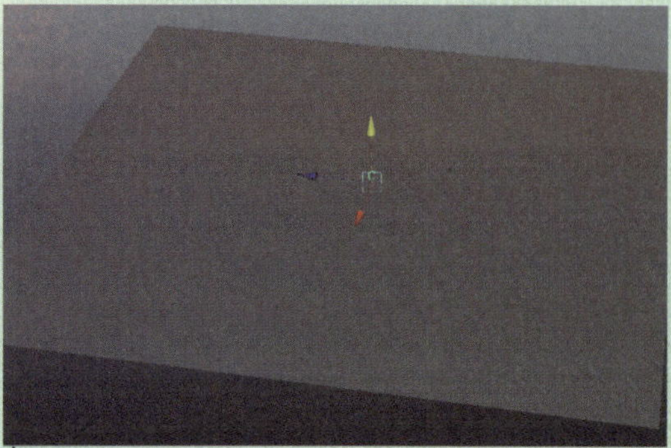

提示： 操作结束后，两条曲线会被隐藏，不会显示在视图中。

04 拖动簇手柄，Polygon（多边形）平面出现褶皱变形，如下图所示。

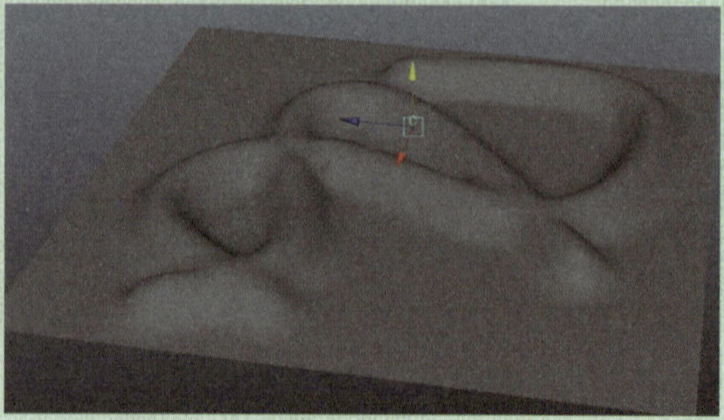

8.3 路径动画概述

路径动画可以让物体精确地沿着轨迹进行运动，并且可以让物体随着轨迹方向的改变产生方向的变化，甚至可以让物体在沿着轨迹运动时，产生随着轨迹形态而发生形变的效果。例如：沿着铁轨行驶的火车、绕着地球飞行的卫星、滑翔的飞机、游动的鱼等等。这类沿着具体轨迹运动的动画，如果使用关键帧方式进行制作时，由于要匹配路径的变化，需要使用非常多的关键帧，才能接近路径的形态，但依然不完美，而且物体在运动时由于路径方向的变化，需要随之产生方向变化，也很难通过手动设置的关键帧去模拟。

因此要进行路径动画的制作，首先必须有一条作为路径的曲线，然后将这条曲线与物体进行关联，最后再调整动画的具体效果。

在 Animation（动画）模块的 Animate（动画）> Motion Path（运动路径）菜单下，有与路径动画设置相关的命令，如下图所示。

❶ Set Motion Path Key（设置运动路径关键帧）：为路径动画设置关键帧。它主要用于调整物体在路径上的运动状态，例如设置加速、停顿等效果。

❷ Attach to Motion Path（连接到运动路径）：将物体模型与路径曲线进行关联。

❸ Flow Path Object（流动路径对象）：让物体产生沿曲线变形的效果。

8.3.1 沿曲线运动动画

Attach to Motion Path（连接到运动路径）命令是制作路径动画时第一个需要使用的命令，使用该命令还会自动产生时间范围内从路径起点运动到终点的动画效果。

打开 Animate（动画）>Motion Paths（运动路径）> Attach to Motion Path（连接到运动路径）命令的参数设置面板，了解该命令的相关参数设置，如下图所示。

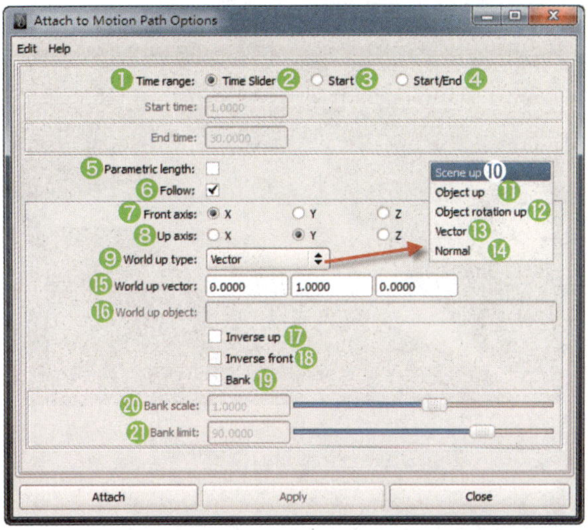

① Time range（时间范围）：设置路径动画的时间范围。

② Time Slider（时间滑块）：动画回放范围。

③ Start（开始）：在 Start time（开始时间）文本框中输入设置路径动画开始的时间。

④ Start/End（开始 / 结束）：在 Start time（开始时间）和 End time（结束时间）文本框中输入设置路径动画的起始帧和结束帧。

⑤ Parametric length（参数化长度）：勾选该选项，可以根据路径长度百分比控制物体在路径上的位置；不勾选该选项，物体根据路径曲线上 U 方向的数值变化控制物体在路径上的位置。

⑥ Follow（跟随）：该选项默认为勾选，它能使物体随着路径方向的改变而改变方向；取消勾选该选项，则下列参数皆不可用。

⑦ Front axis（前方向轴）：设置向前轴向。可以制定 X、Y、Z 中的一个轴向作为路径动画向前的方向。

⑧ Up axis（上方向轴）：设置向上轴向。可以制定 X、Y、Z 中的一个轴向作为路径动画向上的方向。

⑨ World up type（全局上方向类型）：设置路径动画向上方向的类型，共有 5 个可选方向。

⑩ Scene up（场景上方向）：使用场景向上方向替代世界坐标的向上方向作为路径动画的向上方向。

⑪ Object up（对象上方向）：使用路径动画的物体上相方向作为路径动画的向上方向。

⑫ Object rotation up（对象旋转上方向）：使用物体旋转后的局部坐标中的向上方向作为路径动画的向上方向。

⑬ Vector（矢量）：通过矢量数值设定路径动画的向上方向。

⑭ Normal（法线）：使用路径的法线方向作为路径动画的向上方向。

⑮ World up vector（全局上方向向量）：当 World up type（全局上方向类型）属性选择 Vector（矢量）选项时，该属性被激活，可以在文本框中输入数值指定向上方向。

⑯ World up object（全局上方向对象）：选择某个物体的向上方向作为路径动画的向上方向。

⑰ Inverse up（反转上方向）：反转向上方向。

⑱ Inverse front（反转前方向）：反转向前方向。

⑲ Bank（倾斜）：勾选该选项，物体会根据路径的变化自动产生倾斜的效果。

提示 如飞机在飞行时就是利用倾斜来保持转弯或某状态运动下的平衡的。那么完全通过手动控制飞机的倾斜角度可能会有些繁琐，此时就可以使用自动倾斜的功能。

⑳ Bank scale（倾斜缩放）：设置当前物体倾斜的强度。

㉑ Bank limit（倾斜限制）：设置当前物体的最大倾斜角度。

提示 例如飞机在向左拐弯时，机身会自动向左侧产生明显的倾斜效果，如下图所示。

未勾选 Bank（倾斜）复选框

勾选 Bank（倾斜）复选框

提示 除了可以在初次使用 Attach to Motion Path（连接到运动路径）命令之前对以上参数进行设置外，也可以在完成该命令操作后，在路径动画物体的通道栏和属性编辑器中再次修改以上参数。

在对物体执行 Attach to Motion Path（连接到运动路径）命令后在通道栏中出现了 motionPath1 节点，如下图所示。

INPUTS	
motionPath1	
① U Value	0.435
② Front Twist	0
③ Up Twist	0
④ Side Twist	0

提示 U Value（U 值）属性是以红色显示的，代表这个属性上设置了关键帧。

① U Value（U 值）：代表飞机在曲线上所处位置的 U 方向数值。

❷ Front Twist（前方向扭曲）：控制物体沿路径运动时向内或向外倾斜的效果，如下图所示。

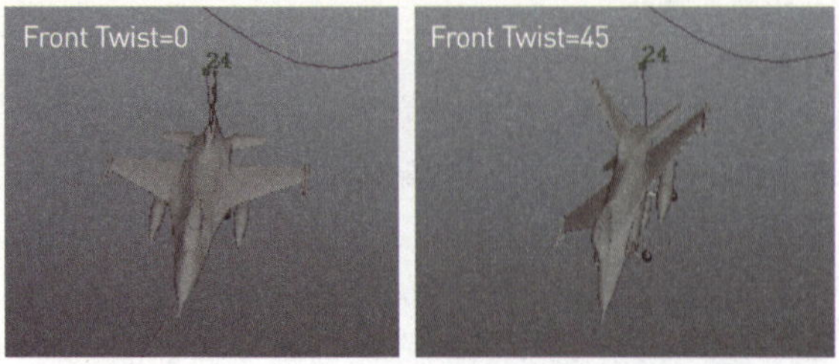

提示　这种倾斜效果可以很好地模拟飞机、摩托车等高速运动物体在拐弯时产生的倾斜效果。

❸ Up Twist（上方向扭曲）：控制物体沿物体运动转向效果，如下图所示。

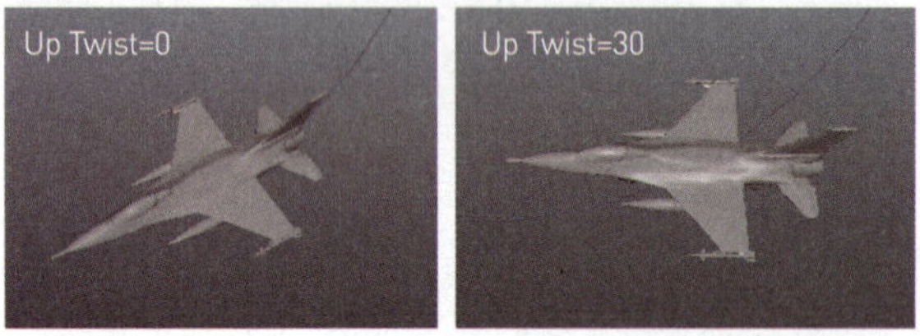

提示　这个属性可以使物体在某段时间运动方向与路径方向产生差别。例如某些大型机械在转弯之前需要先改变自身的方向，整体运动路径才会发生方向变化，此时就可以使用这个参数进行调整。

❹ Side Twist（侧方向扭曲）：控制物体沿物体运动的仰角和倾角，如下图所示。

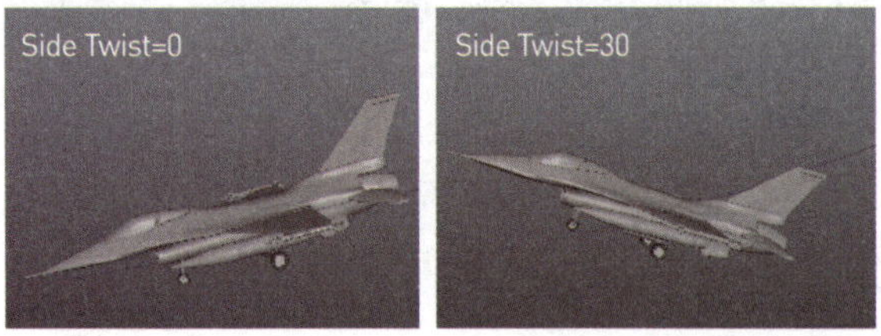

提示　这种效果最明显的例子就是当摩托车刹车时前轮会扬起，但摩托车整体并不会像上运动。这个参数还可以用在其他合理的场景中。

8.3.2 制作路径动画

在了解了路径动画的基本命令和参数后，本节以为飞机翱翔动画为例，讲解路径动画的具体制作方法。

1. 设置物体沿曲线运动

进阶练习：飞机沿曲线运动

原始文件：
Chapter 8\8.3\plane fly with curve(original).mb
最终文件：
Chapter 8\8.3\plane fly with curve(final).mb

01 打开本书配套光盘中的原始文件，场景中是一架飞机模型，如下图所示。

提示：当前飞机模型的所有部件已经被合并成为一个物体。

02 执行 Create（创建）>CV Curve Tool（CV 曲线工具）命令，在顶视图中任意绘制一条路径线，注意路径与飞机模型的比例关系，如下图所示。

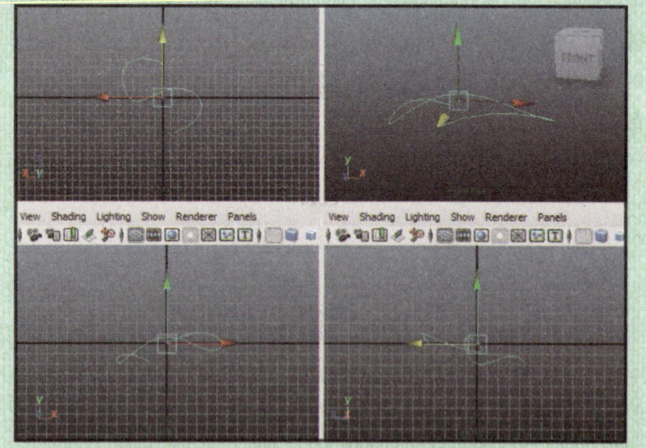

提示：如绘制效果不满意，按 F8 进入 CV 点模式，调整曲线形态。

03 调整完路径后，选中曲线，执行 Edit Curves（编辑曲线）>Rebuild Curve（重建曲线）命令，使路径上 CV 点的分布变得更加均匀，重建曲线参数设置面板如下图所示。

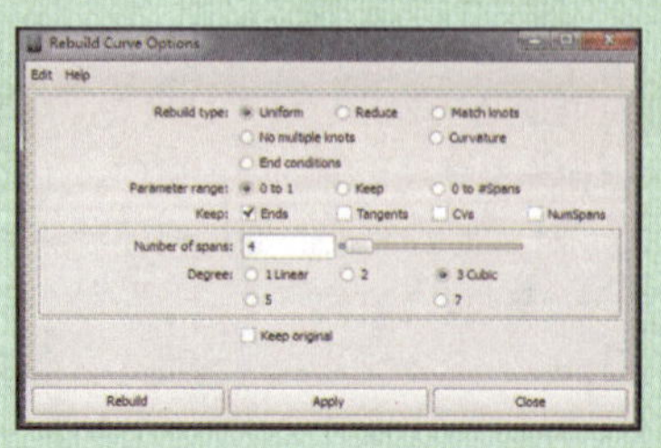

提示：在默认状态下，路径动画会根据路径的 U 数值来确定飞机的位置，而调整路径过程中，会使 U 数值变得不均匀。

04 选中曲线执行 Edits（编辑）>Delete by type（按类型删除）>History（历史）命令，删掉历史，如下图所示。

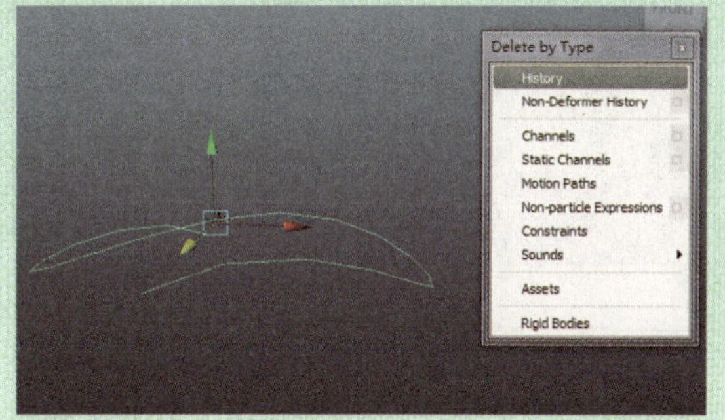

05 选中飞机模型，按 Shift 键加选路径曲线，执行 Animate（动画）>Motion Paths（运动路径）>Attach to Motion Path（连接到运动路径）命令，将飞机与路径进行关联，此时飞机模型被吸附到了路径上，如下图所示。

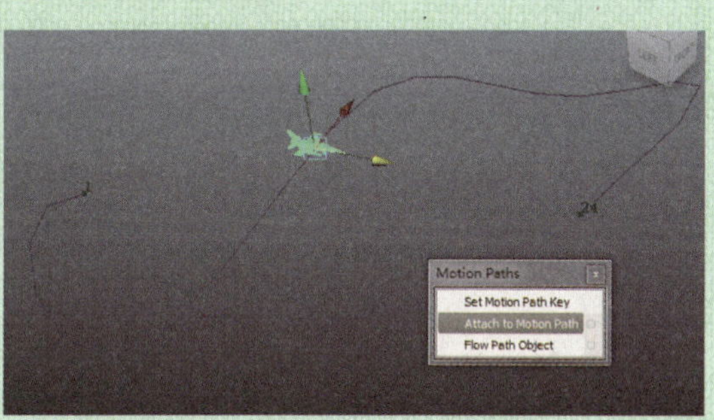

提示：路径两端出现的数字表明飞机在第 1 帧时开始路径动画，到第 24 帧结束。

06 播放动画可以看到飞机沿路径飞行的效果。说明路径动画已经成功创建了。选中飞机模型，查看通道栏，Translate（移动）和 Rotate（旋转）的属性都变成了黄色，代表这些属性都受到了路径的影响，U Value（U 值）属性是以红色显示的，代表这个属性上设置了关键帧，如下图所示。

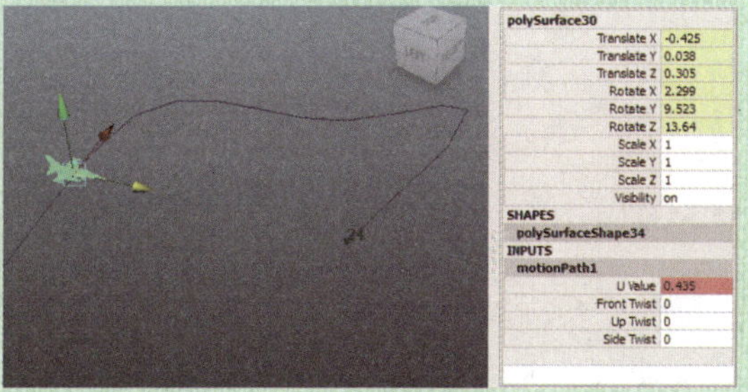

07 仔细观察飞机飞行的形态，会发现飞机飞行的方向出现了错误，飞机应该是机头的方向沿着路径向前，但现在是一侧的机翼向前，如下图所示。

08 选中飞机模型，在属性面板中将 Front axis（前方向轴）参数修改为 Z 选项，如下图所示。

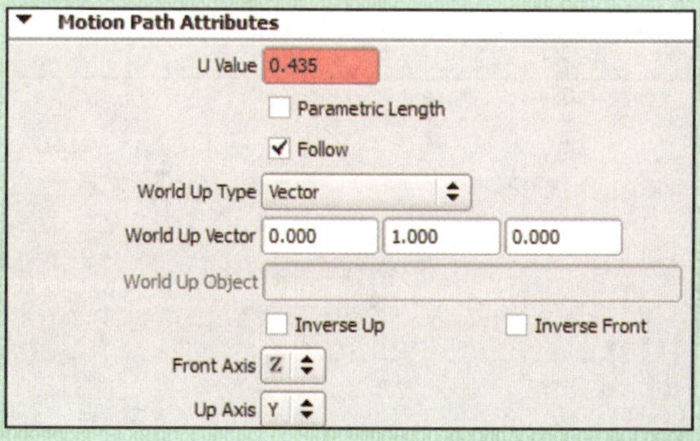

提示：控制飞机向前方向的属性是 Front axis（前方向轴），Maya 默认选项为 X 轴向。现在选中飞机进行飞机本身轴向的查看，明显可以看出目前沿着曲线方向的轴向就是 X 轴，而机头方向为 Z 轴。

09 现在已经将飞机的方向调整到正确的位置了。再次播放动画，可以看到飞机正确地沿曲线飞行的效果，如下图所示。

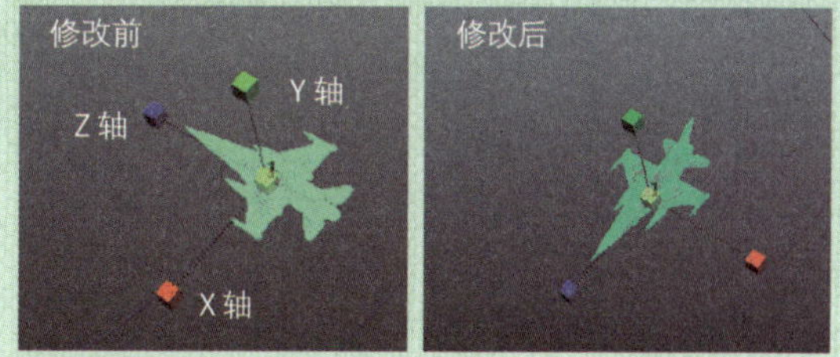

提示：如果出现模型向前方向是在某个轴向的反方向时，除了要将 Front axis（前方向轴）属性调整为对应轴向外，还需要勾选 Inverse Front（反转前方向）选项将轴向反转，以保证路径动画是正确的。如若是向上的方向出现了问题，那么相应地调整 Up Axis（上方向轴）属性和 Inverse Up（反转上轴向）属性即可。这样就能够保证路径动画能够按照正确的方向运行。

2. 更改路径动画的时长和速度

路径动画是由于 U Value（U 值）产生的连续变化而产生的。因此要修改路径动画的时长和速度可以通过对 U Value（U 值）设定关键帧来改变。

进 阶 练 习：设置飞行速度变化

原始文件：
Chapter 8\8.3\change speed(original).mb
最终文件：
Chapter 8\8.3\change speed(final).mb

01 打开本书配套光盘中的原始文件，场景中是已经设置好路径动画的飞机模型。整体动画时长为 24 帧，飞机从路径的一端飞行至另一端。

选中飞机模型，打开属性面板，在 motionPaht1 节点下，可以看到已经被设定关键帧的 U Value（U 值）参数。单击右键 U Value（U 值）参数，在弹出的菜单中执行 motionPath1_uValue.output 命令，查看该参数记录的关键帧信息，如下图所示。

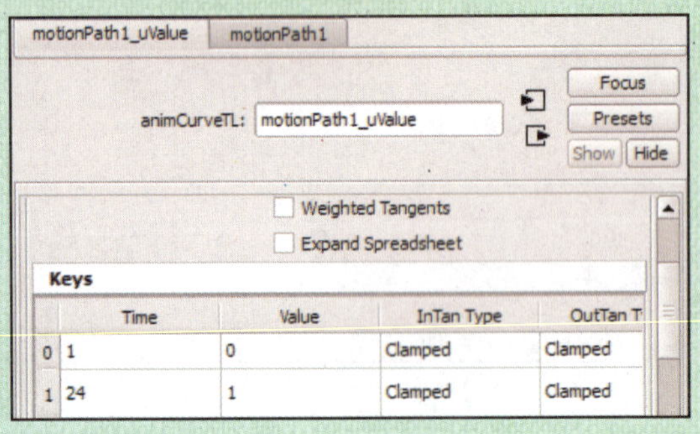

提示： 在 Keys（关键帧）栏目下，记录了关键帧所处的时间和关键属性数值。在第 1 帧时，数值为 0；在第 24 帧时，数值为 1。说明 U value（U 值）参数，数值为 0 时，飞机位于路径的起点位置；当数值为 1 时，飞机位于路径的终点位置。

02 延长动画的回放时间至 100 帧。当 U value（U 值）为 0 时，修改 Time（时间）值为 24；当 U value（U 值）为 1 时，修改 Time（时间）值为 90，如下图所示。

Keys

	Time	Value	InTan Type	OutTan T
0	24	0	Clamped	Clamped
1	90	1	Clamped	Clamped

提示： 播放动画可以看到飞机从第 24 帧起飞，到第 90 帧结束。除了按照上述方法修改外，选中 motionPaht1 节点，时间线上就会显示出关键帧标记，那么可以直接在时间线上拖动关键帧，或者打开 Dope Sheet（摄影表）或 Graph Editor（曲线图编辑器），也可以调整关键帧所在的时间点，即任何编辑修改关键帧的方式都可以达到调整路径动画时长的目的。

03 在第 50 帧执行 Animate（动画）>Motion Paths（运动路径）>Set Motion Path Key（设置运动路径关键帧）命令，可以直接为 U value（U 值）设置关键帧，将关键帧数值修改为 0.5，如下图所示。

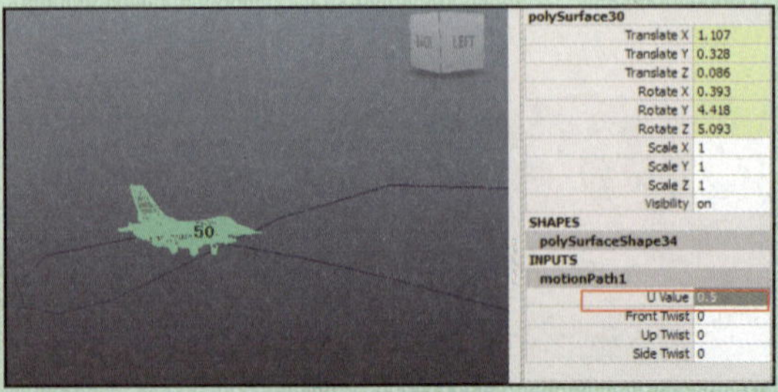

04 在第 60 帧执行 Animate（动画）>Motion Paths（运动路径）>Set Motion Path Key（设置运动路径关键帧）命令，可以直接为 U value（U 值）设置关键帧，将关键帧数值修改为 0.5，这时播放动画飞机在这段时间还有些轻微的运动，如下图所示。

Keys

	Time	Value	InTan Type	OutTan Type
0	24	0	Clamped	Clamped
1	50	0.5	Clamped	Clamped
2	60	0.5	Clamped	Clamped
3	90	1	Clamped	Clamped

05 执行 Window（窗口）>Animation Editors（动画编辑器）>Graph Editor（曲线图编辑器）命令，打开曲线图编辑器面板。选中第 50 帧和第 60 帧两个关键帧，单击 Clamped（固定）按钮，使第 50~60 帧之间的动画曲线保持平直。播放动画，飞机在第 50~60 帧之间保持停顿的状态，如下图所示。

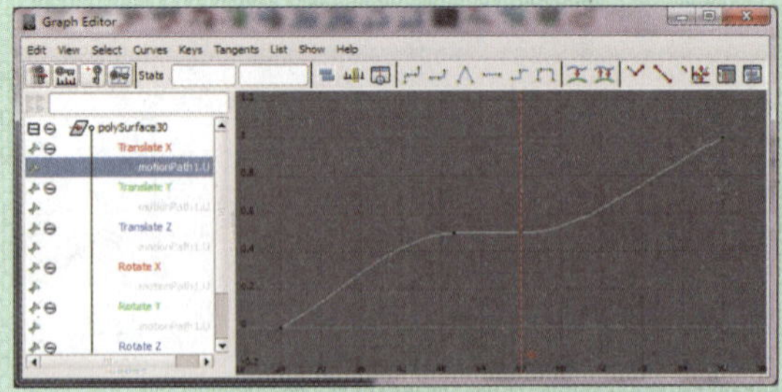

提示： 还可以通过关键帧调整飞机飞行的速度，例如让飞机中途停下，或者让飞机在俯冲时加速飞行，而在爬坡时减慢速度，甚至可以让飞机倒着飞。实现这些操作可以都通过 Set Motion Path Key（设置运动路径关键帧）命令，为 U value（U 值）属性增加关键帧，从而控制飞机在路径上的飞行速度。当然也可以直接在 Graph Editor（曲线图编辑器）中调整动画曲线的曲率来改变飞机飞行的速度。

8.3.3 沿曲线变形动画

在上一小节中，沿着曲线运动的物体只是一架飞机，如果在飞机后面还拖着一条标语或者彩带呢？如果只使用上一小节中提到的方法，那么这条彩带就只能是直直地跟在飞机后面，而实际上彩带应该会因为路径的改变而产生形状的变化。此时就需要使用到沿曲线变形动画使彩带产生这种柔软的效果。

沿曲线变形动画会让运动的物体随着路径形状的改变而改变，就好像一列火车在铁轨是一条直线的时候，火车的每节车厢也排列成直线；而当铁轨是弯曲时，火车的多节车厢也会依照铁轨的形态随之发生变化。沿曲线变形动画就是在沿曲线运动动画的基础上增加了变形的效果。

对已经设置了路径动画的物体执行 Flow Path Object（流动路径对象）命令，就可以让物体产生沿曲线变形的效果。这种效果实际是通过晶格控制器来实现的。通过 Flow Path Object（流动路径对象）命令，就自动为物体添加上了一串晶格，这串晶格受到路径的影响产生形变，同时又将影响传递到物体本身。

该命令的参数设置面板如下图所示，里面是关于自动产生的晶格的属性设置。

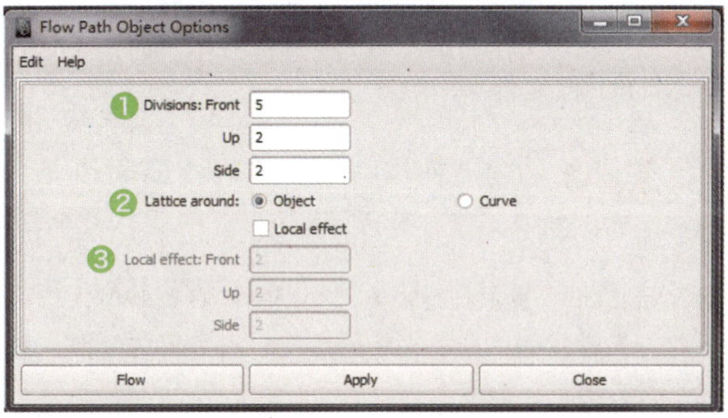

❶ Divisions（分段数）：用于设置晶格的细分程度，分别分为三个轴向：Front（前）、Up（上）、Side（侧），对晶格进行设置。数值越高，晶格的分段数越多，对模型产生的变形效果也越柔软，越贴近曲线本身。

❷ Lattice around（晶格围绕）：默认选择为 Object（物体）选项，指晶格对物体产生包裹。选择 Curve（曲线）选项，晶格会对路径产生包裹效果。当选择这一选项时，Local effect（本地效果）相关属性会被激活。

❸ Local effect（本地效果）：当晶格对路径产生包裹时，一般晶格都相对运动物体来说比较大，那么物体在晶格中运动时，可能会由于晶格分段不够而产生偏离的效果，勾选该选项则会修正这种问题。

进阶练习：制作鱼游动的动画

原始文件： Chapter 8\8.3\fish(original).mb
最终文件： Chapter 8\8.3\fish(final).mb

01 打开本书配套光盘中的原始文件，场景中有一条已经设置好路径动画的鱼，如下图所示。

02 播放动画，观察运动效果，当鱼在急速转弯时的状态依然是笔直的，如下图所示。这不符合日常见到的鱼会因为游动的情况产生身体的弯曲的情况。

提示： 想要实现弯曲的效果，就需要使用沿曲线变形动画。

03 选中鱼模型，执行 Animate（动画）>Motion Path（运动路径）>Flow Path Object（流动路径对象）命令，这时 Maya 默认为鱼添加了一个 5×2×2 的晶格。再播放动画时可以看到鱼在经过转弯处身体发生了弯曲，如下图所示。

提示： 目前的弯曲效果与原始的曲线并不是完全匹配的。

04 选中晶格，在通道栏中设置S Division(S分段数)的值为 10，此时得到的弯曲效果就会让鱼的身体与曲线更贴近，如下图所示。这样就简单完成了鱼的游动动画的设置。

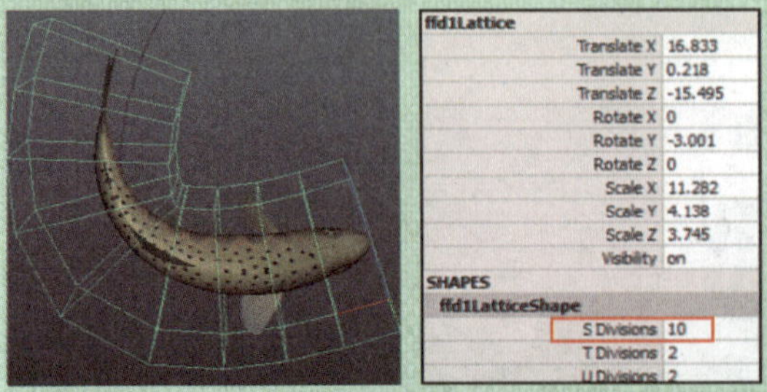

提示：如果需要鱼身体的完全程度与曲线完全一致，可以通过增加晶格的分段数来实现。在通道栏中可以看到晶格的属性，其中 S Divisions（S 分段数）、T Divisions（T 分段数）、U Divisions（U 分段数）分别指晶格三个轴向的细分段数。S Division（S 分段数）就是主要控制弯曲的参数。

这种可以沿曲线变形的路径动画还经常用于栏目包装中控制丝带、光效、文字等细长状物体的动画效果。

8.4 认识动画中的约束

约束是通过某些数学方式或者逻辑方式，对物体的动画产生的一种控制或者形成的某种规则。这样解释有些抽象，举一个最简单的例子：让一个物体更随另一个物体运动，这种跟随关系也可以被称作是一种约束关系。Maya中提供了很多种约束效果，下面将介绍其中比较常用的几种。约束在制作复杂动画时十分必要，因为有些效果通过约束完成要比手动设置关键帧方便有效得多。

8.4.1 Point（点）约束

点约束就是将物体约束到某个点上，使之始终跟随着这个点移动。设置了点约束后，虽然被约束物体还可以通过移动操作拖动它，但在播放动画时，拖动的操作会被忽略。这个物体将始终只能跟随这个点移动。

Point（点）约束命令实际上是对选中的两个物体在位置上产生一种约束关系。即将后选中的物体 B 约束到先选中的物体 A 上，使物体 B 跟随物体 A 运动。

单击 Constrain（约束）> Point（点）命令后的小方块按钮，打开该命令的参数设置面板，如下图所示。

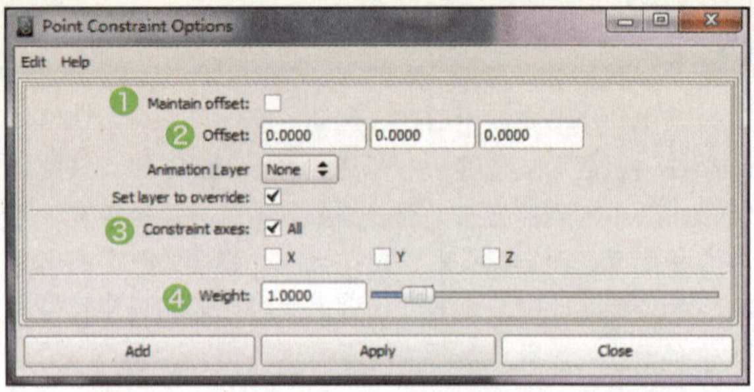

提示 为了表述上的清晰和简便，本书中将约束中先选中的物体，即约束物体，统一称为物体A；将后选中的物体，即被约束物体，统一称为物体 B。在后续小节中也会使用这样的名称。

❶ Maintain offset（保持偏移）：不勾选该选项，在执行点约束命令后，会将物体 B 的轴心与物体 A 的轴心对齐，如果两个物体原本位置有偏差，那么就会改变原有的位置关系，产生错误的效果；勾选该选项，则会允许两个物体之间存在原始位移差。

❷ Offset（偏移）：可以手动输入偏移位置。

❸ Constraint axes （约束轴）：用来设置约束哪些轴向位移。默认选项为 All（全部），全部受到约束影响。如果仅选则 X 轴单一轴向，则 B 物体只在 A 物体在 X 轴向上发生位移时受到影响。

提示 点约束与成组、父子关系不同，它仅对位移产生效果，对旋转、缩放不起任何作用。

❹ Weight（权重）：指物体 A 受到物体 B 影响的大小百分比。当数值为 1 时，完全受影响；当数值为 0 时，完全不受影响。

在进行点约束之后，被约束物体的通道栏会发生变化，如下图所示。通道栏中 Translate（平移）的属性都用蓝色显示，表示这三个属性受到了其他属性的约束，并且增加了 pointConstraint 1 节点，如下图所示。

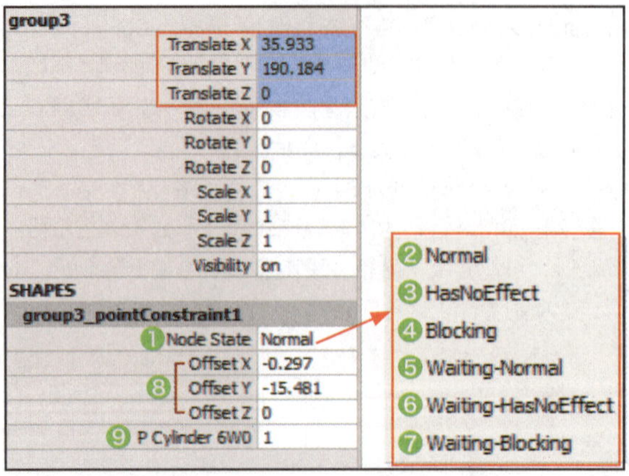

❶ Node State（节点状态）：点约束的节点状态，一共包含 6 个选项。

❷ Normal（正常）：为默认选项，约束正常工作的模式。
❸ HasNoEffect（无效果）：禁止约束，但显示对象。
❹ Blocking（阻塞）：禁止约束，并且不显示对象。
❺ Waiting-Normal（等待—正常）：保持当前状态。当约束情况发生变化之后，呈现正常状态。
❻ Waiting-HasNoEffect（等待—无效果）：保持当前状态。当约束情况发生变化之后，呈现无效果状态。
❼ Waiting-Blocking（等待—阻塞）：保持当前状态。当约束情况发生变化之后，呈现阻塞状态。
❽ Offset X/ Y/ Z（偏移X/Y/Z）：当勾选了 Maintain offset（保持偏移）选项时，这三个数值表示约束物体 A 与被约束物体 B 的原始位移差。
❾ P Cylinder 6W0（约束权重）：约束的权重值，默认为 1，指完全受约束。与选项设置面板中的 weight（权重）属性含义相同，只是在通道栏中显示时，显示了约束物体 A 的名称，并将单词 weight（权重）缩写为 W，0 是权重的编号。当约束权重存在多个时，编号依次往后排列。

举一个常见的点约束例子——摩天轮。可以想象一下，摩天轮在旋转过程中，所有的乘坐舱都会跟随摩天轮的旋转而产生位置上的变化。但相对于摩天轮上固定乘坐舱的横杆来所，每个乘坐舱不论在什么位置，都是被悬挂在横杆之下的。想要实现这种效果，如果只是使用成组的方法是行不通的。

那么接下来通过一个简易的摩天轮动画来学习一下。

进阶练习：制作摩天轮动画

原始文件： Chapter 8\8.4\ferris wheel(original).mb
最终文件： Chapter 8\8.4\ferris wheel(final).mb

01 打开本书配套光盘中的原始文件，场景中有制作好的摩天轮模型。执行 Window（窗口）> Outliner（大纲）命令，打开大纲视图，先观察一下场景中的物体。场景中的模型一共包含 4 个组，“wheel”包含摩天轮的轮子部分，已经设置好了旋转的动画。“cable_car”包含所有摩天轮的乘坐舱，并且每一个小座舱都已经单独成组。“bracket”是摩天轮的底座。“lights”包括场景中所有的灯，如下图所示。

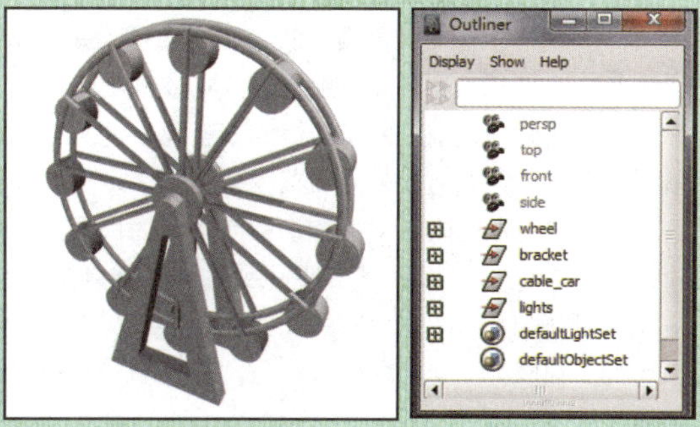

02 在大纲视图中选中“cable_car”组，按住鼠标中间拖动到“wheel”组下，使之成为“wheel”组中的子物体。播放动画得到一个奇怪的结果，乘坐舱飞到摩天轮上面去了，如下图所示。

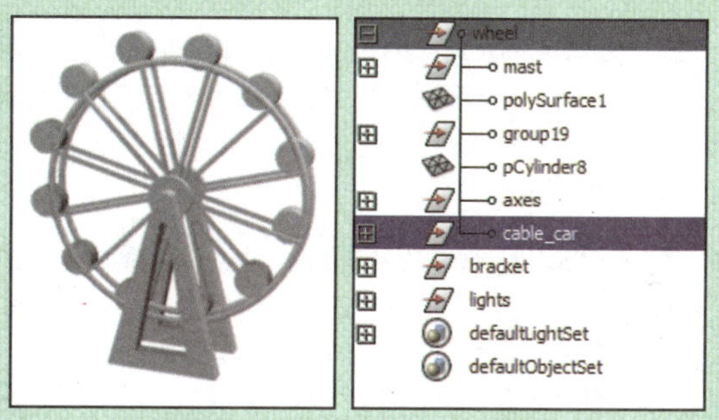

提示： 通常让摩天轮和乘坐舱一起旋转，最常规的办法就是成组。

03 重新打开本书配套光盘中的原始文件，找到某个座舱对应的横杆，选中它，然后在大纲视图中按住键盘 Ctrl 键加选对应座舱的组，执行 Constrain（约束）>Point（点约束）命令，效果如右图所示。

提示： 勾选 Maintain offset（保持偏移）选项，因为在座舱和横杆之间存在原始的位移差。

04 选中 "wheel" 组，再次播放动画，进行点约束的座舱就已经跟随轮子的旋转而旋转，并且是符合日常习惯的旋转方式，如右图所示。

05 按照这种方式，对每一个座舱和横杆都进行点约束的操作，就可以完美地实现整个摩天轮选装的动画效果，如右图所示。

8.4.2 Orient（方向）约束

方向约束可以对被约束物体 B 旋转的角度进行控制，使被约束物体 B 跟随约束物体 A 的旋转而旋转。例如物体 A 在 X 轴旋转 60°，物体 B 则必然也旋转 60°。

先了解方向约束命令和它的选项设置。执行 Constrain（约束）>Orient（方向约束）命令，只是对选中的两个物体在旋转角度上产生一种约束关系。打开该命令的参数设置面板，如下图所示。

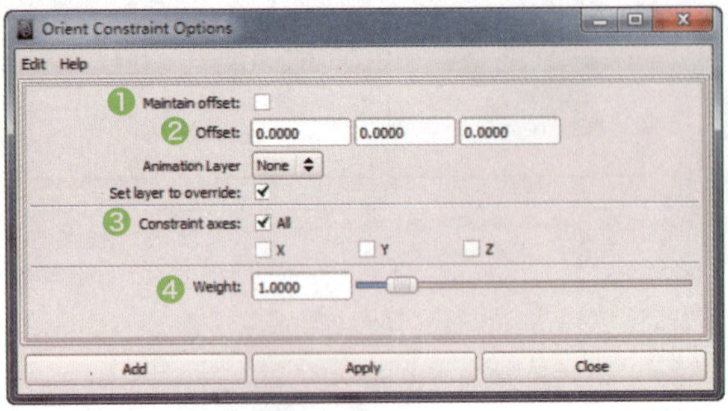

❶ Maintain offset（保持偏移）：不勾选该选项，会在执行点约束命令后，会将物体 B 的旋转角度与物体 A 的旋转角度对齐，如果两个物体原始角度有偏差，那么就会改变物体 B 的旋转角度；勾选该选项，则会允许两个物体之间存在原始角度差。

❷ Offset（偏移）：可以手动输入偏移角度。

❸ Constraint axes（约束轴）：用来设置约束哪些轴向旋转。默认选项为 All，全部受到约束影响。如果仅选择 X 轴单一轴向，则 B 物体只在 A 物体在 X 轴向上发生旋转时受到影响。

❹ Weight（权重）：指 B 物体受到 A 物体影响的大小。当数值为 1 时，完全受影响；当数值为 0 时，完全不受影响。

进阶练习：用方向约束器控制手腕

原始文件： Chapter 8\8.4\hand Constraint(original).mb
最终文件： Chapter 8\8.4\hand Constraint(final).mb

01 打开本书配套光盘中的原始文件，场景中有一个圆环和一段手臂，手臂模型已经根据关节将模型断开，如下图所示。

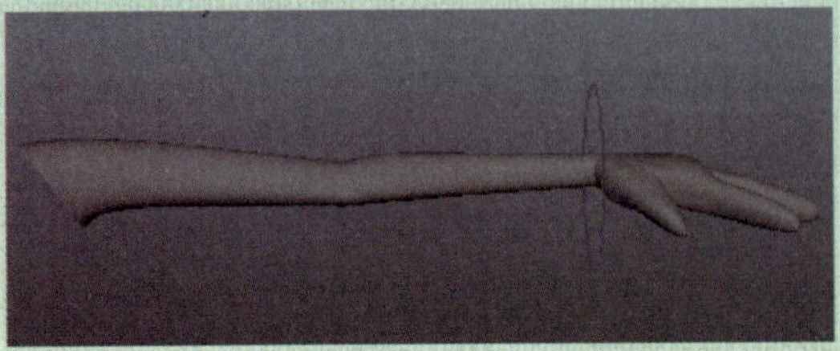

02 先选中圆环曲线，然后按下 Shift 键在场景中加选手掌模型，执行 Constrain（约束）>Orient（方向约束）命令，如下图所示。

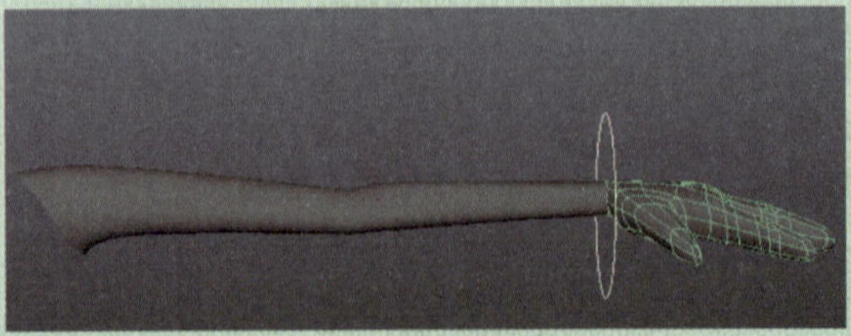

提示： 要勾选 Maintain offset（保持偏移）选项，因为手掌模型和圆环曲线之间存在原始的角度差。

03 在约束完成后，任意旋转圆环，可以看到手掌跟随圆环的旋转而产生动作变化，如下图所示。

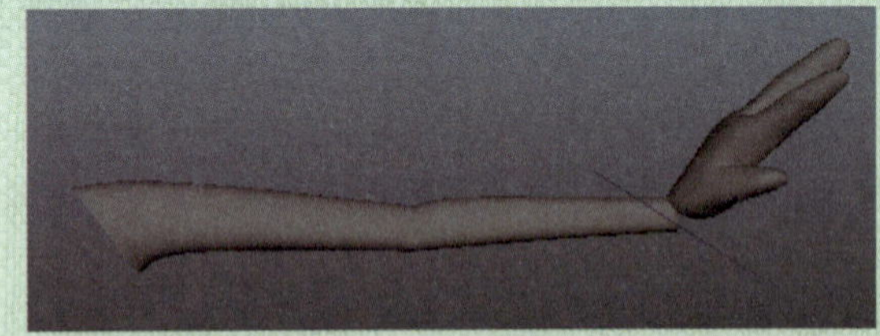

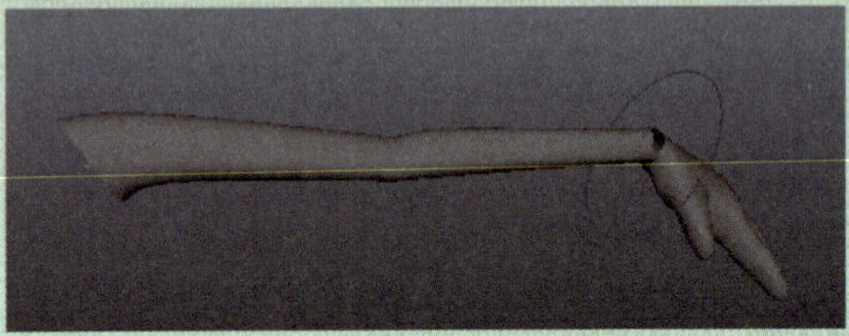

提示： 在角色动画的制作中，手腕位置的控制器可以控制手臂的伸缩、方向。进行方向约束后，这个控制同时能够控制手掌的旋转角度。

8.4.3 Aim（目标）约束

目标约束和方向约束一样，也是控制物体的旋转，但不同的是，方向约束是通过约束物体 A 本身的旋转方向对被约束物体 B 产生影响，而目标约束则是通过约束物体 A 与被约束物体 B 的相对位置控制被约束物体的旋转方向。就好像向日葵面向太阳，太阳始终约束着向日葵的朝向，太阳在向日葵的什么方向，向日葵就朝向那个方向。在目标约束中，被约束物体 B 会以约束物体 A 作为目标，始终朝向约束物体 A，但位移和缩放都不受约束物体 A 影响。

先来了解目标约束命令和它的选项设置。打开 Constrain（约束）>Aim（目标约束）命令的参数设置面板，如下图所示。

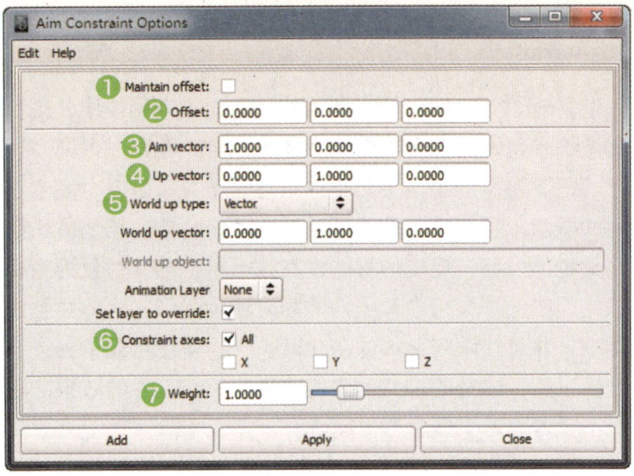

❶ Maintain offset（保持偏移）：不勾选该选项，会在执行点约束命令后，将 Aim vector（目标矢量）的数值所指的方向作为被约束物体 B 自身朝向约束物体 A 的方向。这数值所代表的含义在后面会有详细解释。在一般情况下，推荐勾选该选项，避免在执行约束操作后使物体发生不必要的旋转。

❷ Offset（偏移）：可以手动输入偏移角度。

❸ Aim vector（目标矢量）：指被约束物体 B 以自身的那个方向作为指向约束物体 A 的方向。例如默认数值为 1.0000，0.0000，0.0000，即 X 轴上数值为 1，其他轴向数值为 0，也就是说物体 B 的 X 轴向指向物体 A。可以根据需要改变这些数值调整到合适的轴向，当勾选 Maintain offset（保持偏移）选项时，该参数的设置被忽略。

❹ Up vector（上方向矢量）：指被约束物体 B 局部坐标中向上的轴向。

❺ World up type（全局上方向类型）：设置 World up（全局上方向）向量所指方向的选项。与路径动画设置中的 World up type（全局上方向类型）属性功能及选项相同。

❻ Constraint axes（约束轴）：用来设置约束哪些轴向旋转。默认选项为 All，全部受到约束影响。如果仅选则 X 轴单一轴向，则 B 物体只在受到 A 物体的 X 轴方向上的影响时产生旋转。

❼ Weight（权重）：指 B 物体受到 A 物体影响的大小。当数值为 1 时，完全受影响；当数值为 0 时，完全不受影响。

进阶练习：用目标约束实现向日葵面向太阳

原始文件： Chapter 8\8.4\sunflower(original).mb
最终文件： Chapter 8\8.4\sunflower(final).mb

01 打开本书配套光盘中的原始文件，可以看到场景中有简单的向日葵模型和作为太阳的球体，如下图所示。

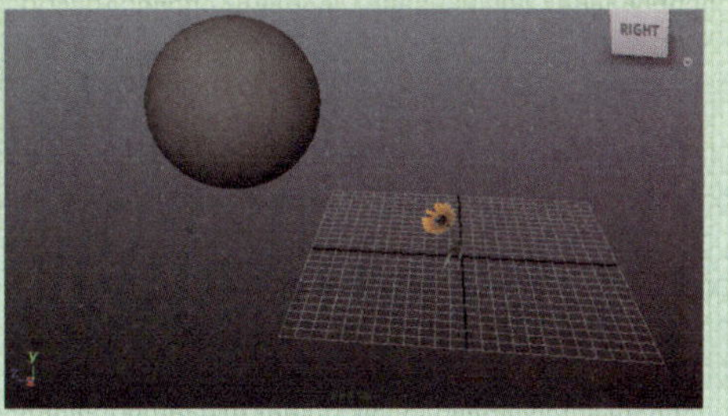

02 在保持 Maintain offset（保持偏移）选项勾选的情况下，先选中球体，然后加选向日葵模型，执行 Constrain（约束）>Aim（目标约束）命令。完成后随意移动球体，都可以看到向日葵保持面向球体旋转，如下图所示。

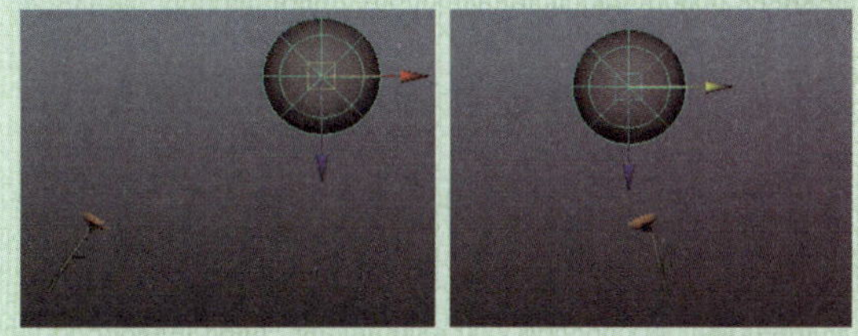

提示： 由于向日葵模型是通过 PaintEffect 制作，其旋转方向与通道栏中的旋转方向并不一致。场景已通过位移和旋转的方式调整过太阳的位置，使向日葵朝着太阳的方向。因此在进行约束时需要勾选 Maintain offset（保持偏移）选项。目标约束还常用于模拟眼睛在盯着某个物体时，随物体移动而转动的效果。

8.4.4 Scale（缩放）约束

缩放约束是对被约束物体 B 缩放的控制，使被约束物体 B 跟随约束物体 A 的缩放比例而变化。

缩放约束较难理解，下面将以简单的两个几何体来演示缩放约束的功能。执行 Constrain（约束）>Scale（缩放约束）命令，打开参数设置面板，如下图所示。

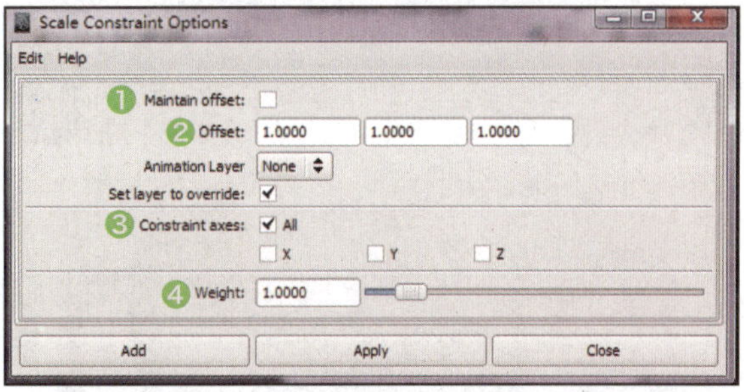

❶ Maintain offset（保持偏移）：不勾选该选项，会在执行点约束命令后，会将物体 B 的缩放比例调整得与物体 A 一致，即，使物体 B 的 Scale 数值与物体 A 相同；勾选该选项，则会允许两个物体之间存在体积比例差。

❷ Offset（偏移）：可以手动输入偏移数值。

❸ Constraint axes（约束轴）：用来设置约束哪些轴向缩放。默认选项为 All，全部受到约束影响。如果仅选则 X 轴单一轴向，则 B 物体只在 A 物体在 X 轴向上发生缩放时受到影响。

❹ Weight（权重）：指 B 物体受到 A 物体影响的大小。当数值为 1 时，完全受影响；当数值为 0 时，完全不受影响。

进阶练习：缩放约束

最终文件：Chapter 8\8.4\scale constrain(final).mb

01 在场景中任意创建两个几何体，Polygon 或 NURBS 均可。在本例中创建了一个 Polygon（多边形）球体和一个 Polygon（多边形）长方体，如下图所示。

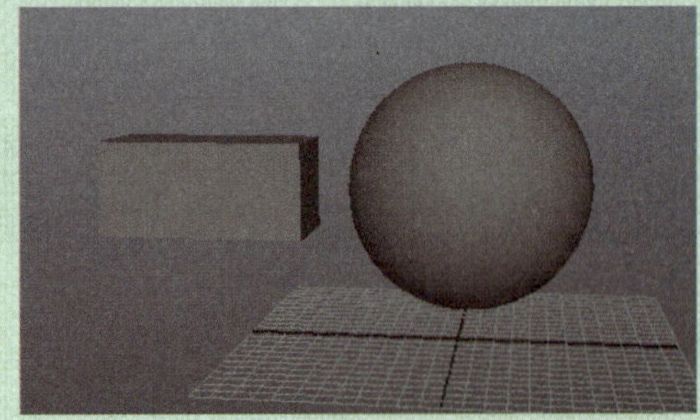

02 先选中物体 A 球体，然后加选物体 B 长方体，执行 Constrain（约束）>scale（缩放）命令，效果如下图所示。

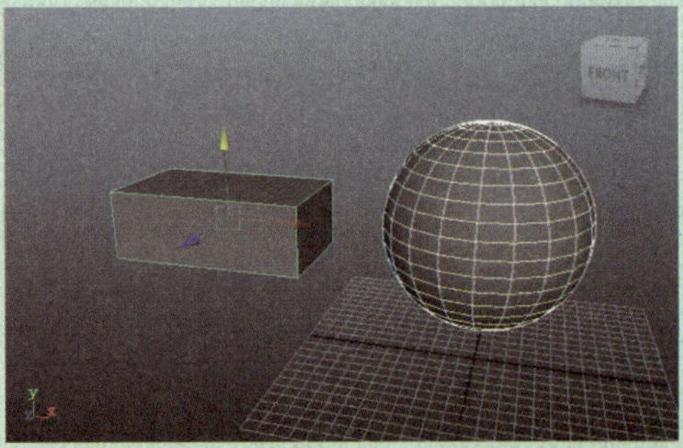

03 再对物体 A 执行缩放，物体 B 也产生了缩放效果，说明缩放约束发挥了作用，效果如下图所示。

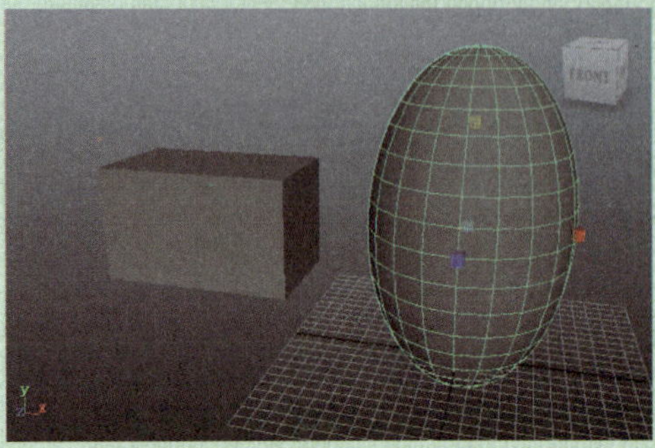

8.4.5 Parent（父对象）约束

父对象约束同时具有点约束和方向约束的效果，既控制被约束物体的空间位置，也控制其旋转角度。

需要注意的是，父对象约束与父子关系是两个完全不同的概念。虽然建立了父子关系的两个物体，子物体也受到父物体位移、旋转的影响，在这一点上与父对象约束相似，但在父子关系中，子物体同时还会受到父物体的缩放影响，并且在跟随父物体变化时，子物体还可以单独进行动画设置，这些都是父对象约束操作不会产生的效果。注意不要对这两个概念产生混淆。

接下来了解父对象约束命令和它的选项设置。打开 Constrain（约束）>Parent（父对象约束）命令的参数设置面板，如下图所示。

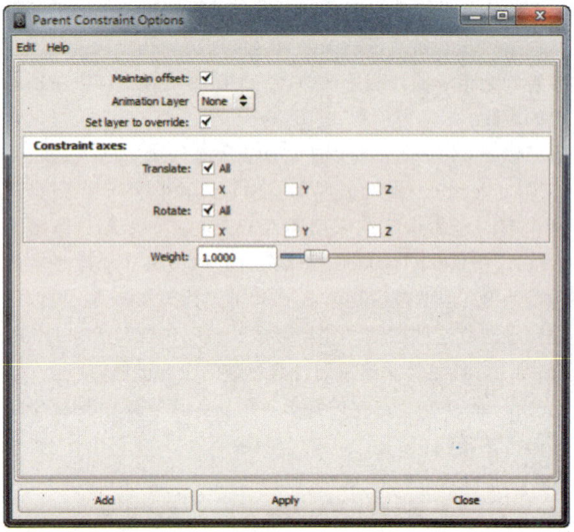

在父对象约束参数面板中，Maintain offset（保持偏移）等其他参数的功能与点约束、方向约束中对应参数功能相同。只是在 Constraint axes（约束轴）参数中出现了 Translate（位移）和 Rotate（旋转）两列选项，可以分别设置被约束物体 B 在哪项功能的哪个轴向上受到约束物体 A 的影响。

如果在 Constraint axes（约束轴）栏中全部勾选 All（全部）复选框，在被约束物体 B 的通道栏中，位移属性和旋转属性均会以蓝色显示，而且在大纲视图中也可以看到被约束物体 B 并非约束物体 A 的子物体，如下图所示。

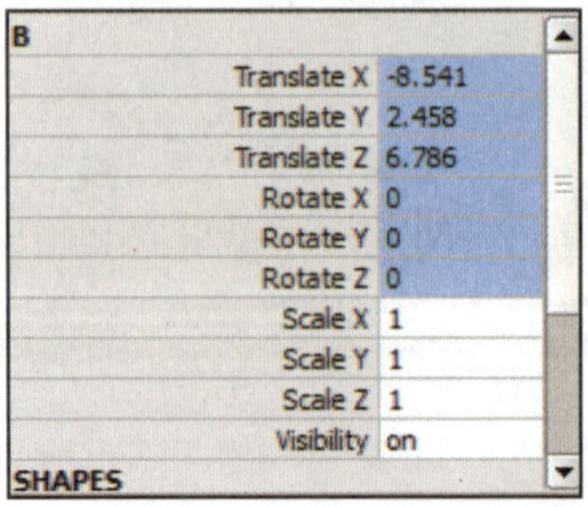

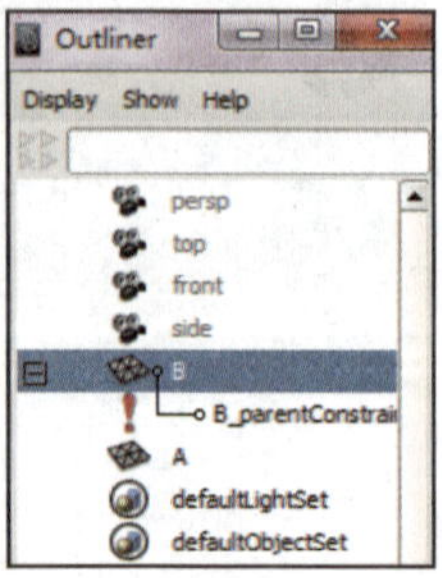

综合案例 8　制作人物眼睛追视纸飞机飞翔的动画

本节将通过眼睛追视纸飞机飞翔的动画，详细讲解约束在动画制作中的应用。

原始文件　Chapter 8\Final1\look at(original).mb
最终效果　Chapter 8\Final1\look at(fianl).mb

案例概述　通过约束控制眼球，完成眼睛随着飞舞的纸飞机运动的效果。

技术难点　1. 灵活运用约束。
2. 掌握约束时的参数、位移等设置方法。

效果预览

Step 01. 打开本书配套光盘中的原始文件，场景中有一个已经设置好路径动画的纸飞机和卡通角色的头部模型，如下图所示。

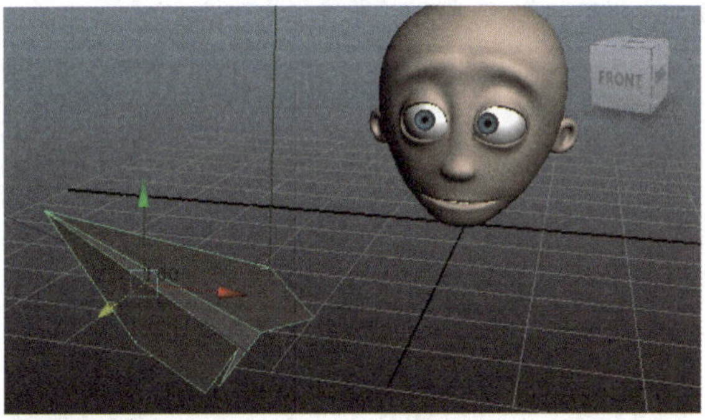

Step 02. 选中纸飞机，然后加选左眼的组“eye_left”，执行 Constrain（约束）>Aim（目标约束）命令，效果如下图所示。执行命令时要记住勾选 Maintain offset（保持偏移）选项，否则在执行约束命令时会让眼球发生旋转。

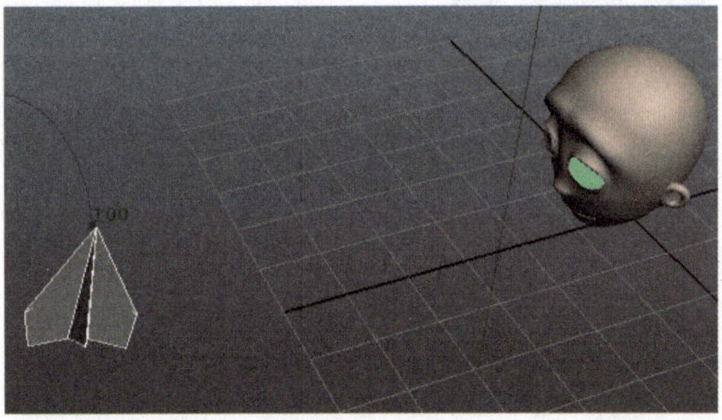

Step 03. 播放动画，可以看到角色的左眼已经跟着飞机的飞行产生旋转效果了，看上去就像是一直在看着飞机一样，如下图所示。

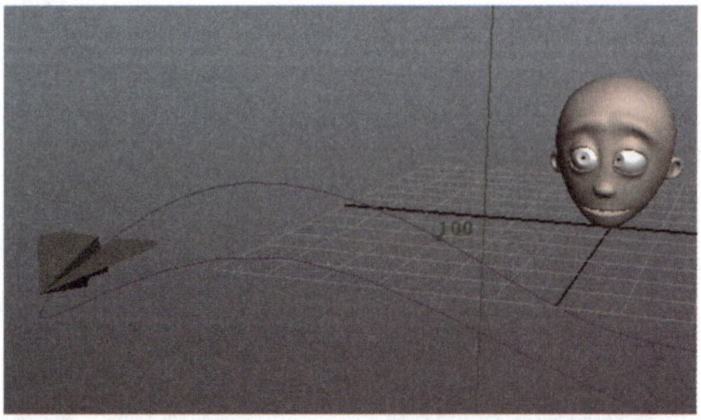

Step 04. 接着先让纸飞机飞到右眼睛刚好看到它的位置，对右眼进行相同的约束操作。选中纸飞机，然后加选右眼的组“eye_right”，勾选 Maintain offset（保持偏移）选项，执行 Constrain（约束）>Aim（目标约束）命令。这时双眼都盯着飞机了，效果如下图所示。

综合案例 9 制作机械手臂拾取小球动画

本节将通过机械手臂拾取小球这个例子，详细讲解约束在动画制作中的应用。

原始文件 Chapter 8\Final2\robot arm(original).mb
最终效果 Chapter 8\Final2\robot arm(final).mb

案例概述 通过约束控制机械手臂对小球的影响，完成机械手臂拾取小球的动画。

技术难点 1. 约束的权重切换。
2. 约束节点状态的含义及使用。

提示 要完成的动画是这样的：这只机械手臂拾取放在台子上的黄色小球，然后放到离手臂基座较近的另一个台子上。在原始文件中已经完成了机械手臂的动画，但在机械手臂运动时，台子上的小球没有运动。

效果预览

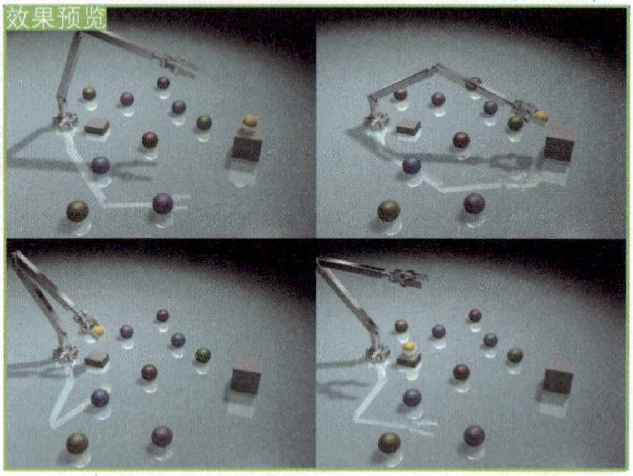

Step 01. 打开本书配套光盘中的原始文件，场景中有一个已经设置好动画的机械手臂和若干小球，如下图所示。

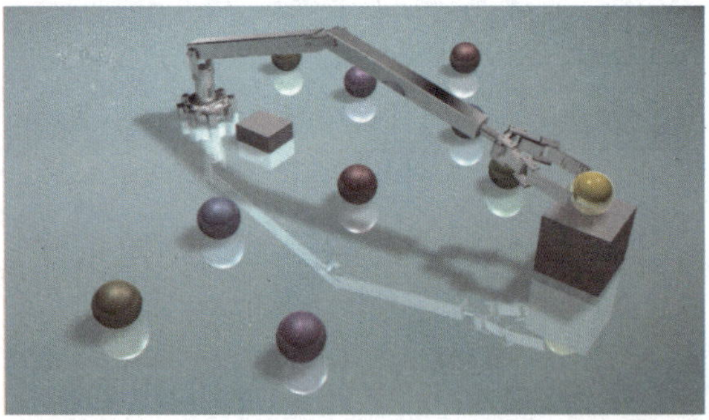

Step 02. 在第 32 帧，即夹子与小球在同一位置的时刻，先选中夹子的一侧，按住 Shift 键加选小球，执行 Constrain（约束）>Parent（父对象约束）命令，注意勾选 Maintain offset（保持偏移）选项，如下图所示。

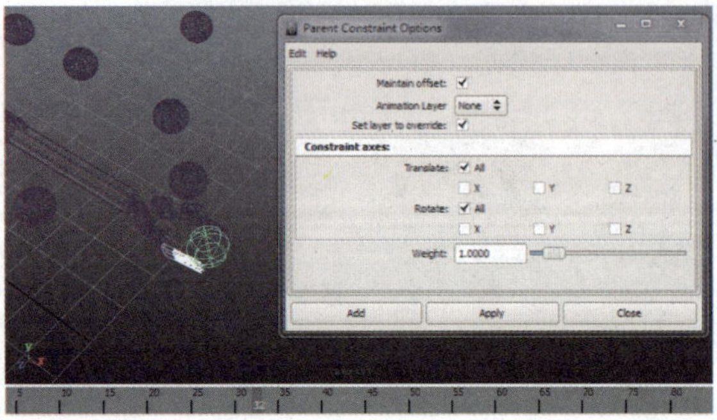

提示 要使小球跟随机械臂运动，可以想象一下约束的方法。小球在整个动画过程中位置发生了变化，由于是球体是否产生了旋转并不明显，但按照实际情况考虑应该是存在旋转情况的。根据这种特性，就可以选择父对象约束。小球与机械臂直接接触的部分就是夹子，小球保持与夹子的运动一致就能得到最好的动画效果。

Step 03. 现在小球跟随夹子的一侧运动。接着选中夹子的另一侧，按住 Shift 键加选小球，再次执行 Constrain（约束）>Parent（父对象约束）命令，如下图所示。

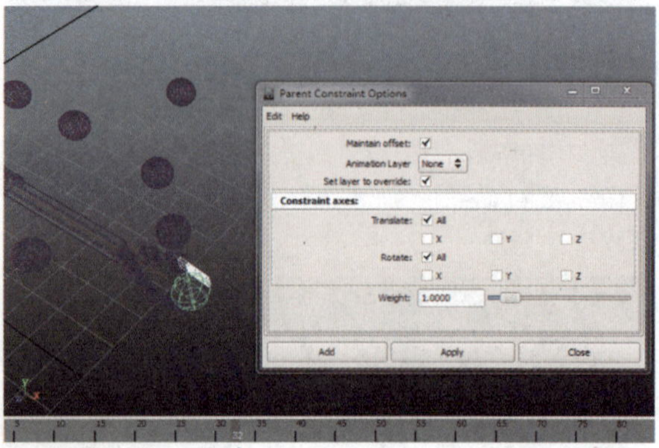

Step 04. 这时选中小球，在通道栏中查看，如下图所示。小球的位移和旋转属性都以蓝色显示，说明约束效果已经产生。

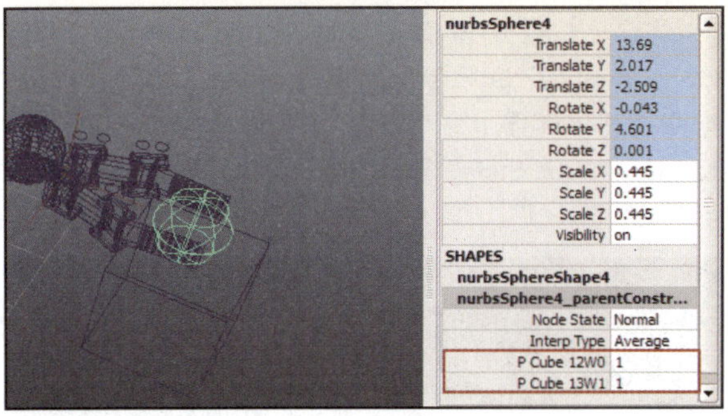

提示 "NurbsSphere4_parentConstraint1"节点中的"P Cube 12W0"和"P Cube 13W1"参数，是夹子的两个夹板对小球的约束权重。这两个参数数值都为1，表示小球同时受到这两个物体约束，并且约束的权重相等。

Step 05. 播放动画，现在小球已经跟随机械臂运动了，但是在夹子拾起小球之前和放下小球之后，小球依然跟随机械臂运动，但我们需要小球停留在台子上保持不动，如下图所示。

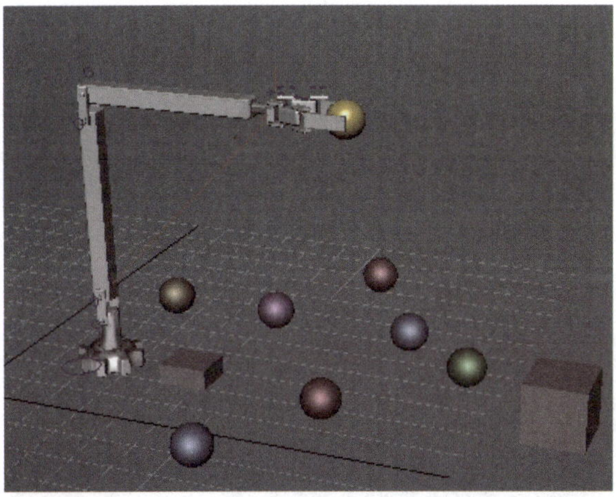

Step 06. 下面，我们对约束的权重设置动画。在第32帧，选中"P Cube 12W0"和"P Cube 13W1"两个参数，单击鼠标右键执行key Selected（为选择项设置关键帧）命令，如下图所示。

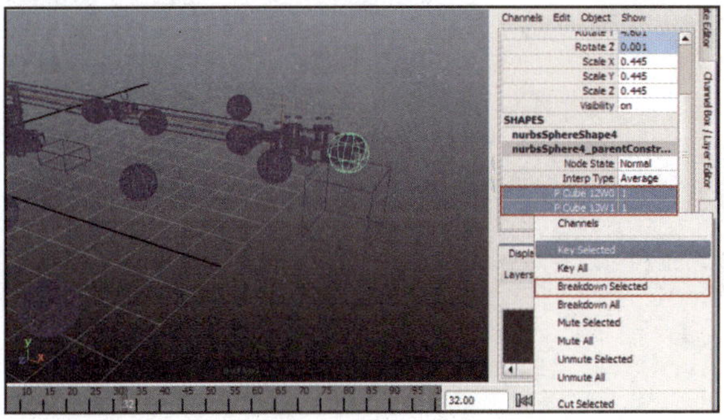

Step 07. 打开自动设定关键帧按钮，在第31帧即夹子还未拾取小球之前，设置约束权重"P Cube 12W0"和"P Cube 13W1"值为0；在第32帧和第65帧当夹子夹住小球时，设置约束权重"P Cube 12W0"和"P Cube 13W1"值为1；在第66帧即当夹子放下小球时，设置约束权重"P Cube 12W0"和"P Cube 13W1"值为0。如下图所示。

Keys

	Time	Value	InTan Type	OutTan Type
0	31	0	Clamped	Stepped
1	32	1	Clamped	Stepped
2	65	1	Clamped	Stepped
3	66	0	Clamped	Stepped

Step 08. 关闭自动设定关键帧按钮，播放动画，可以看到在66帧时小球又回到了原来的位置，如下图所示。

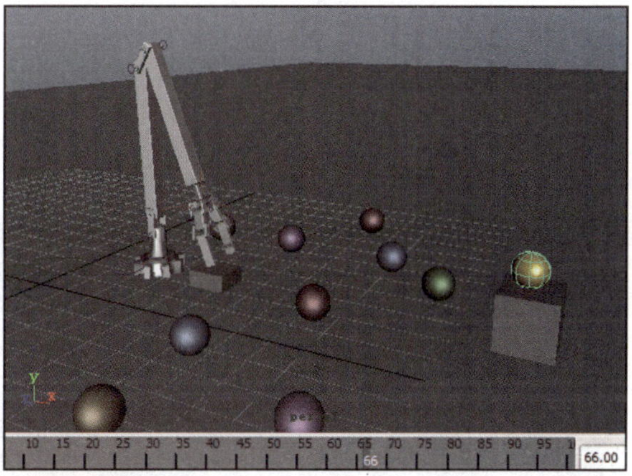

Step 09. 选中小球，在31帧位置，将Node State（节点状态）选项设置为Blocking（阻塞），并单击鼠标右键执行key Selected（为选择项设置关键帧）命令，如下图所示。

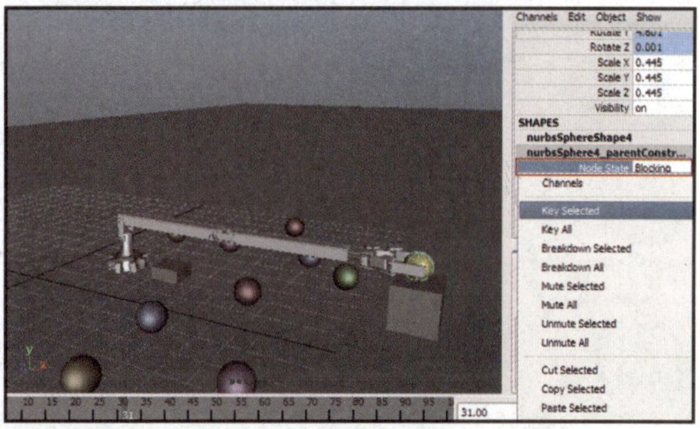

提示 想要小球保持约束结束后的状态，需要对约束状态Node State（节点状态）属性设置关键帧动画。

Step 10. 在32帧位置，将Node State（节点状态）选项改为Normal（正常），并设置关键帧；在65帧再次设置关键帧；在66帧位置，将Node State（节点状态）选项设置为Waiting-Normal（等待—正常），并设置关键帧，如下图所示。

Keys

	Time	Value	InTan Type	OutTan Type
0	31	2	Spline	Stepped
1	32	0	Clamped	Stepped
2	65	0	Clamped	Stepped
3	66	8	Spline	Stepped

提示 在小球被放下后，不能将Node State（节点属性）属性改为Blocking（阻塞），因为这个选项会让小球回到原始位置。节点的各个不同状态会以数字的方式作为关键帧记录下来。

Step 11. 在动画设置完成后，执行Window（窗口）>Animation Editors（动画编辑器）>Graph Editor（曲线图编辑器）命令，将"P Cube 12W0""P Cube 13W1""Node State"属性的动画曲线更改为台阶方式，如下图所示。

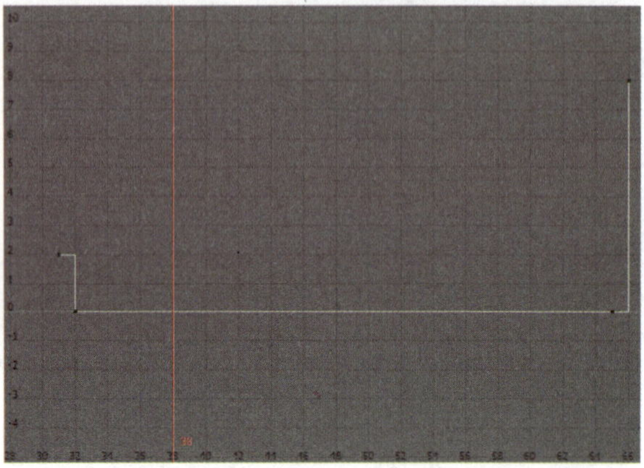

Step 12. 播放动画查看效果，这时小球已经可以按设想的方式进行运动了。可以打开"robot arm finish.mb"文件查看动画效果，如下图所示。

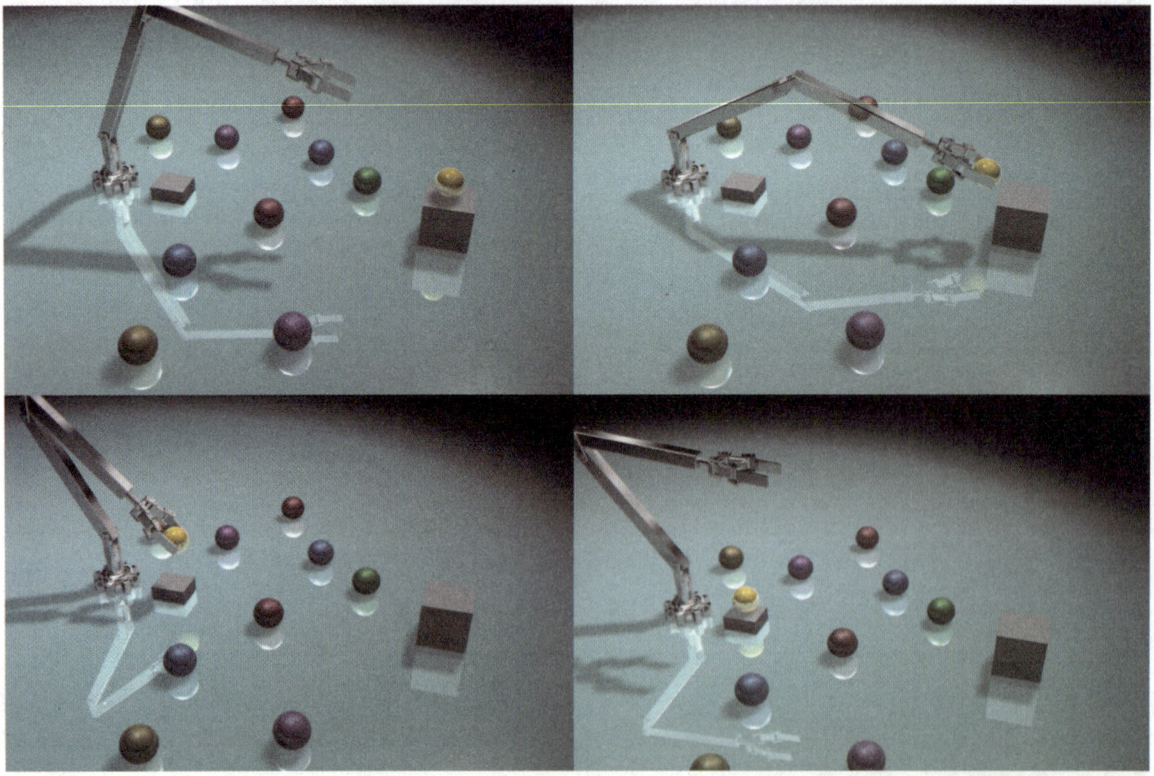

提示 使用Waiting-Normal（等待—正常）选项时，如果连续循环播放动画，在动画开始时，小球不会回到原始位置。要解决这个问题，可以为小球在初始状态下设置关键帧，这时小球同时受到关键帧动画和约束的影响。在设置关键帧后，会出现新的参数"blend parent"，用于设置父对象约束和关键帧动画的权重，在第一帧设置该参数为0，第二帧设置为1即可。

通过这个例子，进一步学习了如何为物体添加多个约束物体以及如何运用约束状态的切换控制约束效果的功能。上面这种做法，在角色拿着某个物体做某种操作时非常常用。这种约束方式也适用于Constraint（约束）目录下的其他约束命令。

Chapter 09

骨骼蒙皮系统

在三维动画的制作过程中，动画师往往需要完成很多复杂的动画效果。尤其在制作角色动画时，生物类的角色动作丰富、肢体灵活，想要完美地制作出这类动画，就需要将原本硬邦邦模型变成带有关节，可以自由活动，肢体柔软的角色。在 Maya 中实现这一转变过程，就需要使用蒙皮技术。

蒙皮技术，又称为设置或者装配，在英文中称作 setting 或者 rigging，在动画行业中是一个独立的工作环节，对应特定的职位。如果用定格动画中使用的泥偶来进行比喻，在建模阶段产生的是一个不能动的泥偶，蒙皮就是要为泥偶里嵌入铁丝制作的支架，让泥偶的肢体能够随着铁丝支架的变化而变化，从而做出动作。接着，动画师会让泥偶根据动画剧情的需要合理地运动起来，最后完成一段精彩的动画。

9.1 骨骼蒙皮系统概述

在 Maya 软件中，绑定的工作是通过骨骼蒙皮系统来完成的。

其中骨骼起到刚才比喻中所说的铁丝支架的作用，用来控制角色肢体的动作。这与现实中人物、动物的骨骼功能也是基本类似的，因此在进行骨骼设置时，也基本根据现实中人物、动画的骨架进行骨架搭建。基本骨架搭建完成后，Maya 提供了一些比移动、旋转更方便的控制骨骼的方式，例如各种 IK 控制柄，帮助动画师控制骨骼。这些 IK 的制作也是在绑定阶段完成的。有关骨骼和 IK 的创建、编辑、设置命令全部集中在 Animation（动画）模块下的 Skeleton（骨架）菜单组中，如右图所示。

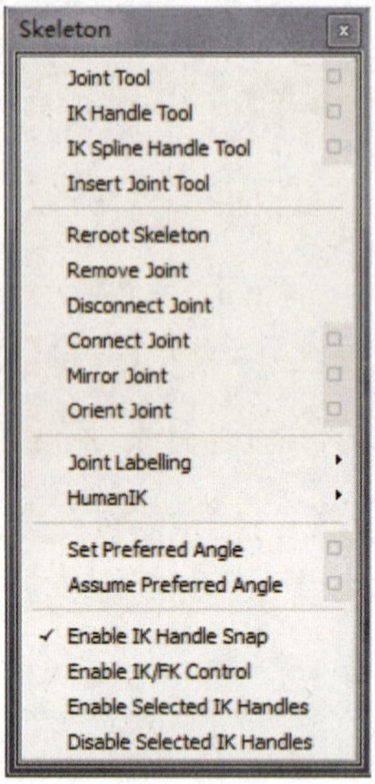

当创建好一套与角色相符的骨骼后，角色依然不会随着骨骼的运动而产生动画，因为还缺少蒙皮的环节。蒙皮是用来控制如何把制作好的模型作为皮肤匹配到骨骼上的。因为 Maya 不能够识别模型的哪个部位属于胳膊，哪个部位属于腿，也不知道如何与搭建好的骨骼进行对应，蒙皮就是要完成这个一一对应工作，为模型上的点设置受骨骼影响的权重值。例如：上臂位置的点应该完全受到上臂骨骼的影响，小臂位置的点就完全受到小臂骨骼的影响，在手肘关节位置的点则同时受到上臂骨骼和小臂骨骼的影响。这种影响程度的大小，就由每个点上的各节骨骼的权重数值的高低来确定。在将每个点上的骨骼权重设置好之后，角色就可以跟随骨骼的运动产生动画了。蒙皮的相关命令都集中在动画模块下的 Skin（蒙皮）菜单组中，如右图所示。

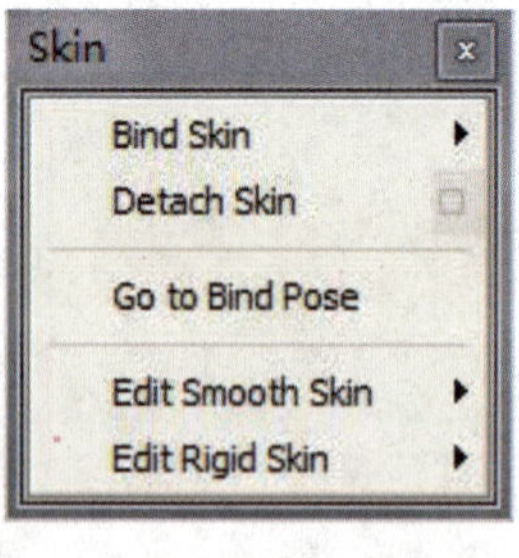

但绑定的工作并不只是搭建骨架和进行蒙皮，还需要为骨骼添加一系列的控制器。因为骨骼是创建在模型内部的，为了动画制作工作的便利，往往会制作一些环绕着模型各个关节的线、Locator 来控制模型内部的骨骼，这些物体就被称为控制器。在某些情况下，会在控制器上增加一些新的属性，用来更好地控制骨骼。就一般情况来说，这些操作都是在蒙皮之前完成的。

9.2 认识骨骼系统

本节将介绍骨骼的创建、编辑、控制的主要命令及使用方法，是进行绑定操作时最基础的知识。

9.2.1 骨骼的基本属性

要进行绑定的操作，第一步就是创建骨骼。骨骼不仅可以用于控制人物、动物的肢体动作，还可以用于控制机械物体、链条、绳子等等。

在 Maya 中，骨骼是以球形和锥形连接的方式显示的，如下图所示。其中球形部分我们将其理解为关节，锥形用于连接两个关节，我们将其理解为骨骼。将两个关节用骨骼连接起来，这表示这两节骨骼存在父子关系，锥形的尖端指向子物体。

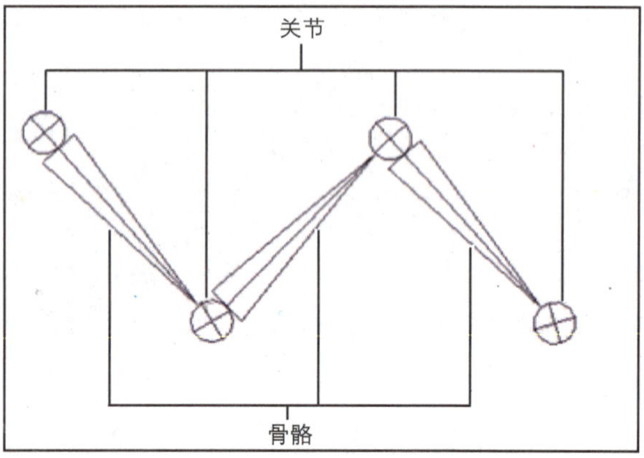

提示 锥形的骨骼是在有父子关系的关节间由系统自动生成的，不需要用户手动设置。因此在下文中，设置骨骼的相关属性即设置关节的相关属性。

关节是通过父子连接彼此关联的，在大纲视图中能非常清晰地看到这种父子层级关系，如下图所示。

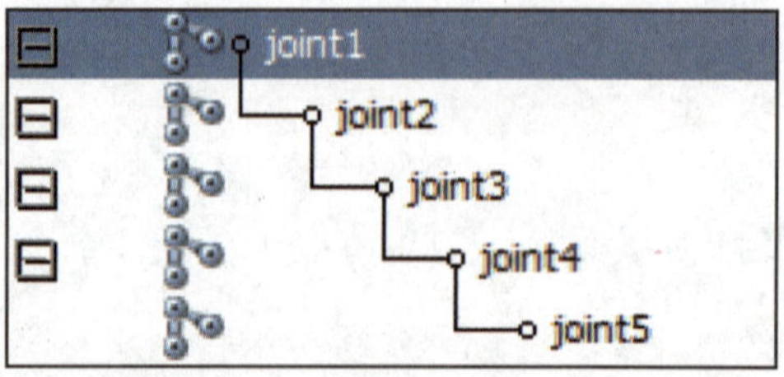

骨骼链中的每一个关节都可以独立地移动和旋转。最先创建的关节是这一条骨骼链中的根关节，选中它时，每一个关节都会变成绿色高亮方式显示，并且每一个关节都会跟随这节骨骼的移动、旋转、放缩而产生变化。选择任何一个关节，这个关节的所有子物体也会全部变成绿色高亮显示，如下图所示。

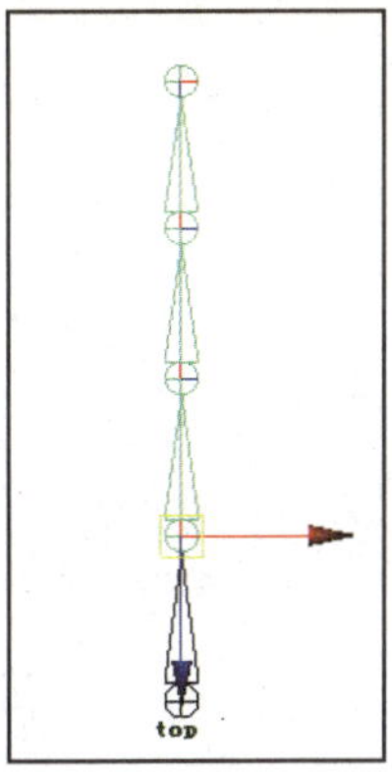

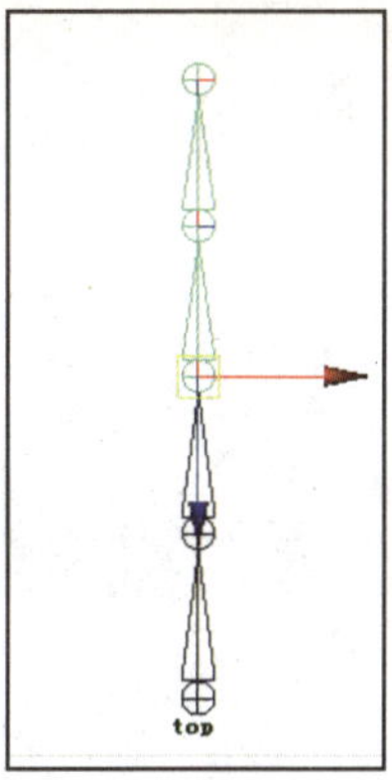

想要同时选中每一个关节，需要按住 Shift 键依次加选每一个关节，骨骼和关节会变成白色高亮显示。如果对它们一起进行旋转，会得到如下图所示柔软的弯曲效果。产生这样的效果是因为每一个关节在跟随它的父物体进行旋转后自己同时又进行了相同角度的旋转，就产生了这样旋转随着关节层级累加的效果，如下图所示。

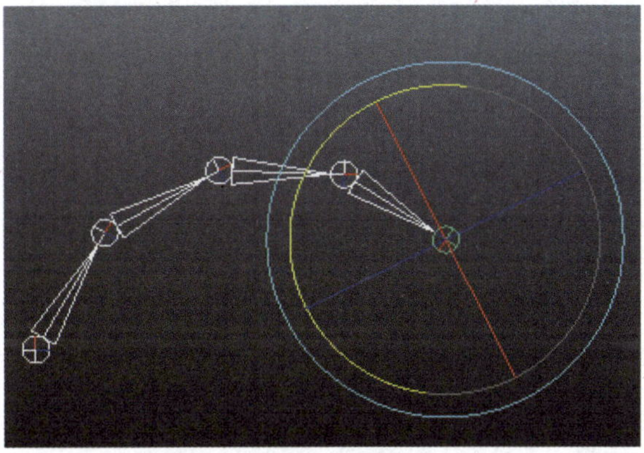

在关节节点中，包含很多特殊的属性，选中关节后按快捷键 Ctrl+A 可以查看和修改属性。

在关节的属性面板中增加了一个 Joint（关节）卷展栏，如下图所示。

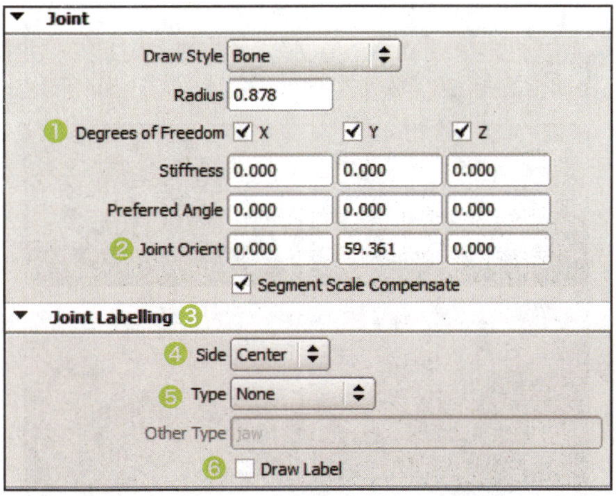

❶ Degrees of Freedom（自由度）：用于禁止模型特定轴向的旋转。

提示 部分关节只能沿一个方向旋转，例如手肘关节只能向内弯曲，就可以使用该属性禁止其他轴向的旋转。

❷ Joint Orient（关节方向）：用于旋转关节而不改变关节 Rotate（旋转）属性的数值。

提示 关节在创建之初，通常保持 Rotate（旋转）各项属性值均为 0，以方便进行后续控制操作。某些情况下需要对创建好的关节进行旋转而又不想要改变 Rotate（旋转）数值，就可以使用该属性。

❸ Joint Labelling（关节标签设置）卷展栏：用于对关节设置描述信息，在为复杂角色设置骨骼时尤为方便。

❹ Side（侧）：用于选择当前关节是位于身体的左侧、右侧或者中间等位置。

❺ Type（类型）：用于选择当前关节是身体的哪个部位，例如手臂、手指、腿等。如果选择 other（其他）选项则可以在 Other Type（其他类型）文本框中手动输入描述文字。

❻ 当 Draw Label（绘制标签）属性被勾选时，文字会显示在视图中，如右图所示，并且左侧和右侧的文字会以不同的颜色显示。

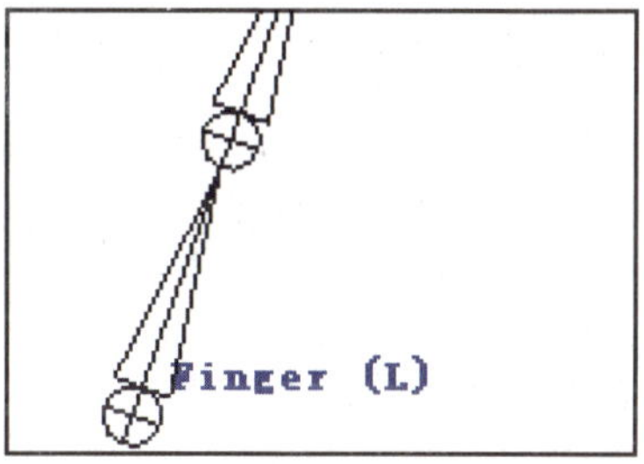

在 Limit Information（限制信息）卷展栏中，可以在 Translate（移动）、Rotate（旋转）、Scale（缩放）卷展栏中分别对关节的移动、旋转、放缩属性设置限制，下图是 Rotate（旋转）卷展栏。

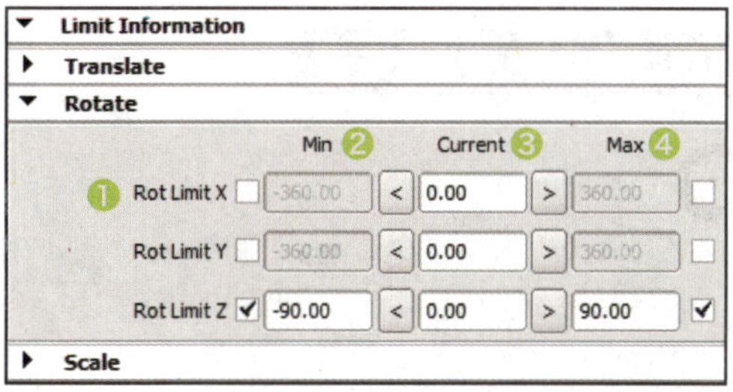

❶ Rot LimitX（旋转限制 X）：设置 X 轴向的旋转限制。

❷ Min（最小值）：表示允许的最小数值。

❸ Current（当前）：表示当前数值。

❹ Max（最大值）：表示允许的最大数值。

提示 在现实情况中，关节并不是可以 360° 旋转的。以手指为例，普通人的手指大约可以向上翻折 90° 左右，向下弯曲 90° 左右。因此可以对手指关节在 RotateZ 属性上设置限制，输入最大、最小数值并勾选启用限制选项就可以限制关节的旋转角度了。

9.2.2 关节的创建

打开 Skeleton（骨架）>Joint Tool（关节工具）命令的选项设置面板，可以在创建之前对关节的某些参数进行设置，如下图所示。

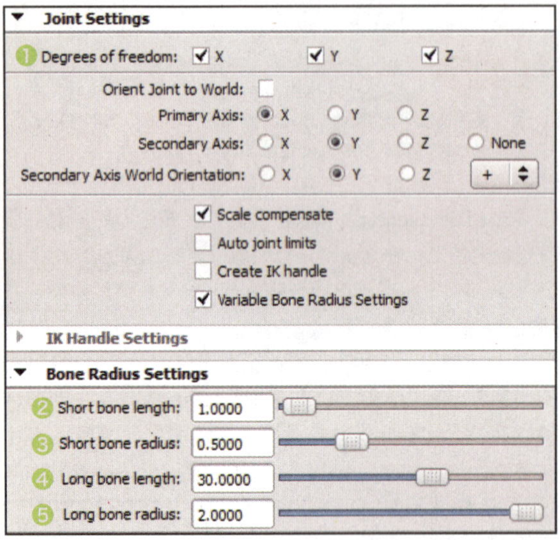

① Degrees of freedom（自由度）：设置可以旋转的轴向，默认为三个轴向都可以旋转。

② Short bone length（短骨骼长度）：设置骨骼球形一端的长度。

③ Short bone radius（短骨骼半径）：设置骨骼球形一端的半径。

④ Long bone length（长骨骼长度）：设置骨骼锥形一端的长度。

⑤ Long bone radius（长骨骼半径）：设置骨骼锥形一端的半径。

进阶练习：创建关节

最终文件： Chapter 9\9.2\create joints(final).mb

01 执行 Skeleton（骨架）>Joint Tool（关节工具）命令，或者单击工具架上的 图标，激活关节创建，如下图所示。

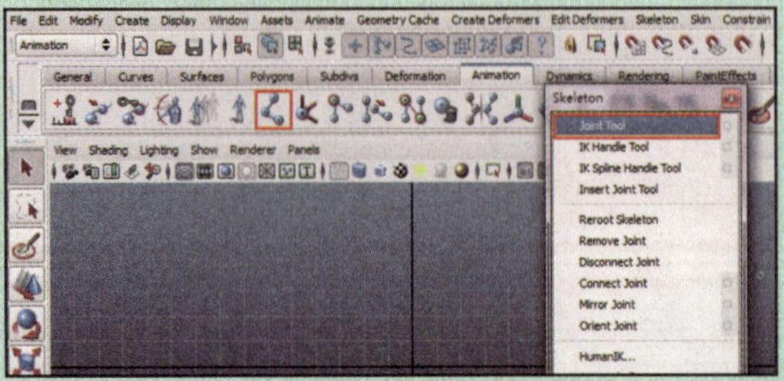

02 在前视图中通过单击鼠标左键进行关节的创建，每单击鼠标一次创建一个关节，如下图所示。

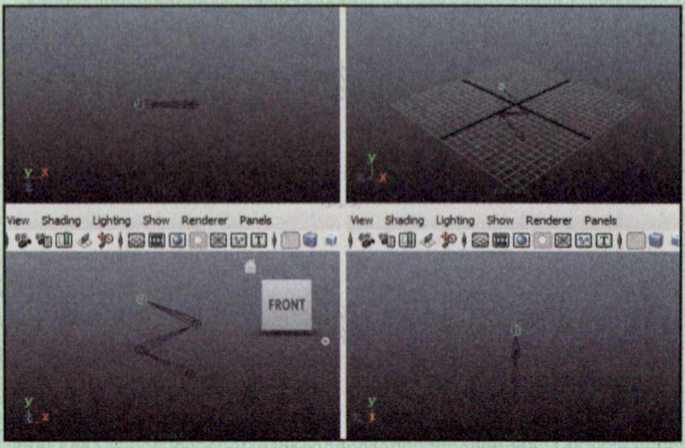

提示： 为了避免不必要的错误，创建关节需要在正交视图中进行。

03 按 Enter 键结束关节创建操作，如下图所示。

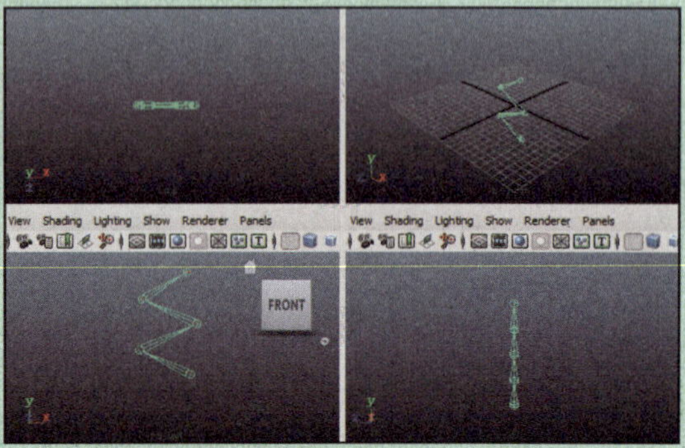

提示： 在创建最后一个关节时使用鼠标右键代替鼠标左键的操作，也可以结束关节创建。如果需要按直线方向创建多节关节，可以按住 Shift 键进行关节创建。

04 执行 Skeleton（骨架）>Joint Tool（关节工具）命令，或者单击工具架上的 图标，再次激活关节创建工具。单击已经创建的骨骼链末端关节，通过单击鼠标左键继续进行关节的创建，如下图所示。

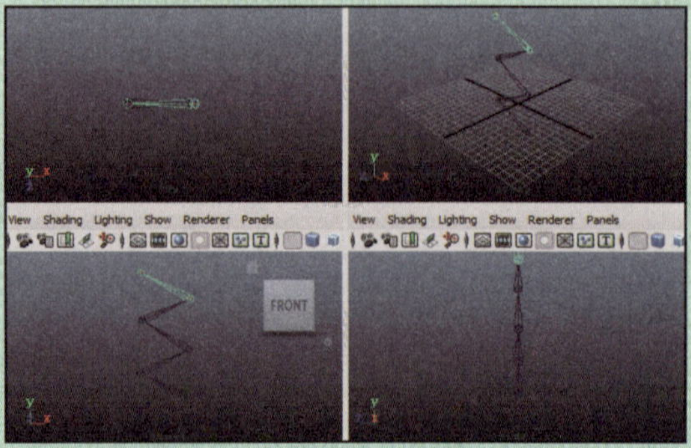

提示： 新创建的关节连接在已创建的骨骼链末端。使用这种方法，可以延长已创建的骨骼链。

进阶练习：设置关节显示大小

原始文件： Chapter 9\9.2\set joint size(original).mb
最终文件： Chapter 9\9.2\set joint size(final).mb

01 打开本书配套光盘中的文件，关节以当前场景中默认的关节大小显示。有时会出现关节过细或过粗的情况。如下图所示，场景中的关节显示很细。

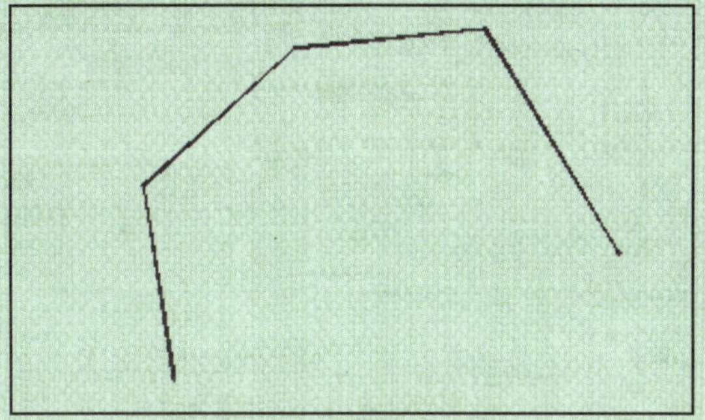

02 选中任意一节关节，在通道栏中可以看到关节比普通物体多出一个 Radius（半径）属性，增大这个数值，关节的显示变粗，如下图所示。

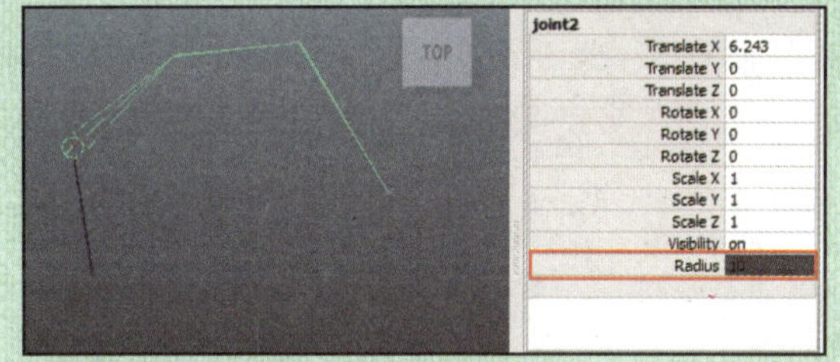

提示： Radius（半径）属性是用于控制关节粗细的，但这个参数只能用于控制选中的这一个关节。

03 重新打开打开本书配套光盘中的文件，执行 Display（显示）>Animation（动画）>Joint size（关节大小）命令，在弹出的 Joint Display Scale（关节显示比例）对话框中，统一设置所有关节的粗细，如下图所示。

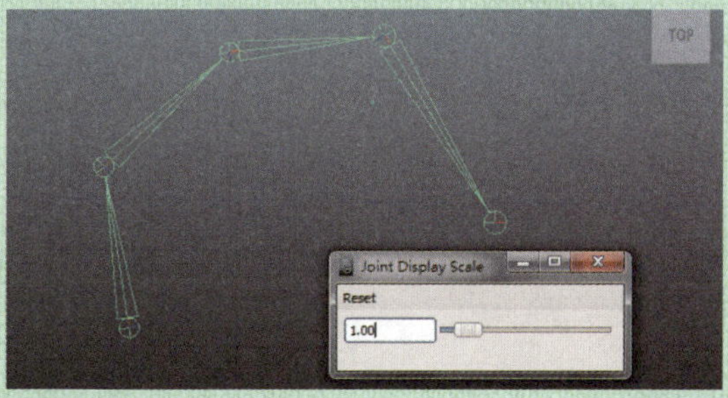

9.3 详解编辑骨骼关节的菜单

在关节创建完成后，不可避免地需要对已创建的关节进行一些修改和编辑，下面将按照工具使用的频率，详细介绍一些 Maya 提供的用于编辑关节的工具。

9.3.1 Insert Joint Tool（插入关节工具）

需要在已创建的骨骼链中增加关节时，可以使用插入关节工具。

进阶练习：插入关节

原始文件： Chapter 9\9.3\insert joint(original).mb
最终文件： Chapter 9\9.3\insert joint(final).mb

01 打开本书配套光盘中的原始文件，场景中存在一个有三个关节的骨骼链。执行 Skeleton（骨架）> Insert Joint Tool（插入关节工具）命令，或者单击工具架上的图标，激活关节插入工具，如下图所示。

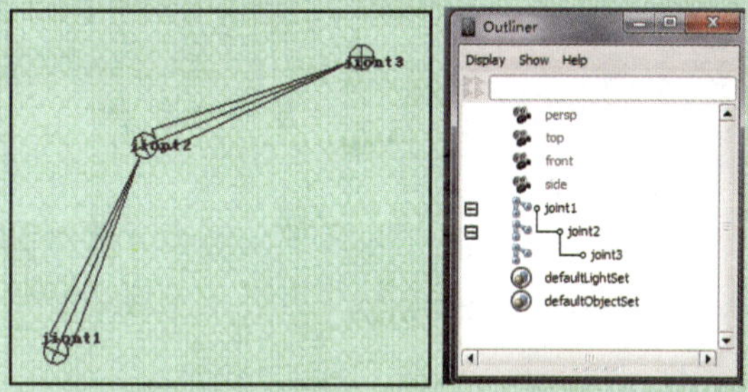

02 单击“joint1”关节，关节插入工具会在骨骼球形位置重合增加一节关节。如下图所示，在“joint1”球形位置生成了一节新的关节“joint4”。在大纲视图中，“joint4”位于“joint1”和“joint2”之间，说明已经插入到原来的骨骼链中。

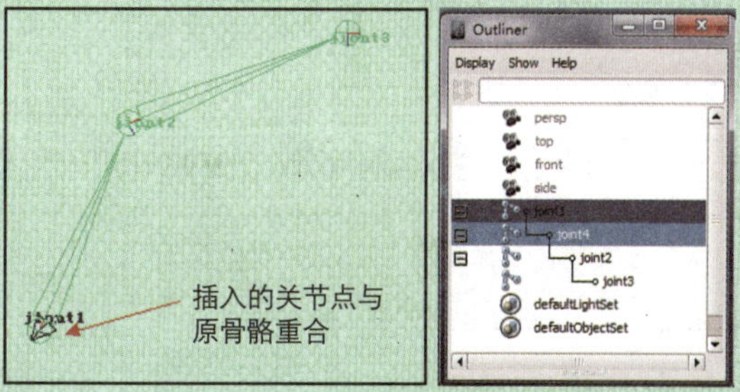

03 插入关节后，改变关节的位置。直接选中插入的关节“joint4”进行移动，这时与这节关节尾端相连的所有关节“joint2”和“joint3”同时发生移动，如下图所示。

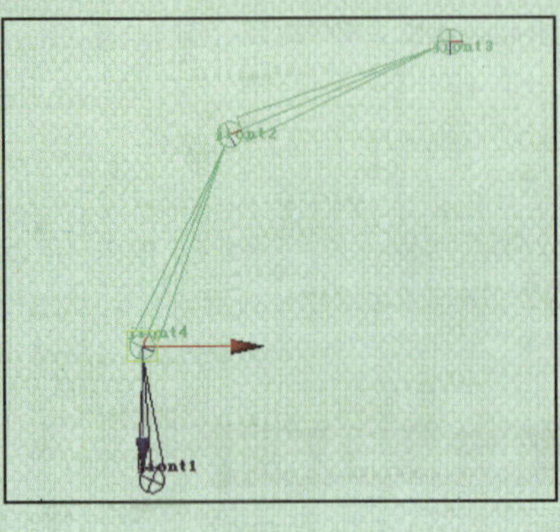

04 撤销上一步操作，选中“joint4”按下键盘 Insert 键，进入关节枢轴修改状态，将关节的枢轴进行修改，与原始的关节状态进行对比，可以发现这样移动关节时，就不会影响到“joint2”和“joint3”的位置，如下图所示。

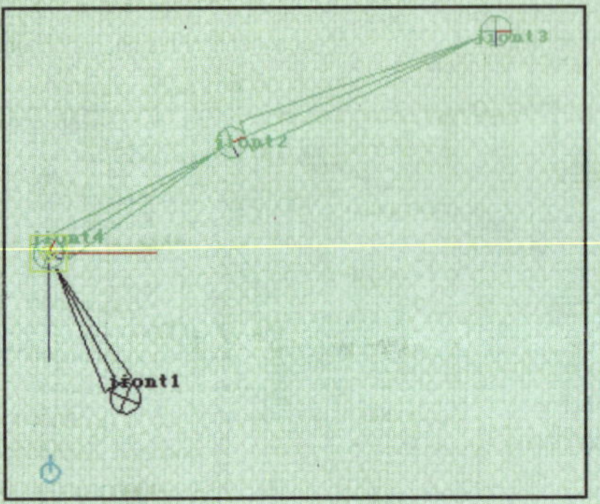

9.3.2 Connect Joint（连接关节）

Maya 中还提供了用于将两个独立的骨骼链连接在一起的工具。在介绍这个工具的具体使用方法前，先打开 Skeleton（骨架）>Connect Joint（连接关节）命令的选项设置面板，如下图所示。

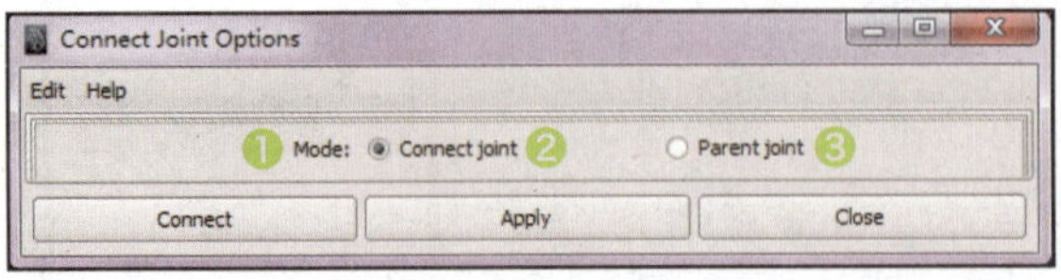

❶ Mode（模式）：Maya 为连接关节工具提供了两种连接模式。这两种模式会产生截然不同的连接效果。

❷ Connect joint（连接关节）：使要连接的关节成为连接关节父物体的子物体。

❸ Parent joint（将关节设为父子关系）：使要连接的关节称为连接关节的子物体。

进阶练习：连接关节

原始文件： Chapter 9\9.3\connect joint(original).mb
最终文件： Chapter 9\9.3\connect joint(final).mb

01 打开本书配套光盘中的原始文件，场景中有两条骨骼链，即骨骼链 A 和骨骼链 B。我们希望将骨骼链 B 中的“joint4”关节连接到骨骼链 A 中的“joint2”关节上，如下图所示。

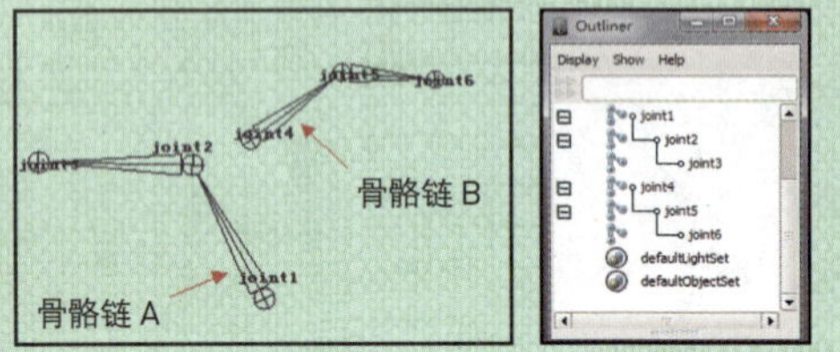

02 选中“joint4”，按住 Shift 键加选“joint2”，在 Connect Joint Options（连接关节选项）对话框中单击 Connect joint（连接关节）单选按钮，单击 Apply（应用）按钮，“joint2”与“joint4”在连接完成后发生了重合，并且骨骼链 B 随着“joint4”的位置变化整体发生了位移。在大纲视图中可以看到 joint4 成为 joint1 的子物体，与 joint1 相连。得到结果如下图所示。

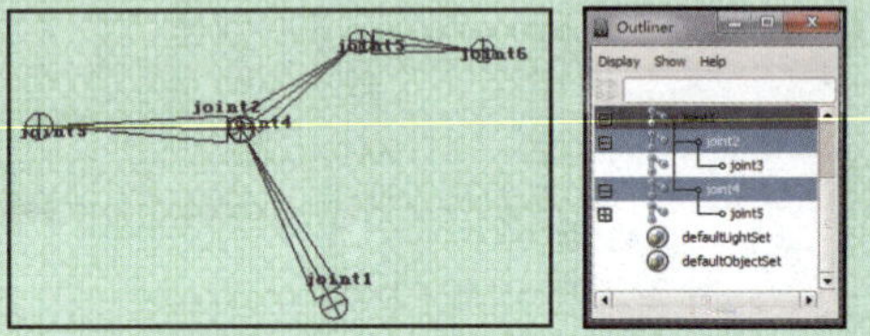

提示： 如果直接对“joint4”和“joint1”进行 Connect Joint（连接关节）方式的连接，Maya 会报错阻止操作进行，因为 joint1 没有父节点，无法完成与 joint4 的父子关联。

03 重新打开本书配套光盘中的原始文件，选中“joint4”然后按 Shift 键加选“joint2”，在 Connect Joint Options（连接关节选项）对话框中单击 Parent joint（将关节设为父子关系）单选按钮，单击 Apply（应用）按钮。骨骼链 B 和“joint2”均没有发生位置变化，但在“joint2”和“joint4”之间产生了关节连接效果，就是“joint4”直接成为了“joint2”的子物体。从大纲视图中可以明显看出这种父子关系。得到结果如下图所示。

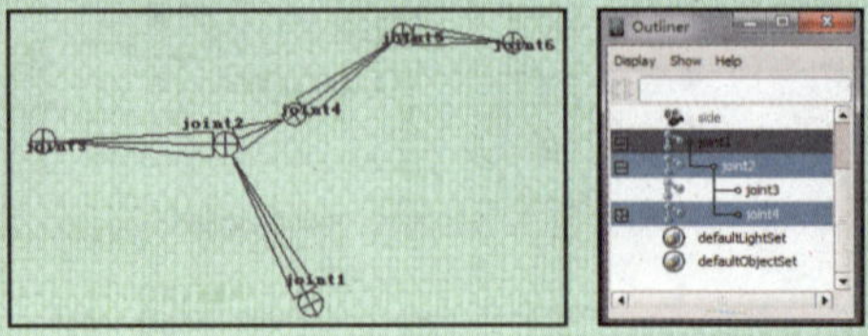

提示： 要实现这种效果，除了使用连接关节工具外，可以直接选中“joint4”和“joint2”后，按 P 键进行父子连接。或者在大纲视图中使用鼠标中键拖动，改变父子关系。

9.3.3 Reroot Skeleton（重定骨架根）

根关节是位于骨骼链最底部的关节，骨骼链中所有的关节都是它的子物体，因此它能影响其他关节的位移、旋转等属性。在制作角色动画时，根关节的位置决定动作传导的初始位置，因此根关节具有举足轻重的地位。

重定骨架根工具允许用户随意选中骨骼链上的任意一个关节，将其指定为根关节。

进阶练习：重定骨架根

原始文件：Chapter 9\9.3\reroot skeleton(original).mb
最终文件：Chapter 9\9.3\reroot skeleton(final).mb

01 打开本书配套光盘中的原始文件，场景中有一条骨骼链。“joint1”是骨骼链中的根关节，整条骨骼链是由下向上的单线关系，如下图所示。

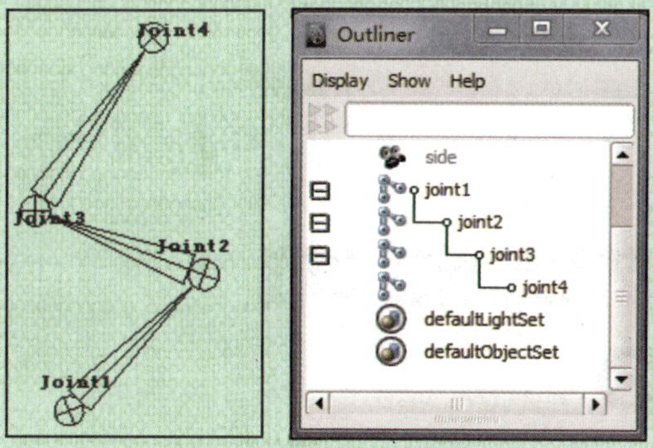

02 就选中“joint3”，执行 Skeleton（骨架）> Reroot Skeleton（重定骨架根）命令，此时“joint3”成为新的根关节，如下图所示。

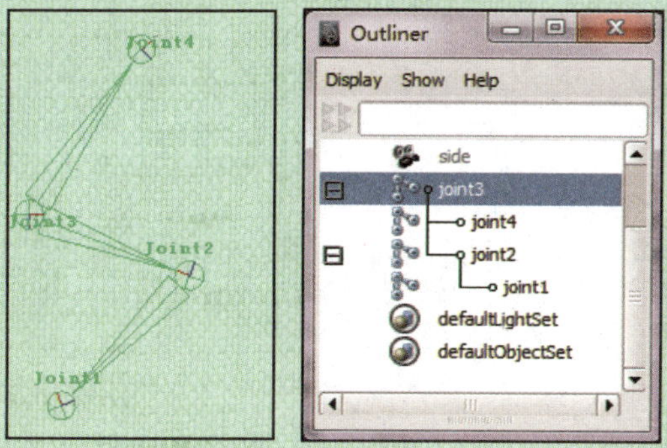

提示：当根关节重新指定后，骨骼链的形状不会发生任何改变，但关节的层级关系和指向方向发生了改变。

9.3.4 Remove Joint（移除关节）

在骨架创建完成之后，如果要对关节进行删除的操作，会将选中的关节以及这节关节的子物体关节同时全部删除。如果只需要删除某一节关节而不影响它的子层级，可以使用 Remove Joint（移除关节）命令。

进阶练习：移除关节

原始文件：Chapter 9\9.3\remove joint(original).mb
最终文件：Chapter 9\9.3\remove joint(final).mb

01 打开本书配套光盘中的原始文件，可以看到场景中有一条骨骼链，如下图所示。

02 选中“joint2”后，执行 Skeleton（骨架）> Remove Joint（移除关节）命令，删除这一个关节，如下图所示。

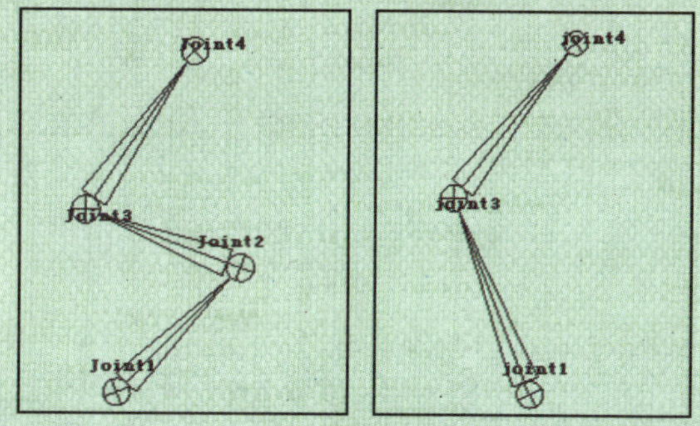

提示：使用移除关节工具不会影响其他关节的位置和层级关系。在蒙皮完成之后也可以使用这个工具对关节进行删除操作，而不会影响其他关节点的蒙皮信息，但是将删除的关节上的蒙皮权重会自动分配到其他关节上。

9.3.5 Disconnect Joint（断开关节）

在骨架创建完成后，有时需要将骨骼链断开，使一条骨骼链变为两条，能够独立进行操作。将骨骼链断开有两种操作方法。一种是直接在大纲视图中使用鼠标中键拖动，进行父子关系的改变，使某些关节脱离原来的骨骼链，如下图所示，将“joint3”从“joint2”的子物体改变为独立的物体，则“joint3”到“joint2”之间的骨骼消失。

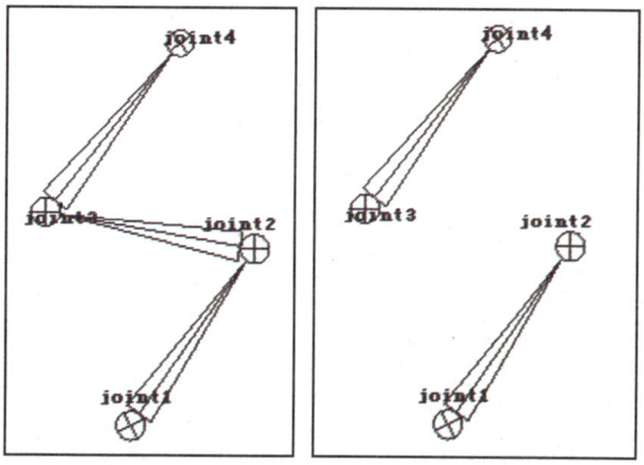

另一种方法就是使用 Disconnect Joint（断开关节）命令。这种断开方法会在断开的原来位置重新创建一个新的关节点。

进阶练习：断开关节

原始文件： Chapter 9\9.3\disconnect joint(original).mb
最终文件： Chapter 9\9.3\disconnect joint(final).mb

01 打开本书配套光盘中的原始文件，场景中有一条骨骼链，如右图所示。

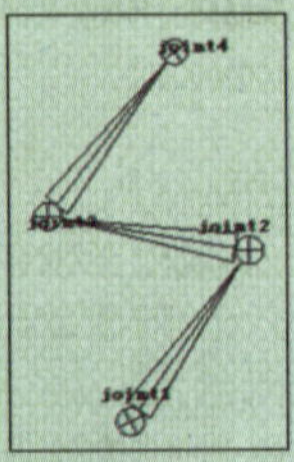

02 需要断开“joint2”，选中“joint2”后，执行Skeleton（骨架）>Disconnect Joint（断开关节）命令，如下图所示。

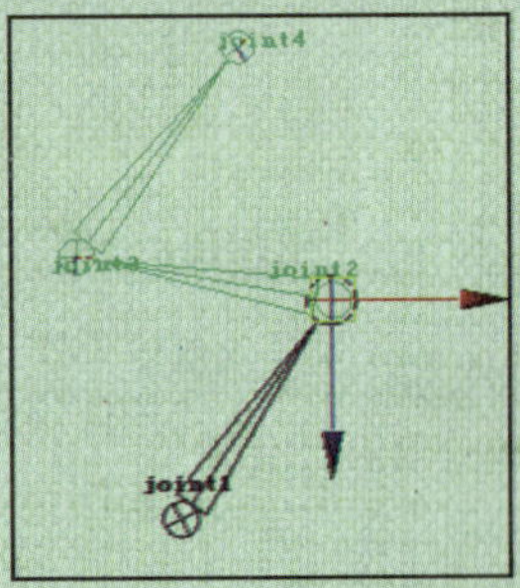

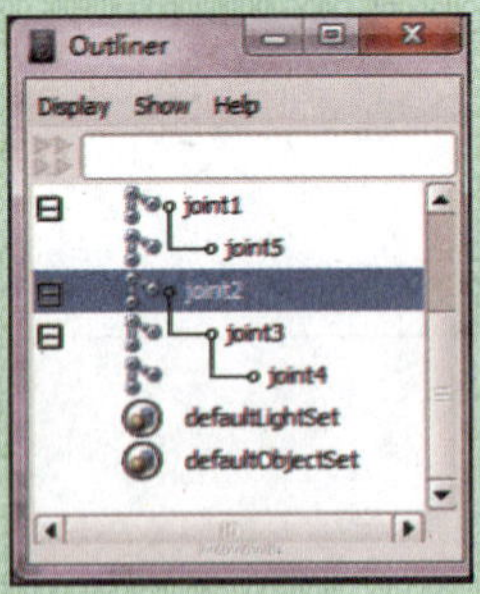

提示： 断开后的关节并没有形态上的变化，只是在“joint2”位置出现两个重合的关节。原始的一条以“joint1”为根关节的骨骼链变为以“joint1”和新建关节为根关节的两条骨骼链。

9.3.6 Mirror Joint（镜像关节）

在自然界中，大部分的动物包括人类骨架都是左右对称的，为了方便建立这种对称的骨架，Maya提供了镜像关节工具。这样，只需要用户手动搭建一侧的骨架，然后镜像复制另一侧即可。镜像关节工具在进行角色骨架搭建时会十分常用，希望读者能够熟练掌握。

首先来了解一下镜像关节工具的相关参数设置，打开Skeleton（骨架）>Mirror Joint （镜像关节）命令的选项设置面板，如下图所示。

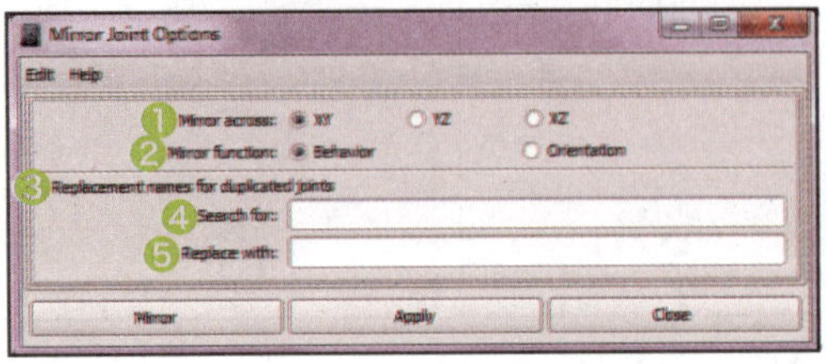

❶ Mirror across（镜像轴向）：指关节的镜像平面。选择XY选项即关节沿着X轴和Y轴形成的平面作为对称平面进行镜像。

❷ Mirror function（镜像功能）：选择Behavior（行为）选项时，镜像复制出的关节会与原关节产生相同的动作行为。例如旋转原骨架中手臂关节RotateY=－60° 时，手臂产生向内弯曲的效果，那么在对镜像得到的手臂关节旋转RotateY=－60° 时，手臂同样产生向内弯曲的效果。如果选择Orientation（方向）选项，镜像得到的手臂关节则会产生向外弯曲的效果。因此在没有特殊需要时，推荐选择Behavior（行为）选项，以方便动画制作。

❸ Replacement names for duplicated joints（为复制关节替换名称）

提示 在搭建复杂骨架时，关节的命名会显得尤为重要。为了方便控制器的设定和动画的制作，应当合理的为关节命名。在进行镜像复制时，如果软件能智能地对关节命名进行修改对用户是不错的选择。

❹ Search for（搜索）：查找原始关节命名中的内容。

❺ Replace with（替换为）：将查找到的内容替换为新输入的内容。

进阶练习：镜像关节

原始文件： Chapter 9\9.3\mirror joint(original).mb
最终文件： Chapter 9\9.3\mirror joint(final).mb

01 打开本书配套光盘中的原始文件，场景中有一段手臂骨骼，如下图所示。

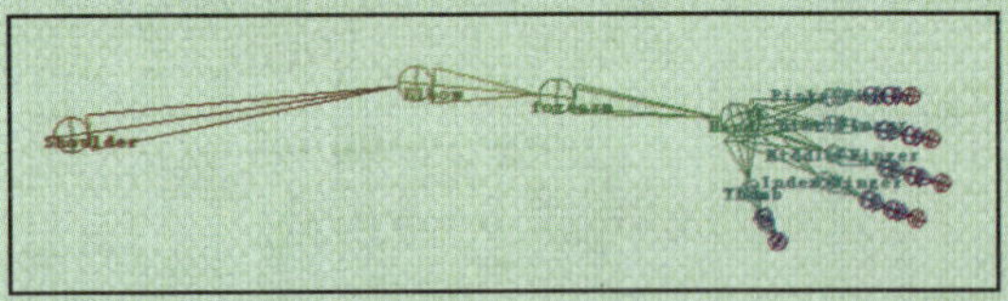

02 打开Skeleton（骨架）>Mirror Joint（镜像关节）命令的选项设置面板，单击Mirror across（镜像平面）参数的YZ单选按钮，单击Mirror（镜像）按钮，如下图所示。

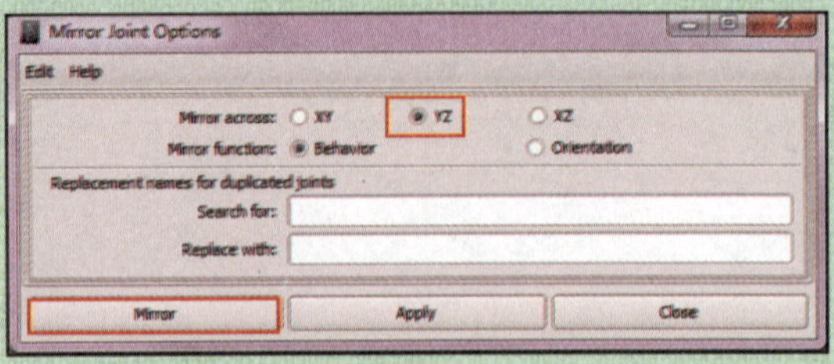

提示： 手臂应当是沿着X轴方向延伸的，因此在镜像时应该选择YZ平面作为镜像平面。

03 选中这段骨骼的根关节，在 Mirror Joint Options（镜像关节选项）对话框中单击 Apply（应用）按钮，对它进行镜像操作。这样会得到另一条手臂的骨骼，如下图所示。

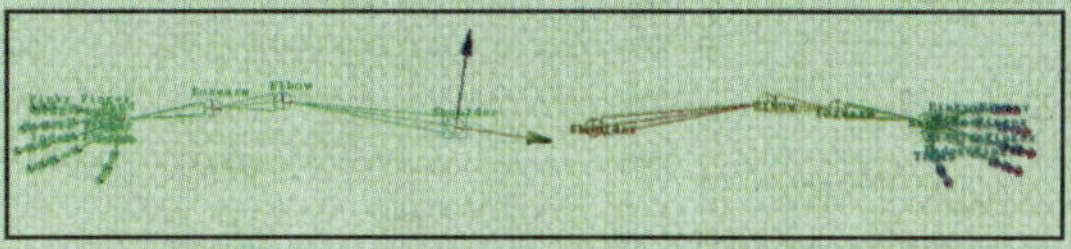

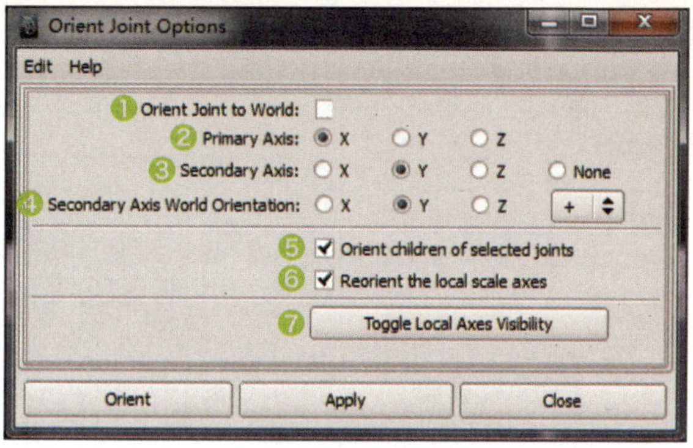

9.3.7 Orient Joint（确定关节方向）

在骨骼系统中，骨骼链的旋转轴向是由每一个关节的局部轴设定的。而关节的旋转方向直接关系到角色动作的正确性，如果旋转方向出现错误，则会导致动画过程中出现非常严重的问题。因此保证每个关节的局部轴的正确性是至关重要的。

在骨架正常创建后，局部轴向都是符合动画要求的。将一段直接创建得到的骨骼链的局部轴向显示出来，如下图所示，我们可以看到每个关节随着创建方向不同，各自的局部轴向也不同。

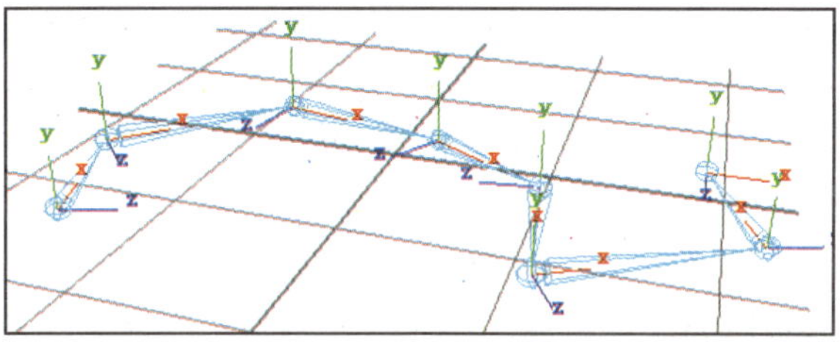

其中红色的 X 轴向都指向骨骼延伸的方向，绿色的 Y 轴都指向与 Grid（栅格）垂直的向上方向，蓝色的 Z 轴都沿着骨骼创建的平面，即 Grid（栅格）平面，与 X 轴垂直。在创建这段骨骼链时使用的是默认选项，即设定骨骼延伸的方向为 X 轴，骨骼向上旋转的方向为 Y 轴，沿着骨骼的创建平面并与 X 轴垂直的方向为 Z 轴，因此会得到如上图所示的效果。

在进行角色骨架搭建时，关节常常选用不同的平面进行创建，而且在创建之后需要对关节进行一些编辑、修改才会完成最终的骨架形态。在这些编辑修改中，往往会对关节的轴向产生一些影响。在一般情况下，直接搭建完成的关节都存在或多或少的局部轴向错误的问题。要解决这些问题可以手动去修改每一节关节，也可以使用确定关节方向工具进行统一的修正。

确定关节方向工具是用于调整关节局部轴的。先了解一下确定关节方向工具的相关参数设置，打开 Skeleton（骨架）>Orient Joint（确定关节方向）命令的选项设置面板，如下图所示。

❶ Orient Joint to World（确定关节方向为世界方向）：将所有关节设定为与世界方向对齐，即每个关节的局部轴的方向与世界轴相同。

❷ Primary Axis（主轴）：用于为关节指定主局部轴。这是指向从此关节延伸向下的骨骼的轴。

❸ Secondary Axis（次轴）：用于指定哪个局部轴用作关节的次方向。选择两个剩余轴选项中的一个，若要让 Maya 自动确定请设定为 None（无）选项。

❹ Secondary Axis World Orientation（次轴世界方向）：用于设定次轴的方向（正或负）。

❺ Orient children of selected joints（确定选定关节子对象的方向）：勾选时，影响骨架中当前关节下的所有关节；取消勾选时，仅影响当前关节。

❻ Reorient the local scale axes（重新确定局部缩放轴方向）：勾选时，当前关节的局部缩放轴也重新确定方向。

❼ Toggle Local Axes Visibility（切换局部轴可见性）：切换选定关节上局部轴的显示。

进阶练习：确定关节方向

原始文件： Chapter 9\9.3\orient joint(original).mb
最终文件： Chapter 9\9.3\orient joint(final).mb

01 打开本书配套光盘中的原始文件，场景中有一条骨骼链，如右图所示。

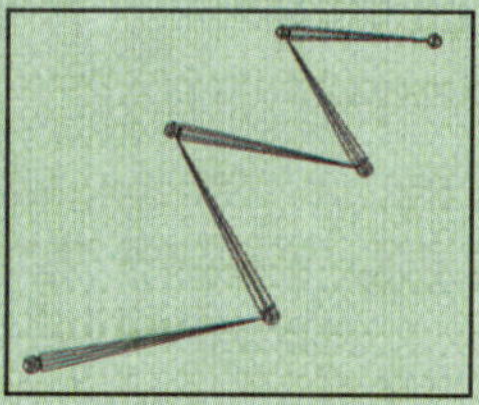

02 选中这条骨骼链的根骨骼，按下快捷键 F8 切换到组件显示模式或单击状态栏中的 按钮，然后单击状态栏中的 按钮，激活局部轴向显示，如右图所示。

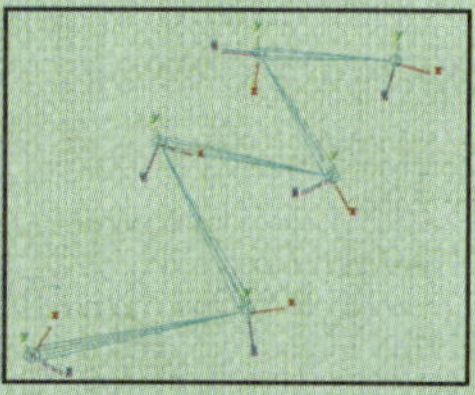

提示： 也可以单击 Skeleton（骨架）>Orient Joint（确定关节方向）命令的选项设置面板中的 Toggle Local Axes Visibility（切换局部轴可见性）按钮，激活局部轴向显示。

03 按 F8 切换到物体模式，选中这条骨骼链的根关节，执行 Skeleton（骨架）>Mirror Joint Tool（镜像关节工具）命令，如右图所示。

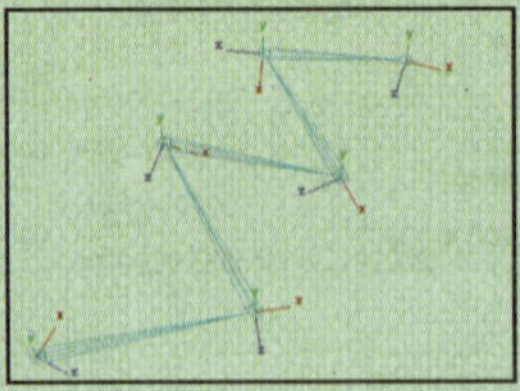

04 单击状态栏中的按钮，然后单击状态栏中的按钮，激活局部轴显示。通过这个命令修改完成后的关节，除了最后一个关节外，所有关节的局部轴都已满足要求，如右图所示。

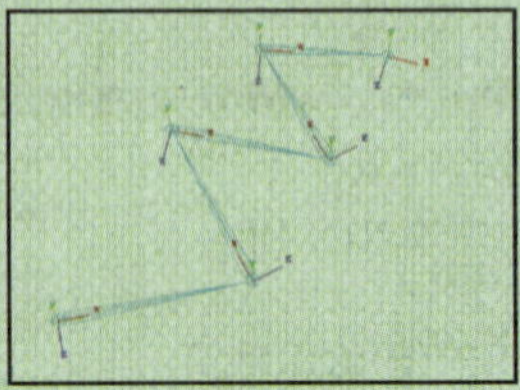

9.4 骨架搭建的原则

在掌握了这些编辑关节的工具后，就可以随心所欲地进行复杂的骨架搭建工作了。但在骨架搭建时，需要注意下面几个问题。

9.4.1 关节设置的位置

关节一般都依据模型本身关节的位置进行创建，但创建时需要注意选择适当的视图进行创建。例如创建手指关节选择顶视图，而创建腿部关节选择侧视图。因为创建的关节应当符合模型的变化，并且在最初创建时，最好不要对关节进行旋转，因为产生旋转属性的关节在后续设置时会造成不便。

就一般情况来说，应当在骨骼转折的位置设置关节，并且关节中心要与模型关节转折的中心完全对齐，而且每一个需要运动的位置应该都有对应的关节，由这些关节间的骨骼运动控制模型的运动变化。例如人物角色的肩关节、肘关节、膝关节等等，包括每根手指、脚趾的指关节也应当一一设置对应的关节。

但也存在一些特殊情况。对于人物角色的脊椎这种实际情况中骨骼很密集的骨骼来说，由于运动幅度相对其他关节较小，可以适当减少关节的数量，一般 3~5 节就够了。

如果角色穿着鞋子，那么可以将脚趾关节合并为一个关节进行控制。

有时还需要对某些柔软的物体设置关节，例如辫子、宽大的衣物、树枝等等。虽然这类物体的运动可以使用 Maya 的毛发、布料、粒子等方法进行模拟，虽然这样计算得到的运动效果比较真实，但运动的可控性较低，要得到理想效果需要经过反复测试，对计算机资源的占用较大，运算缓慢。因此在制作一些真实感要求较低，又需要快速得到动画效果的项目中，通常使用骨骼进行控制。这类物体不存在关节位置，可以相对均匀地创建骨骼链来模拟运动效果。

小臂和脚部骨骼的情况更为特殊，将对这些情况单独分析。

9.4.2 合理的命名

一个角色往往需要几十个关节才能搭建成一个完善的控制系统。因此为了更好地组织场景，在进行控制器设置和蒙皮、动画阶段更快速地检索到所需的物体，减少动画、绑定的不便，要对关节、模型都进行合理的命名。

所谓合理的命名，就是指在物体名称中就能清楚地表明这个物体的类型、所处的位置，并且具有一定的规则。其中，类型是指模型还是骨骼，或者是 IK 控制柄、控制器；位置是指这个物体在角色身体所在的部位，一般的角色都是左右对称的，那么还需要表明这个骨骼属于哪一侧。例如左侧的小臂关节可以命名为“joint_left_forearm”；右侧的眼球模型可以命名为“model_right_eye”。如果觉得这用命名方式太长，也适当简写，例如左侧的小臂骨骼名称简写为“j_l_forearm”，或者使用拼音替代英文。总之，关节的命名应当形成一定的规则，有规则的命名在进行关节镜像时也能方便地对复制出的骨骼链进行快速、一次性的重命名。

9.4.3 小臂骨骼设置

在设置小臂骨骼时，由于小臂骨骼的特殊性，往往会在小臂骨中间增加一个关节，如下图所示。

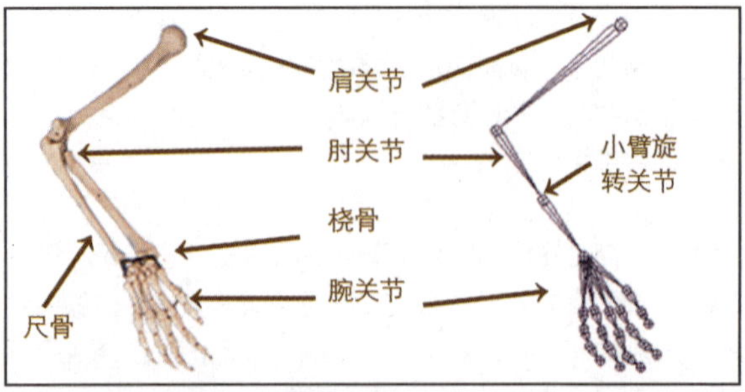

因为人类的小臂能够通过两根骨骼的交错旋转控制小臂、手腕的旋转，而在进行骨架搭建时当然没有必要创建两根骨骼模拟这种旋转效果。而且使用两根骨骼会给绑定和动画控制带来更多的麻烦。因此为了模拟这种小臂半旋转的效果，可以采取增加一个旋转关节的方法。

9.4.4 脚跟骨骼设置

对于脚部骨骼而言，按照正常的关节进行骨骼设置并不会产生任何的错误。但是由于脚步与地面的接触，会相应地产生一些不是由肢体控制，而是通过地面的反作用力产生的动作效果。例如抬起脚跟用前脚掌旋转踩灭烟头这样的动作，如果直接使用脚掌、脚趾关节通过旋转的方式进行控制，要很好地实现动作效果会非常的繁琐，几乎不可能。在通过实践创造后，增加了脚跟位置关节这样一种用于控制脚与地面互动的骨骼，如下图所示。

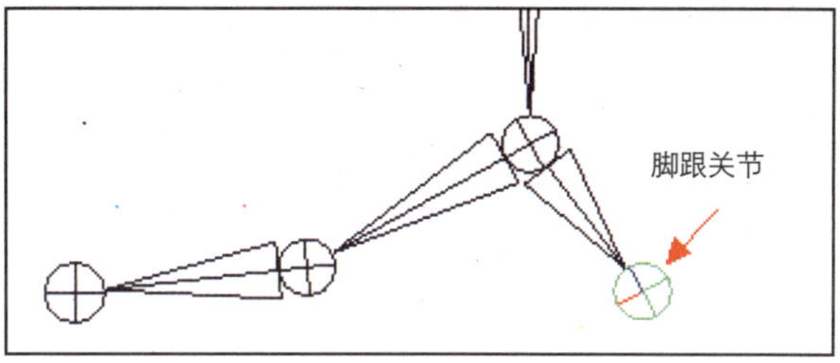

9.5 骨骼的控制方式

骨架搭建完成之后，就可以通过移动或者旋转工具对骨骼进行控制，使骨骼产生一些动作形态和变化。但一般情况下，骨骼的长度是不会发生变化的，因此直接使用移动工具对骨骼进行控制是不符合视觉习惯的。只能通过旋转进行骨骼的控制，但对多节骨骼进行旋转的控制并不能够非常快速地达到想要的效果。为了解决这些问题，Maya 提供了另外两种骨骼控制方式，分别是 IK 单线控制器和 IK 样条线控制器。除了这两种 Maya 提供的控制方式外，还可以通过手动的方式进行控制器的设定。

9.5.1 FK（前向动力学）与 IK（反向动力学）

在介绍 IK 单线控制器和 IK 样条线控制器之前，先认识两个新的概念：FK（前向动力学）和 IK（反向动力学）。

FK（前向动力学），是由英文 Forward Kinematics 翻译得到的，简称为“FK”，又叫做正向动力学。前向动力学其实就是指通过旋转多个骨骼关节来控制骨骼的方式。例如，让某个角色完成踢腿的动作，需要多次旋转大腿和小腿，最后才能达到想要的效果。这种控制方式完全遵循父子关系的层级，用父层级带动子层级的运动，因此被称前向动力学。

使用前向动力学计算简单，运算速度快，而且在完成动作时，每个部位都具有弧度变化，非常适合制作摆臂等带有随动效果的动画。在摆臂时，是由上臂的运动传导到小臂，再传导至手腕，这与前向动力学控制的方向是一致的。因此使用前向动力学进行类似摆臂这种并非有意识指向某个方向的动画会得到自然、流畅的动画效果，如下图所示。

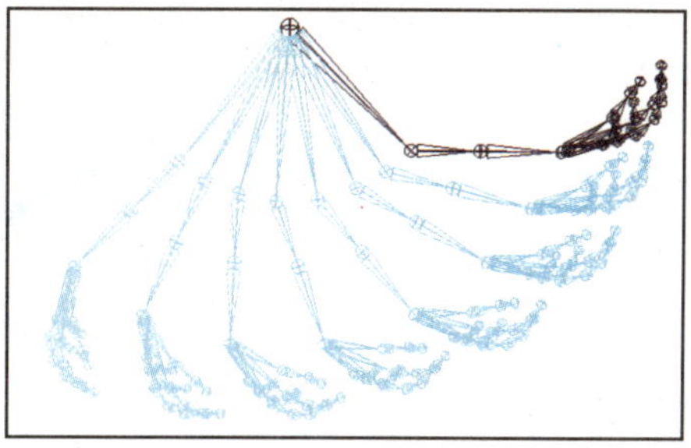

但是前向动力学也存在一些缺点。当需想要完成例如指向某处，或者拿起某物体这类有意识、有明确目标的动作时，就需要指定每个关节的角度和位置，而由于骨架的各个节点之间有内在的关联性，这个操作就变得非常繁琐，而且直接指定各关节的值很容易产生不自然、不协调的动作。

对于上述的这类动作就需要使用到 IK（反向动力学）。IK（反向动力学），是由英文 Inverse kinematics 翻译得到的，简称为“IK”。这是一种通过先确定子骨骼的位置，然后反求推导出其所在骨骼链上 n 级父骨骼位置，从而确定整条骨骼链的方法。它与正向动力学的工作方式正好相反，并因此进行命名为反向动力学。

反向动力学是依据末关节的最终位置、角度，来反求出整个骨架的形态。以手臂动画为例，就是通过手腕位置来反求得到上臂和小臂的旋转角度。使用这种方法能够非常快速地实现移动到某个确定位置这种动画效果，非常适合人物、动物的四肢动画。在动画调节时，它大大减少了需要手动控制的关节数目，工作效率非常高。

但是反向动力学也存在一些缺陷，由于是通过对末关节位置反求得到的整个骨架形态，因此在完成从上向下发力的动作，例如甩臂、踢腿等动作时，会产生非常奇怪的动态效果。

反向动力学需要与正向动力学互相补充，才能更好更快速地完成各种动画效果。下面要介绍的 IK 控制柄工具和 IK 样条线控制柄工具，都属于反向动力学的范畴。

9.5.2 IK 控制柄工具

使用 IK 控制柄控制骨骼非常简单，只需要移动 IK 控制柄就可以非常自由地控制骨骼。

IK 控制柄工具除了用于控制控制柄外，还包括其他的组成部分，如下图所示。

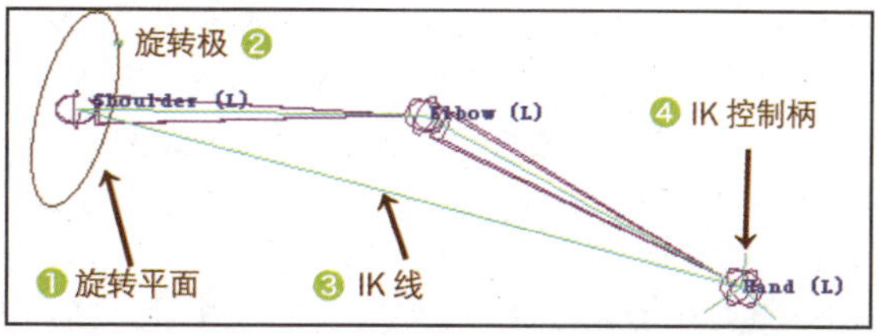

❶ 旋转平面：是用来作为和骨骼链平面进行对比的参考平面。当骨骼链发生旋转或扭曲时，骨骼链所在平面会与旋转平面产生对比，获得骨骼链扭曲、旋转的数值。

❷ 旋转极：用来显示和控制骨骼链的扭曲、旋转的角度。要使用它对骨骼链进行控制时，需要先选中 IK 控制柄，然后按快捷键 T 切换到旋转极的控制，就可以通过移动旋转极设置骨骼链的旋转方向。

❸ IK 线：用于显示 IK 控制器影响的骨骼起始点和终点，不可以操作。

❹ IK 控制控制柄：是可以控制末端骨骼从而影响整条骨骼链的控制器。可以快速将骨骼末端移动到目标位置，是非常方便的工具。

在创建 IK 控制柄之前，先打开 Skeleton（骨架）>IK Handle Tool（IK 控制柄工具）命令的选项设置面板，对这个命令的相关参数进行了解，如下图所示。

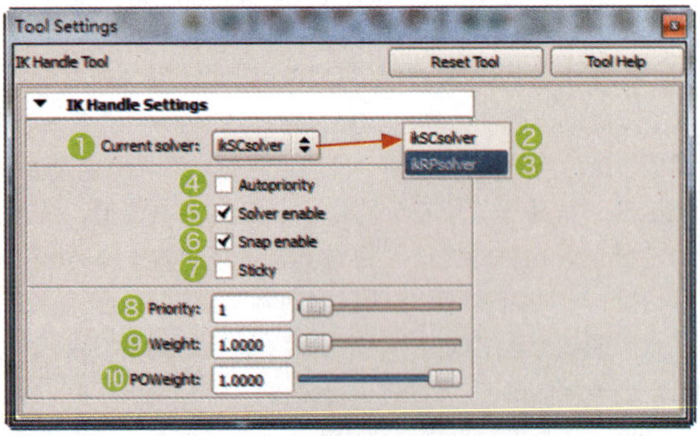

❶ Current solver（当前解算器）：用于选择 IK 解算器。

❷ ikSCsolver（单链解算器）：这种解算器不会产生旋转平面和极向量，只能通过 Twist（扭转）属性对骨骼链进行旋转操作，不如旋转平面解算器方便控制，但运算速度较快。

❸ ikRPsolver（旋转平面解算器）：它能够通过极向量控制骨骼链的旋转操作，是比较常用的 IK 解算器，具体功能将在下面的例子中进行讲解。

❹ Autopriorty（自动优先级）：设置 IK 控制器是否根据所创建位置的关节父子层级结构来决定自身的优先级，默认为不勾选该选项。

❺ Solver enable（解算器启用）：勾选该选项会打开解算器，默认为勾选。

❻ Snap enable（捕捉启用）：勾选该选项，末端效应器会关节骼产生吸附，确保对齐，默认为勾选。

❼ Sticky（粘滞）：勾选该选项，在关节的父物体产生移动时，IK 控制柄会固定在原始位置；如果不勾选，IK 控制柄则会跟随移动。通常使用默认设置，不勾选该选项。

❽ Priority（优先级）：如果关节上附有多个 IK 控制器，那么优先级高的 IK 控制器会首先控制骨骼。默认值为 1。

❾ Weight（权重）：影响骨骼的权重。

❿ POWeight（位置方向权重）：用来设置末端效应器与 IK 控制柄位置和方向的匹配值，默认值为 1。

创建好 IK 控制柄后，可以在大纲视图中找到它，如下图所示。

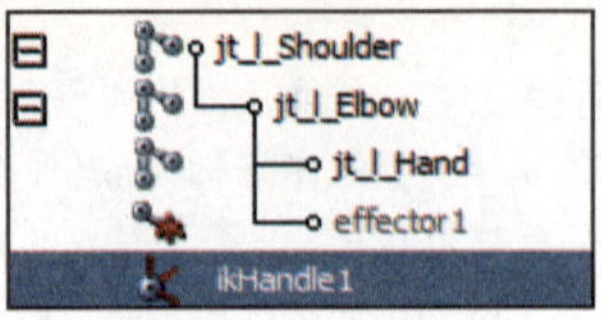

可以看到 IK 控制柄并不从属与任何一个关节。同时在骨骼链中会发现出现了一个 effector（效应器）节点，这是在前面提到过的末端效应器，是用来判定末端骨骼运动方向的，对 IK 控制柄起着决定性的作用。在对手臂进行骨架搭建控制的时候，会涉及到它。

接着来了解 IK 控制柄在通道栏中的一些参数及其作用，如下图所示。

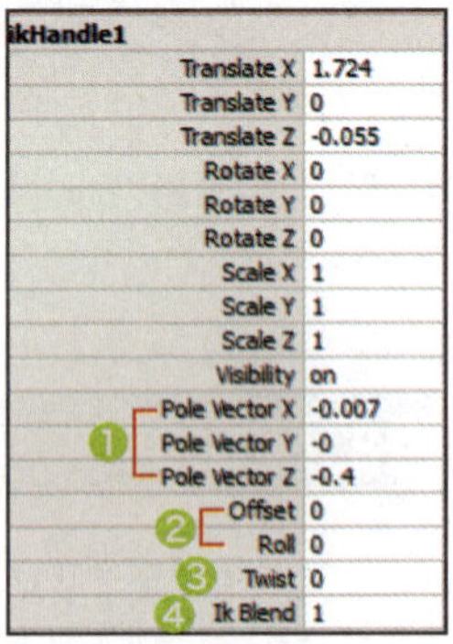

❶ Pole VectorX/Y/Z（极矢量 X/Y/Z 轴）：分为 X、Y、Z 三个方向的数值显示。用于控制骨骼链的方向，效果类似于直接调整 IK 控制柄的旋转极。在后面讲到的对骨骼设置控制器时，一般使用约束对这个属性进行控制。

❷ Offest（偏移）和 Roll（滚动）：这两个属性只对 IK 样条线控制柄工具产生效果。

❸ Twist（扭转）：调整这个数值会产生骨骼链旋转。

❹ Ik Blend（Ik 混合）：用于控制 IK 和 FK 的切换、融合，是非常重要的属性。

想要同时使用 IK 和 FK 进行关键帧动画的设置，首先要勾选 IK 控制柄属性编辑器中的 Ik Fk Control(Ik Fk 控制）选项，如下图所示。

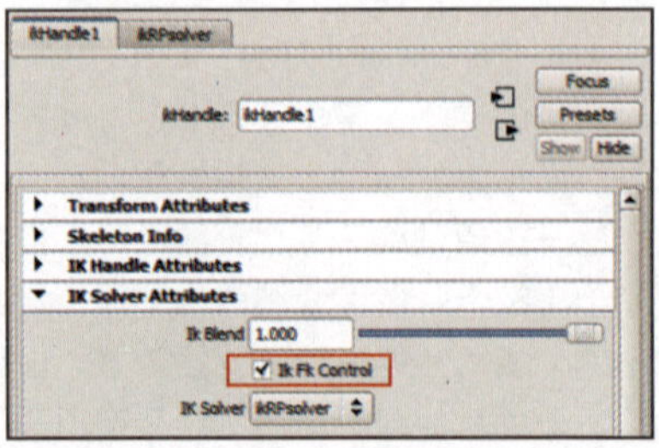

除了勾选 Ik Fk Contro（Ik Fk 控制）选项，还需要对 Ik Blend（Ik 混合）属性进行适当的关键帧设置。当使用 IK 对骨骼进行操作时，将 Ik Blend（Ik 混合）属性设置为 1；当使用 FK 对骨骼进行操作时，将 Ik Blend（Ik 混合）属性设置为 0。这样将 Ik Blend（Ik 混合）属性的动画与骨骼、IK 控制柄的动画配合起来，才能很好地完成动画效果。

进阶练习：创建 IK 控制柄

原始文件： Chapter 9\9.5\create ik handle(original).mb
最终文件： Chapter 9\9.5\create ik handle(final).mb

01 打开本书配套光盘中的原始文件，场景中一条由三个关节组成的骨骼链。用于模拟手臂的骨骼效果，如下图所示。

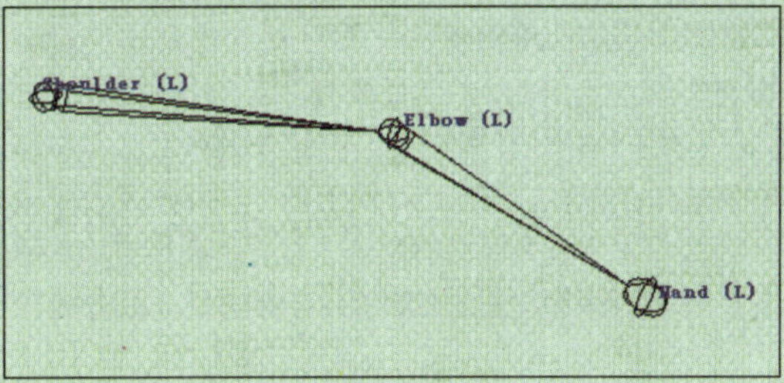

02 执行 Skeleton（骨架）>IK Handle Tool（IK 控制柄工具）命令，使用 ikRPsolver（旋转平面解算器），依次单击“Shoulder”关节和“Hand”关节，完成 Ik 控制柄创建，如下图所示。

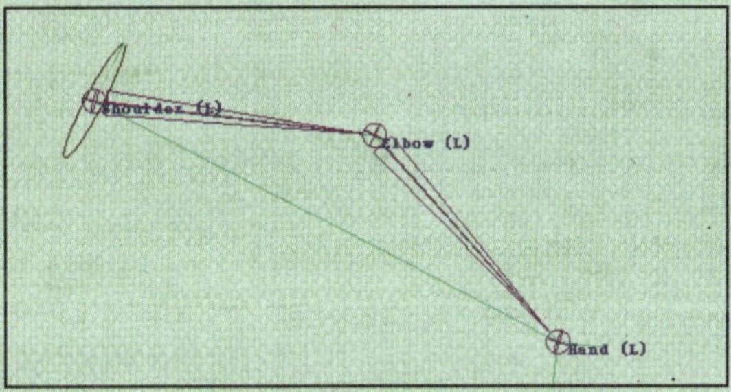

提示： 在创建 IK 控制柄之前，关节如果进行过旋转，创建完成后旋转的数值为被归零，关节回到旋转之前的状态。如果使用关节的 Joint Orient（关节方向）属性则不会发生这种情况。

03 选中 Ik 控制柄进行移动操作，手臂发生弯曲效果，如下图所示。

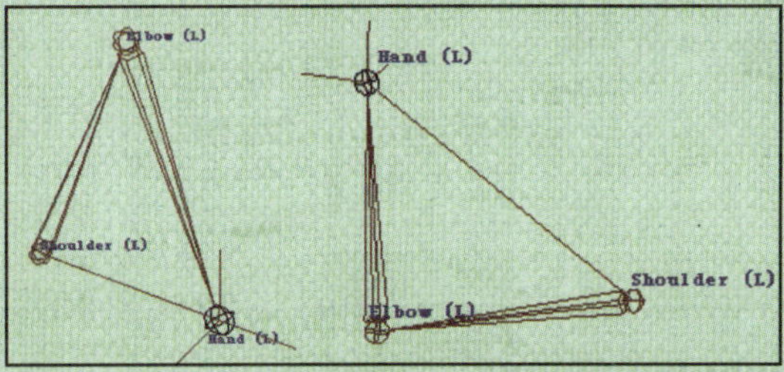

提示： 如果添加 IK 控制柄的两个或者两个以上的关节之间没有角度变化，即所有骨骼都保持一条直线，这样创建得到的 IK 控制柄不能让骨骼产生弯曲的效果。所以在添加 IK 控制柄之前需要让骨骼产生弯曲，即使是完全伸直的手臂也应当设置骨骼稍稍向内弯曲，以保证 IK 控制柄的正确性。

9.5.3 IK 样条线控制柄工具

IK 样条线控制柄工具与 IK 控制柄工具同样都是使用反向动力学控制骨骼。不同的是 IK 控制柄工具一般是对两节骨骼产生作用，例如手臂、腿它都能非常有效地进行控制。但当骨骼数较多时，IK 控制柄工具只能对某一个方向的弯曲进行控制，可控性就比较差，就不能满足如尾巴、脊椎、链条等这类长链骨骼的控制要求。在这种情况下就需要用到 IK 样条线控制柄工具。

IK 样条线控制柄工具不是通过某一个控制柄对骨骼链产生影响，而是生成一条样条线，通过这条曲线对骨骼链进行控制，因此也常将 IK 样条线控制柄简称为“线 IK”。在学习 CV 曲线时，已经了解曲线的控制点是如何对曲线产生影响的，IK 样条线控制柄工具同样使用这种方式。

IK 样条线控制柄也有相关参数可以用于控制骨骼，如右图所示。

Pole Vector X	0
Pole Vector Y	0
Pole Vector Z	1
❶ Offset	0
❷ Roll	0
❸ Twist	0
❹ Ik Blend	1

可以看到 IK 样条线控制柄通道栏中的参数与 IK 控制柄是完全一致的。但 Pole Vector（极矢量）在线 IK 上是不起任何作用的。

❶ Offset（偏移）：用于控制骨骼链的偏移。效果如下图所示。这个参数可以用来制作类似蛇、蚯蚓沿曲线爬行的动画效果。

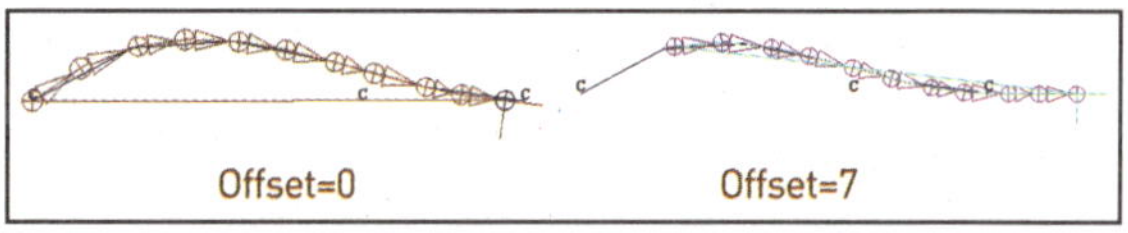

❷ Roll（滚动）：用于控制骨骼链的整体旋转。

❸ Twist（扭转）：从骨骼链末端开始旋转骨骼。

❹ Ik Blend（Ik 混合）：与 IK 控制柄中该参数功能一致，用于控制 IK 和 FK 的切换、融合。

进阶练习：创建 IK 样条线控制柄

最终文件：
Chapter 9\9.5\create ik spline handle(final).mb

01 执行 Skeleton（骨架）>Joint Tool（关节工具）命令，创建一条链状骨骼，如下图所示。

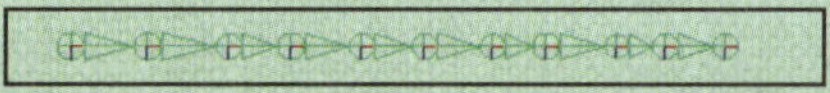

02 执行 Skeleton（骨架）>IK Spline Handle Tool（IK 样条线手臂工具）命令，激活 IK 样条线控制柄工具，单击骨骼链的起点和终点位置的关节，创建 IK 样条线控制柄，如下图所示。

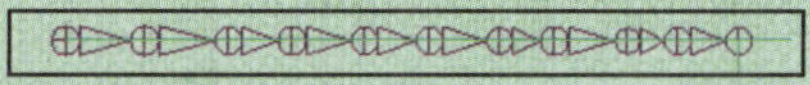

提示： IK 样条线控制柄创建完成后，在骨骼链末端生成了一个 IK 控制控制柄。但是如果对这个控制柄进行移动，Maya 会出现错误提示。因为 IK 样条线控制柄在 Maya 中是不可以移动的。

03 打开大纲视图，可以看到除了骨骼和生成的 ik 控制柄外，还有一条曲线“curve1”，如下图所示。

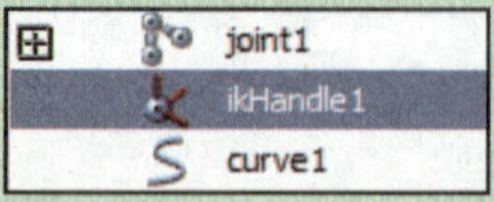

04 选中“curve1”，切换到点模式下，选中某个点并移动它，如下图所示。

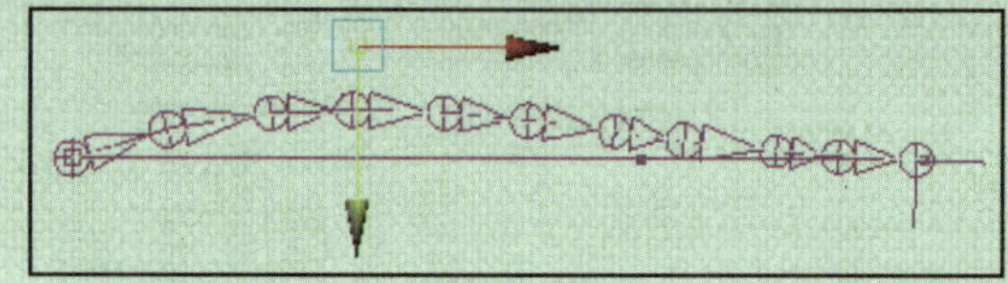

05 将移动的顶点恢复到原始位置。选中其中一个顶点，执行 Create Deformers（创建变形器）>Cluster（簇）命令，确认该命令中的 Relative（关联）选项未勾选，效果如下图所示。

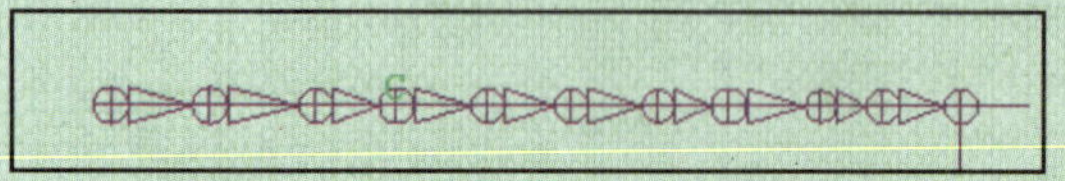

06 使用相同的方法，对曲线上的每个顶点依次创建 Cluster（簇），效果如下图所示。

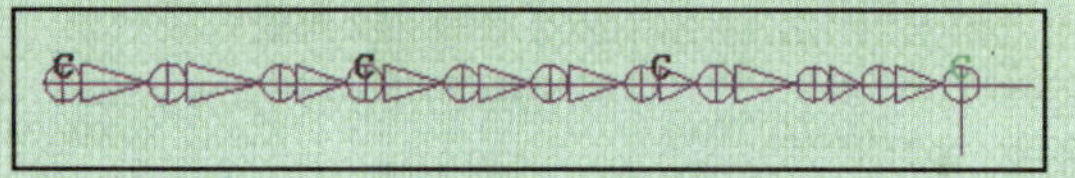

9.5.4 手动设置控制器

手动设置控制器是指额外制作的用于控制骨架的物体，一般是通过约束、属性连接、驱动关键帧等方式对骨骼或 IK 控制柄进行控制的。它能够通过这种方式来替代骨骼进行模型动作的控制，简化动画制作的操作。

就通常情况而言，制作角色动画都是对控制器进行关键帧设置，而不是对骨骼进行关键帧的设置，因此设置一套方便的控制器能极大地优化关键帧设置的操作。一套方便的控制器往往都具有下面几个特点。

1）一般控制器都使用不会被渲染的曲线，一方面它便于制作，另一方面不会产生遮挡，在对动画进行渲染时也无需特意进行隐藏的设置。

2）控制器要便于选择，像骨骼位于模型内部这样是不便于选择的，所以一般控制器会位于模型外部，而且尺寸较大，包裹着模型。

3）一个角色身上的控制器数量越少，控制的骨骼、参数越多，在制作动画时就越方便。常常一个控制器上会有多个属性控制不同骨骼的动作变化。

4）控制器在建立与骨骼之间的约束关系之前，会将其参数进行冻结，即执行 Modify（修改）>Freeze Transformations（冻结变化）命令，将移动、旋转属性都归 0，将缩放属性都设置为 1。这是为了在对控制器进行了调节后，方便动画师将角色调回初始状态的动作。

5）控制器上无用的属性往往要对其进行锁定并隐藏。这样可以避免误操作，并且能快速找到需要的属性参数。

6）控制器应该跟随角色运动，不会在角色发生了位移后控制器还留在原地，这样是不便于下一步操作的。

因此设置一套方便的控制器通常会有比较繁琐的操作过程，具体的设置方法会在后续内容中进行详细讲解。

9.6 绑定与蒙皮

接下来，我们开始学习绑定和蒙皮方面的知识。

9.6.1 Rigid Bind（刚性绑定）

前面对骨骼的基本创建和编辑、控制方法进行了讲解，骨骼是用于控制模型的支架，要将模型与骨骼的运动建立联系，就需要进行蒙皮的操作，让模型跟随骨骼运动。

对于机械类物体，可以使用刚性绑定的方法。这种绑定方式会让模型跟随骨骼运动，但不会让模型产生形变，适合木偶、机械、盔甲等硬的、不会变形的物体绑定。

打开 Skin（蒙皮）>Bind Skin（绑定蒙皮）>Rigid Bind（刚性绑定）命令的选项设置面板，如下图所示。

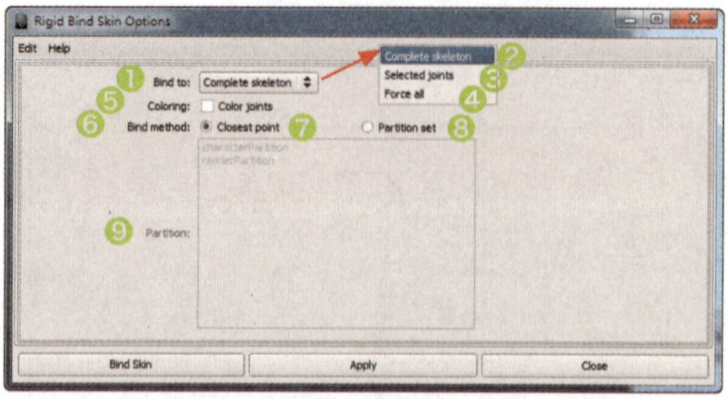

❶ Bind to（绑定到）：设置绑定的关节。

❷ Complete skeleton（完整骨架）：默认选项，将整条骨骼链与模型进行绑定，包括从根骨骼到末骨骼所有关节。一般情况下不适用于刚性绑定。

❸ Selected joints（选定关节）：将选中的某个关节与模型进行绑定。

❹ Force all（强制全部）：将所有选中骨骼，即包含选中骨骼的所有子骨骼都与模型进行绑定。

⑤ Coloring（上色）：是否根据骨骼的层级关系为骨骼添加颜色。

⑥ Bind method（绑定方式）：骨骼使用何种方式影响模型上的点。

⑦ Closest point（按最近点）：默认选项。在绑定过程中，对模型上的每一个点根据距离进行自动分组，根据骨骼上每个关节的影响作用力，对组中的点进行控制。每组只受一节骨骼控制，并且每个点只能存在于一个组中。

⑧ Partition set（划分设置）：对模型上的点进行自定义划分，然后将每个划分集绑定到某一个关节上。

⑨ Partition（划分）：在对点进行自定义分组时，显示组列表。当 Bind method（绑定方式）属性选择 Partition set（划分设置）选项时，该属性被激活。

在基本了解刚性绑定的功能及相关参数后，就可以逐一对模型进行绑定。

9.6.2 Smooth Bind（柔性绑定）

在对生物等柔软的物体进行绑定时，会发现刚性绑定的方法无法实现需要的效果。因为刚体绑定不能对模型本身产生形变，而在生物类角色的身体通常是一个整体，各个关节之间皮肤是互相连接而不是像机械一样断开的。因此对这类物体进行绑定时就需要使用柔性绑定的方法。

对模型进行柔性绑定之后，模型的外形会随着骨骼的运动而产生不同程度的变形。例如关节在弯曲时，会拉伸外侧皮肤而挤压内部皮肤。这种绑定效果更符合真实的动物、人物的运动形态。因此柔性绑定广泛地应用于动物、人物等生物类或柔软的角色的绑定中。

先打开 Skin（蒙皮）>Bind Skin（绑定蒙皮）>Smooth Bind（柔性绑定）命令的选项设置面板，如下图所示。

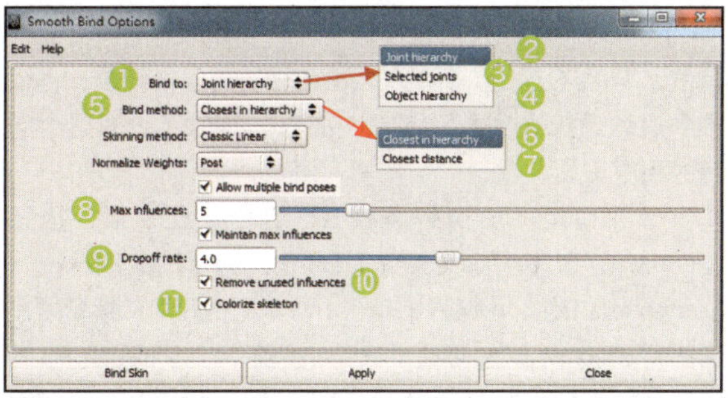

❶ Bind to（绑定到）：设置绑定的骨骼。

❷ Joint hierarchy（关节层次）：默认选项，将整条骨骼链与模型进行绑定，包括从根关节到末关节所有关节。

❸ Selected joints（选定关节）：将选中的关节与模型进行绑定。

❹ Object hierarchy（对象层次）：将选中及选中关节的所有子物体，无论子物体是不是关节，都与模型进行绑定。

❺ Bind method（绑定方法）：设置绑定方法，即骨骼使用何种方式影响模型上的点。

❻ Closest in hierarchy（在层次中最近）：默认选项。在绑定过程中，根据关节父子层级对模型产生影响，在对角色进行绑定时，这种方式会避免产生某些距离很近的骨骼产生错误的权重效果。

❼ Closest distance（最近距离）：根据骨骼与模型的距离设置绑定权重。

❽ Max influences（影响物体最大值）：指同一个点可以最多受到几节骨骼的影响。

❾ Dropoff rate（衰减速率）：指骨骼对蒙皮影响的衰减率。数值越大，衰减越快，即骨骼对周围的影响范围越小。

❿ Remove unused influences（移除未使用的影响）：当某些骨骼离需要绑定的模型很远时，勾选该选项系统会自动移除这些骨骼对模型的绑定影响。

⓫ Colorize skeleton（为骨架上色）：勾选该选项在蒙皮成功后会为骨架自动更改颜色，根据关节父子层级不同，颜色会产生变化。

修正柔性绑定的效果，实际就是修改骨骼对模型的影响，也就是骨骼在模型上每个点上权重值的大小。模型上点之所以会跟随骨骼运动，就是受到骨骼的影响，而影响的大小则是由这节骨骼在这个点上的权重值决定的。因此合理地分配每节骨骼在各个点上的权重，就可以让柔性绑定的效果向理想的方向变化，直到实现理想效果为止。

1. 绘制权重

对模型的蒙皮权重进行修改，需要选中该模型，然后执行 Skin（蒙皮）>Edit Smooth Skin（编辑柔性绑定）>Paint Skin Weight Tools（绘制蒙皮权重工具）命令。这时鼠标会变为画笔模式，如下图所示。

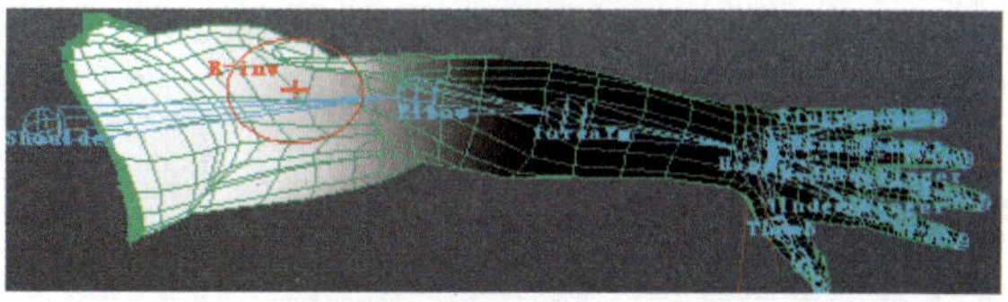

一般情况下，在绘制权重时，都需要打开 Skin（蒙皮）>Edit Smooth Skin（编辑柔性蒙皮）>Paint Skin Weight Tools（绘制蒙皮权重工具）的选项设置面板，对笔刷、骨骼等进行详细设置。

如果需要针对某节骨骼的权重进行设置，在 Influence（影响）卷展栏下有绑定的关键列表，可以选则对应的关节，如下图所示。

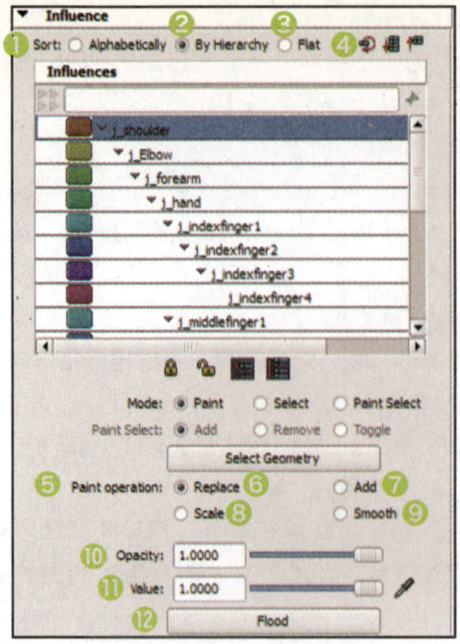

❶ Sort（分类）：对关节进行分类显示的方式。

❷ Alphabetically（字母顺序）：按字母顺序排列。

❸ By Hierarchy（层级关系）：默认选项，以层级方式排列并显示关节。

❹ Flat（平板）：以关节层级顺序显示关节，但以平板方式显示。

❺ Paint operation（绘制操作）：绘制权重的方式。

❻ Replace（替换）：使用画笔带有的权重值替换点的权重值。

❼ Add（添加）：为点的权重值加上画笔带有的权重值。

❽ Scale（缩放）：使用相乘的方法改变点的权重。

❾ Smooth（平滑）：对画笔绘制区域中多个点的权重进行平滑的处理，使权重变化的过渡更加柔和、平缓。

❿ Opacity（透明度）：设置画笔的透明度。

⓫ Value（数值）：设置画笔上带有权重值的大小。

⓬ Flood（油漆桶）：使用类似平面软件中油漆桶的方式对模型上所有点的权重值进行统一改变。

想进一步调整笔刷的属性，可以在 Tool Settings（工具设定）卷展栏下对画笔的形状、粗细、绘制方式等进行调整，如下图所示。其中 Profile（轮廓）、Radius（半径）等属性与基础的笔刷属性一致，这里就不详细介绍了。

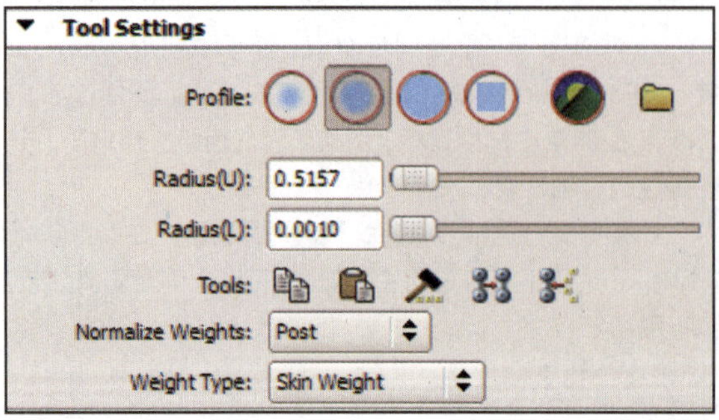

绘制权重之前，还需要了解权重的显示方式才能对权重值进行适当的修改。当选中某节骨骼时，模型中受这节骨骼影响的区域会以白色的方式显示，代表权重值较高；不受这节骨骼形象的区域以黑色显示，代表权重值很低；灰色部分是这节骨骼影响范围的过渡区域，即这部分模型上的点部分受到这节骨骼的影响。

除了以黑白方式显示外，Maya 还提供其他显示权重的方式，在 Gradient（渐变）卷展栏中可以对显示方式进行设置，如下图所示。

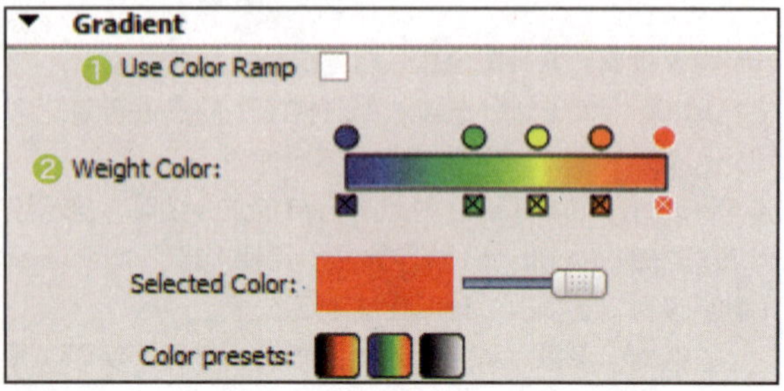

❶ Use Color Ramp（使用色彩渐变）：默认情况下不勾选该选项，则不会出现彩色权重显示。勾该选项，权重值会以 Weight Color（权重颜色）显示的渐变方式在模型表面显示出来，如右图所示。这样的效果在显示权重变化时比黑白显示方式更明显一些。

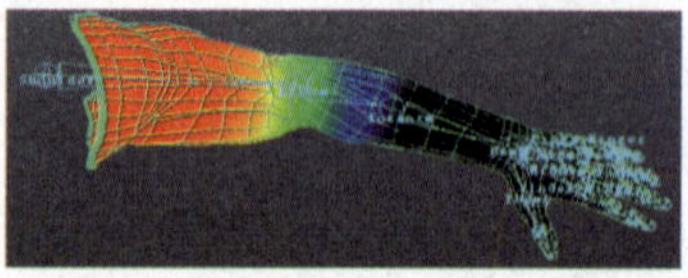

❷ Weight Color（权重颜色）：在渐变颜色中，越靠近左侧的颜色代表权重值越低；越靠近右侧的颜色代表权重值越高。Weight Color（权重颜色）渐变中的颜色也可以通过各个控制点分别进行调整。

在绘制权重的过程中，要完成的任务就是修正系统自动分配的权重中不合理的部分。这需要通过调整各个骨骼关节检查权重分配的问题，并针对每个问题进行一一调整。

2. 精确编辑权重

够直观，不能快速直接地设置某节骨骼对这个点的权重值，有时还会出现个别点无论使用笔刷如何修改，也很难到达理想权重效果的情况。Maya 也提供了针对这个问题的相应工具。

选中模型，切换到点模式，选中某些点后，执行 Windows（窗口）>General Editors（通用编辑器）>Component Editor（组件编辑器）命令，打开组件编辑器，切换到 Smooth Skins（柔性蒙皮）标签下，如下图所示。

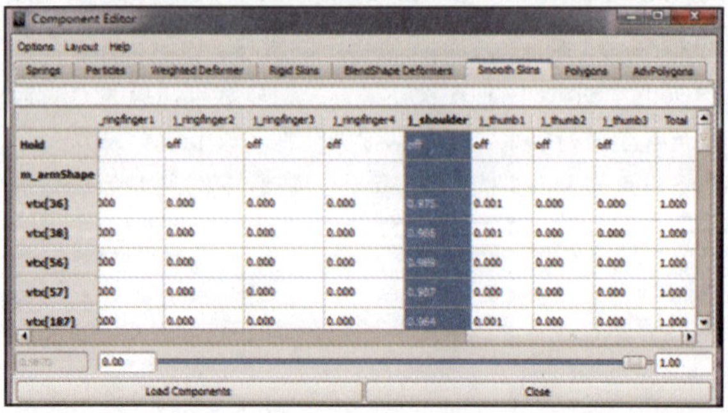

在组件属性编辑器中，可以清楚地看到每节骨骼在每个点上的权重值大小。例如“vtx[36]”主要受到“j_shoulder”骨骼的影响，权重值为“0.975”，同时轻微受到其他骨骼影响。如果希望这个点只受到“j_shoulder”骨骼的影响，可以选中影响权重值单元格，调节表格下方的滑块值为1，就对权重值进行了更改。

3. 添加影响物体修正权重

在对权重进行修正后，解决了手肘内部的凹陷问题。但真实的手臂在弯曲过程中，肘部外侧因为骨骼的存在，会突出一个明显的骨点。要实现这种效果，就需要为模型添加影响物体。

先打开Skin（蒙皮）>Edit Smooth Skin（编辑柔性绑定）>Add Influence（添加影响）命令的选项设置面板，了解相关参数设置，如下图所示。

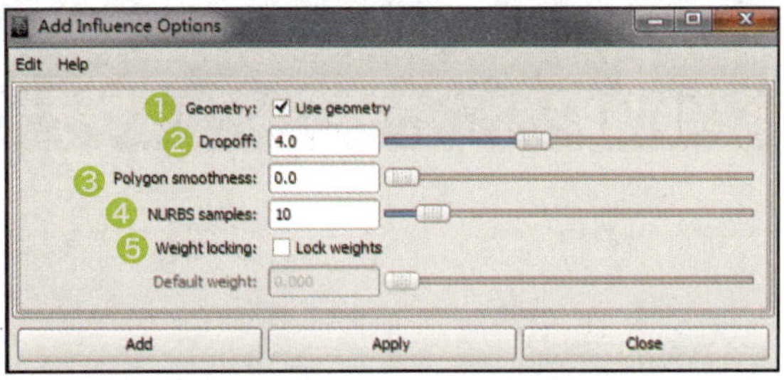

❶ Geometry（几何体）：默认为勾选。勾选时可以使用几何体作为影响物体，并且多边形的位移、旋转、放缩等效过也会对模型产生影响。

❷ Dropoff（衰减）：与柔性绑定中相同属性功能一致。

❸ Ploygon smoothness（多边形平滑度）：指多边形影响物体对模型影响的平滑匹配效果。

❹ NURBS samples（NURBS采样数）：指NURBS物体对模型影响的采样数值。

❺ Weight locking（权重锁定）：勾选该选项就不可以手动绘制影响物体权重，而是通过Default weight（默认权重）统一设置。

9.6.3 其他常用绑定命令

1.Detach Skin（分离蒙皮）

如果在权重调整过程中出现了某些问题需要修改，例如骨骼节点的增、减、位置调整等，或者权重绘制错误想重新绘制权重，可以选中模型然后执行Skin（蒙皮）>Detach Skin（分离蒙皮）命令去除绑定效果，然后再进行重新绑定和权重绘制工作，选项面板如下图所示。

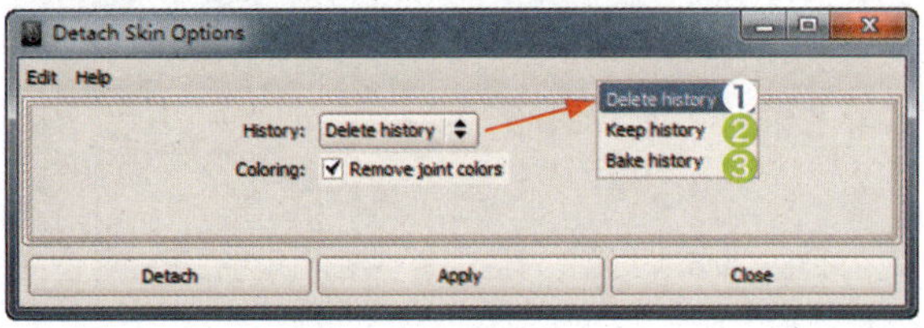

❶ Delete history（删除历史）：默认选项，指分离蒙皮的同时也删除模型所有的历史节点。模型会恢复到绑定前的状态。如果模型含有簇控制器等变形也会被同时删除。

❷ Keep history（保持历史）：执行该选项会去除模型的蒙皮效果，恢复到蒙皮前的姿态，但保留模型所有的历史节点，包括模型上每个点的权重信息。使用这个选项在对骨骼点进行编辑后再次绑定，就可以使用原有的权重信息，而不用再次重复刷权重的工作。

❸ Bake history（烘焙历史）：执行该选项会删除模型上所有历史节点，但保留模型分离蒙皮前的姿态。

2. Go to Bind Pose（回到绑定姿势）

在对角色进行绑定时，不可避免需要对骨骼姿态进行调整来查看绑定效果。当骨骼经过多次旋转移动后，可以执行Skin（蒙皮）>Go to Bind Pose（回到绑定姿势）命令，可以将所有参与绑定的骨骼一次性全部恢复到绑定时的姿态。因为当绑定进行时，Maya会自动记录当时骨骼的空间位置、旋转角度、缩放比例等数据。执行绑定姿势命令就会将这些骨骼的状态自动调整为这些记录的数据。

但当骨骼上添加了约束、表达式之后，尤其是IK控制柄约束时，会使这个命令失效，需要解除所有约束才能使用这一功能。

3. Mirror Skin Weights（镜像蒙皮权重）

通常情况下，需要绑定的角色都是左右对称的。因此在绘制权重时为了保持左右两侧权重的一致性，也为了减少重复的工作，骨骼蒙皮系统中加入了镜像权重的功能。

打开Skin（蒙皮）>Bind Skin（绑定蒙皮）>Mirror Skin Weights（镜像蒙皮权重）命令的选项设置面板，如下图所示。

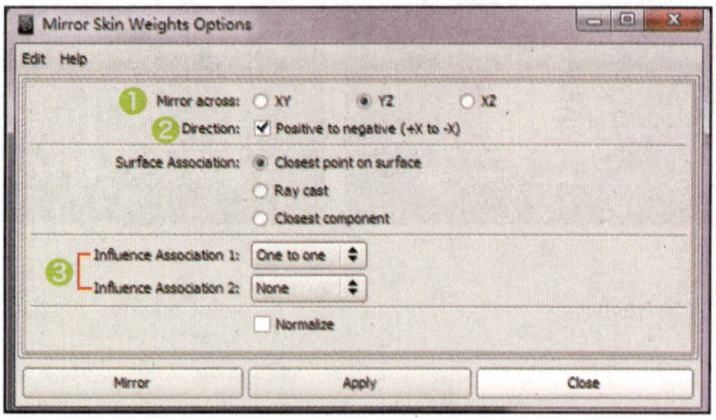

❶ Mirror across（镜像平面）：可以选择使用XY、YZ、XZ其中一个作为镜像平面。通常角色都制作成在前视图观察是左右对称的，就可以选择YZ平面作为镜像平面。

❷ Direction（方向）：设置镜像方向。当勾选该选项时，会将+X方向的权重，就是前视图中右侧的权重，复制到-X方向上，也就是前视图中左侧上。取消勾选则方向相反。

❸ Influence Association1/2（影响关联1/2）：用于设置镜像的方式。

综合案例 10　刚性绑定——机械手臂绑定

本例将以一段机械手臂为例，从创建骨骼、设置控制器到绑定完成，完整讲解使用刚性绑定机械物体的方法。

原始文件　Chapter 9\Final1\rigid bind(original).mb
最终文件　Chapter 9\Final1\rigid bind(final).mb

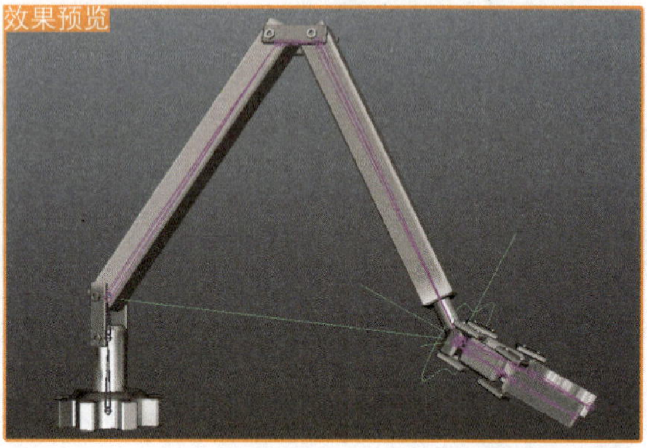

案例概述　使用刚体绑定完成机械手臂的绑定设置。

技术难点　1. 熟练掌握骨骼设置及控制器设置方法。
2. 熟练使用刚体绑定对各个零件进行绑定。

Step 01. 打开本书配套光盘中的原始文件，场景中是一个简单的机械臂模型，如下图所示。

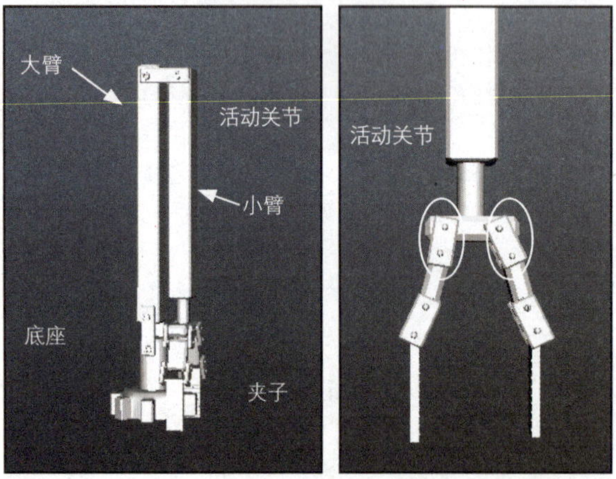

提示 目前这个模型还不能方便地制作动画，但可以先观察了解这个模型的运动方式。这个模型是由很多细小的零件组成，可以看到很多螺丝等细节。根据这些细节可以看出这只机械臂哪些部位是可以活动的，哪些部位不能，因此也可以推断出它的运动方式。

Step 02. 根据机械臂的运动方式，将组成机械臂的零件合理分组。选中组成某个部件的所有零件模型，按 Ctrl+G 组合键进行成组的操作，并对产生的组进行合理命名，如右图所示。

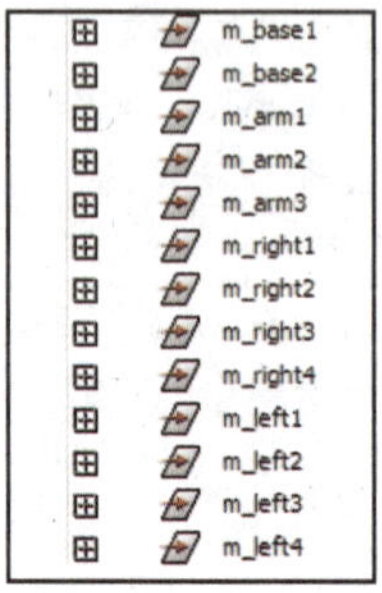

提示 机械臂的基本运动方式是：底座带动整个机械臂运动，底座上的大臂通过活动关节带动小臂运动，小臂连接着夹子部分，夹子两侧的夹板可以通过活动关节改变大小。

Step 03. 接着需要对每组运动物体设置一节骨骼。切换到前视图，执行 Skeleton（骨架）>Joint Tool（关节工具）命令，对基座、大臂、小臂的部分进行关节创建，结果如下图所示。注意关节位置应与螺丝所在位置一致。

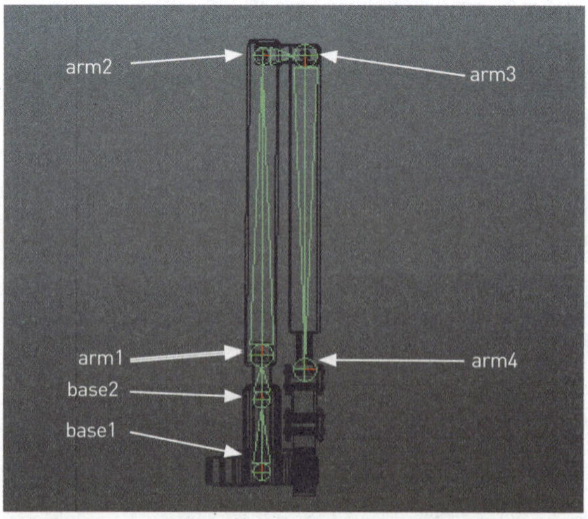

提示 为了骨骼和模型有清晰的对应关系，应采用规范的命名方式。

注意“arm4”没有对应的模型组，因为在设置两侧夹板时需要一个关节才可以进行分支的设置。

Step 04. 对夹板部分的模型进行骨架设置，并进行合理命名。如下图所示。

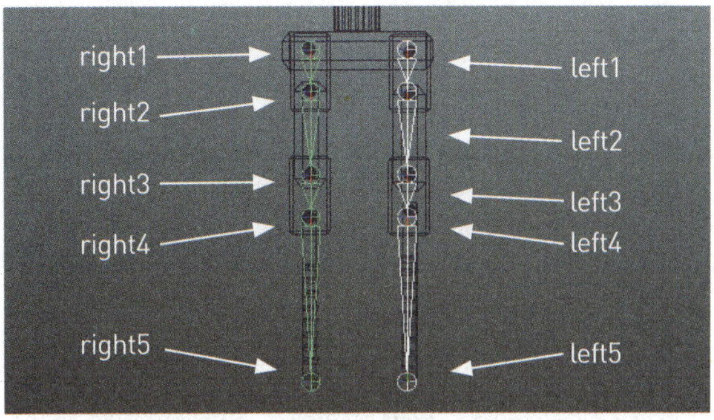

提示 为了关节设置的方便，可以切换到侧视图进程创建。

Step 05. 依次选中“right1”和“left1”关节，与“arm4”关节连接，这样就完成了骨架的整体搭建，如右图所示。

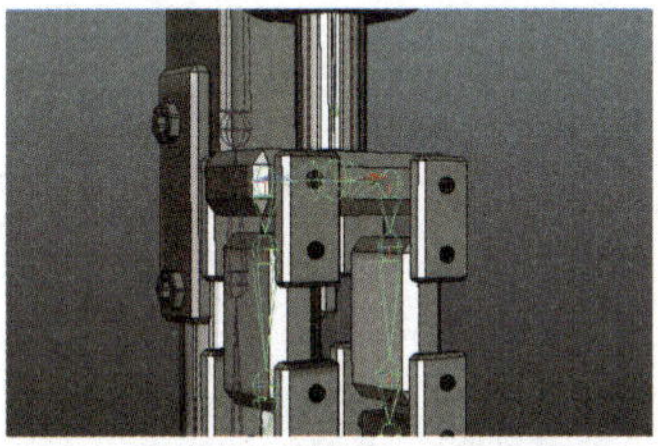

Step 06. 首先执行Skeleton（骨架）>IK Handle Tool（IK控制柄工具）命令，然后依次单击“arm1”、“arm4”关节，创建一个IK控制柄，命名为“IK_arm”，如右图所示。

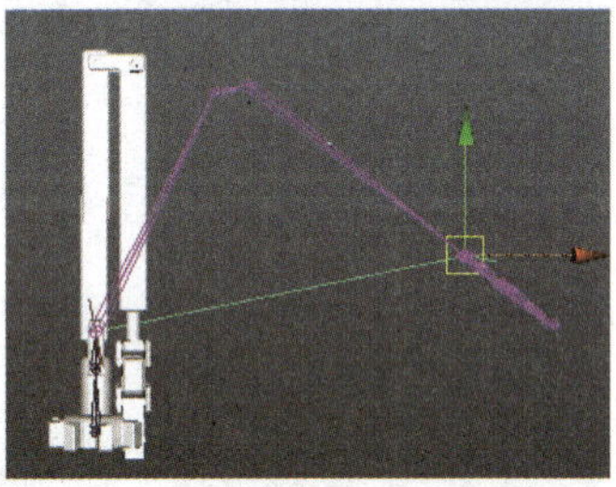

提示 在设置IK控制柄时，中间越过了“arm2”“arm3”两个关节，而这两个关节在机械臂抓取物体时可以互相配合达到效果，不必特意再进行控制器的设置。

Step 07. 创建一条曲线，命名为“ctarm”。移动到IK控制柄位置，执行Modify（修改）>Freeze Transformations（冻结变化）命令，冻结曲线的参数。然后依次点选IK控制柄和曲线，按P键，将IK控制柄作为曲线的子物体，受到曲线运动的控制，如右图所示。

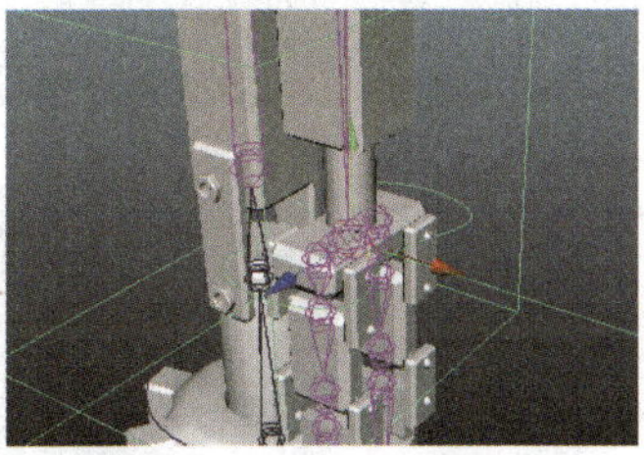

提示 创建曲线是作为IK控制柄的控制器，为了更方便地控制机械臂的运动。

Step 08. 依次点选“ct_arm”曲线和“arm4”关节，执行Constrain（约束）>Orient（旋转约束）命令。

提示 为了方便“ct_arm”控制器同时控制“arm4”关节的旋转，可以使用旋转约束进行控制。这样同一个控制器既可以控制机械臂的弯曲，也可以控制夹子的旋转。

Step 09. 依次选中模型组“m_base1”和关节“base1”，执行Skin（蒙皮）>Bind Skin（绑定蒙皮）>Rigid Bind（刚性绑定）命令，保持Bind to（绑定到）属性选择Selected joints（选定关节）选项，如下图所示。

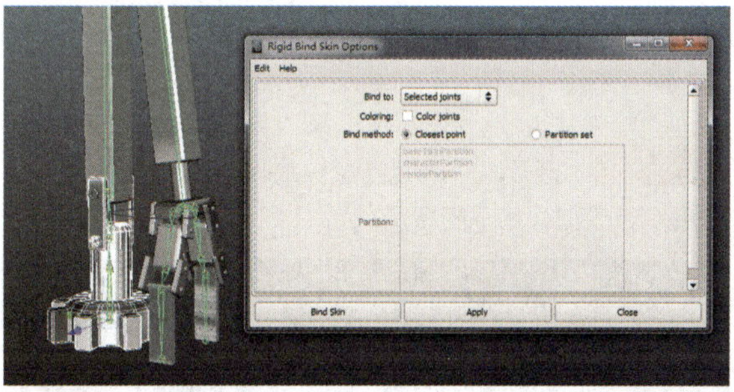

Step 10. 接着对其他模型组与对应的关节进行绑定，直到全部绑定完成。如果绑定时出现误操作，需要取消绑定效果，执行Skin（蒙皮）>Detach Skin（分离蒙皮）命令即可，如下图所示。

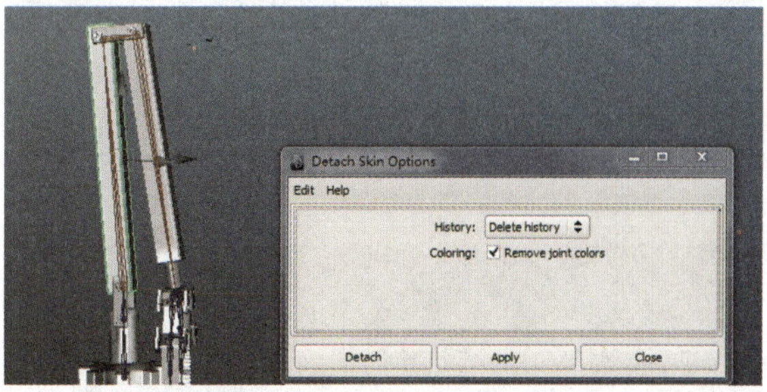

提示 其中“arm4”“right5”“left5”这三个关节没有对应的模型组。

Step 11. 绑定完成后，模型就可以跟随控制器按照骨骼的运动方式进行运动了，如右图所示。

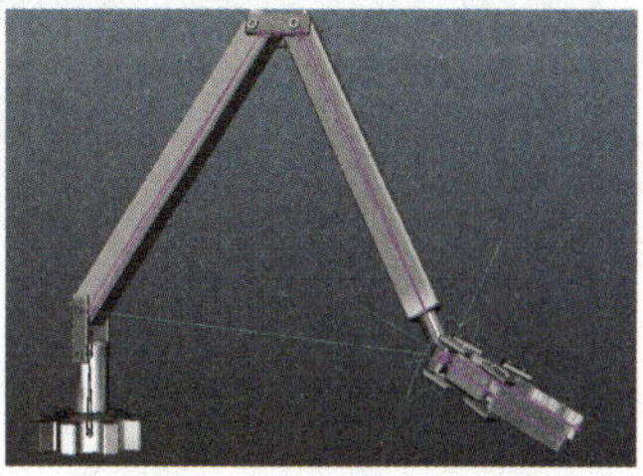

综合案例 11 柔性绑定——人物角色手臂绑定蒙皮

原始文件 Chapter 9\Final2\arm smooth bind(original).mb
最终效果 Chapter 9\Final2\arm smooth bind(final).mb

案例概述 使用柔性绑定完成手臂绑定蒙皮。

技术难点 1. 熟练掌握骨骼设置、控制器设置方法。
2. 熟练掌握柔性绑定及权重编辑方法。

效果预览

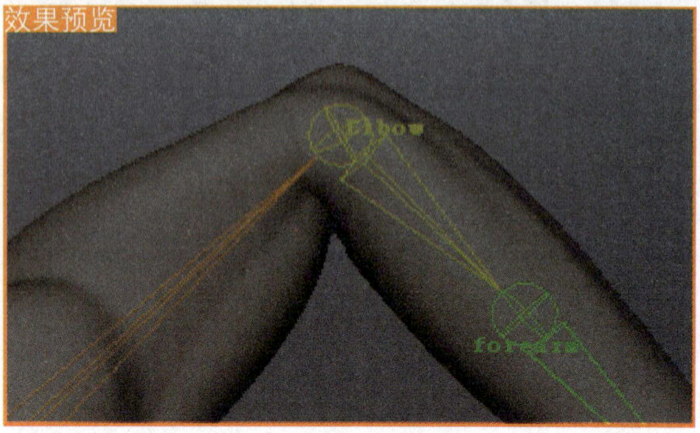

Step 01. 打开本书配套光盘中的原始文件，场景中是一段手臂模型，如下图所示。

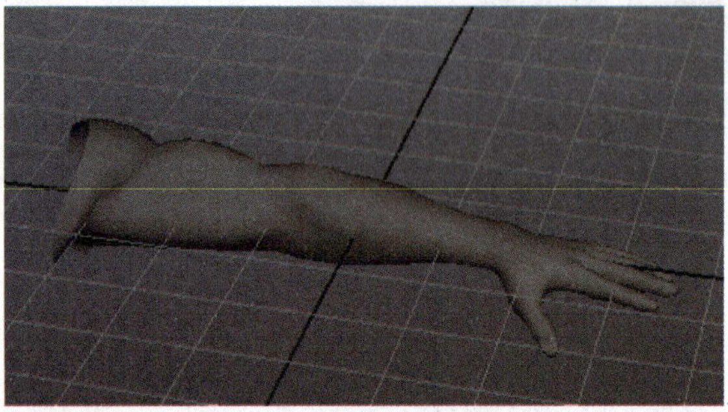

Step 02. 依照手臂的模型创建骨骼。在顶视图中创建关节，注意添加小臂的旋转关节。骨骼链创建完成后，注意修改关节的命名，如下图所示。

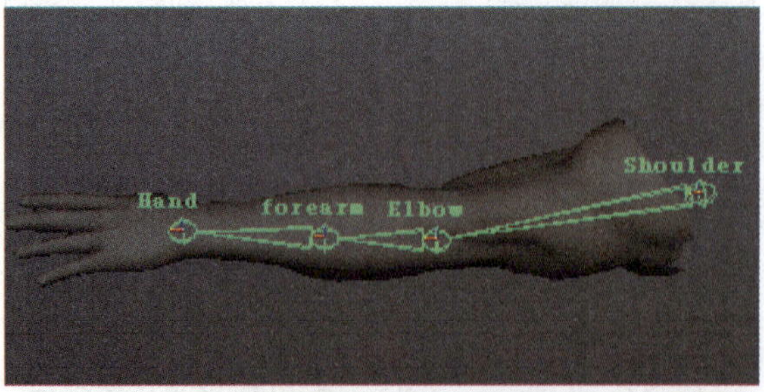

提示 创建关节时，应选取与骨骼弯曲平面平行的视图进行创建。手臂水平伸展，略向内弯曲，所以手臂的弯曲平面与XZ平面平行，因此选择顶视图进行创建。

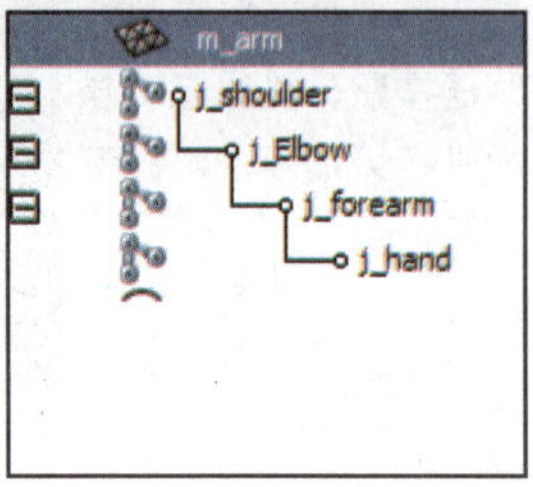

Step 03. 由于手指模型略有弯曲，在侧视图创建一个手指的骨骼，然后复制另外三个，并在顶视图进行位置调整。注意与模型关节对齐并合理命名，如右图和下图所示。

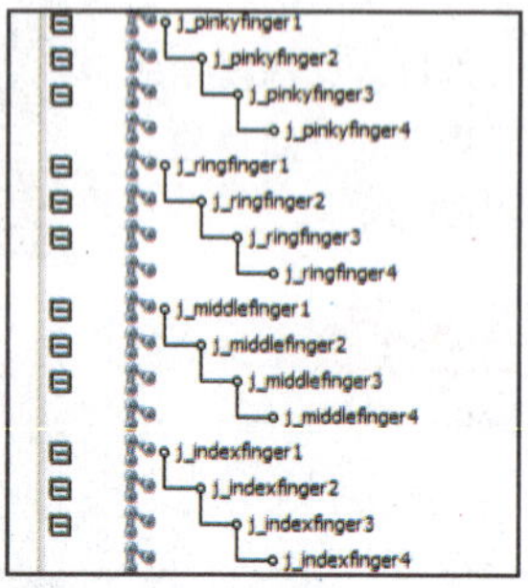

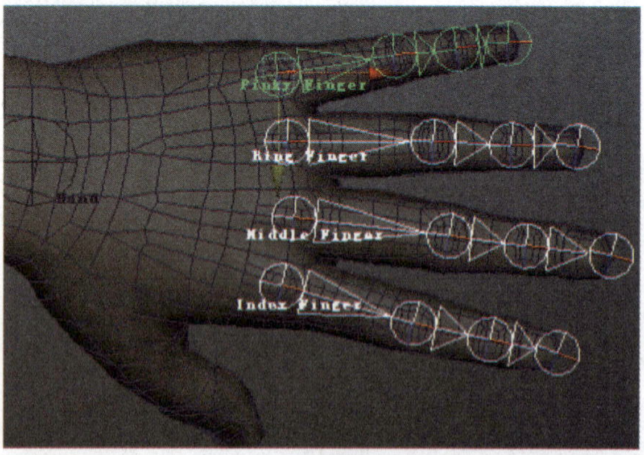

Step 04. 在前视图创建拇指骨骼，然后切换到顶视图调整位置，同样需要进行合理命名，如右图和下图所示。

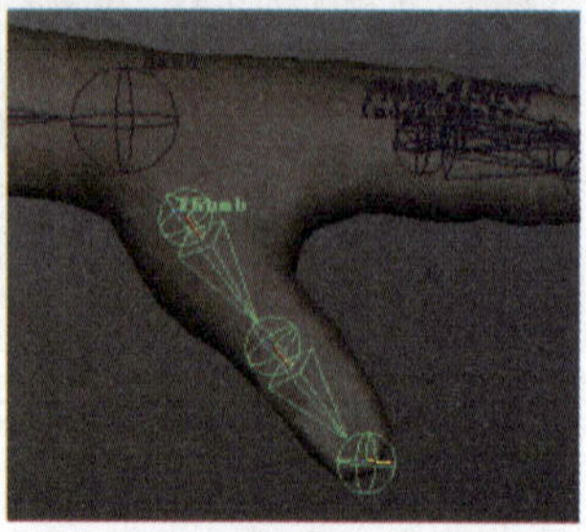

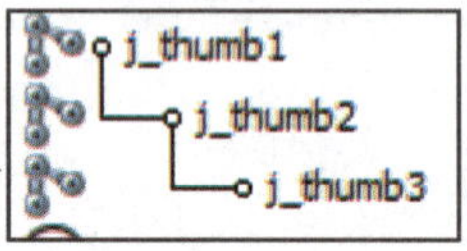

Step 05. 将手指关节与手臂关节进行连接。依次选中拇指骨骼的根关节“j_thumb1”和腕关节“j_hand”，使用P键进行父子连接。重复对其他手指的根关节执行这种操作，都与腕关节进行连接，如右图所示。

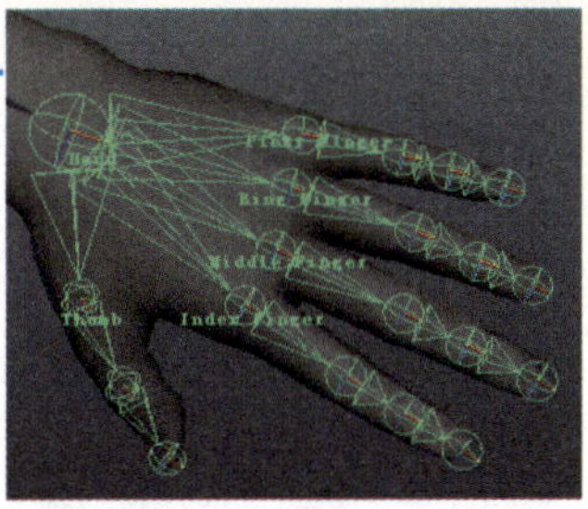

Step 06. 选中手臂根关节“j_shoulder”，执行Skeleton（骨架）>Orient Joint Tool（确定关节方向工具）命令，对关节的旋转方向进行统一。这样就完成了手臂骨架的搭建，如下图所示。

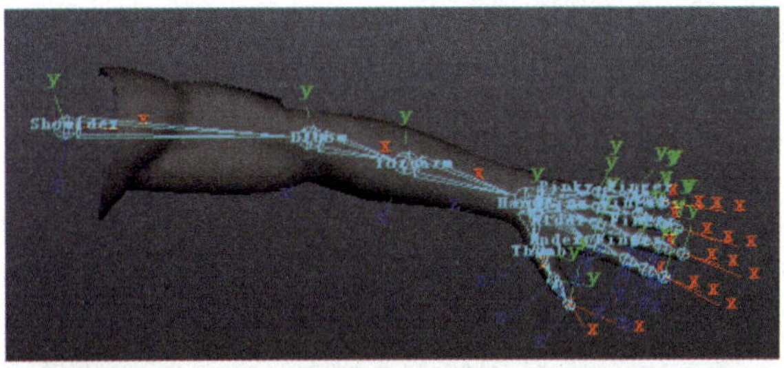

提示 由于对关节进行了多次调整，关节的旋转方向已经出现了一些错误，尤其是手指位置。

Step 07. 依次选中手臂模型和骨骼，执行Skin（蒙皮）>Bind Skin（绑定蒙皮）>Smooth Bind（柔性绑定）命令，这时手臂模型就已经被绑定到了骨架上，并且骨架的颜色出现了变化，如下图所示。

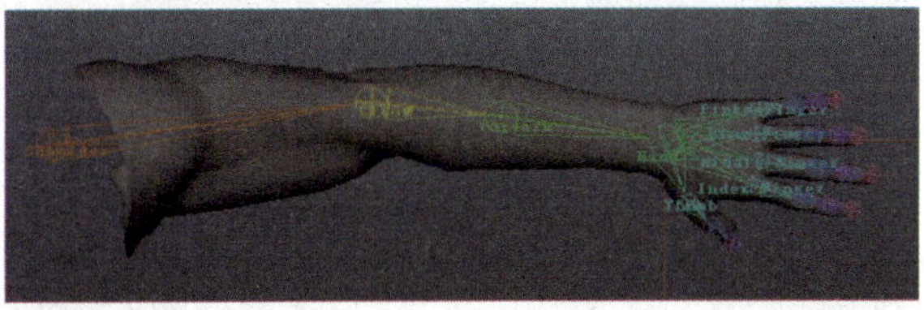

提示 关节设置完成后，需要确认骨骼的关节和模型结构是一一吻合的，然后才可以进行绑定。

Step 08. 选中手臂模型，可以看到通道栏中出现“skinCluster1”节点，说明手臂受到蒙皮影响。并且移动、旋转等属性都变为深灰色显示，表示这些属性已经被锁定，不能再操作，如右图所示。

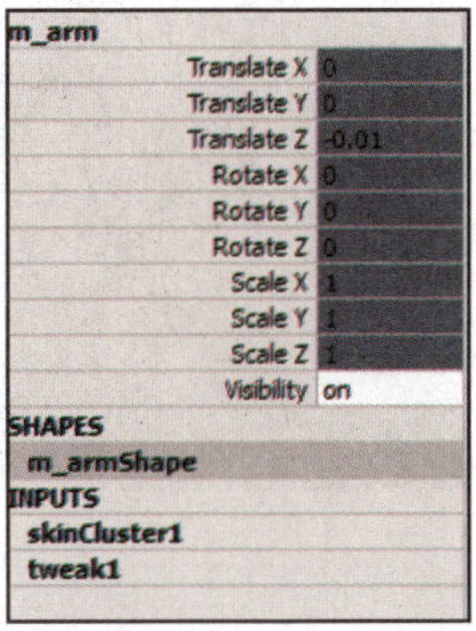

提示 绑定后锁定所有位移、旋转等属性是因为系统为了防止双重变换导致模型绑定失效采取的预防措施。如果需要对模型进行调整，只能对骨骼进行控制来达到目的。

Step 09. 选中某个关节进行旋转操作，会发现手臂完全受到骨骼控制，当手臂骨骼弯曲时，模型也随之产生形变，如右图所示。

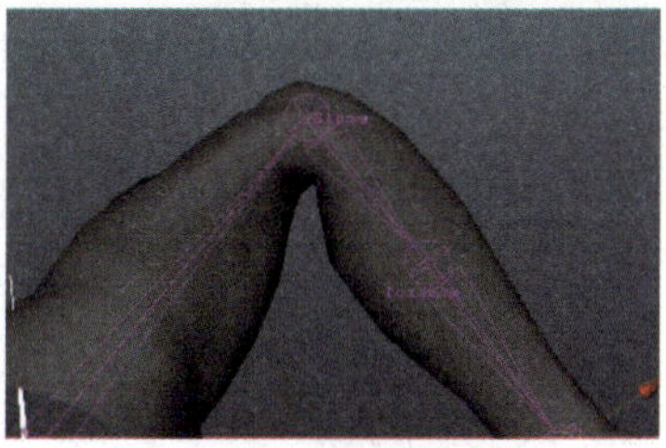

提示 目前的效果是直接绑定后系统自动进行骨骼权重分配的结果。但是这样的效果并不完美。

Step 10. 调整手臂姿态，检查手臂在弯曲过程中的绑定形态，发现手肘出现了变细的情况，如右图所示。

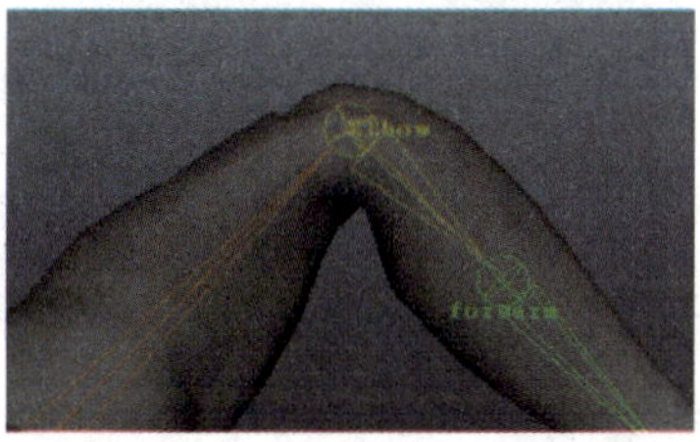

提示 手肘位置同时受到上臂骨骼和小臂骨骼的影响，这种共同影响的范围过大会导致上臂内侧靠近手肘位置的皮肤受到小臂骨骼影响向内凹陷；小臂内侧靠近手肘位置的皮肤受到上臂骨骼影响也向内凹陷。针对这种情况，需要同时对上臂骨骼权重和小臂骨骼权重进行修正。

Step 11. 选中手臂模型，执行Skin（蒙皮）>Edit Smooth Skin（编辑柔性绑定）>Paint Skin Weight Tools（绘制蒙皮权重工具）命令，激活绘制蒙皮权重工具。将手肘内侧权重的过渡情况调整为右图所示。要使上臂受到“J_shoulder”骨骼影响更多，小臂受到“J_Elbow”骨骼影响更多。

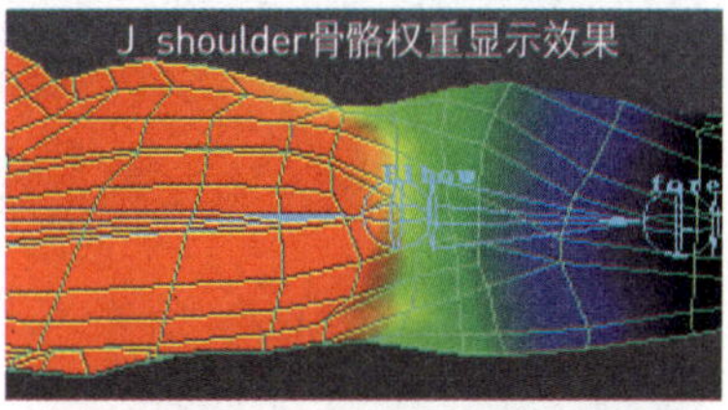

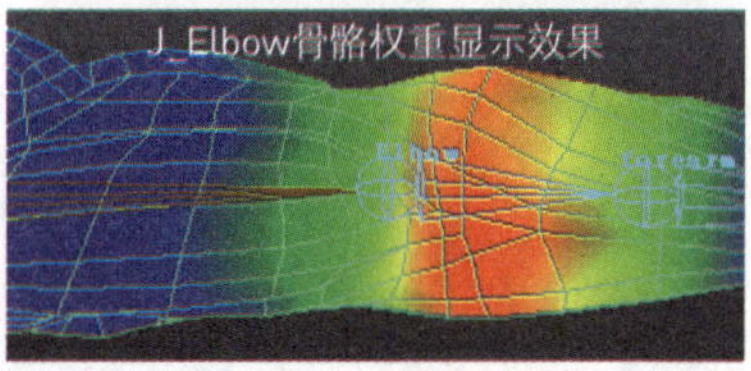

提示 在进行权重绘制时，是对模型上的点进行绘制，而不是面。

Step 12. 检查权重调整后的效果，手肘变形的情况已经得到了改善，但仍存在肘部塌陷的问题，如下图所示。

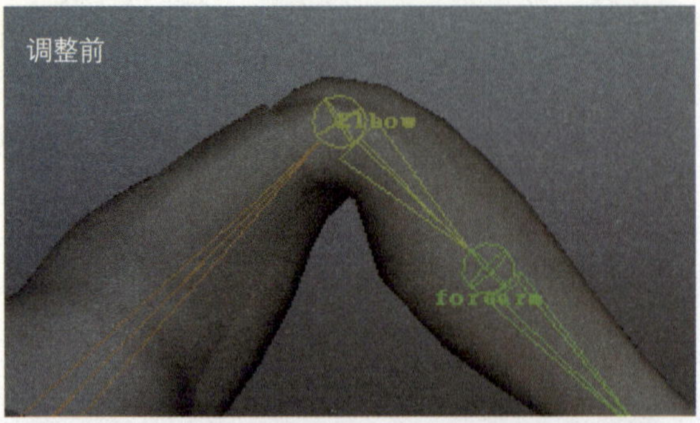

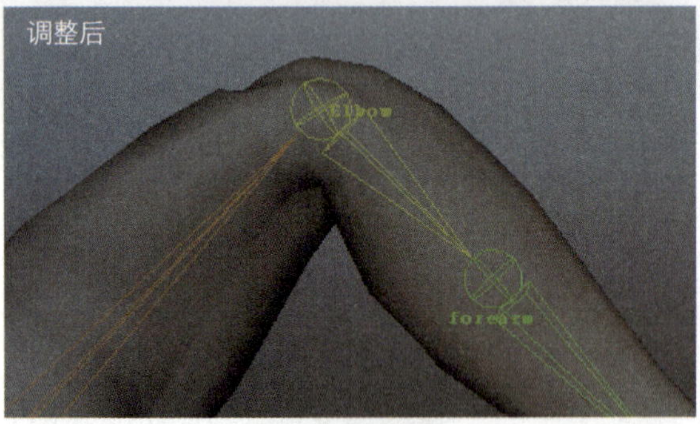

● 提示 如果对权重调整后的效果仍不理想，可以重复Step02、Step03，直到达到理想效果为止。

Step 13. 在肘部外侧创建一个Ploygon（多边形）球体作为影响物体，适当调整这个球体的位置和大小，使之与弯曲时突出的骨点基本相似。如下图所示。

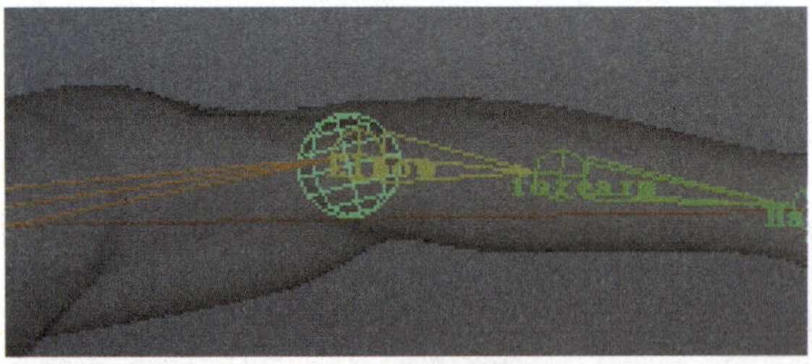

Step 14. 依次选中影响物体和“j_elbow”关节，按P键，将影响物体作为“j_elbow”骨骼的子物体，效果如下图所示。

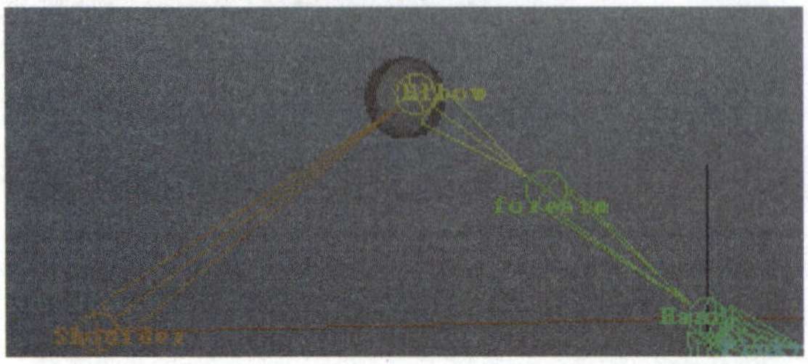

Step 15. 依次选中手臂模型“m_arm”和影响物体，执行Skin（蒙皮）>Edit Smooth Skin（编辑柔性绑定）>Add Influence（添加影响物体）命令，如下图所示。

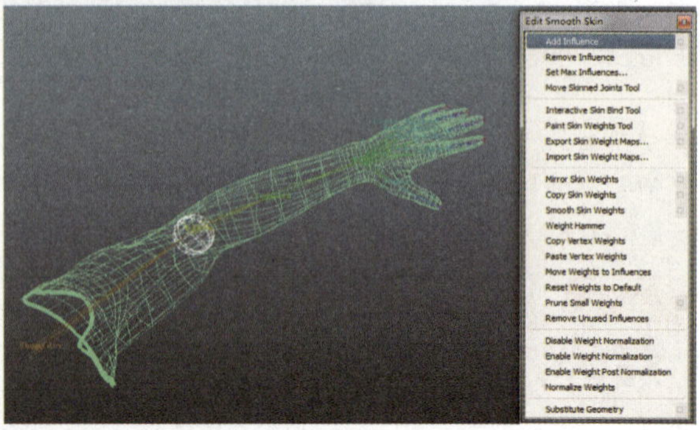

● 提示 默认情况下添加影响物体产生的效果可能并不十分完美，还需要手动修改。

Step 16. 执行Skin（蒙皮）>Edit Smooth Skin（编辑柔性绑定）>Paint Skin Weight Tools（绘制蒙皮权重工具）命令，对影响物体的权重进行调整，如下图所示。

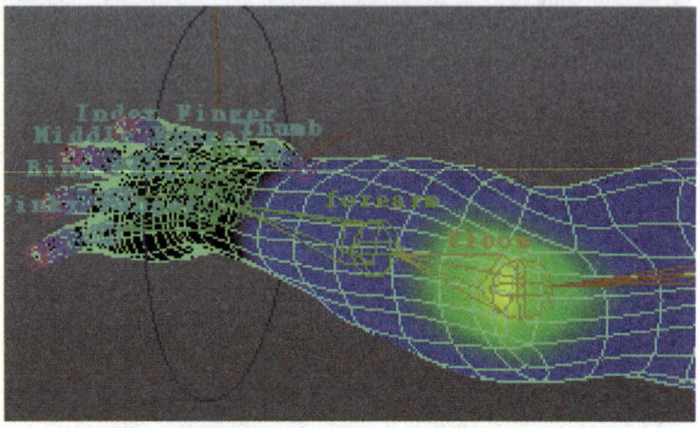

Step 17. 再次弯曲手臂查看效果，现在已经出现较好的手肘位置骨骼的模拟效果，如下图所示。

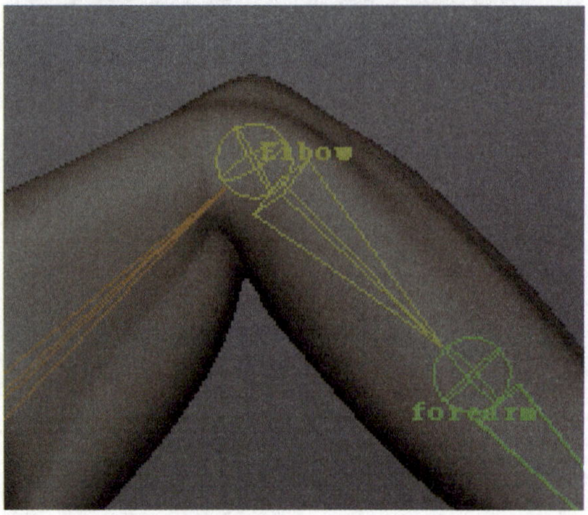

Chapter 10

角色动画制作

几乎所有的电影、动画都是以一个或多个人物或者拟人角色作为带动剧情发展的主要对象，因此角色在一部影片中的地位是不言而喻的。角色动画就是特指用动画的方法将人物或者拟人角色的动作、表情等表现出来，这类动画通常具有很强的叙事性和表现力，角色在很大程度上推动着剧情的发展，好的动画角色一定会为一部动画增色不少。

动画角色因为动作灵活多变不易于控制，因此制作角色动画是一项复杂且具有创造性的工作。因为所有的三维角色，只有在添加了动作之后，才是真正意义上的“活”了，想要赋予一个动画角色生命力，就要制作出合理、生动、流畅的动作才行。

10.1 角色动画原理

在进行复杂的角色动画制作之前，首先需要对动作进行分解，将连贯的动作分解为多个关键姿态分别一一调节，再将这些关键姿态连接起来，最后形成流畅的动画效果。这些关键姿态决定着最终动画的品质，所以让角色摆出恰当的关键姿态是制作角色动画的第一步。若想要角色动得合理、自然、顺畅，还需要在时间上、运动中遵循一些动画运动规律。

10.1.1 姿态

一个角色的姿态是由其重心的位置和身体的细节所决定的。

1. 重心

在控制角色摆出恰当的姿态时，首先要保证的是最基本的真实感。就是这个角色不管做出什么样的动作，都要让观众认为这个动作是这个角色确实可以实现的。不能保持角色的平衡是初学者最容易出现的问题。

想要角色摆出各种夸张动作时还能保持平衡、稳定的姿态，主要就是要保证角色重心的稳定，使角色不至于出现跌倒的情况。角色的身体是由多个部位构成的，由于要摆出不同的姿态每个部位都会进行各自不同的旋转、平移，但不论角色是哪种姿态，重心都应该位于角色与地面的多个受力点之间。以最为常见的站立姿态为例，角色的重心就应该位于双脚之间，一旦超出双脚的受力范围，就会给观众带来一种失去平衡的感受，好像角色马上要跌倒，如下图所示。

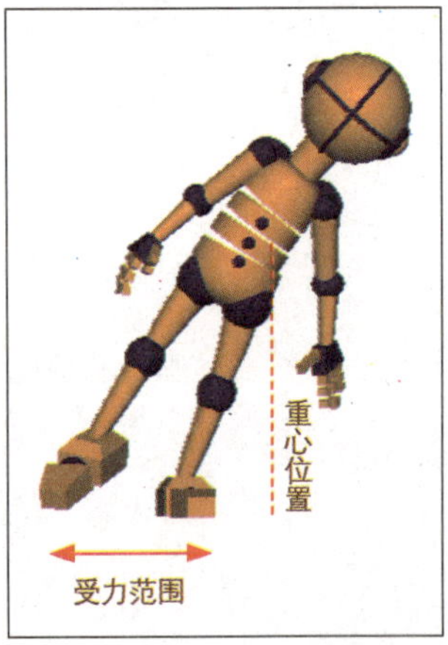

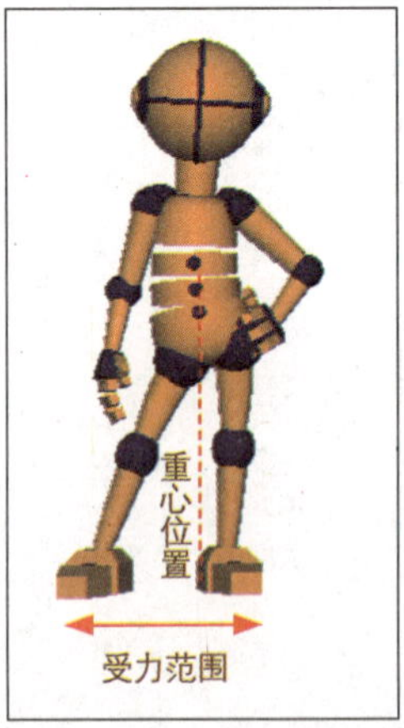

在上图中的两个姿态，左侧的姿态是看上去快要跌倒的，而右侧的姿态是看上去站得稳稳当当的。这两个姿态的角色与地面的受力点都是两只脚，所以重心应当位于脚之间的范围，左侧姿态的重心大大超出了这个范围，而右侧姿态的重心则位于这个范围内，所以右侧的姿态看上去更稳定、更真实可信。除了从正面来观察一个角色的姿态和重心，还需要同时观察其他角度，避免重心落在受力范围之外而产生的不稳定情况出现。

把握住重心落在受力范围之内这个原则，就能在角色摆出各种夸张姿态的情况下确保角色姿态的稳定。

在动画制作中，除了站立姿态的脚部受力点之外，还经常会出现其他种类的受力点。很多情况下，角色是身处在某种环境中的。环境中的某些物体会与角色身体的某些部位接触，产生支撑力，而身体也就倚靠着这些物体来保持平衡。例如以手臂或手肘支撑身体，坐姿时臀部作为支撑等，如下图所示。

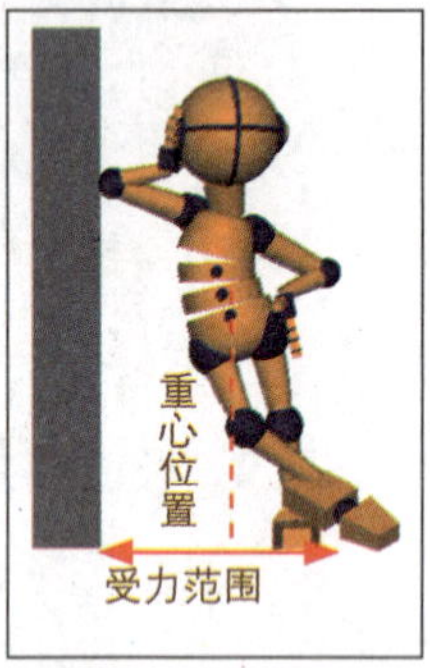

在上图的两个姿态中，角色通过环境中物体产生的支撑力很好地保持着平衡。如果忽略了这些环境物体，角色肯定就无法保持平衡了。所以当出现支撑情况时，就需要根据实际情况来判断身体的重心是完全落在依靠的环境物体上还是依靠自身来进行平衡，再分析受力范围，确定重心位置，确保重心的稳定。

上述的这些姿态都是角色在基本保持静止不动时的姿态，而当角色处于运动状态时，还要保证重心在受力范围内就会产生不真实的效果了，如想要制作一个角色快要摔倒的动作时，他的重心肯定是不稳定的，否则他又怎么会摔倒呢？如下图所示。

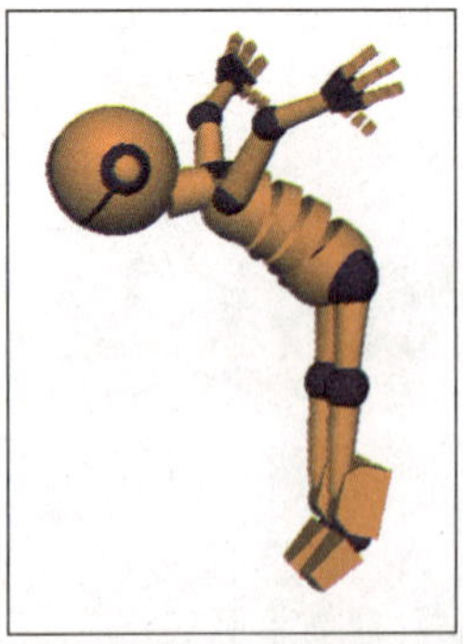

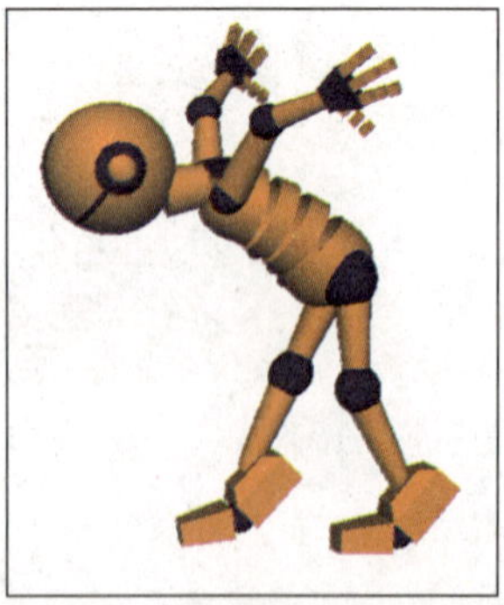

想要体现角色姿态的不平衡，或者表现角色运动瞬间的动感，就可以利用重心的偏移来实现。从上图中可以看出，角色的姿态体现出一种向前运动的动感，即使右侧角色向前迈出了一小步，但这种动感依然存在，因为角色的重心还是不平衡的。看到角色这样的姿态，就会让观众联想到这个角色还会继续向前迈步，直到最终实现平衡为止。

因此把握好重心是在调整一个关键姿态前很重要的一点。当角色静止时，要保持角色的重心位于受力范围之内；而当角色在运动时，则需要通过重心的偏移来体现运动趋势。

2. 细节

除了需要注意重心的问题外，在设置角色姿态时还需要注意姿态的自然、生动，过于对称和僵硬的姿态会让真实感大打折扣。人类对关节的控制是十分灵活和自由的，所呈现出的动作会受力、习惯、情感等若干因素的影响，即使人类的身体结构是左右对称的，也很少会在一个姿态中出现完全对称的效果。所以在调整姿态时要多体会这些因素，打破完全对称的身体姿态，加入更多的变化和细节。

以站立的姿态为例，双脚各承受 50% 的身体重量时，所呈现出的姿态是左右对称的。如下图 A 姿态所示，给人的感觉是僵硬的、模式化的，虽然这种站姿很稳定，但日常生活中却不常见，这样的站姿缺乏表现力，看上去枯燥乏味。日常生活中更多、更常见的是将重心放置在某一条腿上，而将另一条腿放松，由于重心位置的转换，骨盆受力的一侧会抬高，而放松的一侧则会降低，这也势必使角色上半身的姿态随之发生变化，将更多的重量放置在身体的一侧来保持平衡，因此肩部也会发生轻微的旋转，如下图 B 姿态所示。相对与 A 姿态而言，B 姿态要更生动和亲切。如果进一步丰富 B 姿态的细节，将骨盆与胸腔进行前后方向的旋转，使角色出现一种挺着小肚子、佝偻着背的姿态，如下图 C 姿态所示，角色的站姿就会传递出新的信息，他很累，很没有精神，也许他工作累了一天还需要等久久不来的公交车，所以他需要一个最省力的姿势来缓解自己的疲劳感。

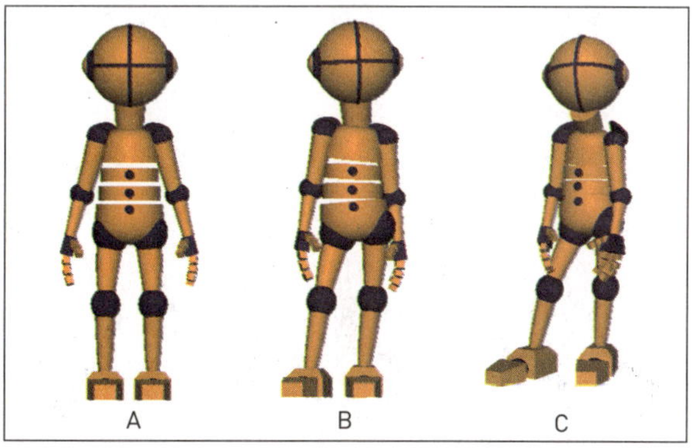

这样通过细节就可以表现出角色更多的情绪、状态、生活习惯等等，也可以有效地加强所要表达的艺术效果。如果仔细观察周遭的人，会发现更多体现人物情绪的小细节，会让制作的动画更生动。

10.1.2 动势

动势指的是角色姿态的运动趋势，通常用一条由头部到重心的曲线来表示。这条曲线就被称作动势线。这条曲线贯穿着人体的头部、胸腔、骨盆这三个主要部分。而人物的千姿百态都是由这三个主要部分旋转、扭动而形成的。所以只要把握好这三个主要环节的动态，那么无论人物的动态如何变化，都能够找到规律。因此体现着这三个主要环节运动状态的动势线，也就显得尤为重要。动势线是把握人物动态的关键。

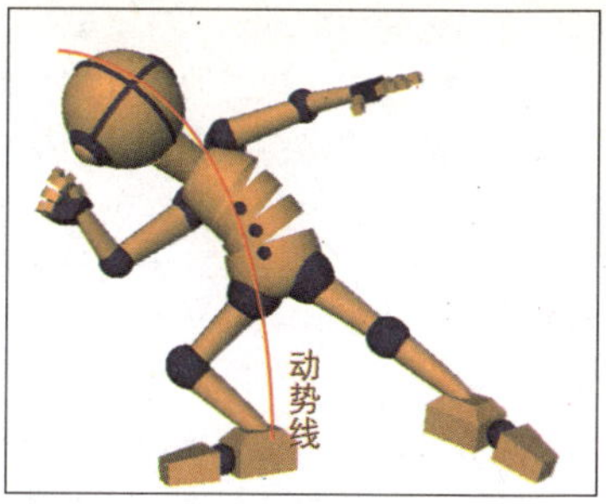

动势线的弧度和流畅感，可以让动作显得更加有力，在视觉上的动势效果也更加突出。以投掷动作为例，如右上图所示。动势线由头顶到重心呈现向后弯曲的状态，体现出角色身体后倾并积蓄着向前力量的动势，在这个姿态中仿佛可以看到角色几乎要将全身的重量都向后压来获取更大的向前的推动力。

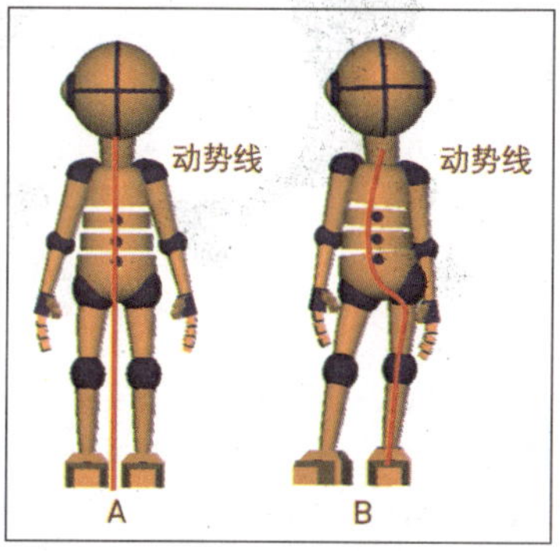

动势线弯曲得越厉害，动势就越明显。以上面站立姿态为例，当角色重心平移发生变化时，动势线也会产生弯曲并产生一定的弧度，如右图所示。人眼更倾向于被这种具有弧度的动势线所吸引。

在实际动画制作中，动势线的变化体现着角色重心、姿态的转变。所以要注意调整角色的姿态，尽可能让角色的关键姿态都呈现出弧度来，这样能使角色动作生动、形象，并带有合理的夸张，增加动作的表现力。

10.1.3 剪影

剪影是指外轮廓形态明显又没有明暗细节的黑影像。一般为亮背景衬托下的暗主体，通过明暗强烈对比突出画面主体鲜明的轮廓，如下图所示。

由于剪影没有明暗色调变化也看不到细节，观众需要依靠轮廓判断角色在干什么，因此表演者就必须要清

晰地表达出角色的动作。在剪影中，身体各部分的关节分支结构越清晰，表达的动作就越明显，观众就能更快理解角色的动作意图。在照片拍摄中，摄影师通常会选择被摄角色剪影分明的角度进行拍摄。因为这样拍摄得到的画面动作更清晰，艺术效果也更强烈。因此剪影在动画制作、动作设计中同样具有指导意义。

在设计角色动作、调节角色动画时，要尽量做到只通过剪影就能看出角色当前动作的含义，然后再通过角色表情、光线明暗变化等这些细节给当前动作增加表现力，如下图所示。

在上图中通过观察剪影虽然看不出手指的细节和眼睛所看的方向，但依然可以看出这是一个举起重物的动作。在运动的镜头中，观众通常看到的都是角色的主体动作，对细节的关注只有当画面离得很近或者画面趋于静止时才会增加。也就是说观众需要通过剪影理解当前角色的动作和反应，然后再依靠其他细节来辅助理解。因此剪影的质量决定影片中观众看到的动作的质量。

但剪影不仅仅要受到动作本身影响，同时也受观察角度的影响。相同的动作从不同角度观察到的剪影获得的感受也会不同，如下图所示。

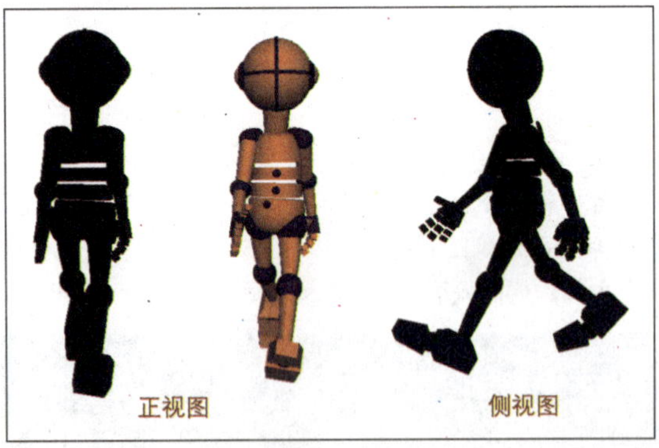

上图是一组行走动作的剪影和实体图。在左侧正视图的剪影中，几乎很难分辨角色在做什么，即使是通过实体图，依然不能很直接和快速地分辨角色的动作；但在侧视图中，通过剪影就能很清晰地看出角色在迈着步伐向前走。完全相同的动作在使用不同角度观察时得到的效果之所以会产生如此大的差别，就是因为在从正面看的剪影没有十分清晰、准确地传达关于迈步走动这一动作信息。

所以在动作设计时，既要保证动作的质量，还需要注意从摄像机的角度来观察角色动作是否能够准确地传达动作信息，让观众理解角色的动作意图和故事发展。

10.2 制作人物走路动画

在了解了调节关键姿态的一些注意事项后，本节将通过人物的走路动作讲解在 Maya 中制作动画的完成过程。

在 Maya 中走路、跑步这类明显可以循环使用的动画，通常会制作原地循环，然后再对角色整体进行平移的动画，以此来替代带有平移的循环动画。这里所说的原地循环，就好像人物在跑步机上跑步一样，脚步与地面产生滑动的效果。因此下面介绍的也是原地行走动画循环的制作方法。

在创建人物走路动画之前，需要分析出走路动画的形态，从而判定一个走路循环中需要多少个关键姿势以及这些关键姿势的形态。

首先一个走路循环可以分成两个阶段：一个是左脚迈出的阶段，另一个是右脚迈出的阶段，可以把一个阶段称为一个单步，两个单步构成一个完整的走路循环单元。以正常情况来说，这两个单步的关键姿势是互相对称的。所以接下来分析一个单步，就可以得出另一个单步的几个关键姿势。

仔细分析左脚从抬起到落地的整个过程：左脚向前运动时，右臂相应后摆，并且在行走过程中头部高低形成波浪形起伏。当迈开步子时，身体重心略低，脚落地提腿时重心上升，如下图所示。在这张图中，为了清楚显示角色的动作，所以将他们的距离拉开了一些。

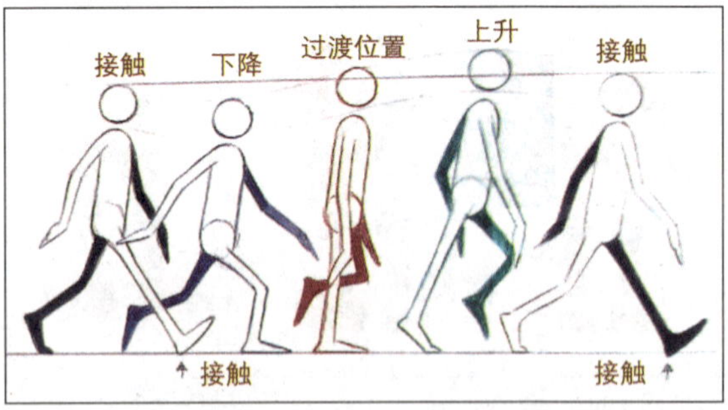

在上图中可以看到，将一个单步分了 5 个关键姿势。在第一个关键姿势中，角色右脚在前，左脚在后，双脚同时接触地面，这是左脚迈步和右脚迈步的分界点，手臂前后分开摆动；在第二个关键姿势中，右脚掌完全接触地面，右腿承受身体的大部分重量，左脚脚跟抬起，准备向前迈出，这时手臂的摆动幅度达到最大；在第三个关键姿势中，右腿支撑整体身体，左脚抬起，手臂放松下垂，这是两腿间重心交换的过渡位置；在第四个关键帧中，左腿已经向前迈出了一些距离，但还没有落地，角色重心前移；在第五个关键姿态中，左脚已经完成了迈步的动作，形成了与第一个关键姿势完全对称的姿势

效果。因此实际上每个单步由前面 4 个关键姿态组成，将多个单步动画连续起来，就是一个完整的行走动画。

除了手臂与腿部动作外，还有几个特别需要注意的动作。

（1）上半身的俯仰

角色在步行过程中，重心不停地在前后脚之间切换，但总体而言角色的重心始终保持微微向前的趋势，因为这样的趋势才能保持角色持续地向前运动，向前运动速度越快，重心的前倾也就越明显，所以当角色跑步时上半身前倾幅度要比走路明显很多。

在一个单步中，上半身也会产生俯仰变化，但这种变化是轻微的，是随着身体姿态改变而产生的。腿部的重心变化是突变的，但身体却是持续向前运动的。在角色以前腿支撑重心还没跟上脚部的变化时，上半身就会微微后仰；而角色以后腿支撑时，重心依然在向前运动，上半身就会微微前倾。

这种俯仰变化对上半身的影响也不是统一的，在这个俯仰变化中，脊椎会产生一种柔软的晃动感。在动画中这种柔软的特性带来的效果被称为随动，即跟随运动的意思，指下一节骨骼跟随上一节骨骼运动，但在时间上微微滞后的效果。

（2）上半身的扭转

由于手臂与腿部的摆动相应会带动连接的关节，例如手臂在摆动时，胳膊向前，肩也向前；胳膊向后肩也向后。这样在整个走路循环中肩部实际在不断旋转、再反向旋转，而在迈出一条腿时骨盆也会相应旋转，如下图所示。

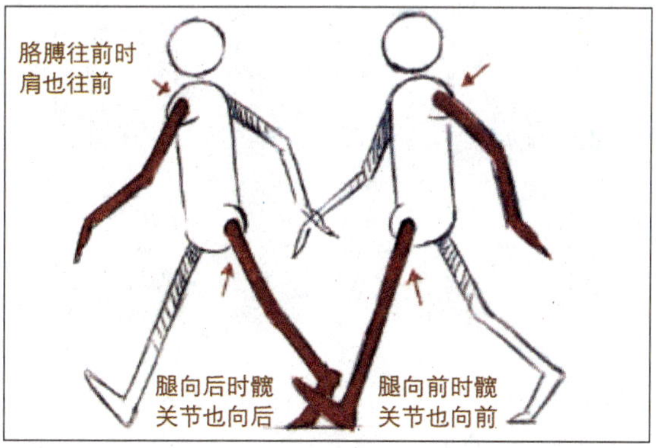

只是这两个关节的旋转幅度都不如手脚摆动明显，日常不容易注意到。由于手臂与腿部的摆动方向完全相反，这样就会造成上半身躯干的扭转。如果角色始终保持目视前方，头部为了修正肩部的旋转也会产生旋转的效果。

（3）骨盆和肩部的左右倾斜摆动

走路的过程其实可以理解为重心在左腿和右腿之前切换的一个过程，身体受到重力影响，在迈步过程中身体为了适应重心的变化，也会相应产生一些细微的动作。当重心落在右腿上时，骨盆右侧受到支撑，就会向左侧歪斜，右侧稍稍翘起，而为了保持身体平衡，上半身就会略微向右倾，使得左肩高于右肩。但走路是一个动态过程，这种变化实际是比较轻微的。女性在行走时会通过臀部的左右歪斜摆动来减缓肩部的倾斜效果，而粗犷的男性通常肩部的摆动幅度比臀部更明显。

（4）手臂的随动

在走路过程中，手臂的肘关节和腕关节都处于完全放松的状态，因此在摆臂时，手肘和手腕都会表现一些随动的效果，以手腕最为明显。随动效果是指下一级关节在上一关节产生运动变化时发生变化延迟的效果。例如手臂在向前摆动到最大幅度后向后摆动时，手掌会继续向前摆动一小会然后再改变为向后摆动，这时就出现了一个手掌向前翘起的动作，这一点在侧面的走路循环图中有明显的表现。

（5）脚和膝盖的开合

脚除了与地面互动产生旋转外，由于角色性格的不同，还会产生内外方向的旋转。例如外八字、内八字等等。一般来说表现粗犷、自信的角色会将膝盖和脚都向往打开；而羞涩、拘谨的角色则会向内收拢膝盖和脚，显示自我保护的姿态。

上面分析了走路动画的具体关键姿势，除了关键姿势外，动画中还有一个重要的因素就是时间。要控制在合适的时间点作出相应的关键姿势才能得到好的动画效果。正常情况下人物走路通常是 1 秒 1 个循环，也就是 24 帧走 2 个单步，即每个单步使用 12 帧的时间。除去与第一个关键姿势完全对称的关键姿态，每个单步共 4 个不同的关键姿态，每个关键姿态间隔 3 帧的时长。

在制作动画时，可以采用先制作最主要关键姿态然后再增加细节关键姿态直到动画完成为止。这样需要先在第 1 帧调节出第一个关键姿态，作为第一个单步的起始动作。接着将这个姿态复制到第 24 帧，作为整个走路循环的结束动作，也是第二个单步的结束动作，这样可以保证走路循环动画的首尾一致，循环流畅。然后在上面两个关键姿态的时间中点位置，即第 12 帧调节出与第一个完全对称的关键姿态，也就是上图中的第五个关键姿态，作为第一个单步的结束动作，同时也是第二个单步起始动作，这样就确定了整个走路循环和每个单步的时长。然后在每个单步的时间中点位置，即第 6 帧和第 18 帧对应调节出第三个关键姿态，就是单腿支撑整个身体的动作。接着再在对应的时间上将第二、第四这两个过渡的关键姿势调节出来，用来加强走路的动态效果。

在对角色进行骨骼设置时，已经了解身体的根骨骼是在腰臀部位置，其他分支骨骼都受到它的影响。调节动画也理当从根骨骼开始设置。因为只有在根骨骼动画确定后再调节分支骨骼的动画才可以完全避免重复操作，否则一旦修改根骨骼动画，其他分支骨骼的动画又需要重新调整。而角色在走路运动时主要是与地面进行交互，也就是腿部、脚部决定着角色的主要姿态。因此在制作走路循环时，本例将根据骨骼的层级次序，先调节腰臀、腿部的运动，然后调节上半身躯干包括头部、颈部的动作，最后再进行手臂部分的动画调节。

进阶练习：制作走路动画

原始文件： Chapter 10\10.2\walk(original).mb
最终文件： Chapter 10\10.2\walk(final).mb

01 打开本书配套光盘中的原始文件，场景中有一个已经绑定的好的角色，如下图所示。

02 打开自动记录关键帧按钮，选中所有控制器曲线，将播放头移动到第 1 帧，按快捷键 S 键，为所有的控制器曲线设置关键帧，如下图所示。

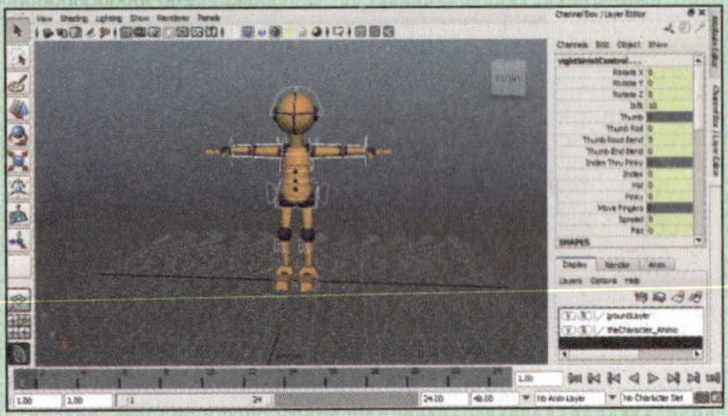

03 根据上述分析调整角色双脚接触地面姿态如下图所示。

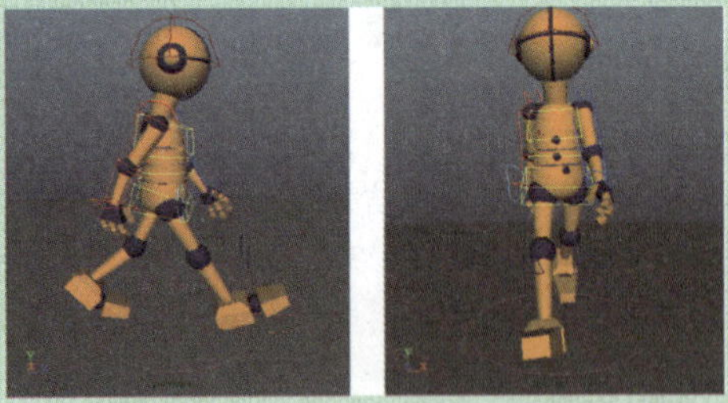

提示： 需制作出身体的俯仰、扭转及倾斜变化。

04 将播放头移动到第 25 帧，选中所有控制器曲线，再次按快捷键 S 键，设置关键帧，如右图所示。

提示： 这样可以确保走路循环的动作开始和结束时是同一个姿态。

05 将播放头移动到第 13 帧，调成与第 1 帧左右相反的姿态，如下图所示。

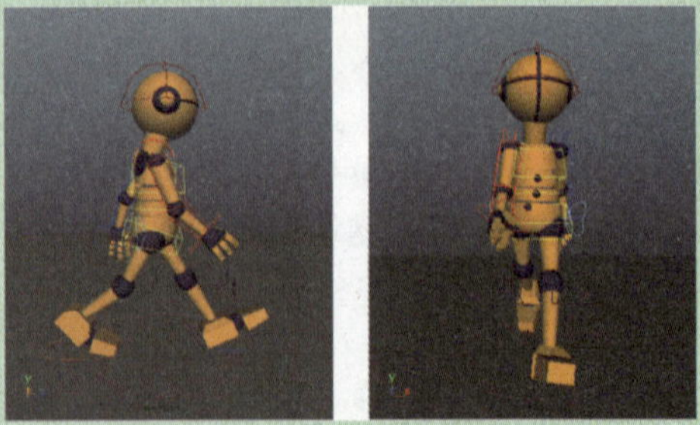

06 将播放头移动到第 7 帧，根据上述分析，调整角色单腿支撑姿态，如下图所示。

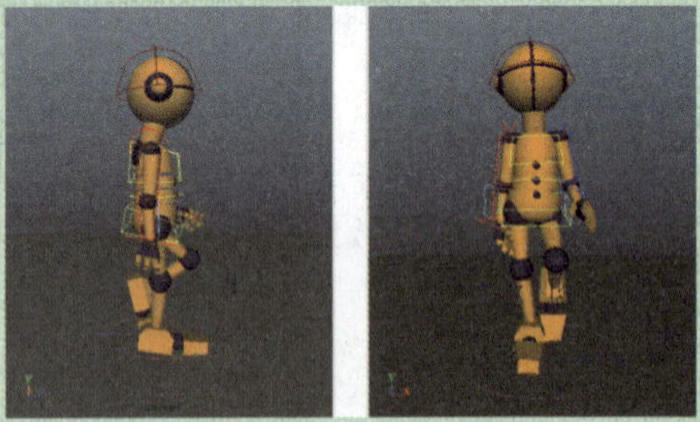

提示： 此时重心的高度发生了变化，支撑腿需完全伸直又不离开地面。

07 将播放头移动到第 19 帧，调整与第 7 帧左右相反的姿态，如下图所示。

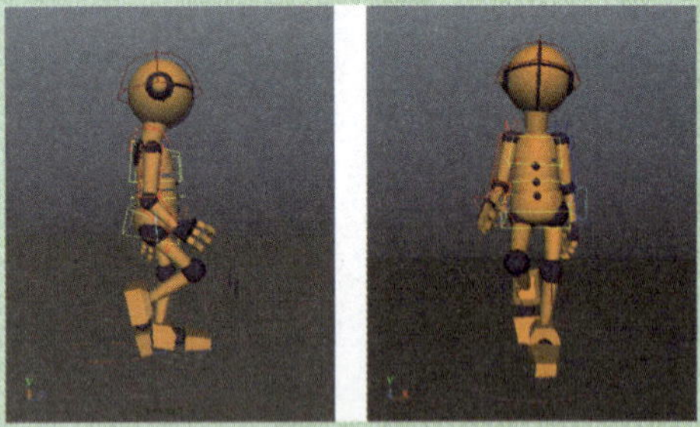

08 将播放头移动到第 4 帧，根据分析调整角色重心下降姿态，如下图所示。

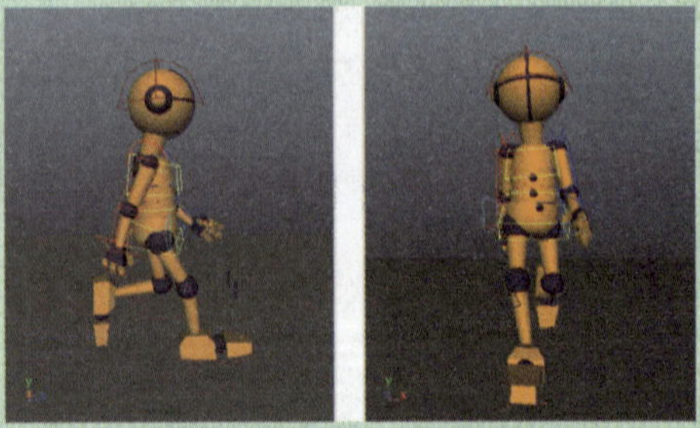

提示： 受力点应主要在前腿上，同时产生身体左右倾斜的变化。

09 将播放头移动到第 16 帧，调整与第 4 帧左右相反的姿态，如下图所示。

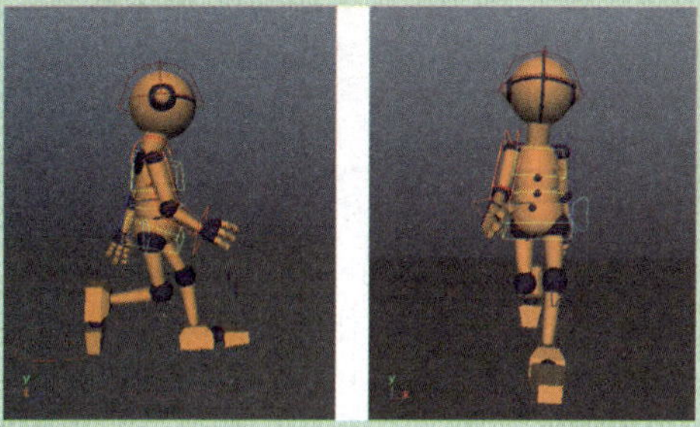

10 将播放头移动到第 10 帧，根据分析调整角色重心上升姿态，如下图所示。

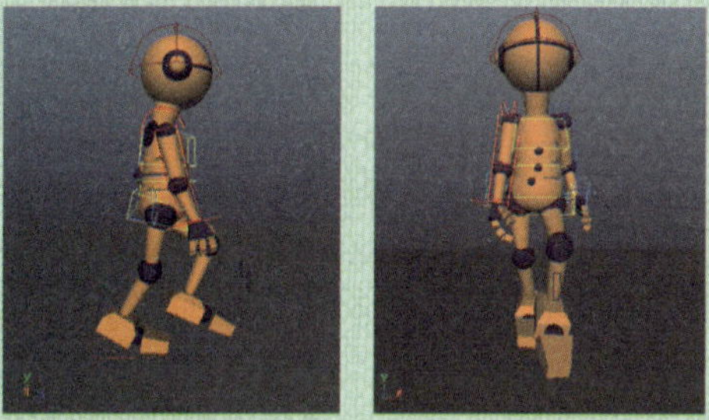

提示：一条腿悬空时注意调节成放松姿态，身体倾斜变化同样存在。

11 将播放头移动到第 22 帧，调整与第 10 帧左右相反的姿态，如下图所示。

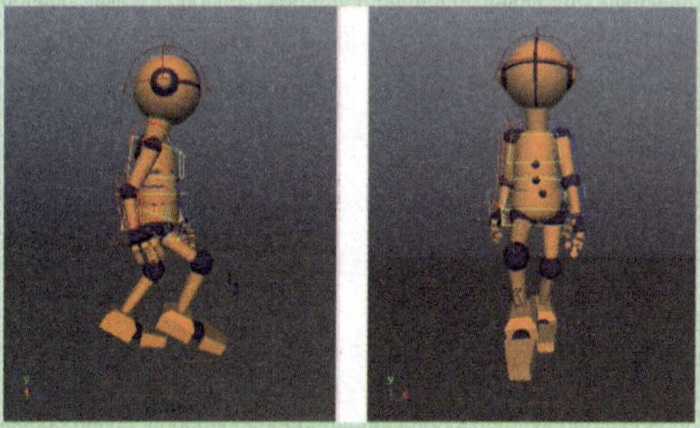

12 打开曲线图编辑器，分别查看各个控制器曲线的运动曲线，调整曲线曲率以保证曲线平滑、顺畅，如下图所示。

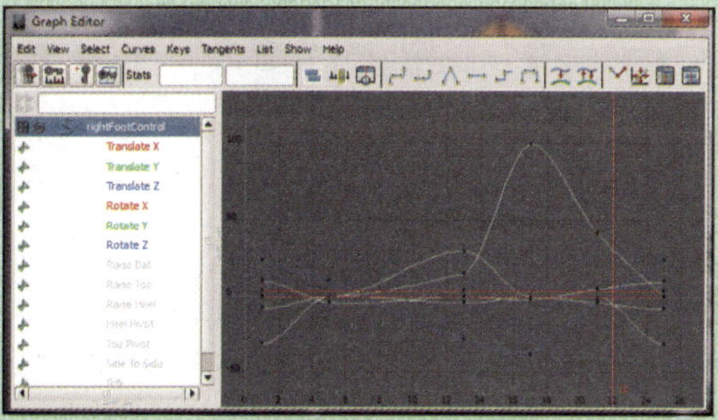

13 播放动画，动态检查走路姿态，使整体动作更自然、生动，如下图所示。

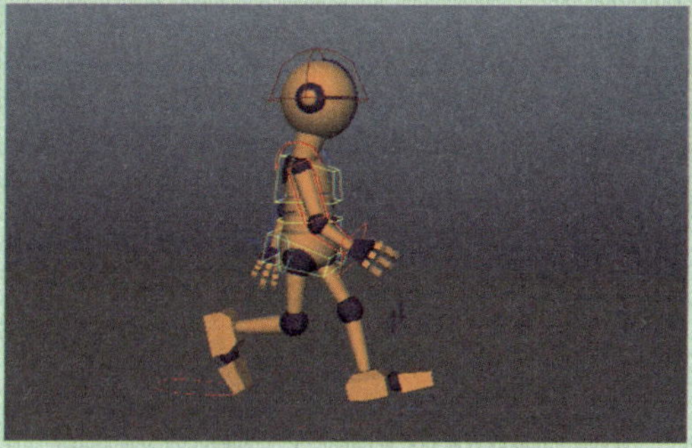

现在已经调节好了一个原地的走路循环，想让这个角色能持续地向前走还需要进行下面的工作。

进阶练习：制作走路动画循环

原始文件：Chapter 10\10.2\walk cycle(original).mb
最终文件：Chapter 10\10.2\walk cycle(final).mb

01 打开本书配套光盘中的原始文件，场景中有一个已经调节好了一个原地的走路循环，如下图所示。

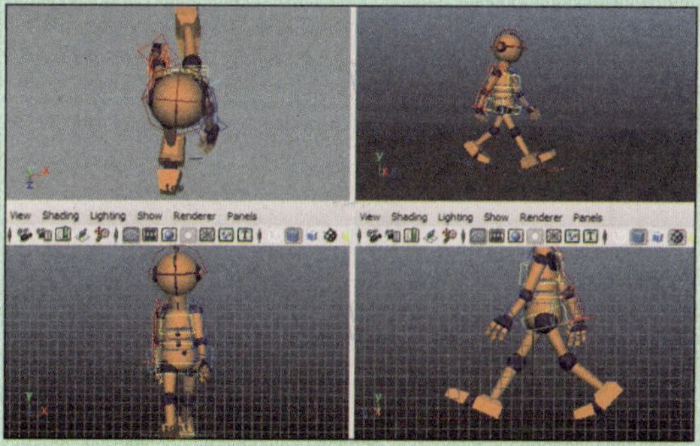

02 选中所有已经制作关键帧动画的控制器，打开曲线图编辑器，单击按钮或执行 Curve（曲线）> Post Infinity（后方无限）>Cycle（循环）命令，使动画曲线产生循环，如下图所示。

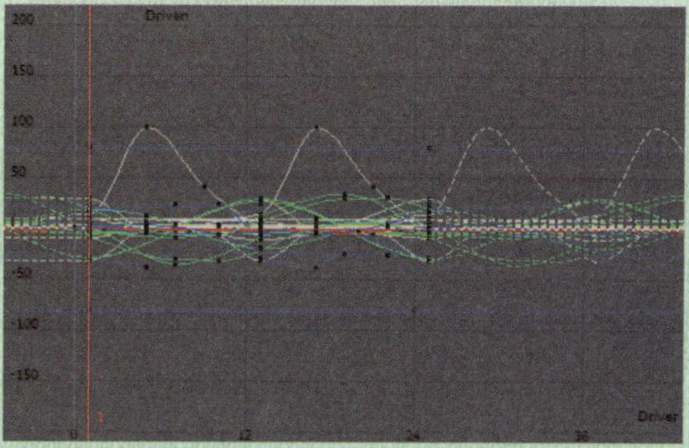

03 选中控制整体角色的控制器曲线，移动时间头到第 1 帧，在通道栏中选中 TranslateZ（平移 Z）属性，单击鼠标右键执行 Key Selected（为选择项设置关键帧）命令，移动时间头到第 25 帧，将控制器向前移动一段距离，如下图所示。

提示：这段距离应是角色脚部控制器移动的距离，读者可以根据脚部控制器运动过程中最大值与最小值之差来进行计算，若距离有误则会产生滑步的情况。

04 选中控制整体角色的控制器曲线，在曲线图编辑器中单击 按钮或执行 Curve（曲线）>Post Infinity（后方无线）>Post Infinity Cycle with Offest（后方带偏移的循环）命令，使动画曲线产生带有偏移的循环，如下图所示。

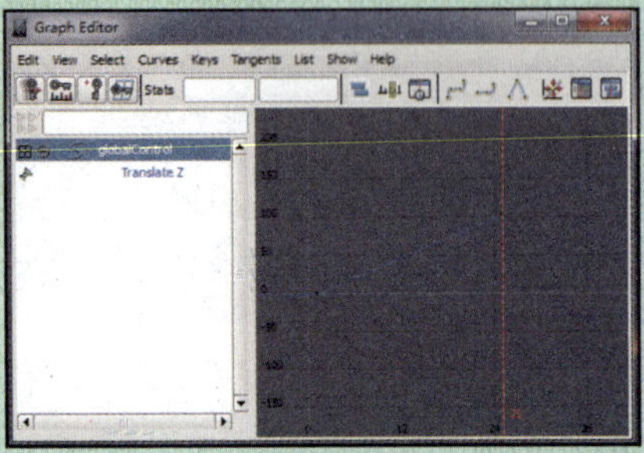

05 延长当前动画播放的时长，使角色能在播放过程中完成多个走路循环，例如 100 帧。查看整体走路循环动画的效果并检查运动曲线是否连贯，以腿部控制器为例，设置循环后的动画曲线如下图所示。

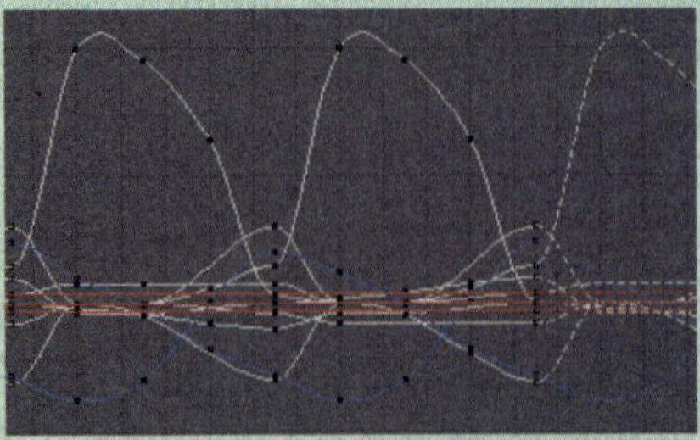

提示：如果在循环过程中出现动作不连贯、突变等情况，需要检查动画曲线是否首尾连接，尤其是在之前制作的原始关键帧中，第 1 帧和第 25 帧的数值是否完全一致，动画曲线的切线手柄是否能使曲线完全连贯。

完成了上述步骤后，角色就可以不断向前走，直到动画播放结束。

10.3 动画层概述

在上一章中介绍了如何绑定控制一个角色，并且在第七章中也介绍过 Maya 中最常用的制作动画的方法就是使用关键帧动画。想要制作角色动画自然就需要对角色的控制器进行关键帧动画的设置，从而通过一系列关键帧动画的组合来实现复杂的角色动作。

从 Maya 2009 版本开始出现的一个强大的动画分层技术，动画层相对于关键帧制作而言，艺术家们在动画前期 Pose to Pose（姿态到姿态）阶段采用关键帧方式制作出常规的动画片段，在后期动作细节添加时使用动画层修改动画。这项功能可以让艺术家们在非破坏性原则上创造出多层次的动画，是一套灵活的体系结构。

10.3.1 动画层的概念

动画层技术是从专业动画软件 MotionBuilder 中移植而来，虽然它在 Maya 中的功能虽然还只是一个简化版级别，还无法和专业动画软件 MotionBuilder 中的动画层工具相比，不过这并不影响这项新增工具将要带给我们在工作上的更灵活多样性。

动画层可以简单地将其理解为存放繁琐关键帧的空间，通过动画层可以对繁多的关键帧进行系统的分类，单独保存，而且每一个动画层都可以自由拆卸、叠加。在动画制作后期，可以在不破坏原有动画数据的前提下，选择任何关键帧属性多次创建动画层，每个层之间都会产生叠加效果。这样就可以随意地提取和分离需要修改的原有属性。由于动画层是对某些属性单独添加的，使得动画师可以在任何属性之间游刃有余。它对各类关键帧进行明确分类处理，互相独立，可以融合、合并、组合归类，并重新排序动画，还可以设置动画的优先级，非常得灵活和便捷。

10.3.2 动画层面板及工具

在使用动画层之前首先要认识动画层的操作面板。在通道盒的右侧下方是层级面板，maya 中一共包含显示层、渲染层和动画层三类层，选中 Anim（动画）选项卡，就切换到了动画层的显示面板，如右图所示。

在没有创建任何动画层之前，动画层面板中是不存在任何信息的。但实际上动画层与显示层、渲染层一样，都存在一个默认层级，用于储存当前场景中所有的动画信息，就是 BaseAnimation（基础动画层）。在创建了一个新的动画层 AnimLayer1 之后，这个默认的层级就会显示出现，如右图所示。

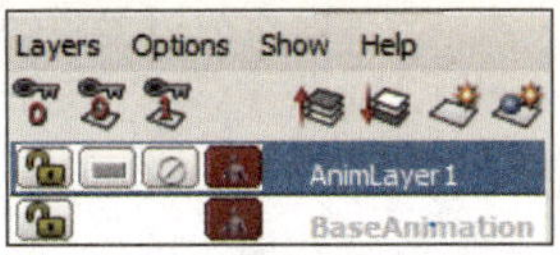

当选中某个物体进行关键帧设置时，关键帧信息就会被记录到激活的层中。Maya 用绿色的圆点标记激活层，其他层则用红色圆点标记，如右图所示。

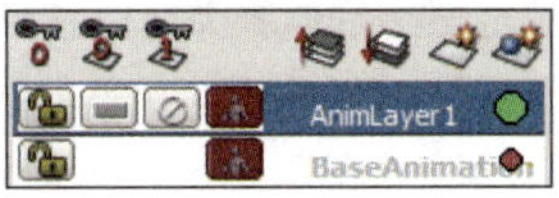

在上面的图示中可以看到每一个动画层前面有一些开关按钮，在动画层面板中也有许多的快捷工具，接下来就分别对每一个工具、按钮的功能进行讲解。

1）从选定对象创建层：通常情况下是选中需要设置动画的物体或者控制器后点击该按钮，再在该层中对选中的物体进行新的动画关键帧设置、修改。值得一提的是，创建的动画层中只能记录所包含物体的关键信息，而不能记录其他物体的关键信息，这与基础层是有明显区别的。

2）创建空层：创建的这个层中不包含任何物体，可以通过加入物体的方法来使用它。但更多的情况是将其他包含物体的动画层加入到一个空的动画层中，将这个空的动画层当做“层组”使用。使用中键拖动就可以将其他动画层加入到这个动画层中。

3）在列表中向下移动当前选择和在列表中向上移动当前选择：这两个按钮是用来改变层顺序的。从 Maya 2011 版本后，动画层的覆盖顺序由以前的从下至上修改为了大家习惯的从上至下的方式，就是说上面的层可以覆盖下面层的内容。但是否覆盖还与动画层的叠加模式有关，相关内容会在后面详细叙述。

4）0 值关键帧：复制基础层中的当前帧的关键属性到当前层中作为关键帧。这个按钮通常作为叠加动作的开始帧和结束帧，以保证叠加动作和原动作的平滑过渡。注意使用这个按钮时，复制的只有激活层中所包含物体的关键属性，不记录其他物体的属性。

5）层权重 0 值关键帧和层权重 1 值关键帧：这两个按钮都是用于设置动画层的权重大小的。动画层的权重是类似于平面软件中透明度这样的参数，控制着该层对整体效果的影响程度。例如，有一个记录物体向上运动的动画层，当该层权重为 1 时，向上运动的效果完全被叠加到原始动画上；当权重值为 0 时，则对原始动画不产生任何影响。这两个按钮可以快捷的对激活层进行权重值的关键帧设定。而当权重在 0 和 1 之间变化时，物体向上运动的幅度就会受到权重的影响。

在动画层面板的底部也有对权重值进行设定的工具。如下图所示。Weight 字样后的数值表示权重的大小，可以通过手动输入也可以通过滑动右侧滑块来调整数值的大小。单击最右侧的 K 按钮，就会以当前的权重值为激活层设定一个权重关键帧。

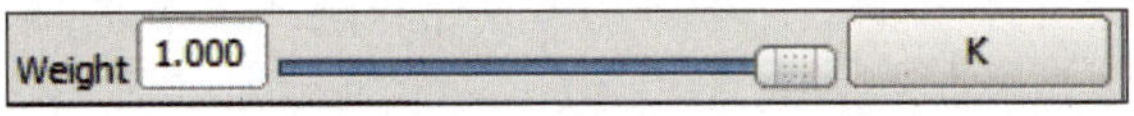

6）锁定：被锁定层中的关键信息不可更改。时间轴上的关键帧标记和曲线图编辑器中的动画曲线都会以灰色显示。

7）Solo（独奏）：激活该选项后，只显示这个动画层和基础层的动画效果，其他层的动画会被忽略。

8）禁用：激活该选项后，该动画层效果不显示。

9）重影 / 颜色：激活该选项后，会将当前层与最终动画进行对比，其中当前层的动画效果会以红色方式显示。

10.3.3 动画层的主要功能

上面介绍了一些常用的工具和按钮，其实这些功能都可以在动画层面板中的菜单以及右键菜单中找到。除了这些命令外，使用动画层时还需要一些其他功能。下面对实现这些功能及需要使用的命令进行介绍。

1. 动画层的叠加模式

Maya 提供了两种动画层的叠加模式供用户使用，更改叠加模式的命令在 Layers（层）>Layer Mode（层模式）菜单组中。这两种叠加模式一种是 Additive（相加），是默认的，就是动作的相加。例如一个动画层记录着小球在向上运动的动画，在它上方叠加一个记录小球向左运动的动画层，最终结果是小球向左上运动；另一种是 Override（覆盖）。还是用上面的例子，当这个记录小球向左遇运动的动画层使用覆盖模式时，得到的结果就是小球只向左运动，向上运动被覆盖了。在使用覆盖模式时，图层之间的顺序显得十分重要。读者需要仔细区分这两种模式。

2. 编辑动画层

（1）创建

使用上面介绍过的工具就可以进行动画层创建，也可以执行 Layers（层）>Create Empty Layer（创建空层）命令或者执行 Layers（层）>Create Layer from Selected（从选定对象创建层）命令。这样创建的动画层是叠加模式的。要创建覆盖模型的动画层可以执行 Layers（层）> Create Override Layer（创建覆盖层）命令或 Layers（层）> Create Override Layer from Selected（从选定对象创建覆盖层）命令。

（2）复制

选中层，执行 Layers（层）>Copy Layer（复制层）命令，会生成一个以原动画层名称加“_copy”后缀的新动画层。通常情况下可以使用复制的方式，修改复制层来和原始层反复对比最终效果，从而实现制作出更好的动画。但复制的层和原始的层会产生双倍叠加的效果，对比时需要关闭另一个才可以。

（3）合并

选中需合并的两个或多个动画层，执行 Layers（层）> Merge Layers（合并层），就可以将选中的层中所有动画信息都合并到一个图层中。这样可以更方便地管理动画层。

（4）删除

选中需要删除的层，执行 Layers（层）>Delete（删除）命令或在右键菜单中执行 Delete（删除）命令。

（5）删除空层

当动画层中不包含任何物体或任何属性时，这个动画层就是一个空层。执行 Layers（层）>Delete Empty Layers（删除空层）命令可以一次性删除场景中所有的空动画层。

3. 编辑动画层包含的物体

（1）添加

想要添加物体到某个动画层，Maya 提供了两种方法。一种是可以选中物体和动画层后，执行 Layers（层）> Add Selected Objects（添加选定对象）命令，添加选中的物体到当前层。另一种是选中要添加物体的动画层，然后选中物体通道栏中可以设置动画的属性，单击鼠标右键，在右键菜单中执行 Add to Selected Layers（添加到选定层）命令，就可以把这个物体的某些属性加入到动画层，而其他属性的动画则不会被记录在这个动画层里。

（2）移除

想要去除动画层中的某个物体，可以选中物体和动画层后，执行 Layers（层）>Remove Selected Objecst（移除选定物体）命令去除当前层中选中的物体。

（3）清空

想要去除动画层中包含的所有物体，选中层后执行 Layers（层）>Empty（清空）命令即可。

（4）关联编辑器

想要更清楚地了解一个动画层中究竟包含哪些物体，可以使用关联编辑器来进行查看，并进行添加和去除的操作。执行 Layers（层）> Membership（成员身份）命令就可以打开 Relationship Editor（关系编辑器），如右图所示。

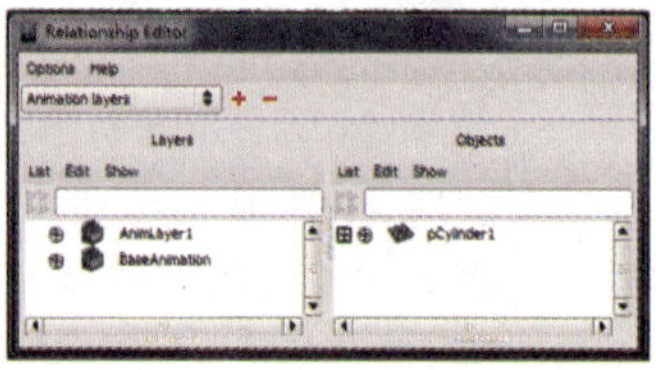

关系编辑器左侧显示层列表，单击层前方的加号就会显示层中包含的所有物体属性。右侧显示选中物体，单击物体前方的加号会显示物体的所有属性。在没有选中的状态下，这些属性都是以灰色显示的，代表不可操作。如果选中的动画层中包含选中的物体及属性，右侧物体列表中这些属性就会以蓝色背景显示，不包含的属性将以灰色方式显示，如右图所示。

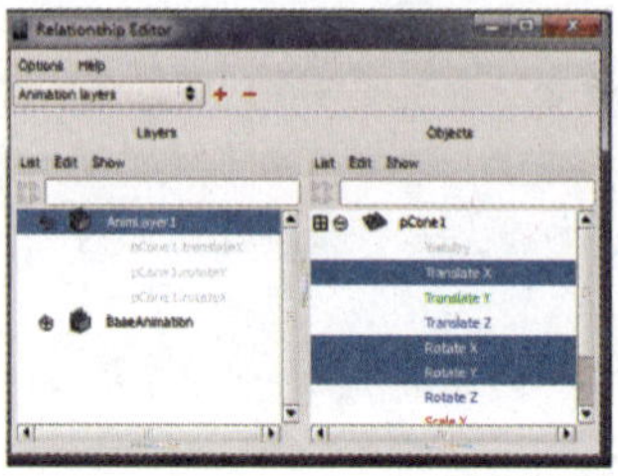

想要添加某个属性到当前层中，可以单击那个属性使其背景变为蓝色，代表已经与当前动画层建立了包含关系；点击某个已经关联的属性会去除蓝色背景显示，代表将该属性从当前层中去除，在层列表下该属性也会消失。

（5）提取

在动画层中进行提取操作是将当前动画层中某个物体或某些物体及关键信息剪切粘贴到新的层中。选中需要提取的物体后，执行 Layers（层）>Extract Selected Objects（提取选定对象）命令，就会产生一个带有“_extract”后缀的动画层。提取出动画后就可以对这个单独的动画层进行权重修改等等，对动画的控制就更便捷了。

4. 动画层的导入和导出

为了方便在多个场景文件之间使用动画层，Maya 提供了动画层的导入和导出功能。这样可以方便地对不同场景中某些相同动作做统一修改。但动画层的导入和导出有一定的局限，即导入的动画层中包含的物体、物体属性都需要与导入场景中的物体、物体属性一一对应才能实现导入效果。举例来说：动画层中包含 A 物体的 B 属性的动画信息，在导入这个动画层的文件中同样需要存在 A 物体，并且这个 A 物体带有 B 属性。

（1）导出动画层

选中需要导出的动画层，执行 Layers（层）>Export Layer（导出层）命令，这时会弹出设置导出文件存储位置的对话框，输入文件名后动画层就可以保存为“.mb”类型的场景文件。

（2）导出动画层组

如果需要对一组、多个动画层进行导出的操作，可以选中它们执行 Layers（层）>Export Branch（导出分支）命令，对这些动画层统一导出到一个“.mb”文件。

（3）导入动画层

导入带有动画层信息的“.mb”文件与导入其他“.mb”场景文件的方式完全一致。在 Maya 的菜单栏中，执行 File（文件）>Import（导入）命令，按照正常方式导入即可。这时会发现导入的动画层出现在动画层面板中，并对场景中的动画产生作用，但尤其需要注意保持导入信息的一一对应，否则会出现很多错误。

以上介绍的命令在层的右键菜单中也能找到并快捷地使用，名称与菜单中命令的名称完全相同，这里就不再一一介绍了。

10.4 非线性动画

非线性动画与动画层一样，可以对设置好的关键帧动画进行编辑。之所以称之为非线性动画，是借鉴了影视后期处理中非线性片段的方法，把动画当成影片一样进行分层、片段、叠加、合并、延展等操作，在制作动画时是十分重要和便捷的工具。

10.4.1 创建角色集

在进行非线性动画之前，首先需要认识一下 Maya 的角色集。

角色集是 Maya 用来管理动画对象的方式，虽然称之为“角色”，但并不是常规意义上的动画角色，而是一个节点，它会把包含的物体中所有可以做动画的属性都集合到一起。角色集也并不局限于只能对角色使用，它可以包含任何东西：一个绑定好的机械手臂、一个摩托车，甚至是一些看起来没有什么关联的物体。

打开 Character（角色）>Create Character Set（创建角色集）命令的选项设置面板，如下图所示。

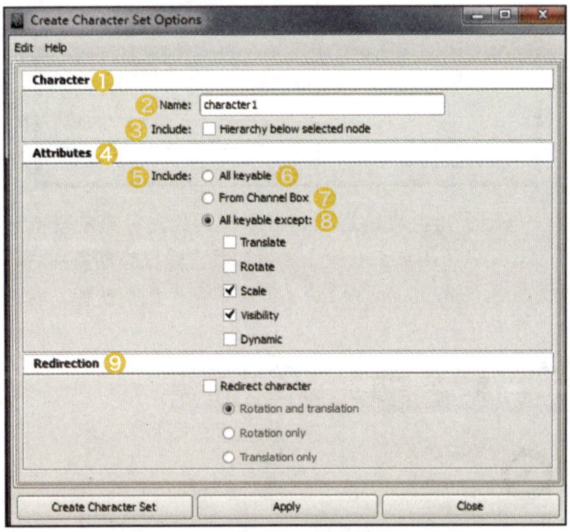

❶ Character（角色）：有关角色集创建的相关设置。

❷ Name（名称）：定义角色集的名称。

❸ Include（包含）：勾选 Hierarchy below selected node（选定节点以下的层次）复选框，会将所有选中物体的子物体也添加到角色集中，不勾选则不添加。对于当前角色，由于某些骨骼是通过成为曲线控制器的的子物体而被控制的，因此要避免骨骼被加入到角色集中，不能勾选该复选框。

❹ Attributes（属性）：对添加到角色集中的属性的相关设置。

❺ Include（包含）：定义角色集包含属性的范围。

❻ All keyable（所有可设置关键帧）：选择该选项所有可以设置关键帧动画的属性都会被加入到角色集。

❼ From Channel Box（来自通道栏）：选中该选项会将在通道栏中已经选中的属性加入到角色集。

❽ All keyable expect（所有关键帧除了）：该选项用于排除某些关键属性。Maya 将关键属性分为 Translate（平移）、Rotate（旋转）、Scale（缩放）、Visibility（可见性）、Dynamic（动态）共 5 类，其中 Scale 和 Visibility 选项默认被勾选。因为在制作角色动画过程中，不会对曲线控制器的大小和可视属性进行动画设置，因此开启这两个选项，将它们排除。

❾ Redirection（重定向）分栏：用于重新定义角色动画的移动和旋转。当角色被设置为重设性后，就可以移动和旋转已建立的角色动画。

例如可以对一个小球创建角色集。选中小球物体后，执行 Character（角色）>Create Character Set（创建角色集）命令后。在大纲视图中会出现角色集 character1，以小人的图标显示，如下图所示。

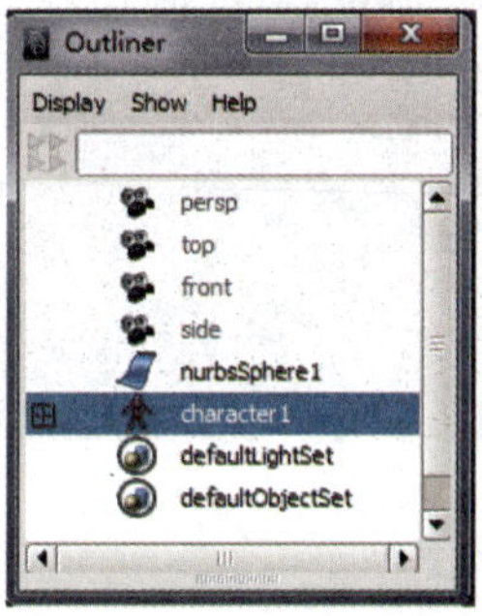

这时小球本身的所有关键帧属性都集合到了新创建的角色集下，并与原有关键帧属性一一对应，如“nurbsSphere1.tx”属性对应小球的“Translate” X 属性，而原有小球节点中的关键帧属性会以黄色显示，如下左图所示；角色集下的关键帧属性则呈现设置了关键帧动画的红色，如下右图所示。

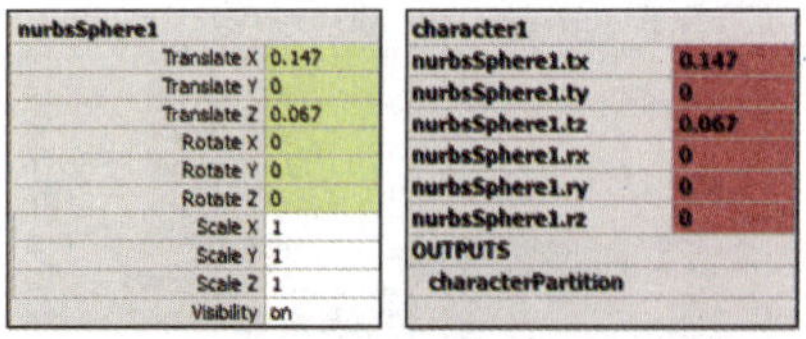

用同样的方法可以对多个物体进行角色集的创建，这样每个物体的关键帧属性都会集合到同一个角色集下，通过物体名称用户可以快速地区分每个属性的作用，并且对节点中的属性设置关键帧和对原始物体属性设置关键帧得到的效果是完全一致的。因此可以这样理解角色集，即用于集合关键帧属性的节点。选中角色集，就相当于选中了所有关键帧属性，它为多次频繁的选择提供了一个简化的方式。

对角色创建角色集的好处是显而易见的。在进行角色动画制作时，需要选中多个控制器进行动画设置，选择的过程其实是比较麻烦的，现在就可以直接选中角色集，所有可以设置动画的属性就直接呈现出来了。用户可以直接对角色集设置动画，也可以对角色集中的某些属性直接进行动画设置。通过角色集可以把角色中繁多的、复杂的控制器集合成了一个整体。对动画师而言，他可以完全不用考虑绑定设置过程中的细节，直接更容易更快速地进行动画设置。

进阶练习：创建角色集

原始文件：
Chapter 10\10.4\create character(original).mb
最终文件：
Chapter 10\10.4\create character(final).mb

01 打开本书配套光盘中的原始文件，场景中有一个已经绑定好的角色。选中该角色的所有控制器曲线，如下图所示。

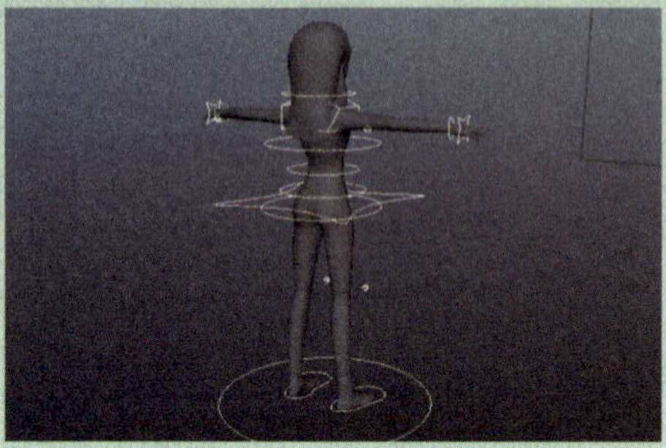

提示：在对一个角色创建角色集时，需要认识到控制角色的是所有的曲线控制器或者 Loactor 等，因此要对这些物体创建角色集。

02 执行 Character（角色）>Create Character Set（创建角色集）命令完成角色集的创建。在大纲视图中可以看到创建的角色集及角色集中包含的属性，如下左图所示；在角色集的通道栏则可以对这些属性进行关键帧动画的参数设置，如下右图所示。

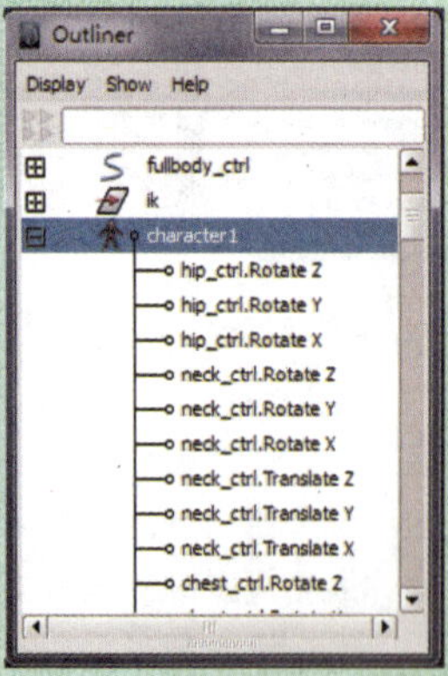

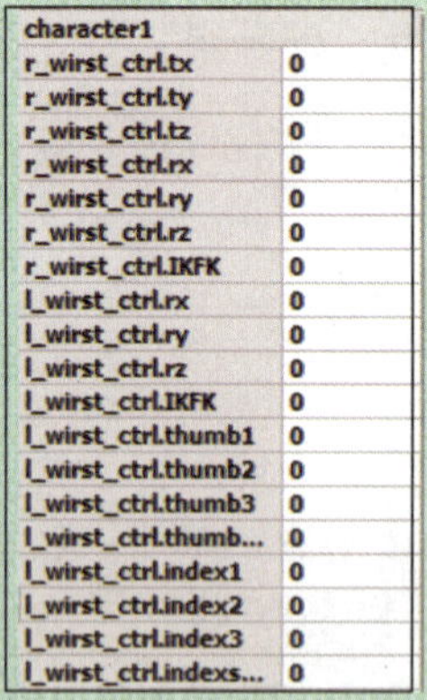

03 在动画控制器下方的角色选择器重会出现当前的角色集，说明已经成功地创建了角色集，如下图所示。

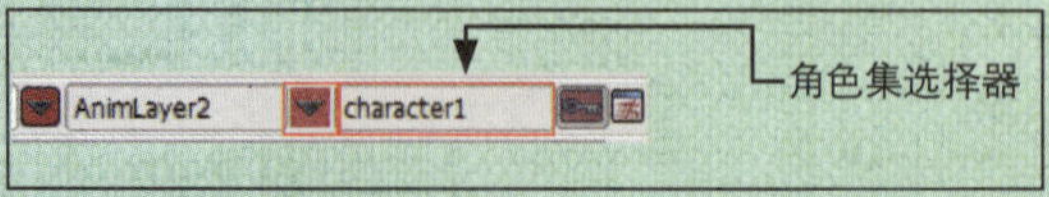

提示：当场景中存在多个角色集时，可以通过角色集选择器的三角形按钮打开下拉菜单，快速进行角色选择。在角色集选择器左侧有一个与之非常类似的动画层选择器，用户需要注意区分。

10.4.2 创建子角色集

角色集中往往包含着很多控制器和很多属性，为了更方便地控制这些属性，Maya 提供了子角色集，用于对一个角色集中的物体、属性进行分类。例如可以将一个完整角色以下面几个子角色集进行分类：腿部子角色集、上半身子角色集、手臂子角色集、手指子角色集等。这样既可以对整体角色进行动画设置，也可以单独对某个子角色集或者某几个子角色集进行动画设置，使动画的管理更加清晰。

打开 Character（角色）>Create Subcharacter（创建子角色集）命令的选项设置面板，如下图所示。

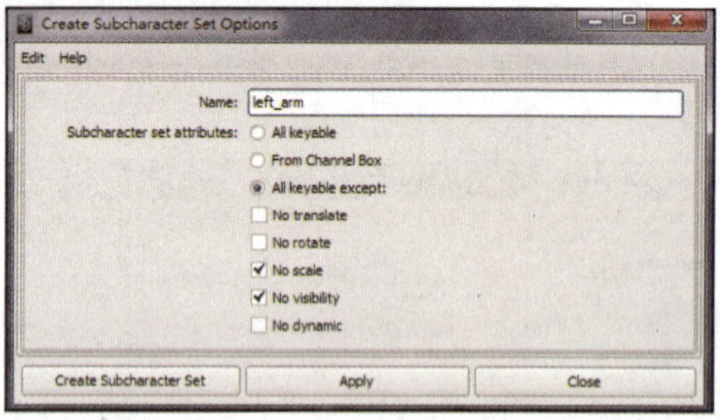

创建子角色集的选项设置面板创建角色集的基本一致，这里就不再详细介绍了。设置好子角色集的名称后单击 Create Subcharacter Set（创建子角色集）按钮，就完成了子角色集的设置。

进阶练习：创建子角色集

原始文件：
Chapter 10\10.4\create subcharacter(original).mb
最终文件：
Chapter 10\10.4\create subcharacter(final).mb

01 打开本书配套光盘中的原始文件，场景中的角色已经在上一个练习中创建了全身的角色集，现在要为右臂创建子角色集，如下图所示。

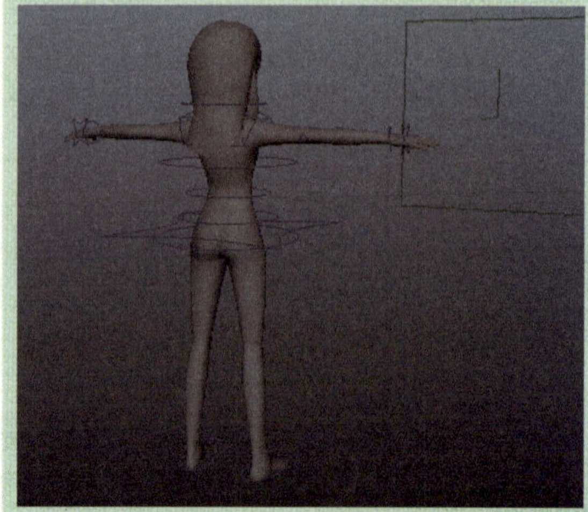

02 选中右侧手臂的控制器曲线，如下图所示。

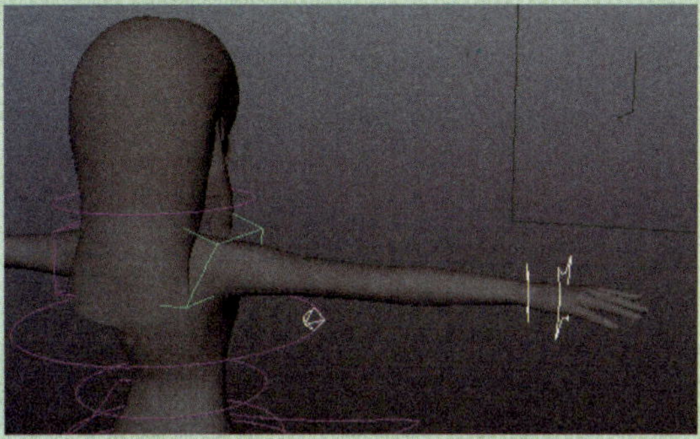

03 执行 Character（角色）>Create Subcharacter（创建子角色集）命令，在大纲视图中展开初始创建的角色集，会看到已经创建的子角色集。相应的在右下角的角色选择器中也会在角色集中出现子角色集，用于快速选择和切换，如右图所示。

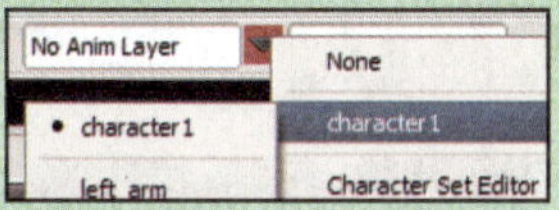

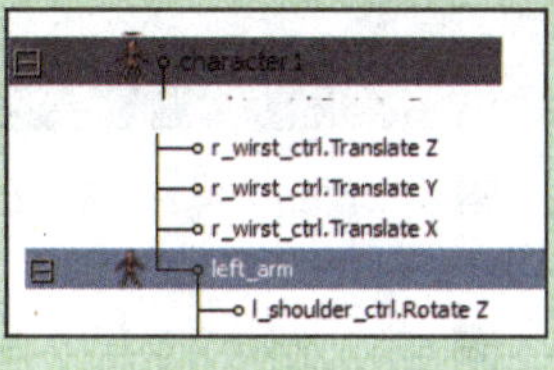

10.4.3 删除属性

在进行角色集创建时，可能会把某些不需要的属性也加入到了角色集中。Maya 同样支持从角色集中删除某些属性。

首先需要找到想要删除的属性对应的物体，在通道栏中选中要删除的属性，执行 Character（角色）> Remove from Character Set（从角色集中移除）命令就可以删除这个属性。

从角色集中删除的属性依然可以进行关键帧动画的设置，只是不受角色集的控制，在通道栏中的显示方式也会从黄色再转变会原本的红色显示。

10.4.4 增加属性

Maya 除了支持删除属性外，相应的也支持属性的添加。

属性的添加与删除的操作基本一致，不同的是需要先指定添加到哪个角色集中。在角色选择器中选中想要添加属性的角色集，接着找到想要添加的属性对应的物体，在通道栏中选中要添加的属性，执行 Character（角色）> 目 Add to character Set（添加到角色集）命令即可。如果没有指定角色集，属性会被添加到当前角色集选择器选中的角色集中。

10.4.5 合并角色集

如果创建了太多的角色集或子角色集，可以对它们进行合并的操作，将多个角色集或者子角色集合并为一个。

在大纲视图中选中需要合并的角色集或子角色集，执行 Character（角色）>Merge Character Sets（合并角色集）命令即可。这样多个角色集会合并为一个，合并的角色集会以原始的多个角色集中最后选中的一个名称命名。

如果对带有子角色集的角色集进行合并，合并后子角色集会依然保留。

如果将角色集与这个角色集下的子角色集进行合并，结果会回到没有创建子角色集时的状态。

上面介绍了角色集用于管理动画属性的功能和具体的工具，它可以让用户更直观地直接在角色层次来进行动画设置。实际上角色集更强大的功能是在非线性动画的制作中。

值得一提的是，非线性动画都是建立在角色集的基础上的，所有需要进行非线性编辑的动画都必须是某个角色集的动画。如果对没有创建角色集的物体进行非线性动画编辑时，Maya 也会自动为其创建角色集。

10.4.6 编辑非线性动画

1. Trax Editor（非线性编辑器）

对上述的动画片段进行移动、叠加、融合的操作，就可以为一个角色创建一组平滑过渡的运动，也就是非线性动画的基本制作方法。包含这些管理、编辑非线性角色动画的工具的就是 Trax Editor，可以将它理解为非线性动画编辑器。

执行 Window（窗口）>Animation Editors（动画编辑器）>Trax Editor（非线性编辑器）命令就可以打开非线性编辑器。为了方便说明这里选用了一个已经进行了非线性动画编辑的场景，如下图所示。

看到非线性编辑器的界面时会有一种非常明确的感受，它与常见的后期非线编辑的软件界面比较相似。在界面右侧窗口中呈现的是角色轨迹和音频轨迹。每个角色集对应一条轨迹，一个角色轨迹下支持多条动画片段存在，每一条动画片段都可以非常方便地进行长度、位置的调整；音频轨迹是用来显示、调整导入音乐的长度及波形的。窗口左侧是轨迹控制区，是对应的片段控制按钮。与其他编辑器相同，Trax Editor 也包含有菜单栏、工具栏，在最下方还有动画类编辑器中常见的时间轴，用于控制编辑器视图的快捷键也依然起作用。

接下来对工具栏中的按钮和常用的菜单命令进行介绍。

1）Create clip（创建片段）：用于将选中物体、角色的关键帧动画转换为动画片段。

2）Create blend（创建混合）：用于在两端动画片段之间创建混合过渡。

3）Get clip（获取片段）：单击该按钮，会打开 Visor 面板，可以在库中获取已创建的动画片段。

4）Frame all（框显全部）：单击该按钮，视图区会自动缩放至可以显示所有的动画片段。

5）Frame playback range（框显播放范围）：单击该按钮，视图区会自动缩放至刚好显示动画回放时间段内的动画片段。

6）Center the view about current time（使视图围绕当前时间居中）：单击该按钮会以当前播放头所在位置为显示中心，平移视图区的显示范围。

7）Graph anim curves（图形动画曲线）：单击该按钮，会将试图切换至曲线图编辑器，并显示选中动画片段中包含的动画曲线。

8）Load selected characters（加载选定角色）：载入所选择角色的动画片段。如果之前该角色的动画片段有多条，那么多条动画片段及编辑效果都会同时载入。

9）Graph weight curves（图形权重曲线）：在曲线图编辑器中显示所选择动画片段的权重曲线。

10）Group（分组）：将多条动画片段成组，以方便统一的选择和操作。

11）Ungroup（解组）：取消已成组的动画片段。

12）Trim clip before current time（修剪当前时间之前的片段）：对已选中的动画片段单击该按钮，会将在播放头之前的片段剪去。

13）Trim clip after current time（修剪当前时间之后的片段）：对已选中的动画片段单击该按钮，会将在播放头之后的片段剪去。

14）Key into clip（将当前帧处的关键帧设置到片段中）：对已选中的动画片段单击该按钮，会在播放头所在时间点设置关键帧，并添加到动画片段中。

15）Open the graph editor（打开曲线图编辑器）：单击该按钮，将视图切换至曲线图编辑器。

16）Open the dope sheet（打开摄影表）：单击该按钮，将试图切换至摄影表面板。

在左侧轨迹控制区中，也有按钮对每条轨迹上的动画片段进行分别控制，接下来介绍这些按钮的含义及功能。

17）Lock（锁定）：用于锁定对应轨迹上的动画片段。当按钮被按下后，轨迹处于冻结状态，颜色变深，如下图所示。

这时无法对轨迹上的动画片段进行任何操作，但动画效果并不受到影响可以正常播放。

18）Solo（独奏）：用于单独播放对应轨迹上的动画片段。当按钮被按下后，只播放当前轨迹上的动画片段，而其他轨迹上的动画片段将被关闭。这一功能常用于检查某条动画片段的动画效果。

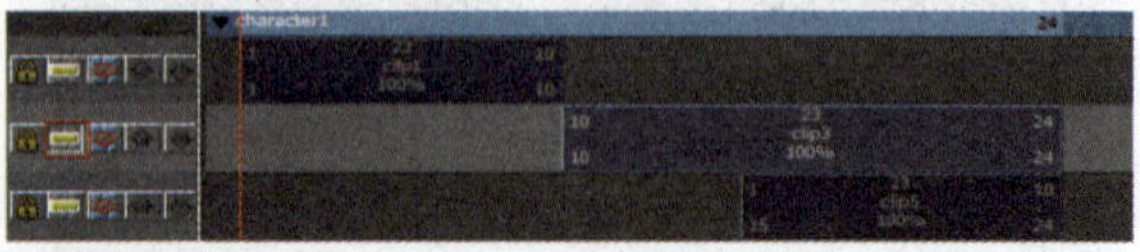

19）Mute（禁用）：用于禁用对应轨迹上的动画片段。当按钮被按下后，轨迹处于禁用状态，即该轨迹上所有的动画片段都不被播放。

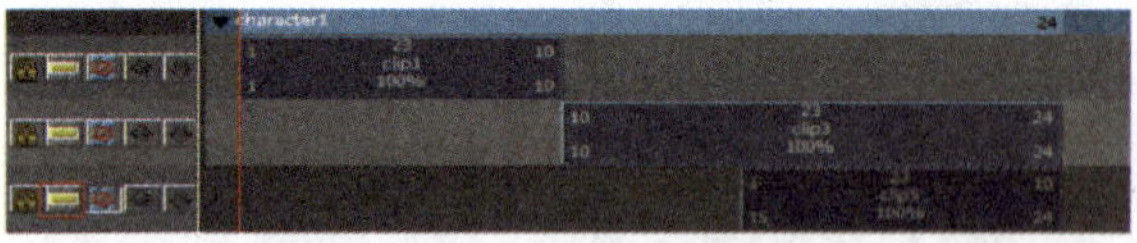

20）Move up（上移）：单击该按钮，可以将选中的轨迹在视图中向上移动。

21）Move down（下移）：单击该按钮，可以将选中的轨迹在视图中向下移动。

2. 创建动画片段

在创建动画片段之前，需要一段制作完成的动画，才能将这段动画记录到动画片段中。为了简便直观，本节将以小球的平移变化作为示例进行讲解。

（1）创建简单动画片段

首先在 Trax Editor（非线性动画编辑器）面板的菜单栏中打开 Create（创建）>Animation Clip（创建动画片段）命令的选项设置面板，认识这个命令，如下图所示。

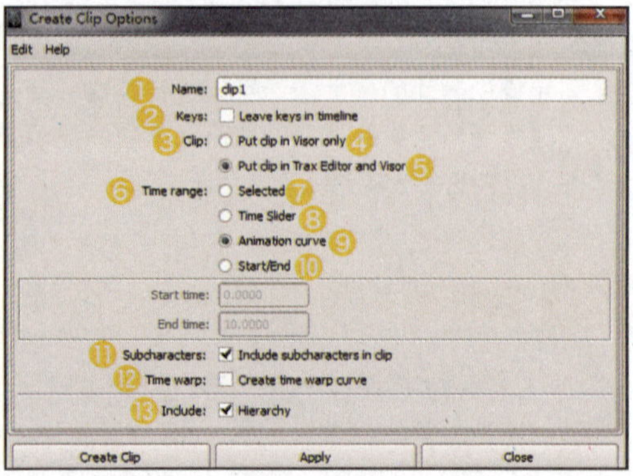

❶ Name（名称）：对创建的动画片段进行命名。默认为“clip1”，读者可以根据需要合理命名，方便对动画片段进行管理。

❷ Keys（关键帧）：用于设置创建动画片段时对关键帧的处理方式。Leave keys in timeline（将关键帧保留时间轴上）

选项指创建动画片段时在时间轴上保留关键帧。通常情况下，为了避免动画片段和时间轴上的动画产生叠加效果，默认不勾选该复选框，这样创建动画片段后，时间轴上的关键帧记录的动画就转移到动画片段中，而时间轴上不再出现关键帧；如果勾选该复选框，则在动画片段中记录了这段动画效果，并且时间轴上依旧保留着关键帧，在播放动画时关键帧和动画片段同时产生效果，就产生了动画的叠加。因此在没有特殊要求的情况下，保持默认状态，不勾选该复选框。

❸ Clip（片段）：用于设置动画片段的放置位置。

❹ Put clip in Visor only（仅将片段放在 Visor 中）：将动画片段放置在 Visor 中，用于可以打开 Visor 面板并找到它。

❺ Put clip in Trax Editor and Visor（将片段放在 Trax Editor 和 Visor 中）：将动画片段同时放置在非线性动画编辑器和 Visor 中。该选项为默认设置，因为通常情况下创建好的动画片段都需要在非线性动画编辑器进行编辑和修改。

❻ Time range（时间范围）：设置创建动画片段的时间范围。即设置将创建的这一段动画片段的开始时间和结束时间，在这段时间内的关键帧效果都会记录在动画片段中。

❼ Selected（选定）：指在时间轴上选中一段帧序列范围作为创建动画片段的时间长度。

❽ Time Slider（时间滑块）：以当前时间轴范围作为创建动画片段的时间长度。

❾ Animation curve（动画曲线）：以选中的角色所具有的动画曲线长度作为创建动画片段的时间长度。该选项为默认选项。

❿ Start/End（开始/结束）：选则该选项后，Strat time（开始时间）和 End time（结束时间）这两个输入框被激活，可以在输入框中输入数字来设定创建动画片段的时间长度。

⓫ Subcharacters（子角色）：用于设置子角色集动画。Include subcharacters in clip（在片段中包含子角色集）选项指包含子角色集动画到动画片段中，即创建这个动画片段时，会将选中角色及子角色集的动画同时记录到这一条动画片段中。该选项默认勾选。

例如，选中的角色是一个带有走路动画人物的总控制器曲线，这个角色包括左腿、右腿、左臂、右臂等子角色集，勾选该选项使创建的动画片段包含手臂和腿部动作；若不勾选该选项，这条动画片段中就只包含这条控制器曲线的动画效果，而手臂、腿部动作都不记录在内。而通常情况下，走路动画时总控制器曲线是没有动画的，所以这时动画片段创建会出现错误。

⓬ Time Warp（时间扭曲）：创建时间扭曲曲线，该曲线用于控制整体动画片段的播放速度和顺序。

⓭ Include（包含）：Hierarchy（层次）选项指父子层级关系。该选项为默认勾选。在勾选状态下，当前所选物体的所有子物体关键帧动画效果都被添加到动画片段中；当取消勾选该选项后，仅被选择物体的动画效果为记录到动画片段中。读者需要注意与角色集和子角色集之间的区别。

进阶练习：创建简单动画片段

原始文件：
Chapter 10\10.4\create animation clip(original).mb
最终文件：
Chapter 10\10.4\create animation clip(final).mb

01 打开本书配套光盘中的原始文件，场景中有一个小球，并有一段长度为 24 帧的平移上的动画，如下图所示。

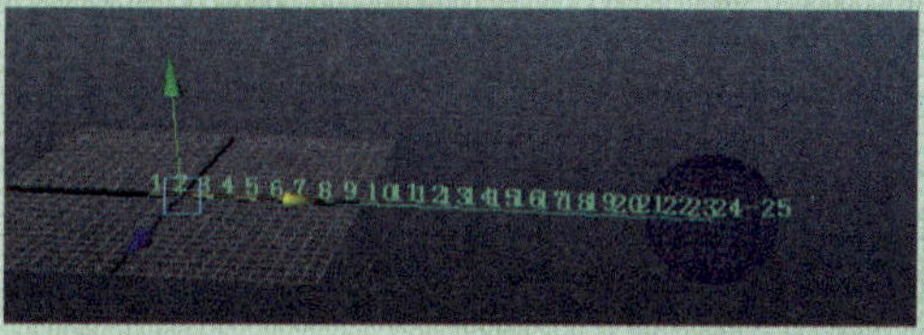

02 执行 Windows（窗口）>Animation Editors（动画编辑器）>Trax Editor（非线性编辑器）命令，打开非线性动画编辑器，如下图所示。

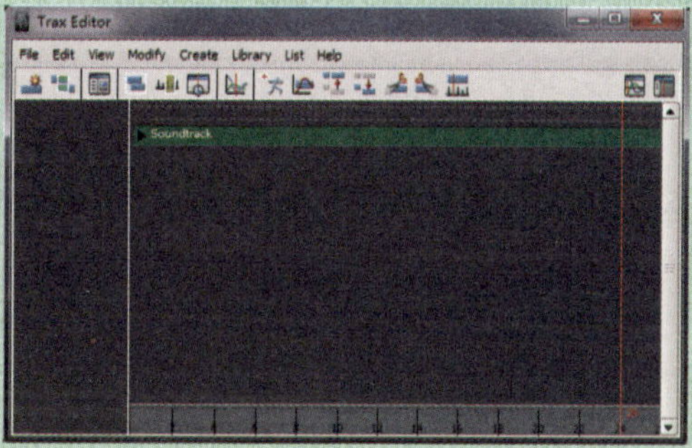

提示：这时编辑器中没有任何的动画片段。

03 选中小球，在 Trax Editor 面板的菜单栏中打开 Create（创建）>Animation Clip（创建动画片段）命令的选项设置面板，在 Name（名称）文本框中输入“ball_move”，其他选项保持上述默认状态，如下图所示。

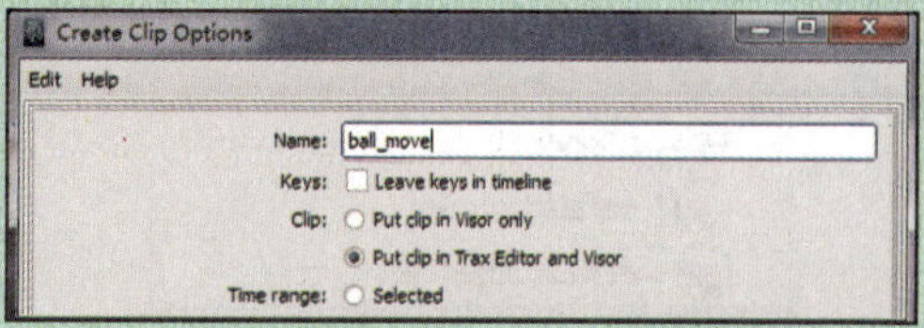

04 单击 Create Clip（创建片段）按钮完成动画片段的创建。在非线性编辑器窗口中就能看到创建的动画片段，如下图所示。

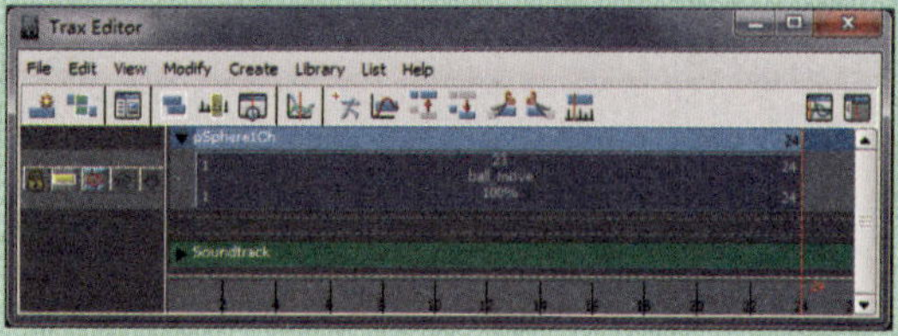

（2）关键帧序列与动画片段

在完成动画片段创建后再次选中小球，会发现整个时间轴上的关键帧标记已经消失，但播放动画依然能够看到小球与之前完全相同的运动变化。这是因为在创建动画片段时已经将关键帧信息记录到动画片段中，并去除了时间轴上的关键帧。这时动画播放的效果实际是在播放动画片段。

在动画片段创建结束后，由于关键帧从时间轴上消失，如果要修改已经创建的动画片段就变得不那么直观和方便。因此 Maya 提供了一个将关键帧序列再次激活，并重新编辑修改的功能。在 Trax Editor 中选中需要修改的动画片段，单击鼠标右键，在右键菜单中执行 Activate Keys（激活关键帧）命令，这时动画片段变为紫色，如下图所示。并在时间轴位置出现关键帧标记。

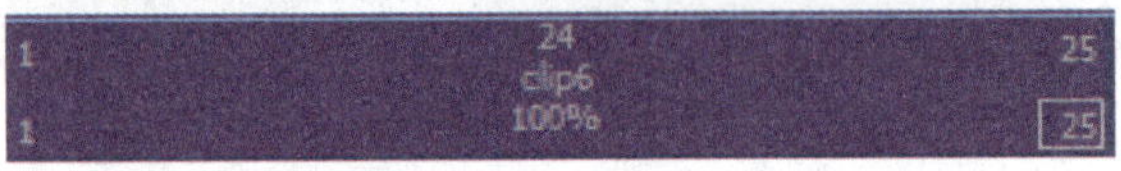

当某一动画片段的关键帧被激活时，这个角色所有的动画片段都自动被关闭。此时就可以自由地添加、移动、删除关键帧，当对关键帧编辑完成后，在右键菜单中执行 Activate Keys（激活关键帧）命令，取消关键帧激活状态，时间轴上的关键帧标记会再次消失，并且动画片段开始发挥作用。

除了激活关键帧外，也可以选中需要修改的动画片段，单击工具栏上的▣（切换至曲线编辑）按钮，直接在曲线图编辑器中对动画片段的动画进行编辑和修改。需要说明的是这时曲线图编辑器中出现的动画曲线仅仅是这一动画片段中动画的运动曲线，而并不是角色完整的运动曲线。不同动画片段中的动画曲线是互不干扰的。

（3）角色集与动画片段

除了时间轴上关键帧的变化外，执行Window（窗口）> Outliner（大纲）命令打开大纲视图，可以发现场景中除了创建的小球物体外，出现了一个新的角色集。如下图所示。

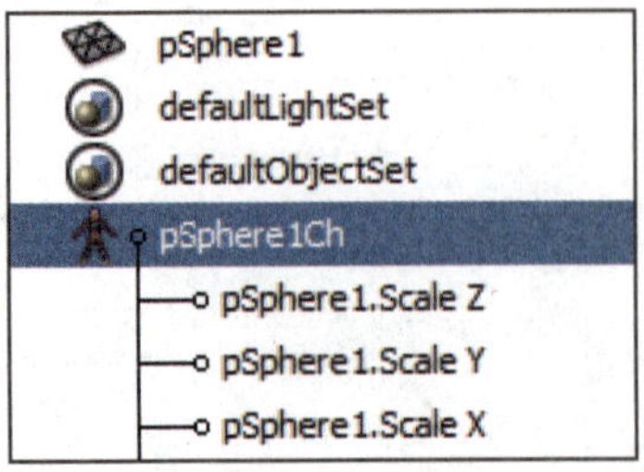

在前面介绍过，Maya 的非线性动画是建立在角色集的基础上的。因此在对小球创建动画片段时，Maya 会对没有角色集的小球自动创建一个节点，使非线性动画编辑能够顺利进行。这个新角色集会在对应物体的命名后增加“Ch”作为标识，它包含小球通道盒中所有可以设置动画的属性。

（4）创建多段动画片段

Maya 也允许为同一个动画角色创建出多段具有不同效果的动画片段。但是对已有动画片段的角色再次创建新的动画片段时，却不能够直接重复之前的方法。这里将具体操作步骤简单介绍。

进阶练习：创建多段动画片段

原始文件：
Chapter 10\10.4\create another clip(original).mb
最终文件：
Chapter 10\10.4\create another clip(final).mb

01 打开本书配套光盘中的原始文件，场景中的小球已经创建了一段水平平移的动画片段，名称为“ball_move”，如下图所示。

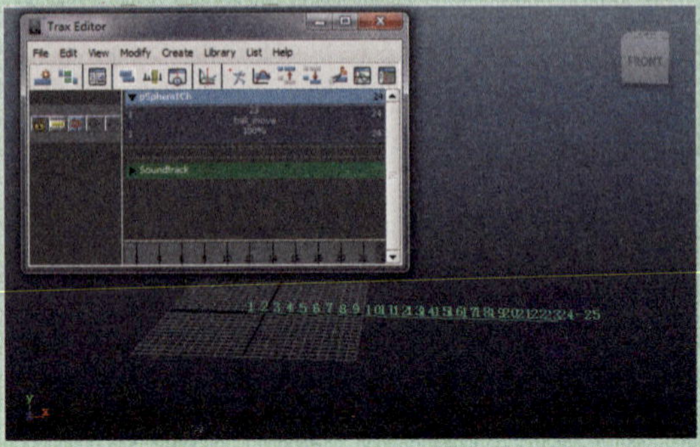

02 将已有的动画片段对应轨迹控制区中的▣按钮激活，关闭已有的动画片段，这时播放动画会发现角色是静止不动的，如下图所示。

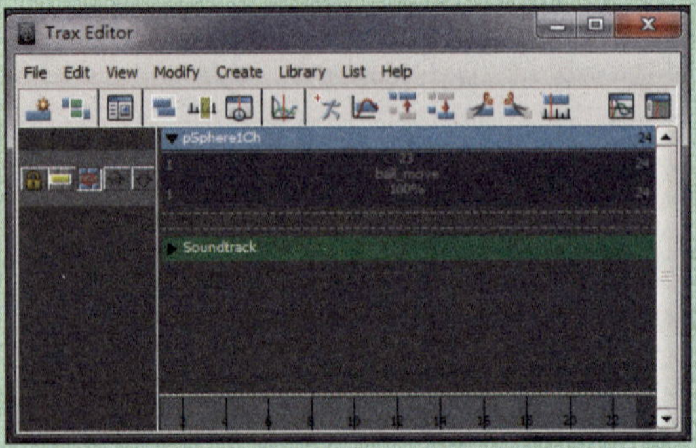

提示：关闭后的动画片段颜色变为深蓝色，以区别于正常动画片段。

03 在动画控制区域下方的角色选择器中选中、激活这个角色，如下图所示。

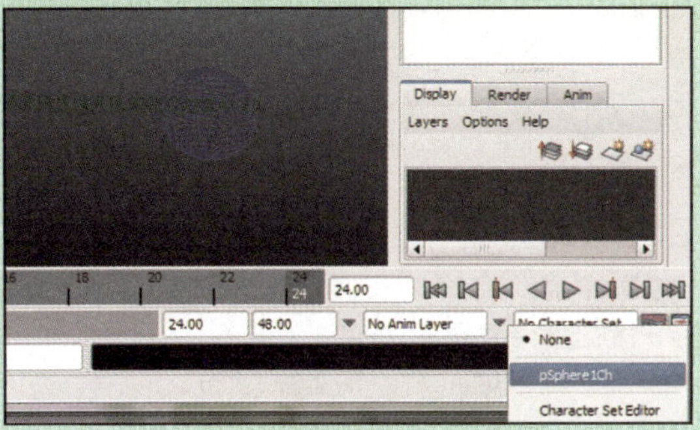

提示： 当前情况下，时间轴上没有任何的关键帧标记，接下来要对角色设置动画。

04 选中小球物体，设置小球在垂直方向上的平移动画，如下图所示。

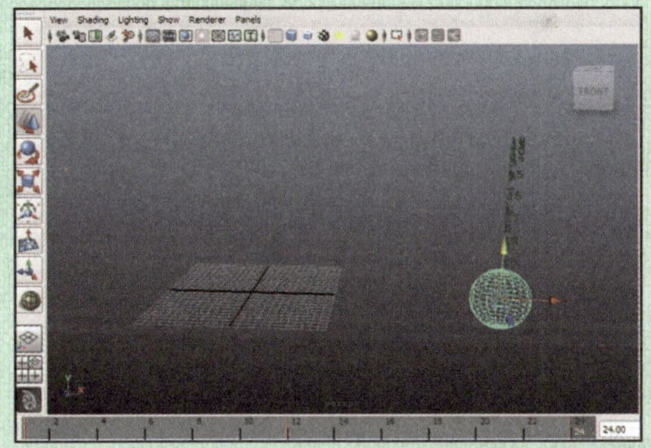

提示： 此时时间轴上出现关键帧标记，说明动画被记录下来。

05 选中角色，在非线性编辑面板中执行 Create（创建）>Animation Clip（动画片段）命令，在之前的动画片段下方出现一条新的动画片段，记录的是刚才设置的动画，如下图所示。

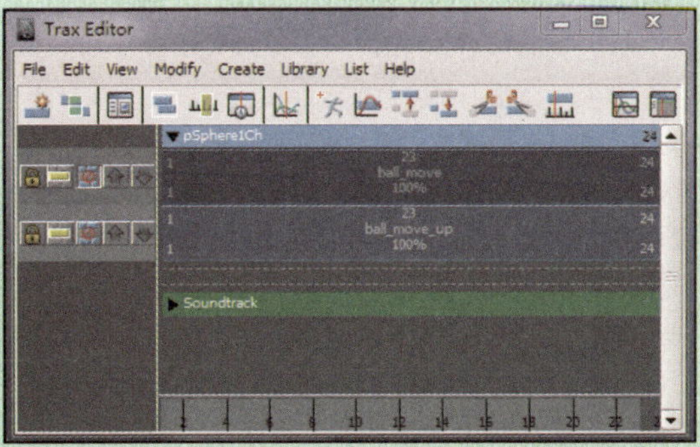

现在就为一个小球角色创建了两个不同的动画片段。用户可以对同一个角色创建若干条动画片段。

3. 编辑动画片段

在完成动画片段的创建后，接着介绍动画片段的属性和编辑方法。

（1）动画片段属性

在对动画片段进行编辑之前，我们先来了解在非线性编辑器中动画片段的显示方式，如下图所示。

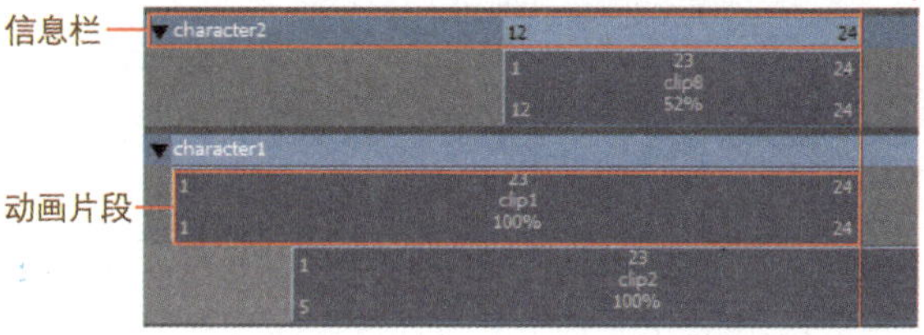

在每一条动画片段上方，都会出现一个浅蓝色的信息栏，它显示这条动画片段的一些总体信息。但需要注意并不是每一条动画片段都会对应一个信息栏，在上图中可以看到，同一角色的不同动画片段都会集中在一个信息栏下。信息栏包含动画片段对应的角色名、总体动画片段的开始帧、结束帧等，具体标识如下图所示。

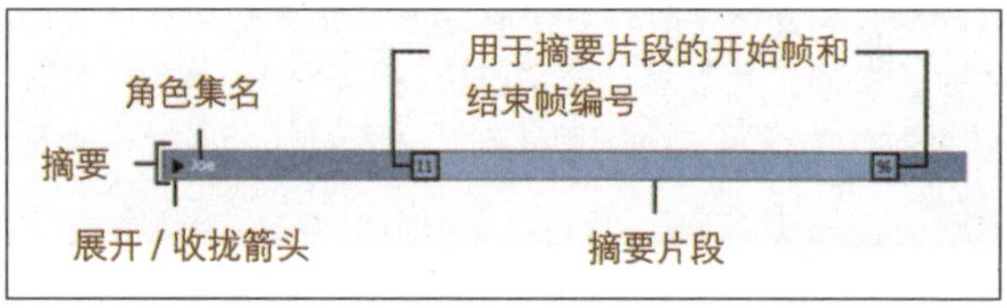

值得一提的是，可以通过总体动画片段对同一角色下所有动画片段进行整体的移动、缩放等操作，而且可以使用展开 / 收缩箭头将这些动画片段进行展开和收拢的操作。

在每一条动画片段上，还显示着这条动画片段的一些属性，如下图所示。

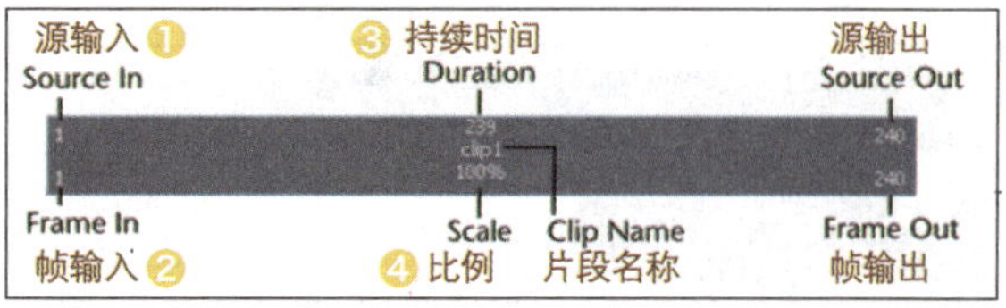

❶ Source In/Out（源输入 / 输出）：这里使用的是非线性片段中影片的“片源”概念，即从原始时间轴上截取的开始帧和结束帧。修改这两个数值可以改变动画片段中包含的动画内容的长度。

❷ Frame In/Out（帧输入 / 输出）：这是用来动态显示当前动画片段所处开始帧和结束帧。修改这两个数值可以改变动画片段播放的时间点和时长。读者需要注意它与 Source In/Out 的区别。

❸ Duration（持续时间）：显示动画片段的帧长度。注意，这里的长度是指原始创建时动画片段的长度，它并不会由于后续非线性编辑而发生变化。

❹ Scale（比例）：显示动画片段的缩放比例。这里的缩放比例是播放时长与原始时长的比值。当数值为 100% 代表按原始速度播放，数值越小播放时长越短，播放速

度越快；反之播放速度越慢。

（2）移动动画片段

移动动画片段可以在保持动作不变、长度不变的情况下，改变动画片段所处的时间点。具体操作如下。

使用鼠标左键单击动画片段，鼠标外形变为十字形箭头时，按住鼠标左键左右拖动即可改变动画片段的位置，移动完成后结果如下图所示。

操作完成后预览动画，可以看到动画从第 10 帧开始运动，到第 33 帧时结束，动画的长度并没有发生任何变化，只是在时间上向后延迟了 9 帧。因此可以通过移动动画片段来快速改变一段动画播放的时间点。

（3）编辑 Source In/Out（源输入 / 输出）

Maya 在将关键帧序列转换为非线性动画片段时，会将这个非线性动画片段作为“源素材”保存在 Visor 中。在动画片段创建完成后，在 Trax Editor 面板中默认显示的是这条动画片段的全部“源素材”的长度，用户可以根据需要在 Trax Editor 中选取“源素材”的一部分进行使用。

例如，创建的整个“源素材”动画的是从第 1 帧到第 24 帧，如果希望只使用其中第 1 帧到第 12 帧的部分，就可以对 Source Out（源输出）数值进行编辑，具体操作方法如下。

鼠标移动到 Source Out（源输出）数值标识处，鼠标外形变成笔状并且数值位置出现外框时，按住鼠标左键向左拖动，直到 Source Out（源输出）数值显示为 12，操作结果如下图所示。

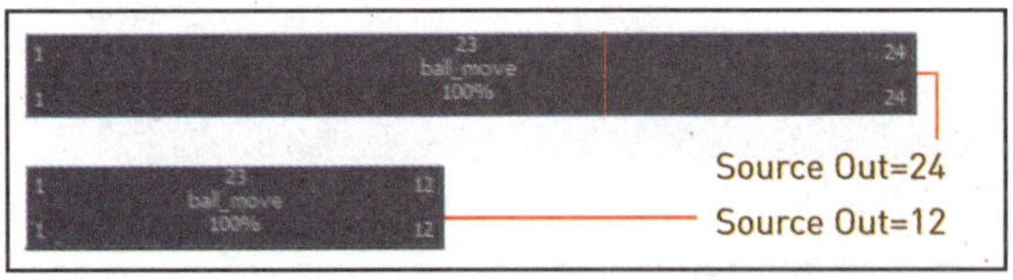

操作完成后预览动画，就可以看到小球只进行了前 12帧的动画后就停止不动了，这时因为只使用了“源素材”的前 12 帧。

除了对右侧 Source Out（源输出）数值进行修改外，也可以使用同样的操作方法对左侧的 Source In（源输入）数值进行修改。这样读者也可以根据自己的需要选取“原素材”中任意一段。由于“源素材”是已经保存的，读者在选取了其中一段后同样还可以通过拖动数值来还原到原始长度。

（4）剪切动画片段

剪切动画片段可以使用前面介绍过的 Trim clip before current time（修剪当前时间之前的片段）Trim clip after current timee（修剪当前时间之后的片段）两个工具。例如需要使用动画片段中第 10 帧到第 20 帧的片度，就可以对它进行剪切。具体操作方法如下。

1）选中需要进行剪切的动画片段，动画片段变为亮黄色。如下图所示。

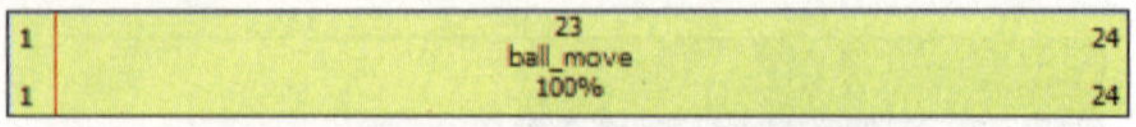

2）将播放头移动到第 10 帧位置，点击按钮，结果如下图所示，播放头之前的部分被剪切。

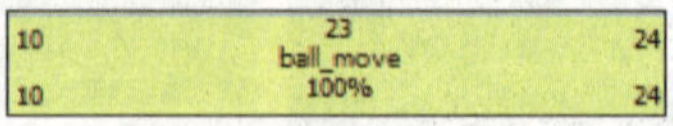

3）将播放头移动到第 20 帧位置，点击按钮。结果如下图所示，播放头之后的部分被剪切。

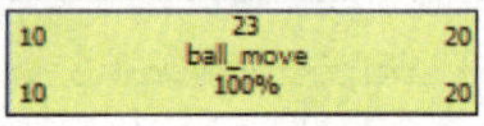

使用剪切工具的效果与编辑 Source In/Out（源输入 / 源输出）的效果完全一致，还可以通过编辑 Source In/Out（源输入 / 源输出）来恢复剪切效果。

（5）缩放动画片段

缩放动画片段是通过改变动画片段播放速度使动画片段的整体长度发生变化，这与通过剪切操作改变动画片段持续时间的最终效果是完全不同的。

例如，希望将原有 23 帧长的动画在 15 帧长的时间内播放完，就需要使动画加速播放，具体操作方法如下。

鼠标移动到 Frame Out（帧输出）数值标识处，鼠标外形变成左右方向箭头形状并且数值位置出现外框时，按住鼠标左键向左拖动，直到 Source Out（帧输出）数值显示为 16，操作结果如下图所示。

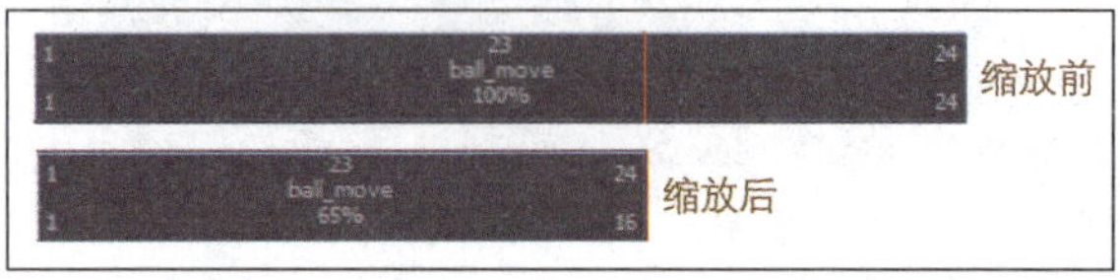

在缩放前，动画片段从第 1 帧开始，到第 24 帧结束，这时 Scale 数值为 100%，帧长度为 23；在缩放后，动画片段从第 1 帧开始，到第 16 帧结束，Scale 数值为 65%。若播放动画，可以看到小球的运动速度明显加快，因为动画的播放时长被缩短至原来的 65%。因此缩放动画片段是改变的动画的播放速度。

同样的也可以在 Frame In（帧输入）位置对动画片段进行缩放的操作。在缩放前后，Duration（持续时间）、Source In/Out（源输入 / 源输出）数值均没有发生变化，这是因为缩放操作中并没有对“源素材”的长度进行修改，只是影响了“源素材”的播放时长。请读者注意区分缩放操作与剪切操作的区别。

（6）循环播放动画

在前面介绍过使用动画曲线使一段动画产生循环播放的效果，例如走路、跑步等。在非线性编辑中也可以快速实现这一效果。

仍然以小球动画为例，将鼠标移动到 Frame Out（帧输出）位置，按下 Shift+ 鼠标左键后向右拖动鼠标，动画片段会跟随鼠标向右延长，效果如下图所示。

动画片段原始长度到第 24 帧结束，通过上面的操作延长到了 51 帧，播放动画可以看到在第 24 帧前与操作之前的动画效果完全一致，在第 24 帧后又开始重复之前的运动。也就是说，在操作之后原始动画并没有产生变化，只是在原始动画片段的后面延伸出新的重复的部分，也就是循环的效果。整个延伸的部分是原始动画长度的几倍，就会以“C”+倍数的形式标记出来。在上图中显示的是“C1.2”，代表延伸的部分重复了 1.2 次原始动画。

相应的也可以对 Frame In 数值进行操作，使动画产生向前循环的效果。

在一段动画播放结束后，运动的物体会保持原有的姿态停留着。但在进行非线性动画编辑时，通常会用到多段动画片段进行叠加的操作。因此后续叠加的动作就会对已经停止结束的动画片段的状态产生影响，如果需要保持停止时的状态，同样需要延伸动画片段，让它产生类似于动画曲线延伸中 Constant（静止）类型的效果。

具体的操作方法是：将鼠标移动到 Source Out（源输出）位置，按下 Shift + 鼠标左键后向右拖动鼠标，动画片段会跟随鼠标向右延长，效果如下图所示。

这样的操作并不会对原有动画产生变化，而是在后续位置延伸出一段保留结束时刻动作效果的动画片段，这一段动画片段会以“H”+帧数的形式标记出来。在上图中显示的是“H28”，即让动作保持了 28 帧。

相应的也可以对 Source In（源输入）数值进行操作，使动画产生向前保持的效果。

4. 编辑多段动画片段

非线性动画编辑过程中，更多的的情况是由多段非线性动画共同来构成一段动画，本节将介绍如何复制、创建、编辑多段非线性动画。

（1）复制粘贴动画片段

在非线性编辑器中可以方便地对动画片段进行复制和粘贴的操作。选中动画片段后，按 Ctrl+C 组合键，即可复制动画片段。然后再按 Ctrl+V 组合键，进行粘贴操作。在原始动画片段下方就产生了一条新的动画片段，如下图所示。

新产生的“ball_move1”动画片段与之前的动画片段中记录的动画完全一致，这时再播放动画可以看到原始动画的加倍效果，即小球的平移距离变为之前的两倍。这是因为两段动画片段重叠后，在动画播放上有了双倍叠加的效应。

复制得到的新动画片段默认情况下会被放置在一条新的空轨迹上，可以通过拖拽的方式对它的位置、所处轨迹进行调整。当新的动画片段与原始动画片段首尾相接时，实际就是进行了一次动画的循环。复制多次就可以得到多次循环的效果，而且这种方式可以更自由灵活地控制动画片段的速度、幅度等。

（2）动画片段间的属性关联性

在复制了动画片段后将动画片段首尾相接后预览动画，虽然动画产生了循环，但是与重复播放一段动画还是有明显的差别，动画不单单是在重复，而在循环过程中产生了平移、放缩的变化。这是由于动画片段中属性的关联性决定的。

选中任意一段动画片段，按 Ctrl+A 组合键，打开动画片段的属性面板。在 Channel Offsets（通道偏移）卷展栏中有对属性关联性的设置，如下图所示。

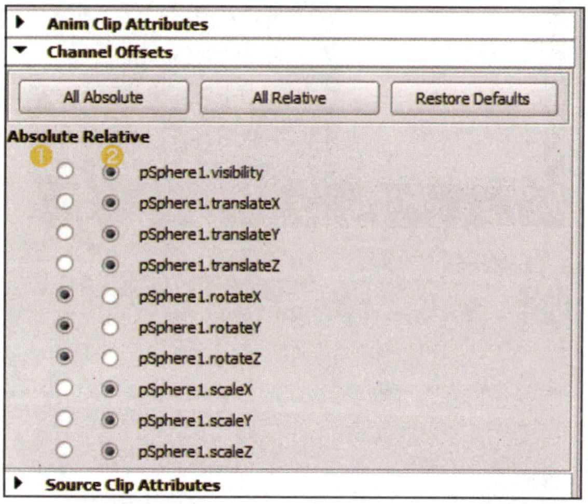

在上图中可以看到，在 Channel Offsets（通道偏移）卷展栏中将角色每一个属性都列了出来，而在每一个属性前有两个选项可以选择，分别为 Absolute（绝对）和 Relative（相对）。

❶ Absolute（绝对）：该选项代表这个属性是绝对的，无关联性，即该段动画片段的动画效果与源片段没有数值上的关联关系。

❷ Relative（相对）：该选项代表这个属性是相对的，动画片段的动画效果会在源片段的基础上阐释连续递增的关联效果。

读者需要根据具体情况分析关联性的设置，从而保证能够得到合理的动画效果。

（3）叠加动画片段

在上面的例子中介绍了两条动画片段互相重叠时产生的动画效果，这是将所有动画片段中角色的参数变化都实现在同一段时间上的效果，这种叠加效果是非线性动画中一共非常重要的应用。例如角色在行走过程中，会转头看看旁边的事物然后又转回头，在这整个过程中这个角色一直保持行走，那么就可以通过走路循环和转头动作两条动画片段叠加得到这样的效果。

进阶练习：叠加动画片段

原始文件： Chapter 10\10.4\add animation clip(original).mb

最终文件： Chapter 10\10.4\add animation clip(final).mb

01 打开本书配套光盘中的原始文件，场景中有一个带有走路动画的角色。在大纲视图中可以看到，场景中有一个角色集，这个角色集带有 4 个子角色集，如下图所示。

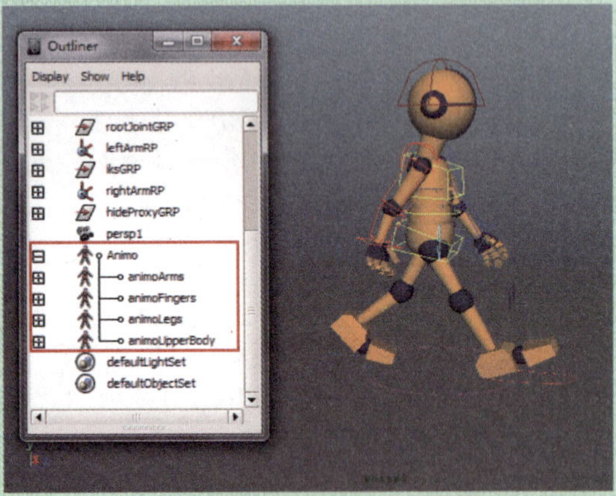

02 选中角色 Animo，在 Trax Editor 面板的菜单栏中执行 Create（创建）>Animation Clip（创建动画片段）命令，创建动画片段，如下图所示。

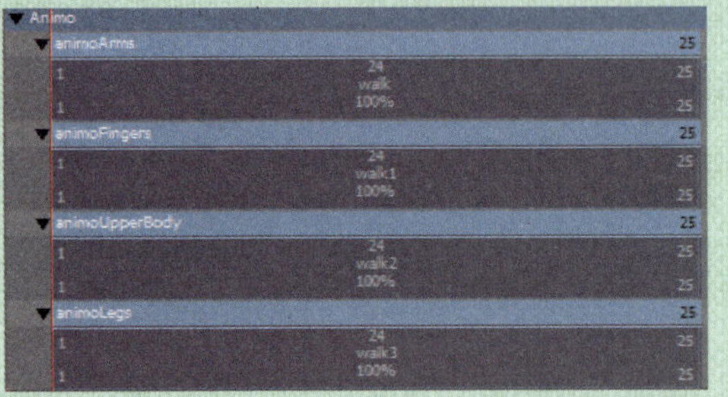

提示： 这个角色包含 4 个子角色集，创建完成后可以分别看到每个子角色集的动画片段。

03 延长动画时间范围，然后通过拖拽方式对 4 个子角色集的动画片段设置向后循环效果，如下图所示。

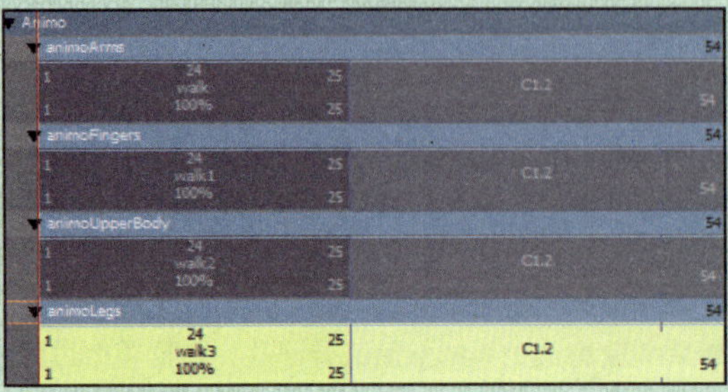

04 关闭这 4 条动画片段后，此时再播放动画角色不再运动，如下图所示。

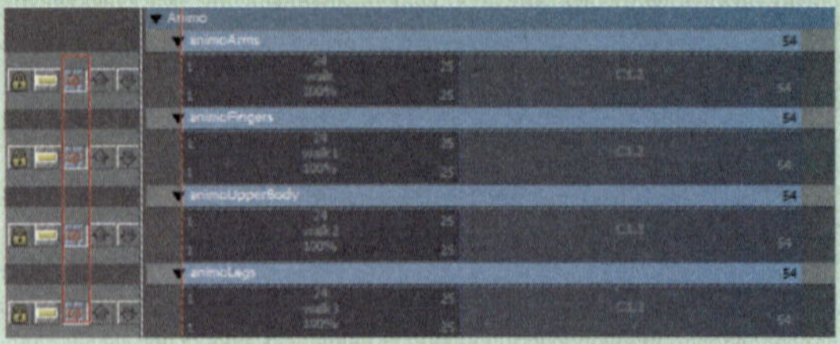

05 选中角色集，制作转头动画的关键帧。在第 15 帧之前保持头部头部运动不变化，第 25 帧转头，第 35 帧回到原始位置，如下图所示。

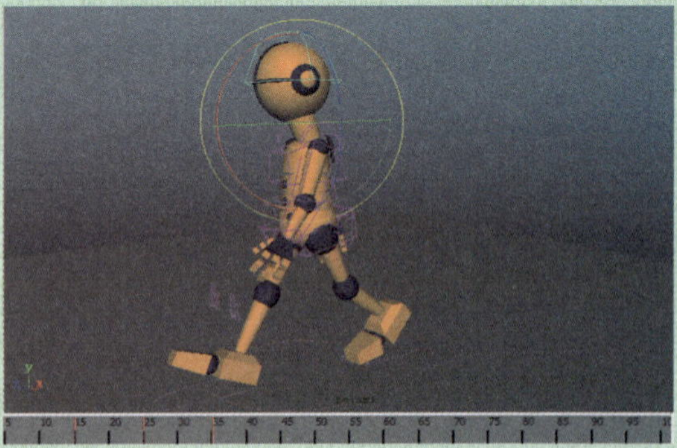

06 选中 animoUpperBody 子角色集，执行 Create（创建）>Animation Clip（创建动画片段）命令。在第 15 帧和 35 帧直接生成一段新的动画片段，如下图所示。

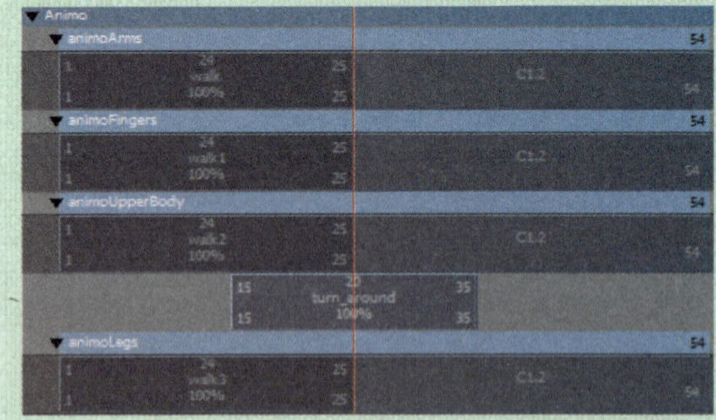

07 解除其他动画片段的关闭状态，播放动画如下图所示，角色在走动过程中产生了转头的动作，如下图所示。

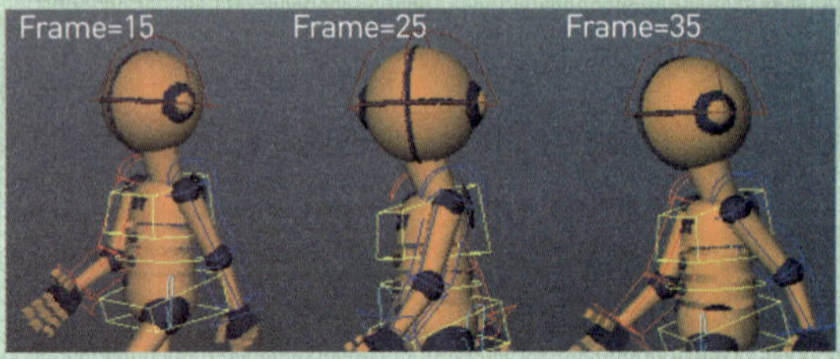

（4）群组动画片段

在进行非线性动画编辑时，可能会用到很多不同的动画片段，为了方便统一编辑和管理，Maya 提供了群组工具，选中两条或更多动画片段，单击工具栏上的 Group（分组）按钮，可以将多段动画片段成组，如下图所示。

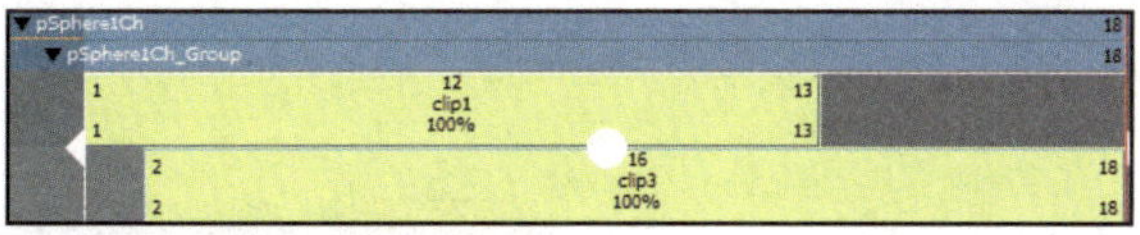

在组中，可以方便地对动画片段进行统一编辑，展开组也可以自由编辑每一条动画片段。

如果要解散群组，选中组中所有动画片段，单击工具栏的 Ungroup（解组）按钮，就可以去除这个组。如果是需要将某一动画片段从组中分离出来，可以单独选中这条动画片段，单击工具栏上的 Upgroup（解组）按钮。

（5）合并动画片段

当确定了某些动画叠加效果后，为了简化非线性编辑就可以将制作好的多个动画片段进行合并，这样更有利于整体动画编辑控制。

合并的具体操作方法是：选中需要合并的两个动画片段，如下图所示。

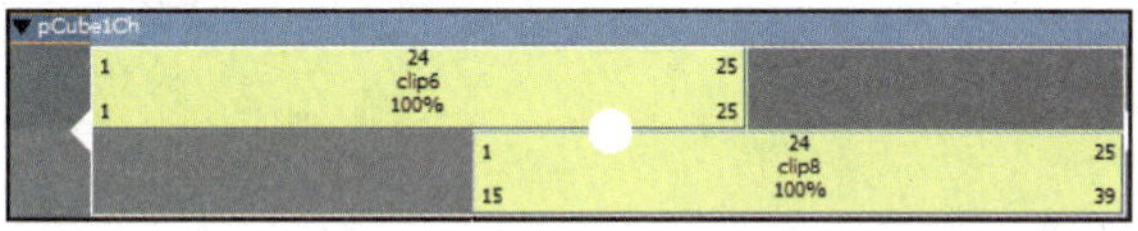

单击鼠标右键，在右键菜单中执行 Merge（合并）命令。这两个动画片段就合并为一个，如下图所示。

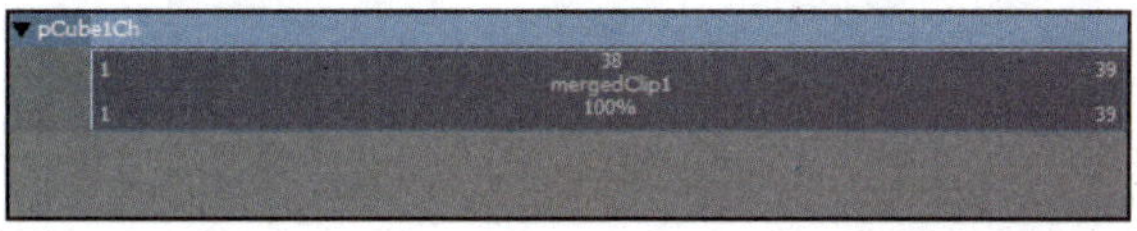

可以看到合成产生的新的动画片段长度是由之前两个动画片段的起止位置决定的。播放动画可以看到合成后的动画与合成之前的动画完全一致。

但是合成后的动画片段与合成之前还是存在细微差异的。单击工具栏上的按钮，切换到曲线图编辑器查看合成后动画片段的运动曲线，如下图所示。

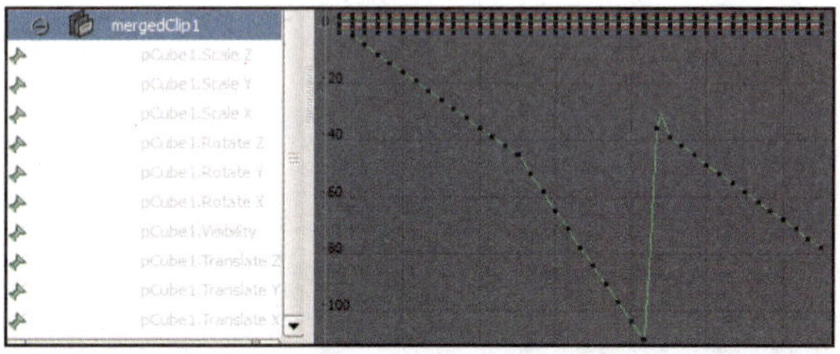

在曲线图编辑器中可以明显看到动画曲线上存在着非常密集的关键帧，这是因为合并动画片段的操作就类似于烘焙关键帧，会对每一个关键帧进行采样，而采样的结果就是尽量逼近原始状态。而且烘焙过后大量的关键帧会给修改带来一定的困难，因此合并操作需要在动画基本完成时才能使用。

（6）导入导出动作

在非线性动画中，Maya 允许将做好的一段非线性动画片段单独导出，供相同绑定设置的角色在其他场景文件中重复被使用。

导出动作的方法与导出其他类型的数据相似，选中后执行导出命令、保存即可。具体来说，首先选中需要导出的动作片段，然后在非线性编辑器窗口中执行 File（文件）>Export animation clip（导出动画片段）命令，在弹出的对话框中设置命名及保存位置，动作就保存为一个文件。

在导入动作之前，需要了解导入动作的前提，那就是必须导入与当前绑定完全一致的动作，即控制器设置、名称、参数都必须完全一致，否则就会出现难以预料的错误。

在确保了上述前提后，就可以选中需要导入动画片段的角色集，在非线性编辑器窗口中执行 File（文件）> Import animation clip（导入动画片段）命令，导入需要的动作文件即可。

导入导出动作的功能非常强大，通过这种方式可以制作出一个庞大的动作库，集中角色的大量常规动作，合理利用 Maya 的这一功能就可以大大提高工作效率。

综合案例 12 制作从走路到跑步的动画

原始文件 Chapter 10\Final\walk to run(original).mb
最终效果 Chapter 10\Final\walk to run(final).mb

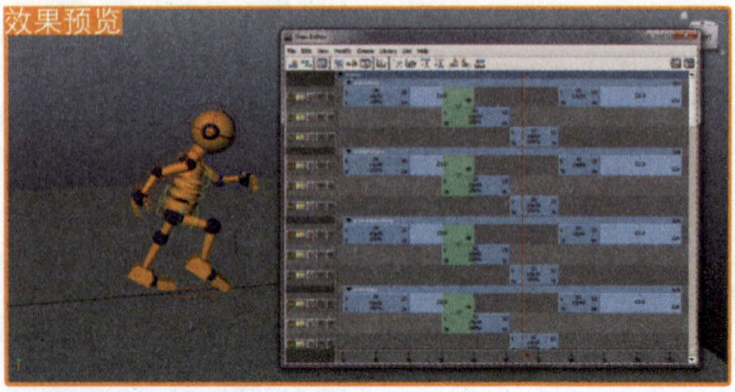

案例概述 通过设置关键帧和动画剪辑，完成走路到跑步的过渡动画。

技术难点 1. 跑步动画循环的关键帧制作。
2. 动画片段的创建、导出与导入。
3. 动画片段的连接、叠加及融合。

1. 人物跑步动画动作分析

在跑步动画制作前，同样需要对跑步动作进行分析。跑步的动作与走路有很多相似点，同样都是双脚交替运动，一个循环由两个单步组成。不同的是跑步时身体重心前倾，两手自然握拳，手臂略提起成弯曲状。奔跑时两臂配合双脚的跨步前后摆动。相比行走动画，跑步的跨步动作幅度较大，膝关节弯曲的角度更明显，脚抬的更高。跨步时头高低的变化也比走路动作明显。在奔跑时，没有双脚同时落地的过程，而是单脚支持躯干的重量，有些跨大步的奔跑动作，还会出现双脚同时离地的腾空动作。

下面仔细分析跑步的单步运动效果，如下图所示。

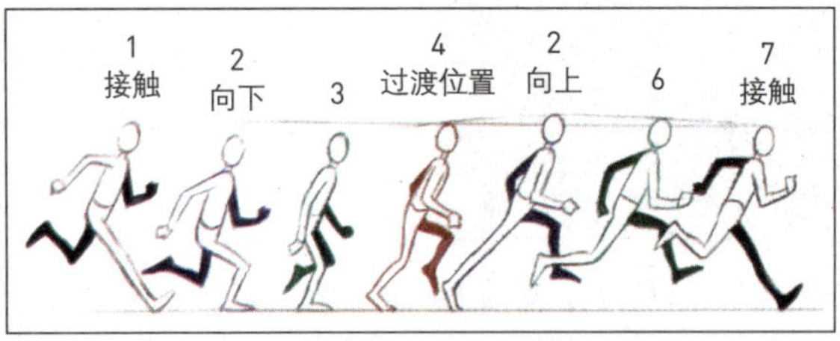

在上图中可以看到，将一个单步分为了 7 个关键姿势。在第一个关键姿势中，角色右脚在前接触地面，左脚在后，这是左脚迈步和右脚迈步的分界点的，手臂前后关系与腿部相反，摆动幅度最大。在第二、第三个关键姿势中，右脚掌逐渐完全接触地面，重心前移，右腿承受身体的大部分重量，左腿从后方向前运动到垂直状态，准备向前迈出，这时手臂上臂也趋于放松下垂状态。其中第二个关键姿态时身体重心最低，这时前腿弯曲角度最大。在第四个关键姿势中，右腿支撑整体身体，左腿向前运动并抬起，这是跑步中的过渡位置。在第五个关键帧中，右腿蹬踏地面，重心向前向上移动，左腿已经向前迈出了一些距离，但还没有落地。在第六个关键姿态中，借助蹬踏的力量，右腿抬起形成双脚腾空的状态。在第七个关键姿态中左脚已经完成了迈步的动作，开始接触地面，手臂再次摆动到最大幅度，形成了与第一个关键姿势完全对称的姿势效果。与行走动画一样，在跑步动作中，最后一个关键姿态是下一个动作的开始，也就是说一个跑步的单步是由 6 个关键姿态组成的。

与走路动画相似，在跑步过程中上半身同样会产生扭曲和歪斜的效果，在过渡位置时呈现平衡状态。手臂除了侧面方向看到的前后摆动外，还产生的正面方向的左右摆动，如下图所示。

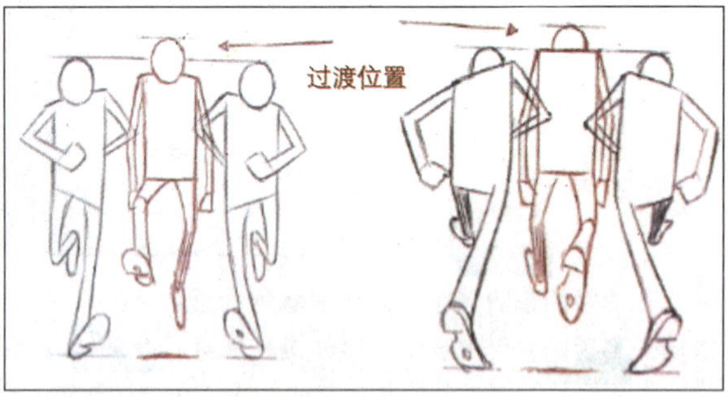

通常跑步的速率要比行走快很多，一般人物可以在 1 秒内完成 4 个单步的动作，也就是每 6 帧一个单步，刚好每帧对应一个关键姿态。那么就可以逐帧进行关键帧设置了。在设置跑动动作时，同样从腰臀、腿部的运动开始，然后调节上半身躯干包括头部、颈部的动作，最后进行手臂部分的动画调节。

这个例子中将采用与走路循环不同的逐帧方法来进行动画的制作。就是从第 1 帧开始调节后面每一帧中的关键姿态。在完成了所有连续的关键姿态后，通过播放动画再来整体调整具体的细节。接下来就根据上述分析进行跑步动画的制作。

Step 01. 打开本书配套光盘中的原始文件，场景中有一个已经绑定的好的角色，如下图所示。

Step 02. 打开自动记录关键帧按钮，选中所有控制器曲线，将播放头移动到第 1 帧，按快捷键 S 键，为所有的控制器曲线设置关键帧，如下图所示。

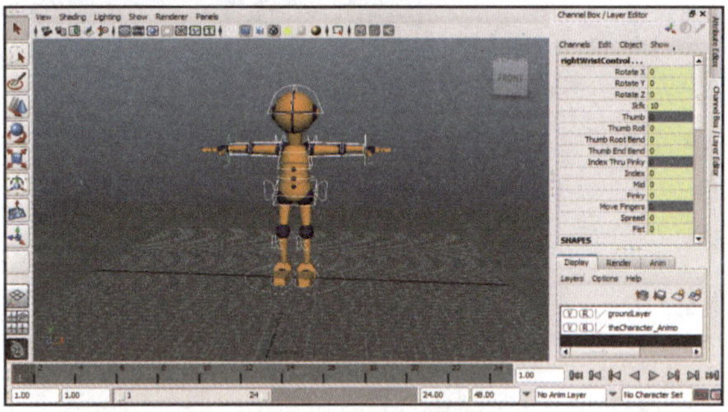

提示 在跑步过程中，动作变化较快，这里采用逐帧调节的方式。

Step 03. 根据上述分析调整角色第一个关键姿态如下图所示。

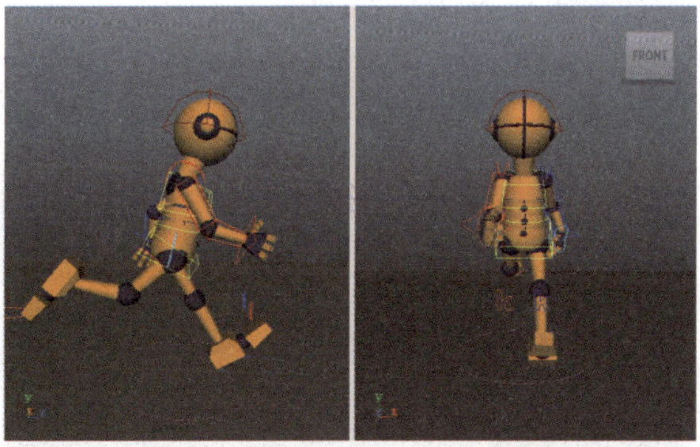

提示 在这个姿态中，角色上半身呈前倾姿态微微向后弯曲，由于脚步跨度大，重心略低。

Step 04. 将播放头移动到第 2 帧，调整角色的第二个关键姿态，如下图所示。

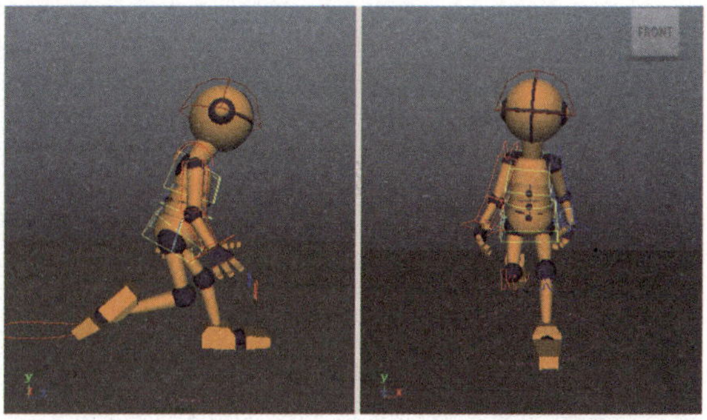

提示 此时身体重心最低，前腿受力弯曲角度大，摆动腿在摆动过程中会产生随动，需要注意腿部、手部姿态的自然效果。

Step 05. 将播放头移动到第 3 帧，调整角色的第三个关键姿态，如下图所示。

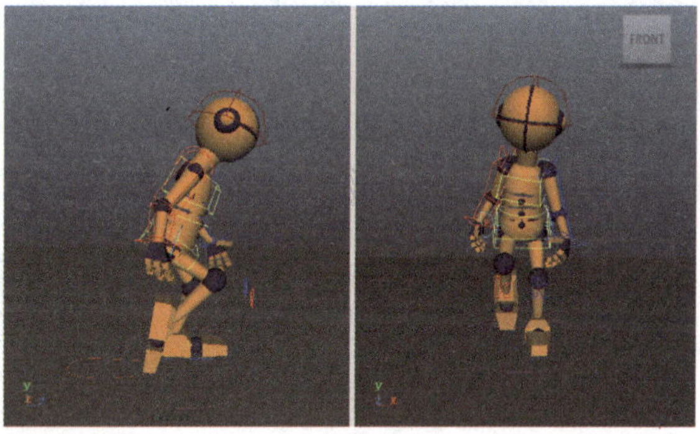

提示 双腿几乎与身体位于同一平面，臀部没有扭转。

Step 06. 将播放头移动到第 4 帧，调整角色的第四个关键姿态，如下图所示。

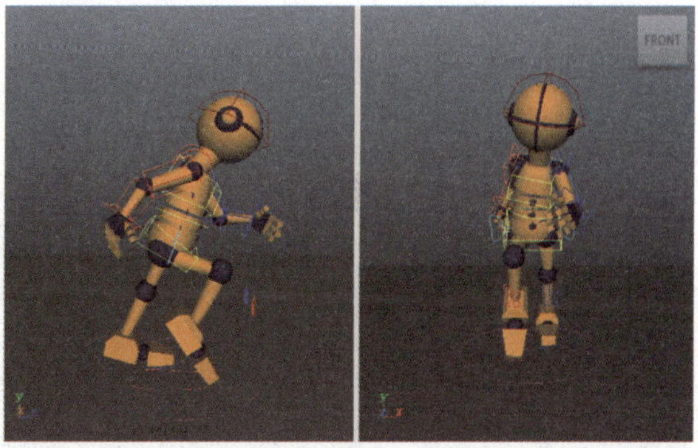

提示 此时重心上升，预备腾空，角色的支撑腿脚后跟离地。

Step 07. 将播放头移动到第 5 帧，调整角色的第五个关键姿态，如下图所示。

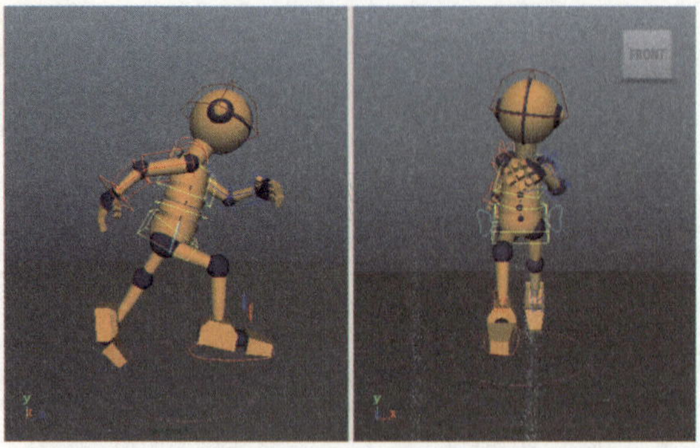

提示 此时重心最高，躯干微微向前弯曲并向摆动腿一侧扭转。

Step 08. 将播放头移动到第 6 帧，调整角色的第六个关键姿态，如下图所示。

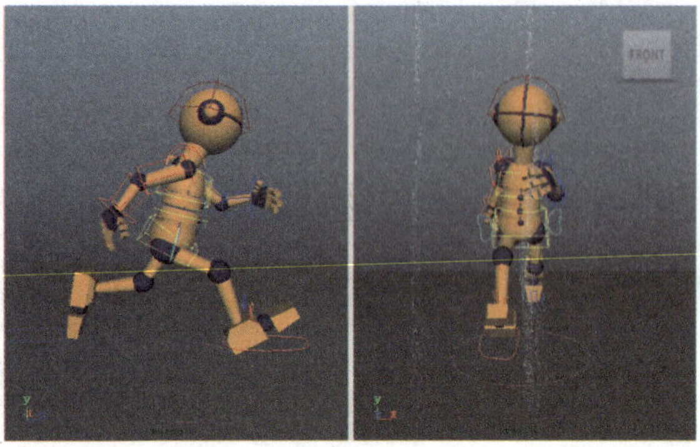

提示 双脚腾空，重心微微降低，注意腾空时脚部、脚踝部位的姿态。

Step 09. 现在已经基本完成了一个单步的动作调整，接着在第 7 帧到第 12 帧中调节与之前动作左右相反的关键姿态，如下图所示。

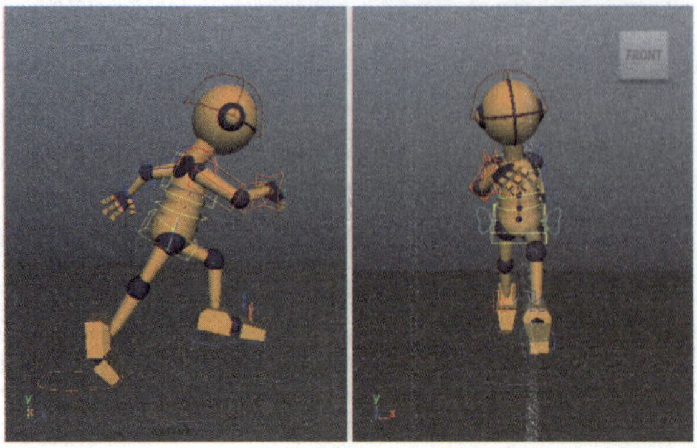

Step 10. 选中所有控制器，将第 1 帧的关键帧复制到第 13 帧，如下图所示。

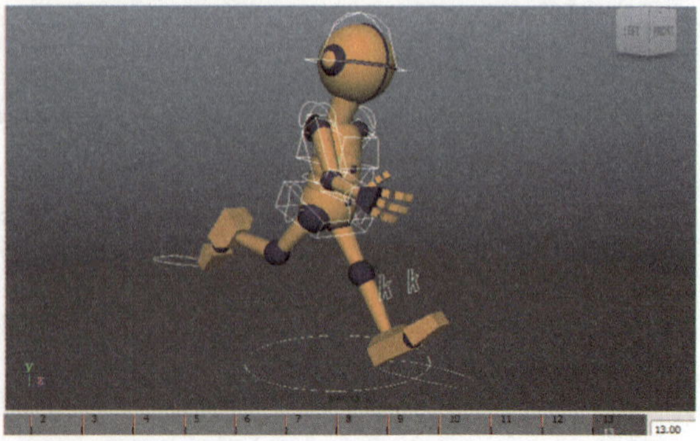

Step 11. 打开曲线图编辑器，分别查看各个控制器曲线的运动曲线，调整曲线曲率以保证曲线平滑、顺畅，如下图所示。

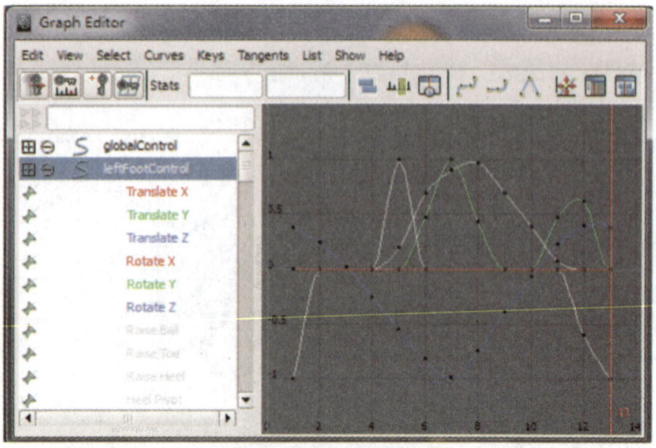

提示 在脚部着地时，除了 TranslateZ 属性外，其他属性一定要确保动画曲线的平直，即脚部除了平移不产生任何动作。

Step 12. 播放动画，动态检查跑步姿态，使整体动作更自然、生动，如下图所示。通过上述步骤，就已经完成了跑步动画的制作。制作带有平移的跑步循环可以依照走路循环的制作方法，这里不再复述。

2. 从走路到跑步的过渡动画

本章已经讲解了通过设置关键帧制作走路和跑步的动画，接下来我们可以将这两段动画平滑的连接起来，制作一段从走路到跑步的过渡动画。

Step 01. 前面已经制作好了一段跑步动画，接着要为这段动画创建动画片段。在动画控制器下方的角色选择器中选择 Animo 作为当前的角色集，如下图所示。

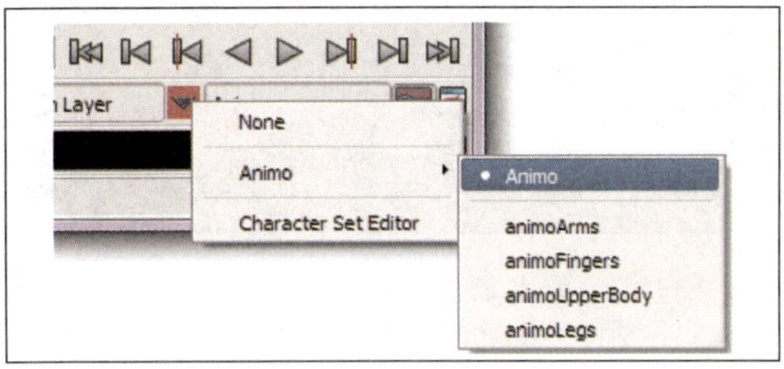

Step 02. 打开非线性动画编辑器，在非线性动画编辑器中执行 Create（创建）>Animation Clip（动画片段）命令。如下图所示，可以看到场景中的角色包含 4 个子角色集，因此创建了共计 4 条动画片段。

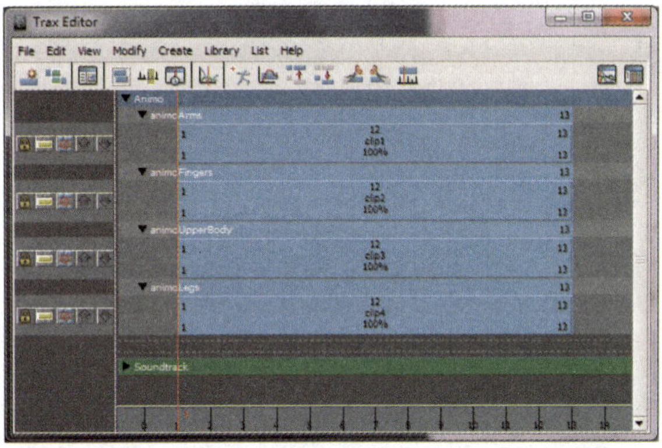

Step 03. 选中第一条动画片段，执行 File（文件）> Export Animation Clip（导出动画片段）命令，保存为一个“.ma”或“.mb”文件，如下图所示。

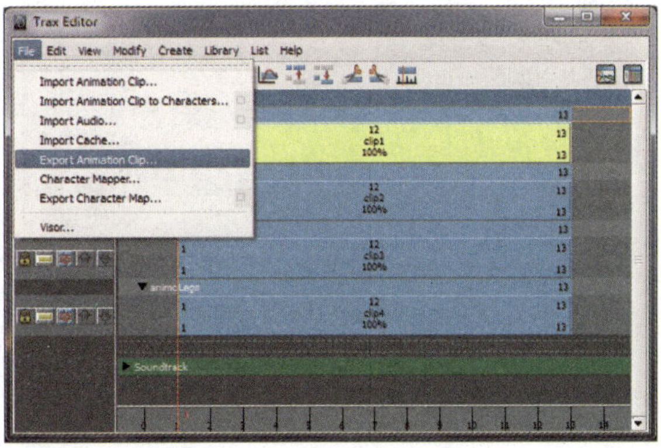

Step 04. 对其他的动画片段也执行上述操作，共计得到 4 个“.ma”文件，如下图所示。

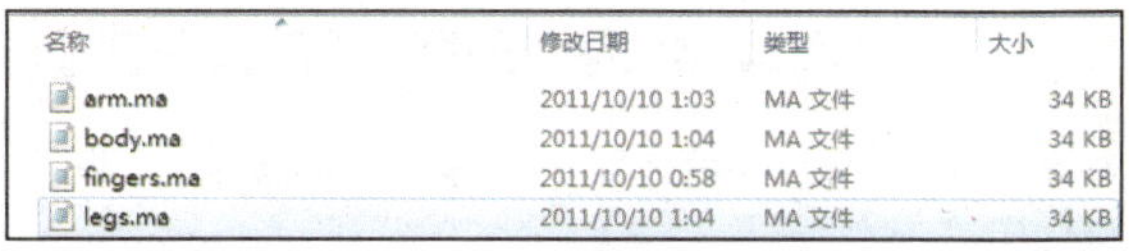

名称	修改日期	类型	大小
arm.ma	2011/10/10 1:03	MA 文件	34 KB
body.ma	2011/10/10 1:04	MA 文件	34 KB
fingers.ma	2011/10/10 0:58	MA 文件	34 KB
legs.ma	2011/10/10 1:04	MA 文件	34 KB

提示 需要对导出的动画片段文件进行详细的命名，从而能够快速区分每个文件中包含的内容，避免出现错误。例如第一条动画片段是属于手臂子角色集的，就可以命名为“arm.ma”等。

Step 05. 打开本书配套光盘中的原始文件，场景中有一段已经制作好的走路循环动画。读者也可以使用自己制作的走路循环动画文件，如下图所示。

Step 06. 对走路循环场景重复 Step01 和 Step02 的操作，并将时间线移动到动画片段之外的位置，如下图所示。

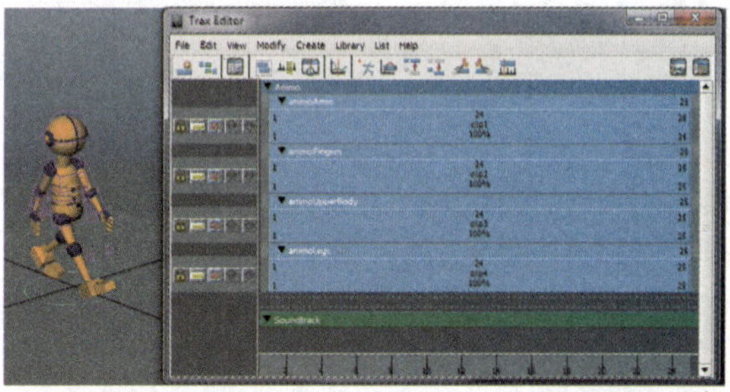

Step 07. 在第一个子角色集 animoArms 的动画片段位置单击鼠标右键，执行 Import Clip to Character（导入动画片段到角色集）命令，在弹出的对话框中选择之前导出的文件，如下图所示。

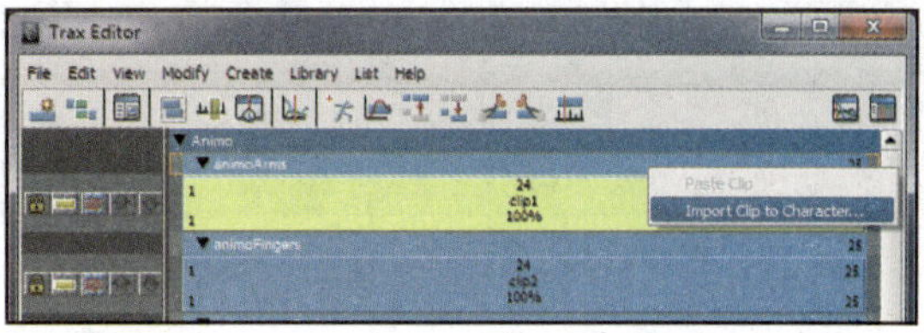

Step 08. 将 4 个子角色集的动画片段都进行导入后，每个子角色集出现两个动画片段，如下图所示。

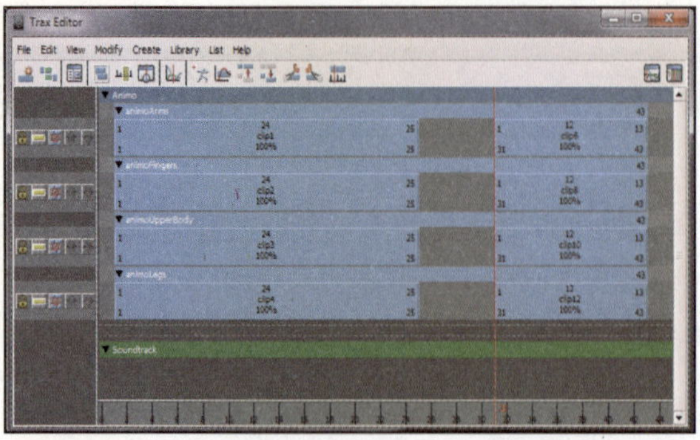

Step 09. 这时播放动画到新导入的动画剪辑时，会发现角色的动作是存在问题的，是由于动画片段间的属性关联性设置产生错误。

选中其中一条新导入的动画片段，按快捷键 Ctrl+A，打开属性编辑器，在 Channel Offsets（通道偏移）展卷栏中，点击 All Absolute（都绝对）按钮，将所有通道的关联性都设置为绝对，如下图所示。

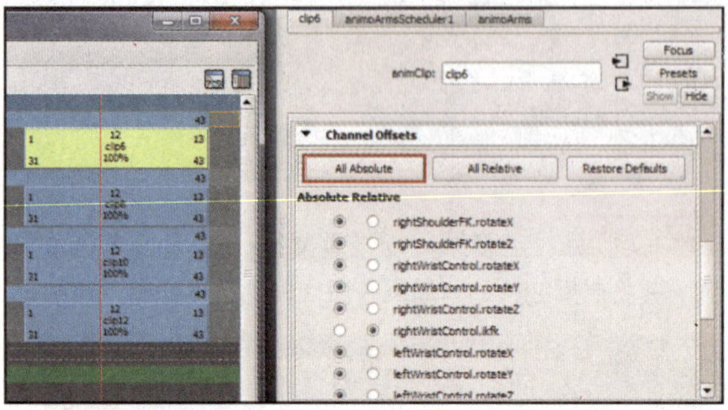

Step 10. 设置完成后再播放动画，可以看到跑步部分的动画效果已经完全正常了，但动作之前没有任何的过渡效果，如下图所示。

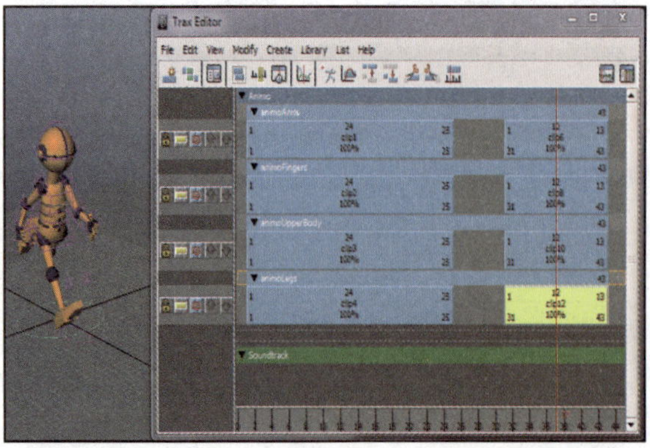

Step 11. 在这个实例中，可以让角色先正常行走一个循环后再逐渐过渡到跑步的效果，因此按照前文中介绍的循环播放动画的方法，延长走路部分动画片段的播放时长，如下图所示。

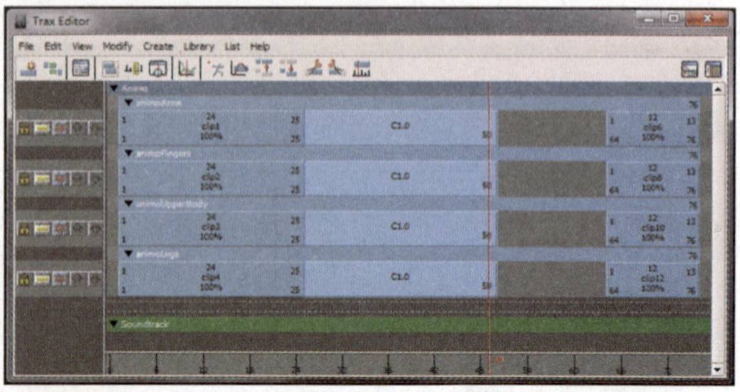

Step 12. 分别复制跑步部分的动画片段，并按照 10.4.6 小节中介绍的缩放播放动画的方法，将跑步动画的时间延长，减缓跑步的动作速度至 208%，使它的速度与走路循环的速度一致，如下图所示。

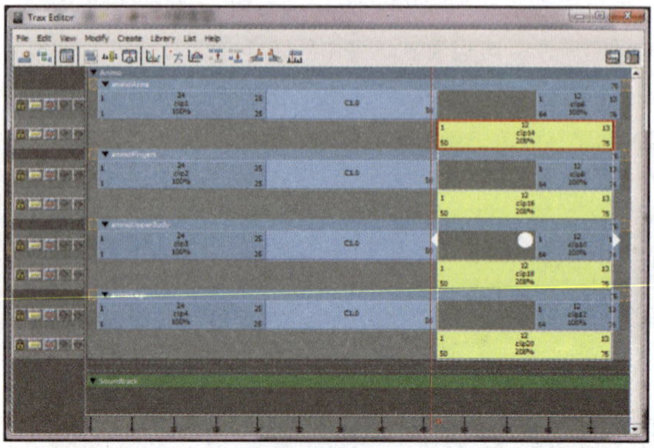

Step 13. 已经制作好的走路循环中，角色先迈的右腿，而跑步循环中，角色先迈的左腿。因此在衔接这两段动画的时候要注意衔接的时间点，应该在走路循环的中间位置，即走路循环中第二单步，也就是迈出左腿的开始位置，调整复制出的跑步循环到对应的位置，如下图所示。

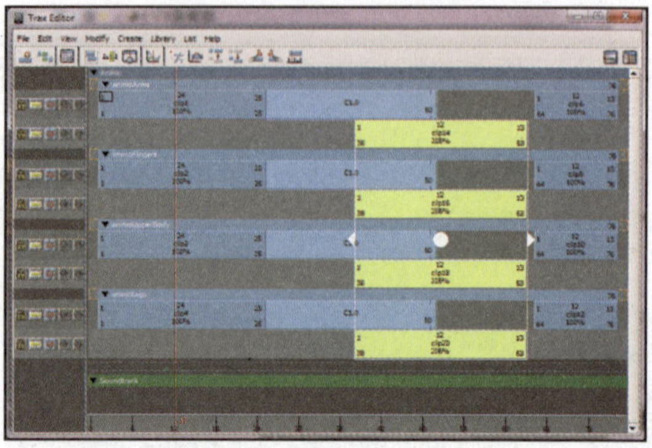

Step 14. 选中同一子角色集下的两条动画片段，执行 Create（创建）>Blend（混合）命令。这样可以创建两段动画的过渡效果，如下图所示。

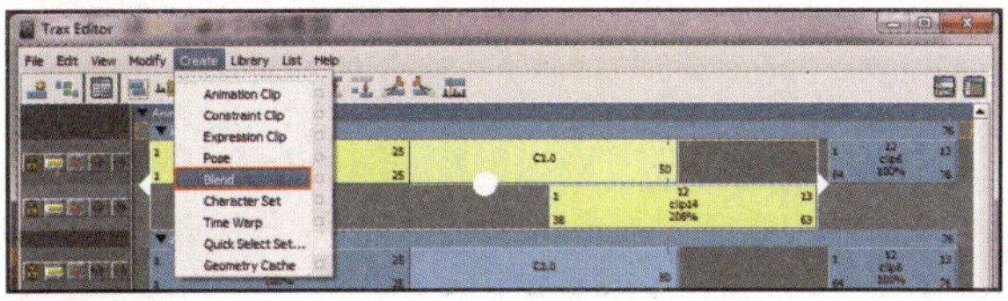

Step 15. 同样的对其他动画片段也执行混合的操作。混合的部分以绿色的方式显示，如下图所示。

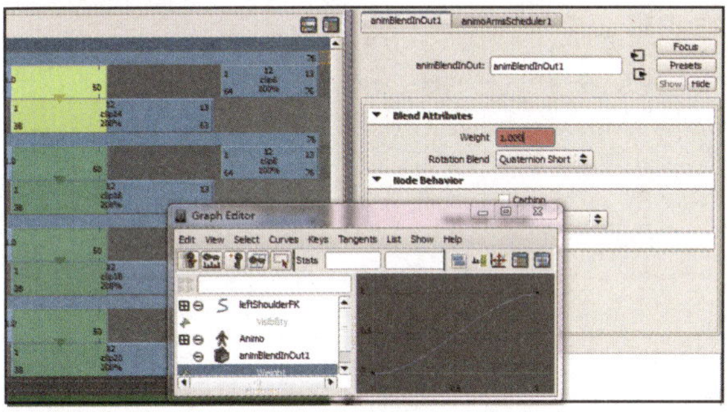

提示 选中过渡部分，按 Ctrl+A 组合键打开属性编辑器，可以旋转方向设置过渡的方式，同时还可以打开曲线图编辑器，查看、修改混合的过渡曲线。

Step 16. 再播放动画，可以看到走路动画与跑步动画的平滑过渡效果。但此时跑步的速度是比较慢的，与之后的跑步动画有些衔接不上。因此再一次复制跑步动画片段，并调整跑步动画的速度至 150%，如下图所示。

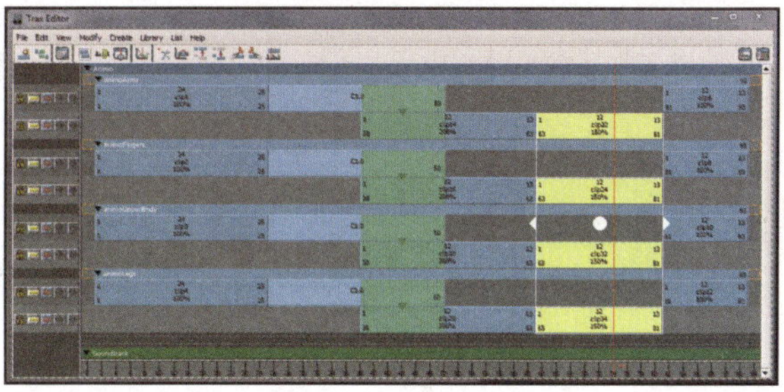

Step 17. 此时播放动画出现角色慢慢加速跑动的效果，就已经基本完成了从走路动画到跑步动画的过渡效果。读者还可以对最后的跑步动画片段进行循环延长，或调整其速度，以达到最好的效果，如下图所示。

Chapter 11

粒子系统

在主流的三维动画软件中，都包含动力学模拟系统，以方便做一些气流、烟火、衣料等自然逼真的动画特效，Maya 也不例外。作为一个老牌的影视娱乐制作软件，Maya 针对影视工业制作了一套专门的特效系统——Dynamics（动力学）模块。

Maya 的动力学模块非常强大，提供了诸如粒子、流体、衣料、毛发等几大功能。Maya 最新的粒子系统已经能够快速方便地模拟流体制作。

粒子系统是 Maya 中最重要的系统之一，也是影视游戏制作中应用最广泛的工具。粒子系统的核心是使用“粒子”来模拟生活中的一些大量单位组成的集团，如沙尘暴、烟雾、火焰、风雪、爆炸等。

11.1 Maya 新动力学简介

细心的读者会发现在 Maya 的模块菜单中存在两个动力学模块，一个叫 Dynamics（动力学），另一叫 nDynamics（内核动力学），如右图所示。

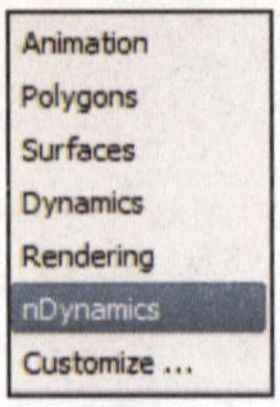

Dynamics 系统是在 Maya2008 版本之前的经典动力学模块，包含柔体、刚体、流体、毛发等动力学特性。而在 Maya2008 版本中，Autodesk 将之前单独为 nCloth（内核衣料）系统提供动力学模拟的 Nucleus（原子核）引擎扩展成了一套全新的动力学系统，现在 Nucleus（原子核）动力学引擎可以全面地模拟 nCloth(内核衣料)、nParticle(内核粒子)、nPassive colider（内核被动碰撞体），所以这套新的动力学系统被命名为 nDynamics（内核动力学）。

可以说在功能上，nDynamics（内核动力学）基本覆盖并超越了原有的 Dynamics（动力学）系统，整个系统不再依赖繁琐的表达式，从而使得模拟运算更加高效快捷和稳定，并且各种动力学物体之间有了更好的交互，可以更出色地模拟各种质地的物体互相交互作用。所以本章学习内容，我们基本以最新的 nDynamics（内核动力学）系统为主，以旧的 Dynamics（动力学）系统为辅，以节省学习精力和提高效率。

在动力学应用中，粒子是必不可少的基本物体，广泛交互作用于各种动力学对象。nParticle（内核粒子）由 Nucleus（原子核）动力学引擎支持计算，可以做出各种旧粒子系统无法达到的效果，如模拟流体以及与衣料交互碰撞变形等效果。

所以本章我们首先从粒子系统入手，逐渐掌握各种动力学对象和要点。

11.2 创建粒子

在 nDynamics（内核动力学）模块下，允许创造多种不同类型的粒子，具体命令集中在 nParticles（内核粒子）> Create nParticles（创建内核粒子）菜单组中，如下图所示。

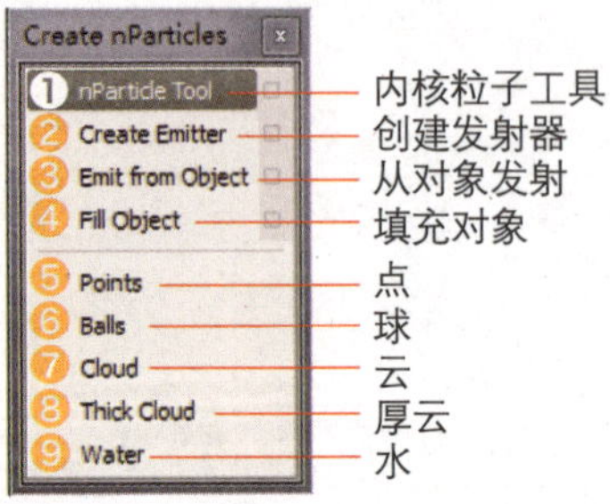

❶ nParticle Tool（粒子工具）：直接创建 nParticle 粒子。

❷ Create Emitter（创建发射器）：创建粒子发射器。

❸ Emit from Object（从对象发射）：从物体创建发射器。

❹ Fill Object（填充对象）：填充方式创建粒子。

❺ Points（点）：最基本的显示方式。

❻ Balls（球）：以球型显示粒子。

❼ Cloud（云）：粒子成模糊点状，nParticle 下 Maya 的默认粒子创建方式。

❽ Thick Cloud（厚云）

❾ Water（水）

这个是创建粒子系统的菜单，分割线上方是创建粒子的几种方式，分割线下方是创建粒子所呈现的种类，接下来依次讲解这几种方式。

11.2.1 手动创建粒子

首先打开 NParticles（粒子）> Create nParticles（创建粒子）>nParticle Tool（粒子工具）命令的选项设置面板，如下图所示。

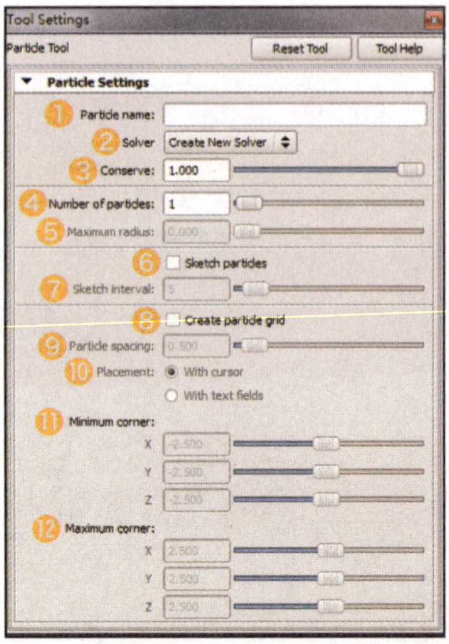

❶ Particle name（粒子名称）：用来给将要创建的粒子系统命名，以便在大纲中更好地识别对象。如果此处为空，则系统默认为新粒子命名为“particle1”“Partilce2”……依次类推。

❷ Solver（解算器）：为粒子系统指定动力学引擎，如果系统中已经含有多个 Nucleus（原子核）动力学引擎，则可以在下拉框中选择现有的引擎系统，将新创建的粒子与之关联（我们可以将此视作是同一个场景中多个独立的动力学系统）。如果场景中没有 Nucleus（原子核）系统，则会默认创建一个名为“nucleus1”的新动力学系统引擎。

❸ Conserve（保持）：可以理解为粒子活性，主要指运动过程中粒子的运动速度以及加速度。

❹ Number of particles（粒子数）：此数值用来表示每单击一次创建工具将会生成的粒子数目。数值越大，粒子越密集。

❺ Maximum radius（最大半径）：如果每次创建的粒子数目大于 1，那么创建的粒子属于粒子团。此数值用来调

整粒子团的最大半径。

⑥ Sketch particles（草图粒子）：当开启该选项时，粒子的创建形式变为喷绘模式。通过拖动鼠标即可创建出连续的粒子流。

⑦ Sketch interval（草图间隔）：此数值用来调整在喷绘粒子时，粒子之间的空间间隔，数值越大，越稀疏；反之则越密集。

⑧ Create particle grid（创建粒子栅格）

⑨ Particle spacing（粒子间隔）：仅在开启粒子平面时有效，用来设置粒子在粒子平面上的空间单位标尺。

⑩ Placement（放置）：通过鼠标手动设置方位以及体积，也可以通过文字输入决定。

⑪ Minmum corner（最小角）：三维粒子空间中最左下点的三维坐标。

⑫ Maxmum corner（最大角）：三维粒子空间中最右上点的三维坐标。

1. 单击鼠标创建粒子

创建粒子最简单的方法就是单击鼠标创建粒子，不过这种方法不适合创建大规模的粒子群。

进阶练习：单击鼠标创建粒子

最终文件：
Chapter 11\11.2\create particle by click(final).mb

01 在默认状态下，执行 nParticles（内核粒子）> Create nParticles（创建粒子）>nParticle Tool（内核粒子工具）命令，并在 Maya 窗口中任意位置单击鼠标左键，每单击一次就有一个粒子创建出，如下图所示。

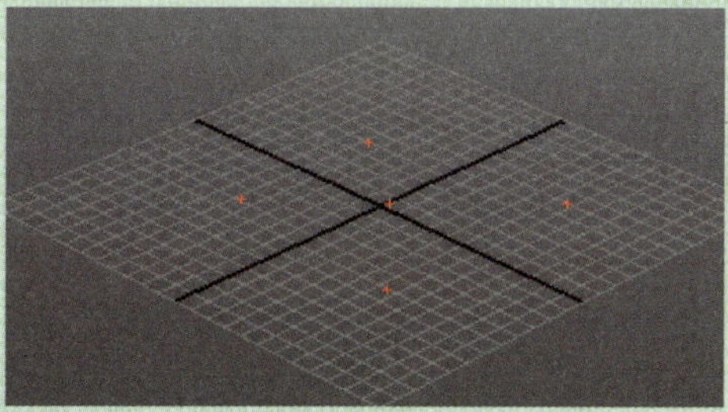

提示： 读者可以在单击菜单右上角的 Reset Tool 按钮可以保持工具命令的默认状态。

02 按 Enter 键结束粒子创建过程，一套粒子对象被创建完毕，如下图所示。

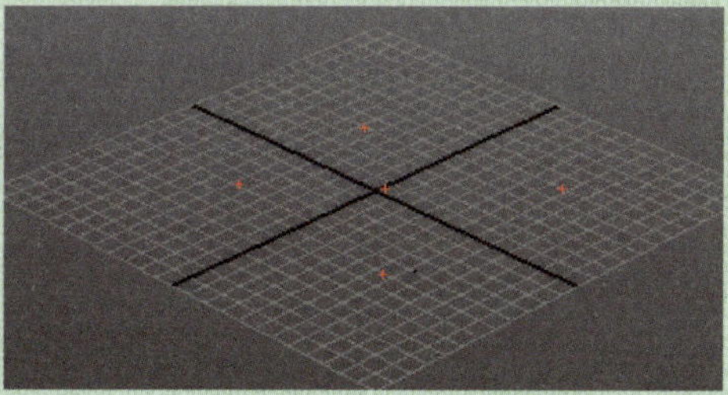

03 打开 nParticles（内核粒子）> Create nParticles（创建内核粒子）>nParticle Tool（内核粒子工具）命令的选项设置面板，设置 Number of particles（粒子数量）值为 5，Number of particles（粒子数量）值为 2，如下图所示。

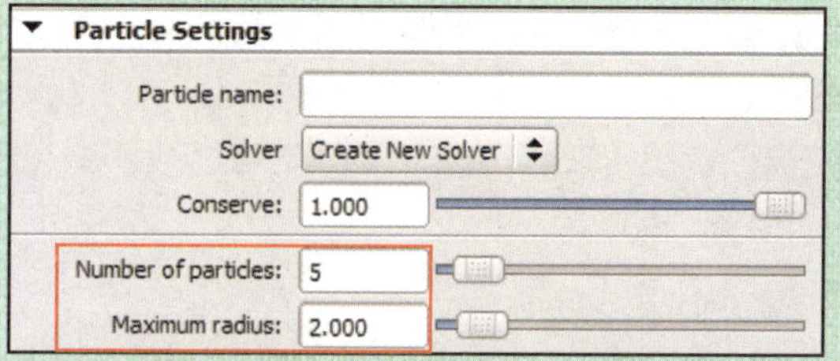

04 在 Maya 窗口中任意位置单击鼠标左键，鼠标每单击一次，就会有 5 个粒子个体被同时创建出来，这就是前述的粒子团，如下图所示。

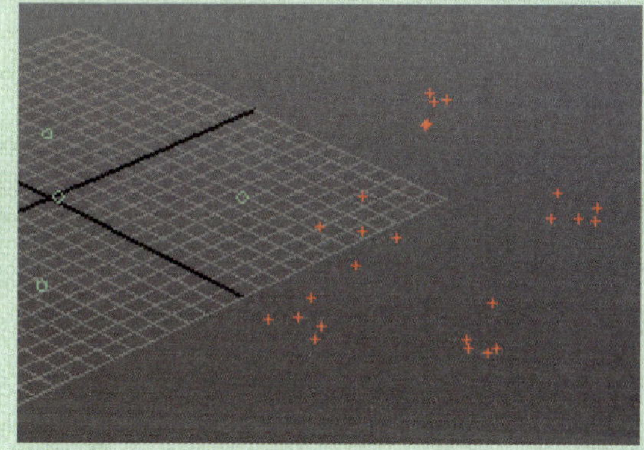

提示： 读者可以自行调整 Number of particles 和 Maximum radius 这两个数值，观察每次单击鼠标创建出的粒子形态。

05 按 Enter 键结束粒子创建过程，一套粒子对象被创建完毕。目前共计创建了两套粒子对象，在大纲视图中可以清晰的看到，如下图所示。

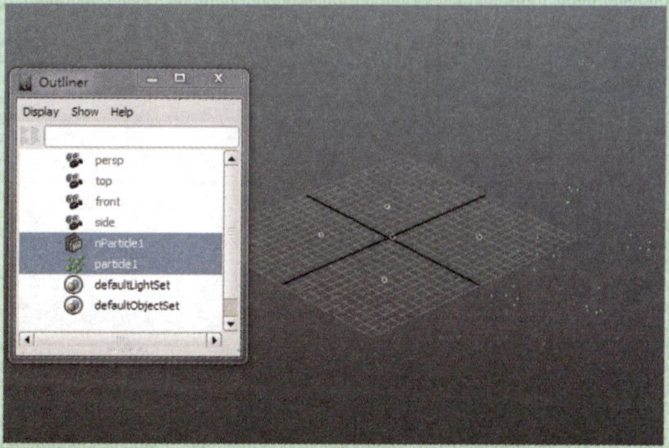

提示： 无论一次创建出多少个粒子，对 Maya 而言，这些粒子只是一个整体对象。这里其实涉及粒子对象的属性问题，即粒子存在一个总体属性和单体属性。总体属性决定了所有粒子的共同特征，而单体属性又决定了每个粒子的具体动作。有关这方面的知识会在稍后介绍，在这里只需要牢记粒子群组成一个粒子对象这个概念即可。

2. 鼠标喷绘创建粒子

上面的方法比较适合创建个数较少的粒子系统，如果要快速创建大规模的粒子集群时，可以使用更高效率鼠标喷绘创建模式。

在喷绘模式下，可以修改 Sketch interval（喷绘间隔）的数值为 5、10 以及 20，则可以看到创建出的粒子流明显稀疏，粒子之间的空间间隔增大，整体越来越均匀，如下图所示。

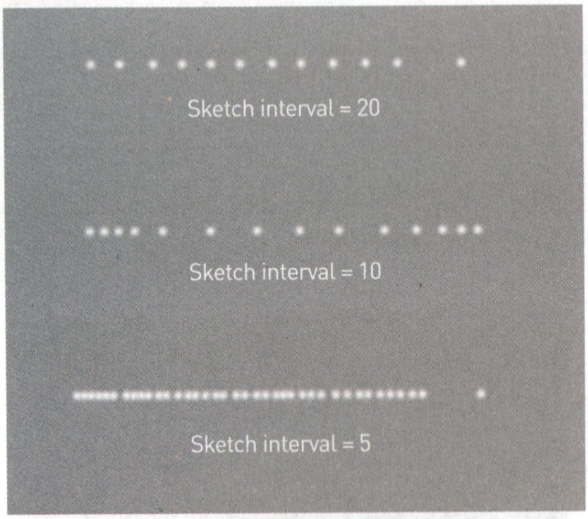

进阶练习：鼠标喷绘创建粒子

最终文件：
Chapter 11\11.2\create particle by sketch(final).mb

01 打开 nParticles（内核粒子）> Create nParticles（创建内核粒子）>nParticle Tool（内核粒子工具）命令的选项设置面板，勾选 Sketch particles（绘制粒子）选项，如下图所示。

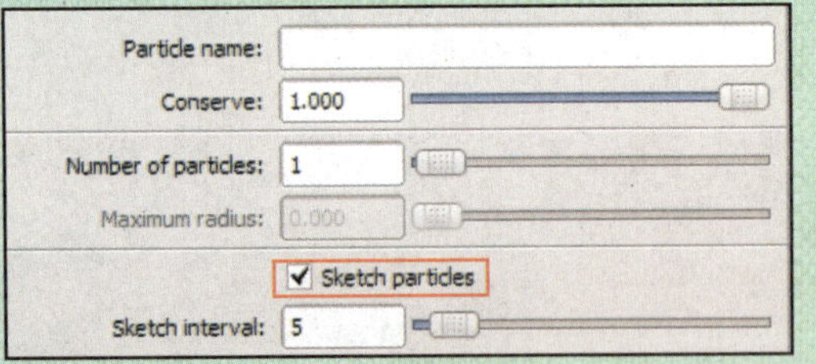

02 按住鼠标左键，在视窗中拖拽鼠标即可看到创建出连续的粒子流，如下图所示。

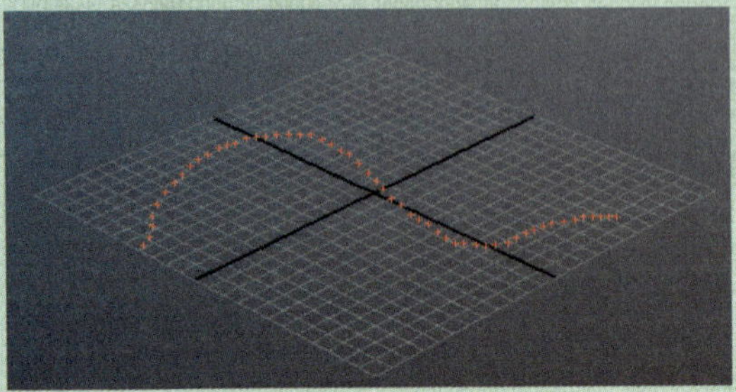

提示： 创建过程中可以松开鼠标左键，再次按下左键绘制一串粒子，多次按下和松开鼠标不会影响粒子创建。

03 喷绘完成后，按 Enter 键结束粒子的创建，如下图所示。

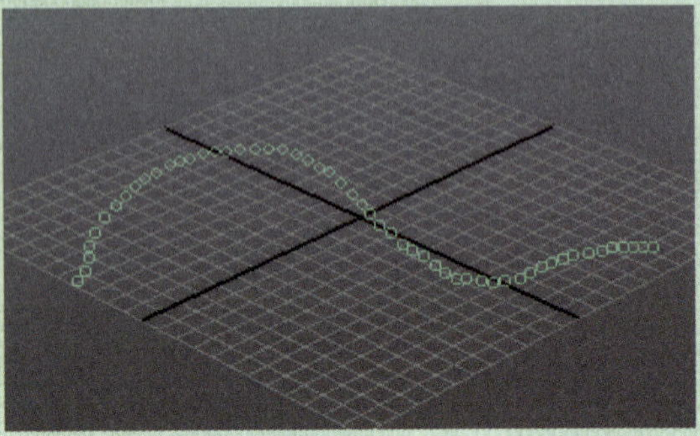

3. 创建粒子平面及矩阵

手动创建的粒子比较随机，如果需要创建规整的粒子流，比如以列阵或立体阵为排列方式的粒子，就需要使用创建粒子栅格来生成。

创建粒子平面或矩阵可以通过手动方法设置，也可以通过数值输入来确定其大小和位置。手动设置时通过鼠标单击来指定两个定位点的位置，输入数值即通过 X、Y、Z 三个轴向的数值来确定两个定位点的位置。

使用输入数值的方式创建粒子栅格时，需要在创建粒子的参数设置窗口 placement（放置方位）属性中单击 with text fields（使用文本框）单击按钮，即可激活参数输入窗口，精确定位两个坐标点以创建粒子矩阵，如下图所示。

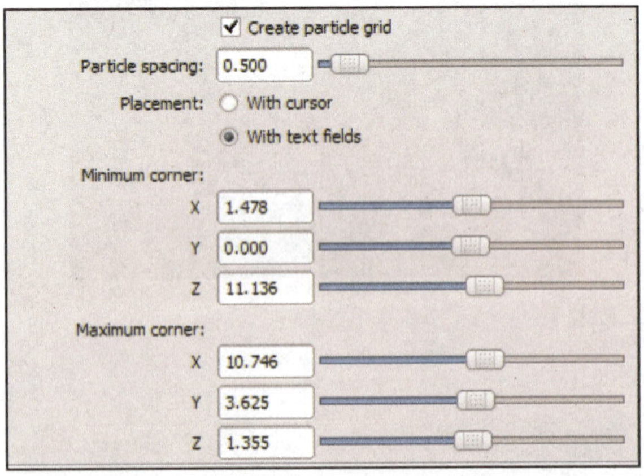

这里 Minimum corner（最小角点）表示粒子阵地起始位置，Maximum corner（最大角点）表示粒子阵地结束位置。

进阶练习：创建粒子平面和三维矩阵

最终文件：

Chapter 11\11.2\create particle grid(final).mb

01 打开 nParticles（内核粒子）> Create nParticles（创建内核粒子）>nParticle Tool（内核粒子工具）命令的选项设置面板，勾选 Create particle grid（创建粒子栅格）选项，如下图所示。

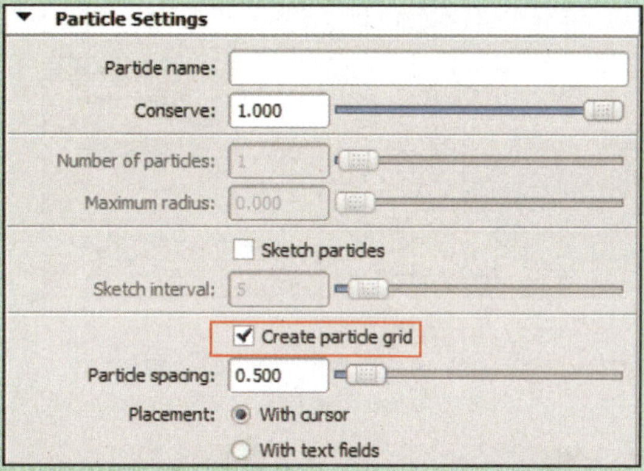

02 在同一个水平面上两次单击鼠标左键创建两个定位点，即为创建的粒子平面定义两个对角点的位置，如下图所示。

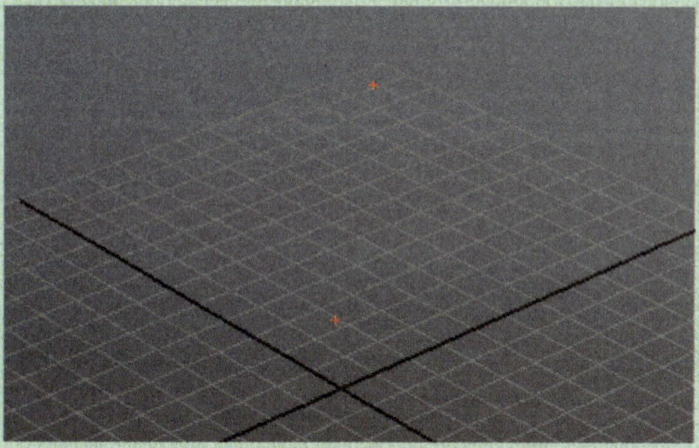

提示： 在同一个平面单击鼠标，系统创建的粒子栅格即为平面。默认情况下，直接单击的两个点在同一平面内。

03 按 Enter 键，系统在刚才指定的对角点之间创建出粒子平面，如下图所示。

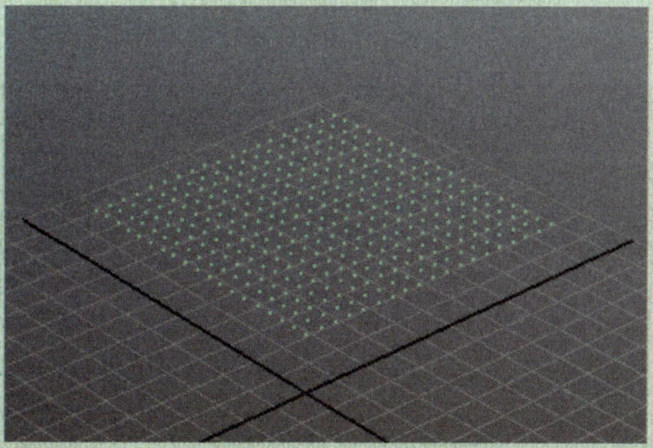

04 再次执行 nParticles（内核粒子）> Create nParticles（内核创建粒子）>nParticle Tool（内核粒子工具）命令，创建两个不在同一平面的定位点，如下图所示。

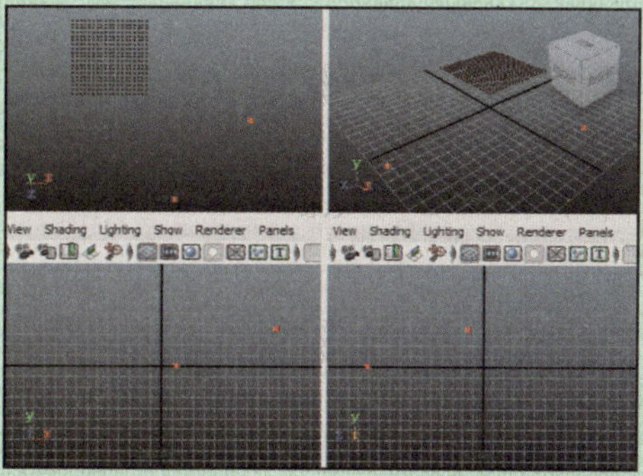

提示： 在创建出第二个定位点后单击键盘上的 Insert 键，进入侧视图将其沿 Y 轴移动，使两个定位点不处于同一平面。

05 按 Enter 键，系统在刚才指定的对角点之间创建出三维粒子矩阵。如下图所示。

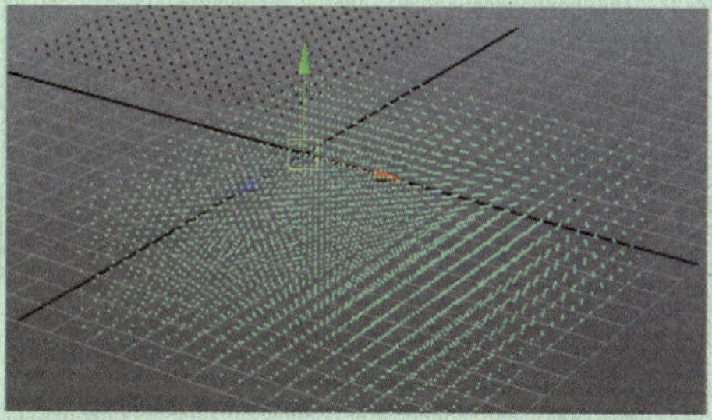

提示： 在创建粒子矩阵的过程中，这两个红色的定位点即为最大角点和最小角点。

11.2.2 用发射器发射粒子

粒子可以手动创建，但是更多情况下我们会使用 Maya 的粒子发射器自动创建粒子流。

打开 nParticles（内核粒子）> Create nParticles（创建内核粒子）>Create Emitter（创建发射器）命令的选项设置面板，如下图所示。

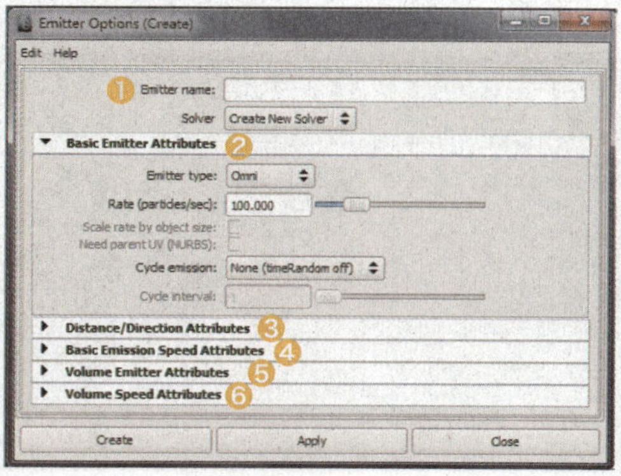

❶ Emitter name（发射器名称）：此处用来输入将要创建的发射器的名称，如果为空，系统将默认命名为“Emitter1”“Emitter2”等依次类推。

❷ Basic Emitter Attributes（基本发射器属性）卷展栏：包含发射器类型、发射频率等属性。

❸ Distance/Direction Attributes（距离/方向属性）卷展栏：包含发射器发射粒子的距离以及方向属性。

❹ Basic Emission Speed Attributes（基础发射速率属性）卷展栏：包含粒子发射的基础速率属性。

❺ Volume Emitter Attributes（体积发射属性）卷展栏：包含定义立体发射器的各种属性属性，如体积大小等。

❻ Volume Speed Attributes（体积速率属性）卷展栏：包含发射出粒子的体积以及速率属性。

1. Basic Emitter Attributes（基本发射器属性）卷展栏

展开 Basic Emitter Attributes（基本发射器属性）卷展栏，如下图所示。

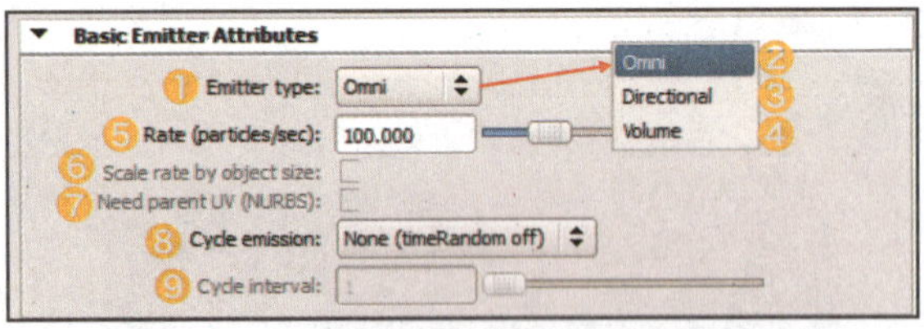

❶ Emitter type（发射器类型）：指定将要创建的粒子发射器的类型，包括 Omni（泛向）、Directional（方向），Volume（体积）三种。

❷ Omni（泛向）：向空间任意方向自由发射粒子。

❸ Directional（方向）：沿某一特定方向发射粒子。

❹ Volume（体积）：按照体积样式发射粒子。

> **提示** 这两种粒子发射器的创建方式非常简单，只需要选择好相应类型，单击 Create（创建）按钮，即可创建出不同类型的粒子发射器。

将三个发射器从左到右设置为不同类型排列在场景中，延长动画时间范围至 500 帧，单击播放按钮，观察粒子动画，如下图所示。

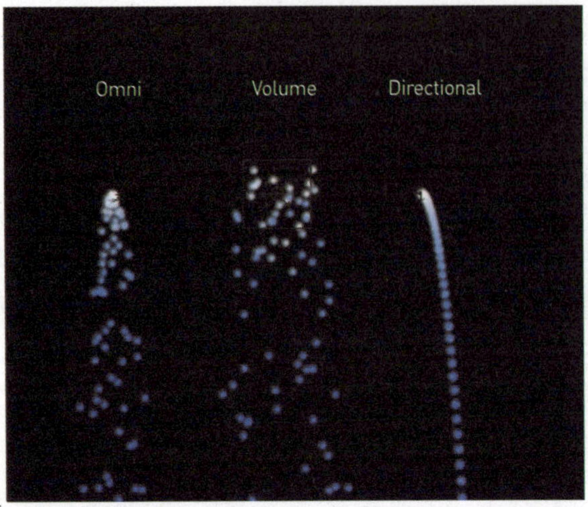

> **提示** 在 Maya 2012 中，Nucleus（原子核）动力学引擎自动开启了重力场属性，所有粒子都受到引力影响向下坠落。

想要去除重力对粒子的影响有两种方式。第一种方法：选中粒子，按 Ctrl+A 组合键打开属性编辑器，在 nucleus（原子核）标签下将其中的 Gravity（重力）属性值修改为 0，如下图所示。

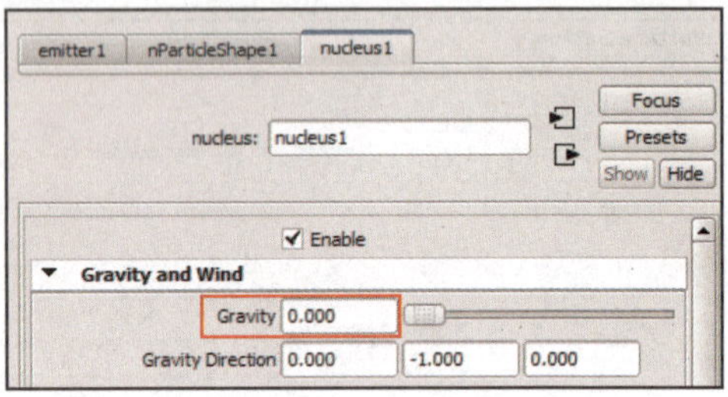

> **提示** 这种方法会将整个 Nucleus（原子核）系统的重力场改为 0，在实际应用中影响面较大。

第二种方法：在属性编辑器的 nParticleShape1（内核粒子形态）标签下的 Dynamic Properties（动力学属性）卷展栏中，勾选 Ignore solver gravity（忽略解算重力）选项，如下图所示。

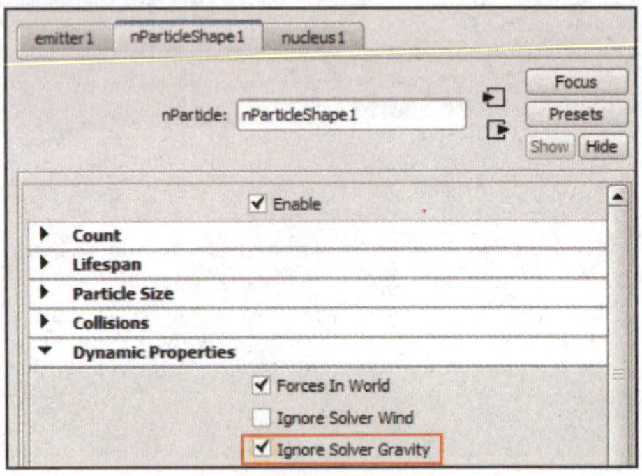

> **提示** 勾选忽略解算重力选项，这样粒子也就不会受到力场的干扰。实际应用中推荐使用这种方式，不会影响到其他粒子的受力效果。

当重力场不对粒子产生影响时，观察粒子运动如下图所示。

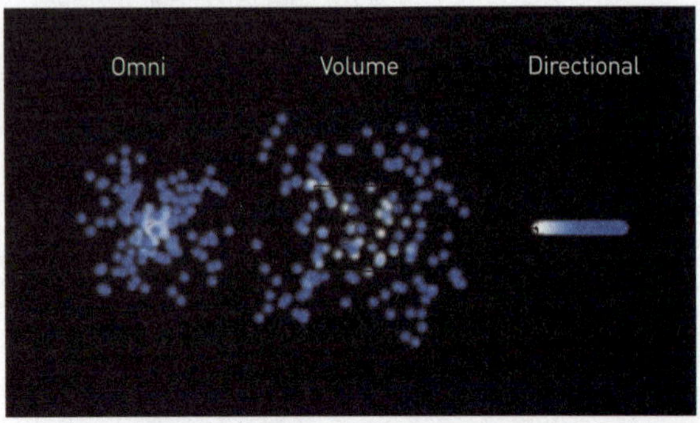

如前所述，Omni（泛向）粒子发射器是全方位的散射状态；Direction（方向）发射器是单一方向的射线喷射状态，其默认是沿 X 轴喷射；Volume（体积）发射器默认是立方体体积的散射状发射器。

⑤ Rate（Particles/sec）（速率（粒子数 / 秒））：即每秒产生的粒子数，该数值用来调整发射器在单位时间内喷射粒子的数量，数值越大，粒子喷射的越密集；数值越小，喷射的越稀疏，如下图所示。

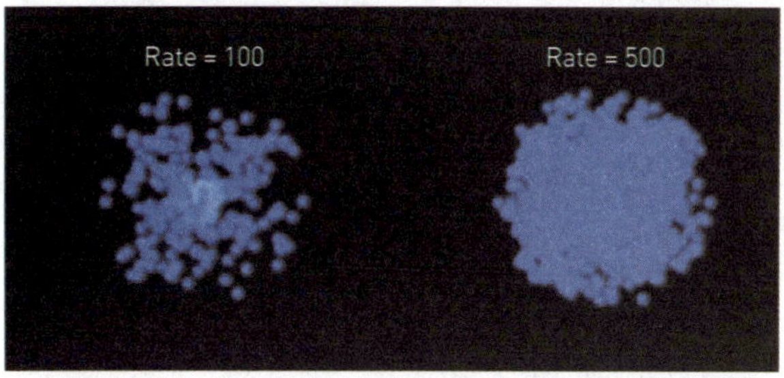

> **提示** 打个形象的比喻，调节粒子的发射速率就像是调整水龙头的大小。

⑥ Scale rate by object size（对象大小决定的缩放率）：仅在 surface 发射器是可使用。

⑦ Need parent UV（NURBS）（需要父对象 UV）（NURBS 模型）

⑧ Cycle emission（循环发射）：勾选该选项可以开启循环发射，循环发射会使粒子的方向呈周期性改变。

⑨ Cycle inerval（循环间隔）

2. Distance/Direction Attributes（距离 / 方向属性）卷展栏

展开 Distance/Direction Attributes（距离 / 方向属性）卷展栏，如下图所示。

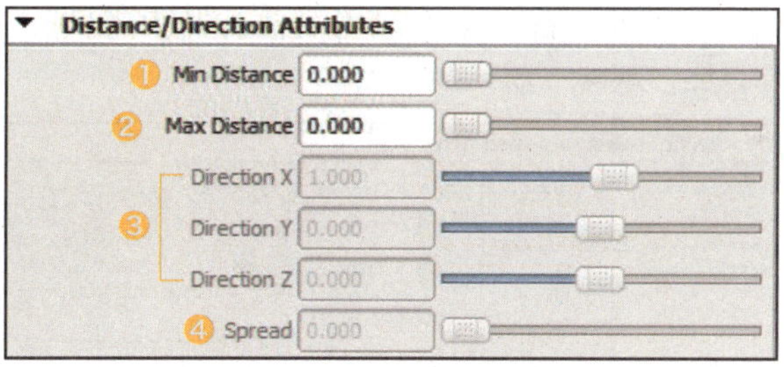

① Min distance（最小距离）：用于设置粒子产生的随机范围，指离粒子发射器中心点的最小距离。

② Max Dsitance（最大距离）：用于设置粒子产生的随机范围，指粒子发射器中心点的最大距离。

> **提示** 如果这两项数值都为空，则粒子会在发射器中心点生成。设置最小距离和最大距离后，实际上粒子就只会在一个同心圆的范围内随机生成。注意最大距离的数值必须要大于最小距离的数值，否则将不会起作用。

如下图所示，左边发射器生成的粒子紧密的围绕在发射器中心，而右边的发射器粒子则是以一个圆环状分布。读者可以自行对比各种数值下的粒子分布状态。

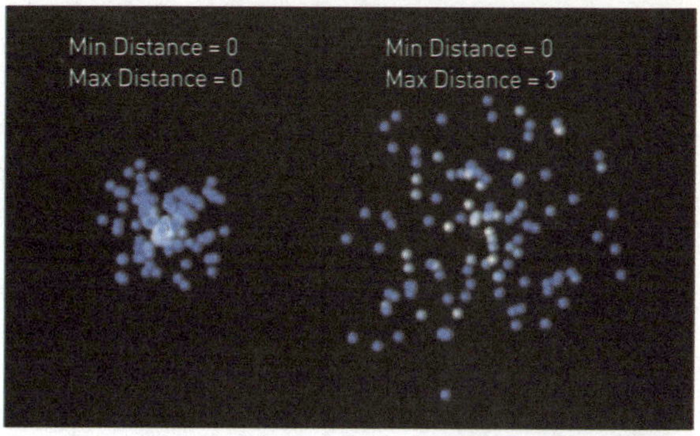

③ Direction X/Y/Z（方向 X/Y/Z）：用于控制发射器的发射方向。

④ Spread（扩散）：用于控制发射器的扩展值。

> **提示** 在选择 Directional（方向）发射器时，Spread（扩散）参数才可用。

理论上我们可以在这里手动输入数值以设置方向性以及扩展性，但是这种方式很不直观，所以这里介绍给大家一种快捷的调控方式。

进阶练习：调节方向发射器的方向及扩散角度

最终文件：
Chapter 11\11.2\set direction and spread (final).mb

01 执行 nParticles（内核粒子）> Create nParticles（创建内核粒子）>Create Emitter（创建发射器）命令，创建一个粒子发射器，如下图所示。

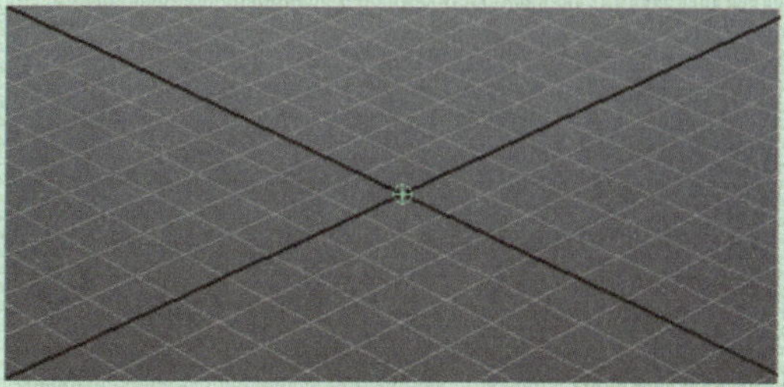

02 选中已创建的粒子发射器，按 Ctrl+A 组合键，打开属性编辑器，设置其 Emitter type（发射类型）为 Direction（方向）选项，如下图所示。

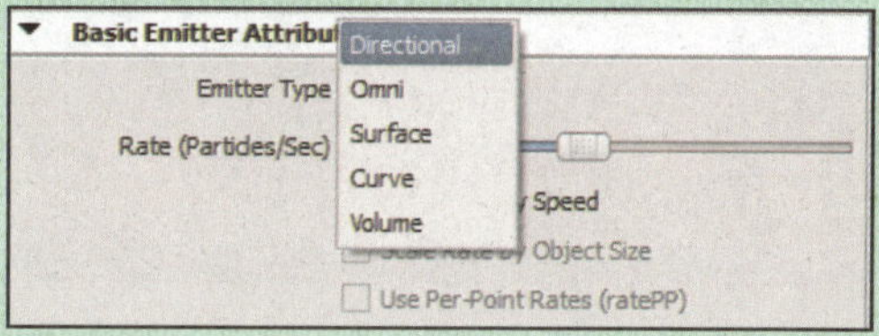

03 按T键，开启功能手柄，这时显示出了Rate（速率）数值以及一个蓝色的小手柄，如下图所示。

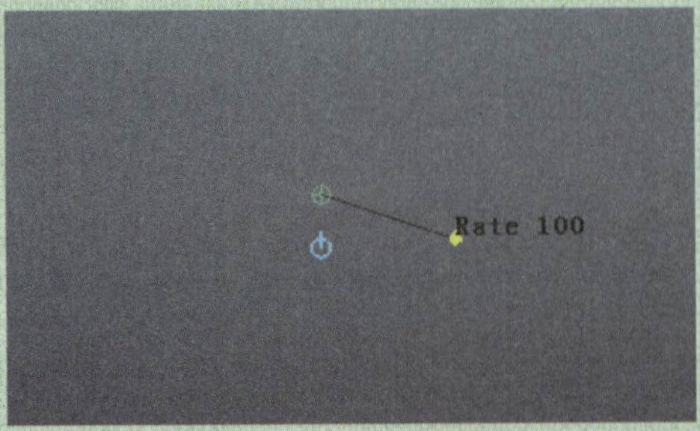

04 单击蓝色的圆圈，切换到Direction（方向）属性显示上，如下图所示。

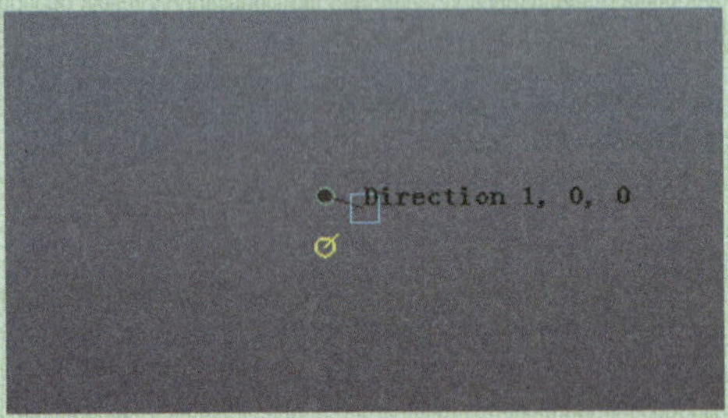

05 拖动浅蓝色方框形手柄，可以快速调节粒子的发射方向，如下图所示。

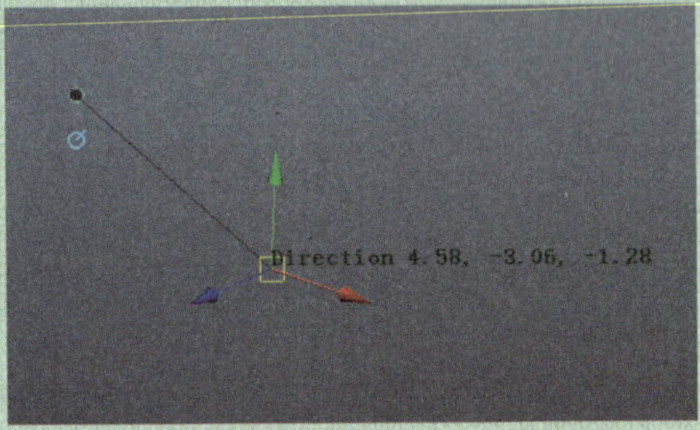

提示： 浅蓝色方框与发射器之间的灰色连线就代表粒子的发射方向。

06 单击动画播放按钮，一束粒子流沿着刚刚调整的方向喷射而出，如下图所示。

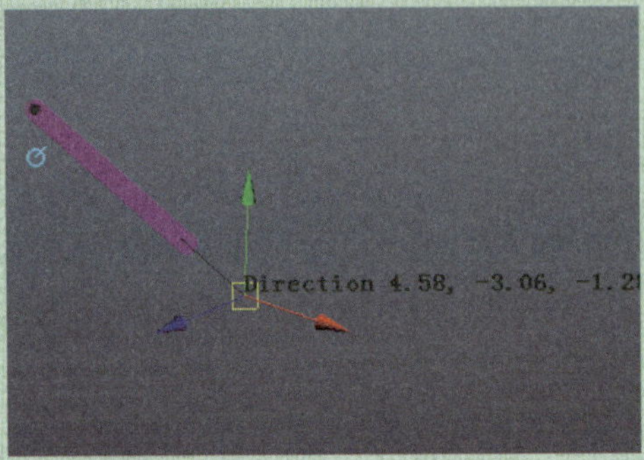

07 再次单击蓝色的圆圈控制器，切换到Spread（发散）属性上。拖动线段末端的控制器，可以快速地调整粒子流的发散范围，如下图所示。

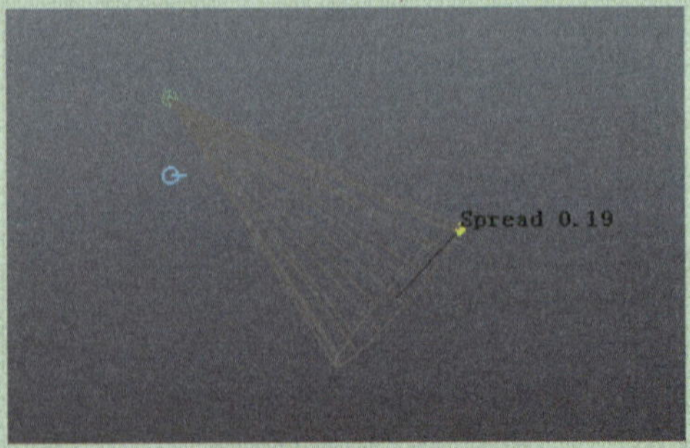

提示： 灰色圆锥代表粒子的发散范围，最大范围为1，圆锥呈平面状态。

08 再次单击播放按钮，就可以看到粒子流从原先的单一线流模式改成了方向性喷射模式，如下图所示。

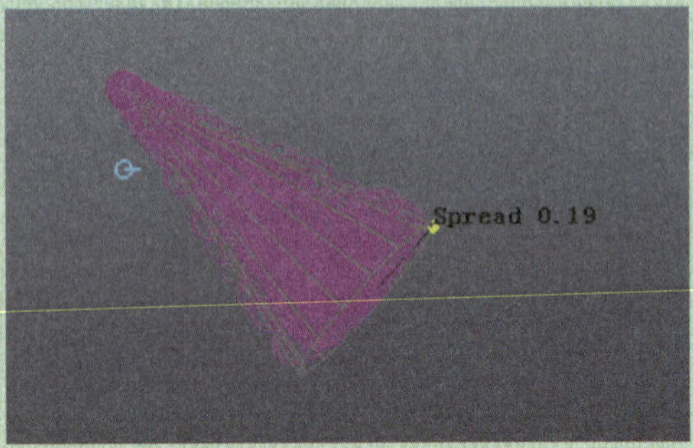

3. Basic Emission Speed Attributes（基础发射速率属性）卷展栏

展开Basic Emission Speed Attributes（基础发射速率属性）展卷栏，如下图所示。

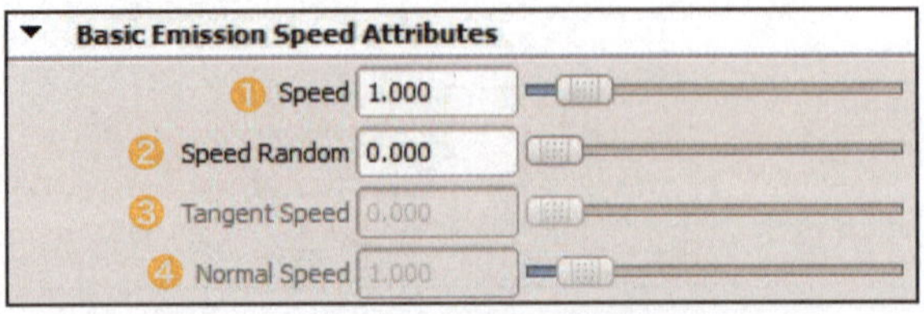

❶ Speed（速率）：即为粒子的初始喷射速率，数值越高，单位时间内粒子的运动距离越远，反之喷射越慢。

❷ Speed random（速率随机）：是指粒子速率中的随机值，如果该值较高，则各个粒子初始速率相差值可能较大，就会出现有的粒子快、有的粒子慢的情况，以此来模拟自然界中的随机现象，使得效果更加自然可信。这里注意，一般不要使Speed random的值大于Speed的两倍，不然会出现粒子倒流的现象。

❸ Tangent Speed（切线速率）：在曲面和曲线发射器类型下可用。控制粒子根据曲线或曲面方向运动的速率倍率。

❹ Normal Speed（法向速率）：在曲面和曲线发射器类型下可用。控制粒子本身运动速率的倍率。

4. Volume Emitter Attributes（体积发射器属性）卷展栏

展开 Volume Emitter Attributes（体积发射器属性）展卷栏，如下图所示。

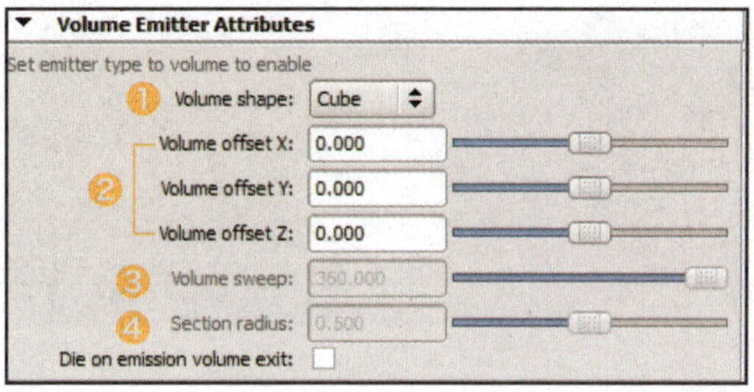

❶ Volume Shape（体积形状）：用于设置体积发射器的类型，包括 Cube（立方体）、Sphere（球体）、Cylinder（圆柱体）、Cone（圆锥体）、Torus（圆环）5 种发射器外形，如下图所示。

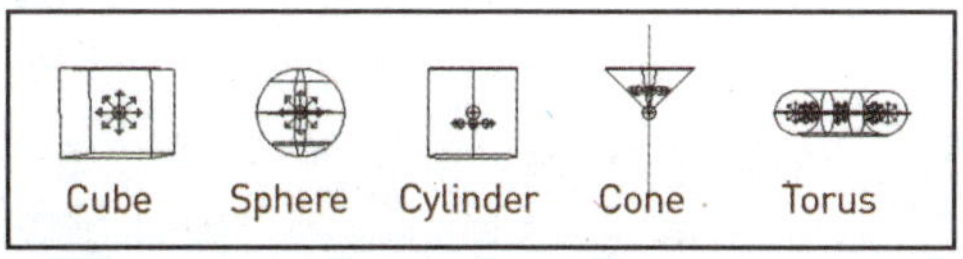

可以看到，这 5 个发射器具有不同的外形，将 Rate 全部设置为 20，单击播放单击钮，发射的粒子形态如下图所示。

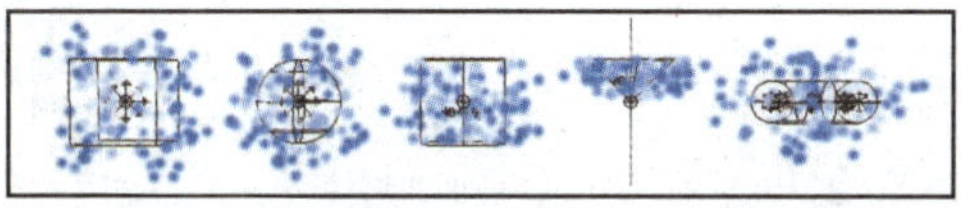

粒子在生成时，基本是照该粒子发射器的外形为初始生成范围的，在该范围内粒子完全随机的生成，所以从总体上来看，基本就是该发射器的外形。这就是体积粒子发射器的主要区别。

❷ Volume offset X/Y/Z（体积偏移 X/Y/Z）：用于控制体积发射器的偏移。

❸ Volume Sweep（体积扫描）：控制环形的环绕角度，除选择 Cube（立方体）外可用。

❹ Section Radius（截面半径）：控制环形的粗细，仅在选择 Torus（圆环）时可用。

5. Volume Speed Attributes（体积速率属性）卷展栏

展开 Volume Speed Attributes（体积速率属性）卷展栏，如下图所示。

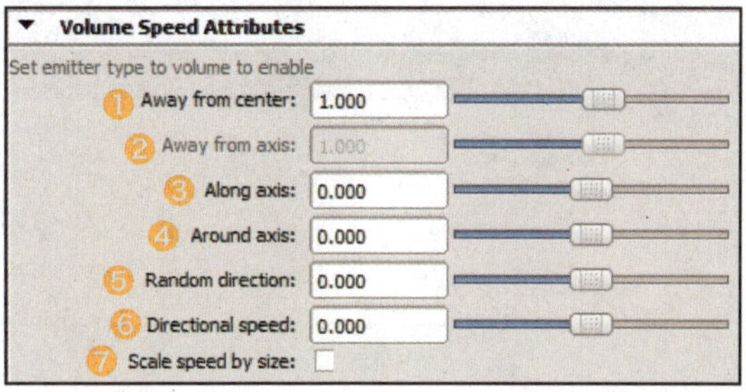

❶ Away from center（远离中心）：发射粒子至发射范围的距离。这个值为正数时，粒子向范围外发射；为 0 时，粒子从范围边缘发射；为负数时，粒子向范围内部发射。

❷ Away from axis（远离轴）：粒子发射后与轴的距离。当发射器类型为圆柱、圆锥或者圆环时，这个选项才可用。

❸ Along Axis（沿轴）：沿体积轴的方向的距离。

❹ Around Axis（绕轴）：绕轴速率。

❺ Random Direction（随机方向）：发射方向随机值。

❻ Directional Speed（方向速率）：控制发射方向的速率。

❼ Scale Speed By Size（大小决定的缩放速率）：通过尺寸大小决定速率。

11.2.3 从对象发射粒子

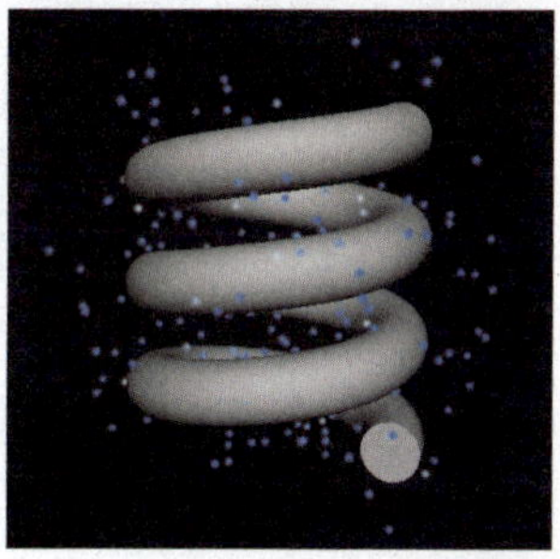

除了上面几种粒子创建方式外，Maya 还提供了一种相当实用的粒子创建方式，即将物体作为发射器创建粒子系统。这种创建方式其实是将普通的几何体看作为一个发射器，粒子直接按照几何体的外形喷射出来，如右图所示。

在粒子的实际应用中，这种方式其实更为普遍实用。

打开 nParticles（内核粒子）> Create nParticles（创建内核粒子）>Emit from Object （从对象发射） 命令的选项设置面板，如下图所示。

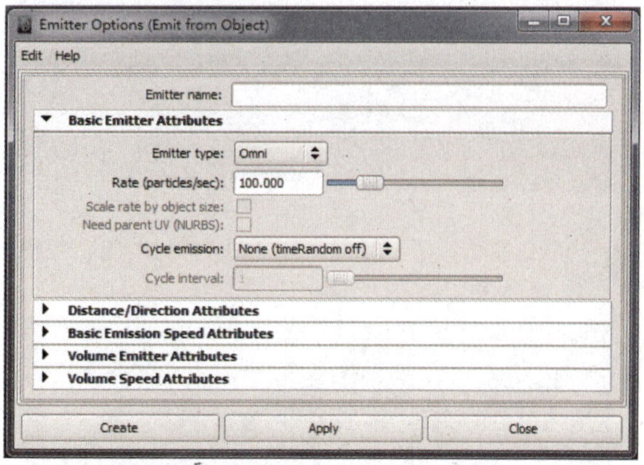

Emit from Object（从对象发射）命令与 Create Emitter（创建发射器）命令的选项设置面板中属性几乎一致，读者可以根据上一小节的介绍逐一比照，进行理解。

使用 Emit from Object（从对象发射）命令时，最主要的区别在于 Emitter type（发射类型）属性的设置。在 Emit from Object（从对象发射）命令中包含 4 种发射方式，分别为 Omni（泛向）、Direction（方向）、Surface（曲面）、Curve（曲线）。

进阶练习：从对象发射粒子

原始文件：
Chapter 11\11.2\emit from object(original).mb
最终文件：
Chapter 11\11.2\emit from object(final).mb

01 打开本书配套光盘中的原始文件，场景中有一个 Ploygon（多边形）立方体，Surface（曲面）球体，一个 Surface（曲面）物体以及一个 Curve 圆环，如下图所示。接下来要让它们分别以不同的发射类型进行粒子发射。

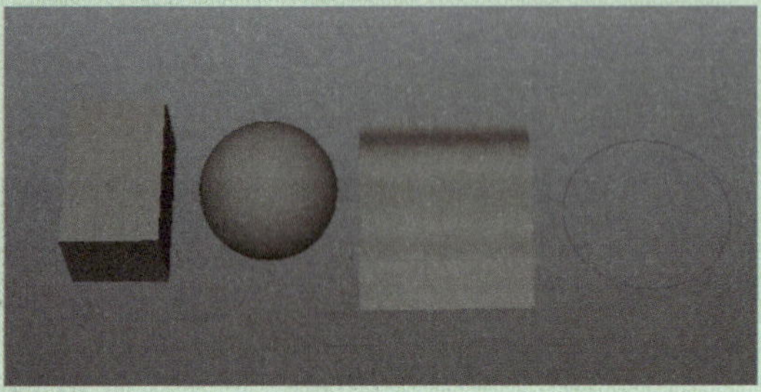

02 选中立方体，执行 nParticles（内核粒子）> Create nParticles（创建内核粒子）>Emit from Object（从对象发射）命令。在立方体中心位置出现发射器，如下图所示。

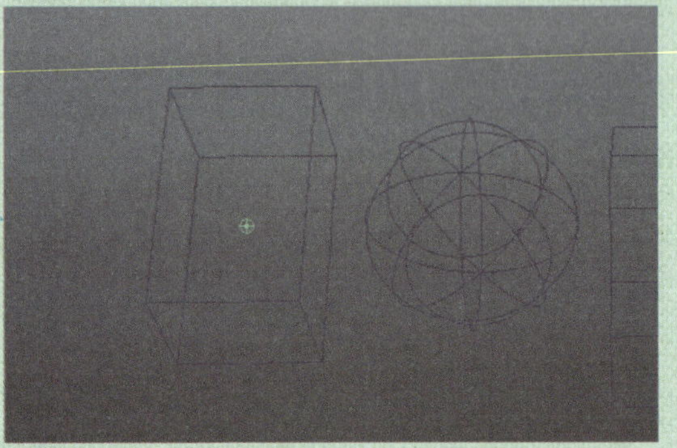

03 单击动画播放按钮，粒子从立方体的顶点源源不断地被喷射生成，如下图所示。

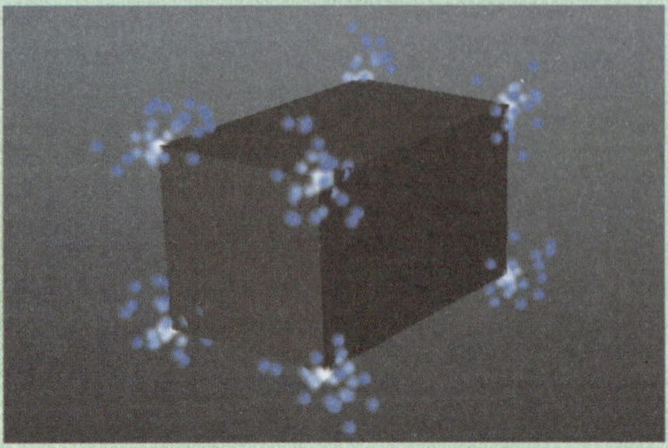

提示：默认状态下，Emitter type（发射类型）为 Omni（泛向），会将几何体的所有顶点都作为发生源产生粒子。

04 选中球体，打开 nParticles（内核粒子）> Create nParticles（创建内核粒子）>Emit from Object（从对象发射）命令的选项设置面板，将 Emitter type（发射类型）设置为 Direction（方向），如下图所示。

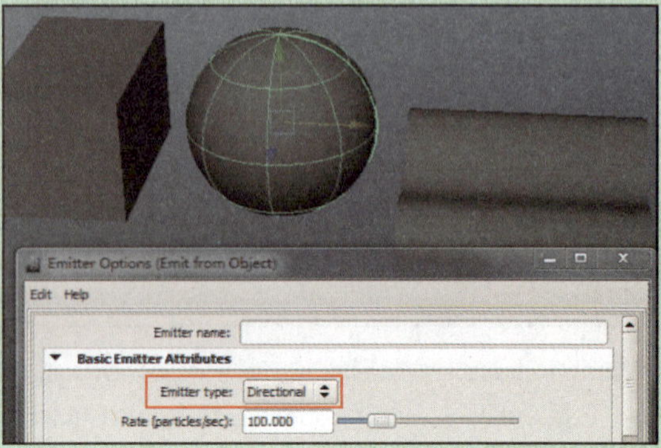

提示：Omni（泛向）与 Direction（方向）的发射类型对 Surface 物体与 Polygon 物体的发射效果一致，均是由顶点发射。

05 更改好发射类型后，单击 Create 按钮，即创建完毕。单击播放按钮，可以看到粒子开始从顶点沿 X 轴正方向发射，如下图所示。

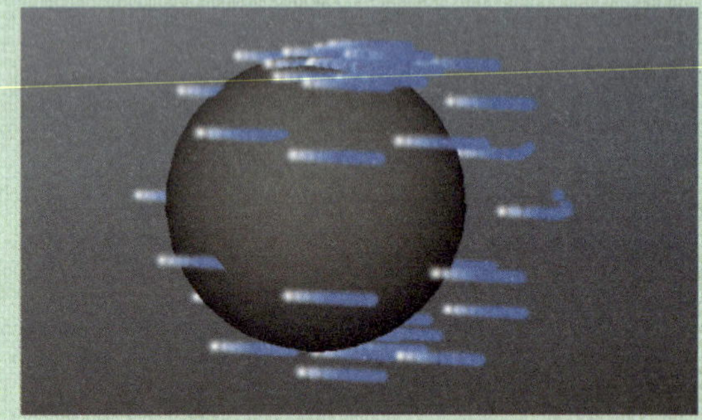

06 选中曲面物体，打开 nParticles（内核粒子）> Create nParticles（创建内核粒子）>Emit from Object（从对象发射）命令的选项设置面板，将 Emitter type（发射类型）设置为 Surface（曲面），如下图所示。

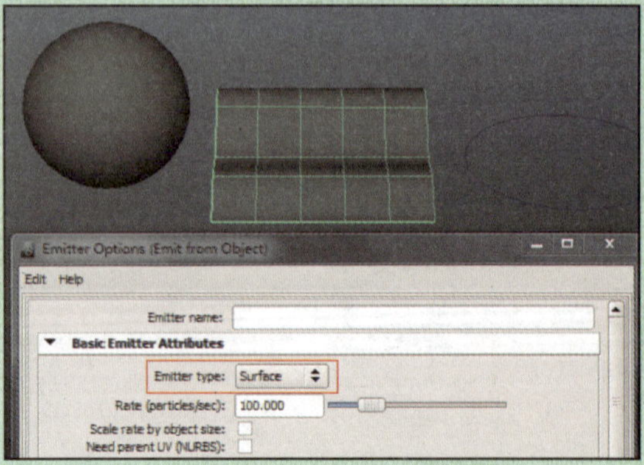

07 更改好发射类型后，单击 Create（创建）按钮，即创建完毕。单击播放按钮，可以看到粒子开始沿物体表面均匀发射，如右图所示。

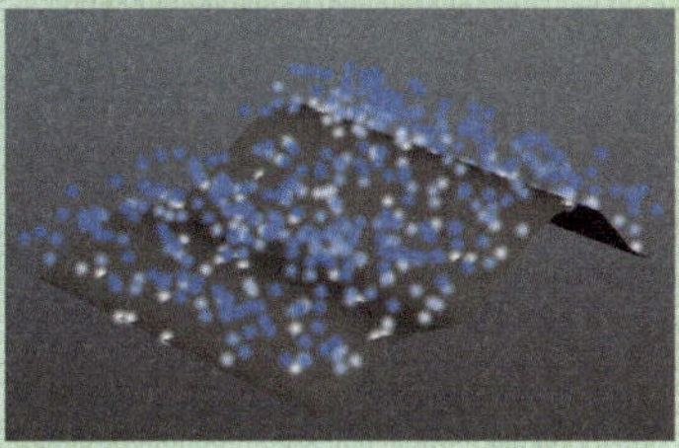

提示：这种粒子的创建放方式在实际工作应用当中最为普及，因为粒子的生成范围以及发射方向都可以通过编辑几何体快速地更改效果。

08 选中圆环曲线，打开 nParticles（粒子）>Create nParticles（创建粒子）>Emit from Object（从对象发射）命令的选项设置面板，将 Emitter type（发射类型）设置为 Curve（曲线），如下图所示。

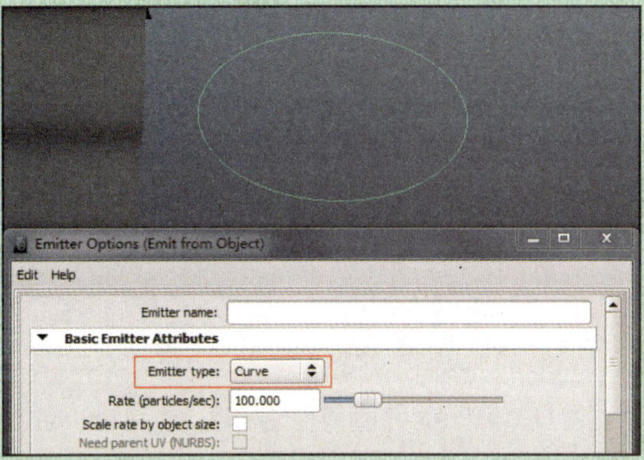

09 更改好发射类型后，单击 Create 按钮，即创建完毕。单击播放按钮，可以看到粒子开始沿曲线向四周发射，如右图所示。

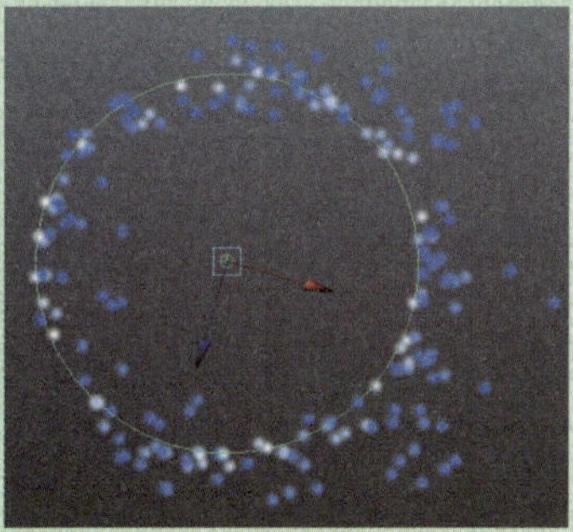

10 为每个物体都设置了粒子发射后，对比可以了解不同发射类型产生的效果，如下图所示。

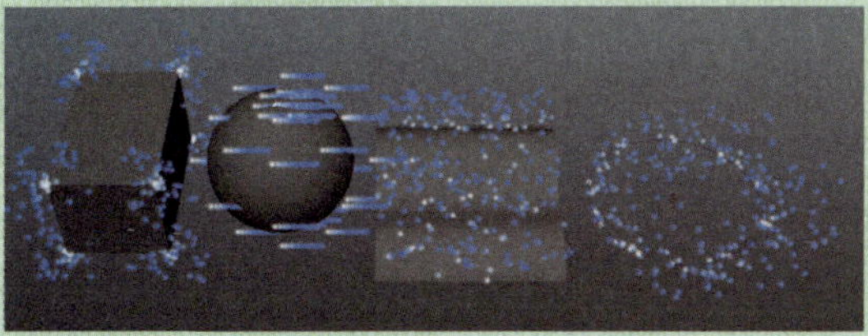

11.2.4 创建粒子填充对象

在 nParticle（内核粒子）系统中创建粒子时，较之以往多了一个 Fill object（填充对象）的命令，即通过填充几何体来创建粒子系统。

打开 nParticles（内核粒子）> Create nParticles（创建内核粒子）>Ftill object（填充对象）命令的选项设置面板，如下图所示。

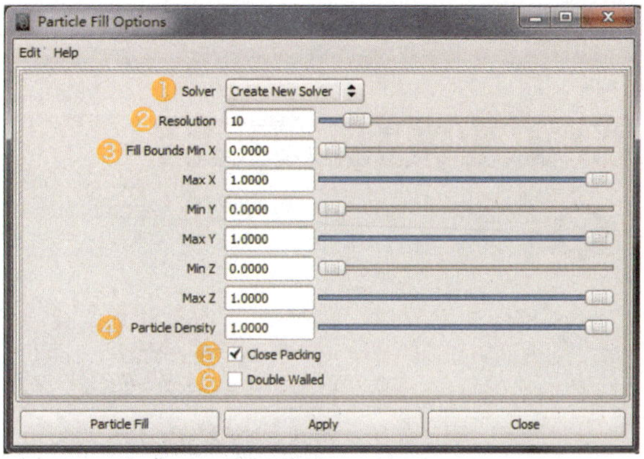

❶ Solver（解算器）：这里用来指定动力学解算器，默认创建为 nucleus1。

❷ Resolution（分辨率）：该数值用来设置填充粒子的分辨率，其实就是粒子的大小。分辨率设置的越高，填充粒子的半径就越小，看起来粒子就越多，效果细腻，更加贴近几何体的形状；反之则粒子个体较大，粒子个数稀少，如下图所示。

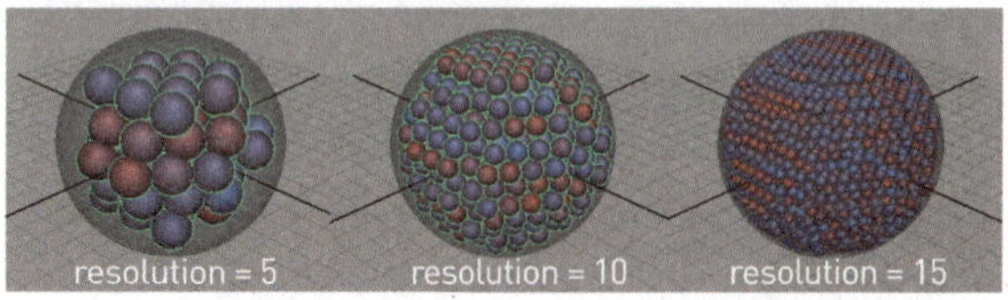

❸ Fill Bounds（填充边界）：主要用来设置粒子的填充边界，因为考虑到粒子以及几何体的精度，难免会产生填充粒子与几何体穿插的情况，所以可以通过限制填充边界来控制粒子与几何体内壁的接触程度。

❹ Particle Density（粒子密度）：用来设置粒子的密度，注意密度不同于上面的粒子分辨率。密度是指粒子之间的空隙大小，如果该选项数值越大，则粒子空隙越小，各个粒子的重合部分就很多；反之，则粒子之间的距离会越大，看起来粒子就会稀疏，如下图所示。

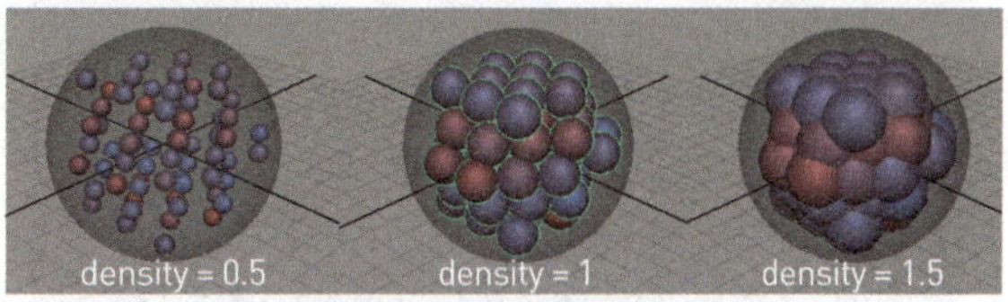

❺ Close packing（紧密填充）：该选项用来决定填充粒子的排列形式。如果不勾选该选项，则粒子会在空间中统一

且规则地排列；如果勾选该选项，则粒子会单击照类似蜂巢那样的六边形链接机构紧密排列。

提示　简而言之，勾选该选项会让粒子在空间中填充得更充实饱满些。

⑥ Double walled（双壁）：该选项用来告诉粒子系统，所选择的几何体是双层还是单层结构。

提示　如果几何体只是一个简单的 Box，只有单层内壁，那么无需勾选该复选框。

进阶练习：从对象发射粒子

原始文件： Chapter 11\11.2\fill object(original).mb
最终文件： Chapter 11\11.2\fill object(final).mb

01 打开本书配套光盘中的原始文件，可以看到场景中有一个茶壶模型，并且已经将其顶盖打开，以便我们能观察到粒子的填充情况，如右图所示。

02 选中茶壶，执行 nParticles（内核粒子）> Create nParticles（创建内核粒子）>Fill object（填充对象）命令，可以马上看到在茶壶中填充满了球状的粒子，如右图所示。

03 为了方便观察粒子的形状，在视图中单击 XRay 按钮，进行透明化显示，可以看到创建出的粒子形状完全单击照杯壁填充，如下图所示。

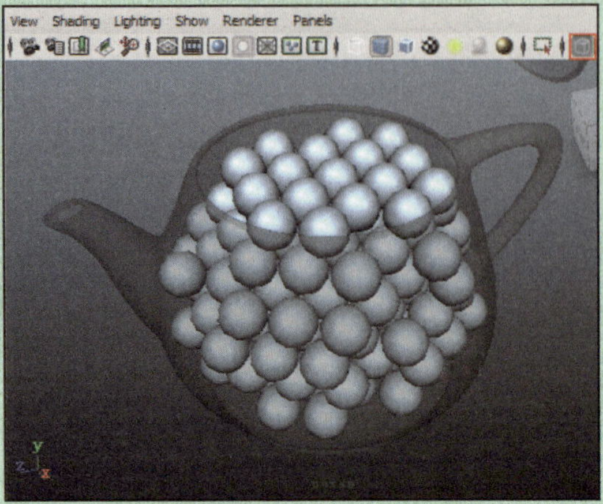

11.3 粒子的基本属性

上一节我们学习了创建粒子的方法，已经开始了解粒子的一些属性。总体而言，粒子的属性分为群体属性和个体属性。

如果读者有计算机编程基础，那么群体属性和个体属性是很好理解的，实质即为类与对象的关系。举个通俗的例子来讲得更明白一点，比如一群人和一堆石子，如果把这两类不同的群体看成两类不同的粒子，那么这两类粒子总体对比就有着质的不同，即人是生物，而石子是无机物。人这个群体，里面所有的个体都有共同的属性，即有着相同的生物结构，如头、身体、四肢；而石头则普遍具有坚硬、结实的质地，这些具有相同构造的属性我们称之为群体属性。

而如果仔细观察每个群体个体，又能看到个体的差异，比如人种之分，不同人的性格行为差异；石头之间也存在质地颜色外形的差异。这种在群体中具有随机性的个体差异，称之为个体属性。

Maya 粒子的群体和个体属性，亦是基于此。群体属性用来决定粒子群的总体行为特征，例如粒子大小、寿命等，而粒子个体属性则可以控制粒子单体的色彩、运动速度等。

11.3.1 粒子属性简介

打开已创建的粒子的属性编辑器，包括 emitter（发射器），nParticleShape（内核粒子形态）和 nucleus（原子核）三个标签，如下图所示。

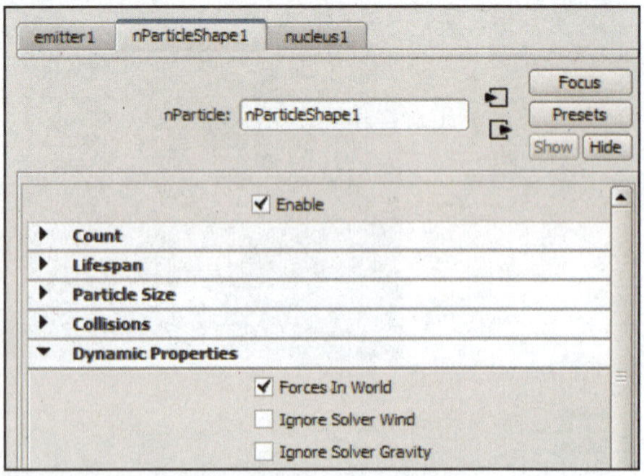

其中 emitter（发射器）决定了粒子整体的存在形式，显示方式，渲染形式等；而 nParticleShape（内核粒子形态）是接触最多的，这些属性决定这个一个粒子群体的速度、寿命、活力，运动方式等；nucleus（原子核）是整个粒子系统的基础，它用来调整粒子存在世界的一些如重力，时间等基础数值。

11.3.2 粒子的数量、寿命和大小

1. 粒子的数量

在通过发射器创建粒子后，如果单击播放单击钮，粒子就会源源不断地发射出去，粒子的数目会随着时间的增长而无限增大。

想要查看当前粒子群里有多少个粒子，我们可以选中粒子，然后打开 nParticleShape（内核粒子形态）标签下的 count（数量）卷展栏，如下图所示。

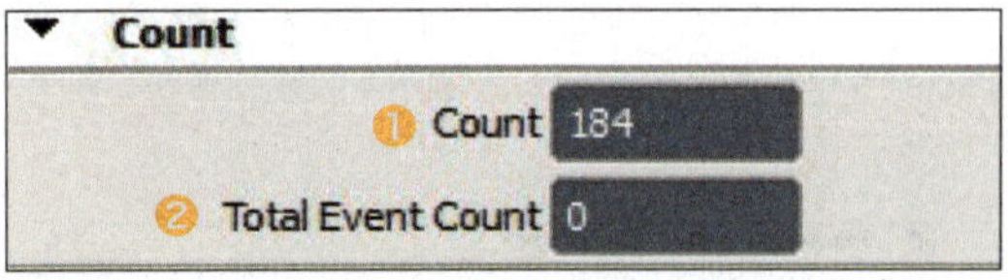

① Count（计数）：显示当前粒子总数，随着发射器不断发射出粒子，数值会产生变化。

② Total Event Count（事件总数）：显示该粒子群中有多少个粒子参与了当前的碰撞事件行为，因为当前没有任何碰撞设置，所以显示为 0 。

2. 寿命

在默认情况下，粒子是一直存在的。如果粒子一直源源不断地产生，那么场景中粒子的数目会越来越庞大，Maya 需要为每一个新创建的粒子开辟资源，将会不堪重负。如果希望粒子能够到一段时间就自动消失。这就需要调节粒子的寿命参数。

打开 nParticleShape（内核粒子形态属性）标签下的 Lifespan（寿命）卷展栏，如下图所示。

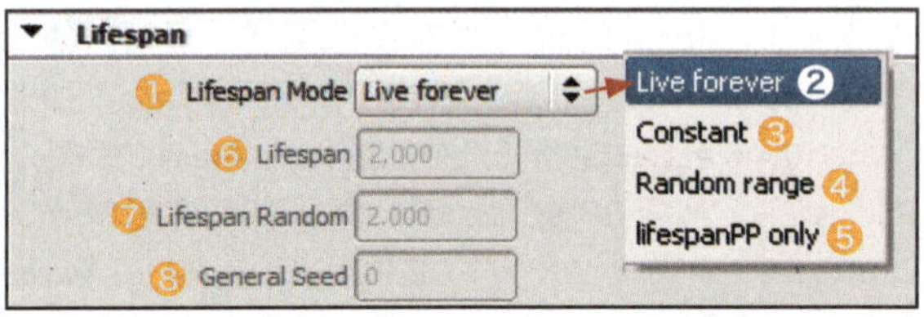

① Lifespan mode（寿命模式）：这一项是设置粒子寿命模式的，在该选项中单击下拉选框，可以看到 Live forever（永生）、Constant（恒定）、Random range（随机范围）、Life span PP（仅寿命 PP）这 4 种模式。

② Live forever （永生）：即粒子将永远存在下去。

③ Constant（恒定）：表示所有粒子将在固定时间内消失。

④ Random range（随机范围）：指不同粒子将在不同的时间段内随机消失。

⑤ Life span PP （仅寿命 PP）：指粒子的个体的存活时间以来与粒子每个体属性，实际是指将通过表达式来控制。

⑥ Lifespan（寿命）：用来设置粒子存活的时间长度，仅在 Constant（恒定）以及 Random range（随机范围）模式下有效。

> **提示** Lifespan（寿命）和 Lifespan random （寿命随机）均是以秒为计数单位的。

⑦ Lifespan random（寿命随机）：该参数用来配合 life - span（寿命）参数，在 Lifespan（寿命）的基础上正负随机 1/2 的尺度浮动。

> **提示** 比如 Lifespan 设定为粒子存活 5 秒，然后在此项中设置为 2 ，那么新生成粒子的将会在 4~6 秒内随机消亡。

⑧ General Seed（常规种子）：所有的随机计算是由一个种子数值作为初始值的。当种子数值相同时，随机结果也一致，想要得到不同的随机效果，需要设置不同的随机种子数值。

进阶练习：设置粒子寿命

最终文件： Chapter 11\11.3\set lifespan(final).mb

01 执行 nParticles（内核粒子）> Create nParticles（创建内核粒子）>Create Emitter（创建发射器）命令，创建一个粒子发射器，如下图所示。

02 选中粒子，打开属性编辑器，在 nucleus（核属性）标签下中将 Gravity（重力）设置为 0，如下图所示。

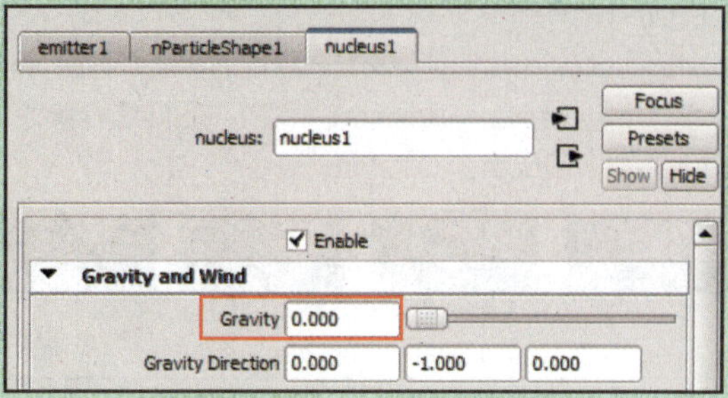

03 然后设置 Lifespan（寿命）值为 2；Lifespan random（寿命随机）值为 2，General Seed（通用种子）值为 2，如下图所示。

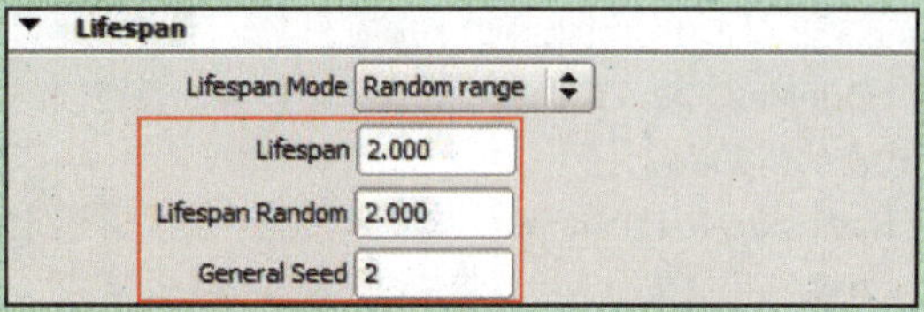

04 点击动画播放按钮，随机对比 80 帧和 160 帧的粒子发射图片，粒子的整体形态和数量都得到了有效的控制，如下图所示。

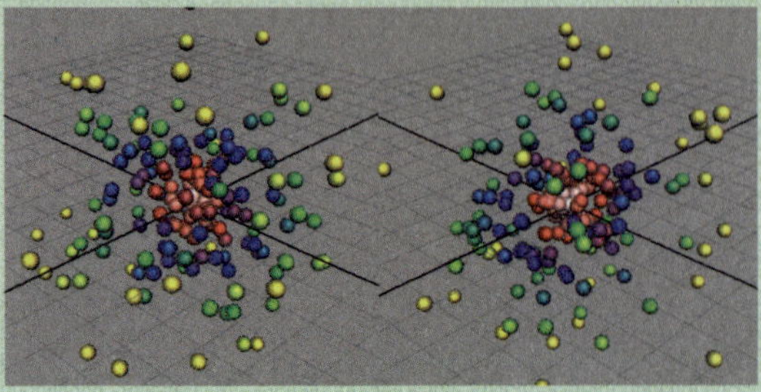

提示： 通过对比图，可以看到粒子的数量基本保持一致，凡是超过一段时间存活的粒子都会自动消失。

3. 粒子大小

打开 nParticleShape（内核粒子形态）标签下的 Particle Size（粒子大小）卷展栏，可以设置粒子的大小，如下图所示。

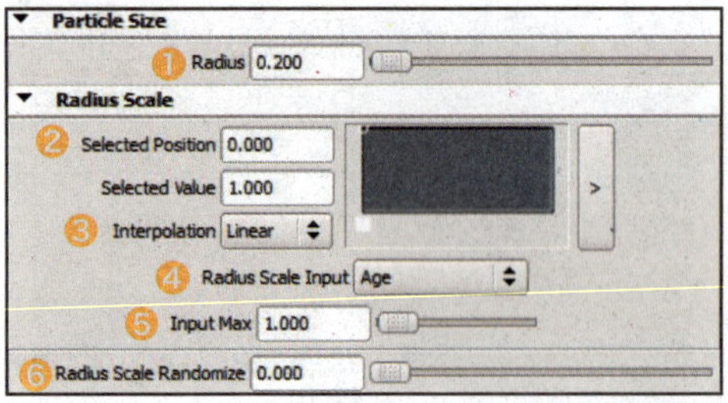

❶ Radius（半径）：用来设置粒子的半径，默认值为 0.2。

❷ Selected Position/ Selected Value（选定位置 / 选定值）：这两项数值可以通过右侧的曲线图调节改变，这种方式方便我们直观地控制粒子的大小。横轴表示时间，纵轴表示粒子大小（对于当前半径的半分比）。

❸ Interpolation（插值）：决定选择点的插值，包括 None（无）、Linear（线性）、Smooth（平滑）、Spline（样条线），4 种类型如下图所示。

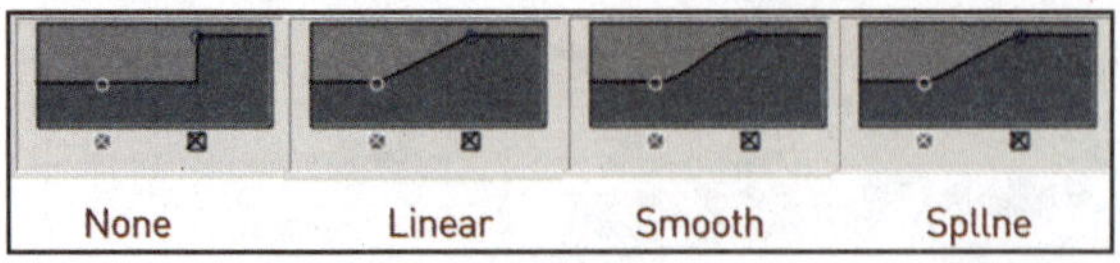

❹ Radius Scale InPut（半径比例输入）：粒子曲线影响粒子大小变化的依据。可选择 Off（禁用）、Age（年龄）、Normalized Age（规格化的年龄）、Speed（速度）、Acceleration（加速度）、Particle ID（粒子 ID）、Randomized ID（随机化的 ID）选项。

❺ Input Max（输入最大值）：这个值越大，曲线控制粒子改变的范围就越大。

❻ Radius Scale Randomize（半径比例随机化）：设定粒子大小的随机值范围，可以避免过于程序化的效果。

11.3.3 粒子的每粒子（数组）属性

粒子属性中的大部分都是群体属性，但是粒子的每粒子（数组）属性也是不可或缺的，它允许对每个粒子分别设置属性。

在 Maya 2012 中，程序自动为我们添加了许多粒子属性，在粒子菜单下可以直接更改，非常方便。但有时它还是不能满足我们的要求，这时候就需要手动为粒子添加属性。

打开 nParticleShape（内核粒子形态）标签下的 Per Particle（Array）Attributes（每粒子（数组）属性）卷展栏，如下图所示。

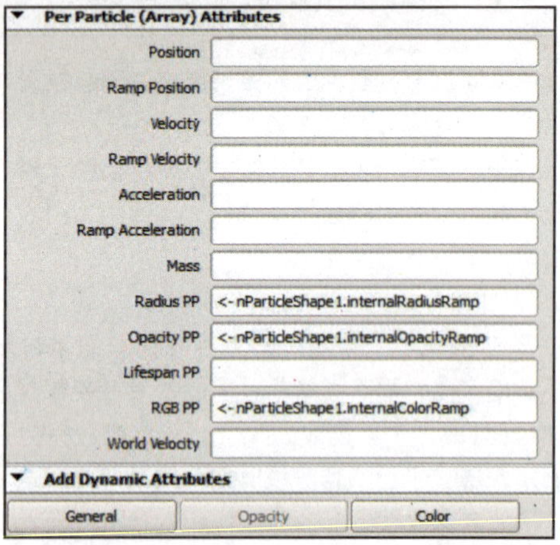

在 Per Particle（Array）Attributes（每粒子（数组）属性）卷展栏中，默认显示了 12 个粒子属性：tPosition（位置）、Ramp Position（渐变位置）、Velocity（速度）、Ramp Velocity（渐变速度）、Acceleration（加速度）、Ramp Acceleration（渐变加速度）、Mass（质量）、Radius PP（半径 PP）、Opacity PP（不透明度 PP）、Lifespan PP（寿命 PP）、RGB PP（颜色 PP）、World Velocity（世界速度）。每一个属性都可以分别添加表达式或渐变贴图等进行控制。

在任意属性后的文本框位置单击鼠标右键会弹出右键菜单，如下图所示。

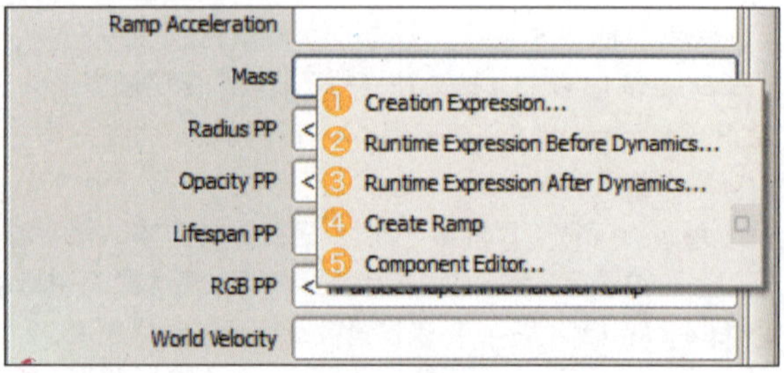

❶ Creation Expression（创建表达式）：创建一个表达式。

❷ Runtime Expression Before Dynamicss（动力学前运行时表达式）：创建一个在动力学计算之前选择的表达式。

❸ Runtime Expression After Dynamicss（动力学后运行时表达式）：创建一个在动力学计算之后选择的表达式。

④ Create Ramp（创建渐变）：添加一个 Ramp 贴图。

⑤ Component Editor（组件编辑器）：打开组件编辑器。

打开 Add Dynamics Attributes（添加动态属性）卷展栏，如下图所示。

① General（常规）：添加通用粒子属性。

② Opacity（不透明度）：添加粒子透明度属性。

③ Color（颜色）：添加粒子颜色属性。

单击 General（常规）按钮，会弹出 Add Attribute（添加属性）对话框，在 New（新建）标签下可以新建新的粒子属性，如下图所示。

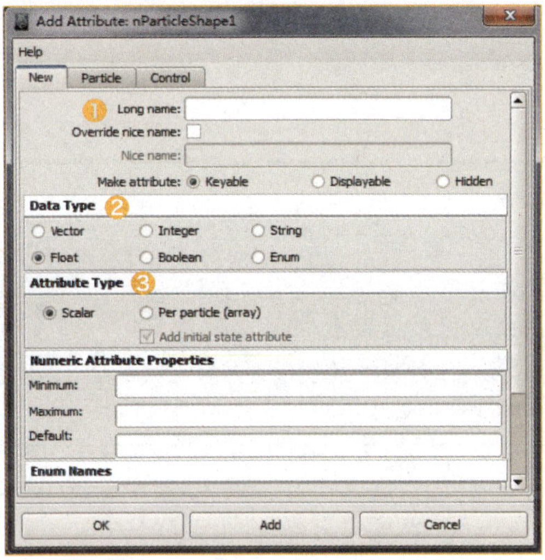

> **提示** 新建的粒子属性会自动添加到 Per Particle（Array）Attributes（每粒子（数组）属性）卷展栏的属性列表中。

① Long name（长名称）：设置粒子属性名称。

② Date Type（数据类型）：包括 Vector（矢量）、Integer（整型）、String（字符串）、Float（浮点型）、Boolean（布尔）、Enum（枚举）选项。

> **提示** 具体数据类型的介绍可参看表达式章节。

③ Attribute Type（属性类型）：包括 Scalar（标量）和 Per paticle（array）（每粒子（数组））两个选项。

在 Particle（粒子）标签下可以载入已有的粒子属性到 Per Particle（Array）Attributes（每粒子（数组）属性）卷展栏的属性列表中，如下图所示。

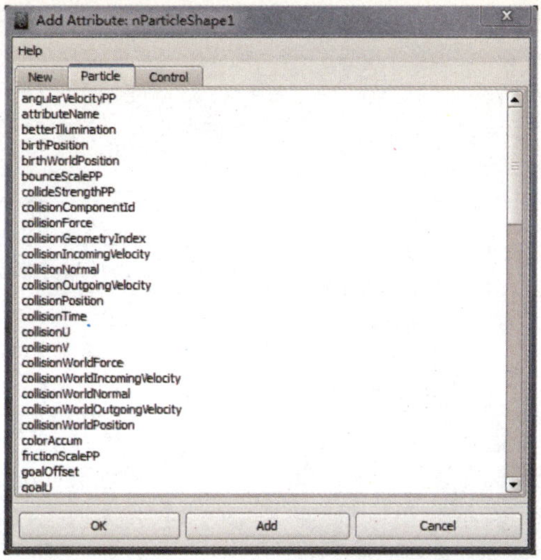

进阶练习：控制每粒子（数组）属性

最终文件： Chapter 11\11.3\set per particle attribute(final).mb

01 执行 nParticles（内核粒子）> Create nParticles（创建内核粒子）>Create Emitter（创建发射器）命令，创建一个粒子发射器，将 Rate（速率）值设为 70，如下图所示。

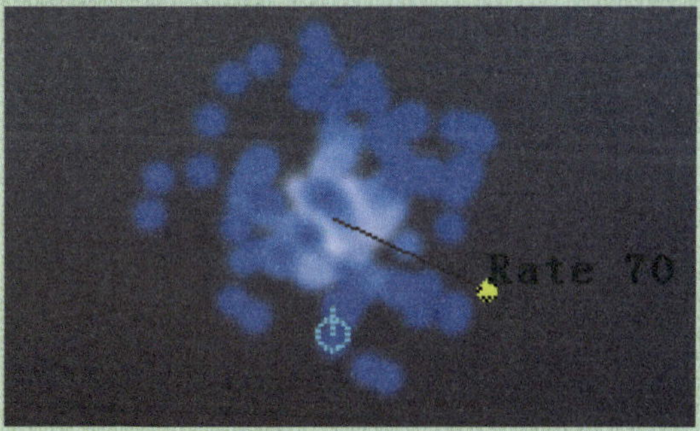

提示： 这里粒子带有的颜色渐变是 Maya 2012 自动为粒子添加的属性。

02 选中粒子，打开属性编辑器，在 Per Particle（Array）Attributes 卷展栏中找到 Radius PP（半径 PP）属性，默认情况下 Maya 为这个属性创建了一个控制贴图。单击鼠标右键，执行 Break Connetion（断开连接）命令，如下图所示。

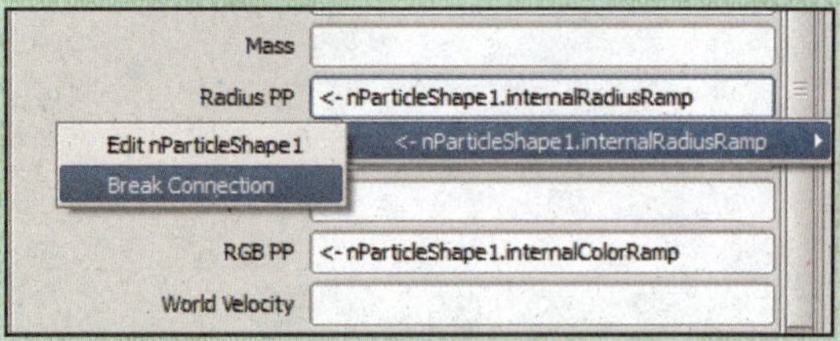

提示： 想要使用自定义的方式对属性进行控制，可以去除之前的控制手段，即执行 Break Connection（断开连接）命令。

03 再次在 Radius PP（每粒子半径）属性右侧的空白处单击鼠标右键，执行 Creation Expression（创建表达式）命令，打开表达式编辑器，为该属性创建表达式，如下图所示。

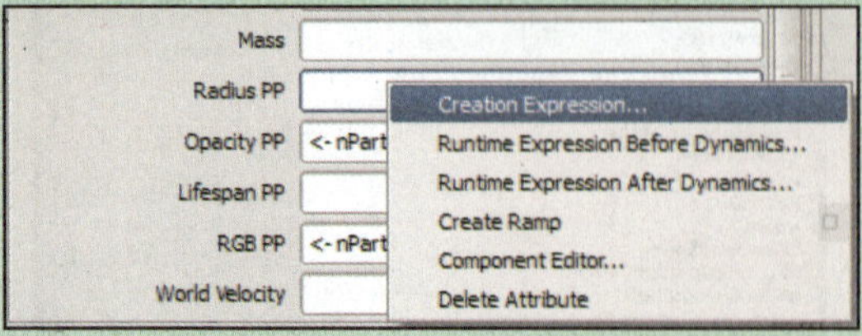

04 在表达式编辑器中输入"nParticleShape1.radiusPP = rand(0.02,0.2);"即粒子的半径将在 0.02 到 0.2 之间随机取值，单击 Close（关闭）按钮，如下图所示。

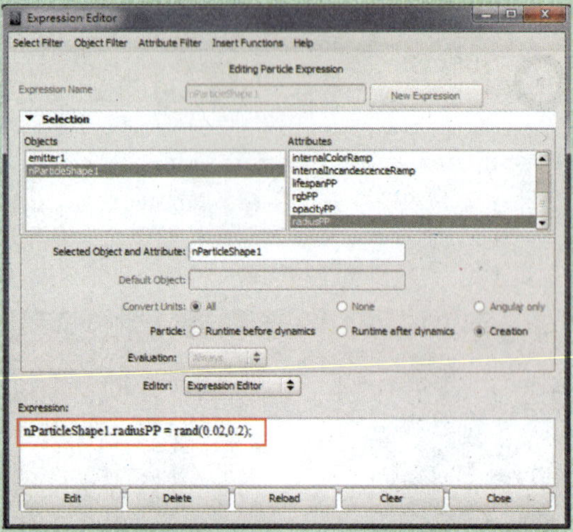

提示： 关于表达式编辑的详细介绍请参看表达式章节。

05 再次播放动画查看粒子状态，粒子的大小出现了变化，如下图所示。

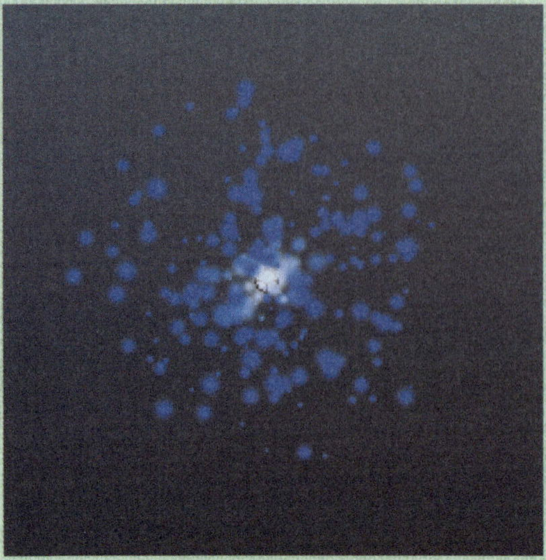

06 再次打开表达式编辑器，单击 Delete（删除）按钮，去除表达式对粒子属性的控制，如下图所示。

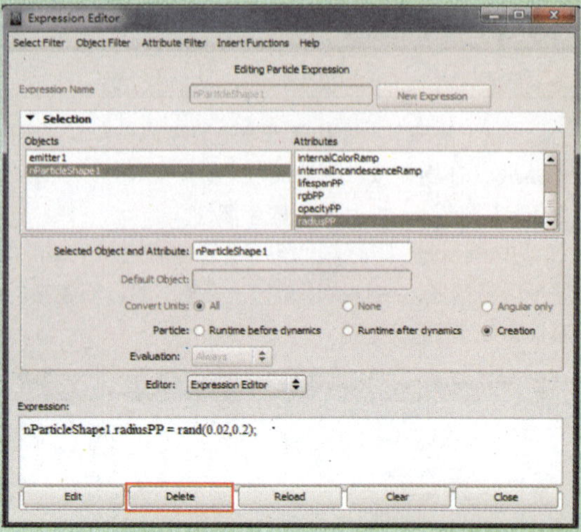

提示： 除了可以通过表达式控制属性以外，还可以通过 Ramp（渐变）贴图来控制粒子属性。

07 回到粒子的属性编辑器中，再在 Per Particle（Array）Attributes 卷展栏中的 Radius PP（每粒子半径）属性右侧空白位置单击鼠标右键，执行 Create Ramp（创建渐变）命令，如下图所示。

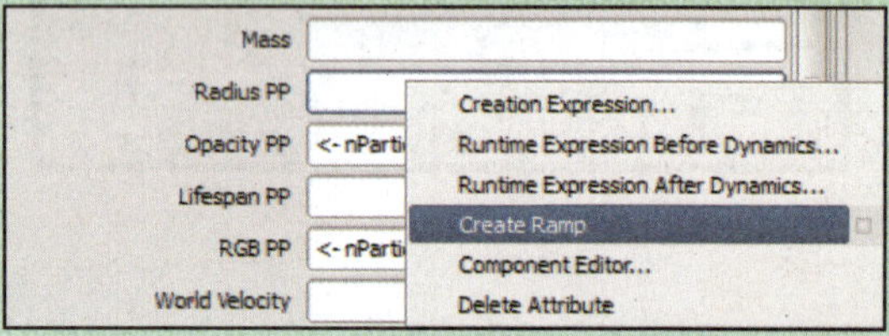

08 播放动画，粒子大小受到渐变控制产生了与之前不同的变化，如右图所示。

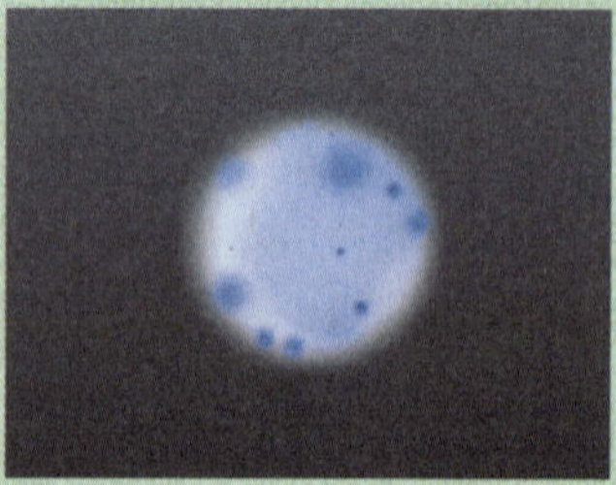

09 渐变贴图自动生成了一个半径由大到小的渐变，结果发现效果不够理想。在 Radius PP 属性右侧单击鼠标右键，执行 Edit Ramp（编辑渐变）命令，如下图所示。`

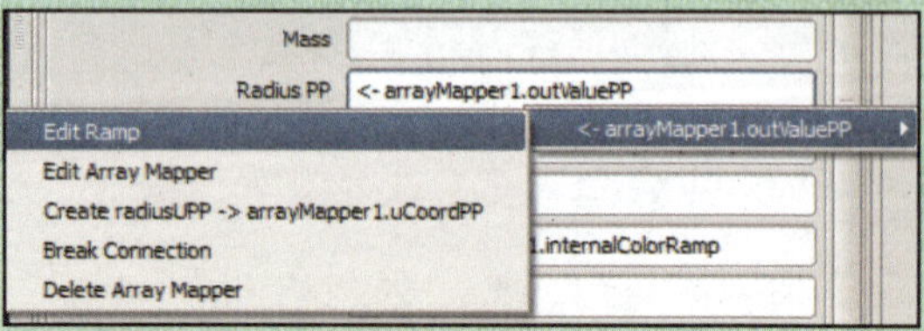

10 将整体渐变颜色加深，如下图所示。

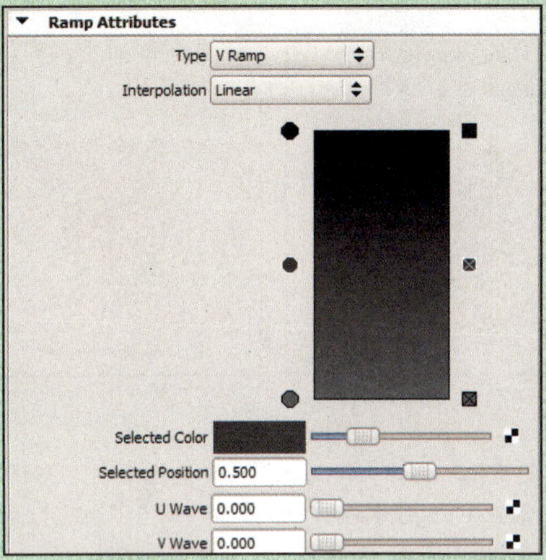

提示：通过黑白渐变来控制粒子的大小，黑色代表最小值，白色代表最大值。

11 再次播放，最后效果如右图所示。

这个例子只是粒子个体属性控制的一个简单应用，事实上粒子个体属性在实际应用中使用非常广泛，会在将来的学习中逐步为大家介绍。

11.3.4 粒子的显示样式

粒子的显示样式也是重要的群体属性之一，在粒子属性里，可以找到更多的粒子形态显示设置。

打开 nParticleShape（内核粒子形态）标签下的 Shading（阴影）卷展栏，如下图所示。

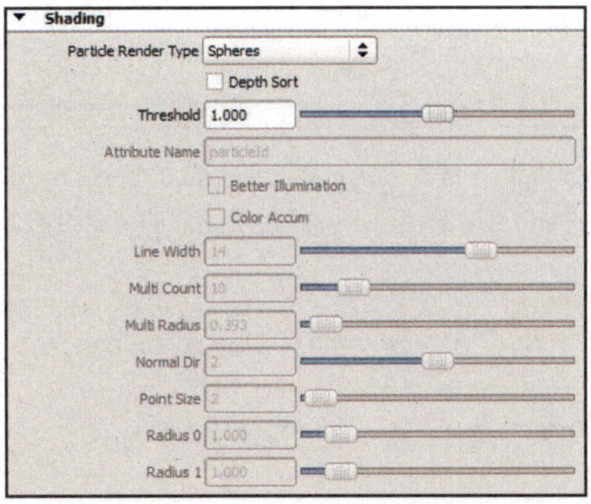

Shading（阴影）卷展栏中的属性都是有关粒子实时显示以及渲染效果的设置，这里主要介绍些粒子的外形类型 Particle Render Type（粒子渲染类型）。

- Particle Render Type（粒子渲染类型）：即粒子的显示类型，包括 MultiPoint（多点）、MultiStreak（多条纹）、Numeric（数值）、Points（点）、Spheres（球体）、Sprites（精灵）、Streak（条纹）、Blobby Surface(s/w)（滴状曲面）、Cloud(s/w)（云）、Tube(s/w)（管状体），如右图所示。

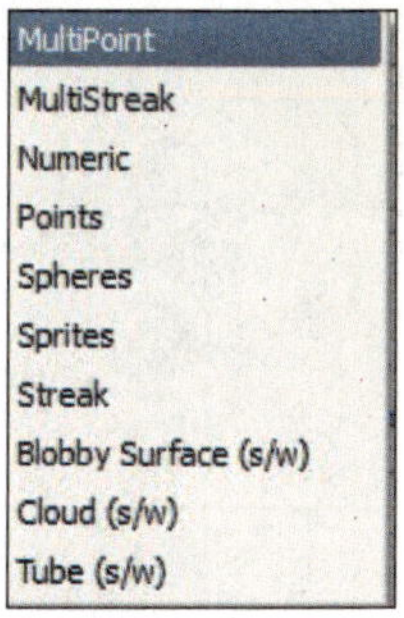

这些粒子类型不仅涵盖了创建粒子时预设的形态，还包含其他更多的样式。不同的粒子渲染类型可以应用到不同的特效模拟中。

提示 其中 Blobby Surface（s/w）（滴状曲面）、Cloud（s/w）（云）、Tube（s/w）（管状体）形态可以使用软件渲染看到效果，而其他类型的粒子通过预览就可以直接看到效果，但只能使用硬件渲染器进行渲染。

1. Points（点状）类粒子

在 Particle Render Type（粒子的渲染类型）属性中选择 Points（点）选项，则粒子的渲染类型更改为了点状类粒子，此类是接触最多的粒子类型，如下图所示。

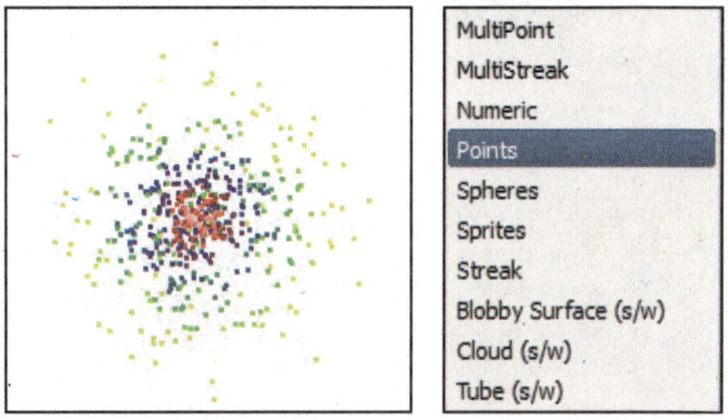

提示 为了方便读者观察，已经按上一小节的方法给粒子添加上色彩。

选择 Points（点）选项时，nParticleShape（内核粒子形态）标签下的 Shading（阴影）卷展栏会出现以下属性，如下图所示。

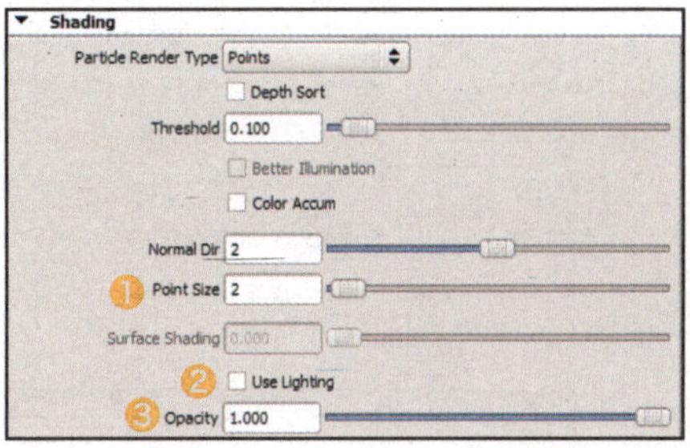

❶ Point Size（点大小）：设置粒子的点大小。数值越大，

粒子显得越大，如下图所示。

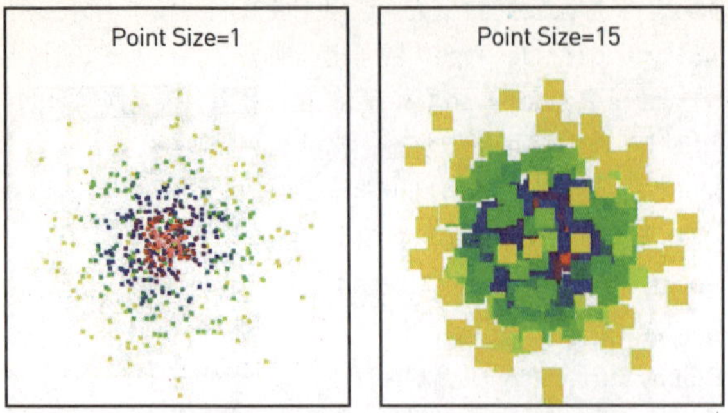

❷ Use Lighting（使用照明）：勾选该选项，粒子受到灯光影响。

❸ Opacity（不透明度）：设置粒子显示的透明度。

2. MultiPoint（多点）类粒子

在 Particle Render Type（粒子的渲染类型）属性中选择 Multipoint（多点）选项，则粒子的渲染类型更改为了多点类粒子，如下图所示，选择 Multipoints（多点）选项后粒子密度明显增大。

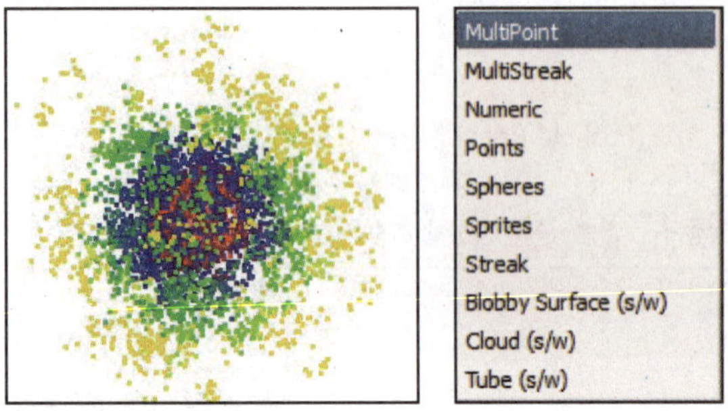

> **提示** 使用 Multipoints（多点）选项时，虽然粒子密度增大，但实际粒子数量并没有增加。事实上增加的点源于原 Point 点状类单个粒子的分裂，可以把原点状类粒子理解为一个簇，每个簇又包含许多点单体。

选择 Multipoint（多点）选项时，nParticleShape（内核粒子形态）标签下的 Shading（阴影）卷展栏会出现以下属性，如下图所示。

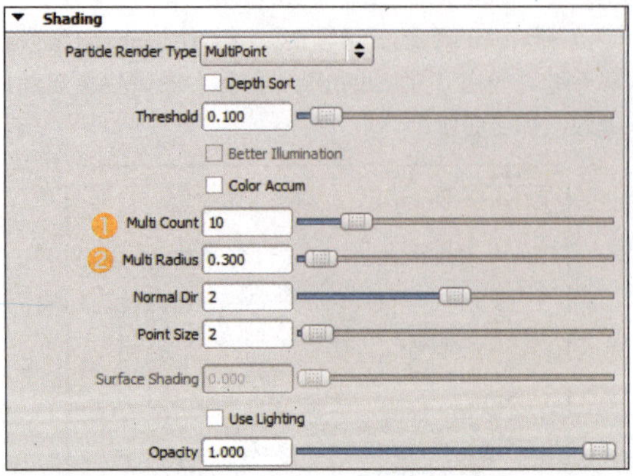

❶ Mulit Count（多点计数）：指每个粒子中包含的点个数，数值越大则点越多。

❷ Mulit Radius（多点半径）：每个粒子的半径数值，数值越大粒子显示的分裂点越分散，反之则越密集，如下图所示。

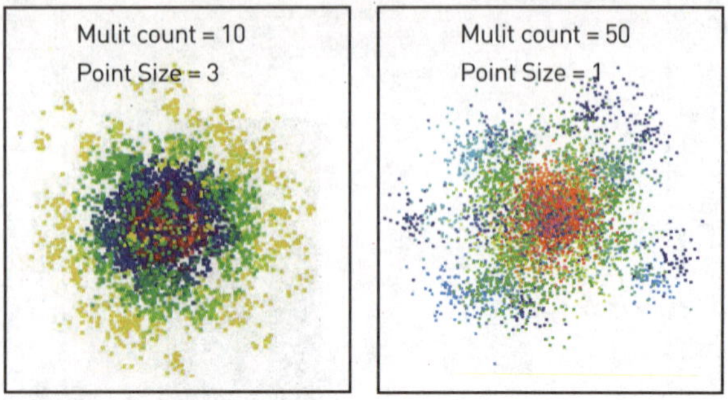

3. Streak（条纹）类粒子

在 Particle Render Type（粒子的渲染类型）属性中选择 Streak（条纹）选项，选择 Streak（多条纹）选项后粒子呈短线条方式，指向发射方向，如下图所示。

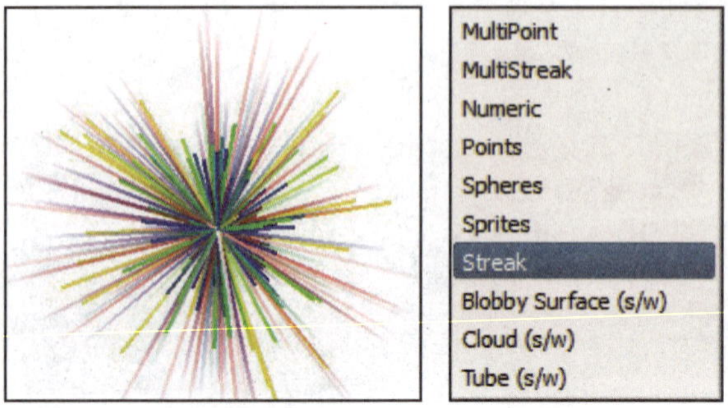

选择 Streak（条纹）选项时，nParticleShape（粒子形态属性）标签下的 Shading（阴影）卷展栏会出现以下属性，如下图所示。

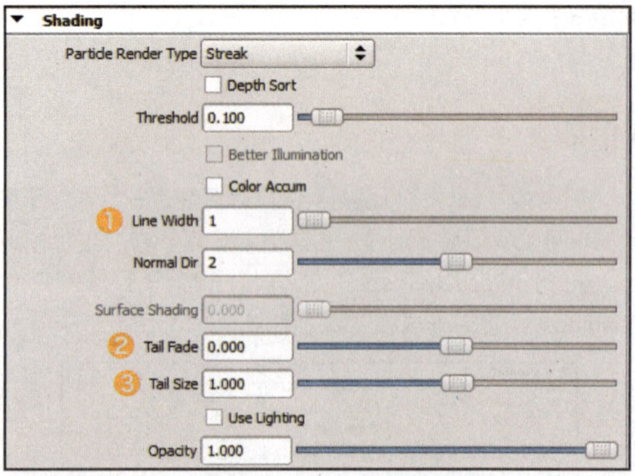

❶ Line Width（线宽度）：每个线条纹的宽度。

❷ Tail Fade（尾部褪色）：线条纹尾部的消逝过渡。

> **提示** 指向发射器一端为线条纹尾部，调节尾部褪色属性，可以调节出类似雨丝的效果。

❸ Tail Size（尾部大小）：线条纹的尾部大小。

4. MultiStreak（多条纹）类粒子

在 Particle Render Type（粒子的渲染类型）属性中选择 MultiStreak（多条纹）选项，选择 Multistreak（多条纹）选项后粒子呈短线条方式，指向发射方向，如下图所示。

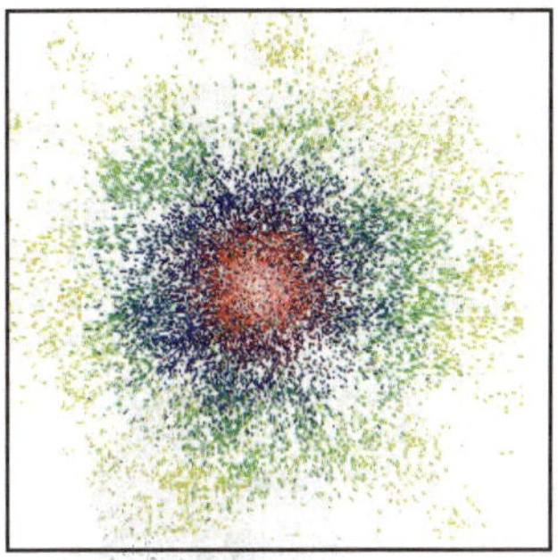

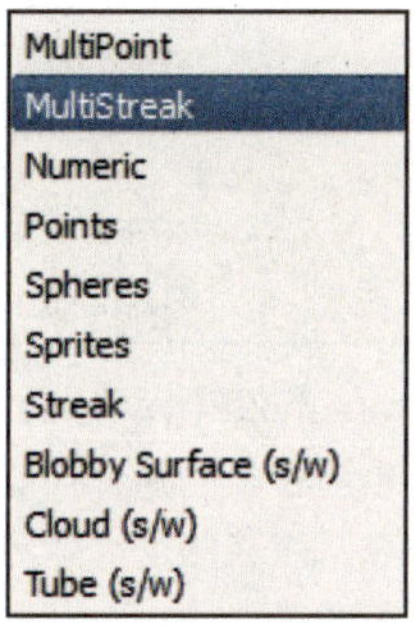

选择 Multistreak（多条纹）选项时，nParticleShape（内核粒子形态）标签下的 Shading（阴影）卷展栏会出现以下属性，如下图所示。

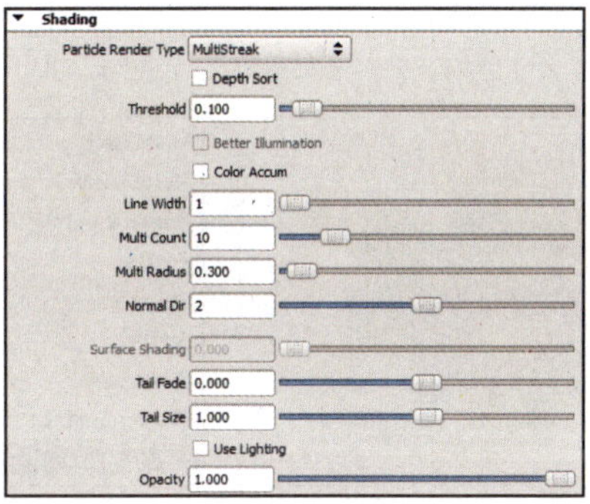

Multistreak（多条纹）类型即 Streak（条纹）类型中线条数量增多，对应属性也基本一致。读者可根据 Streak（条纹）类型和 MultiPoints（多点）类型的参数进行理解。

通过调节粒子色彩以及线条纹粒子的渲染特征，可以做出更多炫目的效果，如下图所示。

5. Numeric（数值）类粒子

在 Particle Render Type（粒子的渲染类型）属性中选择 Numeric（数值）选项，选择 Numeric（数值）选项后所有的粒子都转化为了数字形式，如下图所示。

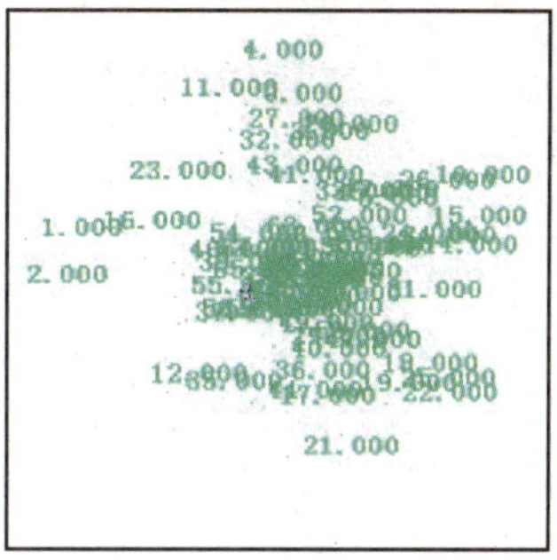

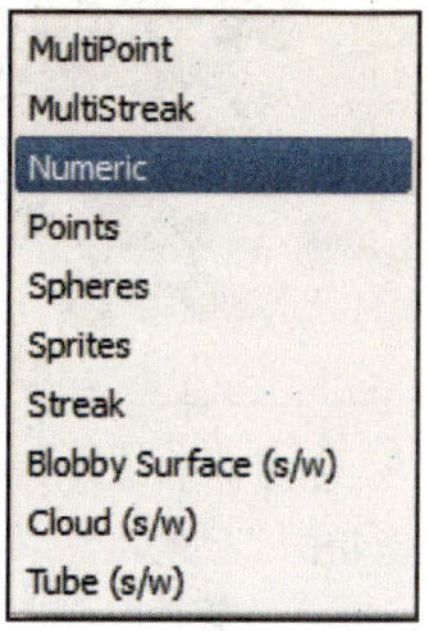

选择 Numeric（数值）选项时，nParticleShape（粒子形态属性）标签下的 Shading（阴影）卷展栏会出现以下属性，如下图所示。

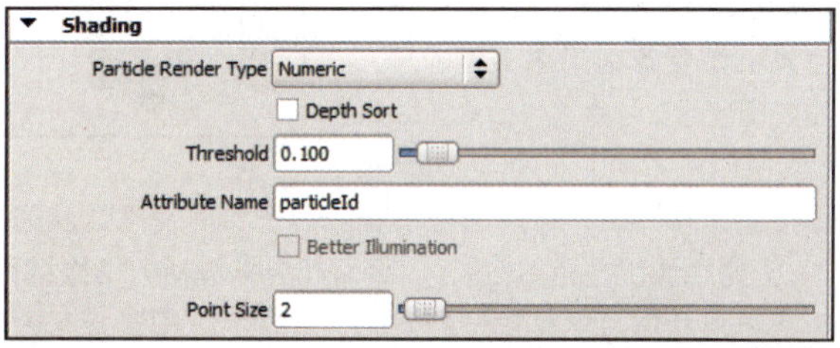

- Attribute Name（属性名称）：用来决定当前粒子显示的属性数值。用户可以输入属性名称，就可以查看每个粒子上改属性的数值。

Maya 默认显示的是“particleid”，即粒子的身份数值属性。Maya 的粒子系统为每个粒子都创建了 ID 数值，以方便程序调用区分。同样我们也可以让粒子去显示与粒子相关的其他属性，比如速度。当在 Attribute Name（属性名称）中输入 velocity（速度）后，可以看到粒子发生变化，如下图所示。

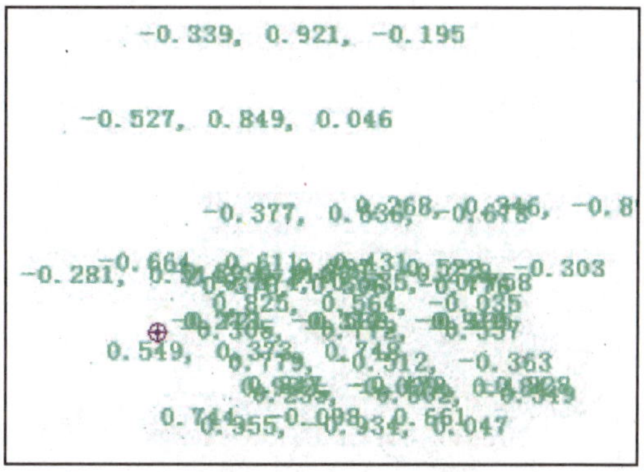

Numeric（数值）粒子在 Mel 以及表达式控制粒子时非常有用，可以帮助程序员分析判断粒子的行为是否正确。

6. Spheres（球体）类粒子

在 Particle Render Type（粒子的渲染类型）属性中选择 Spheres（球体）选项，选择 Sphere（球体）选项后所有的粒子都转化为了球形形式，如下图所示。

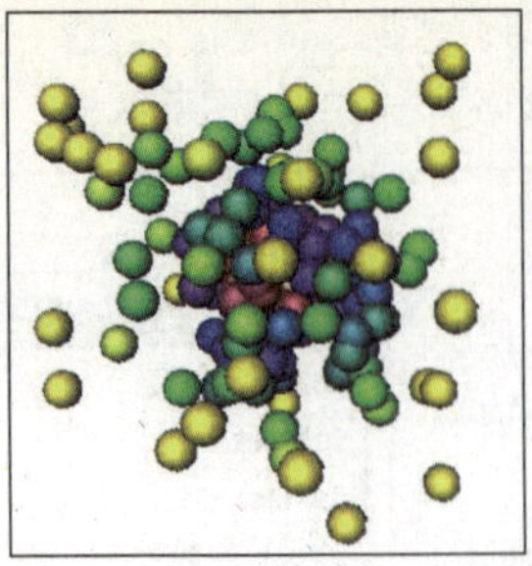

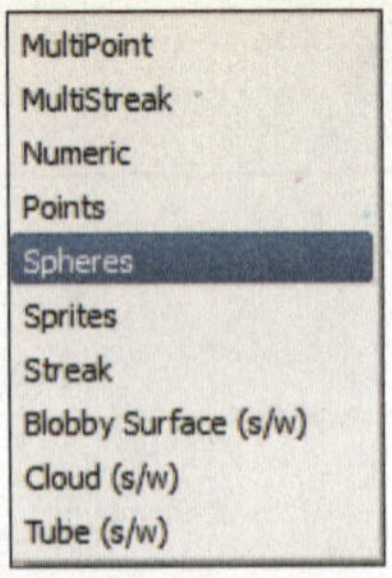

Spheres（球体）粒子在 Shading（着色）卷展栏下没有特殊可用的属性，可以通过调节卷标 Particle Size（粒子大小）的属性去调节粒子大小。

7. Sprites（精灵）类粒子

在 Particle Render Type（粒子的渲染类型）属性中选择 Sprites（精灵）选项，则粒子的渲染类型更改为了平面型粒子，如右图所示。

所谓“精灵”，是从 Sprites 直接翻译得到的，意思是指所有的粒子平面在默认状态下，无论摄像机视角如何变化，平面都会一直朝向摄像机，呈正方形状态。这类粒子的大小、旋转、贴图链接都是需要通过 Per Particle attibutes（每粒子（数组）属性）以及表达式配合控制。Sprites（精灵）粒子最大的用途在于它可以让每个粒子的方片上显示出贴图，可以大量用在影视包装以及群集动画的特效上。

8. Blobby Surface（滴状曲面）类粒子

Blobby Surface（滴状曲面）粒子类型其实就是 Maya 在创建粒子时预设好的 Water（水）类型粒子，只不过 Water（水）粒子的各个参数都已经预设好，使其在外形、动作、渲染上更加像水。

在 Particle Render Type（粒子的渲染类型）属性中选择 Blobby Surface（滴状曲面）选项，选择 Blobby Surface（滴状曲面）选项后所有的粒子都转化为了球形形式，如下图所示。

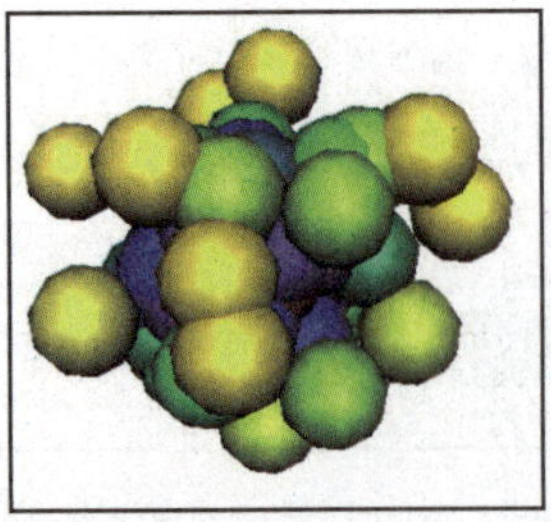

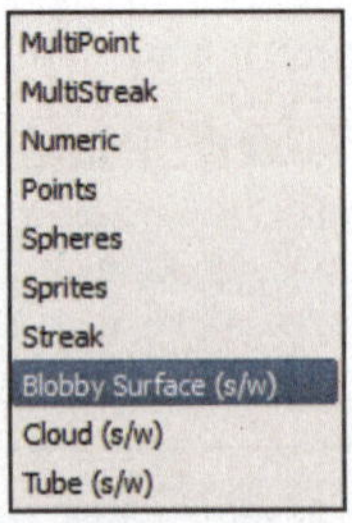

从预览效果中看，该粒子似乎与 Spheres（球体）粒子没有太大区别。但是如果使用 Maya 软件渲染器渲染后，就可以看到它们的区别，滴状曲面类粒子之间产生了融合效果，如右图所示。

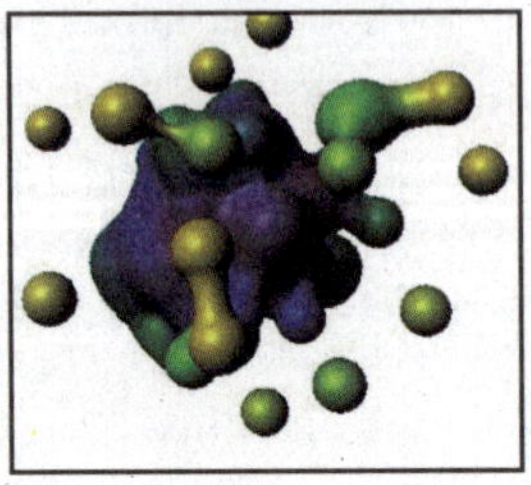

选择 Blobby Surface（滴状曲面）选项时，nParticleShape（内核粒子形态）标签下的 Shading（阴影）卷展栏会出现以下属性，如下图所示。

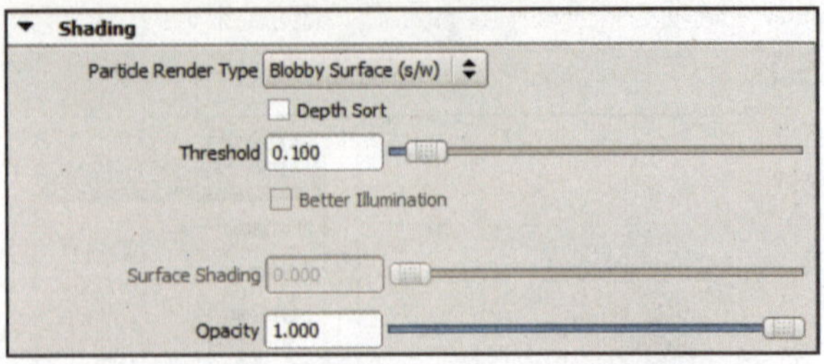

- Threshold（阈值）：用来决定当前粒子的融合数值。数值越高，表面融合得越厉害，如右图所示。

9. Cloud（云）类粒子

在 Particle Render Type（粒子的渲染类型）属性中选择 Cloud（云）选项，则粒子转化为了云粒子，如下图所示。

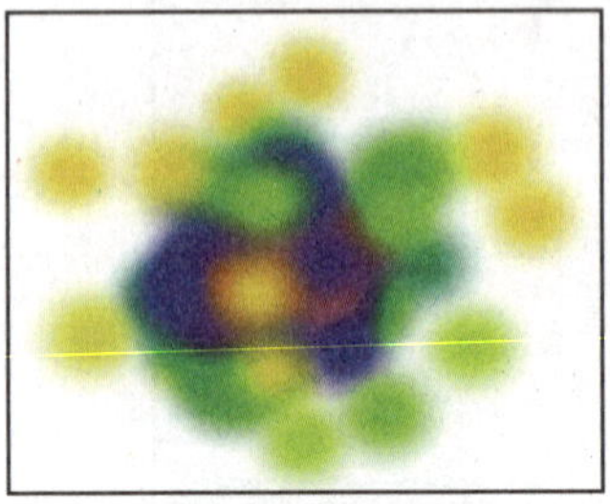

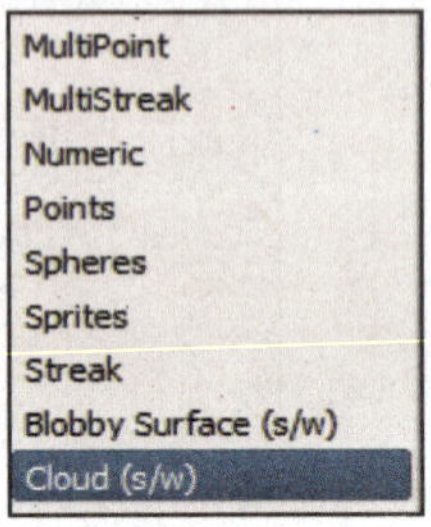

云粒子主要用于模拟气体流动，如果要想获得较好的气体模拟效果，需要大量的粒子进行渲染。

10. Tube（管状体）类粒子

在 Particle Render Type（粒子的渲染类型）属性中选择 Tube（管状体）选项，则粒子转化为了云态粒子，如下图所示。

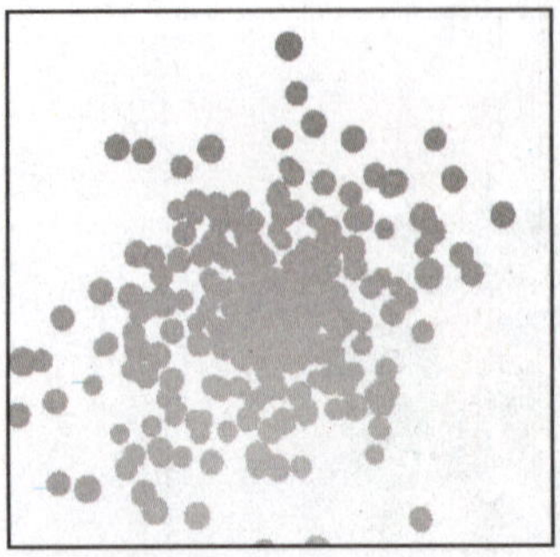

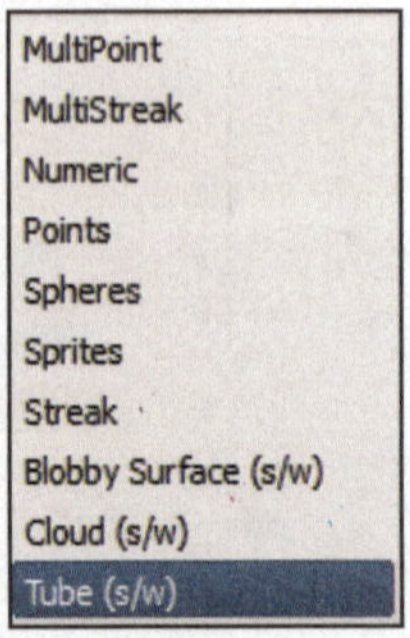

管状粒子其实是在云粒子的基础上增加了方向感，类似于线条纹粒子，用 Maya 软件渲染器渲染，可以看到粒子具有了管状尾部，如右图所示。

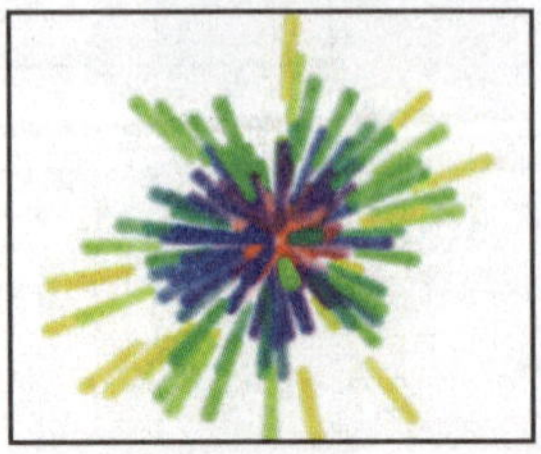

11.3.5 粒子的动力学属性

在粒子的属性菜单下，还可以设定粒子在动力学计算中的参数。

1. 碰撞参数

打开 nParticleShape（内核粒子形态）标签下的 Clooisions（碰撞）卷展栏，如下图所示。

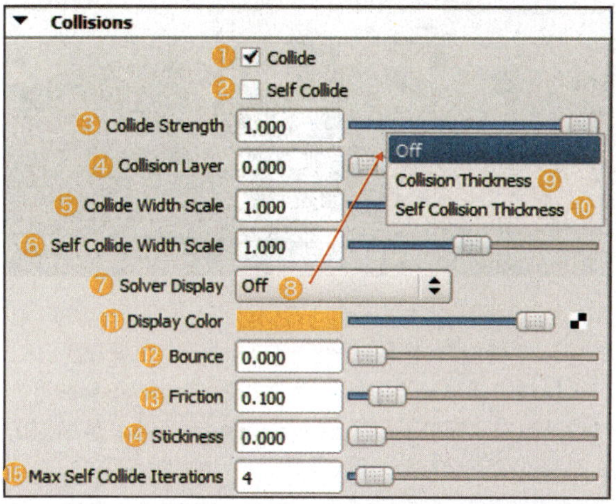

❶ Collide（碰撞）：如果不勾选此选项，粒子将不会参加任何碰撞。

❷ Self Collide（自碰撞）：勾选此选项粒子与粒子之间就会产生碰撞。

❸ Collide Strength（碰撞强度）：这个值控制粒子接受力的作用大小。

❹ Collision Layer（碰撞层）：只有当两物体碰撞层之差小于在 Nucleus（核属性）中设置 Collision Layer Range 值时，俩物体才会产生碰撞。

❺ Collide Width Scale（碰撞宽度比例）：这个范围决定了粒子与碰撞物体间产生碰撞效果的距离。也就是说，相当于粒子变大了，它的碰撞判定变大了，但实际粒子大小没有改变。

❻ Self Collide Width Scale（自碰撞宽度比例）：决定粒子距粒子间产生碰撞效果的距离。

❼ Solver Display（解算器显示）

❽ Off（禁用）

❾ Collision Thickness（碰撞厚度）：显示粒子碰撞范围。

❿ Self Collision Thickness（自碰撞厚度）：显示粒子与粒子之间的碰撞范围。

⓫ Display Color（显示颜色）

⓬ Bounce（反弹）：决定物体碰撞时的弹力大小。

⓭ Friction（摩擦力）：数值越大物体碰撞后的减速效果就越明显。

⓮ Stickiness（粘滞）：使物体碰撞后不容易弹开。

⓯ Max Self Collide Iterations（最大自碰撞迭代次数）

在 Collision（碰撞）卷展栏下，还包含 Collision Ramps（碰撞渐变）卷展栏，可以通过图形直观地控制粒子的碰撞半径，如下图所示。

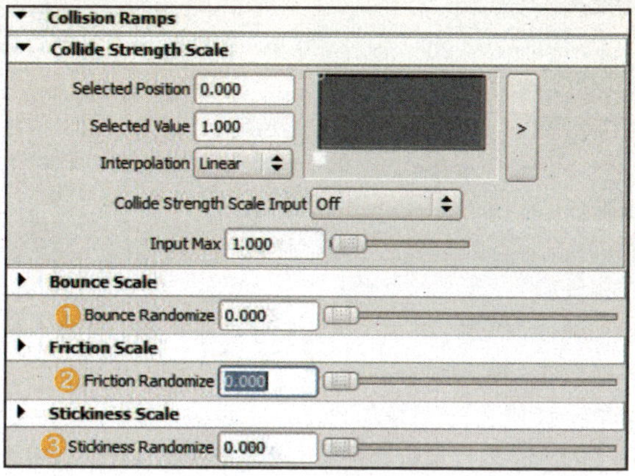

❶ Bounce Randomize（反弹随机化）

❷ Friction Randomize（摩擦力随机化）

❸ Stickiness Randomize（粘滞随机化）

以上这几个参数可以调整随机值，避免粒子在碰撞过程中效果过于统一，而缺乏变化。

2. 动力学特性参数

在 nParticleShape（内核粒子形态）标签下的 Dynamic Properties（动力学特性）卷展栏中，可以调整粒子的动力学运动特性，如下图所示。

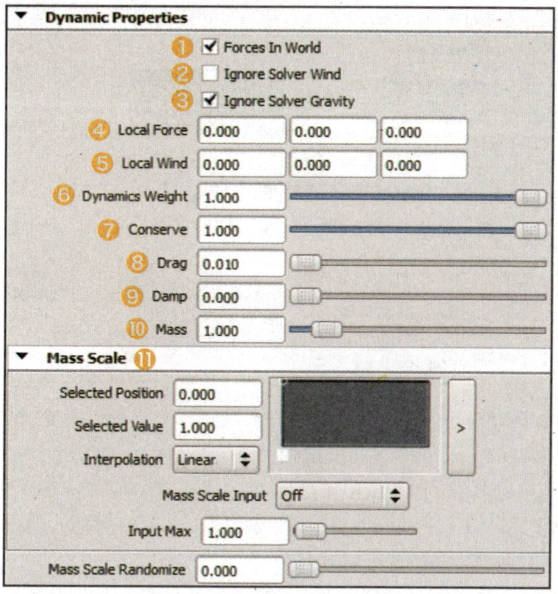

❶ Forces In World（世界中的力）：粒子是否受动力学计算影响。

❷ Ignore Solver Wind（忽略解算器风）：是否计算 Solver（解算器）内部的风场影响。

❸ Ignore Solver Gravity（忽略解算器重力）：是否计算 Solver 内部的重力场影响。

❹ Local Force（局部力）：将力按照指定的量和方向应用于 nParticle 对象。该力仅应用于局部，并不影响指定给同一解算器的其他 Nucleus（原子核）对象。

⑤ Local Wind（局部风）：类似于 Local Force（局部力），特指局部风场。

⑥ Dynamics Weight（动力学权重）：权重越小粒子受动力场的影响就越小。

⑦ Conserve（保持）：粒子守恒属性。读者可以理解为惯性。当这个值为零时，动力场对粒子的作用只存在于当前帧。

⑧ Drag（阻力）：这个值会使粒子互相拖拽，导致粒子聚集。

⑨ Damp（阻尼）：这个值会阻止粒子运动，值越大粒子就越容易停下来。

⑩ Mass（质量）：同等力场作用，质量小的物体加速度大。

⑪ Mass Scale（质量比例）：通过曲线调节粒子的质量变化，这里就不再赘述。

3. 粒子点力场参数

粒子点力场是由粒子对象产生的力场，主要用来控制粒子对 nCloth（内核布料）的影响。打开 nParticleShape（内核粒子形态属性）标签下的 Force Field Generation（力场生成）卷展栏，如下图所示。

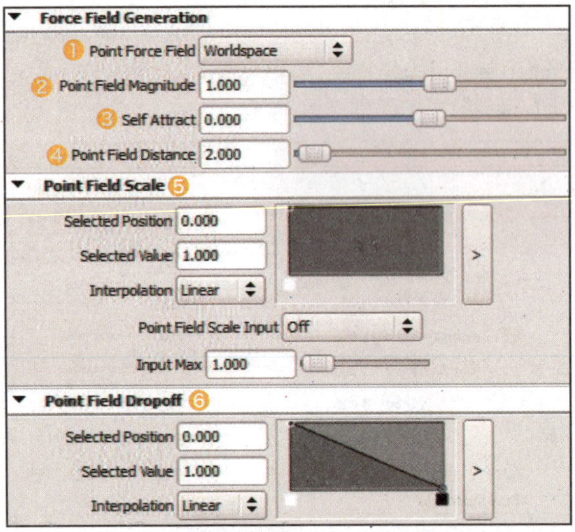

① Point Force Field（点力场）：只有当用户选择 ThicknessRelative（与厚度相关）或 Worldspace（世界空间）选项时，其他选项才可用。

② Point Field Magnitude（点场幅值）：此数值越大，粒子被推离立场的速度就越大。

③ Self Attract（自吸引）：力场中粒子之间的引力大小。

④ Point Field Distance（点场距离）：设置点力场的作用范围。大于这个距离粒子将不受场的作用影响。

⑤ Point Field Scale（点场比例）：通过 Ramp（渐变）贴图来调节力场的大小。

⑥ Point Field Dropoff（点场衰减）：通过 Ramp（渐变）贴图来调节力场衰减。

11.3.6 粒子的形态模拟属性

粒子模拟属性是 Maya 粒子模拟液体的核心属性，通过液体模拟属性和输出网格的调节，Maya 粒子可以很好地模拟液体效果，这也是制作液体动画的一种常用方式，如下图所示。

1. 液体模拟属性

液体模拟属性是粒子模拟液体的一个重要属性，它可以使粒子运动更像液体的运动。在 nParticleShape（内核粒子形态）标签下打开 Liquid Simulation（液体模拟）卷展栏，如下图所示。

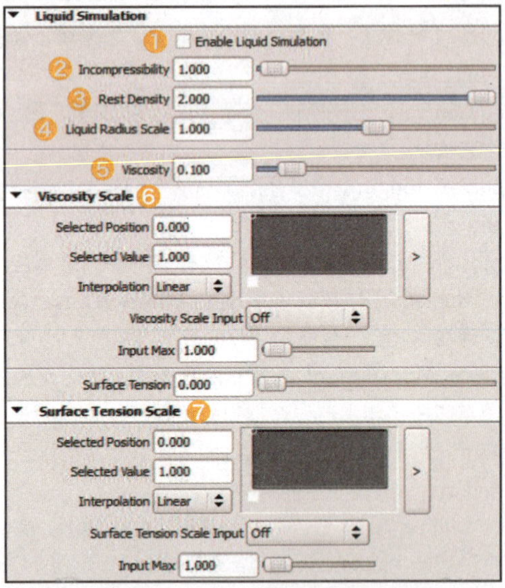

① Enable Liquid Simulation（启用液体模拟）

② Incompressibility（不可压缩性）：可以理解为粒子之间的排斥力。值越大，粒子就越难聚在一起。

③ Reset Density（静止密度）：指单位粒子体积内可以容纳的粒子个数。

④ Liquid Radius Scale（液体半径比例）：该属性不改变粒子本身半径。

⑤ Viscosity（粘度）：值越大粒子流动的粘稠度就越大。

⑥ Viscosity Scale（粘度比例）：粒子间产生粘稠效果的距离。

⑦ Surface Tension Scale（曲面张力）：粒子间产生张力的距离。

2. 输出网格

在 Liquid Simulation（液体模拟）卷展栏下还包含 Output Mesh（输出网格）卷展栏，如下图所示。

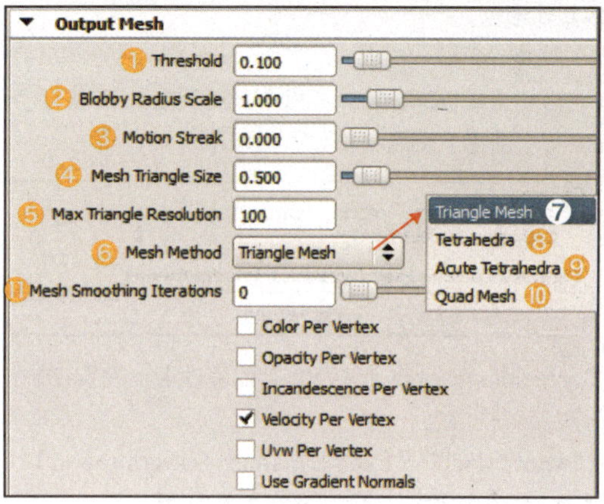

> **提示** 这个属性在粒子转化为多边形后才会被开启。可选中粒子后执行 Modify（修改）> Convert（转换）>nParticle to Polygons（粒子转换为多边形）命令，将粒子转换为多边形。

① Threshold（阈值）：用来控制粒子转换完模型的光滑程度，类似粒子渲染方式 Blobby Surface（滴状曲面）中的 Threshold（阈值）的效果。

② Blobby Radius Scale（滴状半径比例）：这个值并不改变粒子本身的大小。

③ Motion Steak（运动条纹）：设置粒子运动的拖尾形态。值为 0 时没有拖尾，值越大拖尾越明显，如下图所示。

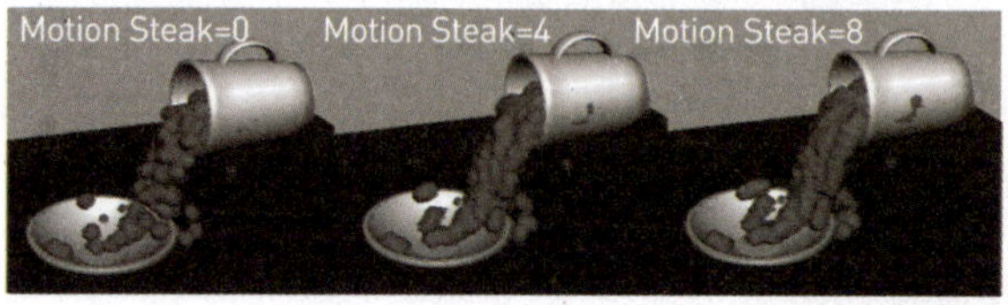

④ Mesh Triangle Size（网格三角形大小）：设置输出网格的三角面尺寸，尺寸越小模型越细腻，但计算时间也就越长。

⑤ Max Triangle Resolution（最大三角形分辨率）：设置输出网格的最大三角面分辨率。

⑥ Mesh Method（网格方法）：包含 4 种输出方式。

⑦ Triangle Mesh（三角形网格）：是以三角形网格计算的输出网格形状。

⑧ Tetrahedra（四面体）：是以四面体多边形计算网格形态。

⑨ Acutetetrahedra（锐角四面体）：是更高级的 Tetrahedra（四面体），细节更多。

⑩ Quads Mesh（四边形网格）是：使用正方体计算的输出网格形态。

⑪ Mesh Smoothing Iterations（网格平滑迭代次数）：值越大网格越细腻。

> **提示** 如果对粒子选择了 Output Mesh（输出网络）选项并调整了 Mesh Smoothing Iterations（网格平滑迭代次数）参数，可以使粒子的运动很接近水的效果，如下图所示。

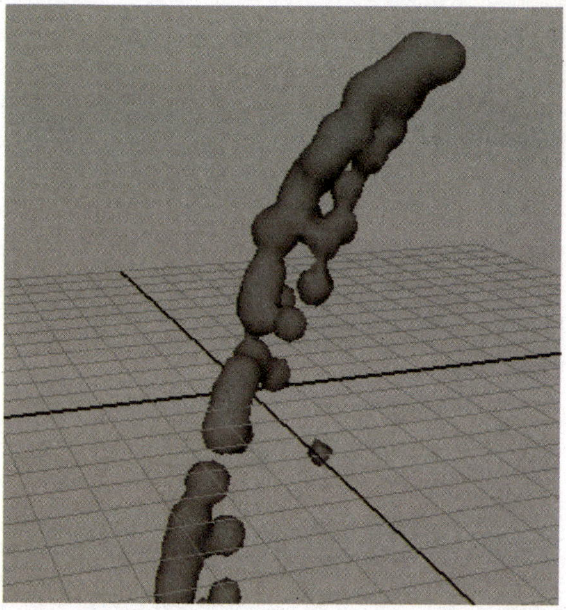

11.3.7 粒子的发射属性

在 nParticleShape（内核粒子形态）标签下 Emission Attributes（粒子发射属性）卷展栏，如下图所示。

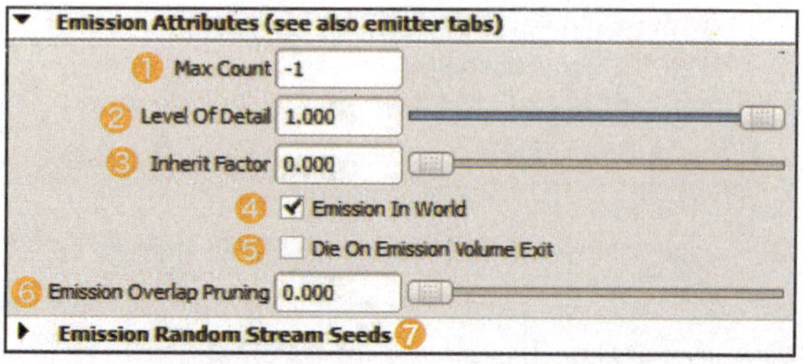

① Max Count（最大计数）：粒子的最大存在数目，-1 值表示无限。

② Level of Detail（细节级别）：1 为最大。将此数值调小可以节省系统资源。

③ Inherit Factor（继承因子）：粒子继承发射器运动的比率。

④ Emission In World（世界中的发射）：在世界坐标系下发射粒子。

⑤ Die On Emission Volume Exit（离开发射体积时消亡）：勾选该选项粒子离开体积发射器范围就会消亡。

⑥ Emission Overlap Pruning（发射重叠删减）：当粒子之间间距小于这个值时，粒子就会消亡。

⑦ Emission Random Stream Seeds（发射随机流种子）：控制当有多个发射器影响粒子时的状态。

11.3.8 粒子的替换属性

在 nParticleShape（内核粒子形态）标签下打开 Instancer（Geometry Replacement）（实例化器（几何体替换））卷展栏，如下图所示。

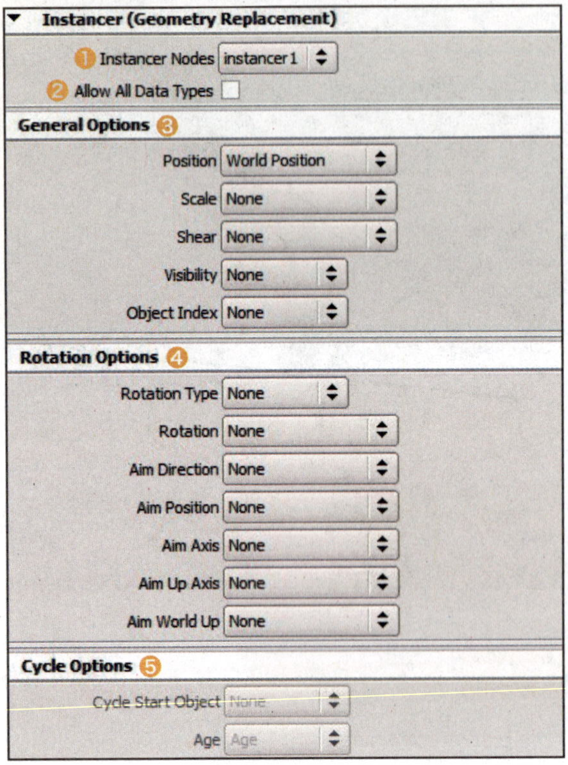

提示 开启粒子替换功能时，粒子替换属性菜单中的选项才可用。具体方法是，先选中一个 NURBS 或者 Polygons（多边形）物体，按住 Shift 键选中粒子，执行 nParticles（内核粒子）>Instancer（实例化器）命令。

❶ Instancer Nodes（实例化器节点）：选择要调节的替换物体。

❷ Allow All Data Types（允许所有数据类型）：当加入了新的粒子属性时，需要开启这个选项才能在这个菜单下应用。

❸ General Options（常规选项）：总体属性用来设置粒子替换后的基本属性。包括 Position（位置）、Scale（比例）、Shear（斜切）、Visibility（可见性）、Object Index（对象索引）参数。

❹ Rotation Options（旋转选项）：替换后的旋转属性。包括 Rotation Type（旋转类型）、Rotation（旋转）、Aim Direction（目标方向）、Aim Position（目标位置）、Aim Axis（目标轴）、Aim Up Axis（目标上方向轴）、Aim World Up（目标世界上方向）几个参数。

❺ Cycle Options（循环选项）：包括 Cycle Start Object（循环开始对象）、Age（年龄）参数。

11.3.9 粒子形态属性菜单下的其他属性

除了以上介绍过的这些属性外，粒子形态菜单下还有很多其他属性。

1. 粒子缓存属性

在 nParticleShape（内核粒子形态）标签下展开 Caching（缓存）卷展栏，如下图所示。

❶ Cacheable Attributes（可缓存的属性）：设置在制作缓存时存储哪些信息。

❷ Memory Caching（see Dynamics Solvers menu）（内存缓存）：勾选后缓存信息直接存入内存。

2. Sprite（精灵）粒子属性

在 nParticleShape（内核粒子形态）标签下展开 Sprite Attributess（精灵属性）卷展栏，这个属性专门为粒子的 Sprite（精灵）渲染方式设定，如下图所示。

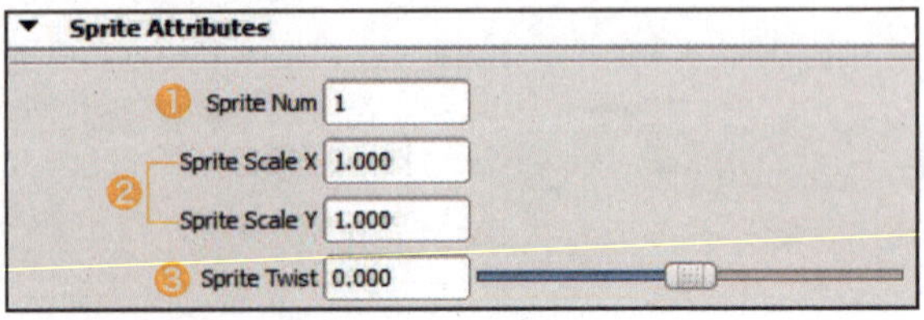

提示 当粒子 Shading（阴影）卷展栏属性下的 Particle Render Type（粒子渲染类型）为 Sprite（精灵）时，该属性才可用。

❶ Sprite Num（精灵数量）：设置图片采样数量。

❷ Sprite Scale X/Y（精灵比例 X/Y）：设置图片 X 和 Y 轴的缩放。

❸ Sprite Twist（精灵扭曲）：设置粒子旋转值大小。

3. 粒子渲染属性

在 nParticleShape（内核粒子形态）标签下展开 Render Stats（渲染统计信息）卷展栏，如下图所示。

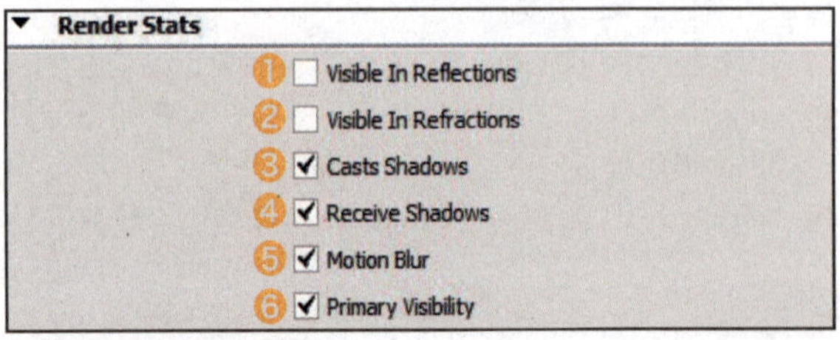

❶ Visible In Reflections（在反射中可见）：是否开启软件渲染的粒子反射。

❷ Visible In Refractions（在折射中可见）：是否开启软件渲染的粒子折射。

❸ Casts Shadows（投射阴影）：软件渲染的粒子是否产生阴影。

❹ Receive Shadows（接收阴影）：软件渲染的粒子是否接受阴影。

❺ Motion Blur（运动模糊）：是否开启粒子软件渲染的运动模糊。

❻ Primary Visibility（主可见性）：是否渲染粒子。

11.3.10 粒子整体属性

之前详细介绍了 nParticleShape（内核粒子形态）属性，相比之下 nParticle（内核粒子）属性就比较不常用了。当接触到较高级操作时，我们会用到这些属性，这里只做简单的介绍，切换到 nParticle（内核粒子）标签，如下图所示。

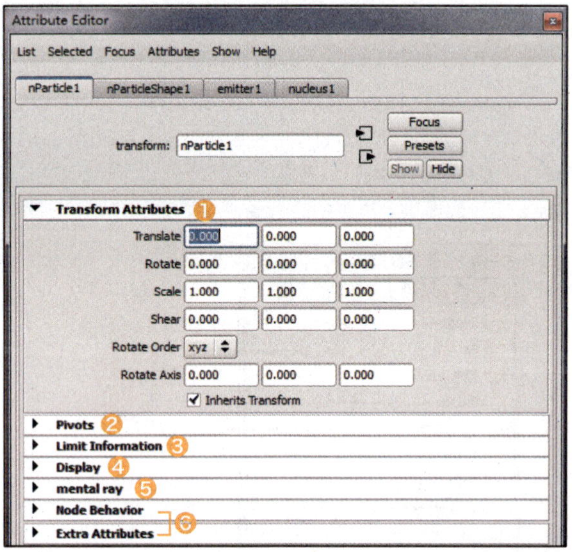

❶ Transform Attributes（变换属性）： 这个卷展栏中的参数用来控制粒子群的形态。

❷ Pivots（枢轴点）：这个卷展栏中的参数用来控制粒子轴点。

❸ Limit Information（限制信息）：这个卷展栏中的参数用来控制粒子的一些极限值。

❹ Display（显示）：这个卷展栏中的参数控制粒子的显示方式。

❺ mental ray：这个卷展栏包含调整一些使用 mental ray 渲染器渲染时的参数。

❻ Node Behavior（节点行为）和 Extra Attributes（附加属性）与 nParticleShape（内核粒子形态）属性中的参数相同。

11.3.11 Nucleus（原子核）属性

之前我们提到过，Nucleus（原子核）动力学引擎是 Maya 的 nParticle（内核粒子）系统的核心和基础，可见它的重要性，下面我们就来看看它的具体作用，其参数面板如下图所示。

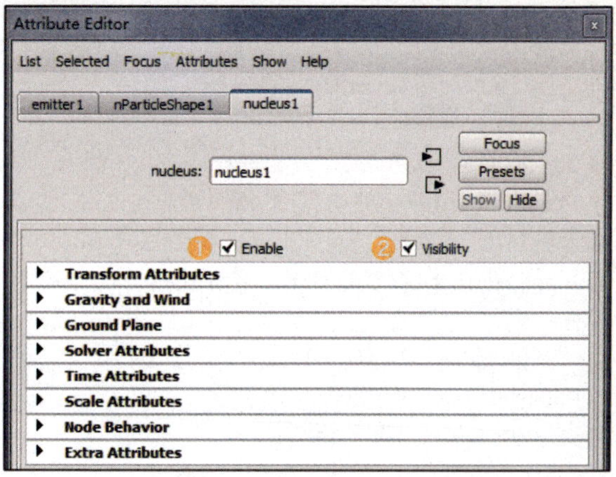

❶ Enable（启用）：不勾选该选项时，解算器不产生作用，默认值为勾选。

❷ Visibility（可见性）：不勾选该选项时，在场景中该不显示解算器。

> **提示** 在本章节实例中，为了便于观察粒子及发射器，均已取消 Visibility（可见性）选项的勾选。

下面详细介绍一些比较重要的选项参数。

1. Gravity and Wind（重力场与风场）卷展栏

这个属性读者可以理解为默认为粒子添加一个重力场或风场。展开 Gravity and Wind（重力场与风场属性）卷展栏，如下图所示。

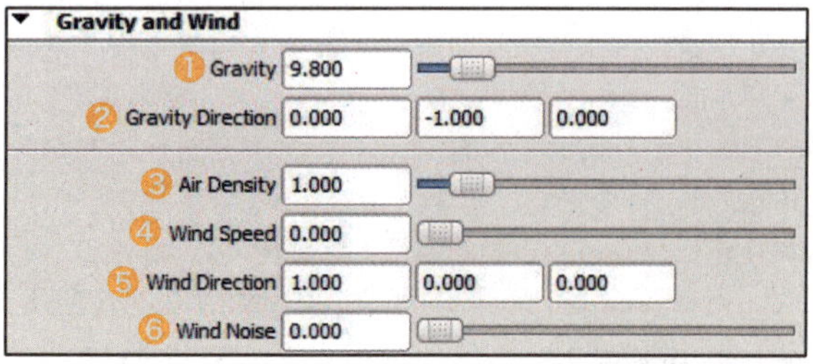

❶ Gravity（重力）：当前默认值为地球重力加速度 9.8m/s^2 。

❷ Gravity Direction（重力方向）

❸ Air Density（空气密度）：当空气密度很大时粒子像在粘稠的液体里运动。

❹ Wind Speed（风速）：当空气密度越大时效果越明显。

❺ Wind Direction（风向）

❻ Wind Noise（风噪波）：可以模拟一些自然界中的随机效果。

2. Ground Plane（地面）卷展栏

这个属性可以创建一个无限大的内置平面，Ground Plane（地面）卷展栏如下图所示。

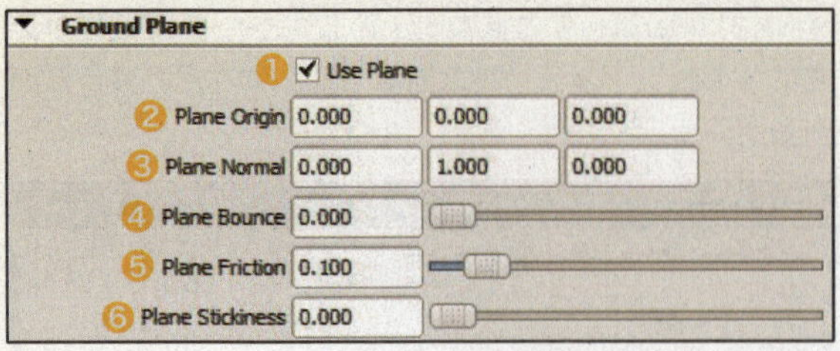

❶ Use Plane（使用平面）：是否开启平面作为地面。

❷ Plane Origin（平面原点）：内置平面起点位置，即起点坐标。

❸ Plane Normal（平面法线）：平面法线方向，即调整平面角度。

❹ Plane Bounce（平面反弹）

❺ Plane Friction（平面摩擦力）

❻ Plane Stickiness（平面粘滞）

3. Solver Attributes（解算器属性）卷展栏

这个属性用来控制解算器得到最终效果的一些参数。展开 Solver Attributes（解算器属性）卷展栏，如下图所示。

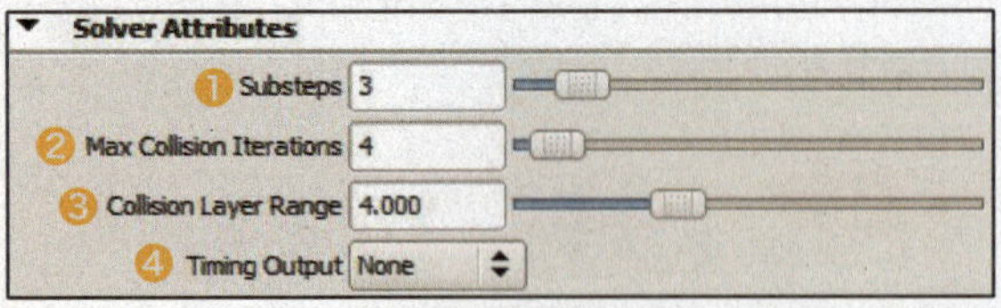

❶ Substeps（子步）：解算器每帧计算的次数。这个数值越大，计算精度也就越高，但占用系统资源也就越多。

❷ Max Collision Iterations（最大碰撞迭代次数）：即每帧解算器计算碰撞的次数。

❸ Collision Layer Range（碰撞层范围）：这个值决定碰撞层间能否碰撞。如果这个值我们设为 2，那么碰撞层 0 和碰撞层 1 间将会碰撞，碰撞层 0 和碰撞层 3 间将不会碰撞。

❹ Timing Output（计时输出）：设置碰撞时间的顺序方式。

4. Time Attributes（时间属性）卷展栏

展开 Time Attributes（时间属性）卷展栏，如下图所示。

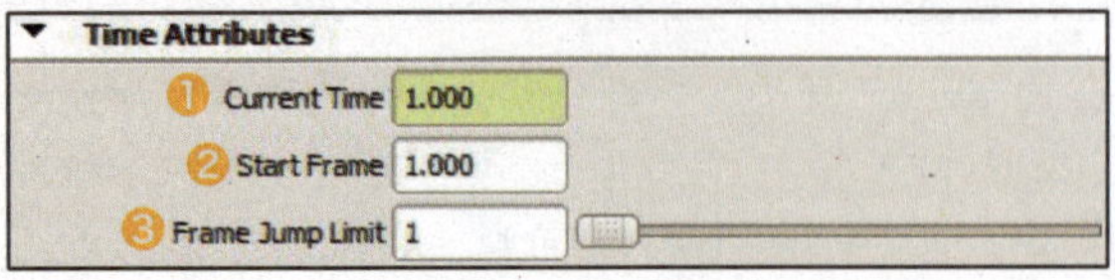

❶ Current Time（当前时间）

❷ Start Frame（开始帧）：解算器开始计算的帧数。

❸ Frame Jump Limit（帧跳转限制）

5. Scale Attributes（比例属性）卷展栏

展开 Scale Attributes（比例属性）卷展栏，如下图所示。

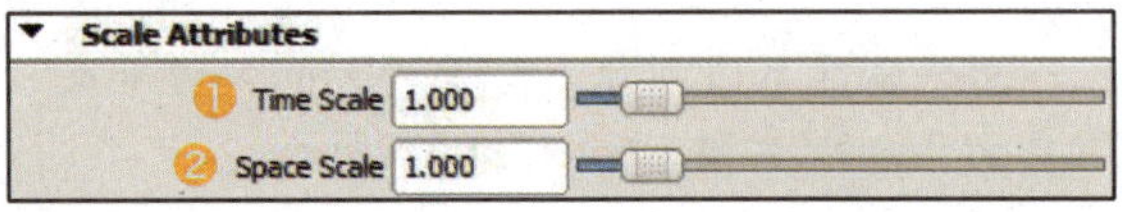

❶ Time Scale（时间比例）：当这个解算器时间缩放值大于其他解算器时，这个解算器中的时间将比其他时间过得快。

❷ Space Scale（空间比例）：当这个解算器空间缩放值大于其他解算器时，这个解算器中物体所占的空间将比其他解算器的大。

11.4 粒子的动力学行为

粒子的动力学行为主要体现在粒子受力作用下的行为表现，一种力为受力场作用，如空气场、重力场等；另一种为粒子与物体之间的相互作用力，这种情况即粒子碰撞行为。

11.4.1 粒子与场的作用

在 Maya 的 Nucleus（原子核）动力学引擎中，默认就设置了重力场，所以我们在一开始创建发射器的时候，就会看到粒子受重力影响下坠。在整个的动力学系统中，Maya 为我们提供了丰富的动力场，如下图所示。

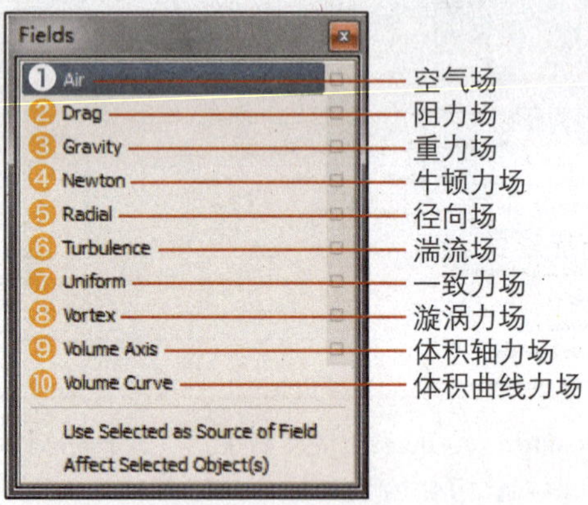

> **提示** 为了清晰地观察粒子在不同场作用下的行为，首先需要把 Nucleus（原子核）引擎里默认的重力场值设置为 0，这样就不会被默认创建的力场干扰。

这些场可以影响粒子的行为作出丰富的变化，场虽然作用效果各不相同，但是一些属性却相似。

1. Air（空气）场

打开 Filed（场）>Air（空气）命令的选项设置面板，如下图所示。

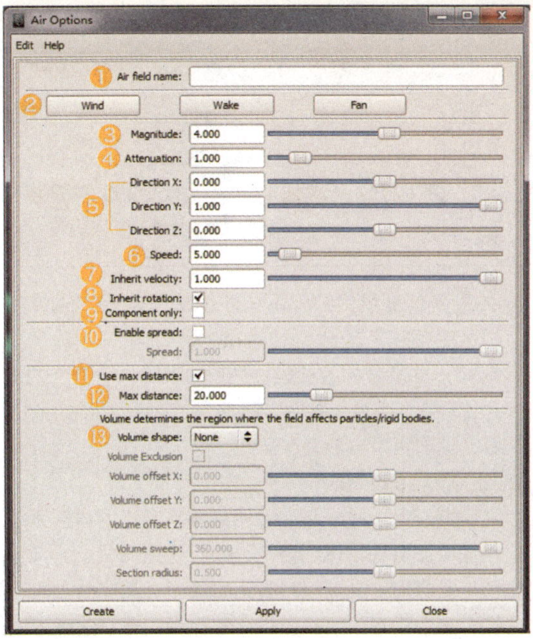

❶ Air field name（空气场名称）：该栏用于输入自定义空气场的名称。

❷ Wind/Wake/Fan（风 / 尾迹 / 扇）：为了方便用户快速创建所需的动力场参数，Maya 将气动力类型分为常用风 / 尾迹 / 扇三种类型，用户只需要单击单击钮就自动创建出具有该动力学特性的空气场，大大提高工作效率。

提示 尾迹模式下的空气场仅跟随在运动物体下才有作用，需要把尾迹空气场以父子关系关联到运动的几何体上。

❸ Magnitude（幅值）：用来设置场的强度，数值越高空气场力度越大。

❹ Attenuation（变薄）：设置场的衰减，场中的力值随距离增大而呈指数型衰减。

❺ Direction X/Y/Z（方向 X/Y/Z）：因为空气场具有方向性，所以这里可以设置空气场的方向。默认是 Y 轴为 1，即世界坐标系中垂直向上释放作用力。

❻ Speed（速率）：空气场的速率值。

❼ Inherit velocity（继承速度）：假如空气场本身就在运动，具有一定的初速度，那么就要考虑空气场释放的风流如何加上自身的这个初始速度，该值仅在 0 ~ 1 范围内作用。

❽ Inherit rotation（继承旋转）：假如空气场自身在旋转中，就像电风扇一边摇头旋转一边吹出空气场，那么空气场的方向就需要考虑自身旋转中的方向影响，勾选该选项即考虑自身旋转的方向影响。

❾ Component only（仅组件）：这项参数对于初学者来说比较难以理解，简而言之是指空气场对于物体行为的细微影响方式差异。

❿ Enable spread（启用扩散）：该选项类似于线性粒子的发散。

⓫ Use max distance（使用最大距离）：对空气场的作用范围设置最大范围值。

⓬ Max distance（最大距离）：用于设置最大距离的数值。

⓭ Volume shape（体积形状）：开启空气场的立体形状，一旦修改该选项，则空气场会具有空间立体形态，起作用范围仅在自己的立体形态内有效。

进阶练习：创建空气场

原始文件： Chapter 11\11.4\create air(original).mb
最终文件： Chapter 11\11.4\create air(final).mb

01 打开本书配套光盘中的原始文件，场景中有一个默认自然向四周发射粒子的发射器，如下图所示。

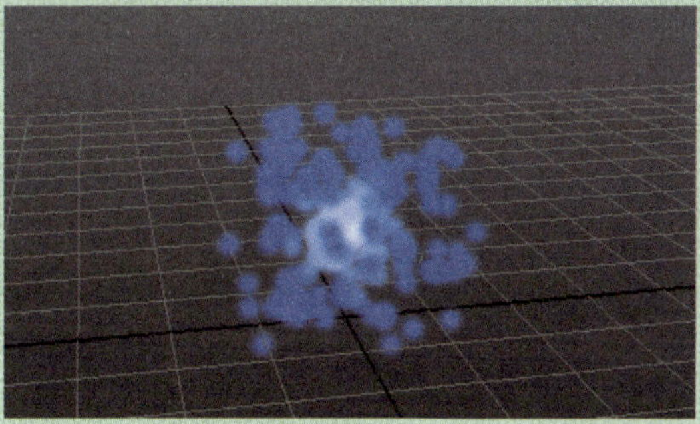

02 选中粒子，执行 Filed（场）>Air（空气）命令，即为粒子添加了空气场，如下图所示。

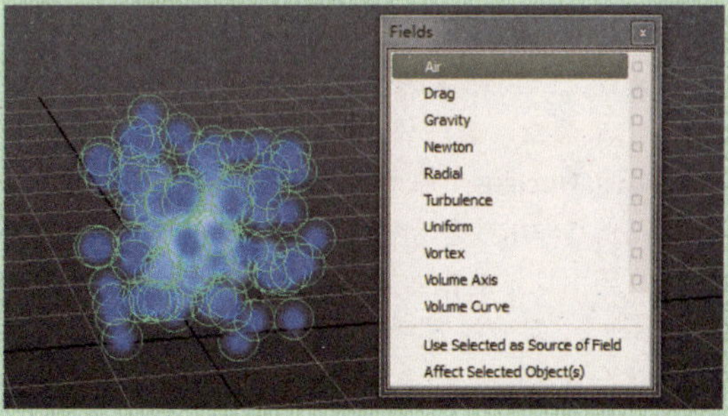

03 创建完成后，在原点位置出现空气场的图标为一个风扇，单击播放单击钮可以看到粒子被空气场沿 Y 轴方向向上吹动，如下图所示。

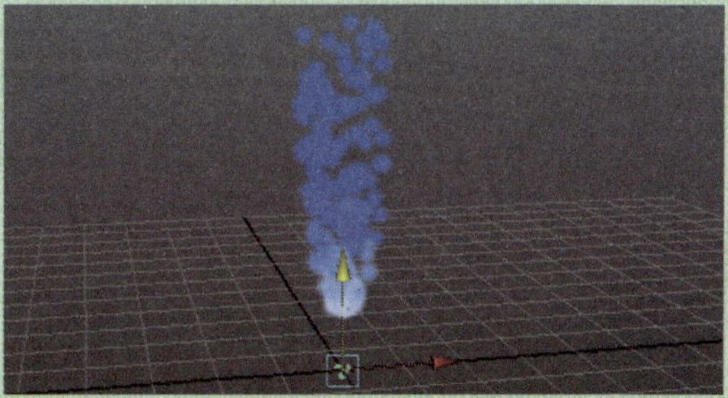

04 选中空气场，单击 T 键，则即可显示出这三个参数，用户可以鼠标左键单击拖动动态调节参数，如下图所示。

提示：有关空气场的参数调节比较简单，读者可以自行调试测试效果，拖动各项手柄可以快速调节粒子的强度、衰减、以及最大作用距离。

只要在 Outliner（大纲视图）中选中空气场并删除，则粒子不再受到空气场的作用。如果不删除当前力场就创建新的场，则实际效果为两个力场的叠加。

2. Drag（阻力）场

该场的基本参数与空气场相同，但是区别在于该场为运动物体提供运动阻力。也就说假如粒子有发射速度，那么添加该场后，就会就有一个阻碍粒子运动的阻力场。

选中粒子，执行 Filed（场）>Drag（阻力）命令，即为粒子添加了阻力场，其作用效果简示如右图所示。

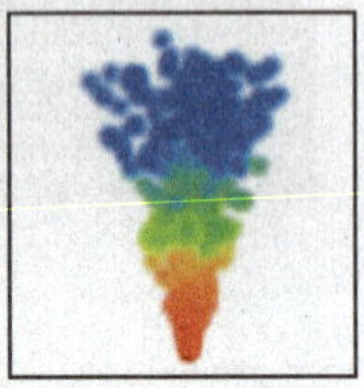

该场通常用来做一些减缓粒子运动速度的效果，如果想对各个方向上的粒子都起到阻缓作用，则需要记得将 Direction（方向）属性的 X/Y/Z 三个方向都开启。

3. Gravity（重力）场

该场和 Nucleus（原子核）系统默认自带的力场作用完全相同，其作用就是给粒子添加一个带有持续加速度的重力场。因为地球的重力加速度为 9.8，所以重力场的默认强度为 9.8，且方向为 Y 轴的负方向。

在实际应用中，可以任意修改力场的实际方向，为粒子提供一个持续的力场，有关参数请读者自行调节测试，这里不再赘述。

4. Newton（牛顿力）场

与之前的排斥力场不同，牛顿力场实际是模拟万有引力对于物质吸引。

选中粒子，执行 Filed（场）>Newton（牛顿）命令，则为粒子添加了牛顿力场，适当延长粒子的寿命，可以看到粒子被左边的引力场吸引的运动过程，如下图所示。

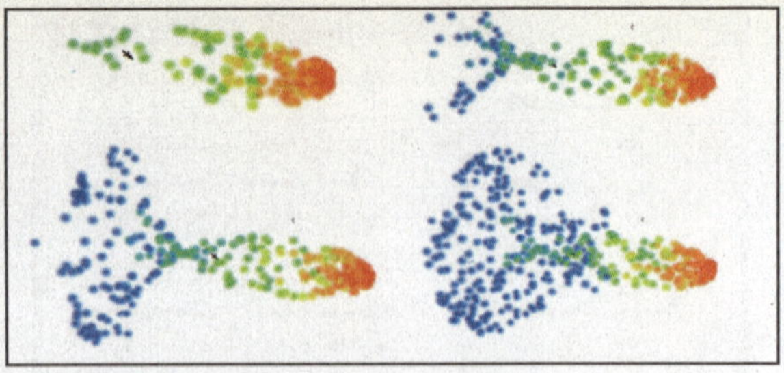

如果我们需要用粒子系统来模拟一些天体的自然运行，那么牛顿力场是一个很好的选择。

除了一些基本的场参数，牛顿力场提供了额外的 Min Distance（最小距离）参数，用来定义牛顿力场的最小作用范围，读者可以自定调节测试。

5. Radius（径向）场

径向场像是一个以场心为圆点不断膨胀的球形力场，在这个场中所有的物体都会受到球心法线方向上的斥力，当幅值为负数时，又可以将其比喻成一个具有向心吸引力的内核，在这个场中所有的物体都会受到球心法线方向上的吸力。

选中粒子，执行 Filed（场）>Radius（径向）命令，则为粒子添加了径向场，播放动画，可以看到粒子受到径向场的排斥，如下图所示。

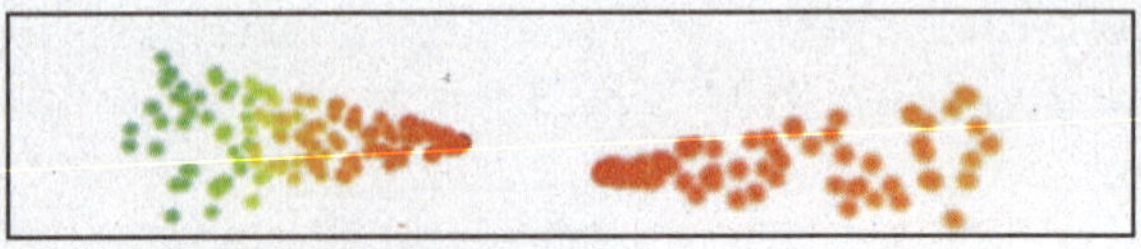

6. Turbulence（湍流）场

湍流场的场力和方向都是随机杂乱无序的，给粒子添加该场后，就会使粒子增加一些随机行为。该场常常配合其他场使得粒子在总体的运动趋势中又能有一些随机的变化。

打开 Filed（场）>Turbulence（湍流）命令的选项设置面板，如下图所示。

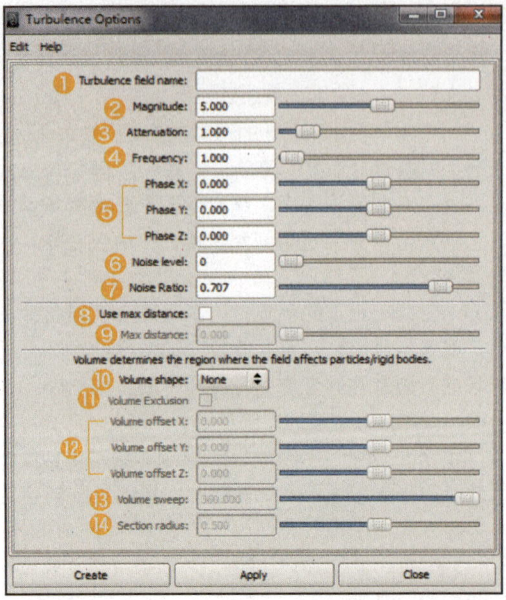

❶ Turbulence field name（湍流场名称）：设置湍流场的名字。

❷ Magnitude（幅值）：设置湍流场的强度。

❸ Attenuation（变薄）：场的衰减。决定粒子离场距离增加时受场影响的衰减率。

❹ Frequency（频率）：设置扰动频率，数值越高，粒子受扰动的频率越高。

❺ Phase X/Y/Z（相位 X/Y/Z）：设置在各个方向上的扰动相位值。

❻ Noise level（噪波级别）：数值越高物体每次受干扰的强度变化差异就越大。

❼ Noise Ratio（噪波比）：单位噪波产生效果的频率。

❽ Use max distance（使用最大距离）：是否启用最大距离。

❾ Max distance（最大距离）：设定场有效的最大范围。

❿ Volume shape（体积形状）：是否设定一个场有效范围的区域，有 Cube（立方体）、Sphere（球体）、Cylinder（圆柱体）、Cone（圆锥体）、Torus（圆环形）选 项。

⓫ Volume Exclusion（体积排除）：即决定粒子在区域内受场影响还是在区域外受场的影响。

⓬ Volume offset X/Y/Z（体积偏移 X/Y/Z）：区域坐标。

⓭ Volume sweep（体积扫描）：除 Cube（立方体）选项外，选其他选项时有效。

⓮ Section radius（截面半径）：仅当 Volume shape（体积形状）设置为 Torus（圆环）选项时有效。

进阶练习：创建湍流场

原始文件：
Chapter 11\11.4\create Turbulence(original).mb
最终文件：
Chapter 11\11.4\create Turbulence(final).mb

01 打开本书配套光盘中的原始文件，可以看到场景中有一个向上发射粒子的发射器，如右图所示。

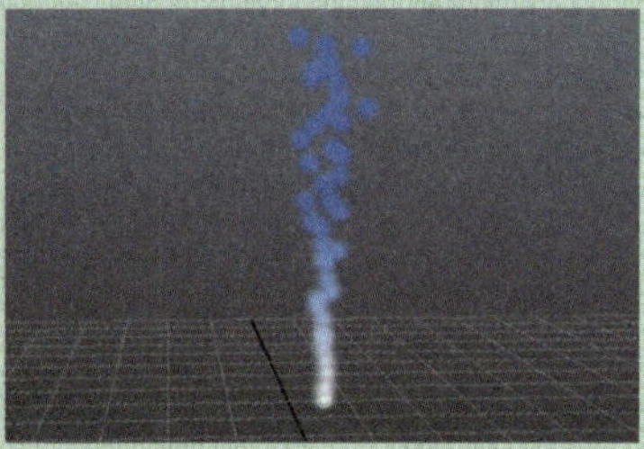

02 选中粒子，执行 Filed（场）>Turbulence（湍流）命令，即为粒子添加了湍流场，如下图所示。

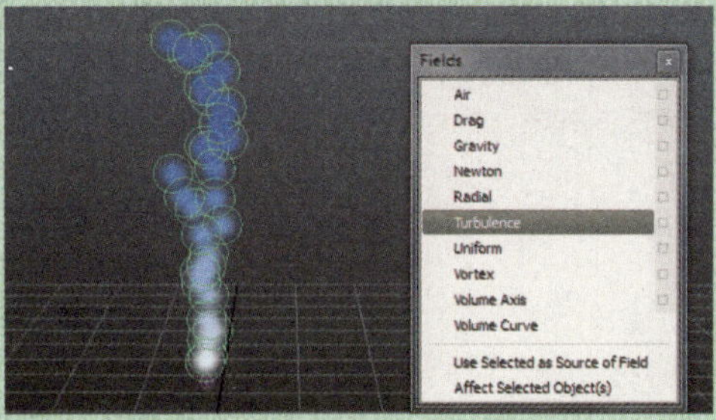

03 选中原点位置出现的扰动场图标，在通道栏中将 Magnitude（幅值）值设为 16，Attenuation（衰减）值设为 0，Frequency（频率）值设为 2，Noise Level（噪波级别）值设为 2。再次播放动画，可以看到湍流场的作用，如下图所示。

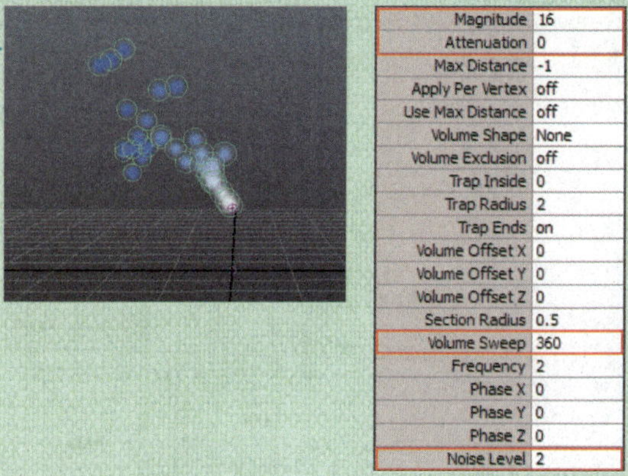

7. Uniform（一致）场

Uniform（一致）场比较简单，其对整个空间提供平行统一的力场。有的时候我们需要对所有的粒子施加一个统一的平行作用力，就可以用到 Uniform（一致）场。

8. Vortex（漩涡）场

漩涡场是一种带有旋转向量的力场，物体在场里会受到一个螺旋形的力场作用而运动，经常用来模拟一些旋转飞散动画。

提示 为了方面观看效果，下面将粒子改成了多条纹条纹状进行显示。

我们可以清晰地看到粒子在场的作用下，从中心发射点呈螺纹散开状运动。在实际应用中，该场可以很好地模拟一些龙卷风、宇宙行星星云的特效，如下图所示。

有关 Vortex（旋涡）场的属性，相比较其他力场仅多出一个 Axis（轴向）的参数值，即用来调整力场的旋转轴向。

9. Volume axis（体积轴）场

体积轴场能够让物体或者粒子沿着力场空间上的不同方向移动，运动的方向决定于体积场的轴向。

可以用体积轴场去创建一些日光光环、蘑菇云、爆炸、火箭尾烟的效果。比如我们可以用一个圆柱形的轴向力场让通过轴向的粒子流向四周喷射开来。

进阶练习：创建体积轴场

原始文件：
Chapter 11\11.4\create Volume axis(original).mb
最终文件：
Chapter 11\11.4\create Volume axis(final).mb

01 打开本书配套光盘中的原始文件，场景中有一个 Omni 方式发射粒子的发射器，受到默认 Nucleus（原子核）重力场的影响，如下图所示。

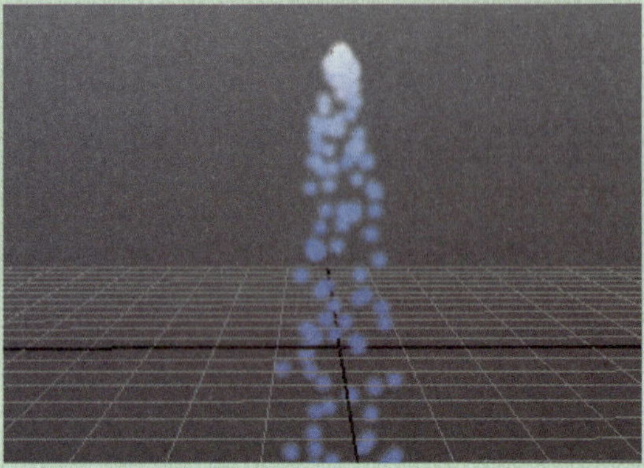

02 选中粒子，执行 Filed（场）>Volume axis（体积轴）命令，如下图所示。

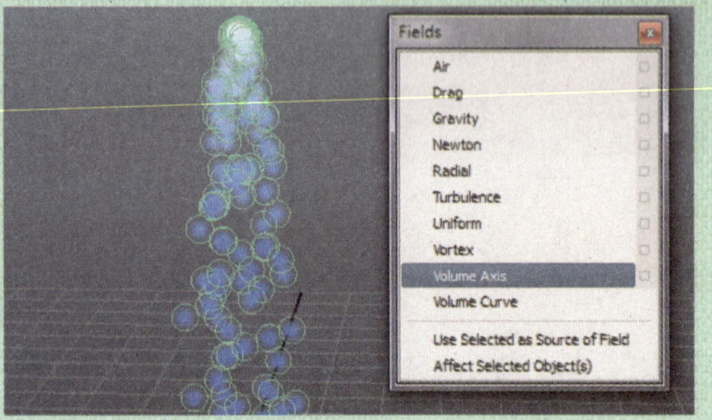

03 选中原点位置出现的体积轴场图标，在通道栏中设置 Volume Shape（体积类型）属性为 Cylinder（圆柱）选项，如下图所示。

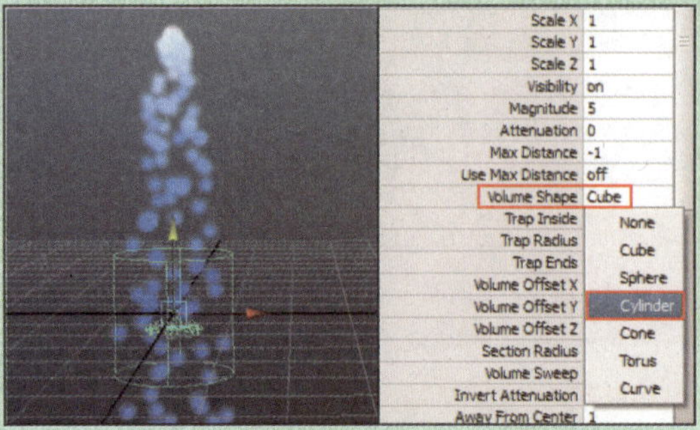

04 移动缩放力场，将其放在粒子流通过的下方位置，并且能够让粒子穿过圆柱体内部，如下图所示。

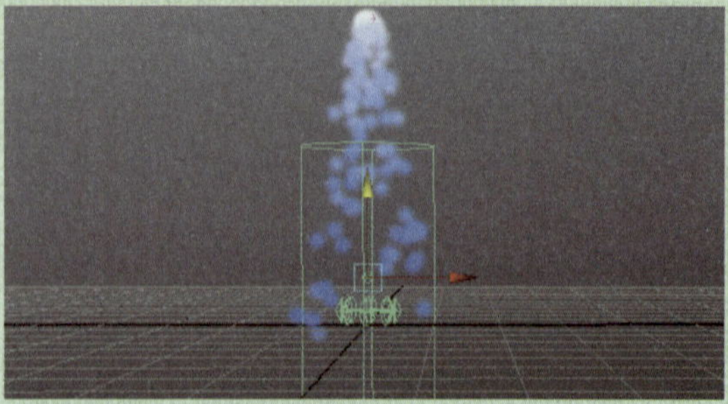

05 选中体积轴场图标，在通道栏中将 Magnitude（幅度）值设为 50。再次播放动画，可看到当粒子通过圆柱中心时，受到沿轴向散开的力场作用而分散开来，粒子的运动效果如下图所示。

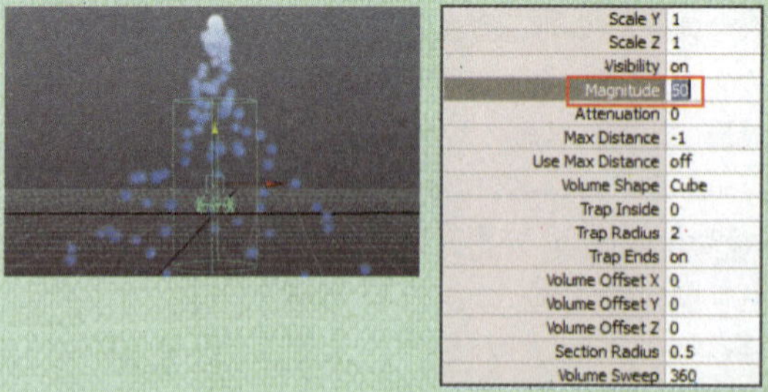

提示：这种效果我们常常可以模拟火箭尾部气体粒子流的喷射效果。体积轴场还有很多体积类型的应用，如球形、方形等，读者可以自己测试效果。

10. Volume curve（体积曲线）场

Volume curve（体积曲线）实际是一种变相的轴向力场，其轴向为可以自己调节形状的曲线。其中的轴线是可以调节的曲线，而周围的圆环则表示该场的作用半径距离，如下图所示。

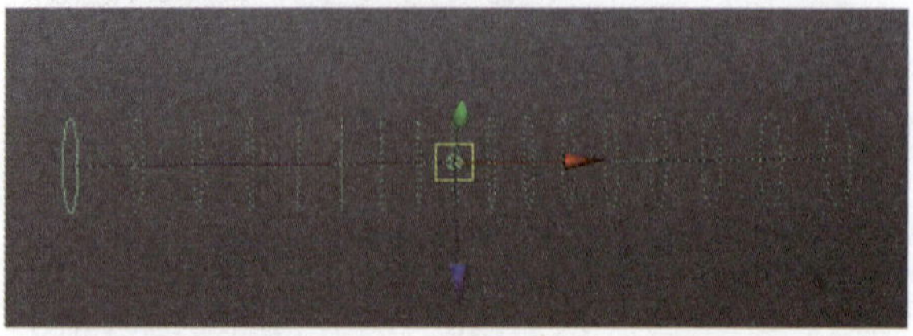

打开体积曲线力场的属性属性编辑器，在 Volume Control Attributes（体积控制属性）卷展栏中可以看到有关体积曲线场的几个属性，如右图所示。

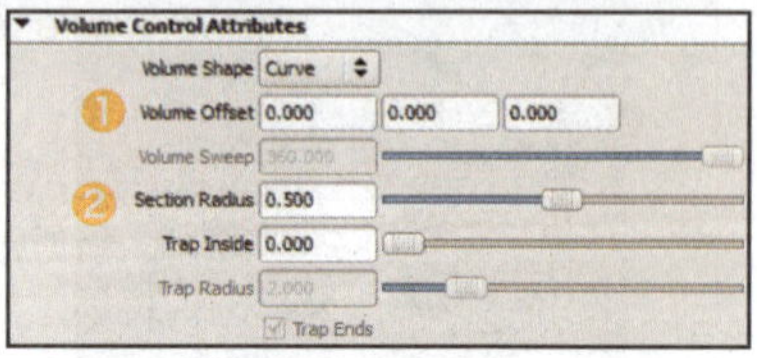

❶ Volume Offset（体积偏移）：设置偏移数值。
❷ Section Radius（截面半径）：场的作用半径数值。

进阶练习：创建体积曲线场

原始文件：
Chapter 11\11.4\create Volume curve(original).mb
最终文件：
Chapter 11\11.4\create Volume curve(final).mb

01 打开本书配套光盘中的原始文件，场景中有一个默认自然向四周发射粒子的发射器，如下图所示。

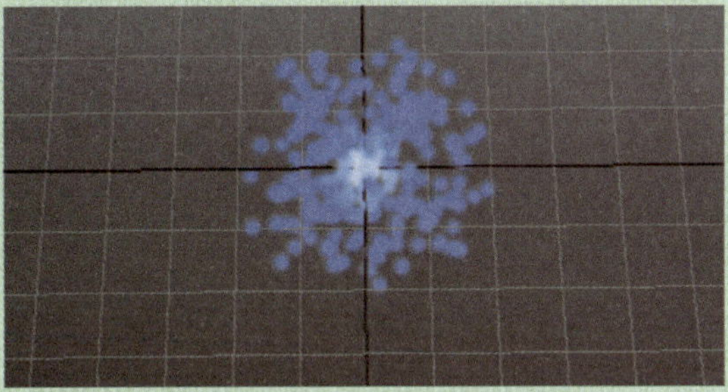

02 选中粒子，执行 Filed（场）>Volume curve（体积曲线）命令，为粒子创建出体积曲线力场，如下图所示。

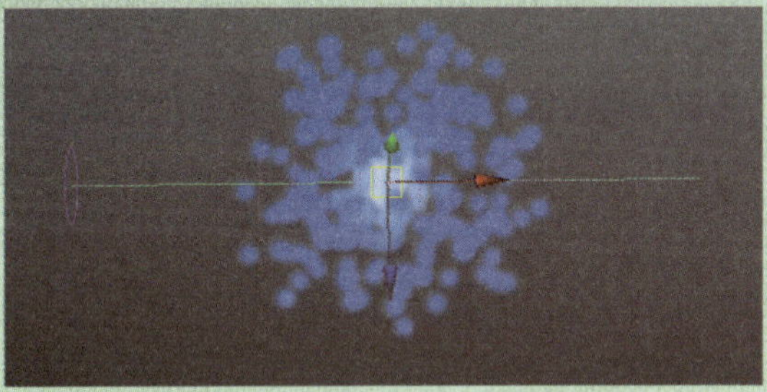

03 打开大纲视图，选中曲线，按 F8 键进入控制点编辑模式，调整曲线形态如下图所示。

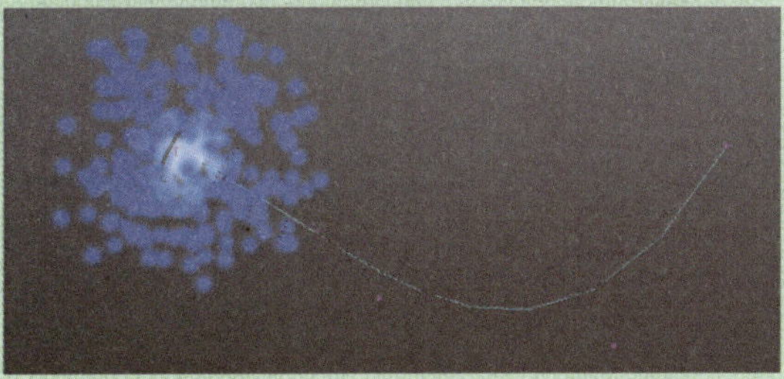

04 选中体积曲线场，在通道栏中设置 Section Radius（分段半径）数值为 3，如下图所示。

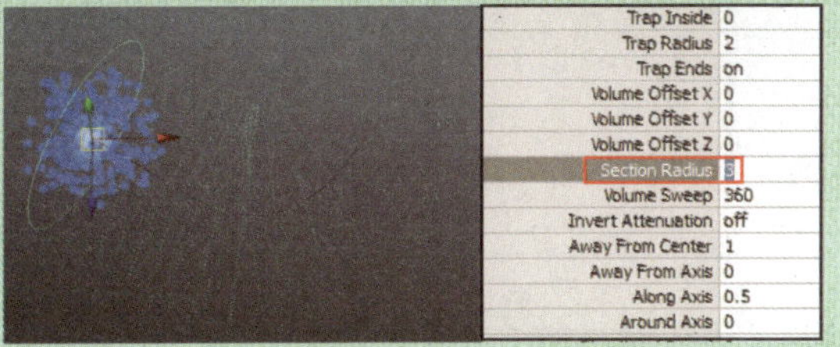

05 单击播放按钮，粒子发射后的运动轨迹，如下图所示。

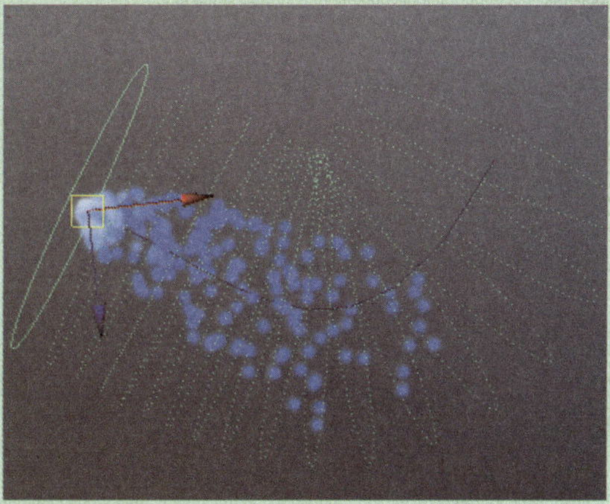

可以看到粒子从发射端开始即受到一个弧线力场的作用，粒子受到的力场方向在不停地即时发生变化，即该点曲线的切线方向，所以粒子的运动呈弧形状，而一旦飞出力场作用圈，则不再发生变化保持原有运动状态运行。

11.4.2 粒子的碰撞

同刚体动力学一样，可以对粒子实现碰撞效果。

在 Maya 2012 中，默认的碰撞参数已经相当合理，但是如果有时候需要调整粒子的碰撞属性，比如反弹和摩擦力，就需要调整设置碰撞的相关参数。

在 Collisions（碰撞）卷展栏中可以设置碰撞属性，如下图所示。

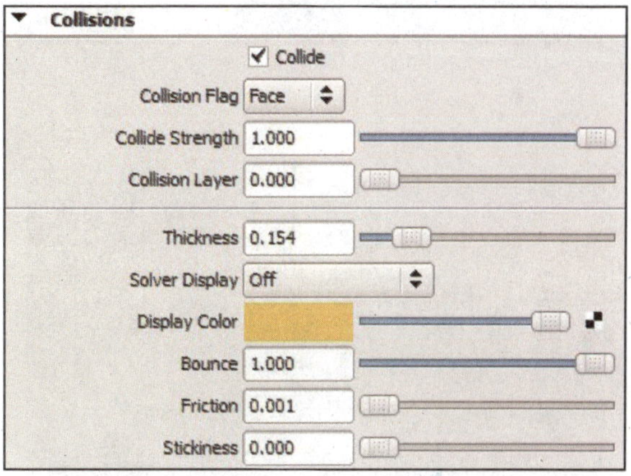

之前我们已经介绍过了粒子的碰撞属性，这里不再复述。

1. 创建碰撞曲面

进阶练习：创建碰撞平面

原始文件：
Chapter 11\11.4\create collisions plane(original).mb
最终文件：
Chapter 11\11.4\create collisions plane(final).mb

01 打开本书配套光盘中的原始文件，场景中有一个平面和一个 Omni 类型的粒子发射器。目前情况下，粒子和平面没有产生任何碰撞效果，粒子穿过平面继续下落，如下图所示。

02 选中粒子，按 Shift 键加选平面，执行 nMesh（内核网格）>Create Passive Collider（创建被动碰撞体）命令，将该平面激活为 nMesh（内核网格）碰撞物体。如下图所示。

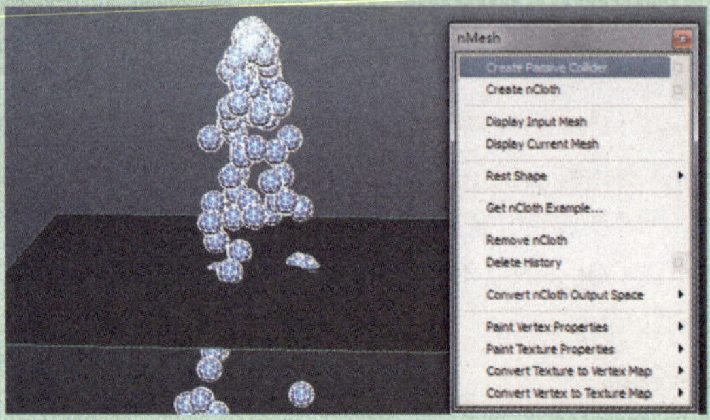

03 单击播放按钮，粒子受到平面碰撞影响，不再下落，停留在平面上，如下图所示。

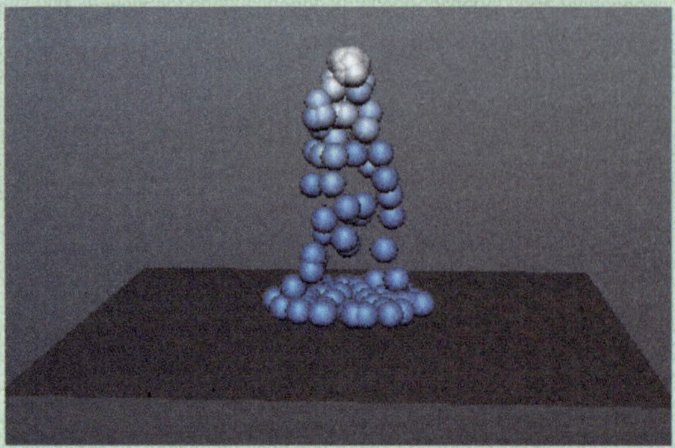

提示： 当前平面默认 Bounce（反弹）参数数值为 0，不会发生弹起的效果，读者可以自行调节该参数查看动画效果。

2. 使用碰撞事件

所谓碰撞事件，就是指粒子在发生碰撞接触的瞬间所要发生的事情。例如，希望粒子在碰撞到平面以后会飞溅出水花，就可以称为一个事件，即在碰撞的时刻，产生出新的粒子。

进阶练习：使用碰撞事件

原始文件：
Chapter 11\11.4\collide event(original).mb
最终文件：
Chapter 11\11.4\collide event(final).mb

01 打开本书配套光盘中的原始文件，场景中的粒子和平面已经产生了碰撞的效果。接下来要设置在粒子碰到到平面以后，飞溅出水花的动态，如下图所示。

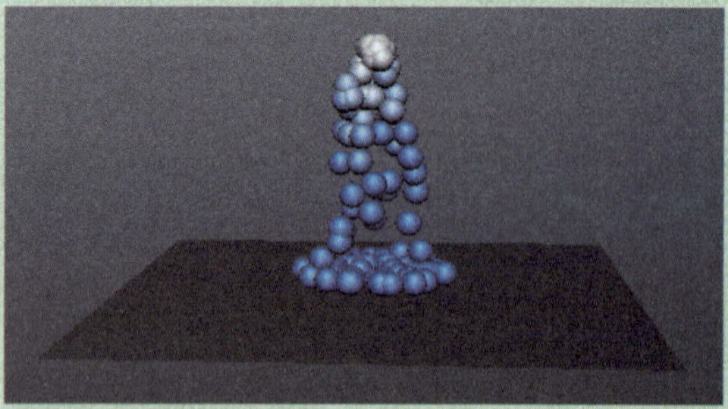

02 选择粒子，执行 nParticle（内核粒子）>Particle Collide event Editor（粒子碰撞事件编辑器）命令，勾选 Event Type（事件类型）下的 Type（类型）属性 Emit（发射）复选框，并设置 Num Particles（粒子数）为 10，再勾选 Event Actions（事件动作）下的 Original particle dies（原始粒子消亡）复选框，如下图所示。

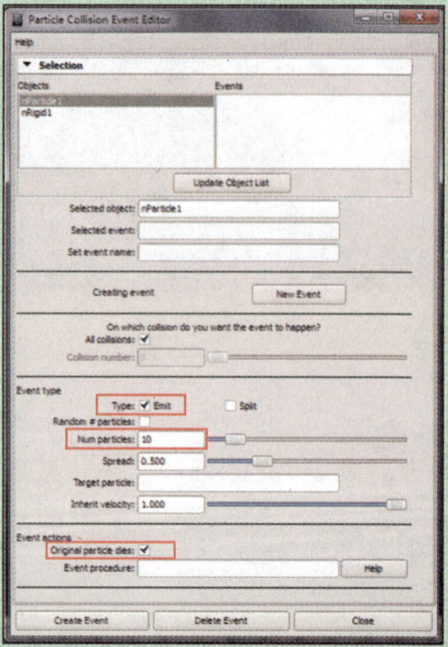

03 单击 Create Event（创建事件）按钮，并播放动画。可以看到粒子球与平面碰撞后消失并生成了新的粒子 nParticle2，如下图所示。

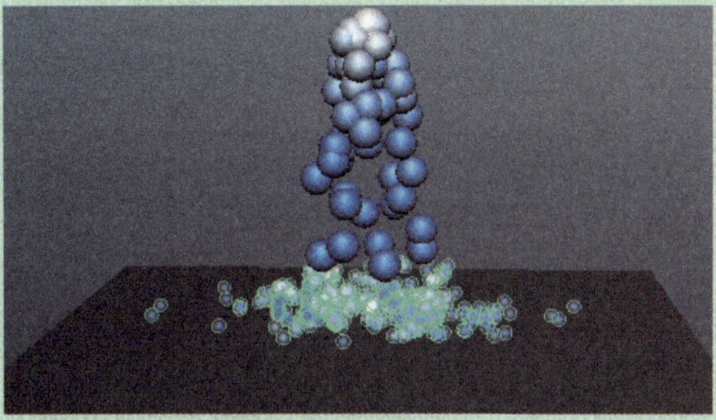

04 随着动画的播放，小球在与地面碰撞前纷纷变成了 nParticle2，即粒子球在与平面碰撞之前就触发了碰撞事件而使粒子球消亡了，如下图所示。

提示： 因为 nParticle1 和地面碰撞后产生了 nParticle2，而下落的 nParticle1 又与 nParticle2 发生碰撞，使得这部分粒子又转化成了 nParticle2。所以在播放时可以看到 nParticle2 粒子越来越多。

05 选中新生成的粒子 nParticle2，打开属性编辑器，在 nParticleShape2 标签下的 Collisions（碰撞）卷展栏中设置 Collision Layer（碰撞层）值为 3，如下图所示。

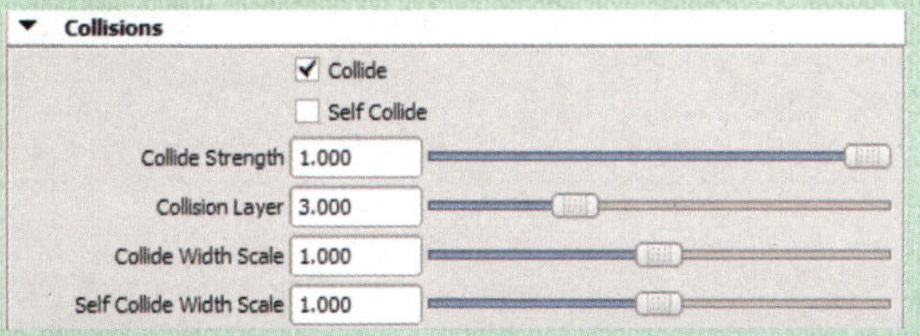

提示： 要避免让 nParticle1 和 nParticle2 之间发生碰撞，而保留 nParticle1 和地面碰撞生成 naprticle2。这里可使用之前讲到粒子和 nMesh（内核网格）物体碰撞时的参数 Collision Layer（碰撞层）。

06 在 nParticle2 的属性编辑器中，切换至 Nucleus（原子核）标签，在 Solver Attributes（解算器属性）卷展栏下设置 Collision Layer Range（碰撞层范围）值为 2，如下图所示。

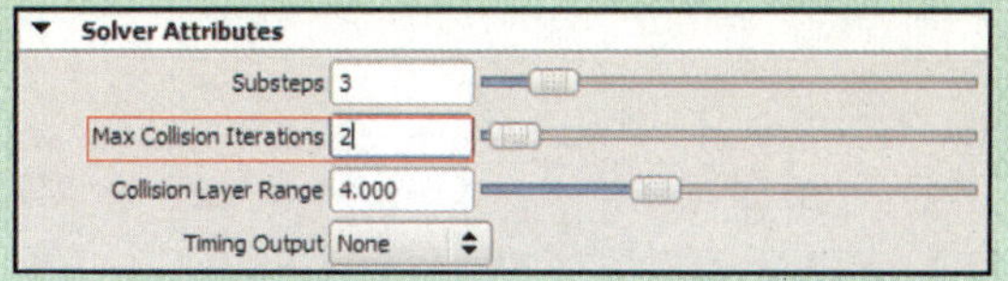

提示： Step05 和 Stetp06 的操作就是将 nParticle2 的碰撞解算排除在外。因为 nParticle1 的默认碰撞层为 0，和 nParticle2 的碰撞层 3 的编号差距超出了 Collision Layer Range 为 2 的范围，这样就避免了两套粒子之间的碰撞。

07 单击播放按钮，现在已经得到了正常的碰撞效果，如下图所示。

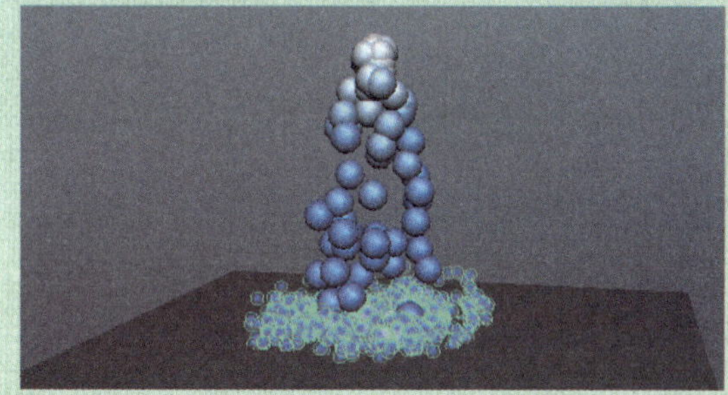

11.5 粒子的渲染

根据渲染方式的不同，粒子渲染可以分为硬件渲染和软件渲染。软件渲染粒子可以渲染出阴影、反射、折射等效果，比较适合用于云、雾、水等效果，硬件渲染则适合用于大量不需要光线效果的粒子，如沙子等。

11.5.1 粒子的硬件渲染

进阶练习：硬件渲染粒子

原始文件：
Chapter 11\11.5\hardware render(original).mb
最终文件：
Chapter 11\11.5\hardware render(final).mb

01 打开本书配套光盘中的原始文件，场景中有一段已经做好的简单粒子喷射动画，如下图所示。

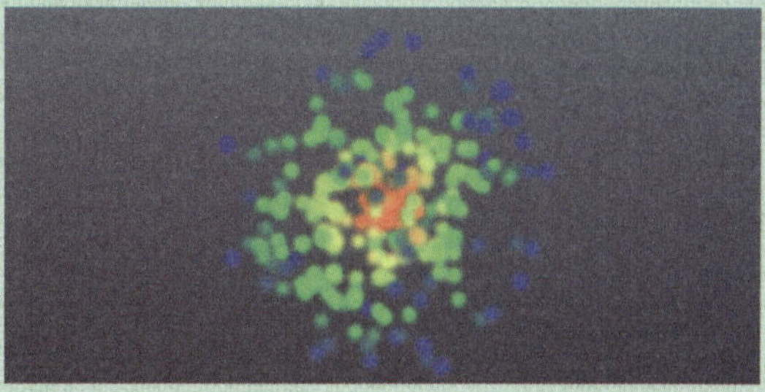

02 执行 Window（窗口）>Rendering Editors（渲染编辑器）>Hardware Render Buffer（硬件渲染缓冲区）命令，打开硬件渲染缓冲窗口，单击窗口中的渲染按钮，即可以渲染出当前帧的粒子效果，如下图所示。

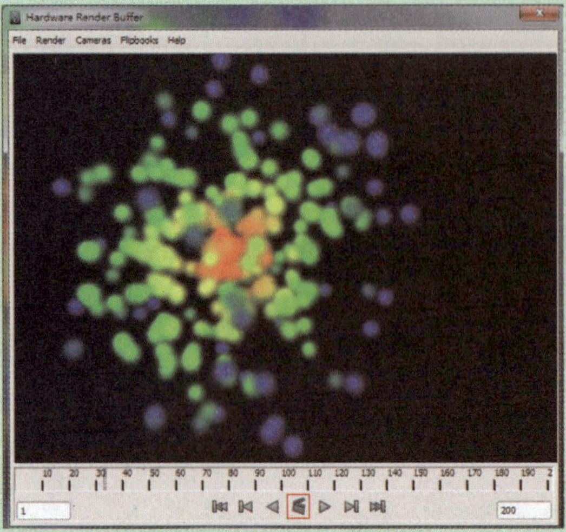

03 在硬件渲染缓冲窗口中执行 Render（渲染）>Attributes（属性）命令，打开属性编辑器，这里可以设置全局渲染属性。设置 End Frame（结束帧）值为 200，Resolution（分辨率）为 640×480，在 Draw Style（绘制样式）属性中选择 Smooth Shaded（平滑着色处理）选项并同时勾选 Texturing（纹理）、Line Smooth（线平滑）和 Full Image Resolution（完全图像分辨率）三个复选框，如下图所示。执行 Window（窗口）>Rendering Editors（渲染编辑器）>Hardware Render Buffer（硬件渲染缓冲区）命令，打开硬件渲染缓冲窗口，单击窗口中的渲染按钮，即可以渲染出当前帧的粒子效果。

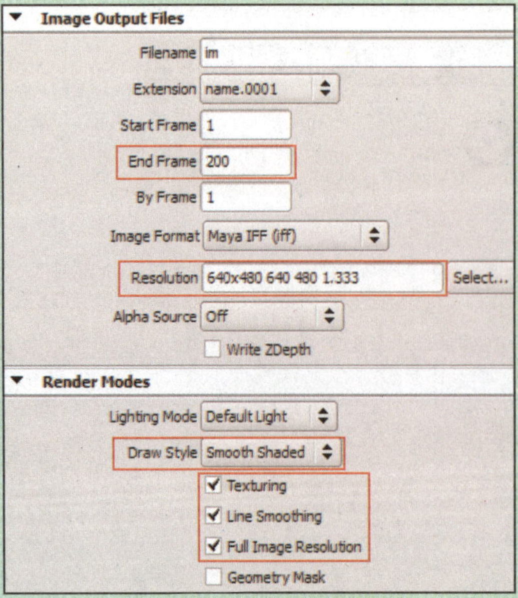

04 在硬件渲染缓冲窗口中执行 Render（渲染）>Render Sequence（渲染序列）命令，就可以进行动画渲染了。渲染结束后，可以打开 Fcheck 窗口检查动态效果，如下图所示。

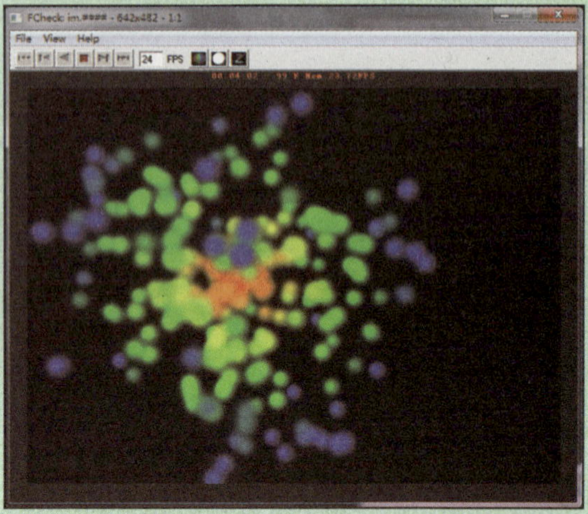

11.5.2 粒子的软件渲染

软件渲染的粒子针对非实时显示的粒子，只有通过软件渲染过后才能够看到它们。在之前的粒子显示样式中，在介绍 Blobby Surface（s/w）、Cloud（s/w）、Tube（s/w）粒子的渲染时已经接触了一些关于软件渲染的知识，这里再详细介绍一下。

1. Blobby Surface（滴状曲面）

这是一种可融合型的粒子，选择 Blobby Surface（滴状曲面）选项时，nParticleShape（内核粒子形态属性）标签下的 Shading（阴影）卷展栏会出现以下属性，如下图所示。

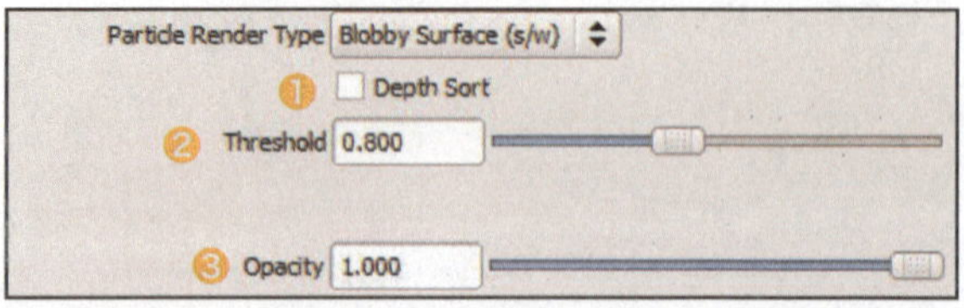

提示 使用这种粒子时，通常勾选 Collisions（碰撞）卷展栏下的 Self Colide（自碰撞）复选框，使粒子之间可以有重叠。

❶ Depth Sort（深度排序）：开启深度计算方式渲染粒子。

❷ Threshold（阈值）：随着值的提高，粒子之间逐渐趋向于融合在一起，利用这种性质我们可以制作水，粘稠的液体等特效，如下图所示。

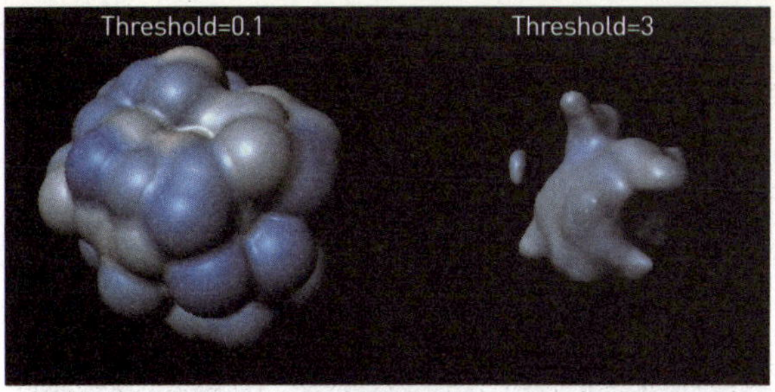

当 Threshold（阀值）为 0 时，粒子表面的融合为 0，当逐渐增大数值时，粒子间的表面融合开始加强。但是过了 1 之后，粒子开始缩小，如果数值足够大，粒子会更小，而且表面融合会消失。所以在适当时候需要增大粒子半径以维系粒子表面融合状态。

❸ Opacity（不透明度）：值越小，粒子的可见度就越低。

2. Cloud（云）

经常会使用这种 Cloud（云）来创建烟雾、云等效果，因为 Cloud 类型的粒子能大范围地融合，所以适合做那些体积感非常大的粒子群。选择 Cloud（云）选项时，nParticleShape（内核粒子形态属性）标签下的 Shading（阴影）卷展栏会出现以下属性，如下图所示。

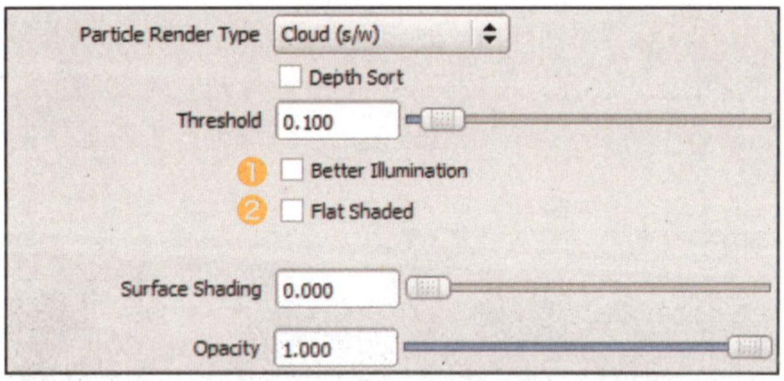

❶ Better Illumination（更佳照明）：是否开启计算精度更高的照明。

❷ Flat Shaded（平淡着色）：使用平面方式渲染粒子。

粒子云类型的渲染只能支持一种特有的材质类型即 Particle Cloud（粒子云）类型。在 Hypershade（材质编辑器）中我们可以很容易找到这种类型的材质，如下图所示。

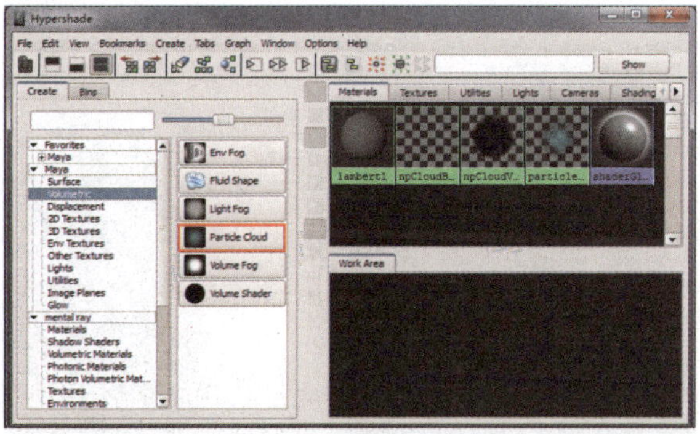

适当设置相关属性后，可以渲染得到类似云雾的效果，如下图所示。

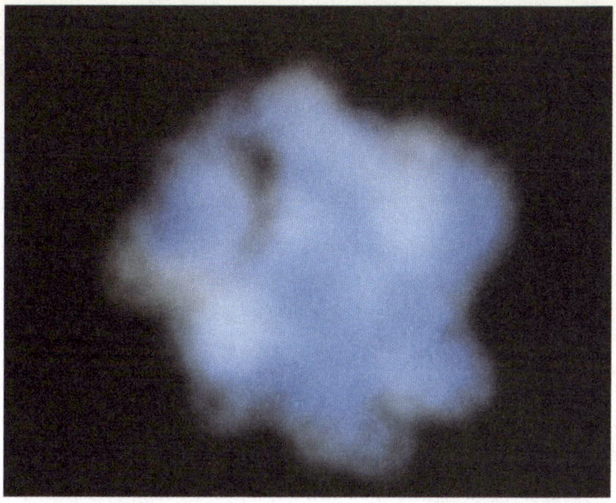

3. Tube（管状体）

以管状方式渲染有点类似线条方式的渲染，它以圆形表示粒子然后在粒子后方拖拽一道管状的尾巴。这种渲染方式常常用来制作爆炸等效果如下图所示。选择 Tube（管状体）选项时，nParticleShape（内核粒子形态属性）标签下的 Shading（阴影）卷展栏会出现以下属性，如下图所示。

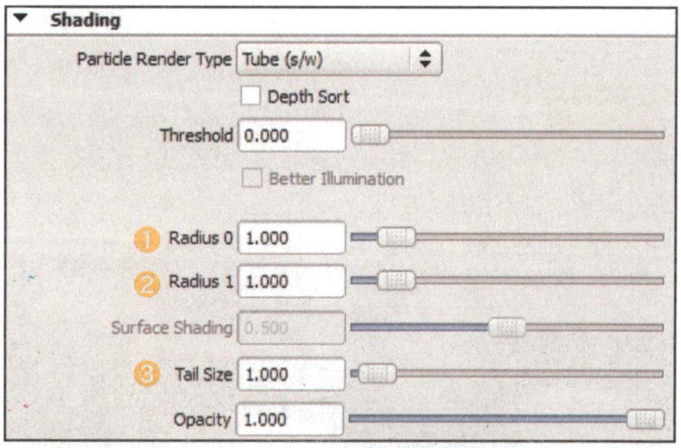

❶ Radius 0（半径 0）：管状的尾部半径大小。

❷ Radius-1（半径 1）：管状的头部半径大小，如右图所示。

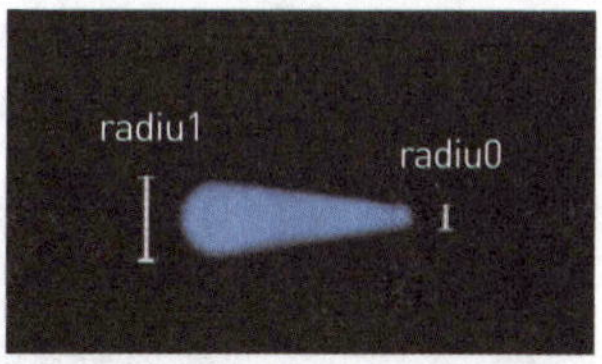

❸ Tail Size（拖尾长度）：粒子拖尾的长度。这个长度同时受粒子速度影响，与粒子速度成正比。

使用管状方式显示的粒子渲染效果，如右图所示。

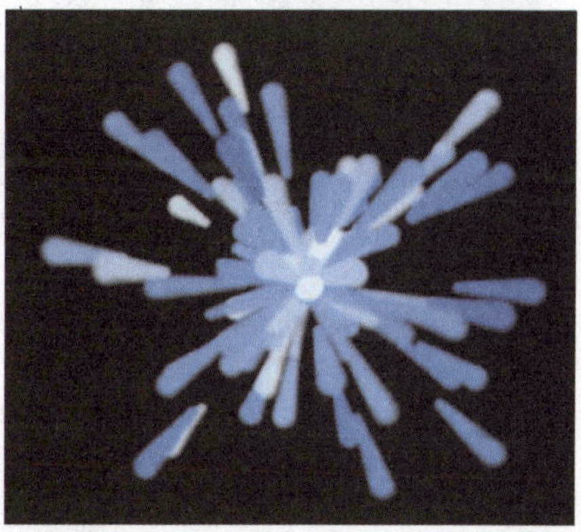

综合案例 13　倾倒的水流

原始文件　Chapter 11\Final\pour water away(original).mb
最终效果　Chapter 11\Final\pour water away(final).mb

案例概述　通过粒子模拟流体系统，完成茶杯倒水的效果。

技术难点　1. 粒子的填充和碰撞。
2. 粒子融合及网格输出的设置。

效果预览

1. 创建粒子和碰撞

Step 01. 打开本书配套光盘中的原始文件，场景中有一个杯子和一个盘子，并且已经设置好杯子向上运动并倾倒的动画，如下图所示。

Step 02. 在大纲视图中选择选择杯子内部模型“insideShape”物体，如下图所示。

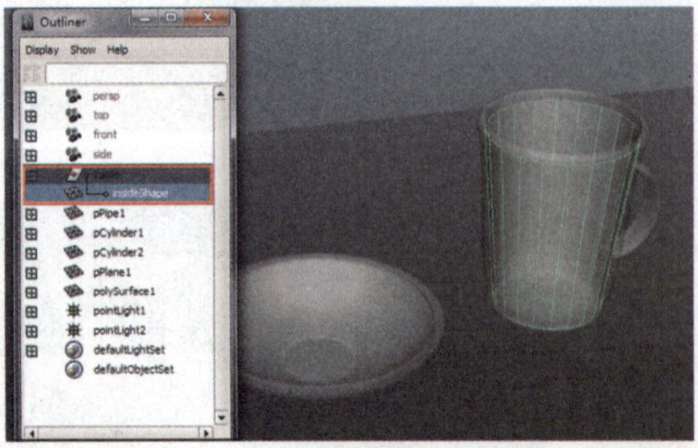

提示　现在选择的模型是用于创建粒子的物体。因此模型必须以杯身为单独的多边形或 NURBS，否则选择填充命令可能出错。为了避免错误，此处已经为杯身单独创建一个与之重合的多边形，并设置了这个多边形与杯体运动相同。

Step 03. 执行 nParticles（内核粒子）> Create nParticles（创建内核粒子）>Fill object（填充对象）命令，创建粒子将杯子填满，这里使用默认属性，效果如下图所示。

Step 04. 为了便于观察杯子中粒子的运动状态，在视图中单击 XRay 按钮，进行透明化显示。如下图所示，粒子填满了杯子内部。

Step 05. 选中粒子，打开属性编辑器，在 nParticleShape（内核粒子形态属性）标签下的 Shading（阴影）卷展栏中将 Particle Render Type（粒子渲染类型）属性设置为 Blobby Surface（滴状曲面）选项，如下图所示，为制作成液体做准备，也便于观察。

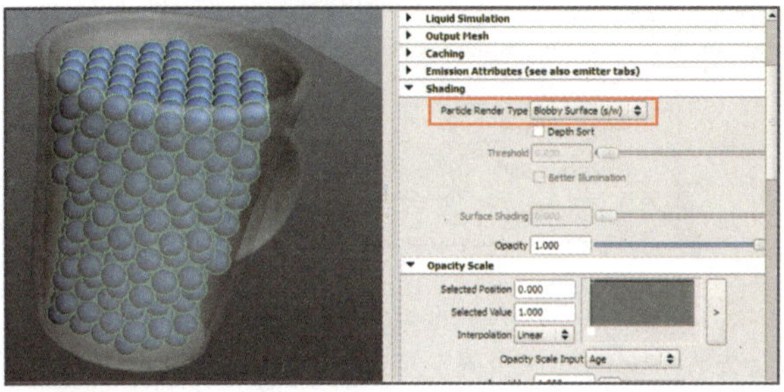

Step 06. 在 Dynamic Properties（动力学属性）卷展栏下取消勾选 Ignore Solver Gravity（忽略解算动力）复选框即开启重力对粒子的影响。播放动画，粒子从杯子底部直接落下去，如下图所示。

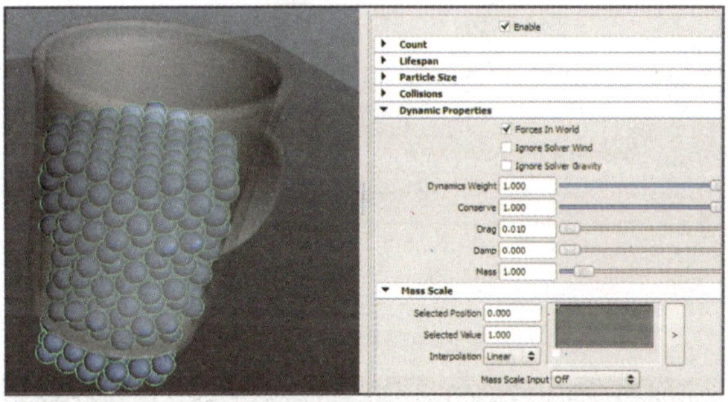

> **提示** 水流在倾倒过程中受到重力的影响，才会产生倾倒效果，因此需要打开重力效果。但目前粒子没有碰撞，因此粒子会从杯子中落下去。

Step 07. 选中粒子，按 Shift 键加选杯子内部“insideShape”、盘子内部“pCylinder2”、桌面“pPlane1”三个几何物体，执行 nMesh（内核网格）>Create Passive Colider（创建被动碰撞体）命令，如下图所示。

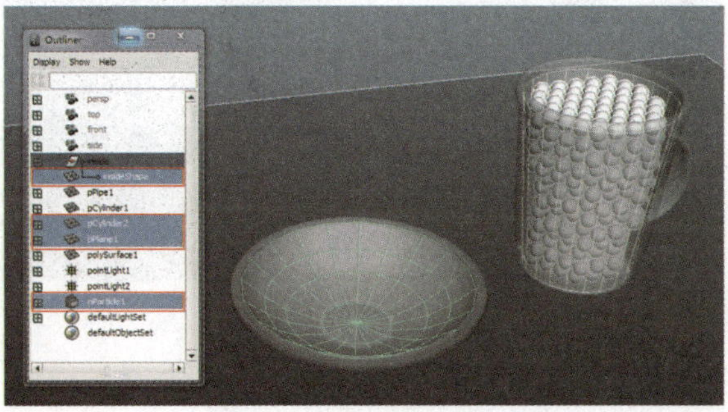

Step 08. 单击播放动画按钮，查看场景中的动画及粒子效果。如下图所示，我们已经完成了一个模拟杯子倒水的动画。

2. 渲染流体

目前已经完成了基本模型，但现在粒子的形态并不像水，还需要继续做一些调整。

Step 01. 选中粒子，执行 Modify（修改）>Convert（转化）>nParticle to Polygons（内核粒子转换为多边形）命令，可以看到粒子的形态发生了变化，如下图所示。

> **提示** 这时粒子已经转换为了多边形，可以通过粒子属性菜单下的 Out Mesh（输出网格）参数来对它的形态进行修改。

Step 02. 选中粒子，按 Ctrl+A 键打开粒子属性编辑器，在 nParticleShape（内核粒子形态属性）标签下的 Output Mesh（输出网格）卷展栏中，将 Threshold（阈值）设为 0.03，Blobby Radius Scale（滴状半径大小）值设为 0.9，Motion Steak（运动线）值设为 2，Mesh Smoothing Iterations（网格光滑插值）值设为 2，如下图所示。

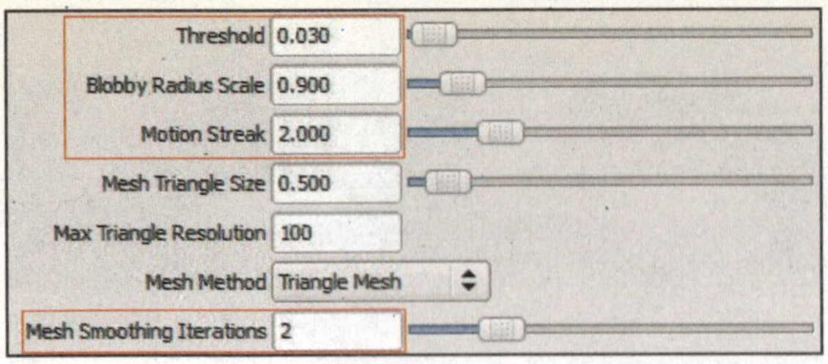

Step 03. 这时粒子的形态已经比较接近水了，但还不具有水的质感，如下图所示。

Step 04. 执行 Window（窗口）>Rendering Editors（渲染编辑器）>Hypershade（材质编辑器）命令，新建一个 Blinn 材质。选中水流模型，在 Blinn 材质球上单击鼠标右键，执行 Assign Material To Selection（赋予材质到选中的物体）命令，如下图所示。

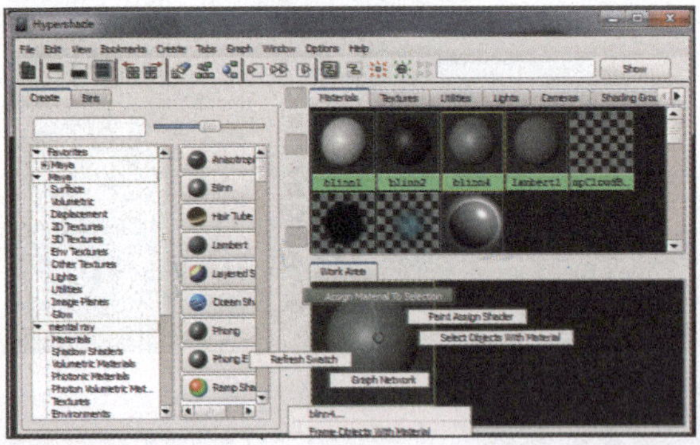

Step 05. 双击 Blinn 材质球，打开属性编辑器，在 Common Material Attributes（普通材质属性）卷展栏下将 Color（颜色）调成纯黑色，Transparency（透明度）为纯白，即完全透明，如下图所示。

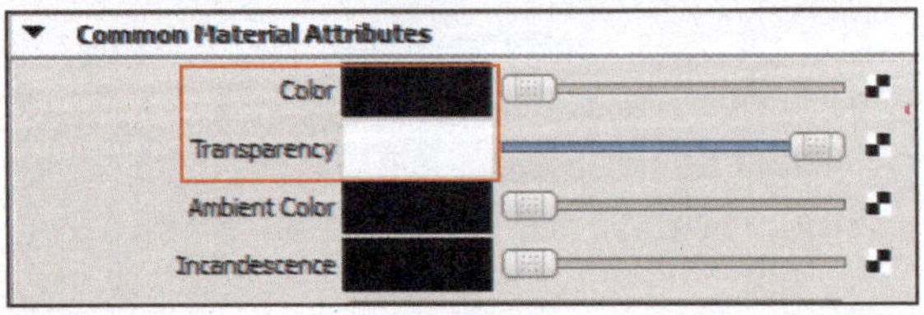

Step 06. 在 Specular Shading（高光阴影）卷展栏中，将 Eccentricity（高光范围）值调小至 0.06；Specular Roll Off（高光区域关闭）值调为 1；Specular Color（反射颜色）为一个类似水的很淡的蓝色，eflectivity（反射）值为 1，如下图所示。

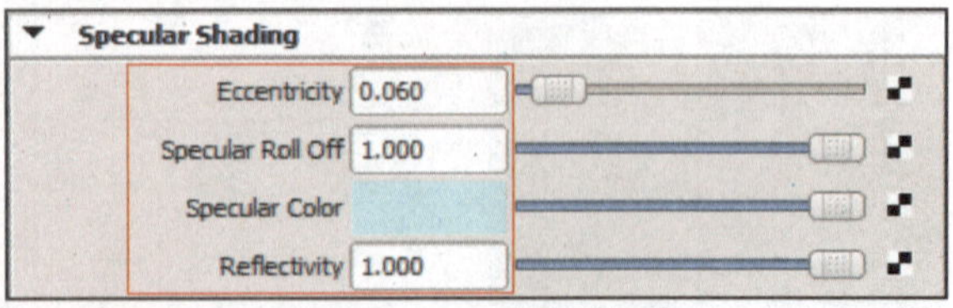

Step 07. 在 Raytrace Options（折射选项）卷展栏中，勾选 Refractions（折射）复选框，设置 Refractive Index（折射率）值为 1.3，Refraction Limit（折射限度）值为 10，如下图所示。这样就完成了水的材质设置。

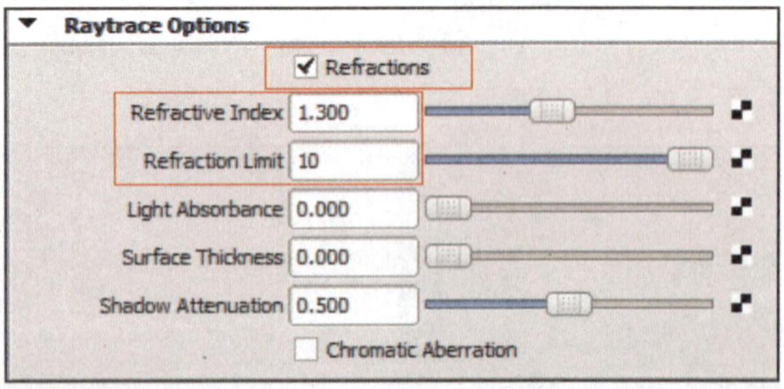

Step 08. 单击渲染按钮，渲染场景得到结果如下图所示，水从杯子中倾倒了出来。

Chapter 12

柔体与刚体

在自然界中，很多运动无法用骨骼和驱动器模拟出来，这时，我们需要运用 Maya 的动力学模块来模拟，它可以制作出非常逼真的动画效果，例如被球撞倒的保龄球，飘动的旗帜和燃烧的焰火之类的效果。结合物理知识，我们可以指定物体所受的各种外力以及约束条件，然后 Maya 将会根据给出的各种条件计算出物体的运动方式。这种方式相对于传统的关键帧动画更容易模拟出真实的运动效果。

本章节将会介绍刚体和柔体的概念，以及如何将创建的模型转化成可进行动力学计算的刚体和柔体，并使用约束和场来控制它们的运动等相关知识。

12.1 柔体概述

在 Maya 中创建一个 Polygon（多边形）物体，将之转化成一个自由灵活多变的物体，我们就称之为柔体。我们可以运用各种动画技术，使柔体产生弯曲、褶皱、隆起等现象，可以生动地模仿一个柔软的物体。最简单的例子就是窗帘、旗帜、斗篷一类物体，如下图所示。

Maya 中柔体的基本原理是将几何物体或者晶格表面的 CV 点或顶点转化成柔体粒子，所有的粒子组合起来，就是柔体。通过控制这些粒子的运动，从而实现对物体顶点的运动控制，从而产生物体的变形。对多边形物体来说，粒子存在于 Vertex（顶点）上；对于 NURBS 曲面物体来说，粒子存在于 CV 点上。当这些粒子发生移动、相互碰撞的时候，物体本身便体现出了运动。

柔体经常用来模拟那些有一定几何外形但又很不稳定容易变形的物体，如绸缎、粘土等物体。另外，我们也可以从柔体本身的粒子中，选择其中合适的部分粒子，以这些粒子作为发射器，从而发射其他粒子。

12.1.1 创建柔体

要创建柔体，可以执行 Soft/Rigid Bodies（柔体 / 刚体）> Create Soft Body（创建柔体）命令，如下图所示。

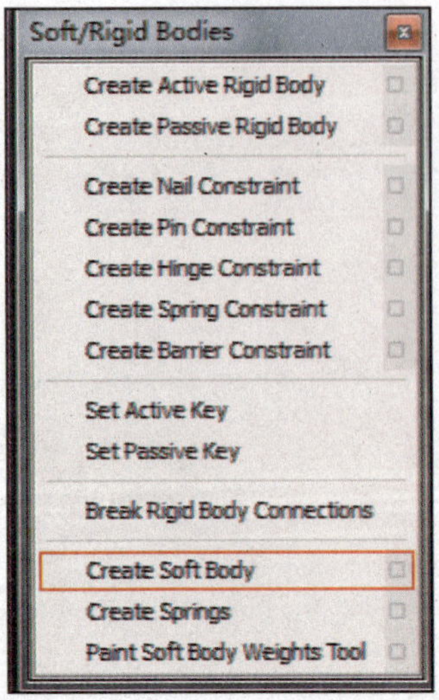

进阶练习：创建柔体

最终文件： Chapter12\12.1\silk_1.mb

在创建柔体之前，我们需要注意的是，初始几何体包含有越多的 CV 点或者顶点，转化为柔体之后就能表现出越好的形变。

01 首先，我们在场景中创建一个 NURBS 曲面平面，设置 Width（宽）为 20，Length Ratio（长度比例）为 0.5，如下图所示。

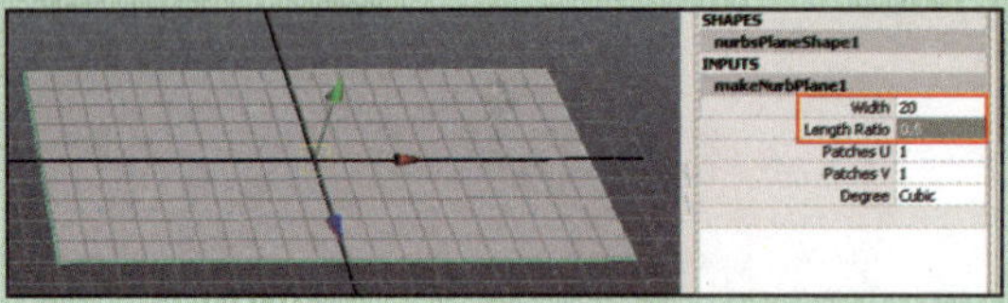

02 由于分段数的多少直接影响到最终柔体的变形效果，我们再将 U、V 方向的分段数分别改为 30，如下图所示。

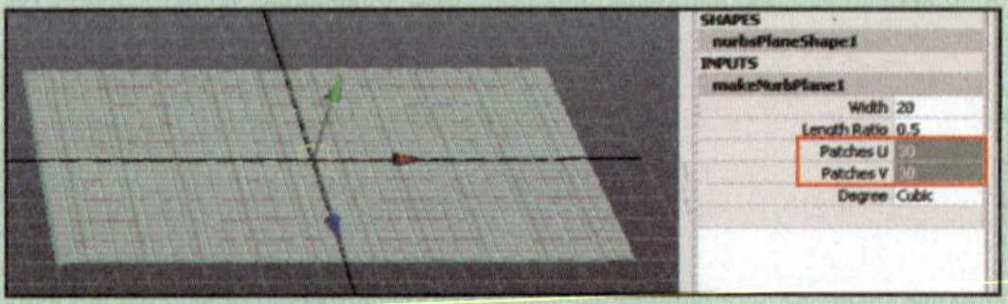

03 选中当前 NURBS 曲面平面，将 Maya 切换到 Dynamics（动力学）模块，执行 Soft/Rigid Bodies（柔体 / 刚体）>Create Soft Body（创建柔体）命令，打开参数设置，在选项属性中选择 Duplicate, Make Copy Soft（复制原始物体，并将复制出来的新物体转化为柔体）选项，勾选 Hide non-soft object（隐藏原始物体）和 Make non-soft a goal（创建非柔体目标）复选框，设置 Weight（权重）值为 0.5（当权重值为 1，原始物体对柔体粒子的吸引力最大，这时无论给物体施加什么力场都不会对物体产生任何影响），如下图所示。

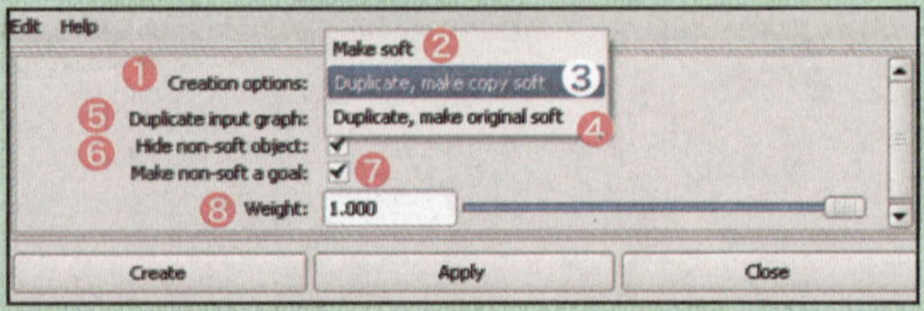

❶ Creation options（创建选项）下拉列表中包括三个选项。

❷ Make soft（柔体转换）：该选项直接将选中的物体转换成柔体。

❸ Duplicate，make copy soft（复制原始物体，并将复制出来的新物体转化为柔体）：在不改变原物体的情况下，以复制出的副本作为柔体。

❹ Duplicate，make original soft（复制物体，并将原

始物体转化为柔体）：使用该选项可以直接将物体转换成柔体，并且另外复制一份原始物体。

❺ Duplicate upstream graph（复制上游图表）：当勾选此复选框时，系统会自动复制原始几何体，并且把复制的几何体转换为柔体。

❻ Hide non-Soft object（隐藏非柔体物体）：选中此复选框时，系统可以自动将原始的几何体隐藏起来，以节省有限的工作空间。

❼ Make non-Soft a goal（创建非柔体目标）：如果取消勾选此复选框，当创建柔体时必须为粒子创建目标。

❽ Weight（权重）：设置目标物体的权重，当该值为 0 时，柔体可以自由地变形；当该值为 1 时，柔体将尽量匹配目标物体的形状。

04 单击 Create（创建）按钮，创建柔体，我们看到产生了许多粒子，如下图所示。

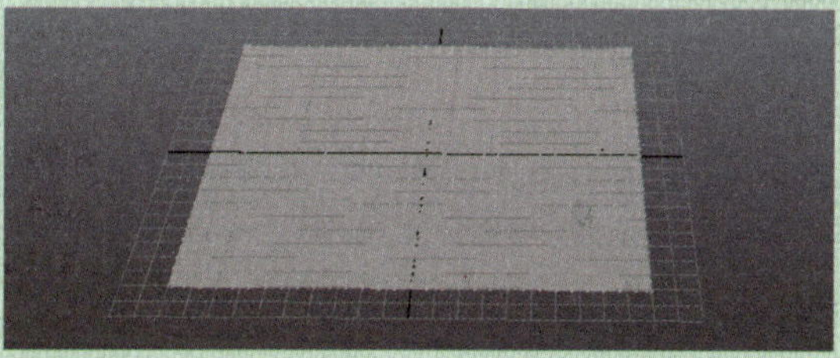

12.1.2 绘制柔体权重

一个柔体上可以显现不同的柔软程度。这就需要给柔体添加权重。

首先选中已经创建好的柔体，执行 Soft/Rigid Bodies（柔体 / 刚体）> Paint Soft Body Weights Tool （绘制柔体权重）命令，如下图所示。

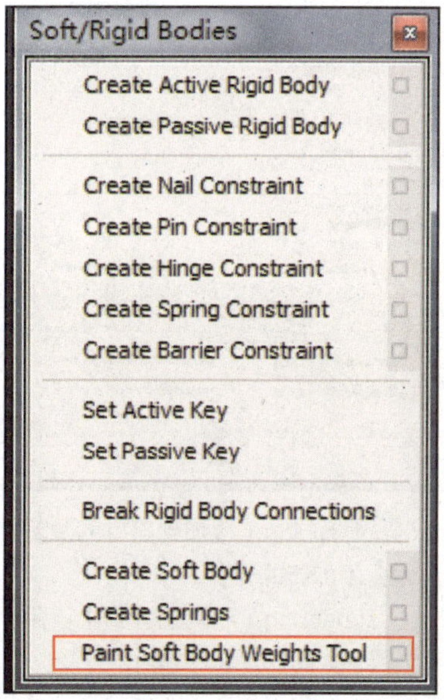

进阶练习：绘制柔体权重

原始文件： Chapter12\12.1\silk_1.mb
最终文件： Chapter12\12.1\silk_2.mb

01 打开原始文件选中柔体上的粒子，给这些粒子添加扰乱场，单击 Fields（场）>Turbulence（扰乱场）命令后的小方块按钮，打开参数窗口，设置参数如下图所示。

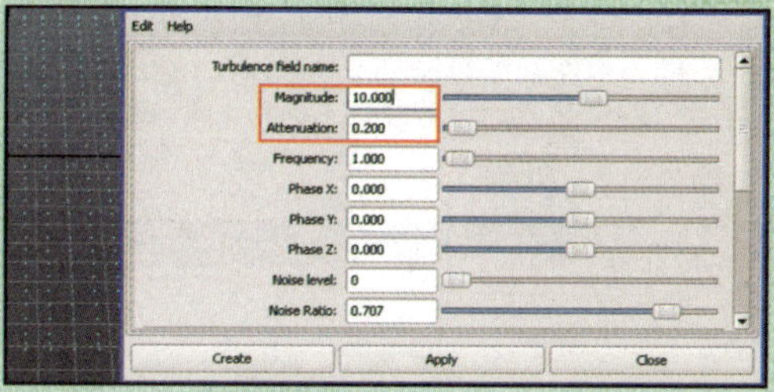

02 再次选择 NURBS 曲面平面，执行 Soft/Rigid Bodies（柔体 / 刚体）>Paint Soft Body Weight Tool（绘制柔体权重）命令，将 Value（值）设置为 0（黑色，完全受影响）。从平面右端开始刷，一直刷到最左端，留下少量白色部分不受影响，如下图所示。

提示： 这样，物体的左端将不会受场的影响，而右端则很容易被影响。

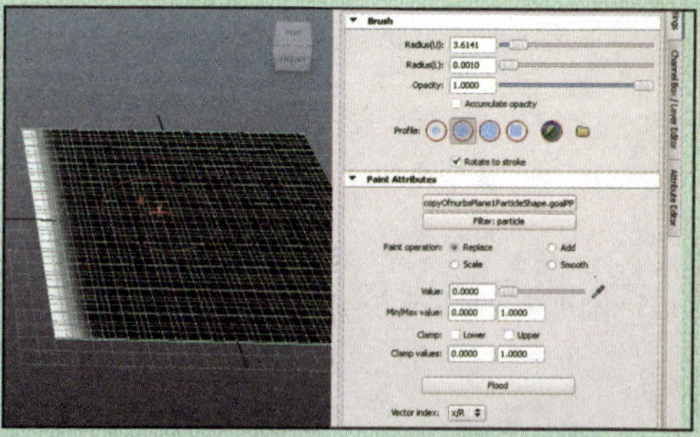

提示： 绘制权重前，必须在 Object（物体）组元下选中该 NURBS 曲面平面，否则权重绘制工具无效。

03 将帧数设置为 300 帧播放动画，我们可以看到平面已经随着粒子开始飘动。权重值为 0 的粒子开始飘动，而左边权重值设定为 1 的部分完全没有受到力场影响，原有物体对它们的吸引仍然是最强的，故而这部分粒子没有变化，如下图所示。

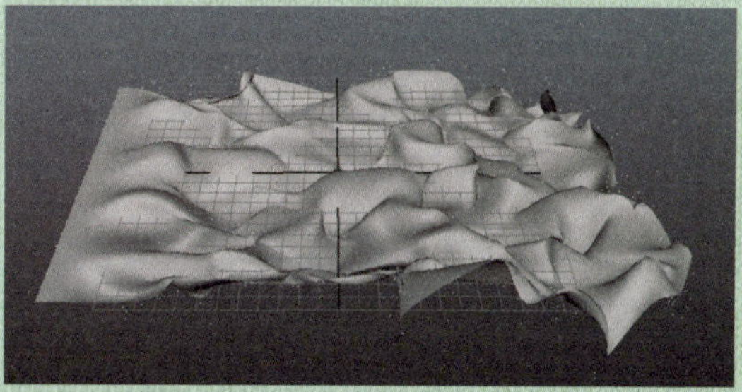

提示：这里需要注意的是，一旦开始了动画，就不应再添加平面的段数，否则会得到不可控制的柔体效果。并且，柔体的碰撞与刚体的碰撞不同，刚体是与另一刚体之间发生碰撞；而柔体则必须自己来定义碰撞，就象使用标准粒子群一样。

04 这时发现，由于我们添加的是扰乱场，粒子运动是随机的，没有任何方向，比较无序。现在我们重新选择粒子，给粒子添加一个空气场。单击Fields（场）>Air（空气场）命令后的小方块按钮，在参数设置窗口中设置风场的方向，由于可活动的粒子位于X轴正方向，所以空气场的方向也要为吹向X轴正方向，将空气场中X轴的值设为1，Y轴和Z轴的值分别设为0，如下图所示。

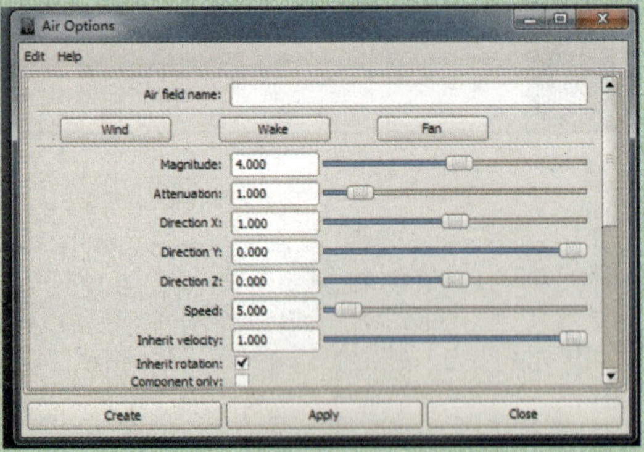

05 重新播放动画，现在的粒子运动动朝向同一个方向了，但是这时我们发现一个问题，当帧数达到90帧以后，平面的飘动开始变得毫无节制向X轴正方向延伸，粒子混乱不堪，完全脱离了控制。这是由于没有任何约束所造成的，如下图所示。

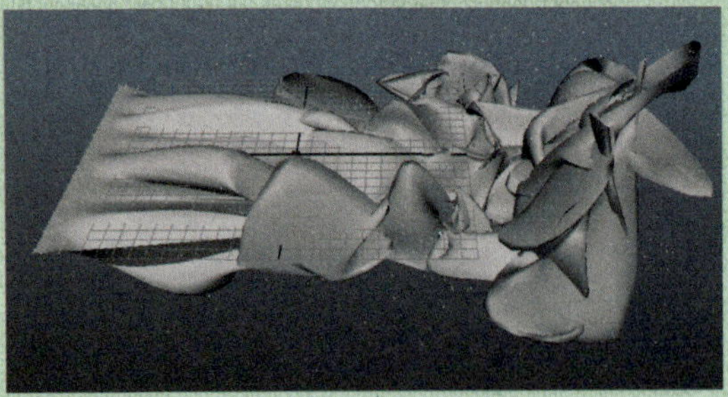

12.1.3 添加弹簧

由于柔体内部是粒子群，所以仅靠权重来控制是不够的，会使柔体显得过于松散，缺少制约。为了给Maya中的柔体添加一个制约条件，我们为其加入弹簧命令。执行Soft/Rigid Bodies（柔体/刚体）>Create Springs（创建弹簧）命令，如右图所示。

提示 为一个柔体添加弹簧，可以建造一个柔体的内在结构，改善柔体的变形效果。这是由于弹簧的结构向各个方向延伸，将柔体粒子连接起来。因为柔体没有“骨架”来帮助它维持本身长度和体积，所以我们需要为柔体创建Spring（弹簧），当柔体拉伸到一定长度以外，就会因为弹簧的作用而向反方向收缩，或者当柔体与地面等物体相碰撞时就会自动发生弯曲，这种效果模拟看起来会更加真实。

弹簧的建立需要一定条件，并非所有的物体之间都能建立弹簧。因为弹簧是作用于粒子之间的，所以粒子之间可以建立弹簧（包括粒子发射出来之后，仍然可以存在弹簧）；柔体的可控点或者物体的顶点、曲线或者NURBS曲面上的CV点、多边形的顶点和晶格点之间也可以创建弹簧。

提示 每一个弹簧至少要有一个端点是粒子或者柔体顶点。

选择柔体粒子，执行Soft/Rigid Bodies（柔体/刚体）>Create Springs（创建弹簧）命令，打开参数设置面板，将Creation method（创建方式）修改为Wire frame（线框）项，这样就可以在粒子间均匀地添加弹簧；将Wire walk length（线的长度）值设置为2（如果此值为1，只会在横竖方向相邻两个粒子间产生弹簧，而此值为2时，两个对角线相邻的粒子之间也会产生一根弹簧）；至于Stiffness（强度）值和Damping（阻尼）值两个参数，我们可以自由设置，数值的差异直接影响到模型飘动的效果，我们可以根据自己的需要来进行调节，这里设置Stiffness（强度）值为20；Damping（阻尼）值为0.5，如下图所示。

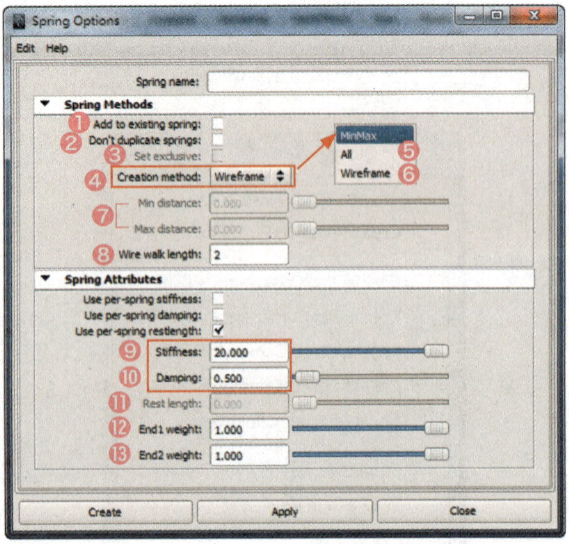

❶ Add to existing spring（添加到已有的弹簧中）：在带有弹簧的柔体上添加新的弹簧。

❷ Don't duplicate spring（不复制弹簧）：用于避免在带有弹簧的两个粒子之间创建新的弹簧。

❸ Set exclusive（全部设置）：当一个以上的物体处于选

中状态的时候，物体中的所有点都会被弹簧连接起来。

④ Creation method（创建方式）：选择 MinMax（最小最大）选项时，可以使用 Min distance（最小距离）和 Max distance（最大距离）文本框来定义柔体中的一个范围，在此范围内的所有点，都将被弹簧连接起来。

⑤ All（所有）：选项可在选中物体的所有点之间创建弹簧，这样可以形成一个统一的弹簧体系结构，也可以将它看作为一个弹簧物体，适用于创建一个跳动的球体或者石块。

⑥ Wireframe（线框）：选项可在柔体物体的最外层创建弹簧，此选项非常适用于曲线构成的柔体或者不规则曲线的柔体。

⑦ Min distance（最小距离）和 Max distance（最大距离）：在 MinMax （最小最大）模式下，用于定义柔体距离范围的最小距离和最大距离。

⑧ Wire walk length（线的长度）：在 Wireframe（线框）模式下，用于设置物体边缘粒子之间有多少弹簧被创建，该数值设置的越大，柔体的结构越复杂。

⑨ Stiffness（硬度）：设置弹簧的坚硬程度，如果弹簧的坚硬度增加过快，那么弹簧的伸展或者缩短也会非常快。

⑩ Damping（阻尼）：设置弹簧的衰减力，如果该值较高，则弹簧的长度变化就会变慢；该值设置的较低，则弹簧的长度变化就会变快。可以运用低的阻尼值和高的弹力值来创建物体颤动效果。

⑪ Rest length（静止长度）：设置弹簧静止时的长度，在弹簧物体中，每一个弹簧都具有相同的静止长度。

⑫ End1 weight（起点弹力）：设置应用到弹簧开始点上弹力的大小，当该值为 0 时，表明开始点不受弹力的影响当该值为 1 时，表明受到弹力的影响。

⑬ End2 weight（终点弹力）：设置应用到弹簧结束点上弹力大小，当该值为 0 时，表明结束点不受弹簧弹力的影响；当该值为 1 时，表明柔体受到弹力的影响。

进阶练习：添加弹簧

原始文件： Chapter 12\12.1\silk_3.mb

01 打开文件，选中 NURBS 曲面平面，我们看到整个柔体不仅有粒子，两个相邻粒子之间，以及两个相邻对角线粒子之间都产生了弹簧，如下图所示。

02 将 NURBS 曲面平面显示出来，播放动画，我们看到，粒子一方面被空气场推出去，而同时也受到了弹簧的制约和牵引，将推出去的粒子拉回来，如下图所示。

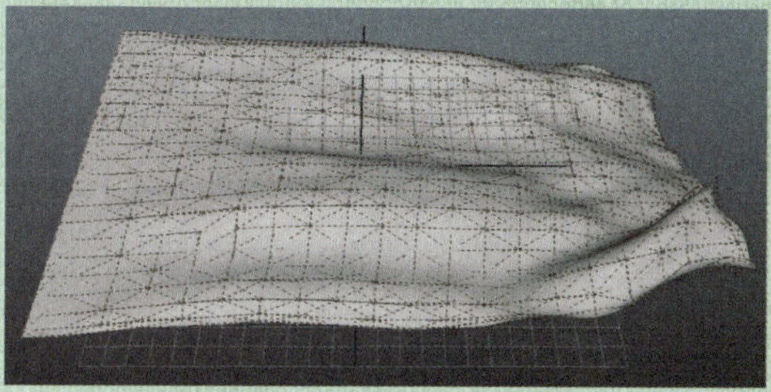

03 选择弹簧，打开弹簧的属性编辑器，我们可以修改弹簧的参数，主要是 Stiffness（强度）值和 Damping（阻尼）值，我们可以多尝试一些数字的组合，来观察不同的数值产生弹簧对柔体的不同影响，弹力越大，运动距离越小。

提示： 我们也可以重新打开扰乱场，修改属性编辑器中的参数，将扰乱场的阻尼值改为 0，这样扰乱场不会减弱，则对柔体的作用一直持续，使绸缎的飘动看起来变化更加丰富、漂亮。

04 我们给这段丝绸模型赋予一个材质，渲染得到图像如下图所示。

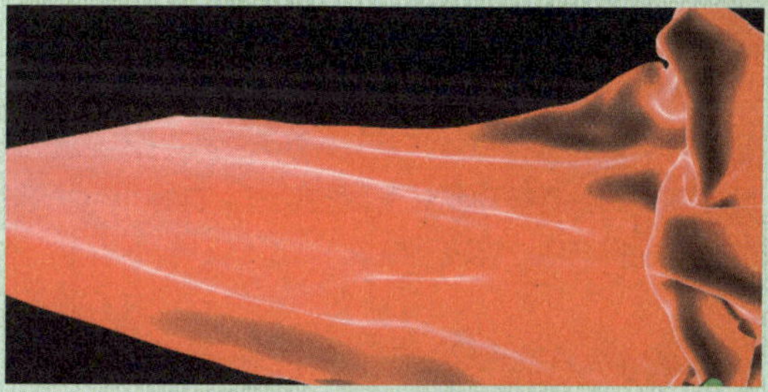

12.2 刚体概述

形状和尺寸保持固定，不随运动和外界条件的变化而变化的几何体，称为刚体。刚体的概念我们在中学物理中已经接触了不少，它最大的特点就是一个系统在相互运动中保持着动量守恒，几乎没有能量损失。刚体是 Maya 把几何物体转化成坚硬的多边形物体表面来进行动力学计算的一种方法。

提示 与常规的曲面不同，在动画过程中，刚体会相互碰撞，而不是相互穿过。所以它经常被用来模拟物理学中的相互碰撞效果，比如：两个质量不同的小球相互碰撞之后，分别改变了运动方向，如多米诺骨牌之间的撞击、保龄球与保龄球瓶之间反弹等等。

刚体动画，实质上就是在 Maya 中通过创建一些力场（如重力场、空气场、扰乱场等等），来模拟一个相对真实的物理环境，刚体们在这些力的作用下发生碰撞时所发生的情景。Polygon（多边形）物体和 NURBS 曲面物体都可以转换成刚体，如下图所示。

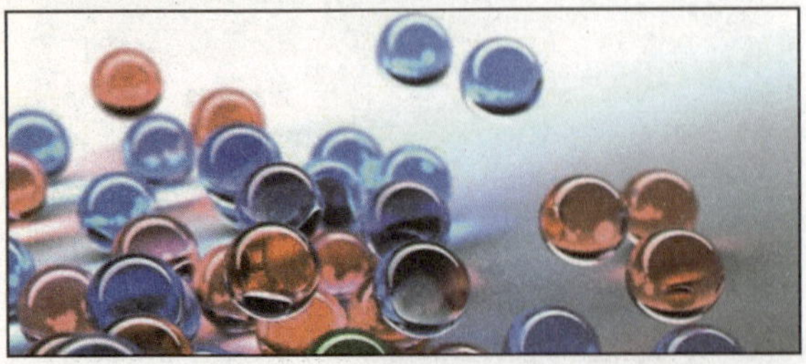

如果我们要制作一段刚体动画，首先需要创建一个或多个刚体，然后创建一个或多个作用于刚体的力场，再定义刚体的初始位置、初始速度及冲击，最后播放动画即可。

在 Maya 中，刚体可以分为两大类：主动刚体和被动刚体。通常来说，主动刚体则是指各种拥有自由落体的、快速移动的或相互碰撞的物体（如玻璃球和骰子等）；而被动刚体是指与外界环境固定在一起的物体（如地板和墙体等）。

主动刚体不能用动画关键帧来控制，它拥有一定质量，会因为力场的影响、碰撞和非关键帧化的弹簧影响而改变运动状态。主动刚体受场的影响，而且会因为碰撞改变运动。主动刚体不能用关键帧技术制作，即不能直接操作它们。

被动刚体不受场的影响，运动状态不会发生任何改变，它是主动刚体的碰撞物体，而且在参与碰撞时不会因碰撞而发生运动，并且被动刚体可以被设置关键帧（包括通过关键帧来进行移动、旋转、缩放）。

提示 由于 NURBS 计算的速度比较慢，所以我们尽量使用 Polygon（多边形）来创建刚体。

给被动刚体设置关键帧时，在主时间轴和通道栏中均不会显示关键帧标记，需要打开图表编辑器才能看到关键帧的信息。

12.2.1 创建刚体

刚体分为两类：主动刚体和被动刚体。执行 Soft/Rigid Bodies（柔体/刚体）> Create Active Rigid Body（创建主动刚体）或 Create Passive Rigid Body（创建被动刚体）命令创建主动刚体或被动刚体，如右图所示。

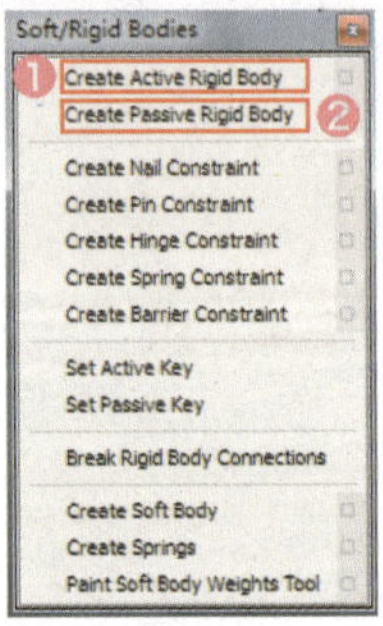

❶ Create Active Rigid Body（创建主动刚体）：创建主动刚体。

❷ Create Passive Rigid Body（创建被动刚体）：创建被动刚体。

下面，我们要学习创建刚体，对刚体施加初始力，并且学会分辨并判断主动刚体与被动刚体。我们来制作一排多米诺骨牌，让第一张骨牌倒塌，撞向第二章排，以此类推，来观察骨牌之间相互碰撞倒塌的运动，效果如下图所示。

进阶练习：制作多米诺骨牌

原始文件： Chapter 12\12.2\domino（original）.mb
最终文件： Chapter 12\12.2\domino（final）.mb

01 打开原始文件，如下图所示。

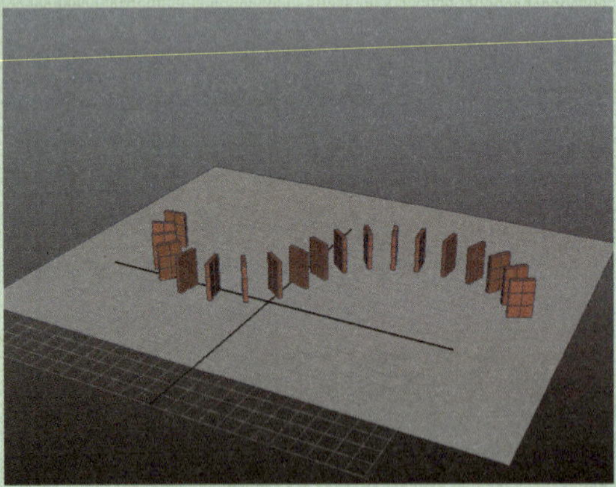

提示： 为了使计算更快，我们用 Polygon（多边形）方式创建模型。骨牌的排列可以根据自己的需要随意摆放，但是要注意骨牌之间的距离不要太远，要保证倒下后相互之间可以砸到彼此。

02 创建主动刚体。选中所有的骨牌模型，执行 Soft/Rigid Bodies（柔体/刚体）>Create Active Rigid Body（创建主动刚体）命令，将骨牌设置为主动刚体，如下图所示。

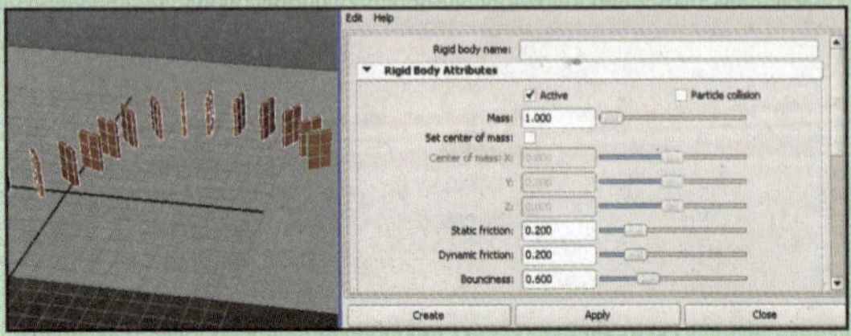

03 转化之后，我们检查一下骨牌模型，按键盘 4 键，看到模型中心出现了一个 X，说明创建主动刚替成功，如下图所示。

04 接下来创建被动刚体。选择地面模型，执行 Soft/Rigid Bodies（柔体 / 刚体）>Create Passive Rigid Body（创建被动刚体）命令，将地面设制为被动刚体。创建后，在地面中心同样出现了 X 标志，说明创建被动刚体成功，如下图所示。

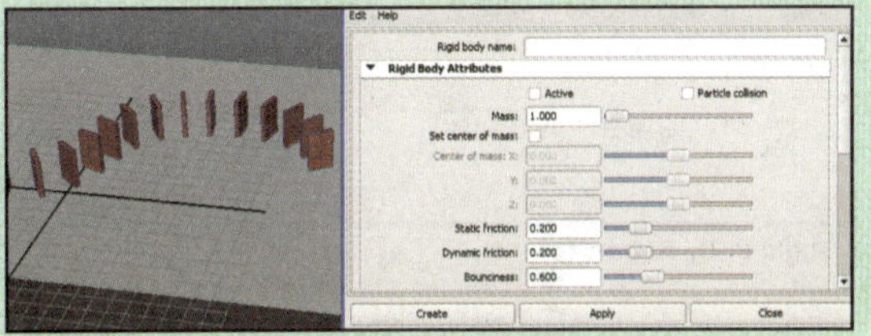

05 设置主动刚体的初始状态。选中所有骨牌模型，点击键盘 Insert 键，进入修改枢轴点模式，将轴心点下移至与地面交界处，重新点击 Insert 键，恢复普通操作状态，如下图所示。

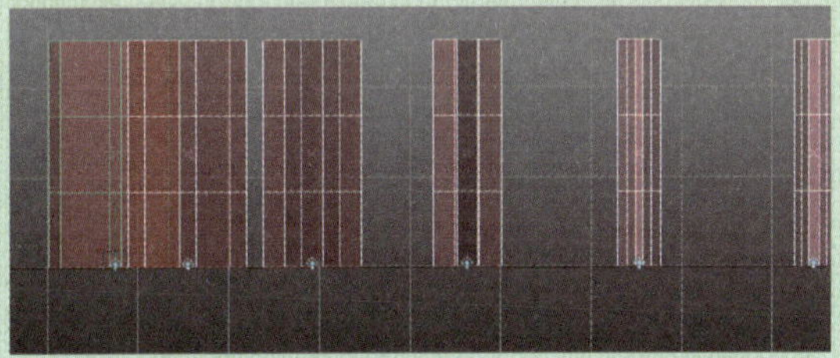

提示：因为我们要让所有骨牌倾倒，骨牌倒塌时的旋转轴心在与地面接触的一点上，而我们创建的模型中心点在模型正中。

06 选择第一张骨牌模型，旋转其方向，使之向内侧倾倒，如下图所示。

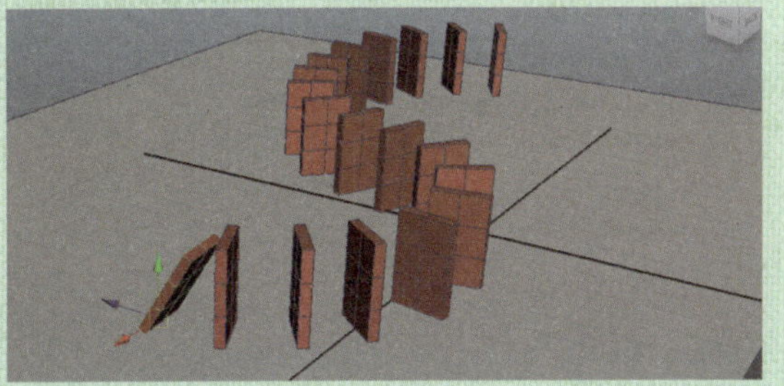

07 接下来修改刚体的弹性值。Bounciness（弹性）属性，可控制刚体相互碰撞后是否会发生反弹，如果弹性值为 0，则不会发生任何反弹，可以加快 Maya 的计算速度，这里我们将所有骨牌刚体的 Bounciness（弹性）值设为 0.1，如下图所示。

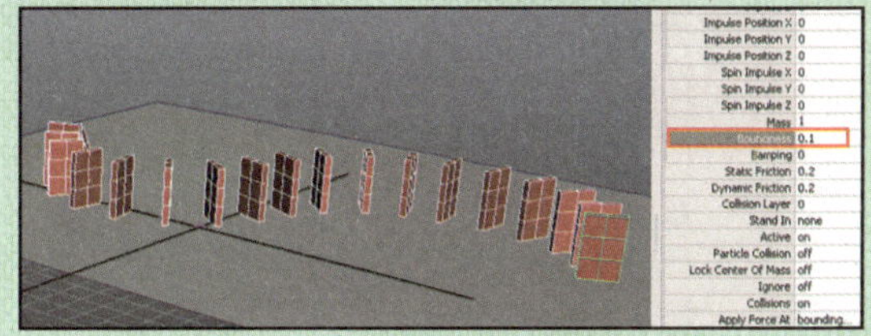

08 添加力场。如果不添加任何力场，我们选择播放动画，发现场景没有任何运动发生。选择所有主动刚体物体，执行 Fields（场）> Gravity（重力场）命令，给所有主动刚体（骨牌）加上重力场，如下图所示。

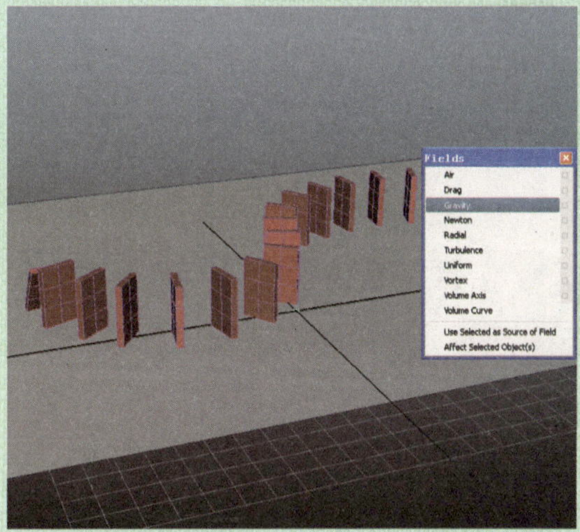

09 播放动画，得到最终效果如下图所示。

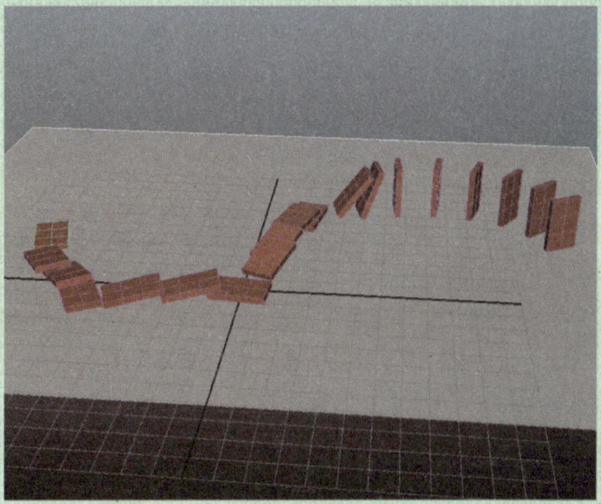

12.2.2 刚体的属性

在上面例子中我们用到了刚体的属性，修改了刚体的弹性值，那么刚体还有哪些属性呢？下面我们来具体介绍刚体的各种属性，如下图所示。

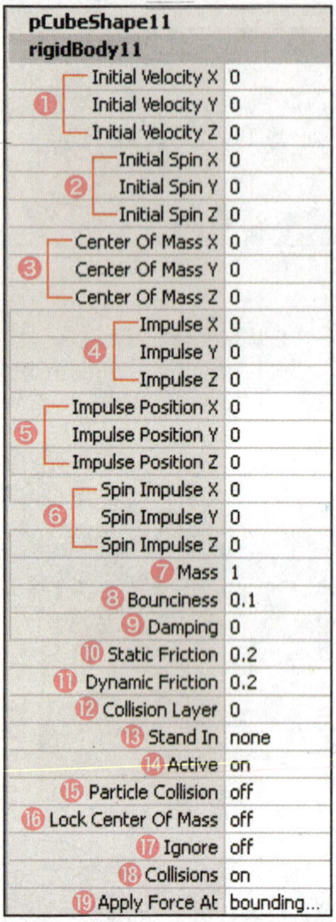

❶ Initial Velocity X/Y/Z（初速度 X/Y/Z）：设置刚体在 X、Y、Z 三个轴向的初始速度。

❷ Initial Spin X/Y/Z（初始自旋 X/Y/Z）：设置刚体在三个轴向的初始旋转。

❸ Center Of Mass X/Y/Z（质量中心 X/Y/Z）：设置刚体的中心位置，刚体的质量向中心位置集中。

❹ Impulse X/Y/Z（推动 X/Y/Z）：设置为刚体添加一个作用力的大小。

❺ Impulse Position X/Y/Z（推动力 X/Y/Z）：设置添加的力的作用点位置。

❻ Spin Impulse X/Y/Z（自旋力 X/Y/Z）：设置为刚体添加的旋转作用力的大小。

❼ Mass（质量）：设置刚体的质量，值越大物体显得越重。

❽ Bounciness（弹性）：设置刚体的弹性大小。

❾ Damping（阻尼）：设置刚体速度的衰减大小。

❿ Static Friction（静摩擦）：设置刚体受到的静摩擦力的大小。

⓫ Dynamic Friction（动摩擦）：设置刚体受到的滑动摩擦力的大小。

⓬ Collision Layer（碰撞层）：设置碰撞的层，只有相同层编号的刚体才会发生碰撞。

⓭ Stand In（加速）：打开此选项，Maya 会替代场景中的刚体为指定几何体以加速计算。

⓮ Active（激活）：关闭此选项，将转换主动刚体为被动刚体。

⓯ Particle Collision（粒子碰撞）：打开此选项，则允许刚体与粒子发生碰撞。

⓰ Lock Center Of Mass（锁定质量中心）：锁定刚体的中心。

⓱ Ignore（忽略）：使该刚体作用失效。

⓲ Collisions（碰撞）：打开则允许发生碰撞，关闭则不允许发生碰撞。

⓳ Apply Force At（应用力）：选择将外力施加到刚体的什么位置，可以选择 Center of Mass（质量中心）、Bounding Box（包围盒）或 Vertex or CVs（顶点或 CV 点）。

将一个物体设置成为刚体，按快捷键 Ctrl+A 打开属性编辑器，我们可以看到刚体所有的属性设置，如下图所示。

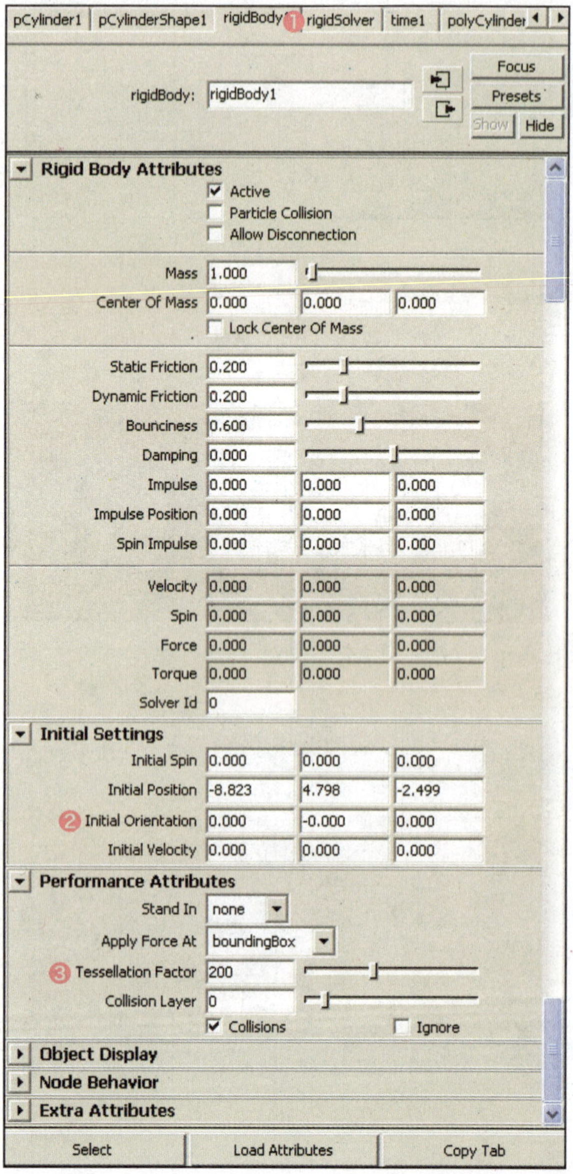

❶ rigidBody（刚体属性）

❷ Initial Orientation（初始角度）

❸ Tessellation Factor（多边形细分系数）：复杂曲面受到碰撞的精度。

切换到属性编辑器中的 rigidSolver（刚体解算器）标签，可以看到刚体解算中的一些参数，如下图所示。

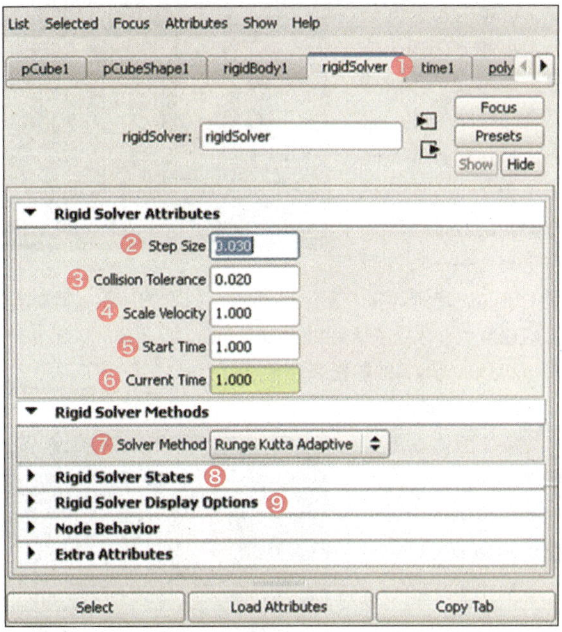

❶ rigidSolver（刚体解算器）

❷ Step Size（步长）：计算在一帧内出现的频率。

❸ Collision Tolerance（碰撞比率）：刚体结算期的检测速度及精度。

❹ Scale Velocity（缩放速率）：设置矢量箭头的大小。

❺ Start Time（开始时间）：解算起始时间。

❻ Current Time（当前时间）

❼ Solver Meshod（解算方式）

❽ Rigid Solver States（刚体解算器状态）

❾ Rigid Solver Display Options（刚体解算器显示选项）

进阶练习：制作保龄球动画

原始文件： Chapter 12\12.2\bowling（original）.mb

最终文件： Chapter 12\12.2\bowling（final）.mb

01 打开配套光盘中的文件，可以看到场景中有地面、保龄球和若干球瓶模型，如下图所示。

02 显然，地面是被动刚体，而保龄球与保龄球瓶均为主动刚体。选择保龄球和所有球瓶模型，执行 Soft/Rigid Bodies（柔体 / 刚体）> Create Active Rigid Body（创建主动刚体）命令，把球瓶和保龄球设置为主动刚体，如下图所示。

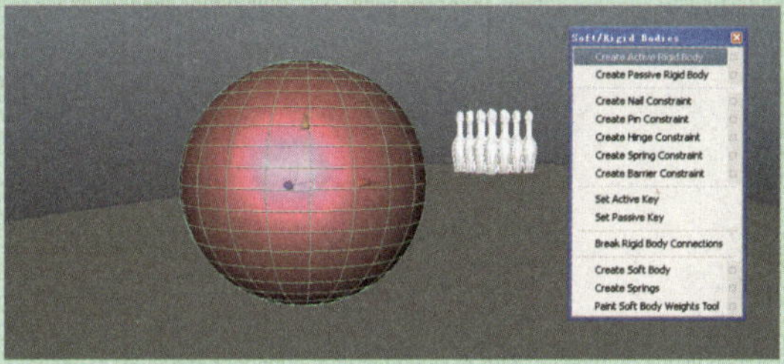

03 选择地面，执行 Soft/Rigid Bodies（柔体 / 刚体）> Create Passive Rigid Body（创建被动刚体）命令，把地面设置为被动刚体，如下图所示。

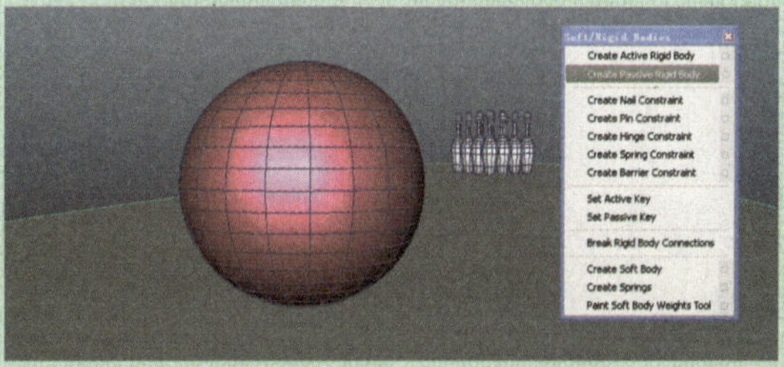

提示： 注意地面、球和球瓶的模型正中均出现了一个小 X，表示刚体设置成功。

04 调节主动刚体与被动刚体的属性参数。选择保龄球，设置 Bounciness（弹性）值为 0.3，选择所有球瓶，设置 Bounciness（弹性）值为 0.6，选择地面，设置 Bounciness（弹性）值设为 0.3，如下图所示。

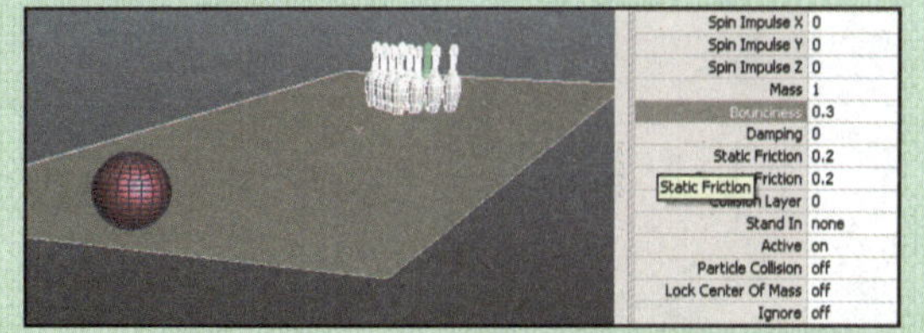

05 设置保龄球的初始速度及方向。选中保龄球，在属性菜单中将 Initial Velocity Z（Z 轴初始速度）的值设为 -30，可以根据场景具体情况设置初始方向和初速度的值，如下图所示。

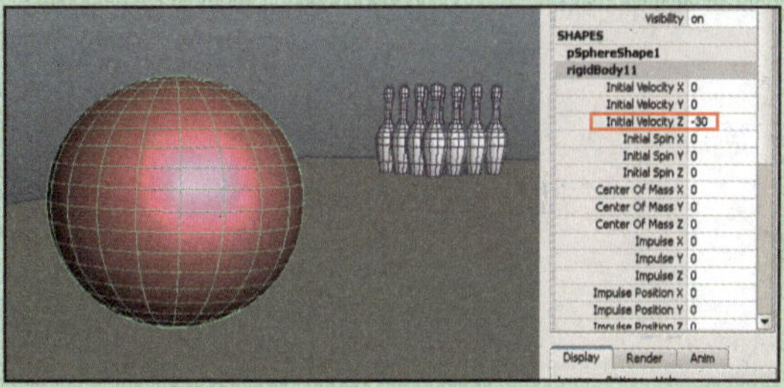

1 2 3 4 5 6 7 8 9 10 11 12 柔体与刚体 13 14 15 16

提示：保龄球与球瓶之间的距离在 Z 轴正方向上，球瓶位于球的 Z 轴负方向上，所以保龄球的初始方向也要朝向 Z 轴负方向。

06 设置力场，这个场景还是需要一个重力场。选择所有主动刚体，执行 Fields（场）>Gravity（重力）命令，给所有主动刚体加上一个重力场，如下图所示。

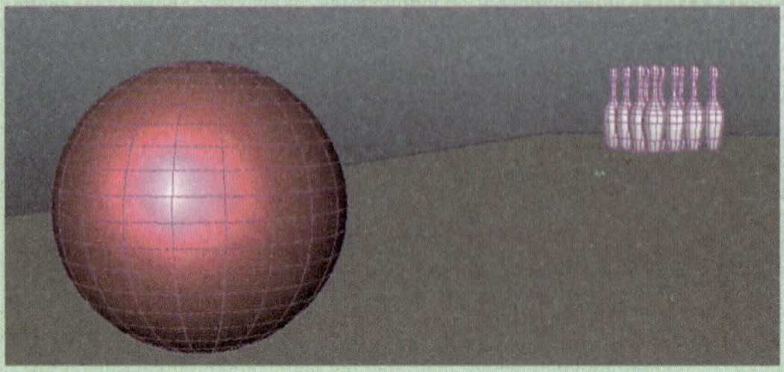

07 播放动画，效果如下图所示。

提示：在动画过程中，我们发现一个奇怪的现象：当保龄球撞上球瓶的瞬间，球本身速度瞬间减慢了，并且球与球瓶撞击的瞬间显得非常柔和轻巧，没有冲劲。这是由于保龄球的质量大小，与球瓶的 Mass（质量）值均为 1。而事实上保龄球的质量会远远大于球瓶，所以我们要修改保龄球的质量。

08 修改保龄球的质量。选中保龄球，在属性中将 Mass（质量）值改为 10，如下图所示。

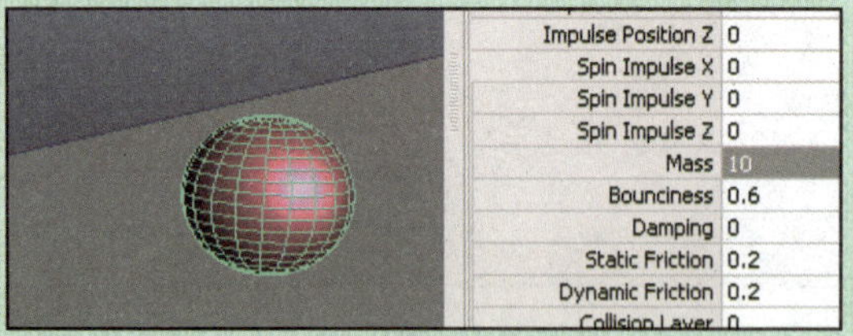

09 重新播放动画。这时我们发现球速几乎不变，快速冲过球瓶，并且球瓶被撞击的速度也加快了，撞击后更加凌乱，更接近真实效果，如下图所示。

12.2.3 刚体的初始状态

在上一小节的刚体属性中，我们看到有很多属性均包括在物体的初始状态中，例如：初始速度、旋转等等。

这一小节我们将分别介绍这些刚体的初始状态。

1. 刚体的初始速度

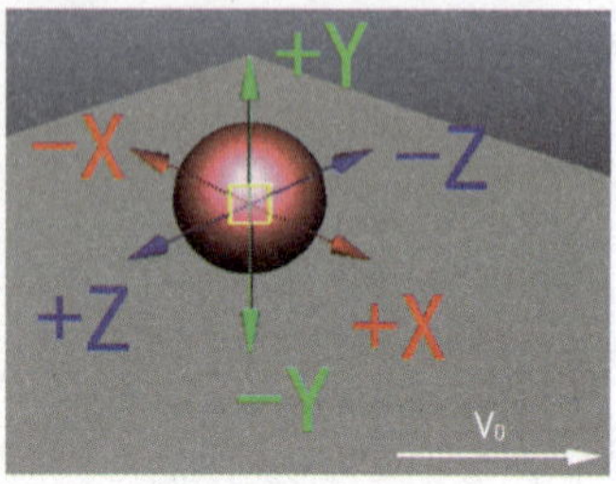

刚体的初速度分为大小和方向两个部分。大小我们可以理解为一个绝对值，它永远是正值；而方向则分为 X、Y、Z 三个方向，由数值表现则有正有负——随着时间沿轴向递增则为正，反之则为负，如右图所示。刚体的初始速度大小及方向均由 Initial Velocity X、Initial Velocity Y 和 Initial Velocity Z 的数值来表示。

2. 刚体的初始旋转

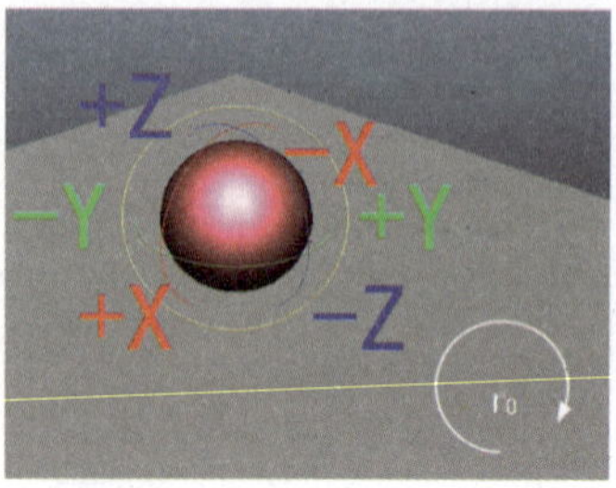

除了刚体本身的平移运动，刚体还有可能自己带有旋转。我们可以通过 Initial Spin X、Initial Spin Y、Initial Spin Z 三个轴向的旋转数值来给刚体添加一个初始的旋转角度值。但是，即使没有给刚体设置初始旋转值，刚体也可能由于动力学的作用而产生旋转，如右图所示。

3. 刚体的重心

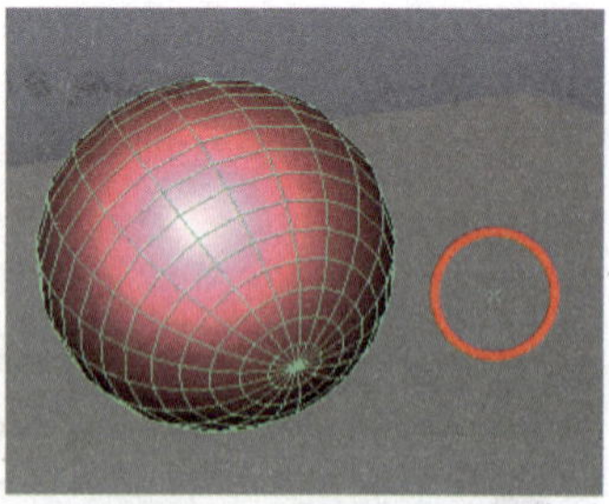

每一个创建好的刚体中心都会有一个 X 形的标志，那就是刚体的中心位置。默认情况下，物体的中心位置也是它的重心位置。但是这不固定，我们可以设置 Center of Mass X（X 轴质量中心），Center of Mass Y（Y 轴质量中心），Center of Mass Z（Z 轴质量中心）值将它移动到物体的任何位置，甚至移出物体。如果一个物体的密度不均匀，则可以通过这种方式来实现物体的动力学模拟，如右上图所示。

4. 刚体所受到的外力

Impulse（冲力）属性可以沿三个轴向给物体以瞬时的外力作用使物体产生加速度；Spin Impulse X/Y/Z（X、Y、Z 轴旋转）三个属性还可以给物体作用一个旋转的力；使用 Impulse Position X/Y/Z（X、Y、Z 轴方向冲力）我们则可以定义力作用的位置。

进阶练习：设置刚体的初始运动

原始文件： Chapter 12\12.2\drop（original）.mb
最终文件： Chapter 12\12.2\drop（final）.mb

01 打开配套光盘中的文件，可以看到场景中有一张桌子和一个小球，如下图所示。

02 选择小球和桌子，执行 Soft/Rigid Bodies（柔体/刚体）> Create Passive Rigid Body（创建被动刚体）命令，把小球和桌子设为被动刚体，如下图所示。

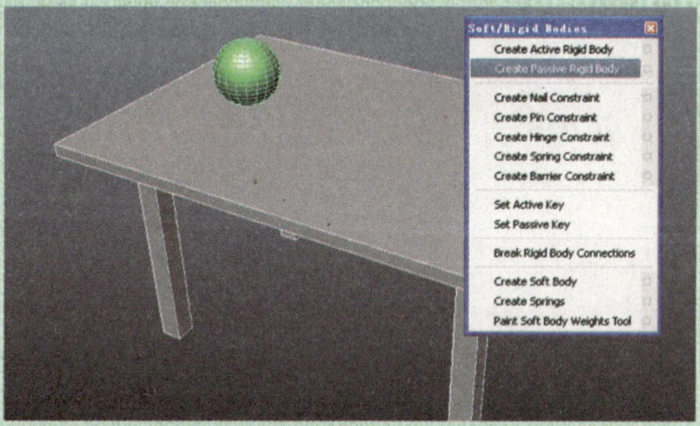

03 为小球加入动画关键帧，如下图所示。

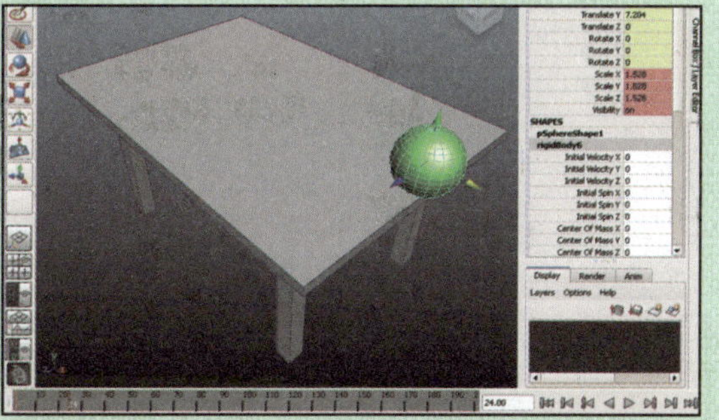

提示： 在第 1 帧时小球在桌子一端，第 100 帧时使小球滚动到桌子边缘。

04 选择小球，在第一帧执行 Soft/Rigid Bodies（柔体/刚体）> Set Passive Key（设置被动关键帧）命令，在小球动画最后一帧（100 帧），执行 Soft/Rigid Bodies（柔体/刚体）> Set Active Key（设置主动关键帧）命令，如下图所示。

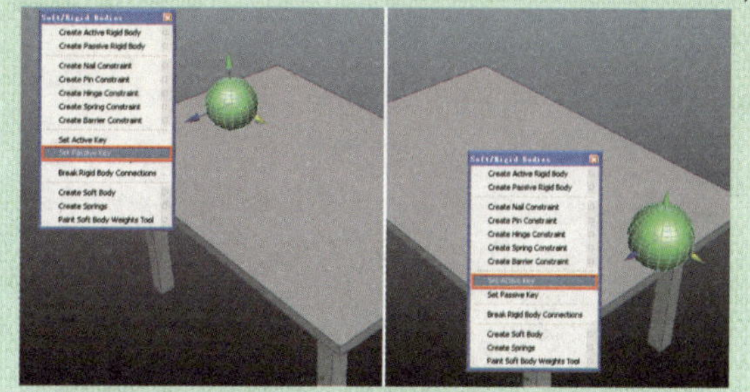

05 选择小球，执行 Fields（场）> Gravity（重力场）命令，给刚体小球加上重力场，播放动画效果，如下图所示。

5. 刚体的弹性

日常生活中，我们都知道不同的物体有不用的弹性。比如：铅球的弹性很小，皮球的弹性中等，而乒乓球的弹性非常大。在 Maya 中我们也可以通过修改物体的 Bounciness（弹性）来改变物体的弹性大小。

进阶练习：设置刚体弹性

原始文件： Chapter 12\12.2\drop（Bounciness）.mb
最终文件： Chapter 12\12.2\drop（Bounciness）.mb

01 打开配套光盘中的文件，可以看到场景中有三个相同的球体，摆放在相同的高度上，如下图所示。

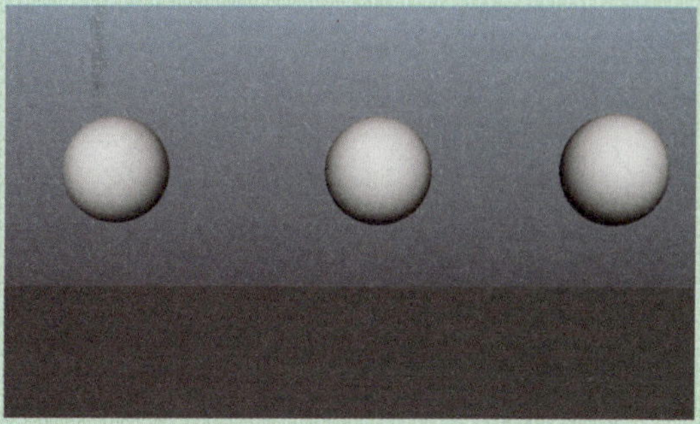

02 为物体加上一个重力场，使得物体的初始速度向下，如下图所示。

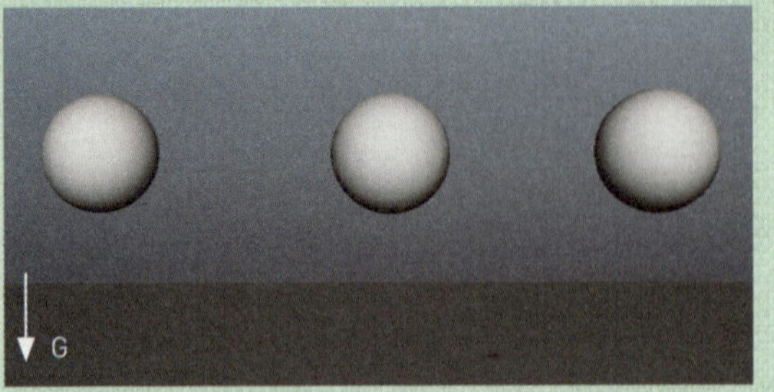

03 设置物体 Bounciness（弹性）值分别为 0.1，0.4，0.8，如下图所示。

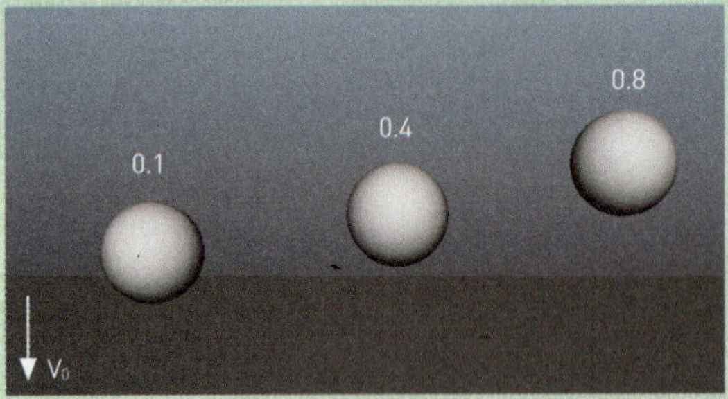

提示： 让三个小球自由下落，接触地面发生反弹并进行观察。可以发现弹性系数小的小球反弹低；弹性系数大的小球反弹高。

6. 刚体的阻尼

每个物体在运动的时候都会受到阻力的影响，这阻力有时候来自与地面的摩擦，有时候甚至是空气的摩擦。Damping（阻尼）就是物体所受的阻力系数，我们称之为阻尼。我们可以通过增大刚体的 Damping（阻尼）值，来削弱它受力场的影响。

进阶练习：设置刚体的阻尼

最终文件： 第 14 章\14.3\Damping.mb
最终文件： 第 14 章\14.3\Damping.mb

01 打开配套光盘中的文件，可以看到场景中有三个相同的球体，摆放在相同的高度上，如下图所示。

02 为物体加上一个重力场，使得物体的初始速度向下，如下图所示。

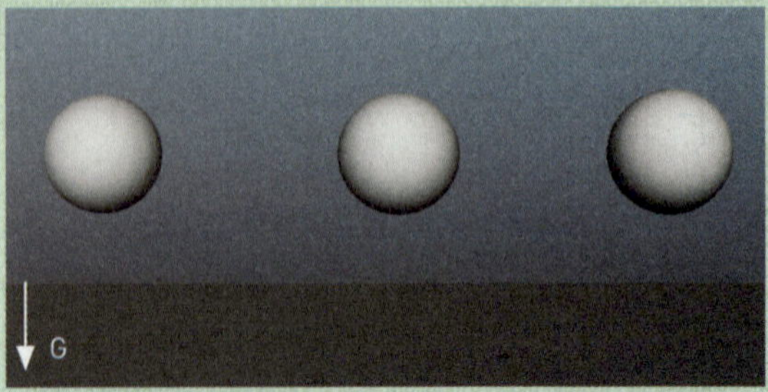

03 为物体设置 Damping（阻尼值）分别为 1,5,10，如下图所示。

提示： 让三个小球自由下落，并且接触地面发生反弹并进行观察。可以发现弹性系数小的小球反弹低，而弹性系数大的小球反弹高。

7. 刚体的碰撞

我们都学过动量守恒定律：当理想状态下，两个刚体发生碰撞前后，这个系统的总动量保持不变。动量守恒定律是自然界中最重要、最普遍的守恒定律之一，它既适用于宏观物体，也适用于微观粒子；既适用于低速运动物体，也适用于高速运动物体。

动量定理：物体动量的增量等于它所受合外力的冲量即 Ft=Δmv，如右图所示。

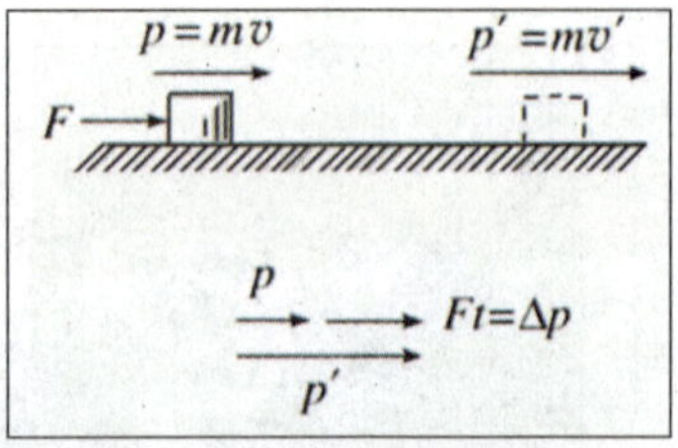

在 Maya 中我们经常用到的就是动量守恒定律。碰撞前后系统的总动量变化为零，若所研究的系统由两个物体组成，以 m1、m2 表示物体的质量，v1、v2 表示物体的初速度、末速度则可表述为：m1v1+m2v2 = m1v1'+m2v2'（等式两边均为矢量和）。

刚才的例子中我们已经试过修改 Mass（质量）值，同时修改 Initial Velocity（初始速度）和 Mass（质量）值来调整物体动量。

另外，如果设置刚体的 Collision Layer（碰撞层）值为 1，播放动画，我们会看到两个刚体相遇后发生穿透，碰撞消失。在 Maya 的刚体碰撞计算中，只有具有相同

Collision Layer（碰撞层）数值的刚体才会发生碰撞，不同的 Collision Layer（碰撞层）值刚体则无法发生碰撞，如下图所示。

进阶练习：制作刚体碰撞动画

原始文件： Chapter 12\12.2\knock（original）.mb
最终文件： Chapter 12\12.2\knock（final）.mb

01 打开朽套光盘中的原始文件，可以看到场景中有地面、铅球和一堵砖墙。砖墙不是一个整体，而是一块砖一块砖垒起来的，如下图所示。

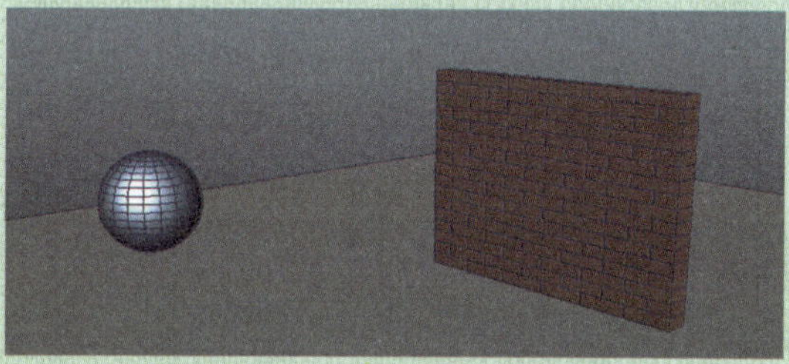

02 判断主动刚体为铅球和整个墙面。选择铅球和墙面模型，执行 Soft/Rigid Bodies（柔体 / 刚体）Create Active Rigid Body（创建主动刚体）命令，把砖块和球设为主动刚体，如下图所示。

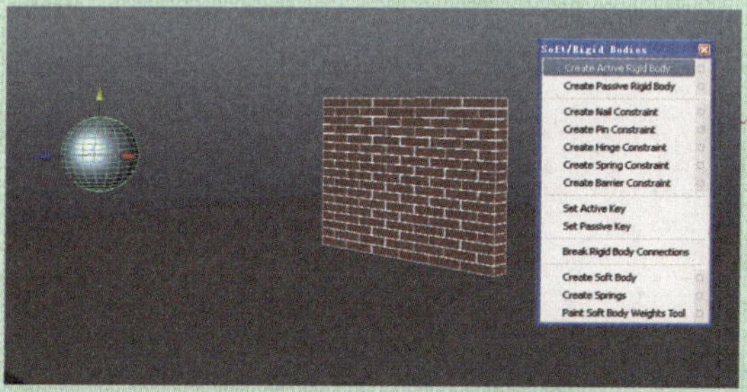

03 地面为被动刚体。选择地面，执行 Soft/Rigid Bodies（柔体 / 刚体）> Create Passive Rigid Body（创建被动刚体）命令，将地面设置为被动刚体，如下图所示。

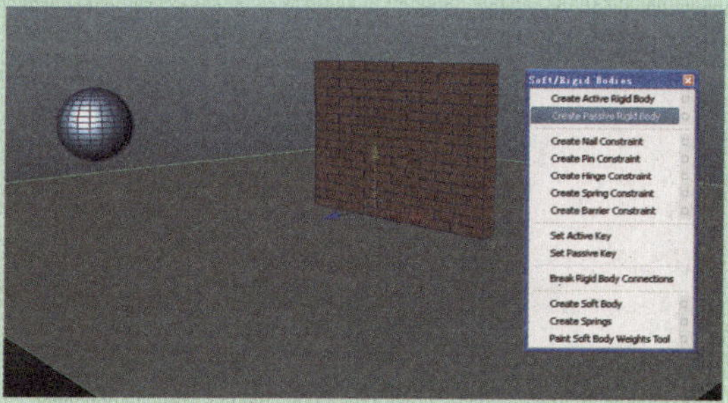

04 设置铅球的初始状态属性。选中铅球，设定初速度的大小及方向。设 Initial Velocity Z（Z 轴初速度）值为 -10（这里是朝向墙体，绝对速度为 10），可以根据场景改变轴向和大小，如下图所示。

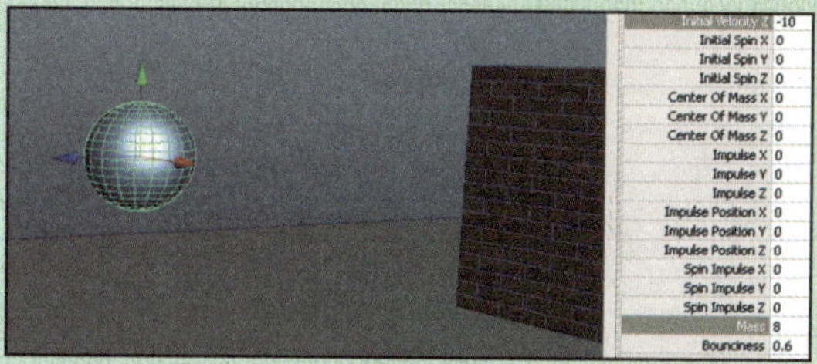

提示： 为了让铅球的冲力足够大并且速度相对不改变，我们将铅球的 Mass（质量）值设置得大一些，这里设为 8。

05 设置刚体的弹性值。因为砖头、地面和铅球的弹性都很小，选中所有主动刚体及被动刚体，将 Bounciness（弹性）值设为 0.1，如下图所示。

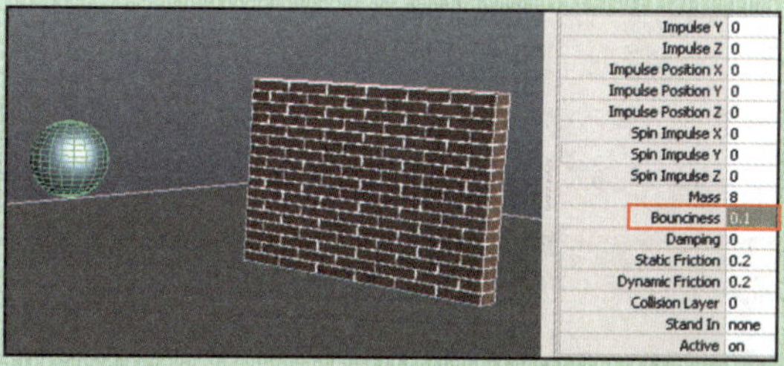

06 为主动刚体设置重力场。选中所有主动刚体，选择 Fields（场）> Gravity（重力）命令，给刚体加入一个重力场，如下图所示。

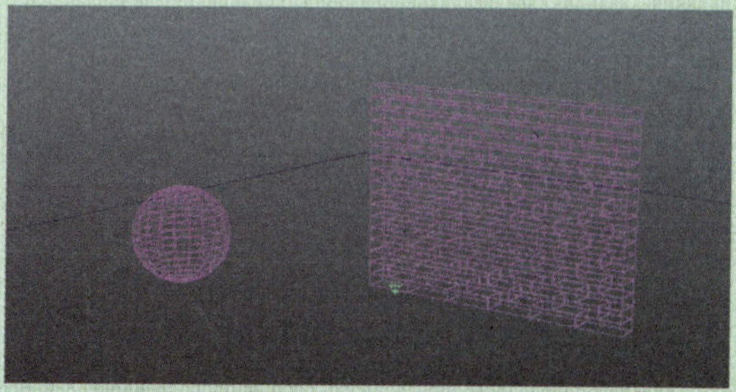

07 播放动画，效果如下图所示。

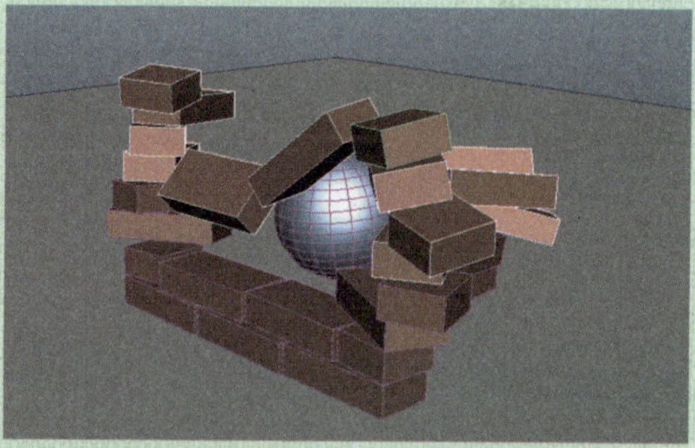

8. 刚体的摩擦系数

摩擦力是指当两接触构件间存在正压力时，阻止两构件进行相对运动的切向阻力。

摩擦力分为滑动摩擦力及静摩擦力，如下图所示。

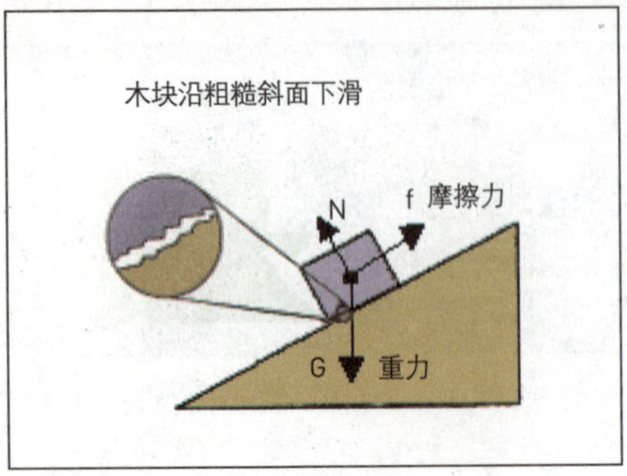

（1）动摩擦力

场景中有三个立方体，分别受重力场影响在平面上向下滑动。初始状态下，三个立方体受到同样的静摩擦力和滑动摩擦力。我们将他们的 Dynamic Friction（动摩擦）值分别修改为 1、0.5 和 0。播放动画，我们会看到由于受滑动摩擦系数不同，三个立方体的滑行速度及滑行时间均出现了较大差别，滑动摩擦系数大的物体停止得更早。

进 阶 练 习：设置刚体的动摩擦力

原始文件：
Chapter 12\12.2\Dynamic Friction（original）.mb
最终文件：
Chapter 12\12.2\Dynamic Friction（final）.mb

01 打开配套光盘中的原始文件，可以看到场景中有三个立方体，将他们摆放在相同高度的斜坡上，设置 Dynamic Friction（动摩擦）值分别为 1、0.5 和 0，如下图所示。

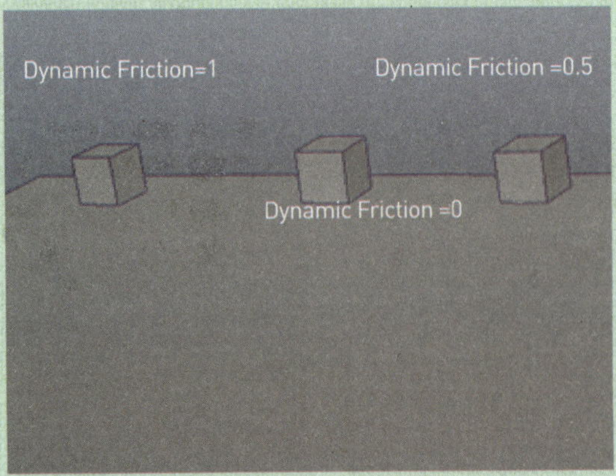

02 这时再播放动画，发现 Dynamic Friction（动摩擦）值为 1 的方块完全不会发生滑动；Dynamic Friction（动摩擦）值为 0.5 的方块下滑缓慢；而 Dynamic Friction（动摩擦）值为 0 的一个方块向下快速滑动，如下图所示。

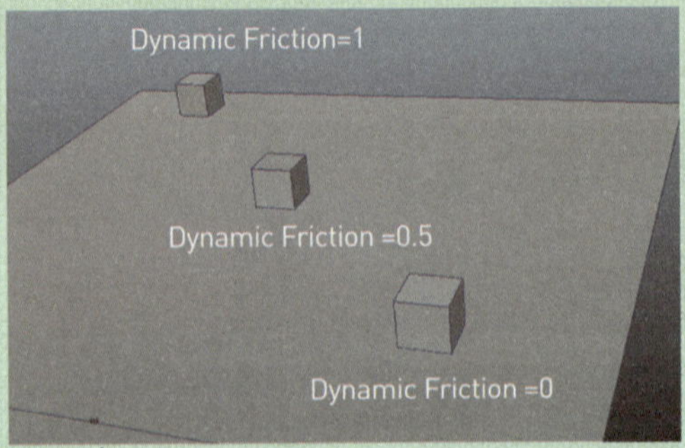

提示：这是因为静摩擦系数大于一个数值后，与方块重力达到平衡，会阻止方块下滑的趋势。而没有静摩擦力的方块则会无阻碍地下滑。

（2）静摩擦力

Static Friction（静摩擦）是物体发生滑动前与平面之间存在的摩擦，是阻止物体产生滑动趋势的，如果物体已经发生滑动，则是 Dynamic Friction（动摩擦）来阻止物体的滑动趋势。

进 阶 练 习：设置刚体的静摩擦力

原始文件：
Chapter 12\12.2\Static Friction（original）.mb
最终文件：
Chapter 12\12.2\Static Friction（final）.mb

01 打开原始文件，可以看到场景中有三个立方体，将他们的 Static Friction（静摩擦）值分别设置为 1、0.6 和 0，如下图所示。

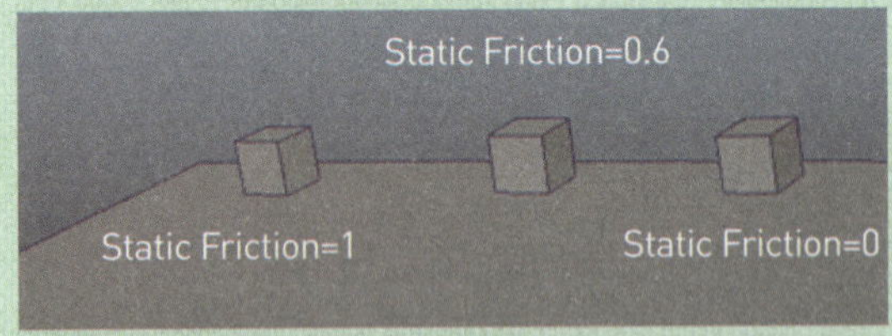

02 播放动画，发现 Static Friction（静摩擦）值为 1 和 0.6 的两个方块完全不会发生滑动，只有 Static Friction（静摩擦）值为 0 的一个方块向下滑动，如下图所示。

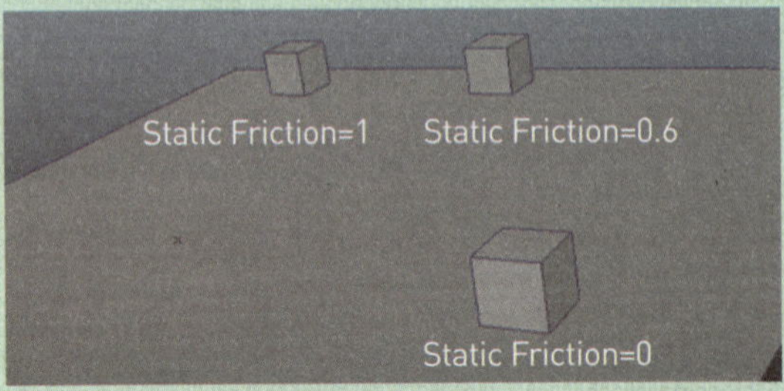

提示：这是因为静摩擦系数大于一个数值后，与方块重力达到平衡，会阻止方块下滑的趋势。

12.3 刚体的约束

刚体的约束可以用来模拟刚体受到某一点的限制而进行的运动。刚体的约束可以用来模拟自然界的真实物体行为，比如齿轮、铰链、钟摆等等。

这一节中我们需要了解刚体约束属性以及掌握制作刚体约束的方法。

1. 约束的命令

打开菜单柔体 / 刚体，看到 5 种不同的刚体约束形式。如下图所示。

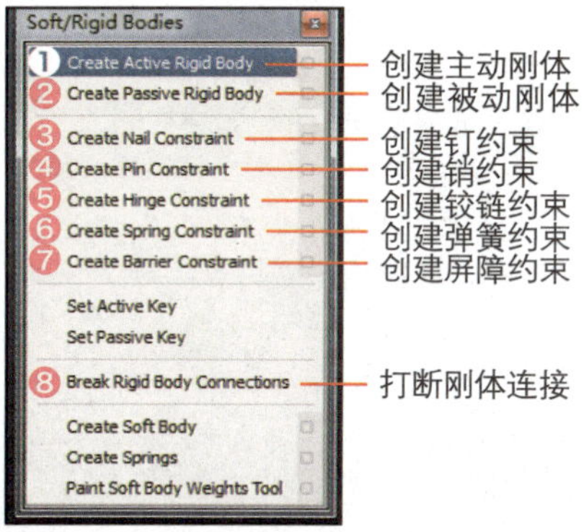

2. 约束的属性

刚体约束的属性参数，如下图所示。

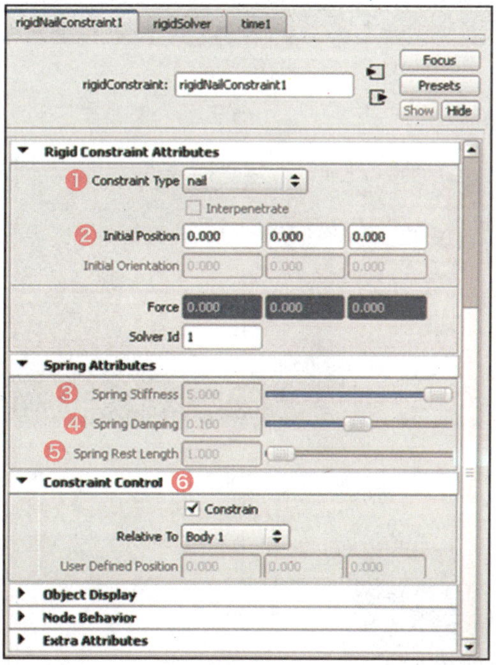

❶ Constraint Type（约束类型）

❷ Initial Position（初始位置）

❸ Spring Stiffness（弹簧强度）

❹ Spring Damping（弹簧阻尼）

❺ Spring Rest Length（弹簧静止长度）

❻ Constraint Control（约束控制）

12.3.1 刚体的铰链约束

顾名思义，铰链约束相当于一个传送带，由一个运动物体影响下一个物体，并带动下一个物体做出反应。比如：汽车的曲轴与凸轮轴、手表内相互咬合的齿轮。

创建刚体的铰链约束可执行 Soft/Rigid Bodies（柔体 / 刚体）>Create Hinge Constraint（创建铰链约束）命令。

进阶练习：制作齿轮联动动画

原始文件： Chapter 12\12.3\gear(original).mb
最终文件： Chapter 12\12.3\gear(final).mb

01 打开原始文件，场景中有几个齿轮模型，将它们摆放到适当的位置，如下图所示。

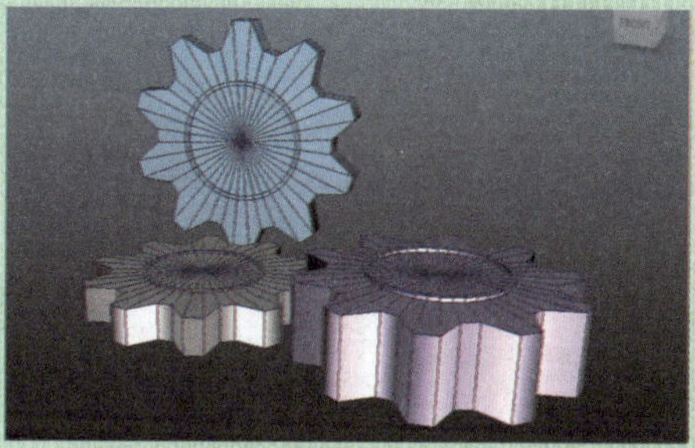

02 判断并设置主动刚体。框选所有齿轮模型，执行 Soft/Rigid Bodies（柔体 / 刚体）> Create Active Rigid Body（创建主动刚体）命令，把所有齿轮设为主动刚体，如下图所示。

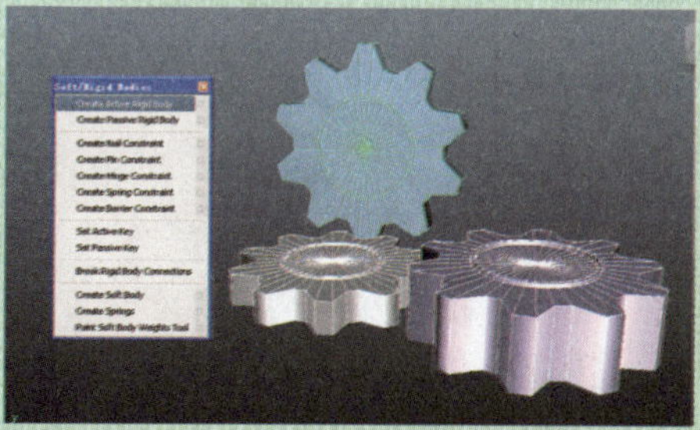

03 创建铰链约束。分别选择齿轮，执行 Soft/Rigid Bodies（柔体 / 刚体）> Create Hinge Constraint（创建铰链约束）命令，为齿轮添加铰链约束，如下图所示。

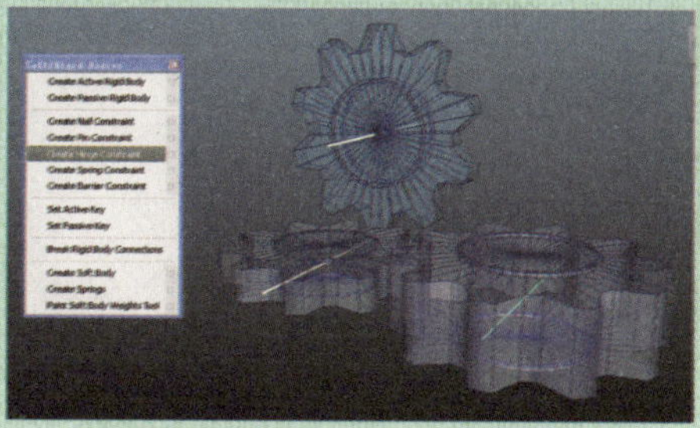

提示： 这里需要注意的是，不可以同时框选几个齿轮刚体，只能逐一选择，并逐一创建约束。

04 调节铰链约束的轴向和位置，将铰链方向调节成与齿轮平面相垂直，如下图所示。

05 对主动轮设置初始推力。选择最大的紫色齿轮作为主动轮，将旋转轴向属性中的 Spin Impulse Y（Y 轴旋转推力）值设为 1，如下图所示。

06 播放动画，检查齿轮运动是否合适，如下图所示。

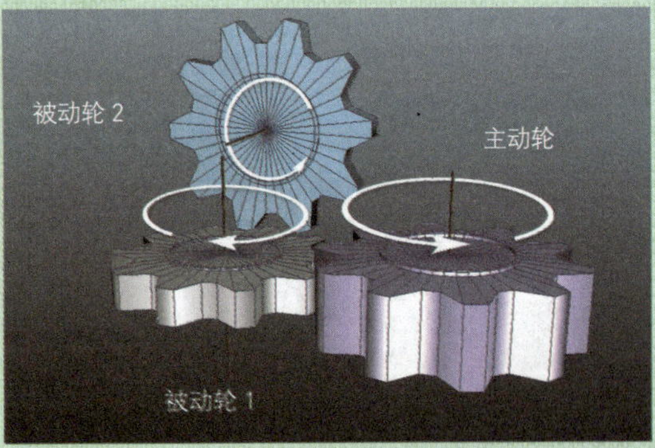

提示： 这里需要注意的是齿轮的齿的大小的问题。如果两个齿轮的齿过大，则齿轮之间无法正常进行卡合，没有办法转动。

12.3.2 刚体的钉约束

刚体的 Nail Constraint（钉约束）是将主动刚体固定到世界空间的一点，相当于用一根绳子一端拴在刚体上，另一端固定在空间一点上，典型的例子就是钟摆。

创建刚体的钉约束可执行 Soft/Rigid Bodies（柔体 / 刚体）>Create Nail Constraint（创建钉约束）命令。

进阶练习：制作钟摆动画

原始文件： Chapter 12\12.3\clock（original）.mb
最终文件： Chapter 12\12.3\clock（final）.mb

01 打开原始文件，可看到场景中有一个钟摆，包括下部的重锤和上部的轴承。摆放好它们的位置，这里需要注意的是，重锤不要垂直在轴承下方，而是要有一个角度，如下图所示。

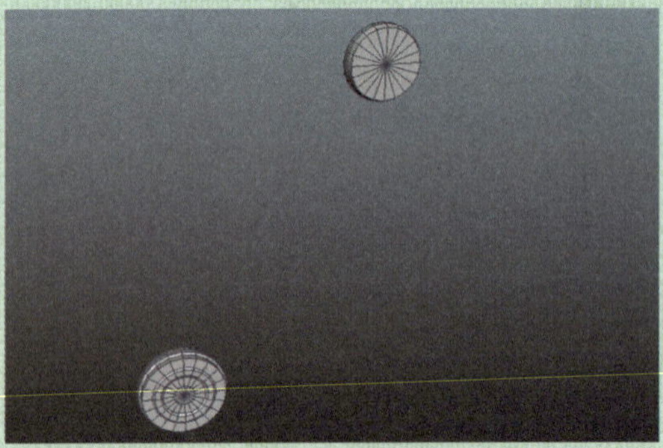

02 选中重锤，设置重锤为主动刚体，如下图所示。

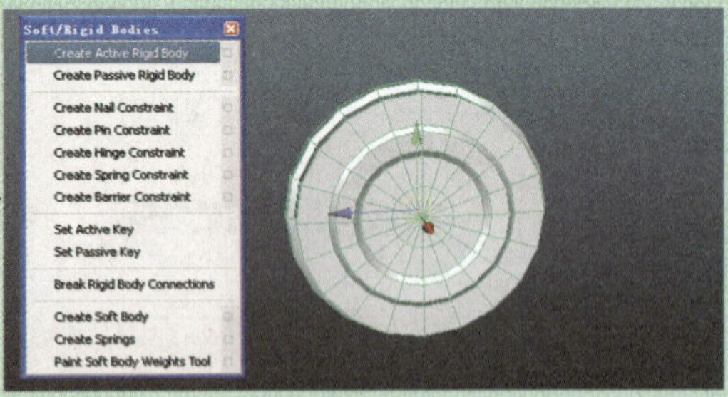

03 选中重锤，执行 Soft/Rigid Bodies（柔体 / 刚体），Create Nail Constraint（创建钉链约束）命令，为重锤创建钉约束，如下图所示。

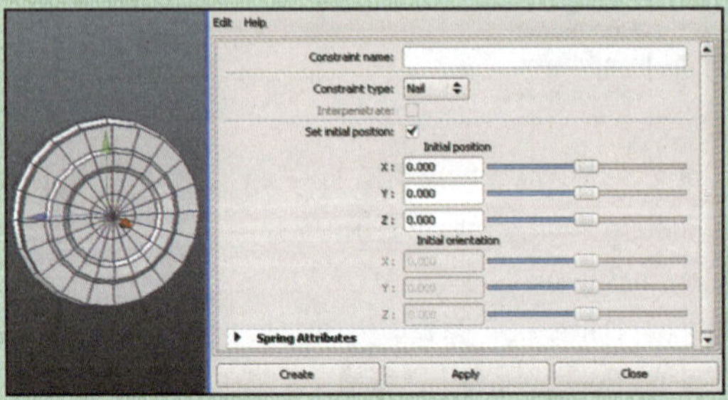

04 移动钉约束操纵器，按键盘上的 4 键，切换至线框图，看到一个小方框，这就是钉约束的约束器，如下图所示。

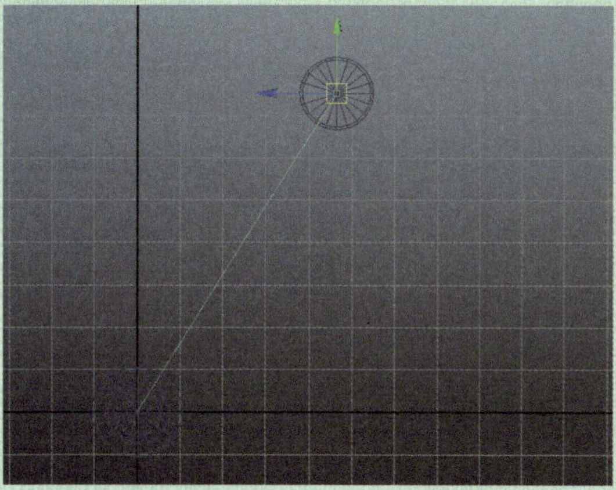

提示： 约束器默认在刚体中心生成，但是钟摆的中心点应该在轴承上，现在需要移动约束器位置。选中约束器小方框，按住键盘 V 键移动约束器，将之吸附到轴承的中心点上。

05 选择重锤，执行 Fields（场）>Gravity（重力）命令，加入重力场。如下图所示。

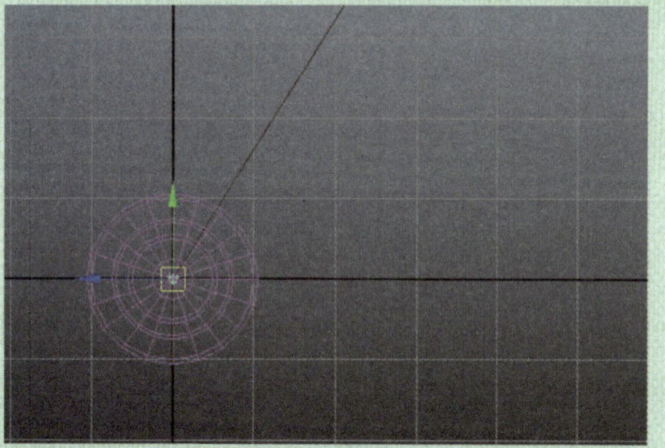

06 播放动画，看到重锤以轴承为中心摆动，如下图所示。

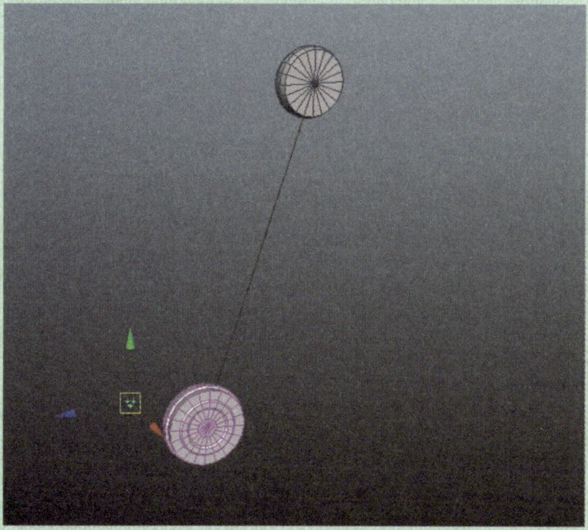

07 如果需要做出带有阻尼影响的真实摆动效果，点选重锤，打开通道栏的刚体属性，修改 Damping（阻尼）值为 0.5，这样钟摆就会越摆越小，逐渐停下来了，如下图所示。

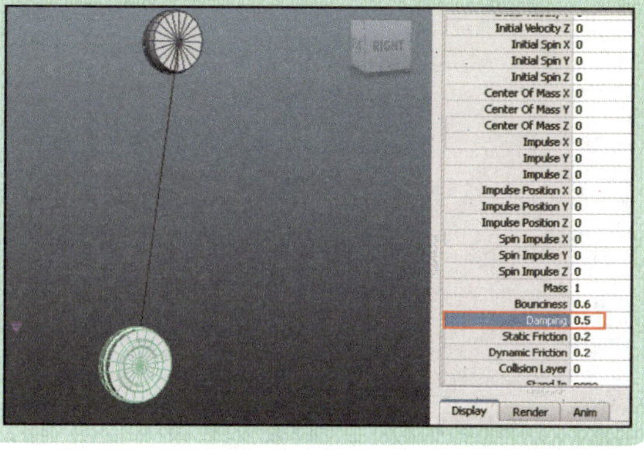

12.3.3 刚体的销约束

Pin Constraint（销约束）可将两个主动刚体或一个主动刚体和一个被动刚体连接在一起。使用销约束可以创建链式效果，如锁链等的效果。

创建刚体的销约束可执行 Soft/Rigid Bodies（柔体 / 刚体）>Create Pin Constraint（创建销约束）命令。

进 阶 练 习：创建一条锁链

原始文件： Chapter 12\12.3\chain（original）.mb
最终文件： Chapter 12\12.3\chain（final）.mb

01 打开原始文件，看到场景中有一条锁链。注意，锁链的铁环模型之间不能有穿插，如下图所示。

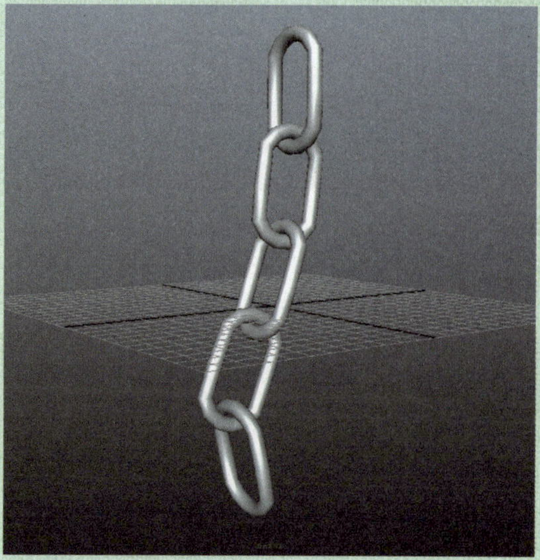

提示： 锁链的初始状态不要垂直，各个铁环之间需要有一些偏移。

02 选择最顶端的一个环，执行 Soft/Rigid Bodies（柔体 / 刚体）>Create Passive Rigid Body（创建被动刚体）命令，将它设置为被动刚体；选中下面剩余的几个环，执行 Soft/Rigid Bodies（柔体 / 刚体）>Create Active Rigid Body（创建主动刚体）命令，将其他环设置为主动刚体，如下图所示。

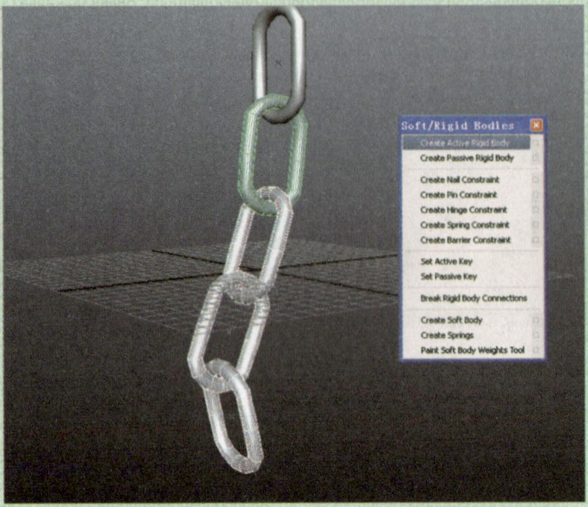

03 从顶端的环开始，依次选择两个铁环，执行 Soft/Rigid Bodies（柔体 / 刚体）>Create Pin Constraint（创建销约束）命令，为两个铁环之间建立销约束，如下图所示。

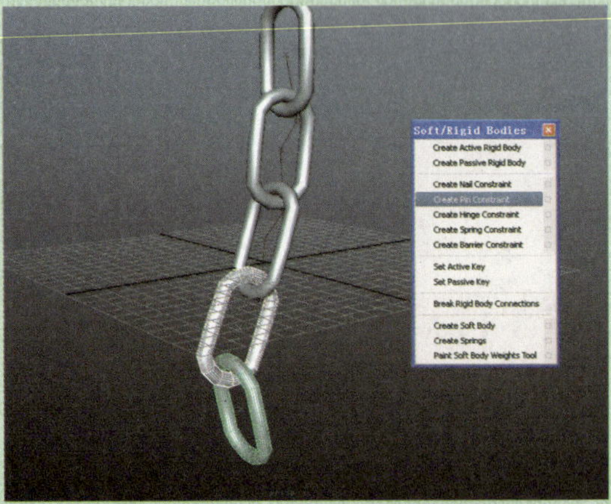

提示： 这里需要注意的是，如果一次选择多于两个物体，则销约束无法建立。

04 选中销约束的约束器，将视图切换为线框视图。移动销约束器的中心点，使它们之间的连线成为较为平顺的弧线，效果如右图所示。

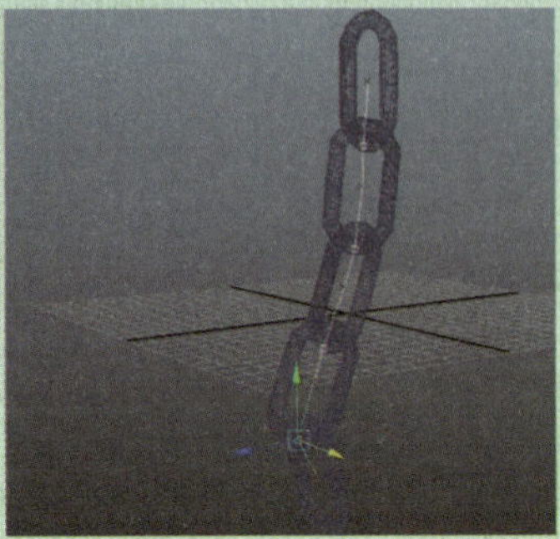

05 选中所有铁环，为所有铁环添加重力场，如下图所示。

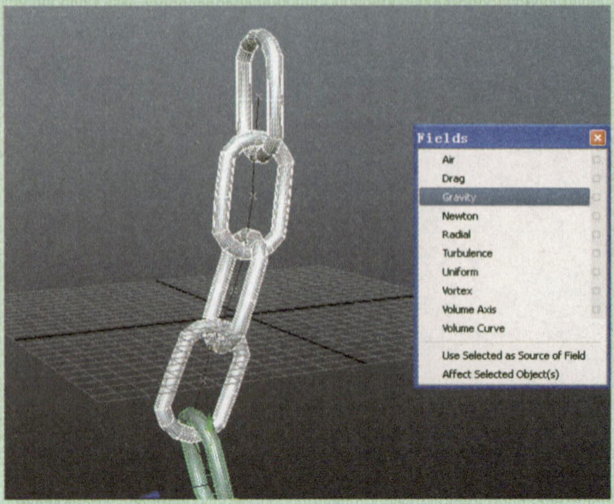

06 播放动画，我们可以看到锁链自动向下垂落、摇摆，如下图所示。

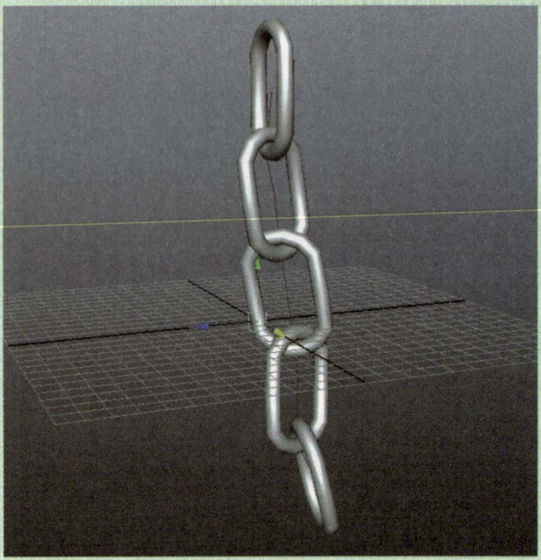

提示： 我们看到在锁链的环和自然垂落的过程中，两个物体间始终受相连的约束链影响，而约束控制器的中心点正是刚体间发生拐动的点的位置。

综合案例 14　制作开门动画

原始文件　Chapter 12\Final\door（original）.mb
最终效果　Chapter 12\Final\door（final）.mb

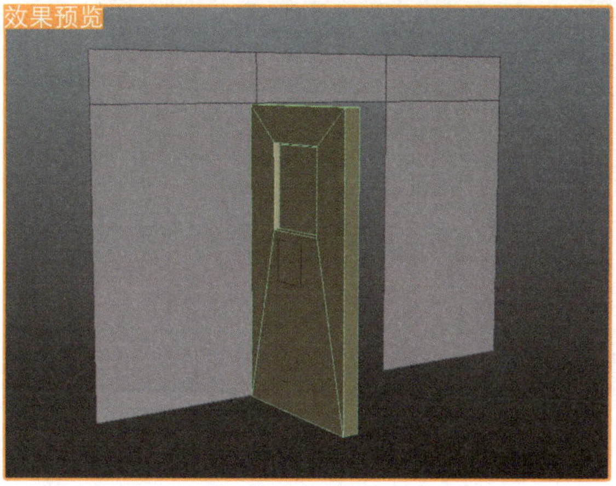

案例概述　运用多种刚体约束制作开门的动画。

技术难点　1. 轴的设置。
2. 约束的设置。

Step 01. 打开光盘中的原始文件，场景中有一扇门，包括门的转轴，以及一堵墙，如下图所示。

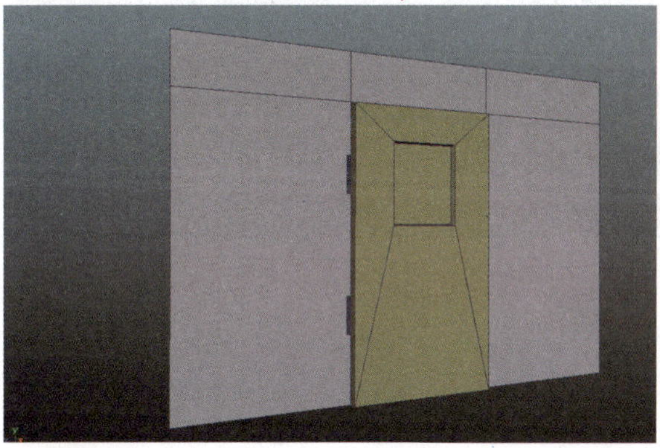

Step 02. 首先，我们将给门添加一个铰链约束，使其能够围绕门轴固定旋转。选择门，执行 Soft/Rigid Bodies（柔体 / 刚体）>Create Active Rigid Body（创建主动刚体）命令，将门设置为主动刚体。如下图所示。

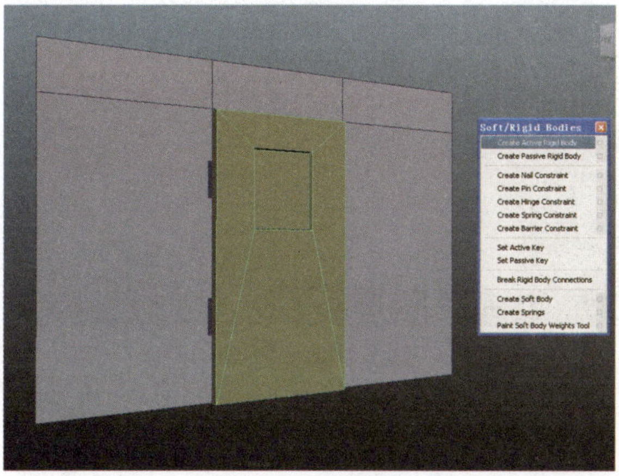

Step 03. 下面设置门的初始推力。选中门，修改 Impulse X（X 轴推力）值为 3，如下图所示。

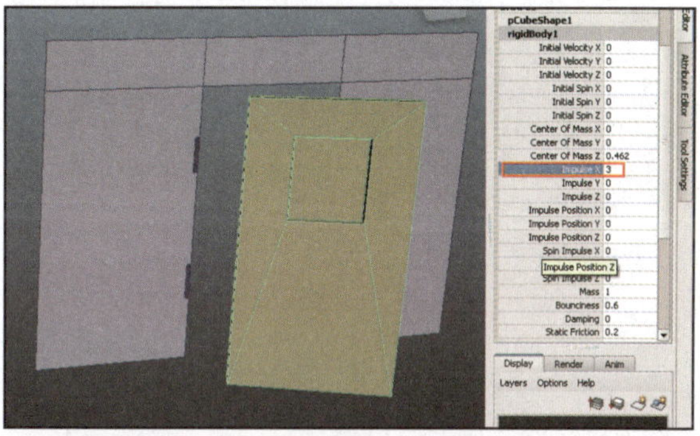

提示　现在播放动画，则发现门沿着 X 方向飞了出去，这是因为没有受约束的原因。

Step 04. 为门添加铰链约束。选择门，执行 Soft/Rigid Bodies（柔体 / 刚体）>Create Hinge Constraint（创建铰链约束）命令，如下图所示。

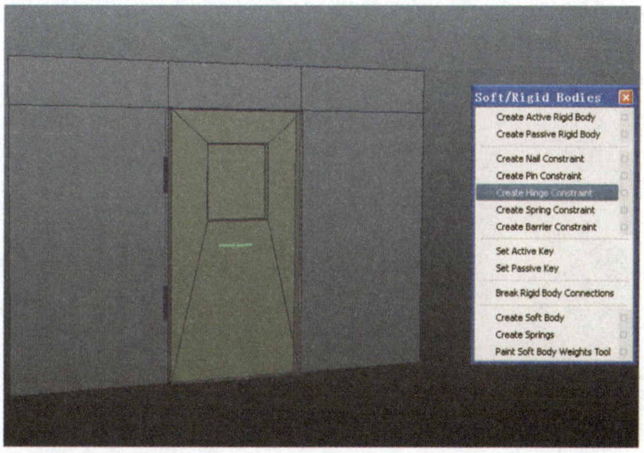

Step 05. 移动铰链约束器到门的左侧门轴处，并调整铰链约束的方向，如下图所示。

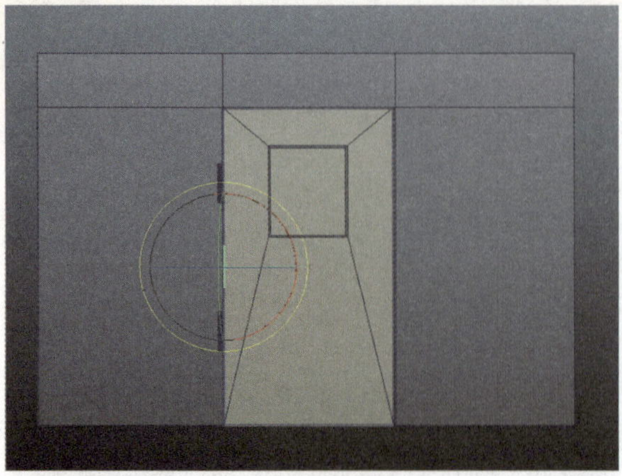

提示 选择铰链约束的控制器，将其 Rotate X（X 轴旋转）属性值设置为 90，使之与门轴平行。

Step 06. 修改铰链约束的参数值。将门的 Damping（阻尼）值设置为 5，如下图所示。

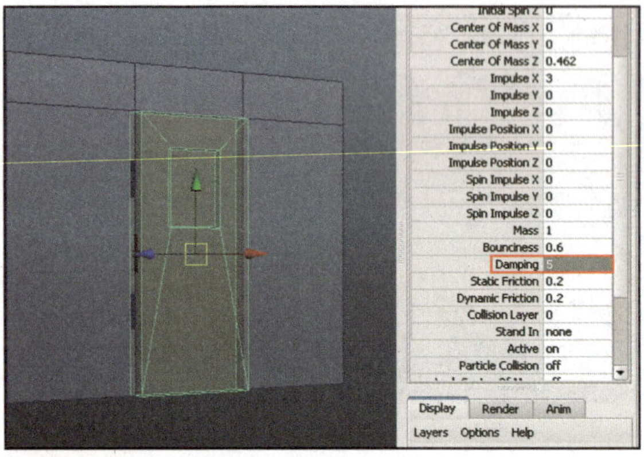

Step 07. 播放动画。我们可以看到门被推开，并以门轴为轴线向外旋转，如下图所示。

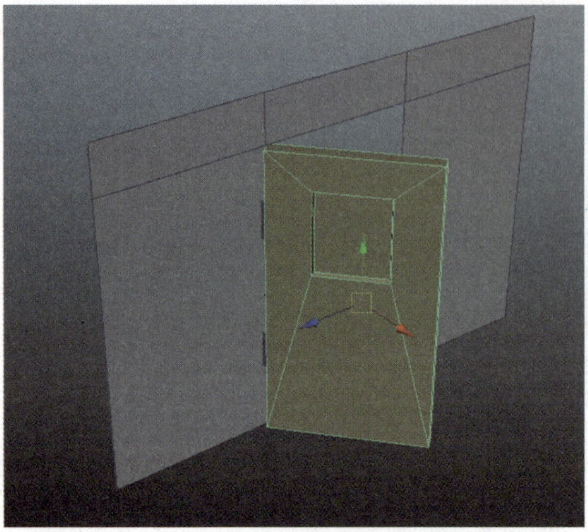

Step 08. 选择门，执行 Soft/Rigid Bodies（柔体 / 刚体）> Create Barrier Constraint 创建屏障约束命令，如下图所示。

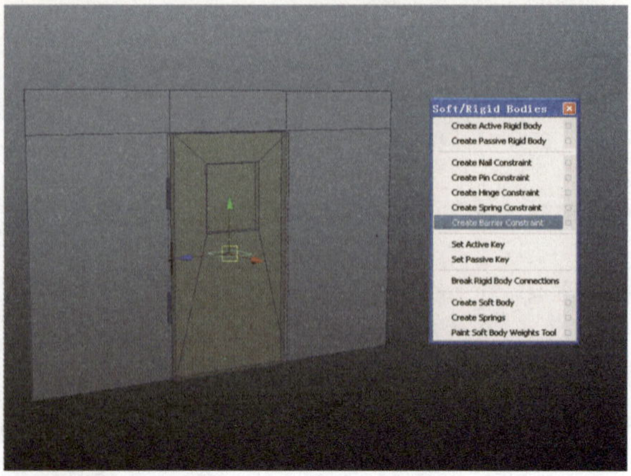

Step 09. 调整屏障约束器的位置及角度，如下图所示。

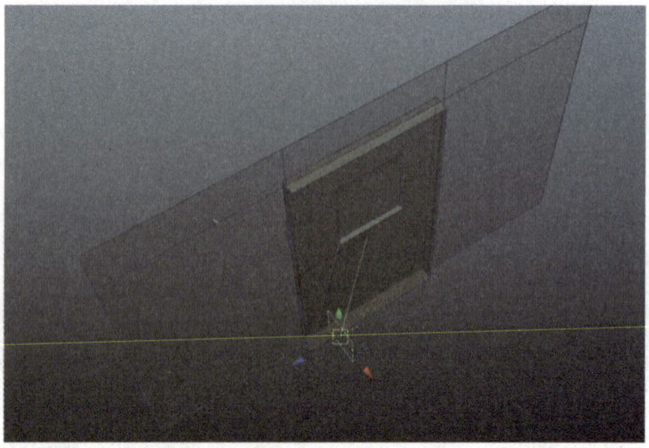

提示 将选中的屏障约束器值调整 Rotate X（X 轴旋转）为 -90，位置在墙面前方。

Step 10. 播放动画。可以看到门在碰到屏障约束器的阻拦而弹回，如下图所示。

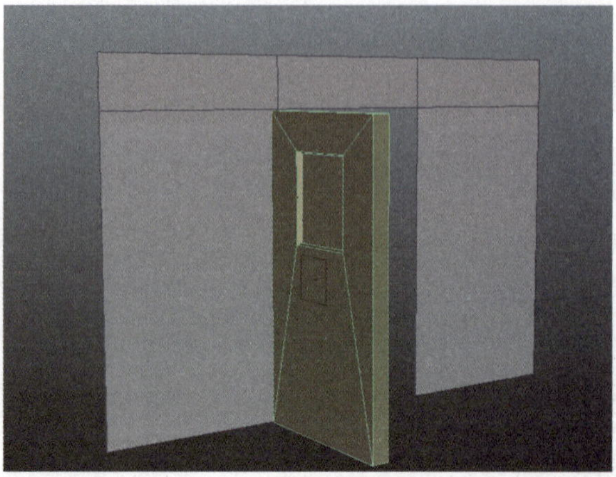

提示 使用屏障约束可以模拟刚体在运动中途受到阻栏而停下的过程，而不需要使主被动刚体间产生碰撞。

Chapter 13

nCloth（内核布料）系统

在影视及栏目包装中，我们经常可以看到飘动的布料效果，这些效果往往不是靠单纯的拍摄，而是通过软件三维制作而成的。本章节介绍的 nCloth（内核布料）系统就为大家展示如何通过 Maya 来进行布料的模拟。

nCloth（内核布料）系统可以模拟多种物理效果，不仅仅是布料模拟，它还可以模拟一些力学效果，比如：车祸、切割、撕裂、喷洒等等，只要是和柔软物体相关的效果，都可以通过 nCloth（内核布料）系统进行模拟，效果精准、逼真。

13.1 内核布料系统概述

nCloth（内核布料）是 Maya8.5 版本后推出的一个全新的模块，它是比之前 Cloth（布料）模块更加快速且稳定的动力学布料模拟系统。在 Maya 2012 版本中，该模块在 nDynamics（内核动力学）的 nMesh（内核网格）下，其命令还延续了以前的 nCloth（内核布料）的命令。

nCloth（内核布料）功能非常强大，不仅能够模拟纺织布料，还能够模拟破碎的表面，甚至是变形金属等，nCloth（内核布料）也可以制作弯曲、拉伸或者撕裂的效果。模拟布料之间的碰撞（比如角色身上多层次的衣服褶皱）更是迅速和方便，如右图所示。

13.2 创建内核布料系统

Maya 中的 nCloth（内核布料）系统可以通过 Polygon（多边形）物体直接生成，比旧版本的 Cloth（布料）系统方便得多。

13.2.1 制作 nCloth（内核布料）模型

nCloth（内核布料）物体需要由 Polygon（多边形）模型生成，所以在生成 nCloth（内核布料）之前，我们首先要建立布料的模型，最好使用面数分布均匀的 Polygon（多边形）建模方式，如下图所示。

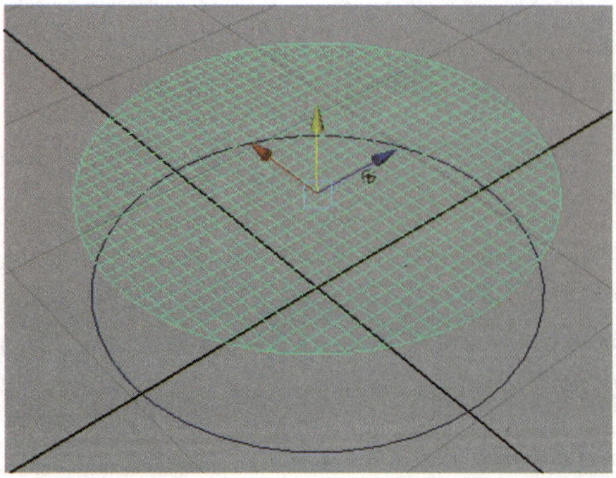

面数不均匀的 Polygon（多边形）不适合作为 nCloth（内核布料）使用，因为在与被动物体发生碰撞时会产生很不自然的褶皱，如下图所示。

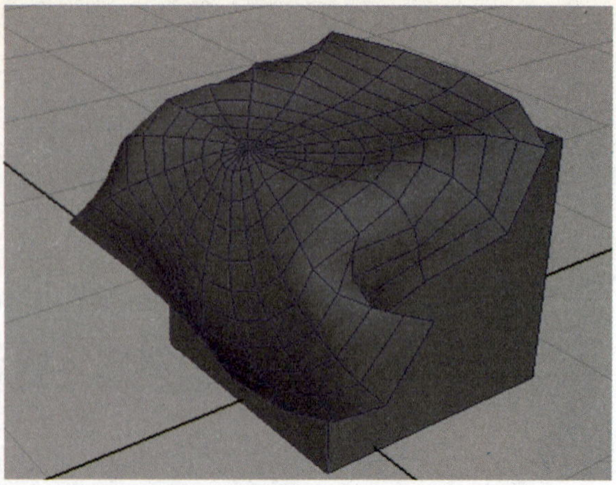

正确的模型面数布局应该是均匀并且是最大限度地降低三角面和五星面的，如要制作圆形的 Polygon（多边形）物体，方法如下。

进 阶 练 习：制作内核布料模型

01 创建一个 NURBS 曲面圆环，单击 Surfaces（曲面）>Planar（平面化）命令后面的小方块按钮，打开 Planar（平面化）的属性设置，查看一下转换类型是否是 Quads（四边面）选项，并且在下面的 Tessellation method（镶嵌方式）中选择 Count（数量）选项，这样在下面的 Count（数量）中就可以输入我们想要转换成 Polygon（多边形）的面数，本例中是 1000。单击 Apply（应用）按钮，参数面板及效果如下图所示。

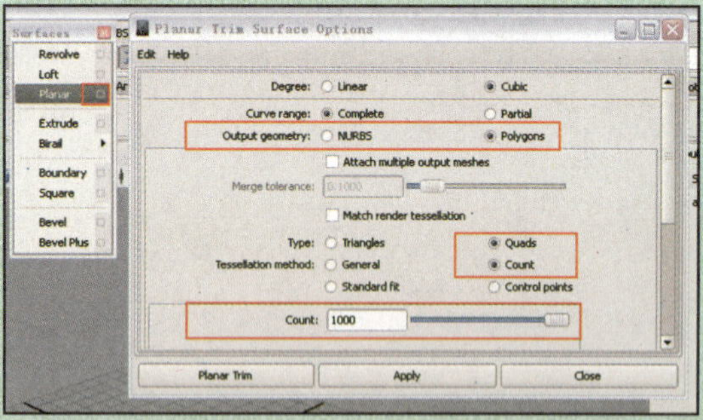

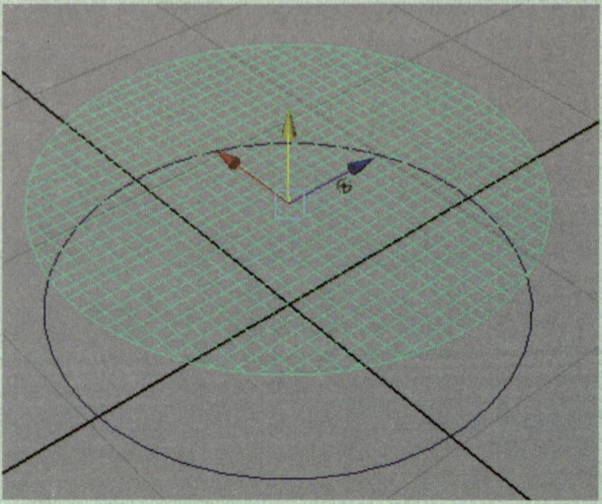

02 执行 Polygon（多边形）模块下的 Mesh（网格）>Cleanup（清除）命令来清理一下模型。在 Cleanup Options（清理选项）面板下勾选 Faces with more than 4 sides（清理超过 4 边的面）复选框，单击 Cleanup（清理）按钮，如下图所示。

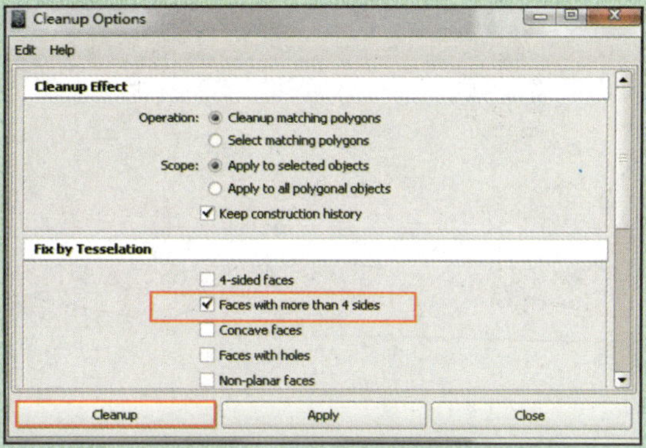

提示：并不是所有在圆形的边缘部分的面的大小都一样，边缘处有很多不规则的小面需要进行清理。

03 选中该 Polygon（多边形）模型，执行 nMesh（内核网格）>Create nCloth（创建内核布料）命令。这样设置后在布料与物体碰撞的时候就会显得自然很多，不会出现先前不合适的褶皱，如下图所示。

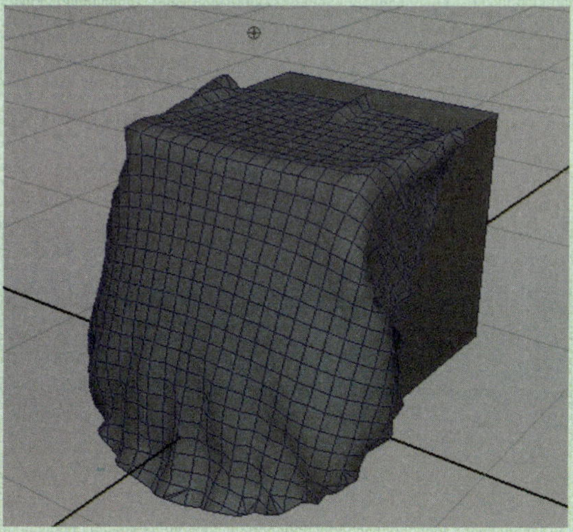

13.2.2 了解 nCloth（内核布料）的属性

在这一节中我们将通过制作一面飘动的旗帜来了解一下 nCloth（内核布料）的功能。

1. 制作旗帜模型

首先，我们先来制作一面旗帜。

进阶练习：制作旗帜模型

01 首先，我们要先来制作一面中世纪战旗的模型。执行 Create（创建）>CV Curve Tool（CV 曲线工具）命令画出旗子的大概轮廓，如右图所示。

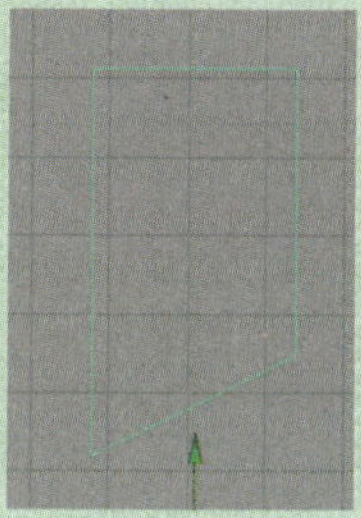

02 选择该曲线，在 Surfaces（曲面）模块下执行 Edit Curves（编辑曲线）>Open/Close Curves（打开/关闭曲线）命令，闭合曲线。然后打开 Surface（曲面）>Planar（平面化）命令的参数设置窗口，将输出平面类型改为 Polygons（多边形）选项，Type（类型）设置为 Quads（四边形）选项，Tessellation method（镶嵌方式）改为 Count（数量）并将 Count（数量）的数值依照所需的面数修改，这里调到 1000，如下图所示。

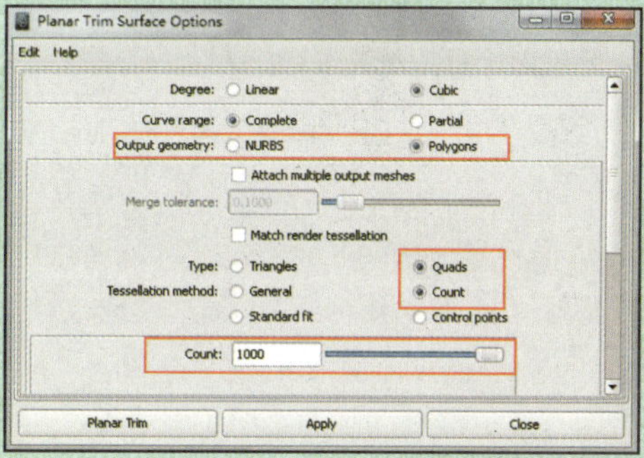

03 在旗子的斜边部分我们会发现有不少的三角面，而且面的大小不一，此时可以选择旗子模型然后执行 Polygons（多边形）模块下的 Mesh（网格）>Clean up（清理）命令，清理所选物体的网格布局。调整具体参数，如下图所示。

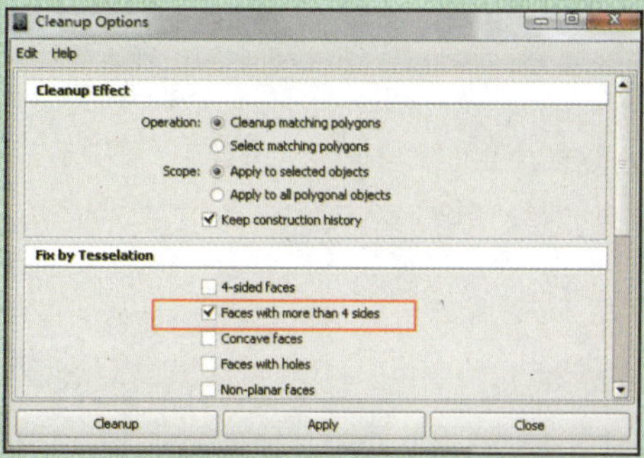

nCloth（内核布料）的模型到这里就算基本做好了，如右图所示。

04 将战旗与旗杆对齐，选中战旗模型，执行 nDynamics（内核动力学）模块下面的 nMesh（内核网格）>Create nCloth（创建内核布料）命令，将战旗模型转换成 nCloth（内核布料）。

05 选中旗杆之后执行 nMesh（内核网格）>Create Passive Collider（创建被动碰撞）命令，将旗杆转换为被动碰撞物体，如下图所示。

提示： 播放动画会发现战旗往下掉，这是因为战旗还没有与旗杆做约束。

2. 为旗帜设置约束

接下来，我们为旗帜设置约束。

进阶练习：为旗帜设置约束

01 选择战旗，按 F8 键进入点选择模式，选择战旗上方想要固定的点然后按 Shift 键加选旗杆，执行 nConstraint（内核约束）>Point to Surface（点到面）命令，这样旗子就与旗杆约束到一起了，如下图所示。

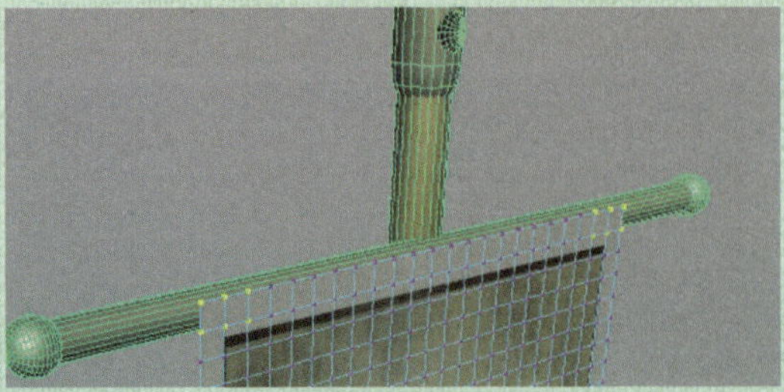

02 播放动画，发现旗子的中间部分下坠非常严重，如左下图所示。我们需要将 Stretch Resistance（抗拉伸）值调大，我们把它调为 100，效果如右下图所示。

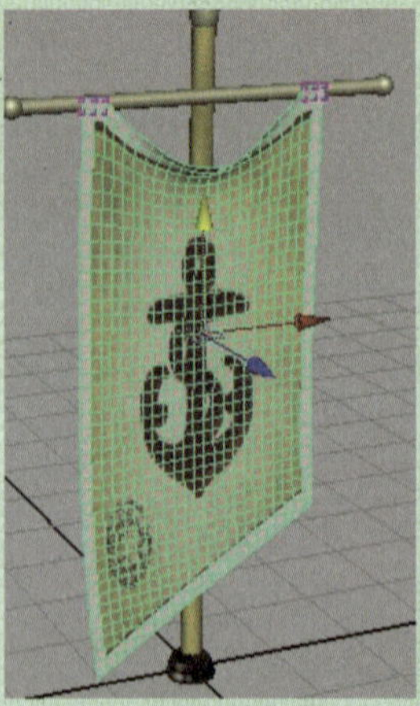

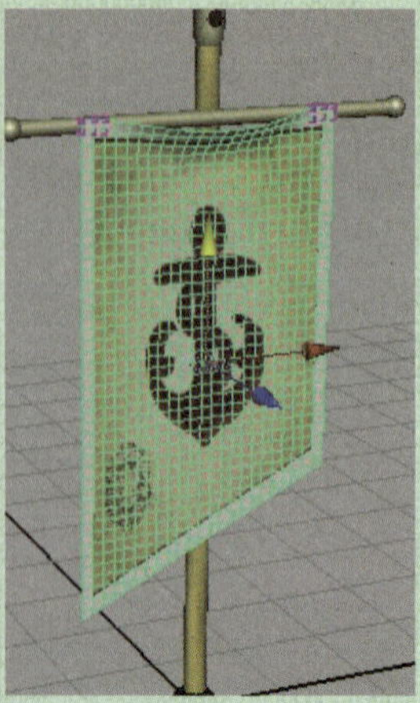

提示： 这是因为 nClothshape（内核布料性质）标签下面的 Dynamic Properties（动力学属性）中的 Stretch Resistance（抗拉伸）默认的值比较低。

03 此时战旗并没有飘动，我们需要将 Nucleus（原子核）中的风场的风速打开，设定风速的值以及按照旗子的面向更改风向，增加一些风场的噪波。调整具体参数及参考效果，如下图所示。

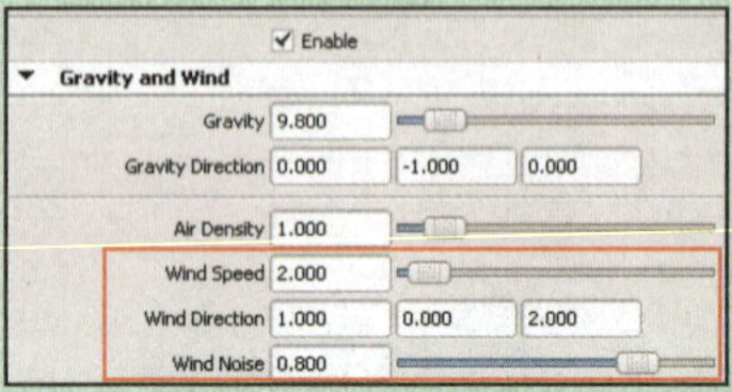

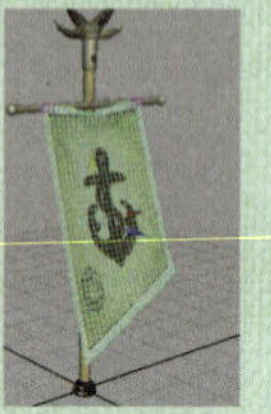

04 这时我们需要更改 nClothshape（内核布料性质）标签下的一些参数，使得战旗能"活"起来。调整具体参数参考效果，如下图所示。

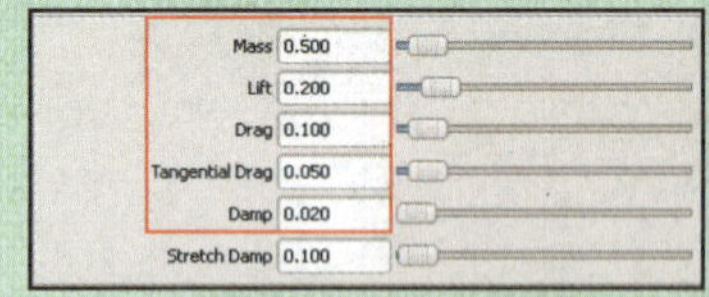

提示：战旗虽然飘起来了，但看上去很呆板、僵直。

3. 使用 Paint Vertex Properties（绘制点属性）修改布料属性

到目前为止，战旗基本已经可以自然地飘动了，为了得到更好的效果我们还可以执行 nMesh（内核网格）> Paint Vertex Properties（绘制点属性）命令为战旗细节部分进一步地调整，比如战旗局部的质量、变形程度等。

进阶练习：修改布料属性

01 打开 Paint Vertex Properties（绘制点属性）卷展栏，我们可以看到有很多有关 nCloth（内核布料）的属性，如下图所示，我们可根据要求修改参数。

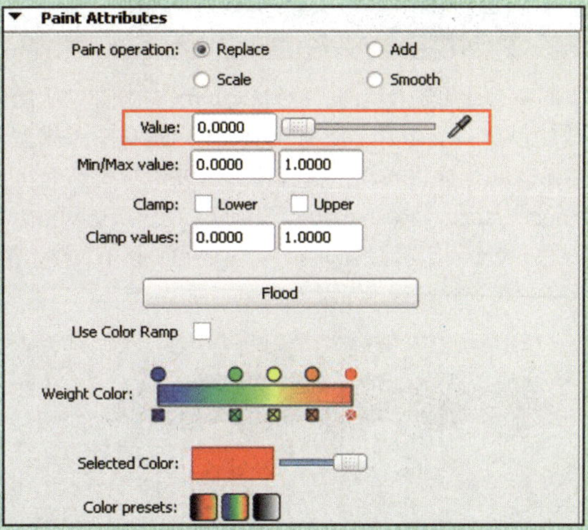

Paint Attributes（绘制属性）卷展栏中 Value（值）代表笔刷的轻重程度，它的范围是 0~1 之间，0 代表的是黑色，1 代表白色，0~1 之间会以黑色显示，而 nCloth（内核布料）最终的效果是 Value（值）和 nClothshape（内核布料性质）参数值相乘的结果。

提示： 按键盘的 B 键可以调节画笔的大小。

02 设置我们所需要的 Value（值）在 nCloth（内核布料）上涂抹就可以了。画完之后选择 Smooth（平滑）选项，然后单击 Flood（填充）按钮就完成绘画了，参数设置及绘制效果如下图所示。

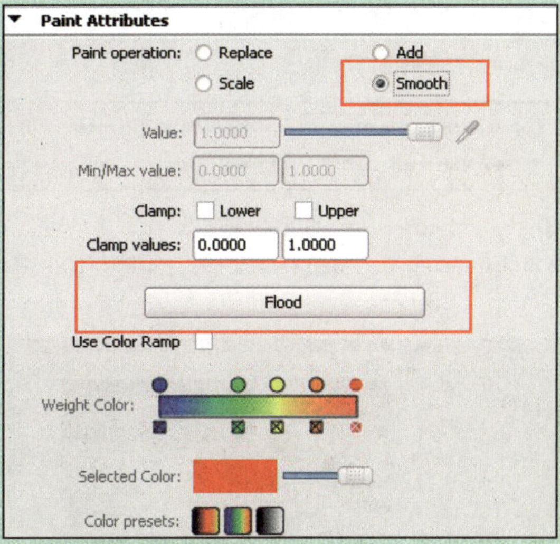

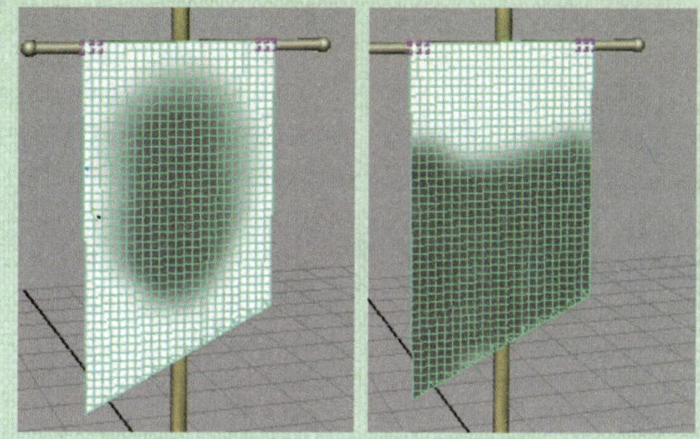

提示： 经过前面的制作，战旗已经能够自然地飘动了，如果对于战旗飘动效果还不满意，可以尝试一下对风力的大小设置关键帧，使得风能够更像现实中那样。

03 此时，飘动的旗子做完了，播放动画，查看效果如下图所示。

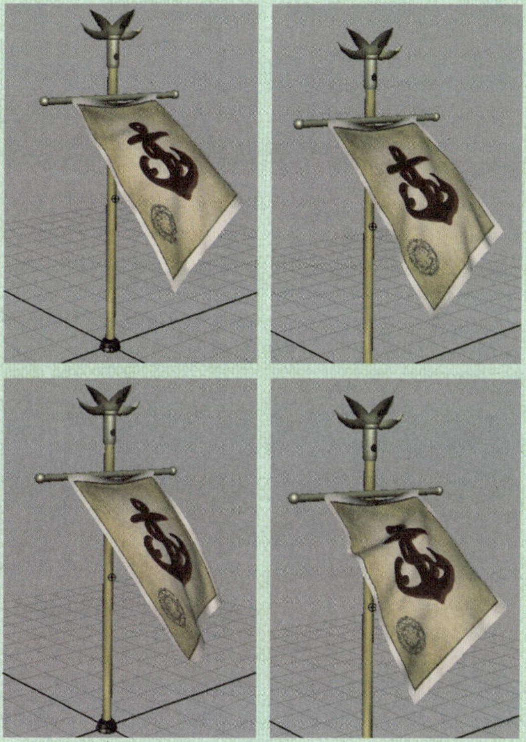

13.3 详解 nMesh（内核布料）命令

现在我们来全面了解一下 nCloth（内核布料）的命令，它的相关命令在 nDynamic（内核动力学）模块下的 nMesh（内核网格）菜单中，如下图所示。

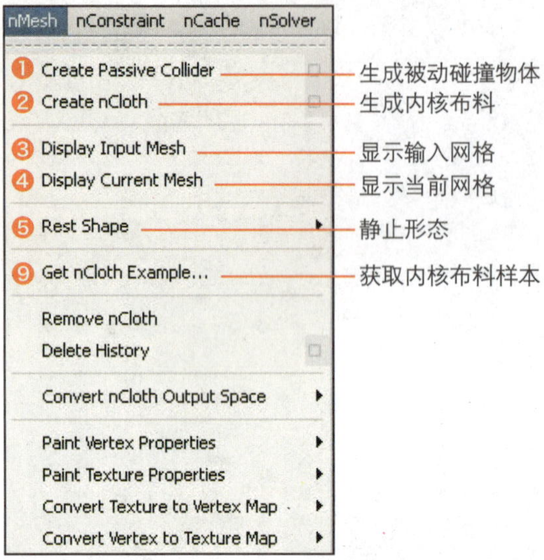

❶ Create Passive Collider（生成被动碰撞物体）：用来生成被动碰撞物体。

❷ Create nCloth（生成内核布料）：创建 nCloth（内核布料）。

❸ Display Input Mesh（显示输入网格）：观察用于制作内核布料的初始模型。

❹ Display Current Mesh（显示当前网格）：观察内核布料的当前帧动画模型。

❺ Rest Shape（静止形态）：设置内核布料的静止形态，共有三个选项，如下图所示。

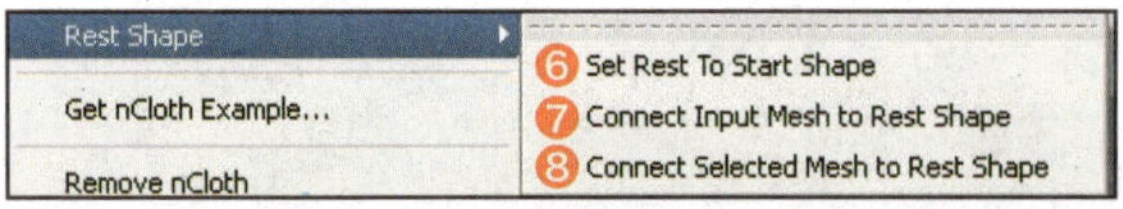

❻ Set Rest to Start Shape（设置为起始状态）：指定最初的 Input Mesh（输入网格）起始帧的状态（不用建造新的模型只与最初的模型有关系）。

❼ Connect Input Mesh to Rest Shape（指定输入网格为静止状态）：指定最初的 Input Mesh（输入网格）为当前帧的状态（不用建造新的模型只与最初的模型有关系）。

❽ Connect Selected Mesh to Rest Shape（指定所选网格为静止状态）：指定被选中的模型为最终静止的形态，需要建造与 nCloth（内核布料）相同的拓扑结构的模型，如下图所示。

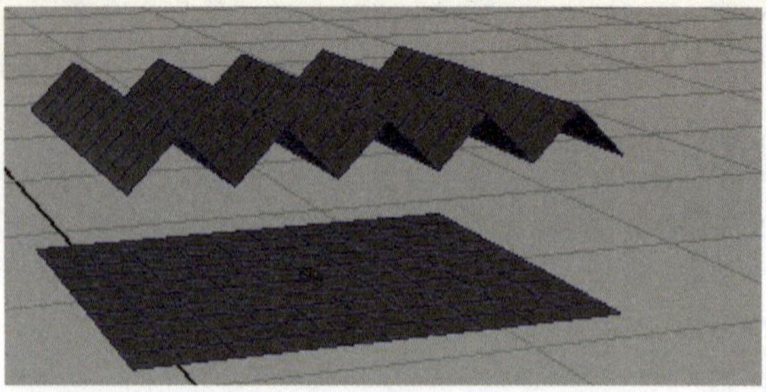

图中上面的波浪状的模型为 nCloth（内核布料）所要变成的形态，下面的平面为 nCloth（内核布料）模型，选中 nCloth（内核布料）模型再加选波浪模型然后执行 Connect Selected Mesh to Rest Shape（指定所选网格为静止状态）命令，之后播放动画，会发现 nCloth（内核布料）模型将发生变化，如下图所示。

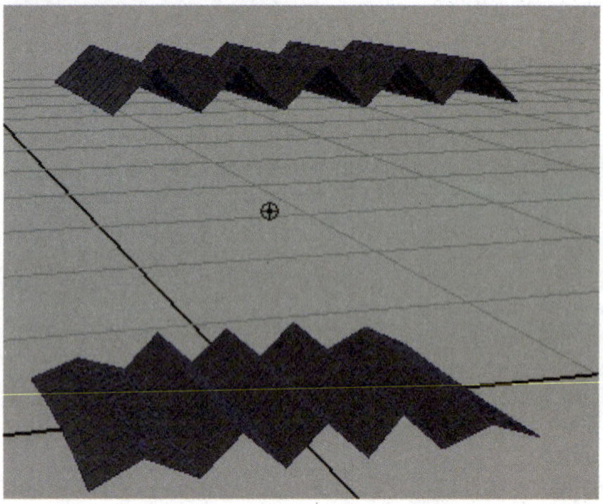

在通道栏中的 nClothshape（内核布料性质）标签下的 Dynamic Properties（动力学属性）中的 Rest Length Scale（静止状态长度缩放）以及 Bend Angle Scale（弯曲角度缩放）参数控制着 nCloth（内核布料）变换后的大小以及角度，如下图所示。

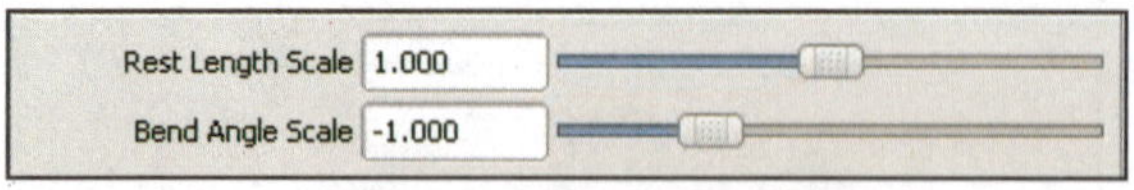

❾ Get nCloth Example（获取内核布料样本）：可以在 nCloth Examples（内核布料样本）中选择布料的自带样本场景，如下图所示。

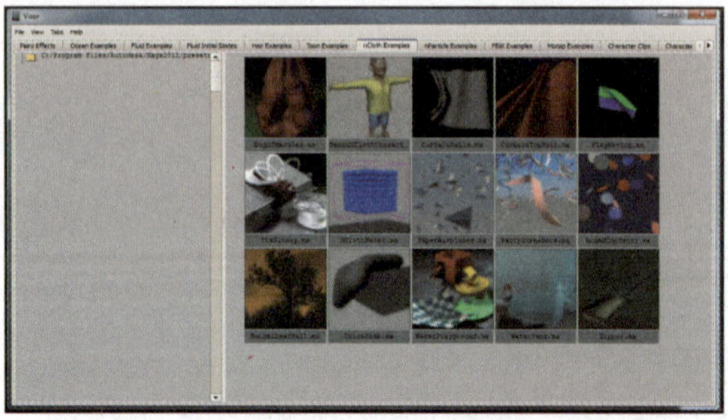

13.4 内核布料节点属性

nCloth（内核布料）创建之后会自动出现两个节点：nClothshape（内核布料性质）节点和 Nucleus（原子核）节点。nClothshape（内核布料性质）节点可以设置布料的物理属性，如：质地、碰撞等；Nucleus（原子核）节点可以设置布料的动力场，如：重力、风力等。

13.4.1 nClothshape（内核布料性质）节点属性

创建 nCloth（内核布料）物体以后，我们通常还需要调整布料或被动物体标签中的具体参数。选中 nCloth（内核布料）物体，按 Ctrl+A 打开属性编辑器，选择布料或被动体标签。

在 nClothshape（内核布料性质）标签下，我们能够找到 Preset* 按钮，如下图所示，这里有 Maya 为我们预先设定的 20 多个内核布料质地选项。

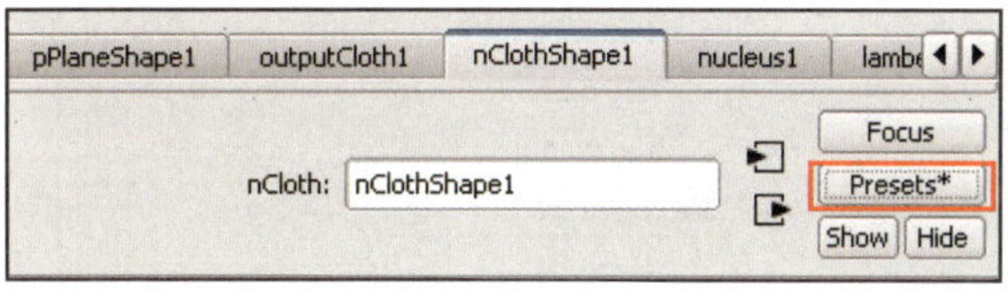

> **提示** 我们可以直接选择与我们所制造的相近的布料质地，甚至可以按照百分比混合成为新的布料属性。

左键单击 Presets* 按钮就能出现以下的几种内核布料效果的名称了，可以根据需要选择适合的效果，如下图所示。

1. Collisions（碰撞属性）卷展栏

打开 Collisions（碰撞属性）卷展栏，里面有控制物体的碰撞和自碰撞属性的参数，如下图所示。

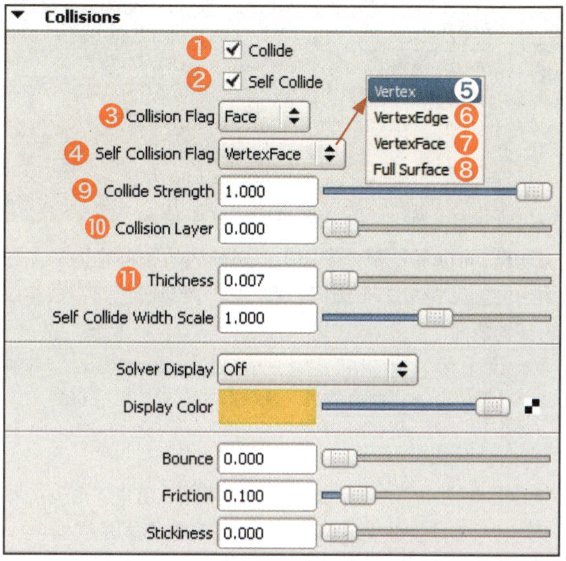

① Collide（碰撞）：勾选该复选框，所选择的布料将与其他同在一个 Nucleus（原子核）下的其他布料和被动物体发生碰撞。

② Self collide （自碰撞）：勾选该复选框，布料将与自身发生碰撞；取消勾选的话当前布料可能会自身发生穿插。

③ Collision flag （碰撞标记）：选择当前的内核布料物体在碰撞作用中所参与的结构。

④ Selfcollision flag（自碰撞标记）：下面有多种选择。

⑤ Vertex（点）：当我们选择为点的时候，自碰撞发生于包裹每个内核布料点的自身碰撞球体上，如下图所示，黄色球体会发生碰撞。

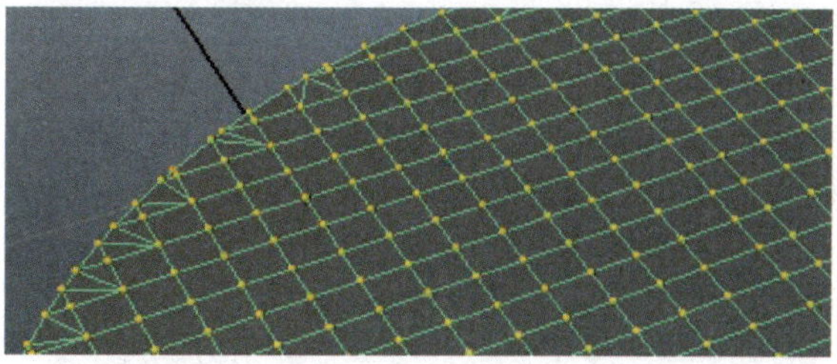

⑥ VertexEdge（点与边）：当选择边的时候布料自碰撞发生于包裹每个内核布料点的自身碰撞球体，以及包裹每个内核布料边的自身碰撞柱体上，如下图所示，黄色部分会发生碰撞。

⑦ VertexFace（点与面）：碰撞会发生于包裹每个内核布料点的自身碰撞球体，以及布料面的自身碰撞表面上，部分会发生碰撞，如下图所示。

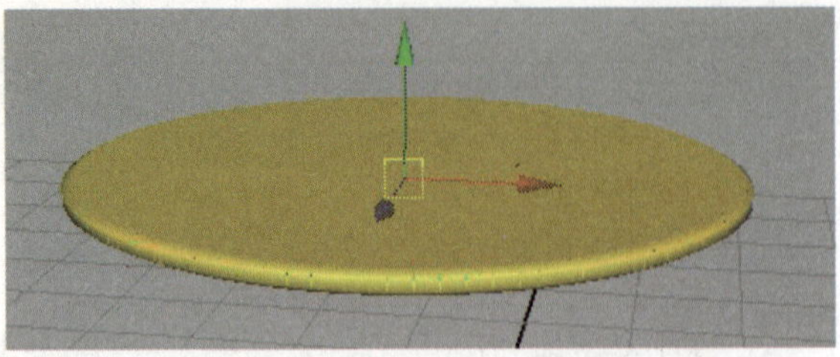

⑧ Full Surface（ 整个表面）：当前内核布料物体的点线面与同类元素发生碰撞。碰撞发生于自身碰撞球、柱体以及偏离表面。

> **提示** 点线面的自身碰撞总和将扩大围绕自身碰撞表面的临近范围。

⑨ Collide Strength（碰撞强度）：在默认值是 1 时，内核布料将与被动物体发生碰撞；值为 0 时则不发生碰撞。

⑩ Collision Layer （碰撞层）：是 nCloth（内核布料）的一个重要知识点，它使我们在使用 nCloth（内核布料）在计算多层布料碰撞时非常地快捷方便。

> **提示** 简单来说，碰撞层就是给每个 nCloth（内核布料）都定好了碰撞顺序，使得每个 nCloth（内核布料）之间都自动有了个像 nCloth（内核布料）与被动物体那样的碰撞关系。

下面就给大家介绍一下 Collision Layer（碰撞层）的设定原则。当内核布料物体处在不同的层时，低数值层的内核布料将优先于高数值层的内核布料，数值较高的层将被看做被动物体。比如，一个碰撞层为 0 的内核布料物体将推动碰撞层为 1 的内核布料物体，而碰撞层为 1 的这些内核布料又会推动碰撞层为 2 的内核布料物体。而碰撞层的优先发生范围由 Nucleus（原子核）节点下的 Collision Layer Range（ 碰撞层范围）值来决定，如果 Collision Layer Range（碰撞层范围）值为 2，则只有两个碰撞层间相差的数值在 2 内才能产生碰撞。

⑪ Thickness（厚度）：是用来设定布料与被动物体厚度的比如把 Thickness（厚度）的值设置为 0.08 时，运算系统就会将布料看成一个厚为 0.08m 的布料来计算其运动效果；如果将 Thickness（厚度）的值设置为 0.002，布料就会变得“薄”了不少，效果如下图所示。

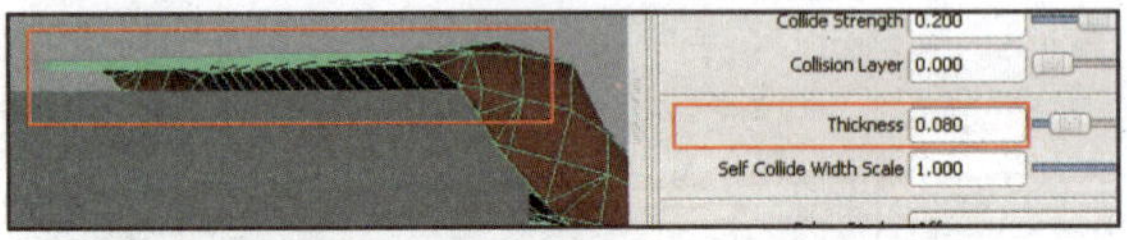

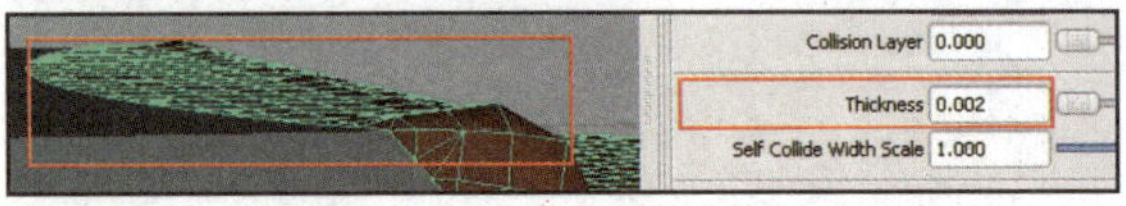

2. Dynamic Properties（动力学属性）卷展栏

前面所讲的主要是内核布料的一些碰撞属性，而 Dynamic Properties（动力学属性）则是控制内核布料的质地更接近丝绸，还是橡胶，甚至是金属，其参数如下图所示。

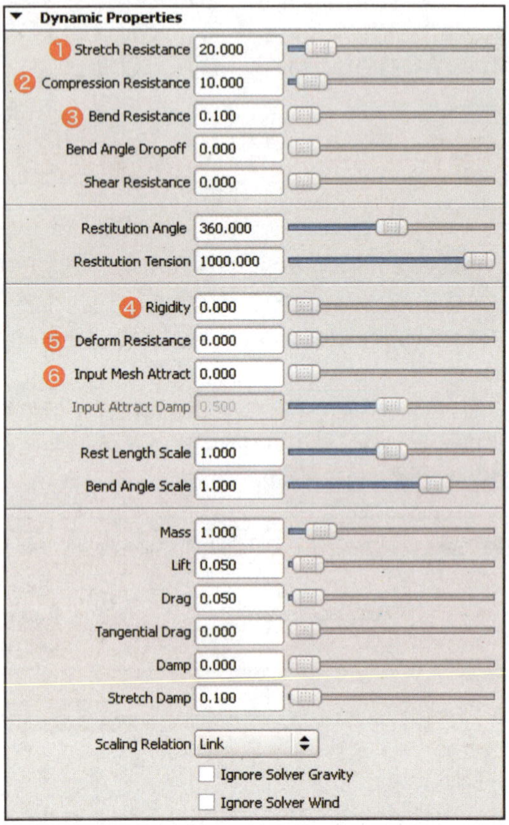

❶ Stretch Resistance（抗拉伸）：主要是定义了当前布料的抗拉伸程度，下图所示为抗拉伸值分别为 10 和 200 的情况。我们会很容易发现当抗拉伸值比较低的时候，当前内核布料就像一根根皮筋似的，很容易被拉开；当抗拉伸值很高的时候，当前布料就像厚麻布一样很难被拉开。

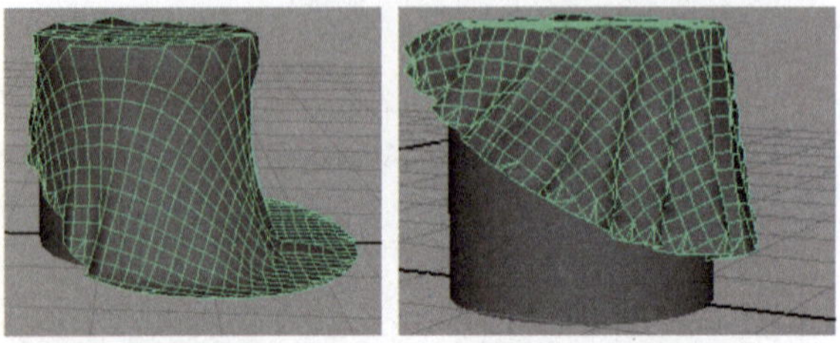

Stretch Resistance=10　　Stretch Resistance=100

❷ Compression Resistance（抗压力）：主要是定义了当前布料的抗压力程度，抗压力越低，布料就越是容易发生皱褶；而当抗压力很高的时候布料就像纸一样比较僵硬。

❸ Bend Resistance（抗弯曲）：定义内核布料物体在受到张力时的抗弯曲程度，下图所示为布料在抗弯曲值分别为 0.1 和 200 的状态。当抗弯曲比较低的时候布料就会像桌布那样沿着受力的方向弯曲；而当抗弯曲比较高的时候

布料就会像纸一样比较有弹力。

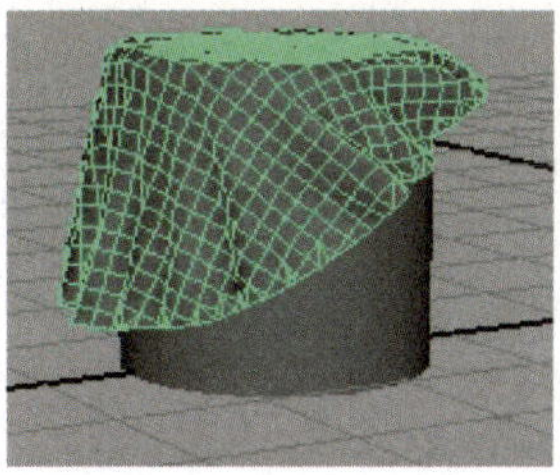

Bend Resistance=10

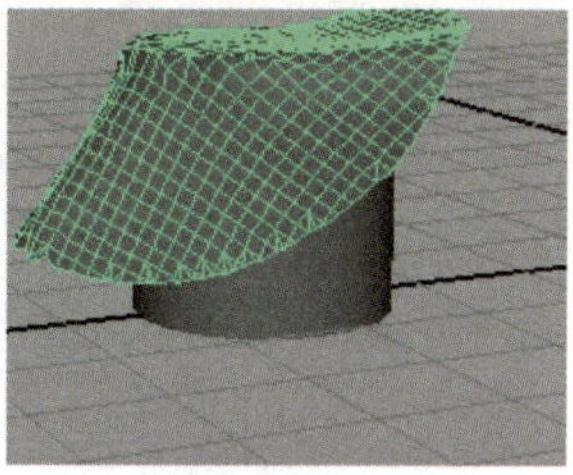

Bend Resistance=100

❹ Rigidity（刚性）：当前内核布料接近刚体的程度，当刚性值为 1 时内核布料完全成为刚体；当刚性值介于 0 到 1 之间时，内核布料的物理特性介于布料与刚体之间。

❺ Deform Resistance（抵抗变形）：定义了当前内核布料抵抗变形的能力，数值越大抵抗变形的能力就越强，下图所示为抵抗变形的值分别为 0 和 5 的时候，当抵抗变形为 0 的时候方布遇到小球碰撞后会很容易的随受力的方向产生形变；而抵抗变形为 5 的时候即使被小球穿过方布还是没有什么形变，非常僵硬，如下图所示。

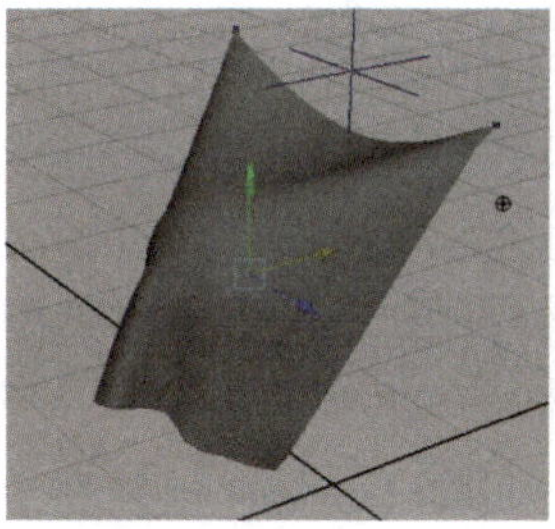

Deform Resistance=0

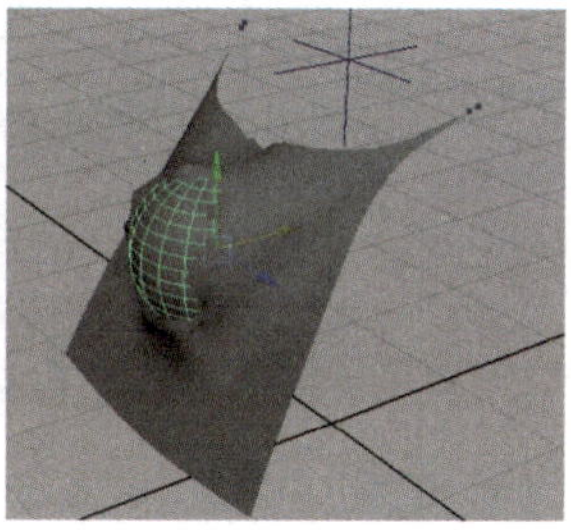

Deform Resistance=5

❻ Input Mesh Attract（输入网格吸附）：这个属性在我们今后的制作中有着很大的用途，我们制作的每一个布料都是由一个之前创建的 Input Mesh（输入网格）值和之后的 Current Mesh（当前网格）值所控制的。通俗地来说 Input Mesh（输入网格）控制内核布料的起始形状，而 Current Mesh（当前网格）则控制着内核布料的运动状态。

在 nMesh（内核网格）菜单下面可以找到 Display Input Mesh（显示输入网格）和 Display Current Mesh（显示当前网格）的命令，如右图所示。

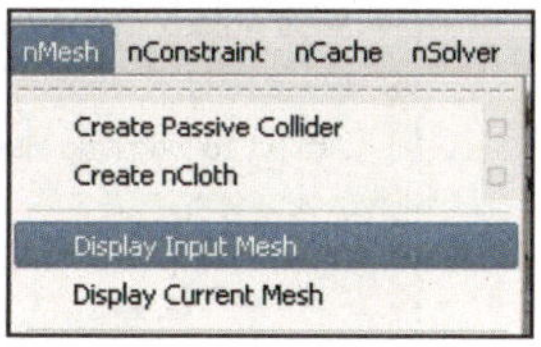

而 Input Mesh Attract（输入网格吸附）则是控制着与 Display Input Mesh（显示输入网格）参数的吸引力。

> **提示** 当我们在一个场景创建一个内核布料之后，播放动画会发现布料由于 Nucleus（原子核）的影响而开始下降。

而当我们为 Input Mesh Attract（输入网格吸附）赋予一个值，由于内核布料与其 Input Mesh（输入网格）之间具有了吸引力，我们会发现布料会保持其 Input Mesh（输入网格）所在的位置不动，当我们将其 Input Mesh Attract（输入网格吸附）值降到 0~1 之间时，会发现内核布料将缓慢下降，这是因为其吸引力减小的缘故。下两图分别为 Input Mesh Attract（输入网格吸附）值分别为 0 与 2 时的效果。

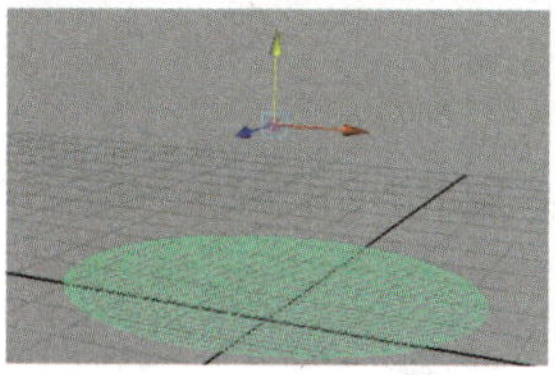

Input Mesh Attract=0

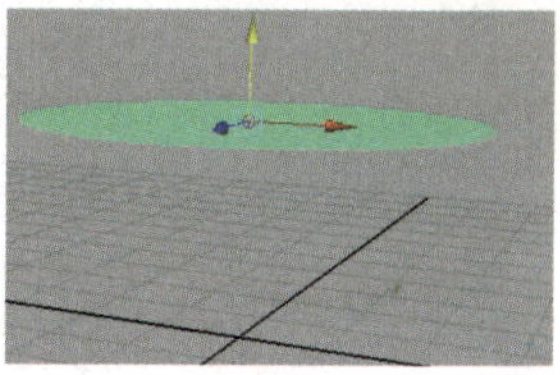

Input Mesh Attract=2

3.Force Field Generation（力场产生）卷展栏

产生一个只能作用于当前 Nuclues（原子核）物体的力场，它能够推动或者吸引内核布料远离当前内核布料，如下图所示。

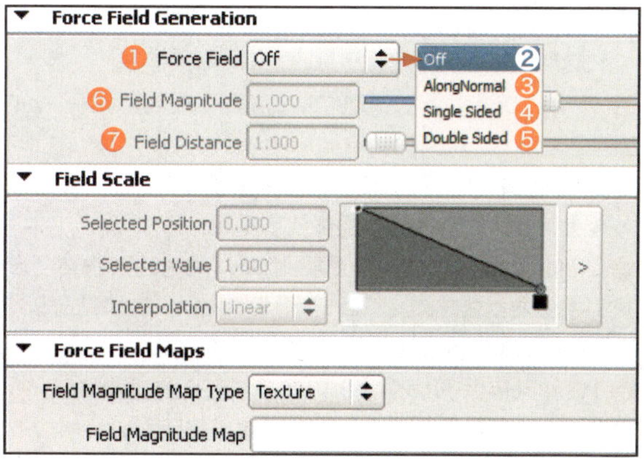

❶ Force Field（力场）：设置场的开启与闭合，控制场的方向。

❷ Off（关闭）：控制力场的开关。

❸ Along Normal（ 沿着法线）：力场将产生于物体表面的法线。

❹ Single Sided（单面）：力场将产生于物体表面的法线方向的反方向一侧。

❺ Double Sided（双面）：力场将产生于物体两侧。

❻ Field Magnitude（ 场强）：设置力场的强度，正值（负值）可以使内核布料远离（吸引）当前内核布料。

❼ Field Distance（场距）：设置力场的有效距离。超过此距离力场将不会对内核布料产生作用。

13.4.2 Nucleus（原子核）节点属性

在我们创建完第一个 nCloth（内核布料）之后就会有一个 Nucleus（原子核）自动产生，之后我们在创建的 nCloth（内核布料）物体都将自动在第一个 Nucleus（原子核）的控制下。

我们可以执行 nSolver（内核解算器）>Assign Solver（指定解算器）>New Solver（新解算器）命令，创建一个新的 Nucleus（原子核），之后我们在打开 nSolver（内核解算器）>Assign Solver（指定解算器） 菜单就会发现多了个 Nucleus2（原子核 2），在 nSolver（内核解算器）> Assign Solver（指定解算器）命令中，我们可以把选中的 nCloth（内核布料）物体指定到我们新创建的 Nculeus（原子核）中。

1.Gravity and Wind（重力和风力）卷展栏

该卷展栏参数如下图所示。

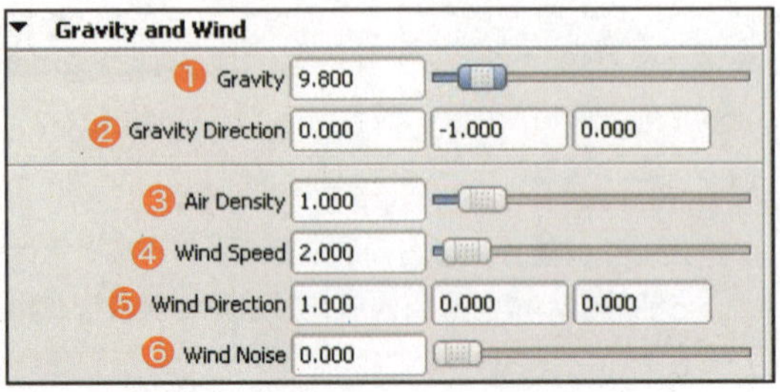

❶ Gravity（重力）：默认值是 9.8，单位是 m/s，这个属性和模型大小有关系。

❷ Gravity Direction（重力方向）：默认是世界坐标 -y 的方向。

❸ Air Density（空气密度）：空气密度越高，风力的影响就越大，当风力为 0 时，物体就不受风力影响了。

❹ Wind Speed（风速）：顾名思义，风速越大物体受到风力的影响也就越大。

❺ Wind Direction（风向）：可以设定风向。

❻ Wind noise（风力噪波）：使风场有个随机的效果，在制作类似大雪纷飞的混乱场景时候作用很明显。

2.Ground Plane（地面）卷展栏

该卷展栏参数如下图所示。

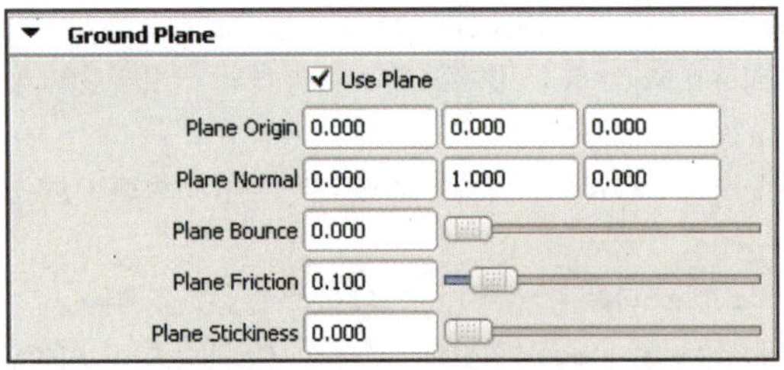

勾选 Use Plane（使用地面）复选框，我们可以设定一个无限大的平面为 nCloth（内核布料）的地面（默认地面为原点延伸的无限大平面），并且我们可以编辑它的原点、方向、弹力、摩擦力以及粘性等参数。

例如我将地面高度设为 Y 轴 1.5 的高度，内核解算器将会在我们所设定的位置模拟出一个类似与真实的世界的地面，如右图所示。

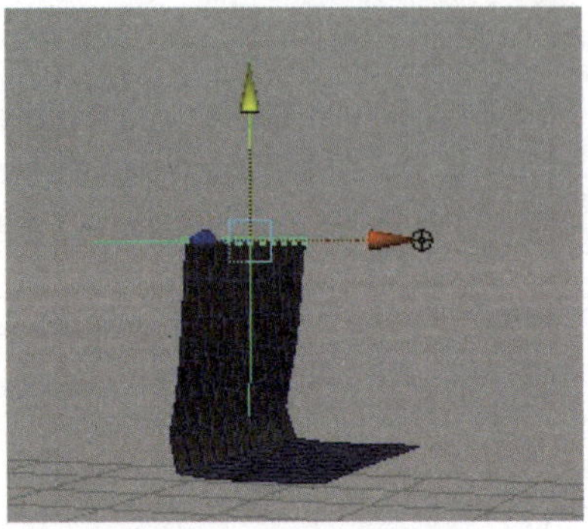

3.Solver Attributes（解算器属性）卷展栏

该卷展栏参数如下图所示。

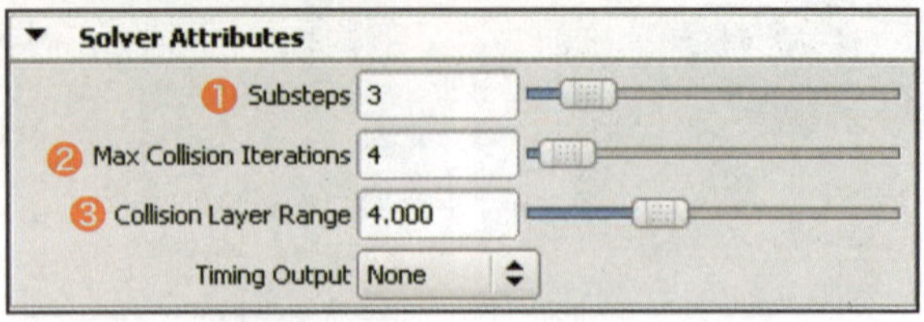

❶ Substeps（精度）：即每一帧的运算次数，精度越高，布料的运动就越精细，同时也需要更多的计算时间。

> **提示** 在 nCloth（内核布料）的制作中并不是所有的内核布料都适用一个精度的，所以我们可以有选择地为每一个内核布料节点设置适合它的精度。

❷ Max Collision Iterations（最大碰撞次数）：即碰撞发生时，每一次解算器进行解算的碰撞次数。与 Substeps(精度）一样，可以为每一个 nCloth（内核布料）节点设置不同的 Max Collision Iterations（最大碰撞次数）。

❸ Collision Layer Range（碰撞层范围）：与 Collision Layer（碰撞层）有着很大的关系。

13.5 详解内核约束菜单

创建好 nCloth（内核布料）模型后，播放动画，我们会发现所创建的内核布料会"掉"下来，为了使布料能够正常运动，我们需要给布料添加约束，在 nConstraint（内核约束）菜单中能够找到所需要的约束工具，如下图所示。

❶ Transform（变形）：在我们所需要固定的点、线、面或者物体上执行 Transform（改变）命令，可以为物体赋予变形约束，这样物体就会约束到它们的当前位置，并且会有一个 Locator 被创建，用来控制布料物体或者其成分，如右图所示。

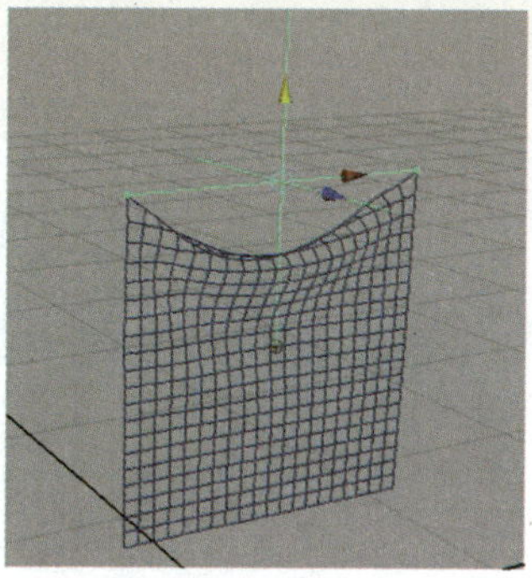

❷ Force Field（力场）：可以创建一个放射状的圆球型力场，可以推动布料，或者使布料远离约束的中心。当然在 Dynamic Constraint（动力约束）节点下我们可以调整力场约束的体积、位置以及形状，如右图所示。

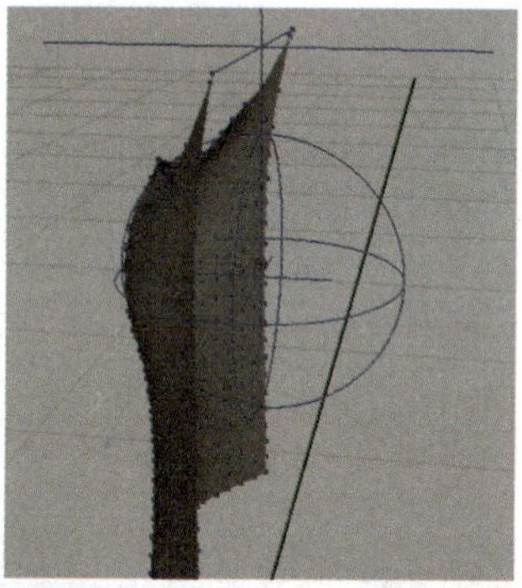

❸ Tearable Surface（撕裂曲面）：可以用来制作布料与其他的布料或者被动物体碰撞之后产生的撕裂效果。

提示 例如，子弹穿破旗子、气球膨胀爆裂等效果。调整 DynamicConstraintShape（动力学约束性质）属性下面的 Glue Strength（黏合强度）值可以改变约束的强度，数值越高，布料越不容易被撕裂。

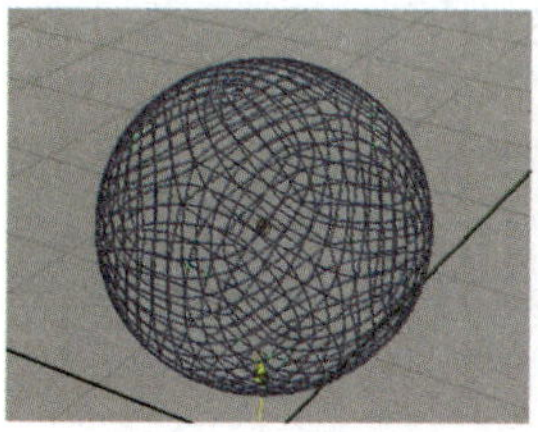

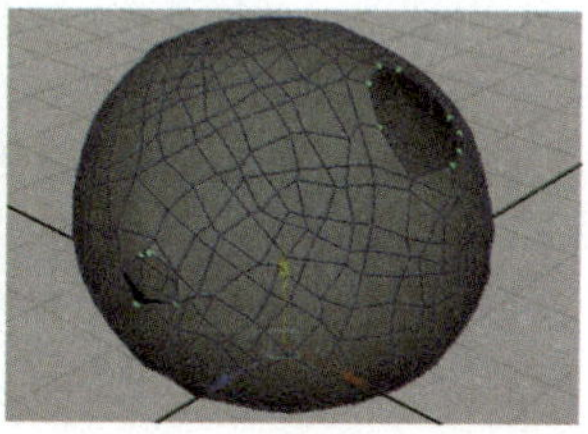

当然也可以为布料绘制一个黏合强度贴图，这样可以设定布料撕裂和解算的位置，如下图所示。

❹ Disable Collisions（取消碰撞）：选择想要取消碰撞的布料或者被动物体，执行 nConstraint（内核约束）>Disable Collisions constraint（取消碰撞）命令，这样，被选择的布料或者被动物体将不再与任何物体发生碰撞，如下图所示。

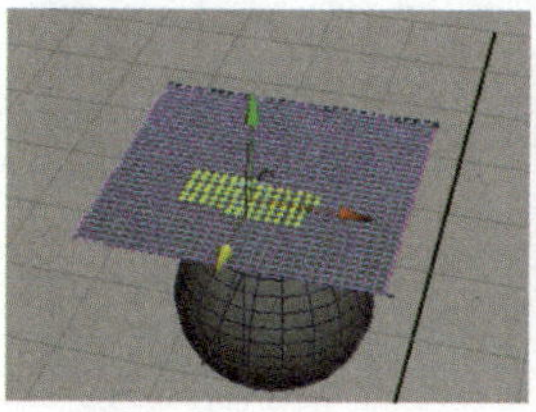

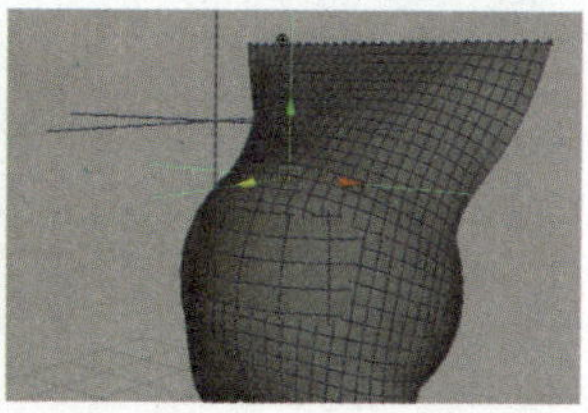

13.6 详解 Fields（场）菜单

在我们制作布料运动时，有时需要借助外部动力场来影响布料的运动，Maya 为我们设计出了很多的动力场，接下来我们就来了解一下 Maya 中的各种动力场。动力场菜单如下图所示。

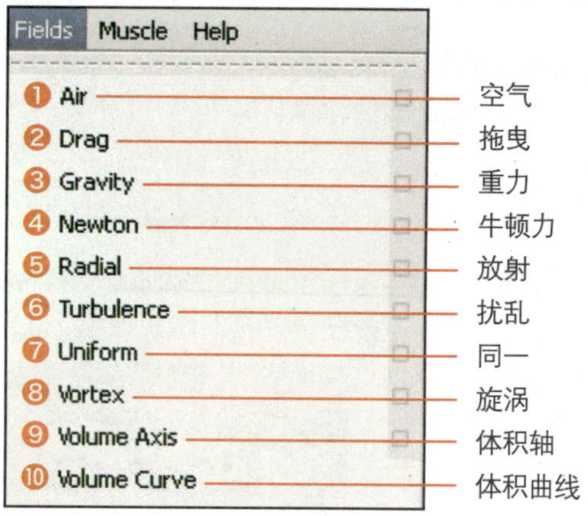

提示 力场在之前的章节中已经有所介绍，这里只做一个总结。

❶ Air（空气）：可以模拟空气流动的效果，用来制作在风中飘动的旗子等效果。

❷ Drag（拖曳）：可以模拟摩擦力与阻力的效果，可以降低内核布料的运动速度。

❸ Gravity（重力）：可以模拟重力的作用，在某些特定的时候可以为一个 nCloth（内核布料）专门指定一个重力场，使其下落比其他 nCloth（内核布料）物体快。

❹ Newton（牛顿力）：使得在这个场影响下的任何两个物体都相互产生吸引力，力的大小由自身的质量以及距离有关系。

❺ Radial（放射）：像磁石一样可以将物体推开或者吸引过来。

❻ Turbulence（扰乱）：可以使得内核布料产生不规则的运动，通常用来模拟大雪、树叶纷飞的情景。

❼ Uniform（同一）：可以在一个方向上推动内核布料。

❽ Vortex（旋涡）：会在作用范围内产生像旋涡一样的力，使得物体做旋转运动。

❾ Volume Axis（体积轴）：可以在作用范围内按照不同的方向给布料顶点施加作用力，物体的运动效果与体积轴有关。

❿ Volume Curve（体积曲线）：可以按照曲线的路径为内核布料的施加作用力。

综合案例 15 在沙发上放上毛毯和毛巾

原始文件 Chapter 13\Final\sofa（original）.mb

案例概述 通过例子来具体说明如何使nCloth（内核布料）发生碰撞。

技术难点 1. 熟练掌握布料的运用。
2. 设置布料的碰撞。

Step 01. 首先将毛毯与毛巾转换成nCloth（内核布料）。选中毛毯与毛巾，执行nMesh（内核网格）>Create nCloth（创建内核布料）命令。播放动画，发现毛毯与毛巾并没有与沙发发生碰撞，这是因为没有为当前的nCloth（内核布料）设定一个被动碰撞物体，如右图所示。

Step 02. 选中沙发并执行nMesh（内核网格）>Create Passive Collider（创建被动碰撞物体）命令，使沙发成为被动碰撞物体。现在播放动画，发现内核布料已经能和沙发发生碰撞了，如右图所示。

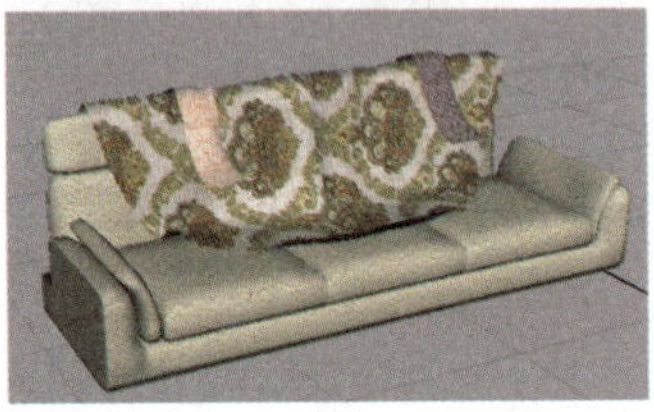

Step 03. 这时无论选择nCloth（内核布料）还是选择被动碰撞物体，我们都可以在其属性栏上发现一个名为nucleus1的标签，这是Maya为了解算nCloth（内核布料）与被动碰撞物体所发生的动作所自动建立的nucleus解算器，如下图所示。

提示 我们也可以为nCloth（内核布料）建立新的解算器，选择nCloth（内核布料）物体，执行nSolver（内核解算器）>Assign Solver（指定解算期）>New Solver（新建解算器）命令，这样一个新的名为nucleus2的解算器就被建立了。

播放动画，发现更改了解算器的毛毯不能再与沙发发生碰撞了，而毛巾依然可以与沙发发生碰撞，如下图所示。

从而我们得知，内核布料要与被动物体或者其他内核布料发生碰撞必须使其在一个解算器下。

Step 04. 下面将毛毯的解算器更改回来使它能够与沙发发生碰撞。将被动物体——沙发的碰撞层值设为0，毛毯的碰撞层值设为1，浅色毛巾的碰撞层值设为2，深色毛巾的碰撞层值设为3，将Nucleus（原子核）标签下的Solver Attributes（解算属性）下的Collision Layer Range（碰撞层范围）的值设为1。播放动画，发现浅色毛巾仍然能够与毛毯发生碰撞，而深色毛巾则不能发生碰撞了，如下图所示。

提示 由于nCloth（内核布料）具有碰撞层这个参数，因此在制作角色的多层衣服等复杂布料时效果会显得格外得心应手。

Chapter 14

流体

流体是工程力学的一门分支学科，主要研究没有固定状态的的物体在运动时的状态。在 Maya 中，利用流体模块可以制作出如烟雾、爆炸、火焰、水面等效果，还可以模拟一些如星云等的特殊效果。

14.1 流体系统概述

在 Maya 4.5 版本之前，流体效果要通过粒子实现，而之后的版本中，流体作为 Maya 动力学模块中单独的一个功能出现，因此制作流体方便了许多。

Maya 中 Fluid Effects（流体效果）菜单可以在 Dynamics（动力学）模块中找到。相应的在 Fluids（流体）工具架上也提供了方便使用的图标按钮，如下图所示。

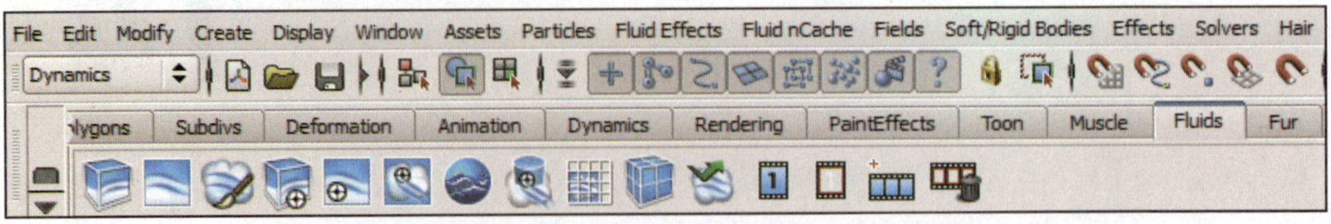

下面将详细讲解 Fluid Effects(流体特效)菜单中的命令，菜单如下图所示。

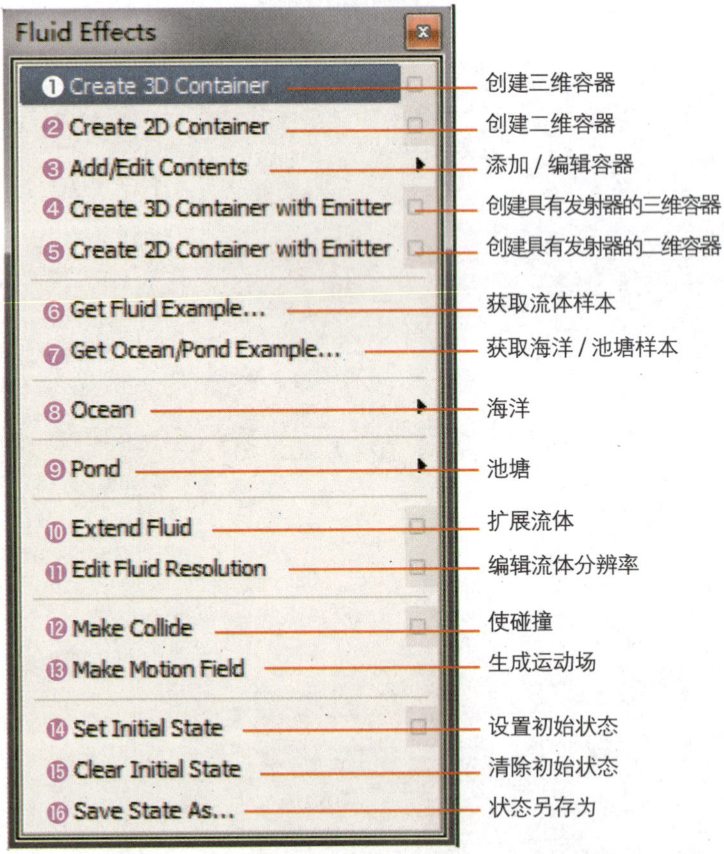

❶ Create 3D Container（创建三维容器）：生成一个三维流体容器。

❷ Create 2D Container（创建二维容器）：生成一个二维流体容器。

❸ Add/Edit Contents（添加 / 编辑容器）：菜单组，包含为选中的容器添加发射器等命令。

❹ Create 3D Container with Emitter（创建具有发射器的三维容器）：直接创建带有发射器的三维容器。

❺ Create 2D container with Emitter（创建具有发射器的二维容器）：直接创建带有发射器的二维容器。

❻ Get Fluid Example（获取流体样本）：从库中获取流体样本。

❼ Get Ocean/Pond Example（获取海洋 / 池塘样本）：从库中获取海洋 / 池塘样本。

❽ Ocean（海洋）：菜单组，包含创建海洋、设置海洋属性等相关命令。

❾ Pond（池塘）：菜单组，包含创建池塘、设置池塘属性等相关命令。

❿ Extend Fluid（扩展流体）：扩大当前选中容器的尺寸。

⓫ Edit Fluid Resolution（编辑流体分辨率）：修改当前选中容器的分辨率。

⓬ Make Collide（使碰撞）：设置流体与几何体的碰撞。

⓭ Make Motion Field(生成运动场)：为选中的流体创建运动场。

⓮ Set Initial State(设置初始状态)：可以设置任意时间、任意形态和计算过程中的流体为初始状态。选中容器，执行该命令，当前帧即为初始状态。在选项设置面板中还可以具体设置要设为初始状态的属性及纹理，衰减等参数。

⓯ Clear Initial State（清除初始状态）：清除已设置的初始状态。

⓰ Save State As（状态另存为）：拖动时间滑块到要保存为初始状态的帧数，选中容器，执行该命令可以将流体状态存储为文件。

14.2 详解流体容器

在 Maya 中，流体是在流体容器中显示的，也就是说流体的显示无法超越流体容器大小的限制。流体可以与密闭容器发生碰撞，也可以流出一个非密闭的流体容器，但是在容器之外的部分无论在视图还是渲染中都是无法显示的。

14.2.1 Creat 3D Container（创建三维容器）

执行 Fluid Effects（流体效果）>Creat 3D Container（创建三维容器）命令，或单击 Fluid（流体）工具架上的按钮，可以创建一个三维容器，如下图所示。

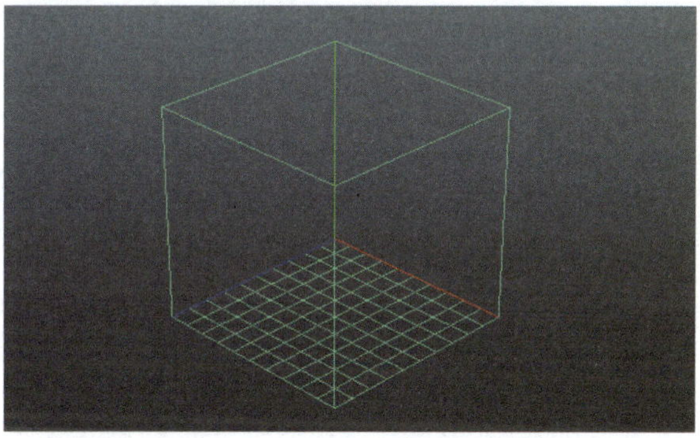

打开 Creat 3D Container（创建三维容器）命令的选项设置面板，可以对创建的三维容器进行设置，如下图所示。

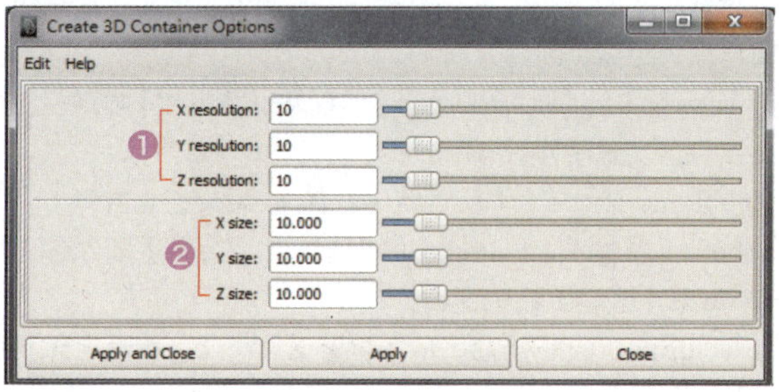

❶ X/Y/Z resolution（X、Y、Z 分辨率）：控制流体容器分辨率，分辨率越高流体越清晰，同时对系统的负担越重。

❷ X/Y/Z size（X、Y、Z 大小）：控制容器大小。

提示 以上几项参数也可以在创建容器之后修改。

14.2.2 Creat 2D Container（创建二维容器）

执行 Fluid Effects（流体效果）>Creat 2D Container（创建二维容器）命令，或单击 Fluid 工具架上的按钮，创建一个二维容器，如下图所示。

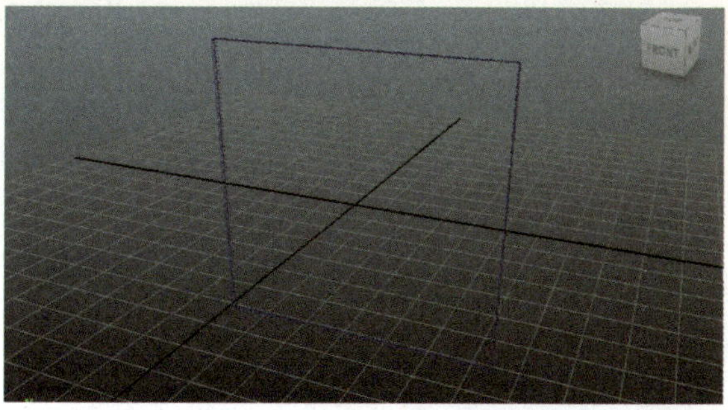

Creat 2D Container（创建二维容器）命令的选项设置面板与 3D 容器相似，仅少了一项 Z 轴的分辨率参数，如下图所示。

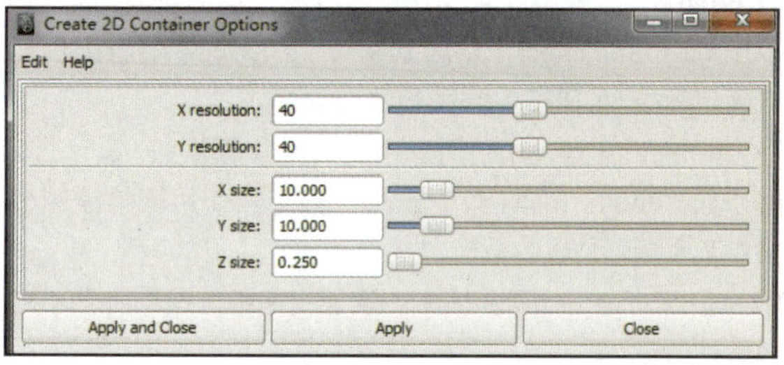

14.2.3 Extend Fluid（扩展流体）

打开 Extend Fluid（扩展流体）的选项设置面板，如下图所示。

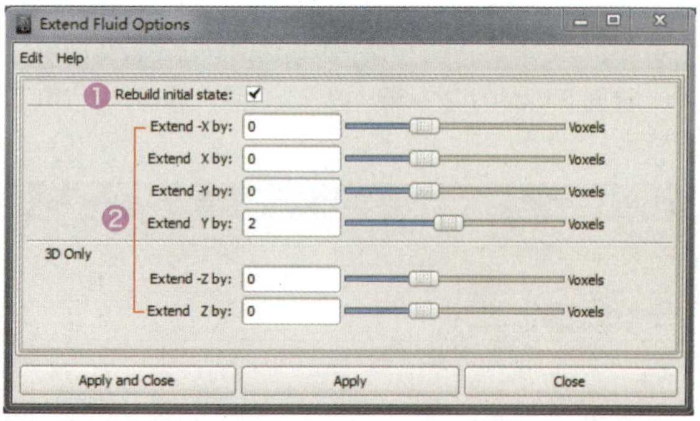

❶ Rebuild initial state（重建初始状态）：根据改变后的容器重置流体初始状态。

❷ Extend（延伸量）：设置各轴向需要扩大的栅格数量。

提示 由于流体容器存在固定的分辨率，直接缩放容器会导致流体栅格体素的拉伸形变。为解决这一问题，在 Maya 2011 版本中，专门编写了一项功能用于扩大或缩小容器而不改变单位体的形态或大小。在流体容器的属性面板中 Container Properties（容器特性）卷展栏下，增加了 Keep Voxel Square（保持体素为方形）选项，勾选后可以在 Size（尺寸）中直接更改数值而不必担心栅格体素拉伸，所以此功能就显得不是很实用了。

14.3 详解 Add/Edit Contents（添加 / 编辑容器）菜单组

Add/Edit Contents（添加 / 编辑容器）的菜单如下图所示。

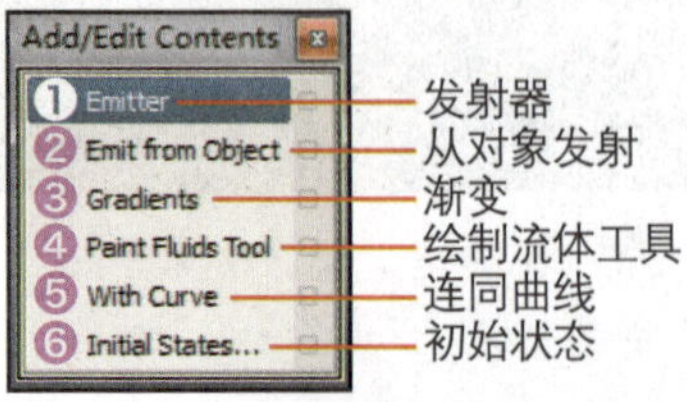

❶ Emitter（发射器）：为选中的容器添加发射器。

❷ Emit from Object（从对象发射）：为选中的容器创建从几何体或 NURBS 物体发射的发射器。

❸ Gradients（渐变）：为选中的属性设置渐变。

❹ Paint Fluids Tool（绘制流体工具）：使用画笔绘制栅格中某个精确位置的数值。

❺ With Curve（连同曲线）：设置曲线插入选中容器中各属性的数值。

❻ Initial States（初始状态）：设置容器的初始状态。

14.3.1 Emitter（发射器）

在选中容器的情况下直接执行 Fluid Effects（流体效果）>Add/Edit Contents（添加 / 编辑容器）>Emitter（发射器）命令或者单击按钮，可以创建默认参数发射器。

打开 Emitter（发射器）命令的选项设置面板，如下图所示。

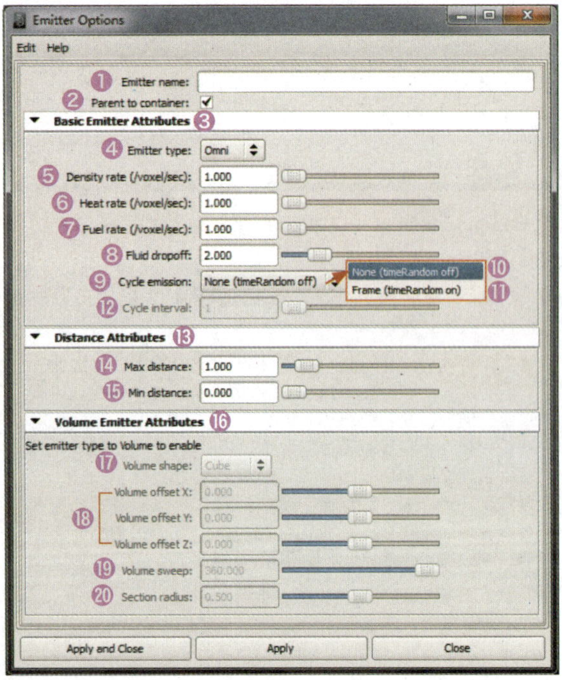

❶ Emitter name（发射器名称）：设置流体发射器名字。

❷ Parent to container（将容器设置为父对象）：勾选后，创建时将发射器作为所选容器的子物体。

❸ Basic Emitter Attributes（基本发射器属性）卷展栏：其中包含一些发射器的基本属性参数。

❹ Emitter type（发射器类型）：包括 Omni（泛向）和 Volume（体积）两个选项。

❺ Density rate（/voxel/sec）（密度速率（/ 体素 / 秒））：设定发射器发射密度速率，数值越大速率越快，负值表示从容器中减少流体密度。

❻ Heat rate（/voxel/sec）（热度速率（/ 体素 / 秒））设定发射器发射热度速率，负值表示从容器中减少流体热度。

❼ Fuel rate（/voxel/sec）（燃料率（/ 体素 / 秒））设定发射器发射燃料速率，负值表示从容器中减少燃料。

❽ Fluid dropoff（流体衰减）：设定发射器发射流体粒子衰减程度。

❾ Cycle emission（循环发射）

❿ None（无）：不进行循环发射。

⓫ Frame（帧）：每隔一段时间进行循环发射。

⓬ Cycle interval（循环间隔）：设定循环时间间隔。

⓭ Distance Attributes（距离属性）卷展栏：主要设置发射器的距离参数。

> **提示**　距离属性只在点发射器类型时起作用。

⓮ Max distance（最大距离）：设定发射粒子初始位置与发射器中心的最大距离。

⓯ Min distance（最小距离）：设定发射粒子初始位置与发射器中心的最小距离。发射的粒子会随机分布在最小距离与最大距离之间。

⓰ Volume Emitter Attributes（体积发射器属性）卷展栏：主要包含发射器体积方面的参数。

⓱ Volume shape（体积形状）：包含 Cube（立方体）、Sphere（球体）、Cylinder（圆柱体）、Cone（圆锥体）和 Torus（圆环）几个选项。

⓲ Volume Offset X/Y/Z（体积偏移 X、Y、Z）：设定体积偏移发射器的距离。

⓳ Volume sweep（体积扫描）：设定发射体积的旋转角度，仅对 Sphere（球体）、Cylinder（圆柱体）、Cone（圆锥体）和 Torus（圆环）起作用。

⓴ Section radius（截面半径）：设定 Torus（圆环）截面半径。

进阶练习：创建发射器

最终文件：Chapter 14\14.3\create container and emitter(final).mb

01 执行 Fluid Effects（流体效果）>Creat 3D Container（创建三维容器）命令，建立三维容器，如下图所示。

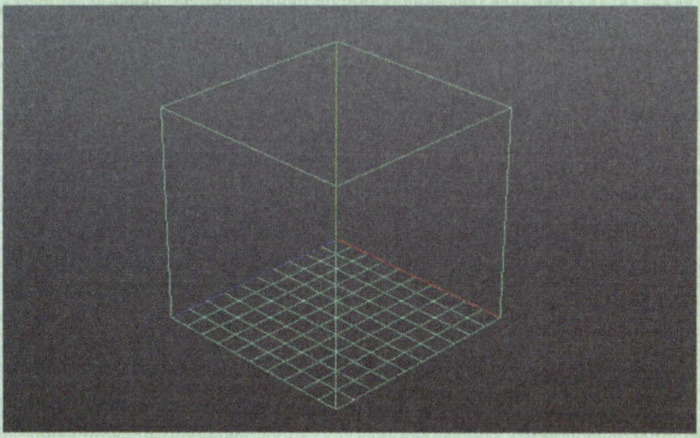

02 选中发射器，执行 Fluid Effects（流体效果）> Add/Edit Contents（添加/编辑容器）播放动画，>Emitter（发射器）命令，为当前的容器添加默认的发射器，如下图所示。

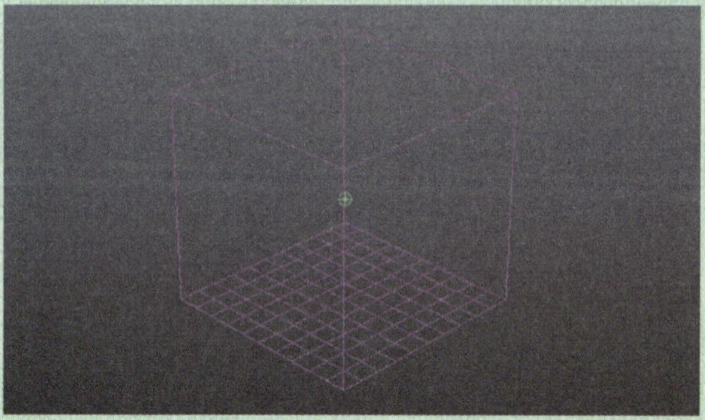

03 可以看到流体从发射器位置被发射出来，如下图所示。

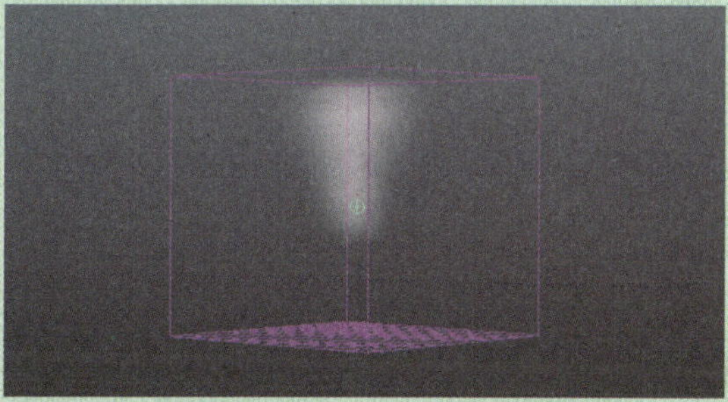

提示：可以执行 Fluid Effects（流体效果）>Ceate 3D Container with Emitter（创建具有发射器的三维容器）命令和 Fluid Effects（流体效果）>Ceate 2D Container with Emitter（创建具有发射器的二维容器）命令，一次性完成创建容器和创建发射器的操作。创建选项中各项参数与分别创建容器和发射器相同。

14.3.2 Emit from Object（从对象发射）

在选中容器的情况下执行 Fluid Effects（流体效果）> Add/Edit Contents（添加/编辑容器）>Emit from Object Options（从对象发射）命令或者单击按钮，可以创建默认参数物体发射器，如下图所示。

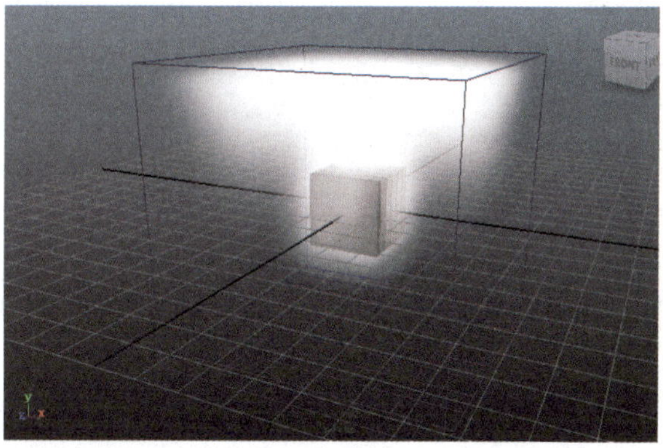

打开 Emit from Object Options（从对象发射）命令的选项设置面板，如下图所示。

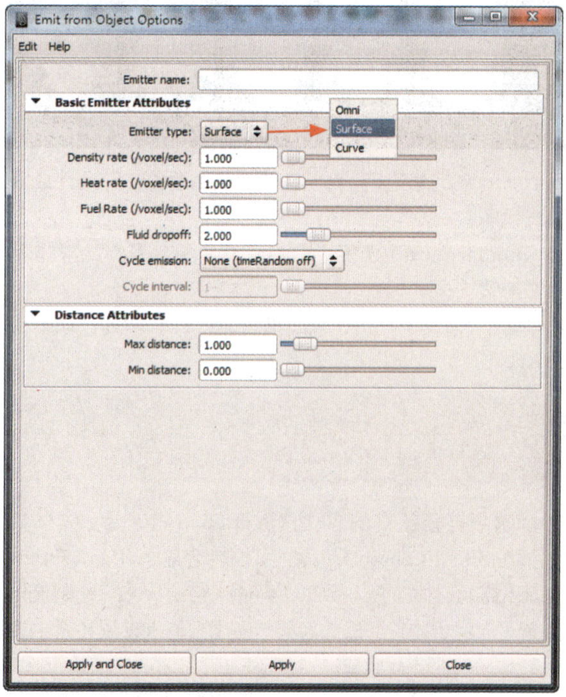

各项参数与发射器选项相似，不再过多赘述。

• Emitter type（发射器类型）：与发射器不同，少了 Volume（体积）发射器而多了 Surface（曲面）发射器和 Curve（曲线）发射器。

提示 需要同时选中容器与物体或者容器与曲线才能创建成功。

14.3.3 Gradients（渐变）

Gradients （渐变）命令用于设置密度、速度等属性根据容器不同轴向逐渐变化的渐变效果。

打开 Fluid Effects（流体效果）>Add/Edit Contents（添加 / 编辑容器）>Gradients （渐变）命令的选项设置面板，如下图所示。

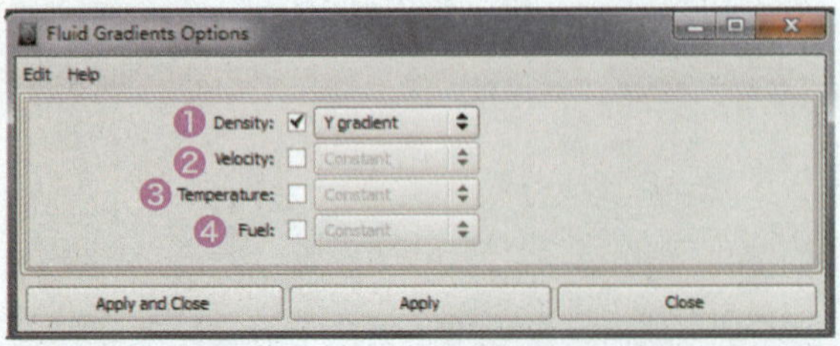

❶ Density（密度）：用于设置密度属性的静态属性或渐变方向。

以沿 Y 轴方向设置密度渐变，效果如下图所示。

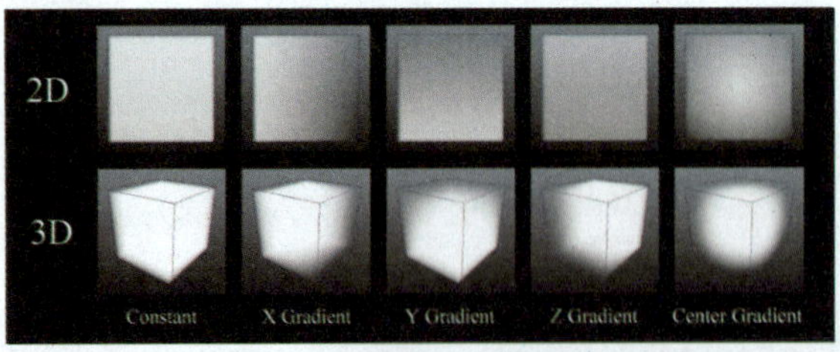

❷ Velocity（速度）：用于设置速度属性的静态属性或渐变方向。

❸ Temperature（温度）：用于设置温度属性的静态属性或渐变方向。

❹ Fuel（燃料）：用于设置燃料属性的静态属性或渐变方向。

14.3.4 Paint Fluid Tool（绘制流体工具）

选中需要绘制的容器，执行 Fluid Effects（流体效果）>Add/Edit Contents（添加 / 编辑容器）>Paint Fluids Tool（绘制流体工具）命令，会进入绘制状态。绘制流体工具可以用于二维和三维容器，通过画笔来设置容器中流体具体属性的参数数值。

在对三维容器进行绘制时，可以使用画笔绘制流体基于与坐标轴垂直的面，默认状态转动视口视角会自动调整绘制平面，单击锁状图标则关闭自动调整，通过锁状图标旁边的游标可以移动绘制平面到其他位置，如下图所示。

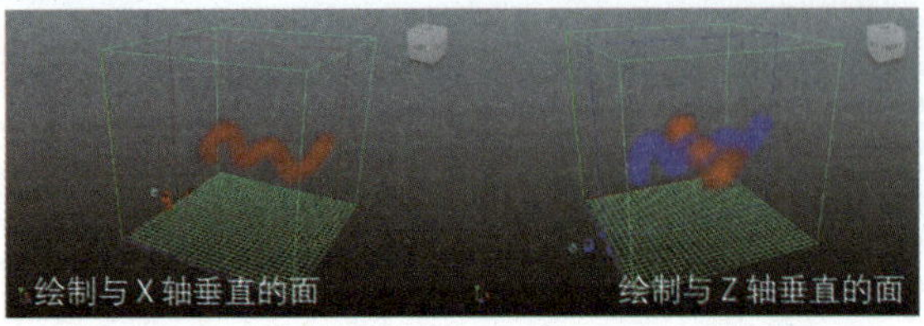

打开 Paint Fluids Tool（绘制流体工具）命令的选项设置面板，如下图所示。

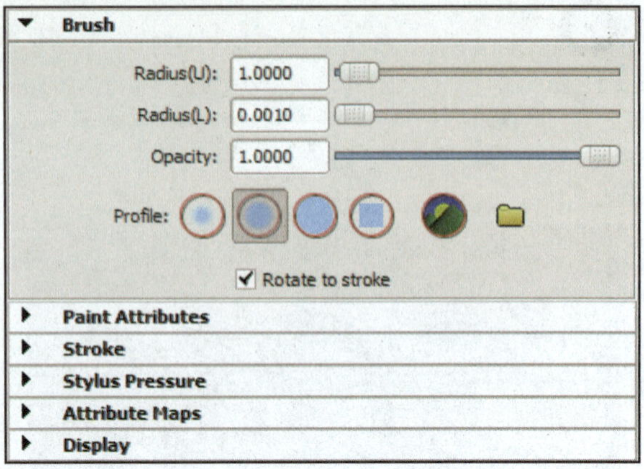

1. Paint Attributes（绘画属性）卷展栏

打开卷展栏，参数如下图所示。

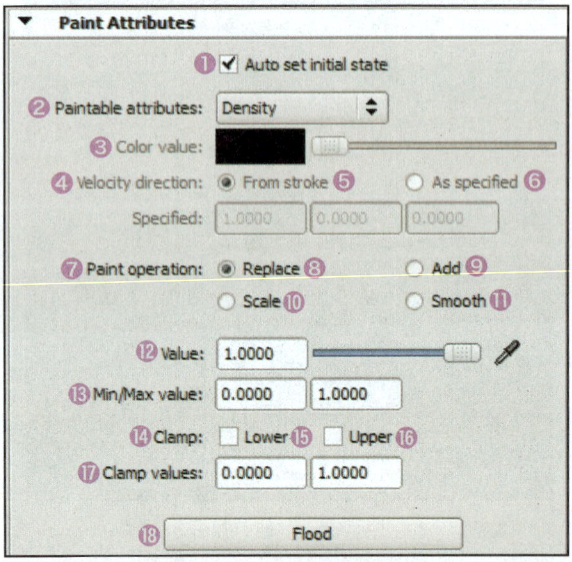

❶ Auto set initial state（自动设置初始状态）：自动将绘画结果设定为流体运动初始状态。

❷ Paintable attributes（可绘制属性）：控制当前绘制的流体属性。

❸ Color value（颜色值）：控制使用画笔绘制出的颜色，需在 Paintable attributes（绘画属性）中设置为 Density and color（密度和颜色）或 Color（颜色）选项。

❹ Velocity direction（速度方向）

❺ From stroke（来自笔划）：根据笔划的方向确定速度方向。

❻ As specified（按指定）：根据中设定的方向数值确定方向。

❼ Paint operation（绘画操作）

❽ Replace（替换）：将绘画数据替换当前位置原有流体数据。

❾ Add（添加）：将绘画数据叠加到当前位置流体上。

⑩ Scale（缩放）：根据 Value（数值）缩放当前位置原有流体数据。
⑪ Smooth（平滑）：使流体数据趋于平均值。
⑫ Value（值）：控制画笔绘制流体属性的数值。
⑬ Min/Max Value（最小/最大值）：控制可能绘制出的属性数值边界。
⑭ Clamp（钳制）：控制绘制属性数值的界限，勾选该复选框后，Value（值）中超过界限的部分失效。
⑮ Lower（下限）：启用绘制属性下限。
⑯ Upper（上限）：启用绘制属性上限。
⑰ Clamp Values（钳制值）：控制绘制属性的上下界限数值。
⑱ Flood（整体应用）：将当前设置属性及数值填充到容器中。

2. Stroke（笔划）卷展栏

打开卷展栏，参数如下图所示。

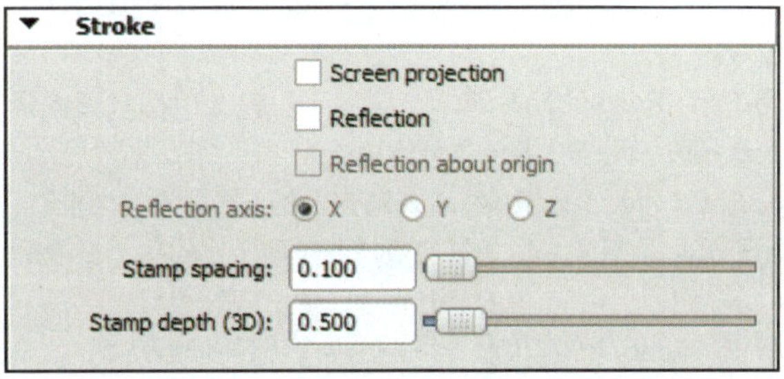

•Stamp Depth（3D）（图章深度（三维））：控制笔触在第三维的画笔深度大小，仅在三维容器中起作用。

3. Display（显示）卷展栏

打开卷展栏，参数如下图所示。

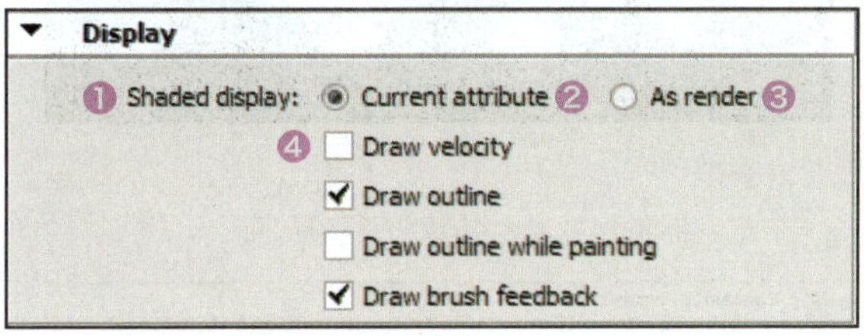

① Shaded display（着色显示）
② Current Attribute（当前属性）：只显示当前正在绘制属性。
③ As Render（作为渲染）：综合所有属性，显示最接近渲染结果。
④ Draw Velocity（绘制速度）：任何情况下以箭头形式显示速度。

14.3.5 With Curve（连同曲线）

执行 Fluid Effects（流体效果）>Add/Edit Contents（添加/编辑容器）>With Curve（连同曲线）命令，就可以通过辅助曲线控制流体密度、速度、温度、燃料、颜色等属性，如下图所示。

打开 Fluid Effects（流体效果）>Add/Edit Contents（添加/编辑容器）>With Curve（连同曲线）命令的选项设置面板，如下图所示。

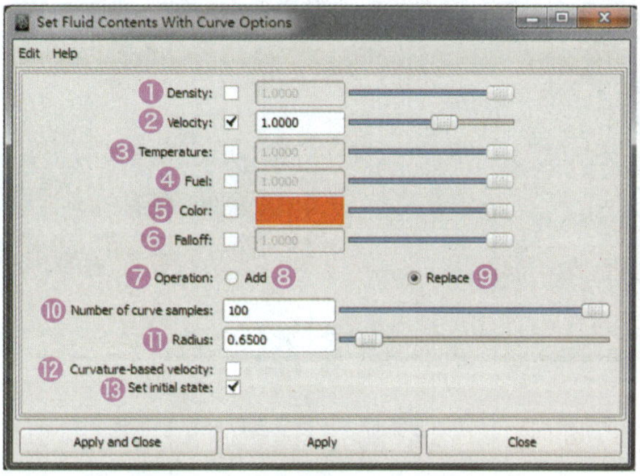

① Density（密度）：控制曲线插入流体密度值。
② Velocity（速度）：控制曲线插入流体速度值。
③ Temperature（温度）：控制曲线插入流体温度值。
④ Fuel（燃料）：控制曲线插入流体燃料值。
⑤ Color（颜色）：控制曲线插入流体的颜色。
⑥ Falloff（衰减）：控制曲线插入流体衰减值。
⑦ Operation（操作）
⑧ Add（添加）：将曲线流体参数控制叠加到曲线位置流体上。
⑨ Replace（替换）：将曲线流体参数设置替换曲线位置流体。
⑩ Number of curve samples（曲线采样数）：设定曲线计算流体次数，数值越大效果越好，相应计算量也会增大。
⑪ Radius（半径）：设定流体沿曲线插入时的半径。
⑫ Curvature-based velocity（基于曲线的速率）：影响流体速度，勾选该复选框后，曲率大的位置速度相对较慢；曲率小的位置速度相对较快。
⑬ Set initial state（设置初始状态）：设定当前帧流体状态为初始状态。

14.3.6 Initial States（初始状态）

用于设置流体的初始状态。打开 Fluid Effects（流体效果）>Add/Edit Contents（添加 / 编辑容器）>Initial Sates（初始状态）命令的选项设置面板，如下图所示。

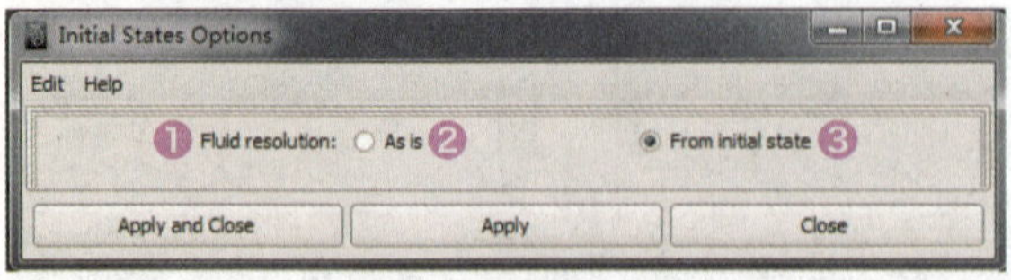

❶ Fluid resolution（流体分辨率）

❷ As is（按现状）：使用当前选中容器的分辨率。

❸ From initial state（从初始状态）：使用预设初始状态容器的分辨率，会打开 Visor（取景器）窗口用于选择可用的初始状态，如下图所示。

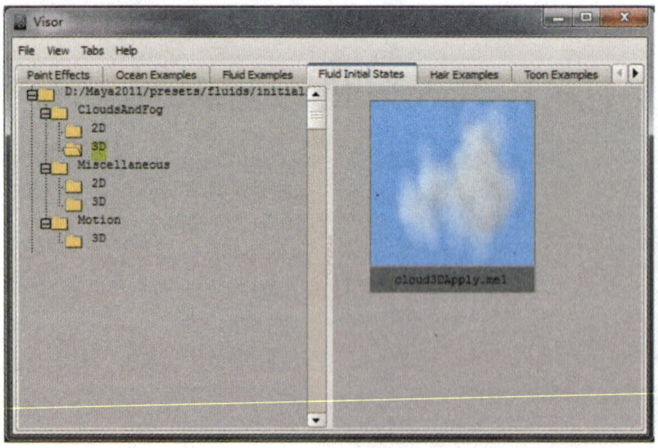

提示 选中容器状态下，使用鼠标中键拖动文件至视口内，创建预设初始状态。

14.4 详解流体形态属性

选中任意一个容器，按 Ctrl+A 组合键可以打开容器的属性编辑器，在 fluidShape（流体形态）标签下，可以设置流体的相关属性，如右图所示。这些属性可以用于控制流体的形态、行为等等。流体具有非常丰富的属性，下面将对常用属性进行详细介绍。

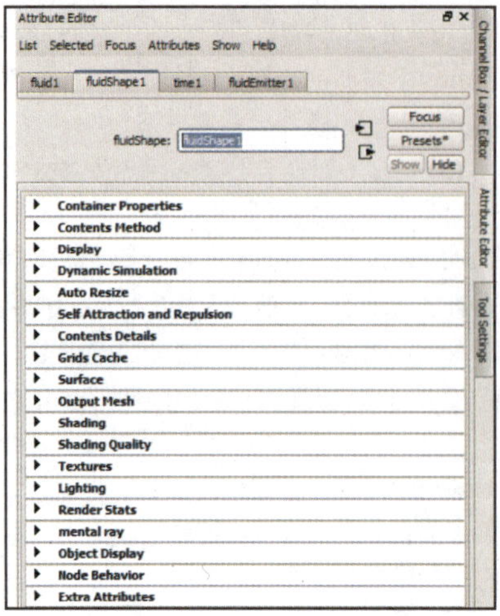

14.4.1 Container Properties（容器特性）

1. 三维容器

三维容器特性卷展栏参数如下图所示。

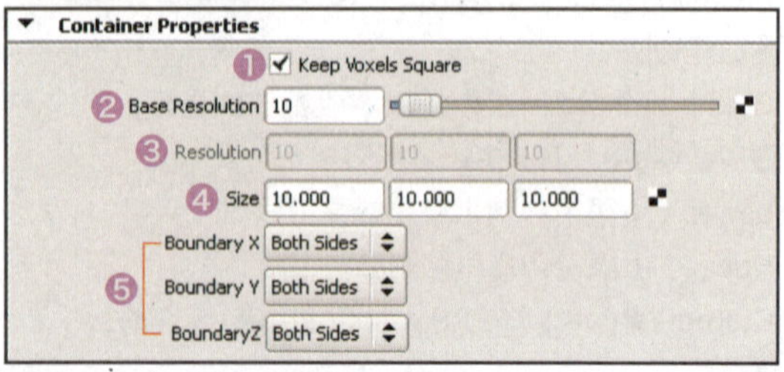

❶ Keep Voxels Square（保持体素为方形）：勾选后系统会自动保持流体体素为正方体，Base Resolution（基本分辨率）启用，同时 X，Y，Z 各单独轴向分辨率不可调。它是很有用的选项，可以随意在 Size（尺寸）中改变数值，分辨率会自动调整，而不必使用 Extend Fuild（扩展流体）命令。

❷ Base Resolution（基本分辨率）：勾选保持方形体素复选框时，用于调整流体分辨率。

❸ Resolution（分辨率）：未勾选保持方形体素复选框时，用于分别调整 X，Y，Z 轴向流体分辨率。

❹ Size（大小）：控制容器大小。

❺ Boundary X/Y/Z（X、Y、Z 边界）：控制容器边界。流体接近容器边界时与被设置为边界的面会发生碰撞，接近未被设置为边界的面流体会流出容器变为不可见，如下图所示。

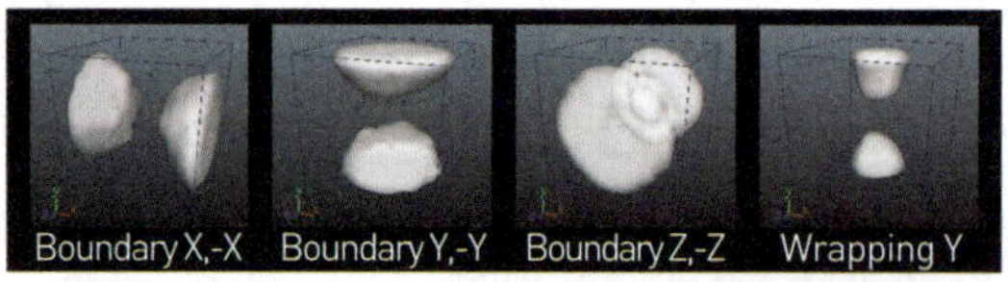

2. 二维容器

二维容器特性卷展栏参数如下图所示。

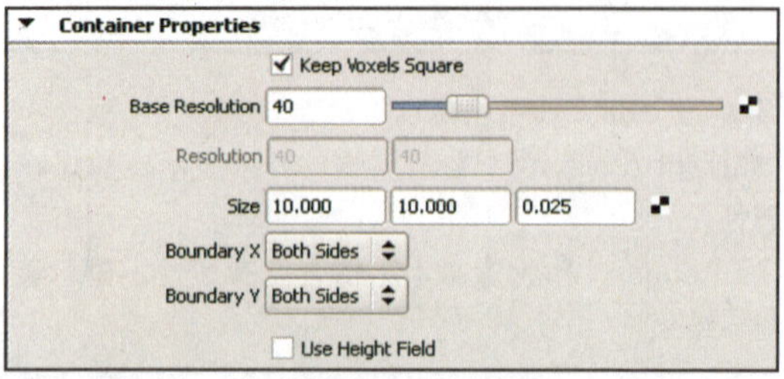

• Use Height Field（使用高度场）：勾选后二维容器中的流体产生垂直于高度轴的面，用于池塘等流体的显示，但高度分辨率仍不可调。

14.4.2 Contents Method（内容方法）

Contents Method（内容方法）卷展栏的参数如下图所示。

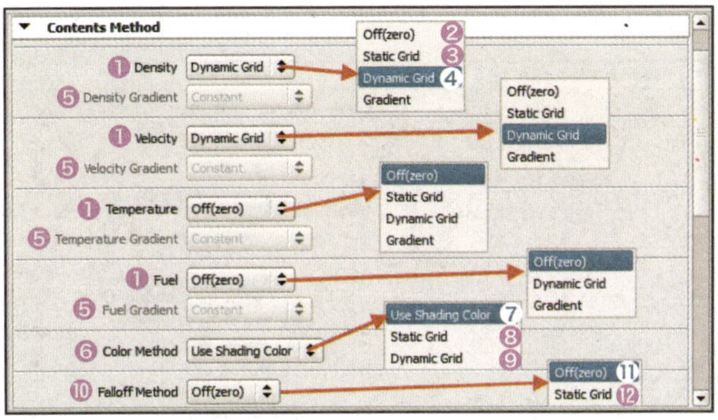

❶ Density（密度）、Velocity（速度）、Temperature（温度）、Fuel（燃料）（燃料无 Static Grid（静态栅格）选项）：分别内含 Off（zero）（禁用）、Static Grid（静态栅格）、Dynamic Grid（动态栅格）、Gradient（渐变）4 个选项。

❷ Off（zero）（禁用）：设置流体的属性值为 0，因此该属性不会作用在流体动力学模拟中。

❸ Static Grid（静态栅格）：对属性创建栅格，可以对每个栅格进行属性修改［使用 Emitters（发射器）、Paint Fluids Tool（绘制流体工具）或者 Initial State Caches（初始化状态缓存）］。同时，它们不会被任何动力学模拟改变。

❹ Dynamic Grid（动态栅格）：对属性创建栅格，可以对每个栅格进行属性修改［使用 Emitters（发射器），Paint Fluids Tool（绘制流体工具）或者 Initial State Caches（初始化状态缓存）］。同时，会受到动力学模拟而改变。

❺ Density/Velocity/Temperature/Fuel Gradients（密度/速度/温度/燃料渐变）：设置渐变方式，选项同 Add/Edit Contents（添加/编辑容器）菜单下的 Gradients（渐变）命令。

❻ Color Method（颜色方法）：为降低散射，对静态栅格和动力学栅格，默认的流体颜色为棕绿色（RGB 值大概为 0.4，0.4，0.3）。

❼ Use Shading Color（使用材质颜色）：容器内流体根据材质选项中颜色的设置显示。

❽ Static Grid（静态栅格）：对属性创建栅格，可以对每个栅格进行颜色修改［使用 Emitters（发射器）、Paint Fluids Tool（绘制流体工具）或者 Initial State Caches（初始化状态缓存）］。同时，它们不会被任何动力学模拟改变。

❾ Dynamic Grid（动态栅格）：对属性创建栅格，可以对每个栅格进行颜色属性修改，同时，会受到动力学模拟而改变。

❿ Falloff Method（衰减方法）

⓫ Off（zero）（禁用）：无衰减。

⓬ Static Grid（静态栅格）：通过静态栅格定义衰减。

14.4.3 Display（显示）卷展栏

Display（显示）卷展栏参数如下图所示。

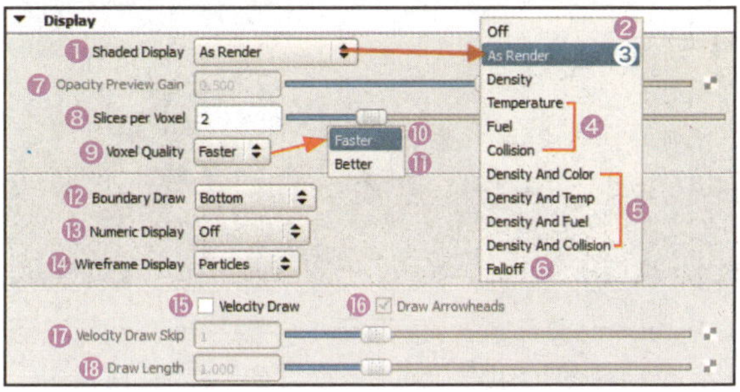

❶ Shaded Display（阴影显示）

❷ Off（禁用）：不显示任何流体。

❸ As Render（作为渲染）：综合各项属性计算出的流体形态，最接近真实渲染结果。

❹ Density/Temperature/Fuel/Collision（密度/温度/燃料/碰撞）：分别显示各项属性的流体栅格。

❺ Density And Color/Fuel/Temp/Collision（密度与颜色/燃料/温度/碰撞）：同时显示密度和第二项属性；但是如果流体中无密度值，则第二项不显示。

❻ Falloff（衰减）：显示衰减效果。

❼ Opacity Preview Gain（不透明度预览增益）：控制视口预览流体不透明度，不影响渲染结果。

❽ Slices per Voxel（每个体素的切片数）：控制单个栅格中流体体积体素的多少。

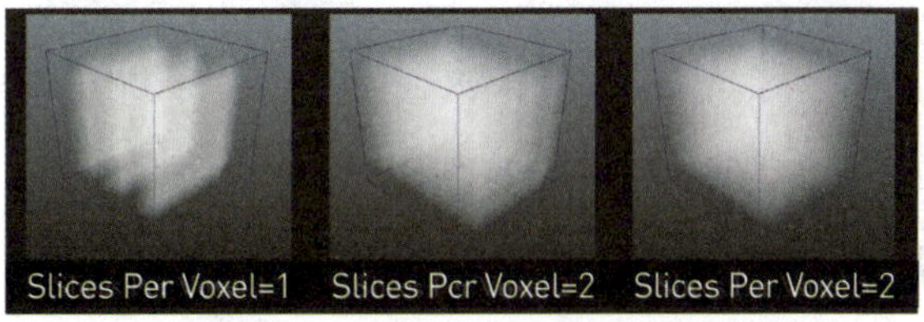

❾ Voxel Quality（体积质量）：设置显示质量。

❿ Faster（更快）：质量较差，对系统负担较小。

⓫ Better（更好）：质量较好，对系统负担较大。

⓬ Boundary Draw（边界轮廓）：包括 Bottom（底）、Reduced（精简）、Outline（轮廓）、Full（完全）、Bounding box（边界框）、None（无）几个选项，显示效果如下图所示。

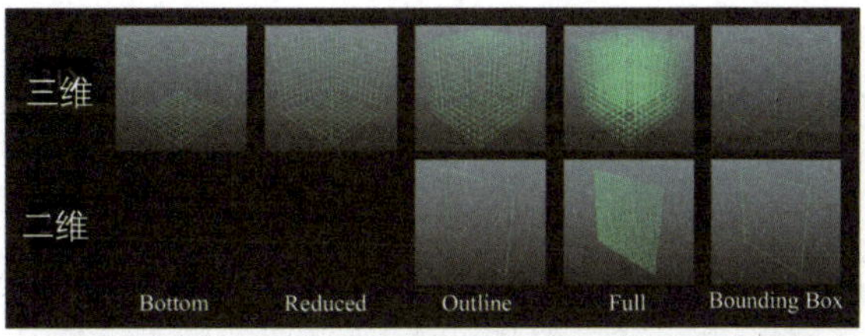

⓭ Numeric Display（数值显示）：显示每个栅格密度、温度或燃料的数值，显示效果如下图所示。

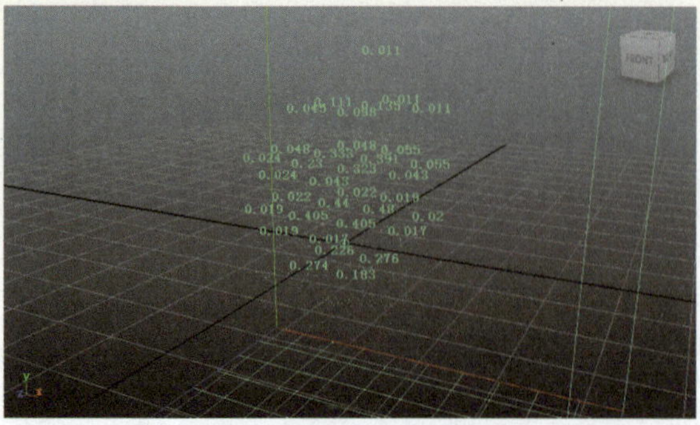

⑭ Wireframe Display（线框显示）：包括 Rectangles（矩形）和 Particles（粒子）两个选项，显示如下图所示。

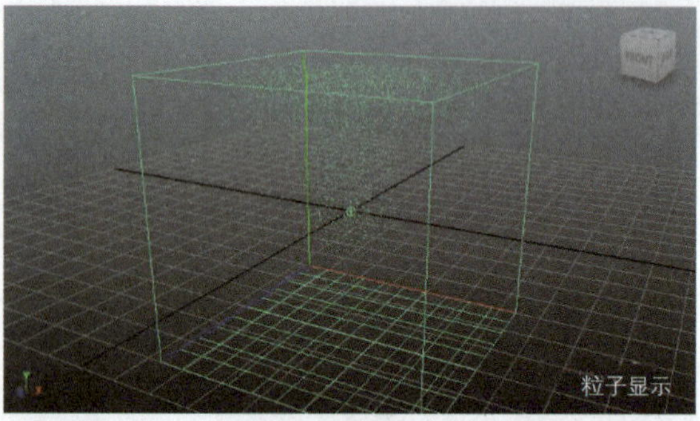

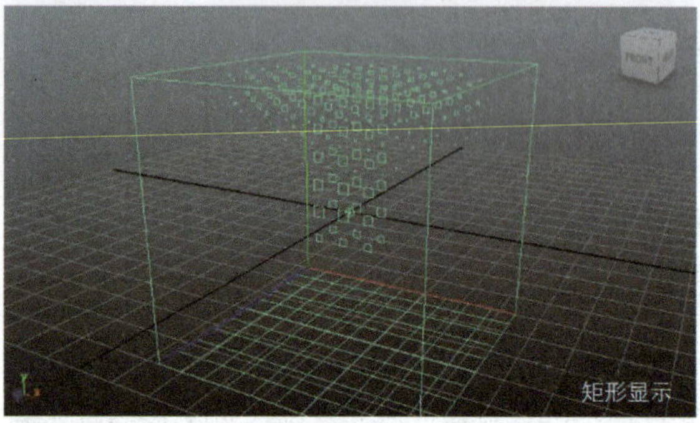

⑮ Velocity Draw（速度绘制）：勾选后显示流体运动速度标识，同时开启以下三项。

⑯ Draw Arrowheads（绘制箭头）：勾选后显示速度方向箭头。

⑰ Velocity Draw Skip（速度绘制跳过）：控制速度标识密度级别。

⑱ Draw Length（绘制长度）：控制流体运动速度标识长度，显示效果如下图所示。

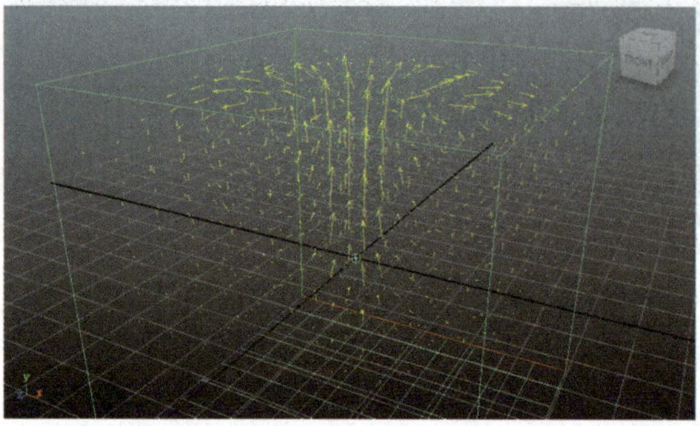

14.4.4 Dynamic Simulation（动力学模拟）

Dynamic Simulation（动力学模拟）卷展栏中的参数如下图所示。

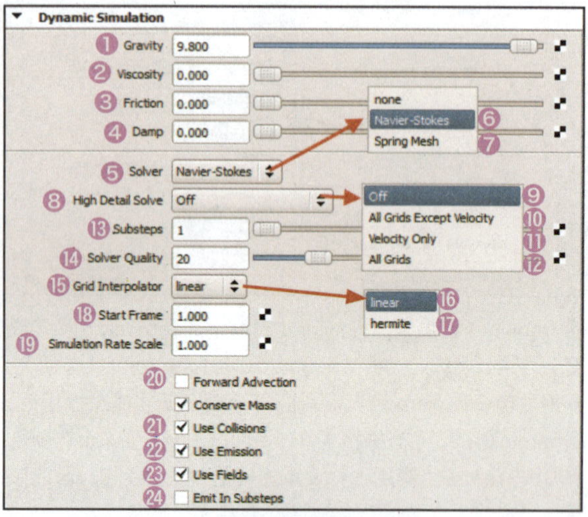

① Gravity（重力）：控制容器内重力加速度大小，方向根据容器转动而转动，负值表示重力反向，如下图所示。

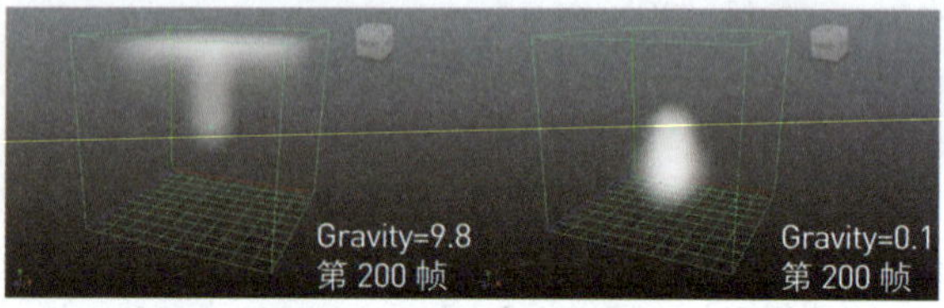

② Viscosity（粘度）：控制流体粘稠度，数值越高粘稠度越大，流动性越低。

③ Friction（摩擦力）：控制流体与其他物体间的摩擦系数，如下图所示。

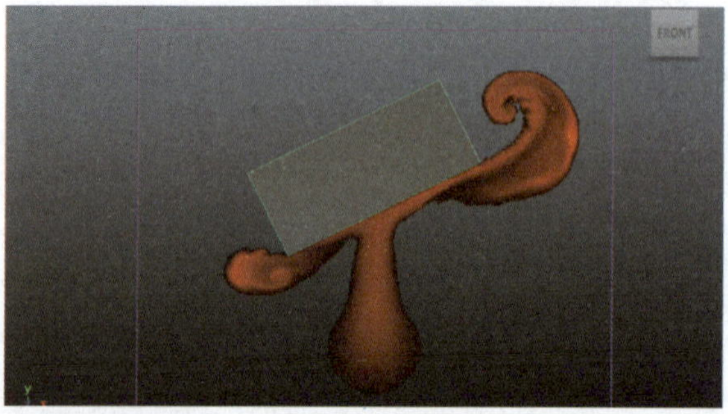

④ Damp（阻尼）：控制流体在环境（空气）中受到的阻力。

⑤ Solver（解算器）：设置计算流体形态的方法。

⑥ Navier-Stokes：适用于烟雾等流动物体的计算。

⑦ Spring Mesh：适用于波纹等流体纹理运动的计算。

⑧ High Detail Solve（高细节解算）：用于在不提高流体分辨率的情况下增加流体细节。

⑨ Off（禁用）

⑩ All Grids Except Velocity（除速度之外的所有栅格）

⑪ Velocity Only（仅速度）

⑫ All Grids（所有栅格）

⑬ Substeps（子步）：控制每一帧流体的解算次数，可以有效提高流体稳定性以及高速流体、高密度流体，开启高细节解算流体的模拟质量。

⑭ Solver Quality（解算器质量）：控制流体解算精细程度。

⑮ Grid Interpolator（栅格插值器）：控制点与流体栅格之间的插值算法。

⑯ Linear（线性）：插入线性的流体过渡，运算较快。

⑰ Hermite（艾米）：使用艾米插值曲线插入，较线性算法相比扩散比较少，与物体接触时流动较慢，适用于表现流体摩擦力。

⑱ Start Frame（开始帧）：控制开始产生流体的时间。

⑲ Simulation Rate Scale（模拟速率缩放）：缩放控制容器内所有流体流动速度。

⑳ Forward Advection（向前平流）：勾选后，密度会受周围密度、温度、燃料影响造成拉扯，产生卷曲效果。

㉑ Use Collisions（使用碰撞）：控制是否在容器内使用流体与物体碰撞。

㉒ Use Emission（使用发射）：控制是否模拟容器内发射器发射的流体。

㉓ Use Fields（使用场）：控制是否使用动力场影响流体运动。

㉔ Emit In Substeps（发射的子步）：勾选该选项，可计算每个子步的流体发射，而不是每个步骤计算一次。

14.4.5 Auto Resize（自动调整大小）

Auto Resize（自动调整大小）卷展栏参数如下图所示。

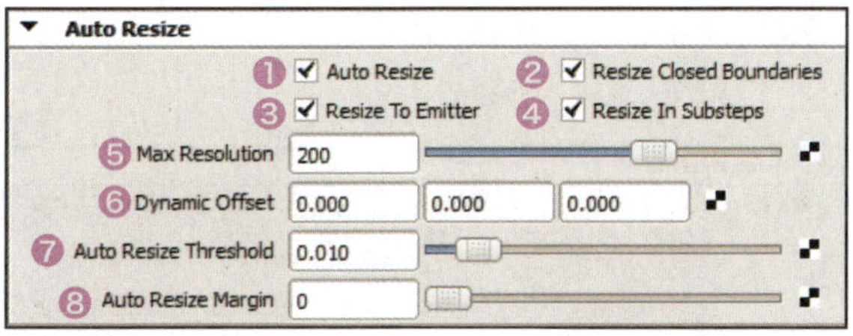

① Auto Resize（自动调整大小）：勾选此项，同时有关各项调整功能开启，如下图所示。

提示 勾选该选项，会根据流体大小自动调整容器，不必预估流体而将容器调整到需要的最大值。

② Resize Closed Boundaries（调整闭合边界大小）：勾选后会自动调整已设为容器边界的边。

③ Resize To Emitter（调整到发射器大小）：勾选后容器会自动匹配到发射器位置以保证发射器一直在容器内部产生流体。

④ Resize In Substeps（调整大小的子步）：勾选后自动调整大小的流体容器会调整每个子步的大小。

⑤ Max Resolution（最大分辨率）：设定容器能扩大到的最大值，超过此数值则容器不会再扩大。

⑥ Dynamic Offset（动态偏移）：显示或设置当前流体容器的中心位置。

⑦ Auto Resize Threshold（自动调整阈值大小）：控制容器自动调整的灵敏度阈值，即密度在边界达到多少才会扩大容器。

⑧ Auto Resize Margin（自动调整边界大小）：可使流体自动调整边界的大小，对于快速移动的低密度流体非常有用。

14.4.6 Self Attraction and Repulsion（自吸引和排斥）

该卷展栏参数如下图所示。

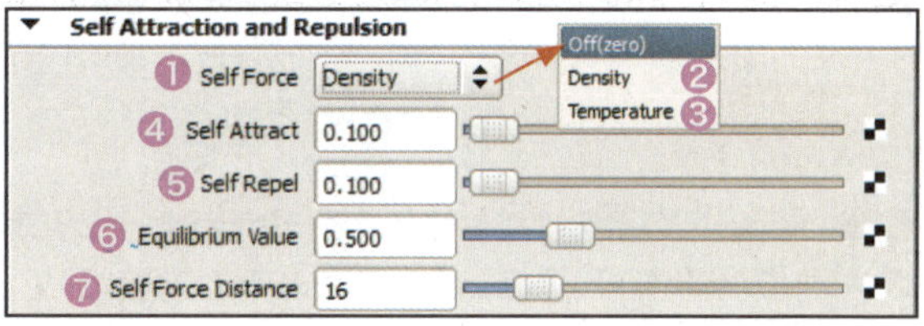

① Self Force（自作用力）。

② Density（密度）：在密度栅格上应用自身力量。

③ Temperature（温度）：在温度栅格上应用自身力量。

④ Self Attract（自吸引）：控制自身引力大小。

⑤ Self Repel（自排斥）：控制自身斥力大小。

⑥ Equilibrium Value（平均值）：设置产生引力和斥力的数值界限。

⑦ Self Force Distance（自作用力距离）：控制单位栅格的引力或斥力影响的范围，若数值为 1 则仅影响与其最近的流体栅格。

14.4.7 Contents Details（内容详细信息）

Contents Details（内容详细信息）卷展栏包含 6 个子卷展栏，如下图所示。

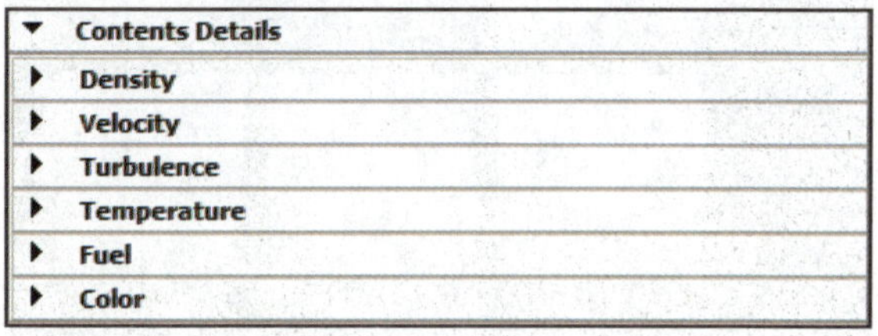

1.Density（密度）卷展栏

打开该卷展栏，参数如下图所示。

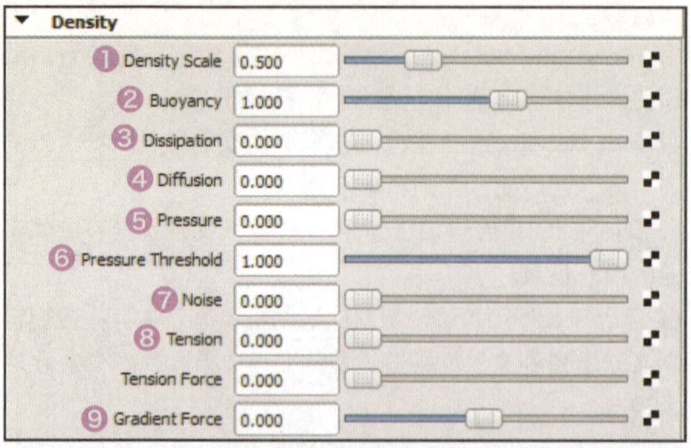

❶ Density Scale（密度缩放）：缩放密度大小，如下图所示。

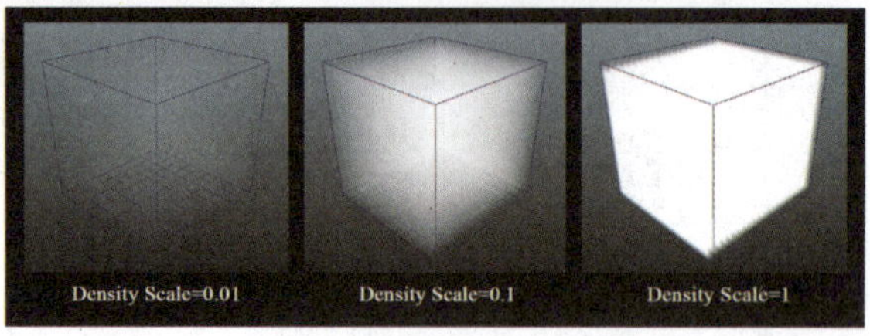

提示 该参数会影响视觉效果但不影响数值。

❷ Buoyancy（浮力）：控制流体密度浮力大小，正值表示流体比环境物体轻，向上运动；负值表示比环境物体重，向下运动。

❸ Dissipation（消散）：控制流体密度随时间减少的程度。

❹ Diffusion（扩散）：控制流体密度随时间向外扩张的程度示，效果如下图所示。

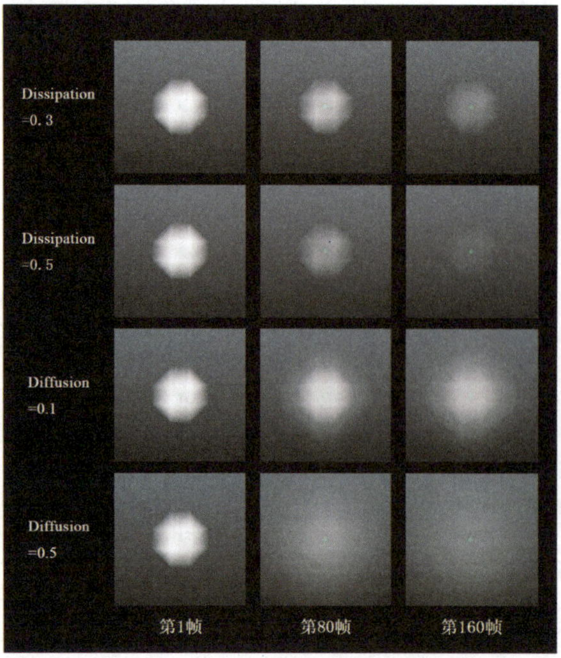

❺ Pressure（压力）：应用一种向外的力，以便抵消向前平流可能应用于流体密度的压缩效果，特别是沿容器边界。

❻ Pressure Threshold（压力阈值）：用于设置压力影响的密度范围。

❼ Noise（噪波）：控制流体密度发射产生随机数值。

❽ Tension（张力）：控制流体产生张力，使流体尽量保持圆滑。

❾ Gradient Force（渐变力）：控制气压渐变力，即促使大气由高气压区流向低气压区的力。

2.Velocity（速度）卷展栏

打开该卷展栏，参数如下图所示。

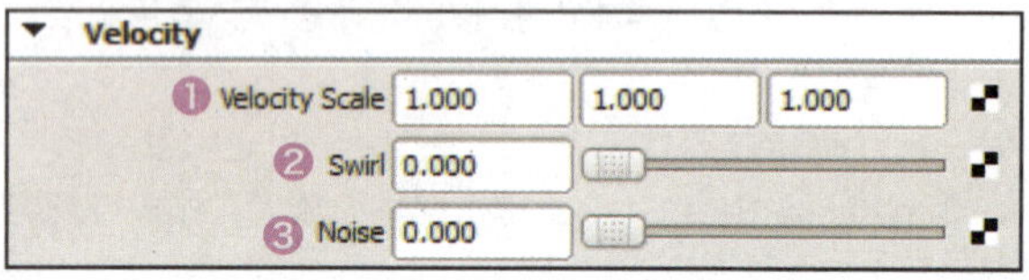

❶ Velocity Scale（速度比例）：缩放速度大小。

❷ Swirl（旋涡）：控制流体中产生旋涡数量，有助于低分辨率流体产生细节。

❸ Noise（噪波）：控制产生随机的流体速度。

3.Turbulence（湍流）卷展栏

打开该卷展栏，参数如下图所示。

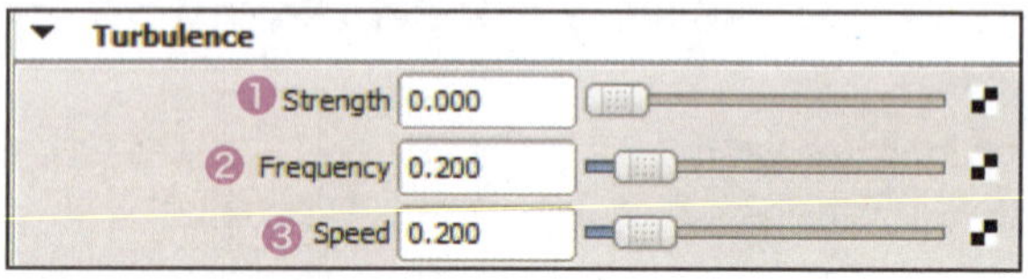

❶ Strength（强度）：控制扰乱力度。

❷ Frequency（频率）：控制流体扰乱频率，过低频率会导致扰乱涡流变大。

❸ Speed（速度）：控制扰乱样式在一定时间内变化的值。

4.Temperature（温度）卷展栏

打开该卷展栏，参数如下图所示。

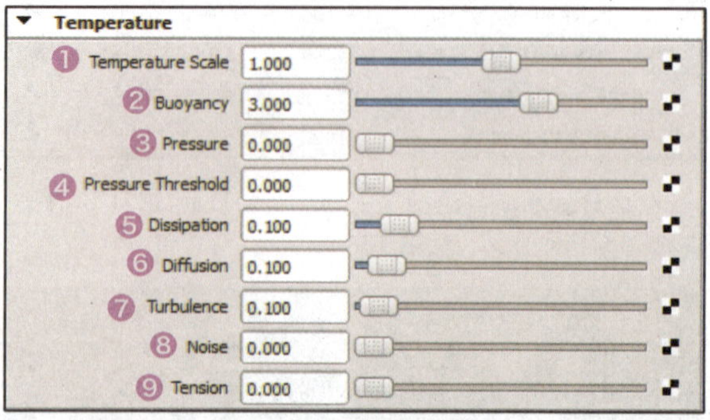

提示 要启用该部分参数，需要将 Content Method（内容方法）卷展栏下的 Temperature（温度）属性设置为 Dynamic Grid（动态栅格）选项。

❶ Temperature Scale（温度比例）：调整容器中温度值的大小。

❷ Buoyancy（浮力）：控制温度属性的浮力强度。

❸ Pressure（压力）：模拟由于气体温度增加而导致的压力的增加，从而使流体快速展开。

❹ Pressure Threshold（压力阈值）：用于设置压力影响的温度范围。

❺ Dissipation（消散）：控制温度消散速度，即单位时间内温度减小的数值。

❻ Diffusion（扩散）：控制温度散布到周围其他栅格的速度。

❼ Turbulence（湍流）：控制温度被扰乱的程度。

❽ Noise（噪波）：控制温度产生随机变化。

❾ Tension（张力）：控制温度栅格产生张力，使其尽量保持圆滑。

5.Fuel（燃料）卷展栏

打开该卷展栏，参数如下图所示。

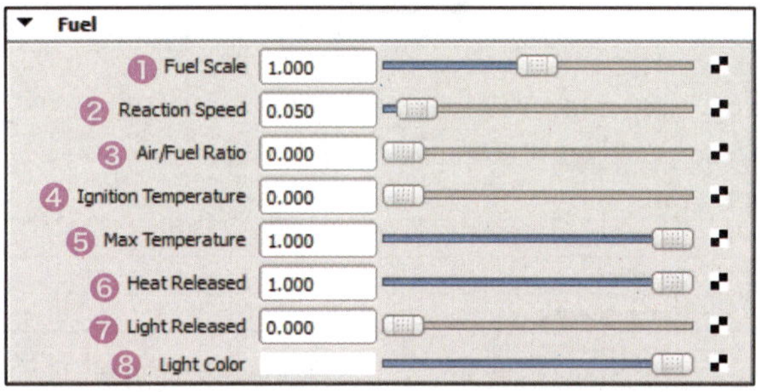

> **提示** 要启用该部分参数，需要将 Content Method（内容方法）卷展栏下的 Fuel（燃料）属性设置为 Dynamic Grid（动态栅格）选项。

❶ Fuel Scale（燃料缩放）：缩放燃料值大小。

❷ Reaction Speed（反应速度）：当温度大于等于 Max Temperature（最大温度）值时，燃料数值从 1 减到 0 的速度。

❸ Air/Furl Ratio（空气 / 燃料比）：设定完全燃烧设定体积的燃料所需的密度量。

❹ Ignition Temperature（点燃温度）：燃料发生反应的最低温度。

❺ Max Temperature（最大温度）：燃料减少最快时的温度。

❻ Heat Released（释放的热量）：燃料减少到 0 时的总放热量。

❼ Light Released（释放的光）：燃料反应的发光程度。由材质的白炽选项最右端颜色决定。

❽ Light Color（灯光颜色）：反应发光的光颜色。

6.Color（颜色）卷展栏

打开该卷展栏，参数如下图所示。

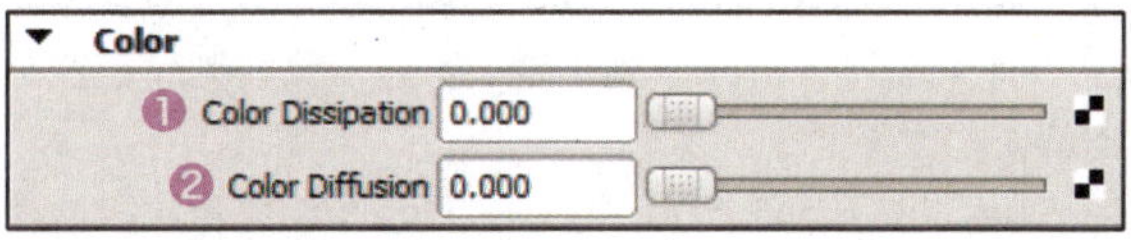

❶ Color Dissipation（颜色消散）：控制颜色消散比率，即单位时间内颜色减淡的数值。

❷ Color Diffusion（颜色扩散）：控制颜色散布到周围其他栅格的速度。

14.4.8 Grids Cache（栅格缓存）

Grids Cache（栅格缓存）卷展栏参数如下图所示。

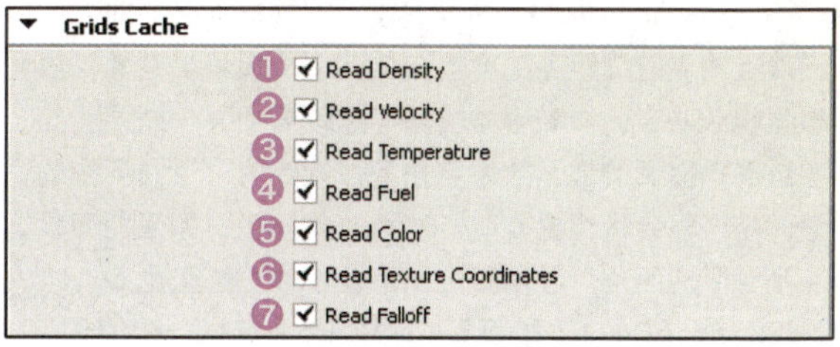

❶ Read Density（读取密度）

❷ Read Velocity（读取速度）

❸ Read Temperature（读取温度）

❹ Read Fuel（读取燃料）

❺ Read Color（读取颜色）

❻ Read Texture Coordinates（读取纹理坐标）

❼ Read Falloff（读取衰减）

14.4.9 Surface（曲面）

该卷展栏参数如下图所示。

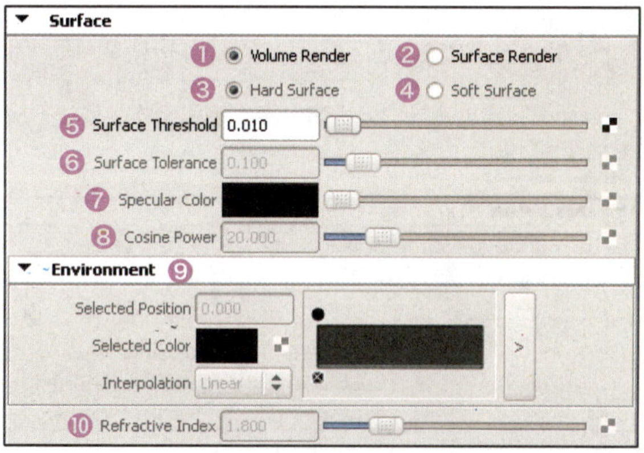

❶ Volume Render（体积渲染）：以体积的方式对流体进行渲染。

❷ Surface Render（曲面渲染）：以曲面的方式对流体进行渲染。曲面的成形根据 Density（密度值），当栅格的密度值大于 Surface Threshold（曲面阈值），此栅格将在流体介质内；若栅格的流体密度小于 Surface Threshold（曲面阈值）此栅格将不会纳入流体介质内。曲面位置由 Surface Threshold（曲面阈值）与 Opacity（不透明度）两项参数决定。

❸ Hard Surface（硬曲面）：整个流体透明度恒定（玻璃或水）。Shading（着色）中的 Transparency（透明度）属性和穿过此物质的距离决定该透明度。

❹ Soft Surface（软曲面）：通过 Transparency（透明度）和 Opacity（不透明度）属性，计算出 Density（密度）。使用软曲面可以更快地渲染自身阴影，且可以获得一个柔和模糊的区域。

⑤ Surface Threshold（曲面阈值）：控制栅格是否纳入流体的数值。密度高于此数值在流体内部；低于此数值在流体外部。

⑥ Surface Tolerance（曲面容差）：根据准确的曲面阈值密度上的点取样距离。容差与 Quality（质量）有关，质量根据步长决定，步长容差值与实际距离相等。如果曲面容差过高，曲面的显示效果会很糟；低数值可得到不错的质量，但同时会耗费更多渲染时间。实际上，如果曲面看起来不够平滑而是有过多颗粒，可适当降低容差值。

⑦ Specular Color（镜面反射颜色）：控制高光颜色。

⑧ Cosine Power（余弦幂）：控制曲面上高光的大小。

⑨ Environment（环境）卷展栏：包含简单的地空环境反射参数，渐变左边表示天空顶部；右边表示天空底部，如下图所示。

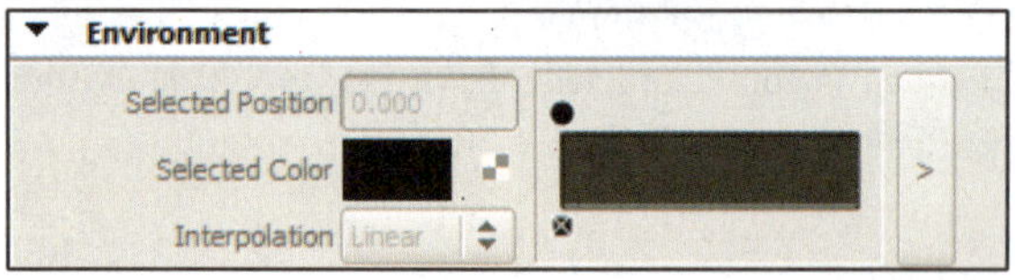

⑩ Refractive Index（折射率）：控制根据菲涅尔定律计算的折射率。

14.4.10 Output Mesh（输出网格）

可控制输出栅格的分辨率、圆滑度和流体转多边形栅格的速度，如下图所示。

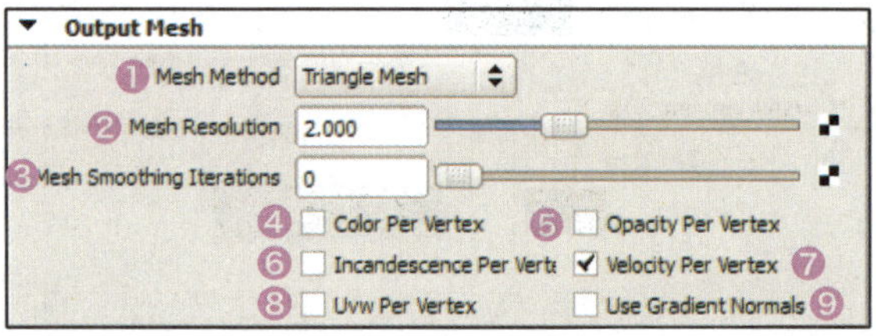

① Mesh Method（网格方法）：指定用于生成输出网格等曲面的多边形网格的类型。包括 Triangle Mesh（三角形网格）、Tetrahedra（四面体）、Acute Tetrahedra（锐角四面体）、Quad Mesh（四边形网格）4 个选项。

② Mesh Resolution（网格分辨率）：控制生成栅格的分辨率，高数值会产生更好的细节和精度，但渲染会很慢。

③ Mesh Smoothing Iterations（网格平滑迭代次数）：用于控制输出网格的平滑量。

④ Color Per Vertex（每顶点颜色）：控制流体转化为多边形栅格时是否会为每个顶点生成颜色数据。

⑤ Opacity Per Vertex（每顶点不透明度）：控制流体转化为多边形栅格时是否会为每个顶点生成不透明度数据。

⑥ Incandescence Per Vertex（每顶点白炽度）：控制流体转化为多边形栅格时是否会为每个顶点生成白炽数据。

⑦ Velocity Per Vertex（每顶点速度）：控制流体转化为多边形栅格时是否会为每个顶点生成速度数据。用于渲染时生成运动模糊。

⑧ Uvw Per Vertex（逐顶点 Uvw）：控制流体转化为多边形栅格时是否会为每个顶点生成 Uvw 纹理数据。

⑨ Use Gradient Normals（使用渐变法线）：勾选后，可以使流体输出的栅格法线更圆滑。

14.4.11 Shading（阴影）

此卷展栏包含 5 个子卷展栏，下面进行逐讲解。

1.Shading（阴影）卷展栏

打开该卷展栏，参数如下图所示。

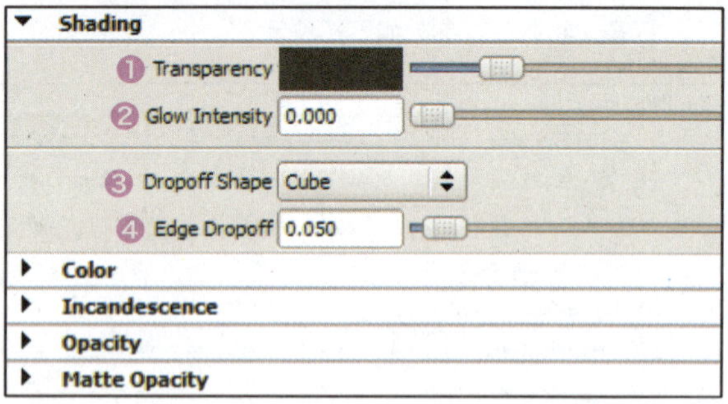

① Transparency（透明度）：控制流体整体透明度。

② Glow Intensity（辉光强度）：控制流体产生光晕强度。与 Incandescence（白炽度）不同，白炽只是使物体表面更明亮；辉光是流体外部产生光晕，仅在渲染时添加。

③ Dropoff Shape（衰减形状）：控制流体外边界形状。

④ Edge Dropoff（边衰减）：控制边界衰减量，如下图所示。

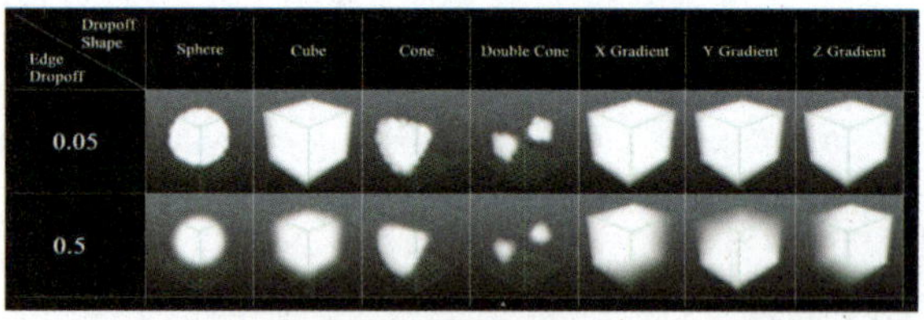

2.Color（颜色）卷展栏

打开该卷展栏，参数如下图所示。

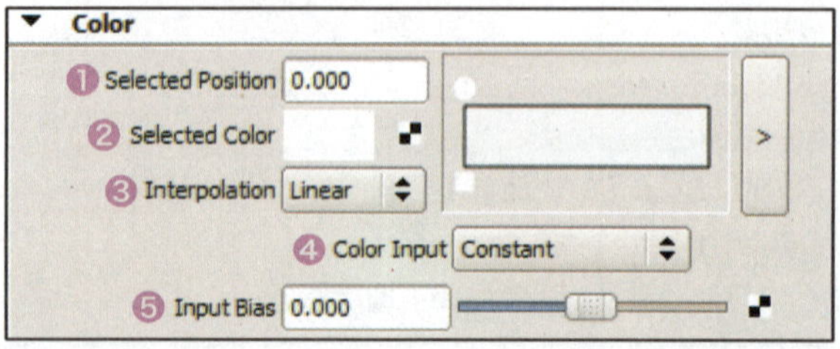

① Selected Position（选定位置）：显示及控制颜色控制点所处的位置。

② Selected Color（选定颜色）：显示及设置颜色控制点的颜色。

③ Interpolation（插值）：设置颜色控制点之间的过渡方法。

④ Color Input（颜色输入）：设置流体显示颜色的方法。

⑤ Input Bias（输入偏移）：控制颜色偏移。

3.Incandescence（白炽度）卷展栏

打开该卷展栏，参数如下图所示。

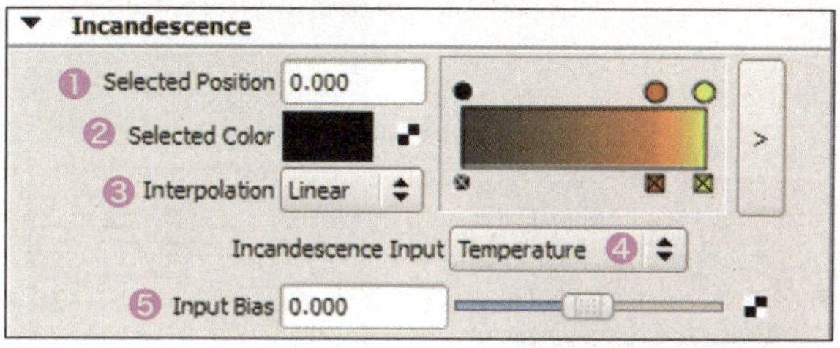

① Selected Position（选定位置）：显示及控制白炽颜色控制点所处的位置。

② Selected Color（选定颜色）：显示及控制白炽颜色控制点颜色。

③ Interpolation（插值）：控制白炽颜色控制点之间的过渡方法。

④ Temperature（温度）：根据温度数值显示白炽。

⑤ Input Bias（输入偏移）：控制白炽颜色偏移，如下图所示。

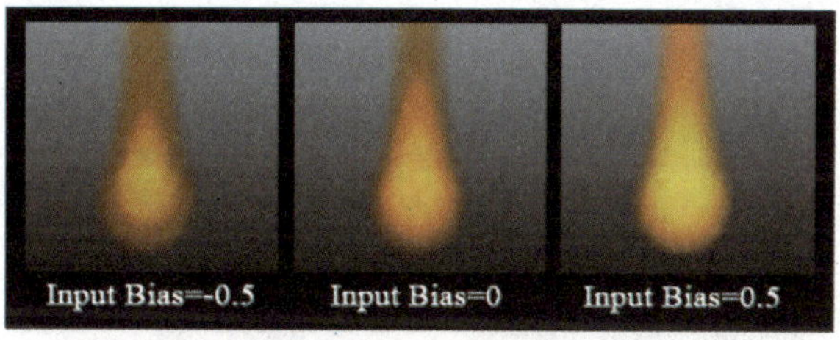

4.Opacity（不透明度）卷展栏

打开卷展栏，参数如下图所示。

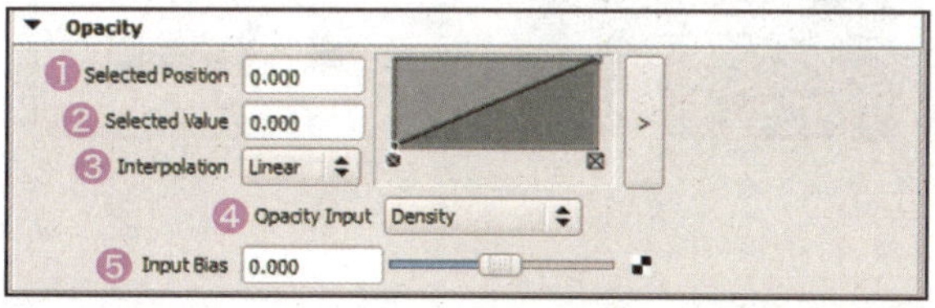

① Selected Position（选定位置）：显示及控制数值控制点所处的位置。

② Selected Value（被选数值）：显示及控制数值控制点数值。

③ Interpolation（插值）：控制数值控制点之间的过渡方法，如下图所示。

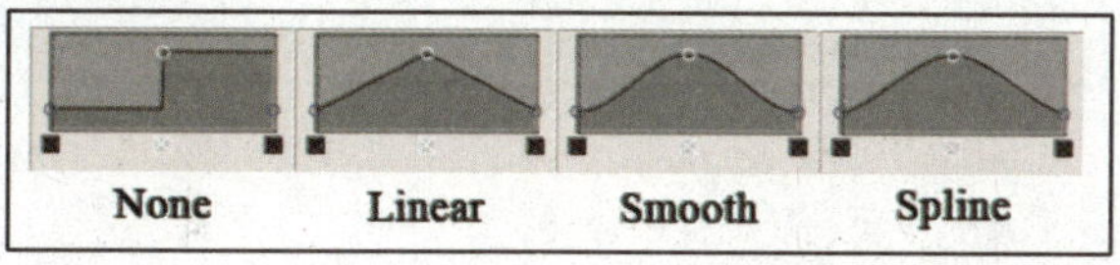

④ Opacity Input（不透明度输入）：设置流体不透明度显示的方法。

⑤ Input Bias（输入偏移）：控制数值偏移。

5.Matte Opacity（蒙版不透明度）卷展栏

打开该卷展栏，参数如下图所示。

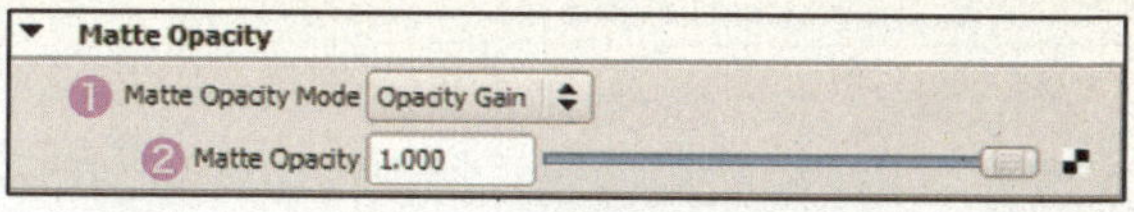

① Matte Opacity Mode（蒙版不透明度模式）

② Matte Opacity（蒙版不透明度）

进阶练习：调节流体材质

最终文件： Chapter 14\14.4\modify shading(final).mb

01 执行 Fluid Effects（流体特效）>Create 2D container with Emitter（创建具有发射器的二维容器）命令，建立一个二维容器，并播放动画，流体呈现白色效果，如下图所示。

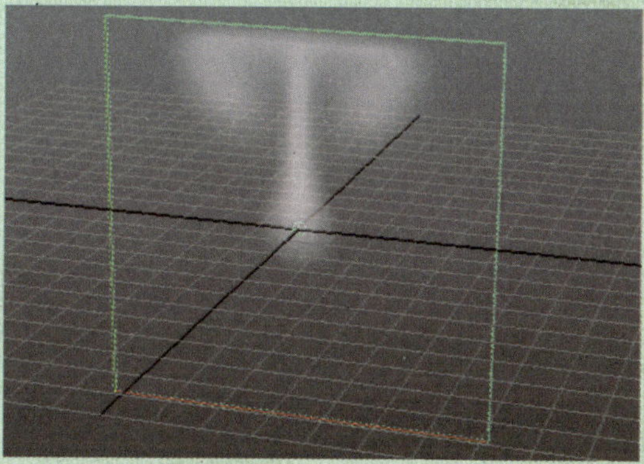

02 选中流体容器，打开属性编辑器，在 Shading（阴影）卷展栏下设置 Color（颜色）为红色，流体也变为红色效果，如下图所示。

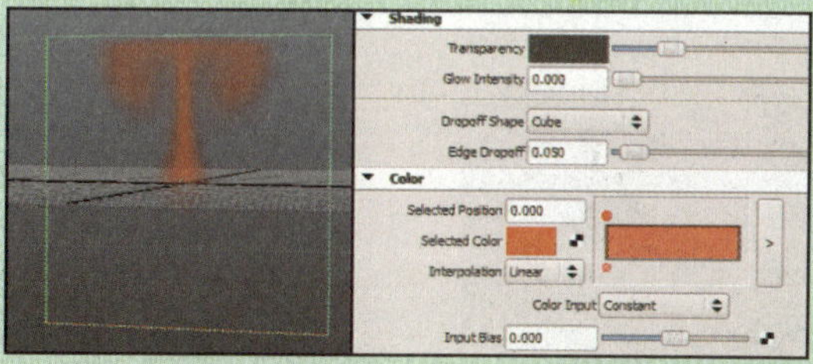

03 再选择颜色位置增加黄色节点，设置黄色渐变。流体颜色随之改变，但并没有出现预想的渐变效果，如下图所示。

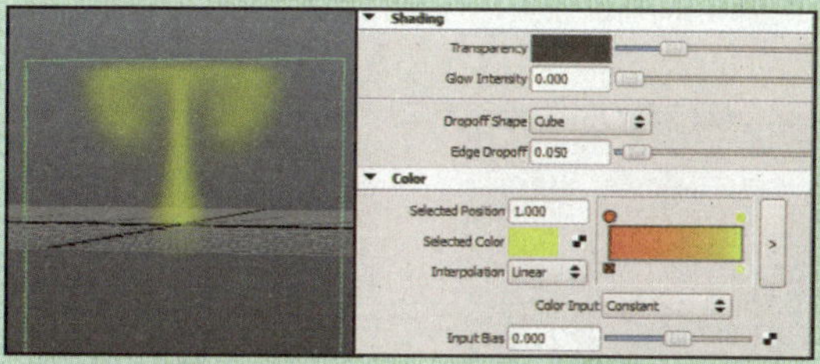

提示： 产生这种情况是由于 Color Input（颜色输入）参数设置的是 Constant（恒定）选项，因此流体会以统一的颜色显示。

04 设置 Color Input（颜色输入）参数为 Center Gradient（中心渐变）选项，流体出现从中心到外围的颜色变化，如下图所示。

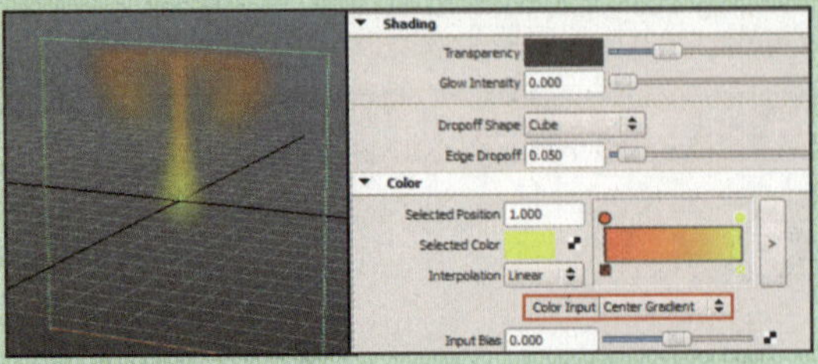

05 想要流体在浓度高时颜色为黄色，浓度低时为红色，可以将 Color Input（颜色输入）参数设为 Density（密度）选项，并适当调节渐变颜色节点位置，播放动画，可以看到明显的颜色随浓度变化的效果，如下图所示。

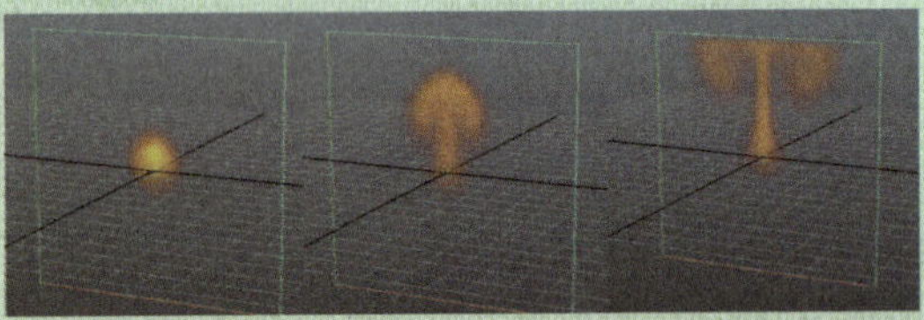

提示： 密度大的部分显示为黄色；密度小的部分显示为红色。

06 想要流体的颜色产生发光发亮的效果，通过颜色是无法实现的。可以直接通过设置 Incandescence（白炽度）属性来实现。将 Color（颜色）卷展栏下的颜色设置为黑色，避免它对 Incandescence（白炽度）属性产生影响。接着将 Incandescence（白炽度）卷展栏下的 Color Input（颜色输入）参数设置为 Density（密度）选项，如下图所示。

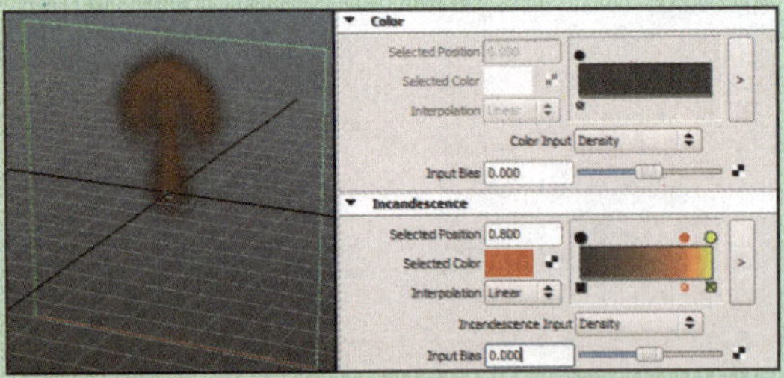

07 目前的颜色很深，偏黑色，可以调节 Incandescence（白炽度）卷展栏下的 Input Bias（输入偏移）选项，流体颜色变红，如下图所示。

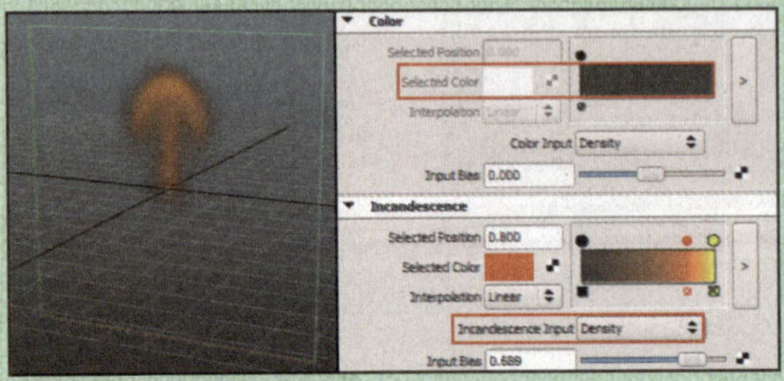

08 目前流体颜色有些暗淡，在 Contents Details（内容详细信息）卷展栏下的 Density（密度）卷展栏中找到 Density Scale（密度缩放）属性，将数值设置为 1。流体的浓度增加，颜色也变得明显和鲜艳，如下图所示。

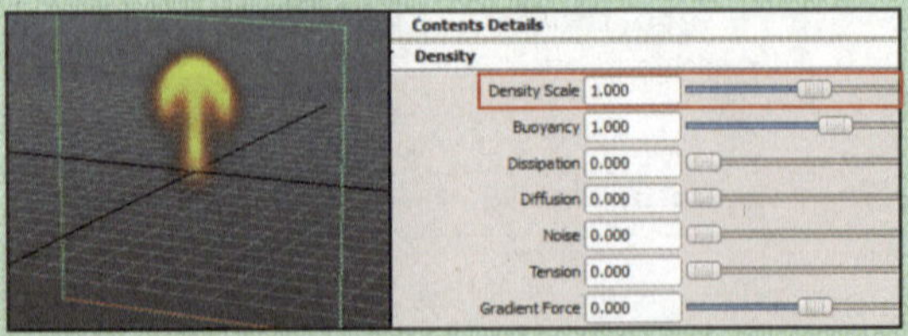

09 渲染场景，可以看到场景中的流体有一点发亮的效果，但没有照亮周围的环境，如下图所示。

提示： 想要产生周围环境的效果，需要设置 Glow Intensity（辉光强度）属性。

10 在 Shading（阴影）卷展栏下设置 Glow Intensity（辉光强度）值为 1，再次渲染得到照亮周围的效果，并且中心浓度高的位置颜色偏黄，外围浓度低的位置颜色偏红，如下图所示。

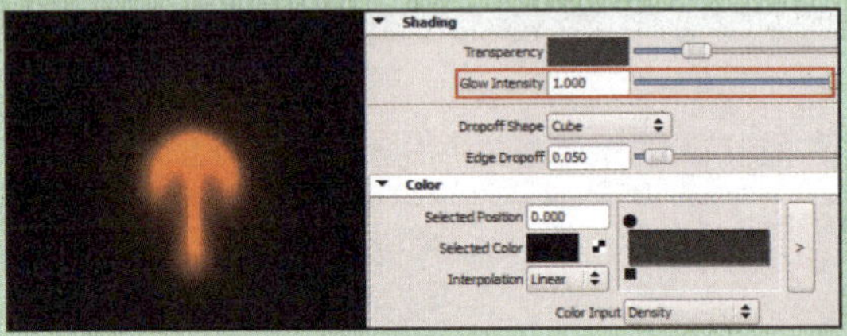

14.4.12 Shading Quality（着色质量）

该卷展栏参数如下图所示。

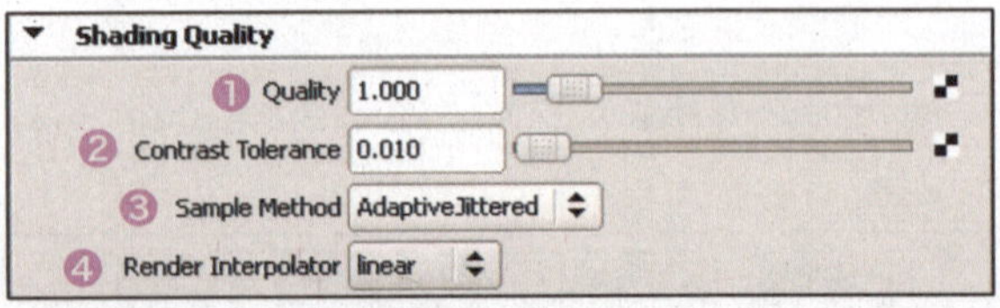

❶ Quality（质量）：控制渲染时光线取样的数量，控制渲染质量，不可用于流体纹理。

❷ Contrast Tolerance（对比度容差）：定义渲染采样时，体积间透明度的最大差值，若高于此值，将再次细分。因此容差对比值越低，渲染质量越高。

❸ Sample Method（采样方法）：控制渲染中流体的取样方式。Jitter（抖动）可避免色带怪斑，但会给最终渲染图

片增加噪点，解决办法为将 Quality（质量）设置得很高。

❹ Render Interpolator（渲染差值器）：产生阴影时流体三维体素内小数的取值的运算。Linear（线性）插值方式会显示栅格状表面；Smooth（平滑）插值方式渲染较慢，但能使流体比较平滑。

14.4.13 Textures（纹理）卷展栏

该卷展栏参数如下图所示。

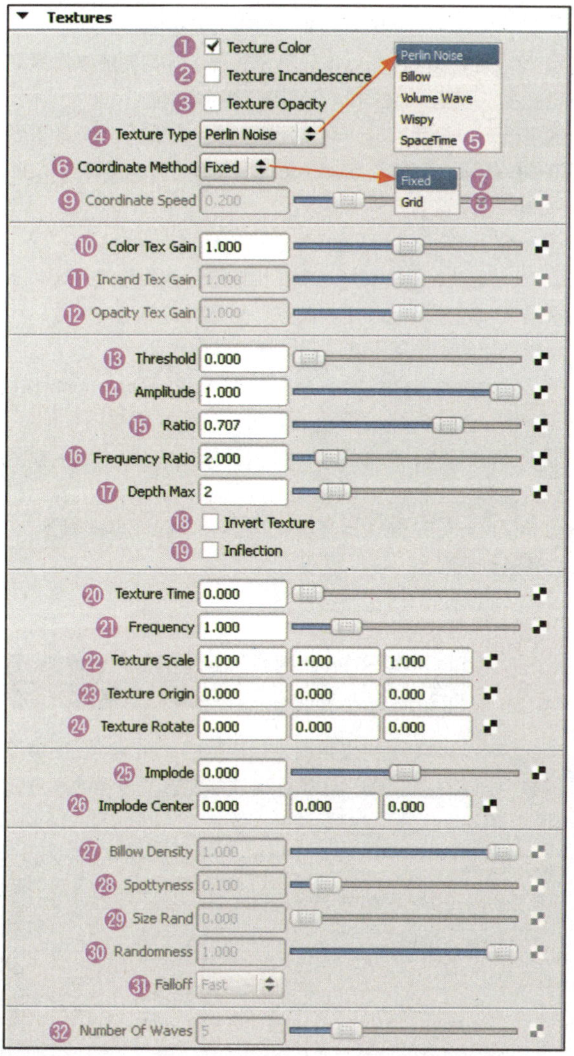

❶ Texture Color（纹理颜色）：颜色属性应用纹理。

❷ Texture Incandescence（纹理白炽度）：白炽度属性应用纹理。

❸ Texture Opacity（纹理不透明度）：不透明度属性应用纹理。

❹ Texture Type（纹理类型）：控制流体的纹理类型，如下图所示。

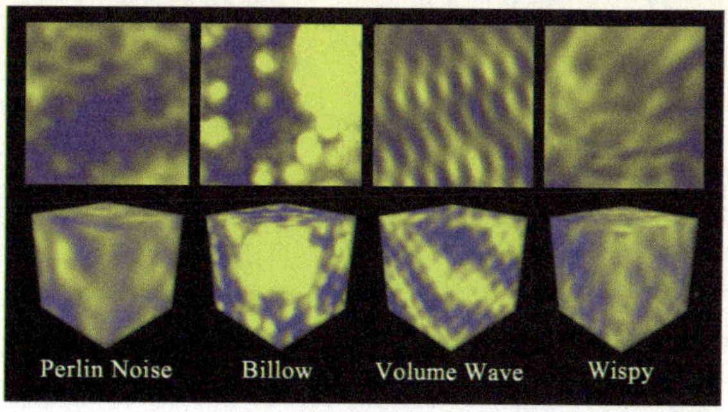

❺ Space Time（空间时间）是 Perlin Noise（柏林噪波）添加时间维度的版本。

❻ Coordinate Method（坐标方法）：控制纹理坐标位置方式。

❼ Fixed（固定）：与物体坐标系相同。

❽ Grid（栅格）：坐标根据 Density（密度）进行移动。使纹理跟随密度移动，而非固定在一点。

❾ Coordinate Speed（坐标速度）：使用 Grid（栅格）坐标方式时，以 Velocity（速度）的倍数缩放纹理移动速度。

❿ Color Tex Gain（颜色纹理增益）：控制纹理对颜色输入的影响程度。

⓫ Incand Tex Gain（白炽度纹理增益）：控制纹理对白炽度输入的影响程度。

⓬ Opacity Tex Gain（不透明度纹理增益）：控制对不透明度输入的影响程度。

⓭ Threshold（阈值）：添加到全部碎片的数值，使颜色、白炽、不透明度属性全部增大。

⓮ Amplitude（振幅）：控制属性最高值与最低值的差。

⓯ Ratio（比率）：控制产生纹理的频率，主要增加纹理中的细节。

⓰ Frequency Ratio（频率比）：空间上产生纹理的密度比例。

⓱ Depth Max（最大深度）：控制纹理的计算次数，计算次数越多，产生的纹理越多。

⓲ Invert Texture（反转纹理）：将纹理数值调转，函数为“Texture=1-Texture”。

⓳ Inflection（弯曲）：使纹理函数形成纠结状，可以创建膨胀或崎岖效果。

⓴ Texture Time（纹理时间）：可用于制作纹理动画。

㉑ Frequency（频率）：控制纹理的基本频率，增加此数值会产生更多的细节。

㉒ Texture Scale （纹理比例）：控制纹理在 X,Y,Z 方向的缩放。

㉓ Texture Origin（纹理原点）：控制纹理在 X,Y,Z 方向的位置。

㉔ Texture Rotate（纹理旋转）：控制纹理贴图的旋转。

㉕ Implode（内爆）：以聚爆中心定义的点为中心，放射状扭曲纹理。

㉖ Implode Center（内爆中心）：控制内爆的中心点位置。

㉗ Billow Density（翻滚密度）：控制 Billow（翻滚）类型纹理的单元嵌入量。

㉘ Spottyness（斑点化度）：控制 Billow（翻滚）类型纹理的单元密度随机值。

㉙ Size Rand（大小随机化）：控制 Billow（翻滚）类型纹理的单元大小随机值。

㉚ Randomness（随机度）：控制 Billow（翻滚）类型纹理的单元形态随机值。

㉛ Falloff（衰减）：控制 Billow（翻滚）类型纹理的单元向非单元区域过渡的类型。

㉜ Number of Waves（波数）：控制 Volume Wave（体积波纹）纹理类型波形产生的数量。

14.4.14 Lighting（照明）

该卷展栏参数如下图所示。

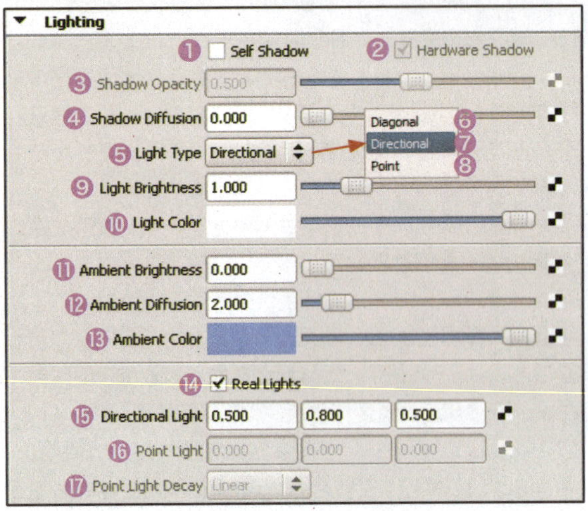

❶ Self Shadow（自阴影）：控制是否计算流体自身投影，光源方向为（-1，-1，-1），如下图所示。

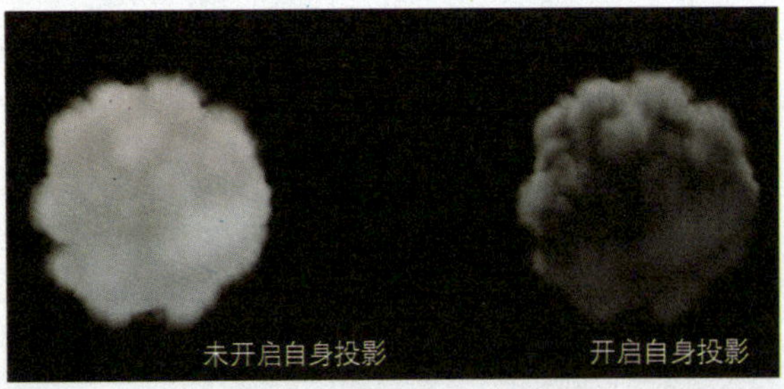

❷ Hardware Shadow（硬件阴影）：控制是否在视口中显示投影，不影响渲染结果，如下图所示。

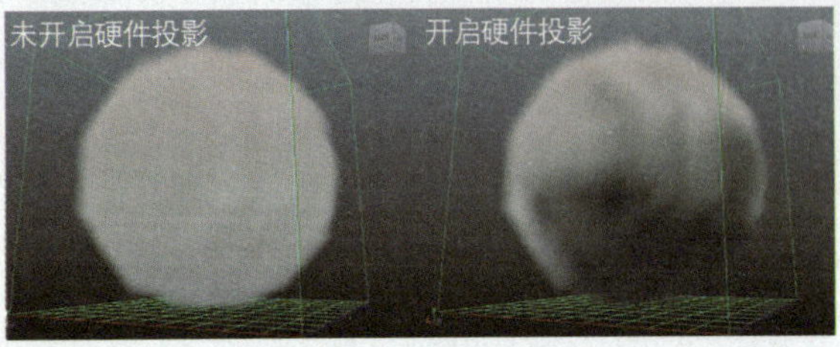

❸ Shadow Opacity（阴影不透明度）：控制流体阴影的明暗。

❹ Shadow Diffusion（阴影扩散）：控制内部阴影的柔和度，模拟局部光散射，只在视口中显示，不会出现在渲染图中。该参数有助于减少视口显示中出现的怪斑。

❺ Light Type（灯光类型）

❻ Diagonal（对角）：采用沿容器对角线发射的平行光。

❼ Directional（平行）：采用从某个方向发射的平行光。

❽ Point（点）：采用从某一点发射的光。

❾ Light Brightness（灯光亮度）：控制灯光亮度。

❿ Light Color（灯光颜色）：控制灯光颜色。

⓫ Ambient Brightness（环境光亮度）：控制流体周围环境亮度，不受 Real Light（真实灯光）影响。

⓬ Ambient Diffusion（环境光扩散）：控制环境光散射到流体的程度，有助于增加阴影部分的细节，但仅在视口和 Mental Ray 渲染方式下有效。

⓭ Ambient Color（环境色）：控制环境光颜色。

⓮ Real Lights（真实灯光）：控制是否使用场景灯光，而不是流体内部模拟灯光。模拟灯光只对当前流体有效，而场景灯光同时作用于流体及场景内其他物体。

⓯ Directional Light（平行光）：模拟光采用 Directional（平行）模式时控制灯光方向。

⓰ Point Light（点光源）：模拟光采用 Point（点）模式时控制灯光位置。

⓱ Point Light Decay（点光源衰退）：控制点光源衰减速率，同普通点光源。

14.5 发射器属性

所有流体都是由发射器发射产生的，在大纲视图中可以选中任意的发射器，在属性面板中设置发射器的属性，如下图所示。

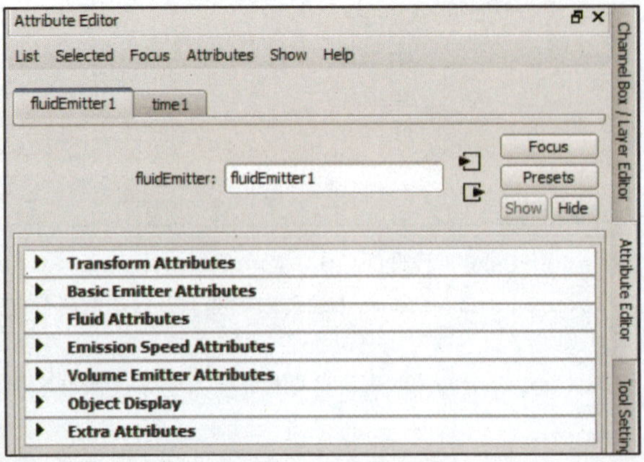

提示 部分属性与创建发射器命令的属性面板中内容相同，这里不再复述。

14.5.1 Basic Emitter Attributes（基本发射器属性）

该卷展栏参数如下图所示。

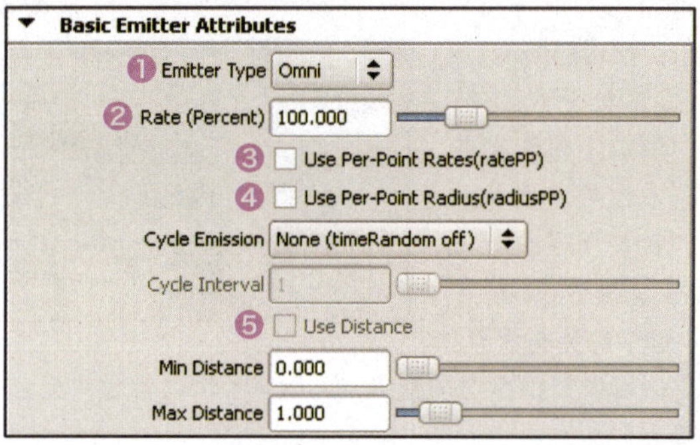

❶ Emitter Type（发射器类型）：包括 Omni（泛向）、Surface（曲面）、Curve（曲线）、Volume（体积）这几种发射方式。

❷ Rate（Percent）（速率（百分比））：从流体发射器控制流体发射速率。

❸ Use Per-Point Rates（ratePP）（使用逐点速率）：发射速率根据单位粒子速率决定。

❹ Use Per-Point Radius（radiusPP）（使用逐点半径）：发射半径根据单位粒子半径决定。

❺ Use Distance（使用距离）：在表面和曲线发射器中使用最大 / 最小距离设定。

14.5.2 Fluid Attributes（流体属性）

该卷展栏包括两个子卷展栏，下面逐一进行讲解。

1. Fluid Attributes（流体属性）卷展栏

打开该卷展栏，参数如下图所示。

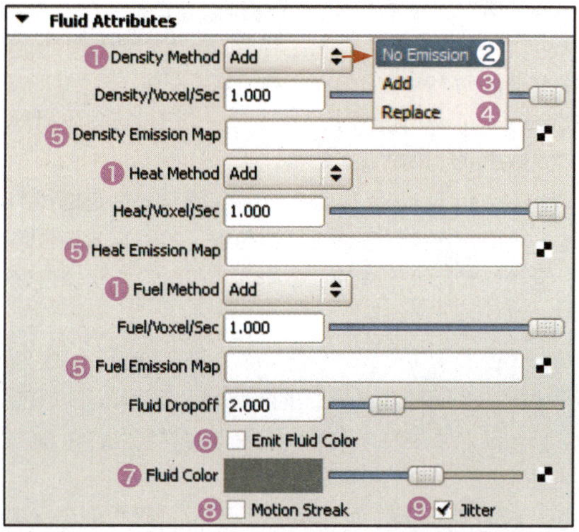

❶ Density/Heat/Fuel Method（密度 / 热量 / 燃料发射方式）

❷ No Emission（不发射）：不发射此项属性流体。

❸ Add（增加）：向往各种增加此项属性流体。

❹ Replace（替换）：替换栅格中此项属性流体。

❺ Density/Heat/Fuel Map（密度 / 热量 / 燃料贴图）：使用二维灰度贴图控制流体发射量。从对象发射时，根据此物体 UV 坐标；使用体积模式时，根据发射器几何形状投影坐标。

❻ Emit Fluid Color（发射流体颜色）：使用发射器 Fluid Color（流体颜色），需将容器 Color Method（颜色方法）改为 Dynamic Grid（动态栅格）选项。

❼ Fluid Color（流体颜色）：从发射器改变流体颜色，不使用材质颜色。

❽ Motion Streak（运动轨迹）：使高速运动中的发射器发射的流体轨迹更加平滑，用于导弹、火箭尾部产生的烟雾效果。

❾ Jitter（抖动）：勾选后能提供更好的发射体积边缘图形效果，但在某些情况下关掉会有比较好的效果，例如在池塘及海洋的波纹发射器状况下。

2. Fluid Emission Turbulence（流体发射湍流）卷展栏

打开该卷展栏，参数如下图所示。

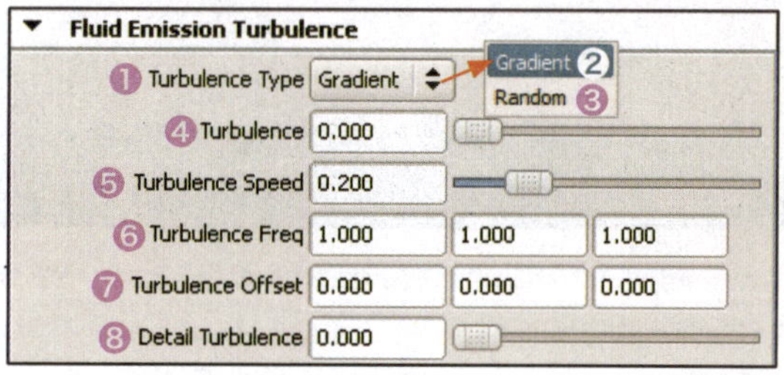

❶ Turbulence Type（湍流类型）

❷ Gradient（渐变）

❸ Random（随机）

❹ Turbulence（湍流强度）：控制扰乱的剧烈程度。

❺ Turbulence Speed（湍流速度）

❻ Turbulence Freq（湍流频率）：控制扰乱的频率。

❼ Turbulence Offset（湍流偏移）

❽ Detail Turbulence（细节湍流）：增加湍流产生的细节。

14.5.3 Emission Speed Attributes（发射速度属性）

该卷展栏参数如下图所示。

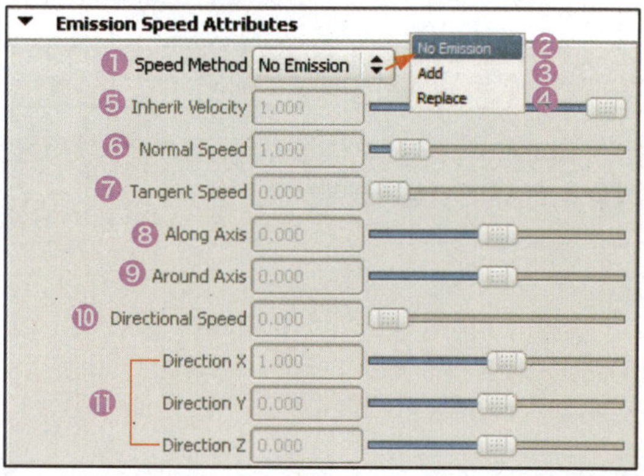

❶ Speed Method（速度方式）

❷ No Emission（无发射）：发射器不修改流体速度。

❸ Add（增加）：在容器流体速度基础上增加流体速度。

❹ Replace（替换）：替换容器流体速度。

❺ Inherit Velocity（继承速度）：继承发射器运动速度。

❻ Normal Speed（法线速度）：使用从 NURBS 曲面物体发射流体时，给予沿物体表面法线方向的初始速度。

❼ Tangent Speed（切线速度）：使用从 NURBS 曲线发射流体时，给予沿曲线切线方向的初始速度。

❽ Along Axis（沿轴）：使用从 Cube（立方体）或 Sphere（球体）体积发射器时，给予流体沿 Y 或 -Y 轴向的初始速度，如下图所示。

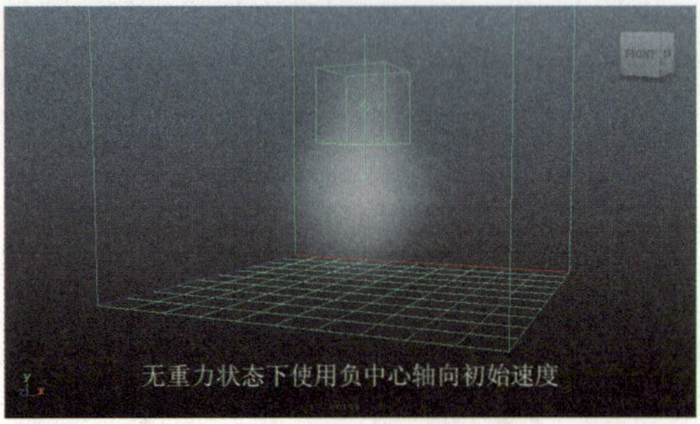

无重力状态下使用负中心轴向初始速度

❾ Around Axis（绕轴）：使用体积发射器时，给予流体沿 Y 轴旋转的初始速度。

❿ Directional Speed（平行光速率）：给予流体沿某一方向的初始速度。

⓫ Direction X/Y/Z（方向 X、Y、Z）：控制流体初始速度方向。

14.5.4 Volume Emitter Attributes（体积发射器属性）

打开 Volume Emitter Attributes（体积发射器属性）卷展栏，参数如下图所示。

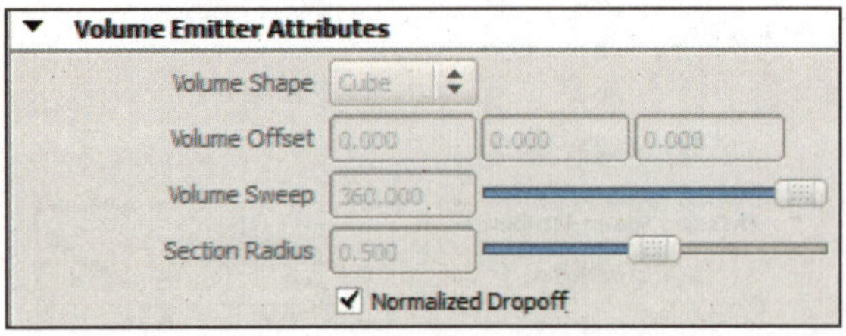

• Normalized Dropoff（规格化衰减）：控制体积发射器根据发射器大小和形状进行规范衰减。

14.6 获取样本

执行 Fluid Effects（流体效果）>Get Ocean/Pond Example（获取海洋/池塘样本）命令可以打开 Visor（取景器）窗口，如右图所示。

在 Visor（取景器）窗口中包含丰富的样本效果，读者可以直接使用或参考、学习其具体设置方法。选中需要的示例，按下鼠标中键拖曳至场景中，可以将示例内容合并至当前场景。

14.7 海洋与池塘

流体在模拟大范围水面时，可以使用海洋或池塘的相关功能。海洋、池塘产生的水面效果，与使用容器制作的效果是不同的。海洋、池塘水面的形态变化，以及材质模拟水面的液态细节都是由参数控制的，流体动力学用于辅助完成海洋的细节特效，如撞击泡沫、航船尾流等。

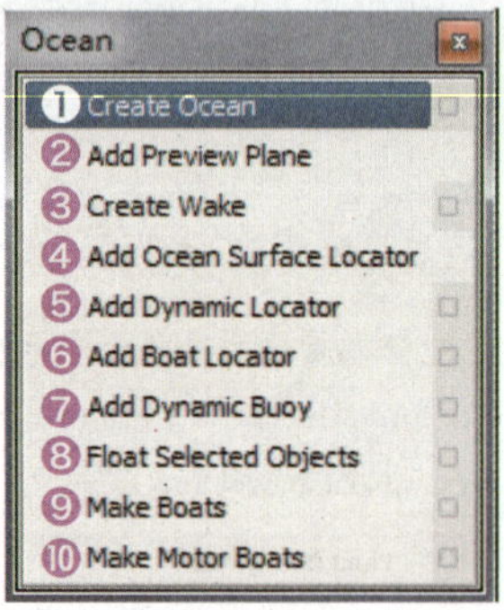

使用海洋时，相关命令都集中在 Fluid Effects（流体效果）>Ocean（海洋）菜单组中，如右图所示。

❶ Create Ocean（创建海洋）：用于创建海洋平面，在默认状态下创建的海洋会同时创建一个预览平面。

❷ Add Preview Plane（添加预览平面）：对选中的海洋添加预览平面。

❸ Create Wake（创建尾迹）：创建一个二维流体发射器，从中发射出波纹影响海面效果。

❹ Add Ocean Surface Locator（添加海洋表面定位器）：创建一个固定在海洋表面上的定位器。如限定 Y 轴位移运动，且始终紧贴海洋表面，不会产生因波纹起伏速度过快产生的明显动力学效果。

❺ Add Dynamic Loactor（添加动力学定位器）：创建一个定位器，会随着海洋表面的起伏而上下运动。如限定 Y 轴位移运动，紧贴海洋表面，但有动力学属性，可以产生飞空效果。

❻ Add Boat Locator（添加船定位器）：创建一个定位器，带有类似小船的轻微旋转的漂浮效果。除 Y 轴上的运动外，添加了 X,Z 轴上的旋转，产生船的真实漂浮效果。

❼ Add Dynamic Buoy（添加动力学浮标）：创建一个定位器，带有如同随风浪摆动的复杂动态效果。

提示 上述 4 个命令，通常用来模拟海面上漂浮的轻小物体，因为运动的动态只根据定位器所在的点进行计算。将物体与漂浮的定位器进行父子连接或父子约束就可以实现漂浮效果。

⑧ Float Selected Objects（漂浮选定对象）：将选中的物体作为漂浮物体。

⑨ Make Boats（生成船）：将选中的物体作为小船。

⑩ Make Motor Boats（生成摩托艇）：将选中的物体作为摩托艇。

提示 上述三个命令，通常用来模拟较大的漂浮在海面上的物体。系统会计算这些物体与海面的整体接触面而产生最终运动的结果。

使用池塘时，相关命令集中在 Fluid Effects（流体效果）>Pond（池塘）菜单组中，如右图所示。

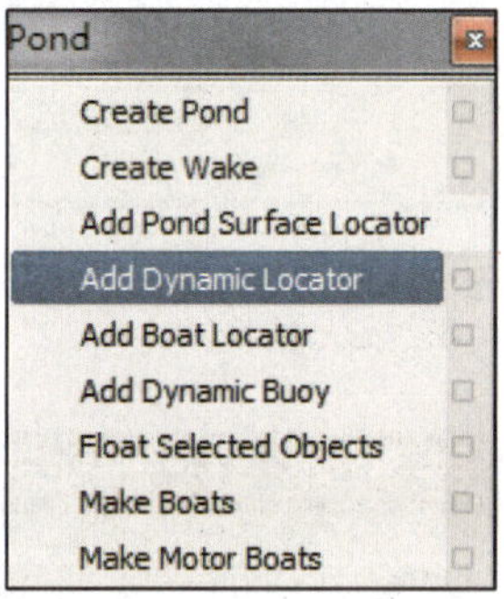

14.7.1 Create Ocean（创建海洋）

打开 Fluid Effects（流体效果）>Ocean（海洋）>Create Ocean（创建海洋）命令的选项设置面板，如下图所示。

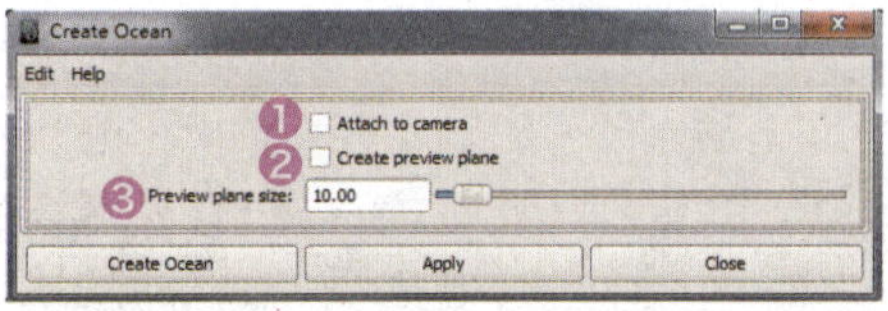

① Attach to camera（附加到摄影机）：以当前视角创建海洋，使海洋始终充满整个画面，跟随摄影机视角缩放而缩放。

② Creat preview plane（添加预览平面）：创建海洋的同时添加预览平面。预览平面是用于显示海洋材质或波纹以及其他动力学效果的平面，方便用户调整各项参数，也可在后期添加多个。

③ Preview plane size（预览平面大小）：控制创建后的预览平面大小。

单击 Create Ocean（创建海洋）或 Apply（应用）按钮，可以创建海洋。选中创建的海洋，按 Ctrl+A 组合键可以打开属性编辑器。海洋的具体属性设置集中在 OceanShader（海洋材质）标签下的 Ocean Attributes（海洋属性）卷展栏和 Common Material Attribute（公用材质属性）卷展栏中。

下面逐一进行讲解。

1.Ocean Attributes（海洋属性）卷展栏

打开该卷展栏，参数如下图所示。

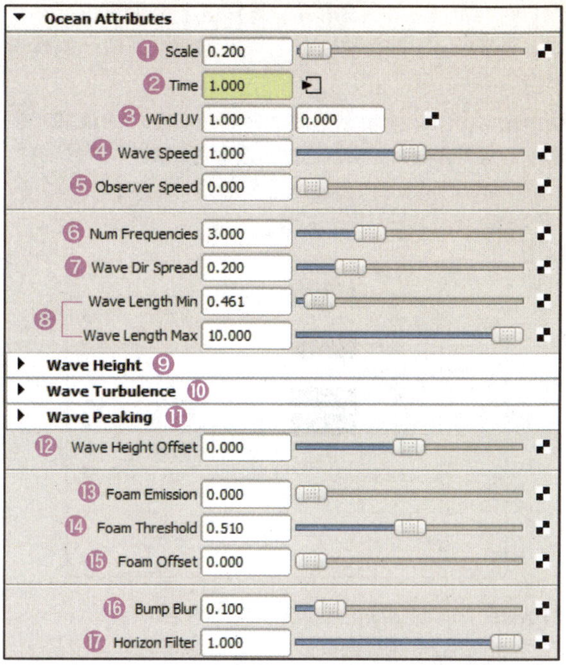

① Scale（比例）：设置波纹的大小，数值越大波纹越小，反之亦然。

② Time（时间）：返回当前时间点，该参数不可修改。

③ Wind UV（风 UV）：设置风在 UV 方向的大小。

④ Wave Speed（波速率）：设置波纹传递的速度。

⑤ Observer Speed（观察者速率）：通过模拟观察者来消减横向的波纹运动。

⑥ Num Frequencies（频率数）：设置波纹的起伏程度，数值越大，起伏就越强烈。

⑦ Wave Dir Spread （波方向扩散）：设置波纹扩散时的位移。

⑧ Wave Length Min/Max（最小 / 最大波长）：设置波长的最小值和最大值。

⑨ Wave Height（波纹高）卷展栏：可以通过曲线调整波峰的高度，其中横轴代表波纹的大小，纵轴代表波纹高度，如下图所示。

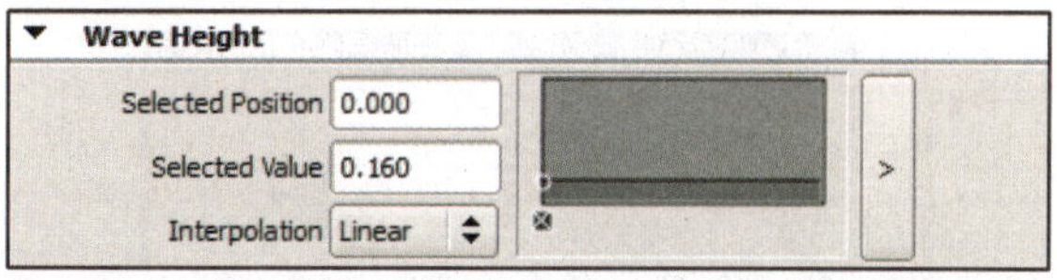

⑩ Wave Turbulence（波湍流）：可以通过曲线调整波纹的扰动效果。

⑪ Wave Peaking（波峰）：可以通过曲线调整波峰的形态。

⑫ Wave Height Offset（波高度偏移）：设置海平面整体向上或向下偏移。

⑬ Foam Emission（泡沫发射）：设置波纹末端发射的泡沫数量。

⑭ Foam Threshold（泡沫阈值）：设置泡沫产生范围的大小。

⑮ Foam Offset（泡沫偏移）：设置泡沫的偏移大小。

⑯ Bump Blur（凹凸模糊）：设置泡沫表面凹凸的模糊程度。

⑰ Horizon Filter（地平线过滤器）：当海洋的波纹、抖动不沿水平方向时，可以通过该选项进行调整。

2.Common Material Attributes（公用材质属性）卷展栏

打开该卷展栏，参数如下图所示。

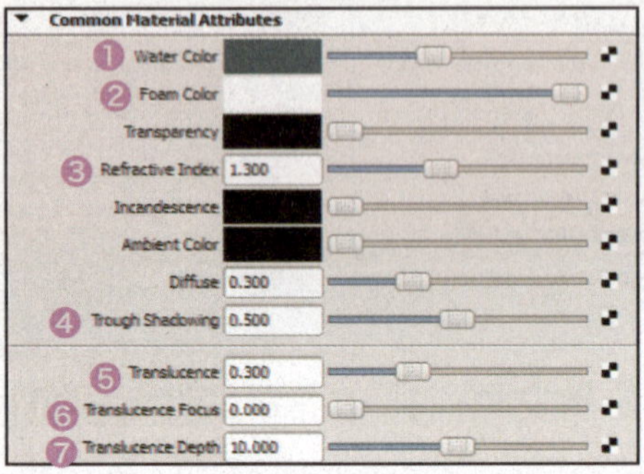

❶ Water Color（水颜色）：设置海洋水面颜色。

❷ Foam Color（泡沫颜色）：设置泡沫颜色。

❸ Refractive Index（折射率）：设置海洋表面的折射率，默认数值为 1.3。

❹ Trough Shadowing（波谷阴影）：设置波谷中的颜色。

❺ Translucence（半透明）：设置流体的半透明度。

❻ Translucence Focus（半透明聚焦）：设置半透明的散射焦点。

❼ Translucence Depth（半透明深度）：设置半透明的深度，深度越大，半透明范围越大。

14.7.2 Create Wake（创建尾迹）

波纹即流体容器和流体发射器，只是不像默认状态下创建的容器及发射器那样发射流体物质，而是发射水面波纹。

打开 Fluid Effects（流体效果）>Ocean（海洋）>Create Wake（创建尾迹）命令的设置面板，如下图所示。

❶ Wake size（尾迹大小）：控制创建波纹的扩散的程度，即容器大小。

❷ Wake intensity（尾迹强度）：控制创建波纹的摆动激烈程度，即密度发射速率。

❸ Foam creation（泡沫创建）：控制因波纹产生泡沫的多少，即热量发射速率。

14.8 流体与其他物体的交互

流体不仅仅用于模拟水、烟等效果，还可以模拟流体与其他物体发生碰撞时的特殊效果，以及流体受到各种动力场影响的效果，例如受到吸引等。

14.8.1 Make Collide（使碰撞）

制作流体的的碰撞可以执行 Fluid Effects（流体效果）>Make Collide（使碰撞）命令。

打开 Make Collision（制作碰撞）命令的选项设置面板，如下图所示。

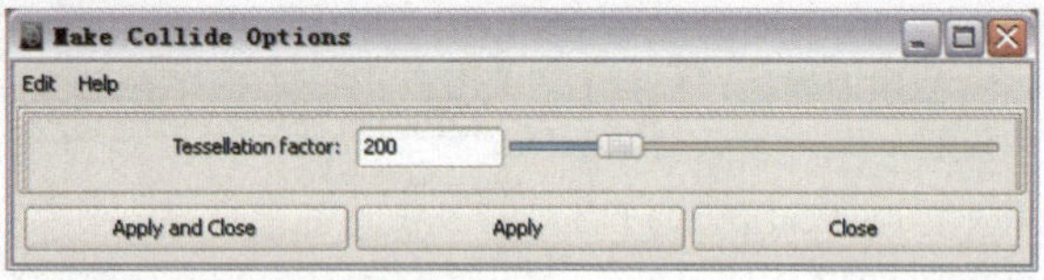

• Tessellation factor（细分因子）：控制转化过程中碰撞体积的细分精度。

进阶练习：制作流体碰撞

原始文件： Chapter 14\14.8\make collide(original).mb
最终文件： Chapter 14\14.8\make collide(final).mb

01 打开本书配套光盘中的原始文件，场景中有一个二维流体容器和一个球体。播放动画可以看到流体并不受球体的影响，直接穿过球体自然扩散，如下图所示。

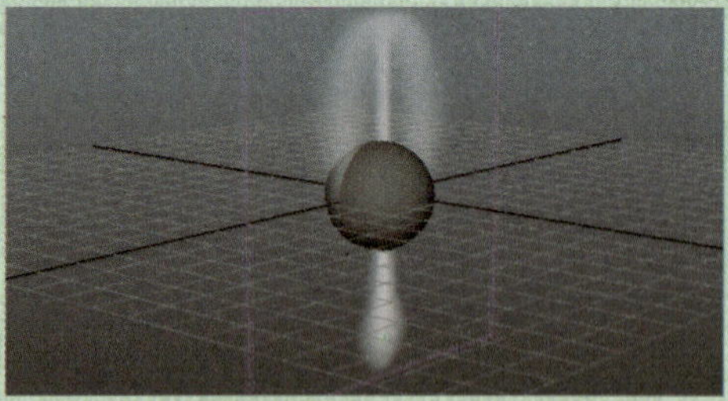

02 同时选中物体和容器，执行 Fluid Effects（流体效果）>Make Collide（使碰撞）命令，创建流体与物体碰撞效果，如下图所示。

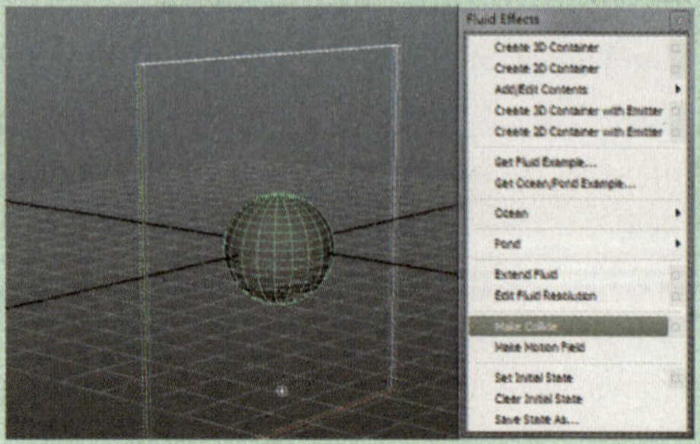

03 再次播放动画，可以看到流体受到球体影响，从球体的两侧分散，说明球体与流体碰撞，阻挡了流体的扩散，如下图所示。

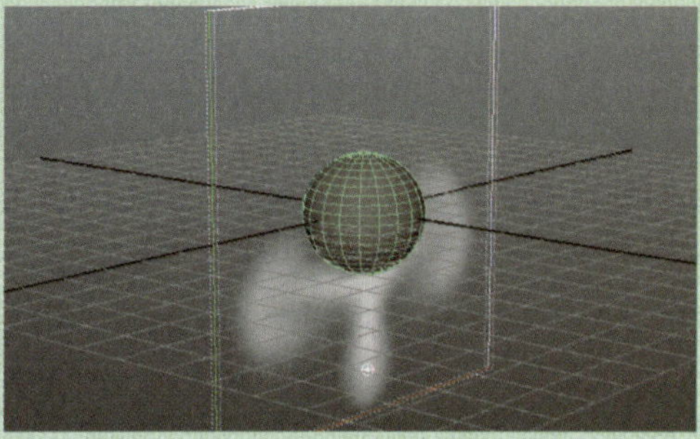

14.8.2 Make Motion Field（生成运动场）

进阶练习：制作运动场

原始文件： Chapter 14\14.8\make Motion Field(original).mb
最终文件： Chapter 14\14.8\make Motion Field(final).mb

01 打开本书配套光盘中的原始文件，场景中有一个二维流体容器和一个球体。播放动画可以看到球体带有简单的关键帧动画，如下图所示。

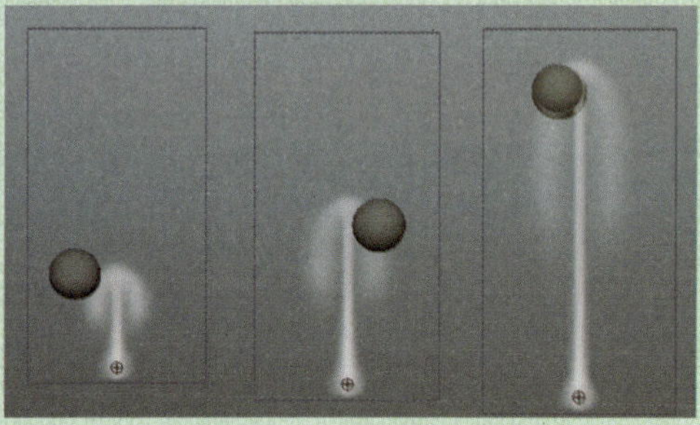

02 同时选中制作好运动动画的物体和容器，执行Fluid Effects（流体效果）>Make Motion Field（生成运动场）命令，创建流体运动场。再次播放动画产生球体周围的运动场带动流体运动的效果，如下图所示。

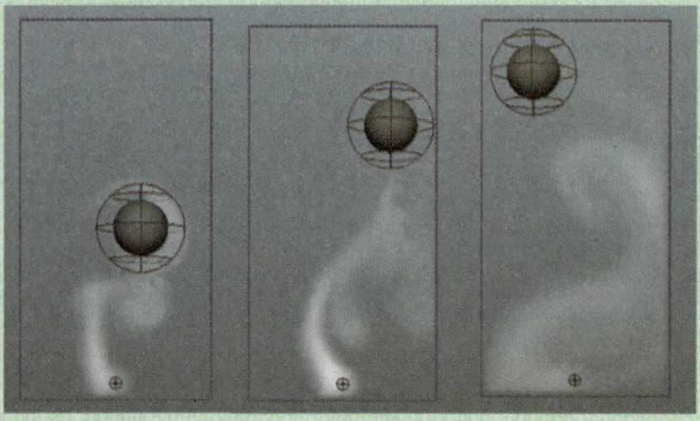

14.9 流体缓存

流体缓存是个很重要的功能。通常情况下，每次预览动画就意味着重新计算一次流体形态，尤其对于某些硬件配置不太高的计算机，若想制作高精度、高细节的流体效果，则完全不可能流畅地预览流体的形态变化，也就为调整参数以达到想要的效果制造了很大的麻烦。而流体缓存是将某一次计算数据以文件形式存入硬盘，以解决由于内存不足而造成的动画预览不流畅，从而为低配置计算机制作高精度、高细节的流体效果提供了可能。

用于设置流体缓存的相关命令集中在Fluid nCache（流体缓存）菜单组中，如下图所示。

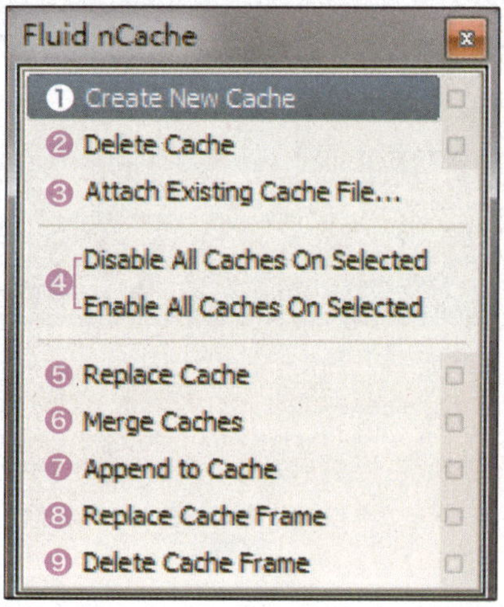

❶ Create New Cache（创建新缓存）：选中容器执行该命令，就会开始计算每一帧流体属性形态数据，缓存文件默认存在工程目录下的“/data/cache”文件夹下。

❷ Delete Cache（删除缓存）：选中容器执行该命令，会删除该容器的流体缓存。

❸ Attach Existing Cache File（附加现有缓存文件）：使用外部缓存文件附加到选中的流体容器。使用该命令时，需要确认外部缓存文件的拓扑结构与选中的流体容器是否一致。

❹ Disable/Enable All Caches On Selected（禁用/开启选定对象的所有缓存）：断开或连接选中的流体容易与缓存文件间的关联关系。

❺ Replace Cache（替换缓存）：为流体容器替换其他缓存文件。

❻ Merge Caches（合并缓存）：将不同段的缓存文件合并成一个。

❼ Append to Cache（附加到缓存）：在流体容器中添加一段新的缓存。

❽ Replace Cache Frame（替换帧缓存）：替换缓存文件的帧数。

❾ Delete Cache Frame（删除帧缓存）：删除缓存文件的帧数。

综合案例 16 制作散开的文字

最终效果 Chapter 14\Final1\dispersing text（final）.mb

案例概述 制作文字在空气中或水中自由散开的效果。

技术难点 1. 掌握 2D 流体中图案的设置方法。
2. 理解流体的自动变化效果。

效果预览

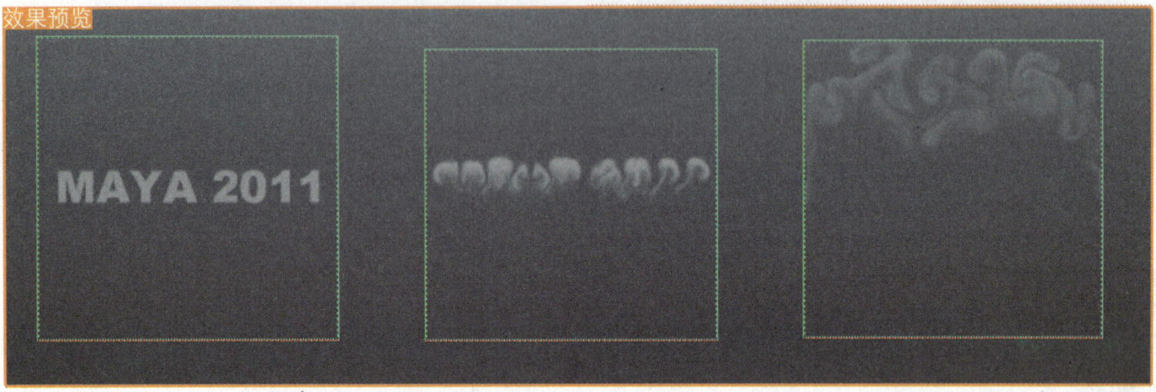

Step 01. 执行 Fluid Effects（流体效果）>Create 2D Container（创建二维容器）命令，建立二维容器。如下图所示。

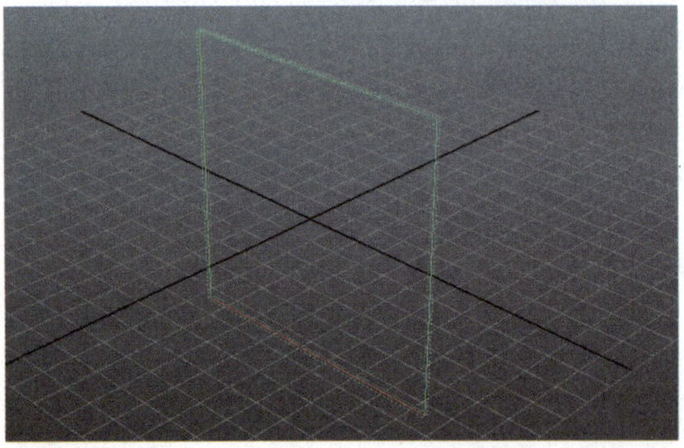

Step 02. 在通道栏中增大二维容器的分辨率，设置 Base Resolution（基本分辨率）值、Resolution W（分辨率 W）值、Resolution H（分辨率 H）值都为 200，如下图所示。

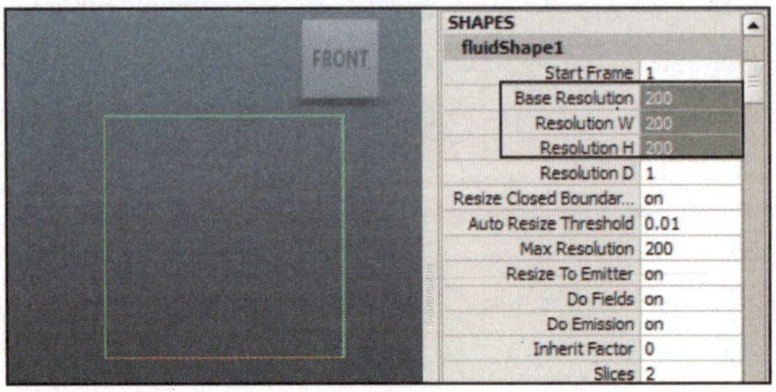

Step 03. 打开 Fluid Effects（流体效果）>Add/Edit Contents（添加/编辑容器）>Paint Fluids Tool（绘制流体工具）命令的选项设置面板，在 Attribute Maps（属性贴图）卷展栏的 Import（导入）卷展栏下，单击 Import（导入按钮），如下图所示。

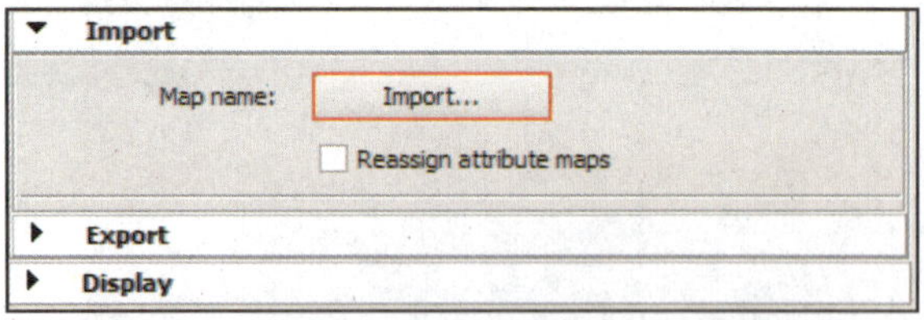

Step 04. 在对话框中选择需要散去的文字图片："sence\chapter 15\15.3\pic1"，如下图所示。

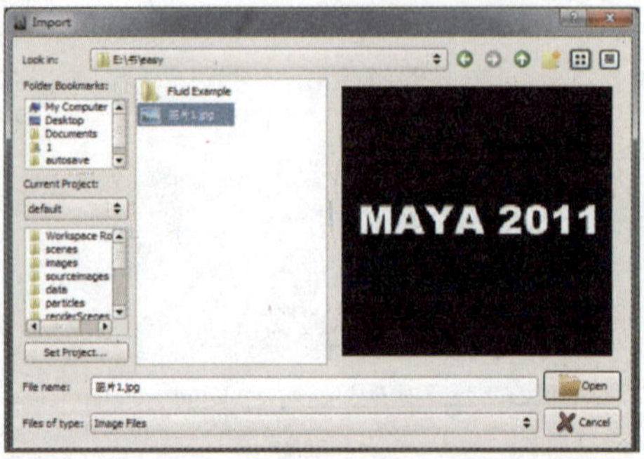

提示 图片可以自行制作，大小根据实际需要，背景为黑色，文字为白色，保存为位图文件格式。

Step 05. 播放动画查看流体效果，可以看到文字的散开，如下图所示。

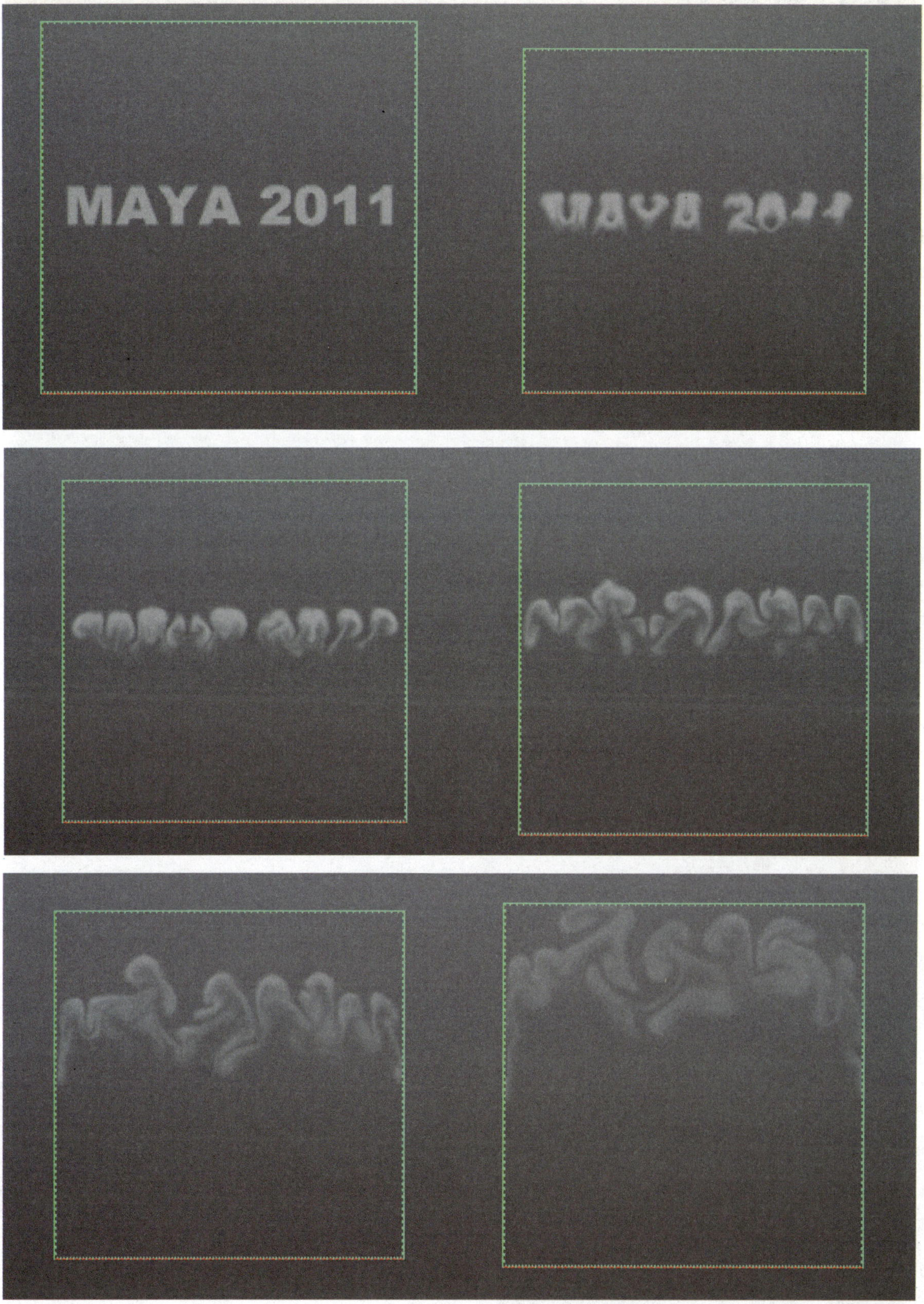

综合案例 17　制作带有阴影的云彩

最终效果　Chapter 14\Final2\create cloud (final) .mb

案例概述　制作带有阴影效果的云彩。

技术难点　1. 掌握流体纹理的使用方法。
2. 掌握流体光照的使用方法。

效果预览

Step 01. 执行 Fluid Effects（流体效果）>Create 3D Container（创建三维容器）命令，建立三维容器，如下图所示。

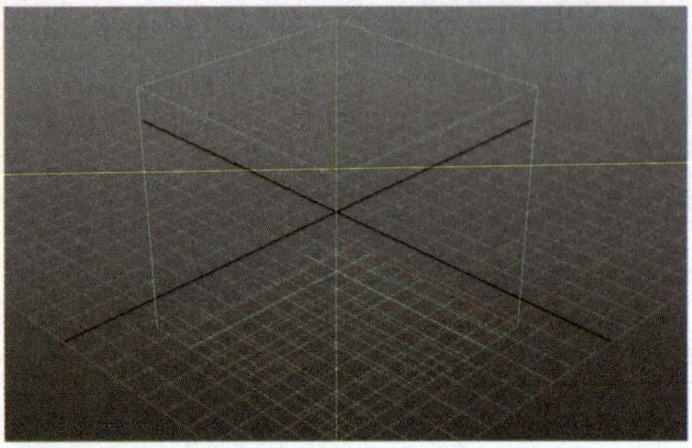

Step 02. 调节三维容器的尺寸，设置 Size（尺寸）值为 50，10，50，并调节 Base Resolution（基本分辨率）值为 50，使容器呈扁平状态，参数设置及效果如下图所示。

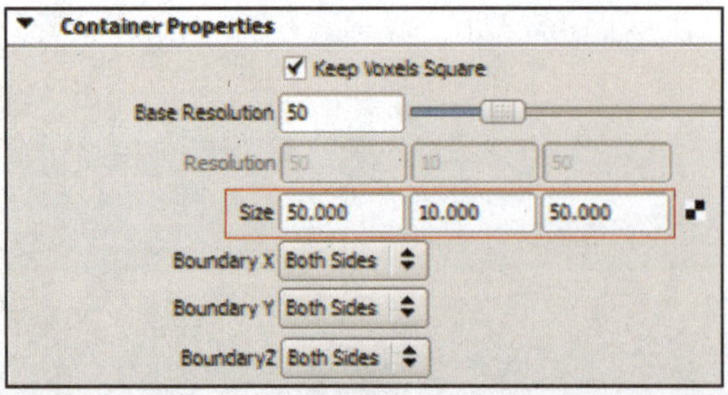

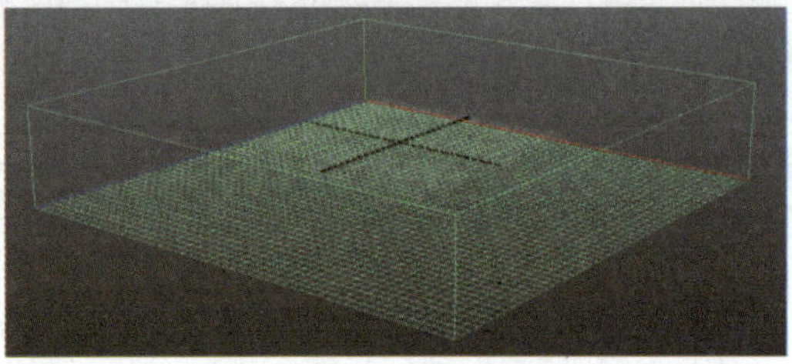

Step 03. 选中容器，按 Ctrl+A 组合键打开属性编辑器，在 Contents Method（内容方法）卷展栏下设置 Density（密度）属性为 Gradient（渐变）选项，Density Gradient（密度渐变）属性为 Constant（恒定）选项，如下图所示。这样在容器中充满了流体。

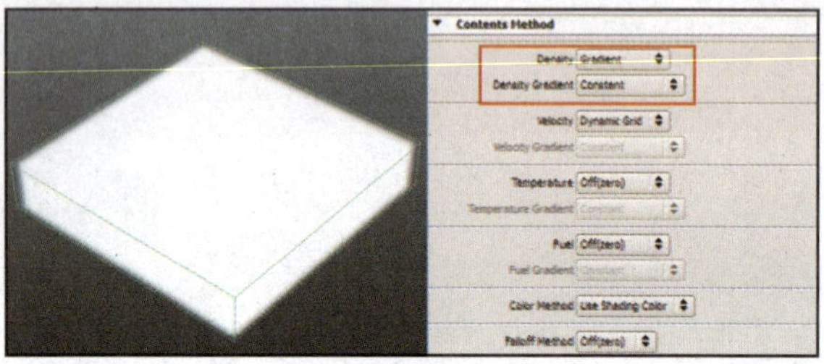

提示　由于云彩不需要持续增加密度，因此在本例中不需要为容器添加发射器。

Step 04. 在 Textures（纹理）卷展栏下，勾选 Texture Opacity（纹理不透明度）复选框，容器中的流体出现透明度的变化，如下图所示。

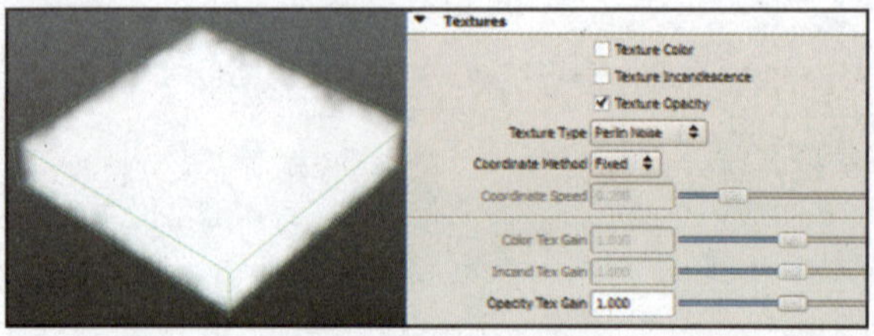

Step 05. 更改 Texture Type（纹理样式）属性为 Billow（翻滚）选项，即类似云彩的圆形纹理，如下图所示。

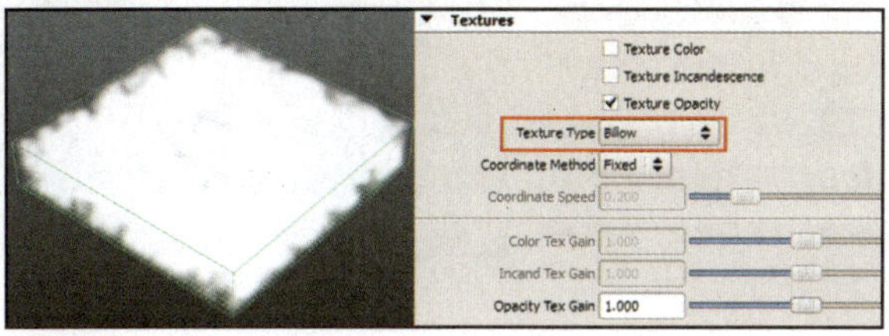

Step 06. 现在容器中的流体还过于密集，也缺乏细节。调节 Amplitude（振幅）值为 0.5，Depth Max（最大深度）值为 4，这样流体整体透明度降低，也出现了更丰富的细节，如下图所示。

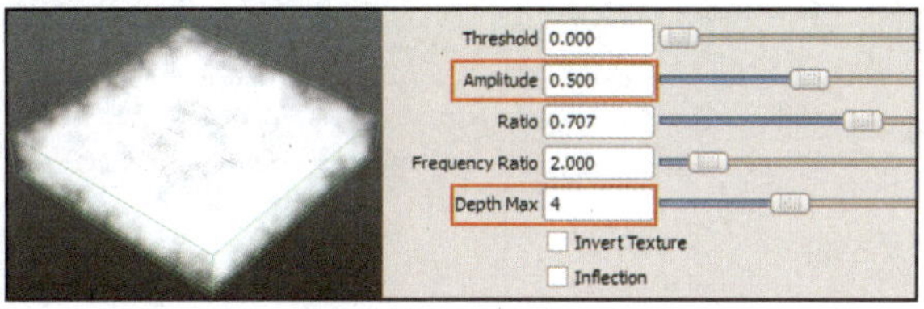

提示 Amplitude（振幅）参数用于控制纹理中颜色最大值与最小值的差别，最小值为完全透明。当 Amplitude（振幅）这个属性数值缩小时，最大值就会随之缩小，因此产生透明的效果。

Step 07. 容器中的流体还是过于密集，并缺少随机变化。调节 Billow Density（翻滚密度）值为 0.6，Spottyness（斑点化度）值为 2，Size Rand（尺寸随机）值为 0.4。场景中的流体变得稀疏，并且出现大小变化，如下图所示。

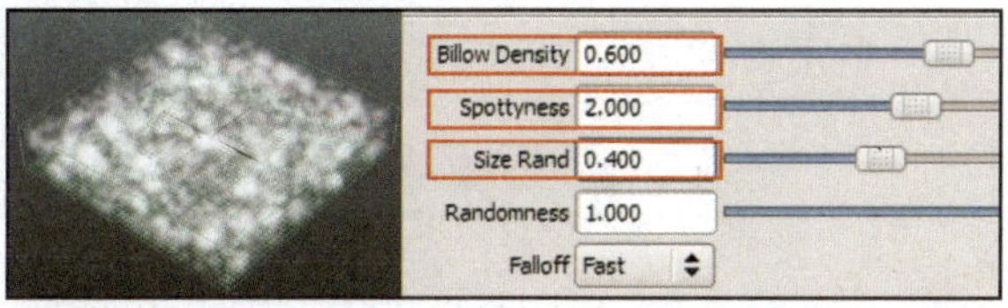

Step 08. 设置 Texture Scale（纹理缩放）值为 2,1,1，使之在 X 轴产生拉伸的效果，如下图所示。

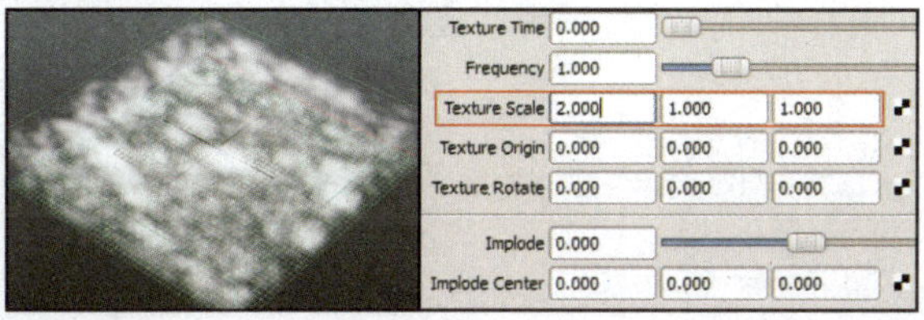

提示 现在场景中的云彩还呈现类似圆形的形状，可以将其缩放，使其更类似平时观察的云彩形态。

Step 09. 修改摄影机的环境颜色，并渲染查看流体形态。此时的整体云层还是不够透明，如下图所示。

Step 10. 在 Shading（阴影）卷展栏下的 Opacity（不透明度）卷展栏中，调节 Opacity 的控制曲线，使不透明的对比更加强烈，参数设置和效果如右图和下图所示。

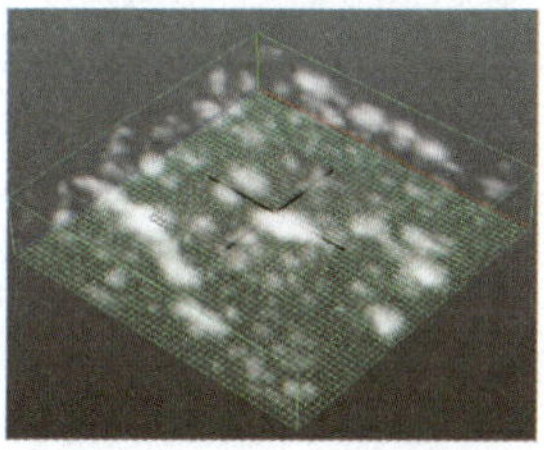

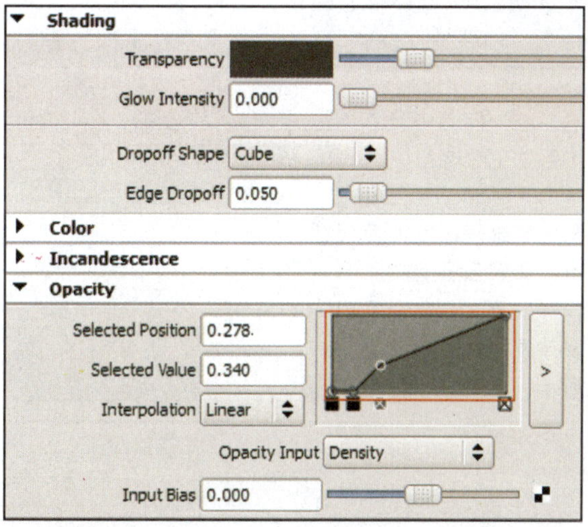

Step 11. 放大视图再次渲染，现在的云层浓密程度已经比较合适，但渲染效果不理想，如下图所示。

1 2 3 4 5 6 7 8 9 10 11 12 13 14 流体 15 16

Step 12. 在 Shading Quality（阴影质量）卷展栏下增大 Quality（质量）参数值，这样就得到了比较好的云彩效果。但是云层只有白色，缺少云层应有的阴影细节，参数设置及效果如下图所示。

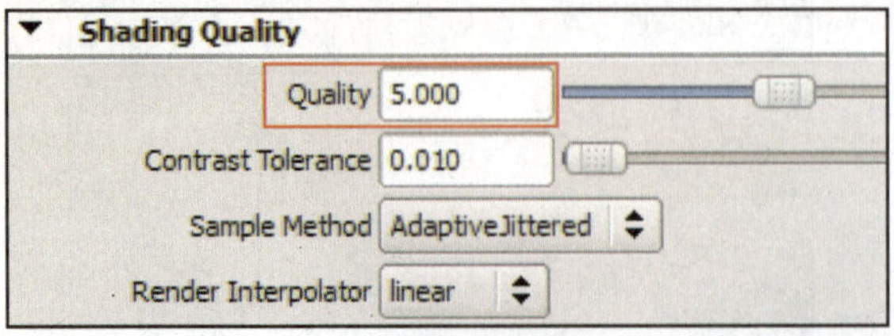

Step 13. 选中流体容器，打开属性编辑器，在 Lighting（照明）卷展栏中勾选 Self Shadow（自阴影）复选框。渲染后可以看到云层上产生投影效果，参数设置及效果如右图和下图所示。

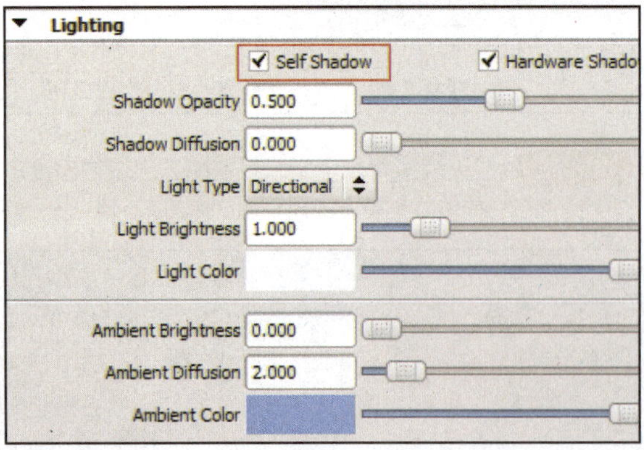

提示 在调节过程中，可以先降低 Shading Quality（阴影质量）卷展栏下的 Quality（质量）参数值，这样可以加快渲染速度。

Step 14. 现在阴影效果有些过于明显，可以通过降低 Shadow Opacity（阴影不透明度）参数值来降低阴影的影响程度。参数设置及效果如右图和下图所示。

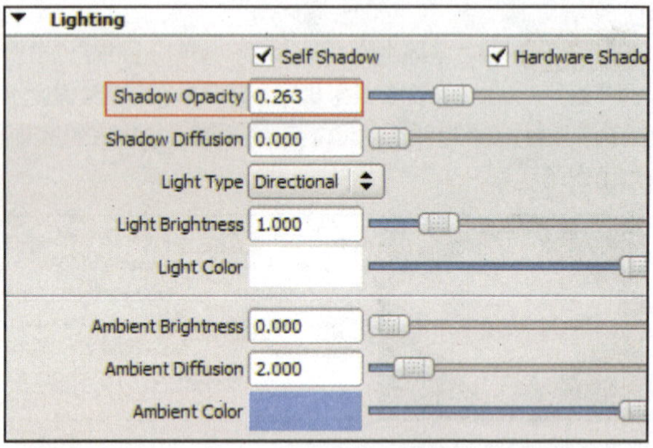

Step 15. 降低阴影浓度后，整体云彩有些灰暗，增加 Ambient Brightness（环境光亮度）参数数值，如下图所示。

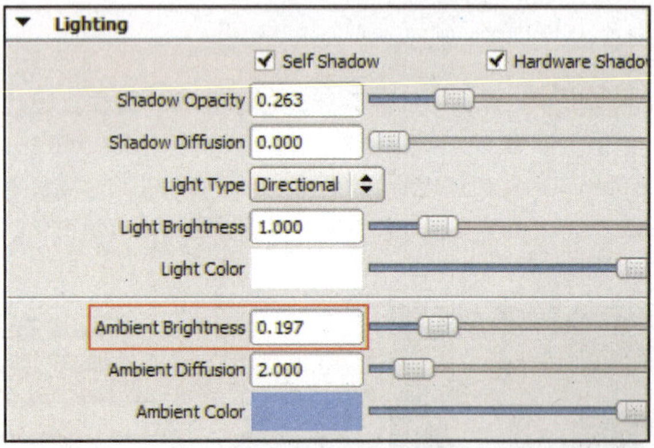

Step 16. 最后渲染云彩，得到了比较合理的阴影效果，为云层增加了细节，如下图所示。

综合案例 18　制作风暴中的海洋

最终效果　Chapter 14\Final3\create ocean（final）.mb

案例概述　制作风暴中的海面效果。

技术难点　1. 掌握海洋各个参数的含义。
2. 组合多种参数实现最终效果。

Step 01. 执行 Fluid Effects（流体效果）>Ocean（海洋）> Create Ocean（创建海洋）命令，如下图所示。

提示　场景中选中的栅格平面为预览平面，外围蓝色栅格平面为海洋平面。预览平面仅用于显示当前海洋上的波浪起伏效果，它的属性设置都用于观察，不会对最终渲染效果产生影响。

Step 02. 单击渲染按钮，查看默认渲染效果。在默认效果下，海洋是如同湖面一样平静的，如下图所示。

Step 03. 想要制作有风浪的海面效果，需要打开属性编辑器，在 Ocean Attributes（海洋属性）展卷栏下增大 Num Frequencies（频率数）值和 Wave Length Max（最大波长）值，设置这两个参数值分别为 20,100。海面出现明显的波动，如下图所示。

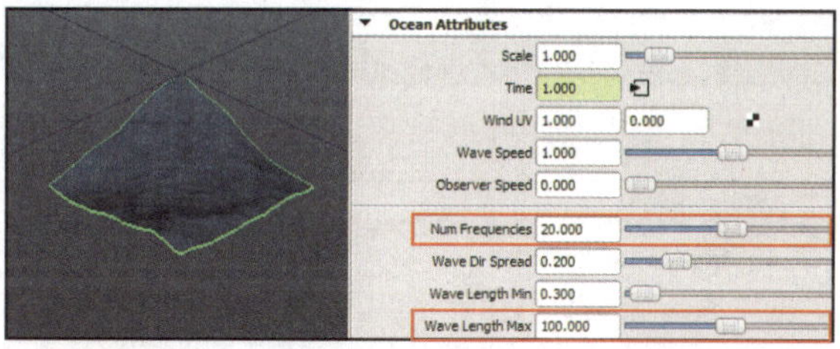

Step 04. 为了便于观察，选中预览平面进行缩放，使之能够更好地体现海面的具体形态，如下图所示。

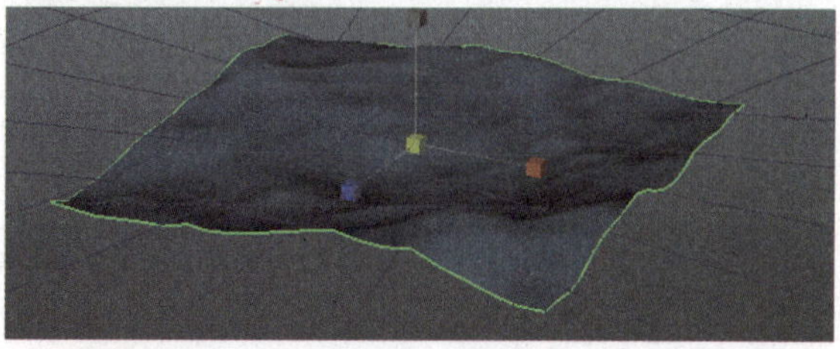

Step 05. 再次渲染场景，观察海面效果。海面已经产生了比较明显的风浪，如下图所示。

Step 06. 通常带有风浪的海面都会产生水花。在Maya中通常使用Foam（泡沫）来模拟水花。调节Foam Emission（发射泡沫）参数值为1.4，Foam Threshold（泡沫阈值）参数值为0.675，并渲染场景，参数设置及效果如下图所示。

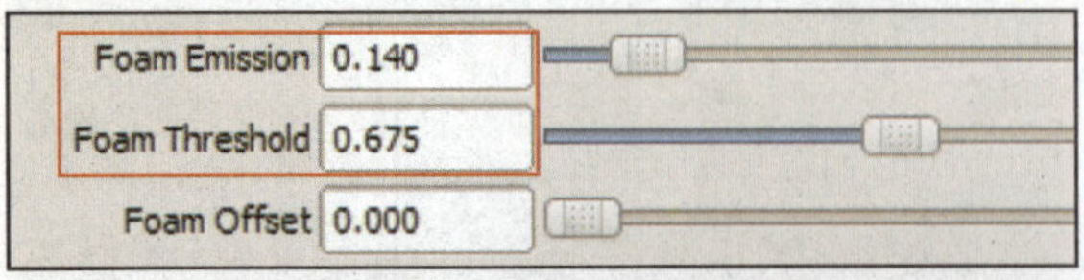

Step 07. 现在的海面变化还不够，要为它增加更多的细节。在Ocean Attributes（海洋属性）展卷栏下的Wave Height（波高度）展卷栏中，调节控制曲线。从预览平面可以看到海面的起伏变得更加明显，参数设置及效果如下图所示。

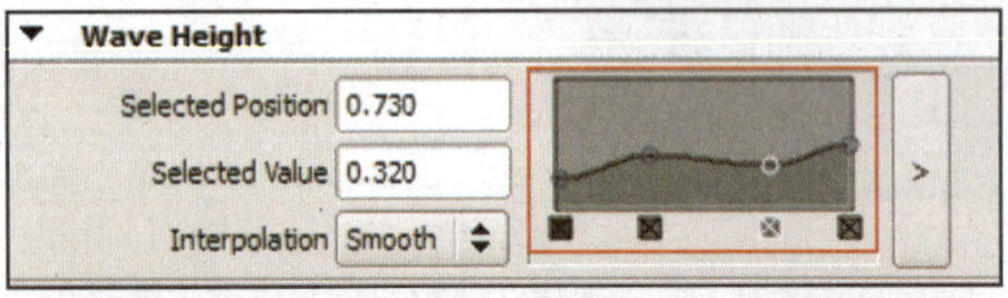

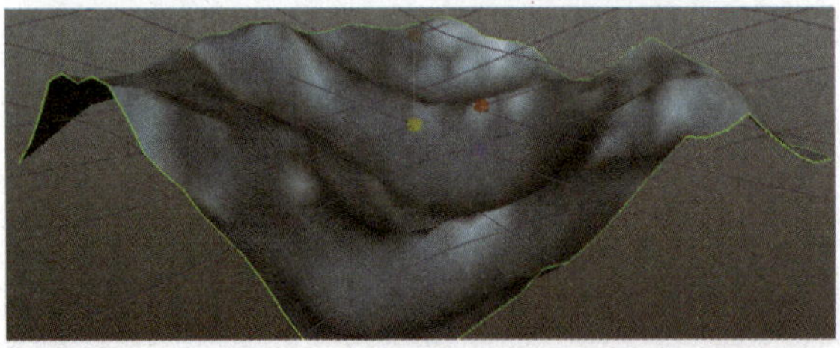

提示 为了使海面波动得相对柔和，可以将Interpolation（插值）属性设置为Smooth（光滑）选项，并对曲线上每一个点都进行这种修改。

Step 08. 在Ocean Attributes（海洋属性）展卷栏下的Wave Turbulence（波纹湍流）展卷栏中对控制曲线进行调节，同样修改每个点的Interpolation（插值）属性为Smooth（平滑）选项，参数设置及效果如下图所示。

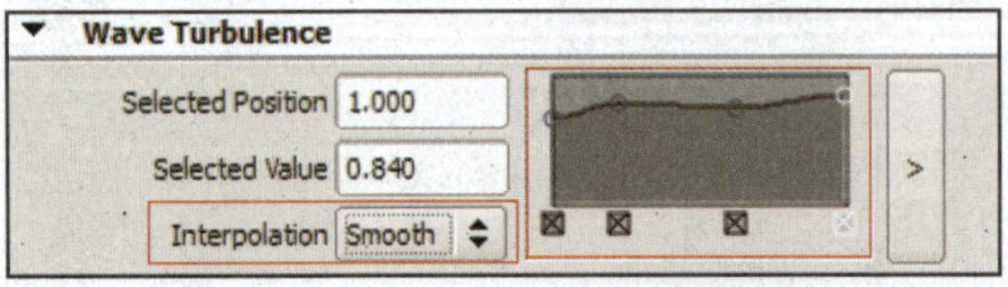

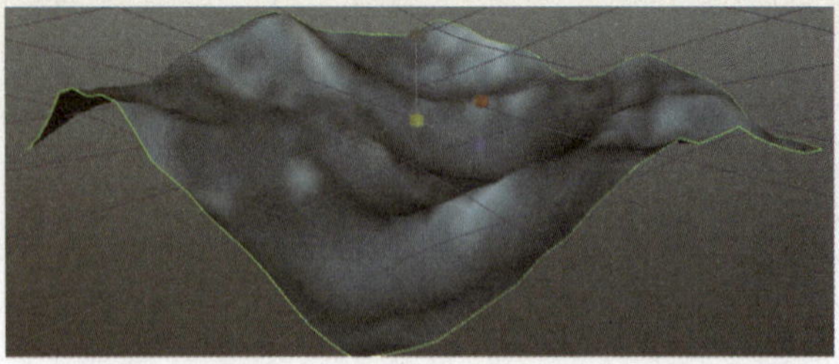

提示 通过对Wave Height（波高度）的设置，海面的起伏变得有些过于明显，适当降低Wave Turbulence（波纹湍流）可以使变化趋于缓和。

Step 09. 现在想要波浪的细节更加丰富和明显，可以在Ocean Attributes（海洋属性）展卷栏下的Wave Peaking（波峰）展卷栏中对控制曲线进行调节，参数设置及效果如下图所示。

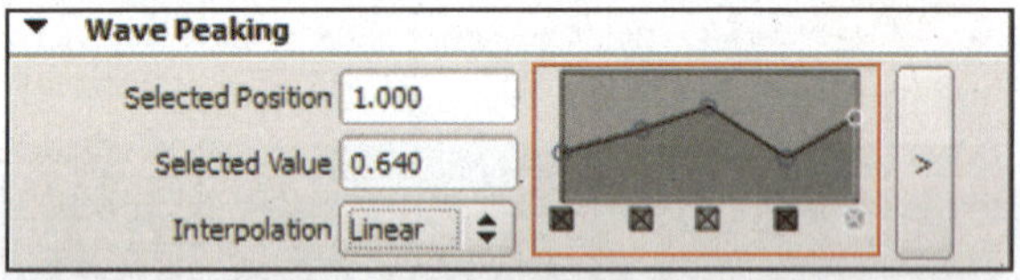

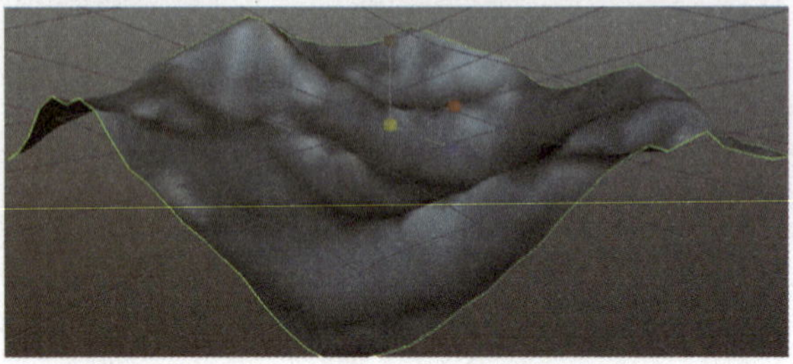

提示 Wave Peaking（波峰）控制着小范围内的起伏效果，保持Interpolation（插值）属性为默认的Linear（线性）选项。

Step 10. 再次渲染海面，就得到了有更多波浪细节的效果，最终效果如下图所示。

Chapter 15

Fur（毛发）系统

创建真实且有质感的动物的毛发不是一件容易的事，Maya 自带的 Fur（毛发）模块为我们提供了一个完整的解决方案。Fur（毛发）系统为我们提供了十多种动物的毛发属性，可供我们直接创建所需毛发并可在此基础上进行修改。Fur（毛发）系统提供了完整的毛发参数，包括：长度、弯曲度、颜色等，使用它可以方便快捷地完成各种动物毛发的创建。Maya 2012 的 Fur （毛发）模块还新增加了 Hair（头发）动力学系统的连接属性，可以制作飘逸的长发。

15.1 加载 Fur（毛发）模块

默认 Fur（毛发）的菜单在 Rendering（渲染）模块中，如果在 Rendering（渲染）模块下没有找到 Fur（毛发）菜单，用户可以自行加载 Fur （毛发）模块。执行 Window（窗口）> Settings/Preferences（设置 / 首选项）> Plug-in Manager（插件管理）命令。在 Plug-in Manager（插件管理）面板窗口中勾选 Fur.mll 后面的 Loaded（加载）复选框，加载 Fur（毛发）模块，如下图所示。

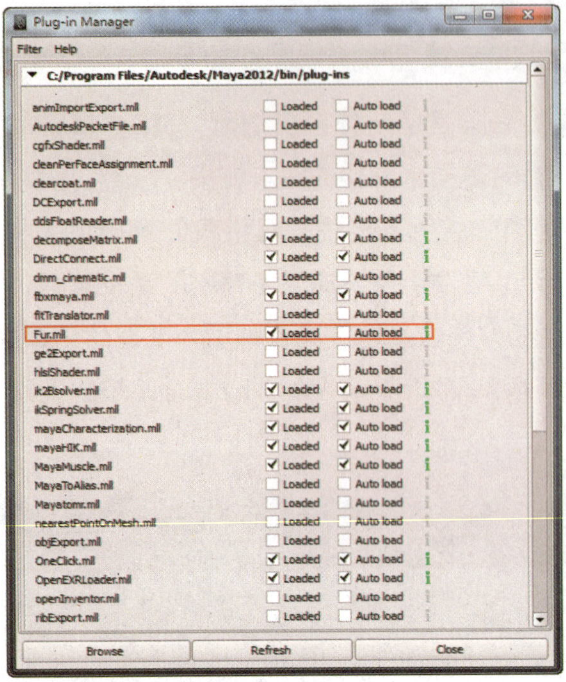

15.2 Fur（毛发）的创建及属性编辑

下面，我们来学习创建毛发，并对其进行编辑。

15.2.1 创建 Fur（毛发）

建立 Maya Fur（毛发）有两种途径。一种是拾取 Maya 预置给用户的毛发，在此基础上进行修改加工；另一种是用户自己创建默认的毛发，所有参数属性都由用户自己调节。

在 Maya 默认的工具架上，Fur（毛发）标签下提供了系统预置的多达 18 种毛发，如下图所示。用户可以方便地选择任意一种进行毛发的创建。

进阶练习：创建系统预设毛发

最终文件： Chapter 15\15.2\create preset fur（final）.mb

01 创建一个 NURBS 球体，如下图所示。

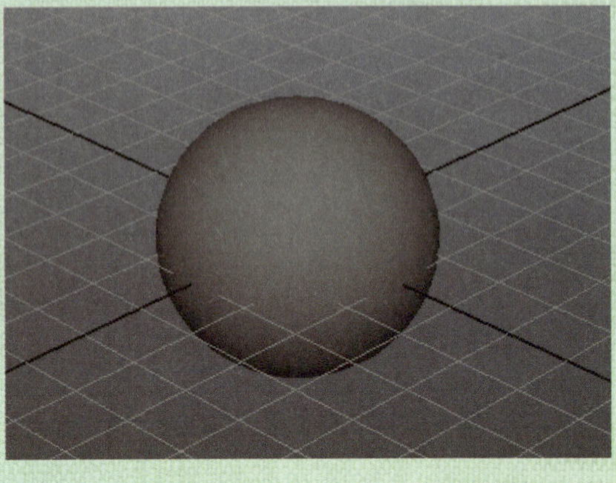

02 选中 NURBS 球体，单击预置毛发中的 Lion Mane（狮鬃），给球体添加毛发，如下图所示。

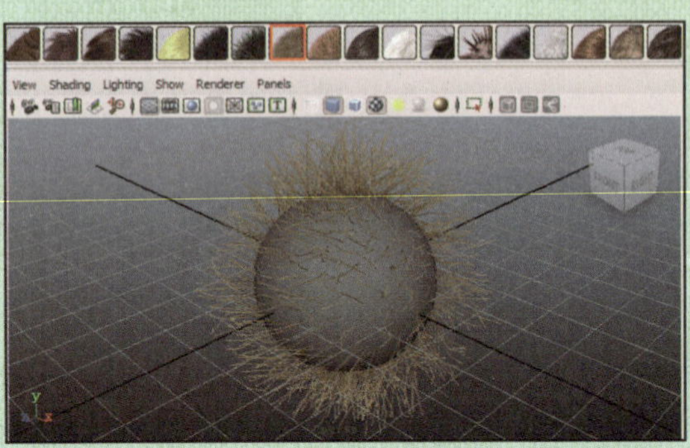

03 渲染后观察效果，如下图所示。

04 选中创建的毛发物体，打开属性编辑器，单击 FurDespription（毛发描述）属性右侧的 Presets（预设）按钮，可以方便地替换成其他想要的毛发类型，如下图所示。

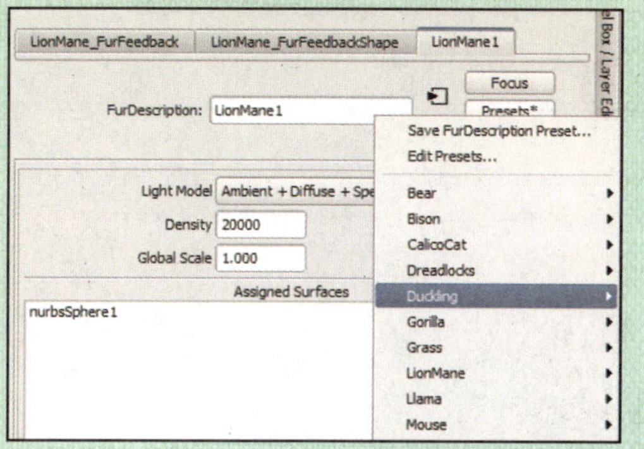

15.2.2 Fur（毛发）显示属性面板

选中已创建的毛发物体，打开属性编辑器，在nurbsSphere1_FurFeedbackShape（毛发反馈形态）标签中，可以修改毛发的硬件显示状态，如下图所示。

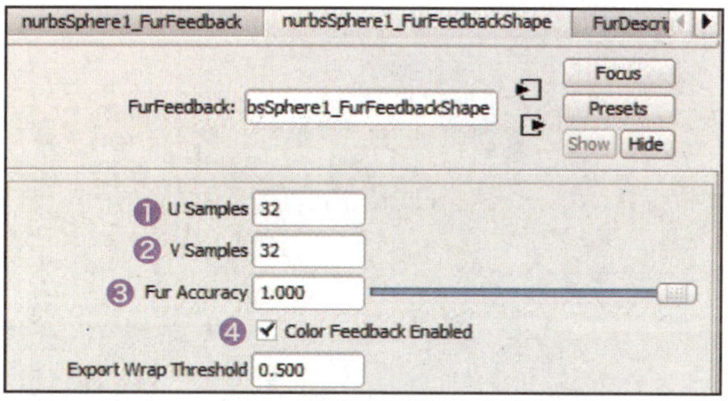

❶ U Samples（U向采样数）：表示模型在U方向显示毛发的数量。

❷ V Samples（V向采样数）：表示模型在V方向显示毛发的数量，如下图所示。

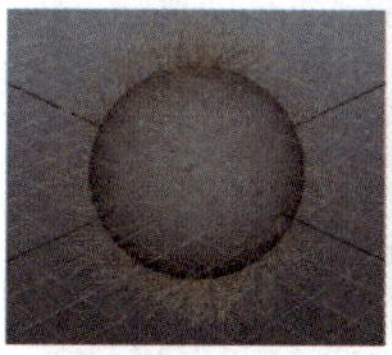

U Samples=32
V Samples=32

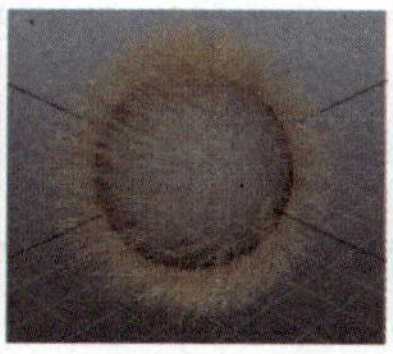

U Samples=64
V Samples=64

U Samples=128
V Samples=128

❸ Fur Accuracy（毛发精确度）：可调节视图中毛发显示的精确度，数值越高显示的毛发越精细，如下图所示。

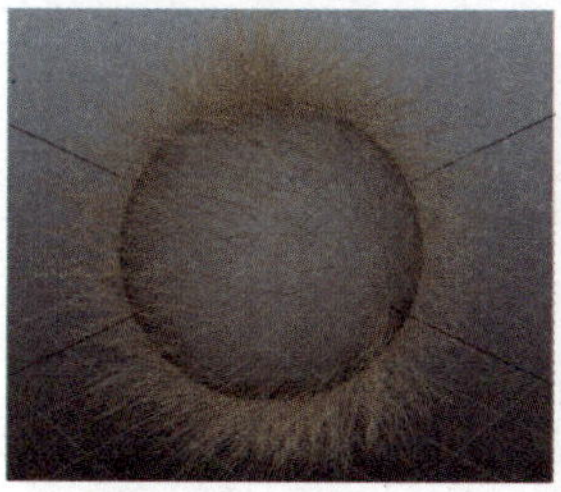

Fur Accuracy=0

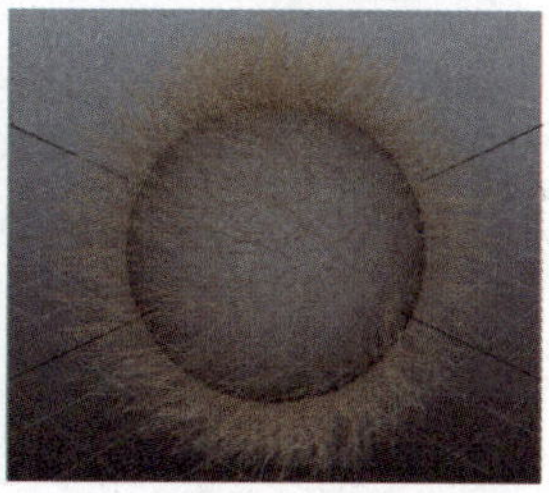

Fur Accuracy=1

❹ Color Feedback Enabled（已启用颜色反馈）：勾选该复选框可让毛发在视图中显示颜色，如下图所示。

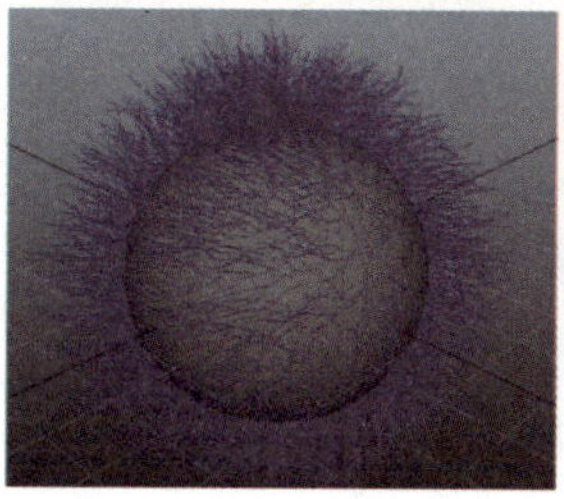

不勾选

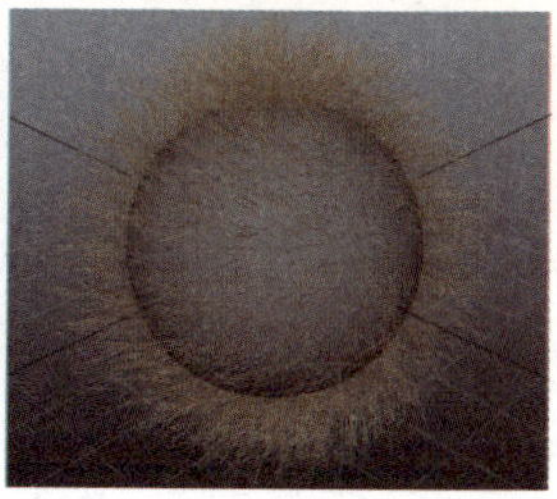

勾选

15.2.3 为毛发添加阴影

可以为Fur（毛发）添加阴影属性，这样的毛发看上去会比较有立体感和真实感，如下图所示。

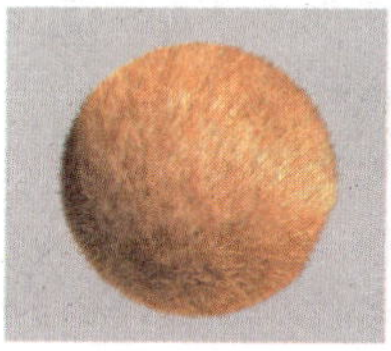

没有为灯光添加Fur（毛发）阴影属性

为灯光添加Fur（毛发）阴影属性，灯光使用Depth map（深度贴图）阴影

为灯光添加Fur（毛发）阴影属性，灯光使用Raytrace（光线追踪）阴影

用于控制灯光对毛发影响的相关参数集中在Fur Shading/Shadowing（毛发明暗处理/阴影）卷展栏中，用户可以展开灯光的属性编辑器进行查看，如下图所示。

提示 用于影响毛发的灯光需要先执行Fur（毛发）> Fur Shadowing Attributes（毛发阴影属性）> Add to Selected Light（添加到选定灯光）命令，添加到毛发系统中。

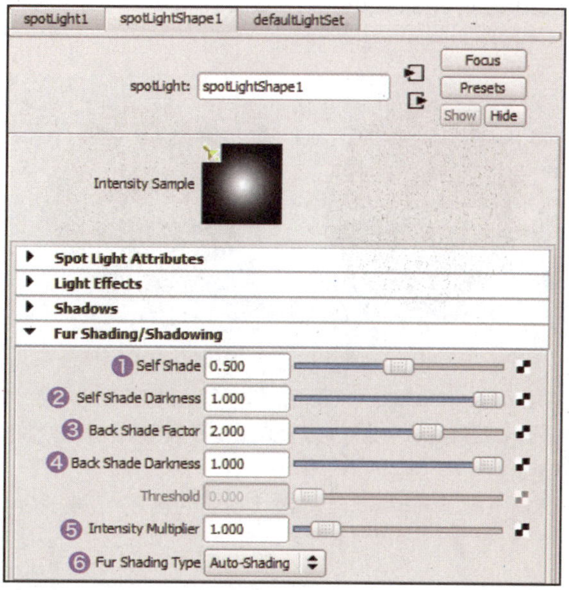

❶ Self Shade（自阴影）：设置从每根毛发根部得到阴影的距离。0 为没有阴影；1 为阴影充满毛发，如下图所示。

Self Shade=0.3

Self Shade=0.8

❷ Self Shade Darkness（自阴影黑暗度）：设置每根毛发阴影的暗度，使阴影有毛发的颜色。0 为阴影全部为毛发颜色；1 为不显示毛发颜色，如下图所示。

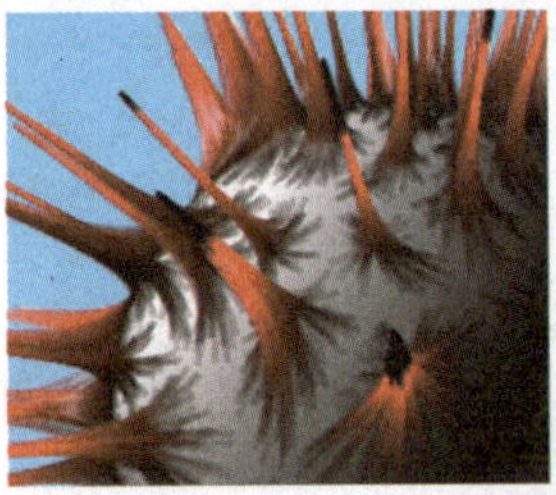

Self Shade Darkness=0.3

Self Shade Darkness=0.7

❸ Back Shade Factor（背面阴影因子）：设置全部毛发被照亮区域和未被照亮区域的衰减度。0 为没有衰减；2 过渡相对自然；3 衰减比较突兀，如下图所示。

Back Shade Factor=3

Back Shade Factor=2

Back Shade Factor=1

❹ Back Shade Darkness（背面阴影黑暗度）：设置全部毛发暗部的阴影。0 为暗部没有阴影；1 为暗部充满阴影，如下图所示。

Back Shade Darkness=1

Back Shade Darkness=0

❺ Intensity Multiplier（强度倍增）：灯光强度的倍数器，来调节照射到毛发上灯光的强度。对于照射到物体上的灯光强度没有影响。

❻ Fur Shading Type（毛发阴影类型）：控制开关阴影效果。

进阶练习：为毛发添加阴影

原始文件： Chapter 15\15.2\fur shadow(original).mb
最终文件： Chapter 15\15.2\fur shadow(final).mb

01 打开本书配套光盘中的原始文件，场景中有一个已经添加了毛发的 NURBS 球体和用于接收阴影的平面，如下图所示。

02 在添加灯光之前，先进行渲染，观察效果如下图所示。

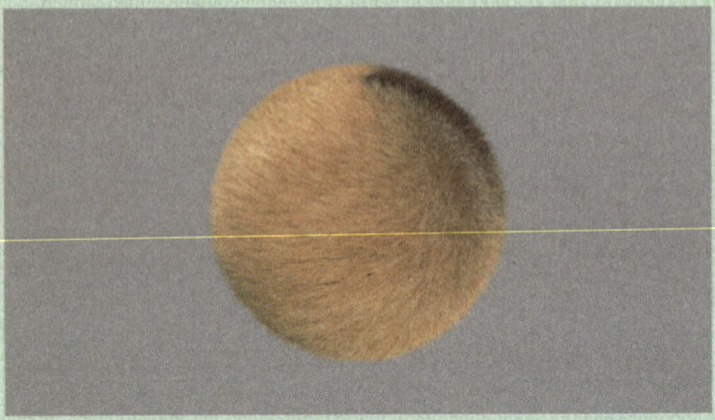

03 执行 Create（创建）>Lights（灯光）>Spot Light（聚光灯）命令，为场景添加一盏聚光灯，如下图所示。

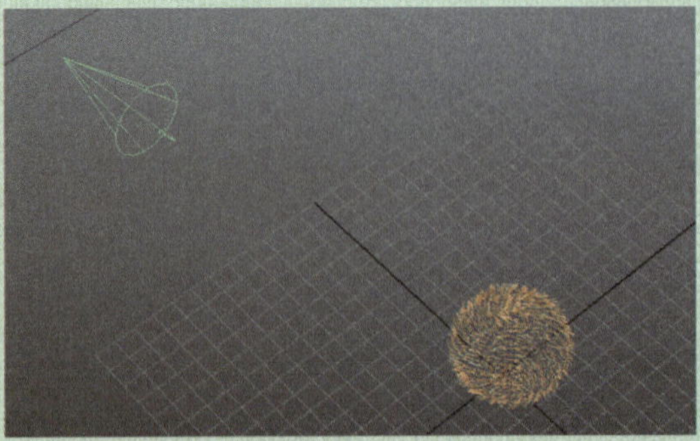

04 选中聚光灯，执行 Fur（毛发）>Fur Shadowing Attributes（毛发阴影属性）> Add to Selected Light（添加到选定灯光）命令，为所选的聚光灯添加毛发阴影。当命令执行完成后，在聚光灯的属性编辑器中出现 Fur Shading/Shadowing（毛发明暗处理 / 阴影）卷展栏，如下图所示。

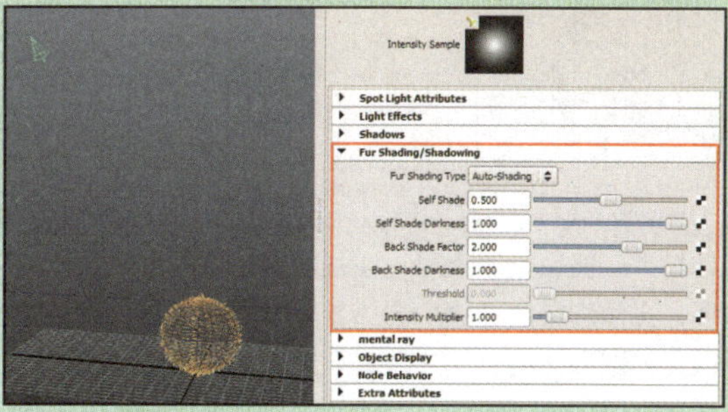

05 选中聚光灯，打开属性编辑器，在 Shadows（阴影）卷展栏下勾选 Use Depth Map Shadows（使用深度贴图阴影）复选框，如下图所示。

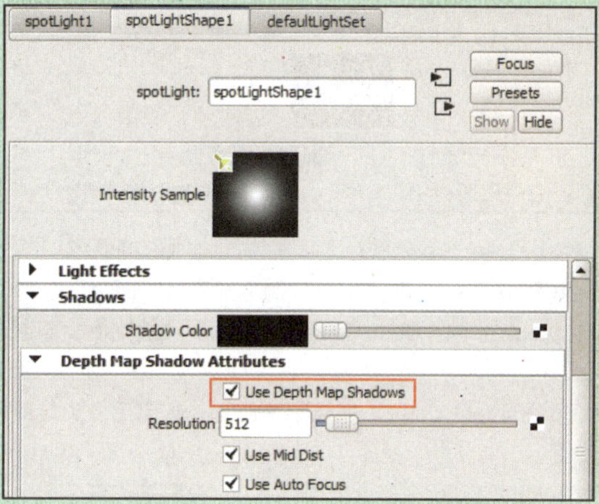

06 渲染观察效果，可以看到受到灯光影响，毛发及物体都产生合理的阴影效果，如下图所示。

提示：读者可以根据上述具体参数的描述，尝试调节毛发阴影的效果。

15.3 详解 Fur（毛发）菜单

毛发相关的所有命令都集中在 Rendering（渲染）模块的 Fur（毛发）菜单组中，如下图所示。

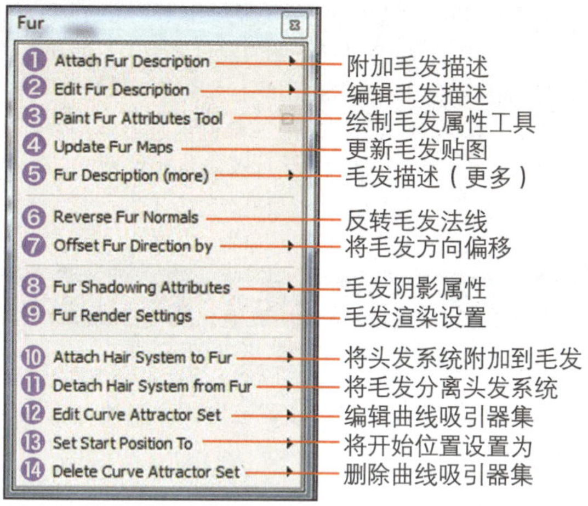

❶ Attach Fur Description（附加毛发描述）：为选中物体创建一个新的毛发系统。

❷ Edit Fur Description（编辑毛发描述）：编辑毛发系统，当场景中有多个毛发系统时，使用它可以方便地选择到我们需要编辑的那个毛发系统。

❸ Paint Fur Attributes Tool（绘制毛发属性工具）：绘制毛发属性，我们可以使用该命令提供的笔刷对所创建的毛发属性进行修改。打开该命令的选项卡，Fur Attribute（毛发属性）属性下拉菜单提供了几十种毛发的属性设置，其中包括：方向、长度、弯曲度、颜色等等，我们可以选择所需要修改的属性进行绘制。Fur Description（毛发描述）选项可以让我们选择绘制哪一个毛发系统，如右图所示。

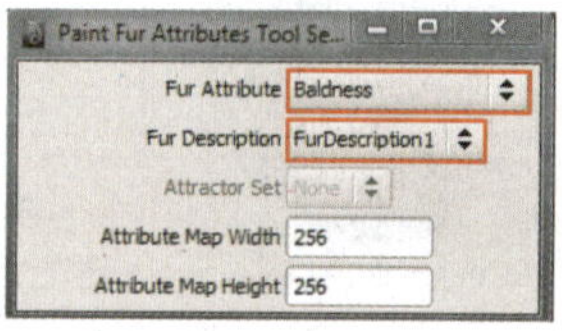

❹ Update Fur Maps（更新毛发贴图）：更新毛发贴图。

❺ Fur Description（more）[毛发描述（更多）]：里面包含了移除、复制毛发类型等命令。

❻ Reverse Fur Normals（反转毛发法线）：反转毛发的法线方向。

❼ Offset Fur Direction by（将毛发方向偏移）：偏移毛发的方向。

❽ Fur Shadow Attributes（毛发阴影属性）：该菜单下有两个命令，Add to Selected Light（给所选择的灯光加上毛发阴影属性）和 Remove from Selected Light（从所选择的灯光上移除）。

❾ Fur Render Setting（毛发渲染设置）：毛发的渲染设置。

❿ Attach Hair System to Fur（将头发系统附加到毛发）：给毛发添加 Hair（头发）动力学系统，实现动态效果。

⓫ Detach Hair System to Fur（将毛发分离头发系统）：

移除该毛发的 Hair（头发）动力学系统。

⑫ Edit Curve Attractor Set（编辑曲线吸引器集）：当为 Fur（毛发）创建了 Hair（头发）属性以后就会出现"FurCurveAttractor"（毛发曲线吸引器）属性节点，这个节点可以帮助我们控制 Fur（毛发）与 Hair（头发）动力学系统之间的关系。

⑬ Set Start Position To（将开始位置设置为）：使动力学曲线与 Fur（毛发）的形态相匹配。

⑭ Delete Curve Attractor Set（删除曲线吸引器集）：删除 Fur（毛发）与 Hair（头发）连接的属性节点。

15.4 详解 Fur（毛发）属性面板

创建毛发后，打开属性编辑器，在 FurDescription1（毛发描述）标签下，可以设置毛发的主要属性，如下图所示。

❶ Light Model（灯光模型）：控制渲染时毛发输出的效果。

❷ Ambient Only（仅环境光）：只有 Base Ambient Color（根部环境色）和 Tip Ambient Color（尖端环境色）用于最终颜色计算。当 Base Ambient Color（根部环境色）和 Tip Ambient Color（尖端环境色）均为黑色时，毛发整体呈黑色，如下图所示。

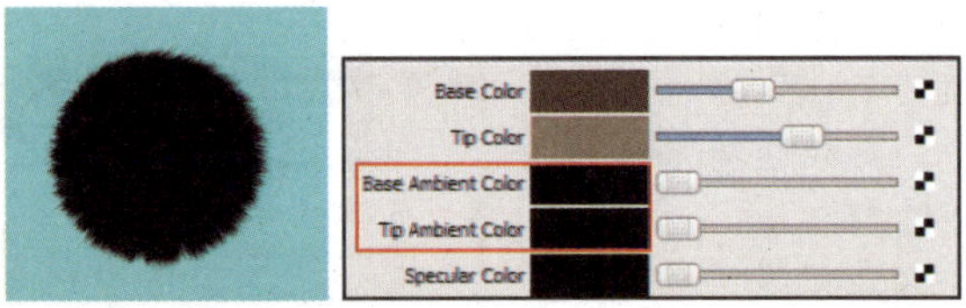

❸ Ambient + Diffuse （环境光 + 漫反射）模式：Base Color（根部颜色）和 Base Ambient Color（根部环境色）产生叠加，Tip Color（尖端颜色）和 Tip Ambient Color（尖端环境色）产生叠加，如下图所示。

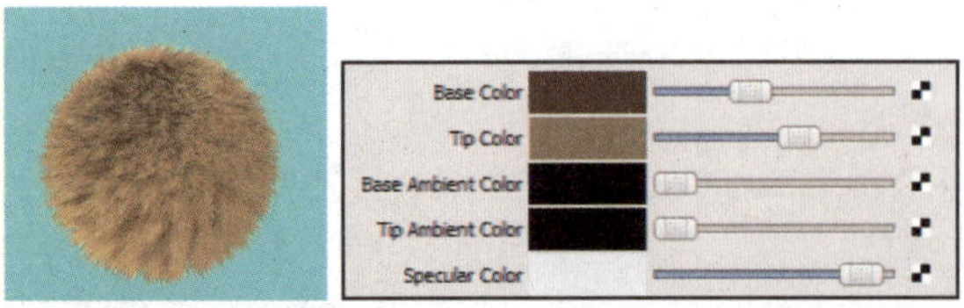

❹ Ambient + Diffuse + Specular（环境光 + 漫反射 + 镜面反射）模式：在 Ambient + Diffuse （环境光 + 漫反射）模式基础上增加高光颜色。高光颜色主要由 Specular Color（镜面反射颜色）决定。

❺ Specular Only（仅镜面反射）模式：只渲染毛发的高光，主要用于合成，如下图所示。

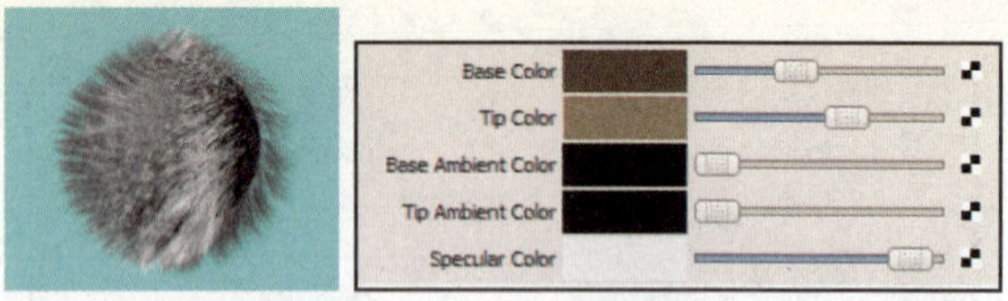

❻ Density（密度）：控制实际毛发数量，该值越高毛发量就越大。但数值很大时，在视图中操作时刷新的速度就越慢，当然渲染的速度也会随着数值的增多而变得很慢。所以在初期调整的时候该数值不宜过大。

❼ Global Scale（全局比例）：相当于倍数器。影响 Length（长度）、Base Width（根部宽度）、Tip Width（尖端宽度）、Offset（偏移）等几个属性。

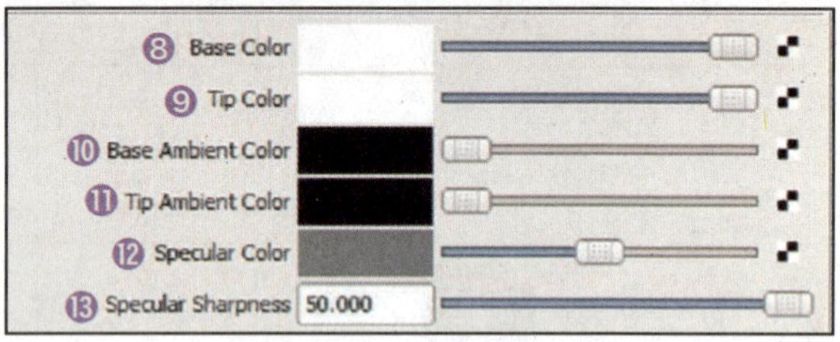

❽ Base Color（基础颜色）：控制毛发根部的颜色。

❾ Tip Color（尖端颜色）：控制毛发尖端的颜色。

❿ Base Ambient Color（根部环境色）：控制毛发根部环境光颜色。

⓫ Tip Ambient Color（尖端环境色）：控制毛发尖端环境光颜色。

⓬ Specular Color（镜面反射颜色）：控制高光部分颜色。

⓭ Specular sharpness（镜面反射锐度）：控制高光的模糊程度。

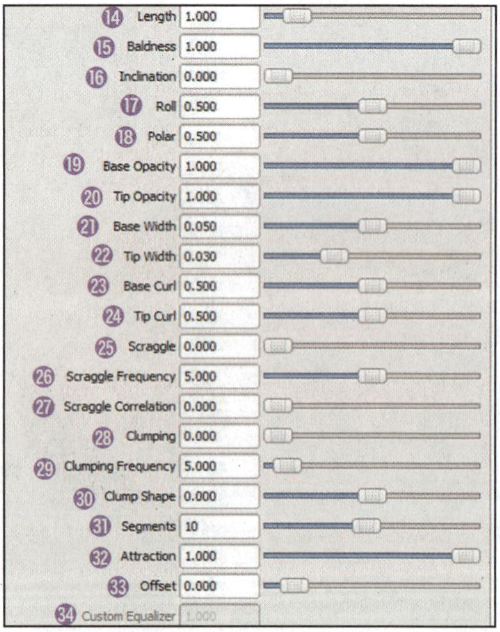

⓮ Length（长度）：控制毛发长度。

⓯ Baldness（光秃度）：控制毛发分布。

⓰ Inclination（倾斜度）：值为 1 时毛发与平面法线垂直，

与平面平行；值为 0 时，延平面法线方向。取值区间为 0~1，无法设置负值使毛发方向与法线方向相反，如下图所示。

Inclination=0

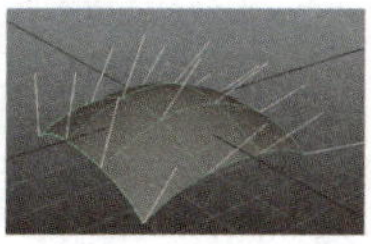
Inclination=0.5

Inclination=1

⑰ Roll （侧滚）：沿倾斜度平面的垂直平面旋转，如下图所示。

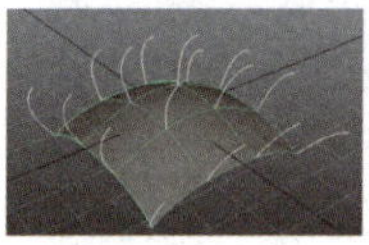
Roll=0.5

Roll=0

Roll=1

⑱ Polar（极面）：围绕法线方向旋转。如果倾斜度值为 0，同时 Base Curl（根部卷曲）和 Tip Curl（尖端卷曲）值为 0.5 时，Polar（极面）属性调节将看不到效果，如下图所示。

Polar=0.2

Polar=0.5

Polar=0.8

⑲ Base Opacity（根部不透明度）：控制毛发根部不透明度。
⑳ Tip Opacity（尖端不透明度）：控制毛发尖端不透明度。
㉑ Base Width（根部宽度）：控制毛发根部宽度。
㉒ Tip Width（尖端宽度）：控制毛发尖端宽度。
㉓ Base Curl（根部卷曲）： 使毛发根部发生弯曲。数值可以通过输入来实现小于 0 或大于 1。
㉔ Tip Curl（尖端卷曲）：使毛发尖端发生弯曲。数值可以通过输入来实现小于 0 或大于 1。
㉕ Scraggle（扭曲度）：给毛发添加随机弯曲效果。默认值为 0。0 为没有起伏；1 为完全起伏，如下图所示。

Scraggle=0

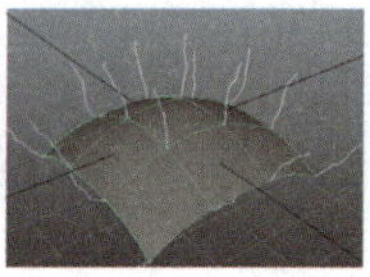
Scraggle=0.3

Scraggle=0.5

㉖ Scraggle Frequency（扭曲频率）：得到更多弯曲细节，如下图所示。

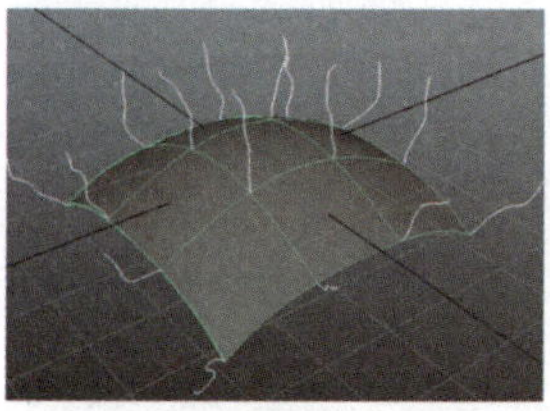
Scraggle Frequency=3

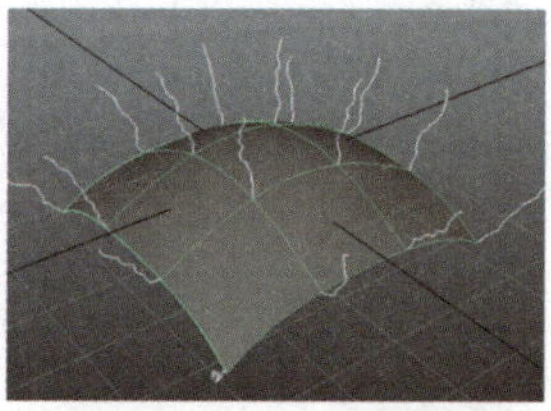
Scraggle Frequency=10

㉗ Scraggle Correlation（扭曲相关性）：调节每根毛发的弯曲相关程度。设为 1 时，每根毛发弯曲方式相同；设为 0 时，每根毛发弯曲方式不同。
㉘ Clumping（成束）：使毛发产生结块效果。
㉙ Clumping Frequency（成束频率）：控制毛发结块数量。
㉚ Clumping shape （成束形状）：改变毛发结块效果。
㉛ Segments（分段）：改变毛发段数，使毛发卷曲顺滑程度改变。
㉜ Attraction（吸引力）：控制毛发对于牵引工具的引力大小。
㉝ Offset （偏移）：调节毛发对于表面的吸附程度。数值越大，毛发偏移表面越远，如下图所示。

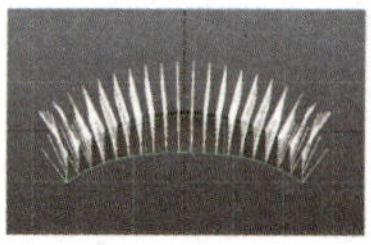
Offset=0

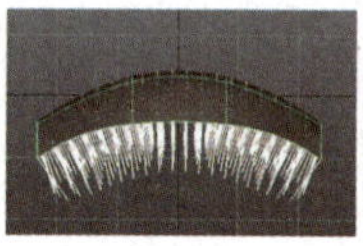
Offset=-1

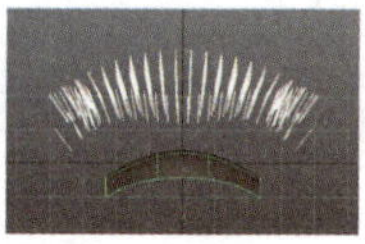
Offset=2

㉞ Custom Equalizer （自定义均衡器）：控制毛发密度分布。可在模型布线密集处得到更多毛发，也可链接黑白贴图进行控制。该属性平时为灰色隐藏不可用，要激活 Fur 菜单的 Fur Render Settings （毛发渲染设置）命令才可用。

15.5 使用绘制毛发属性工具

Paint Fur Attributes Tool（绘制毛发属性工具），可实现对毛发属性的局部修改，便于实例中对 Fur（毛发）的控制。

执行 Fur（毛发）>Paint Fur Attributes Tool（绘制毛发属性工具）命令，弹出毛发绘制属性工具对话框，如下图所示。

❶ Fur Attribute（毛发属性）：用于选择绘制的毛发属性，在可选的下拉菜单中包括所有控制毛发的各项属性。例如：选择 Direction（方向）可以通过绘制控制毛发生长的方向。
❷ Fur Description （毛发描述）：用于选择绘制的毛发对象。在可选的下拉菜单中包括当前场景中所有的毛发物体。
❸ Attribute Map Width\Height（属性贴图宽度 \ 长度）：用于设置属性贴图的分辨率。

打开 Fur（毛发）>Paint Fur Attributes Tool（绘制毛发属性工具）命令的选项设置面板，如下图所示。

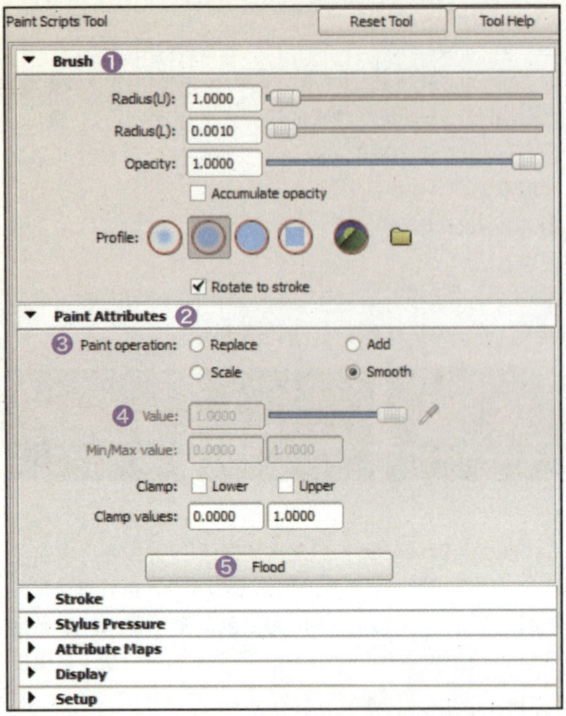

❶ Brush（笔刷）：该卷展栏用于设置笔刷的粗细、过渡、透明度、轮廓等属性。与所有绘制工具中的笔刷完全一致。

❷ Paint Attributes（绘制属性）：该卷展栏用于设置绘制的操作类型、数值等属性。

❸ Paint operation（绘制操作）：包括 Replace（替换）、Add（添加）、Scale（缩放）、Smooth（平滑）4 种操作类型。

提示 想要实现平滑过渡的效果，可以使用 Smooth（平滑）类型的绘制方法。

❹ Value（值）：用于设置笔刷所带的数值大小。

提示 这里的 Value（值）是针对当前绘制的毛发属性的。例如在 Fur Attribute（毛发属性）中选择的是 Baldness（光秃度）属性，当数值为 0 时，代表笔刷绘制位置的毛发将被去除；当数值为 1 时，笔刷绘制的位置会生长出预设密度的毛发。如果在 Fur Attribute（毛发属性）中选择的是 Length（长度）属性，绘制时改变的就不是毛发的“疏密”而是“长短”。绘制不同毛发属性时，Value（值）对应不同的功能。

❺ Flood（整体应用）：使用当前 Value（值）填充所有区域。

在使用绘制工具修改毛发属性时，需要结合上述两个面板共同控制绘制的效果。下面就以一个简单的例子来介绍这个工具的用法。

进阶练习：为毛发添加阴影

原始文件：
Chapter 15\15.5\paint fur attributes(original).mb
最终文件：
Chapter 15\15.5\paint fur attributes(final).mb

01 打开本书配套光盘中的原始文件，可以看到场景中有一个已经分好 UV 的人物头部模型，如右图所示。

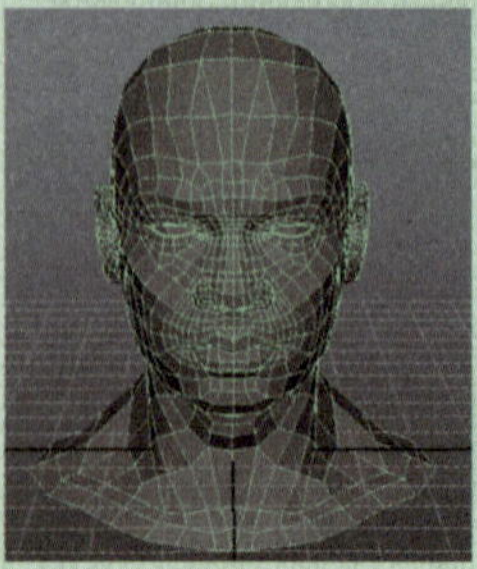

提示：在对模型进行任何绘制操作时，要确认模型都应带有没有任何重合的 UV，否则会出现不可预计的错误。

02 选中模型，执行 Attach Fur Description（添加毛发描述）>New（创建）命令，创建一套毛发，效果如右图所示。

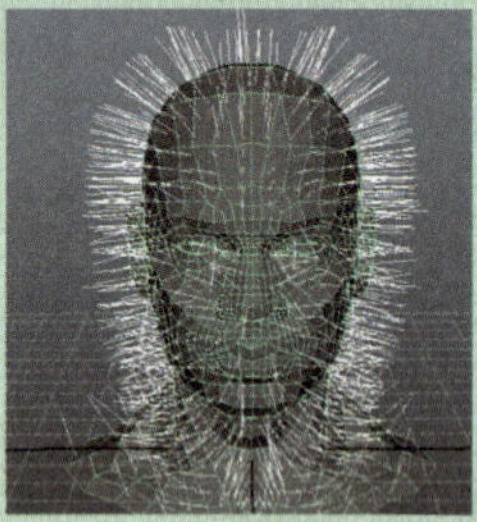

提示：新建毛发后会发现，毛发出现在模型全部有 UV 的地方，并不是只生长在本案例需要的头顶位置。

03 选中毛发，打开 Fur（毛发）>Paint Fur Attributes Tool（绘制毛发属性工具）命令的选项设置面板。在弹出的 Paint Fur Attributes Tool Settings（绘制毛发属性工具设置）窗口中，将 Fur Attribute（毛发属性）改为 Baldness（光秃度）类型，并在 Fur Description（毛发描述）里选择我们刚刚建立的 FurDescription1（毛发描述 1）选项，如右图所示。

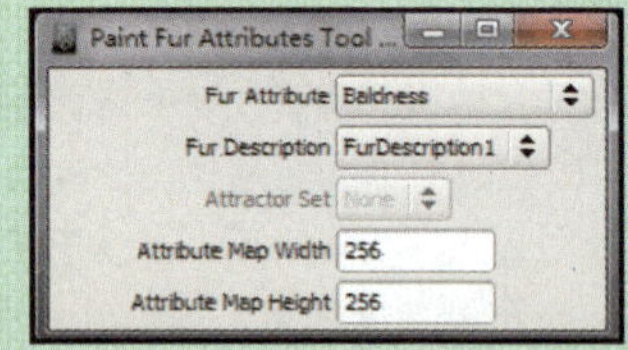

04 在绘制毛发属性工具命令的选项设置面板中，找到 Paint Attributes（绘制属性）卷展栏，将 Value（值）设为 0，并单击下面的 Flood（整体应用）按钮，如下图所示，此时会发现人物模型上面没有了毛发。

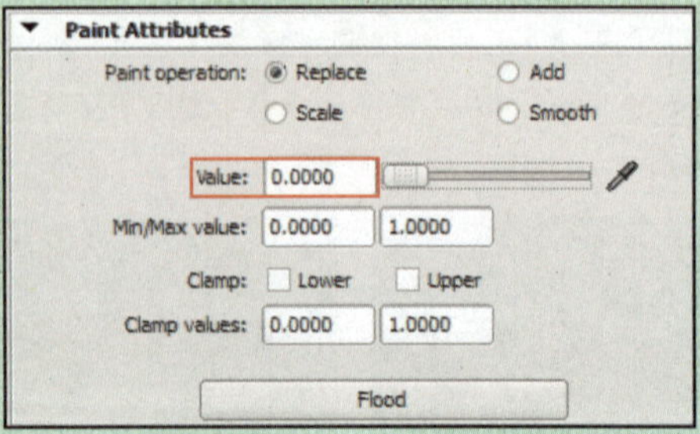

提示：由于选择了 Baldness（光秃度）作为当前绘制的毛发属性，因此 Value（值）的值 0 即为“没有”，1 即为“充满”。

05 重新将Value（值）设为1，在头部模型上需要长头发的地方进行绘制，如下图所示。

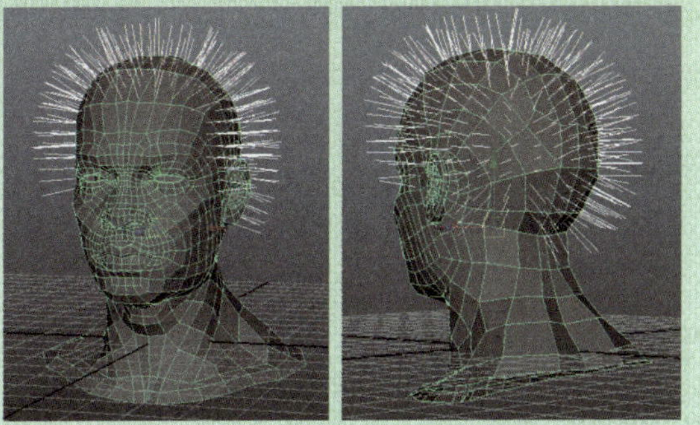

提示：调节在笔刷大小，可以在选项设置面板下修改Radius（半径）参数，也可以按住键盘B键，同时按住鼠标左键左右拖动，进行调节。

06 头发生长位置确定完毕，将Fur Attribute（毛发属型）改为Length（长度），来修改头发长度，如右图所示。

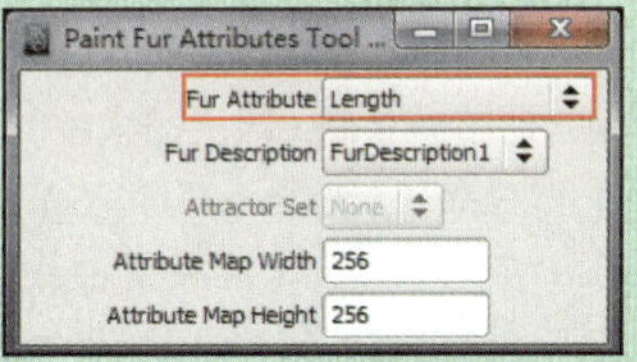

07 通过调节Value（值）的大小，仔细绘制Fur（毛发）的长度属性，如右图和下图所示。

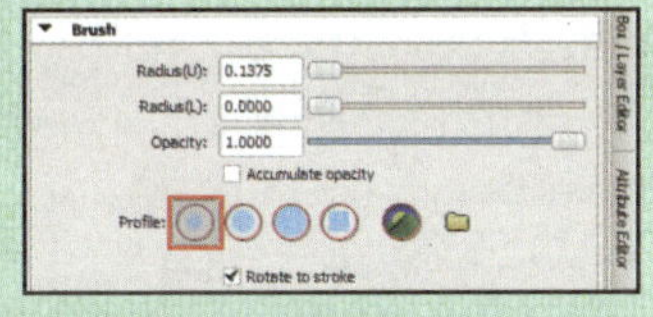

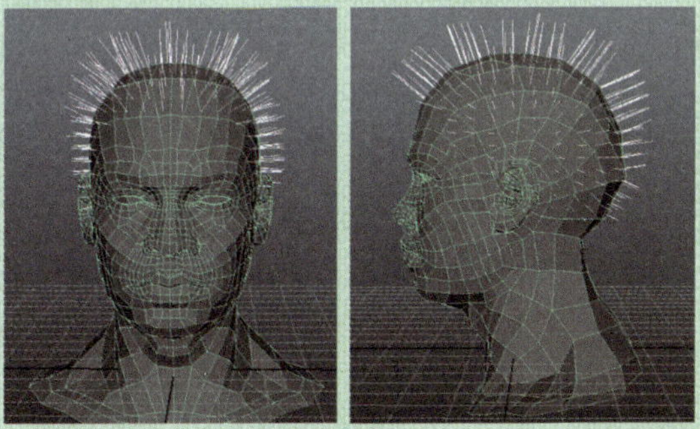

提示：Brush（笔刷）卷展栏中的Profile（类型）选择Gaussian Brush（高斯笔刷），即第一个笔刷类型。这个笔刷类型能产生大幅度的过渡效果，适合绘制长度等属性的平滑过渡效果。

08 选中毛发，在属性编辑器中FurDescription1（毛发描述）标签下将Inclination（倾斜度）值设为0.32，如下图所示。

09 选中毛发，再次打开Fur（毛发）>Paint Fur Attributes Tool（绘制毛发属性工具）命令的选项设置面板。在Paint Fur Attributes Tool Settings（绘制毛发属性工具设置）对话框中，将Fur Attribute（毛发属性）改为Direction（方向）类型，如右图所示。

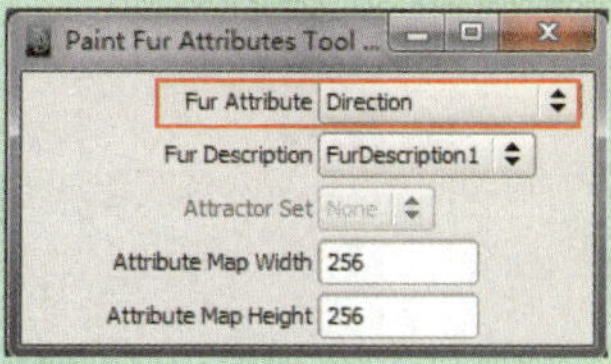

10 调整笔刷大小和笔刷模式，在模型上沿头发走势方向梳理毛发，如下图所示。

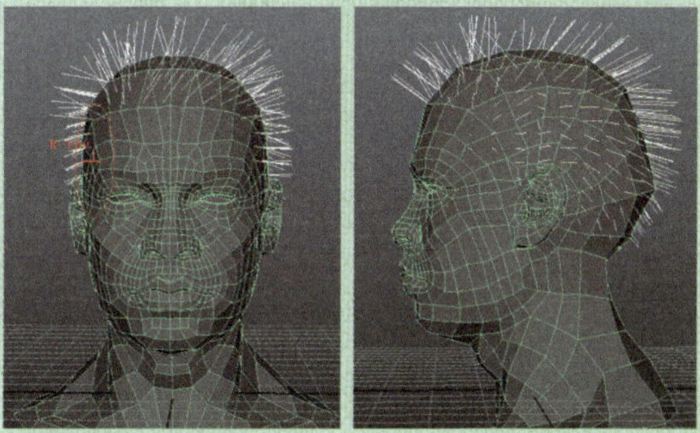

这样，利用Paint Fur Attributes Tool（绘制毛发属性工具）绘制人物头发的例子就讲解完了。读者还可以尝试绘制更多Fur Attribute （毛发属性）来加深对此节内容的理解。复杂实例应用以及完成度较高的Fur（毛发）模型制作流程将在后面讲解。

15.6 为Fur（毛发）添加Hair（头发）动力学系统

这是Maya 2010开始增加的一个非常强大的功能，以前Fur（毛发）是没有丰富的动力学功能的，现在可以使它和Hair（头发）动力学系统连接起来，这样就可以让Fur（毛发）实现自然的摆动效果了。

15.6.1 添加Hair（头发）动力学系统

进阶练习：添加Hair（头发）动力学

原始文件：Chapter 15\15.6\add hair dynamic（original）.mb

最终文件：Chapter 15\15.6\add hair dynamic（final）.mb

01 打开本书配套光盘中的原始文件，场景中有一个已经添加了毛发的球体，如下图所示。

02 选中该球体，在 Dynamics（动力学）模块下打开 Hair（头发）> Create Hair（创建头发）命令的选项设置面板，在 Output（输出）属性中选择 NURBS curves（NURBS 曲线）选项，如下图所示，球体四周出现发射状的头发曲线。

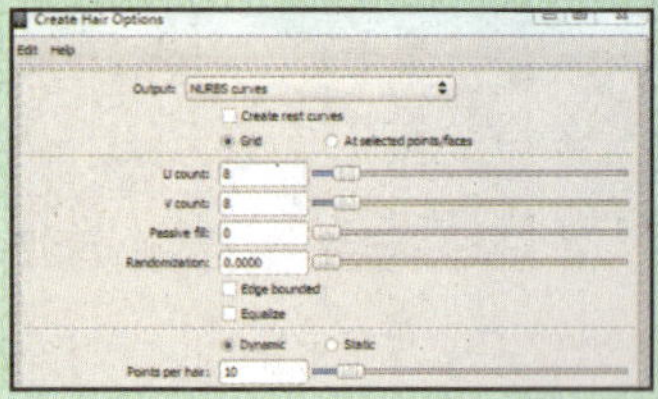

03 在 Outline（大纲）中选中 hairSystem（头发系统），执行 Fur（毛发）> Attach Hair System to Fur（添加头发系统到毛发）命令，如下图所示。

提示：使用该命令会将 Hair（头发）动力学系统加入到 Fur（毛发）属性列表，使毛发受到 Hair（头发）动力学的控制。

04 单击播放动画按钮查看动力学效果。如图分别是 1 帧、40 帧、100 帧的动态效果，说明 Fur（毛发）已经可以拥有 Hair（头发）的动力学属性了。

第 1 帧

第 40 帧

第 100 帧

15.6.2 编辑 FurCurveAttractor（毛发曲线吸引器）属性

当为 Fur（毛发）创建了 Hair（头发）属性以后就会出现 FurCurveAttractor（毛发曲线吸引器）属性节点，这个节点可以帮助控制 Fur（毛发）与 Hair（头发）动力学系统之间的关系，如右图所示。

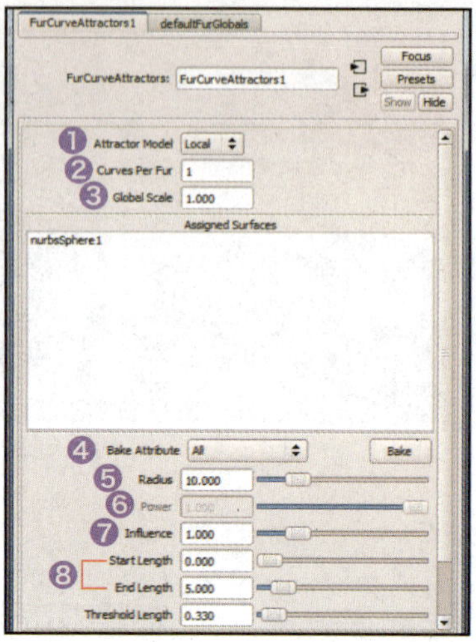

❶ Attractor model（吸引器模型）：该选项提供了 Local（局部）和 Global（全局）两种模式。

❷ Curves Per Fur（逐毛发曲线）：该参数设置每一根 Fur（毛发）被多少 NURBS 曲线影响，1 代表被周围一根曲线影响；2 代表被周围两根曲线影响，以此类推。不过当被越多曲线影响的时候，运算速度会变得越慢。

❸ Global Scale（全局比例）：全局比例属性通过一个公共因子控制 Radius（半径），Power（权重），Influence（影响）和 Length（长度）数值。默认值为 1.0。

❹ Bake Attribute（烘焙属性）：用来选择烘培特定的属性或者全部属性。

❺ Radius（半径）：Hair（头发）曲线可以影响的 Fur（毛发）范围，0 代表不影响；1 代表影响最大。以下是在 Global（全局）模式下不同 Radius（半径）值运算后的结果，如下图所示。

❻ Power（强度）：该选项只有在 Global（全局）模式下才会被激活，它控制着 Hair（头发）曲线对单个 Fur（毛发）的影响强度 。数值 0 表示对根部的影响最大；1 表示对根部的影响最小。

❼ Influence（影响）：设置对 Fur（毛发）的影响值，该值范围为 0~5。0 的时候影响最小；5 的时候影响最大。

❽ Start Length（开始长度）和 End Length（结束长度）：控制 Hair（头发）曲线对 Fur（毛发）影响的起始和结束长度。

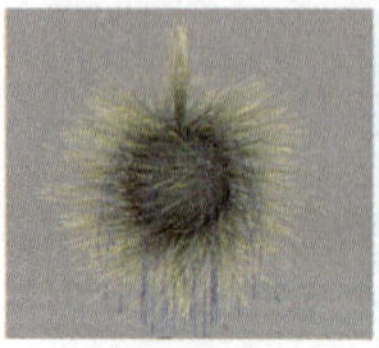

Radius=0

Radius=0.5

Radius=1

综合案例 19 使用贴图控制毛发生长

效果预览

原始文件　Chapter 15\Final1\map control fur（original）.mb
最终效果　Chapter 15\Final1\map control fur（final）.mb

案例概述　通过贴图控制毛发的生长，完成特殊草坪效果。

技术难点　毛发的贴图绘制。

Step 01. 打开本书配套光盘中的原始文件，场景中有一个平面，平面被赋予了一个带有黑白图的 Lambert 材质，如下图所示。

Step 02. 选中这个平面，单击预置毛发中的 Grass（草），按钮给平面添加毛发，此时整体平面上都生长出了毛发，如下图所示。

Step 03. 执行 Window（窗口）>Rending Editors（渲染编辑器）>Hypershader（材质编辑器）命令，找到平面的贴图文件节点，如下图所示。

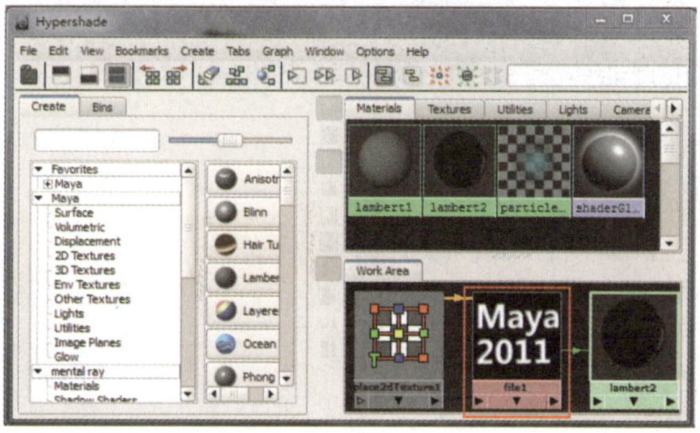

提示 接下来要使用这个贴图节点来控制毛发的生长区域。

Step 04. 选中毛发，打开属性编辑器，把 Hypershader（材质编辑器）中的文件节点使用鼠标中键拖曳到属性编辑器的 Baldness（光秃度）属性框中，这样就可以使用该图片控制 Baldness（光秃度）值，如下图所示。

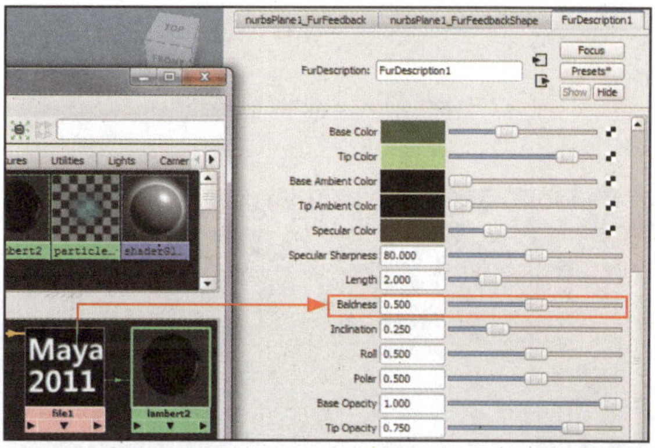

提示 操作结束后，Baldness（光秃度）属性框以黄色底色显示，说明受到控制。

Step 05. 在 Bake Attribute（烘焙属性）属性中选择 Baldness（光秃度）选项，然后单击 Bake（烘焙）按钮，平面上毛发的生长区域减小，参数设置及效果如下图所示。

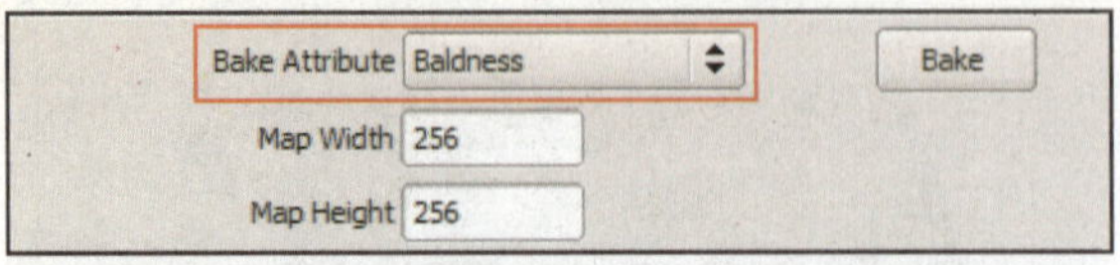

Step 06. 目前毛发的效果还有些稀疏，增加 Density（密度）参数值至 300000。参数设置及效果如下图所示，在图片白色区域生长出毛发。

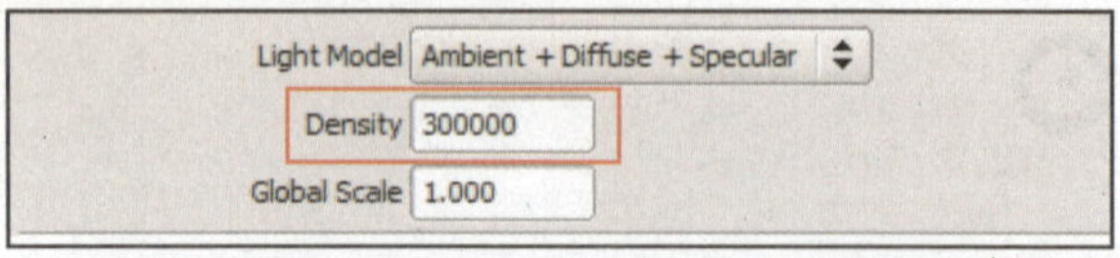

综合案例 20 制作彩色的尾巴

原始文件 Chapter 15\Final2\colorful tail（original）.mb

最终效果 Chapter 15\Final2\colorful tail（final）.mb

案例概述 通过 Fur 毛发的绘制，完成彩色的尾巴毛发制作。

技术难点 1. 毛发属性设置。

2. 毛发的贴图绘制。

Step 01. 打开本书配套光盘中的原始文件，场景中有一个尾巴结构的 NURBS 模型，如下图所示。

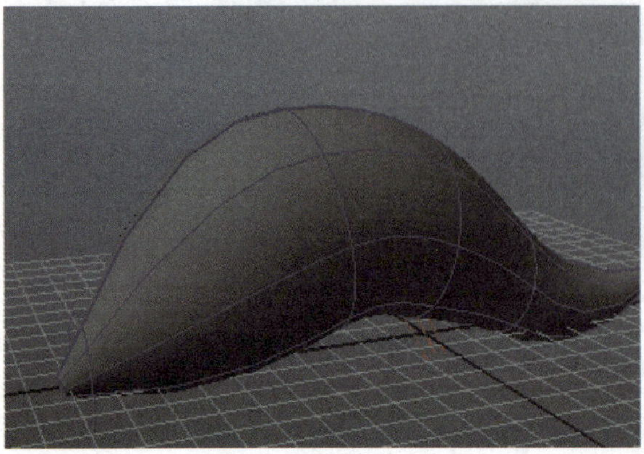

Step 02. 选择该模型，执行 Attach Fur Description（添加毛发描述）>New（创建）命令，创建一套毛发，如下图所示。

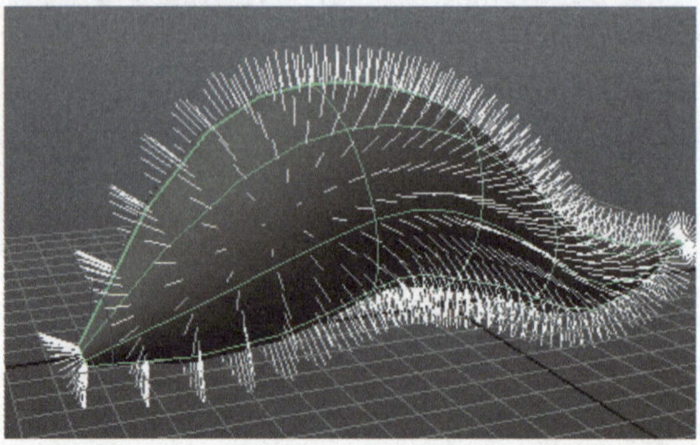

Step 03. 粗略调整毛发参数，通过 Base Color（根部颜色）调整毛发根部颜色，Tip Color（尖端颜色）调整毛发尖端颜色，参数设置及效果如下图所示。

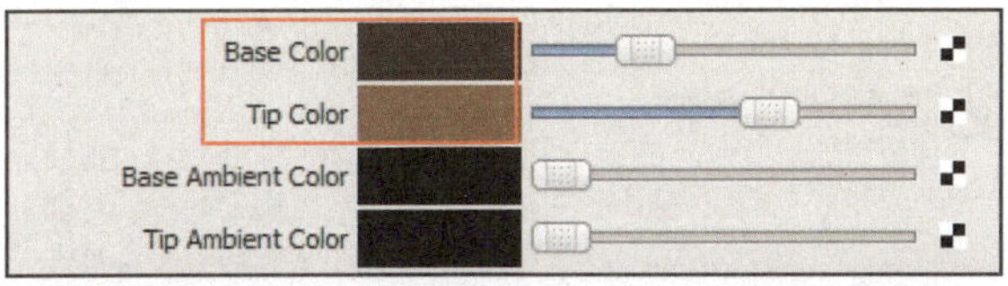

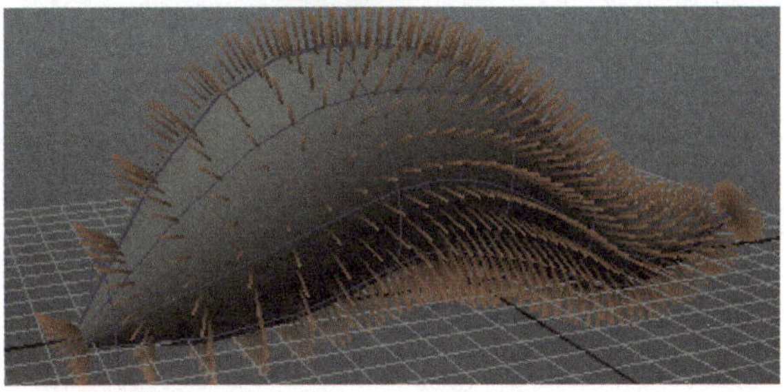

Step 04. 通过 Length（长度）值调整毛发长度，Inclination（倾斜度）值调整毛发倾斜趋向，参数设置及效果如下图所示。

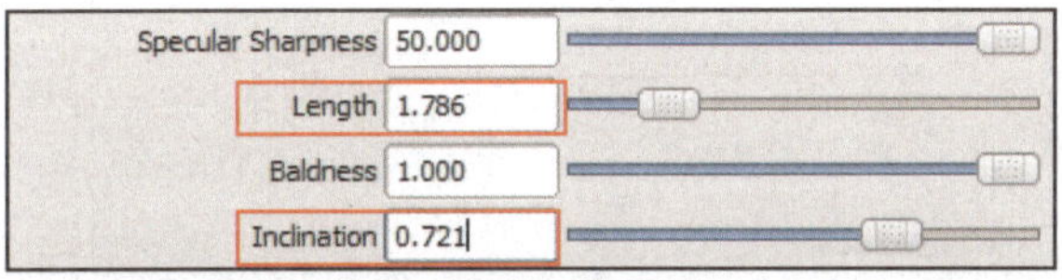

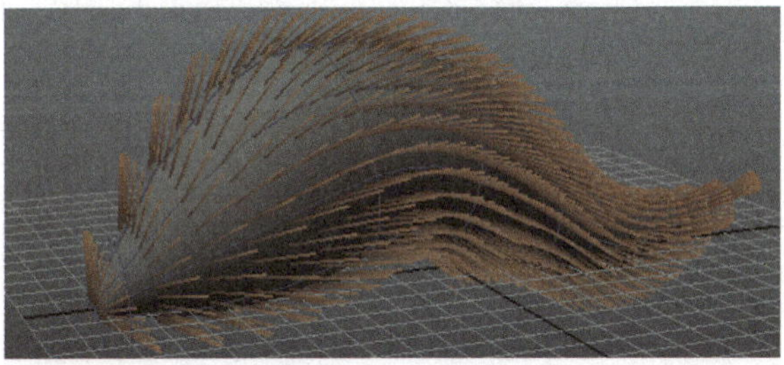

Step 05. 设置 Polar（极面）值调整毛发生长的旋转方向，参数设置及效果如下图所示。

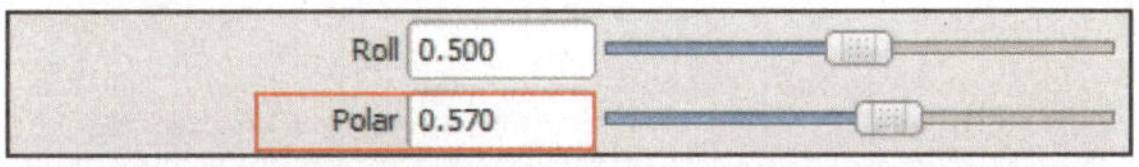

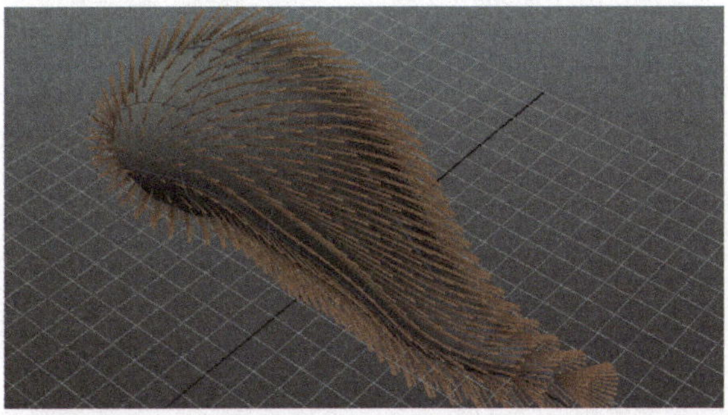

● **提示** 应调节成类似毛发自然生长产生的自旋效果。

Step 06. 通过 Base Curl（根部卷曲）调整毛发的根部通过 Base Curl（根部卷曲）调整秘发的根部卷曲，Tip Curl（尖端卷曲）调整毛发的尖端卷曲，Tip Curl（尖端卷曲）调整毛发的尖端卷曲，Scraggle （起伏）调整毛发扭曲度，参数设置及效果如下图所示。

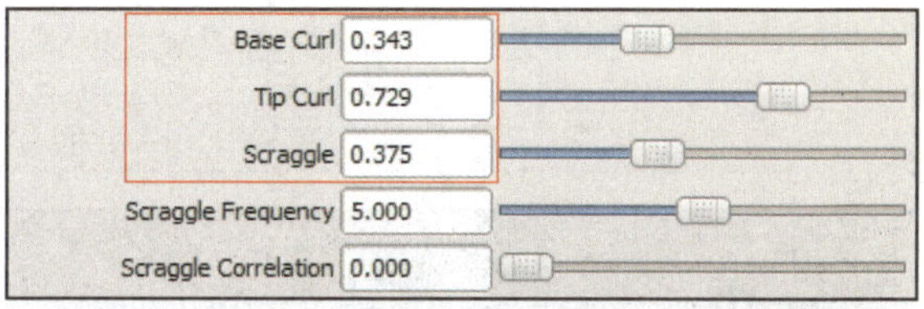

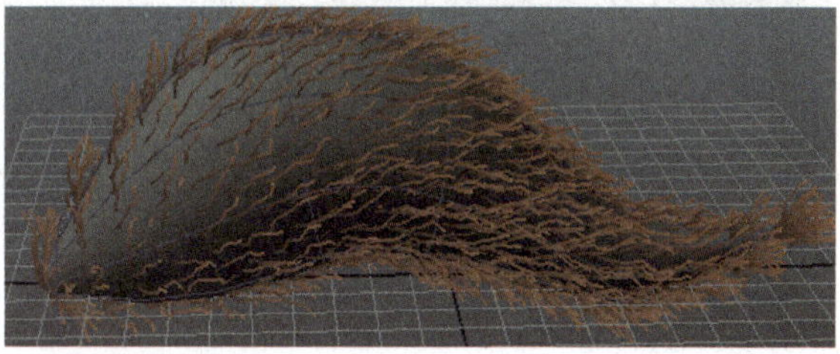

Step 07. 渲染后观察效果，毛发看起来像毛刷，不够柔软也不够浓密，如下图所示。

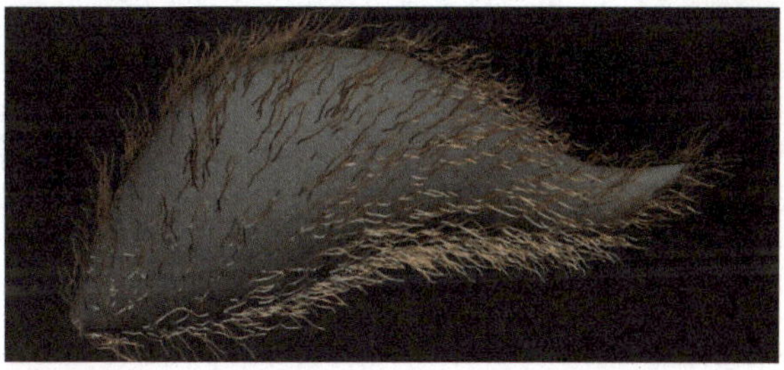

Step 08. 继续调整 Scraggle Frequency（起伏频率）参数和 Segments（分段）参数，参数设置及效果如下图所示。

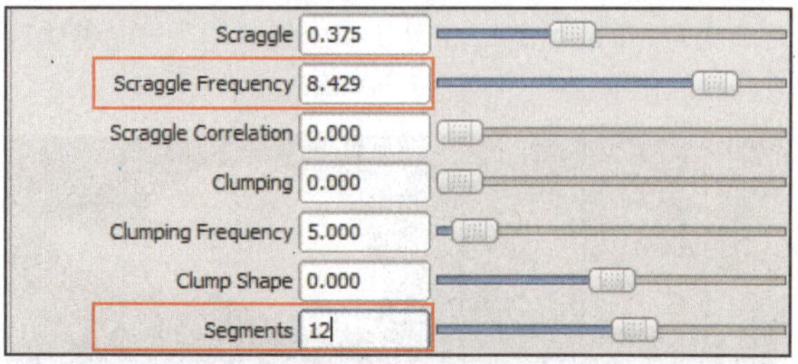

● **提示** 调节 Scraggle Frequency（起伏频率）参数可以使起伏产生更多变化，Segments（分段）参数可使变化细化。

Step 09. 通过 Tip Opacity（尖端透明度）值调整毛发末梢透明度，通过 Tip Width（尖端宽度）值调整毛发末梢宽度。让毛发产生由根部到末梢由粗到细的变化，参数设置及效果如下图所示。

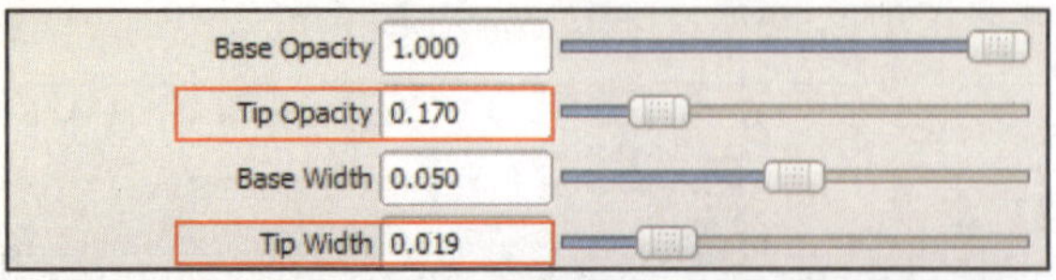

提示 通过以上两个参数的配合，可以很方便地调整毛发末梢的细节处效果。

Step 10. 现在尾巴上的毛过于稀疏，浓密程度还不够，调整 Density（密度）参数值至 50000，如下图所示。

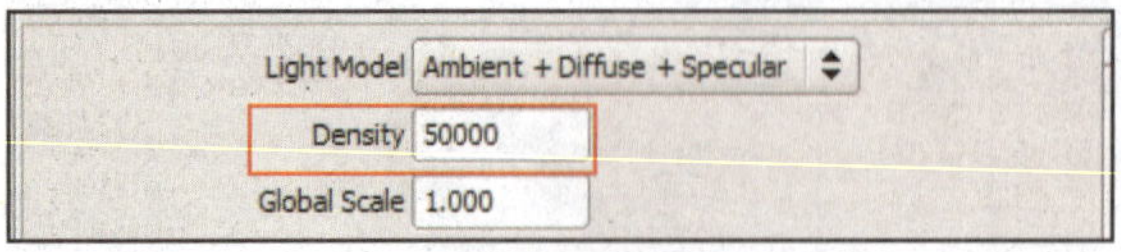

提示 调节 Density（密度）参数后预览时并不能看到最终的效果，需要渲染后才能查看。

Step 11. 查看渲染效果并对比 Alpha 图。现在尾巴已经有毛茸茸的感觉了，但是还缺少细节，尾巴的整体毛发显得过于平整和一致，如下图所示。

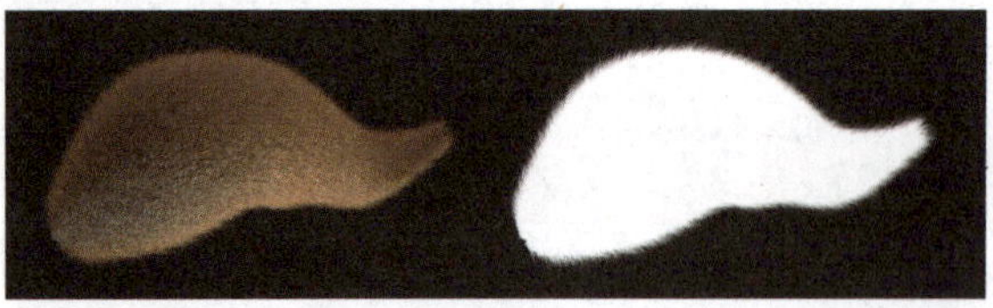

提示 毛发末端的效果在 RGB 模式下不明显，可以对比查看 Alpha 通道。

Step 12. 打开 Details（细节）展卷栏，在 Length（长度）展卷栏下，通过 Noise Amplitude（噪点幅度）值调整随机的幅度，通过 Noise Frequency（噪点频率）调整随机的出现频率，如下图所示。

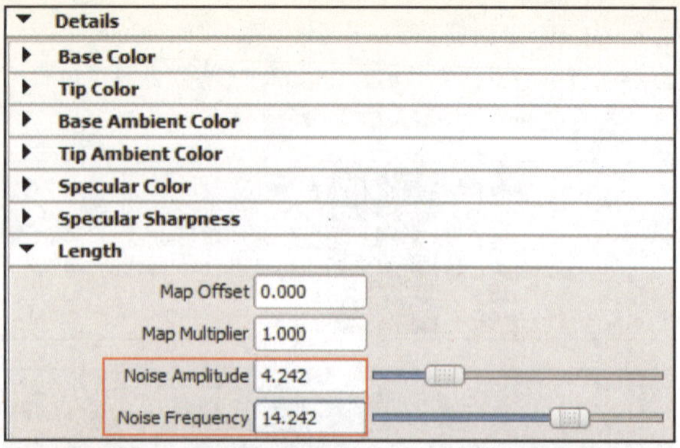

Step 13. 分别调整 Details（细节）卷展栏中的各个参数，设置 Polar（极向）、Inclination（倾斜趋向）、Tip Width（末梢宽度）、Base Curl（基部卷曲）、Tip Curl（末梢卷曲）、Scraggle（弯曲程度）展卷栏中的 Noise Amplitude（噪点幅度）和 Noise Frequency（噪点频率）属性，使毛发整体产生细节上的随机效果，参数设置如下图所示。

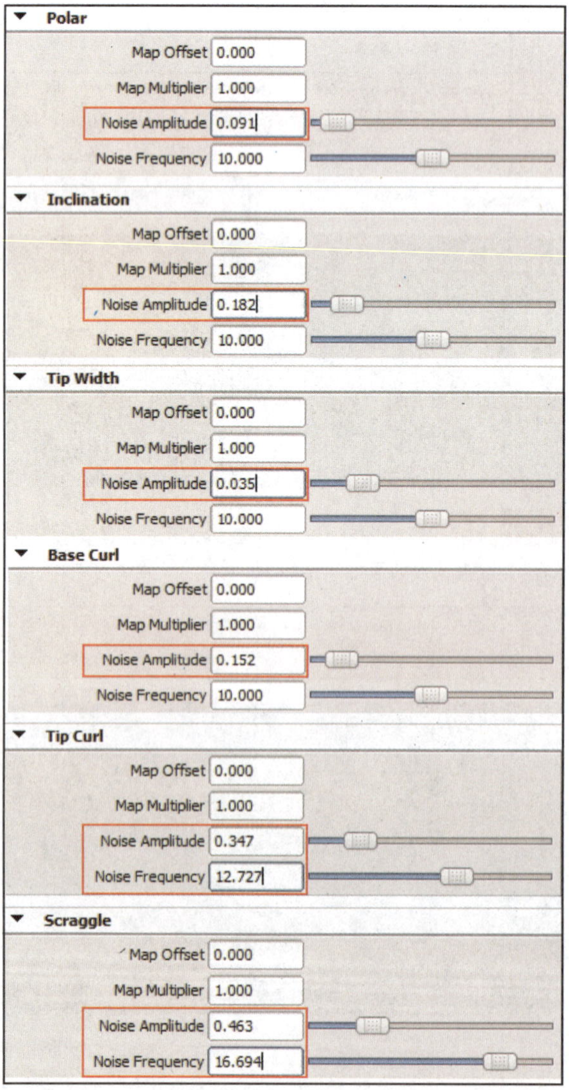

Step 14. 查看渲染效果并且对比 Alpha 图，边缘绒毛效果已经比较明显，但还需要进一步进行调节，例如尾巴的末梢处与中间丰满的部分应该有所区别，如下图所示。

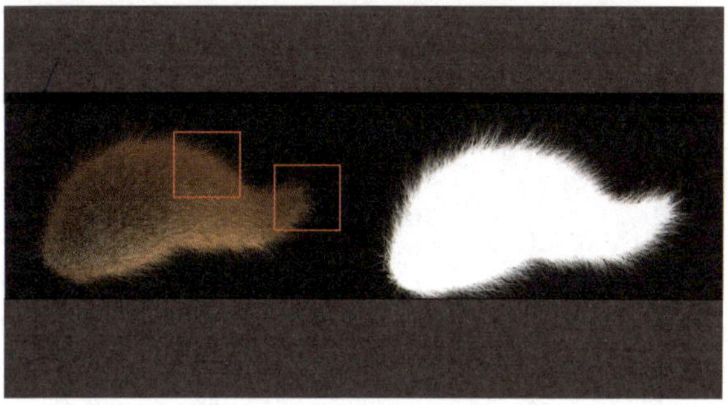

提示 可以让尾巴末梢位置的毛发密度降低，使它更符合真实情况。

Step 15. 打开 Fur（毛发）>Paint Fur Attributes Tool（绘制毛发属性工具）命令的选项设置面板，在 Fur Attribute（毛发属性）中选择 Baldness（光秃度）选项，如下图所示。

提示 Baldness（光秃度）属性可以用于降低局部位置毛发的密度。

Step 16. 使用绘制工具，使尾巴尖端位置毛的数量减少，如下图所示。

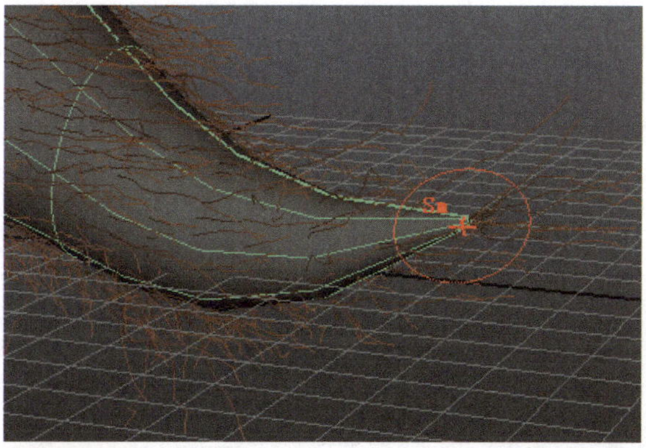

Step 17. 继续在 Paint Fur Attributes Tool（绘制毛发属性工具）命令的选项设置面板中设置 Fur Attribute（毛发属性）为 Direction（方向）选项，参数设置及效果如下图所示。

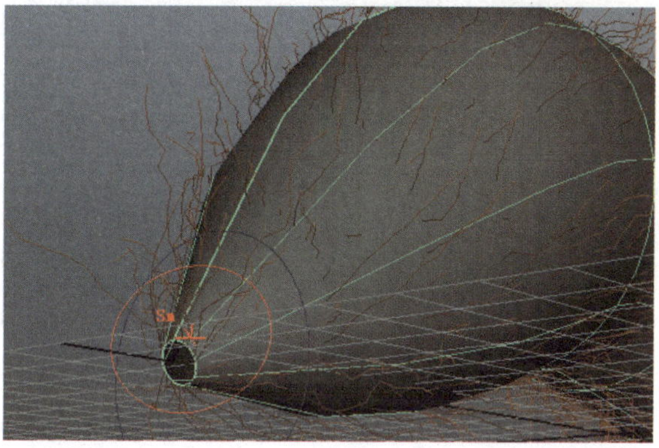

提示 Direction（方向）属性可用于改变局部位置毛发的方向。在本例中，尾巴头部的皮毛是向四周散开的，需要调整让皮毛统一指向尾巴尾端方向。

Step 18. 再次渲染查看效果。此时尾巴上毛发质感已经基本体现出来了，如下图所示。

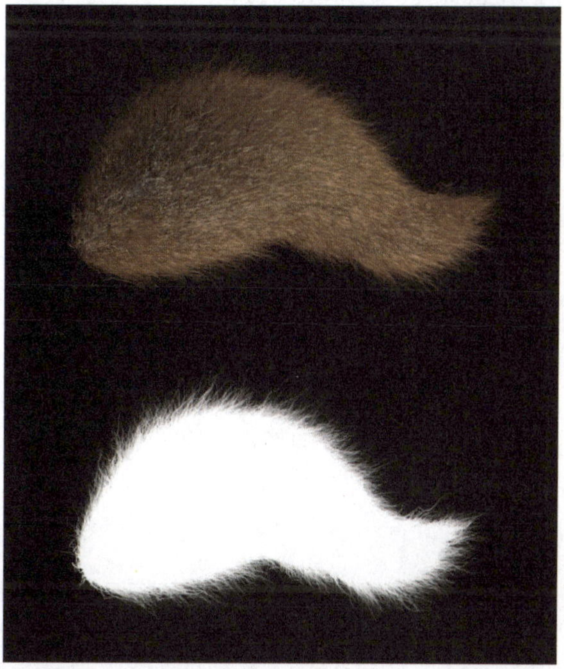

提示 在生活中很少见到单一纯色的毛发，而是经常见到多色杂色的毛发，因此还需要为尾巴添加颜色变化。

Step 19. 为了避免毛发的干扰，先选中毛发，按快捷键 Ctrl+H 隐藏我们之前做好的毛发。接着选中模型，单击鼠标右键，在弹出菜单中执行 Assign Favorite Material（赋予常用材质）>Lambert 命令，为模型指定一个新的 Lambert 材质，如下图所示。

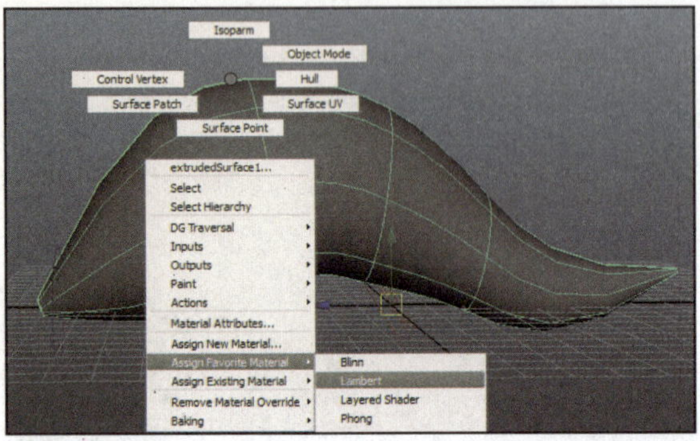

提示 毛发的颜色变化通常使用模型本身颜色通道上贴图的颜色变化，因此可以先对模型的颜色进行设置。

Step 20. 选中模型，再次单击鼠标右键，在弹出菜单中执行 Paint（绘制）>3D Paint（三维绘制）命令，如下图所示。

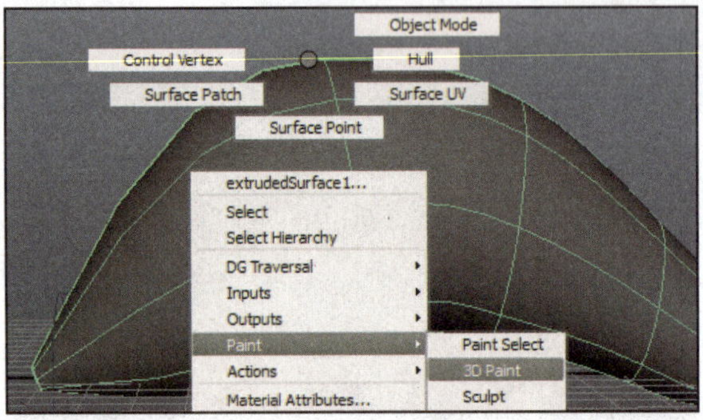

提示 对模型添加颜色变化，可以使用三维绘制的方法。

Step 21. 在 3D Paint（三维绘制）工具设置面板中，打开 File Textures（文件贴图）卷展栏，将 Attribute to paint（绘制属性）设置为 Color（颜色）选项，然后单击 Assign/Edit Textures（指定/编辑贴图）按钮，如下图所示。

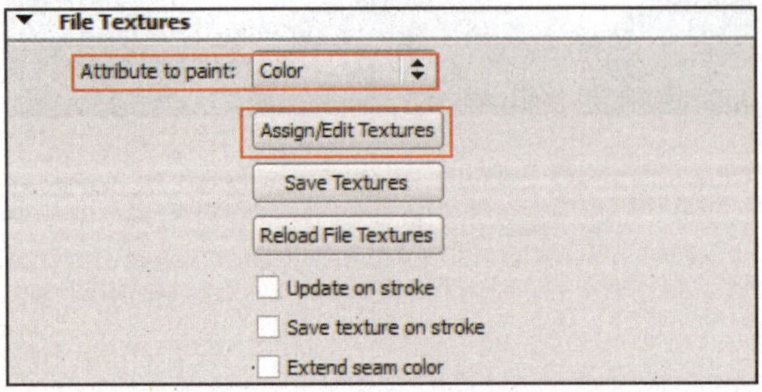

Step 22. 在弹出的 Assign/Edit Textures（指定/编辑贴图）对话框中，单击 Assign/Edit Textures（指定/编辑贴图）按钮，如下图所示。

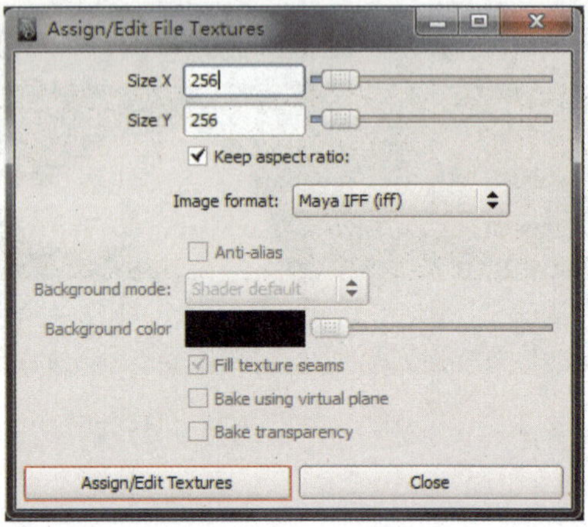

提示 在该面板中可以设置贴图的尺寸、格式等属性，本例中保持默认值即可。

Step 23. 调整绘制颜色，绘制结果如下图所示。

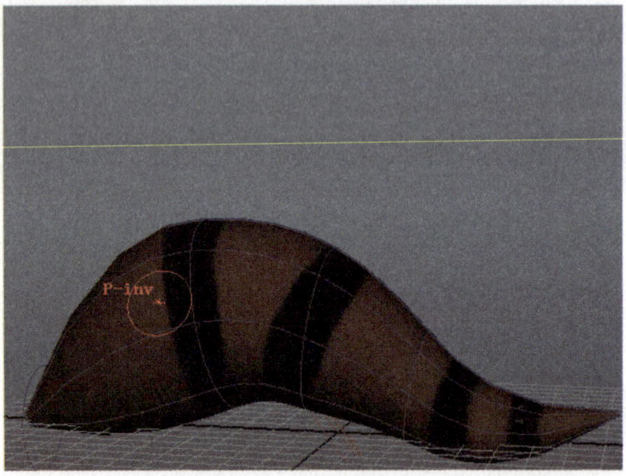

Step 24. 绘制结束后，再回到 3D Paint（三维绘制）工具设置面板中，在 File Textures（文件贴图）卷展栏下，单击 Save Textures（存储纹理）按钮，如下图所示。

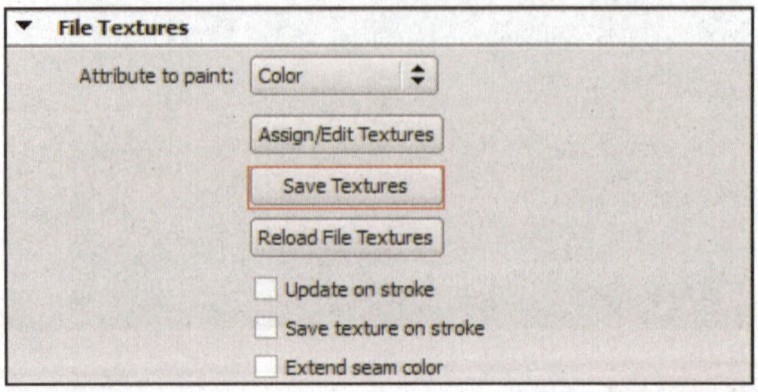

提示 单击 Save Textures（存储纹理）按钮后，绘制的效果会依据模型的 UV 保存为文件，并可以通过 Hypershader（材质编辑器）查看。

Step 25. 执行 Display（显示）>Show（展出）>All（全部）命令，将之前隐藏的毛发显示出来，如下图所示。

提示 此时毛发的颜色还没有受到模型贴图颜色影响，这种影响需要通过烘焙的方式来实现。

Step 26. 执行 Window（窗口）>Rending Editors（渲染编辑器）>Hypershader（材质编辑器）命令，找到已经保存的贴图节点。选中毛发，按 Ctrl+A 打开属性编辑器，使用鼠标中键拖曳 File（文件）节点至 Base Color（根部颜色），如下图所示。

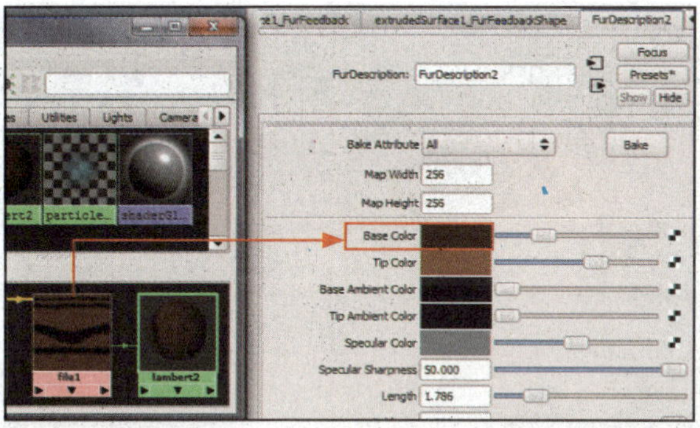

Step 27. 单击 Bake（烘培）按钮进行渲染，效果如下图所示。皮毛基部颜色已经出现了变化，但颜色变化不够明显。

提示 除了需要修改 Base Color（根部颜色）外，还需要修改 Tip Color（尖端颜色）才能整体改变毛发的颜色。

Step 28. 同样将 File（文件）节点拖曳至 Tip Color（尖端颜色）、Base Ambient Color（根部环境色）、Tip Ambient Color（尖端环境色）属性上，单击 Bake（烘培）按钮，如下图所示。

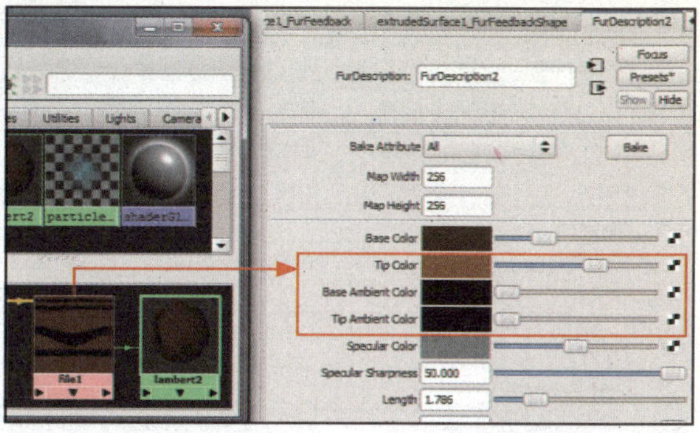

提示 如果需要更丰富的颜色变化，可以结合 Hypershader（材质编辑器）中的 utilities（程序）类型节点对 file（文件）节点进行处理。例如使用 Blend（混合）节点制作更深颜色或更浅颜色的纹理等。

Step 29. 接着将 Specular Color（镜面反射）调暗，最后将 Specular Sharpness（高光锐度）降低，降低毛发的高光效果，如下图所示。

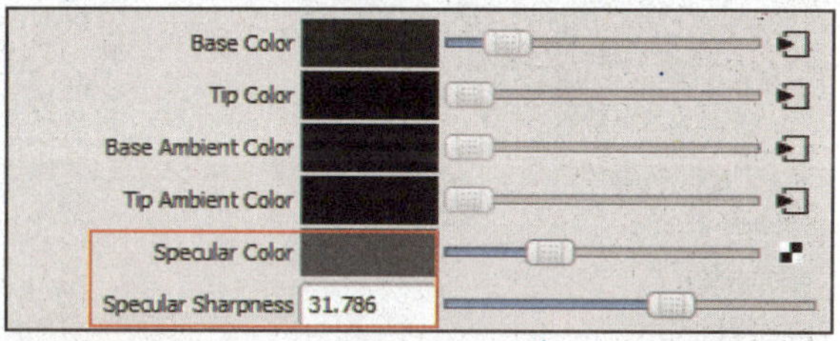

Step 30. 渲染查看效果，此时毛发产生十分明显的颜色区域变化，如下图所示。但同一个颜色区域内颜色过于统一，还需要继续添加细节。

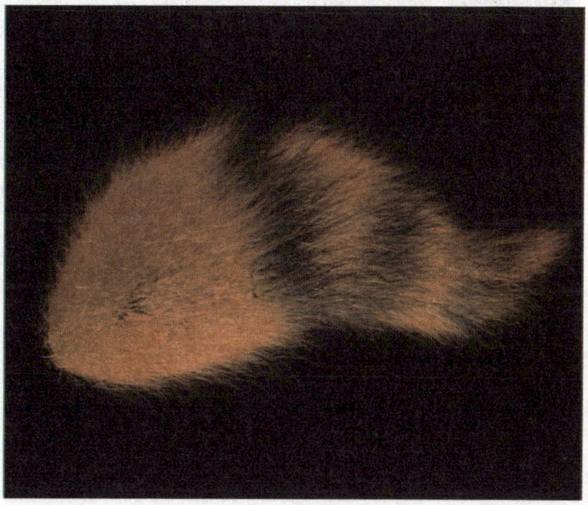

Step 31. 在毛发的属性编辑器中，打开 Details（细节）卷展栏，对 Base Color（根部颜色）、Tip Color（尖端颜色）、Base Ambient Color（根部环境色）卷展栏的 Noise Amplitude（噪点幅度）属性进行调节，如下图所示。

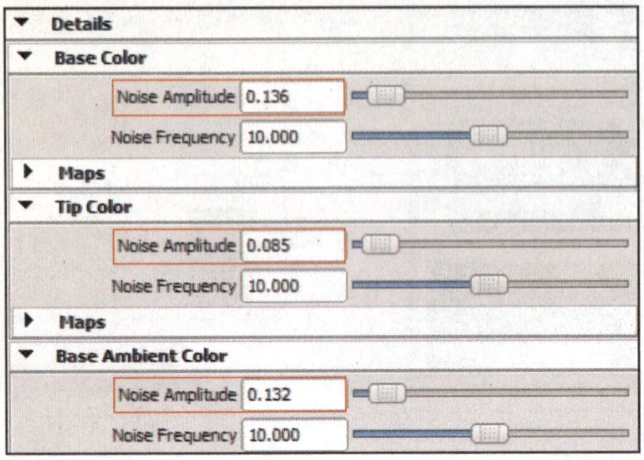

Step 32. 再次渲染，效果如下图所示。毛发颜色产生了自然的颜色变化。

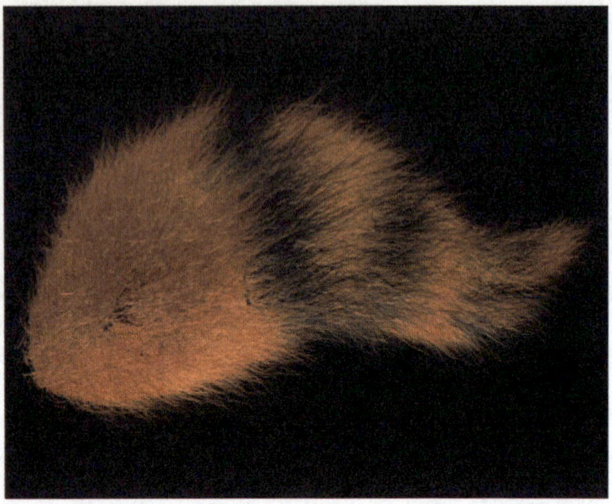

Step 33. 为了获得更真实的毛发效果，可以在场景中添加一盏聚光灯，为毛发增加阴影效果。最终渲染效果如下图所示。

Chapter 16

表达式与 MEL 语言运用

表达式与 MEL 语言都是通过代码来控制 Maya 中的节点，使它们实现某些操作。使用语句控制和之前大家熟悉的使用鼠标键盘控制最大的区别在于，鼠标键盘是针对某个或某些节点、属性的具体单个操作，而语句可以对一系列同类的节点、属性进行操作，并且可以根据每个节点、属性的不同情况而进行判断，分别执行一连串适应于对应情况的操作。

语句的这种特性，对于数量庞大、操作复杂、有固定规律可循的情形而言，是非常适用的。例如要制作一段大批军队攻城的动画，如果让动画师逐一去调节每一个士兵的动作，那将会是一个非常浩大的工程。如果使用表达式或者 MEL 语言，动画师就可以判断在什么情况下士兵应该做哪些动作，那么动画师就只需要调节一些基本的士兵动作，剩下的工作就可以交予代码来完成了。

表达式和 MEL 语言在很大程度上可帮助用户更快速、更灵活地使用 Maya 完成各项工作，可以将它们理解为是相对高级的控制、操作方法。对于没有编程基础的读者来说，这部分内容可能有些难度，但掌握表达式和 MEL 语言会让用户如鱼得水、事半功倍。

16.1 表达式入门

表达式是将同类型的数据，用运算符号按一定的规则连接起来的、有意义的式子。这么说或许会让人觉得表达式是很复杂、很难懂的东西，实际上表达式通常只有简单的几个词或者几行。例如：“pCube1.translateX=pSphere1.translateX”。意思是方形盒子pCube1 在 x 轴上的位移和球体 pSphere1 在 x 轴上的位移一致。

表达式可以实时控制 Maya 中物体的属性，而属性是 Maya 中每个物体都具有的，例如 ScaleX（缩放 X），TranslateY（平移 Y），Visiblitity（可见性）等等。那么就可以创建一个表达式给属性做动画，通过让属性产生实时递增、随机、或者有节奏的变化来产生各种各样的动画效果。

表达式对连接不同物体的属性也很有用，可以通过修改一个属性来改变其他物体的行为。例如：你可以通过车轮胎的前进或者后退运动来控制它的旋转。

表达式还可以替代某些复杂的关键帧设定工作。一般做动画，是通过对物体的某个属性设置多个关键帧，然后 Maya 对关键帧之间属性数值的变化进行插值来生成动画。使用表达式，就只要输入一个或几个公式，Maya 就会执行这个公式，并且产生动画。

表达式可以控制任何可以创建动画的属性。在创建粒子动画时，表达式会非常常用，因为实在不能对每一个粒子设定关键帧。那么就只能用表达式单独控制粒子物体中每个粒子的属性，当然也可以用表达式控制这个粒子物体中所有粒子的共同属性。

使用和编辑表达式需要使用 Expression Editor（表达式编辑器），执行 Window（窗口）>Animation Editors（动画编辑器）>Expression Editor（表达式编辑器）命令可以打开表达式编辑器，如下图所示。

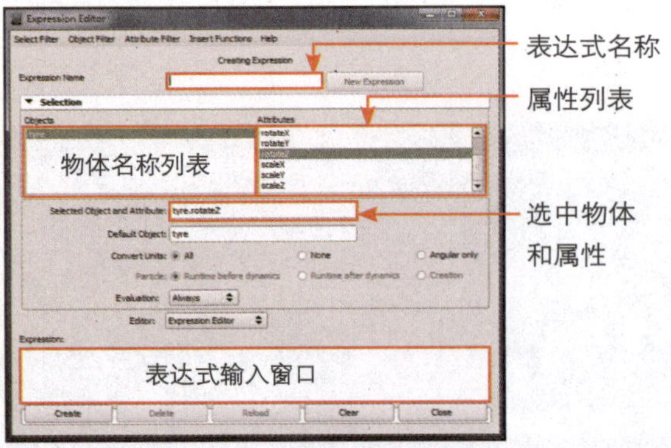

表达式窗口的左侧框中显示物体名称，右侧显示该物体的属性，底部是表达式的输入窗口。

16.1.1 创建一个简单的表达式

下面通过一个简单的实例来认识表达式的工作方法。

进阶练习：创建简单表达式

最终文件： Chapter 16\16.1\tyre(original).mb
最终文件： Chapter 16\16.1\tyre(final).mb

01 打开本书配套光盘中的原始文件，场景中有一个制作非常简单的轮子，半径约为 4.1，如下图所示。

提示： 读者也可以自己通过 torus（圆环）和 cylinder（圆柱）物体组合来制作这样的一个轮子，轮子的半径就是圆环的半径。

02 在 x 轴上移动轮子，发现轮子是水平移动的，并不像真实情况中滚动前进，如下图所示。

提示： 移动只有轮子 X 轴的位移即属性 TranslateX（平移 X）发生了变化，而滚动是在 TranslateX（平移 X）属性变化时，Z 轴的旋转即属性 RotateZ（旋转 Z）也随之发生变化，也就是说 RotateZ（旋转 Z）属性受到 TranslateX（平移 X）属性变化的影响。并且这种变化是有一定规律的，当轮子的位移等于轮子的周长时，轮子刚好反向旋转 360°，轮子的位移等于轮子周长的一半时，轮子就反向旋转半圈。这就形成了一个简单的比例关系，位移 / 周长 =-360/ 旋转度数。轮子的周长 =2×3.14× 半径。那么将这句话用表达式来表示，就是：translateX/(2×3.14× 半径)=-360/rotateZ。变换一下这个式子：rotateZ=-translateX/2/3.14/ 半径 ×360。替换上本例中的半径和物体名称，就是：“tyre.rotateZ=-tyre.translateX/2/3.14/4.1×360”。

03 选中轮子，打开属性面板，在 tyre 标签中（tyre 是这个轮子的名字），找到 Rotate（旋转）属性中的第三个数值即 RotateZ（旋转 Z），单击鼠标右键，在弹出的菜单中选择 Create New Expression（创建新表达式）命令，如右图所示。

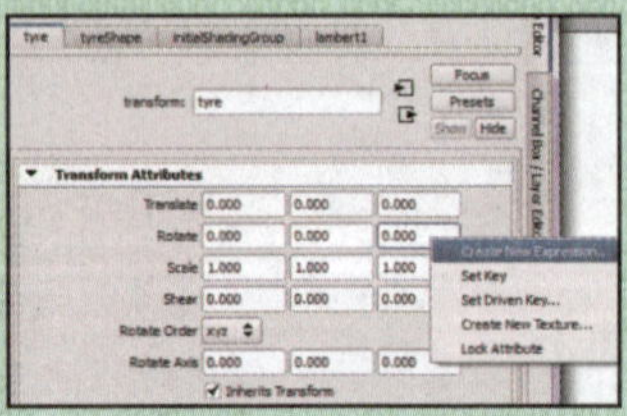

04 在表达式编辑器中直接输入“tyre.rotateZ=-tyre.translateX/2/3.14/4.1*360;”，单击 Create（创建）按钮，表达式就创建成功了，如下图所示。

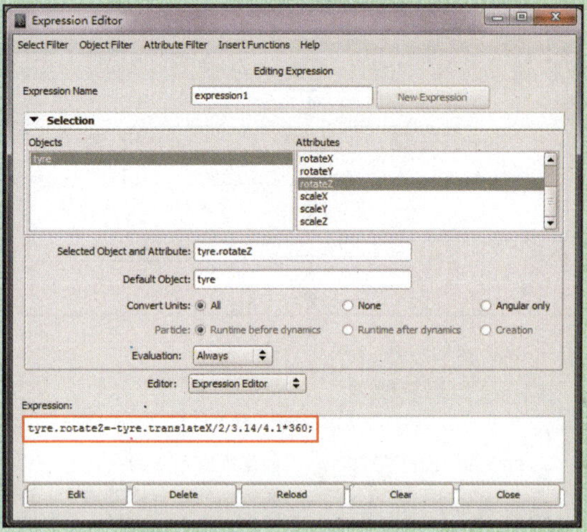

提示：当表达式输入不合语法或存在其他错误时，单击 Create（创建）按钮，Maya 会报错，表达式不会产生作用。

05 回到场景中拖动轮子查看一下动画情况，轮子已经能够产生滚动的效果了；如下图所示。

16.1.2 表达式的基本语法

上面的例子已经基本展示表达式的运算方法，需要说明的是：在编辑表达式时，“=”并不代表等于，而是将右边的数值赋予左边，而且在每个表达式输入完后需要加上“;”，告诉 Maya 这句表达式已经结束。这些规则就是语法。

1. 变量

变量与物体的属性一样，是一个代号，只是这个代号是用户自己定义的，在名称前面加上了“$”符号。这个代号像一个抽屉一样里面存放着一个数据，而代号就是这个抽屉的名字，方便大家使用。

Maya 中支持 5 种类型的变量。

> **提示** 存储不同类型的数据要使用不同类型的变量，但有时变量的类型也可以根据需要进行转换。

1）Int（整型），用于存放整数，可以通过“int $ 变量名”的方式进行声明，如：*int $a;*。也可以在声明时进行赋值，如：*int $a= 8;*。

2）Float（浮点型），用于存放带小数点的数值，声明方式与整型一致，如：*float $x = 3.645*。

3）String（字符串），用于存放多个字符，如：*String $key = "Hello World!"*。

> **提示** 在双引号里字符就代表这些字符是字符串类型的数据，如："234.534" 是字符串而不是浮点型的数据。

4）Vector（向量），用来存放三元数据，如空间中 xyz 三个轴向的数值或者颜色 RGB 三个通道的数值。向量在赋值时，可以对向量的三个分量同时赋值如：*$position =<< 2.4,89,12.54>>;* 也可以单独对一个分量进行赋值如：*$position.y=100*。

5）Array（数组），用来存放一组数据，这组数据可以是上面四种类型中的其中一种。例如 *float $li[4];* 这个语句声明了一个浮点型数组，方括号中的 4 表示这个数组中有 4 个浮点型数据。在对数组赋值时也有两种方式，整体赋值如：*$li={34.4, 78, 3.925, 0.89};* 分开赋值如：*$li[0]=34.4;$li[2]=3.925;*。

> **提示** 在方括号中的数字只能是整数，标记数据时从“0”号开始。

2. 运算符

运算符是用来运算数据的，同样的使用使用它对存储数据的变量进行运算。表达式中支持大部分程序中常用的运算符。

（1）赋值运算符

=，赋值运算符，它用于为变量赋值。

（2）算术运算符

用于对数据进行所有基本的数学运算。在数学中的运算符号在表达式中依然有效，如：+ - * /，并且功能也相同。只是在此基础上，赋予了这些运算符更多的功能。

1）+ 号可以用于连接字符串，如：*string $str1= "Hello "; string $str2 = $str1 + "World"; 在 $str2* 中存储的数据就应该是 Hello World。

2）* 号可以用于计算向量数据的点积。

3）/ 号在用于整数类型数据时，得出的结果是商数的整数部分，而余数部分可以使用 % 号来进行计算。例如 print（13%5），得到的结果是 3。

除此以外，还有将赋值运算符与算术运算符连写，用于简化语句的用法。

4）++，表示运算符左边的数据等于自己 +1；--，表示运算符左边的数据等于自己 -1；+=，表示运算符左边的数据等于自己 + 运算符右边的数据。

5）-=，表示运算符左边的数据等于自己 - 运算符右边的数据。

6）*=，/= 也代表类似的含义。

（3）关系运算符

对变量进行比较是非常常用的，可以使用数学中原有的符号，如：< >。有些在计算机输入时不方便的符号可以用两个符号来表示：

1><=，表示小于等于；>=，表示大于等于；==，表示等于；!=，表示不等于。

> **提示** 在书写判断语句时，等于的运算符是 ==，不是 =,= 是赋值运算符。

（4）逻辑运算符

有时可以需要结合起来进行两个以上的比较，然后在执行某项操作。利用逻辑运算符，就可以将多个比较结合起来。

1）||，表示或者，如 `$a>10 || $a <-2` 表示 $a 大于 10 或者小于 2。

2）&&，表示并且，如 `$a<8 && $a>-8` 表示 $a 小于 8 并且大于 -8。

3. 条件运算

在编写表达式时，可能会遇到当某个条件成立时，才执行某个运算的情况，那么就需要用到条件运算，当条件真时执行语句 1，条件为假时执行语句 2，如下图所示。

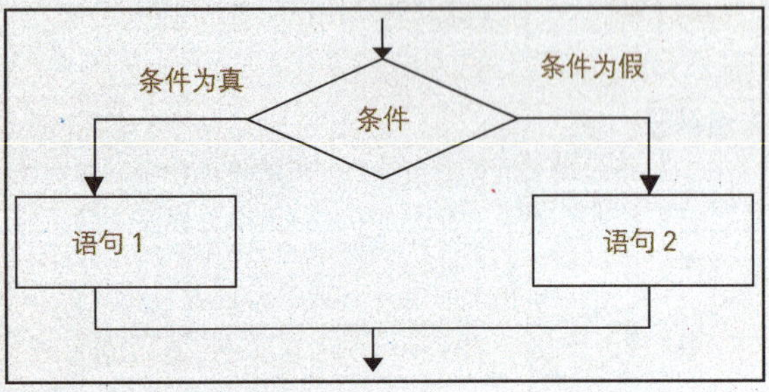

写成表达式就是：

```
if（条件）
{
语句 1;
}
else
{
语句 2;
}
```

> **提示** 不论条件为真或为假，要执行的语句有一句以上，都需要用大括号把语句括起来。括号外的语句，会引起逻辑混乱。If 与 else 的使用应当配对，if 可以单独存在，但有 else 时必须有 if 在其之前。

其中的条件，一般都是逻辑判断语句，如：`$a>3`，`或者 $a>10 || $a <-2`。

> **提示** if 后面的逻辑判断语句不要加“;”。

4. 循环运算

如果在某种情况下要一直执行同样的语句，就可以使用循环的方式。循环语句可以使用 while 循环和 for 循环。

（1）While 循环

当循环条件为真时，执行循环体，循环体执行完成后，再次判断循环条件，如果条件为假，跳出循环，执行后续语句或结束，如下图所示。

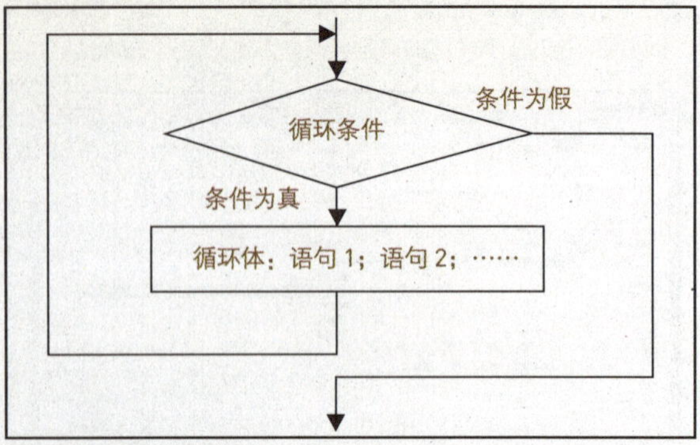

写成表示式就是：

```
while（循环条件）
{
语句 1;
语句 2;
……
}
```

> **提示** 使用循环语句时一定要设立能够让判断失效的语句，否则循环会一直执行，直到内存耗光导致程序异常。

（2）For 循环

For 循环与 While 循环主要的区别是，While 循环的括号中写的只有逻辑判断语句， 而 For 循环后面的括号中一共包含 3 个语句，并用分号隔开，如下图所示。

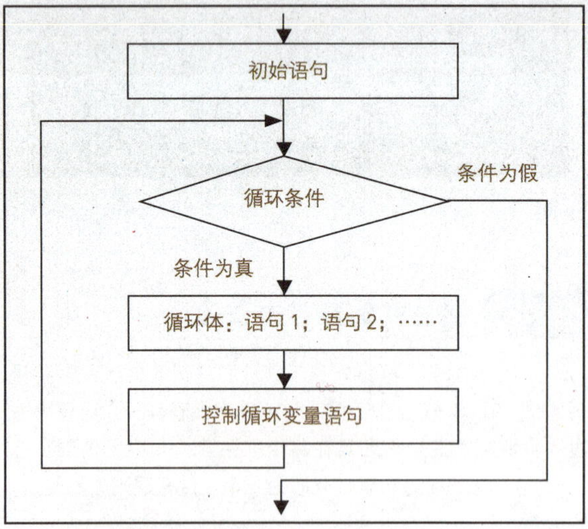

写成表达式就是：

```
for($i=0;$i<10;$i++,$j++)
{
语句 1;
语句 2;
……
}
```

其中 `$i=0` 是初始语句，即当循环开始时执行该语句，之后不再执行。

`$i<10` 是循环条件，控制是否执行循环体。

$i++,$j++ 是控制循环变量的语句，每一次循环体执行完成后就执行一次这个语句。这个语句可能由多个语句组成，由逗号隔开。

5. 注释

注释就是存在于表达式中而不会执行的内容。

当进行比较复杂的表达式编写时，可能需要对某些变量进行说明；或者要与其他人分享这个表达式时，需要附加说明让他人明白自己的意图。这就需要使用到注释。

1）单行的注释的写法为：

//注释内容

在“//”后的整行内容都不会被执行。

2）多行的注释写法为：

*/**

注释内容

……

**/*

在“/*”和“*/”间的所有内容都不会被执行。

提示 书写清晰的注释是编写复杂表达式及 MEL 的必要操作。

6. 函数

除了运算符的运算之外，还可以使用函数进行更加复杂的运算。函数是已经编写好的程序块，每一个函数都具有一个特殊功能，当我们需要时就可以调用它们。调用函数的格式一般为：*函数名（参数 1，参数 2，……）；*。参数的数量根据不同的函数而不同。

下面介绍一些常用的函数：

（1）rand（最小值，最大值）

功能：返回一个浮点数，在两个参数之间随机取得。参数为浮点型。

（2）sqrt（浮点数）

功能：返回参数的平方根。

（3）pow（a，b）

功能：返回 a 的 b 次幂。如：*$a=pow(2,3);* 则 $a 数值为 =8。

（4）sin（浮点数）、cos（浮点数）、tan（浮点数）

功能：三角函数。

还有很多其他函数，可以在表达式面板的 Insert Functions（插入函数）菜单中找到，如下图所示。

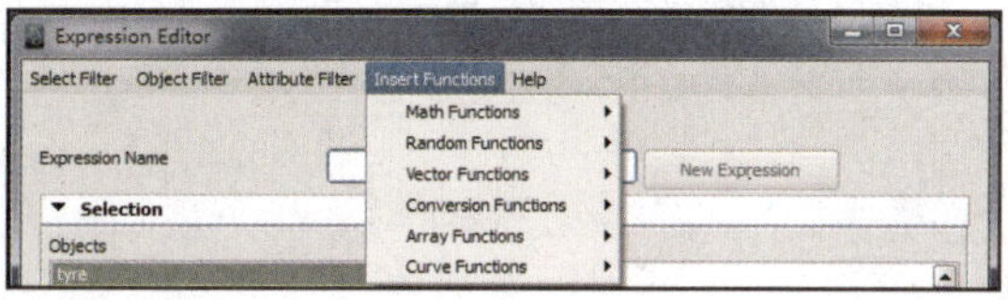

这些函数的具体用法可按快捷键 F1，打开 Maya 帮助进行查看，如下图所示。

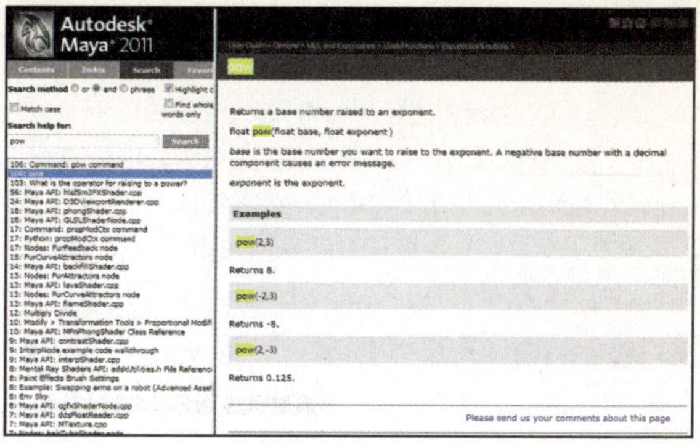

16.2 MEL 语言入门

MEL 是 Maya Embedded Language（Maya 内置语言）的缩写，是一种强大的命令和脚本语言，让你直接控制 Maya 的特征、进程和工作流程。

Maya 中的每一步操作都是在执行 MEL，因此 Maya 的任何一个功能，能做的任何一项操作，都可以通过 MEL 进行控制。所有的按钮命令都是通过 MEL 来调用的，可以使用 MEL 脚本记录并把其中一些命令组合起来，并定制到操作界面中。通过一键或按钮来自动执行这一组命令，就像 PhotoShop 里的 Actions 一样。

Maya 的整个界面是用 MEL 编写的，读者可以用 MEL 跟据自己的习惯定制自己的操作界面，也可以使用 MEL 编写窗口化的插件。

MEL 有着和 c 语言类似的语法，有强大的字符串处理功能，还包含一些较为低层的命令（比如说获取选择物体的名称和获取点在空间中的坐标值等命令），用户可自行编写一些 Maya 中没有的，较为复杂的功能。在上个小节中介绍的就是这种语言的语法，只是比较简略，还有很多内容没有涉及。

虽然表达式和 MEL 脚本使用相同的语法，却是用于实现不同目的的。通过上个小节的实例可以看出，表达式在动画播放过程中是一直在工作的。一般情况下，动画每播放一帧就执行一次。即使将这个场景文件保存、关闭之后，再打开，表达式仍然有效，因为表达式是这个场景的一部分。因此再需要实现这类效果时，应当选用表达式。

而 MEL 脚本是由一系列 MEL 命令组合而成。MEL 命令是用来完成一个单独的操作，例如创建一个球体。MEL 脚本用于完成一系列的操作，例如一个墙形状的物体，然后再给它赋予一个砖的纹理。MEL 脚本一般会保存在 .MEL 文件中，用于不同的场景中和不同的工作期间中。当一个 MEL 脚本文件被运行后，它并不变成为场景的一个部分，因此如果要想重复它的作用时，应该每次都执行该脚本程序，才能使它重新工作。

16.2.1 认识 MEL 编辑器

编辑 MEL 脚本需要使用 MEL 脚本编辑器。在 Maya 中打开 MEL 脚本编辑器有两种方式。执行 Window（窗口）General（通用）>Editors（编辑器）>Script Editor（脚本编辑器）命令，直接打开 MEL 脚本编辑器。或者单击界面底部命令栏右侧的小按钮打开，如下图所示。

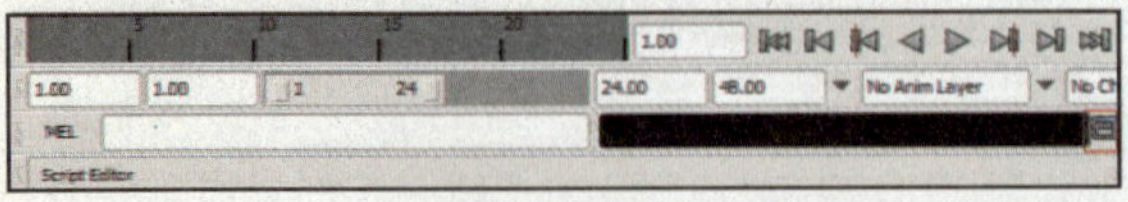

在 MEL 脚本编辑器中分为上下两个窗口，如下图所示。

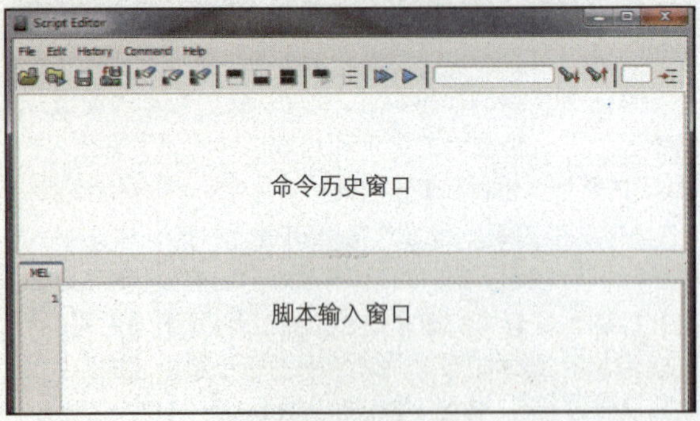

上部的窗口是命令历史窗口，它会显示已经执行的 MEL 命令和命令执行完成之后返回的结果，内容是不可以编辑的。

> **提示** 在 Maya 中的每一步操作实际都是在执行 MEL 命令，无论用鼠标还是键盘所进行的操作都会在这里显示出来。因此可以通过窗口中显示的 MEL 命令了解 Maya 中每条命令的具体写法，是学习 MEL 的有效途径。

下部的窗口是脚本输入窗口，窗口默认出现 MEL、Python 两个标签，在编写 MEL 脚本就应该在 MEL 标签下进行。标签可以在 Command（命令）菜单下进行创建、删除、重命名等操作。窗口左侧有数字标明当前脚本语句的行数，方便查找和调试。

在进行 MEL 脚本编辑时，可以执行 File（文件）> Load Script（加载脚本）命令，或单击 按钮，导入 MEL 文件或 txt 文本文件，也可以直接在输入框中输入。

在 MEL 脚本编辑过程中，可能会遇到不熟悉的命令或参数，在输入窗口中输入这个命令，选中后单击鼠标右键，执行 Quick Help（快速帮助）命令，这样便能快捷地查看命令的相关参数内容。如需要更详细的功能说明，可以执行右键菜单中的 Command documentation（命令文档）命令，打开帮助文件查看命令文档。这有助于快速学习和掌握更多的 MEL 命令和用法，如下图所示。

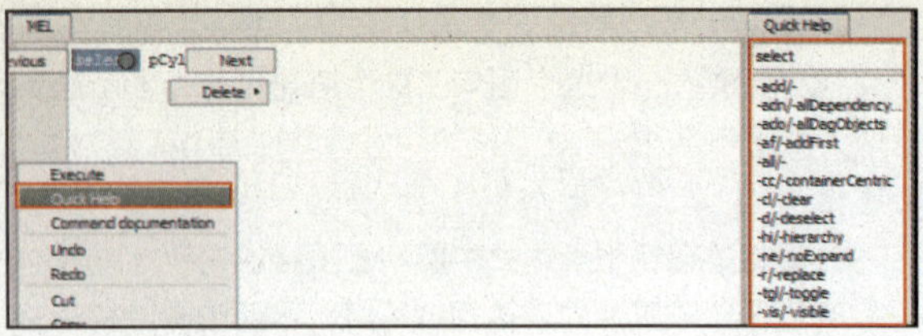

编辑完成后，有几种方式可以执行脚本。单击执行脚本按钮执行；或者选中要执行的代码，单击鼠标右键，在弹出的菜单中执行 Execute（执行）命令；也可以使用 Ctrl+Enter 键或者小键盘上的 Enter 键。

> **提示** 选中代码后执行，代码会保留在输入窗口，否则代码会消失。且只能执行代码选中的部分，未选中的部分不执行。

执行的代码如果能完成预想的工作，可以将这个部分代码保存起来，用于多个场景。选中要保存的代码，执行 File（文件）>Save Script（保存脚本）命令或单击保存按钮，可以将这段代码保存为一个 MEL 文件存储在硬盘中。

除了 Maya 自带的脚本编辑器外，也可以使用外部的编辑器。例如 BlueMELStudio、TextPad、UltraEdit 等等，这类编辑器功能更适用于成百上千行的代码编写，具备更高效的编辑环境。

16.2.2 步骤

MEL 脚本可能在不同的地方使用很多相同的程序代码，那么为了编码的简洁和准确，可以将相同的代码独立出来，形成一个 proc（步骤）。一个完整的 MEL 脚本可以由多个步骤组成，通过调用步骤的方式实现其功能。在调用步骤时，其功能类似于表达式中已经涉及过的函数，只是步骤是用户自己定义的，并且只在执行了含有这个步骤的 MEL 脚本后起作用。

但在学习编写步骤之前，还需要了解 MEL 语法中的一个重要内容——命令。

1. 命令

MEL 包含多种命令用于 Maya 的各个方面。例如快速创建物体、精确移动物体和更有效的编辑修改使用物体。命令一般由命令名和后面的参数组成。

要有效地使用这些命令，要掌握使用命令的方法。可以使用命令式语法，命令名与参数、参数与参数之间用空格分开，最后以分号结尾。如：

```
setAttr    pCube1.    scaleX 2 ;
命令名      参数 1      参数 2
```

如果需要获取命令的返回值，可以用对变量赋值的方法书写，但使用命令式需要将命令语句用反向单引号包括起来。如：

```
$a = `getAttr pCube1.scaleX`;
```

提示 反向单引号是大键盘上数字 1 键左边的按键，如下图所示。

也可以使用函数式语法来输入命令。在命令名后使用括号将所有参数包括起来，参数之间用逗号隔开。读取命令返回值时，在命令左侧加上变量名和 = 号就可以了，如：

```
setAttr("pCube1.scaleX",2);
$a = getAttr("pCube1.scaleX");
```

提示 使用函数式语法时，作为参数的字符串类型数据都需要用双引号包括起来。例如物体名、属性名、甚至作为字符串使用的函数名、命令名等。

需要强调的是，每一条命令在结束后必须以分号结尾。甚至在一个语句块的末尾也是。

命令在表达式的编写中同样可以使用，但注意应当遵循上述的使用方法。

下面介绍几种常用的命令，这些都是 Maya 的内置命令。

（1）select 物体名

功能：选择物体。包括物体、材质、组中的物体等。返回选中物体的名称，类型为 string。

（2）ls

功能：列出物体的名称，返回 string 数组。常用 flag 有：-type "string" 按类型列出物体名称。-sl 列出选中物体名称。

（3）createNode 节点类名

功能：创建一个新节点。常用 flag 有：-name "stringt" 为新建的节点命名。-p transform 父节点。

（4）eval（string）发

功能：把括号中的字符串作为命令使用。

（5）pointPosition 物体、控制顶点

功能：查询点的位置。常用 flag 有：-l，返回局部坐标，否则返回处于场景世界的全局坐标。NURBS 表面的控制顶点用 cv[u 索引][v 索引] 制定；NURBS 线的则用 cv[索引]；多边形用 vtx[索引]；粒子用 pt[索引]。

（6）getAttr 属性名、setAttr 属性名、connect 源属性 终属性

功能：查询、设定与连接属性。

（7）move x y z 物体 / 轴心 / 组件，rotate x y z 物体 / 轴心 / 组件 ;scale x y z 物体 / 轴心 / 组件

功能：移动、旋转、放缩物体。x，y，z 是移动、旋转、放缩在三个轴向上的数值。默认是世界坐标的绝对值。使用 -r 选项会将数值更改为相对值。若没有制定物体，就对当前选中的物体执行。

（8）pointOnSurface

功能：查询 NRUBS 表面。常用 flag 有：-u u 坐标 -v v 坐标 查询某一点；-p 查询位置；-nn 查询法线方向；-ntu 或 -ntv 查询向着 u 的 tangent 向量或向着 v 的 tangent 向量。

（9）rename 物体名 (string)

功能：为物体重命名，名称为括号中字符串内容。

提示 MEL 编辑器对大小写敏感，在输入命令时要注意大小写的区别，否则系统无法识别命令。

2. 步骤

在进行复杂的 MEL 脚本编写时，通常会把这个整体分解为各个较小的、容易管理的部分。把用于实现某个功能的代码作为一个小单元，进行编写和测试。

例如要编写一个生成树模型的脚本，可能会将它分为这样几个单元。一个用于创建树干，一个用于创建树枝，一个用于创建叶，一个用于创建花、果实等其他的物体。如果以后要创建一个生成草模型的脚本，就可以再次利用“创建叶”、“创建花、果实”的单元。

这种可以重复使用的功能单元，就把它称为“步骤”，它是多条命令的集合。步骤就像一台机器，把数据放进去，它会对数据进行加工并返回生成的结果。

具体的使用方法是，首先声明一个步骤：

```
proc 步骤名（参数类型 形参 1, 参数类型 形参 2,...）
{
语句 1;
语句 2;
...
}
```

步骤声明之后，并不会执行具体语句，也不会实现功能。在需要使用这个步骤的位置进行调用，步骤中的语句才会被执行。调用的格式为：

```
步骤名 （实参 1, 实参 2,....);
```

接下来介绍形参和实参。在使用步骤时，可能遇到需要参数传递的情况。例如声明了一个步骤用于为所有选中的物体名称添加前缀，但添加的具体前缀名是不同的。这时就需要把前缀作为参数，当调用步骤时把这个参数传递到步骤中使用。这个参数的类型和名称在步骤声明时就应当写清楚，如：*proc addPrefix(string $prefix)*，括号中 string 是参数类型，$prefix 是参数名。在调用这个步骤时，括号里写的是“实参”，如：*addPrefix("em")* 或者 *addPrefix($enter)* 即这个参数实际的数值或者变量，调用之后，这个数值或者变量中的数值会赋值到形参中。

这个步骤声明的部分，完整写法如下：

```
proc addPrefix(string $prefix)
// 声明一个名称为 addPrefix 的步骤，带有一个 string 型的参数 prefix
```

```
{
string $objects[]= `ls -sl -dag`;
//将所有选中的物体名称存入 $objects[] 数组
for( $old_name in $objects)
rename -ignoreShape $old_name ($prefix+"_"+$old_name);
//循环，对数组中每一个物体进行重命名的操作，添加上前缀
}
```

进阶练习：制作重命名小插件

最终文件： Chapter 16\16.2\rename(final).mb

这个插件的作用是给 Maya 中的物体批量修改名称或者添加前缀、后缀。

01 执行 Window（窗口）>General（通用）>Editors（编辑器）>Script Editor（脚本编辑器）命令，如下图所示，打开脚本编辑器输入代码：

```
proc newName(string $new_name)
{
string $objects[]= `ls -sl -dag`;
for( $old_name in $objects)
rename -ignoreShape $old_name $new_name;
}
// 为选中的物体更改名称

proc addPrefix(string $prefix)
{
string $objects[]= `ls -sl -dag`;
for( $old_name in $objects)
rename -ignoreShape $old_name ($prefix+"_"+$old_name);
}
// 为选中的物体名添加前缀

proc addPostfix(string $postfix)
{
string $objects[]= `ls -sl -dag`;
for( $old_name in $objects)
rename -ignoreShape $old_name ($old_name+"_"+$postfix);
}
// 为选中的物体名添加后缀
```

此时脚本编辑器如右图所示。

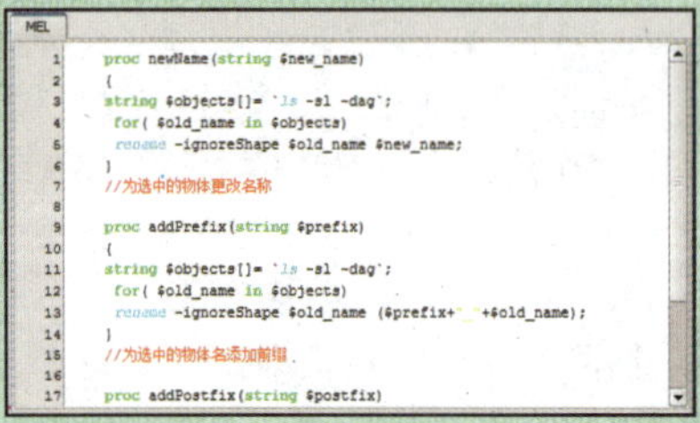

02 单击执行脚本按钮执行这些代码，如下图所示。

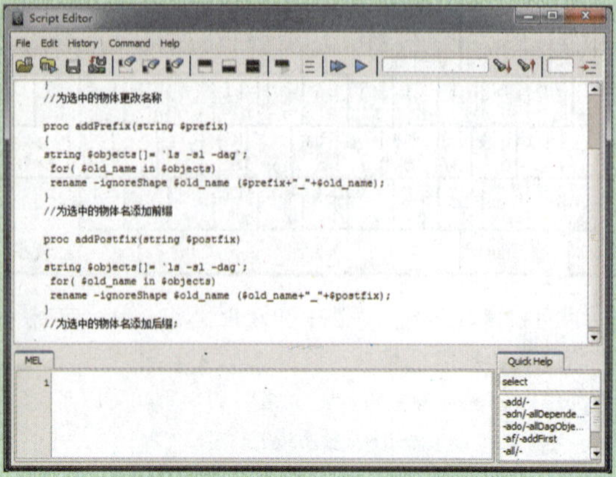

03 在场景中创建若干物体，并选中其中的某个或者某些物体，如下图所示。

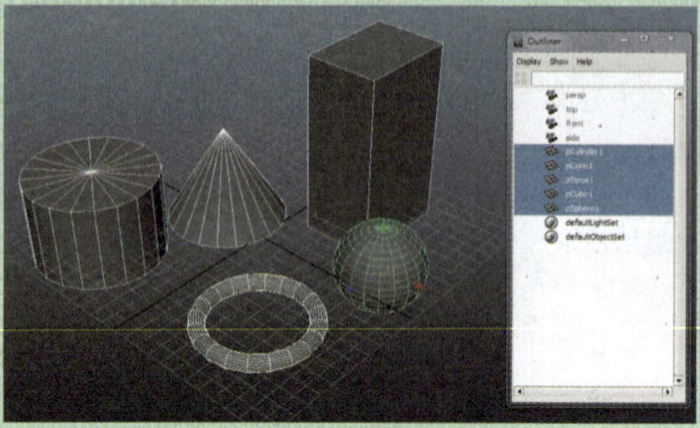

提示： 读者可以创建任意数量的任意物体。

04 在脚本编辑器中输入：*newName("aaa")*; 选中这行代码，单击鼠标右键，在弹出的菜单中使用 execute（执行）命令，如右图所示。

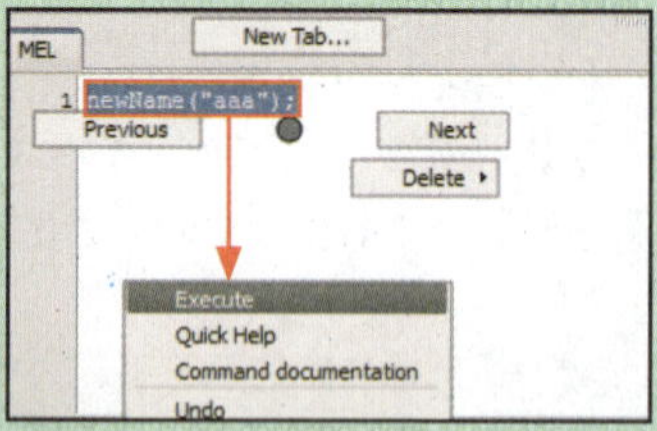

05 物体的名称已经被修改为 aaa1，aaa2，……，如下图所示。

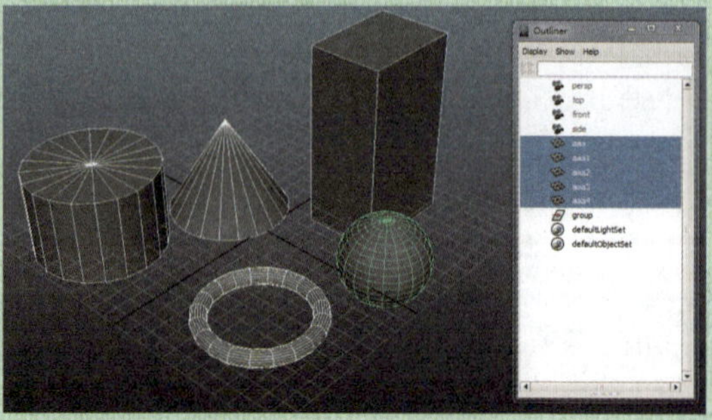

综合案例 21 用表达式实现可伸缩的骨骼

原始文件 Chapter16\Final1\leg（original）.mb
最终效果 Chapter16\Final1\leg stretch（final）.mb

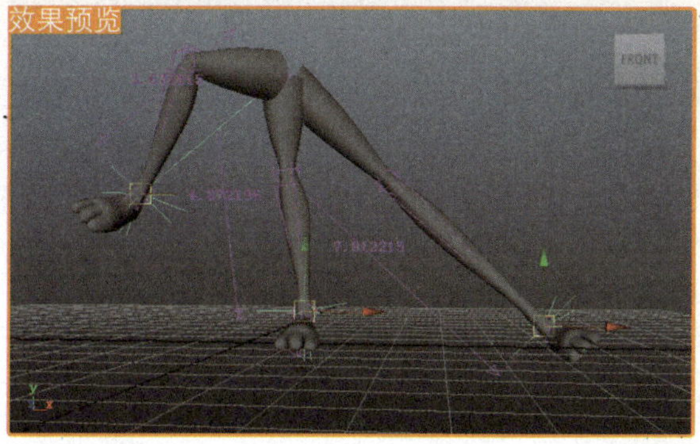

案例概述 通过 MEL 控制骨骼，实现骨骼伸长的效果。

技术难点
1. 通过测距工具测量骨骼长度。
2. 计算骨骼长度与原始长度的比例。
3. 通过放缩实现骨骼长度的变化。
4. 将整体过程编写为表达式代码，并测试通过。

在卡通角色的动作中，经常出现手臂、腿部伸长的动画效果。这种效果可以很简单地通过表达式实现。

Step 01. 打开原始文件，在场景文件中是一个卡通角色的身体，各个关节部位已经被打断了。本例主要针对腿部进行骨骼伸缩的设置。选择右腿部分的模型，将其余部分隐藏或删除。读者也可以根据自己能力，对身体其他部位进行伸缩的骨骼设置，如下图所示。

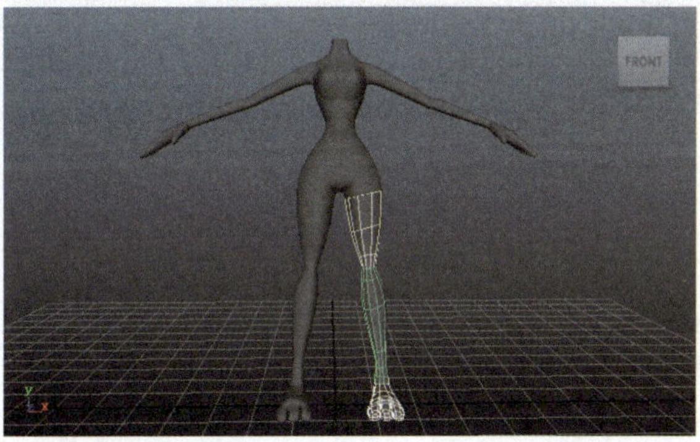

Step 02. 在左视图中创建骨骼，三节骨骼系统自动命名为 jiont1、jiont2、jiont3。将对应的模型与骨骼绑定，因为是已经断开的模型，因此使用刚性蒙皮即可。选择 l_leg，加选 jiont1，进行蒙皮，其他节骨骼也使用相同方法，如下图所示。

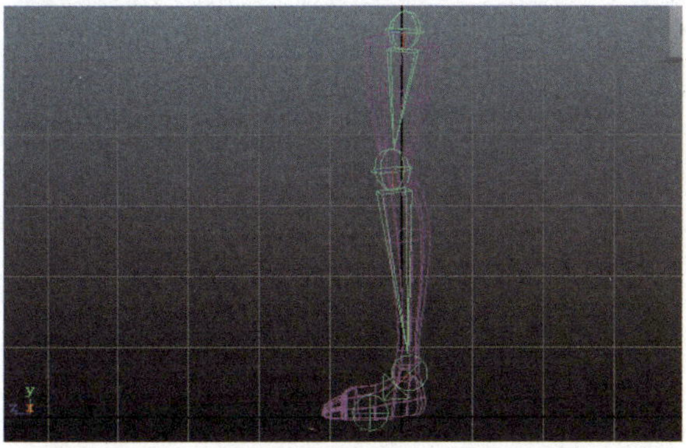

Step 03. 在 jiont1 和 jiont3 之间创建 IK，执行 Skeleton> IK Handle Tool 命令，点选 jiont1 和 jiont3。创建好 IK，腿部就能跟随 IK 手柄的位移进行运动。需要分析得到骨骼伸缩的规律，然后才能进行表达式的编写。将骨骼 jiont1 与 jiont3 之间的距离命名为 Dis，将正常状态下骨骼的最长长度命名为 Lenght。骨骼运动时，Dis 会随之产生变化，而对特定的骨骼 Length（长度）的数值是恒定的，如下图所示。

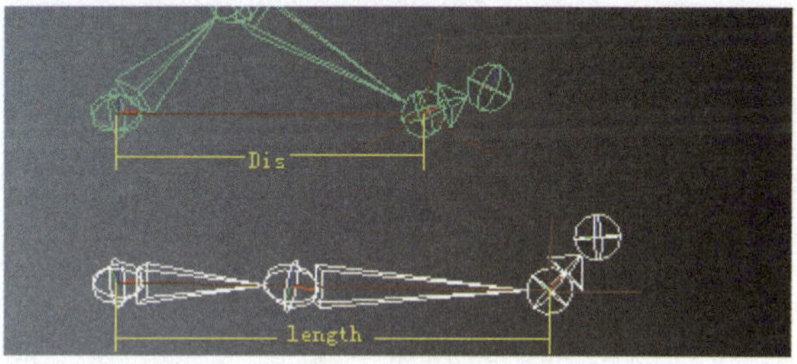

骨骼的伸长可以简单地通过放缩骨骼的 X 轴实现。接着分三种情况，来分析骨骼 scaleX（X 轴缩放）属性的变化情况。

1）当骨骼弯曲时，即 Dis<Length，骨骼不需要伸长，Jiont1、Jiont2 的 scaleX 属性值应为 1，如下图所示。

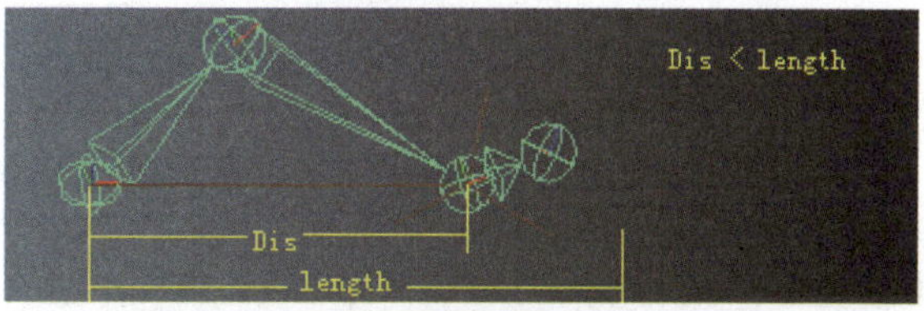

2）当骨骼完全伸直时，即 Dis=Length，骨骼仍然不需要伸长，Jiont1、Jiont2 的 scaleX 属性值仍为 1，如下图所示。

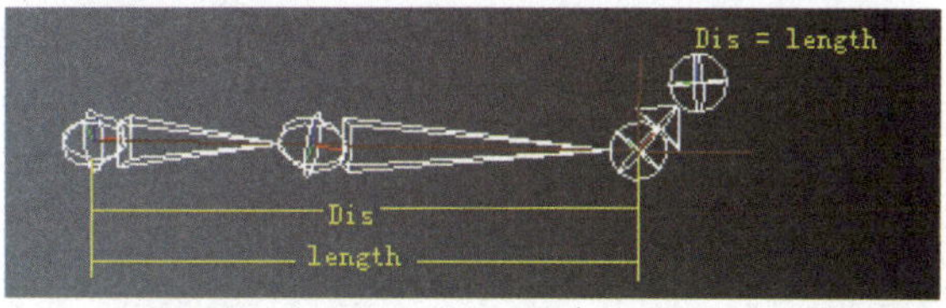

3）当骨骼需要超出这个正常状态下最长长度，即 Dis>Length，就需要对骨骼进行放缩，如下图所示。

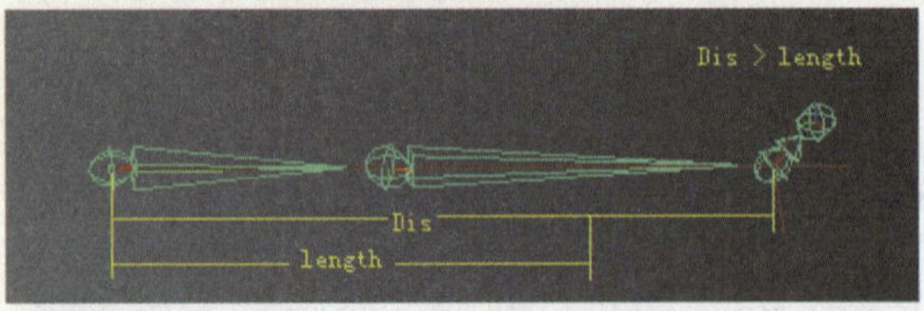

放缩比例就是目标长度 Dis 与最长长度 Length 之间的比值，即 scaleX=dis/length。这个放缩是同时对两节 jiont1、jiont2 产生作用的。因此可以得出这样的表达式：

jiont1.scaleX=jiont2.scaleX=dis/length;

与骨骼的情况联系起来，可以得出表达式：

```
if(dis>length)
 joint1.scaleX=joint2.scaleX=dis/length;
else
 joint1.scaleX=joint2.scaleX=1;
```

要完成这个表达式需要知道 Dis 和 Length 的数值。Length 和 Dis 的长度可以使用测量工具得到。

Step 04. 执行 Create（创建）>Loactor（定位器）命令，在 jiont1 和 IK 手柄位置创建 Loactor 定位器，按住 V 键吸附。选中 IK 手柄位置的 Loactor 加选 IK 手柄，按 P 键，将 Loactor 与 IK 手柄进行父子连接。

Step 05. 测量两个 Locator 定位器之间的距离，执行 Create（创建）>Measure Tools（测量工具）>Distance Tool（距离工具）命令，按下 V 键，依次点选吸附到已经创建的两个 Loactor（定位器）。这时已经可以看到距离的数值，为了与分析中的命名一致，选择测距工具，修改名称为 Dis，如下图所示。

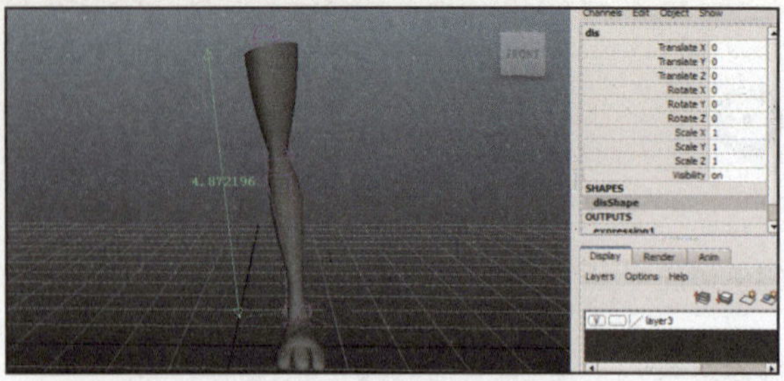

Step 06. 旋转 Jiont2 至腿部完全伸直的位置，这时 dis=length。记录下当前 Dis 的数值。本例中 length=4.889355。

Step 07. 选中 jiont1，打开属性栏，在 jiont1 选项卡中，对 ScaleX（X 轴缩放）属性单击鼠标右键，在弹出的菜单中选择 Create New Expression（创建新表达式）命令，打开 Expression Editor（表达式编辑器）。

Step 08. 输入表达式如下：

```
if(disShape.distance>4.889355)
 joint1.scaleX=joint2.scaleX=disShape.distance/4.889355;
else
 joint1.scaleX=joint2.scaleX=1;
```

Step 09. 单击 Edit（编辑）按钮，就可以实现骨骼伸长的效果，对弯曲的骨骼则不起作用。

本例的效果可以同样应用于手臂、脊椎等部位。

综合案例 22 用 MEL 语言控制灯光阵列模拟全局照明

最终效果 Chapter 16\Final2\lights（final）.mb

案例概述 通过 MEL 快速创建灯光阵列，并调节灯光阵列属性。

技术难点 1. 分析创建灯光阵列的步骤并进行编码。
2. 分析调节灯光阵列的操作并进行编码。

效果预览

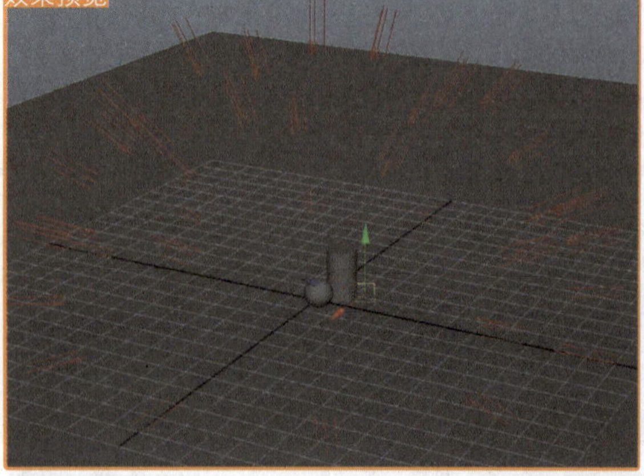